U0219920

"十二五"普通高等教育本科国家级规划教材

国家精品课程"包装结构设计"主讲教材

本书获第二届中国轻工业优秀教材一等奖

包装结构设计（第四版）

主编　孙诚
主审　潘松年　许文才
编著　孙诚　黄利强　王涛　金国斌　牟信妮

中国轻工业出版社

图书在版编目(CIP)数据

包装结构设计/孙诚主编. —4 版. —北京:中国轻工业出版社,2023.8

“十二五”普通高等教育本科国家级规划教材

国家精品课程“包装结构设计”主讲教材

ISBN 978-7-5019-9031-3

Ⅰ.①包… Ⅱ.①孙… Ⅲ.①包装容器—结构设计—高等学校—教材 Ⅳ.①TB482.2

中国版本图书馆 CIP 数据核字(2014)第 024054 号

责任编辑:杜宇芳

策划编辑:林 媛 杜宇芳 责任终审:张乃柬 封面设计:赵晟媛

版式设计:赵晟媛 责任校对:燕 杰 责任监印:张 可

出版发行:中国轻工业出版社(北京东长安街 6 号,邮编:100740)

印 刷:三河市万龙印装有限公司

经 销:各地新华书店

版 次:2023 年 8 月第 4 版第 10 次印刷

开 本:787×1092 1/16 印张:33.5

字 数:771 千字

书 号:ISBN 978-7-5019-9031-3 定价:69.00 元

邮购电话:010-65241695

发行电话:010-85119835 传真:85113293

网 址:http://www.chlip.com.cn

Email:club@chlip.com.cn

231243J1C410ZBW

前言

（第四版）

本书第四版能够入选“十二五”普通高等教育本科国家级规划教材选题，得到教育部全国普通高校包装工程专业教学指导分委员会、中国包装联合会包装教育委员会、天津科技大学和中国轻工业出版社领导的鼎力推荐，特别是天津科技大学张建国副校长和中国轻工业出版社林媛主任多年以来的大力支持。

本书第三版2008年7月出版以来，得到全国更多高校的包装工程、印刷工程、艺术设计等专业师生的普遍认可，五年多时间印刷八次，天津科技大学同名国家精品课程也得到较高评价，网上人气一直很高，使我们备受鼓舞。

中国正在由一个包装大国迈向世界包装强国，2011年包装行业GDP就已经达到1.3万亿人民币，世界排名仅次于美国；同年瓦楞纸板产量达535.95亿平方米，超过美国成为世界第一；天津长荣印刷设备股份有限公司主打产品折叠纸盒现代化生产设备、最新型国际专利设备MK21060SER双机组全清废模切烫金机和MK420Qmini全自动单张纸检品机相继问世，已经能够与老牌企业瑞士BOBST公司并驾齐驱，成为世界两强……我们在包装材料、机械、结构等方面更需要代表核心竞争力的自主创新技术，所以第四版继续致力于把创新教育的基本思想融入教学内容中，对作者原有的各类折叠纸盒重新定义，修正了一些基本理论；按照2008年以后颁布的国家标准修订了部分内容；在纸盒（箱）、塑料、金属、玻璃等包装容器方面增加了新结构。

本书第四版由天津科技大学博士生导师孙诚教授主编，西安理工大学潘松年教授、北京印刷学院许文才教授主审。编著人员分工如下：孙诚教授负责统稿并编写第一、二、三、五章及附录，天津科技大学黄利强教授编写第七、十章，上海大学金国斌教授编写第六、九、十二章，陕西科技大学王涛副教授编写第八章，江南大学博士生、天津职业大学牟信妮讲师协助统稿并编写第四章和十一章第一、二、四节，天津科技大学博士生、天津职业大学魏娜讲师编写第十一章第三节第一部分、天津现代职业技术学院王丽娟讲师编写第二部分、天津中包包装科技发展有限公司蔡云红工程师编写第三部分，江南大学博士生、天津科技大学孙彬青讲师和天津科技大学博士生、天津职业大学尹兴讲师参与国家精品课程建设和教材编写辅助工作。在本次编写过程中，天津科技大学李晓娟、陈志强、魏俊青、李广才、王洪江、刘末、唐勇、兰娟、章艳梅、马永胜、高晓静、陈曲、吴亚廷等硕士生参加了部分独创内容的研究；谢亚、王静、王文鹏、孙美姣、徐梦、李方、高晶晶等硕士生参加了编写辅助工作；第五章粘贴纸盒部分内容由江苏华宇印务有限公司李风利工程师指导；第十一章部分资料由邦友科技开发有限公司提供；天津职业大学赵晟嫒讲师为本书精心设计了封面和版式。对于为本书提供帮助的所有领导、老师和同学，在此一并致以衷心谢意。

作者的著作权希望得到尊重，本书独创部分的引用须经同意；未经允许，不得以任何形式在其他媒体转载；广大爱好本书的网友不要上传或下载，需要学习之用，可访问天津科技大学国家精品课程网站http://www2.tust.edu.cn/jingpin/jp2005/bz/index.asp。

恳请广大读者不吝赐教。

作者

前言

（第一版）

1993年，中国新闻媒体中出现频率最高的两个词，其一是“申奥”，其二是“包装”。尽管这里的包装已失去原有的涵义，但是，她的频频亮相证实了经过包装界人士艰苦卓绝的努力，在国人的观念中，“包装”已成为日常生活中须臾不可缺少的东西。

尽管“申奥”以两票之差而未能如愿以偿，但却凝聚起全中华民族的图强信心。那些经过“包装”的星辈并未再度辉煌，对此，我们是否也需要反思呢?就大多数国人来说，对“包装”的认识是否尚显稚嫩和肤浅呢?

透过包装那能提高商品售价的华美外观或外观设计之外，还应有一个基础的东西，这就是包装结构或结构设计。结构及结构设计赋予包装骨骼，使其具有容装性、保护性、方便性等基本的功能。

十年之前，包装专业创建伊始，“包装结构设计”仅在少数院校开设，从理论到实践都在探索中。经过许多同志的不懈努力，在纸包装结构、瓶盖结构及其他材料的包装容器结构的研究上，有了许多新的突破，建立了我国自己的理论体系。今天，凡包装专业无不开设这门课程，许多包装企业在掌握这门知识以后也受益匪浅。

本书共十二章，围绕各种材料包装容器的结构进行讨论，其中折叠纸盒、固定纸盒、瓦楞纸箱、塑料容器、玻璃容器、金属容器、瓶盖及气压喷罐各列一章。由于包装结构设计的CAD技术已取得重大成果，所以第十一章介绍了一些重要软件。同时包装结构设计是一项综合性较强的工作，最后一章列为课程设计指导供综合练习之用。考虑到木箱包装可由其他材料的包装容器替代，同时国家标准对其设计有详细规范，所以未列入本书，读者在需要时可参阅有关标准。

本书由天津轻工业学院孙诚教授主编。编著人员及编写章节如下：孙诚编写第一、二、三、四、五、七、十章，上海大学金国斌教授编写第六、十二章，西北轻工业学院王德忠教授编写第十一章，刘筱霞讲师编写第八、九章。

本书获天津轻工业学院出版基金资助，谨致谢意。

因为水平所限，不当之处在所难免，诚恳希望读者批评指正。

作者

前言

（第二版）

本书第二版由中国包装总公司和全国普通高等学校包装工程专业教学指导分委员会推荐，经教育部专家组评审，入选普通高等教育“十五”国家级教材规划选题。

本书第一版写作于我国申办2000年奥运会铩羽而归之际，而第二版则是在2008年奥运会申办成功的锣鼓声中起笔的。在这期间，包装科技依然在加速前进的脚步，新材料、新设备、新技术、新工艺、新结构不断地在国际市场上涌现。在第二版中，除了增加新结构的介绍以外，作者还对原有的一些理论观点进行了充实和修正。这些充实和修正，是由于新结构不断出现开阔了我们的视野，或者是我们思维方式获得新的突破，或者是在与同行或师生交流中迸发出新的火花。修正的内容不但完善了原有的理论基础，而且衍生出新的观点。从这个意义上讲，在教学或科研过程中，要不断提出和研究新问题，并且勇于否定自己的观点，因为否定也是一种进步。

将包装结构设计置于“人—包装—产品—环境”这一大系统下进行研究。在大系统中，包装要“以人为本”、“与环境友好”，在子系统中，包装设计居于包装工程的主导地位，包装结构居于包装设计的基础地位。从包装设计作为一个系统的观点出发，作者构建出本书的基本框架结构。

本书主要介绍包装容器结构设计的理论及设计方法。内容包括纸、塑料、金属、玻璃等多种包装材料，以及箱、盒、瓶、罐、桶、盖等多种包装形态的结构类型、成型特点、结构计算以及计算机辅助设计技术。设计理论新颖，结构变化多样，图形直观易懂。各章均附有一定数量的习题，书末附有课程设计选题。可供高等院校包装工程、印刷工程、轻化工程、艺术设计、工业设计等本、专科专业选作必修课或选修课教材，亦可作为从事包装结构设计或包装装潢设计人员理想的包装设计工具书。

第二版内容更丰富，结构更多样。全书共十二章，其中第一、二章为包装结构基础理论的阐述，第三至十章围绕纸、塑料、金属、玻璃等主要包装容器的结构进行讨论，第十一、十二章分别介绍包装结构CAD技术和课程设计指导。

附表1介绍了FEFCO／ASSCO国际标准箱型，与第一版相比，增加了52个新箱型，同时将作者研究的各种箱型理想省料比例的相关数据一并列入，以飨读者。

“创新是一个民族进步的灵魂，是一个国家兴旺发达的不竭动力”。本书试图把创新教育的基本思想融入教学内容中，不是进行纸上谈兵式的教化，而是在潜移默化中开发学生的创新能力。对一些包装结构的编排、衔接与串联上，作者试图铺垫出一条创新的路径。如果读者对于本书中介绍的结构能够以一种批判的眼光认真地审视，发现缺陷、修正不足，就能够设计出许多创新的结构。倘能如此，就达到了本书写作的主要目的，我们将无比欣慰。

本书由天津科技大学孙诚教授主编。第二版编著人员及编写章节如下：孙诚教授编写第一、二、三、四、五章、第十二章第三节及附表。陕西科技大学王德忠教授编写第八、十一章，上海大学金国斌教授编写第六、九章及第十二章第一、二节，陕西科技大学刘新年高级工程师编写第七章，天津科技大学黄利强讲师编写第十章。成世杰、万丽丽、刘晓艳、鲍梅山、刘涛、许佳等同志参加大量编写辅助工作或部分独创内容的研究，天津科技大学刘功教授、张琲副教授、《气雾剂通讯》杂志社游一中教授为本书提供许多帮助，在此一并致谢。

本书第一版获天津市2000年高等教育教学成果二等奖。

本书独创部分未经作者允许，不得以任何形式在其他媒体转载。

本书依然诚恳期待读者的指教。

作者

前言

（第三版）

本书第三版入选普通高等教育“十一五”国家级教材规划。

本书第二版自出版以来，得到全国许多包装工程、印刷工程、艺术设计等专业师生的认可，都选作教材或教学参考书，广大包装设计人员也把本书作为设计工具书，因此，销量逐年递增，几乎每年都重印一次。特别是天津科技大学同名课程由教育部授予2005年度国家精品课程荣誉称号以后，网友通过博客或贴吧对本书给予了较高评价。课程网站平均每日点击率达到119次，新增访客IP地址37个。甚至引起国外网友的关注，来自19个时区用10多种语言访问该网站。这一切都成为我们下决心以高质量编写第三版的动力和源泉。

本书与奥运结下不解之缘，付梓时恰逢2008北京奥运会成功举办。中国是一个体育大国，但不是体育强国，因为具有核心竞技力的田径、三大球等项目鲜有夺牌实力。同样，中国是一个包装大国，却不是包装强国，因为在包装材料、机械、结构等方面缺少代表核心竞争力的自主创新技术。因此，第三版依然致力于把创新教育的基本思想融入教学内容中，内容的安排、衔接与串联突出创新。对作者原有的管盘式折叠纸盒、非管非盘式折叠纸盒的基本理论予以修正；充实了作业线的概念；按照2007年颁布的第11版FEFCO/ESBO国际纸箱标准修订了纸箱设计的内容；在塑料、金属、玻璃等包装容器方面也增加了新结构。

本书由孙诚教授主编，潘松年教授、许文才教授主审。第三版编著人员及编写章节如下：孙诚教授编写第一、二、三、四、五章及附表，金国斌教授编写第六、九、十二章，王涛副教授编写第八章，黄利强副教授编写第十章，孙诚教授和黄利强副教授合编第七章，牟信妮老师编写第十一章第一、三、四节，魏娜老师编写第十一章第二节。全书由孙诚教授和牟信妮统稿。在全书编写过程中，段瑞侠、尹兴、李晓娟、陈志强、黄岩、李利文、王琳、王丽娟、孟唯娟、王锐等同志参加了大量编写辅助工作与部分独创内容的研究，第十一章部分资料由邦友科技开发有限公司提供，于瀛、李凌同志为本书精心设计了封面。对于为本书提供帮助的所有同志，在此一并致谢。

特别感谢天津科技大学校领导为本书编写提供的方便条件。

请广大读者不吝赐教。

作者

目录

第一章 绪论

第二章 包装结构设计基础

第三章 折叠纸盒结构设计

第四章 粘贴纸盒结构设计

第五章 瓦楞纸箱结构设计

第八章
金属包装容器结构设计

第九章
瓶盖结构设计

第十章
气雾罐结构设计

第十一章
包装结构 CAD/CAM

第十二章 课程设计指导

第一章 绪 论

第一节 包装结构设计

一、包 装 结 构

“结构”中的“结”是结合的意思,“构”是构造的意思,世界上的“事”、“物”都存在结构,包装也不例外。包装结构指包装设计产品的各个组成部分之间相互联系、相互作用的技术方式。这些方式可以是连接、配合、排列、布置等,不仅包括包装体各部分之间的关系,如包装瓶体与封闭物的啮合关系,折叠纸盒各部的连接与配合关系等,还包括包装体与内装物之间的作用关系、内包装与外包装的配合关系以及包装系统与外界环境之间相融的关系。

广义的包装结构包括以下部分:

(1)材料结构　材料结构指材料的组合方式。例如 WK－200 · SCP－150 · WK－200CF 瓦楞纸板的结构是双面 C 楞,内外面纸为 200g/m^2 漂白牛皮浆箱纸板,瓦楞芯纸为 150g/m^2 半化学浆高强瓦楞纸。这种结构的瓦楞纸板适用于精美彩印水果运输托盘箱。再如 OPA/PE 为一种两层复合材料的结构,这种结构的包装薄膜不仅具有良好的阻隔性、强度、机械成型性或热封性能,而且在不用剪刀的情况下可以用手撕出一条有限的开口,适宜包装小包装食品。

(2)工艺结构　工艺结构指为完成某一特定的保护功能或目的而确定的包装形式,如缓冲包装结构、防振包装结构等。

(3)容器结构　纸板、塑料、金属、玻璃、陶瓷等包装容器结构是狭义的包装结构,是本书的主要研究对象。

二、包装结构设计

包装结构设计指从科学原理出发,根据不同包装材料、不同包装容器的成型方式,以及包装容器各组成部分的不同功能和不同要求,对包装的内部、外部构造所进行的设计。从设计的目的上主要解决科学性与技术性;从设计的功能上主要体现容装性、保护性、方便性和“环境友好”性,同时与包装造型和装潢设计共同体现显示性与陈列性。

(1)科学性　要使包装结构设计达到科学合理,不仅要运用数学、力学、机械学等自然科学的知识,而且要涉及经济学、美学、心理学等社会科学的知识。

(2)技术性　包装结构必须充分考虑机械成型性,特别是现代技术条件下的机械成型性,例如在计算机控制高速全自动生产线或包装线上,包装结构要确保容器高速成型或产品高速包装而不会出现生产故障或产品质量下降。不容忽视,一个创新的包装结构可能孕育着一项创新的生产技术。

(3)容装性　包装结构必须能够可靠地容装所规定重量或数量的内装物,不得有任何泄漏或渗漏。

(4)保护性　包装结构必须保证内装物在包装产品的"生命周期"即经过一系列的装卸、运输、仓储、陈列、销售直至消费者在有效期限内启用或使用时不被破坏。这里既包括对内装物的保护,也包括对包装自身的保护。

(5)方便性　在"人－包装－产品－环境"系统中,"以人为本"的方便性作为反映现代包装功能的标志之一得到人们的广泛重视。优秀的包装设计要充分考虑人体的结构尺寸和人的生理与心理因素。设计轻巧,易于搬运的包装,可以降低疲劳强度,减少野蛮装卸;携带方便,易于执握的销售包装,又往往可以诱发消费者的购买欲,促进销售。所以,包装结构必须要方便装填(灌装)、方便运输、方便装卸、方便堆码、方便陈列、方便销售、方便携带、方便开启、方便再封、方便使用、方便回收、方便处理等。

(6)"环境友好"性　同样,在"人－包装－产品－环境"系统中,"环境友好"性也是反映现代包装功能的标志。国际社会越来越注意到包装能够减轻污染和制造污染的双重作用,在经济上走可持续发展的道路,而节省资源、保护环境是可持续发展的关键保证。包装结构对于包装的减量化、资源化和无害化能够发挥重要作用。

(7)显示性　包装结构最好具有明显的辨别性,在琳琅满目的市场货架中以其自身显著的特点使人们能够迅速地辨别出来。

(8)陈列性　包装结构应该在充分显现的前提下具有良好的展示效果,或者说具有理想的吸引力,以诱使消费者当场决策购买,或留有深刻印象以便以后购买。

第二节　包装结构设计在包装工程中的地位

一、包装结构设计的地位

1968年成立的世界包装组织(WPO)每年颁发一次"世界之星"包装大奖,2014年的评奖标准微调为:①保护内装物;②方便携带、装填、封闭、开启和再封;③销售吸引力;④图案设计;⑤产品质量;⑥降低成本、用料经济;⑦环境责任、可回用性;⑧结构新颖;⑨本土特色(产品、材料、市场等)。

以上标准充分显示出包装是一个系统,包装工程是一门系统科学,是由许多相互直接或间接联系的子系统纵横交织,形成了包装工程这一极其复杂、极其广泛、多层次多级别的特大网状开放系统。包装工程可以简化为由包装设计、包装材料、包装机械和包装工艺四个大的主要子系统组成,而包装结构设计、包装造型设计和包装装潢设计则同是包装设计这一子系统内更深层次的子系统(图1－1)。

在WPO的评奖标准中,包装结构不仅是极其重要的一个方面,而且其本身及其材料、机械、工艺等方面在包装实施过程中所依靠的科技水平,其蕴涵的保护、方便、销售吸引力等功能,其对可持续发展战略的贡献都是非常关键的获奖因素。

因此,作为包装工程学科中的骨干课程或分支,包装结构设计除了与包装造型设计和

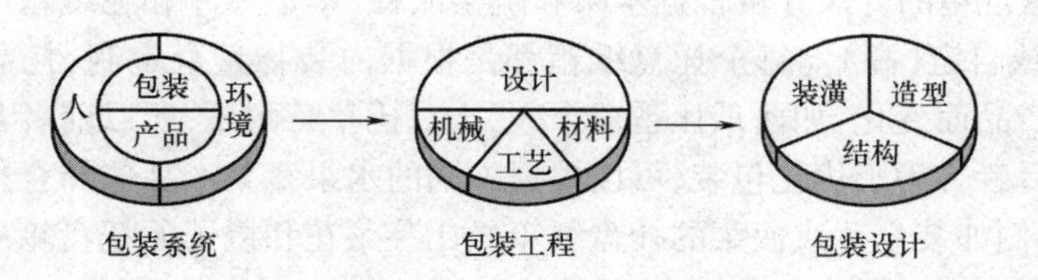

图 1－1　包装结构设计的地位

包装装潢设计具有同样重要的地位之外，与包装材料、包装机械和包装工艺也有十分密切的关系，而这些关系，又要受到成本经济、市场竞争、法规标准、社会责任等外部环境条件的约束，例如日本著名企业在承担推进 3R（Reuse、Recycle、Reduce），实现包装减量化的社会责任时，减小包装体积，降低容器壁厚，在功能不变的前提下采用合理使用纸板的结构设计［图 1－2（a）、（b）］；"Marim"牌冰淇淋粉袋装箱原采用 0201 国际标准箱型［图 1－2（c）］，每箱装量 12 袋，由于内包装是枕型袋结构，使得箱角空间较大，新箱型采用非标准的八棱柱箱体［图 1－2（d）］，装量不变，纸箱外尺寸不变，但箱坯的尺寸变小，节省了瓦楞纸板用量。

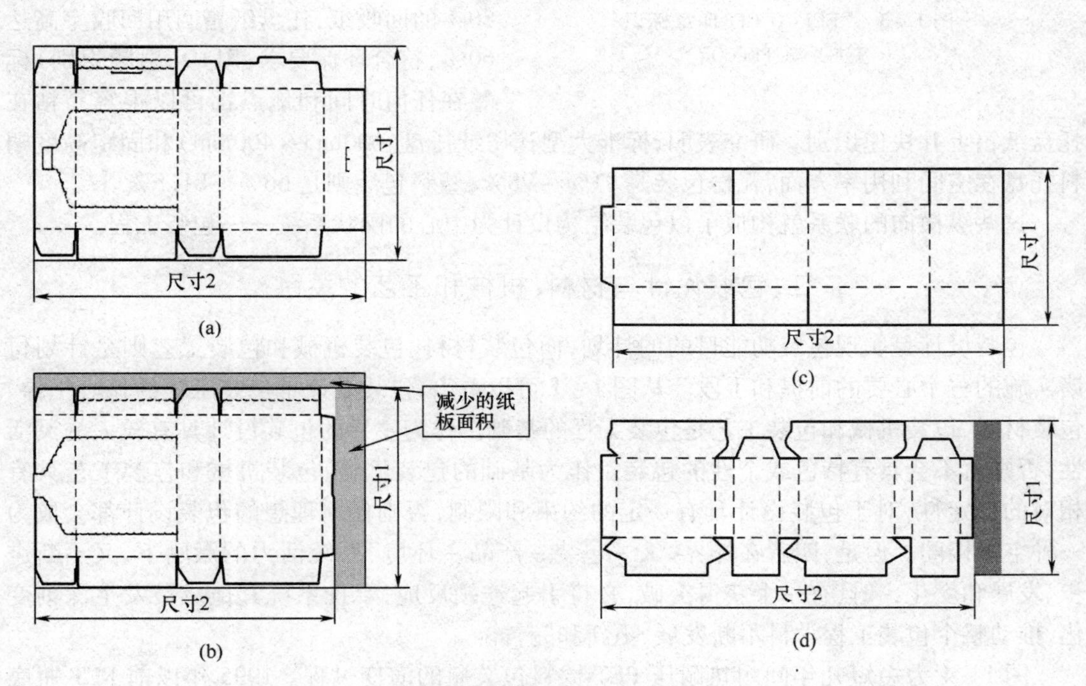

图 1－2　减少纸板用量的结构设计

（a）、（c）改进前的设计　（b）、（d）改进后的设计

再如最近几年在欧洲市场上推广的 CF 包装标准系统设计，用来保证所有水果蔬菜瓦楞托盘纸箱的安全和堆码效率。纸箱尺寸系列化，采用 600mm × 400mm 和 400mm × 300mm 两种托盘模数，符合该标准的瓦楞托盘箱，可以印刷和粘贴"FEFCO CF"印章标识

（图1－3），托盘纸箱的外尺寸可根据水果和蔬菜品种、单个尺寸和在纸箱内的堆码高度而选择（长×宽）或自定（高）。每个托盘纸箱都是根据内装物量身定制，托盘纸箱的高度可以根据不同的产品而变化：如西瓜比番茄个大，土豆比草莓耐压，所以前者瓦楞托盘纸箱的高度往往大于后者。为了优化包装，可以根据不同的水果蔬菜产品选择合适的瓦楞纸板结构和原纸定量，例如装生菜或菠菜的托盘纸箱要比装菜花和橙子的托盘箱质量轻。空间优化和材料优化在两方面得以完美结合。

图1－3 “FEFCO CF”印章标识

资料来源：FEFCO

CF包装标准系统的优点：多个品种的水果蔬菜瓦楞托盘纸箱混合负载组合成集装件或堆码在运输车内，空间利用最佳，物流效率增加，能降低高达28%供应链成本；相同尺寸的托盘箱之间、不同尺寸的托盘箱之间上下堆码时的锁扣结构，可以保证堆码和运输过程中的稳定性，最大限度防止内装物损坏；节省运输燃油，减少环境影响；瓦楞纸板原纸含多达80%的回收纸，托盘纸箱回用回收率高达60%，符合环保要求；RFID（射频识别）标签在任何时间和地点都可以很容易粘在托盘纸箱上并快速识别。研究表明，标准大型瓦楞纸托盘（600mm×400mm）和固定高度塑料托盘在空间利用率方面，瓦楞包装是91%～98%，塑料包装则是66%～81.5%。

这些纵横向的联系就构成了以包装结构设计为中心的网状系统——包装工程。

二、包装设计与材料、机械和工艺的关系

包装设计是实现包装功能目的的计划，而包装材料、包装机械和包装工艺则是计划付诸实施的三个必要的前提和手段。从图1－1可以看出，包装设计是包装工程的核心主导，包装材料、包装机械和包装工艺是包装工程的基础。作为主导的包装设计具有较大的灵活性，否则就不会具有特色或个性的包装。作为基础的包装材料、包装机械和包装工艺具有相对的稳定性，对于包装设计具有一定的约束和限制，否则任何理想的包装设计都会成为一种空中楼阁。但是，四者在外界“人－包装－产品－环境”系统活力的激励下，又不断进步、发展和变化，一旦有一个获得突破，必将引起连锁反应，牵扯系统其他成员发生深刻变化，推动整个包装工程学科不断发展、更新和完善。

图1－4为短短几年间耐热耐压PET饮料包装瓶的演变过程。1995年以前PET瓶底部为半球状结构，其自立性依赖与之粘接的HDPE瓶托［图1－4（a）］，由于是用两种不同材料制造的，回收回用有一定困难。1995年瓶底结构设计成5足城堡形，1段工艺成型，提高了瓶体的自立能力，但瓶底厚度不均，接近中心部厚度过大，底部结晶化度低且变化幅度大，瓶体质量同2件成型瓶，但跌落强度，耐环境应力开裂性（ESCR）、防潮性与耐热耐压性均有所降低［图1－4（b）］。由于环境与资源的压力，包装减量化、资源化、无害化受到社会的广泛重视，瓶体尤其是瓶底薄壁化结构设计摆在人们的面前。图1－4（c）是2000年面

市的6足城堡形结构瓶底，采用2段成型工艺，即瓶体1次成型—瓶底局部加热—瓶底2次成型，较之1段成型，瓶底厚度均匀且普遍降低，结晶化度提高且变化幅度不大（图1－5）。跌落强度、ESCR、防潮性与2件成型瓶相同，耐热耐压性提高。特别值得注意的是瓶体质量比前两者降低17.3%，符合当代包装的要求，所以至今风靡全球，成为饮料包装的主力军。

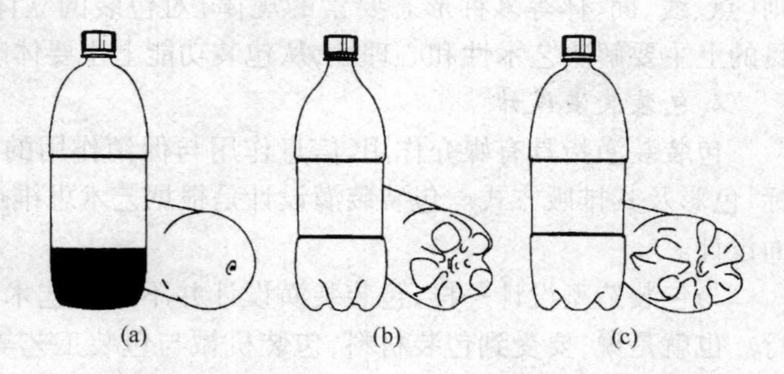

图1－4 耐热耐压PET饮料包装瓶的演变过程

（a）2件成型瓶 （b）1件成型瓶 （c）2段1件成型瓶

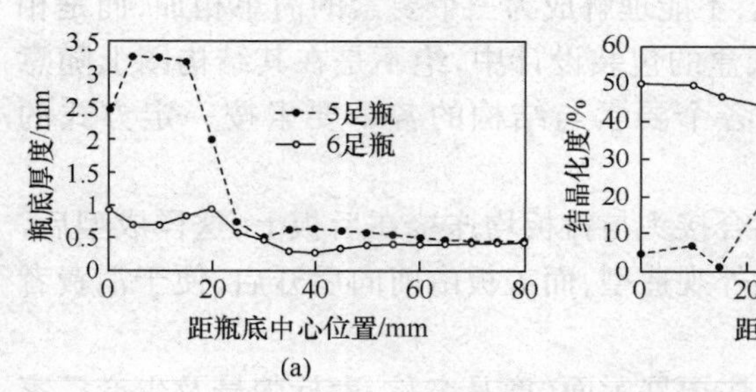

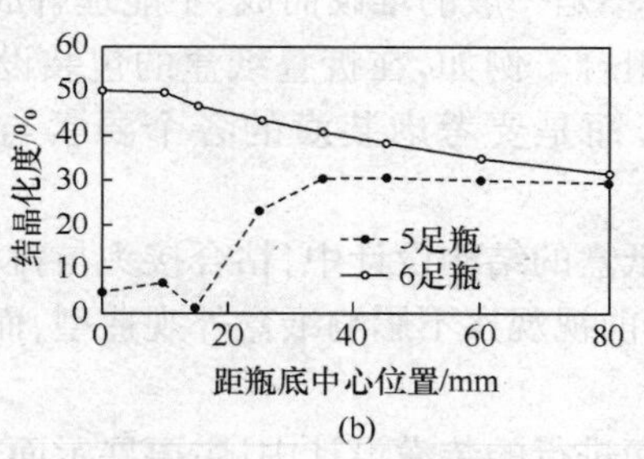

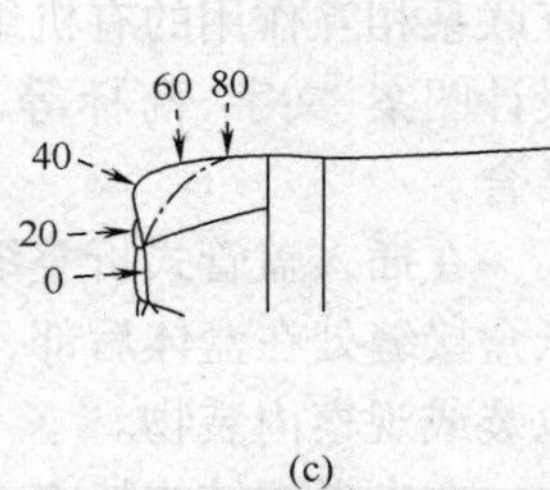

图1－5 城堡形结构瓶底性能比较图

（a）瓶底厚度 （b）瓶底结晶化度 （c）瓶底距中央部位距离（mm）

表1－1为1.5L耐热耐压PET瓶特性比较。

表1－1 1.5L耐热耐压PET瓶特性比较

瓶型 / 项目	2件成型瓶	1件成型瓶	
		1段成型法	2段成型法
瓶体质量/g	48＋13	61	52
跌落强度/cm	120 好	70 好	120 好
ESCR	良	弱	良
防潮性/%	0.7 好	0.4 不好	0.7 好
耐热耐压性	70℃，40min，2.6G.V.	65℃，40min，2.6G.V.	75℃，40min，2.6G.V.

注：（1）ESCR：Environmental Stress Cracking Resistance

（2）G.V.： Gas Volume

三、包装结构设计与造型设计、装潢设计的关系

1.包装造型设计

包装造型指具有实用价值和美感作用的包装外观型体。包装造型设计是运用美学法

则（点、线、面、体等多种形态要素的规律）对包装的立体外观所进行的艺术设计。从设计目的上主要解决艺术性和心理性，从包装功能上主要体现显示性和陈列性。

2. 包装装潢设计

包装装潢指具有媒介作用、信息作用与促销作用的包装平面外观，包括图案、文字、商标、色彩及其排版方式。包装装潢设计是根据艺术思维运用艺术手段对包装进行外观的平面设计。

与包装造型设计一样，包装装潢设计并不是纯艺术的劳动，它必须结合科学技术来进行。也就是说，要受到包装材料，包装机械与包装工艺等条件的限制。这一点与包装结构设计相同。

3. 包装结构设计与造型设计、装潢设计的关系

（1）三者具有一定的关连性　包装结构、造型与装潢设计的关连性，指他们在包装设计这一相对独立的系统中，不是一般的堆砌而成，不能理解成为三个要素的简单相加，而是相互联系相互作用的有机组合。例如，在折叠纸盒的包装设计中，绝不是在其结构图上随意设计图案、文字、商标等，而是要考虑装潢的各个要素与结构的各个要素按一定方式的结合。

在插入盖管式折叠纸盒的结构设计中，粘合接头与盖板均连接在后板上，这样成型后，纸盒接缝处在盒体后部，前视观察不影响纸盒外观造型，而盖板由前向后开启，便于消费者取装或观察内装物。

在未考虑结构特点而进行的装潢设计中，主要展示面（商品名称、商标牌号及生产厂家名称等）有可能设计在后板上，次要展示面（商品说明或外文牌号等）设计在前板上，这样当前视观察主要装潢面时，纸盒接缝处影响外观，而盖板由后向前开启，不便于消费者取用内装物。

最佳设计应该将主要展示面设计在前板，次要展示面设计在后板上。这样的结合方式使结构、造型与装潢巧妙地融为一体，整体设计没有缺陷。

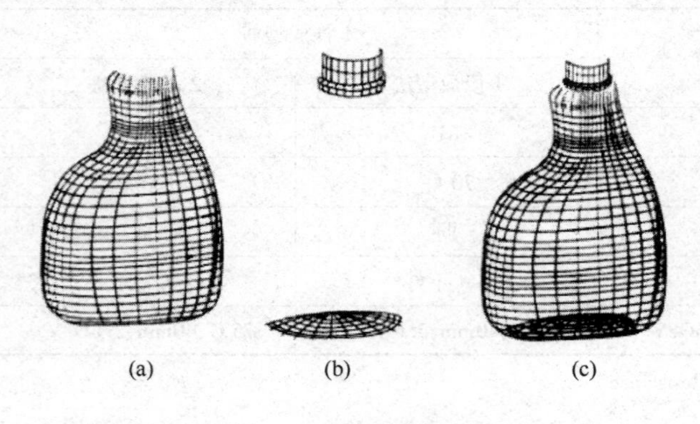

图 1－6　塑料瓶设计
（a）造型设计　（b）瓶盖与瓶底结构　（c）结构设计

图 1－6（a）是某化妆品塑料包装瓶的造型创意，图 1－6（b）在此基础上考虑了瓶底结构及标准化瓶盖结构，按照瓶重进行容量调整，根据成型性和强度分析进行形状修正，从而完成了初步的结构设计。全部设计在计算机上进行。

（2）三者具有共同的目的性　如果把包装设计看成一个系统，它就是一个有机的整体，整体性则是其最基本的特征。包装设计系统整体的特征和功能不能归结为结构、造型与装潢设计三个子系统的特性和功能的总和，而是三者有机结合后的系统整体具有新的特性和新的功能。这些新的特性和新的功能是孤立的子系统所不具有的，而只有系统整体存在时才表现出来。也就是说,三者有机结合成包装设计后的整体功能大于其孤立状态下的功能总和。

例如在上述折叠纸盒包装结构设计中,其结构具有容装性和保护性,装潢具有显示性,造型具有陈列性,而当其前板与主要展示面结合一体时,就具有一种方便性,即暗示消费者按照习惯将盖由前向后开启,从而观察内装物,进一步确定购买动机和实施购买行为的新功能。

只有结构、造型与装潢设计有机地结合起来,才能淋漓尽致地发挥包装设计的全部功能和作用,换言之,三者间之所以需要紧密的有机联系,关键在于共同的功能目的,都是为了有效地实现包装设计的功能和作用。其实质是物质功能与精神功能的有机结合,科学原理与美学原理的有机结合,工艺技术与艺术创意的有机结合。

三片罐结构的饮料包装给装潢设计设置了不少障碍,如接缝两端图案、色彩等的接合问题令不少设计师难以发挥。而两片罐解决了中缝后,使设计思想不为所限,可以充分自由发挥。

(3)三者具有相辅相成的综合性　如图 1 -1 所示,包装结构、造型与装潢设计是在包装设计中同一层次的子系统,不分主次相辅相成,一荣非皆荣,一损却皆损。但是,在图 1 -1中的同一系统层次中,他们又相对独立,彼此外在,存在差别性。从图 1 -1 中还可以看出,结构设计是造型设计和装潢设计的基础,不同的结构设计对包装的外观有直接的影响,每一个创新的结构设计同时也要求有一个创新的造型和装潢设计。同一结构设计可以配合不同的外观设计,但不能以外观设计为基础来改变结构设计。因为位于基础的结构设计涉及问题复杂,可变动性较小,而位于基础之上的造型和装潢设计表现手段多,具有较大的灵活性,反过来可以促进结构设计的创新。

图 1 -7 为两种不同材料的可口可乐包装:玻璃、金属。其中畅销多年的规范玻璃瓶型,造型类似于曾颇具时尚的喇叭裙。这种专利瓶型享有很高知名度,人们不论何时何地都可立刻将其与其他饮料分辨开来。后来,由于易拉罐包装的迅猛冲击,可口可乐不得不采用这种方便使用的容器。材料的不同,成型方法不同,结构也就不同。金属包装的结构限定其造型只能是简单的圆柱体。但为了保证视觉效果的连续性,通过国际著名设计大师的创意,原包装传统的造型形象在装潢图案上以一条飘逸的曲线抽象地表现出来。这种极富现代感的设计图案又用于后来的 PET 和玻璃瓶装。这一事例充分说明了图 1 -1 中各子系统之间的关系:由于结构设计受材料、机械及生产工艺的限制,可变动性较小;而造型和装潢设计又受到结构设计的约束,但因其表现手段多,故可变动性较大。

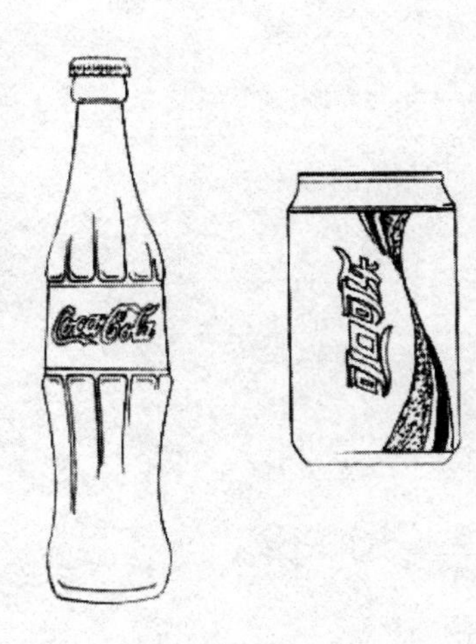

图 1 -7　“可口可乐”包装

在包装设计创意中,要考虑系统的综合性原则,不能片面地强化某一方面,而要综合地全面地考虑问题。否则,就有可能产生偏差,顾此失彼,因小失大,得不偿失。

四、怎样学习包装结构设计

通过以上分析，我们知道，在学习本门课程之前，应全面了解包装材料、包装机械及包装工艺等其他方面的知识，掌握造型和装潢设计的基本知识和基本技能，具备较高的创意创新素质和一定的审美情趣及鉴赏能力。

在课程学习中，要不断加强立体空间物体的想象能力，特别是纸、箔、膜类由平面到立体成型的包装结构，必须掌握二维到三维之间的相互思维转换。同时要加强实践环节的练习，多模仿，多设计，多思考，多创新。通过融知识学习、能力培养和素质提高为一体，理论与实践相结合的学习方法，培养提出问题、分析问题和解决问题的能力，尤其注重培养动手能力和创新能力。

任何一种结构都是科技进步的产物，必然留下时代的烙印，可以从中发现历史的局限，所以需要用批判的眼光认真地审视他们，改正缺陷，修补不足，就可能设计出一种创新的结构。

总之，拓宽思路，注重实践，加强创新，才能在包装结构设计中有所建树。

【习题】

1－1 举例说明包装结构、造型与装潢设计之间的关系。

1－2 用 WPO 的评奖标准分析一种包装实例并提出改进方案。

1－3 到超市观察，寻找省资源的包装结构实例。

第二章　包装结构设计基础

第一节　纸盒(箱)类包装结构绘图基础

折叠纸盒、粘贴纸盒和瓦楞纸箱等纸包装是用平页纸或纸板成型的,与塑料、玻璃、金属及纸浆模制品等需要模具成型的包装容器或制品,在成型方法上明显不同,在结构上就有明显差异,因此,其结构设计的基本方法也与众不同。

一、绘图设计符号与计算机代码

纸包装绘图设计符号与计算机代码由欧洲瓦楞纸箱制造商协会(The European Federation of Corrugated Board Manufacturers ,FEFCO)和欧洲硬纸板组织(The European Solid Board Organization, ESBO)制定,国际瓦楞纸箱协会(The International Corrugated Case Association,ICCA)采纳在世界范围内通用。

图2-1是典型的折叠纸盒结构设计图,图中的各种线型都代表什么呢?

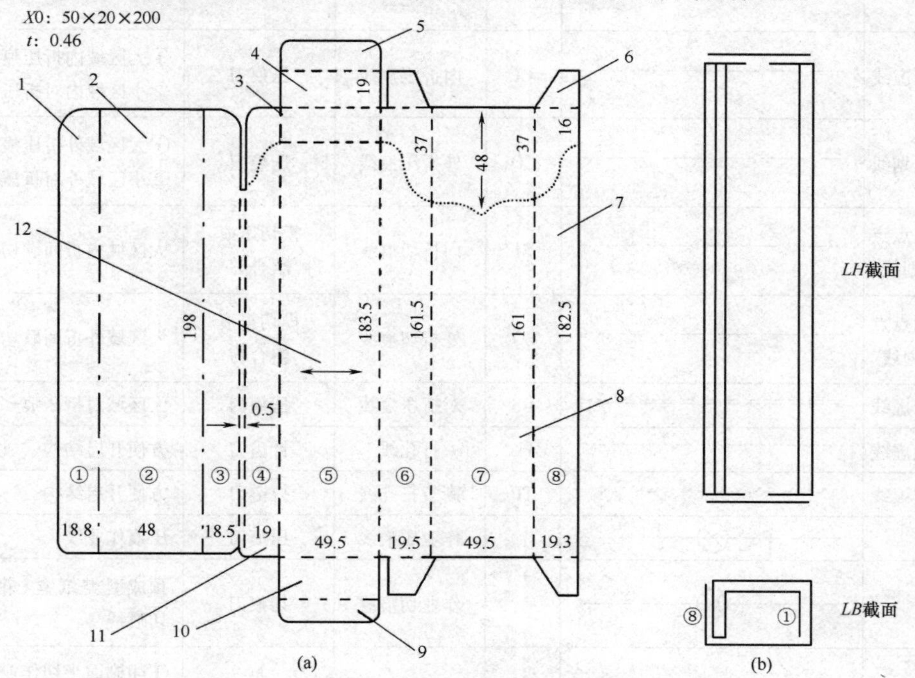

图2-1　管式折叠纸盒结构设计图(尺寸单位:mm)

(a)结构设计图　(b)折叠成型简图

1—端内板　2—后内板　3—后板　4—盖板　5—盖插入襟片　6—防尘襟片　7—端板　8—前板　9—底插入襟片　10—底板　11—粘合板　12—纸板纹向　①~⑧—盒面编号　*L*—盒长度　*B*—盒宽度　*H*—盒高度(后同)

1. 裁切、开槽和折叠的绘图符号及计算机代码

表2－1为裁切、开槽与折叠符号的名称、线型、计算机代码、功能与应用范围。其中，序号1～10为FEFCO－ESBO规定的国际标准线型；序号11～14为非标准线型，且没有规定计算机代码。

表2－1　裁切、开槽与折叠的绘图符号与计算机代码

序号	名　称	绘图线型	计算机代码	功　能	模切刀型	应用范围
1	单实线		CL	轮廓线		①纸箱(盒)立体轮廓可视线
				裁切线	模切刀 模切尖齿刀	②纸箱(盒)坯切断线
2	双实线		SC	开槽线	开槽刀	区域开槽切断线
3	波纹线		SE	软边裁切线	波纹刀	①盒盖插入襟片边缘波纹切断 ②盒盖装饰波纹切断
				瓦楞纸板剖面线		③瓦楞纸板纵切剖面
4	单虚线		CI	内折压痕线	压痕刀	①大区域内折压痕 ②小区域内对折压痕
5	点划线		CO	外折压痕线	压痕刀	①大区域外折压痕 ②小区域外对折压痕
6	三点点划线		SI	内折切痕线	模切压痕组合刀	大区域内折间歇切断压痕
7	两点点划线		SO	外折切痕线	模切压痕组合刀	大区域外折间歇切断压痕
8	双虚线		DS	对折压痕线	压痕刀	大区域对折压痕
9	点虚线		PL	打孔线	针齿刀	方便开启结构
10	波浪线		TP	撕裂打孔线	拉链刀	方便开启结构
11				作业压痕线	压痕刀	压痕作业线
12				作业切痕线	切痕刀	预成型类纸盒(箱)作业切痕线
13				印刷面半切线	精密半切刀	①印刷面半切作业线 ②>90°折叠线 ③弧形折叠线
14				撕裂切孔线	模切组合刀	方便开启结构

计算机代码是自动绘图仪或数字打样机的线型命令。

图 2－2 为日本超级“WG”模切刀，其 a 部进行了微细研磨，b 部进行了淬火处理，c 部进行了表面脱碳。

裁切线、开槽线与软边裁切线均用模切刀，仅有裁切线形状的差异。软边裁切刀的波纹是将直线模切刀的整体或刀刃局部弯曲加工而成。平板模切刀刀刃类型如表 2－2 所示，波纹刀的波纹值如表 2－3 所示。

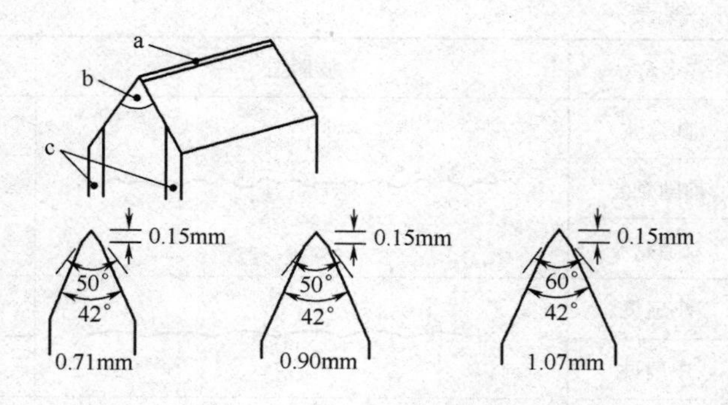

图 2－2　模切刀刃部结构

表 2－2　　**平板模切刀刀刃类型**

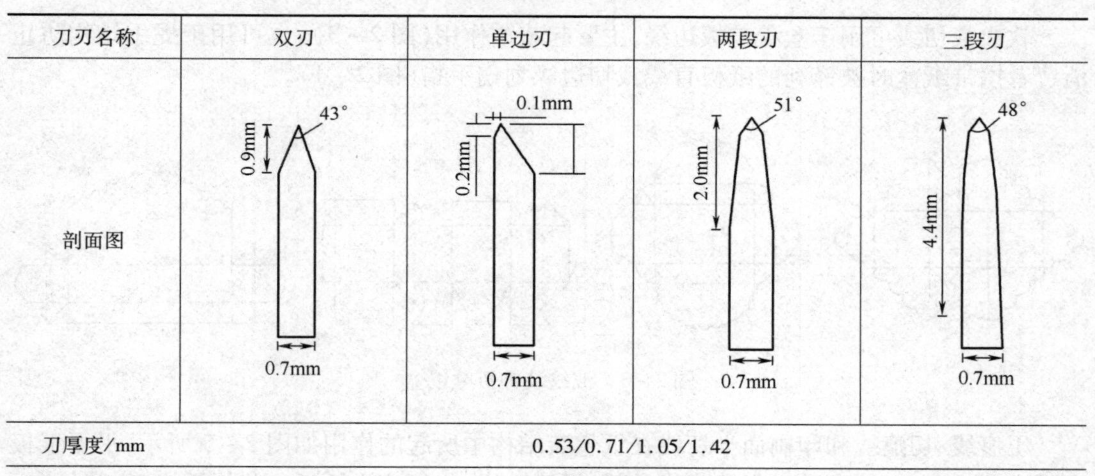

刀刃名称	双刃	单边刃	两段刃	三段刃
剖面图	43° 0.9mm 0.7mm	0.1mm 0.2mm 0.7mm	51° 2.0mm 0.7mm	48° 4.4mm 0.7mm
刀厚度/mm	0.53/0.71/1.05/1.42			
刀高度/mm	≤100，常用 23.80			

表 2－3　　**波纹值**

名称	波形图	波长/mm	波高/mm
微波		2.0	0.50
超密波		2.0	0.58
特细波		3.2	0.65
细波		4.8	0.80
中波		6.4	1.25
中大波		9	1.25
大波		12.5	2.0
特大波		19	3.7
Tsunaml 波		24	8.0

续表

名称	波形图	波长/mm	波高/mm
随意波		N/A	1.30 max
前随意波		N/A	0.70
双随意波		N/A	1.30
小扇贝		5	0.9
中扇贝		9	1.0
海浪波		4.0	0.6
之字刀		24	8.0

资料来源：山特维克公司。

软边裁切线可用于盒盖盖板边缘，主要起装饰作用（图2－3），也可用于提手结构防止消费者携带纸盒时被锋利的纸板直线裁切边缘划伤手指（图2－4）。

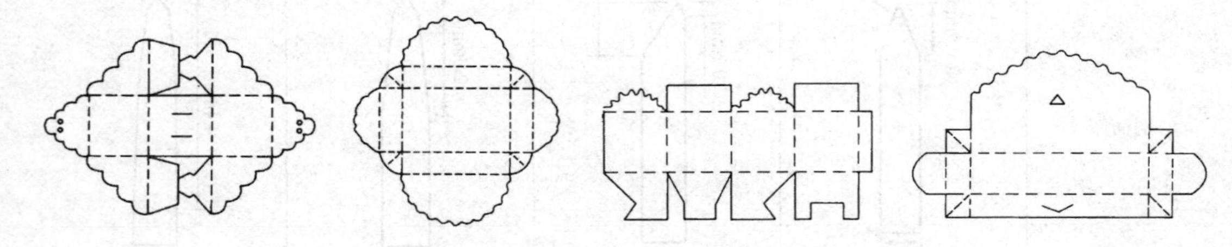

图2－3　波纹装饰折叠纸盒

压痕线、切痕线和印刷面半切线在纸包装结构中所起的作用如图2－5所示：平页纸板承压力较小，一旦压痕并进行适当折叠后，承压力增大；压痕方便纸包装折叠成型。

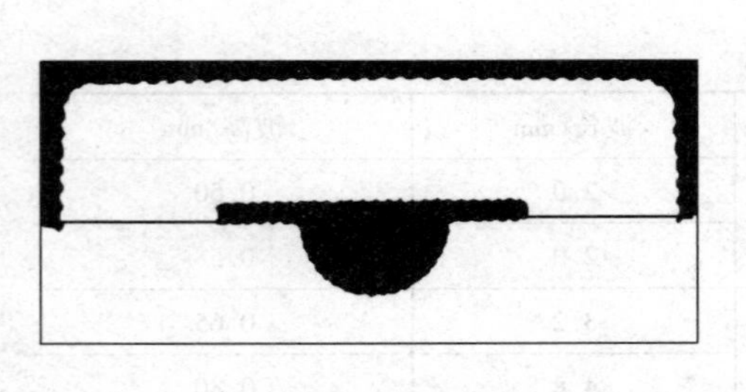

图2－4　波纹提手

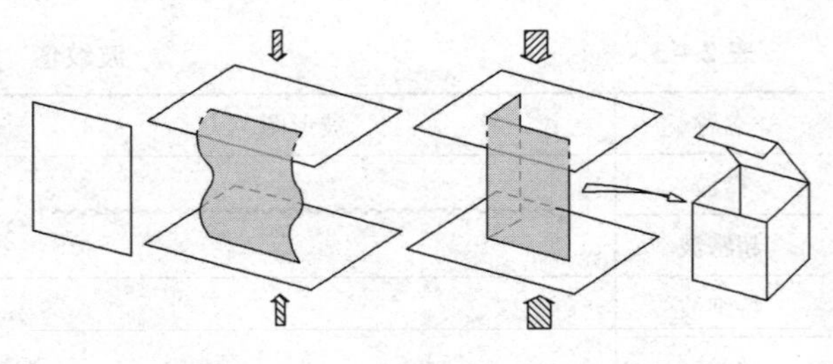

图2－5　折叠压痕线的作用

作为纸盒（箱）的主要原材料，不论是普通纸板还是瓦楞纸板均具有两面性，普通纸板有面层和底层、瓦楞纸板有外面纸和内面纸之分。一般情况下，纸板面层或瓦楞纸板外面纸纤维质量较高，亮度、平滑度及适印性能较好，可作为装潢印刷面。

在折叠压痕线中，内折、外折和对折定义为：根据结构需要，如果纸盒（箱）折叠成型时，纸板底层为盒（箱）内角的两个边，而面层为盒（箱）外角的两个边，则为内折，反之为外折。如果纸板180°折叠后，纸板两底层相对，则为内对折，反之为外对折（图2-6）。

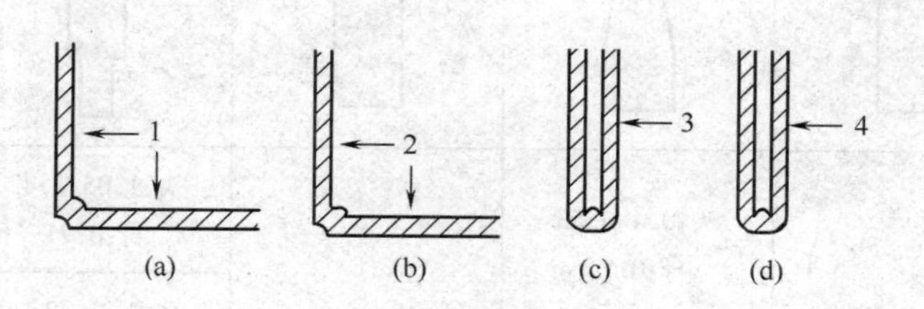

图2-6 纸板的内折、外折与对折
（a）内折90° （b）外折90° （c）内对折 （d）外对折
1，4—底层 2，3—面层

一般情况下，内、外对折均用双虚线表示，但在对折线长度较短时，可用单虚线或点划线分别表示内对折或外对折，以保证设计图纸清晰准确，如图2-7所示盒型的蹼角（无缝角）处。

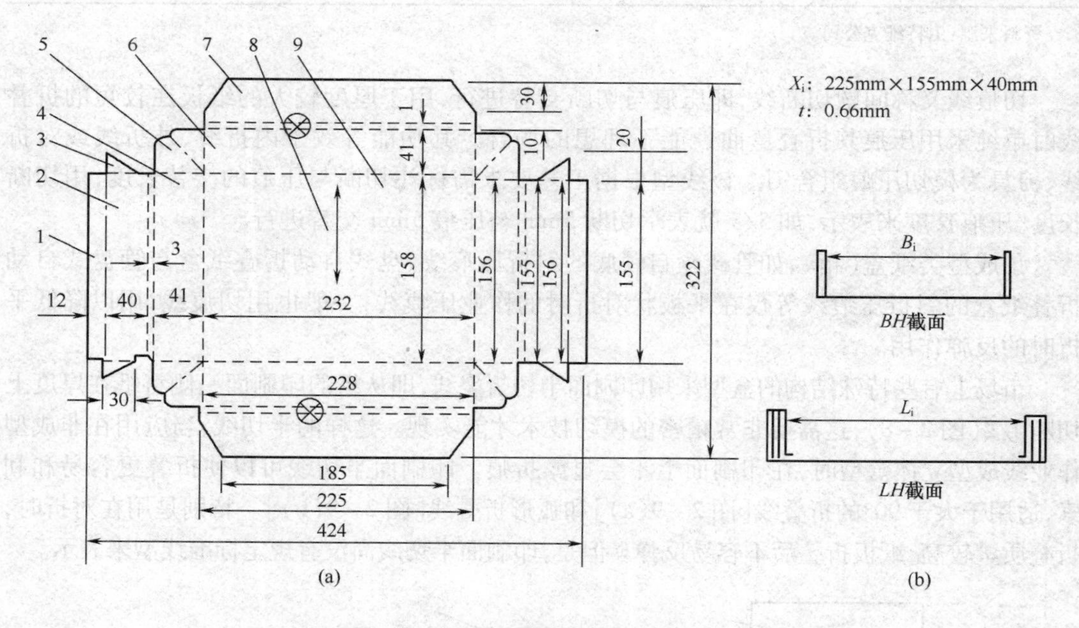

图2-7 双壁蹼角盘式折叠纸盒结构设计图（尺寸单位：mm）
（a）结构设计图 （b）折叠成型示意图
1—端襟片 2—端内板 3—端内板襟片 4—端板 5—蹼角 6—侧板 7—侧内板 8—纸板纹向 9—底板

瓦楞纸板内、外、对折也如此判断。

内、外、对折都使用同样的压痕刀压痕，所不同的只是纸包装成型立体时的折叠状态。

表2-4为压痕刀类型，一般压痕刀宽度选择为纸板厚度的2倍。

表 2－4　　平板模切压痕刀类型

刀刃名称	圆头线	窄头线	双线	激光线	十字线
剖面图		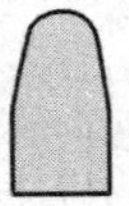			
刀厚度/mm	0.71/1.05/ 1.42/2.13	头:0.4/0.53 身:0.71 头:0.71/0.90 身:1.05	1.42	头:1.05/1.42 身:0.71 头:1.42 身:1.05 头:2.13/2.84 身:1.05/1.42	头:1.05 身:2.13 头:1.42 身:2.84
刀高度/mm	≤30	≤23.80	≤23.80	≤27	≤23.62
用途	通用	复杂盒型或 压痕要求细密	较厚的卡纸	瓦楞纸板	重型瓦楞纸板

资料来源：山特维克公司。

切痕线又称间歇切断线，即压痕与切断交替进行，用于厚度较大的纸板在较短的折叠线时单纯采用压痕其折叠弯曲性能不理想的场合。其功能等效于内折线、外折线或对折线，刀具为模切压痕组合刀。该线型根据工艺要求需标注切断与压痕的交替长度，用切断长度/压痕长度来表示，如5/5 就表示切断5mm 与压痕5mm 交替进行。

预成型类纸盒（箱），如管式盒自锁底的斜折压痕线、盘式自动折叠纸盒与管盘式自动折叠纸盒的斜折压痕线等仅在平板状对折时的作业压痕线，一般也用切痕线，用以降低平折时的反弹作用。

市场上有些特殊结构的盒型采用印刷面半切折叠线，即从纸的印刷面一侧将纸在厚度上切断1/2（图2－8），这需要非常精密的模切技术才能实现。这样的半切线，当应用在非成型作业线成型立体盒型时，在印刷面上不会显露折痕。印刷面半切线可以使折叠更容易和利索，适用于大于90°的折叠线［图2－9(a)］和弧形折叠线［图2－9(b)］。特别是用在对折时，折叠质量较高，纸板折叠后不容易反弹。但是，印刷面半切线尚没有规定标准线型来表示。

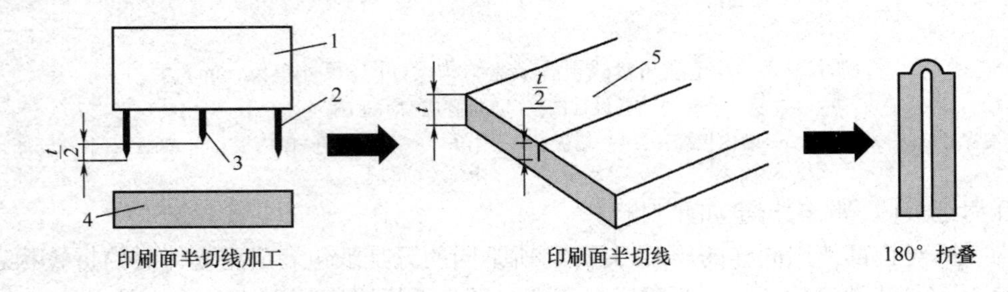

图2－8　印刷面半切线

1—模切版　2—模切刀　3—半切刀　4—纸板　5—印刷面

打孔线与撕裂打孔线线型不同但功能相同，其作用类似于邮票齿孔线，既方便开启，又显示开痕。如图2－10(a)、图2－10(b)，成盒后原盖封死，于撕裂打孔线处形成新盖。

打孔线刀具是针齿刀，撕裂打孔线刀具是拉链刀(拉链刀类型见表2－5)。

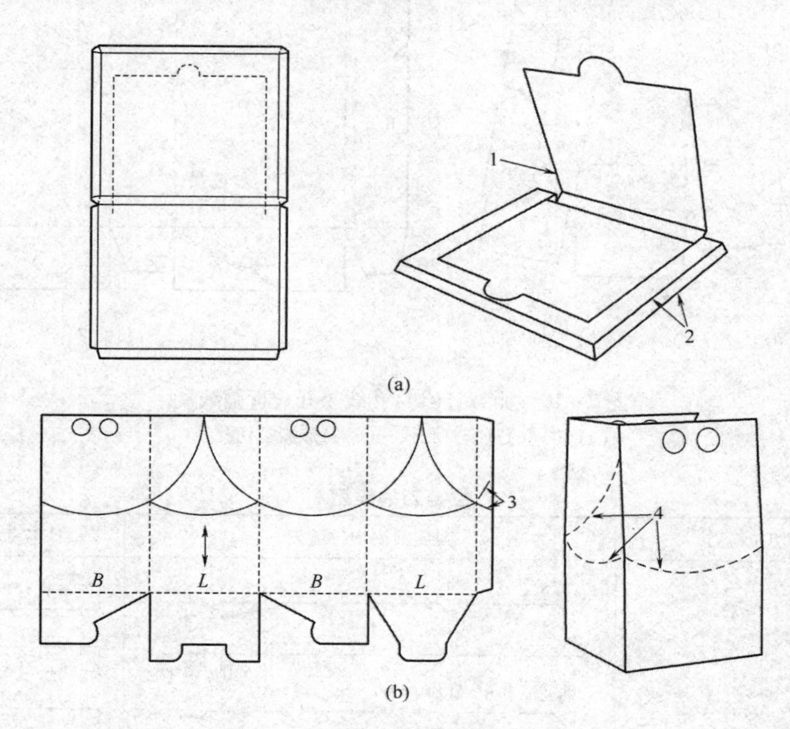

图2－9 印刷面半切折叠线纸盒

(a)>90°的折叠线 (b)弧形折叠线

1—撕裂切孔线 2—印刷面半切线 3—刀切线 4—印刷面弧形半切线

图2－9(a)是德国“Merci”牌259g装巧克力的标志性结构的包装盒，它除了采用印刷面半切线作为非90°折叠线之外，开启部位还设计了撕裂切孔线作为开启新盖的线型，只是连接的“桥”与切断长度相比特别小，起到容易撕开的作用。图2－10(c)是将打孔线与切痕线配合起来使用。图2－10(d)使用了特殊结构的撕裂打孔线，拉链刀刃角度不是传统的45°，而是30°。

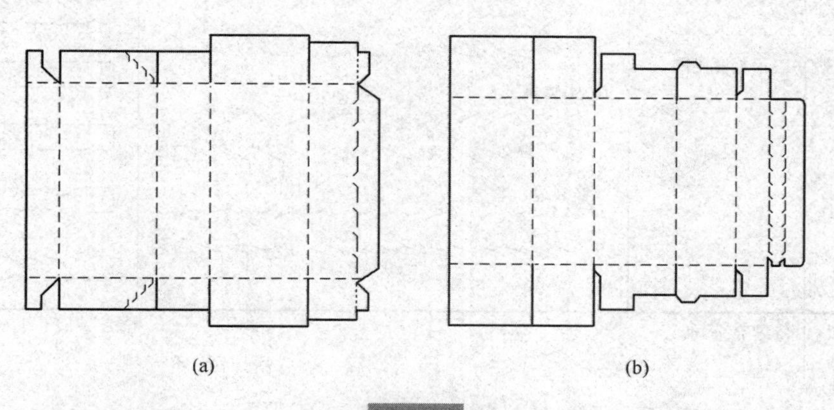

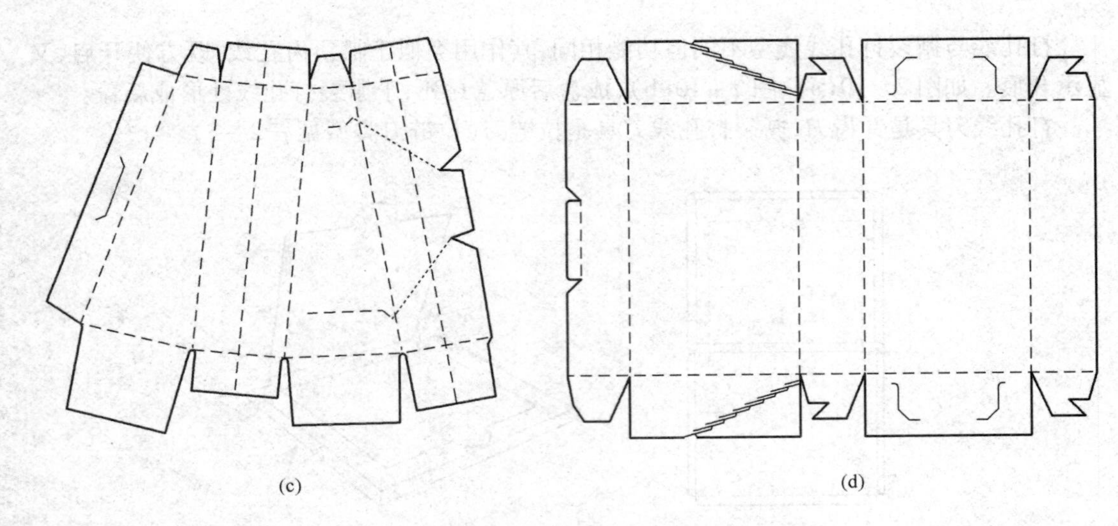

图 2-10　撕裂打（切）孔线易开式折叠纸盒

（a）（b）（c）撕裂打孔线　（d）特殊撕裂切孔线

表 2-5　拉链刀的类型

平版模切拉链刀	圆压圆模切拉链刀	日本专利拉链刀
A 45° 2 1 B 45° 1 1 C 60° 1 1 双向 45° 1 11 数字表示长度比例	标准 0.130 0.500 标准W/1/8″ 缺口 0.125 0.500 开放式 0.500 0.225 0.400倾斜 0.400 0.140 0.375倾斜（5/16″ 跨度） 0.250倾斜 0.250 0.090 撕裂边 0.152 0.035	

资料来源：山特维克公司。

2. 制造商接头绘图符号与计算机代码

表2－6为制造商接头结构的绘图线型、计算机代码与功能。

所谓制造商接头指纸包装制造厂商将纸包装交付用户使用前必须以平板状形态完成接合的接头。制造商接头可分为钉合、胶带粘合和黏合剂粘合。粘合方式不同，盒坯结构也就不同。钉合和黏合剂粘合的制造商接头可以连接到侧板，也可以连接到端板（图2－11）。

为使制造商接头完成接合，盒（箱）坯上必须设计作业线。

表2－6　制造商接头绘图符号与计算机代码

名称	绘图线型	计算机代码	功能
S接头		SJ	U形钉钉合
T接头		TJ	胶带粘合
G接头		GJ	黏合剂粘合

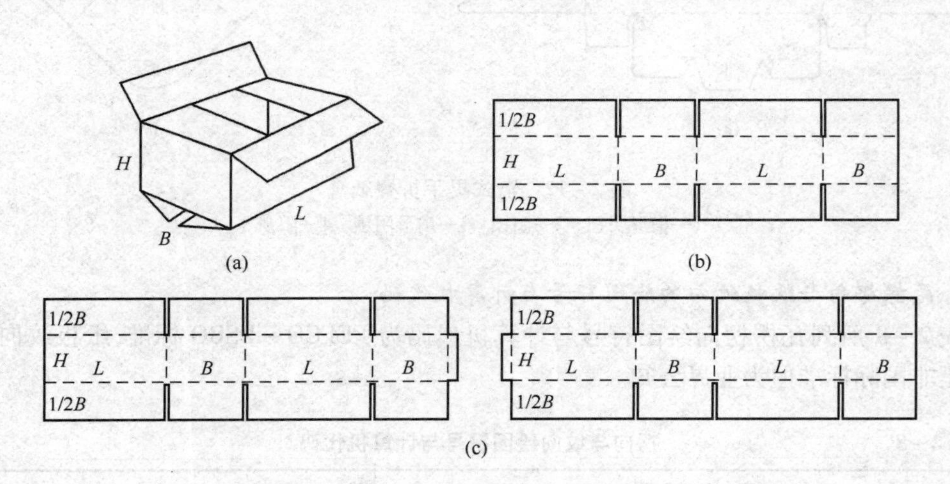

图2－11　0201型箱制造商接头

（a）0201箱组装图　（b）胶带粘合接头　（c）U形钉钉合或黏合剂粘合接头

3. 提手绘图符号与计算机代码

表2－7为提手结构的绘图符号，计算机代码与功能。

表2－7　提手绘图符号与计算机代码

名称	绘图符号	计算机代码	功能
P型提手		PC	全开口提手
U型提手		UC	不完全开口提手
N型提手		NC	不完全开口提手

如果提手窗直接开在盒(箱)面上,则不完全开口提手可起到防尘作用。

U 型提手较之 P、N 型提手,不易划伤消费者手掌,因为与之接触部位,前者是圆滑的折叠线,后两者是锋利的纸板裁切边缘。

如图 2-12 所示两种便携式提手折叠纸盒,提手成对设计,一为 U 型提手,一为 N 型或 P 型提手,这样可以取长补短,既保护了消费者手掌,又避免灰尘从中缝进入盒内。图 2-12(b)的扇形阴锁可以使提手锁合后,在堆码运输状态下呈平板状,在展示与提携状态下呈直立状。

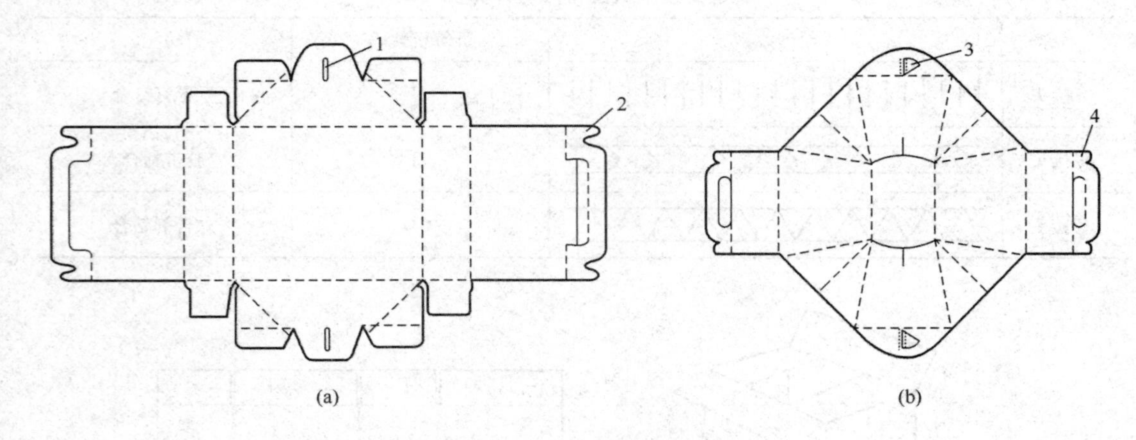

图 2-12 盘式提手折叠纸盒

1—槽形阴锁 2—阳锁 3—扇形阴锁 4—阳锁

4. 瓦楞楞向与纸板纹向的绘图符号与计算机代码

表 2-8 所列瓦楞楞向绘图符号与计算机代码为 FEFCO-ESBO 标准,纸板纹向绘图符号是非国际标准但为业界公知。

表 2-8 楞向与纹向绘图符号与计算机代码

名称	绘图符号	计算机代码	功能
楞向	(竖线填充三角形)	FD	瓦楞楞向指示
纹向	←→	MD	纸板纵向指示

如图 2-13 所示,瓦楞楞向指瓦楞轴向,也就是与瓦楞纸板机械方向垂直的瓦楞纸板横向。

瓦楞盘式纸盒盒体的瓦楞楞向应与纸盒长度方向平行。对于 02 类瓦楞纸箱则应与纸箱高度方向平行,以提高纸箱抗压强度和堆码载荷强度。对于只有一组压痕线的瓦楞纸箱箱坯如部分 05 类和 06 类,瓦楞楞向应与该组压痕线垂直,因为与瓦楞楞向平行的纵压线,有可能压至楞腰处,使尺寸精度与折叠性能不易保证(图 2-14)。

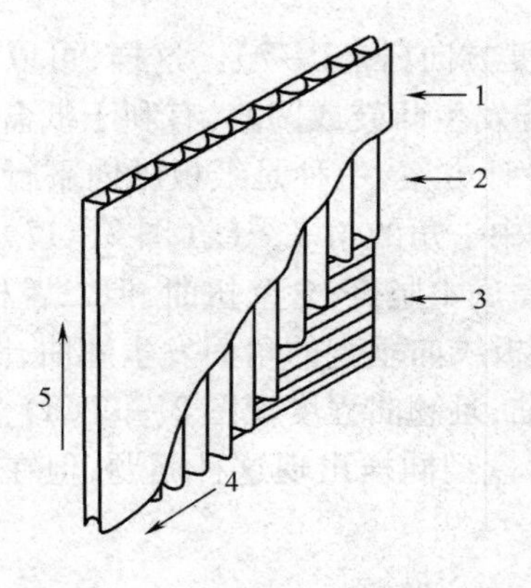

图 2－13　瓦楞纸板楞向

1—外面纸　2—瓦楞芯纸　3—内面纸

4—机械方向　5—瓦楞楞向

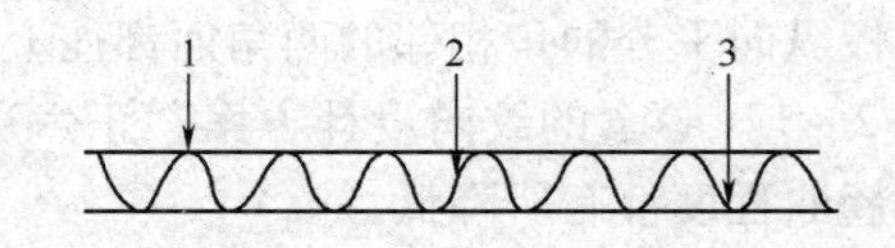

图 2－14　纵压线位置

1—楞峰　2—楞腰　3—楞谷

瓦楞衬件一般是垂直瓦楞，但有时是水平方向的瓦楞，以抵抗从滑动槽滑下，从输送线传动或流通过程中所引起的冲击力。

纸板纹向指纸板纵向即机械方向（M. D.），它就是纸板在抄造过程中沿造纸机的运动方向，与之垂直的是纸板横向（C. D.）。由于工艺原因使纸板纤维组织在纵横向产生差异，因而在纸盒的加工及印刷过程中，纸板纵向产生延伸，横向产生收缩，如果在设计中考虑不当，用错了纸板方向，则有可能发生压痕质量差、盒壁翘曲、粘合不牢、放置不稳等缺陷，影响在自动包装生产线上的平稳运行及包装外观。

纸板纹向一般可以通过目视观察纸质中纤维的排列方向进行判定，也可以用水润湿纸板，使其发生卷曲，与卷曲轴向平行的方向即为纸板纵向（图 2－15）。

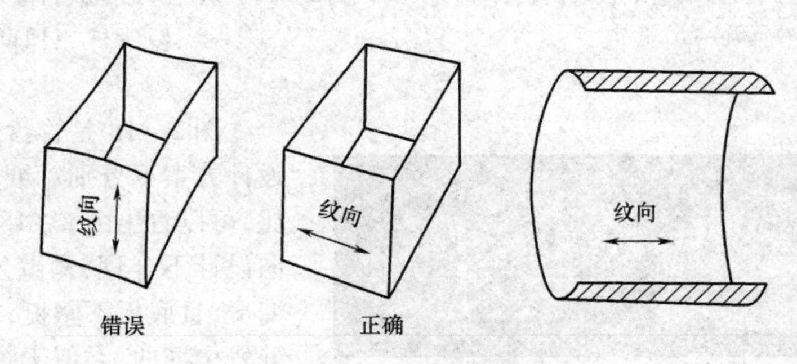

图 2－15　纸板纹向

国家标准《GB/T 450—2008　纸和纸板　试样的采取及试样纵横向、正反面的测定》同时规定了纸板纹向的其他两种测定方法，可参考。

一般情况下纸板纹向应垂直于折叠纸盒的主要压痕线。所谓主要压痕线，就是在折叠纸盒的长、宽、高中，数目最多的那组压痕线。具体地说，对于管式折叠纸盒，纸板纹向应垂直于纸盒高度方向（图 2－1）；但是，如果纸盒主要盒面设计为弧面，纸板纹向设计则要与之相反（图 2－16）。

而盘式折叠纸盒的纹向则应垂直于纸盒长度方向(图2-7)。这样,可以在两条主要压痕线的跨距内提供更高的挺度,避免盒底部分发生凸鼓或凹陷,有利于纸盒盒面坚挺平直。但是,正多边形盘式折叠盒型的纸板纹向设计方案,一种是纸板纵向平行于盒底其中一角的角平分线,一种是纸板纵向垂直于盒底其中一角的角平分线(图2-17)。两种纹向设计都存在一定的缺陷,对纸盒成型都有影响:盒底不坚挺,盒壁扭曲,但二者相比,变形程度还是有所差别。图2-17(a)盒角平分线与纸板纹向垂直的角面发生翘曲,图2-17(b)盒与纸板纵向平分的角相邻的两角面都往上翘曲,且翘曲程度比图2-17(a)盒高,因此应采用图2-17(a)盒的纹向设计方案。正六边形盒型同样出现这种问题,但在这两种设计情况下翘曲程度都有所降低。

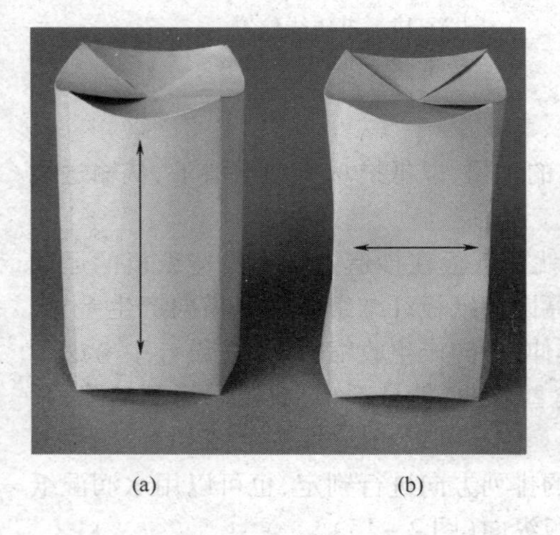

(a) (b)

图2-16 管式弧面纸盒纸板纹向设计
(a)正确 (b)错误

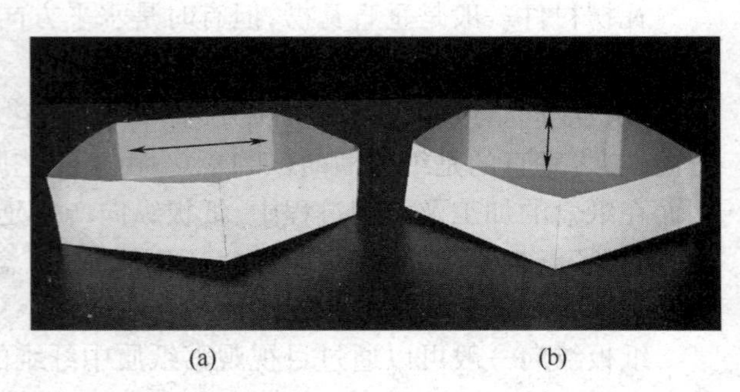

(a) (b)

图2-17 正五边形盘式折叠纸盒纸板纹向设计
(a)正确 (b)错误

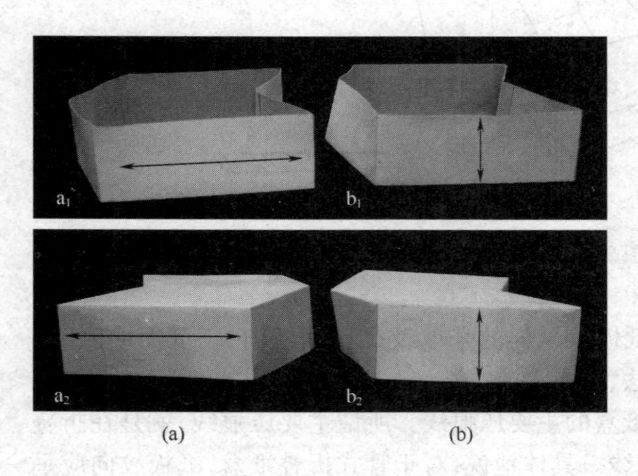

(a) (b)

图2-18 管盘式折叠纸盒纸板纹向设计
(a)正确 (b)错误

图2-18是管盘式纸盒在不同纹向设计方案下分别对纸盒正面和底面的对比,可以看出图2-18(b)盒由于纸板纹向设计不合理,盒壁发生明显凹陷扭曲变形,且底板不坚挺,在底板中间的角面处发生翘曲,类似于图2-17(a)盒角面翘曲。

图2-19是正五角星管盘式折叠纸盒在不同纹向设计方案(同正多边形盘式折叠纸盒纸板纹向设计方案)下,分别对纸盒立放和盒底对盒底平放的对比,可以看出不管哪种纸板纹向设计都使盒底向上凸,五角往外翘曲。通过盒底对盒底平放的对比,可以看出纸盒变

形的程度，在理想情况下，两盒底应吻合紧密，中间不存在缝隙。因此不管哪种纸板纹向设计都存在明显缺陷。

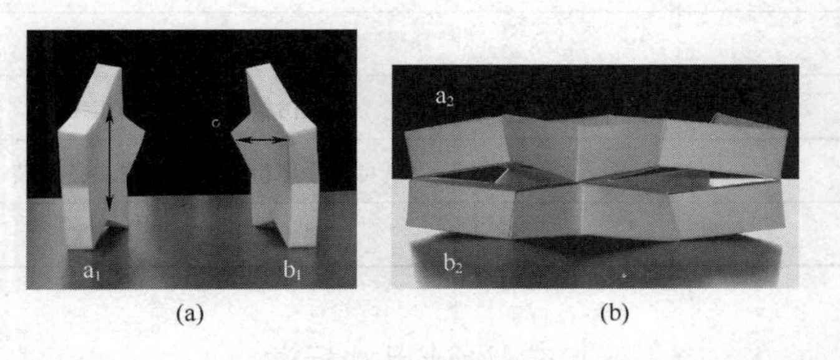

(a) (b)

图 2－19 正五角星管盘式折叠纸盒纸板纹向设计

图 2－20 是非管非盘式折叠纸盒在两种纸板纹向设计方案中对纸盒不同角度的对比。可以看出当纸板纹向设计如图 2－20(a)盒所示时，纸盒外观及盒壁成型效果好，但盒底容易发生翘曲变形，强度低。当纸板纹向设计如图 2－20(b)盒所示时，盒壁发生凸鼓，影响外观和强度，但盒底挺度大，变形小。至于采用哪种纸板纹向设计，应根据厂商对纸盒的具体要求而定。

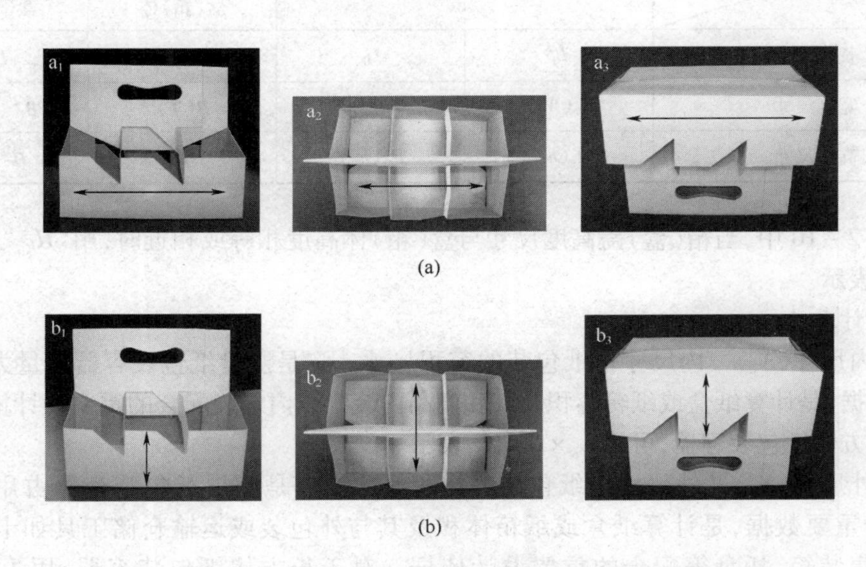

(a)

(b)

图 2－20 六瓶装非管非盘式折叠纸盒纸板纹向设计

在粘贴纸盒中错用贴面纸的纹向也有可能引起盒面卷曲。在长的深型盒上，贴面纸尺寸较小的方向应与纸张纹向平行。

必须强调，纸板楞向和纹向设计是一个因盒型结构而异的复杂问题，解决这个难题，一靠设计者积累经验，二要设计者能够充分听取纸包装客户和制造商的意见。

5. 纸包装的组装符号

由平面纸页到立体箱(盒)型的过程中，其纸包装成型方式及代码如表 2－9。一些手工组装的箱(盒)型局部可以自动组装，如 0216 和 0712 箱型(见附表 1)。

表 2-9　　纸包装成型方式及代码

组装代码	组装方式
M	一般由手工组装
A	一般由机械设备自动组装
M/A	既可以手工组装也可以由设备组装
M+A	需要手工与设备共同组装

二、设计尺寸标注

1. 尺寸代号

表 2-10 所列为纸包装设计尺寸代号。

表 2-10　　纸包装设计尺寸代号

设计尺寸 / 盒(箱)尺寸	内尺寸	外尺寸	制造尺寸	
			盒(箱)体	盒(箱)盖
长度尺寸	L_i	L_0	L	L^+
宽度尺寸	$B_i(W_i)$	$B_0(W_0)$	$B(W)$	$B^+(W^+)$
高度尺寸	$H_i(h_i)$	$H_0(h_0)$	H	$H^+(h)$

在表 2-10 中，当箱(盒)盖高度尺寸与盒(箱)体高度相等或相近时，用“H^+”表示，否则用“h”表示。

2. 设计尺寸

(1)内尺寸(X_i)　内尺寸指纸包装的容积尺寸。它是测量纸包装容器装量大小的一个重要数据，是计算纸盒或纸箱容积及其和商品内装物或内包装配合的重要设计依据。对于常见长方体纸包装容器，可用 $L_i \times B_i \times H_i$ 表示。

(2)外尺寸(X_0)　外尺寸指纸包装的体积尺寸。它是测量纸包装容器占用空间大小的一个重要数据，是计算纸盒或纸箱体积及其与外包装或运输仓储工具如卡车与货车车厢、集装箱、托盘等配合的重要设计依据。对于长方体纸包装容器，用 $L_0 \times B_0 \times H_0$ 表示。

(3)制造尺寸(X)　制造尺寸指生产尺寸，即在结构设计图上标注的尺寸。它是生产制造纸包装及模切版的重要数据，与内尺寸、外尺寸、纸板厚度和纸包装结构有密切关系。从图 2-22 可以看出，制造尺寸并不局限于长、宽、高尺寸，且长、宽、高尺寸不止一组，所以不能用 $L \times B \times H$ 表示。

当制造尺寸中有除长、宽、高以外的第四个尺寸，如不与盒(箱)体高度相等的盒(箱)盖板高度尺寸用 h 表示，盒(箱)面搭接部分的尺寸用 o 表示，参见附表 1 中 0202，0225，0228，0230，0231，0310，0312，0322，0323，0761 等盒型。

3. 纸包装主要尺寸

对于长方体纸包装来说，一般有三个主要尺寸：

(1)长度尺寸　纸包装容器开口部位长边尺寸。

(2)宽度尺寸　纸包装容器开口部位短边尺寸。

(3)高度尺寸　纸包装容器从开口部位顶部到容器底部的垂直尺寸。

但是，如果一旦根据上述定义确定了某一种标准盒(箱)型结构的长、宽、高尺寸，或人们已习惯性确认了某种盒(箱)型结构部位的长、宽、高尺寸[图 2-21(a)]，那么在具体设计中就有可能出现长度尺寸(L)反而比宽度尺寸(B)小的情况，这时不应拘泥于定义。如图 2-21(b)所示。

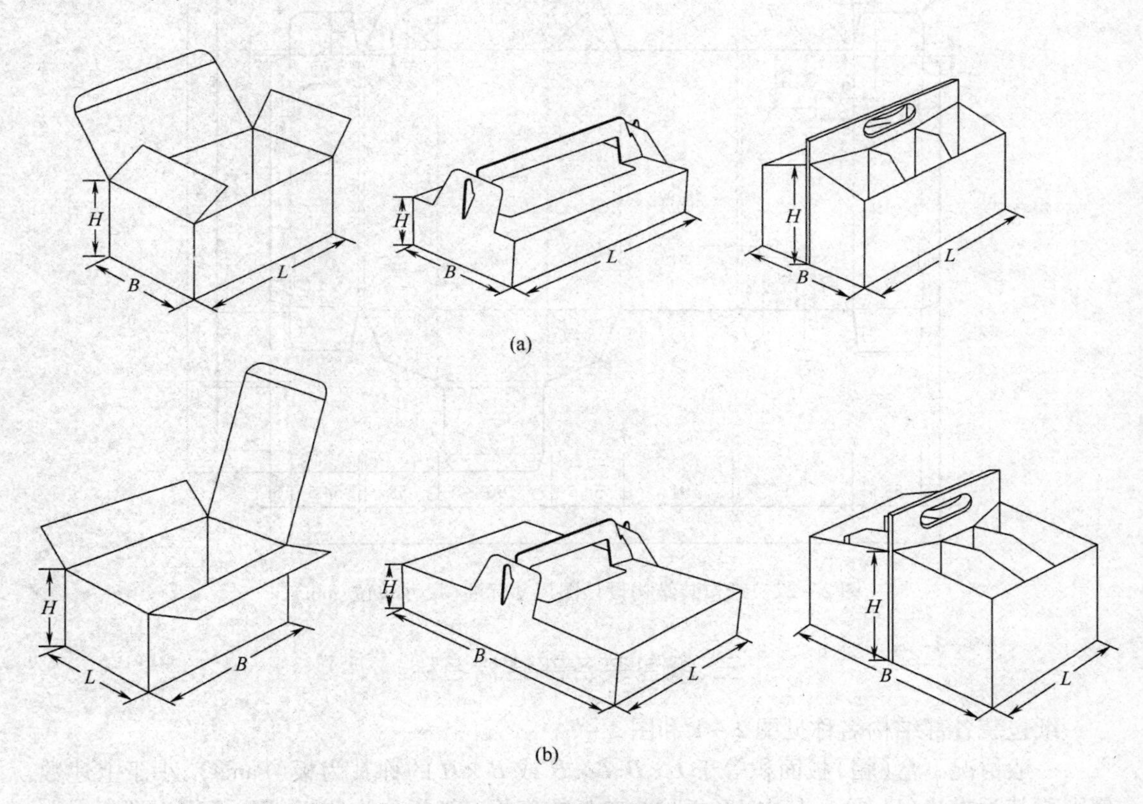

图 2-21　长度尺寸、宽度尺寸、高度尺寸

(a)标准状况　(b)特殊状况

4. 盒(箱)坯尺寸

盒(箱)坯(blank)是在纸盒(箱)在生产过程中，盒(箱)板(sheet)在模切压痕后到接头结合前或组装成型前的半成品状态。

盒(箱)坯尺寸用下式表示：

1^{st}尺寸 × 2^{nd}尺寸

式中，1^{st}尺寸为与粘合线平行的盒(箱)坯尺寸；2^{nd}尺寸为与粘合线垂直的盒(箱)坯尺寸。

5. 尺寸标注

如图 2 - 22 所示,在纸包装平面结构设计图上,尺寸标注只应从两个方向进行,即图纸的水平方向和图纸顺时针旋转 90°的第一垂直方向。

除非另有规定,尺寸标注单位一般为 mm。

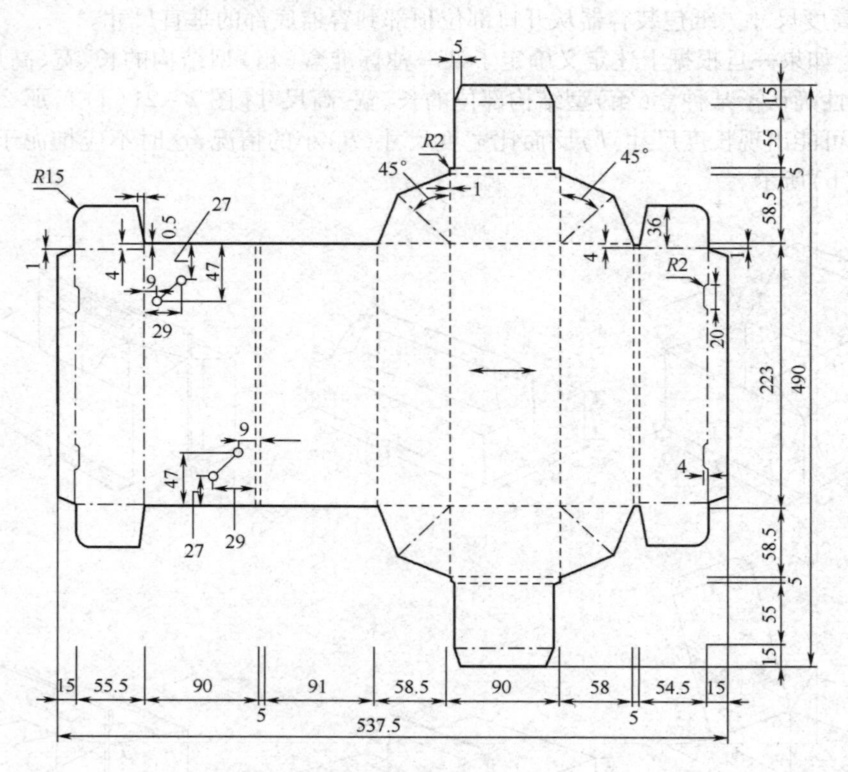

图 2 - 22　纸包装结构设计图尺寸标注(尺寸单位:mm)

三、纸包装各部结构名称

纸包装各部结构名称见图 2 - 1 和图 2 - 7。

一般情况下盒(箱)板面积等于 $L \times B$、$L \times H$ 或 $B \times H$ 的称其为板(Panel),小于上述数值则称其为襟片(Flap)。其中 *LB* 板称为盖板或底板,*LH* 板称为侧板,*BH* 板称为端板。在插入式盒(箱)盖或盒(箱)底结构中,连接盖板或底板的襟片称为插入片(Tuck)。

当侧板与盖板连接时,则该侧板称为后板,其相对的另一侧板为前板。

当纸包装为多层结构时,内部板可称为侧内板(前内板或后内板)、端内板、盖内板、底内板等。

所有的 *LH* 板与 *BH* 板统称为体板。

襟片按其功能可称为防尘襟片、粘合襟片(一般称接头)或锁合襟片。或者按其连接板的名称叫做侧板襟片、侧内板襟片、端板襟片或端内板襟片。

在盘式纸包装结构中,同时连接端板与侧板的襟片称为蹼角(Web Corner)。

纸包装主要结构代号见表 2 - 11。

表 2－11　　纸包装结构代号

部位名称	代号	部位名称	代号	部位名称	代号
插入片	T	襟片	F	箱（盒）板	P
盖插入片	T_u	内襟片	F_i	端板	P_e
底插入片	T_d	外襟片	F_0	侧板	P_s

管式纸包装容器还有另外一种结构命名办法，即按与接头的相对位置依序号命名体板，按与体板的连接位置用序号命名盖板（片）或底板（片）。其命名原则如下：①与接头连接的体板命名为板 1，其余依次为板 2、板 3、板 4；②与板 x 连接的盖板（片）命名为盖板（片）x；③与板 x 连接的底板（片）命名为底板（片）x；④与盖（底）板 x 连接的插入片命名为盖（底）插入片 x（图 2－23）。

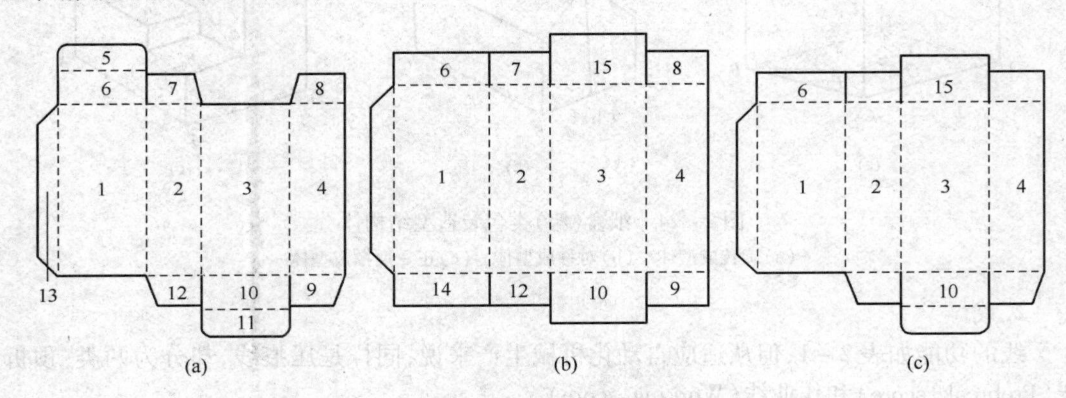

图 2－23　管式纸包装结构名称

（a）反插式　（b）粘合封口式　（c）粘合封口式/反插式

1—板 1　2—板 2　3—板 3　4—板 4　5—盖插片 1　6—盖板 1　7—盖板 2　8—盖板 4　9—底板 4　10—底板 3　11—底插片 3　12—底板 2　13—接头　14—底板 1　15—盖板 3

板与襟片组成纸包装的面。对于一个长方体纸包装来说，它由盖面、底面、侧（前与后）面及端面组成。

第二节　平面成型纸盒（箱）类包装成型基本原理

一、结 构 要 素

不论何种材料的包装容器，其结构体都可认为是点、线、面、体的组合，但是，对于折叠纸盒、粘贴纸盒与瓦楞纸箱这类纸包装，由于原料——平面纸板的物理特性，其点、线、面、体和角等结构要素是由平面纸板成型为立体包装的关键。

1. 点

在图 2－24 所示的纸包装基本造型结构体上，有三类结构点：三面或多面相交点、两面相交点和平面点。

（1）旋转点　三面或多面相交点，位于纸包装盖（底）面与两个或两个以上体面相交处，如图2－24中的A、A_1、B、B_1……诸点，在纸包装由平面到立体的旋转成型过程中起重要作用。

（2）正－反揿点　两面相交点，位于纸包装盒体部位，在纸包装间壁、封底、固定等正－反揿结构的成型过程中起重要作用，如图2－24（c）中的a_0、b_0、a_1、b_1……诸点。

（3）重合点　平面内的点，可位于组成一个平面的各个盒板或襟片上，当旋转成型后，这些点需在同一平面上重合，如图2－24（a）中盒底面上的O、P点。

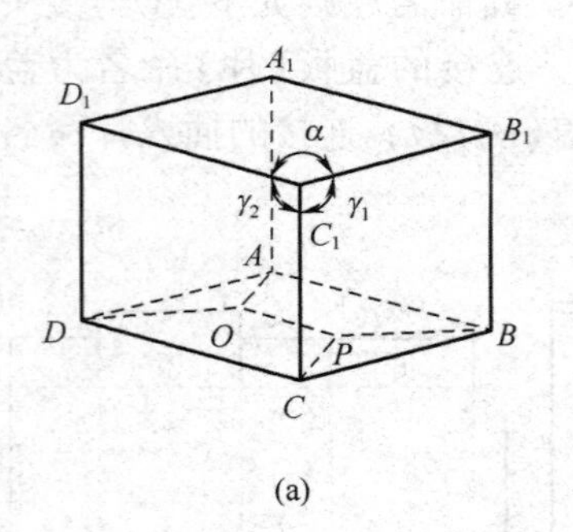

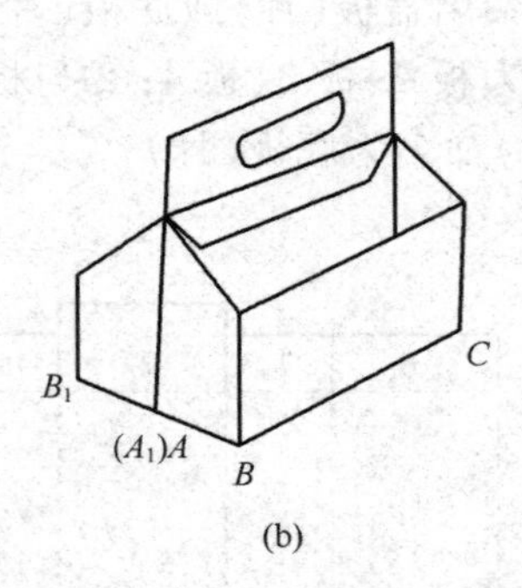

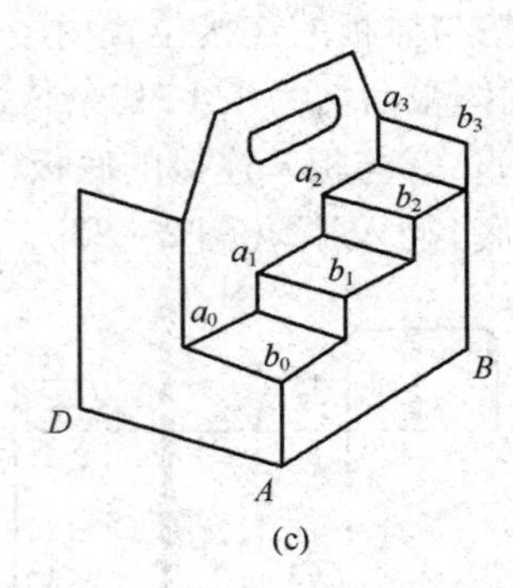

图2－24　纸盒（箱）类包装造型结构体

（a）旋转成型体　（b）对移成型体　（c）正－反揿成型体

2. 线

线的功能如表2－1，但从适应自动化机械生产来说，同样是压痕线，却分为两类：预折线（Prebreak score）和作业线（Working score）。

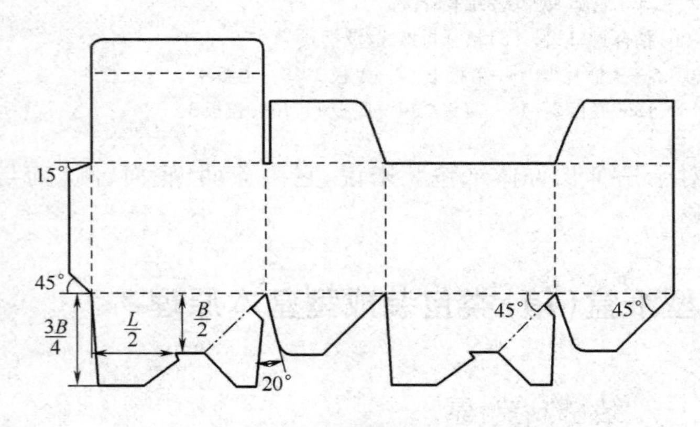

图2－25　自动锁底折叠纸盒结构

图2－23（a）所示盒型在自动粘盒机上的制造商接头接合过程如图2－26所示。图2－25所示自锁底盒型盒底粘合成型过程如图2－27所示。从中不难看出两种线的区别：

①预折线。预折线是预折压痕线的简称。在纸盒（箱）制造商接头自动接合过程中仅需折叠130°且恢复原位的压痕线，或者说当纸盒呈平板状接合接头时并不需要对折的压痕线就是预折线，如图2－28的AA_1、CC_1线。预折只是为了方便自动折叠成型立体盒。

②作业线。作业线是作业压（切）痕线的简称。为使纸盒（箱）在平板状态下制造商接头能准确接合，盒坯需要折叠180°的压（切）痕线，或者说当纸盒（箱）以平板状准确接合制造商接头时需要对折的压（切）痕线是作业线，如图2－28的BB_1、DD_1线。

作业线的选取原则是纸盒在自动粘盒机上成型过程最简单（平折次数最少）且方便粘

盒机自动操作。

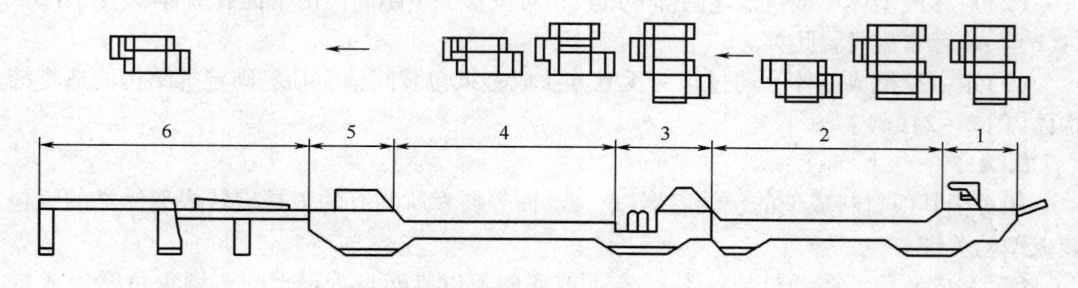

图 2-26　制造商接头粘合工艺过程

1—给纸　2—预折　3—涂胶　4—折叠　5—排列　6—固胶

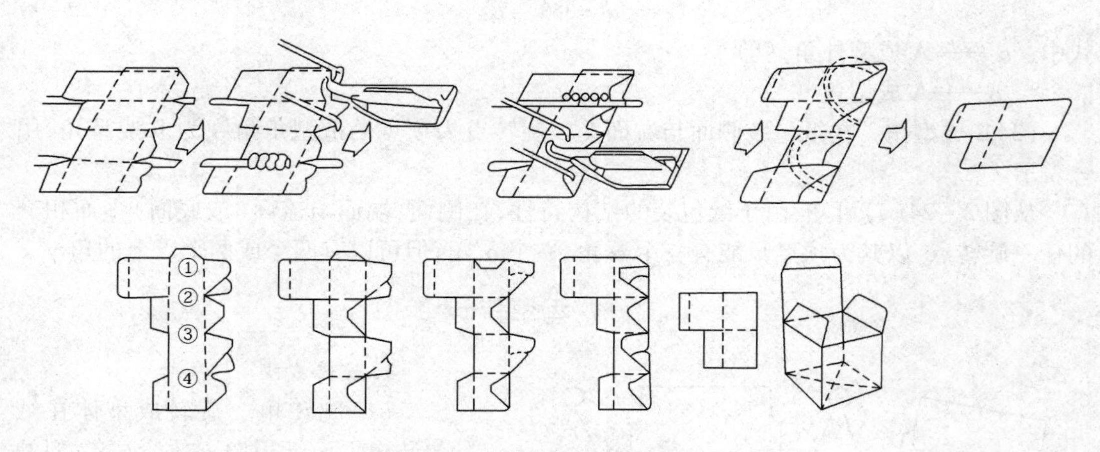

图 2-27　自锁底粘合工艺过程

3. 面

因为平面纸页成型的原因，纸盒(箱)面只能是平面或简单曲面。从成型的因果看，可分以下几类：

(1)固定面　独立板成型的面，如管式盒盒体侧面与端面、盘式盒底面等，每个板一般应有 2 条及以上压痕线。

(2)组合面　由若干个板或襟片相互配合或重叠而成型的面，需要采用锁、粘、插等方法进行固定。这些板或襟片一般只有 1 ~2 条压痕线。

4. 体

从纸包装成型方式上看，其基本造型结构可分为以下三类：

(1)旋转成型体　通过旋转方法而由平面到立

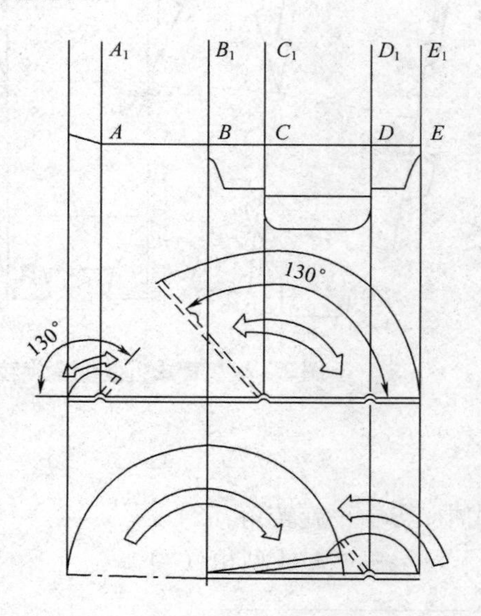

图 2-28　预折线与作业线

体成型[图2－24(a)]，管式、盘式、管盘式属此类。

(2)对移成型体　通过盒坯两部分纸板相对位移一定距离而由平面到立体成型[图2－24(b)]，非管非盘式属此类。

(3)正－反揿成型体　通过正－反揿方法成型纸包装间壁、封底、固定等结构的造型结构体[图2－24(c)]。

5. 角

相对于其他材料成型的包装容器，点、线、面等要素所共有的角是旋转成型体类的纸包装成型的关键。

(1)A成型角　在纸包装立体上，盖面或底面上以旋转点为顶点的造型角角度为A成型角，用α表示。

(2)A成型外角　A成型角与圆周角之差为A成型外角，用α'表示，即

$$\alpha' = 360° - \alpha \qquad (2-1)$$

式中　α'——A成型外角，(°)

α——A成型角，(°)

(3)B成型角　在纸包装侧面与端面上以旋转点为顶点的造型角角度为B成型角，用γ_n表示。

从图2－24(a)可知，由于纸包装的结构特性，在侧面、端面与盖面(或底面)多面相交的任一旋转点，以其为顶点只能有一个α角、一个α'角，但可以有两个或两个以上的角γ_n。

二、成型理论

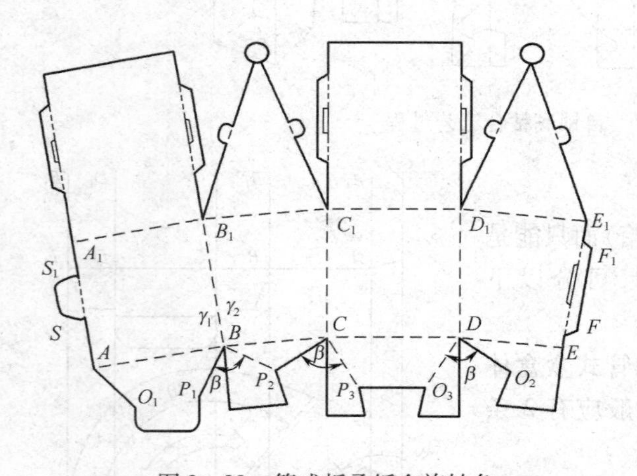

图2－29　管式折叠纸盒旋转角

1. 旋转成型

(1)旋转角　旋转成型体在纸包装由平面纸板向立体盒(箱)型的成型过程中，相邻侧面与端面的顶边(或底边)以旋转点为顶点而旋转的角度称旋转角，用β表示，如图2－29所示管式折叠纸盒盒底(盖)组合面的成型过程中，相邻两底(盖)板或襟片为构成A成型角所旋转的角度，即等于β。

(2)旋转角公式(TULIC－1公式)[①]

旋转角公式如下：

$$\beta = 360° - (\alpha + \sum \gamma_n) \qquad (2-2)$$

式中　β——旋转角，(°)

α——A成型角，(°)

① 注："TULIC"取自"Tianjin University of Light Industry""Cheng Sun"

γ_n——B 成型角,(°)

作为特例,如果各个体板的底边(顶边)均在一条直线上,即在公式(2-2)中,$\sum \gamma_n = 180°$,则

$$\beta = 180° - \alpha \quad (2-3)$$

这类纸包装就是最常见的棱柱体。公式说明,在其成型过程中,垂直于水平面而相邻的两体板(或襟片)所旋转的角度等于β。

公式(2-2)与公式(2-3)的适用范围:$(\alpha + \sum \gamma_n) < 360°$

(3)旋转角的应用 利用旋转角可以设计:①组合面相邻体板或襟片上的重合点,如图2-29底面上P_1、P_2、P_3三点重合,O_1、O_2、O_3三点重合;②组合面相邻体板或襟片上的重合线,如图2-29底面上P_1B、P_2B重合,P_2C、P_3C重合等;③组合面相邻体板或襟片上的相关结构。

图2-30为欧洲市场上一款巧克力包装,其特点是运输和销售过程中都是长方体,消费者购买后可以拉开成棱台形花篮,作为室内装饰进行陈列展示。

设计要点是端板阴锁的a点和侧板襟片阳锁的a_1点成型后在棱台形花篮状态下重合,形成锁的啮合结构。

因为$\alpha = 90°$ $\gamma_1 = 90°$ $\gamma_2 = 110°$

由公式(2-2),$\beta = 70°$

在图中,可作线段Aa_1与Aa相交呈70°,且Aa_1等于Aa,则成型时a_1点旋转β(70°)与a点重合(Aa,Aa_1为确定a_1点作图辅助线)。

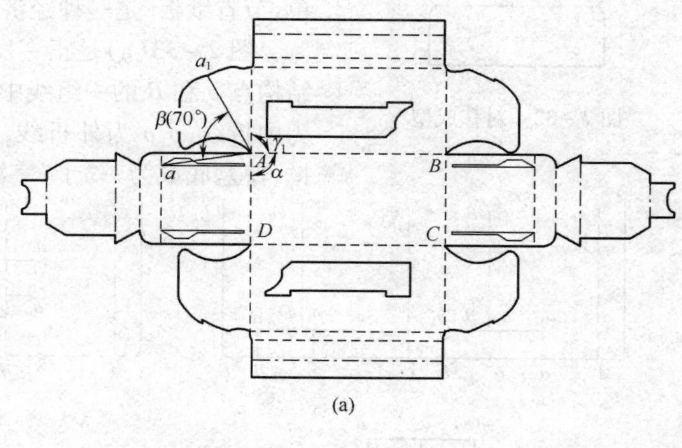

(a)

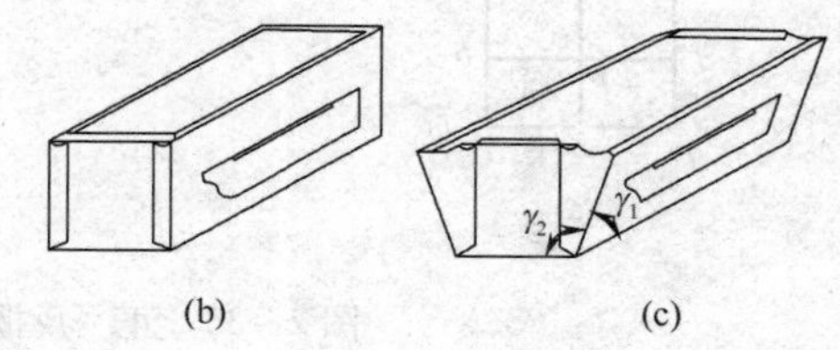

(b) (c)

图2-30 巧克力托盘式包装盒旋转角

(a)盒坯结构 (b)运输销售时的形态 (c)销售后进行展示的形态

图2-31是彩色微细瓦楞水果包装盒,盒底相邻底片通风孔在盒成型时必须重叠,相邻底片的通风孔圆心与盒底旋转点的连线交角为旋转角β,且两连线相等。

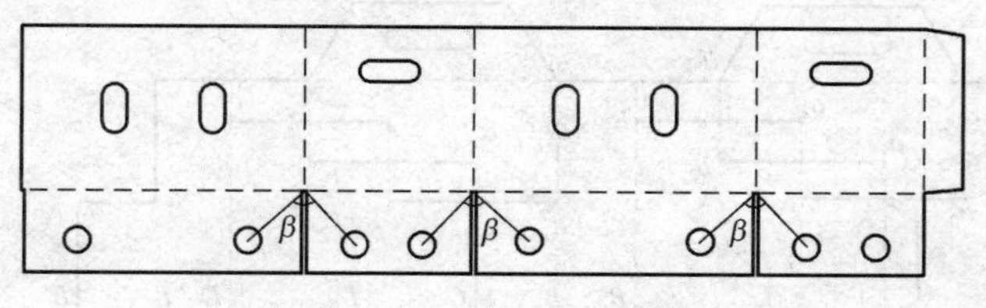

图2-31 水果包装盒

2. 对移成型

非管非盘式折叠纸包装通过对移,即盒坯两部分纸板相对位移一定距离而成型。

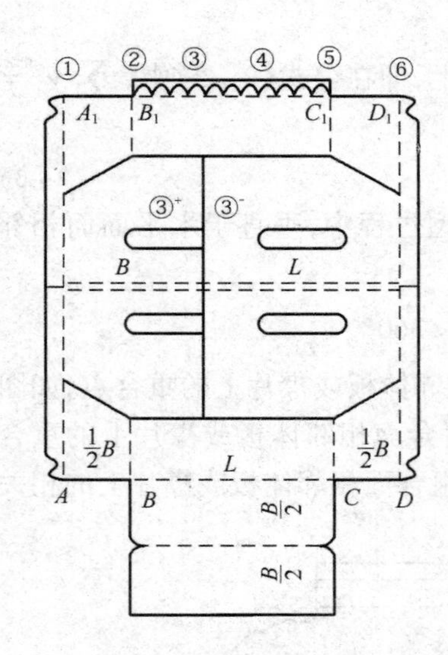

图 2－32　对移成型

图 2－32 所示平面盒坯当沿水平对折线将上下两部分对折后，③号垂直裁切线的左右两部分相对位移距离 B 并部分交错，从而成型为图 2－24(b)的立体盒型。

3. 正－反撤成型

所谓正－反撤成型，就是在纸包装盒体上有若干两面相交的结构点，过这类结构点即正－反撤点的一组结构交叉线中，同时包括裁切线、内折线和外折线，以该裁切线为界的两局部结构，一为内折即正撤，一为外折即反撤。

正－反撤成型利用纸板的耐折性、挺度和强度，在盒体局部进行内－外折，从而形成将内装物固定或间壁的结构。这种结构不仅设计新颖，构思巧妙，而且成型简单，节省纸板，是一种经济方便的结构成型方式。

图 2－33(a)是正－反撤式盒底结构。在过两面相交结构点 o 和 B 的一组线中，a_1b_1 为裁切线，a_1a、b_1b 和 B_1B 为内折线，o_1o 为外折线，通过 a_1a、b_1b 与 o_1o 的正－反撤，使盒底成为一"十"字漏空底。

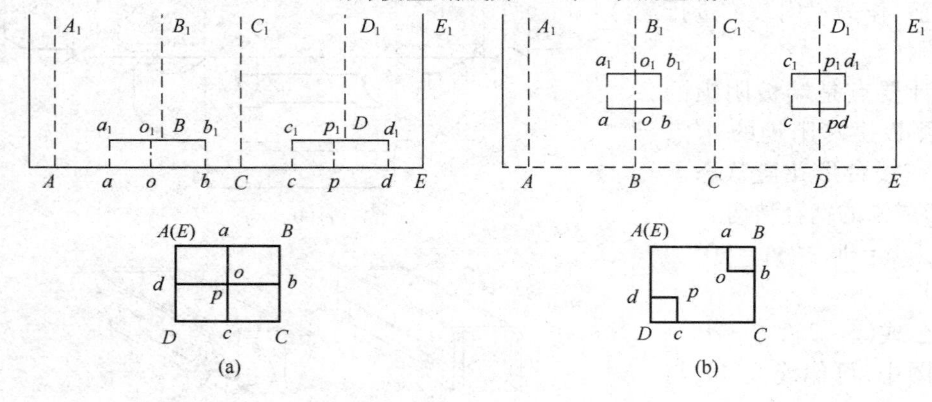

图 2－33　正－反撤结构

(a)正－反撤盒底结构　(b)正－反撤盒体固定结构

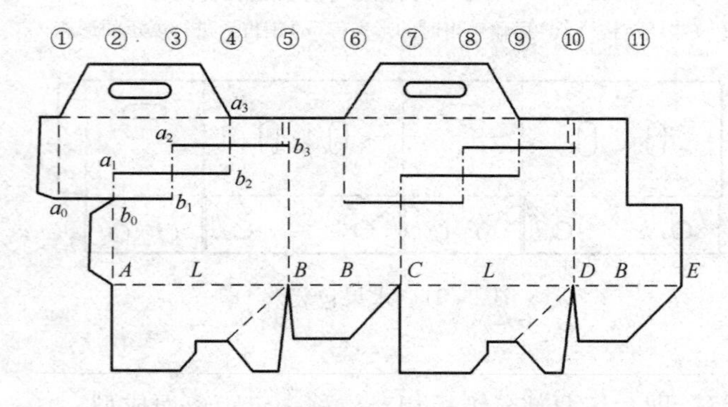

图 2－34　6 瓶饮料间壁包装盒平面结构图

图 2－33(b)在盒角处采用正－反撤方法成型局部"漏空"凹进框 aob 与 cpd，以这样的结构固定内装物。这里在两条裁切线 a_1b_1 和 ab 范围内，a_1a、b_1b 为内折，o_1o 为外折。

如果用这样的方法，把"漏空"推广到分隔盒体，就可以设计图 2－24(c)这类间壁包装，其结构展开图如图 2－34。

第三节 非纸盒(箱)类包装结构设计基础

对于塑料、玻璃、金属、木材等非纸材料和纸浆模制品包装,其结构设计表示方法基本相同。

一、绘图设计符号

图 2－35 与图 2－36 是两个玻璃瓶的结构设计图,图中各种线型的功能如表 2－12。

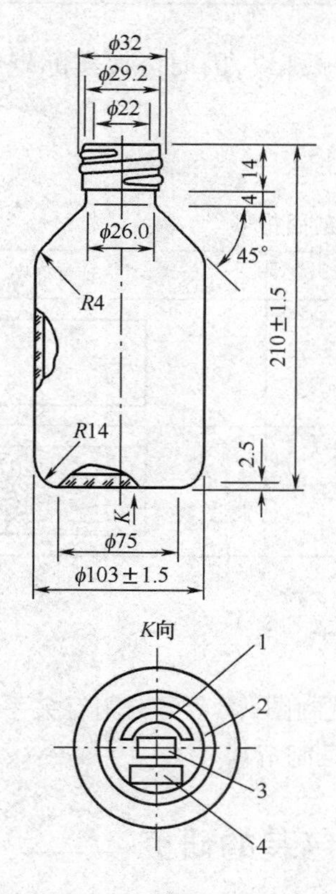

图 2－35 玻璃瓶结构图之一

1—厂标 2—滚花 3—容器标志 4—编号

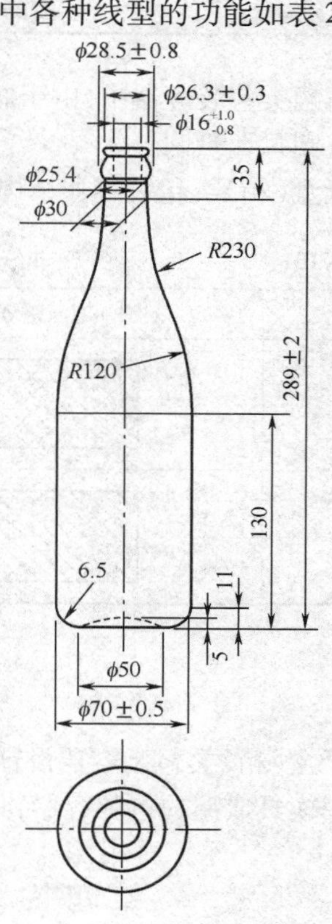

图 2－36 玻璃瓶结构图之二

表 2－12 非纸盒(箱)类包装容器绘图线型符号和功能

名称	线型	功能	应用范围
粗实线	————————	①可见轮廓线和过渡线 ②移出剖面轮廓线	①瓶(罐)体外型 ②箱体外型
细实线	————————	①尺寸线、尺寸界线和引出线 ②剖面线	①尺寸标注 ②材料说明
虚线	‐ ‐ ‐ ‐ ‐ ‐ ‐ ‐	不可见轮廓线和过渡线	①瓶口内径 ②瓶口凹底 ③箱体内廓

续表

名称	线型	功能	应用范围
点划线	———·———·——	①轴线 ②对称中心线	①瓶（罐）体轴线 ②箱体对称中心线
波浪线	～～～～～	①局部剖视图中剖与不剖的分界线 ②用剖面表示部分结构形状的范围线 ③局部视图边界线	剖视图

在瓶罐类包装容器中，由于瓶口螺纹不能采用机械螺纹，因而可按实际螺纹形状——锯齿形或圆弧形绘制。

非纸盒（箱）类包装容器结构图剖面符号如表2－13。

表2－13　非纸盒（箱）类包装容器绘图剖面符号

材料	剖面符号	材料	剖面符号
塑料		玻璃	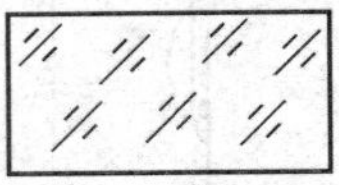
金属	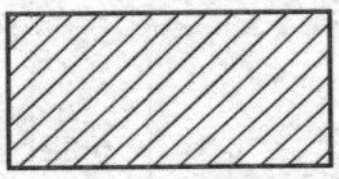	木材	

二、设计尺寸标注

非纸盒（箱）类包装容器设计尺寸及其标注同机械制图，读者可查阅有关手册。

需用模具成型的包装容器，其内尺寸和外尺寸均是制造尺寸。

第四节　人类工效学对包装的研究

一、人类工效学

人类工效学（Ergonomics）又称人机工程学，是研究人在某种工作环境中的解剖学、生理学和心理学等方面的各种因素；研究人和机器及环境的相互作用；研究在工作中、家庭生活中和休假时怎样统一考虑工作效率、人的健康、安全和舒适等问题的学科。它是人体科学、环境科学不断向工程科学渗透和交叉的产物。

人类工效学在包装工程中的应用是一项重要课题。

二、包装提手的尺度设计

尺度指设计对象的整体或局部与人的生理或人所习惯的某种特定标准之间的大小关系。研究尺度必须了解人体测量学。

1. 人体测量学

人体测量学通过测量人体各部位尺寸来确定个体之间和群体之间在人体尺寸上的差别,用以研究人的形态特征,从而为各种工程设计提供人体测量数据。

(1)人体形态测量数据　人体形态测量数据主要有两类,其一是人体构造上的尺寸指静态尺寸;其二是人体功能上的尺寸即动态尺寸,包括人在工作姿态下或在某种操作活动状态下测量的尺寸。

(2)人体测量数据的应用　在涉及人体尺寸的设计中,设定功能尺寸的主要依据是人体尺寸百分位数,人体尺寸百分位数的选用与设计对象的类型有关(表 2－14 和表 2－15)。

表 2－14　　产品尺寸设计分类

产品类型	产品类型定义	说　明
Ⅰ型产品尺寸设计	需要两个人体尺寸百分位数作为尺寸上限值和下限值的数据	又称双限值设计
Ⅱ型产品尺寸设计	只需要一个人体尺寸百分位数作为尺寸上限值或下限值的依据	又称单限值设计
ⅡA 型产品尺寸设计	只需要一个人体尺寸百分位数作为尺寸上限值的依据	又称大尺寸设计
ⅡB 型产品尺寸设计	只需要一个人体尺寸百分位数作为尺寸下限值的依据	又称小尺寸设计
Ⅲ型产品尺寸设计	只需要第 50 百分位数(P_{50})作为产品尺寸设计的依据	又称平均尺寸设计

表 2－15　　人体尺寸百分位数的选择

产品类型	产品重要程度	百分位数的选择	满足度
Ⅰ型产品	涉及人的健康、安全的产品, 一般工业产品	选用 P_{99} 和 P_1 作为尺寸上限值、下限值的依据 选用 P_{95} 和 P_5 作为尺寸上限值、下限值的依据	98% 90%
ⅡA 型产品	涉及人的健康、安全的产品, 一般工业产品	选用 P_{99} 和 P_{95} 作为尺寸上限值的依据 选用 P_{90} 作为尺寸上限值的依据	99% 或 95% 90%
ⅡB 型产品设计	涉及人的健康、安全的产品, 一般工业产品	选用 P_1 和 P_5 作为尺寸下限值的依据 选用 P_{10} 作为尺寸下限值的依据	99% 或 95% 90%
Ⅲ型产品	一般工业产品	选用 P_{50} 作为产品尺寸设计的依据	通用
成年男、女通用产品	一般工业产品	选用男性的 P_{99}、P_{95} 或 P_{90} 作为尺寸上限值的依据 选用女性的 P_1、P_5 或 P_{10} 作为尺寸下限值的依据	通　用

2. 包装提手的尺度研究

(1)提手尺寸　一般情况下,不论何种包装材料,只要采用一体成型结构的提手,就需要考虑 4 个主要尺寸(图 2－37):

①提手长度(a)　提手长度与手幅宽度有关,它应等于或略大于手幅宽度,以便手掌从该尺寸方向上能自由伸入提手窗。

②提手宽度(b)　提手宽度与手掌厚度有关,它应等于或略大于手掌厚度,以便手掌从该尺寸方向上也能自由伸入提手窗。

③提梁高度(c)　提梁高度(如果提梁存在)与手掌执握尺寸有关,从主观愿望上讲,

它应等于或略小于手掌执握尺寸，以便执握动作更舒适、更轻松、更牢靠。但是，如果提梁高度过小，由于重力和人在行进间带来振动的影响，提手极易在提手窗纵端的提梁位置上撕裂破坏。由于包装提手一般为片材开窗，所以手掌执握提梁不同于握柄操作。

④提手窗与提手的端点距离（d）　这是一个强度薄弱之处，不宜过小。

在上述4个主要尺寸中，a、b、c 与人体手掌结构尺寸有关，设计时要考虑尺度问题，其中 c 应同时考虑强度问题，此时应综合平衡。

（2）手掌相关尺寸　人体手掌通过提手携带包装时，涉及3个相关尺寸（图2－38）：

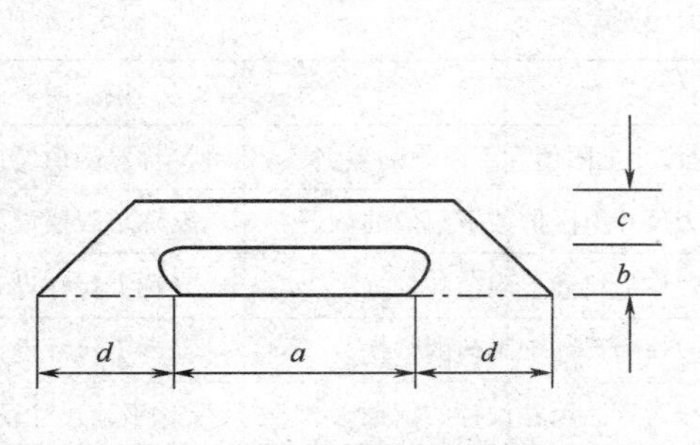

图2－37　包装提手结构尺寸

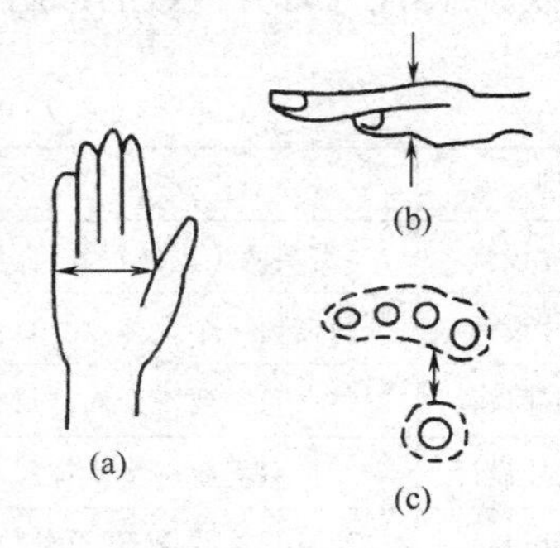

图2－38　人体手掌相关尺寸

（a）手幅宽度　（b）手掌厚度　（c）手掌执握尺寸

①手幅宽度　人体构造尺寸，指手掌平伸展开，拇指伸出，其余四指并拢，拇指与食指指骨间肌内侧至掌心外侧间的尺寸。

②手掌厚度　人体构造尺寸，指手掌平伸展开，拇指伸出后掌心至掌背间的垂直尺寸。

③手掌执握尺寸　人体功能尺寸，指手掌自然握拳，拳眼内侧最大尺寸。

（3）提手尺度的研究　在人体结构中，个体之间存在差异，而在设计中又需要一个群体的测量尺寸。群体的测量尺寸通过测量较少量个体尺寸，经过数据处理后获得。在提手尺度的设计中，往往不以平均尺寸设计，即将 P_{50} 作为尺寸设计的依据，而是采取极端个体设计，即以 P_{99}、P_{95}、P_{90} 作为尺寸上限值的大尺寸设计，或以 P_1、P_5、P_{10} 作为尺寸下限值的小尺寸设计，以提高尺寸设计的满足度。

在提手设计中采用极端个体尺寸，既可以避免无限制扩大提手长宽尺寸而带来材料的浪费和强度的削弱，又可以限定可设计提手的包装最小尺寸范围，还可以使绝大多数人能进行安全舒适的提携式搬运。

作者对我国人体手掌尺寸进行了简单随机抽样，测量样本基本情况如下：①样本容量：500；②被测量者年龄：≥18岁；③被测量者性别比例：男∶女＝53.4∶46.6；④被测量者籍贯分布：较高人体地区　265人，中等人体地区　128人，较矮人体地区　107人。

通过测量获得这一样本的三组人体手掌尺寸数据，对三组数据分别进行希尔排序、根据概率论与数理统计进行统计分析并绘制样本分布图（图2－39）。

提手长度和提手宽度是大尺寸设计，即手幅宽度大的极端个体能自由伸入，则小于该个体的手幅宽度均能自由伸入；或者手掌厚度大的极端个体能自由伸入，则小于该个体的手掌宽度均能自由伸入。而提梁高度是小尺寸设计，手掌执握尺寸小的极端个体能握拢，则大于该个体的手掌执握尺寸均能握拢。因此，包装提手的设计依据：①提手长度：选择 P_{95} 手幅宽度尺寸，85.5mm，圆整为 86mm；②提手宽度：选择 P_{95} 手掌厚度尺寸，30.6mm，圆整为 31mm；③提梁高度：选择 P_5 手掌执握尺寸，21mm（为保证强度，实际设计可能大于此值）。

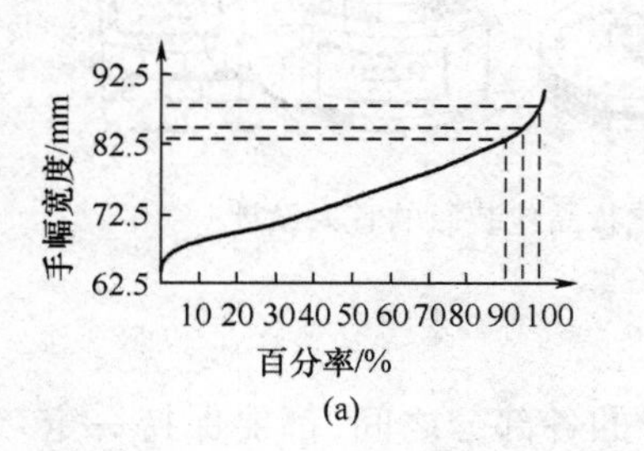

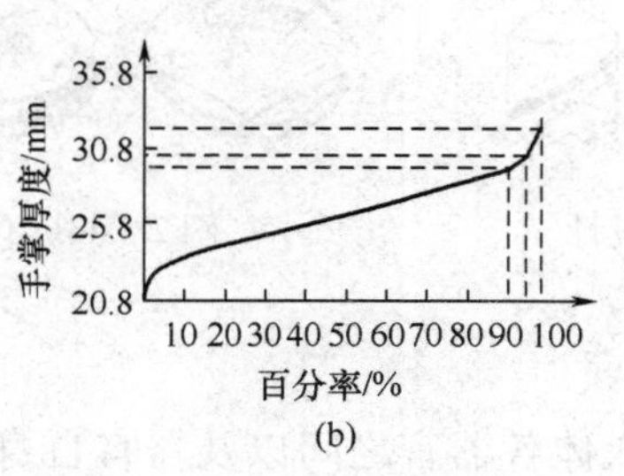

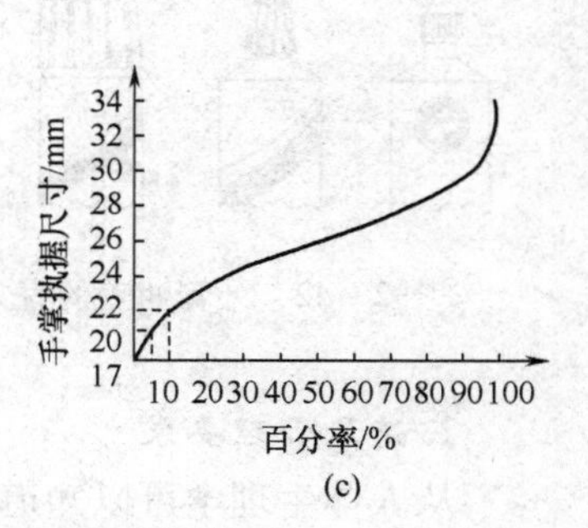

图 2－39　人体手掌测量尺寸样本分布图

(a) 手幅宽度　(b) 手掌厚度　(c) 手掌执握尺寸

三、包装宜人性的研究

包装宜人性就是要满足消费者生理和心理的要求。

1. 满足生理要求

根据人体工效学的研究，人体和物体之间需要一定的平衡协调关系，即产品必须适应人的解剖生理的需求。对于包装来说，要在满足基本性能的前提下，应该尽量使其轻便省力，易于开启，使用舒适，方便安全。

当人执握瓶罐类包装时，主要依靠手的屈肌和伸肌的共同协作。从图 2－40 所示人的手掌生理结构来看，掌心部位的肌肉量最少，指骨间肌和手指部分是神经末梢满布的部位，指球肌、大鱼际肌和小鱼际肌是肌肉丰富的部位。图 2－41 是根据人体手掌结构特点而设计易于执握的包装瓶型。

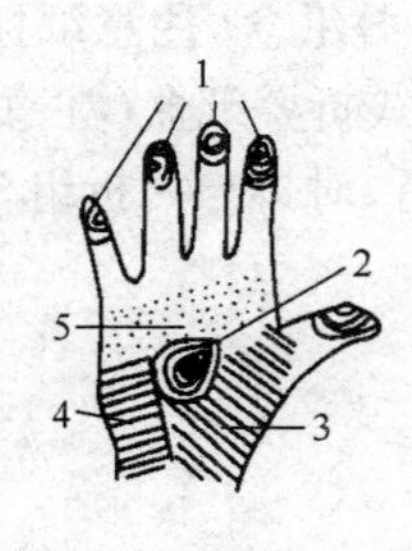

图 2－40　手掌生理结构图

1—指球肌　2—掌心　3—大鱼际肌

4—小鱼际肌　5—指骨间肌

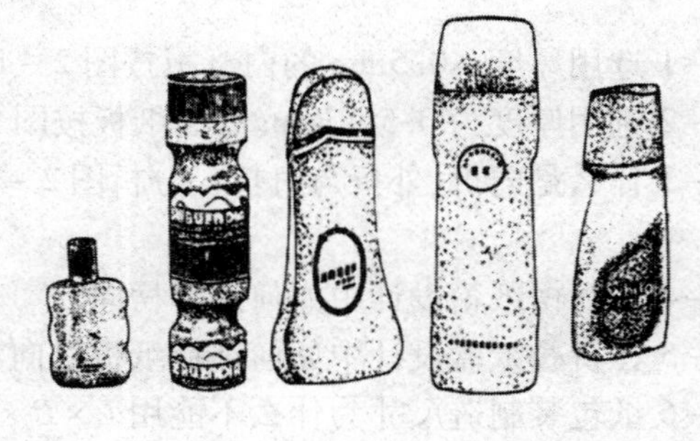

图 2－41　易于执握的包装瓶型

图2-42所示牙膏盖,前三种结构依次增大了瓶盖与手指的接触面积,分散了开启时对指球肌的压力。第四种牙膏瓶盖将化妆品瓶所用的PP铰链盖移植而来,一只手即可开启。

图2-43的膏霜类化妆品包装,从蛤蜊、铁盒、玻璃铁盖到塑瓶塑盖的演变过程中,其开启方式及结构越来越适宜人手掌的生理结构。

图2-42　牙膏瓶盖的宜人设计

图2-43　化妆品包装瓶的宜人设计

2. 满足心理要求

从人体生理学可以知道,人体各器官之间以及器官自身的各部分之间,都要保持一定的平衡协调关系,如果失去了平衡,就会失调,产生心理上的不快,因此,总要求有新的内容来补充。

人的视觉特性具有刺激、感受、兴奋、疲劳、失调和寻求新的平衡的心理机能。这种失调和平衡在色视觉、明暗视觉和形的视觉过程中都有类似的现象。因此,包装结构长期遵从某种清规戒律,处于单调、陈旧的状态下,人们的视觉将有寻找新造型新结构的要求,来获得视觉的新平衡。人们长期大量地观看圆形酒瓶,就有可能喜欢异形酒瓶;长期使用圆、椭圆或蛋圆形的金属罐,则有可能选购造型各异、姿态万千的塑料瓶。

人具有求新、求美、好奇、好胜的心理,这也是促使包装设计不断变化的心理原因。而好奇和求新是主要的,新奇的结构造型常能引起人们的兴趣,产生刺激,使人们不得不驻足观赏,进行仔细地观察、深入了解,如果产品称心如意,消费者自然会产生购买的动机,而后产生购买的行为。但是,"新奇"的东西并不等于是美好的东西,因此,包装设计还同时要满足人们"求美"的要求,以新颖美观来征服消费者。为了能引人注目,攫取消费者的欢心,具有创新性特异性的包装结构首先会得到包装用户及消费者的青睐。

【习题】

2-1 选用厚度≤0.5mm的白纸板按图2-1制作管式折叠纸盒(注意纸板纹向)。

2-2 选用厚度为0.5~1mm的白纸板按图2-7制作盘式折叠纸盒(注意纸板纹向)。

2-3 什么是内折、外折与对折？分析图2-1盒型中外折、对折与内折组合后的作用是什么。

2-4 在瓦楞纸箱设计中如何选择楞向？

2-5 在折叠纸盒设计中如何选择纸板纹向？

2-6 纸包装制造尺寸为什么不能用$L \times B \times H$表示？

2-7 纸包装结构点在结构设计中的作用是什么？

2-8 在图2-29、图2-32、图2-34中所示包装中,哪些压痕线是作业线？

2-9 在纸包装结构中,角的作用是什么？

第三章 折叠纸盒结构设计

第一节 折叠纸盒

一、折叠纸盒

折叠纸盒是应用范围最广、结构与造型变化最多的一种销售包装容器。它是用厚度在0.3～1.1mm的耐折纸板或者B、E、F、G、N等小瓦楞或细瓦楞纸板制造，在装填内装物之前可以平板状折叠堆码进行运输和储存的小包装容器。

当选用耐折纸板时，小于0.3mm的纸板制造的折叠纸盒难以满足刚度要求，而大于1.1mm的纸板在一般折叠纸盒加工设备上难以获得满意的压痕。

二、折叠纸盒的原材料

折叠纸盒选用耐折纸板或细小瓦楞纸板作原材料。这些原材料的适印性能好，可以进行彩色印刷。

耐折纸板纸页两面均有足够的长纤维以产生必要的耐折性能和足够的弯曲强度，使其折叠后不会沿压痕线开裂。除了低定量纸板用单长网或双长网生产外，耐折纸板一般用多圆网或叠网纸机制造。这种层合成型的方式，使得压痕时破坏纸板层间结合力。当纸板沿压痕线折叠90°或180°时，纸板内层形成凸状，降低外层的拉伸压力，避免外层纸页或涂层沿压痕线产生裂纹（图3－1）。

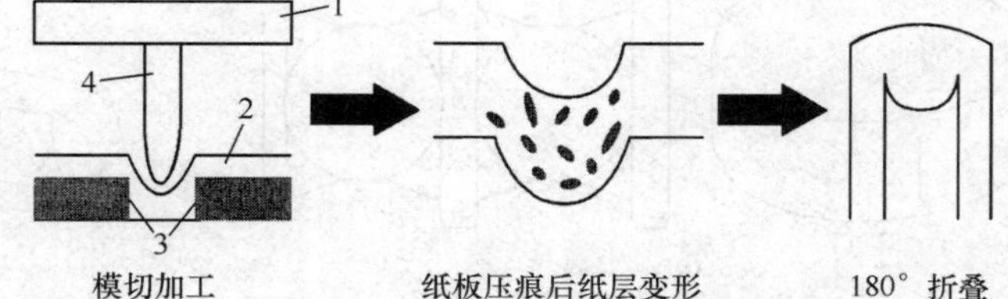

图3－1 耐折纸板的压痕与折叠

1—模切版 2—纸板 3—底模 4—压线刀

耐折纸板品种有标准纸板、白纸板、盒纸板、挂面纸板、牛皮纸板、双面异色纸板、玻璃卡纸及其他涂布纸板等。

设计时可以根据纸盒容积及内装物质量参考表3－1选择适当厚度的纸板。

表3－1 折叠纸盒选用纸板厚度表（内装物不承重）

纸盒容积/cm³	内装物质量/kg	纸板厚度/mm	纸盒容积/cm³	内装物质量/kg	纸板厚度/mm
0～300	0～0.11	0.46	1800～2500	0.57～0.68	0.71
300～650	0.11～0.23	0.51	2500～3300	0.68～0.91	0.76
650～1000	0.23～0.34	0.56	3300～4100	0.91～1.13	0.81
1000～1300	0.34～0.45	0.61	4100～4900	1.13～1.70	0.91
1300～1800	0.45～0.57	0.66	4900～6150	1.70～2.27	1.02

三、折叠纸盒分类及命名

1. 折叠纸盒分类

主体结构指构成折叠纸盒盒型立体的结构形式。折叠纸盒可以按成型方式分为管式结构、盘式结构、管盘式结构和非管非盘式结构等几大类。

2. 折叠纸盒命名

①按标准命名　一般通用纸盒可以按国际标准进行命名,如:反插式盒(R. T. E)、直插式盒(S. T. E)、毕尔斯盒(Beers tray)、布莱特伍兹盒(Brightwoods tray)、六点粘合盒等。

②按特征结构命名　特征结构是指最能表现纸盒特点的结构,一般多为局部结构,即按照盒盖、盒底、盒面、盒角、盒内部的结构形式命名为摇盖盒、锁口盒、锁底盒、自锁底盒、开窗盒、间壁盒等。

③按造型形态命名　按纸盒成型后的几何造型形态命名,如:柱形盒、三角盒、菱体盒、斜体盒、锥顶盒等,或者按盒体局部造型的自然形态命名,如:屋顶盒、花式锁盖盒、蝶式锁盒、书形盒等。

④按纸盒功能命名　按纸盒主要功能命名,如:展示盒、提手盒、礼品盒等。

⑤按专用内装物命名　一些专利盒按照所包装内装物进行命名,如:奶酪盒、汉堡盒、匹萨盒、爆米花盒、牛奶盒、果汁饮料盒等,如图 3-2 所示。

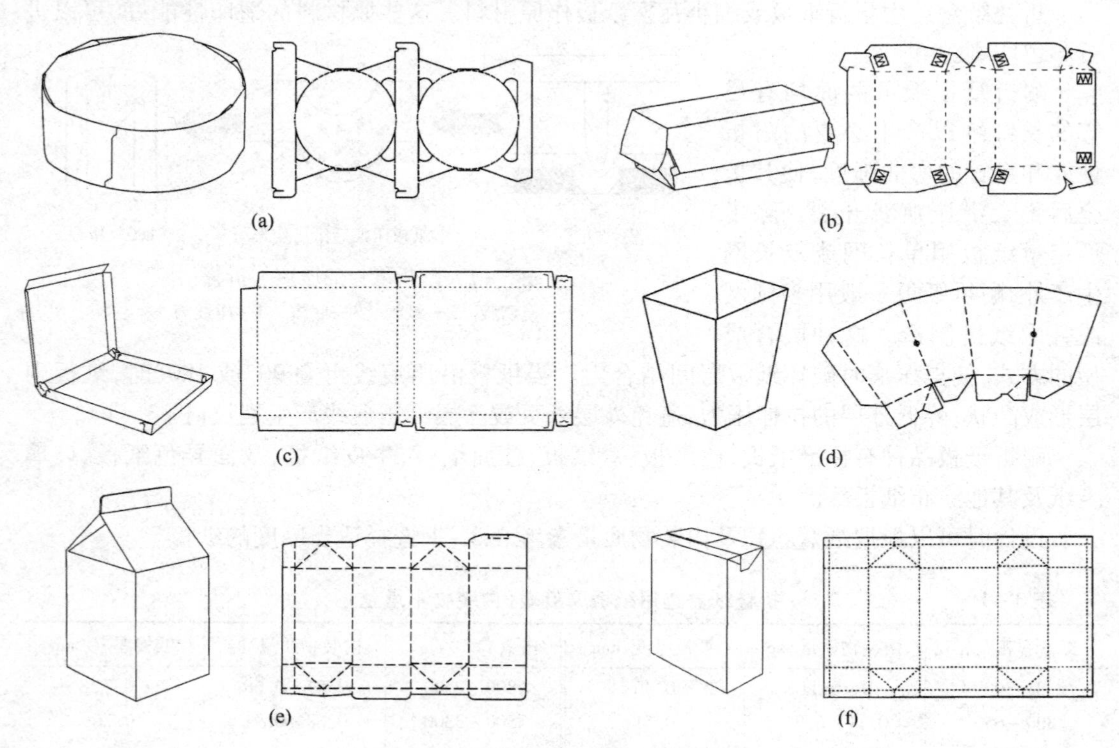

图 3-2　专用内装物纸盒

(a)奶酪盒　(b)汉堡盒　(c)匹萨盒　(d)爆米花盒　(e)牛奶盒　(f)果汁饮料盒

四、折叠纸盒包装设计"三·三"原则

1. 整体设计三原则

①整体设计应满足消费者在决定购买时首先观察纸盒包装的主要装潢面（即包括主体图案、商标、品牌、厂家名称及获奖标志的主要展示面）的习惯；或者满足经销商在进行橱窗展示、货架陈列及其他促销活动时让主要装潢面面对消费者以给予最强视觉冲击力的习惯。

②整体设计应满足消费者在观察或取出内装物时由前向后开启盒盖的习惯。

③整体设计应满足大多数消费者用右手开启盒盖的习惯。

2. 结构设计三原则

①折叠纸盒接头应连接在后板上，在特殊情况下可连接在能与后板粘合的端板上。除非万不得已，一般不要连接在前板或能与前板粘合的端板上（图 3-3）。

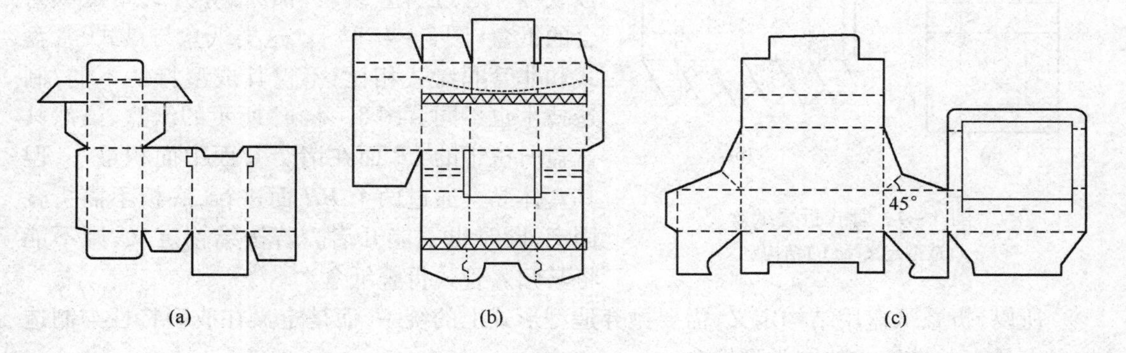

图 3-3　折叠纸盒接头位置

（a）连接后板　（b）连接端板与后板粘合　（c）连接端板与前板粘合

②纸盒盖板应连接在后板上（粘合封口式与开窗盒盖板除外）。

③纸盒主要底板一般应连接在前板上。

这样，当消费者正视纸盒包装时，观察不到因接头接缝而引起的外观缺陷或由后向前开启盒盖而带来取装内装物的不便。

3. 装潢设计三原则

①纸盒包装的主要装潢面应设计在纸盒前板（管式盒）或盖板（盘式盒）上，说明文字及次要图案设计在端板或后板上。

②当纸盒包装需直立展示时，装潢面应考虑盖板与底板的位置，整体图形以盖板为上，底板为下（此情况适宜于内装物为不宜倒置的各种瓶型的包装），开启位置在上端。

③当纸盒包装需水平展示时，装潢面应考虑消费者用右手开启的习惯，整体图形以左端为上，右端为下，但开启位置在右端。

第二节 管式折叠纸盒

一、管式折叠纸盒

1. 管式折叠纸盒

(1)从造型上定义 管式折叠纸盒原定义从造型上指盒盖所位于的盒面在诸个盒面中,面积最小,即 $B<L<H$ 的折叠纸盒,如图3-4(a)。

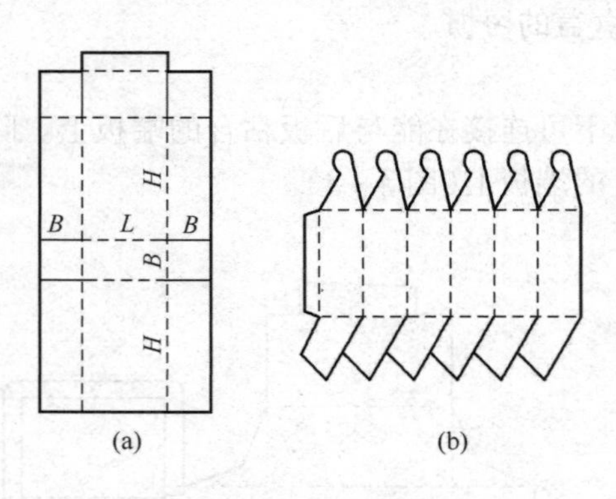

图3-4 管式折叠纸盒
(a)造型定义 (b)结构定义

(2)从结构上定义 管式折叠纸盒是管式结构折叠纸盒的简称,专指在纸盒成型过程中,盒体通过作业线折叠在平板状态下用1个接头接合(钉合、粘合或锁合),盒盖与盒底都需要有盒板或襟片通过折叠组装、锁、粘等方式固定或封合的纸盒[图3-4(b)]。这类纸盒与盘式、管盘式和非管非盘式相比,不仅其成型特性不同,制造技术也不同。图3-4(a)所示的纸盒,虽然其盒盖所位于的 LB 面在诸个盒面中面积最小,但其盒体黏合通过两个 BH 面进行,底板不需折叠固定,同时也不能开启。若按结构定义,则不能将其归入管式折叠纸盒。

所以,折叠纸盒用结构定义,需要抛弃造型形式上的统一,而是定义在成型特性与制造技术上具有共性结构的同类型纸盒。

2. 管式折叠纸盒的旋转性

管式折叠纸盒盒体在生产中的实际成型方式如图2-26所示,在使用时只要撑开作业线,盒体自动成型立体。但是,从理论上可以设想,管式折叠纸盒盒体的成型过程是各个体板以每两个相邻体板的交线(即高度方向压痕线)为轴,顺次旋转一定角度而成型。如图3-5(a)所示,B_1BCC_1、C_1CDD_1……体板围绕 B_1B、C_1C……轴依次旋转90°而构成横截面为矩形的长方体纸盒。图3-5(b)中,诸个体板依次围绕 B_1B、C_1C、D_1D……轴依次旋转60°而构成横截面为正六边形的棱柱体纸盒。管式折叠纸盒盒体这种连续旋转成型的特性为管式折叠纸盒的旋转性。

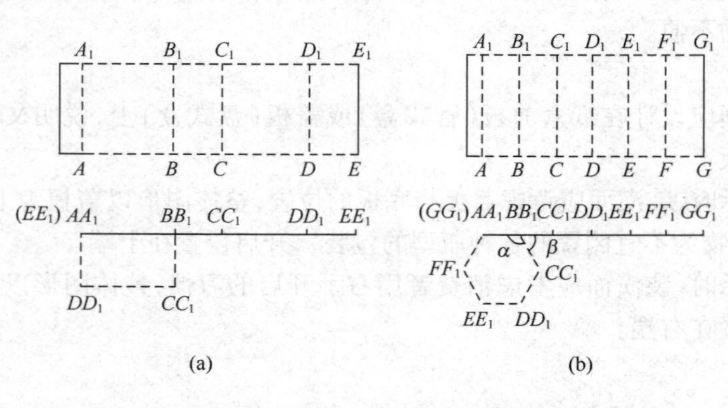

图3-5 管式折叠纸盒的旋转性

二、管式折叠纸盒的盒体结构

1. 管式折叠纸盒的作业线

因为大部分管式折叠纸盒接头是制造商接头，即在平板状态下接合，且这种平板状态经历计数、堆积、捆扎、装箱、储存、运输等环节一直持续到包装内装物之前盒体撑开，所以对这部分盒体最重要的是作业线设计。

根据上述要求，作业线应该设计在管式折叠纸盒平面展开图盒体部位的纵向，当把一对作业线折叠后，盒坯两端的相应位置应该重合，即 A、E 点重合，A_1、E_1点重合（图 3 -6）。

2. 成型作业线

当制造商接头于平板状态下接合时，以对折状态工作的作业线，在盒体呈立体状态时通过内折或外折又起成型作用，这一类作业线为成型作业线。

图 3 -6 所示 4 种管式折叠纸盒盒体，其作业线为 B_1B 和 DD_1，当沿着这两条作业线平折时，A、E 点重合，A_1、E_1点重合。BB_1 和 DD_1 线在立体状态下又起折叠成型作用。

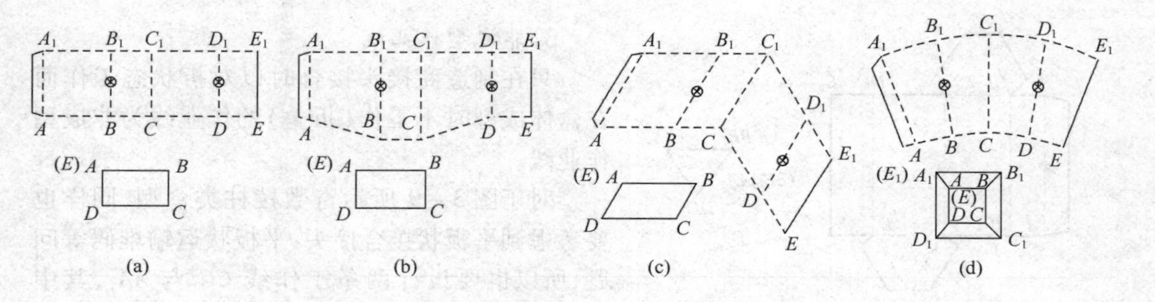

图 3 -6 简单偶数棱柱（台）类折叠纸盒作业线设计

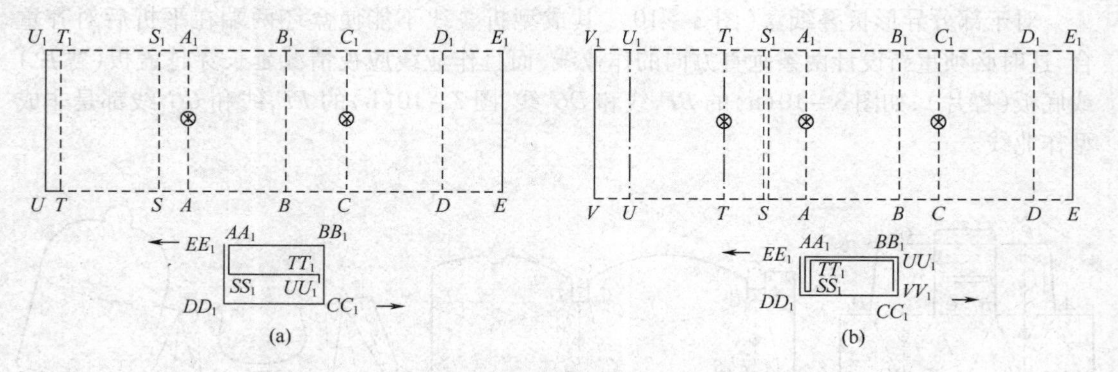

图 3 -7 复杂偶数棱柱类折叠纸盒作业线设计

图 3 -7(a)所示盒型作业线为 AA_1 和 CC_1，这样，当粘合面 U_1UTT_1、S_1SAA_1 与相应位置于平板状粘合时，平折次数最少（两次）。如果仍如前选用 BB_1 与 DD_1 时，则需三次平折，这时要增加 SS_1 为作业线，势必增加机械成型的难度。

图 3 -7(b)所示盒体作业线也有三条，首先对折线 SS_1 平折，平面 V_1VSS_1 与平面 S_1SCC_1

重合，然后作业线 TT_1 与 AA_1 共同平折，最后作业线 CC_1 平折完成接头粘合成型。

图 3－6 与图 3－7 所示盒型的作业线在折叠成立体时都起成型作用，这类盒型都是偶数棱柱或偶数正棱台体，所以其作业线是成型作业线。

图 3－8 所示变形偶数棱柱类折叠纸盒作业线也是成型作业线。

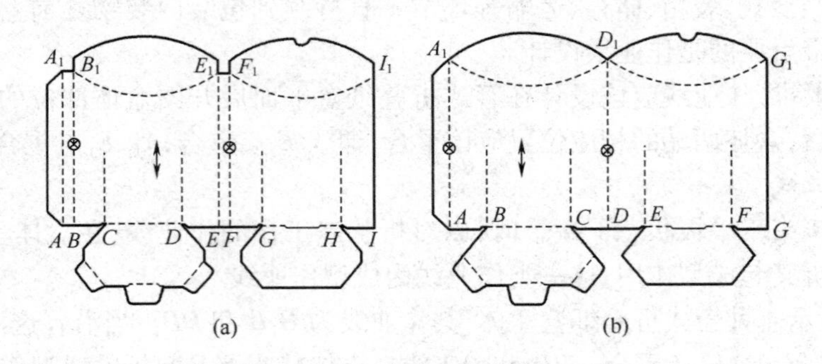

图 3－8　变形偶数棱柱类折叠纸盒作业线设计

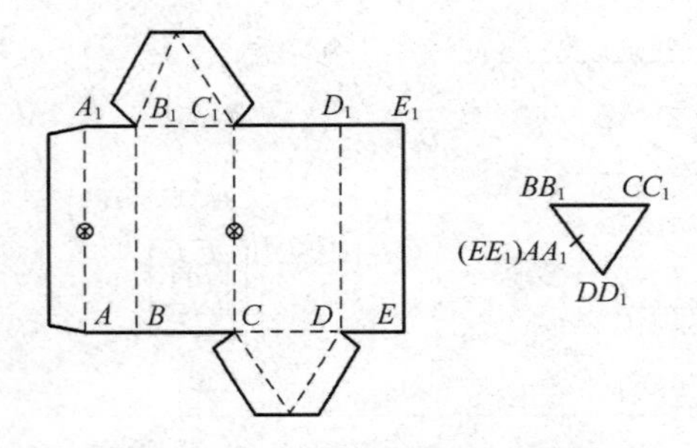

图 3－9　奇数棱柱类折叠纸盒作业线设计

3. 非成型作业线

只在制造商接头接合时以对折状态工作而在盒体成型时不工作（折叠）的作业线为非成型作业线。

对于图 3－9 所示奇数棱柱类盒型，同样也要考虑到平板状接合接头、平板状运输堆码等问题，所以也要设计两条工作线 CC_1 与 AA_1，其中 CC_1 在折叠立体时起成型作用，而 AA_1 不起成型作用，它是一条非成型作业线。

对于部分异形折叠纸盒（图 3－10），其成型折叠线不能使盒坯两端在平折后对齐重合，这时必须重新设计两条垂直方向的作业线，而且作业线应视情况延长穿越盖板（襟片）或底板（襟片），如图 3－10（a）的 BF_1 线和 DG_1 线，图 3－10（b）的 FF_1 线和 GG_1 线都是非成型作业线。

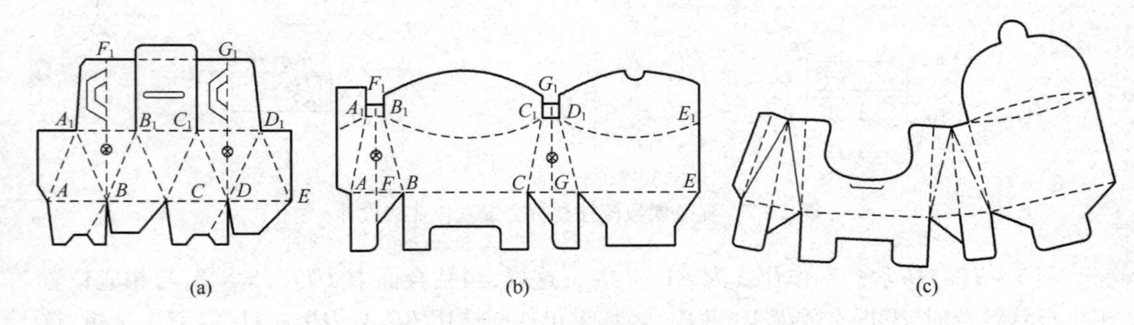

图 3－10　异形折叠纸盒作业线设计

如前所述，为了不影响纸盒印刷面外观，非成型作业线可以采用印刷面半切线，这样当成型立体盒型时，盒面不会显露折痕。

4. 直四棱台作业线的研究

赵郁聪、王德忠等研究了直四棱台折叠纸盒盒体作业线的设计条件：

在图 3－11 盒体展开图上建立 c 点为原点的 $O-XY$ 直角坐标系。令 $ab=L$；$bc=B$；$aa'=E$；$\angle baa'=\gamma_1$；$\angle cbb'=\gamma_2$；

$\beta=\gamma_1+2\gamma_2$；$\beta_1=2\gamma_1+2\gamma_2$；则 a、a'、e、e' 四点坐标为：

$X_a=L\sin\beta-B\sin\gamma_2$；$Y_a=-L\cos\beta+B\cos\gamma_2$；

$X_{a'}=X_a-E\sin\beta_1$；$Y_{a'}=Y_a+E\cos\beta_1$；

$X_e=L\sin\gamma_1-B\sin(2\gamma_1+\gamma_2)$；$Y_e=L\cos\gamma_1-B\cos(2\gamma_1+\gamma_2)$；

$X_{e'}=X_e+E\sin\beta_1$；$Y_{e'}=Y_e+E\sin\beta_1$；

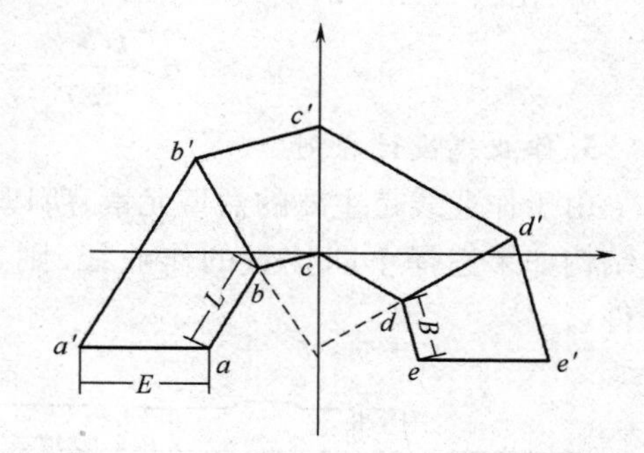

图 3－11　直四棱台折叠纸盒盒体展开图（$\gamma_1>\gamma_2>90°$）

对 a、a' 分别作关于 bb' 直线的对称变换，变换后的位置坐标分别为 (X_{a1},Y_{a1})、(X_{a2},Y_{a2})，经推导得出

$X_{a1}=-L\sin(\gamma_1-2\gamma_2)-B\sin\gamma_2$；$X_{a1}=-L\cos(\gamma_1-2\gamma_2)+B\cos\gamma_2$；

$X_{a2}=X_{a_2}+E\sin(2\gamma_1-2\gamma_2)$；$Y_{a2}=Y_{a_1}+E\cos(2\gamma_1-2\gamma_2)$；

同样，通过对 e、e' 点作关于 dd' 直线的对称变换，也能求出它们沿 dd' 对折后的位置坐标 (X_{e1},Y_{e1})、(X_{e2},Y_{e2})：

$X_{e1}=L\sin\gamma_1+B\sin(\gamma_2-2\gamma_1)$；$X_{e1}=L\cos\gamma_1-B\cos(\gamma_2-2\gamma_1)$；

$X_{e2}=X_{e1}+E\sin(2\gamma_1-2\gamma_2)$；$Y_{e2}=Y_{e1}+E\cos(2\gamma_1-2\gamma_2)$；

根据作业线设计的条件，当平折时 aa' 和 ee' 的位置必须重合，则应满足 $X_{a1}=X_{e1}$，$Y_{a1}=Y_{e1}$；$X_{a2}=X_{e2}$，$Y_{a2}=Y_{e2}$，从而可导出：

$$\frac{L}{B}=\frac{\cos\gamma_1}{\cos\gamma_2} \tag{3-1}$$

式中　L——直四棱台折叠纸盒下底的长，mm

B——直四棱台折叠纸盒下底的宽，mm

γ_1——直四棱台折叠纸盒侧板底角，B 成型角，(°)

γ_2——直四棱台折叠纸盒端板底角，B 成型角，(°)。

该式即为直四棱台折叠纸盒设计作业线必须满足的条件。

图 3－12 是两例直四棱台巧克力包装盒，其中 (a) 是加拿大产“TRUFFETTES”1kg 装松露巧克力包装；(b) 是英国“Cadbury”300g 装什锦巧克力包装。

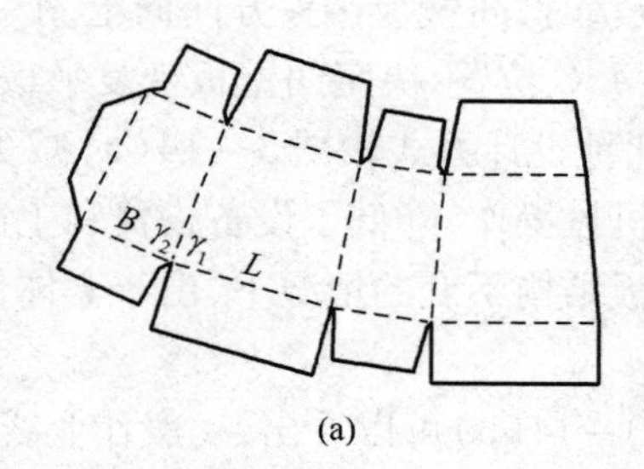

(a)

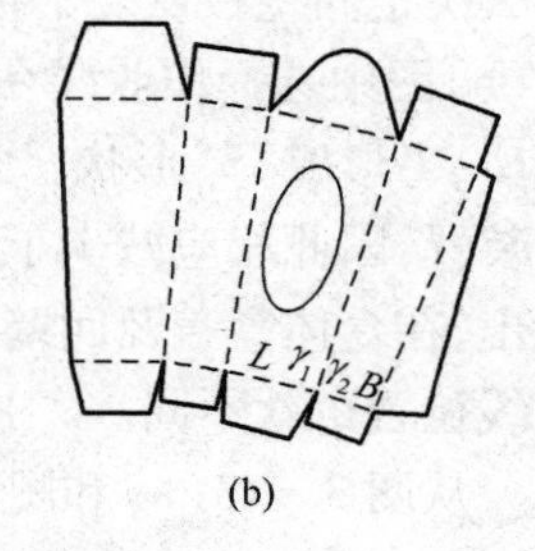

(b)

图 3－12　巧克力直四棱台包装盒

(a)“TRUFFETTES”松露巧克力包装盒　(b)“Cadbury”巧克力包装盒

例 3－1 在图 3－12(a)所示的 1kg 装"TRUFFETTES"松露巧克力直四棱台包装盒体结构中，已知：$L = 148\text{mm}$ $\gamma_1 = 95°$ $\gamma_2 = 93°$

求：$B = ?$

解：由公式(3－1)

$$B = \frac{L\cos\gamma_2}{\cos\gamma_1} = \frac{148 \times \cos 93°}{\cos 95°} = 89(\text{mm})$$

5. 作业线设计原则

由于作业线是主要的盒型元素，所以它对纸盒结构及成型有重要影响，相同的折叠纸盒结构如果选择不同位置的作业线，则有可能改变成型设备或粘合设备的装置和技术条件。

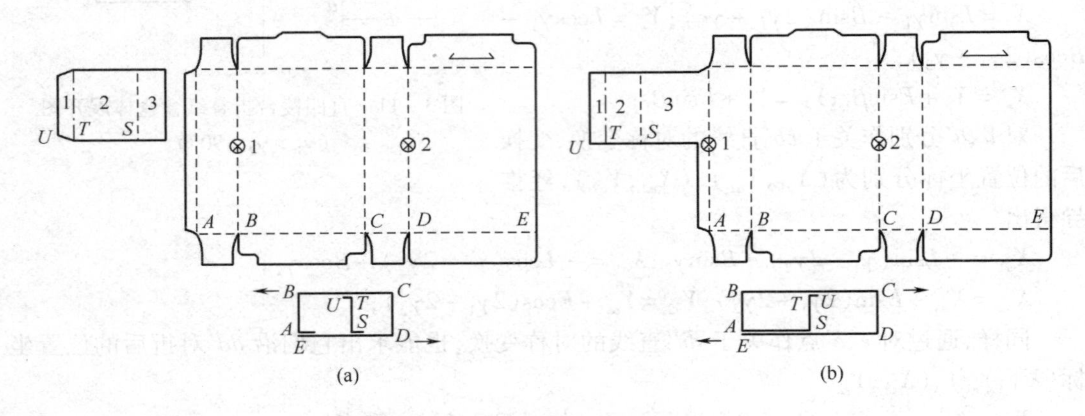

图 3－13 间壁结构作业线设计（一）

图 3－13(a)是间壁板(1、2、3 板)与全板分开设计，两板成型，其 B、D 位置的作业线决定了间壁板从立体恢复到平板状时沿 $B－D$ 方向倾倒，即剖面图所示。此设计方式虽然能节省纸板，但增加了成型时的操作工序。而图 3－13(b)间壁板与全板为一张纸板成型，其 A、C 位置的作业线决定了间壁板从立体恢复到平板状时沿 $E－C$ 方向，$A－S－T－U$ 成剖面图所示的"S"形状。同时图 3－13(b)作业线设计，成型时只要拉开盒体，间壁结构自动成型，减少了操作工序。

图 3－14 同样为间壁结构的纸盒。图 3－14(a)图中作业线分别设计在 S、B、D 位置，那么决定间壁板恢复平板状时，间壁板接头方向向上，$A－S－U－T$ 成"U"形状。而图 3－14(b)图中选择作业线在 A、C 位置，决定间壁板恢复平板状时，间壁板接头方向向下，$A－S－U－T$ 形成"S"形状。此种设计方式较图 3－14(a)减少了一条作业线，省去一套机械翻转装置，因此相应减少了机械操作，降低了设备投资和生产成本。从图 3－14(a)、(b)可以看出，在盒体盒盖及间壁板结构不变的情况下，由于盒体作业线位置不同，自锁式盒底的作业线位置也就不同。

从图 3－13(b)和图 3－14(b)可以看出，一般作业线设计应遵从以下两个原则：

①内衬"S"形原则。从 LB 剖面图看，内衬呈"S"形结构可以减少作业线。

②接头指向原则。接头所指方向应为作业线之一，这样可以优化生产过程。

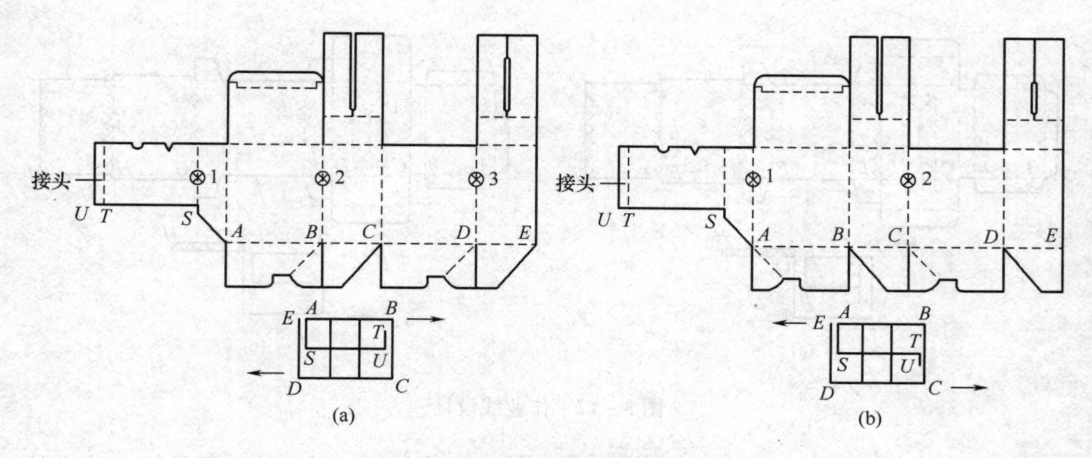

图 3－14　间壁结构作业线设计(二)

如图 3－15 所示组合盒作业线设计。接头指向 E，即纸盒恢复平板状时沿 $E-C$ 方向，$C-B-A-H$ 成“S”形状，因此设计作业线分别在 G、C、E 位置。

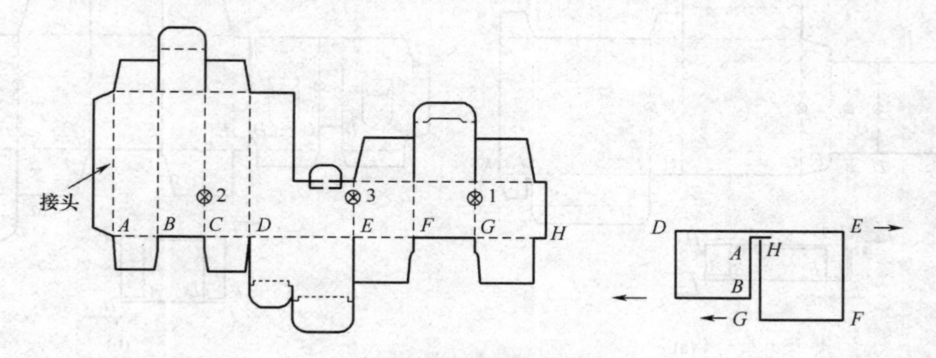

图 3－15　组合盒作业线设计

图 3－16 所示书型展示盒接头指向 D，即其作业线在 B、D 位置，纸盒恢复平板时沿 $B-D$ 方向。

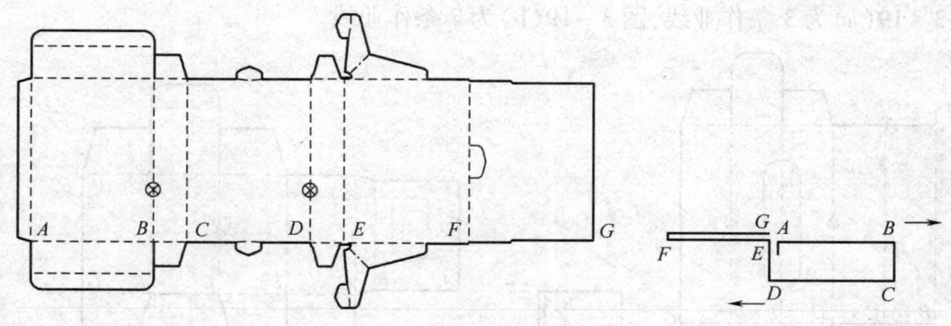

图 3－16　书型展示盒作业线设计

图 3－17(a)中，只遵从接头指向原则而没有遵从内衬“S”形原则，作业线需 3 条，而图 3－17(b)中，两项原则都遵从，则只需 2 条作业线。

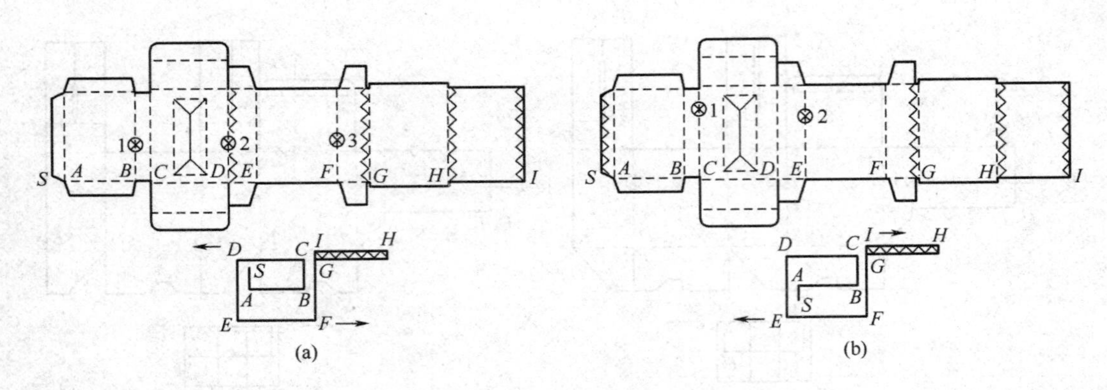

图 3－17　作业线设计

图 3－18（a）为间壁式折叠纸盒，按接头指向原则，需 D、E、G、I 等位置的 4 条作业线。同理，图 3－18（b）也需 C、D、F、H 等位置的 4 条作业线。

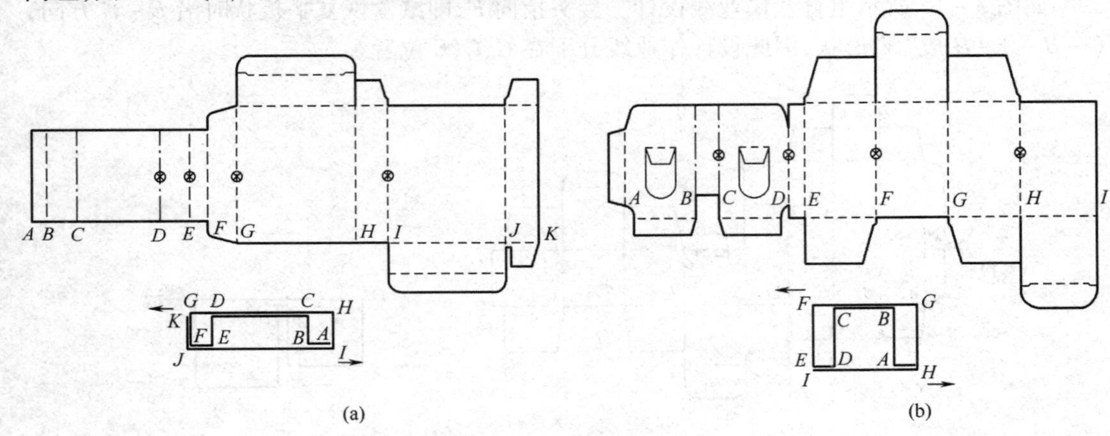

图 3－18　间壁盒作业线设计

图 3－19 为对角线间壁板折叠纸盒，因为间壁板是接头延长线，所以按间壁指向。其中，图 3－19（a）为 3 条作业线，图 3－19（b）为 2 条作业线。

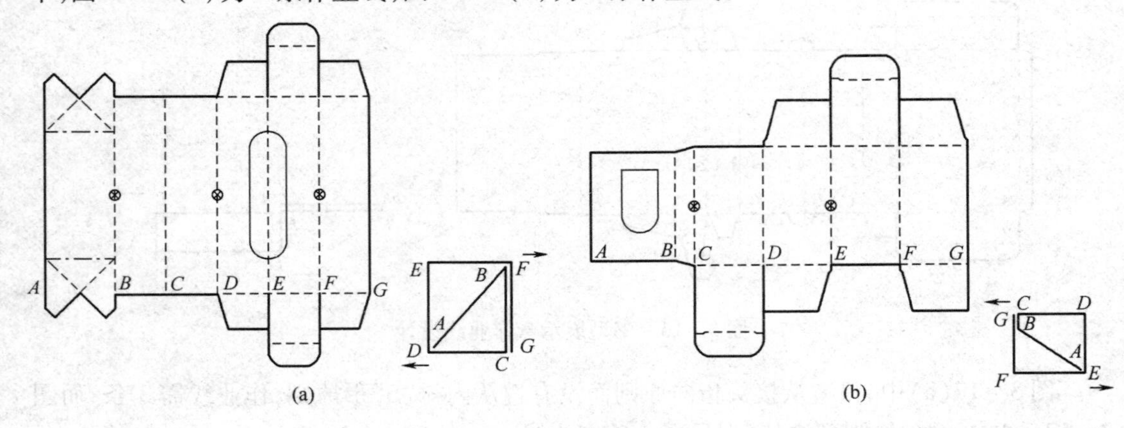

图 3－19　对角线间壁板作业线设计

6. 根据结构尺寸设计作业线

异形折叠纸盒盒体具有特殊造型，设计纸盒作业线时需要在尺寸设计上有新的构思。以图 3－20（a）为例，首先选择盒坯左侧 E 成型压痕线为作业线，然后在适当位置选取另外一条成型压痕线为基准线如 B 线，根据尺寸设计非成型作业线：

按下式计算：

$$L_3 = \frac{L_2 - L_1}{2} \tag{3-2}$$

式中 L_2——选定作业线与基准线距离，mm

L_1——上述两条线之外其他各纸盒体板宽度之和，mm

L_3——距离基准线的非成型作业线位置，mm（其值为正，该线在基准线左侧，反之在右侧）

例 3－2 在图 3－20（a）中，已知：$L_1 = 1110\text{mm} + 630\text{mm}$，$L_2 = 360\text{mm} + 860\text{mm} + 190\text{mm} = 1410\text{mm}$，求：$L_3 = ?$

解：代入公式（3－2）计算，

得：$L_3 = [1410 - (1110 + 630)]/2 = -165(\text{mm})$

所以选择在距 B 点作业线右侧 165mm 处设计一条印刷面半切线作为非成型作业线。

从端板看，图 3－20（b）是不规则四边形盒，图 3－20（c）是不规则五边形盒，图 3－20（d）是一个梯形盒，它们的非成型作业线也是通过计算设计。

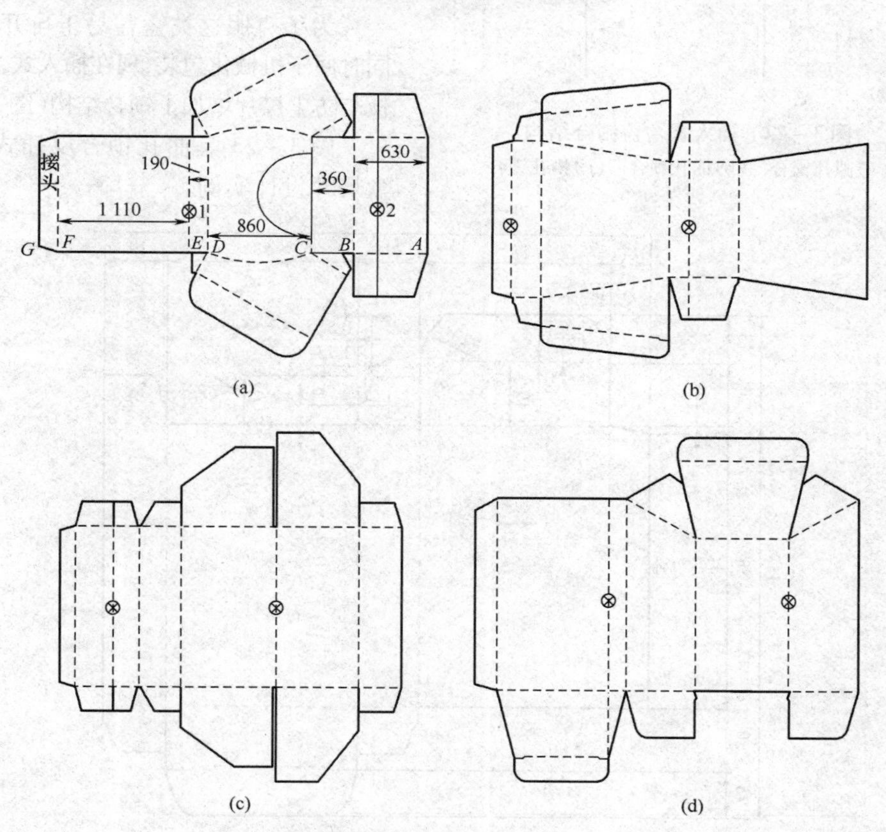

图 3－20 根据结构尺寸设计作业线

三、管式折叠纸盒的盒盖结构

盒盖是商品内装物进出的门户，其结构必须便于内装物的装填且装入后不易自开，从而起到保护作用，而在使用中又便于消费者开启。

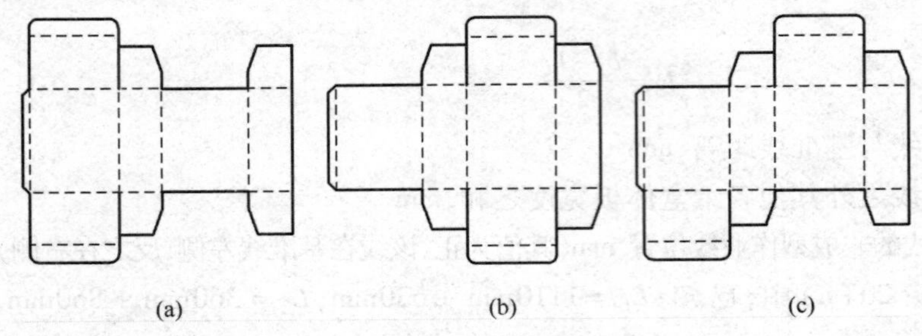

图 3－21　插入式折叠纸盒
（a）飞机式　（b）直插式　（c）法国反插式

1. 插入式

插入式盒盖折叠纸盒如图 2－23（a）和图 3－21 所示，这种盒盖由三部分组成：一个盖板和两个防尘襟片。封盖时盖板插入襟片插入盒体，通过纸板之间的摩擦力进行封合，可以包装家庭日用品、医药品等，其作用一是便于消费者购买前开启观察，二是便于多次取用。

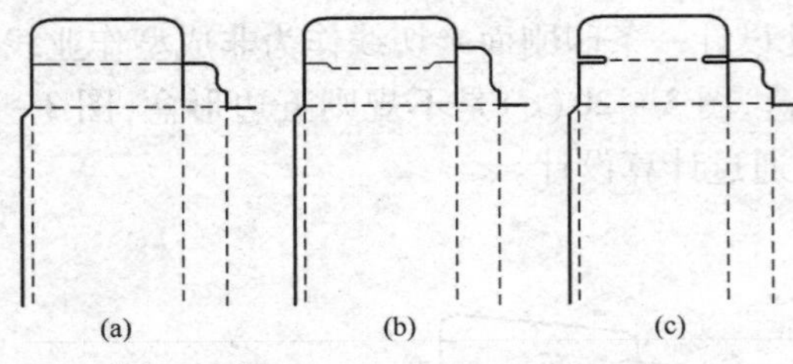

图 3－22　插入式盒盖锁合结构
（a）隙孔锁合　（b）曲孔锁合　（c）槽孔锁合

为了克服这类盒盖易于自开的缺陷，同时便于机械化包装，现在插入式盒盖的盖板与防尘襟片增加了锁合结构（图 3－22）。

图 3－23 是曲孔锁合反插式折叠纸盒尺寸设计实例。

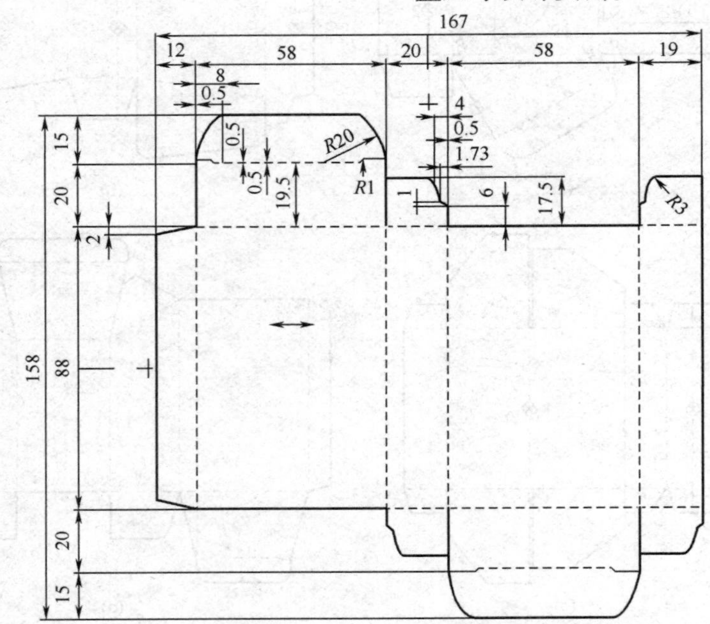

图 3－23　曲孔锁合反插式折叠纸盒尺寸设计图

插入式纸盒在局部设计还可以变化,如图 3-24(a)是一种无切缝反插式折叠纸盒,其防尘襟片以蹼角形式设计,形成无缝结构。图 3-24(b)是一种法国反插式增强盖折叠纸盒,其盒盖形成双层结构。

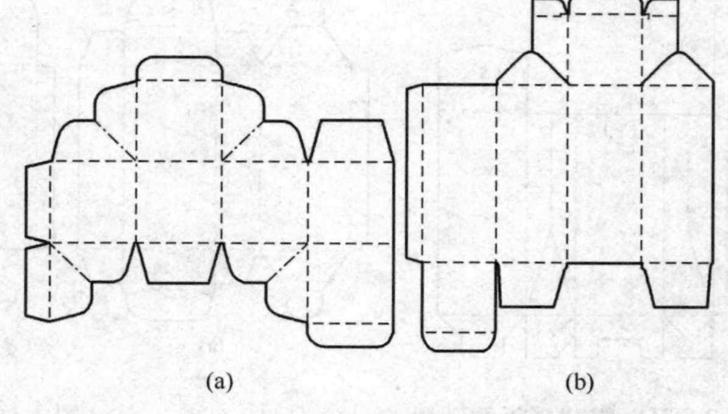

图 3-24　变形反插式折叠纸盒

(a)无切缝反插式　(b)法国反插式增强盖

2. 锁口式

这种盒盖结构是主盖板的锁舌或锁舌群插入相对盖板的锁孔内。特点是封口牢固可靠,开启稍嫌不便(图 3-25)。

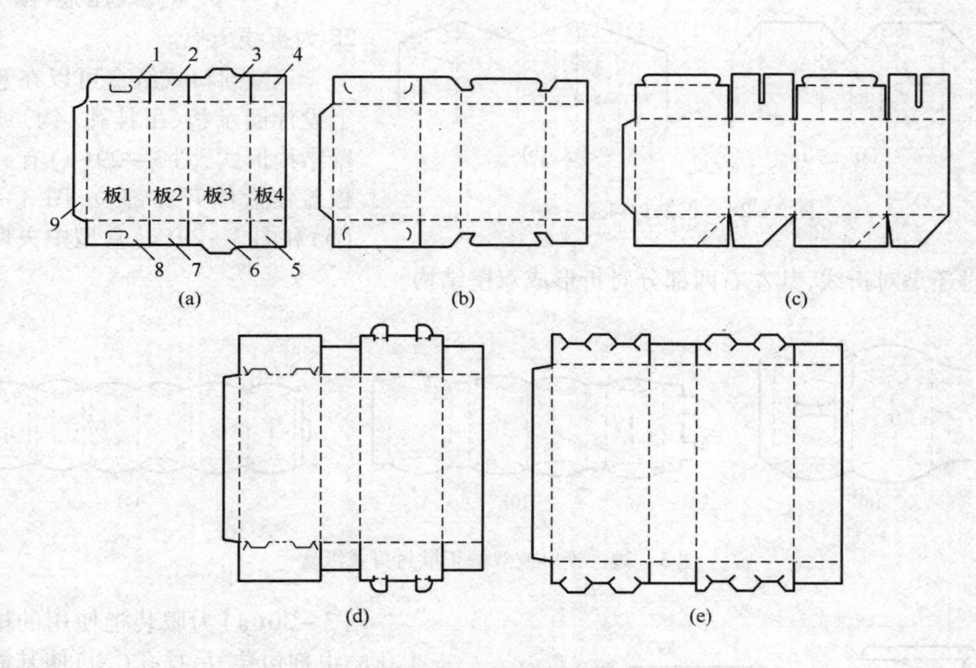

图 3-25　锁口式折叠纸盒

1—盖板 1　2—盖板 2　3—盖板 3　4—盖板 4　5—底板 4　6—底板 3　7—底板 2　8—底板 1　9—粘合接头

图 3-26 是一种礼品包装盒,其锁形如蝴蝶,故名蝶式锁。

3. 插锁式

插入与锁口相结合(图 3-27)。

4. 正揿封口式

正揿封口式结构如图 3-8 和图 3-28 所示,是在纸盒盒体上进行折线或弧线的压痕,利用纸板本身的挺度和强度,揿下盖板来实现封口。其特点是包装操作简便,节省纸板,并可设计出许多别具风格的纸盒造型,但仅限装小型轻量内装物,如纺织品中的手帕、丝巾、快餐食品中的苹果派等。

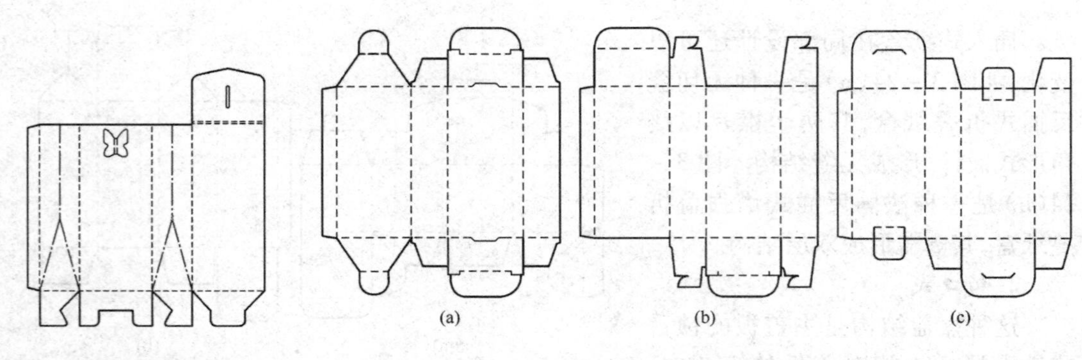

图 3-26　蝶式锁折叠纸盒　　图 3-27　插锁式折叠纸盒

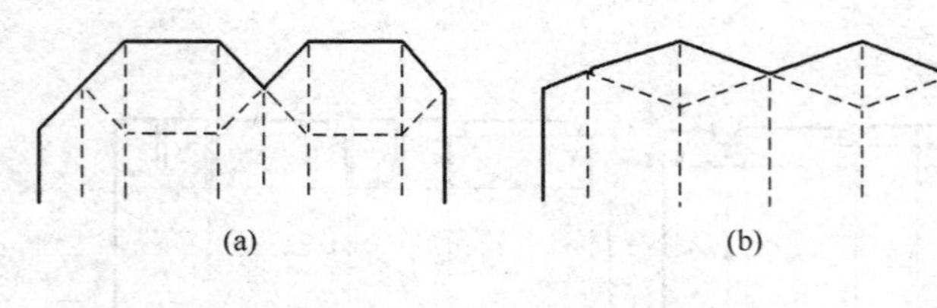

图 3-28　正揿封口盖

图 3-8 为弧线压痕，图 3-28 为折线压痕。

正揿封口式纸盒可以在盒体上设计展示板、吊挂孔（钩）或双壁结构形式，图 3-29（a）有一盖板盖住盒体开窗部位，图 3-29（b）和图 3-29（c）盒型中央切口线同时还是对折线，其左右两部分对折形成双壁结构。

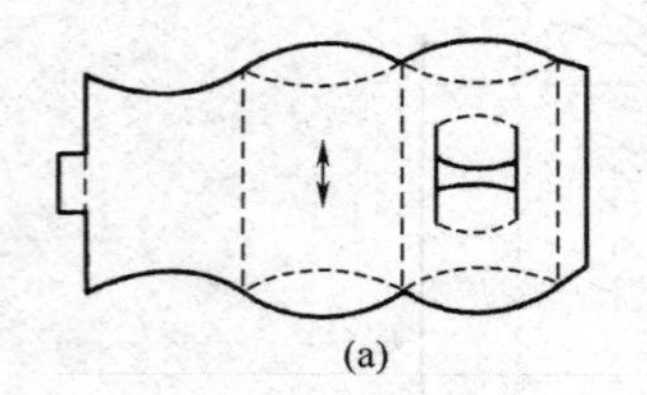

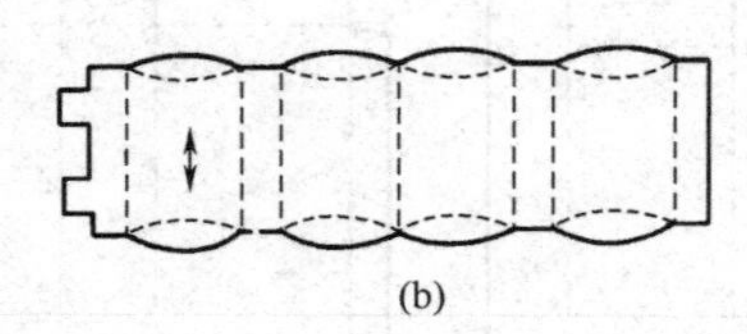

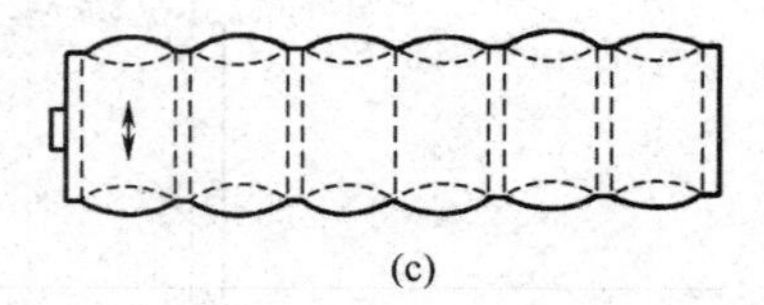

图 3-29　锁口或双壁正揿封口式纸盒

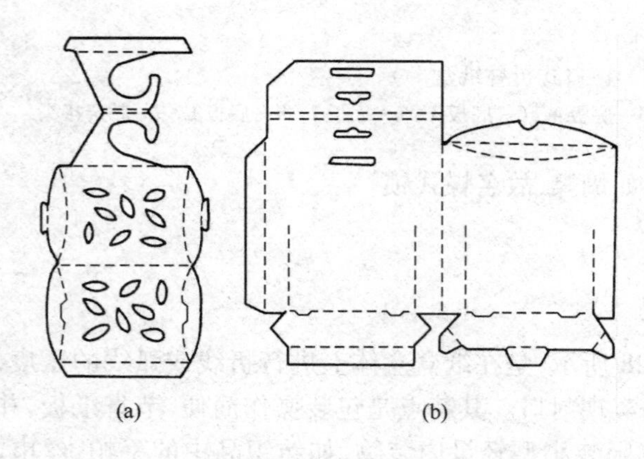

图 3-30　可吊挂或自立正揿封口式纸盒
（a）可吊挂式　（b）自立兼吊挂式

图 3-30（a）为服装柜使用的植物生化防虫剂包装，吊挂孔（钩）使其能够挂在衣杆上，图 3-30（b）盒底可自立。

5. 粘合封口式

粘合封口式盒盖是将盒盖的主盖板与其余三块襟片粘合。有两种粘合方式，图 3-31（a）为双条涂胶，图 3-31（b）为单条涂胶。

与其他类型的盒盖不同，粘合封口式盒盖盖板与前板连接，这样前视时看不见盖板切口面。

这种盒盖的封口性能较好，开启方

便，适合高速全自动包装机。

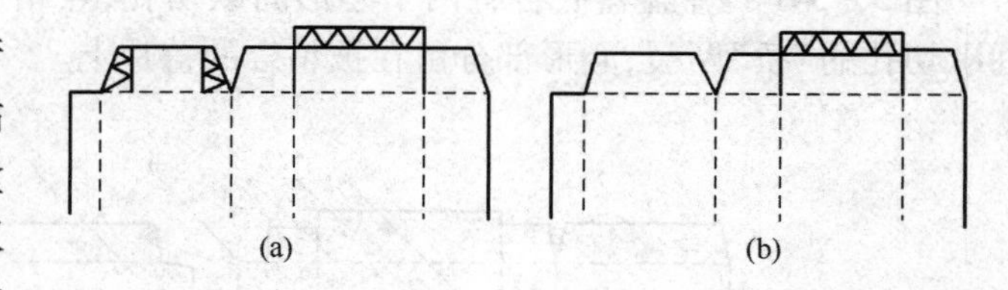

图 3－31 粘合封口式盒盖

图 3－32（a）所示为瑞士产 200g 装“TOBLERONE”三棱柱粘合封口盖（底）巧克力包装纸盒盒坯的主板结构，盒盖盒底均为双条涂胶，为平板状粘合，盒体设计有成型作业线和非成型作业线各一条，盒盖粘合后，从盒体的撕裂打孔线开启新盖，新盖铰链为切痕线，且只有两个切断口，断痕较长；图 3－32（b）是需要与新盖开启部位粘贴的盖口内衬板结构。

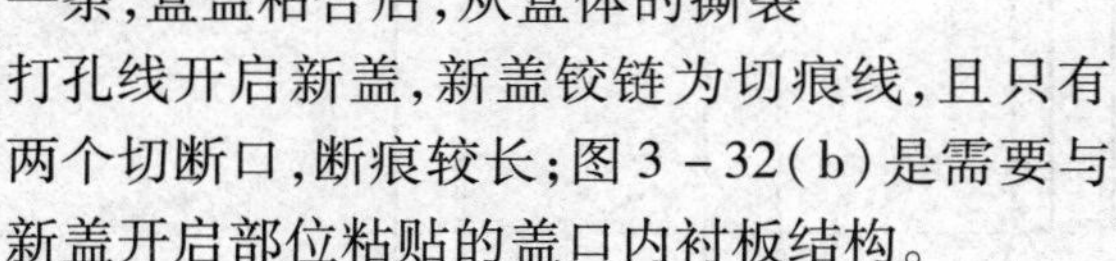

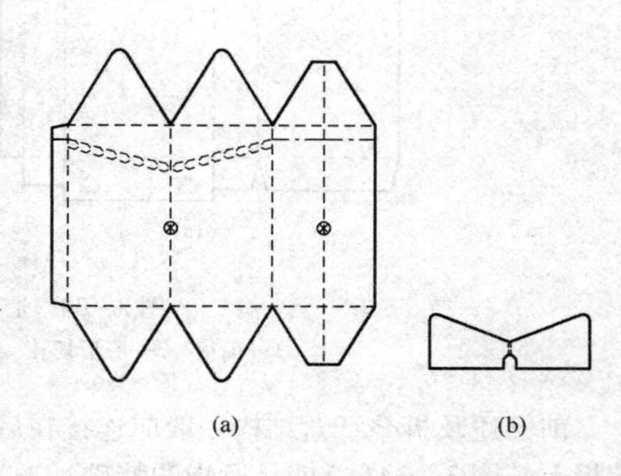

图 3－32 “TOBLERONE”三棱柱粘合封口盖（底）巧克力包装结构
（a）盒坯主板结构 （b）新盖盖口内衬板结构

6. 显开痕盖

为了能够及时显示盒盖开启痕迹，防止非法开启包装而换之以危害性物品，保证消费者生命与健康安全，维护商品信誉，对于与公众生命息息相关的食品与医药包装可采用显开痕盖。

显开痕盖即盒盖开启后不能恢复原状且留下明显痕迹，以引起经销商和消费者警惕。

图 3－33（a）、（d）所示两个盒的显开痕盖结构，是在原插入式盒盖盖板或盖插入襟片增加一特殊结构，即在纸板面层和底层同一位置各设计一椭圆形半切线，两椭圆长短半径相等但互相垂直，纸板底层椭圆半切线与一个防尘襟片或前板点粘［图 3－33（b）、（e）］，开启以后，点粘部分的纸板撕裂成一个“T”字断面，从而起到防止再封和显示开痕的作用［图 3－33（c）、（f）］。

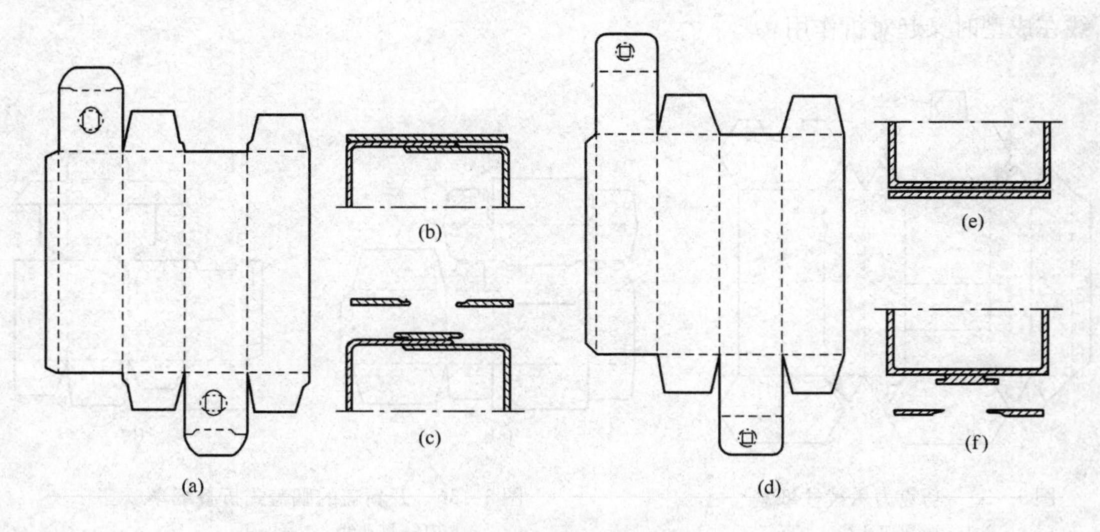

图 3－33 半切缝显开痕盖

图 3－34(a)盒盖盒底各有两个心形间歇切孔,点粘部位也具有显开痕作用。开启时间歇切孔的“桥”断裂,心形部分留在被粘合的盖片上。

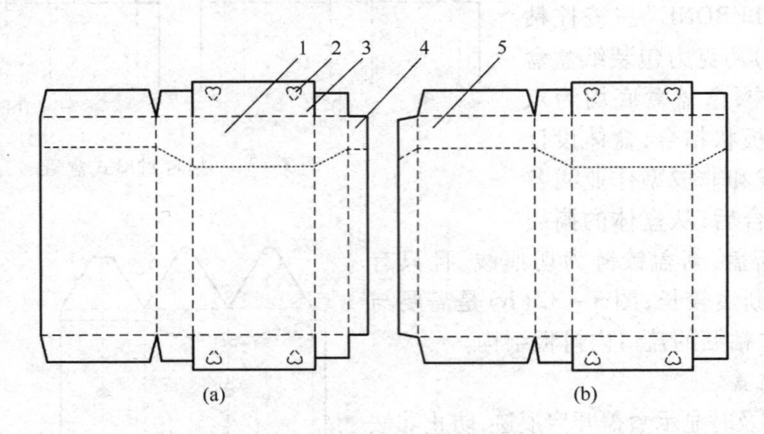

图 3－34　心形切孔显开痕盖

1—前板　2—心形切孔　3—盖板　4—接头　5—后板

前已述及折叠纸盒结构一般应连接在后板上,特殊情况下才可连接在能与后板粘合的端板上。图 3－34(a)就是所指的特殊情况,因为如果按图 3－34(b)设计,则接头上的打孔线一定要与端板上的打孔线重合,无形中提高了制造精度要求,而且这个位置上的双层纸板也增加了消费者开启的难度。但是如图 3－34(a)设计,接头上的折叠线与后板折叠线重合,避免了上述缺陷。

图 3－35 是一款英国巧克力六棱柱纸盒包装,其盖板插舌的圆形间歇切痕中心与纸板粘合,开启时“桥”断裂而显开痕。失去圆形部分的插舌还可以再插入锁孔,实现再封。

7. 翻盖式

图 3－36(a)的纸盒原盖为粘合封口式,但于打孔线处重新开盖后则为翻盖盒,其打孔线在成型时又起对折作用。

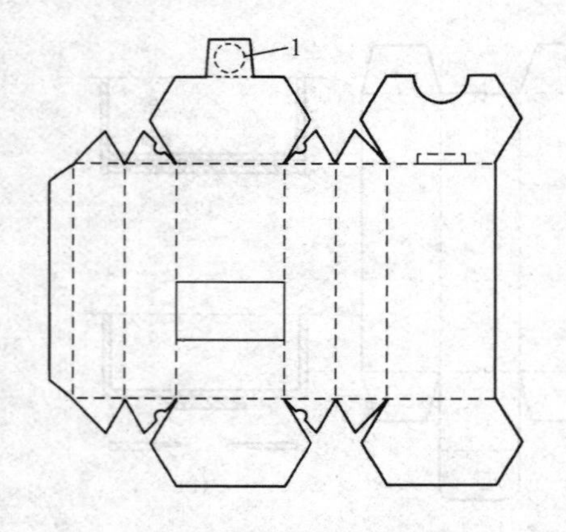

图 3－35　巧克力六棱柱纸盒

1—撕裂切孔线

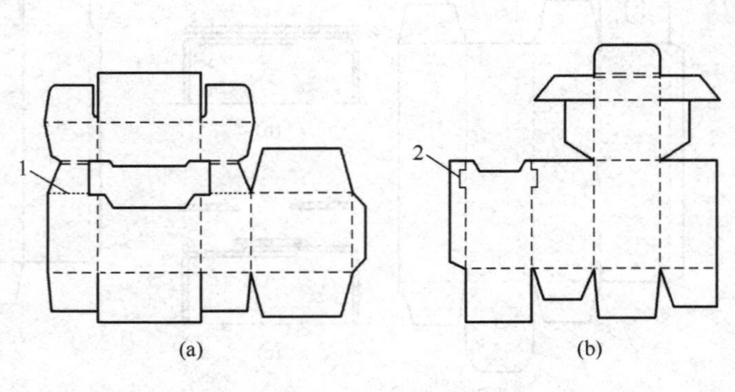

图 3－36　开新盖的翻盖式折叠纸盒

1—打孔线　2—凸耳

图3－36(b)与图3－3(a)相比,纸板用料面积减少,但却增加了接头连接到前板上而产生由接缝引起的前视外观缺陷。这种外观缺陷较之纸板用量的节省,很可能得不偿失。

图3－36(b)与图3－37翻盖通过折叠成型并有部分粘合,其中盒盖相邻部分的结构关系可以利用旋转角来分析。

图3－36(b)前板的凸耳结构与图3－37的盒盖前内板凹槽(阴锁)和盒前板凸耳(阳锁)是防止翻盖自开的结构。

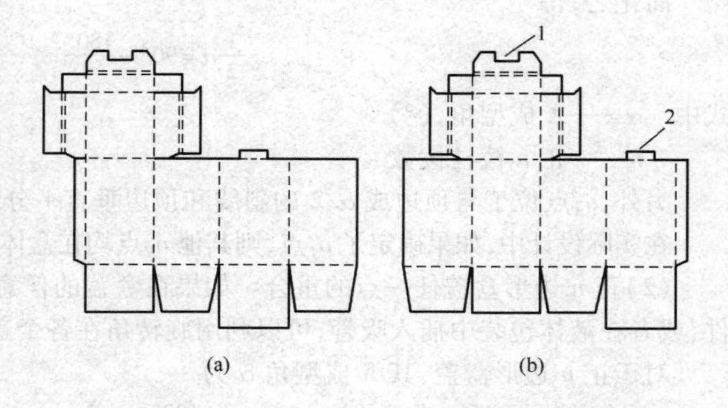

图3－37　折叠成盖的翻盖式折叠纸盒

(a)纸板用量多　(b)纸板用量少

1—阴锁　2—阳锁

8. 花形锁

这是一种特殊锁口形式,它可以通过连续顺次折叠盒盖盖片使其组成造型优美的图案,又称连续摇翼窝进式。花形装饰性极强,可用于礼品包装,缺点是组装稍嫌麻烦。

(1)正 n 棱柱　从图3－38可见,这种盒盖的旋转点为 A_1、B_1、C_1……;各盖片锁合点为 o_1、o_2、o_3……;锁合点与旋转点之间的连线 o_1A_1、o_2B_1、o_3C_1……和体板顶边线 A_1B_1、B_1C_1、C_1D_1……的交角为A成型角的1/2,即

$$\frac{1}{2}\alpha=\frac{180°(n-2)}{2n}$$

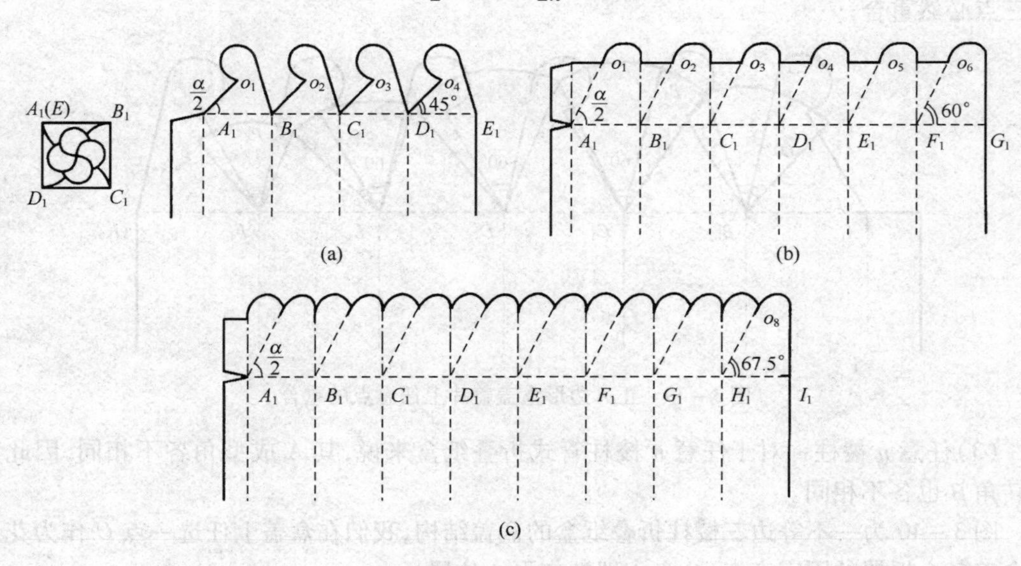

图3－38　正 n 棱柱花形锁盒盖

(a)正四棱柱　(b)正六棱柱　(c)正八棱柱

简化之,得

$$\frac{1}{2}\alpha = 90° - \frac{180°}{n} \tag{3-3}$$

式中　α——A 成型角,(°)

　　　n——正 n 棱柱棱数

另外,o_n点位于与顶边成 $\alpha/2$ 的斜线和顶边垂直平分线的交点。

在实际设计中,如果确定了 o_1点,则其他 o_n点均在盒体顶边的平行线上,且$|o_n o_{n+1}| = L$。

(2)正 n 边形盒盖任一点的重合　如果在盒盖的任意一点处打孔,以便穿缎带等装饰件,或者在液体包装中插入吸管,可以利用旋转角在各个盖片上定点。

对于正 n 边形盒盖,其 A 成型角 α 为

$$\alpha = \frac{180°(n-2)}{n}$$

代入公式(2-3)

$$\beta = 180° - \frac{180°(n-2)}{n}$$

简化之,即

$$\beta = \frac{360°}{n} \tag{3-4}$$

式中　β——旋转角,(°)

　　　n——正 n 边形盒盖的边数

如图 3-39 所示,作图如下:①按设计要求选择 P_6点;②连接 P_6F_1,过 F_1点作线段 P_5F_1、P_6F_1等长,且$\angle P_5F_1P_6$等于旋转角 β(这里是 60°),则纸盒成型后,P_5P_6两点重合;③同理,连接 P_5E_1,过 E_1点作线段 P_4E_1与 P_5E_1等长,且$\angle P_4E_1P_5$等于旋转角 β,则 P_4、P_5、P_6三点必然重合;……

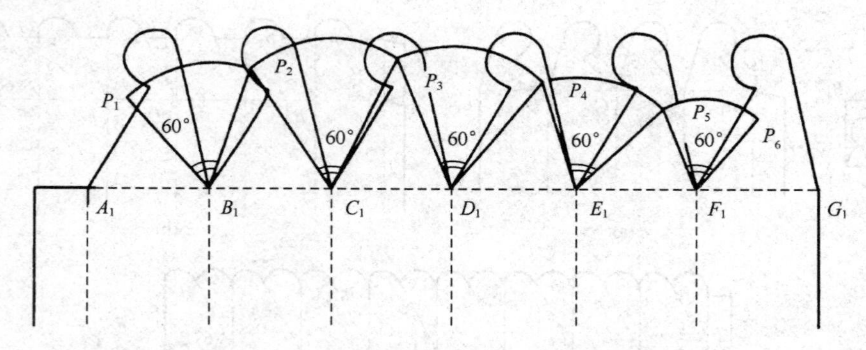

图 3-39　正 n 边形盒盖盖片上任意点的重合

(3)任意 n 棱柱　对于任意 n 棱柱管式折叠纸盒来说,其 A 成型角各不相同,因此其旋转角 β 也各不相同。

图 3-40 为一不等边三棱柱折叠纸盒的盒盖结构,我们在盒盖上任选一点 O 作为花形锁盒盖各个摇翼的固定交点(O 点一般选在形心位置)。

不等边三棱柱纸盒的 A 成型角依次为 α_1、α_2;

按公式(2-3),则相应的旋转角依次为 $180° - \alpha_1$、$180° - \alpha_2$。

作图如下:①将△ABC依次展开成线段$A_1B_1C_1D_1$;②在俯视图上过O点作AB的垂线,并用同样方法在展开图中线段A_1B_1上方确定o_1点,即$o_1a_1=oa$,$A_1a_1=Aa$;③连接o_1B_1,并过B_1点作线段o_2B_1与o_1B_1等长且$\angle o_1B_1o_2=180°-\alpha_1$;④连接$o_2C_1$,并过$C_1$点作线段$o_3C_1$与$o_2C_1$等长且$\angle o_2C_1o_3=180°-\alpha_2$,则$o_1$、$o_2$、$o_3$三点在纸盒成型后必然重合;⑤过$o_1$、$o_2$、$o_3$三点作几何图形,则纸盒成型后盒盖也构成美丽的花式图案。

该设计采用如下方法将更简单,即如同步骤②,在盒俯视图上过o点作三角形三条边的垂线,在展开图上分别确定a_1、b_1、c_1三点,使得$A_1a_1=Aa$、$B_1b_1=Bb$、$C_1c_1=Cc$,并过这三点作垂线,分别截取$o_1a_1=oa$、$o_2b_1=ob$、$o_3c_1=oc$,即可确定o_1、o_2、o_3三点。

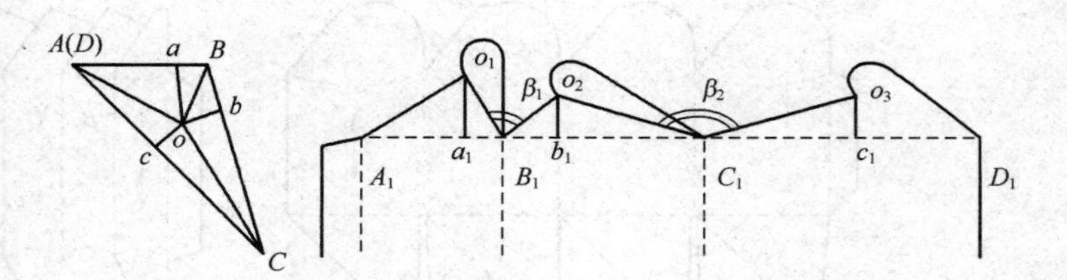

图3-40 任意n棱柱花形锁盒盖

(4)正n棱台 图3-41(a)正n棱台盒盖盖片摇翼相交点o_n与正n边形旋转点A、B、C、D……的连线和正n边形对应边AB、BC、CD……所构成的角度仍等于$\frac{\alpha}{2}$,但旋转角β不同于正n棱柱。

在实际设计中,如果确定了o_1点,则其他o_n点在以正n棱台的梯形盒面两斜边延长线交点为圆点,该圆点与o_1点连线为半径所作的圆弧线上。

(5)盒型的曲线变形 如图3-42,花形锁纸盒的直线线段如AB、BC、CD……以及o_1B、o_2C、o_3D……可以用弧线来代替,以增加纸盒造型的趣味变化,但必须强调,不论如何变化,$\angle o_1BA$、$\angle o_2CB$、$\angle o_3DC$……不变,依然等于$\frac{\alpha}{2}$。

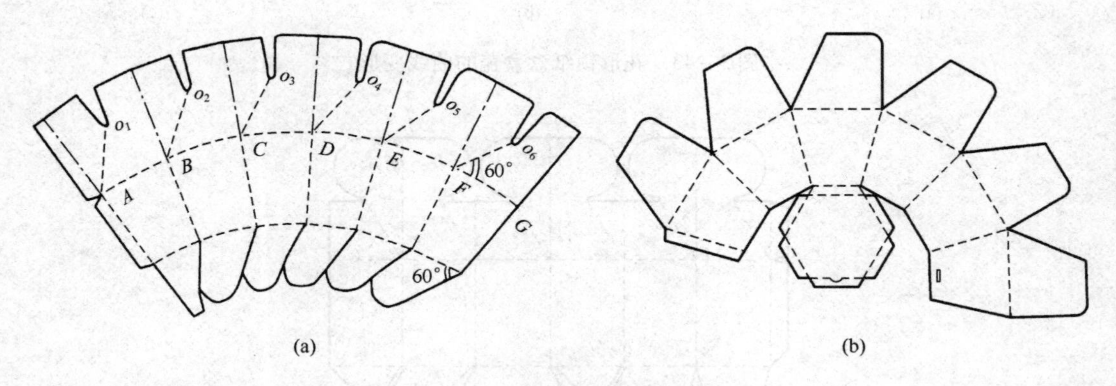

图3-41 正六棱台花形锁纸盒

图3-43(a)是正四棱台花锁盒。图3-43(b)、(c)分别是长方体、四棱柱花锁盒,其锁合点位置都在盒盖形心,而且从旋转点到锁合点的连线是曲线。

图3-44是一种摇翼对折的花形锁盒盖。

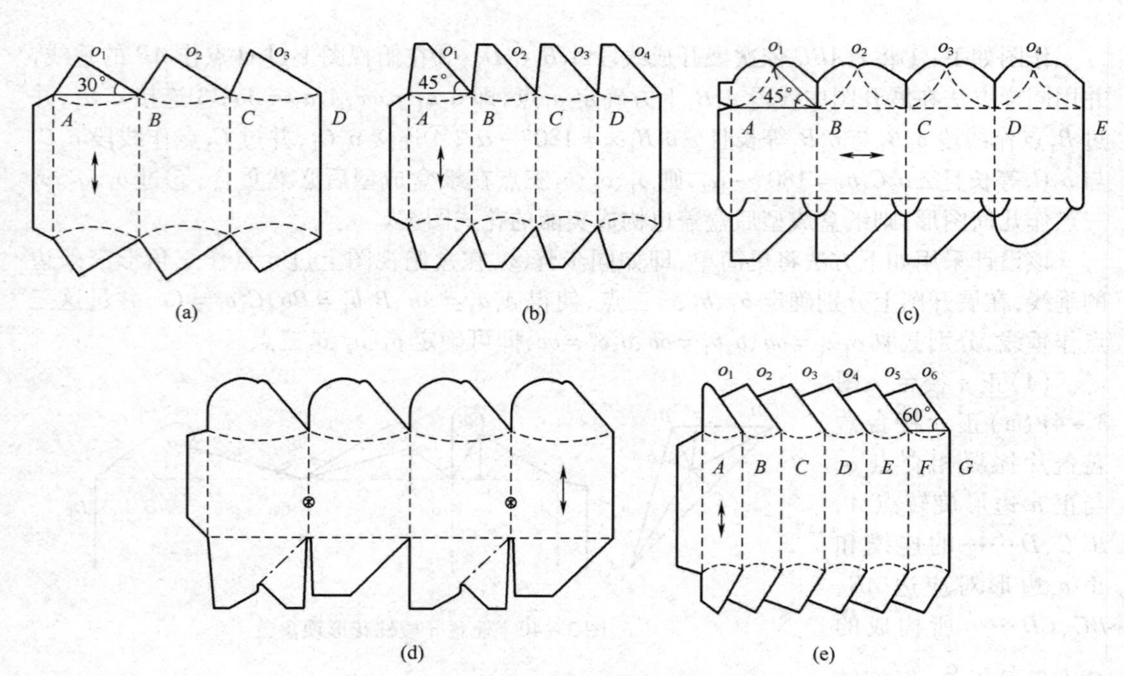

图 3-42 花形锁纸盒盒体的曲线变形

（a）正三棱柱 （b）正四棱柱 （c）正四棱柱 （d）正四棱柱 （e）正六棱柱

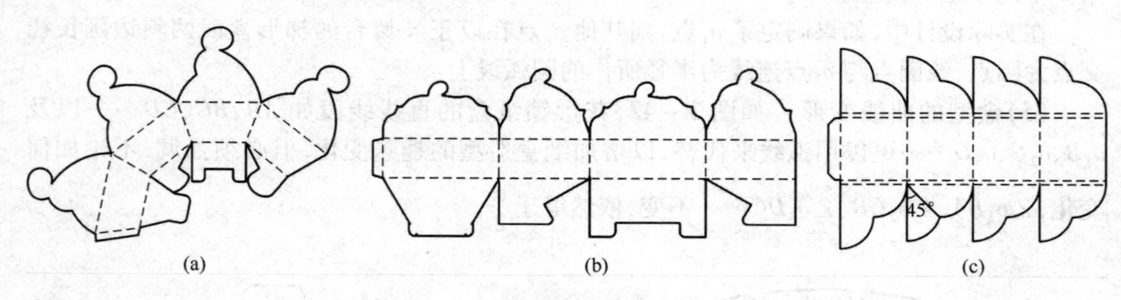

图 3-43 花形锁纸盒盒盖的曲线变形

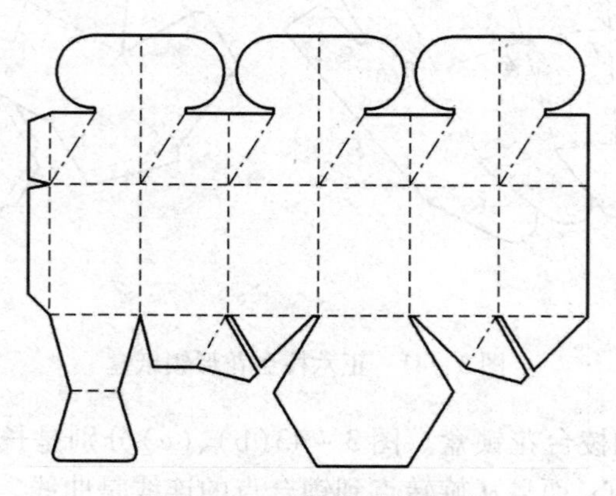

图 3-44 对折花形锁盒盖

表 3-2 为常用正 n 棱柱纸盒的 $\frac{\alpha}{2}$ 和 β 数值，供设计时参考。

表 3-2　　常用正 n 棱柱纸盒的 $\frac{\alpha}{2}$ 和 β 值　　单位：(°)

n	$\frac{\alpha}{2}$	β	n	$\frac{\alpha}{2}$	β
3	30	120	6	60	60
4	45	90	7	64.3	51.4
5	54	72	8	67.5	45

如果 $\alpha/2$ 大于表内数据，则折叠纸盒成为锥顶花锁盒或台顶花锁盒（图 3-45）。

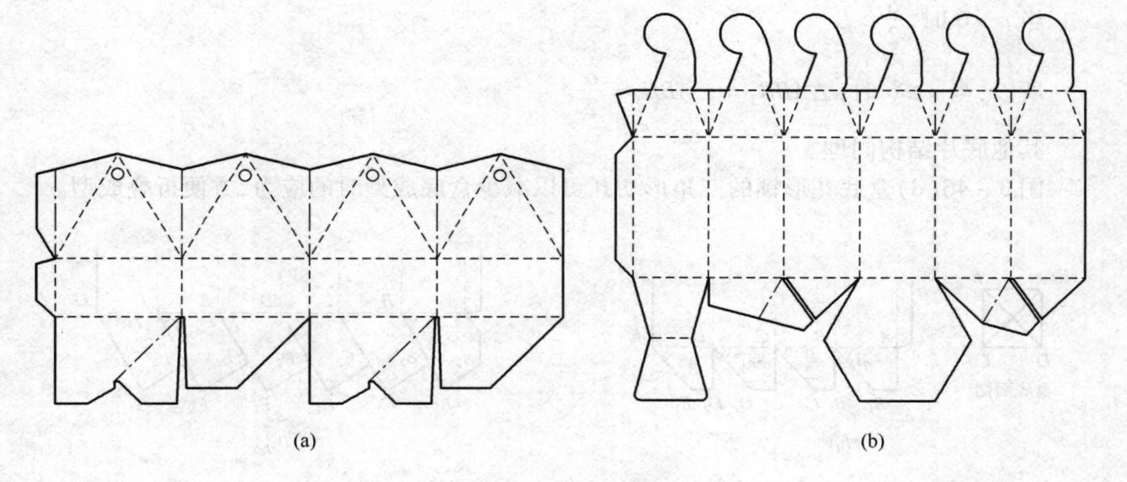

图 3-45　锥顶或台顶花锁折叠纸盒
(a)锥顶花锁盒　(b)台顶花锁盒

四、管式折叠纸盒的盒底结构

纸盒盒底主要承受内装物的重量，也受压力、振动、跌落等环境的影响。同时，如果盒底结构过于复杂，将造成包装机结构复杂或包装速度降低，而手工组装又耗时耗力。所以，对于管式折叠纸盒，盒底结构尤为重要。一般的设计原则是既要保证强度，又要力求成型简单。

插入盖、锁口盖、插锁盖、正揿封口盖、粘合封口盖、显开痕盖等也可作盒底使用，但花形锁盒盖用作盒底时，结构必须简单但限制条件增多。

1. 花形锁

花形锁盒底基本结构如盒盖，不同之处在于组装时折叠方向与盒盖相反，即花纹在盒内而不在盒外，这样可以提高承载能力，反之则无法实现锁底，内装物将从盒底漏出。

盒底组装过程如下：①将各底片内折 180°依次折入盒内；②从盒内依次放下底片插别即可成型。

如图 3-46，为便于组装，底片设计比盖片要简单一些，但也要保证啮合点 o 的存在，即

符合下列条件：$\angle ABB_1 = \dfrac{\alpha}{2}$

$$\angle ABB_2 \geqslant \beta$$

$$BB_2 \leqslant AB$$

$$BB_1 > AB/2\cos\left(\frac{\alpha}{2}\right)$$

即 B_1点要超过 AB 的垂直平分线与 BB_1的交点。

从表 3－2 可见，当 $n<6$ 时，$\dfrac{\alpha}{2}<\beta$

当 $n=6$ 时，$\dfrac{\alpha}{2}=\beta$

当 $n>6$ 时，$\dfrac{\alpha}{2}>\beta$

所以，当 $n\geqslant 6$ 时，$\angle ABB_2=\angle ABB_1=\dfrac{\alpha}{2}$。

其他底片结构同理。

图 3－46（d）盒底花形锁的三角形切孔可以减少盒底成型时的应力，方便折叠成型。

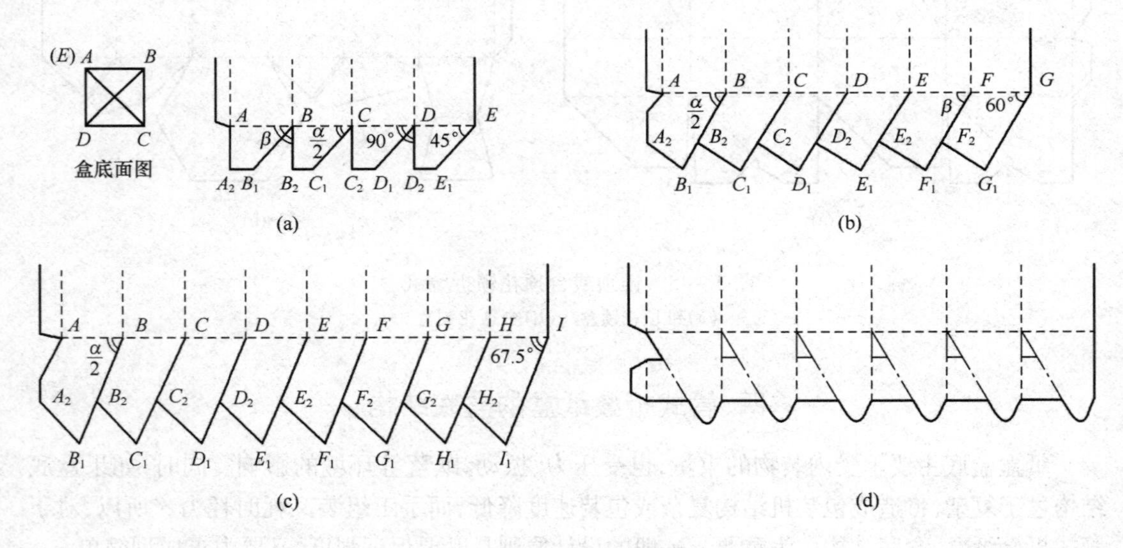

图 3－46　花形锁盒底结构

（a）正四棱柱　（b）正六棱柱　（c）正八棱柱　（d）正六棱柱

2. 锁底式

锁底式结构能包装多种类型的商品，盒底能承受一定的重量，因而在大中型纸盒中广泛采用。

图 3－47 是最常用的锁底式结构，盒底成型时需组装。因为成型过程分为三个步骤，又称 1. 2. 3. 底，还因与其他锁底式相比，组装成型速度比较快，也称快锁底。该盒底成型以后，p_1、p_2、p_3点重合，o_1、o_2、o_3点重合。o、p 点的定位原则如下：①op 连线位于盒底矩形中位

线；②o、p 点与各自邻近旋转点的连线同盒底 B 边所构成的角度为 $\angle a$，同盒底 L 边所构成角度为 $\angle b$。

$\angle a$、$\angle b$ 与纸盒长宽比有关，

当 $\alpha = 90°$ 时，

$L/B \leqslant 1.5$，$\angle a = 30°$，$\angle b = 60°$

$1.5 < L/B \leqslant 2.5$，$\angle a = 45°$，$\angle b = 45°$

$L/B > 2.5$，则如图 3－47（c）所示，增加锁底啮合点，也就是将纸盒长边按奇数等分，且 $\angle a + \angle b = 90°$。

当 $\alpha \neq 90°$ 时，则 $\angle a$、$\angle b$ 确定原则是 $\angle a + \angle b = \alpha$。

如果底板 2、底板 4 略作如图 3－47（c）的改进，则可增大盒底强度，因而称其为增强快锁底。

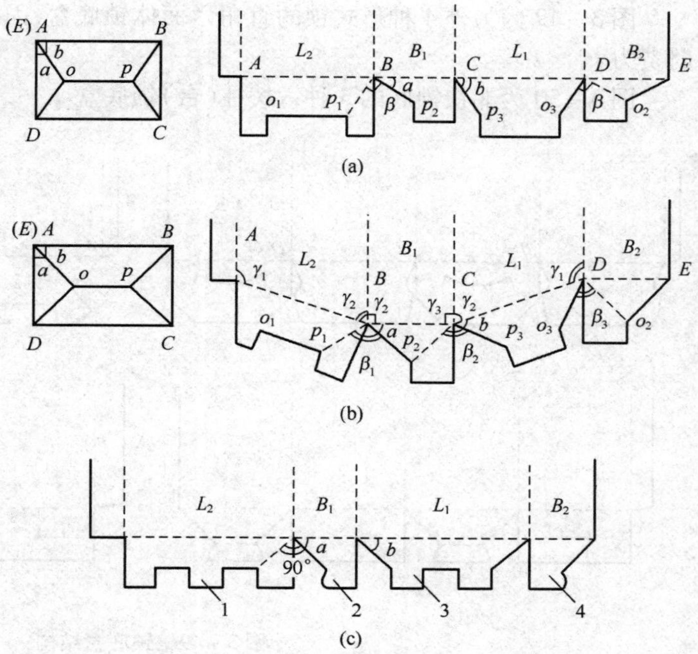

图 3－47　快锁底结构

1—底板 1　2—底板 2　3—底板 3　4—底板 4

图 3－48 是 4 种多棱形管式折叠纸盒的快锁底结构。

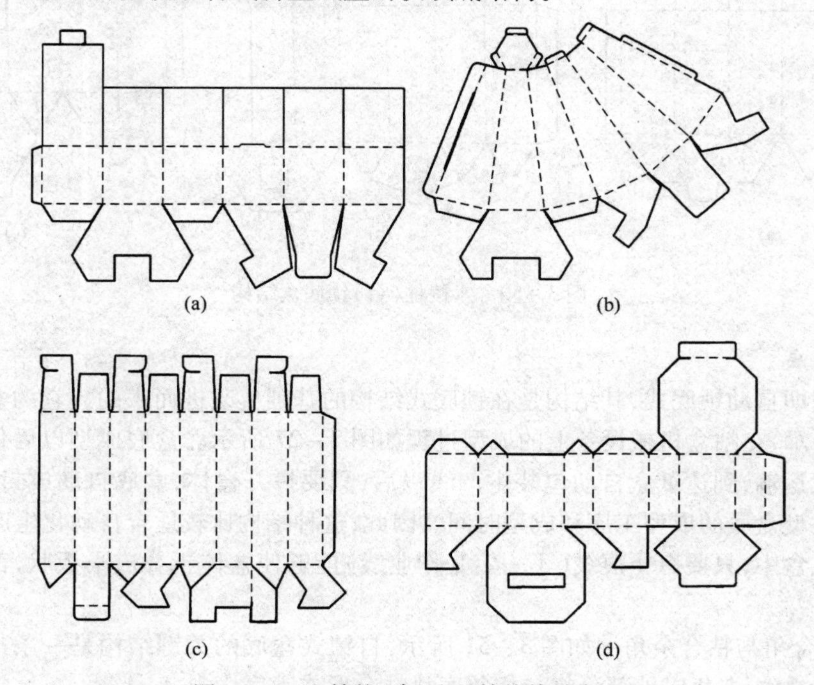

图 3－48　六棱柱（台）和八棱柱快锁底盒

图3－49为另外4种形式锁的直角六面体锁底盒,因其结构较复杂,所以成型过程费时费力。

图3－50为非快锁底的3种六棱柱(台)锁底盒。

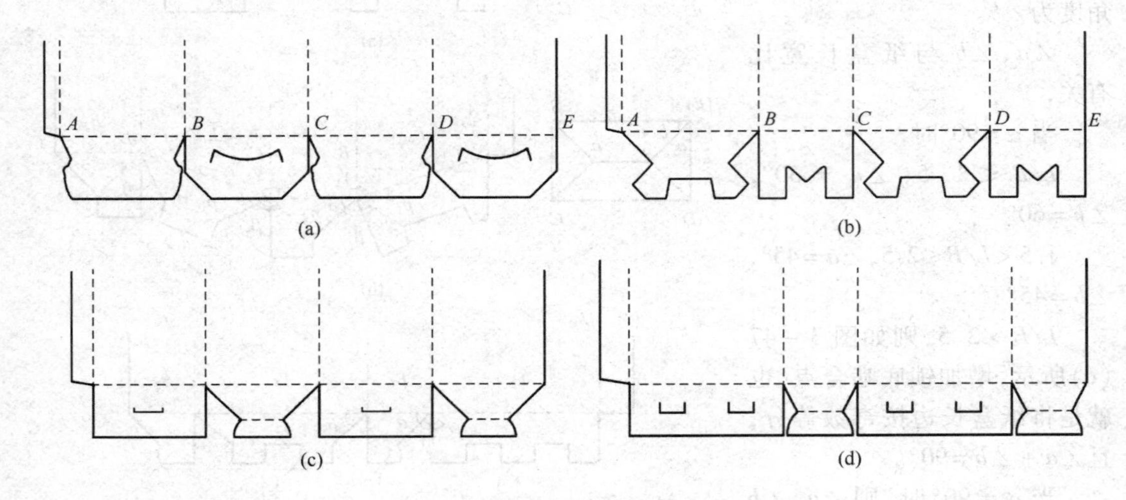

图3－49 锁底盒结构

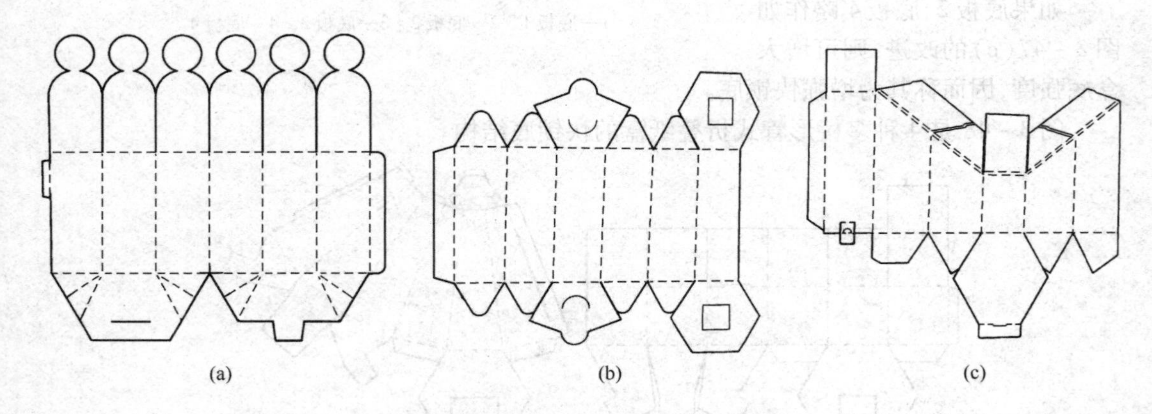

图3－50 六棱柱(台)锁底盒结构

3. 自锁底

自锁底即自动锁底式,其结构是在锁底式结构的基础上改进而来的。它的盒型结构如图2－25所示,在粘盒机械设备上的成型过程如图2－27所示。盒底成型以后仍然可以折叠成平板状运输,到达纸盒自动包装生产线以后,只要撑开盒体,盒底自动成封合状态,省去了其他类型盒底的成型工序和成型时间。因此,这种结构比较适合自动化生产和包装。

在管式盒中,只要有压痕线(不一定是作业线)能够使盒体折叠成平板状,都可设计自锁底。

(1)粘合角与粘合余角　如图3－51所示,自锁式盒底的关键结构是一条与纸盒底边呈δ'角的折叠线,δ'角以外部分将与相邻底片粘合形成锁底。

①粘合角(δ)。粘合角即与旋转点相交的盒底作业线与裁切线所构成的角度，即在自锁底主片的粘合面中，以旋转点为顶点的两条粘合面边界线所构成的角度，即$\angle C_2BG$和$\angle E_2DF$。当纸盒盒底平折或张开时，为避免底片与体板相互影响，实际设计中的粘合角一般小于理论值2°～5°，而且，在一定条件下裁切线可以向内继续移动使实际粘合角缩小。只要折叠线$BG(DF)$位置不变，就不会影响自锁底的功能。因此，在实际设计中，δ与理论值有差距，可以在一定条件下变化。为方便起见，需要选择一个固定值的角度。

②粘合余角(δ')。在自锁底盒主底片上，与旋转点相交的作业线和盒体与盒底的交线所构成的角度叫粘合余角。

由于作业线$BF(DF)$位置不变，盒体与盒底的交线$AB(CD)$不变，所以δ'是一个固定值。

从理论上

$$\delta+\delta'=\alpha \tag{3-5}$$

式中　δ——理论粘合角，(°)

δ'——粘合余角，(°)

α——A成型角，(°)

这样，自锁式盒底的结构问题可以归结为δ'的求值问题。

(2)TULIC－2公式——粘合余角求解公式　为方便研究，假设直角六面体折叠纸盒自锁底成型过程如下：①盒底各片向内作180°折叠[图3－51(b)]；②主底片的$BG(DF)$作业线向外作180°折叠[图3－51(c)]；③$A_1ABB_1(D_1DEE_1)$盒板沿$B_1B(D_1D)$线向内作180°折叠[图3－51(d)]；④盒底黏合面与盒体接头分别和相应部位粘合，然后撑开盒体盒底自动成型[图3－51(e)]。

实际上，整个成型过程就是线段BC与BC_2，DE与DE_2重合的问题。

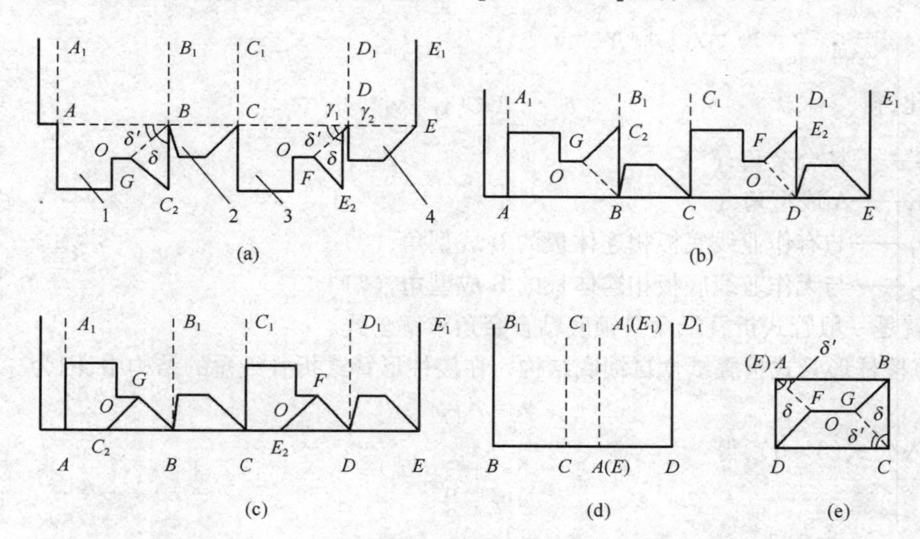

图3－51　长方体管式盒自锁底成型过程示意图

1—底板1(主底片)　2—底板2(副底片)　3—底板3　4—底板4

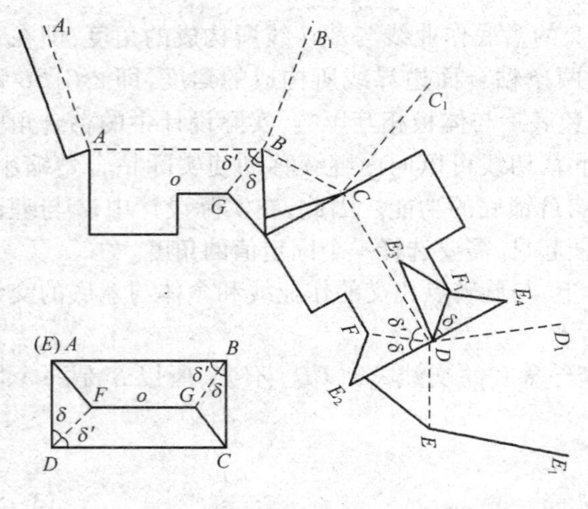

图 3－52 棱台形纸盒自锁底结构分析图

这是探讨一般管式折叠纸盒自锁底结构的关键。

图 3－52 是一个棱台形纸盒，其成型过程与图 3－51 相同，为简便起见，只分析其中一对摇翼。①主底片以 DC 为轴内折 180°，即以 DC 为轴作 $\angle E_2DC$ 的对称角 $\angle E_4DC$；②E_1EDD_1 盒板以 DD_1 线为轴内折 180°，即以 DD_1 为轴作 $\angle D_1DE$ 的对称角 $\angle D_1DE_3$；③若要纸盒盒底呈自锁结构，必须 DE、DE_2 重合，即 DE_3、DE_4 重合，则只有将 $\angle E_4DE_3$ 平分，且沿角平分线 DF_1 对折才能实现，

$$\begin{aligned}\angle E_4DE_3 &= (\angle D_1DE_1 + \angle E_4DE_3) + (\angle E_4DE_3 + \angle E_3DC) - (\angle D_1DE_4 + \angle E_4DE_3 + \angle E_4DC)\\ &= \angle D_1DE_3 + \angle E_4DC - \angle D_1DC\\ &= \angle D_1DE + \angle E_2DC - \angle D_1DC\end{aligned}$$

因为 $\angle D_1DE = \gamma_2$

$\angle E_2DC = \alpha$

$\angle D_1DC = \gamma_1$

所以 $\angle E_4DE_3 = \gamma_2 + \alpha - \gamma_1$

则 $\delta' = \frac{1}{2}(\angle E_4DE_3) + \angle E_3DC$

$= \frac{1}{2}(\alpha + \gamma_2 - \gamma_1) + (\gamma_1 - \gamma_2)$

简化，得

$$\delta' = \frac{1}{2}(\alpha + \gamma_1 - \gamma_2) \tag{3-6}$$

式中 δ'——粘合余角，(°)

α——A 成型角，(°)

γ_1——与有作业线底板相连体板的 B 成型角，(°)

γ_2——与无作业线底板相连体板的 B 成型角，(°)

这就是一般管式折叠纸盒自锁底粘合余角求解公式。

(3)棱柱形管式折叠纸盒自锁底结构　在棱柱形管式折叠纸盒的结构中，因为

$$\gamma_1 = \gamma_2 = 90°$$

代入公式(3－6)，得

$$\delta' = \frac{\alpha}{2} \tag{3-7}$$

可见棱柱形管式折叠纸盒自锁底只是一般管式折叠纸盒的特例。

如果公式(3－7)中，$\alpha = 90°$

则

$$\delta' = 45°$$

这就是长方体管式折叠纸盒自锁底粘合余角的值。

图 3-53 是另一种自锁底结构，由于它的主底片是一块整板（LB），所以称其为增强式自锁底。此时的 δ' 角不能设计在整板的主底片上，只能设计在副底片或宽度为 $B/2$ 的主底板上。

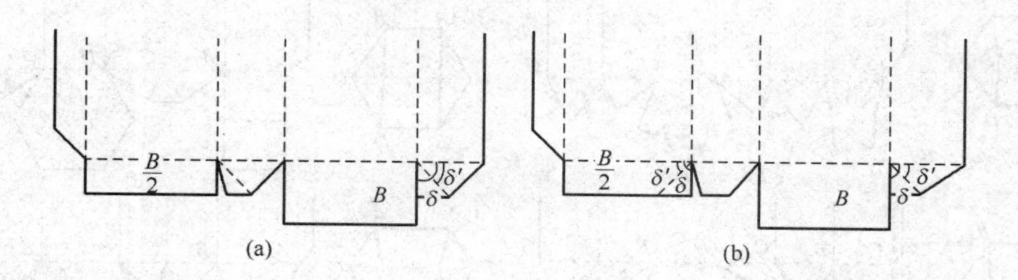

图 3-53 增强式自锁底结构

图 3-54 为几种正四棱柱折叠纸盒自锁底结构，其 δ' 也等于 45°。

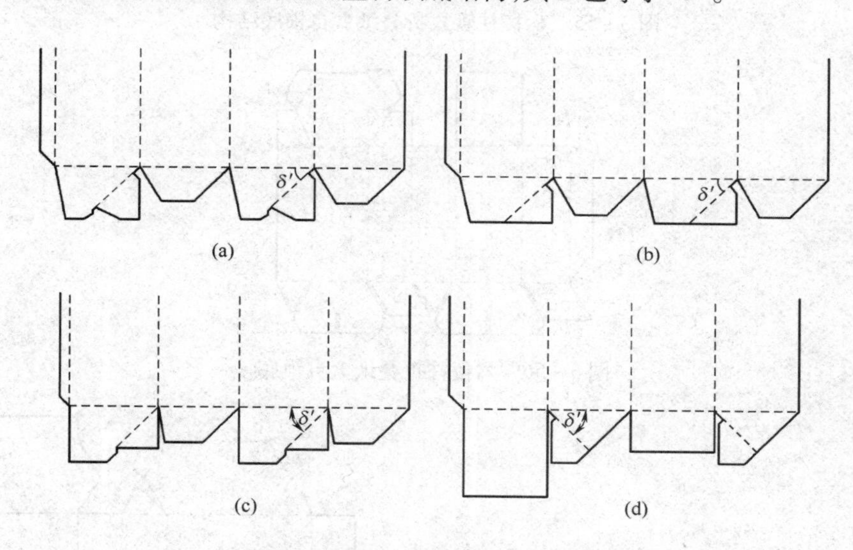

图 3-54 正四棱柱折叠纸盒自锁底结构

图 3-55 是六棱柱管式折叠纸盒自锁底结构的 6 种形式，作业线都是 C 线和 F 线，其中前 5 种都是正六棱柱，后 5 种是增强底结构，而后 4 种较前增加了一个大的粘合面，盒底强度更大，盒底中线可视为一种非成型作业线。

在图 3-55（a）~（e）中，因为 $\alpha = 120°$ $\gamma_1 = 90°$ $\gamma_2 = 90°$

所以 $\delta' = \frac{\alpha}{2} = 60°$

这几种盒底可以和花形锁盒盖配合使用，如图 3-44 和图 3-45（b）。

图 3-56 六棱柱管式折叠纸盒自锁底结构介于图 3-55（a）与图 3-55（b）之间。

图 3-57（a）是图 3-55（d）的简化结构，也可视为一种独特的正六棱柱自锁底。其特点是没有盒底斜作业线，只保留有一个水平非成型作业线，当然也用不着计算 δ' 角。

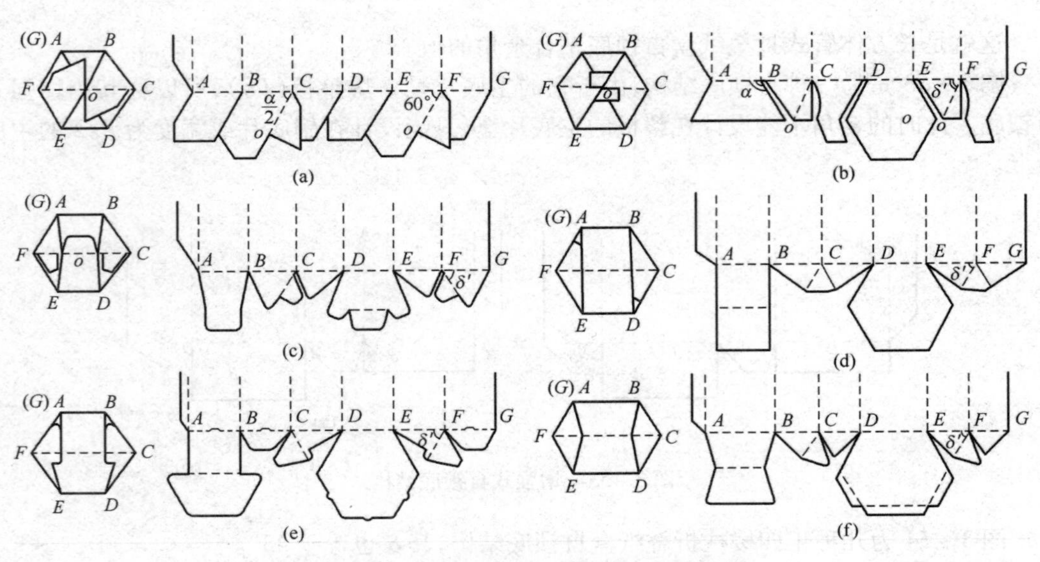

图 3－55　六棱柱管式折叠纸盒自锁底结构

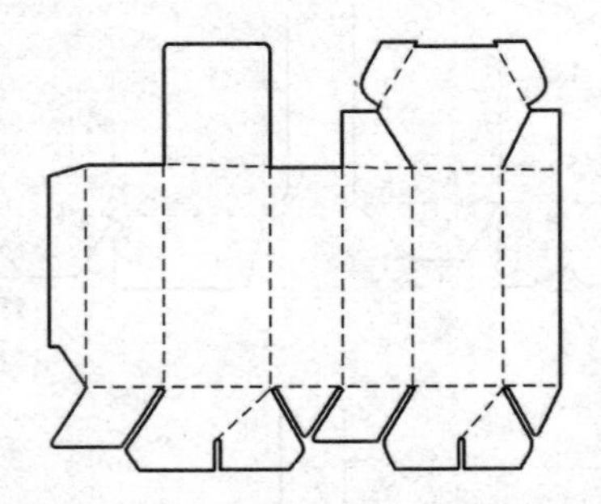

图 3－56　六棱柱折叠纸盒自锁底

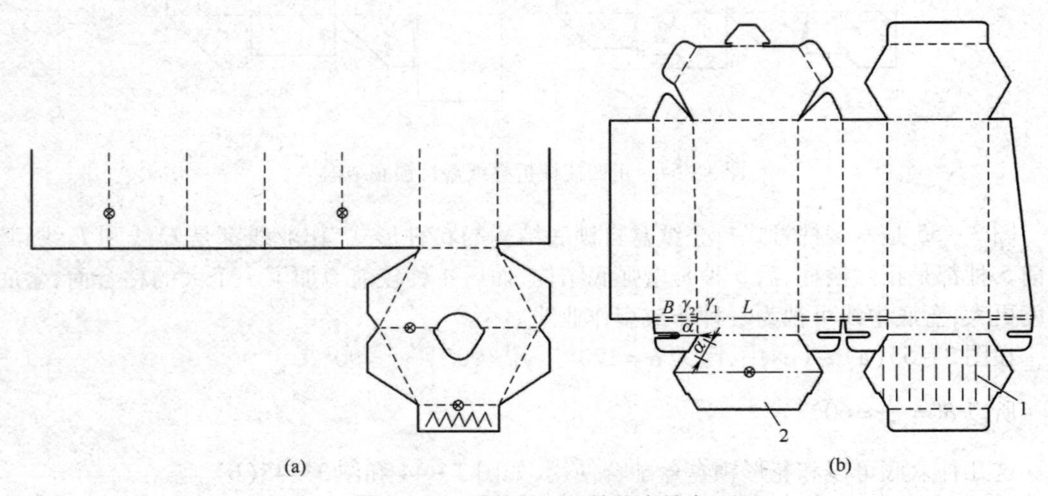

图 3－57　独特的正六棱柱自锁底

(a)单全板自锁底盒　(b)"Lindt&Sprungli"巧克力六棱台加强自锁底纸盒

1—带有数条压痕线的全底板　2—带有非成型作业线的全底板

图3－57(b)所示为瑞士"Lindt & Sprungli"900g装巧克力六棱台加强自锁底纸盒，是在图3－57(a)的基础上盒底设计两个全底板，其中全底板1上有数个竖条压痕线起加强筋和增强粘合作用，全底板2中间带有非成型作业线，在纸盒粘合时全底板1和全底板2进行平板粘合，当盒身成型时盒底也自动成型。两底板上的外折切痕线形成内凹盒底结构，盒底四个带锁底片成型时呈对折状态与内凹底板锁合，进一步起到加强作用，增加了这种管式盒的装载量。

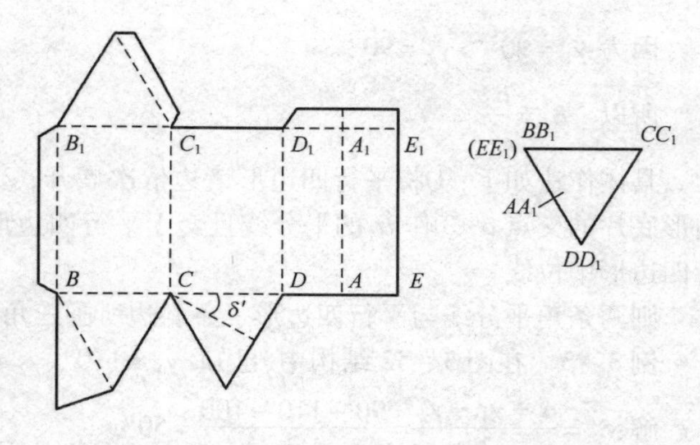

图3－58　正三棱柱管式折叠纸盒自锁式结构

如图3－58所示正三棱柱，由于有成型作业线C_1C和非成型作业线A_1A，使得该盒型可以设计自锁底。

因为　$\alpha=60°$　$\gamma_1=\gamma_2=90°$

所以　$\delta'=\dfrac{\alpha}{2}=30°$

图3－59为3种正八棱柱管式折叠纸盒自锁底结构，盒底主板不是以中位线，而是以∠D、∠H的对角平分线的连线作为盒底主板的轴对称线，该线是盒底自锁的第三非成型作业线。

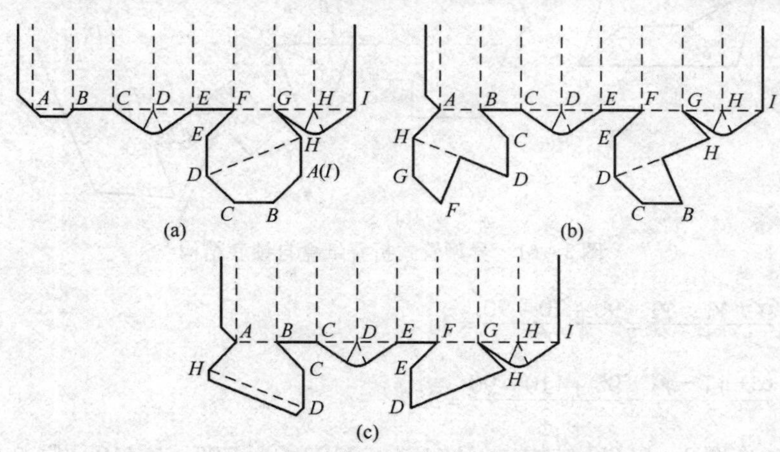

图3－59　正八棱柱管式折叠纸盒自锁式结构

(4)异形管式折叠纸盒自锁底结构　图3－60是横截面为平行四边形的异棱柱纸盒自锁底结构。

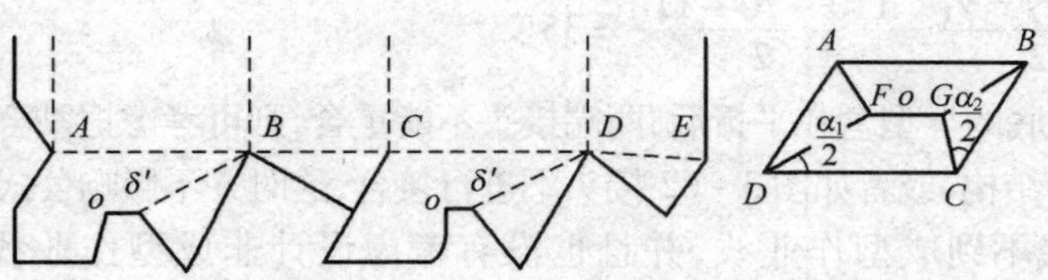

图3－60　异棱柱折叠纸盒自锁底结构

因为 $\gamma_1=90°$　$\gamma_2=90°$

所以　$\delta'=\frac{\alpha_1}{2}$

具体作法如下：①将平行四边形诸边依次展开；②平行四边形两条对角线作为平行四边形底片的交点 o；③作 α_1 的平分线且交于平行四边形中位线；④作 α_2 的平分线且交于平行四边形中位线。

则两条角平分线与平行四边形一条斜边所围三角形区域为黏合面。

例3-3　在图3-52结构中，已知：$\gamma_1=110°$、$\gamma_2=100°$、$\alpha=90°$，求：$\delta'=?$

解：$\delta'=\frac{\alpha+\gamma_1-\gamma_2}{2}=\frac{90+110-100}{2}=50°$

例3-4　在图3-61(a)结构中，已知：$\gamma_1=70°$、$\gamma_2=90°$、$\gamma_3=110°$、$\alpha=90°$，求：$\delta_1'=?$ $\delta_2'=?$

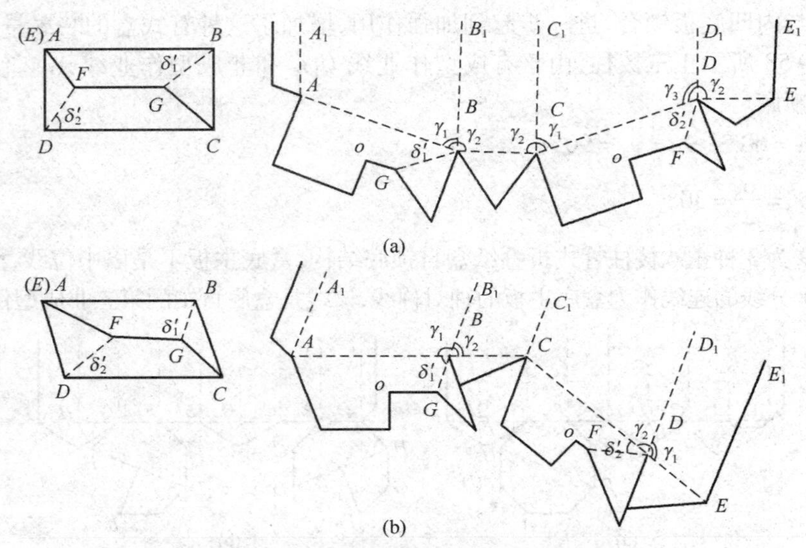

图3-61　异型管式折叠纸盒自锁底结构

解：$\delta'_1=\frac{\alpha+\gamma_1-\gamma_2}{2}=\frac{90+70-90}{2}=35°$

$\delta'_2=\frac{\alpha+\gamma_3-\gamma_2}{2}=\frac{90+110-90}{2}=35°$

例3-5　在图3-61(b)结构中，已知：$\gamma_1=110°$、$\gamma_2=70°$、$\alpha=110°$，求：$\delta_1'=?$ $\delta_2'=?$

解：$\delta'_1=\frac{\alpha+\gamma_1-\gamma_2}{2}=\frac{110+110-70}{2}=75°$

$\delta'_2=\frac{\alpha+\gamma_2-\gamma_1}{2}=\frac{110+70-110}{2}=35°$

如果设计自锁底的异型盒在平折后，两端接头不能重合，则可考虑把黏合接头改为如图2-29的锁舌锁孔接头结构，或者如图3-62接头不进行接合，这时并不影响公式(3-6)的应用。

图3-62中找不到成型作业线，并且也没有考虑设计非成型作业线，而是选择 B_1B、D_1D线作平折压痕线。

例 3－6 在图 3－62 结构中，已知：$\gamma_1=102°$、$\gamma_2=78°$、$\alpha=90°$，求：$\delta'=?$

解：$\delta'=\frac{\alpha+\gamma_1-\gamma_2}{2}=\frac{90+102-78}{2}=57°$

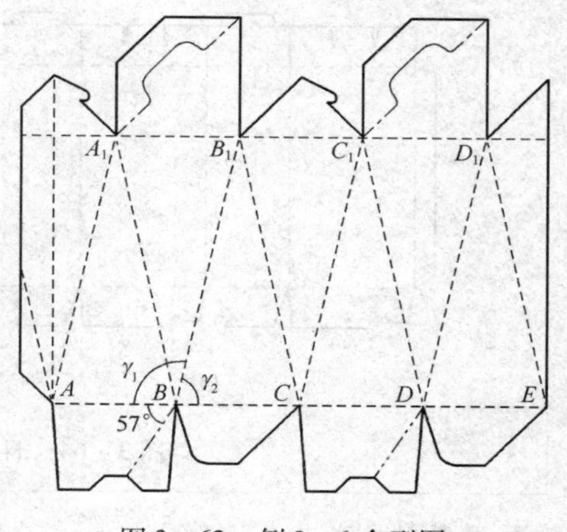

图 3－62 例 3－6 盒型图

从以上几例可知，在粘合余角公式的具体应用中，需强调以下几点：①在某一旋转点的两个 B 成型角中，与粘合余角 δ'相邻的角为公式中的 γ_1，另一个为 γ_2。如果两者交换了位置，公式应相应变动，如例 3－5；②粘合余角和粘合角也可以设计在副底片上以加强盒底结构；或者在两组中，一组设计在半板的主底片上，一组设计在副底片上，此时仍要坚持只有与 δ'相邻的 B 成型角才是公式中 γ_1 的原则；③两个主底片上的相交点 o 有时为粘合余角角度限制，不一定能设计在盒底中心点，这时可沿盒底中位线向左右相对移动适当距离。

图 3－63 是一组自锁底结构的纸盒，请注意 γ_1 与 γ_2 的位置。

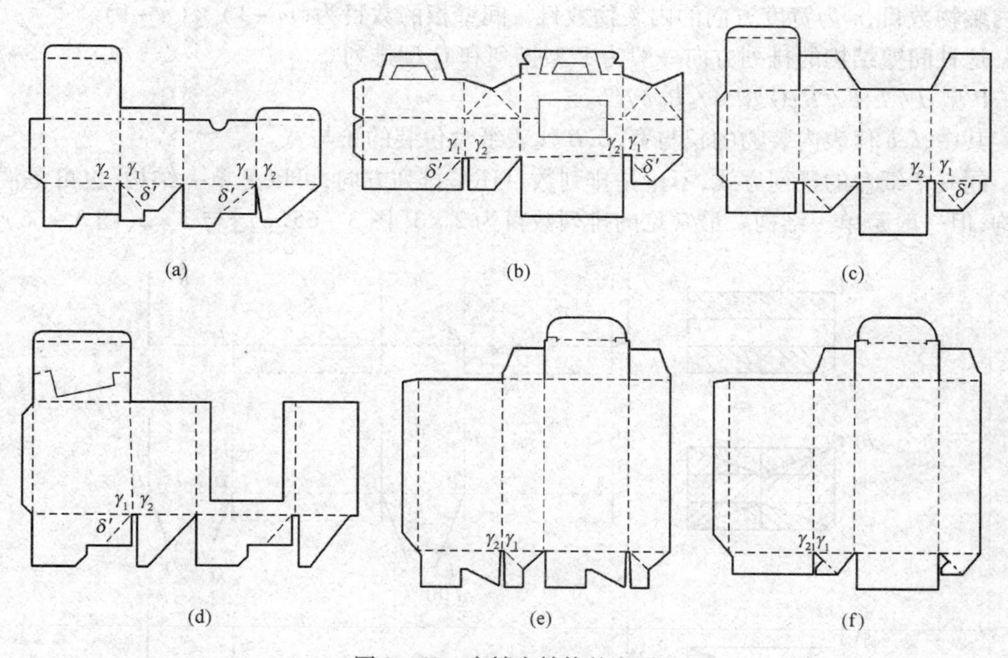

图 3－63 自锁底结构的变形

图 3－64 为一组日本专利纸盒的自锁底结构，其中图 3－64(a)为锁底与自锁相结合的盒底结构。

在实际生产中，为了防止自锁底成型时在固胶工段纸板的反弹，采取以下 3 种设计(图 2－25)：①自锁底底板的粘合角边线与相邻底板边线设计 20°以内的斜角；②粘合角在与旋转点相连处切去一个小直角；③底板粘合面与非粘合面之间的作业线设计成切痕线。

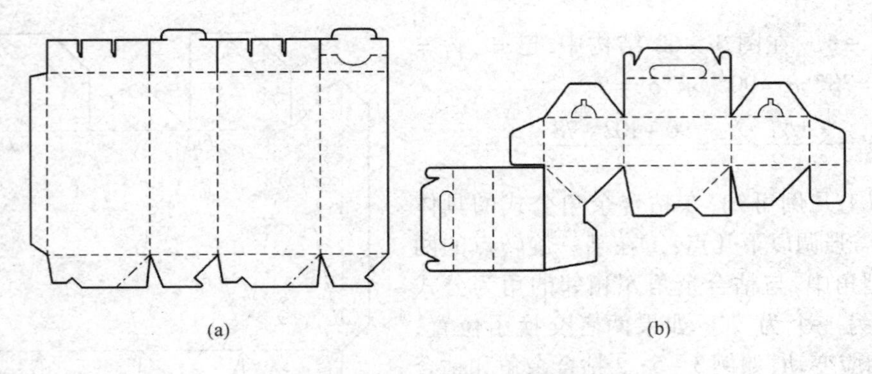

图 3-64　日本专利纸盒自锁底结构

4. 间壁封底式

间壁封底式结构是将折叠纸盒的四个底片在封底的同时,其延长板将纸盒分隔。间壁板有效地分隔和固定单个内装物,防止碰撞损坏。由于纸盒主体与间壁隔板一页成型,所以强度和挺度都较高。

如果高度方向不设计间壁,则间壁的排列数目用 $m \times n$ 表示,其中 m 为纸盒长度方向的内装物数目,n 为宽度方向的内装物数目。间壁板的数目为 $(m-1) \times (n-1)$。

这种间壁结构的排列方向一般为 P 型排列和 Q 型排列。

P 型:$l /\!/ L, b /\!/ B$;Q 型:$l /\!/ B, b /\!/ L$。

其中,l, b 代表内装物的长与宽,L, B 代表纸盒包装的长与宽。

同一个纸盒的排列方式,不论是排列数目还是排列方向,可以是单一结构,也可是混合结构,但一般是单一结构。最常见的排列数目为 2×3[图 3-65(c)]与 3×2(图 3-66)。

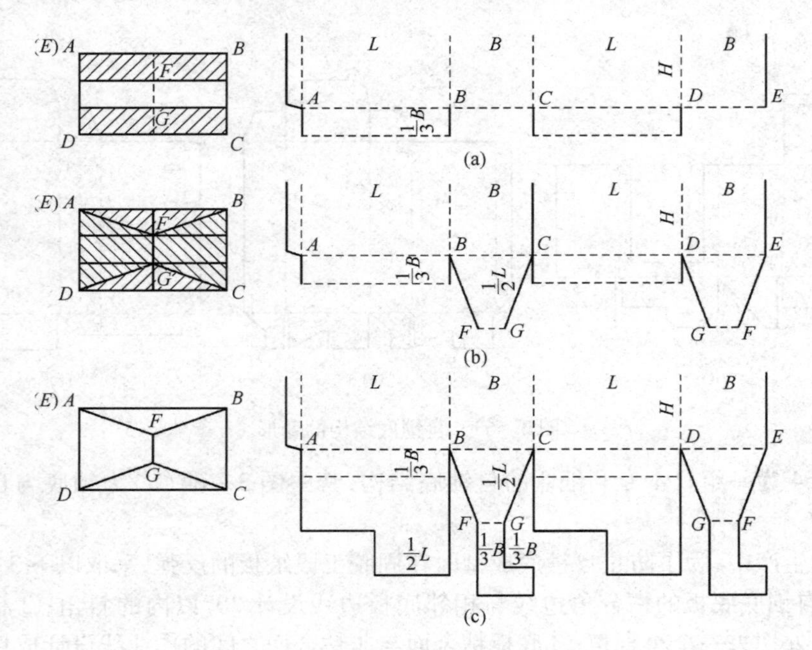

图 3-65　2×3 间壁封底式结构设计程序

长方体盒型在等分间隔时，如果不考虑纸板厚度，根据旋转性，与侧板连接的盒底板第一水平压痕线与盒底线的距离为$(1/n)B$，与端板连接的盒底板第一水平压痕线与盒底线的距离为$(1/m)L$，例如图 3－65 的该距离分别为$(1/3)B$和$(1/2)L$；图 3－66 则为$(1/2)B$和$(1/3)L$。

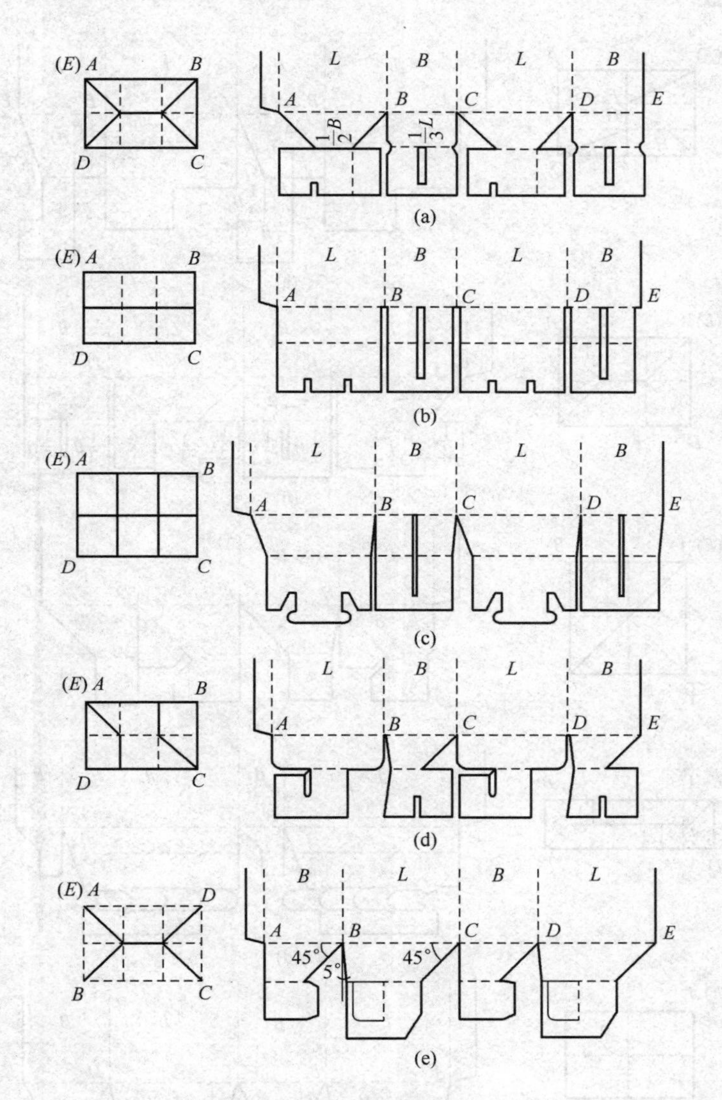

图 3－66　3×2 间壁封底式结构

这类盒型设计时既要考虑封底，也要考虑间壁板的折叠与组装成型。图 3－65 所示盒型的设计思路为：

①两个 *LH* 板连接底板各封底 1/3［图 3－65(a)］，且其上延伸间壁板可以折叠 90°；

②两个 *BH* 板连接的底板完成其余 1/3 封底，但因其延伸间壁板只能在中间 1/3 底的范围内折叠 90°，所以底板只能设计成梯形［图 3－65(b)］；

③在完成全部封底任务的底板延长板上设计间壁［图 3－65(c)］。

5. 间壁自锁底

间壁自锁底纸盒是在间壁封底式纸盒基础上加以自锁而成。有两种类型,一种是纵横向间壁板分别设计在 *LH* 和 *BH* 的底板延长板上,一种是都设计在同一底板延长板上。前者如图 3－67(a)～图 3－67(c),后者如图 3－67(d)、图 3－67(e)和图 3－68。

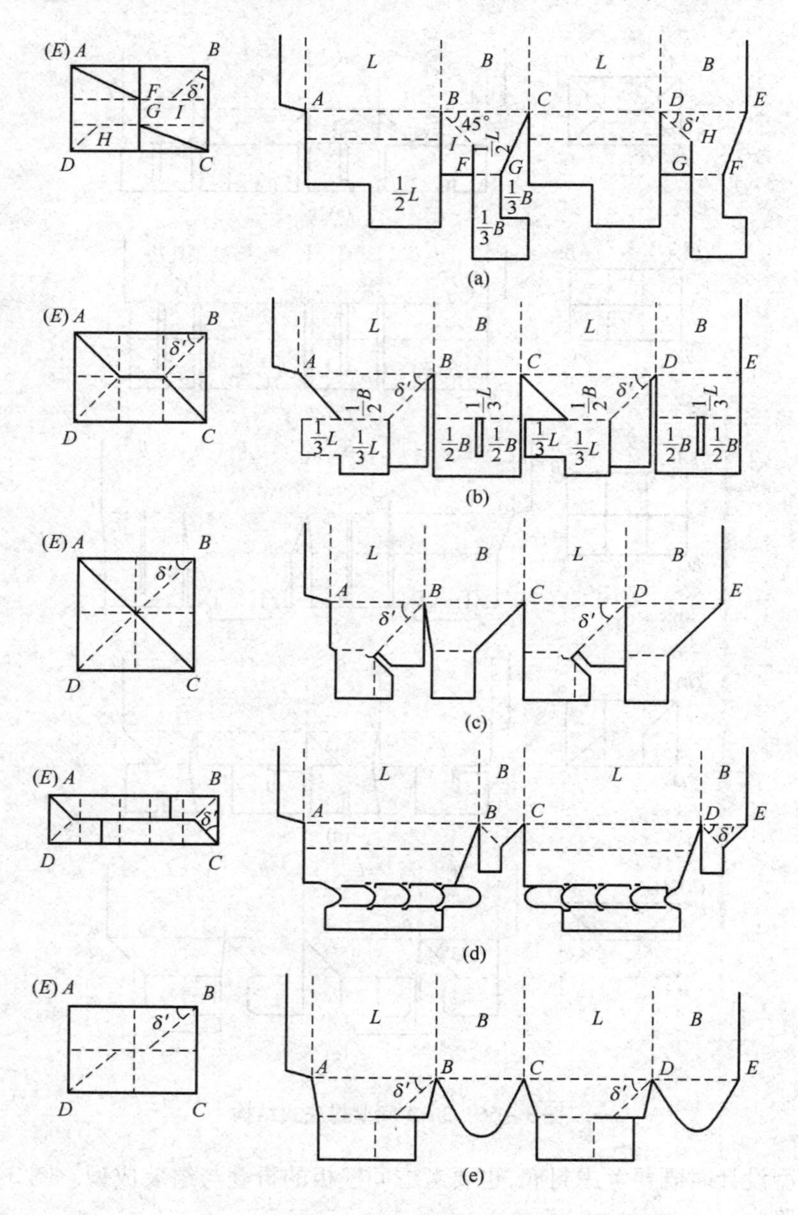

图 3－67　间壁自锁底结构

例如,可以在图 3－65(c)的基础上设计间壁自锁底。

因为 $\gamma_1=\gamma_2=90°$　$\alpha=90°$

所以 $\delta'=45°$

设计步骤如下:①因为 B、D 线为作业线,所以在图 3－65(c)盒底图基础上,于图 3－67(a)盒底图上作折线 $BIFGHD$ 将矩形 $ABCD$ 分割为全等两部分,其中,BI 与 DH 为作业线,IF 与 HG 为裁切线,且

$\angle CDH = \angle ADH = 45°$

$\angle CBI = \angle ABI = 45°$

②对图 3－65(c)进行适当修改,即根据图 3－65(c)展开图和 3－67(a)盒底图,在图 3－67(a)展开图上作出虚线 BI、DH 与实线 IF、HG,即设计 δ';

③确定粘合面,其长度小于 L。

图 3－67(d)所示盒型的间壁板原始位置在$\frac{1}{2}LB$ 面,依靠内装物自身重力使其下折形成间壁。

图 3－68 为 LH 板连接的底边延长板独立完成纵横向间壁工作,其设计程序为:①BH 板连接底板上设计粘贴余角,该板不承担间壁板和封底工作[图 3－68(a)];②LH 板连接的底板至少应封底 1/2,考虑到还要在$\frac{B}{3}$处进行间壁,因此有$\frac{L}{2}$部分板前延至$\frac{2B}{3}$进行封底

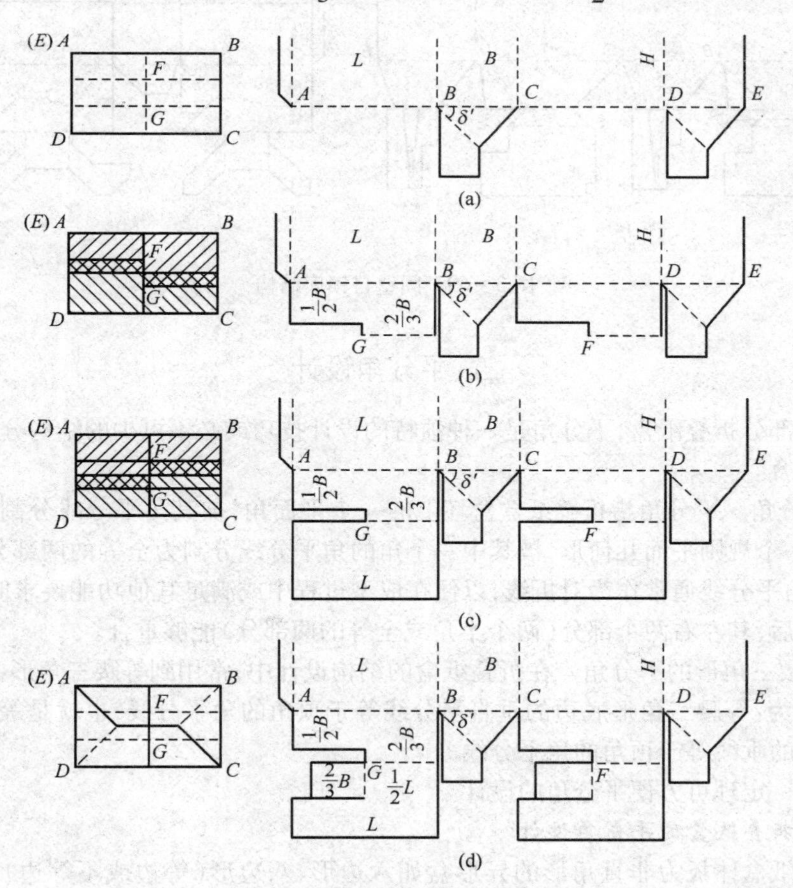

图 3－68　2×3 间壁自锁底结构设计程序

［图 3－68（b）］。③LH 板连接底板延长板实现横向间壁［图 3－68（c）］。④在该板上局部裁切宽度为$\frac{2B}{3}$的纸板，进行 90°折叠实现纵向间壁［图 3－68（d）］。

为了方便间壁板自动成型，可以把间壁板设计成图 3－69，其中图 3－69（c）为 3×3 间壁结构。

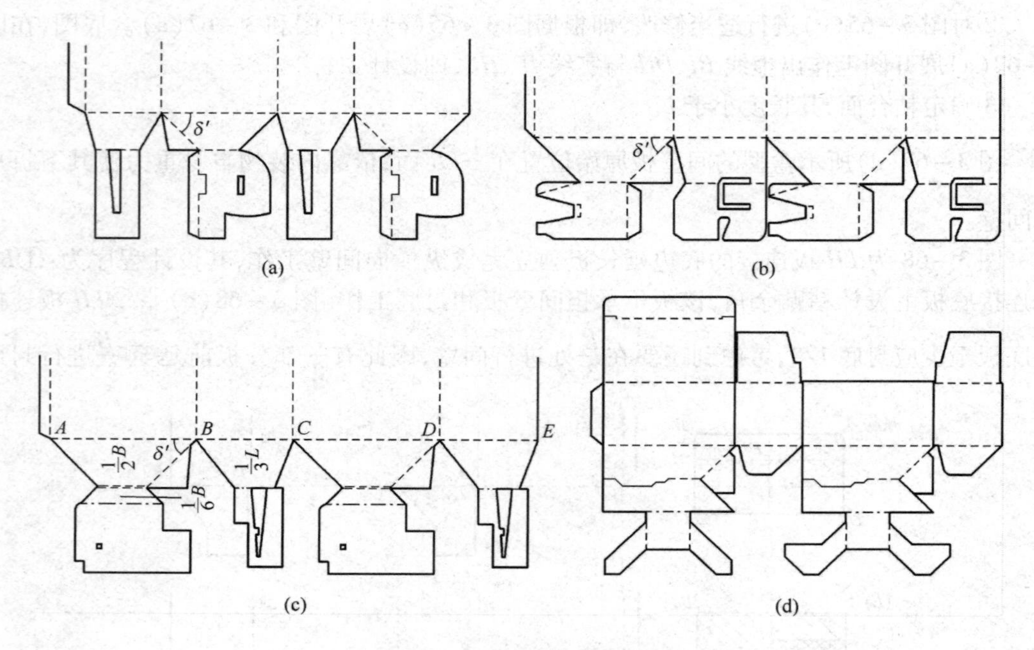

图 3－69　间壁自锁底结构

五、平分角设计

对于一部分折叠纸盒，平分角是一种独特的设计技巧或必不可少的结构分析方法。

1. 平分角

（1）平分角　平分角指折叠纸盒盒坯上的一个平面角，被其角平分线分割为相等的两个角；或者一个规则平面几何形，被其中一个角的角平分线分割为全等的两部分，在多数情况下，这一角平分线通常作为对折线，以便在成型过程中或满足其他功能要求时，沿这条角平分线对折后，其左右两个部分（两个半角或全等的两部分）能够重合。

（2）等腰三角形的平分角　在折叠纸盒的结构设计中，常用到等腰三角形，其顶角平分线判定原则为：等腰三角形底边的垂直平分线等于顶角的角平分线，也就是等腰三角形底边上过顶角的垂线等于顶角的角平分线。

利用这一定理可方便平分角的设计。

2. 管式折叠纸盒的平分角设计

当折叠纸盒体板为非直角形的异形盒如六边形、八边形（等边或不等边）以及其他变形，如果其非直角角隅在不切断的情况下折叠成型，就需要借助平分角进行。

图 3－70（a）为八边形管式折叠纸盒，其结构的关键是线段 oa 与 oa_1 必须完全重合，因

此，在其角隅处采用了平分角设计，即线段 ob 是 $\angle aoa_1$ 的角平分线，这样，在 ob 线外对折后，线段 oa 与 oa_1 重合。

如前所述，为简化图形，这里内外对折线分别用单虚线和点划线表示。

具体作法如下：①作线段 oa 等于 oa_1，连接 a、a_1 两点，则 $\triangle aoa_1$ 为等腰三角形；②过 o 点作线段 aa_1 的垂线 ob，则 $\angle boa_1$ 等于 $\angle boa$，$\triangle boa_1$ 全等于 $\triangle boa$。

图 3－70(b)是带倒出口再密封结构的管式折叠纸盒，其再密封倒出口设计采用平分角结构，因而再密封时，沿线段 ob 进行对折，则线段 oa 与 oa_1 重合，ab 与 a_1b 重合。

具体作法与前例略有不同：①作线段 oa_1 等于 oa；②连接 aa_1 作为辅助线；③过 o 点作线段 aa_1 的垂线 ob_1，则 $\angle aob_1$ 等于 $\angle a_1ob_1$；④作线段 ab 与 ob_1 交于 b 点，连接 a_1b，则 $\triangle aob$ 全等于 $\triangle a_1ob$；⑤擦去辅助线 aa_1 和 bb_1。

这样，当沿线段 ob 对折时，$\triangle aob$ 与 $\triangle a_1ob$ 才能重合，也就是 oa 与 oa_1，ab 与 a_1b 才能完全重合。

图 3－70(c)中，正六边形盒底角隅处的角平分线进行对折时，盒底成型。

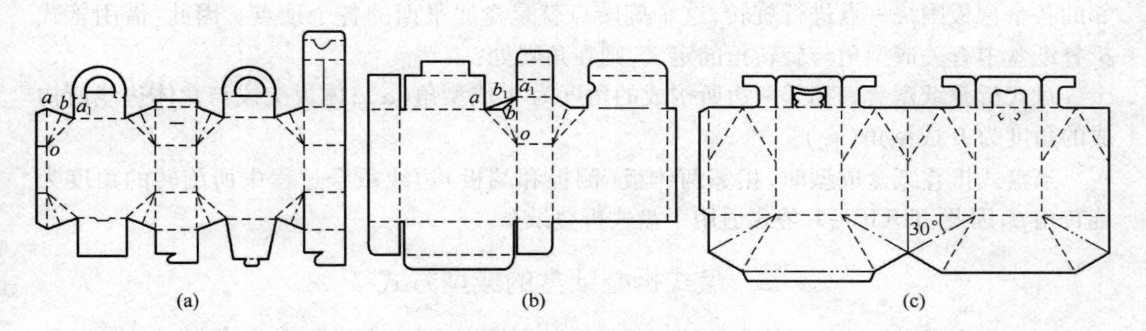

图 3－70　利用平分角设计异形盒

第三节　盘式折叠纸盒

一、盘式折叠纸盒的定义与特性

1. 盘式折叠纸盒的定义

(1)从造型上定义　盘式折叠纸盒从造型上定义为盒盖位于最大盒面上的折叠纸盒，即其 $L>B>H$，也就是说高度相对较小。这类盒的盒底负载面大，开启后观察内装物的可视面积也大，有利于消费者选购。

(2)从结构上定义　如图 3－71，两种盒型盒坯初看是一样的，但是其粘合位置不一样，也就是成型方式有差异，成型结构有区别，成型后图 3－71(a)是管式折叠纸盒，图 3－71(b)则是盘式折叠纸盒。

从结构上定义，盘式折叠纸盒是盘式结构折叠纸盒的简称，该盒型的结构由一页纸板以盒底为中心，四周纸板呈 γ_n 角折叠成主要盒型，角隅处通过锁、粘或其他方法封闭成型；如果需要，这种盒型的一个体板可以延伸组成盒盖。

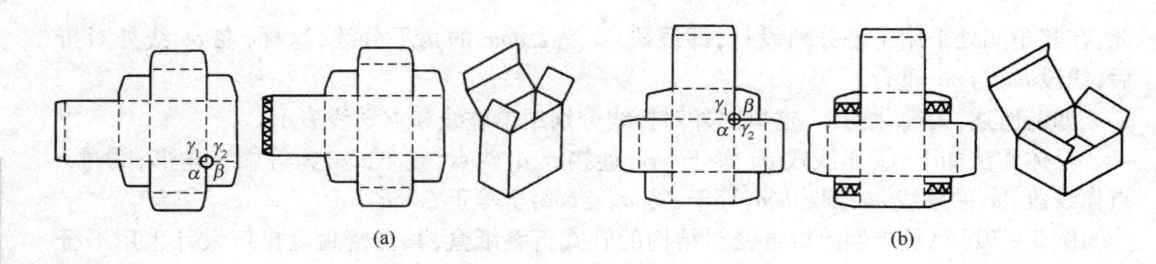

图 3－71　盘式折叠纸盒定义及旋转性

(a)管式折叠纸盒　(b)盘式折叠纸盒

与管式折叠纸盒有所不同,这种盒型在盒底几乎无结构变化,主要的结构变化在盒体位置。

2. 盘式折叠纸盒的旋转性

盘式折叠纸盒的角隅等同于管式折叠纸盒的盒盖或盒底的顶角,也就是成型时角隅相邻的各个盒板围绕一点进行旋转,这个旋转点就是盒底平面的各个顶点。因此,借用管式折叠纸盒中有关成型角与旋转角的定义,则在角隅处:

盘式折叠纸盒盒底相邻两边所构成的角度为 A 成型角(α);体板交线与盒体边线所构成的角度为 B 成型角(γ_n)。

当盘式折叠纸盒成型时,相邻两体板(侧板和端板)边线重合过程中所旋转的角度为旋转角 β,因此,TULIC－1 公式适用于盘式折叠纸盒。

二、盘式折叠纸盒的成型方式

1. 组装成型

组装盒直接折叠成型,可辅以锁合或黏合。组装方式有:①盒端对折组装,如图 3－72(a)所示;②非粘合式蹼角与盒端对折组装,如图 3－72(b)所示。

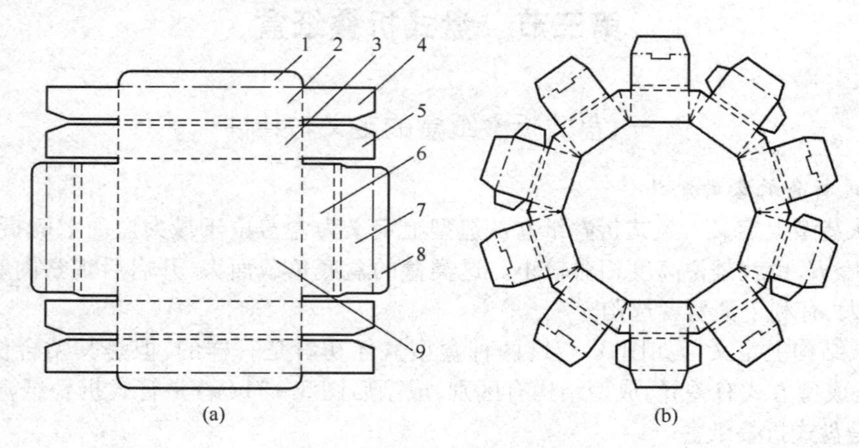

图 3－72　组装式盘式盒

(a)盒端对折组装　(b)非粘合式蹼角与盒端对折组装

1—侧襟片　2—侧内板　3—侧板　4—侧内板襟片　5—侧板襟片　6—端板　7—端内板　8—端襟片　9—底板

如果组装式盘式盒的对折线间距加大进化为一个平台台面，则形成宽边盒结构。如图3－73所示。图3－73(b)、(c)的盒盖内外都是印刷面，具有展示性。

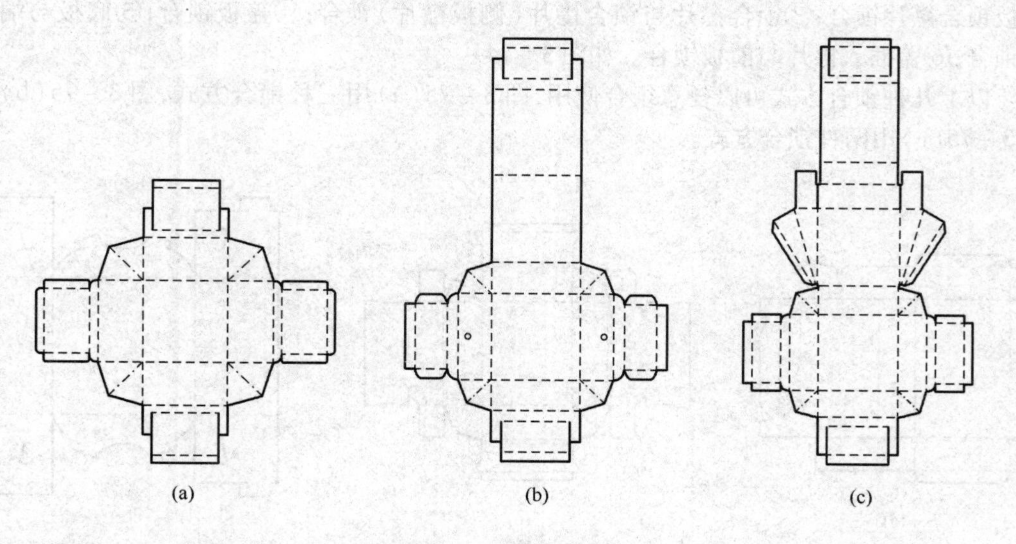

图3－73　宽边盘式盒

(a)宽边盒　(b)展示盖宽边盒　(c)展示翻盖宽边盒

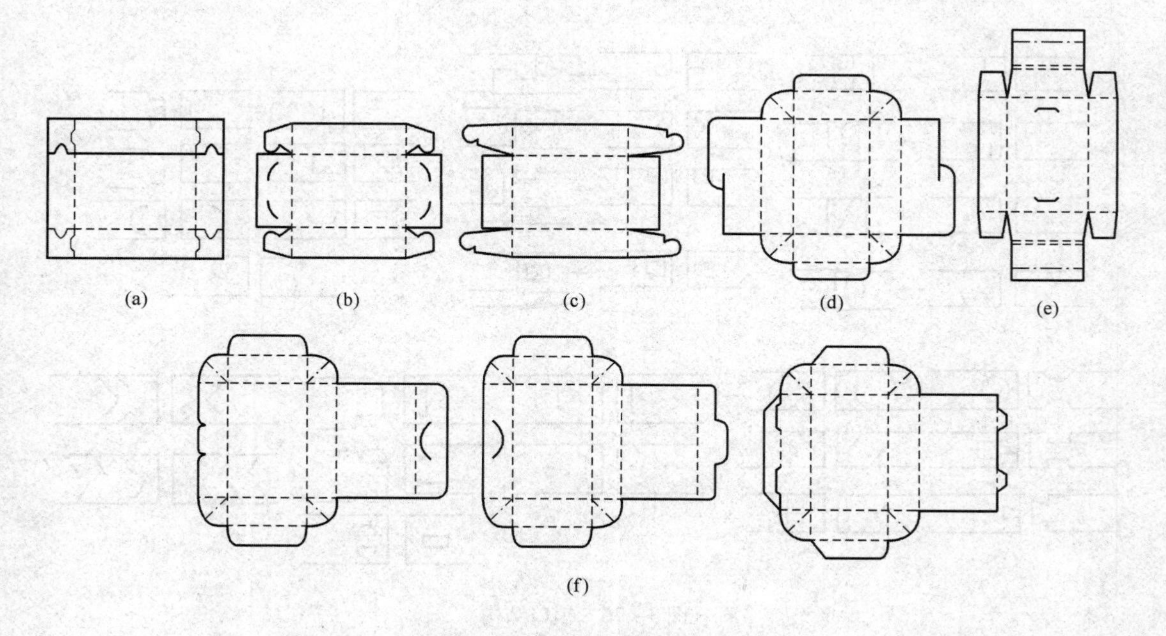

图3－74　盘式折叠纸盒锁合方式

(a)侧板与端板锁合　(b)端板与侧板锁合襟片锁合　(c)锁合襟片与锁合襟片锁合

(d)盖板锁合　(e)底板与端襟片锁合　(f)盖片入襟片与前板锁合

2. 锁合成型

按锁口位置的不同，盘式折叠纸盒有下列几种锁合方式：①侧板与端板锁合；②端板与侧板锁合襟片锁合；③锁合襟片与锁合襟片（侧板襟片）锁合；④盖板锁合；⑤底板与端襟片锁合；⑥盖插入襟片与前板锁合。如图 3－74。

以上几种锁合方式可以任意组合使用，图 3－75（a）用三种锁合方式，图 3－75（b）和图 3－75（c）用两种锁合方式。

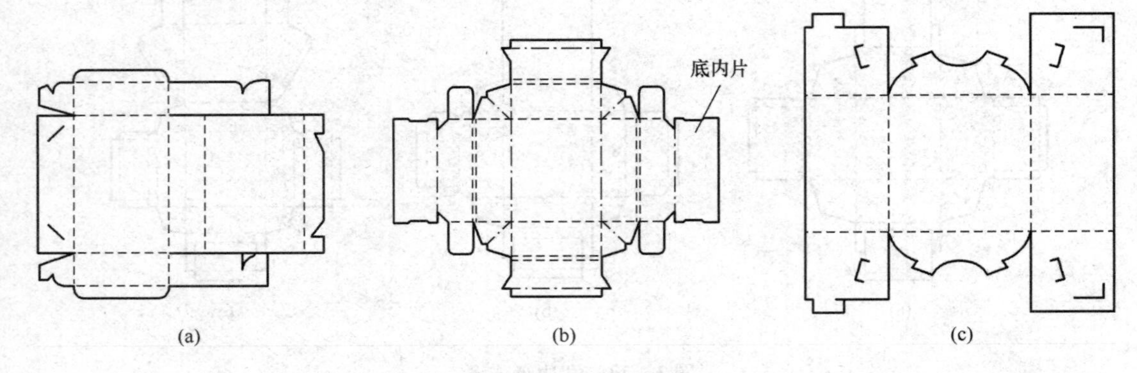

图 3－75　盘式折叠纸盒多锁合方式

图 3－76 为锁合襟片结构的切口、插入与连接方式。

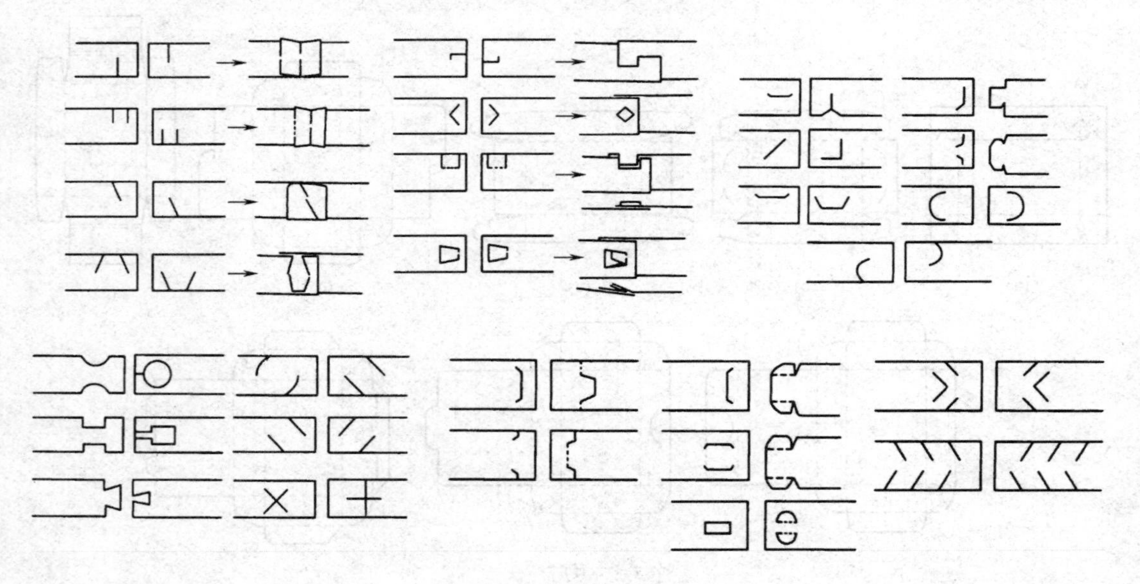

图 3－76　锁口结构

3. 粘合成型

（1）蹼角粘合　盒角不切断形成蹼角连接，采用平分角将连接侧板和端板的蹼角分为全等两部分予以粘合，如图 3－77（a）所示。

（2）襟片粘合　侧板（前、后板）襟片与端板粘合，如图 3－77（b）所示；端板襟片与侧板（前、后板）粘合。

（3）内外板粘合　图 2－7 为侧内板与侧板粘合。

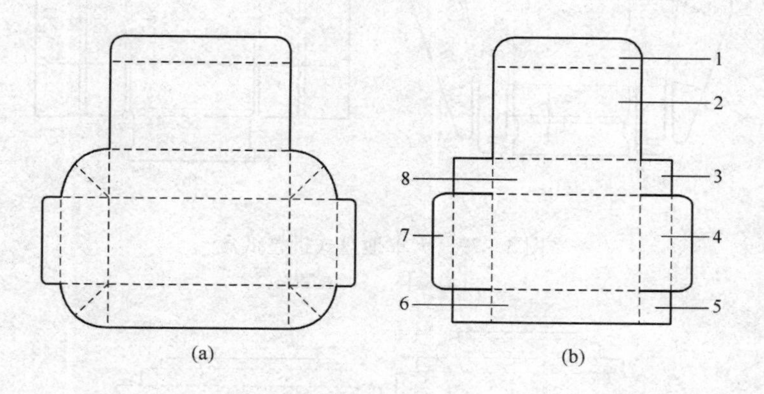

图 3－77　粘合成型折叠盘式纸盒
（a）粘合蹼角结构　（b）襟片粘合结构
1—盖插入襟片　2—盖板　3—后板襟片　4—端板
5—前板襟片　6—前板　7—防尘襟片　8—后板

4. 组合成型

多种方式组合成型，如图 3－78 所示为两种组装＋锁合成型的盘式折叠纸盒。

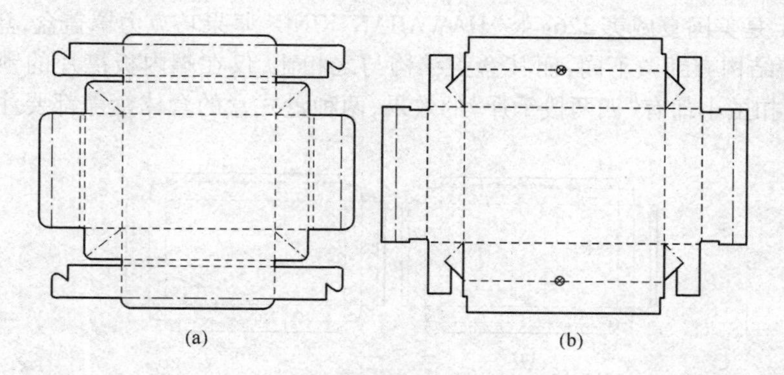

图 3－78　组合成型盘式折叠纸盒

三、盘式折叠纸盒的盒盖结构

1. 罩盖

罩盖式纸盒的盒盖盒体是两个独立的盘式结构，盒盖的长、宽尺寸略大于盒体。

按照盒盖盒体的相对高度，罩盖盒可分为下列两种结构类型：

（1）天罩地式　$H^{+} \geqslant H$，如图 3－79 所示。

图 3－80 是瑞士“Lindt&Sprungli”445g 装圣诞巧克力罩盖盒，盒体盒盖同是双壁结构，但盒体是宽边框，盒盖是对折结构。

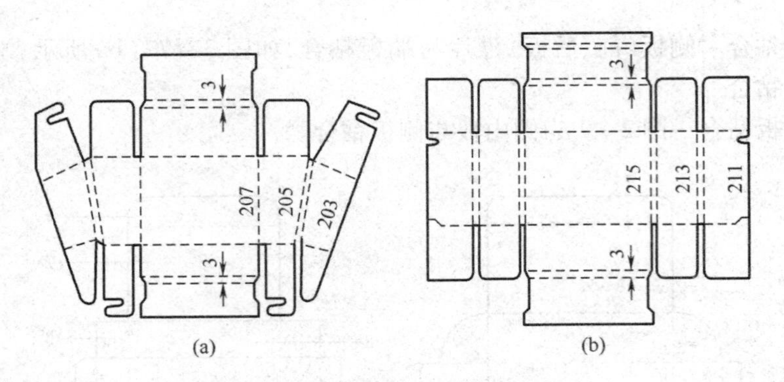

图 3－79　天罩地盘式折叠纸盒

（a）盒体　（b）盒盖

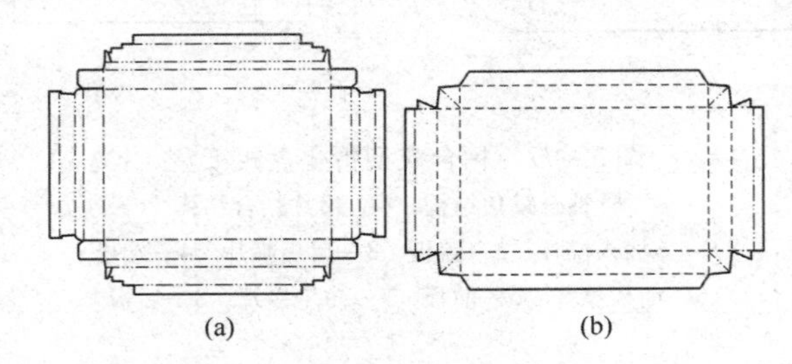

图 3－80　“Lindt&Sprungli”圣诞巧克力罩盖盒

（a）盒体　（b）盒盖

图 3－81 是美国夏威夷 226g 装“HAWAIIAN KING”坚果巧克力罩盖盒，盒体结构与图 3－80 的盒盖结构有细微不同，而其盒盖结构与之相比，仅在端内板襟片的锁扣结构上有变化，这类锁扣虽小却有“四两拨千斤”的效果，两种盘式盒的盒体盒盖都要注意角隅结构的旋转性。

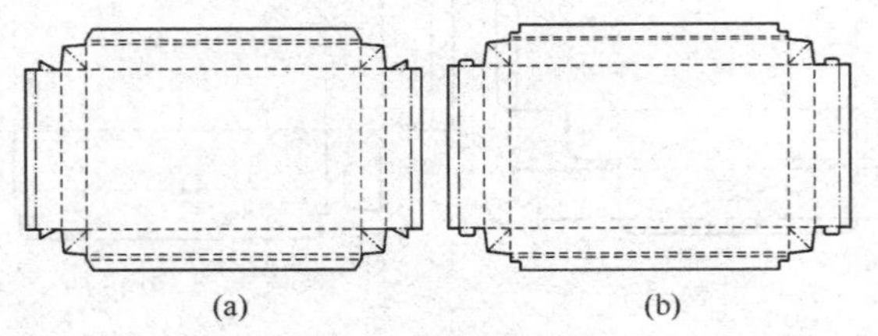

图 3－81　“HAWAIIAN KING”坚果巧克力罩盖盒

（a）盒体　（b）盒盖

图 3－82 是 175g 荷兰“Dioste”牌郁金香巧克力正八边形罩盖盒，盒体上棱折叠压痕线是印刷面半切线，盒体盒盖都需要黏合成型。

图 3－83 是 200g 瑞士“Lindt&Sprungli”圣诞巧克力正八边形罩盖盒，盒体盒盖的结构相同，都是双壁组装，盒体板为两组相间，带襟片的外板一组在盒成型过程中其内外板粘合，带锁头的内板一组其内外板在盒成型过程中组装锁合成型。

图 3－84 是 250g 德国“TRUMPF”酒心巧克力八边形罩盖盒，盒体盒盖结构相同且都是粘合成型，但盒体下棱压痕线是印刷面半切线。

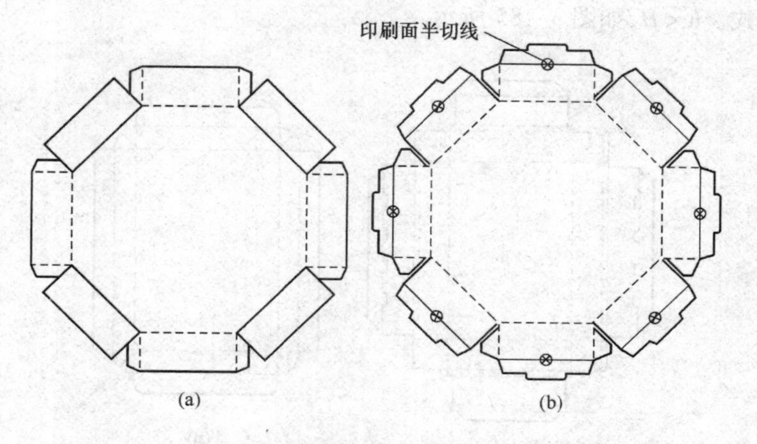

图 3-82 “Dioste”牌郁金香巧克力正八边形罩盖盒

(a)盒体 (b)盒盖

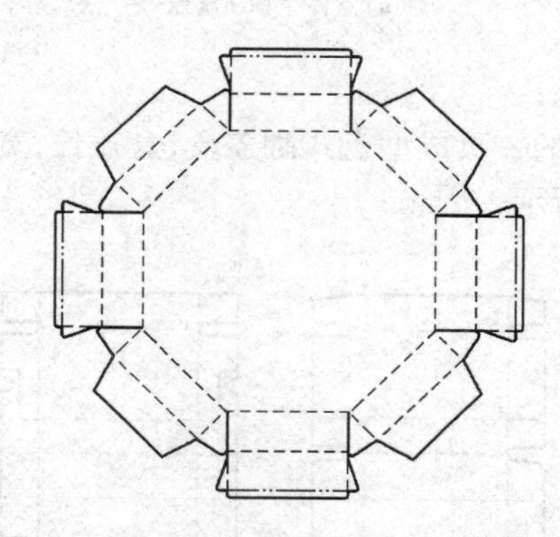

图 3-83 “Lindt&Sprungli”圣诞巧克力正八边形罩盖盒盒盖与盒体结构

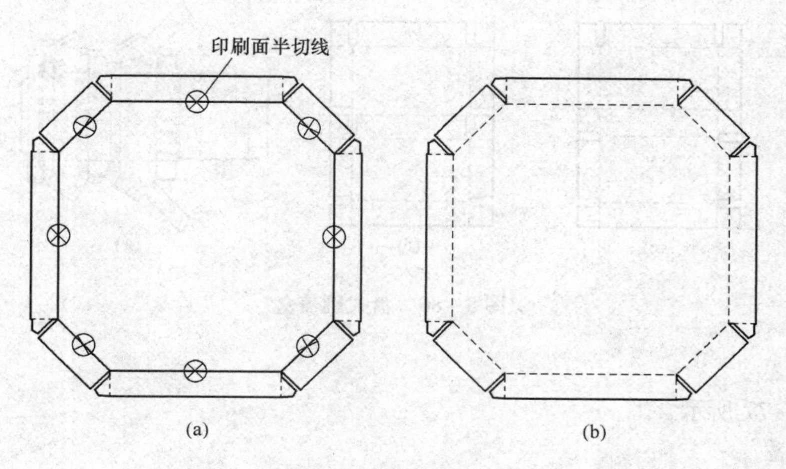

图 3-84 “TRUMPF”酒心巧克力八边形罩盖盒

(a)盒体 (b)盒盖

(2)帽盖式　$h<H$,如图 3－85 所示。

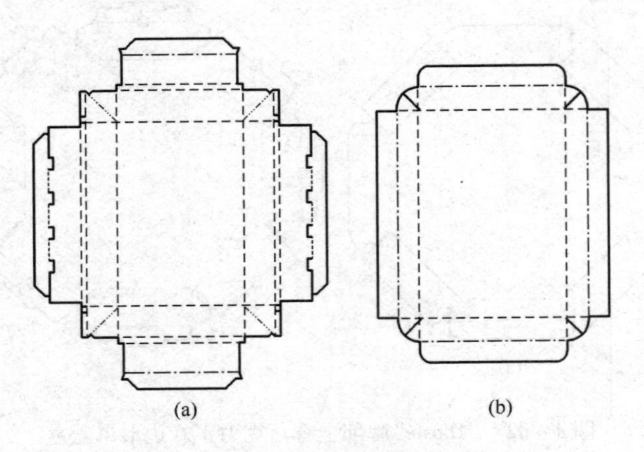

图 3－85　帽盖式折叠纸盒

(a)盒体　(b)盒盖

2. 翻盖

后板延长为铰链式翻盖的一页成型盘式翻盖盒,盒盖长、宽尺寸大于盒体,高度尺寸等于或小于盒体,如图 3－86 所示。

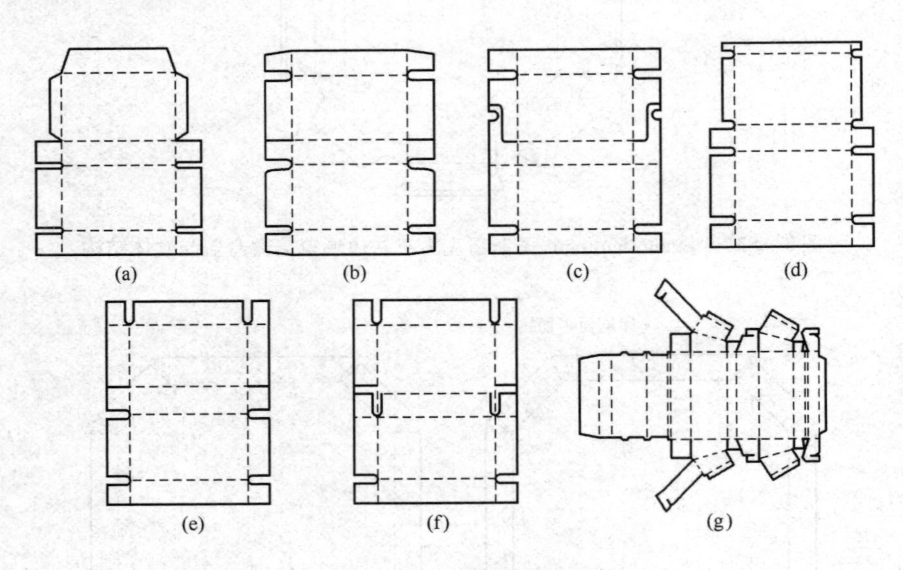

图 3－86　盘式翻盖盒

3. 插入盖

如图 3－77 所示。

4. 插锁盖

如图 3－87 所示。

5. 花形锁盖

如图 3－88 所示，盘式盒的花形锁盖成型后与管式折叠纸盒中的花形锁盒盖相同。图 3－88(b)中 oa，o_1a_1 为作图辅助线。

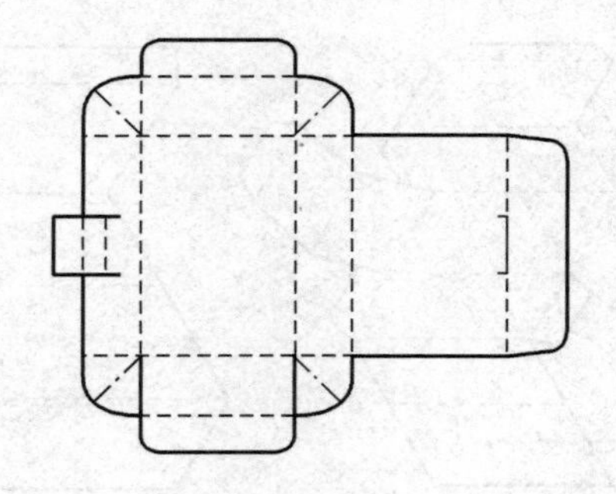

图 3－87 插锁盖

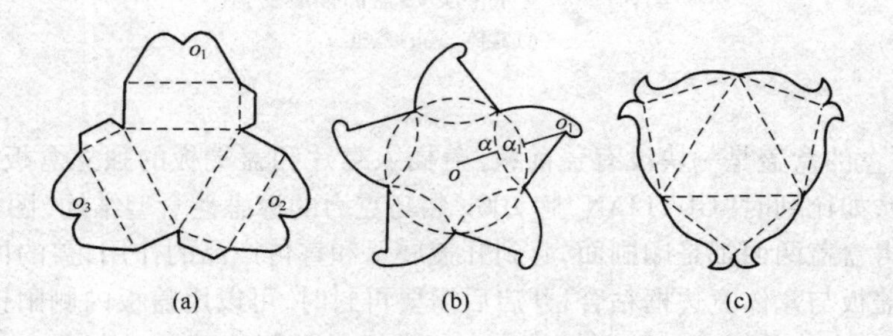

图 3－88 盘式插别盖

6. 抽屉盖

抽屉式盒盖为管式，盒体为盘式，两者各自独立成型。

图 3－89(a)为一抽屉式巧克力糖果包装盒，盒底左右两边压痕线上各有两个凸舌，不论是内装物自重还是轻微的推拉都不易使抽屉盖脱落，而盖两边的切除部分又便于盒体的移动。

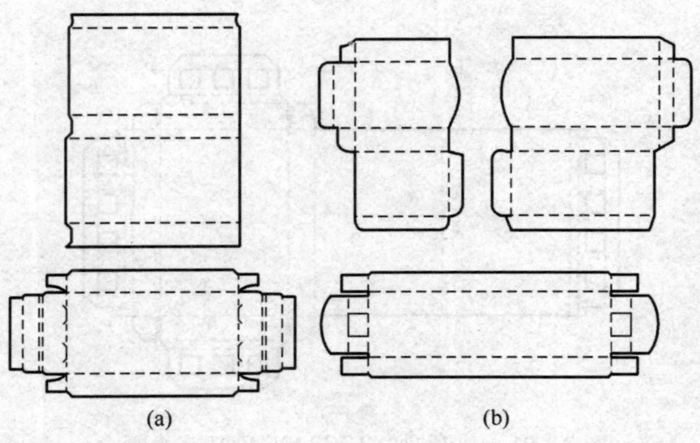

图 3－89 抽屉盖盒

图 3－89（b）为双盖抽屉盒，通过两个外盖的相互位移既便于取出又便于观察内装物，而盒体两边的折叠部分具有制动作用，使外盖左右移动时不易脱落。

图 3－90 为一平行四边形盒面的抽屉盖盒。

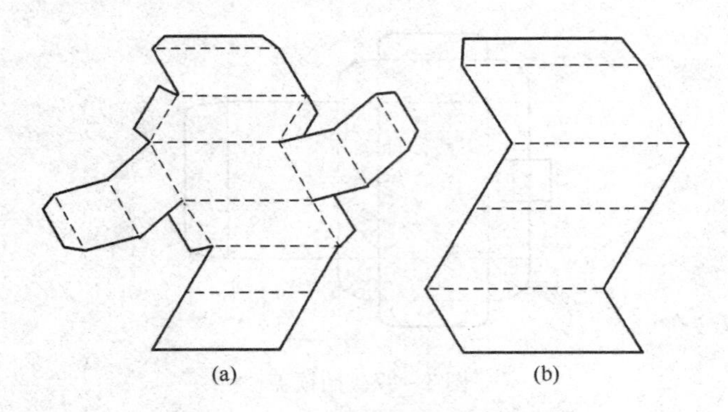

图 3－90　平行四边形盒面抽屉盖盒
（a）盒体　（b）盒框

7. 板式盖

板式盖纸盒的盒盖是一块没有盖前板、盖插入襟片和盖端板的独立盒板，可以和盘式盒体一板成型，如比利时“GUYLIAN”牌 100g 装巧克力的标志性盒型结构（图 3－91），盖板对折粘合，使得盒盖两面都是印刷面，起到开盖展示和宣传产品的作用，盖的内侧带有隐蔽的阳锁结构，盖板与盒体宽边框粘合，开启后需要再封时，可以用盖板内侧阳锁上部的拇指盲孔启动阳锁与盒体前板中间的阴锁锁合。板式盖的盖板也可单独制造，如德国“Merci”400g 装巧克力包装纸盒（图 3－92），它和图 2－9（a）所示相同产品的 250g 包装纸盒造型相同，都是四棱台，但结构不同。250g 盒的盒盖与盒体一板成型，盒盖与盒体粘合，盒体是单边结构。400g 盒的盒盖是独立成型的双面盖板［图 3－92（a）］，盖板的后板与盘式宽框盒体粘合［图 3－92（b）］，盒体中间还粘合有两层衬板，其中一层折叠成多个凸台底托的缓冲装置，为了精确成型，部分折叠线采用半切线结构［图 3－92（c）］，另一层粘在凸台上形成两个浅盘用于置放巧克力［图 3－92（d）］。

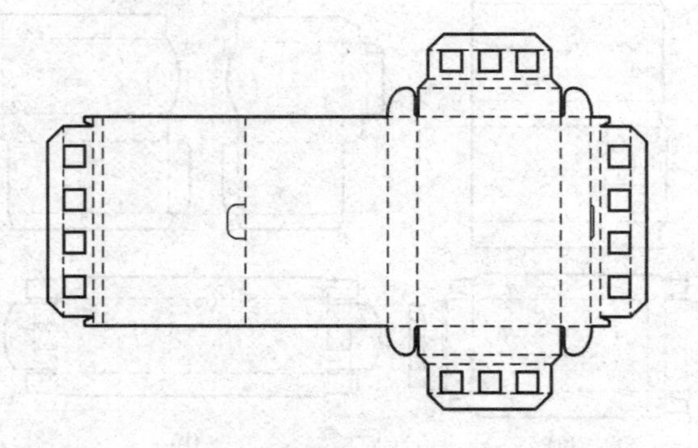

图 3－91　比利时“GUYLIAN”牌巧克力纸盒

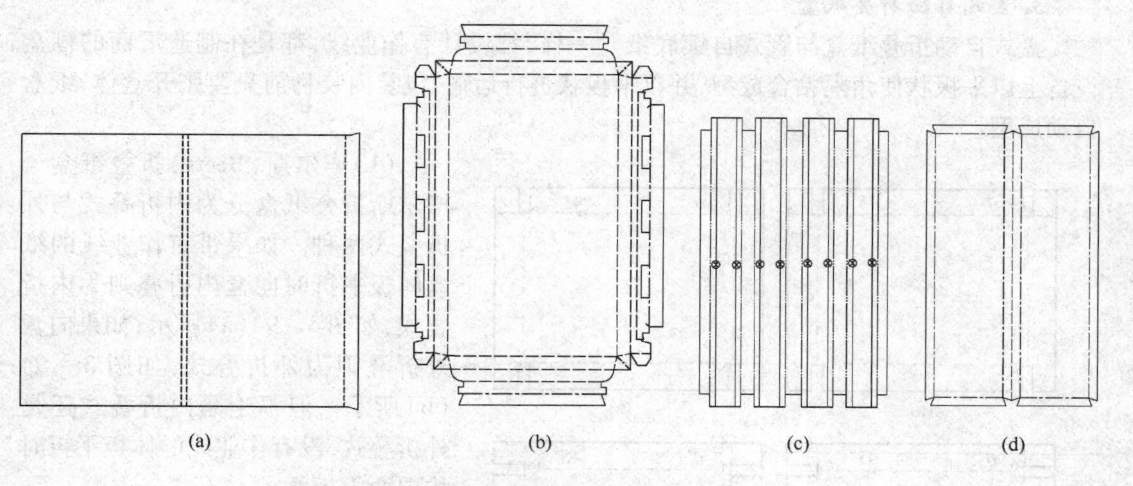

图 3－92　多板成型的“Merci”400g 装巧克力纸盒
(a)独立盖板　(b)宽边框盘式盒体　(c)缓冲底衬　(d)浅盘

四、盘式折叠纸盒的平分角设计

1. 粘合式或非粘合式蹼角结构

粘合式和非粘合式蹼角结构都是在盘式盒的角隅处进行平分角处理，即将盒角襟片的顶角平分线作为对折线，使对折线两侧对折后能完全重合，这样，盘式折叠纸盒的侧板(或前后板)与端板的对应边线在成型时于角隅处相交。

2. 方向转变

在一些情况下，折叠纸盒的某一部分需要通过对折的角平分线，实现该部分结构方向的转变。

例如，如果采用图 3－93(a)的设计，则纸板用料的宽度增大，也就是用料量增加，而与此同时在纸板上侧的左右两角，各有一部分剩余纸板未加利用。因此，可以考虑利用这部分纸板设计上侧的两个搭锁，即采用图 3－93(b)的设计，在盒板上侧的两个角隅处，通过对折的角平分线，使 a_1、a 两点重合，也就是线段 a_1b_1 与 ab_1 重合，线段 ab 与 a_1b 重合。这样，上侧长搭锁在成型时转向 90°，与下侧短搭锁在纸盒宽度方向上锁合。显然，这种设计节省了纸板。

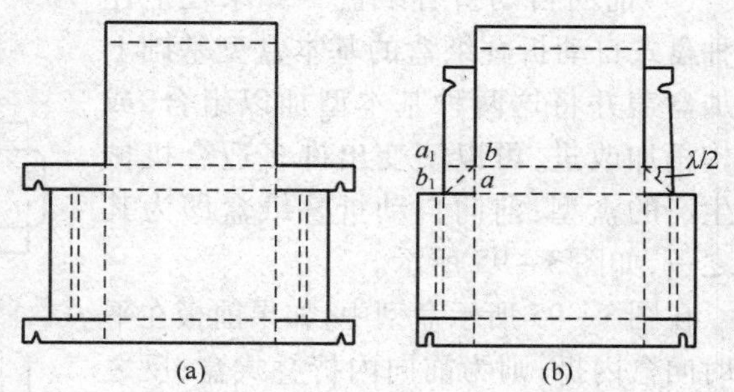

图 3－93　转变方向的平分角设计

如果纸盒某一部分结构需转向 λ 角，则对折线与该结构近边的角度为$\frac{\lambda}{2}$。

3. 盘式自动折叠纸盒

盘式自动折叠纸盒与管式自锁底纸盒一样，都设计有作业线，都是在制造厂商的糊盒设备上以平板状使角隅粘合成型，并以平板状进行运输，包装内装物前只要张开盒体，纸盒自动成型。

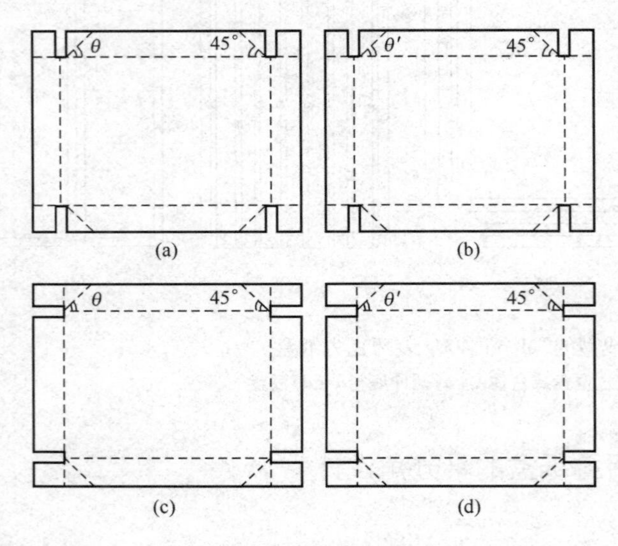

图 3－94　毕尔斯折叠盒与布莱特伍兹折叠盒

（1）毕尔斯（Beers）折叠纸盒　毕尔斯折叠纸盒分为内折叠式与外折叠式两种。如果带有作业线的纸盒体板平折时向盒内折叠则为内折叠式，如图 3－94（a）所示；如果向盒外折叠则为外折叠式，如图 3－94（b）所示。但不论是内折叠式还是外折叠式，没有作业线的体板平折时均向盒内折叠。

由于毕尔斯折叠盒的粘合襟片与有作业线的体板粘合，所以只能点粘于体板内侧（内折叠式）或外侧（外折叠式）的三角区域。

（2）布莱特伍兹（Brightwoods）折叠纸盒　布莱特伍兹折叠盒与毕尔斯盒的不同之处在于有作业线的体板连接粘合襟片，这样不仅扩大粘合面至全部襟片，而且不论内折叠式还是外折叠式都粘合于相邻体板的内侧，从而使平折更方便且不影响外观。图 3－94（c）为布莱特伍兹内折叠式，图 3－94（d）为布莱特伍兹外折叠式。

（3）前向自动折叠纸盒　如果在上述两种盘式自动折叠纸盒的基本盒型基础上增加盒盖并将这两种基本型加以组合，或结构稍加改进，可以演变出许多适合机械化生产的盒型，前向自动折叠纸盒即为其中之一，如图 3－95 所示。

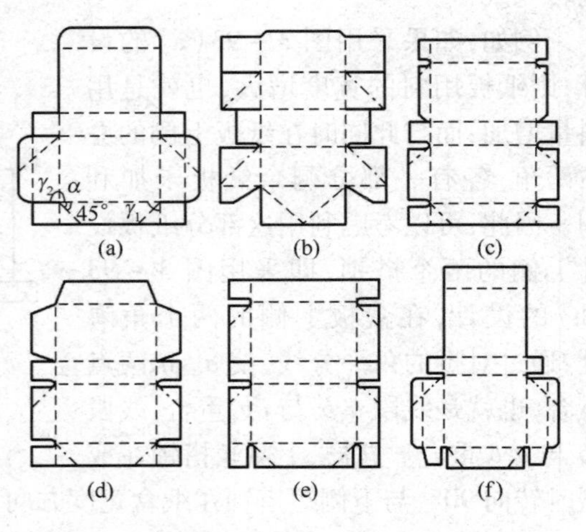

图 3－95　盘式自动折叠纸盒

在图 3－95 所示盒型中，如果前板在平折时向盒内折，则为前向内折叠式盒；反之则为前向外折叠式盒，但两者端板均向盒内平折。

（4）TULIC－3 公式——内折叠角（θ）求解公式　以上各种内折叠式自动纸盒，都仅限于长方体，即角隅处的 α、γ_1、γ_2 均为 90°，内折叠板上作业线与盒底线的角度为 45°。为扩大这类盒型的范围，定义内折叠角如下：

为使一般盘式自动内折叠式纸盒的折叠体板在纸盒成型后可以向盒内平折，作业线与盒底边线所构成的角度叫内折叠角，用θ表示。

这种盒型能否向内平折的关键是该角的求值问题。

以图3－96所示棱台形纸盒为例进行分析，为方便起见，只研究其中一个角隅：①在盒体侧板上设计θ角，该板平折时向盒内倾倒，即盒体侧板以oo_3为轴，向盒内折叠180°，因此以oo_3为对称轴，作$\angle o_3oa_1=\angle o_3oa$；②盒体侧板向盒内折叠带动盒体端板也向盒内倾倒，即盒体端板以oo_1为轴向盒内折叠180°，因此以oo_1为对称轴作$\angle o_1ob_1=\angle o_1ob$；③若要各体板向内平折，则只有将$oa_1$与$ob_1$重合才能实现，按平分角设计原理，将$\angle a_1ob_1$平分，且角平分线$oc_1$为外对折线，沿这条对角线对折，$oa_1$与$ob_1$即可重合。

因为 $\angle o_3oa_1=\angle o_3oa=\gamma_1,\angle o_1ob_1=\angle o_1ob=\gamma_2,\angle o_1oo_3=\alpha$

所以 $\angle a_1ob_1=\gamma_1+\gamma_2-\alpha$

则 $\frac{1}{2}(\angle a_1ob_1)=\frac{1}{2}(\gamma_1+\gamma_2-\alpha)$

令 $\angle coo_3=\angle c_1oo_3=\theta$

则 $\theta=\frac{1}{2}(\gamma_1+\gamma_2-\alpha)+(\alpha-\gamma_2)$

即 $$\theta=\frac{1}{2}(\alpha+\gamma_1-\gamma_2) \qquad (3-8)$$

这就是一般盘式自动折叠纸盒的内折叠角求解公式。

式中 θ——内折叠角，(°)

α——A成型角，(°)

γ_1——内折叠角所在体板的B成型角，(°)

γ_2——与γ_1相邻体板的B成型角，(°)

在公式(3－8)中，如果$\alpha=\gamma_1=\gamma_2=90°$，则$\theta=45°$

这是毕尔斯式或布莱特伍兹式内折叠角的值，可见这两种盒型均为盘式自动折叠纸盒在长方体盒形时的特例。

毕尔斯盒的θ角实际上是粘合余角。

例3－7 在图3－96结构中，已知：$\alpha=90°$、$\gamma_1=70°$、$\gamma_2=80°$，求：$\theta=?$

解：$\theta=\frac{1}{2}(\alpha+\gamma_1-\gamma_2)$

$=\frac{1}{2}(90+70-80)=40°$

如果毕尔斯纸盒的作业线没有设计在侧板或端板上，而是设计在端板襟片或侧板襟片上，此时，令该襟片上两条折线所构成的角度为内折叠余角，用θ_f表示（图3－97）。

$$\theta_f=\frac{1}{2}(\gamma_1+\gamma_2-\alpha) \qquad (3-9)$$

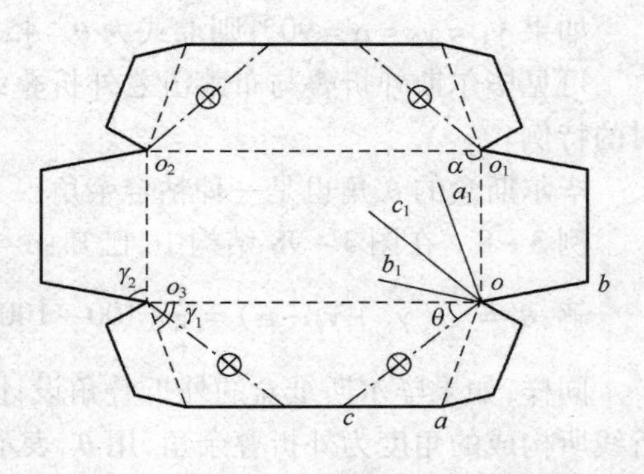

图3－96 一般盘式自动内折叠纸盒成型分析

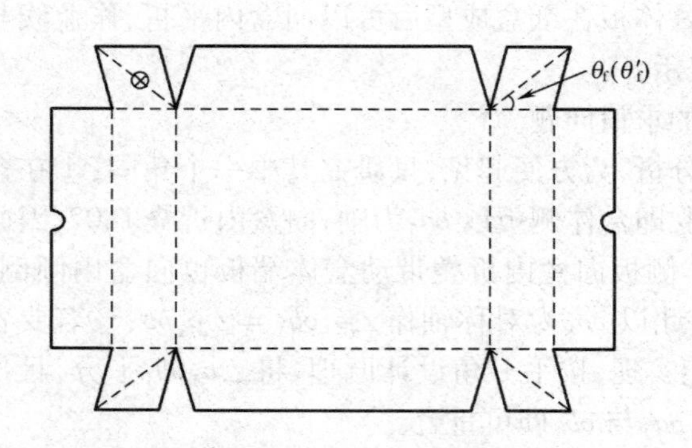

图 3-97　作业线设计在襟片上的盘式自动折叠纸盒

（5）TULIC-4 公式——外折叠角（θ'）求解公式　同样，前述各种盘式自动外折叠纸盒也仅限于长方体，为扩大其应用范围，定义外折叠角如下：为使一般盘式自动外折叠纸盒的折叠体板在纸盒成型后可以向盒外平折，作业线与盒底边线所构成的角度叫外折叠角，用 θ' 表示。

这种盒型能否向外平折的关键是该角的求值问题。

以图 3-98 所示棱台形盘式纸盒为例，进行分析：①当有作业线的侧板向盒外平折倾倒时带动没有作业线的端板向盒内倾倒，即盒体端板以 oo_1 为轴向内进行 180°对折，因此以 oo_1 为对称轴作 $\angle o_1ob_1=\angle o_1ob$；②若要纸盒侧板向外平折，则只有线段 ob_1 与 oa 重合才能实现。也就是说必须将 $\angle aob_1$ 平分，且角平分线 oc 为内对折线（用内折线表示）。

因为　$\angle aoo_3=\gamma_1,\angle o_1ob_1=\angle o_1ob=\gamma_2,\angle o_1oo_3=\alpha$

所以　$\angle aob_1=\alpha+\gamma_1-\gamma_2,\quad \frac{1}{2}(\angle aob_1)=\frac{1}{2}(\alpha+\gamma_1-\gamma_2)$

令　$\angle coo_3=\theta'$

则　$\theta'=\frac{1}{2}(\alpha+\gamma_1-\gamma_2)+(\gamma_2-\alpha)$

即　$$\theta'=\frac{1}{2}(\gamma_1+\gamma_2-\alpha)\tag{3-10}$$

这就是一般盘式自动折叠纸盒的外折叠角求解公式。

式中　θ'——外折叠角，（°）

γ_1——外折叠角所在体板的 B 成型角，（°）

γ_2——与 γ_1 相邻体板的 B 成型角，（°）

α——A 成型角，（°）

如果 $\gamma_1=\gamma_2=\alpha=90°$，则上式为 $\theta=45°$

可见毕尔斯外折叠与布莱伍兹外折叠结构也均为盘式自动外折叠纸盒在长方体盒形时的特例。

毕尔斯盒的 θ' 角也是一种粘合余角。

例 3-8　在图 3-98 结构中，已知：$\alpha=90°$、$\gamma_1=100°$、$\gamma_2=100°$，求：$\theta'=?$

解：$\theta'=\frac{1}{2}(\gamma_1+\gamma_2-\alpha)=\frac{1}{2}(100+100-90)=55°$

同样，如果毕尔斯纸盒的外折叠角设计在侧板襟片或端板襟片上，则令该襟片上两条折线所构成的角度为外折叠余角，用 θ'_f 表示（图 3-97）。

$$\theta'_f=\frac{1}{2}(\alpha+\gamma_1-\gamma_2)\tag{3-11}$$

对于正 n 棱柱盘式自动折叠纸盒，其内折叠角与外折叠角的值见表 3-3。

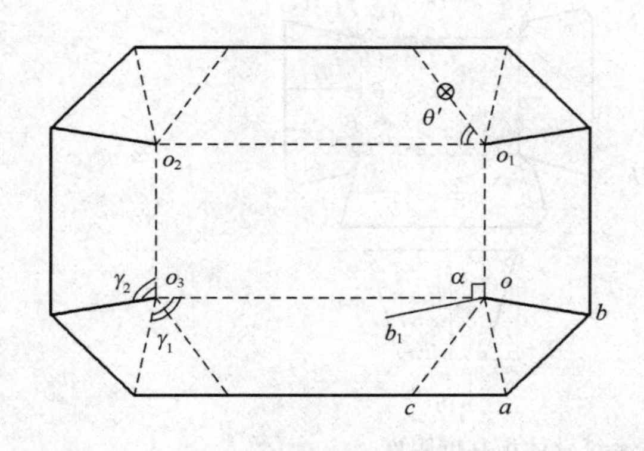

图 3-98　一般盘式自动外折叠纸盒

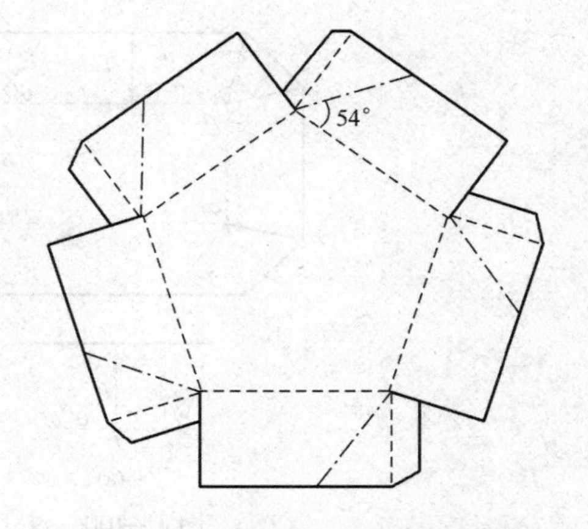

图 3-99　正五棱柱盘式自动内折叠纸盒

表 3-3　　常用正 n 棱柱盘式自动折叠纸盒的 θ 与 θ' 值　　单位:(°)

n	θ	θ'	n	θ	θ'
3	30	60	6	60	30
4	45	45	7	64.3	25.7
5	54	36	8	67.5	22.5

(6)盘式自动折叠纸盒的体板高度　在盘式自动折叠纸盒中,作业线一般应与体板数目相等。但一块体板上可以如前设计两条作业线,在内折时也可以如图 3-99 每个体板上均设计一条,但两者对体板高度要求不一样。

①设计两条作业线的体板高度限度。如果将作业线设计在侧板上[图 3-100(a)],则体板高度限度为:

$$H \leqslant \frac{L\tan\theta(\theta')}{2} \tag{3-12}$$

同理,若设计在端板上,体板高度限度为:

$$H \leqslant \frac{B\tan\theta(\theta')}{2} \tag{3-13}$$

式中　H——体板高度尺寸,mm

L——纸盒长度尺寸,mm

B——纸盒宽度尺寸,mm

θ——内折叠角,(°)

θ'——外折叠角,(°)

②设计一条作业线的体板高度限度。此时只有向内折叠一种情况,设侧板的高度为 H_L,端板的高度为 H_B[图 3-100(b)]。

在 $\gamma_1=90°$的情况,一个体板上设计一条作业线,则体板高度限度为:

$$H \leqslant B\tan\theta_2 \tag{3-14}$$

在一般盘式自动内折叠盒时,研究如下:

$$H_L \leqslant [L + H_L\tan(\gamma_1 - 90°)]\tan\theta_1$$

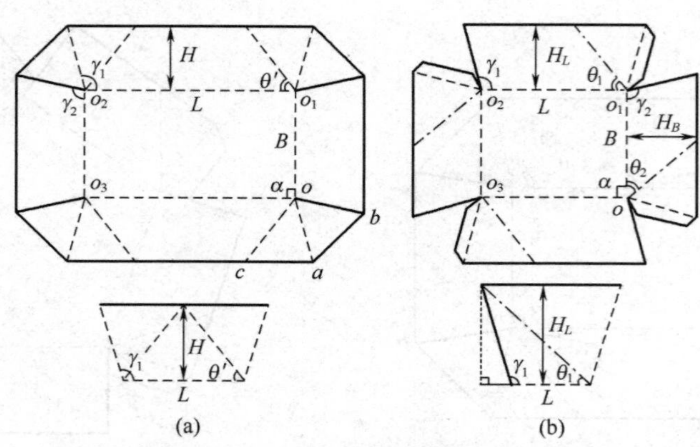

图 3－100　盘式自动折叠纸盒体板高度限度

(a)一块体板设计两条作业线　(b)一块体板设计一条作业线

$$H_L \leqslant [L - H_L \cot\gamma_1]\tan\theta_1$$

$$(1 + \cot\gamma_1 \tan\theta_1)H_L \leqslant L\tan\theta_1$$

$$H_L \leqslant \frac{L\tan\theta_1}{1 + \cot\gamma_1 \tan\theta_1} \tag{3-15a}$$

同理,可推导:

$$H_B \leqslant \frac{B\tan\theta_2}{1 + \cot\gamma_2 \tan\theta_2} \tag{3-15b}$$

如果 $H = H_L = H_B$,则

$$H_L \leqslant \frac{B\tan\theta_2}{1 + \cot\gamma_2 \tan\theta_2} \tag{3-15}$$

式中　H_L——侧板的高度尺寸,mm

H_B——端板的高度尺寸,mm

H——纸盒的高度尺寸,mm

θ_1——侧板上的内折叠角,(°)

θ_2——端板上的内折叠角,(°)

γ_2——端板 B 成型角(°)

当 $\gamma_2 = 90°$时,公式即为:$H \leqslant B\tan\theta_2$,

可见,公式 3－14 是公式 3－15 的特例。

同时,向内折叠时,为使纸盒折叠能成平板状,体板高度与纸盒长宽还应满足:

$$\begin{cases} H_B \leqslant \dfrac{L}{2} \\ H_L = \dfrac{B}{2} \end{cases} \tag{3-16}$$

五、叠纸包装盒

叠纸包装是一种独特的盘式纸盒,材料为厚度较大的纸张,其结构为一页成型,不需粘合,内装物装取方便,适合轻量商品,如礼品手帕、礼券、请柬、证书的装饰包装[图 3－101(a)]。

图 3－101(b)是礼品手帕的叠纸包装盒,三边襟片折进固定手帕,另一边延长成盖板

并通过插舌在盒底固定。

图 3－102（a）、图 3－102（b）为两种日式糕点的个包装，图 3－102（c）是光盘包装，也是用纸页折叠成型。

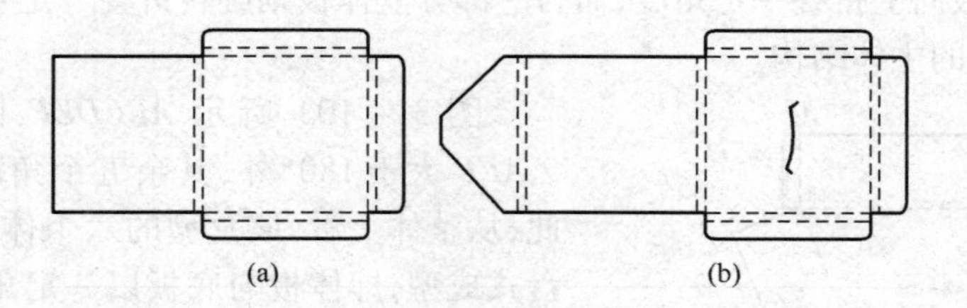

图 3－101　叠纸包装盒

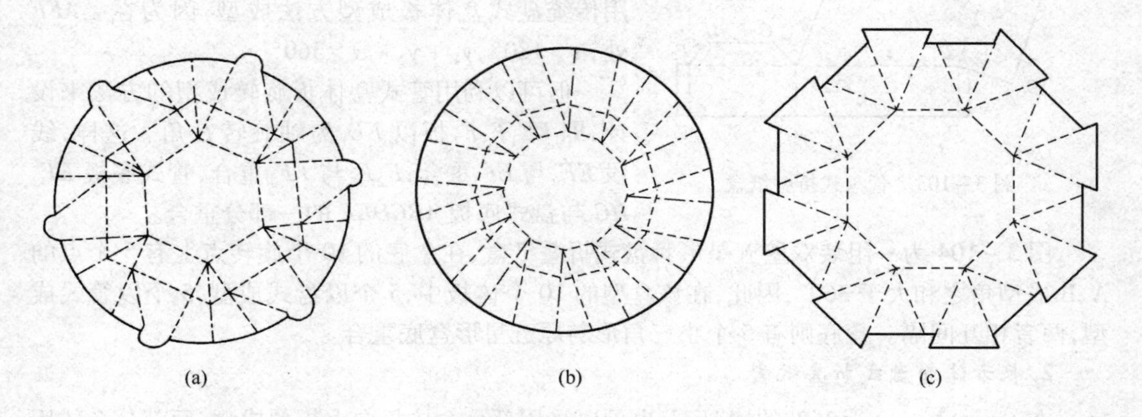

图 3－102　叠纸个包装

（a）（b）日式糕点包装　（c）光盘包装

第四节　管盘式折叠纸盒

一、管盘式折叠纸盒结构

1. 凹多边形管盘式折叠纸盒

对于凸多边形折叠纸盒，在其角隅处的任一个旋转点上，必然满足 TULIC－1 公式，

$$\beta = 360^\circ - (\alpha + \sum \gamma_n)$$

从上式可以看出

因为　β 必须大于 0

所以　$(\alpha + \sum \gamma_n)$ 必须小于 360°

这意味着就传统异型盒的每一个旋转点来说，以该点为顶点的所有成型角（包括 A、B 两类）之和不能大于 360°。

而对于凹多边形折叠纸盒，由于在一个凹边的旋转点上，A、B 成型角之和大于 360°。

显然，在一页纸板成型的条件下，单独采用管式或盘式的成型方法不易成型，但采用管式结构和盘式结构相结合来成型就比较容易。

管盘式结构折叠纸盒定义：管盘式结构折叠纸盒简称管盘式折叠纸盒，是以盒底板为中心，部分盒体板向上折叠一定角度，而另一部分盒体板则旋转折叠一定角度，两种成型结构接合后组成盒的主体结构。

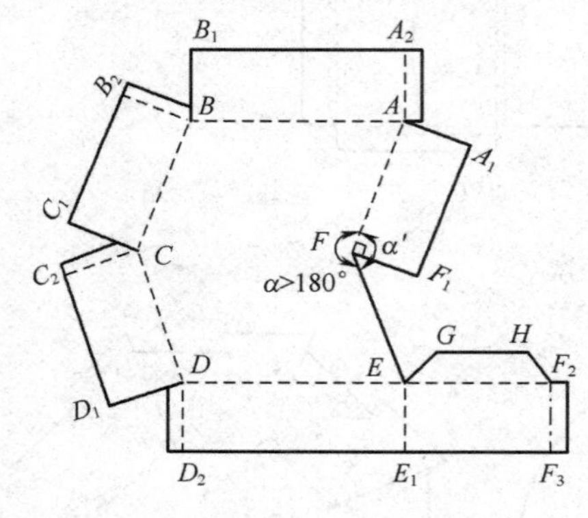

图 3－103　管盘式折叠纸盒

图 3－103 所示 *ABCDEF* 凹六边形中，除 $\angle AFE$ 大于 180°外，其余五个角均小于 180°。因此，从整体上看，该盒型的六个体板中有五个可以盘式成型，即体板与底板以一定角度（90°）折叠成型，相邻体板在角隅处黏合。惟独 FF_1E_1E 板不能用传统盘式盒体板成型方法成型，因为在 $\angle AFE$ 处，$\alpha > 180°$，$\gamma_1 + \gamma_2 + \alpha > 360°$

但可以利用管式盒体板旋转成型的方法来设计，即 $EE_1F_3F_2$ 板以 EE_1 为轴旋转 β 角。这样，线段 EF_2 与 EF 重合，F_2F_3 与 FF_1 重合，管式底板 EF_2HG 与盘式底板 *ABCDEF* 的一部分重合。

图 3－104 为一组装双壁五星形管盘式折叠纸盒，在盒底的 10 个旋转点上有 5 个点的 A、B 成型角之和大于 360°，因此，在该盒型的 10 个体板中，5 个以盘式成型，5 个以管式成型，两者相互间隔。盒底则有 5 个小三角形与原五星形盒底重合。

2. 长方体管盘式折叠纸盒

在 $(\alpha + \sum \gamma_n) < 360°$ 的情况下，也可以采用部分盒体板向上折叠成型，而部分盒体用旋转成型方法成型，如图 3－4（a）所示长方体管盘式折叠纸盒，该盒有两个粘合接头。

图 3－105 是一个组装管盘式折叠纸盒，其盒体两个侧板是盘式成型，两个端板是管式成型，因为组装固定所以没有接头。

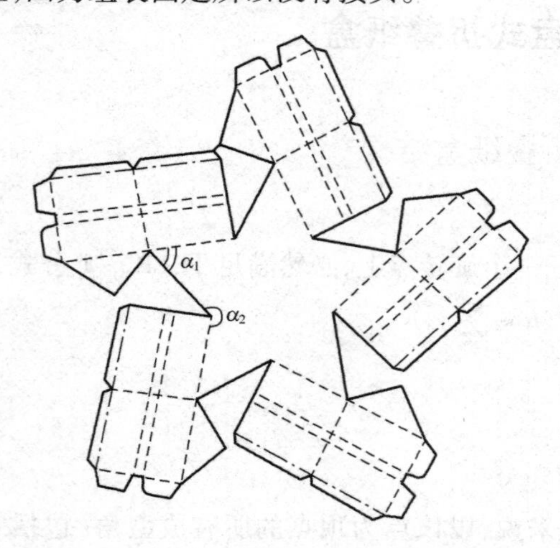

图 3－104　管盘式五星形折叠纸盒

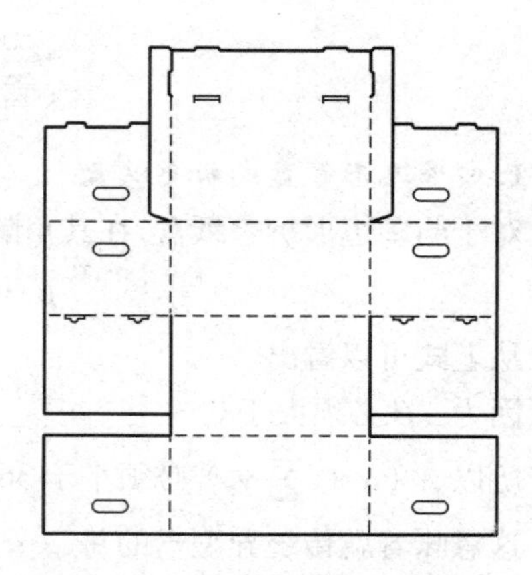

图 3－105　组装管盘式折叠纸盒

3. 异形体管盘式折叠纸盒

图 3－106 是一组端板旋转成型并通过锁扣结构或粘合结构进行固定的管盘式折叠纸盒。其中，图 3－106(a)是屋顶造型，图 3－106(b)是蜡烛造型，图 3－106(c)弧顶盖棱台盒，这是 230g 装“Raffaello”椰蓉杏仁糖果酥球包装盒。

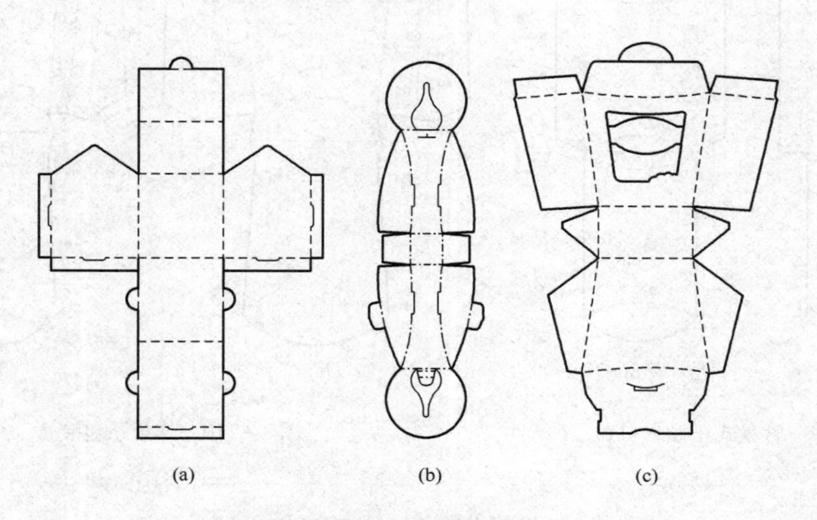

图 3－106 异形管盘式折叠纸盒

(a)(b)锁扣固定 (c)粘合固定

图 3－107 是一个鸟巢形管盘式折叠纸盒。

图 3－108 是一个类似于管式折叠纸盒正揿封口盖的正揿封口管盘式折叠纸盒。该盒盒底有一条非成型作业线，盒体端板有两条成型作业线，使得盒体两个制造商接头可以在平板状态下与相邻侧板粘合。

图 3－107 鸟巢形管盘式折叠纸盒

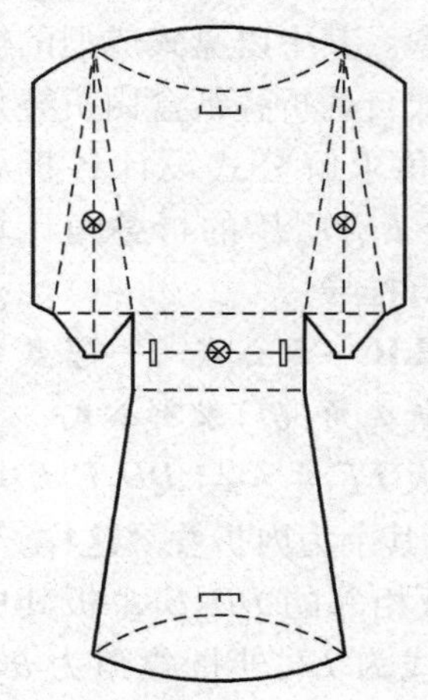

图 3－108 管盘式正揿封口盖

图 3－109 所示两个管盘式正揿封口盖的盒底退化成一条线或一个近似椭圆。

图3－110是去掉正揿封口盖结构的管盘式折叠纸盒，这就是人们熟悉的快餐店用炸薯条包装盒，它们都有三条作业线和两个制造商粘合接头。

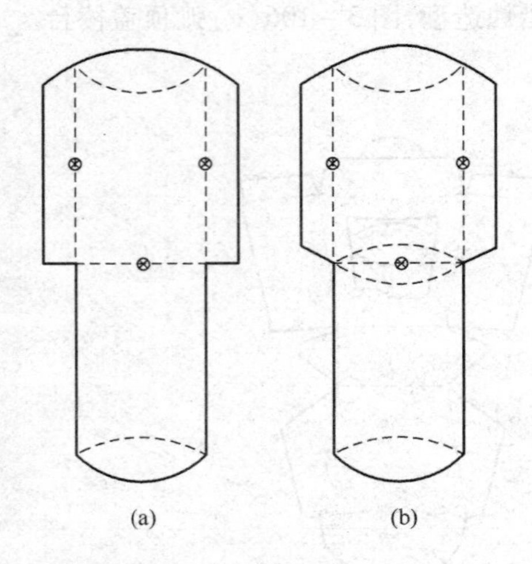

图3－109　管盘式正揿封口盖

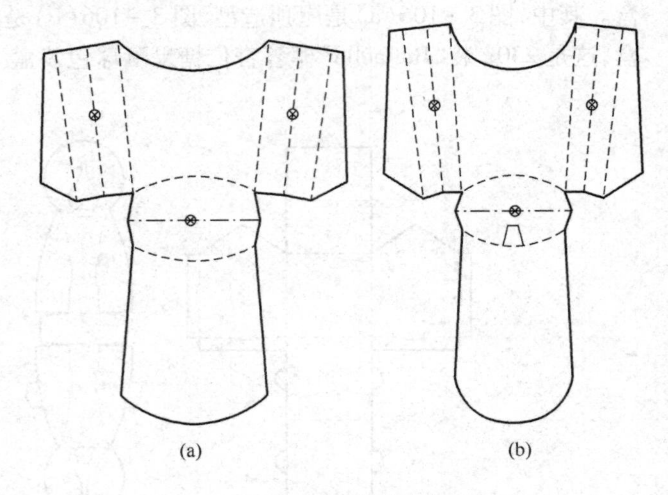

图3－110　炸薯条包装盒

二、管盘式自动折叠纸盒

1. 管盘式自动折叠纸盒

如同盘式自动折叠纸盒一样，管盘式折叠纸盒也可以在各体板上设计内折叠角或外折叠角，使之成为自动折叠纸盒。

图3－111是在图3－103（a）基础上加上作业线而成为管盘式自动折叠纸盒。其中以盘式成型的体板可用盘式自动折叠纸盒内折叠角与外折叠角求解公式设计各折叠角，而体板 $EE_1F_3F_2$ 的折叠角计算公式需另行推导。

2. TULIC－5公式——管盘式折叠纸盒折叠角（θ''）求解公式

设体板 FF_1A_1A 与 DD_2E_1E 均为外折叠，其余为内折叠。这样，与 $EE_1F_3F_2$ 板相邻的 DD_2E_1E 板其中一条作业线为 EI，外折叠角为 θ'_5，即 $\angle IED$。

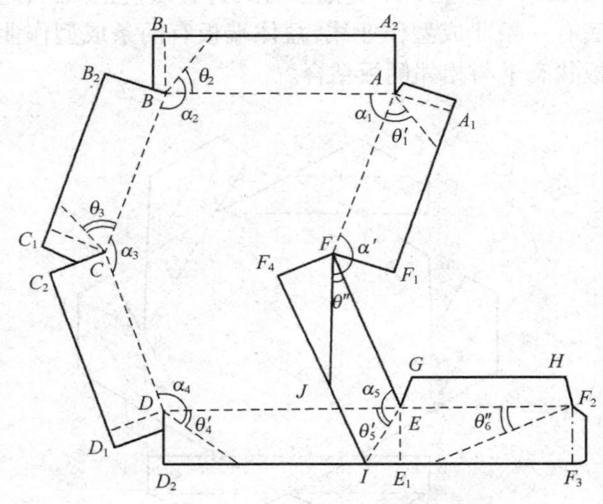

图3－111　管盘式自动折叠纸盒结构分析

作辅助线 IF_4 与 F_4F，即以 EI 为对称轴，四边形 IF_3F_2E 与 $IEFF_4$ 全等。这样，沿 EI 线对折后，两四边形完全重合。

要使纸盒能折叠成平板状，FF_4 与 F_1F 必须重合，即将 $\angle F_1FF_4$ 平分。因此，作辅助线

FJ,使得

$$\angle F_1FJ = \angle F_4FJ$$

因为 $\angle F_1FF_4 = \angle F_1FE + \angle EFF_4 = 360° - (\angle F_1FA + \angle AFE) + \angle EFF_4$

令 $\gamma_2 = \angle F_1FA$

$\gamma_1 = \angle EFF_4$

$\alpha' = 360° - \angle AFE$

则 $\angle F_1FF_4 = \alpha' + \gamma_1 - \gamma_2$

$$\frac{\angle F_1FE_4}{2} = \frac{\alpha' + \gamma_1 - \gamma_2}{2}$$

令 $\angle EFJ = \theta''$

则 $\theta'' = \gamma_1 - \dfrac{\alpha' + \gamma_1 - \gamma_2}{2}$

即

$$\theta'' = \frac{\gamma_1 + \gamma_2 - \alpha'}{2} \tag{3-17}$$

上式即为凹多边形管盘式自动折叠纸盒在 $\alpha > 180°$ 处的内折叠角求解公式。

式中 θ''——管盘式自动折叠纸盒体板内折叠角,(°)

γ_1——θ''所在体板的 B 成型角,(°)

γ_2——与 γ_1 相邻体板的 B 成型角,(°)

α'——A 成型外角,(°)

将上式与公式(3-10)相比,可以看出:在设计管盘式自动折叠纸盒时,如果 A 成型角大于 180°,则可用 A 成型外角替代 A 成型角,而原体板向盒内折叠则可看成向盒外折叠。

实际设计中应将图 3-111 中辅助线 FF_4、F_4I、FJ 擦去。

例 3-9 在图 3-111 结构中,已知:$\alpha_1 = \alpha_5 = 70°$、$\alpha_2 = \alpha_4 = 110°$、$\alpha_3 = \alpha' = 140°$、$\gamma_n = 90°$,求:各折叠角。

解:体板 FF_1A_1A、DD_2E_1E 为盘式外折叠,AA_2B_1B、BB_2C_1C 为盘式内折叠,$EE_1F_3F_2$ 为管盘式内折叠。

$$\theta'_1 = \frac{\gamma_1 + \gamma_2 - \alpha_1}{2} = \frac{90 + 90 - 70}{2} = 55°$$

$$\theta_2 = \frac{\alpha_2 + \gamma_1 - \gamma_2}{2} = \frac{110 + 90 - 90}{2} = 55°$$

$$\theta_3 = \frac{\alpha_3 + \gamma_1 - \gamma_2}{2} = \frac{140 + 90 - 90}{2} = 70°$$

$$\theta'_4 = \frac{\gamma_1 + \gamma_2 - \alpha_4}{2} = \frac{90 + 90 - 110}{2} = 35°$$

$$\theta'_5 = \theta'_1 = 55°$$

$$\theta''_6 = \frac{\gamma_1 + \gamma_2 - \alpha'}{2} = \frac{90 + 90 - 140}{2} = 20°$$

在上例中,如果 DD_2E_1E 板为盘式内折叠,则

$$\theta_4 = \frac{\alpha_4 + \gamma_1 - \gamma_2}{2} = \frac{110 + 90 - 90}{2} = 55°$$

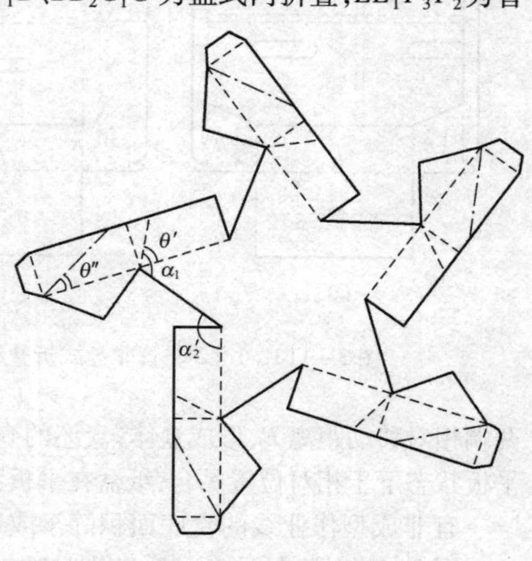

图 3-112 管盘式五星型自动折叠纸盒

$$\theta_5=\frac{\alpha+\gamma_1-\gamma_2}{2}=\frac{70+90-90}{2}=35°$$

图 3－112 是管盘式五星型自动折叠纸盒。

例 3－10 在图 3－112 结构中，已知：$\alpha'_2=125°$、$\alpha_2=55°$、$\gamma_n=90°$，求：各折叠角。

解：$\theta'=\dfrac{\gamma_1+\gamma_2-\alpha_2}{2}=\dfrac{90+90-55}{2}=62.5°$

$$\theta''=\frac{\gamma_1+\gamma_2-\alpha'_2}{2}=\frac{90+90-125}{2}=27.5°$$

对于凹多边形管盘式自动折叠纸盒，应选择凹边处的管式成型体板为内折叠，其相邻两体板为外折叠。

第五节　非管非盘式折叠纸盒

一、非管非盘式折叠纸盒

非管非盘式折叠纸盒结构较之前述盒型更为复杂，生产工序和制造设备都相应增多，所以成型特性和制造技术有别于其他结构的盒型。这种盒型结构的成型方式，既不是由体板绕轴线连续旋转成型，也不是由体板与底板呈直角或斜角状折叠成型，而是具有独特的成型特点。

如前所述，纸盒主体结构沿某条裁切线的左右两端纸板相对水平运动一定距离且在一定位置上相互交错折叠，这就是对移成型。

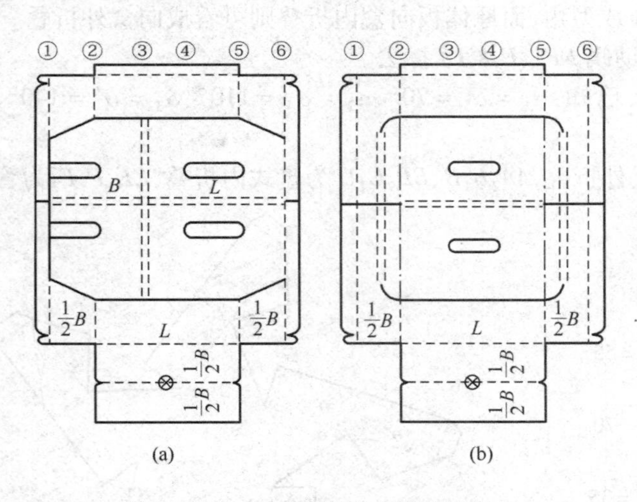

图 3－113　1×2 非管非盘式折叠纸盒

图 2－32 中，纸盒主体结构上部沿中间裁切线的左右两端纸板相对水平运动距离 B 而拉动盒体成型；图 3－113（a）中，纸盒主体结构上部沿中间对折线对折，同时向左侧相对水平运动距离 B 而拉动盒体成型；图 3－113（b）中，纸盒主体结构上部通过两侧对折而相对水平运动距离 B 拉动盒体成型。

上述三种非管非盘式折叠纸盒都是 1×2 间壁。

非管非盘式结构折叠纸盒定义：该盒型结构主体对移成型，成型时盒坯的盒体板上下对称部分对折，左右两端相对移动距离 B，形成盒体；盒坯的盒底结构有非成型作业线的盒底板和制造商接头在平板状态下于相对位置黏合；纸盒在平板状态下运输，使用时撑开盒身，结构自动成型。

有非成型作业线的盒底面积等于或近似等于 $L\times B$。

图 3－114 是在图 2－32 基础上退化而来，即上下两条水平裁切线与中间水平对折线

合并成一条水平裁切线，成型时沿着这条水平裁切线对折，左右两端接头部分粘合且相对移动距离 B 拉动盒框成型。

图 3－115 是在图 3－113(b) 的基础上在盒坯右端接头延长成中隔板，盒底没有采用有非成型作业线的盒底，而是用四个半圆形底片承重。

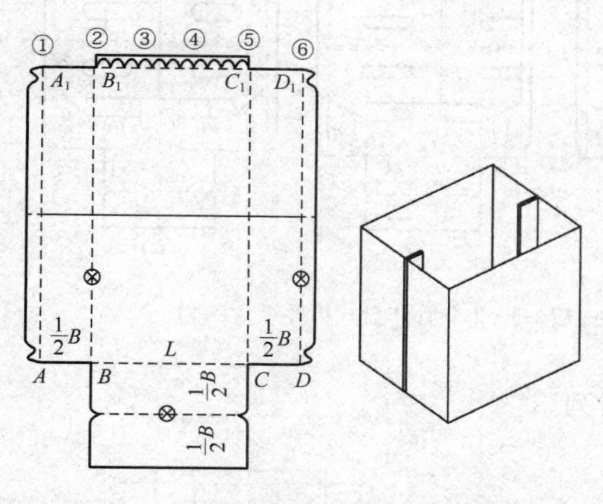

图 3－114　非管非盘式折叠纸盒的基础盒型

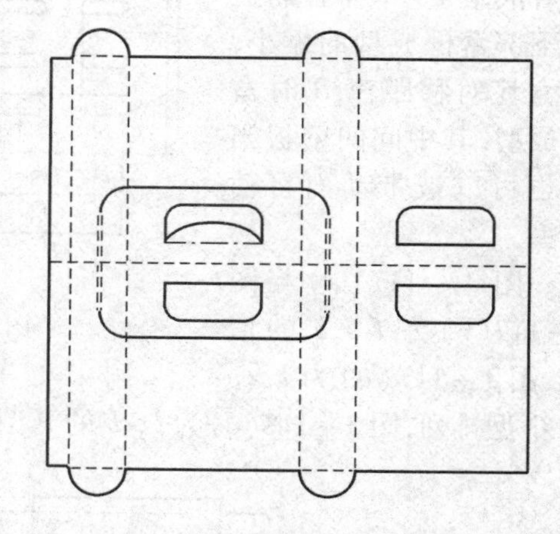

图 3－115　没有底板的非管非盘式折叠盒

二、多间壁非管非盘式折叠纸盒

具有实用性的非管非盘式折叠纸盒为间壁式结构。多间壁非管非盘式折叠纸盒由结构所限，只能进行 $m \times 2$ 排列。当 $l=b$ 时，可以在图 2－32 和图 3－113(a) 的基础上进行改进，当 $l>b$，若采用节省纸板的设计方法，则只能采用类似图 2－32 的设计方法。

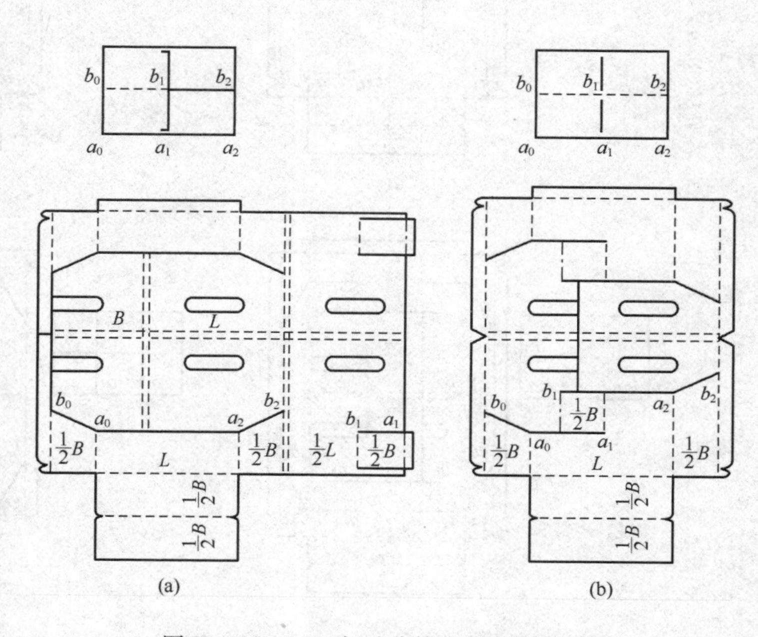

图 3－116　2×2 间壁非管非盘式折叠纸盒

图 3－116 为一组 2×2 间壁非管非盘式折叠纸盒结构。其中图 3－116(a) 在图 3－113(a) 盒型的右侧延长板上设计了中间间壁板，图 3－116(b) 是在图 2－32 基础上将原盒型的一条裁切线改为两条裁切线，并在其中间设计了间

壁板。

图 3－117 和图 3－118 为 3×2 间壁非管非盘式折叠纸盒，其成型可以看成是 1×2 非管非盘式下部盒框成型的缩小，当盒坯对移距离 B 时盒框成型，其中间间壁板当然也可以被带动而自动成型。

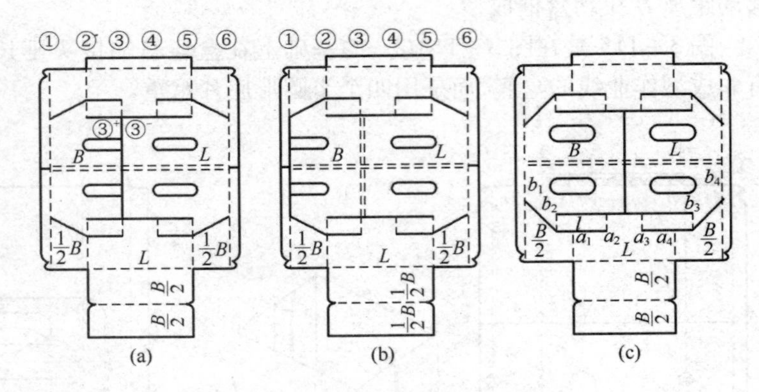

图 3－117　3×2 非管非盘式折叠纸盒（一）

图 3－117（a）与图 3－117(b) 为 $l = b$ 的情况，图 3－117(c) 为 $l > b$ 的 Q 型排列，图 3－118(d) 为 $l > b$ 的 P 型排列。

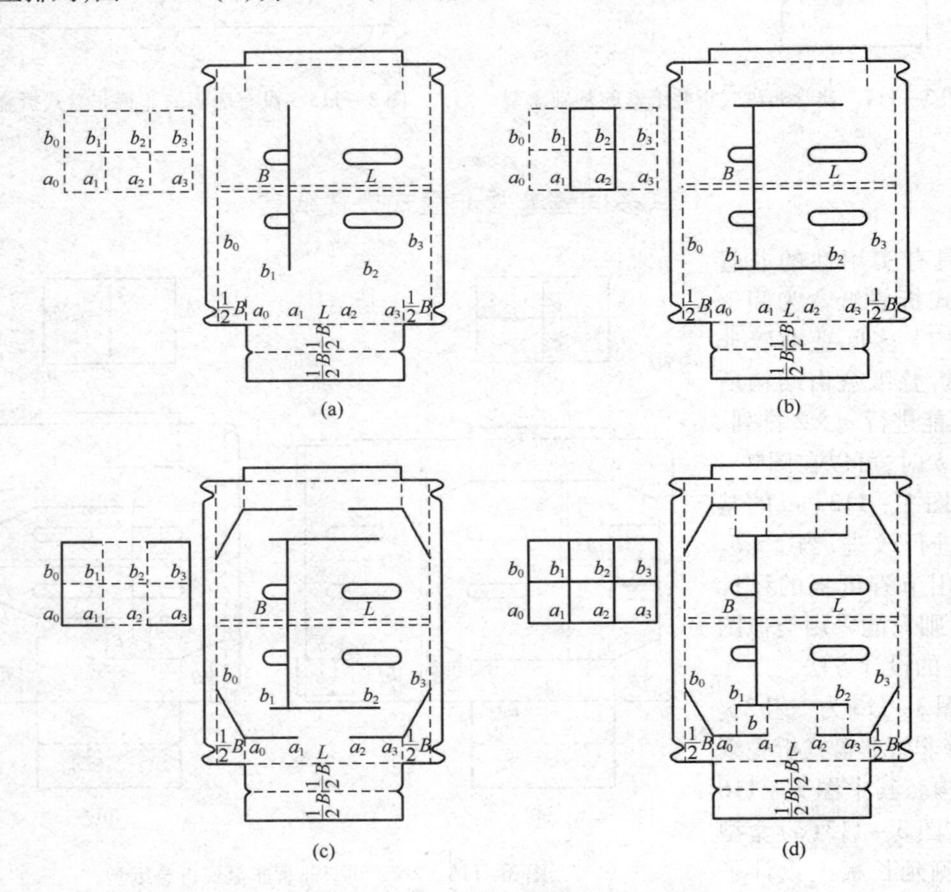

图 3－118　3×2 非管非盘式折叠纸盒间壁部分设计步骤（一）

设计步骤如表3-4。

表3-4 多间壁非管非盘式折叠纸盒设计步骤

序号	步骤	水平距离	P型排列	Q型排列
1	确定水平对折线长度	$\|b_0b_m\|$	$L+B$	$L+B$
2	确定 $a_0 \sim a_m$ 点横坐标	$\|a_ma_{m+1}\|$	l	b
3	确定 $b_0 \sim b_m$ 点横坐标	$\|a_mb_m\|$	b	l
4	按设计完成 $m-1$ 间壁	—	—	—

以图3-117(a)盒型为例，其成型特点是：③号裁切线左右两端相对运动距离为B，此时①与③$^-$点重合，②与④点重合，③$^+$与⑤点重合；以①-②-③和④-⑤-⑥裁切线为界，②、⑤号压痕线在裁切线以内为外折线，裁切线以外为内折线。

成型过程为：①沿水平对折线将盒坯上下两部分对折；②制造商接头黏合；③③号垂直裁切线的左右两端相对运动距离B并相互交错；④同时各内折、外折线构成间壁。

图3-117 (b)与图3-117(a)盒型相同，但由于两种结构的重叠位置有差异，所以左端提手位置与形状略有不同。

以图3-118所示盒型为例，表3-4的第4步如下设计：①按设计要求确定各点纵坐标[图3-118(a)]；②连接b_1-b_2为裁切线，该线过b_1、a_1、a_2、b_2四点[图3-118(b)]；③连接$b_0-a_0-a_1$、$a_2-a_3-b_3$为裁切线[图3-118(c)]；④在两条裁切线之间，a_1、a_2点向上作内折线，b_1、b_2点向下作外折线即完成设计[图3-118(d)]。

把图3-118(a)所示盒型的设计步骤改为：①连接$b_0-a_0-a_1$、$b_1-a_1-a_2$为裁切线[图3-119(a)、(b)]；②连接$b_2-a_2-a_3-b_3$为裁切线[图3-119(c)]。

则可以设计成如图3-119(d)的非管非盘式折叠纸盒，这是一种节省纸板的设计，而且不论m是奇数还是偶数。

图3-120所示的三种盒型，也是非管非盘式折叠纸盒。但是与图3-118相

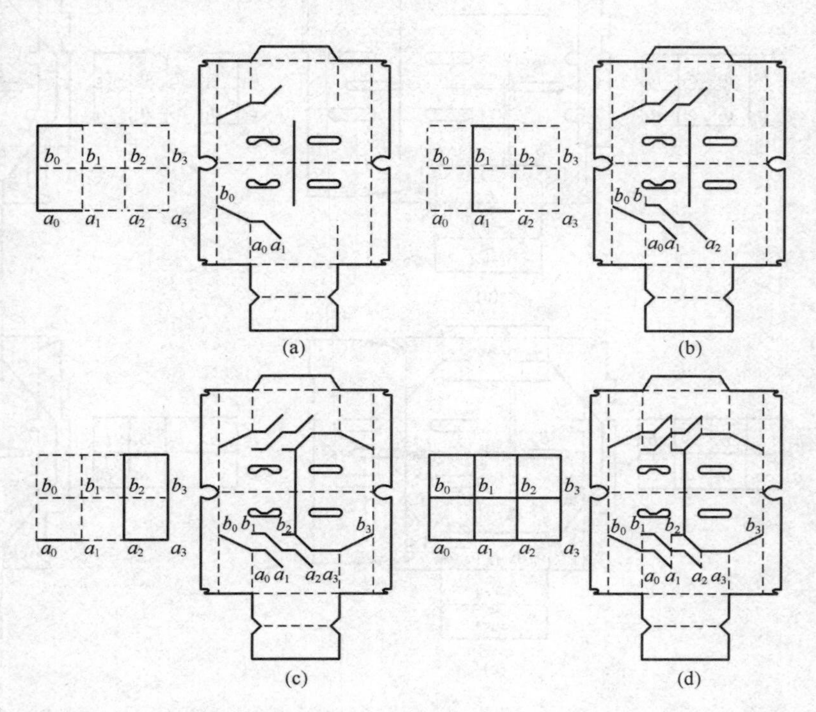

图3-119 3×2间壁非管非盘式折叠纸盒间壁部分设计步骤(二)

比，纸板用量明显增加。图 3－120(a)是在图 3－114 的基础上，于左右两端延长部分设计间壁板形成 3×2 结构，其间壁板方向与其他盒型的间壁板方向相反，所以成型的第一步是把间壁板转向 180°，看起来是一种省纸板的设计，但当改为只在一端延长部分设计两个间壁板[图 3－120(b)]时，则可节省更多宽度的纸板，再进一步改为图 3－120(c)的结构时，间壁板粘合接头可以统一为一个，这样就减少了粘合接头的数量，从而节省了黏合剂用量。

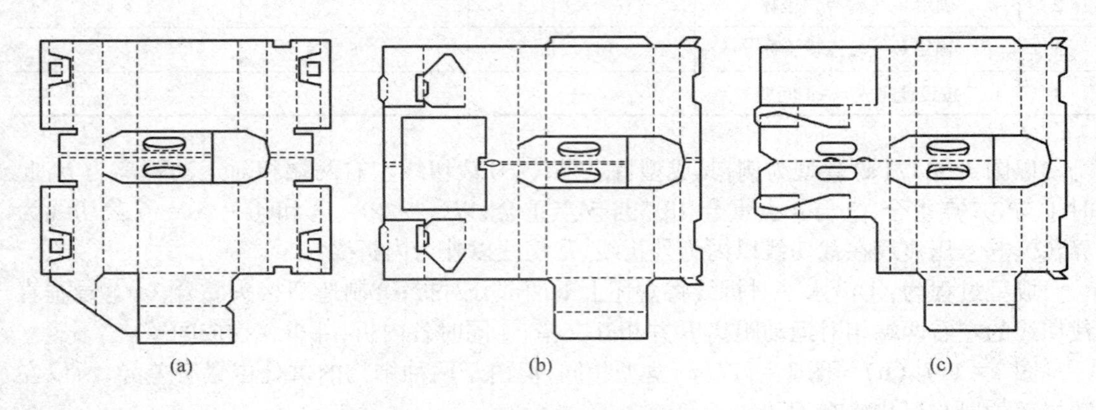

图 3－120　3×2 非管非盘式折叠纸盒(二)

对于 m 为偶数的多间壁则可按图 3－121 和图 3－122 的两种方法设计。

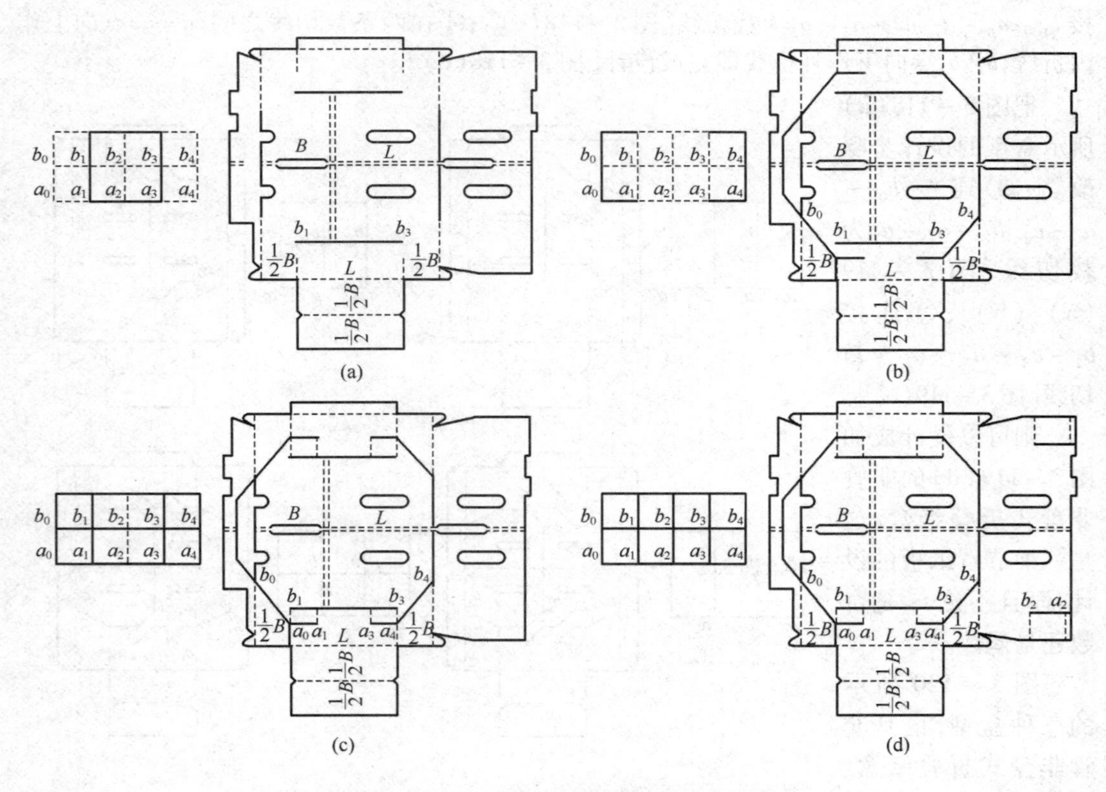

图 3－121　4×2 间壁非管非盘式折叠纸盒成型过程

图3－121(d)是在图3－118(b)基础上增加了两个间隔，成为4×2结构，因而在盒坯上增加了4条垂直压痕线，但其基本成型原理不变，其成型过程如下：①作裁切线 b_1-b_3，该线过 b_1、a_1、a_3、b_3 四点[图3－121(a)]；②作裁切线 $b_0-a_0-a_1$、$a_3-a_4-b_4$ 为裁切线[图3－121(b)]；③a_1、a_3 点向上作内折线，b_1、b_3 点向下作外折线，形成左右两个间壁[图3－121(c)]；④在延长板上作中间间壁，b_2 为内折线，a_2 为外折线，b_2 a_2 水平距离为 $B/2$，此时完成设计[图3－121(d)]。

图3－122(a)所示盒型的主体部分成型同图3－113(a)盒型。图3－122(b)所示盒型主体部分则同图3－114，但两者的间壁结构却是在体板延长片上一页成型。间壁结构的设计详见本章第六节。

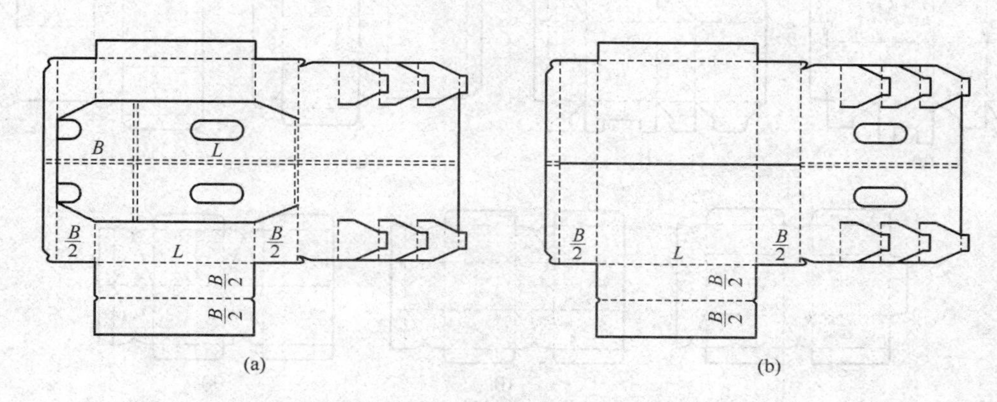

图3－122 4×2间壁非管非盘式折叠纸盒

综上，对于 $m\times2$ 多间壁非管非盘式折叠纸盒，可以按以下三种方法设计：①对于 $m>1$ 的奇数间壁盒型，可按图3－118的方法设计省材料的结构，而对于 $m>1$ 的偶数间壁盒型，则可按图3－121的方法：在盒体上设计左右两侧的间壁板，中间一块间壁板在延长板上完成；②不论 m 为奇数或偶数，可以将所有间壁板都设计在纸盒一侧的延长板上，如图3－122；③不论 m 为奇数或偶数，都可按图3－116(b)或图3－119的方法，把所有间壁都设计在纸盒盒体上，这样可以最大限度地节省纸板，但图3－119的间壁效果和外观好于图3－116(b)。

第六节 折叠纸盒的功能性结构

一、异　　形

广义上的异形折叠纸盒指除了长方体之外的其他盒型。一部分可以在基本结构的基础上通过一些特殊的设计技巧加以变化，另一部分则可以通过前述的基本成型方法利用异形盒面直接成型。

1. 斜线设计

在折叠纸盒的某些位置设计斜直线或斜曲线压痕，可以使盒型发生变化。

①在盒盖或盒底位置设计斜线（图 3－123）。

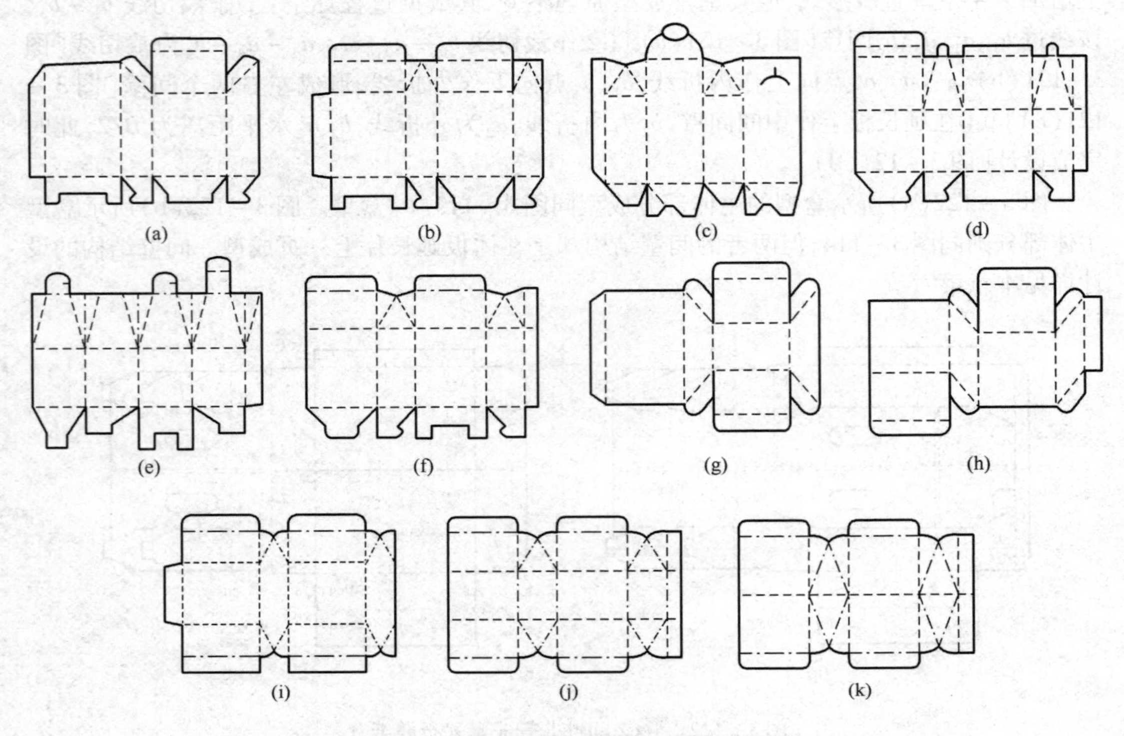

图 3－123 盒盖或盒底位置设计斜直线的异形盒

②在盒体位置设计斜线：图 3－124（a）通过盒体的斜线折叠，盒体由上部的正方形变成下部的楔形。图 3－124（b）通过盒体的曲线折叠，盒底也成为楔形。

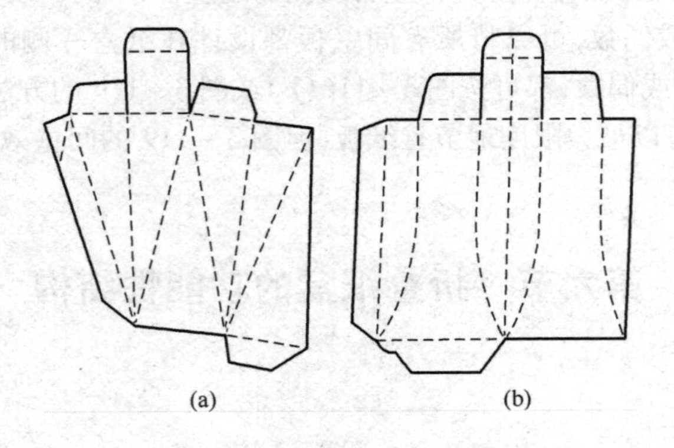

图 3－124 造型渐变的异形盒

图 3－125 所示盒型，通过盒体斜线丰富了造型，而作业线是非成型作业线。

2. 曲线设计

在纸盒盒体上设计曲线形成弯曲盒面，如图 3－126 所示。图中盒体设计两条非成型作业线。

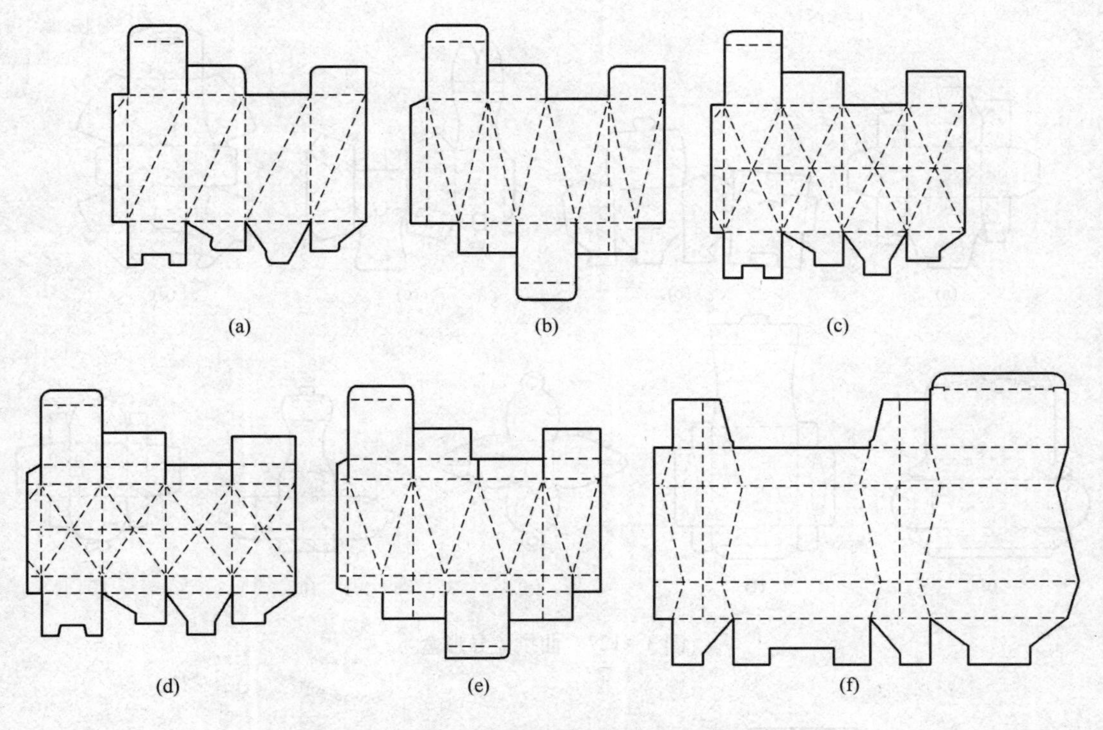

图 3 – 125　盒体位置设计斜直线的异形盒

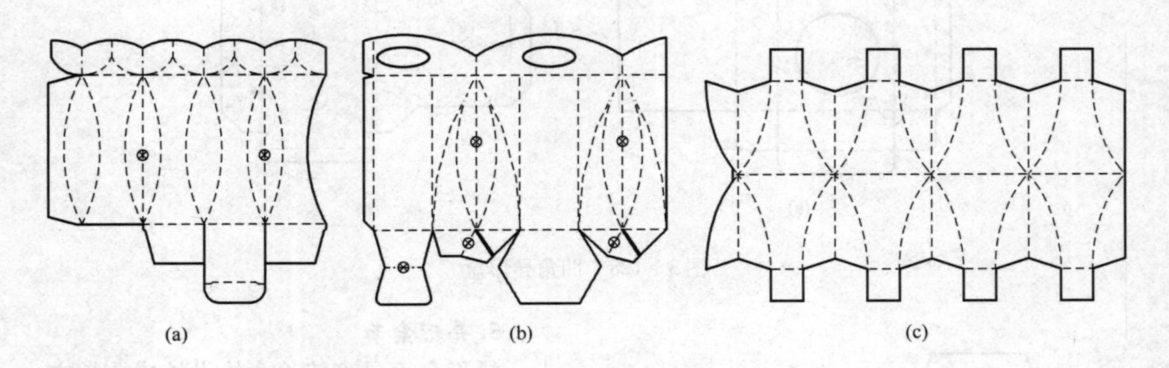

图 3 – 126　盒体位置设计曲线的异形盒
(a)正四边形盒底　(b)六边形盒底　(c)正四边形盒底

3. 曲拱设计

利用纸板的可弯折性，在盒盖处进行曲拱设计，如图 3 – 127 所示。

4. 角隅设计

在纸盒的角隅处进行变形设计，即把长方体盒型上的若干角凹进去，改变其呆板的形象，如图 3 – 128 所示。

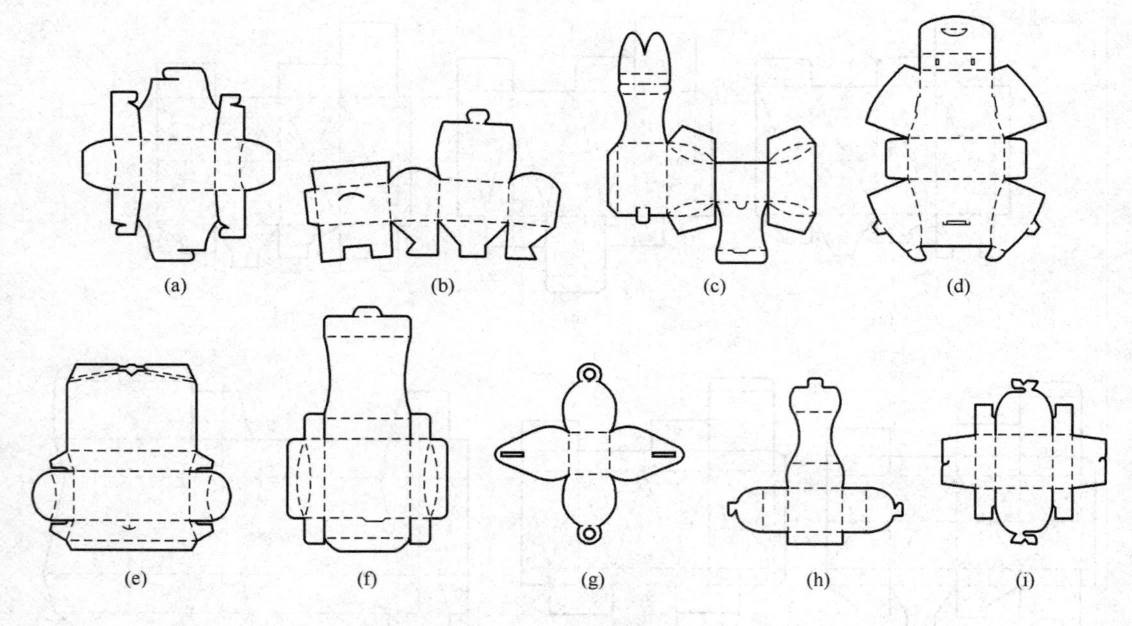

图 3－127　曲拱盖异形盒

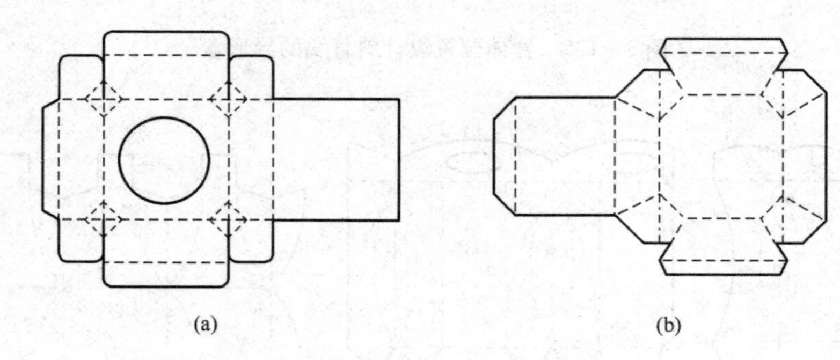

图 3－128　凹角异形盒

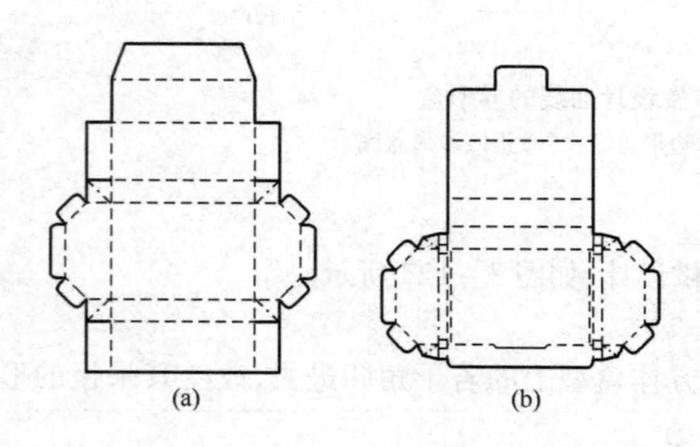

图 3－129　六面形的异形盒

5. 异形盒面

异形盒面是直接将盒体设计成非长方体盒面。图 3－129 是一组端板为不等边六面形的异形盒，其中图 3－129（b）端板内缩形成宽边结构。图 3－130 为一组端板侧板均为梯形的棱台形罩盖盒。图 3－131 为一正四面体造型的纸盒。图 3－132 为一盒面为五星造型的纸盒。图 3－133 为一组盒面为心形的纸盒。

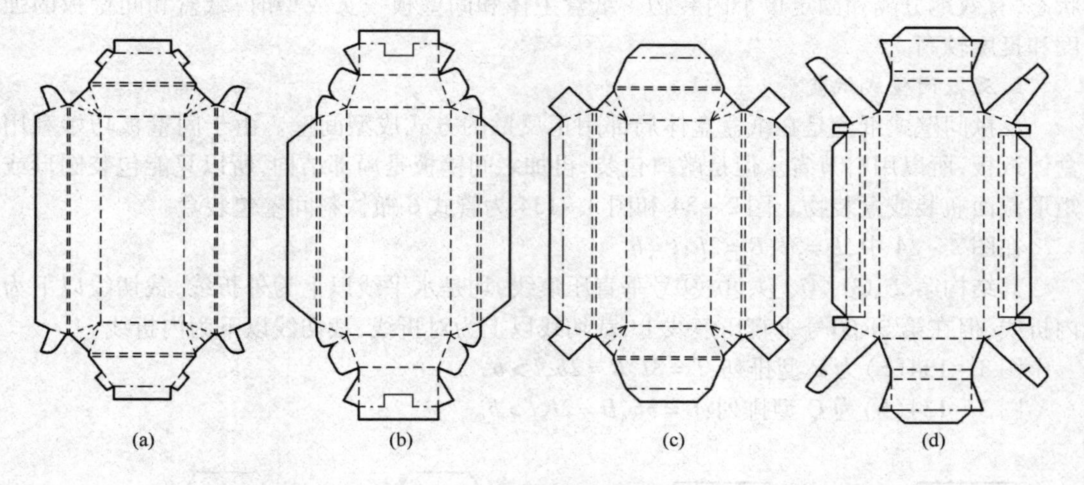

图 3－130 棱台形罩盖盒

(a)盒盖 (b)盒体 (c)盒盖 (d)盒体

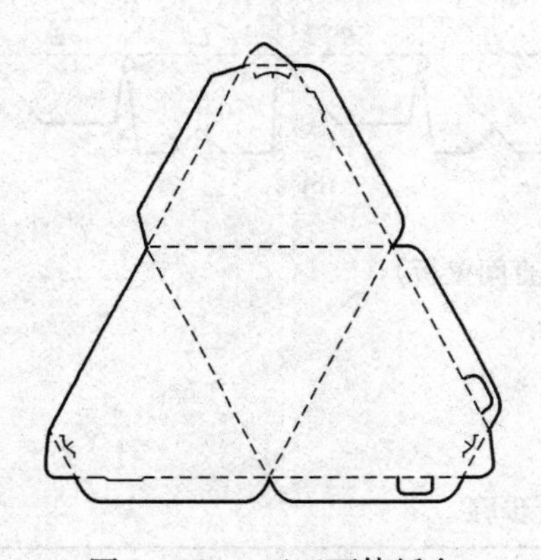

图 3－131 正四面体纸盒

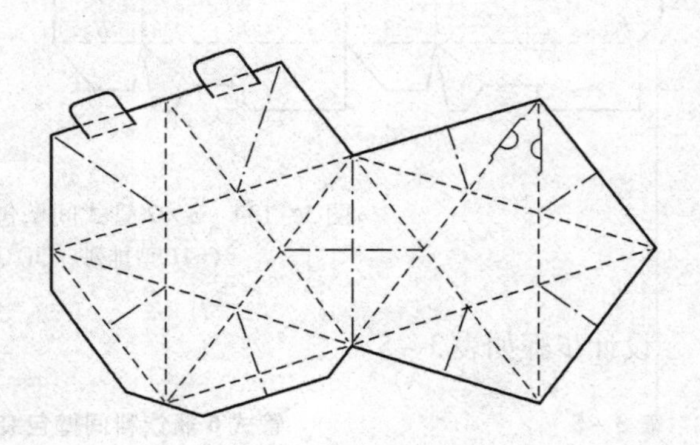

图 3－132 五星纸盒

二、间 壁

间壁式折叠纸盒的间壁板，可以利用底板延长板（间壁封底式）、体板（非管非盘式等）以及体板延长板（如前板延长板或中隔板延长板等）进行一页成型的设计，也可以把间壁板进行单独设计，这样盒体和间壁板就成为两页或多页成型。间壁板把纸盒分隔成若干个相等或不相等的间壁

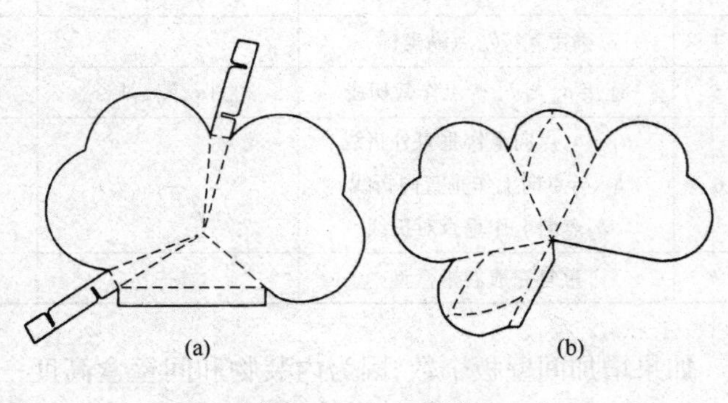

图 3－133 心形纸盒

状态,有效地分隔和固定单个内装物。纸盒主体和间壁板一页成型时,纸盒和间壁板的强度和挺度较高。

1. 反撤间壁式纸盒

反撤间壁式纸盒是在纸盒盒体局部用正反撤的方式成型间壁。由于间壁板巧妙利用盒体纸板,所以用料节省。但是敞口包装,再加之间壁板是局部结构,所以只能包装圆形或矩形截面瓶装或盒装物。图 2-34 和图 3-134 为管式 6 瓶饮料间壁包装盒。

在图 2-34 中,$L=3l,B=2b,l=b$

其结构第②、③、④、⑦、⑧、⑨号垂直压痕线,均是水平线以上为外折线,裁切线以下为内折线,但在第⑤、⑩号垂直压痕线上,裁切线以上为对折线,裁切线以下为内折线。

图 3-134(a)为 P 型排列:$L=3l,B=2b,l>b$;

图 3-134(b)为 Q 型排列:$L=3b,B=2l,l>b$。

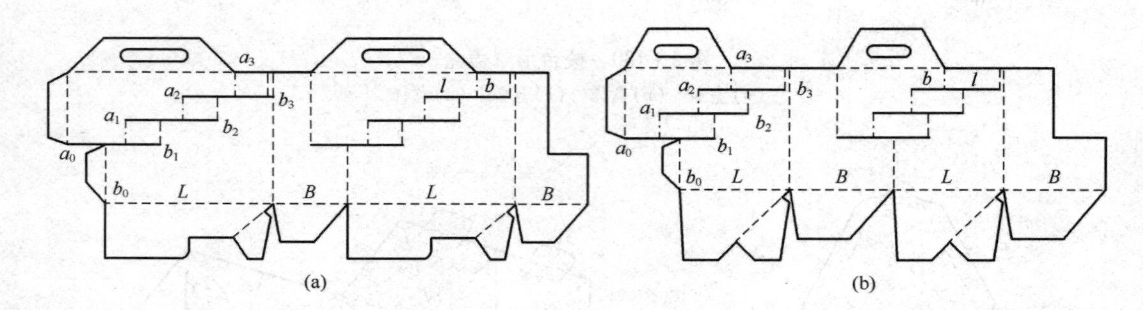

图 3-134　3×2 管式间壁包装盒(直间壁板)

(a)P 型排列　(b)Q 型排列

设计步骤如表 3-5。

表 3-5　　管式 6 瓶饮料间壁包装盒设计步骤

序号	步　骤	水平距离	P 型排列	Q 型排列
1	确定 $a_0 \sim a_m$ 点横坐标	$\lvert a_m a_{m+1} \rvert$	l	b
2	确定 b_0 点横坐标	$\lvert a_0 b_0 \rvert$	b	l
3	确定 $b_1 \sim b_m$ 点横坐标	$\lvert b_m + b_{m+1} \rvert$	l	b
4	确定 a_m, b_m 点纵坐标			
5	连接 a_m 与 b_{m+1} 点作裁切线	$\lvert a_m b_{m+1} \rvert$	$l+b$	$l+b$
6	$a_1 \sim a_3$ 点向下作垂直外折线 b_1、b_2 点向上作垂直内折线 b_3 点向上作垂直对折线	—	—	—
7	重复完成右半盒型	—	—	—

如果增加间壁板个数,因为内装物和间壁盒高度一定,所以必然降低间壁板宽度及强度。为此,可以如图 3-135 设计,将水平裁切线改成斜裁切线。这样,不论 m 为何值,间壁

板宽度不变。

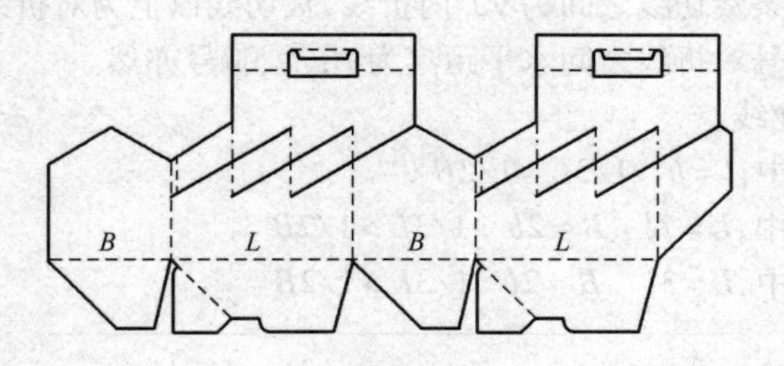

图 3－135　3×2 管式间壁包装盒（斜间壁板）

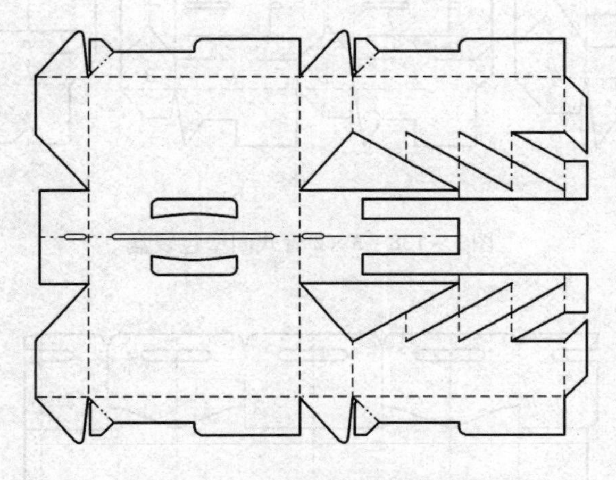

图 3－136　管式自锁底间壁姊妹盒

图 3－136 则是在图 3－135 的基础上改为管式自锁底间壁姊妹盒，准确的说是两个 4×1 间壁的姊妹盒组成的 4×2 结构。

图 3－137 是两种间壁板直接设计在盒体上的 3×2 间壁包装盒，其间壁采用正反揿结构，省工省料。

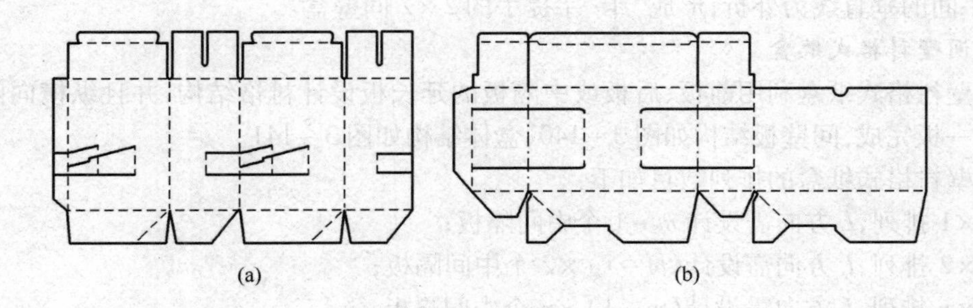

图 3－137　3×2 管式间壁包装盒

图 3－138 所示盒型通过盒体上部②、⑦号裁切线左右两端相对移动距离 B 拉动盒体下部的正反揿结构形成间壁。

在①、④、⑥、⑨号压痕线上,两条水平裁切线之间为外折线,裁切线以外为内折线,在⑤、⑩号压痕线上,两条裁切线之间为90°内折线,裁切线以上为对折线。

②号裁切线与⑤号对折线之间水平距离为L,⑦、⑩号亦然。

④、⑨号线是作业线。

在图3-138(a)中,$l=b$　$1/3L=1/2B$

在图3-138(b)中,$L=3l$　$B=2b$　$1/3L>1/2B$

在图3-138(c)中,$L=3b$　$B=2l$　$1/3L>1/2B$

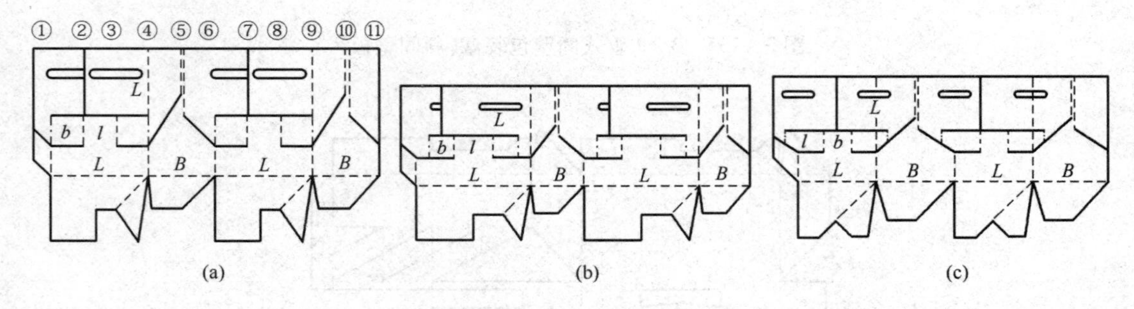

图3-138　3×2管式间壁包装盒

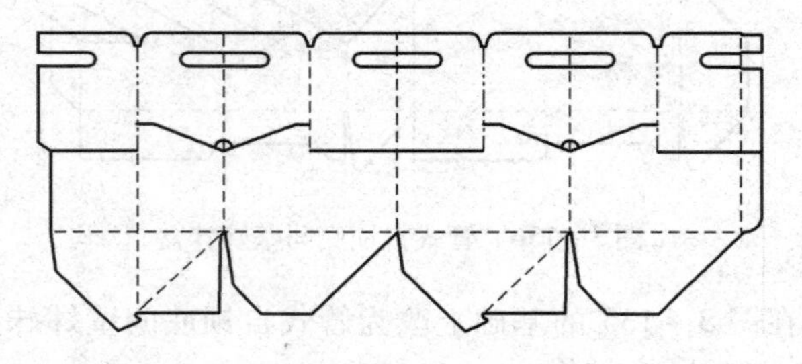

图3-139　“十”字提手2×2间壁盒

图3-139所示纸盒主体为自锁底管式盒,盒体上部提手部分的提手中部垂直线为内折,提手间的垂直线为外折,形成“十”字提手的2×2间壁盒。

2. 间壁衬格式纸盒

间壁衬格式纸盒利用前板、后板或中隔板的延长板设计衬格结构,并且纵横向间隔可以用同一板完成,间壁板结构如图3-140,盒体结构如图3-141。

间壁衬格式纸盒的排列数目如下:

$m\times1$排列,L方向需设计$m-1$个中间隔板;

$m\times2$排列,L方向需设计$(m-1)\times2$个中间隔板;

$m\times n$排列,L方向需设计$(m-1)\times n$个中间隔板;

$m_i\times n_j$排列,L方向可以有i种排列,B方向可以有j种排列。

每一独立的间壁板设计步骤如表3-6、表3-7。

图3-140的各种间壁板可与图3-141上的间壁板进行替换。

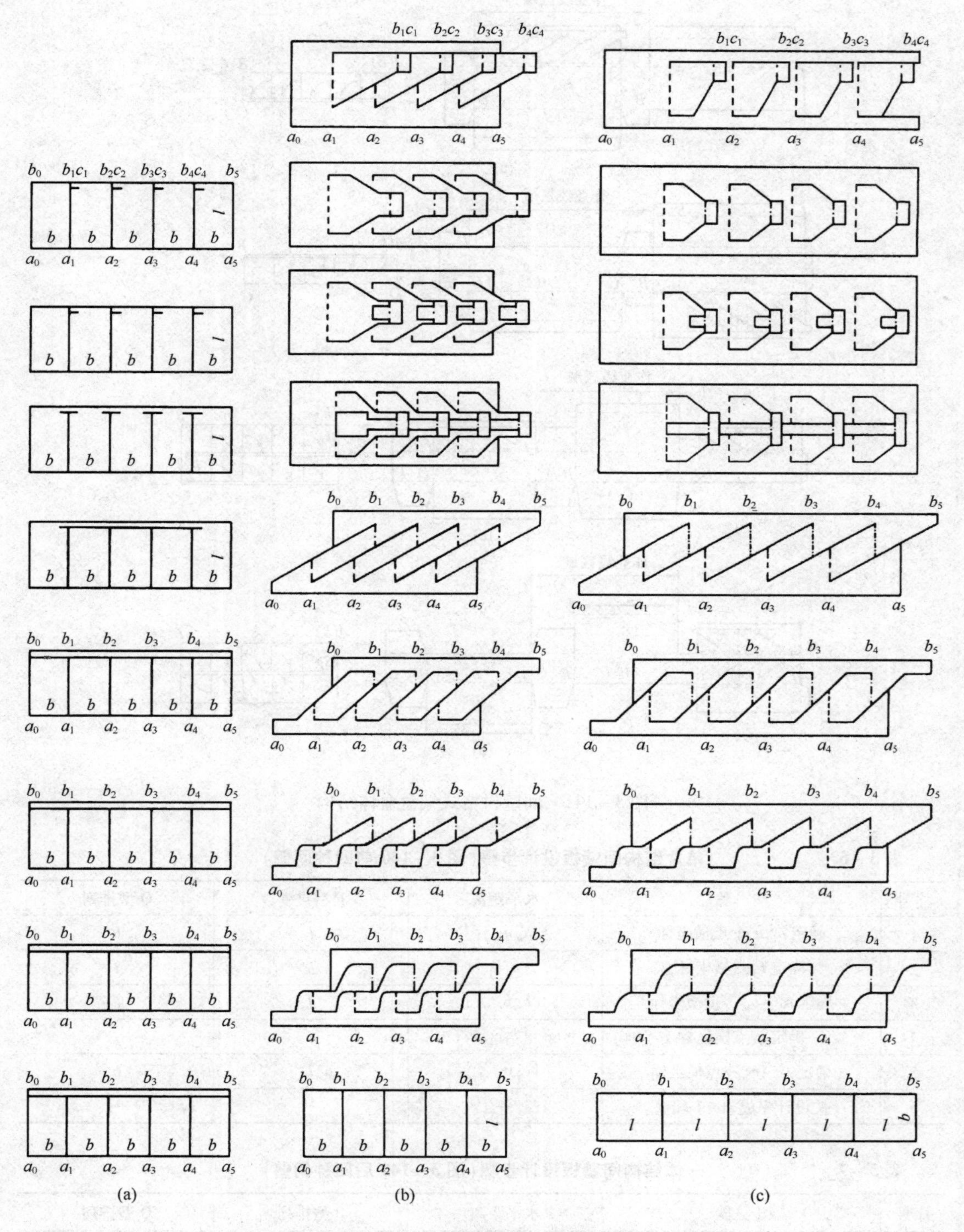

图 3－140　间壁衬格式纸盒的间壁板结构

(a)间壁板粘合位置　(b)Q 型排列　(c)P 型排列

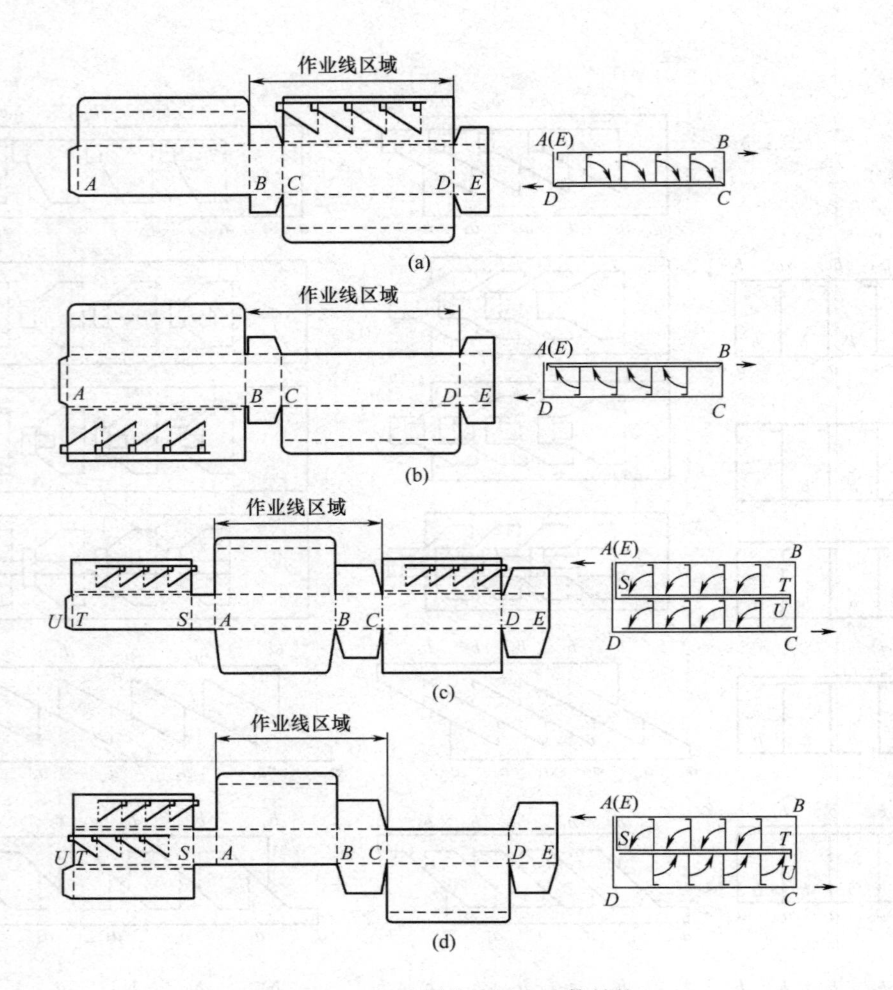

图 3－141　间壁衬格式纸盒盒体结构

表 3－6　　单片结构间壁板设计步骤(图 3－140 前四种间壁)

序号	步　骤	水平距离	P 型排列	Q 型排列
1	确定 $a_0 \sim a_m$ 点横坐标	$\lvert a_m a_{m+1} \rvert$	l	b
2	确定 b_1 点横坐标	$\lvert a_1 b_1 \rvert$	b	l
3	确定 $b_2 \sim b_{m-1}$ 点横坐标	$\lvert b_m b_{m+1} \rvert$	l	b
4	确定 c_1 点横坐标	$\lvert b_1 c_1 \rvert$	j	j
5	确定 $c_2 \sim c_{m-1}$ 点横坐标	$\lvert c_m c_{m+1} \rvert$	l	b
6	按设计完成 $m-1$ 间壁	—	—	—

表 3－7　　一体结构间壁板设计步骤(图 3－140 后四种间壁)

序号	步　骤	水平距离	P 型排列	Q 型排列
1	确定 $a_0 \sim a_m$ 点横坐标	$\lvert a_m a_{m+1} \rvert$	l	b
2	确定 b_0 点横坐标	$\lvert a_0 b_0 \rvert$	b	l

续表

序号	步　骤	水平距离	P 型排列	Q 型排列
3	确定 $b_1 \sim b_m$ 点横坐标	$\|b_m b_{m+1}\|$	l	b
4	斜线或直线连接 a_m 与 b_{m+1} 点	—	—	—
5	按设计完成 $m-1$ 间壁	—	—	—

从图 3 - 140(a)可以看出,当间壁板接头与纸盒盒壁(后板、中隔板或前板)粘合后,盒体由平面向立体打开,间壁自动成型。前三种间壁板接头各自独立,需分别粘合,而后五种各个接头间壁板相互连接,只需一点粘合。

图 3 - 141(a)中,按接头指向原则,作业线为 B、D 线,当间壁板从立体到平板恢复原状时向 C 方向倾倒。因此,该盒型间壁板接头方向指向 C 线。

图 3 - 141(b)中,作业线也是 B、D 线,当间壁板从立体到平板恢复原状时向 A 方向倾倒。因此,该盒型间壁板接头方向指向 A 线。

图 3 - 141(c)中,按接头指向和内衬结构呈"S"形原则,作业线为 A、C 线,间壁板恢复原平板状时,前板延长板上的间壁板向 D 方向倾倒,中隔板延长板上的间壁板向 S 方向倾倒。因此,该盒型间壁板接头方向指向 D 线和 S 线。

图 3 - 141(d)中,作业线也是 A、C 线,因为间壁板都在中隔板的延长板上,因而间壁板恢复平板状时,与后板粘合的间壁板向 S 方向倾倒,与前板粘合的间壁板向 T 方向倾倒。因此,该盒型间壁板接头方向,一组指向 S 线,一组指向 T 线。

图 3 - 141(a)的盒体与图 3 - 140 后四种间壁板结合,不仅能够设计 $m \times 2$ 以上的间壁衬格式纸盒,而且可以将 P、Q 混合排列,甚至可以将不同尺寸内装物进行组合,如图 3 - 142 所示。图 3 - 142(b)是在图 3 - 142(a)的基础上加了两个 LH 中隔板,但纸板的用料面积增加很多,而采用图 3 - 142(c)的结构后,用料面积增加较少。

图 3 - 143(a)是在盒底的延长板上设计两组间壁结构;图 3 - 143(b)是在前板的延长板上设计间壁板和中隔板,而在连接后板的延长板上设计另一组间壁;图 3 - 143(c)是在中隔板的延长板和前板的延长板设计两组不同尺寸内装物的间隔结构。

3. 盘式盒间壁板

盘式盒设计间壁板一般需要在内底板上进行,图 3 - 144(a)是在纸盒一个内底板设计一个三面裁切一面折叠的间壁板。图 3 - 144(b)则是利用两个内底板的外折线设计对角线间壁结构。图 3 - 144(c)是针剂盒的安瓿瓶间壁结构。图 3 - 144(d)金属罐的间壁结构。

4. 高度方向间壁板

以上间壁盒都是对纸盒长度方向和宽度方向进行间隔,而高度方向的间隔是利用折叠纸盒前板及端板的延长部分进行设计,形成双层结构,如图 3 - 145 所示。这些纸盒的间壁一般上层高度较小。

5. 独立间壁板

由于独立间壁板是与纸盒分开成型的,少了很多约束,因此结构和造型更加自由。图 3 - 146 为一盘式罩盖盒盒内的三种装酒瓶的间壁板,其中间壁板是多页纸板组装成型。

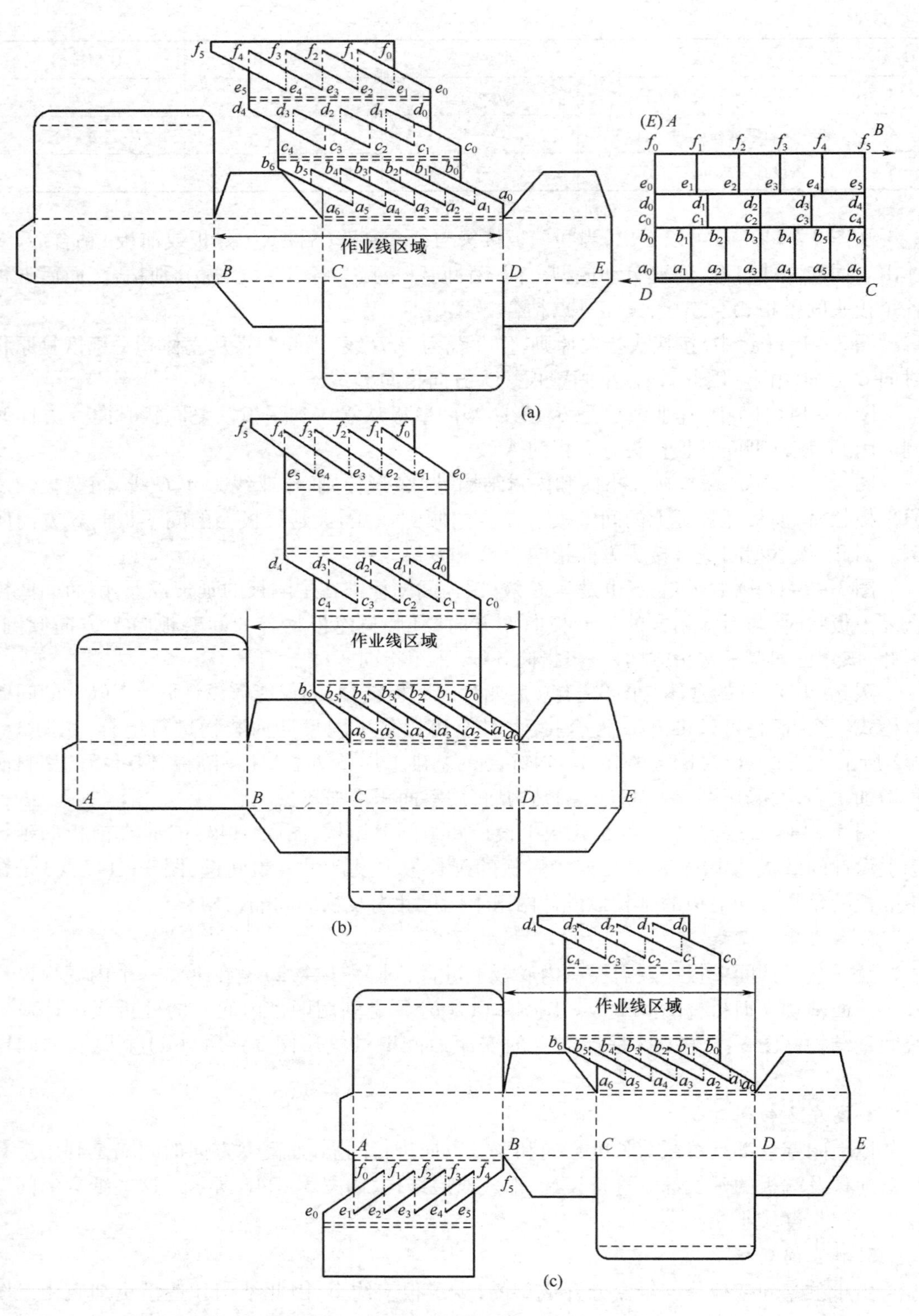

图 3－142　$m_i \times n_j$间壁衬格式纸盒

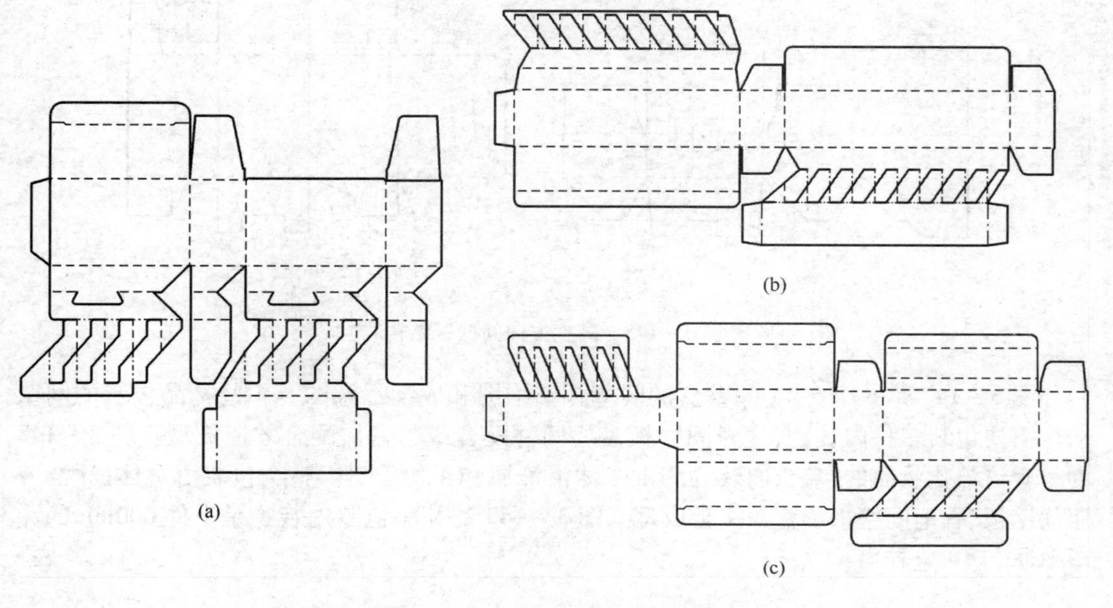

图 3-143　$m_i \times n_j$间壁衬格式纸盒

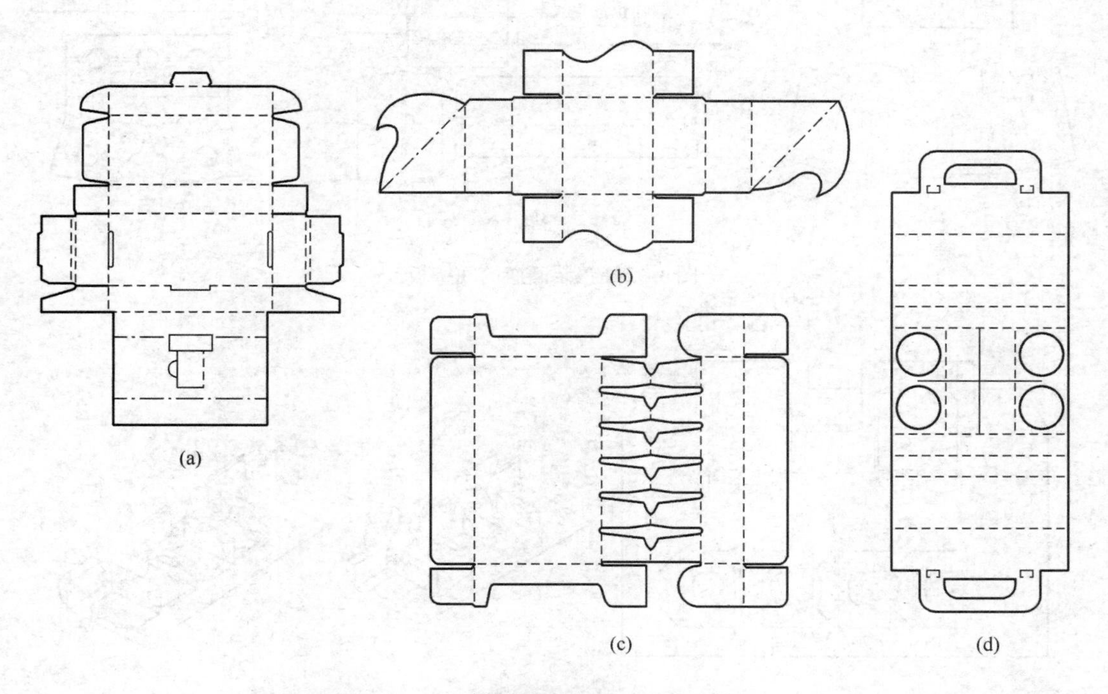

图 3-144　盘式盒内底板上设计间壁板

(a)中隔板　(b)对角线隔板　(c)针剂间壁板　(d)金属罐间壁板

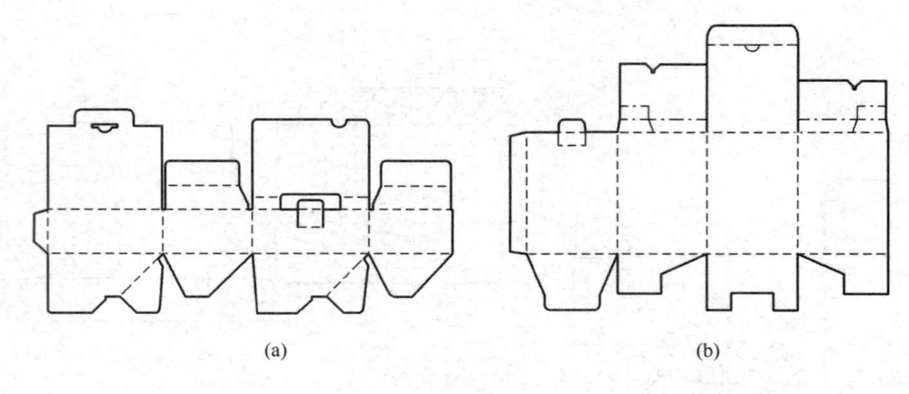

图 3－145　高度方向间壁板结构

图 3－147 是一个 5×1 间壁盒的间壁板结构图和成型示意图。一些礼品包装的间壁结构需要包装多种内装物，这时间壁板需要两件配合或与盒体配合才能成型。图 3－148 为一套清洁化妆品的包装，内装物为 1 个沐浴液瓶和 4 块香皂。整个包装由盒体、沐浴液瓶间壁板、香皂间壁板和盒盖 4 板成型。图 3－149 的礼品包装内装物是 1 件 600mL 的沐浴液瓶和 10 块香皂。

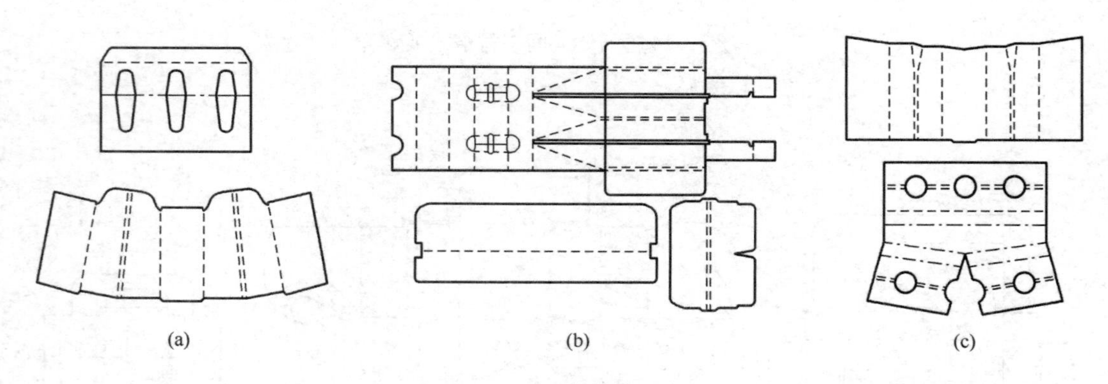

图 3－146　装酒瓶的间壁板

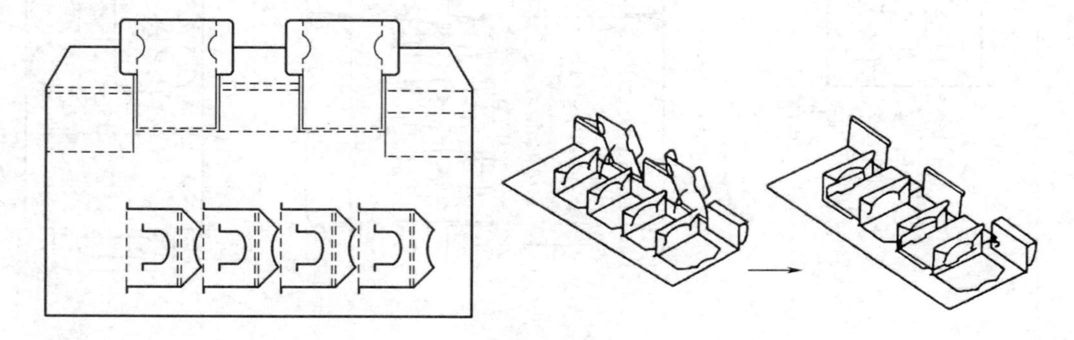

图 3－147　5×1 间壁盒的间壁板结构图和成型示意图

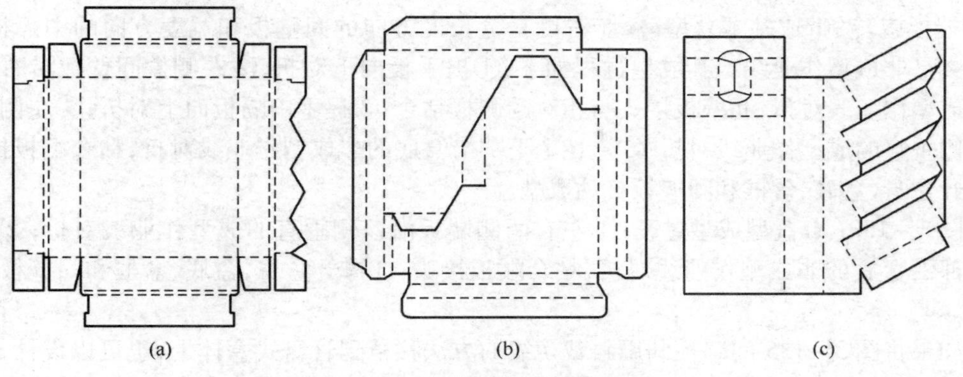

图 3 – 148　一套清洁化妆品的包装

(a)盒体　(b)中框间壁板　(c)边框间壁板

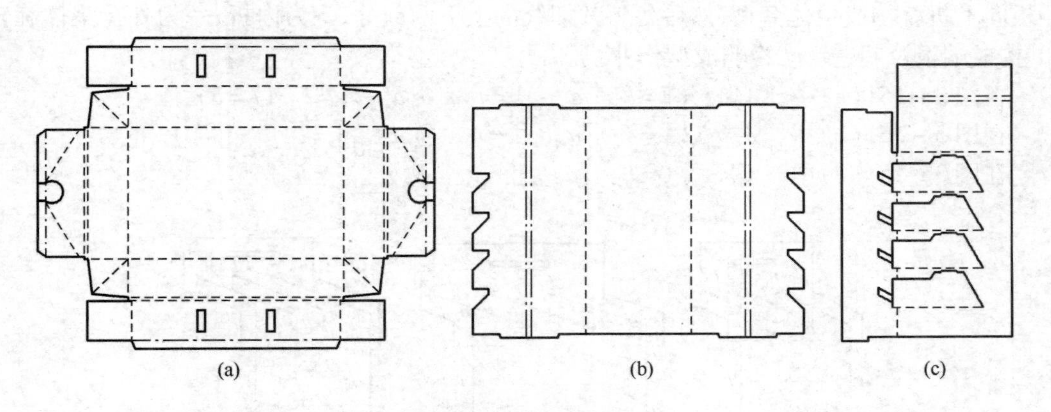

图 3 – 149　礼品包装

(a)盒体　(b)中框间壁板　(c)边框间壁板

6. 管盘式间壁盒

管盘式间壁折叠纸盒是在管盘式折叠纸盒结构的基础上,加上间壁板而成,如图 3 – 150 所示。

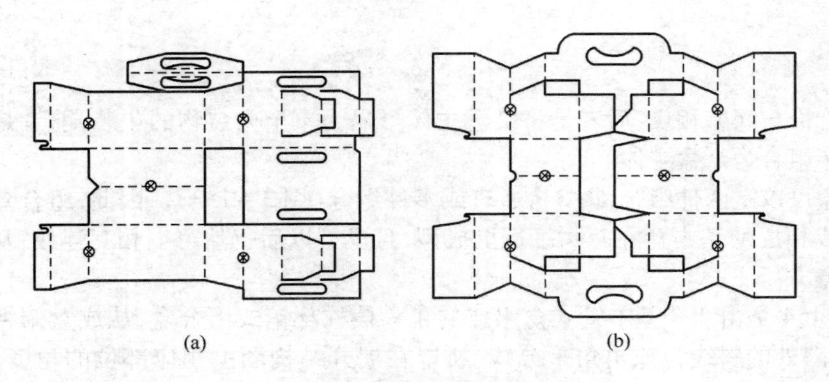

图 3 – 150　管盘式间壁折叠纸盒

图 3－150(a)中，盒坯左侧是基础盒型，连接盒底板的侧板向上折叠 90°，四个角的 $1/2B$端板旋转 90°成基本盒型；盒坯右侧是盒长度方向的间壁板和宽度方向的中隔板；盒底中央是非成型作业线。其成型过程如下：①提手板向下对折；②右侧盒间壁板沿右侧垂直的成型作业线对折，间壁板接头与相对的侧板粘合；③提手中隔板向上对折；④左侧端板沿左侧垂直的成型作业线对折；⑤盒坯上下部沿盒底的非成型作业线对折，粘合端板接头；⑥撑开盒身，盒底、盒框和间壁板自动成型。

图 3－150(b)盒型成型过程：①左右两侧端板沿该侧垂直的成型作业线对折；②盒坯上下部沿盒底的非成型作业线对折，粘合端板接头；③撑开盒身，盒底、盒框和间壁板自动成型。

如果将图 3－135 间壁板利用斜裁切线的方法移植到管盘式盒体上，也可以设计 $m\times2$ 管盘式间壁包装盒。

图 3－151 是主体结构为管盘式的反揿间壁多瓶饮料包装盒，盒底为 $abcd$ 部分，前后两侧板向上折叠构成主体盒型，然后各斜裁切线的上下两部分，一为内折，一为外折集体旋转 90°构成端板及间壁。ef 为非成型作业线。

在图 3－151(a)中，$|a_m a_{m+1}|=l \quad |a_m b_m|=l \quad |b_m b_{m+1}|=l \quad (l=b)$

在图 3－151(b)中，$|a_m a_{m+1}|=l \quad |a_m b_m|=b \quad |b_m b_{m+1}|=l$

在图 3－151(c)中，$|a_m a_{m+1}|=b \quad |a_m b_m|=l \quad |b_m b_{m+1}|=b$

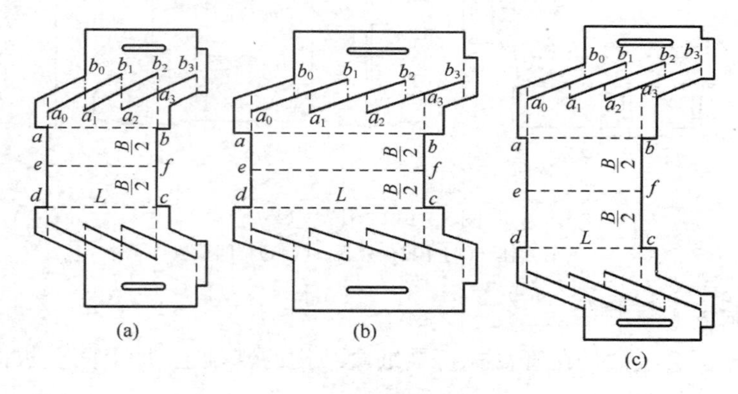

图 3－151　3×2 管盘式间壁包装盒

三、组　　合

组合恰恰与间壁相反，后者是将纸盒主体分隔为单个内装物的包装，前者是将单个内装物的包装组合为纸盒主体。

组合盒可以是两件组合(图 3－152)或多件组合(图 3－153)。因此，组合盒是指两个以上相等或相近的基本盒在一页纸板上成型，且成型以后仍然可以相互连接，从整体上组成一个大盒。

图 3－154 是由六个基本管式盒组成的正六棱柱环销式组合盒，从成盒俯视图上可以看出，各角隅处的斜线为该角角平分线，所以在展开结构图上相应部位的角度为平分角，即 60°。

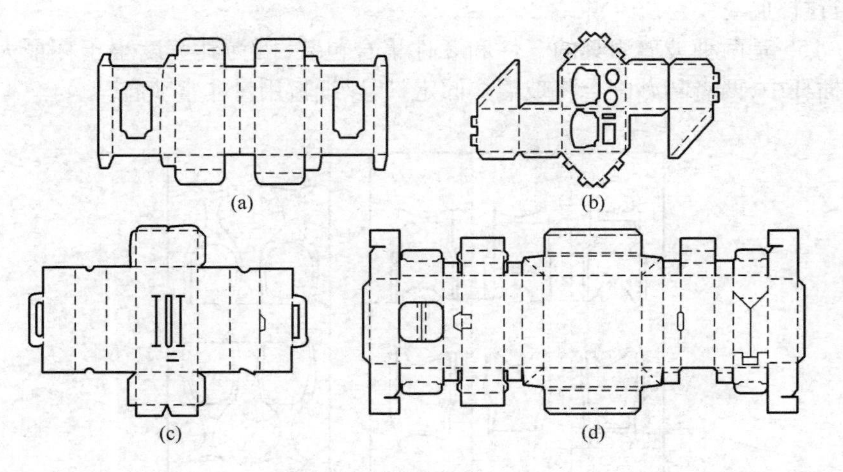

图 3-152 两件组合盒

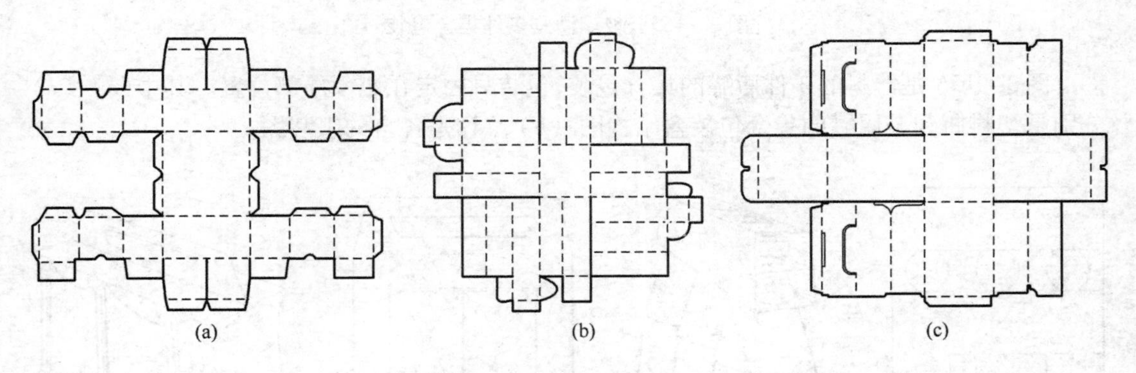

图 3-153 四件组合盒

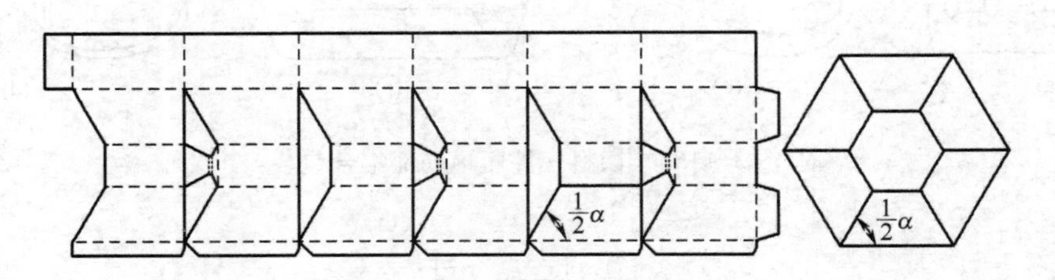

图 3-154 回转环销式组合盒

如果是由 n 个基本管式盒组成的正 n 棱柱环销式组合盒，则 A 成型角的平分角可按公式(3-3)计算，也可查表 3-2。

四、多 件 集 合

间壁、组合之外的另一种多件包装方式，主要用于包装玻璃杯、饮料瓶、饮料罐等硬质刚性易损产品，一页纸板成型，巧妙地利用上述内装物品的圆柱类形态加以分隔固定集合，一般为单行排列。

图 3－155 是两种玻璃酒具的 3 件和 2 件集合包装，因为其宽度小于杯最大直径且中间折板分插杯中，两者巧妙配合将玻璃杯固定，所以纸板用量非常节省。

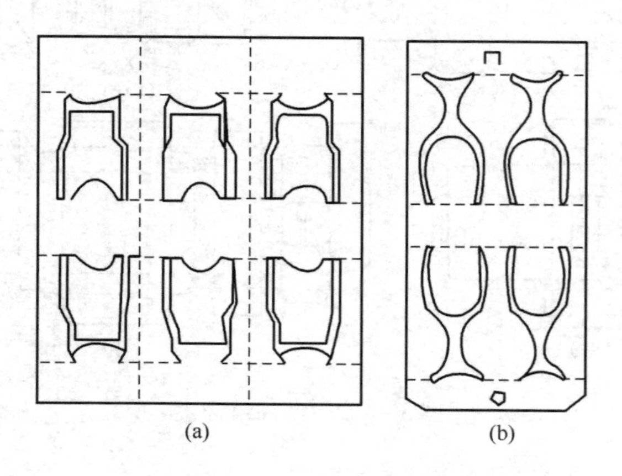

(a)　(b)

图 3－155　玻璃酒具多件集合包装

图 3－156 是饮料的 3 件瓶罐的集合包装，包装只固定在瓶颈局部位置。其中(a)、(c)分别是塑料瓶和金属罐的集合包装盒结构图；(b)、(d)是各自的组装图。

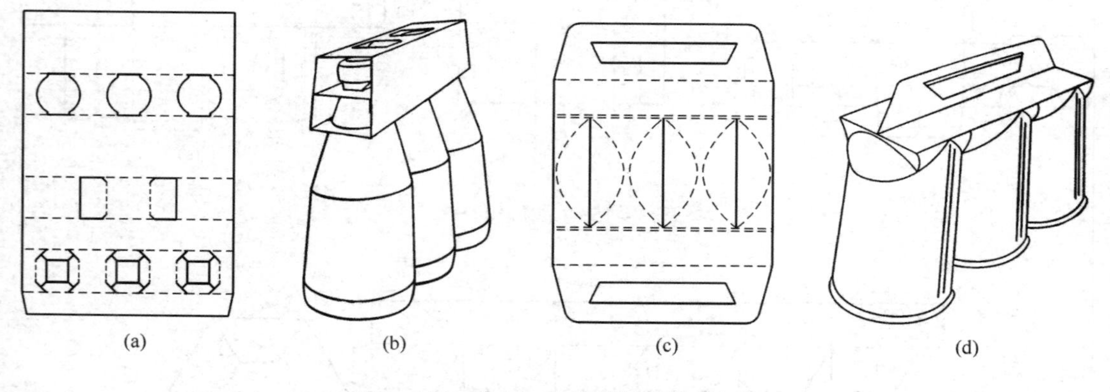

(a)　(b)　(c)　(d)

图 3－156　饮料三件瓶罐局部集合包装

五、提　　手

提手为便于消费者携带。提手的位置一般如下设计：

①在盒体体板设置提手(图 3－157)；②在盖板或盖板延长板部分设置提手(图 3－158)。

图 3－159 是最常见的提手盒。图 3－160 是在图 3－159 的基础上将提手梁锁孔改成扇形不完全开孔，这样提梁在运输状态中可以自动平折，提携时可以自动成型，避免了组装时的繁琐。这是一项日本专利技术。

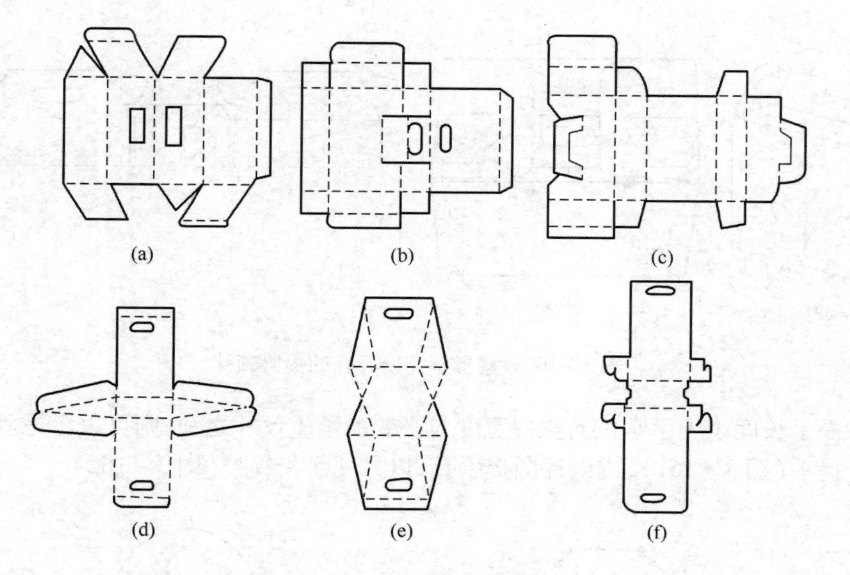

图 3－157　在盒体体板上设置提手

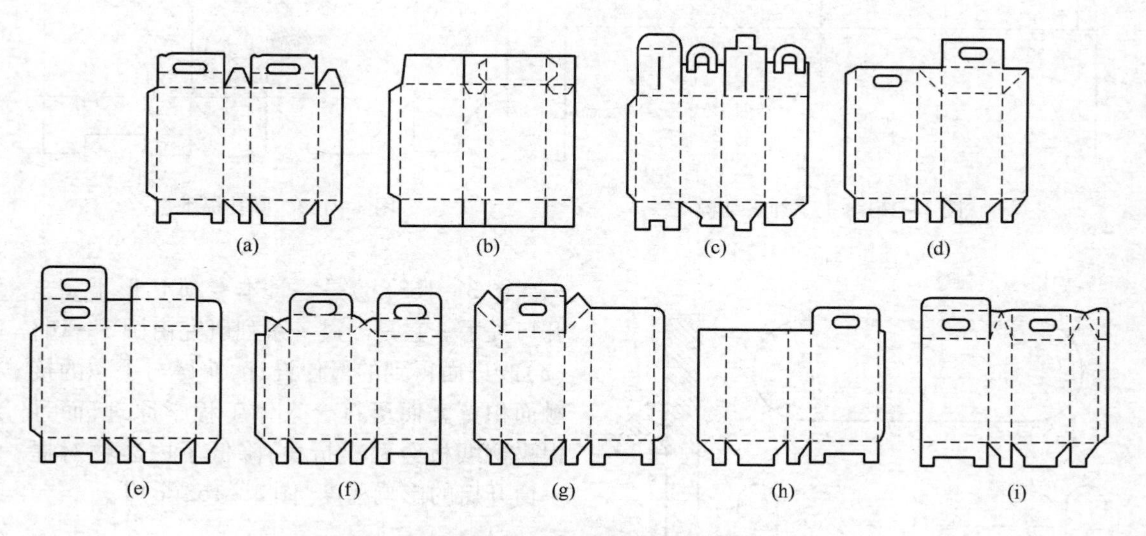

图 3－158　在盖板或盖板延长部分设置提手

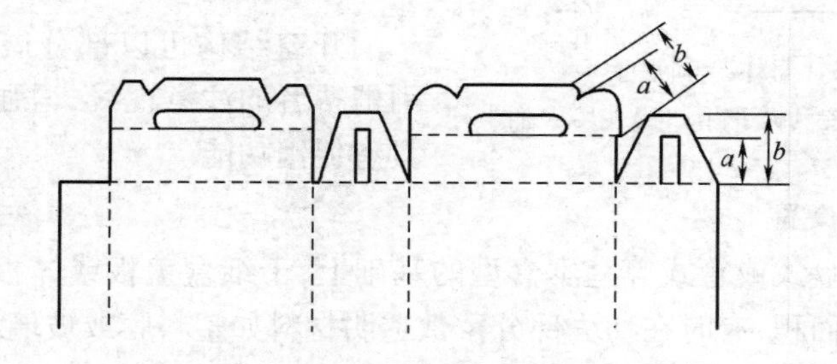

图 3－159　常用提手结构

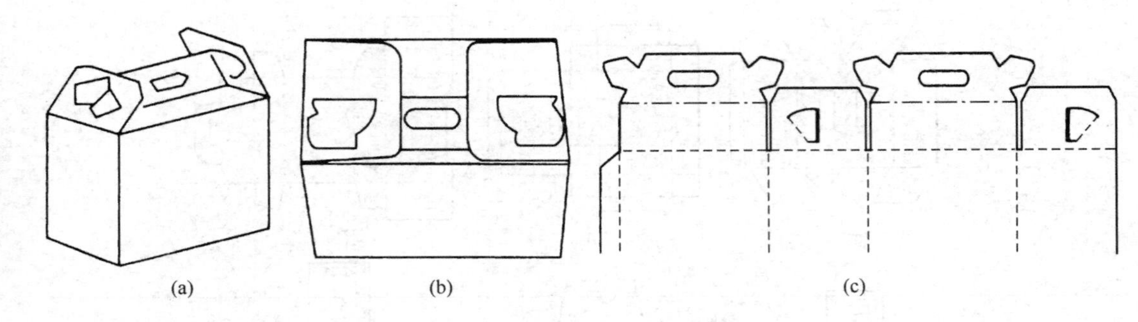

图 3-160　扇形不完全开孔的提梁锁孔

如果提手长度小于手掌正向执握宽度与必要的承重尺寸之和,则可以考虑利用纸盒对角线设计提手(图 3-161),或设计圆提手孔,以方便手指提携(图 3-162)。

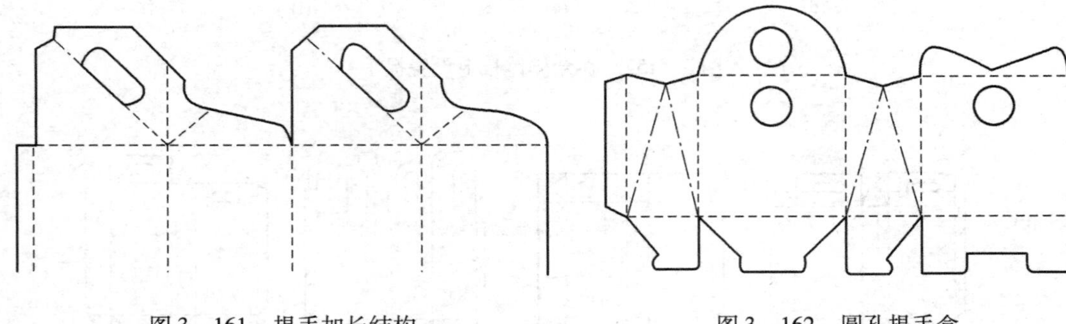

图 3-161　提手加长结构

图 3-162　圆孔提手盒

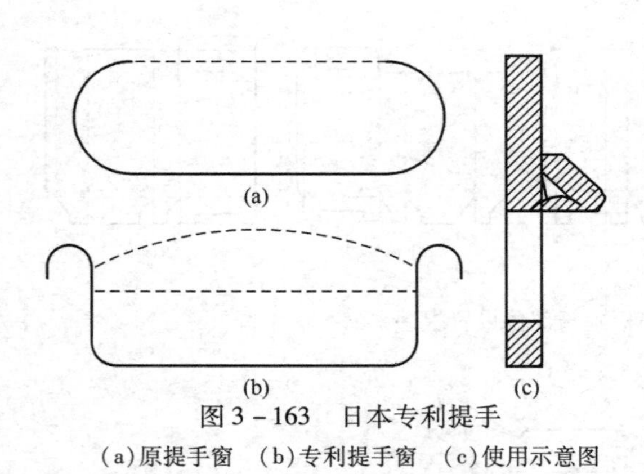

图 3-163　日本专利提手
(a)原提手窗　(b)专利提手窗　(c)使用示意图

图 3-163(b)是一日本专利 U 形不完全开口提手。它是经过一系列研究由图 3-163(a)改进而得到的最佳设计,使得与手掌的接触面积更大而更符合人体工程学原理,而且提手窗纸板经两次折叠,降低了内装物对提手窗开启的影响程度[图 3-163(c)]。

六、开　　窗

开窗结构可以部分展示内装物商品,吸引消费者的注意视线,增强其购买信心,从而具有促销功能。

1. 开窗的基本位置

开窗结构是在盘式或管式等基本盒型的基础上,于纸盒盖板或体板的一面、两面或三面连续切去一定的面积,有时在切去部分蒙敷透明材料如塑料膜或玻璃纸等用以防尘。

由于消费者能够从开窗处窥见内装物,无需开盖观察,且为防止盖(底)插入襟片遮挡开窗位置,所以管式开窗盒的盖(底)板连接在前板上。

开窗的基本位置如图 3－164 所示，有一面（前板）开窗、两面（前板和一个端板）开窗和三面（前板和两个端板）开窗。

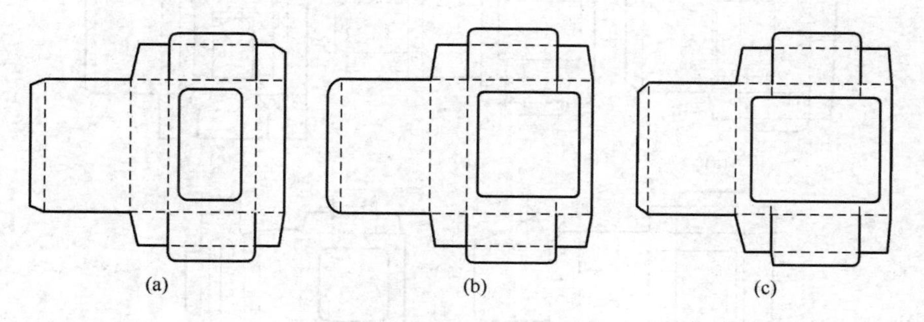

图 3－164　纸盒开窗的位置

（a）一面开窗　（b）两面开窗　（c）三面开窗

2. 开窗的形状

几何图形开窗如图 3－165 所示；自然图形开窗如图 3－166 所示。

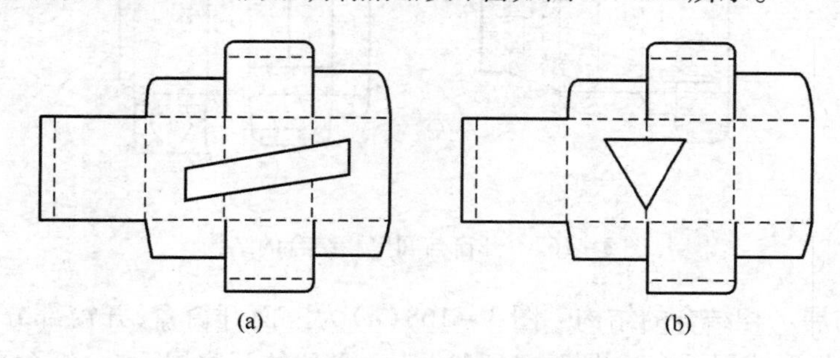

图 3－165　几何图形开窗盒

（a）平行四边形　（b）三角形

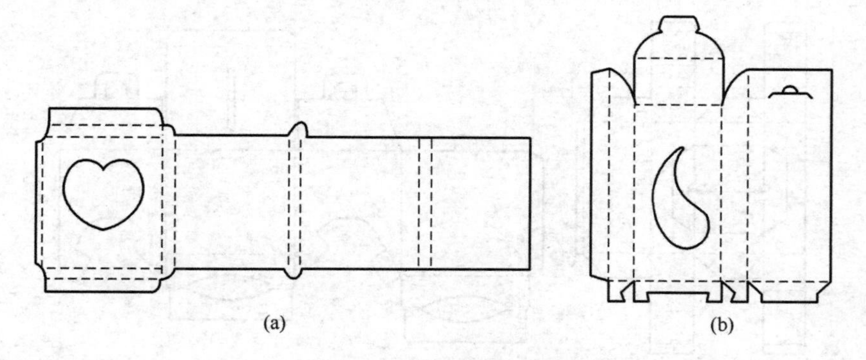

图 3－166　自然图形开窗盒

（a）心形　（b）水滴形

3. 开窗结构的变化

（1）开窗与间壁相结合的结构　通过体板或体板延长板的折叠变化和插入兼作间壁板的结构，如图 3－167 所示。

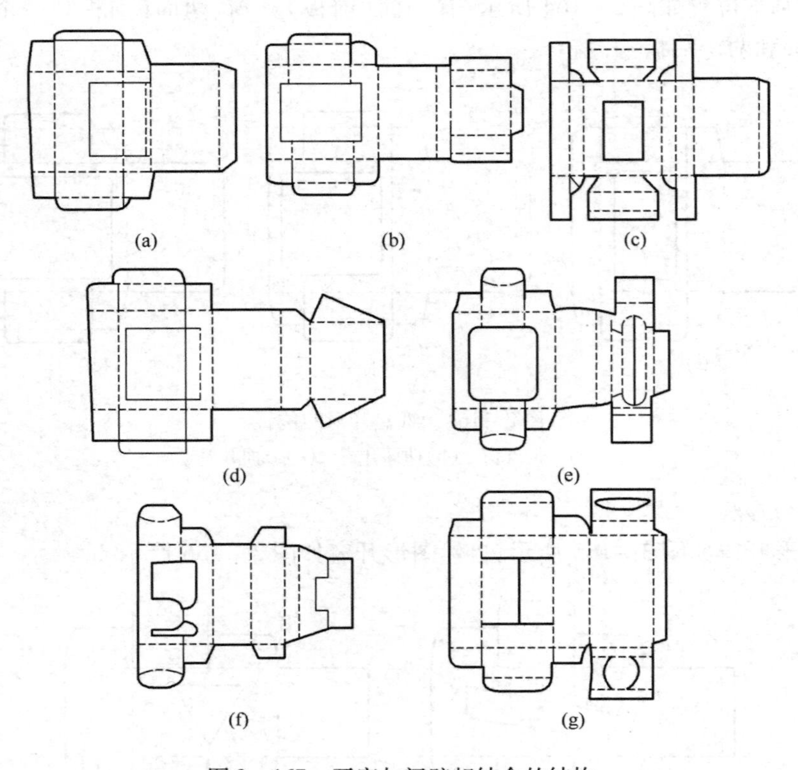

图 3－167　开窗与间壁相结合的结构

（2）开窗与展示相结合的结构　图 3－168（a）为三面开窗盒，开窗部分的纸板并未全部切去，而是内折形成展示台。图 3－168（b）为一足球的开窗展示盒，纸盒平放时，被固定在盒内的足球可三面展示。

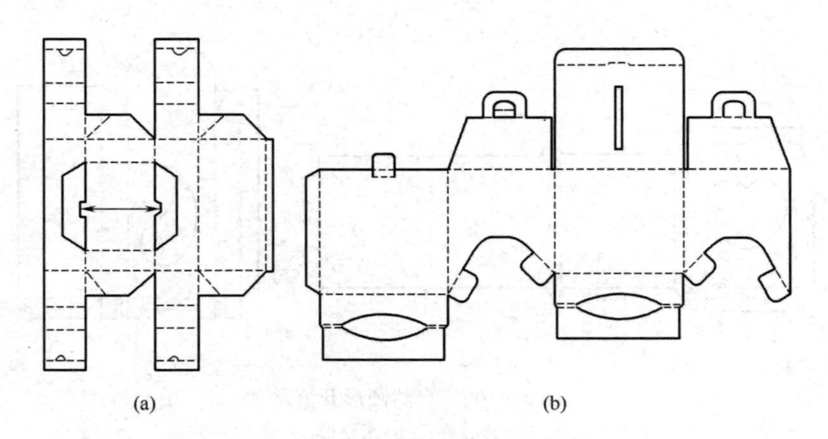

图 3－168　开窗与展示相结合的结构

（3）开窗与固定相结合的结构　图 3－169 是两个胶带包装盒，开窗部位同时起到固定胶带盘轴的作用，构思极为巧妙。

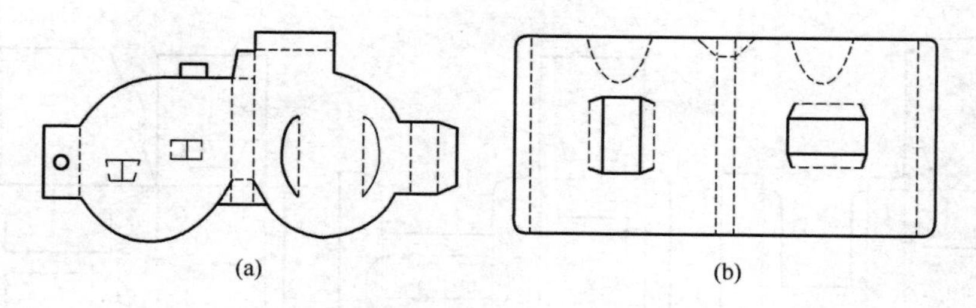

图 3－169 开窗与固定相结合的结构

七、展 示

1. 悬挂式结构

图 3－170 是一个悬挂式开窗展示盒，前板直立，开孔处易于悬挂展示，后板正揿封口使盒型有所变化，平面盒底又便于自立展示。

2. 展示板结构

①在盖板中间进行部分折线或曲线的裁切，并使之对折成为展示板(图 3－171)。

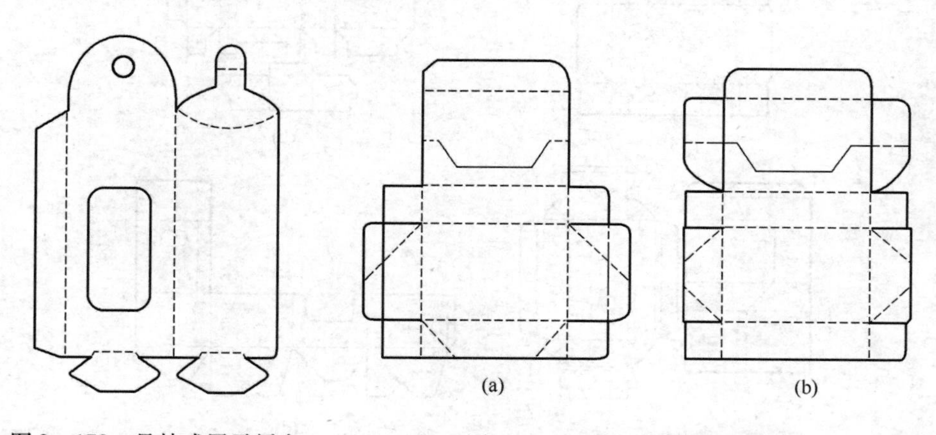

图 3－170 悬挂式展示纸盒

图 3－171 盖板作展示板的结构

②前板部分裁切，盖板及延长片进行类似处理[图 3－172(a)]。这样既便于展示，又便于取出。

图 3－172(b)是在图 3－172(a)的基础上，在体板三面裁切开窗且部分折叠成隔板，形成双层展示结构。图 3－172(c)利用剩余纸板设计一支架，以便倾斜展示。

3. 展销台结构

图 3－173(a)将盒盖折回作为展销台，使盒体倾斜，以利展示。图 3－173(b)另用一块纸板设计展销台。图 3－173(c)则利用抽屉盒盒盖作为展销台，使盘式盒体斜倚展销台展示。图 3－173(d)利用盖板进行折叠形成展销台。

4. 陈列台结构

陈列台与展销台从意义上有所不同。展销台本身作为支架，以便于纸盒陈列，而陈列台则是把纸盒作为支架，本身进行陈列，如图 3－174 所示。

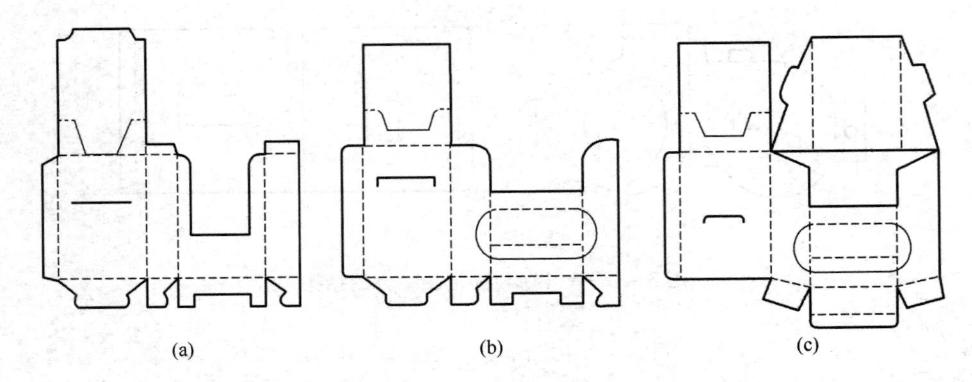

图 3－172　盖板展示与其他展示相结合的结构

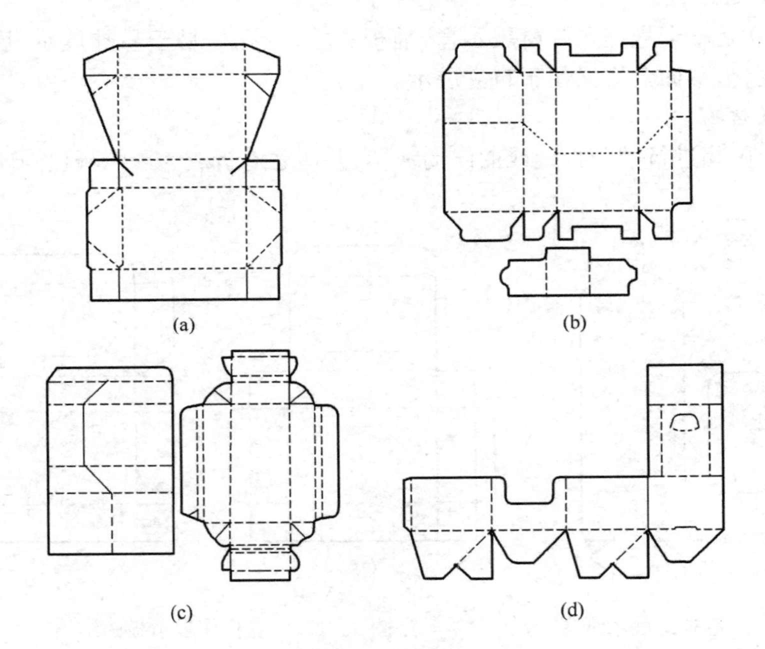

图 3－173　展销台结构

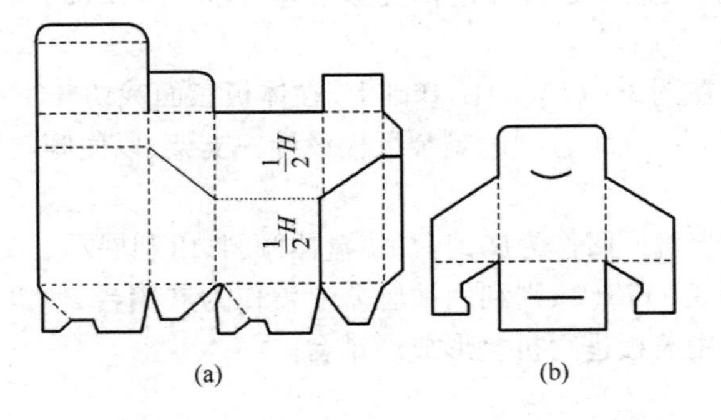

图 3－174　陈列台结构

（a）盒体　（b）陈列台

5. 取物口兼作陈列台的结构

在图 3－175 结构中，下部开口位置不但能使内装物依次取出，而且便于组装成陈列台使用。

6. 运输展示两用纸箱结构

运输展示两用纸箱，运输时箱盖可覆盖整个箱体，展示时又可折叠成广告板。从图 3－8(c)和图 3－176 可见，其展示盖的角隅部分采用平分角设计。

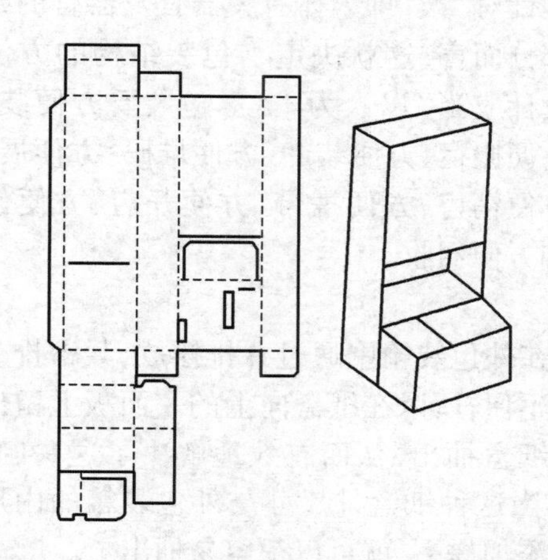

图 3－175　取物口兼作陈列台的展示盒

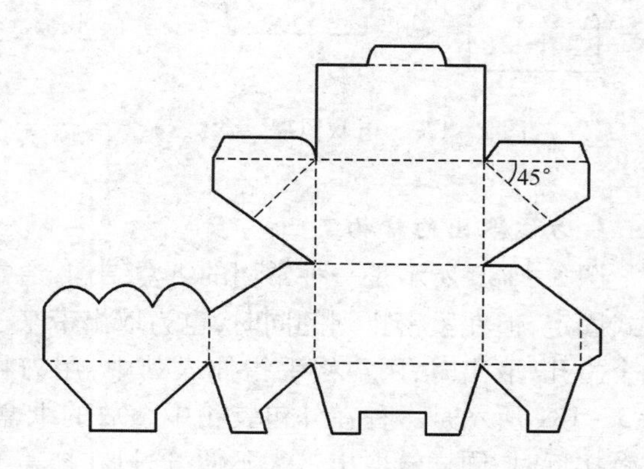

图 3－176　运输展示两用纸箱

7. POP 展示盒

POP 之意为销售地点的广告，所以 POP 展示盒的主要功能是宣传，它甚至可以不具备容装性，仅仅作为一个纯粹的展示台或展示盒。

图 3－177 至图 3－179 是三个电吹风的 POP 展示盒，结构各异，但显示性都很强。其中，图 3－177 是管盘式结构纸盒，依对称六边形盒底为中心，三个长边和一个短边的盒体板向上折叠 90°，两个中边盒体板旋转 45°成型，内装物不外露，但可依靠盒型和图案显示；图 3－178 内装物可摆放在盒架上；而图 3－179 则靠开启显示。

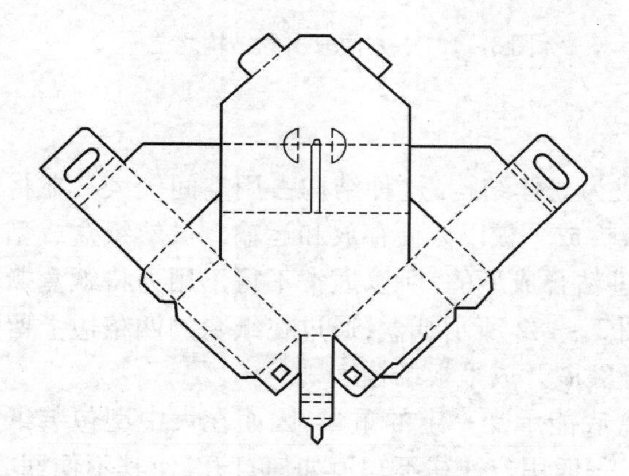

图 3－177　电吹风展示盒(一)

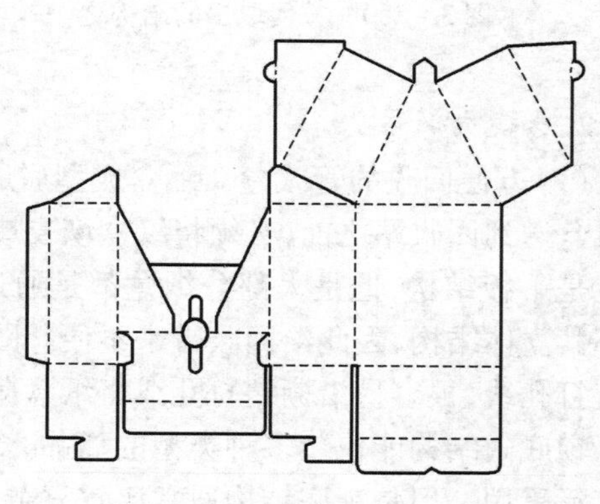

图 3－178　电吹风展示盒(二)

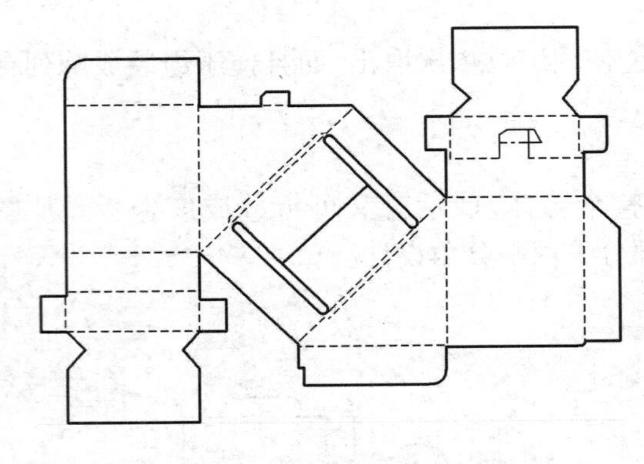

图 3－179　电吹风展示盒（三）

八、方 便 结 构

方便作为包装的一个主要功能，如果说，包装的“保护、宣传、美化”的三大基本功能是就“物”而言，那么，包装的方便性则是针对“人”即人体有关器官及器官的延伸部分而言，这就决定了包装结构的方便性设计应当“以人为本”。包装要方便装填、方便搬运、方便装卸、方便堆码、方便展示、方便销售、方便携带、方便开启、方便使用和方便回收。

1. 方便取出的结构

图 3－180 所示是一种常用的纸盒结构，通常在外包装箱中通过并排摆放，紧密排列的方式固定，但在紧密排列的同时，也为取出带来了不便，所以在纸盒向上的一面板上留出了两个指孔，取出时，用户将手指伸入其中，用力将纸盒抽出，从而有效地解决了这一问题。图 3－181 所示是一种在外包装箱中叠放的纸盒，当这种纸盒外尺寸与外包装箱的内尺寸比较接近时，同样给取出带来不便，通过在摇盖上添加提手，就可以很容易抽出了。

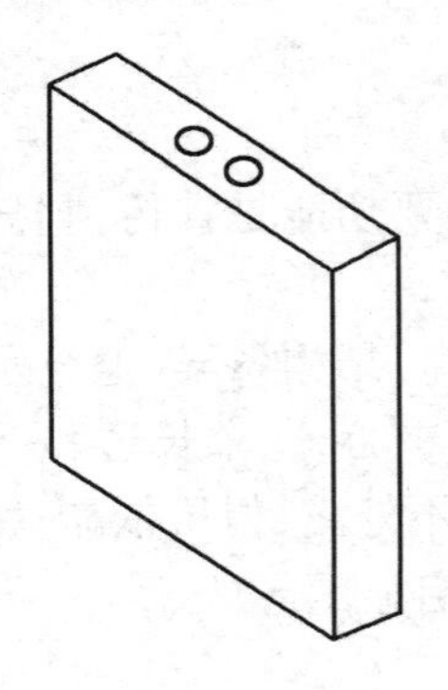

图 3－180　方便取出的结构之一

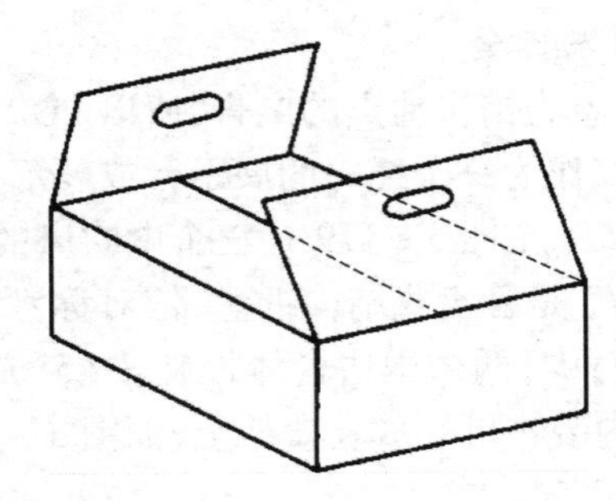

图 3－181　方便取出的结构之二

2. 方便回收

（1）方便回收的管式盒　纸盒成型后成为立体结构，这种结构占用空间较大。在将废弃纸盒送到回收站之前，必须将纸盒恢复或拆成平板以方便存放和运输。虽然纸盒成型前肯定是平板结构，但是大部分纸盒都是通过粘合成型的，所以通常不得不用力将纸盒撕开破坏其立体结构，因此给回收带来不便。图 3－182 所示纸盒，通过在纸盒的四条边上留下撕裂打孔线，很容易沿撕裂打孔线将纸盒撕裂展开成平板结构。

锁底式结构能包装多种类型的商品，盒底能承受一定的重量，因而在大中型包装纸盒中广泛采用。但是锁底结构通常比较复杂，一般用户往往不知道如何打开，使其不便回收。图 3－183 所示结构，在盒底增加了一个指孔，消费者很容易将手指伸入其中，从盒内向外

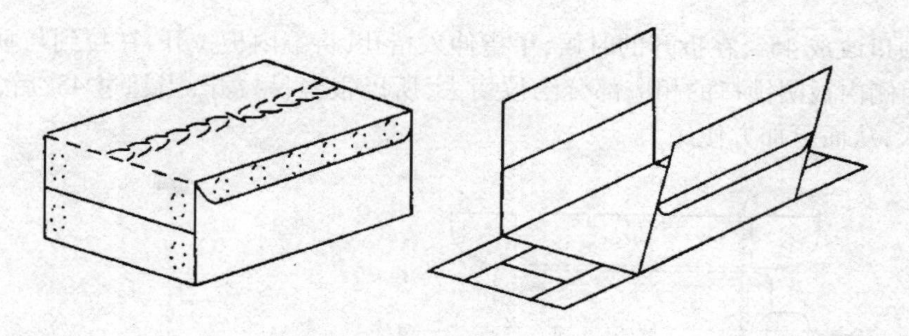

图 3－182　方便回收管式盒结构之一

用力将盒底拆开，再将纸盒压平，方便了回收。

（2）方便回收的盘式盒　图 3－184 所示结构较图 3－182 更进了一步，为了减少展开后纸盒占用面积，在盒坯中间加一条压痕线，在端内板的两端各增加了一个八字形锁口结构［图 3－184（a）］，通过对纸盒四角用力，使纸盒角部撕裂，把纸盒展成平面后，再沿中央折线将纸盒对折，通过两端的八字形结构互相固定，防止弹开，如图 3－184（b）所示。在四角的襟片上，将原先的折线改成打孔线，方便撕开。为了使撕断后的襟片不掉出来，可以增大襟片面积，通过襟片与板之间的摩擦力将襟片夹在其中。

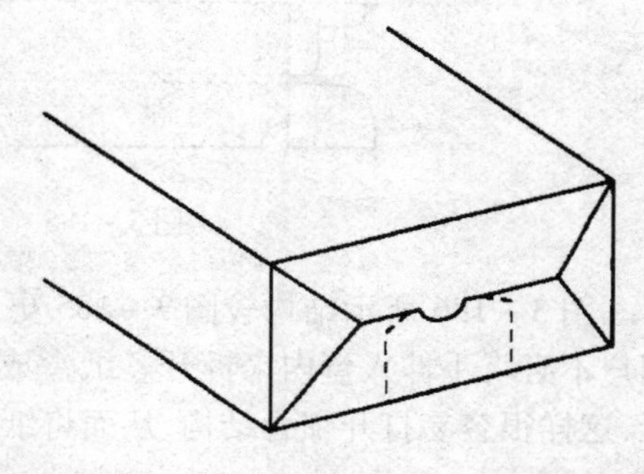

图 3－183　方便回收管式盒结构之二

需要说明的是，通过在纸盒的四角增加打孔线的方法，虽然使撕开纸盒变得容易，但是也造成了纸盒的抗压强度的下降，在流通过程中容易损坏，所以应当通过实验来确定打孔线的间隔长度。而且，如果打孔线暴露在外，则纸盒防尘、防潮性能下降，应当考虑将纸盒四角变成多层结构。

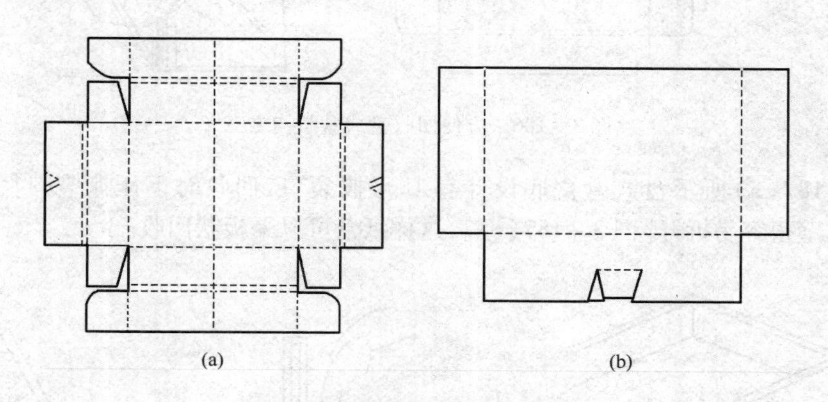

图 3－184　方便回收盘式盒结构之一

图 3－185 在纸盒的端内板两侧增加阳锁，在侧内板两侧增加阴锁，进行锁合。为方便拆开成平板堆码回收，在端内板上增加指孔，同时将侧内板上的阴锁扩大，将阻挡阳锁开启

一侧的阴锁口改成45°，在拆开的时候，手指伸入指孔，将端内板拉开，在拉到与垂直方向成45°之前，因侧内板阴锁口的相应部分已被切去，所以很容易拉开，当超过45°后，人的手指很容易伸入，从而更加方便用力。

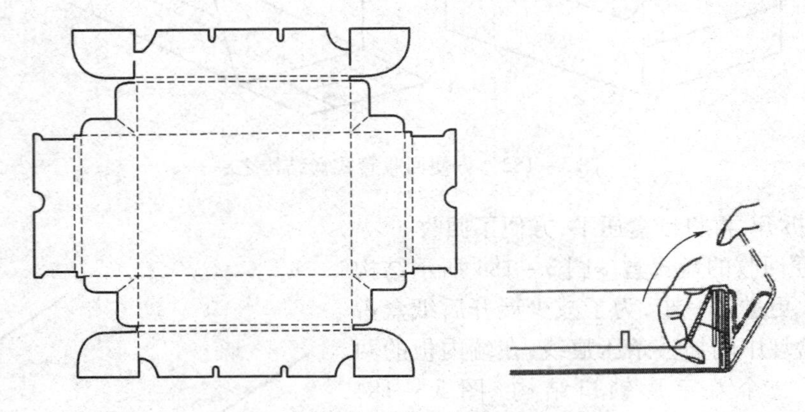

图3－185　方便回收盘式盒结构之二

图3－186所示结构较图3－185更容易撕开，通过在端板上增加了一个U形的开口，用户不必将手伸入盒内来拆开。纸盒成型后，通过端板上的开口将手指伸入，将端内板推开，这样很容易打开锁合结构，从而将纸盒展成平板。

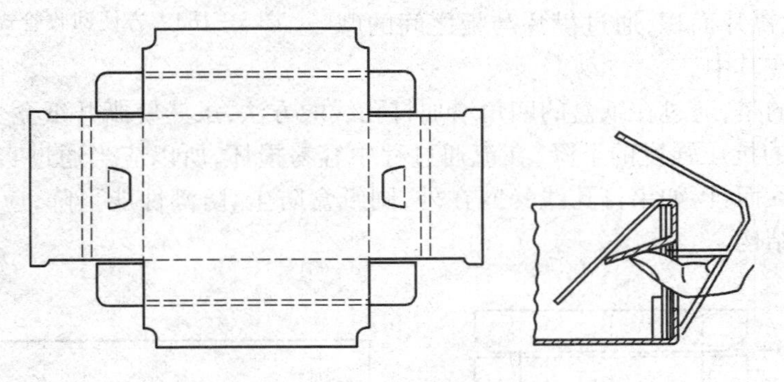

图3－186　方便回收盘式盒结构之三

图3－187(a)所示盘式盒盒底设计有U形撕裂口，回收时下压撕裂口[图3－187(b)]，盒内壁很容易拆开[图3－187(c)]，这样纸盒可以平板状回收。

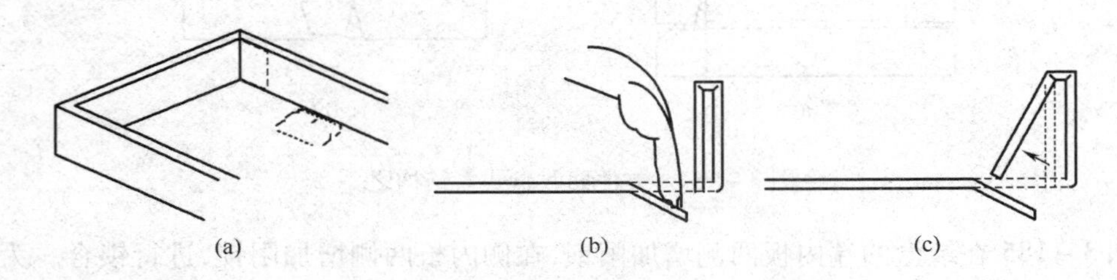

图3－187　方便回收盘式盒结构之四

九、易开结构

作为一种方便使用的包装,易开启折叠纸盒越来越受到消费者的喜爱,这代表着现代包装的发展趋势。

1. 易开启纸盒的设计要点

设计要求如下:①对保护性功能的影响应有限度;②应适合机械化自动化生产;③不影响纸盒表面尤其是图案的整体美观;④开启后不应留有明显痕迹,以免印象不佳;⑤开启方便,简单。

2. 易开结构在纸盒上的位置

易开结构的位置如图 3-188 所示。

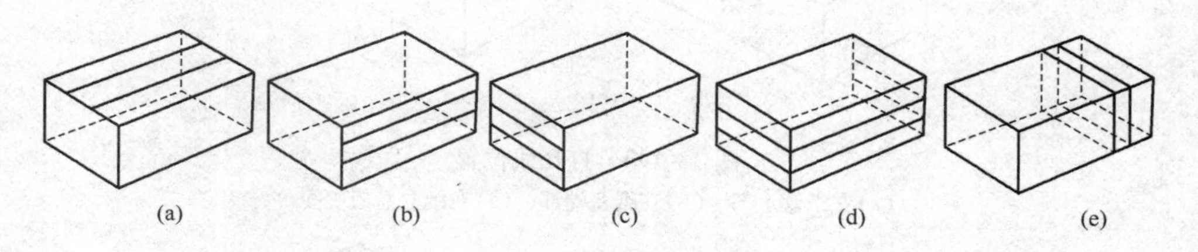

图 3-188　易开结构的位置
(a)盖板　(b)前板　(c)端板　(d)三板即两个端板加一个前板　(e)四板即前后板和两个端板

3. 易开启的基本形式

(1)撕裂　同软包装撕裂口一样,多在盒盖处,如图 3-189 所示。

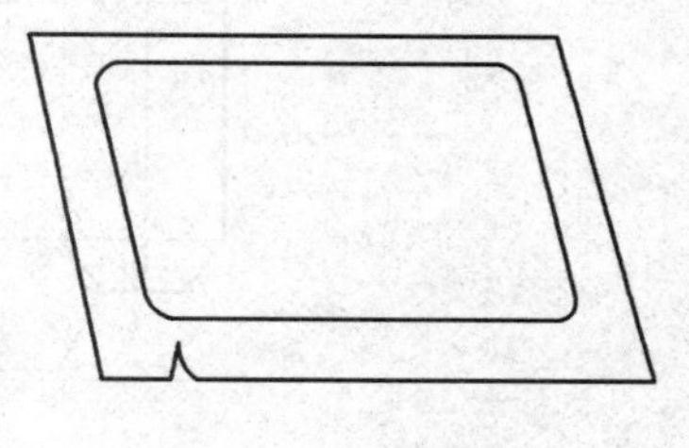

图 3-189　撕裂口

(2)半切缝　同印刷面半切线。

(3)打孔线　打孔线类似于邮票齿孔线,可以根据需要选择其位置和线形图案。可与其他开启形式并用。打孔线位置如图 3-190 所示。①打孔线在纸盒上部,多用于一次性开启或开启次数少的场合;②打孔线在纸盒端部,多用于洗衣粉等粉末状商品,再封性差,内装物易于倒出;③打孔线在纸盒盒板中间,适合多次取用的商品。由于再封性差,在包装卫生条件要求高的商品时,里面要贴上塑膜或进行其他处理。

(4)撕裂打孔线　撕裂打孔线具有方向性,比打孔线更易于开启,多用于食品包装盒。

撕裂打孔线位置如图 3-191 所示。①沿纸盒周边体板设置撕裂打孔线,多用于包装物量少且易取出的商品,再封性差;②撕裂打孔线设置在盖板上,开启和再封性能好,适做糕点及冷冻食品的包装;③单线撕裂打孔线,主要用于扁形盒。

图 3-192 设计的撕裂打孔线,作为盒体中部一种方便的分离装置,使折叠纸盒具有 POP 展示作用。

4. 组合开启方式

由两种以上的基本开启方式相互配合,互为弥补。常用打孔线加上半切缝或撕裂打孔线。

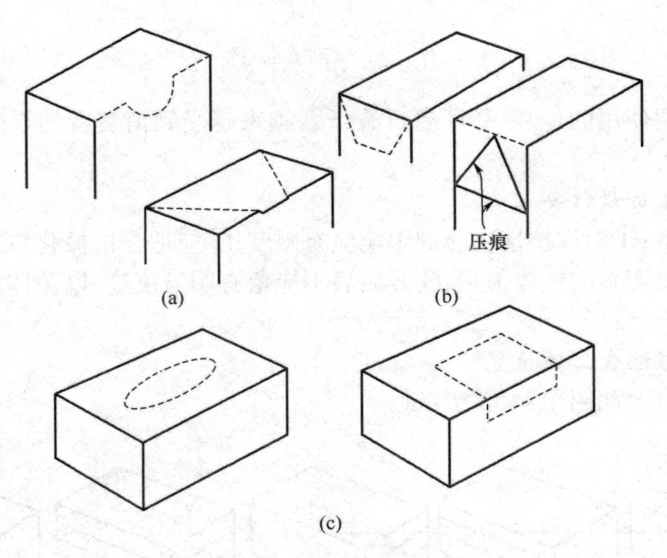

图 3－190　打孔线位置

(a)在纸盒上部　(b)在纸盒端部　(c)在纸盒盒板中间

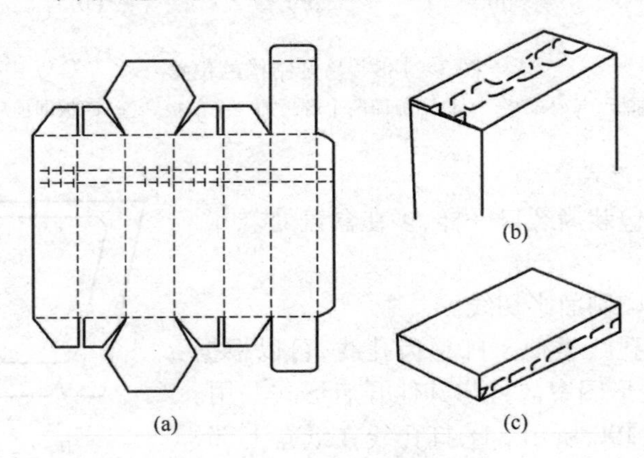

图 3－191　撕裂打孔线位置

(a)沿纸盒周边体板　(b)在盖板上　(c)扁形盒的单线撕裂打孔线

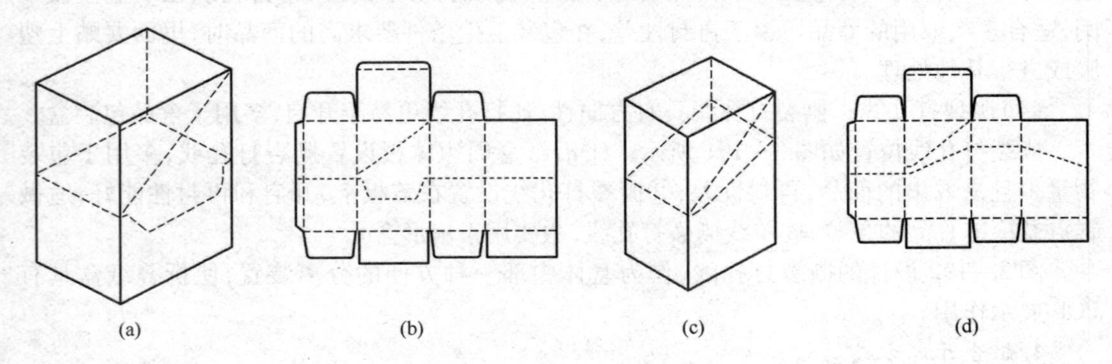

图 3－192　带撕裂打孔线的 POP 盒

(a)盒型 1　(b)盒型 1 的展开图　(c)盒型 2　(d)盒型 2 的展开图

(1)打孔线与切缝配合

①打孔线在纸盒中部,但上下侧各有一道长切缝[图3-193(a)],不仅更易于开启,而且开启处干净无毛刺,多用于包装薄的商品。②打孔线与半切缝并用[图3-193(b)],开启性好,开口处无毛刺。③打孔线与长切缝并用[图3-193(c)],开封性好。

(2)打孔线与撕裂打孔线配合　在封缄盒上并用打孔线与撕裂打孔线[图3-193(d)],适合包装粉末或颗粒状商品。

(3)打孔线、撕裂打孔线与半切缝配合　在粘贴面采用打孔线方式,撕裂打孔线上有半圆形孔眼,内侧有半切缝,通过剥离而开启[图3-193(e)]。

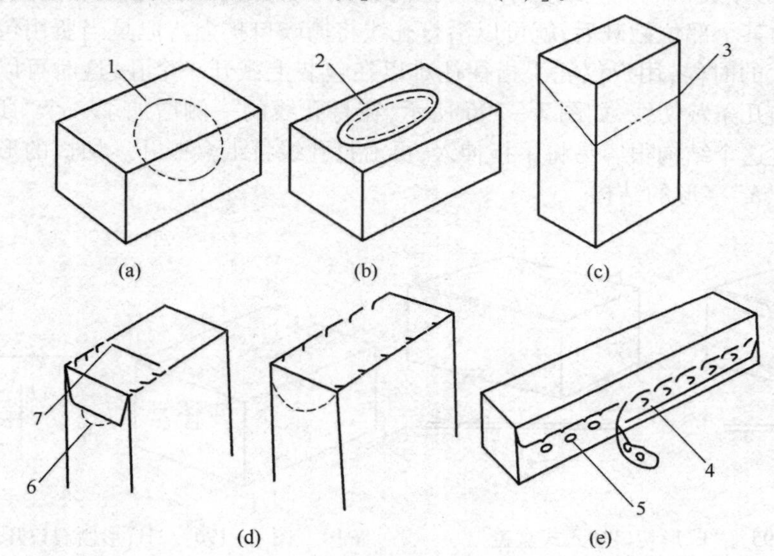

图3-193　组合开启形式

1—长切孔　2—半切缝　3—间歇打孔与切缝　4—半圆孔
5—圆形半切缝　6—打孔线　7—压痕线

(4)打孔线与盒盖配合

①取物口采用打孔线,盒盖上增加一块盖板[图3-194(a)],多用于防尘包装。

②在封缄盒盖板周围及两侧盖、端板折叠处设计打孔线[图3-194(b)],开封与再封性好。

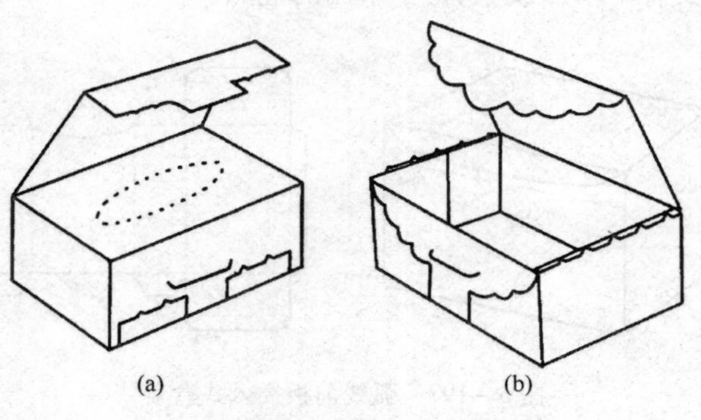

图3-194　打孔线与盒盖配合

5. 方便开启的盒盖

（1）“T”形切口插入式盒盖　插入式盒盖是一种被广泛采用的盒盖结构，盒盖的盖插入襟片表面经过印刷后，有时会变得比较光滑，仅靠手指与纸板表面的摩擦力很难将盒盖打开，此时可以通过在盖插入襟片上增加一段“T”形裁切线，并且在纸盒前板上相应于“T”形结构处增加一个指孔，如图3－195（a）所示，使用者将手指从“T”形切痕插入盒内时，就很容易向上用力将盒盖掀开；当内装物对防潮、防尘等要求比较高时，可以将前板上的指孔改为一个三面切的挡板来有效阻挡由“T”形切口进入的灰尘、水汽，如图3－195（b）所示。

（2）“H”形撕裂口　一些纸盒采用打孔线作为一种方便开启的结构，用户在使用时，用力将打孔线的某个部位戳破后，就可以沿打孔线将撕破口扩大。但是当所用包装材料的撕裂强度比较大的时候，用户仅凭手指往往难以在包装上戳开一个孔，这时可以考虑在打孔线的一端增加几条裁切线，如图3－196所示，在打孔线的一侧增加了一个“H”形的切口，用户可以通过这个结构很容易将手指伸入，再沿打孔线将纸盒撕开。切口的形状可以多种多样，例如倒“A”字形的结构。

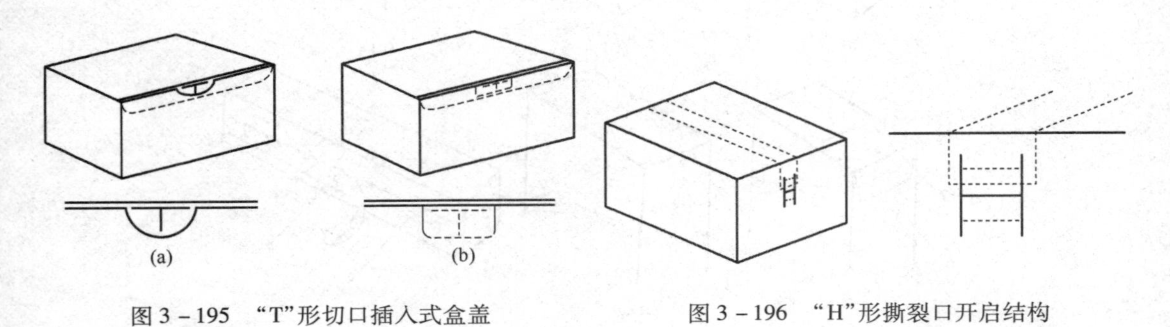

图3－195　“T”形切口插入式盒盖

图3－196　“H”形撕裂口开启结构

（3）弧线前板插入式盒盖　对于采用插入式盒盖的纸盒，欧洲国家多采用图3－197所示结构，同样可以克服因纸盒表面光滑而带来的麻烦。通过将前板的一部分裁切掉，从而增加使用者手指与盖插入襟片的接触面积，也就增大了摩擦力，所以用户很容易将纸盒打开。

使用这种结构几乎无需对生产工艺做出改变，只需将模切版中纸盒前板的上部裁切线改成弧形即可，因而具有不增加成本、易于采用的优点。

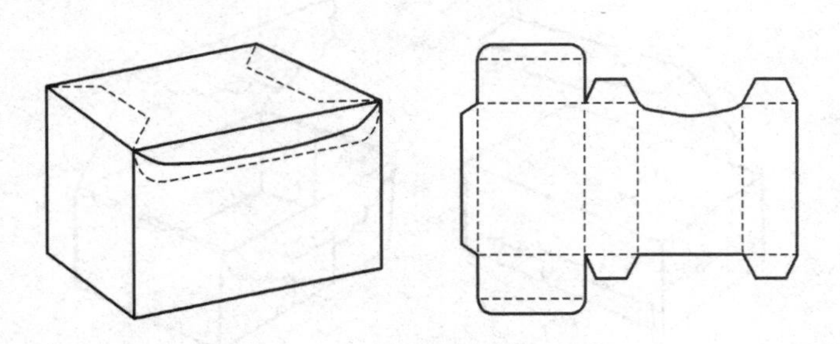

图3－197　弧线前板插入式盒盖

(4)指孔　在插入式盒盖和插锁式盒盖上,为方便开启,也可以简单设计一个指孔结构,如图 3-198 所示。

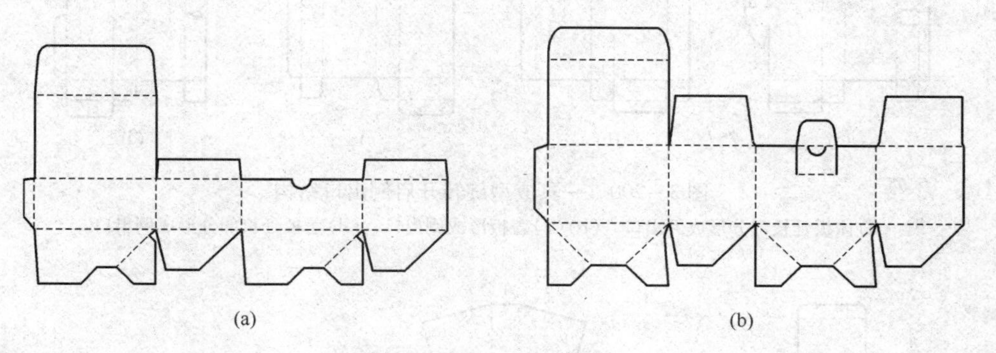

图 3-198　指孔结构
(a)插入式盒盖　(b)插锁式盒盖

十、倒出口结构

具有易倒出功能的折叠纸盒,除使用方便外,还增加了盒型特征,形成与其他竞争商品明显区别的辨别性。

采用倒出口结构的纸盒一般可用于包装流动性能好并需多次取用的液体、粉末、颗粒状内装物。

1. 滑动开启倒出口结构

通过两结构之间的相对滑动位移形成倒出口的开闭状态。图 3-199(a)在体板上开圆倒出孔,通过盖、体之间的抽拉移动形成开闭。图 3-199(b)则在体板及盖板延长部分开圆孔。

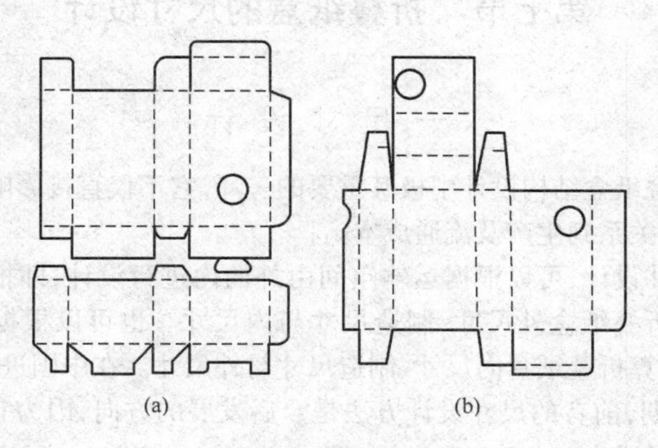

图 3-199　滑动开启倒出口结构

2. 旋转开启倒出口结构

以盒体结构部分的某点为轴旋转一定角度形成倒出口的开闭状态。

一页成型倒出口结构如图 3-200 所示。

非一页成型倒出口结构如图 3-201 所示。

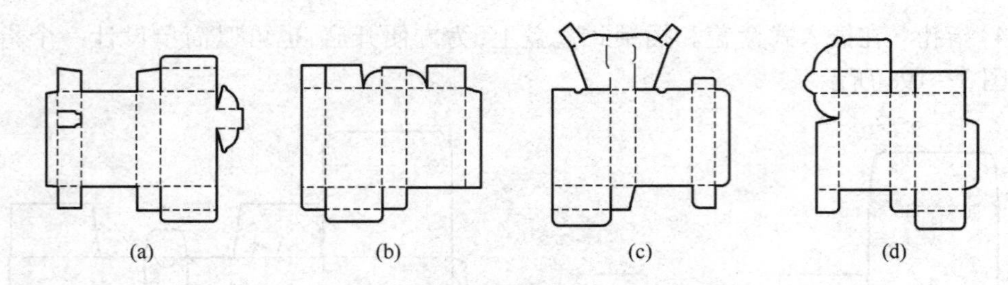

图 3－200　一页成型旋转开启倒出口结构

(a)体板延长部分形成倒出口　(b)(c)盖板形成倒出口　(d)盖板延长部分形成倒出口

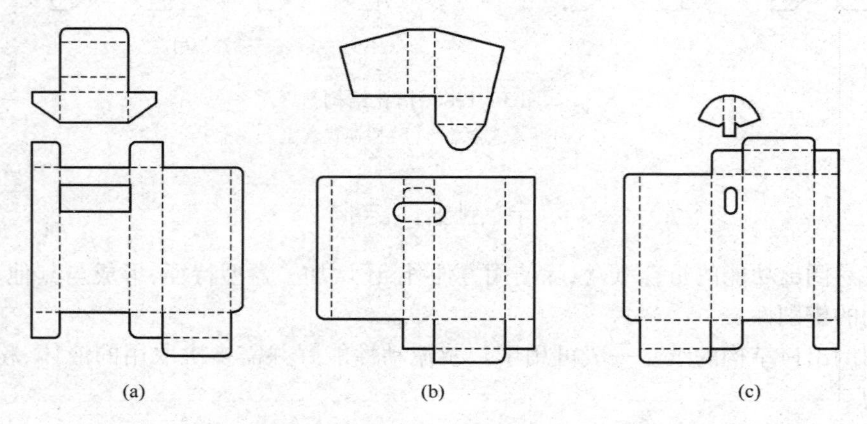

图 3－201　非一页成型旋转开启倒出口结构

(a)(b)纸板制作倒出口配件　(c)金属、塑料等非纸材料倒出口配件

第七节　折叠纸盒的尺寸设计

一、尺 寸 设 计

尺寸设计是折叠纸盒结构设计中极其重要的一环，它不仅直接影响到纸盒产品的外观及其内在质量，而且关系到生产及流通成本。

折叠纸盒的尺寸设计，可以根据运输空间由外向内进行设计，即根据外包装瓦楞纸箱内尺寸来依次计算折叠纸盒外尺寸、制造尺寸与内尺寸。也可以根据内装物最大外形尺寸，由内向外逐级计算折叠纸盒内尺寸、制造尺寸与外尺寸。在中国进入 WTO 以来的国际间贸易迅速发展时期，前者的尺寸设计方法是今后发展的方向，因为它可以充分地利用运输空间从而降低流通成本。

二、一般盒体的尺寸设计

1. 由外尺寸计算制造尺寸与内尺寸

(1)外尺寸计算公式　折叠纸盒外尺寸与瓦楞纸箱内尺寸及其盒型排列方式有关。

$$X_o = \frac{[T - d(n_x - 1) - k]}{n_x} \tag{3-18}$$

式中 X_o——折叠纸盒外尺寸，mm

T——瓦楞纸箱内尺寸，mm

d——折叠纸盒间隙系数，mm

n_x——折叠纸盒排列数目，mm

k——瓦楞纸箱内尺寸修正系数，mm

其他纸包装外尺寸也可用此公式计算。

（2）制造尺寸与内尺寸计算公式　对于大多数折叠纸盒来说，结构一般比较复杂。但是，任何一种复杂盒型，都由若干个盒板组成，而任一盒板的两端与相邻盒板的结构关系有以下几类：

①“U”型；②复“U”型；③“L”型；④复“L”型；⑤“S” Ⅰ型；⑥“S” Ⅱ型；⑦双“L”型；⑧“b”型。

各类结构的结构形式、线型表示、制造尺寸计算公式和内尺寸计算公式如表 3－8 所示。设计时可根据不同结构选用不同的计算公式。

纸板计算厚度可按表 3－9 选取。

对于有作业线需要在平板状态下进行粘合的折叠纸盒，还需要考虑在平板状态下的尺寸关系，对通过表 3－8 计算的结果进行调整，以保证粘合精度。

例 3－11　在图 2－1 所示管式折叠纸盒结构中，其外尺寸为 50mm × 20mm × 200mm，修正系数为 0，求制造尺寸与内尺寸。

解：（1）纸盒体积

$$V = L_o \times B_o \times H_o = 50 \times 20 \times 200 = 200000(\text{mm}^3) = 200(\text{cm}^3)$$

查表 3－1 及表 3－9，$t = 0.5$mm

（2）将体板从左至右（由内向外）编号

因为体板①、⑧为复“L”型，所以

$$B_1 = 20 - (3 - \frac{1}{2}) \times 0.5 = 18.8(\text{mm})$$

$$B_8 = B_o - \left(n_1 - \frac{1}{2}\right)t - k = 20 - (2 - \frac{1}{2}) \times 0.5 = 19.3(\text{mm})$$

（3）因为体板②、⑤、⑥、⑦为复“U”型，所以

$$L_2 = 50 - (5 - 1) \times 0.5 = 48(\text{mm})$$

$$L_7 = L_o - (n_1 - 1)t - k = 50 - (2 - 1) \times 0.5 = 49.5(\text{mm})$$

$$L_5 = L_7 = 49.5(\text{mm})$$ （为保证制造商接头在平板状态下准确粘合）

$$B_6 = 20 - (2 - 1) \times 0.5 = 19.5(\text{mm})$$

（4）因为体板③、④构成双“L”型，所以

$$B_3 = 20 - 3 \times 0.5 = 18.5(\text{mm})$$

$$B_4 = B_o - n_1 t - k = 20 - 2 \times 0.5 = 19(\text{mm})$$

$$D = (0 + 1) \times 0.5 = 0.5(\text{mm})$$

（5）高度方向上

$$H_5 = H_o - (n_1 - 1)t - k = 200 - (2 - 1) \times 0.5 = 199.5(\text{mm})$$

表 3-8 折叠纸盒尺寸计算公式

类型		①“U”型	②复“U”型	③“L”型	④复“L”型	⑤“S”Ⅰ型	⑥“S”Ⅱ型	⑦双“L”型	⑧“b”型
结构		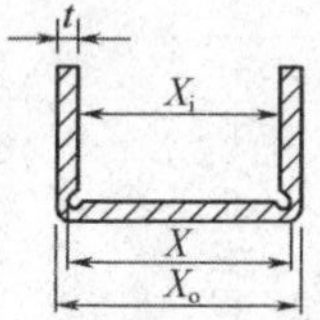	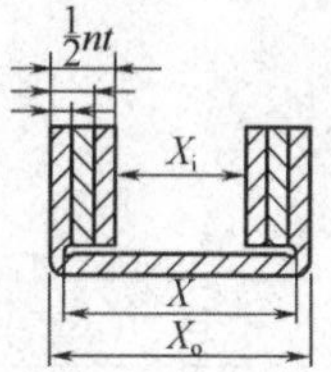	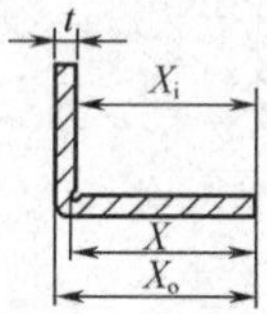	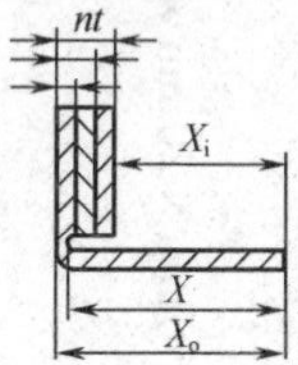	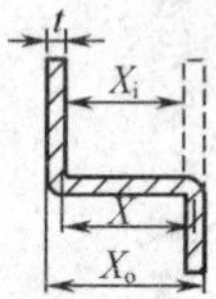	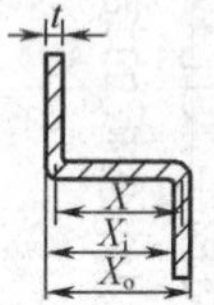	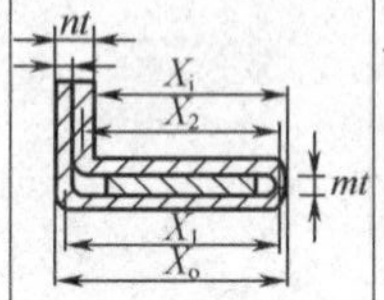	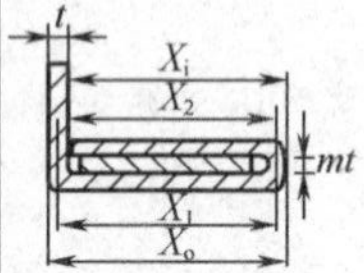
图示		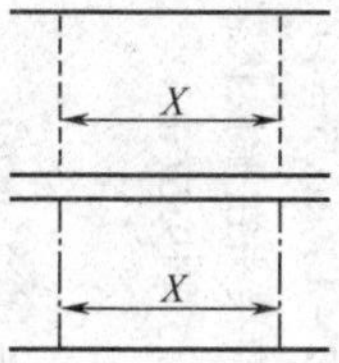	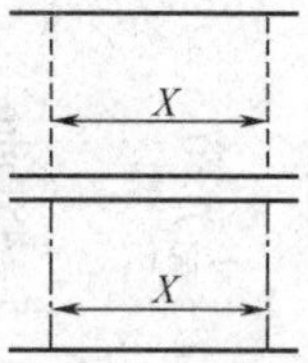	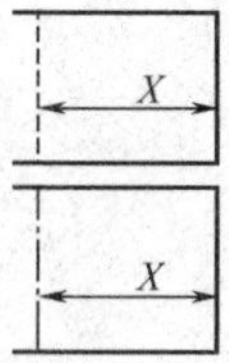	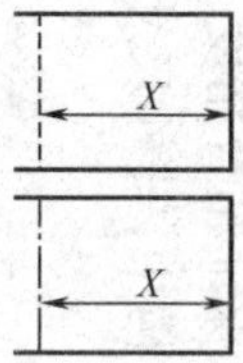	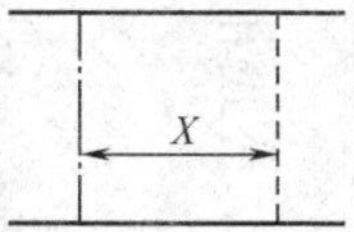	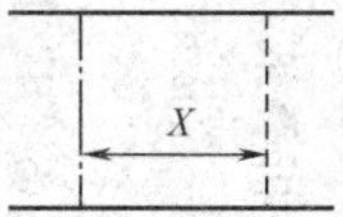	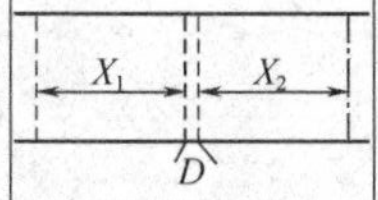	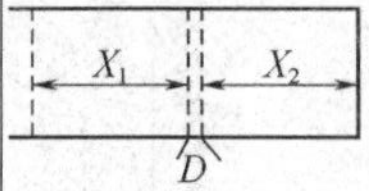
由外尺寸计算	制造尺寸	$X=X_o-t-k$	$X=X_o-(n_1-1)t-k$	$X=X_o-\frac{1}{2}t-k$	$X=X_o-(n_1-\frac{1}{2})t-k$	$X=X_o-t-k$	$X=X_o-t-k$	$X=X_o-n_1t-k$ $D=(m+1)t$	$X_1=X_o-t-k$ $X_2=X_o-\frac{3}{2}t-k$ $D=(m+1)t$
	内尺寸	$X_i=X_o-2t-k'$	$X_i=X_o-n_1t-k'$	$X_i=X_o-t-k'$	$X_i=X_o-n_1t-k'$	$X_i=X_o-2t-k'$	$X_i=X_o-t-k'$	$X_i=X_o-n_1t-k'$	$X_i=X_o-t-k'$
由内尺寸计算	制造尺寸	$X=X_i+t+k$	$X=X_i+(n_1-1)t+k$	$X=X_i+\frac{1}{2}t+k$	$X=X_i+(n_2-\frac{1}{2})t+k$	$X=X_i+t+k$	$X=X_i+k$	$X_1=X_i+t+k$ $X_2=X_i+k$ $D(m+1)t$	$X=X_i+k$ $X_2=X_i-\frac{1}{2}t-k$ $D=(m+1)t$
	外尺寸	$X_o=X_i+2t+k'$	$X_o=X_i+n_2t+k'$	$X_o=X_i+t+k'$	$X_o=X_i+n_2t+k'$	$X_o=X_i+2t+K$	$X_o=X_i+t+K$	$X_o=X_i+n_2t+K$	$X_o=X_i+t+K$
说明		主体结构	主体结构	盒端结构	盒端结构	间壁结构	提手结构	双壁结构	双壁盒端结构

注：X——制造尺寸，mm；n_1——由外向内的纸板层数；k'——内尺寸修正系数，mm；X_o——外尺寸，mm；n_2——由内向外的纸板层数；K——外尺寸修正系数，mm；X_i——内尺寸，mm；t——纸板计算厚度，mm；m——双壁结构中间夹持的纸板层数；D——对折线宽度，mm；k——制造尺寸修正系数，mm。

$$H_7 = H_i = H_o - n_1 t - k' = 200 - 4 \times 0.5 = 198(\text{mm})$$
$$H_8 = 200 - (4 - 1) \times 0.5 = 198.5(\text{mm})$$

(6)长、宽内尺寸

$$L_i = L_o - n_1 t - k' = 50 - 5 \times 0.5 = 47.5(\text{mm})$$
$$B_i = B_o - n_1 t - k' = 20 - 3 \times 0.5 = 18.5(\text{mm})$$

各尺寸标注如图2-1，内尺寸为47.5mm×18.5mm×198mm。

表3-9　　纸板计算厚度　　单位：mm

实际厚度	计算厚度
≤0.5	0.5
≤1	1
>1	实际厚度

2. 由内尺寸计算制造尺寸与外尺寸

(1)内尺寸计算公式　内尺寸计算公式如下：

$$X_i = x_{max} n_x + d(n_x - 1) + k' \qquad (3-19)$$

式中　X_i——折叠纸盒内尺寸，mm

x_{max}——内装物最大外尺寸，mm

n_x——内装物沿某一方向的排列数目

d——内装物间隙系数，mm

k'——内尺寸修正系数，mm

对于折叠纸盒，在长度与宽度方向上，k'值一般取3～5mm，在高度方向上，则取1～3mm。

k'值主要取决于产品易变形程度，对于可压缩商品如针棉织品、服装等可取低限，而对于刚性商品如仪器仪表、玻璃器皿等则应取高限。

如果为单件内装物，则上式为

$$X_i = x_{max} + k' \qquad (3-20)$$

(2)制造尺寸与外尺寸计算公式　由内尺寸计算制造尺寸与外尺寸的公式同见表3-8。公式中制造尺寸修正系数一般为长、宽方向取2mm，高度方向取1mm。

例3-12　盘式折叠纸盒结构如图2-7所示，其内尺寸为225mm×155mm×40mm，修正系数为0，求制造尺寸与外尺寸。

解：(1)纸盒容积

$$V = L_i \times B_i \times H_i = 225 \times 155 \times 40 = 1395000(\text{mm}^3) = 1395(\text{cm}^3)$$

查表3-1及表3-9，$t = 1$mm

(2)LH截面上，盒板①、②、③为复"U"型结构，所以

$$L_1 = 225 + (8 - 1) \times 1 = 232(\text{mm})$$
$$L_2 = 225 + (4 - 1) \times 1 = 228(\text{mm})$$
$$L_3 = 225(\text{mm})$$
$$L_o = 225 + 8 \times 1 = 233(\text{mm})$$

(3)盒板④、⑤为双"L"型结构，所以

$$H_4 = 40 + 1 \times 1 = 41(\text{mm})$$
$$H_5 = 40(\text{mm})$$
$$H_o = 40 + 2 = 42(\text{mm})$$
$$D_1 = (2 + 1) \times 1 = 3(\text{mm})$$

(4)BH截面上，盒板①为"U"型，所以

$$B_1 = 155 + (4-1) \times 1 = 158(\text{mm})$$
$$B_4 = 155 + (2-1) \times 1 = 156(\text{mm})$$
$$B'_5 = B_i = 155(\text{mm})$$
$$B_o = 155 + 4 \times 1 = 159(\text{mm})$$
$$D_2 = (0+1) \times 1 = 1(\text{mm})$$

各板制造尺寸如图2－7标注，外尺寸为233mm×159mm×42mm。

三、罩盖盒盒盖尺寸设计

盘式罩盖盒盒体盒盖为两个独立成型部分，其计算公式如下：

$$X = X_i + (n_2 - 1)t + k$$
$$X_o = X + t + K = X_i + n_2 t + k + K$$
$$X^+ = X_o + (m_2 - 1)t + k^+ = X_i + (m_2 + n_2 - 1)t + k + K + k^+$$
$$X_o^+ = X_i + (m_2 + n_2)t + k + K + k^+ + K^+$$

令后两式中的k、K、k^+、K^+等合并，仍用k^+与K^+表示，

则

$$X^+ = X_i + (m_2 + n_2 - 1)t + k^+ \quad (3-21)$$
$$X_o^+ = X_i + (m_2 + n_2)t + K^+ \quad (3-22)$$

式中 X_i——罩盖盒盒体内尺寸，mm

X——盒体制造尺寸，mm

X^+——盒盖制造尺寸，mm

X_o^+——盒盖外尺寸，mm

n_2——盒体由内向外的纸板层数

m_2——盒盖由内向外的纸板层数

t——纸板计算厚度，mm

k——盒体制造尺寸修正系数，mm

k^+——盒盖制造尺寸修正系数，mm

K^+——盒盖外尺寸修正系数，mm

第八节　纸盒模切版设计的几个问题

模切版设计是包装折叠纸盒生产的关键环节，直接影响到产品的质量和成本。这一设计需考虑多种因素，例如盒坯排列方式、搭桥、模切工艺等。

一、排 版 设 计

为了降低成本，就要考虑尽可能提高原料纸板利用率。要想办法利用同样面积的纸板生产尽可能多的合格纸盒，这一问题并不等同于如何在模切版上排布尽可能多的盒坯，因为纸板的纹向限定了盒坯的摆放方向，所以只能考虑在同一方向上进行盒坯之间的拼接。盒坯在模切版上的排列方式要受到纸盒尺寸、盒坯的轮廓形状等多个因素的影响。

1. 盒坯的平排

平排是一种较为简单的排列方式。当盒坯的轮廓较为平直的时候，盒坯与盒坯的拼接较为简单，只需平行排列即可，例如盘式折叠纸盒中的 Beers 式和 Brightwoods 式折叠纸盒，如图 3－202 所示。

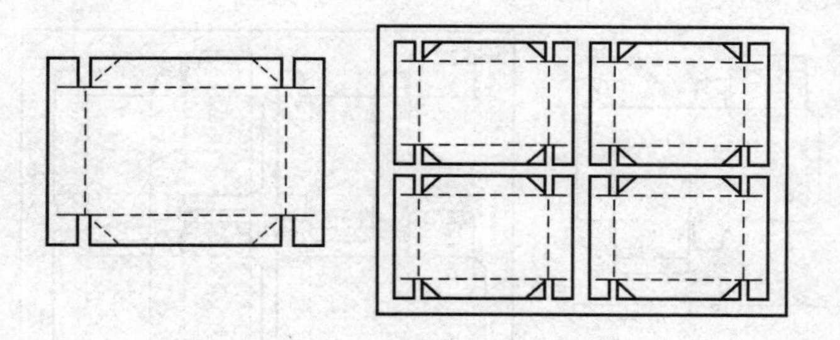

图 3－202 Beers 纸盒排版

模切版上最多可以摆放的纸盒个数可以按如下方法来计算：

长度方向上最多可以排布纸盒个数为：$\left[\frac{\text{平排尺寸1}}{1^{st}\text{尺寸}}\right]$个

宽度方向上最多可以排布纸盒个数为：$\left[\frac{\text{平排尺寸2}}{2^{nd}\text{尺寸}}\right]$个

整个版面最多可以排列纸盒的个数为：

$$\left[\frac{\text{平排尺寸1}}{1^{st}\text{尺寸}}\right]\times\left[\frac{\text{平排尺寸2}}{2^{nd}\text{尺寸}}\right]\text{个}$$

式中 $[x]$——不大于 x 的最大整数

平排尺寸 1——模切版内盒坯平排后与粘合线平行的尺寸

平排尺寸 2——模切版内盒坯平排后与粘合线垂直的尺寸

1^{st}尺寸——盒坯尺寸中与粘合线平行的尺寸

2^{nd}尺寸——盒坯尺寸中与粘合线垂直的尺寸

以管式纸盒盒坯为例，如图 3－203 所示。

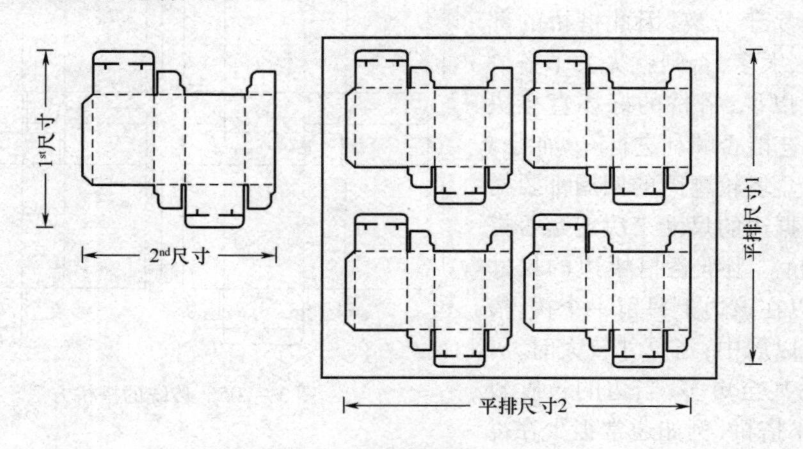

图 3－203 管式纸盒盒坯的平排

2. 盒坯的拼接

在大多数情况下，盒坯轮廓形状不是平直的，这就要求盒坯与盒坯之间进行套拼以提高纸板利用率。套拼的关键在于充分利用盒坯轮廓的凸出与凹进部分进行对接。

注意到排列在模切版内的盒坯各有一端无法进行拼接，只有另一端可以与其他盒坯进行拼接，如图 3－204 所示。

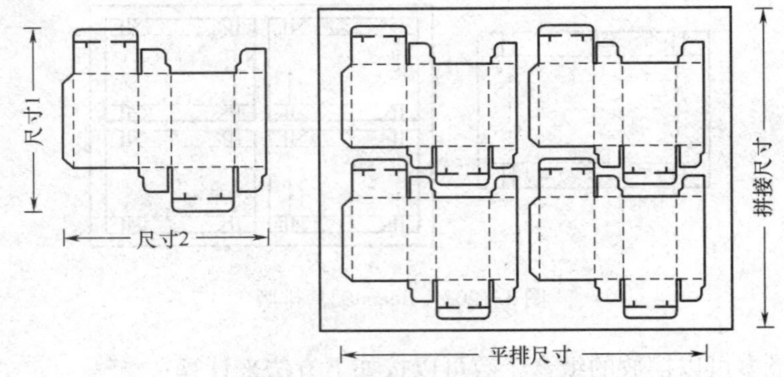

图 3－204　管式纸盒盒坯拼接排版

除了通过采用将盒坯进行拼接来提高原料利用率，还可以采用套拼等方法，甚至可以考虑将不同盒型的盒坯拼在一张大纸板上，以实现最大限度的利用原材料。因为套拼可以节省纸板，所以可以采用改变纸盒结构的方法来进行套拼。

但是在采用这些方法时，仍然要注意纸板的纹向，不能仅仅为了节约原材料而不顾纸盒的性能，否则很可能得不偿失。这类拼版的方法没有统一的规律可循，在生产实际中可以采用手工拼版的方法来尝试达到最佳的效果。

二、"搭桥"设计

搭桥是为了在进行模切后到"清废"前的一段时间内，切好的纸盒不会从纸板中脱落下来，而"清废"时，纸盒与废弃物又易于分离，因此搭桥的部分不能太大、太多，否则就失去了搭桥的意义。可以说，搭桥的好坏直接决定了模切工艺能否顺利进行。

通常在盒坯轮廓图的四周都要搭桥。一般根据边的尺寸来决定是否搭桥，搭几个桥。当准备搭桥边的尺寸不大时，可以在该边上只留一个桥，搭桥的位置可以居中；当尺寸较大时，可以留两个桥甚至更多；当边的长度较小时，可以不搭桥，例如通常很少在襟片上搭桥。传统的搭桥方法如图 3－205 所示。

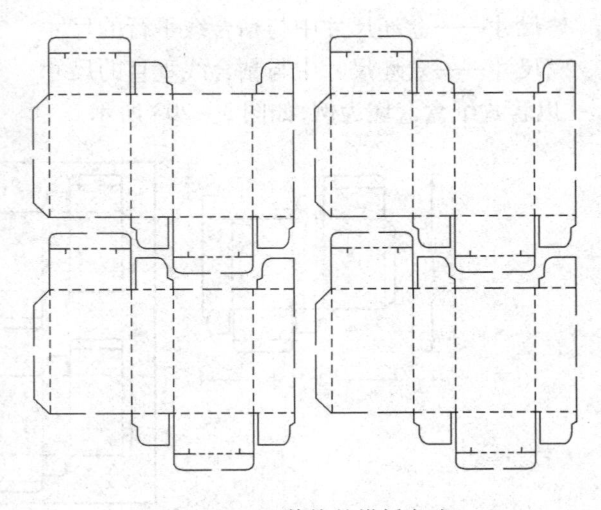

图 3－205　传统的搭桥方法

在设计搭桥时要考虑诸多影响因素。如刀具在工作时的热胀冷缩现象、刀具的强度等。在模切过程中，由于刀具与纸板反复摩擦产生大量热量，会使刀具产生热胀冷缩现象，影响模切精度。假设由于热量使每片模切刀伸长 0.5mm，那么桥两端的两段模切刀就总共伸长 1mm，搭桥的长度就相应缩短 1mm，所以刀具热胀冷缩的影响不可忽视。

搭桥的数量也取决于模切刀的长度。显然，搭桥的数目越少，每一段刀具的平均长度越大，刀具也越容易弯曲变形，在生产使用过程中就越容易损坏。这对模切工序能否顺利进行有很大影响，长的刀具意味着在模切生产过程中，可能会造成更加频繁的停机更换刀具。

出于以上考虑，可在模切版中适当增加搭桥来解决这些问题。增加桥的数目，可以缩短模切刀的长度，使模切刀的强度增加，不易弯曲变形。而且由于每一段模切刀的长度缩短，热胀冷缩的程度也相应降低，对模切精度的影响也降低了。传统的图 3－205 搭桥方法可以改成图 3－206 的方法。

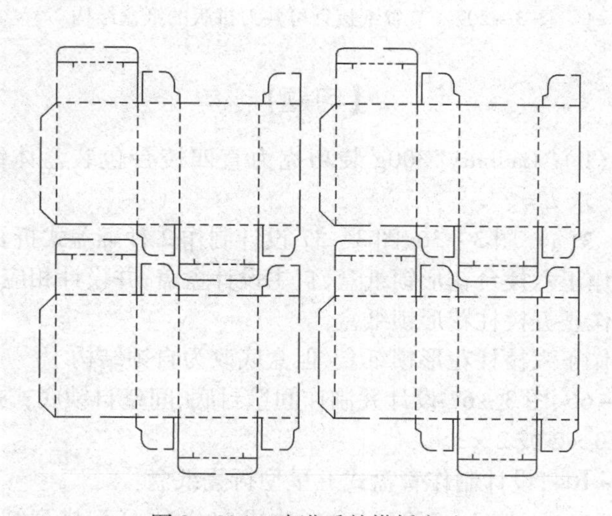

图 3－206　改进后的搭桥方法

三、模切工艺对模切版设计的影响

在决定纸盒的拼接方式以后，还要考虑盒坯与盒坯之间是否需要留有空隙，即两个相邻的边是拼接在一起还是分开，从刀具摆放工艺上来看，就是是否采用共刀的拼法。只有当两个盒坯的相邻边都是由直线组成的时候才有可能采用共刀的拼法，如图 3－207(a) 快锁底结构同时用于盒盖，图 3－207(b) 花形锁盖结构同时用于盒底，则可进行拼接，既省料又省工；图 3－207(c) 反插入盖标准盒的防尘襟片尺寸为盒盖(底)板宽度 B 与盖(底)插入襟片宽度 T 之和的 1/2，即 $(B+T)/2$，也适合共刀拼版。有曲线组成的边在大多数情况下都不能采用共刀的拼法。

如果盒坯与盒坯之间留有空隙，在进行拼版设计时，空隙的宽度应当考虑在内，可以简单地将空隙的宽度一分为二，分别加到两边的盒坯尺寸中去，这样可以简化问题。

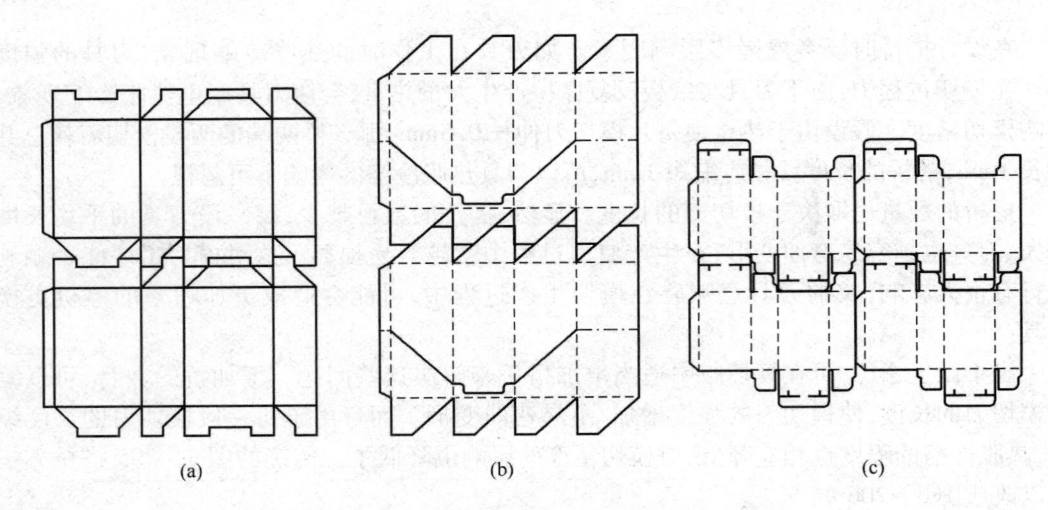

图 3－207　节省纸板且可共刀拼版的纸盒结构

【习题】

3－1　图 3－12(b)"Cadbury"300g 装巧克力直四棱台包装盒体结构中，$B=47\text{mm}$，$\gamma_1=94.7°$，$\gamma_2=93°$。求 $L=$？

3－2　参照图 3－3(a)、图 3－36、图 3－37 设计制作 2 种翻盖式折叠纸盒。

3－3　设计并制作正六棱台花形锁纸盒，自主设计盒盖，并设计相应的打孔点。

3－4　设计并制作正五棱柱花形锁纸盒。

3－5　设计并制作正六棱柱花形锁纸盒，但盒底改为自锁结构。

3－6　参照图 3－66、图 3－67 设计并制作间壁封底、间壁自锁底式折叠纸盒各一个，盒盖为插入式，间壁为 3×2 或 2×3。

3－7　参照图 3－104，设计制作管盘式五星型折叠纸盒。

3－8　将图 3－121(d)、图 3－122(a)盒形改成 $l>b$ 的 Q 型排列结构并写出详细设计步骤，并制作。

3－9　设计制作 5×2 非管非盘式折叠纸盒(要求：$l=b$)。

3－10　将图 3－134(a)盒型改成 4×2 结构，写出详细设计步骤，并制作。

3－11　将图 3－135 盒型改成 4×2 且 $l>b$ 的 P 型排列结构，写出详细设计步骤，并制作。

3－12　将图 3－140(b)任一间壁板设计到图 3－141(c)盒型上，写出详细设计步骤，并制作。

3－13　设计并制作图 3－142 盒型。

3－14　设计并制作正六边形环销式组合盒。

3－15　在图 2－1 中，内尺寸为 50mm×20mm×200mm，纸板计算厚度为 0.5mm，修正系数均为 0，计算制造尺寸与外尺寸。

3－16　在图 3－72(a)中，外尺寸为 250mm×150mm×50mm，纸板计算厚度为 1mm，修正系数均为 0，计算制造尺寸与内尺寸。

第四章 粘贴纸盒结构设计

第一节 粘 贴 纸 盒

一、粘 贴 纸 盒

粘贴纸盒是用贴面材料将基材纸板粘合裱贴而成，成型后不能再折叠成平板状，而只能以固定盒型运输和仓储，故又名固定纸盒。

二、粘贴纸盒的原材料

基材主要选择挺度较高的非耐折纸板，如各种草纸板、刚性纸板以及高级食品用双面异色纸板等。一般厚度范围为 1～3mm。内衬选用白纸或白细瓦楞纸、塑胶、海绵等。贴面材料品种较多，有铜版印刷纸、蜡光纸、彩色纸、仿革纸、植绒纸以及布、绢、革、箔等。而且可以采用多种印刷工艺，如凸版印刷、平版印刷、浮雕印刷、丝网印刷、热转印，还可以压凸和烫金。盒角可以采用胶纸带加固、钉合、纸（布）粘合等多种方式进行固定。

三、粘贴纸盒各部结构名称

图 4－1 是一款盘式摇盖间壁固定纸盒，其各部结构名称见图示说明。

第二节 粘贴纸盒结构

一、粘贴纸盒结构

与折叠纸盒一样，粘贴纸盒按成型方式可分为管式、盘式和亦管亦盘式三大类。

1. 管式粘贴纸盒（框式）

管式粘贴纸盒盒底与盒体分开成型，即基盒由体板和底板两部分组成，外敷贴面纸加以固定和装饰（图 4－2）。

（1）特点 ①主要用手工粘贴；②纸（布）固定盒体四角，为防止盒体表面露出包角痕迹，勿用钉合方式固定；③手工裁料，尺寸精度高。

（2）结构形式 图 4－3（a）结构简单，易于生产，但底板在压力作用下容易脱落，而且边框粘贴面与盒底粘贴面纸接缝清晰可见，影响外观。图 4－3（b）增加一块底外板使纸盒强度有所增加，但两贴面纸接缝仍很明显。图 4－3（c）结构强度较高，接缝隐蔽，外观效果最佳。

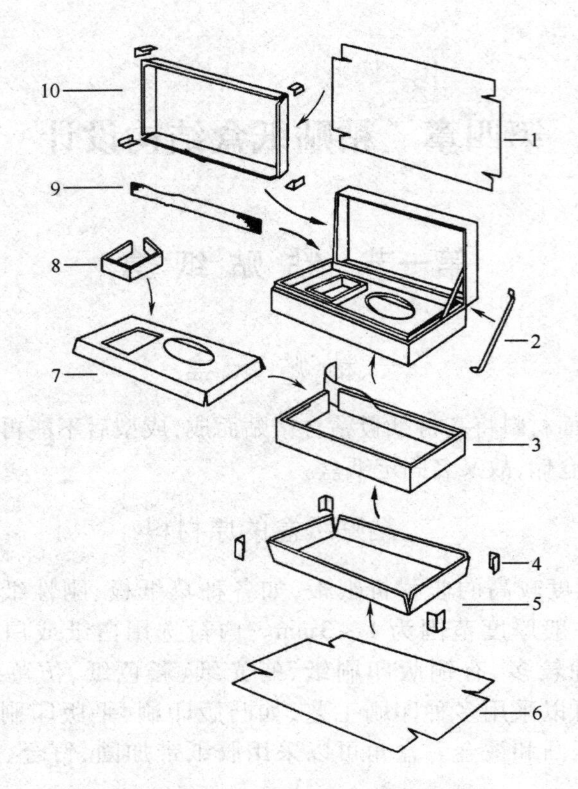

图 4-1　粘贴纸盒各部结构名称

1—盒盖粘贴纸　2—支撑丝带　3—内框　4—盒角补强　5—盒底板
6—盒底粘贴纸　7—间壁板　8—间壁板衬框　9—摇盖铰链　10—盒盖板

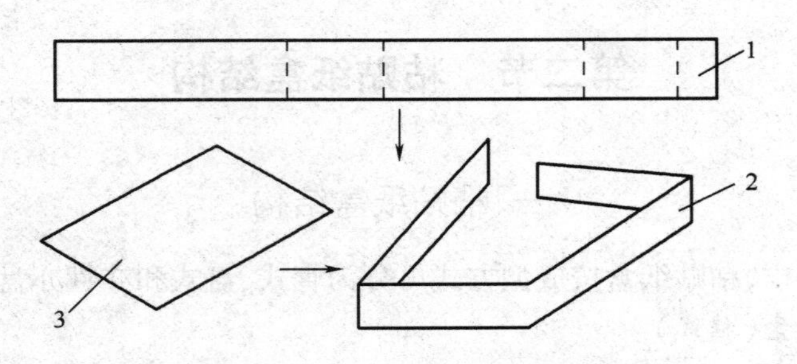

图 4-2　管式粘贴纸盒

1—粘贴面纸　2—体板　3—底板

2. 盘式粘贴纸盒（一页折叠式）

基盒盒体盒底用一页纸板成型［图 4-4(a)］。

(1)特点　①可以用纸(布)粘合、钉合或扣眼固定盒体角隅；②结构简单，既可以用手工粘贴，也可以机械粘贴，便于大批量生产；③压痕及角隅尺寸精度较差［图 4-4(b)］。

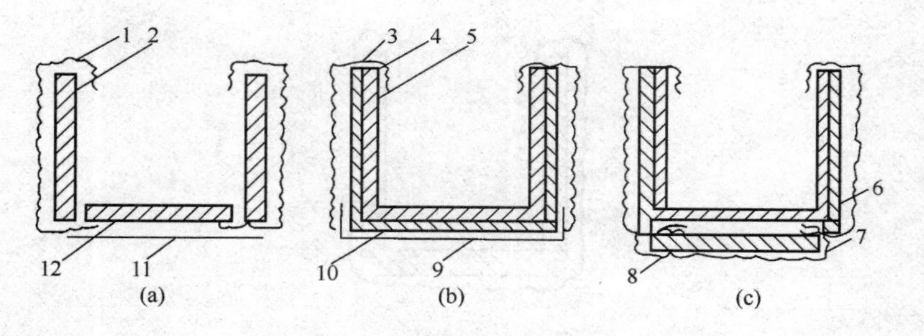

图4-3　管式粘贴纸盒结构

1,3—体板粘贴材料　2—体板　4—体板(外框)　5—体内板(内框)

6—底内板　7,9,11—底板粘贴材料　8,10,12—底板

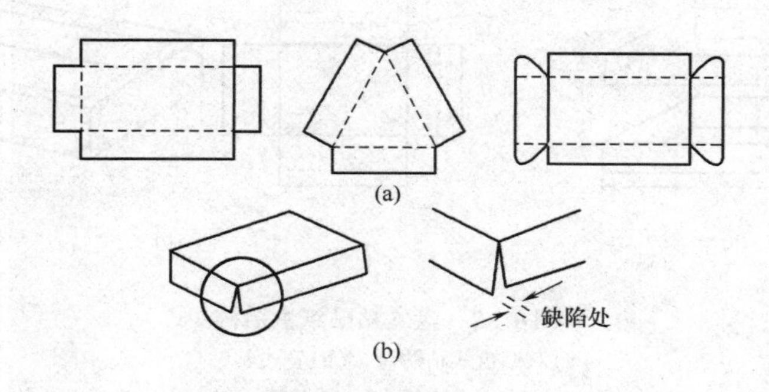

图4-4　盘式粘贴纸盒的基盒

(2)结构形式　图4-5为盘式粘贴纸盒生产工艺流程,图4-6为粘贴成型后的基本结构,图4-7为盘式粘贴纸盒结构。

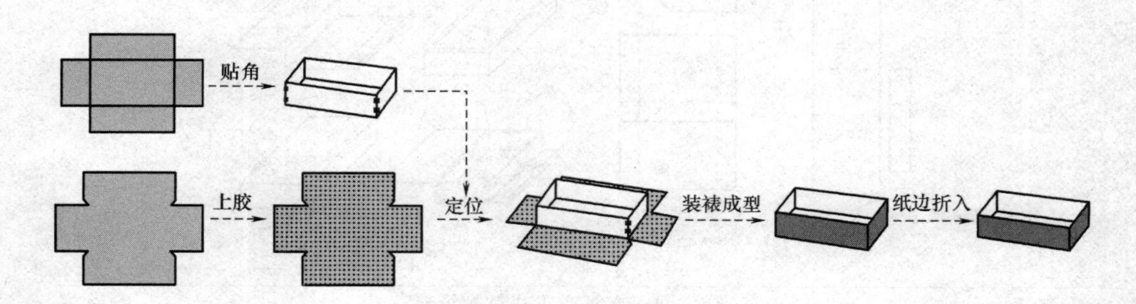

图4-5　盘式粘贴纸盒工艺流程

3. 亦管亦盘式粘贴纸盒

所谓亦管亦盘式粘贴纸盒,是指在双壁结构或宽边结构中,盒体及盒底由盘式方法成型,而体内板由管式方法成型。或者在由盒盖盒体两部分组成的情况下,其一由盘式方法成型,另一则由管式方法成型,如书盒、礼品盒(图4-8)等。

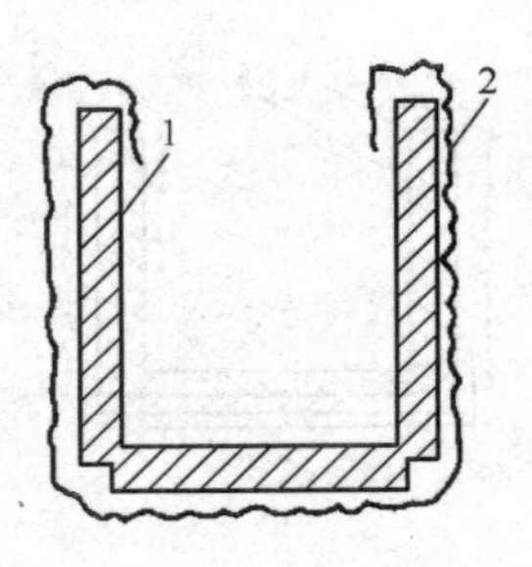

图 4－6　盘式粘贴成型后的基本结构

1—盒板　2—粘贴面纸

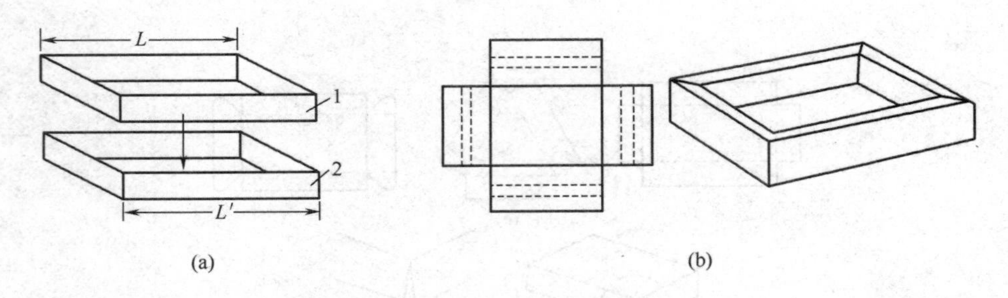

图 4－7　盘式粘贴纸盒结构

(a)双壁盘式粘贴盒　(b)宽边粘贴盒

1—盒内板　2—盒外板

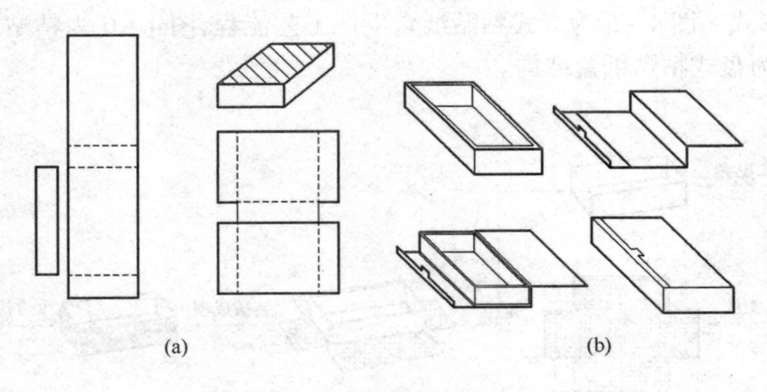

图 4－8　亦管亦盘式粘贴纸盒

(a)书盒结构　(b)礼品盒结构

二、粘贴纸盒成型

(1)罩盖盒　如图 4－9(a)至图 4－9(d)所示。

(2)摇盖盒　如图 4－9(e)至图 4－9(g)所示。

(3)凸台盒　如图 4－9(h)所示。

(4)宽底盒　如图 4－9(i)所示。

(5)抽屉盒　如图 4－9(j)所示。

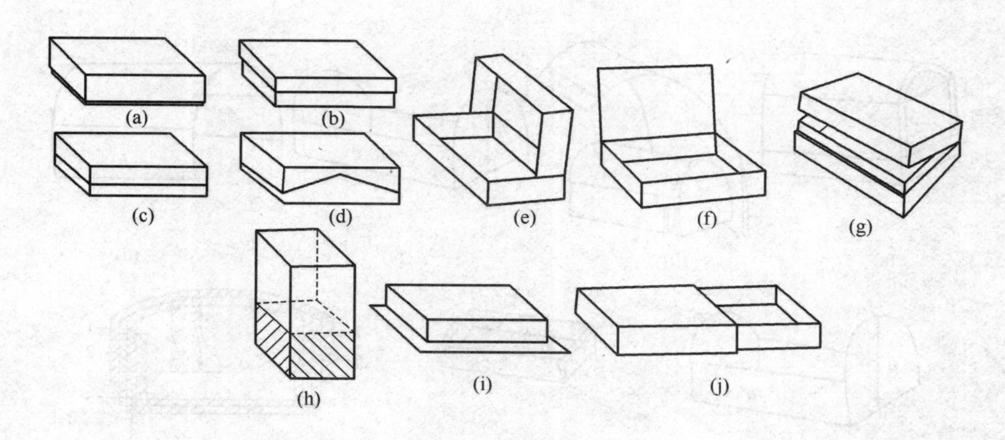

图 4－9　粘贴纸盒类型

(a)全罩盖(天罩地盒)　(b)浅罩盖(帽盖盒)　(c)对口罩盖

(d)变形罩盖　(e)复盖　(f)单板盖　(g)对口盖

(h)凸台盒　(i)宽底盒　(j)抽屉盒

(6)转体盒　如图 4－10 所示。

(7)异形盒

①异形体盒。盒体本身为异形,如椭圆形、心形与星形等(图 4－11)。

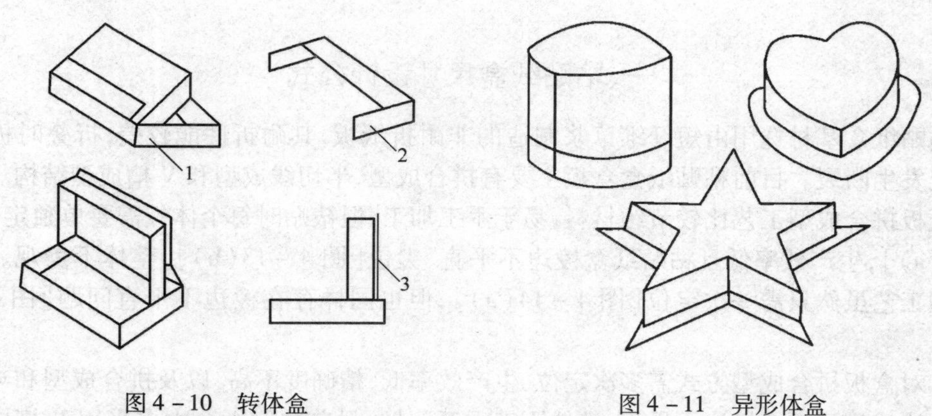

图 4－10　转体盒

1—扣眼　2—盒盖　3—粘贴面纸

图 4－11　异形体盒

②圆拱盖盒如图 4－12 所示。圆拱盖由外芯板、外框板、内芯板、内框板组成。

盒体由外板、插入板与内板组成[图 4－12(f)]。从图 4－12(g)可知:在圆拱盖结构中,外框高度 h 与内框板高度 h'之间的差值应等于盒盖内芯板厚度,且盒盖内芯板圆弧应与外框板圆弧端面形状一致;在盒体结构中,为保证盒体宽度与盒盖宽度相等,在盒体内外板之间的 c 部位要插入一块与盒盖内芯板厚度相同的纸板,且 c 的高度要等于外板内高度或内板外高度。

由于各部纸板有2～4层，所以干燥后变形很小。

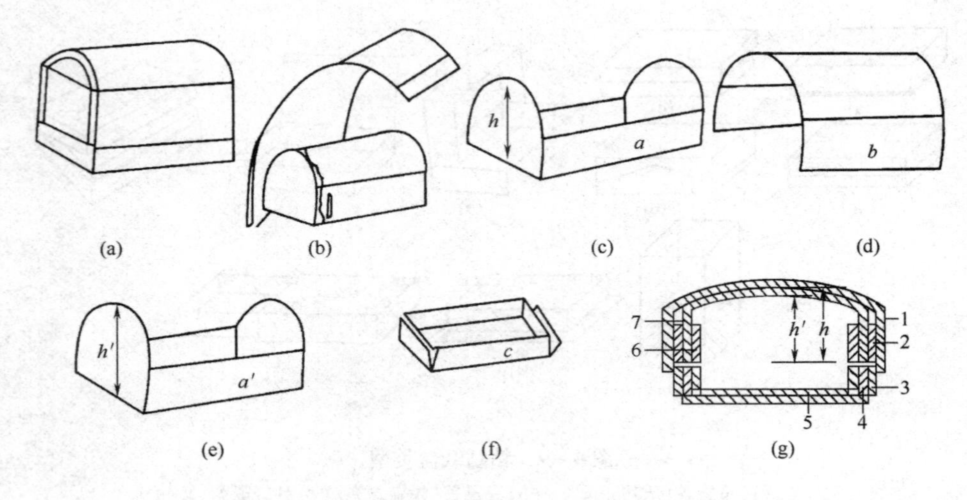

图4－12　圆拱盖盒

(a)盒　(b)外芯板与贴面材料　(c)外框板

(d)内芯板　(e)内框板　(f)盒体　(g)截面图

1—外芯板　2—外框板　3—外板　4—插入板　5—内板　6—内框板　7—内芯板

第三节　粘贴纸盒尺寸设计

一、粘贴纸盒尺寸设计公式

粘贴纸盒基材选用由短纤维草浆制造的非耐折纸板，其耐折性能较差，折叠时极易在压痕处发生断裂。目前粘贴纸盒盒板主要有拼合成型、半切线成型和V槽成型结构。

纸板拼合成型工艺比较节约材料，易于手工加工，但裱贴时每个体板需要单独定位[图4－13(a)]，生产效率低且粘贴纸盒棱边不平直、尖锐[图4－13(b)]，整体不美观。半切线成型工艺虽然只需一次定位[图4－14(a)]，但也同样存在棱边不平直问题[图4－14(b)]。

针对盒板拼合成型方式需多次定位，生产效率低、精确度不高，以及拼合成型和半切线成型方式成型后纸盒棱边不平直、整体不美观等问题，目前精制纸盒大多采用V槽成型方式，此种成型方式可使纸板连为一体，裱贴时只需一次定位，成型后棱边平直(图4－15)，提高了产品外观质量及生产效率。

因成型方式不同，纸盒的纸板尺寸设计也不同。由于粘贴面纸要折入盒盖或盒体内壁，所以其制造尺寸要大于基盒制造尺寸。盒框制造尺寸、内尺寸或外尺寸计算公式见表4－1。

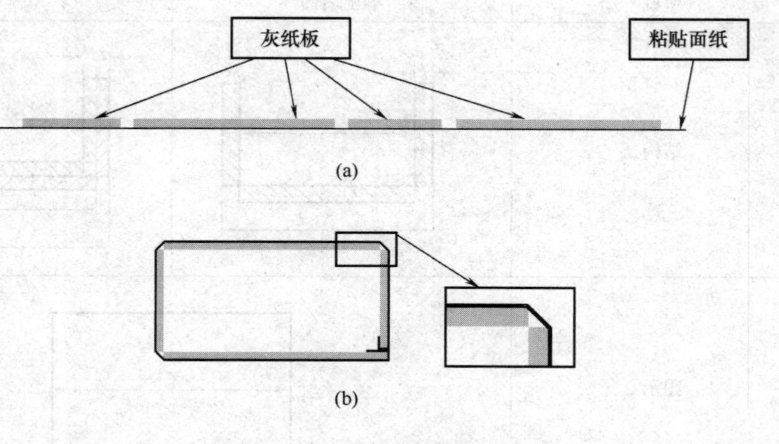

图 4－13　独立体板裱贴纸盒成型图

(a)纸板定位　(b)裱贴成型

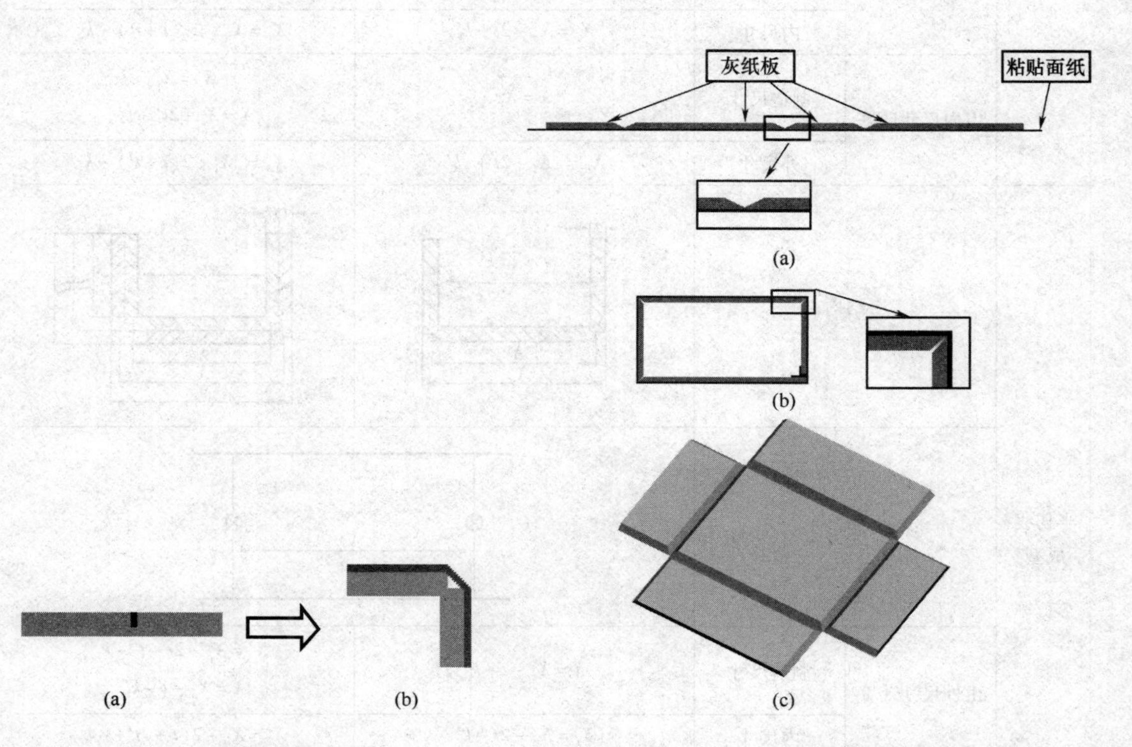

图 4－14　模切半切线成型

(a)纸板半切　(b)裱贴成型

图 4－15　V 槽成型纸盒成型图

(a)纸板开槽定位　(b)裱贴成型　(c)平面三维效果

表 4-1　　粘贴纸盒盒框尺寸计算公式

成型方式	项目		单壁结构	双壁结构
拼合成型	结构		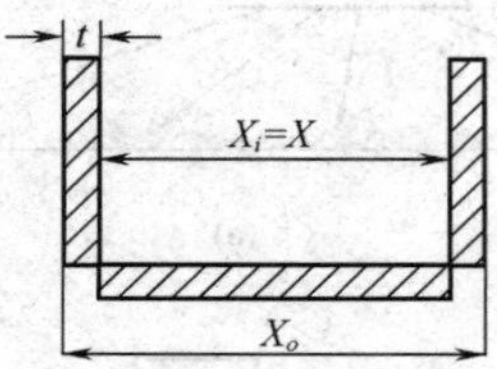 t $X_i=X$ X_o	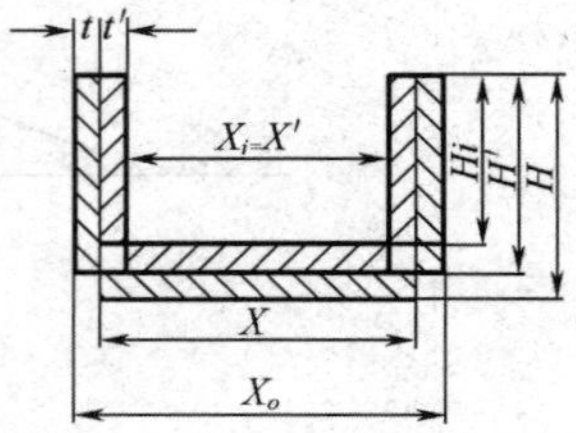 t t' $X_i=X'$ H' H X X_o
	图示		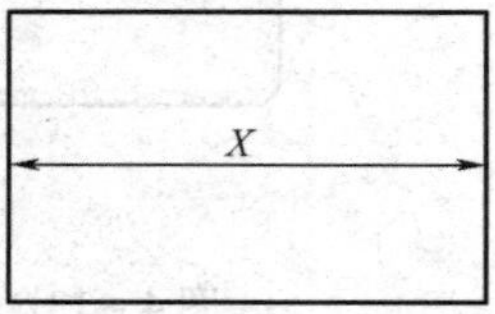 X	
	由外尺寸计算	制造尺寸	$X=X_o-2t-k'$	$X'=X_o-2(t+t')-k$ $X=X_o-2t-k'$
		内尺寸	$X_i=X_o-2t-k'$	$X_i=X_o-2(t+t')-k$
	由内尺寸计算	制造尺寸	$X=X_i$	$X'=X_i$ $X=X_i+2t'+k'$
		外尺寸	$X_o=X_i+2t+k'$	$X_o=X_i+2(t+t')+k$
半切线成型	结构		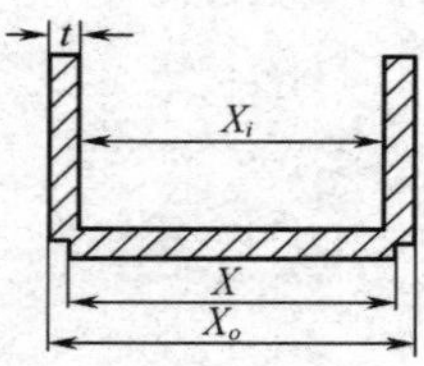 t X_i X X_o	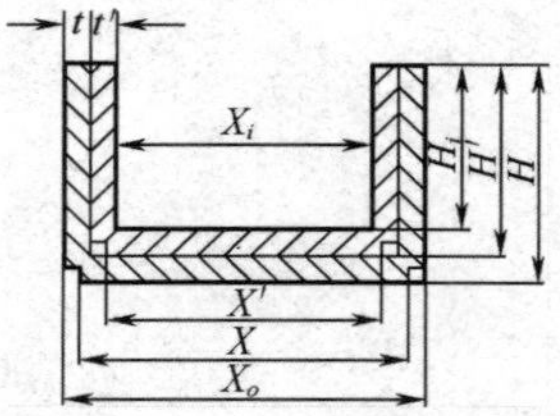 t t' X_i H' H X' X X_o
	图示		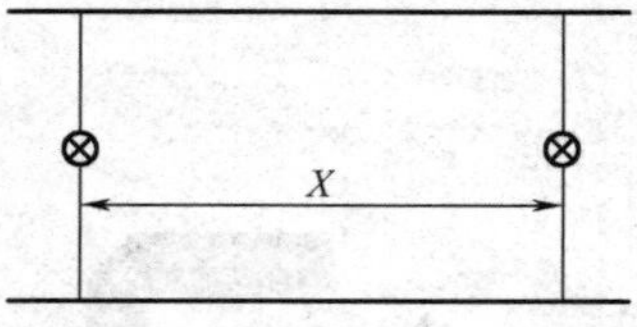 X	
	由外尺寸计算	制造尺寸	$X=X_o-t-k'$	$X'=X_o-2t-t'-k$ $X=X_o-t-k'$
		内尺寸	$X_i=X_o-2t-k'$	$X_i=X_o-2(t+t')-k$
	由内尺寸计算	制造尺寸	$X=X_i+t+k'$	$X'=X_i+t'+k'$ $X=X_i+t+2t'+k$
		外尺寸	$X_o=X_i+2t+k'$	$X_o=X_i+2(t+t')+k$

续表

成型方式	项目		单壁结构	双壁结构
V槽成型	结构		t X_i $X_o=X$	t t' X_i X' $X_o=X$
	图示		X	
	由外尺寸计算	制造尺寸	$X=X_o$	$X'=X_o-2t-k'$ $X=X_o$
		内尺寸	$X_i=X_o-2t-k'$	$X_i=X_o-2(t+t')-k$
	由内尺寸计算	制造尺寸	$X=X_i+2t+k'$	$X'=X_i+2t'+k'$ $X=X_i+2(t+t')+k'$
		外尺寸	$X_0=X_i+2t+k'$	$X_o=X_i+2(t+t')+k$
粘贴材料制造尺寸			$Y=X+a$	

注：X'——内框制造尺寸，mm；X_0——盒框外尺寸，mm；X——外框制造尺寸，mm；Y——粘贴材料制造尺寸，mm；X_i——盒框内尺寸，mm；k'——单壁结构尺寸修正系数，mm；t'——内框纸板计算厚度，mm；k——双壁结构尺寸修正系数，mm；t——外框纸板计算厚度，mm；a——粘贴面纸伸长系数，mm。

表4-1中，在机械化生产（自动糊盒机操作）时，a 值应大于32.8mm。

为了印刷不出现漏白缺陷，不能正好将贯穿盒体四边的印刷图案设计到纸盒的边界处，而要预留出一定尺寸，即超过盒体边界3.2mm，以保证位置的精确。

二、摇盖式粘贴纸盒尺寸设计

以图4-9(c)及图4-16单板盖摇盖盒为例，采用拼合成型方式成型。此款纸盒分为盒体与盒盖单板两部分。

1. 纸盒剖面结构

根据单板盖摇盖盒结构设计纸盒剖面图，如图4-17所示。

2. 盒体纸板结构设计

由图4-17可知，盒体由两块侧板、两块端板及一块底板构成，各个盒板结构如图4-18。

3. 盒盖单板纸板结构设计

由图4-17可知，盒盖单板由前板、盖板、后板及底板组成，各个盒板结构如图4-19。

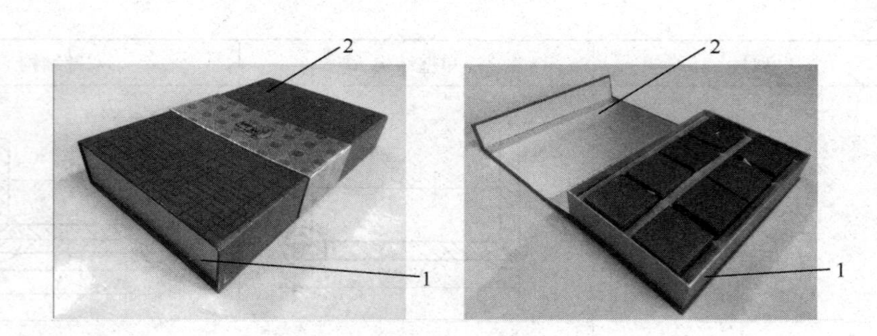

图 4－16　单板盖摇盖盒

1—盒体　2—盒盖单板

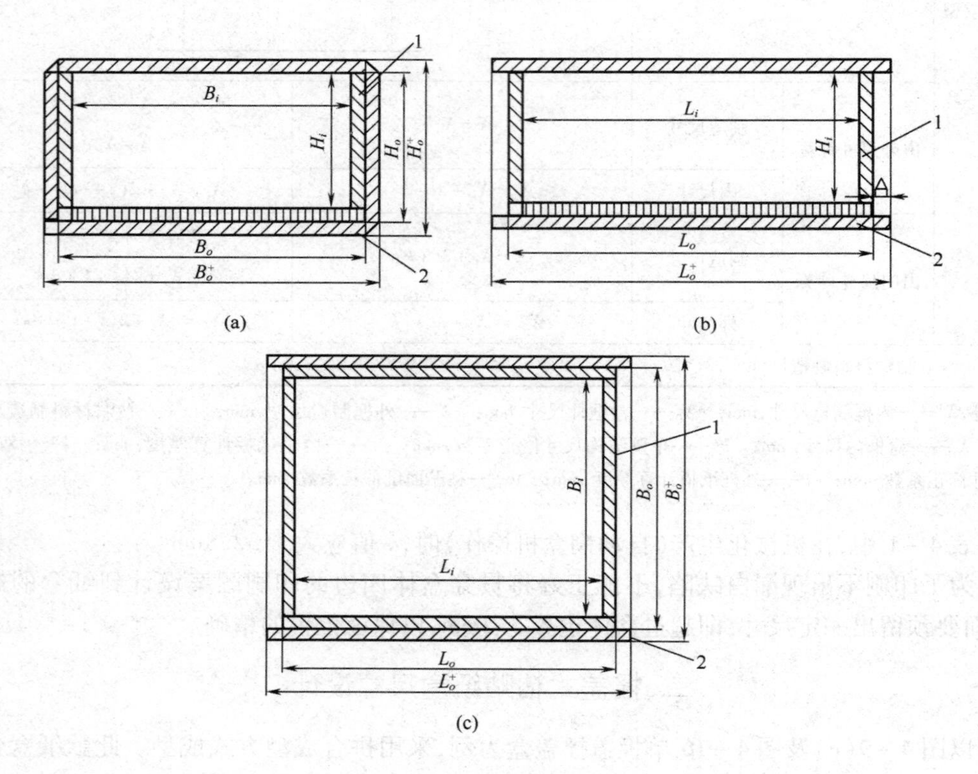

图 4－17　纸盒剖面结构图

（a）*BH* 剖面图　（b）*LH* 剖面图　（c）*LB* 剖面图

1—盒体　2—单板盖板

4. 面纸平面结构设计

如果盒体由一张面纸裱贴成型，由于面纸过长，操作不便利，同时对于未覆膜面纸，涂胶后伸长量增加，影响产品外观质量。因此将盒体面纸分为两部分进行裱贴，其结构图如图 4－20（a）、（b）所示。盒盖单板裱贴面纸分为外面纸与里面纸，其结构及尺寸如图 4－20（c）、（d）所示。

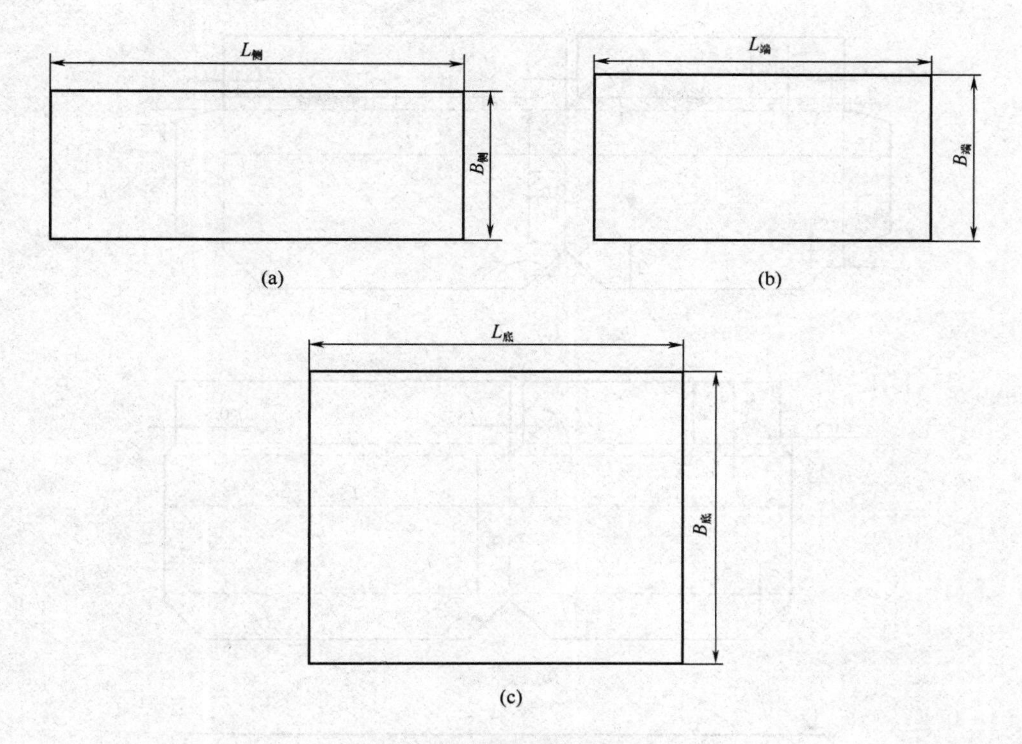

图4－18　盒体纸板结构及尺寸

(a)盒体侧板　(b)盒体端板　(c)盒体底板

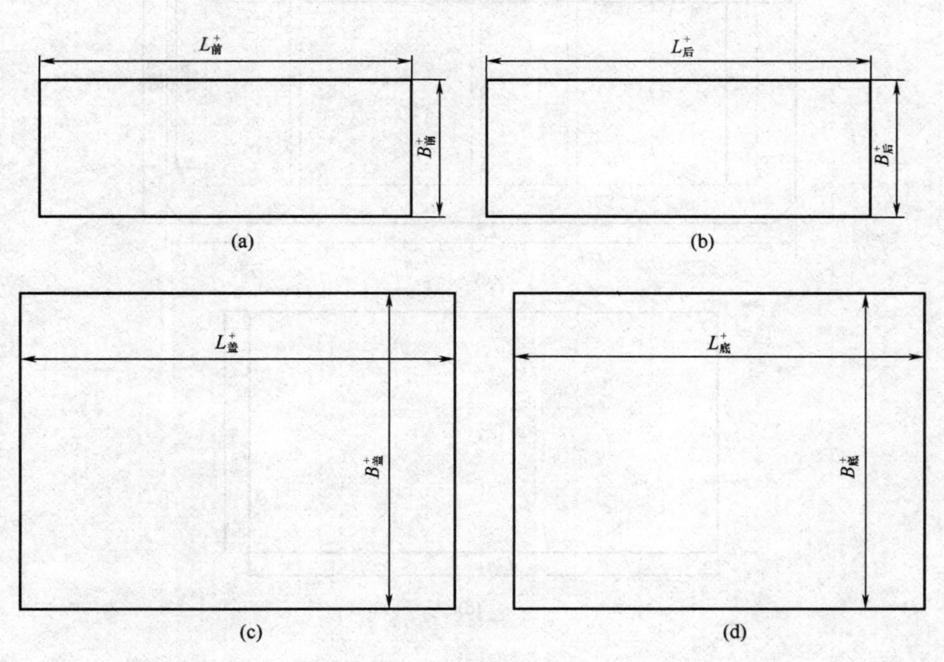

图4－19　盒盖单板纸板结构及尺寸

(a)前板　(b)后板　(c)盖板　(d)底板

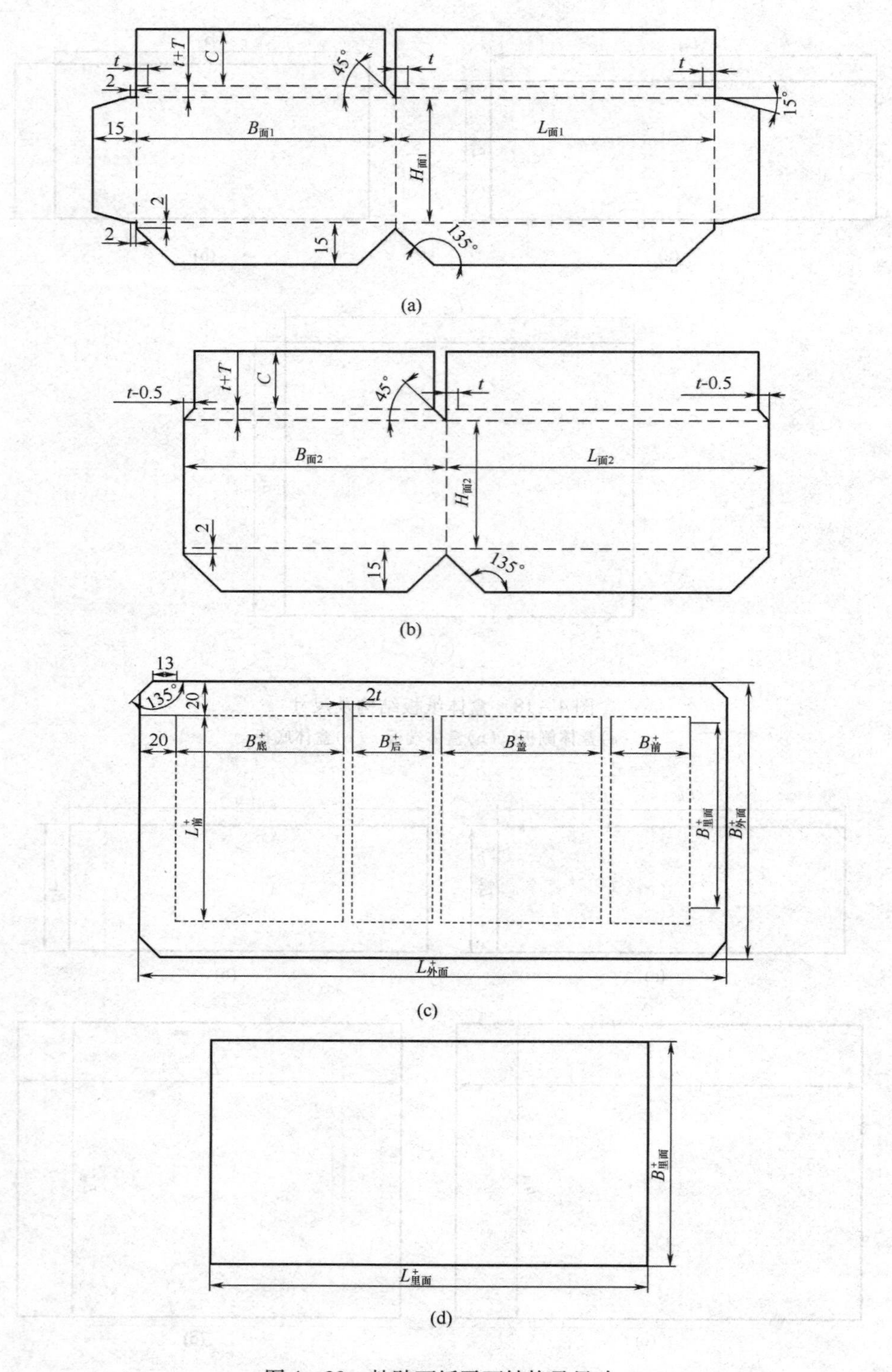

图 4－20　粘贴面纸平面结构及尺寸

(a)盒体面纸(带连接襟片)　(b)盒体面纸(无连接襟片)
(c)盒盖单板外面纸　(d)盒盖单板里面纸

5. 尺寸设计

根据内装物尺寸及《GB 23350—2009 限制商品过度包装要求:食品和化妆品》中的产品分类确定空隙率,从而确定包装的内尺寸。根据纸盒剖面结构图,由内尺寸计算图4－18至图4－20各盒板外尺寸及制造尺寸,见表4－2。假设盒体面纸与盒盖单板外面纸所用类型相同,与盒盖单板内面纸不同,但过胶后均无伸长。一般情况,襟片(盒体面纸在纸盒内侧的长度)C 取8～15mm,可根据实际情况进行延长,如果面纸厚度较小,表4－2中 T 和 T' 可忽略不计。

三、罩盖式粘贴纸盒尺寸设计

以图4－9(a)及图4－21罩盖式(天罩地)粘贴纸盒为例,采用V槽成型方式成型。此款纸盒分为盒盖与盒体两部分。

1. 纸盒剖面结构

根据罩盖式(天罩地)粘贴纸盒结构设计纸盒剖面,如图4－22所示。

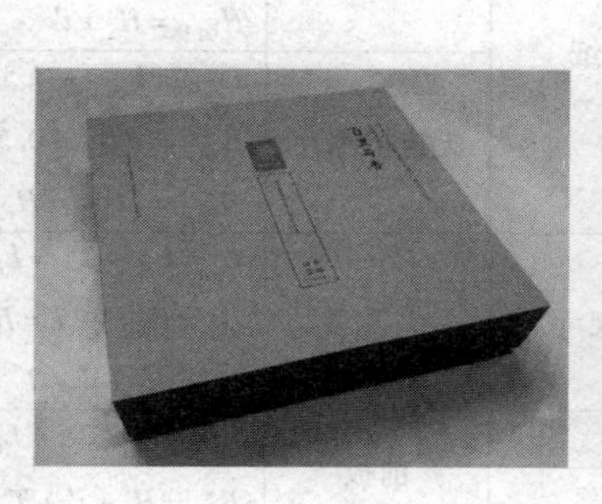

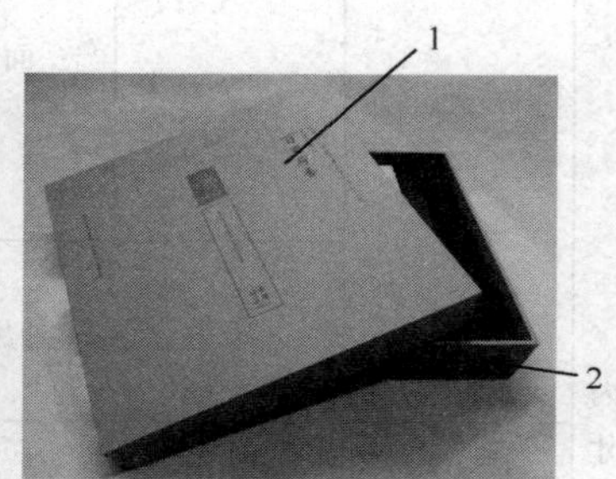

图4－21 罩盖式(天罩地)粘贴纸盒

1—盒盖 2—盒体

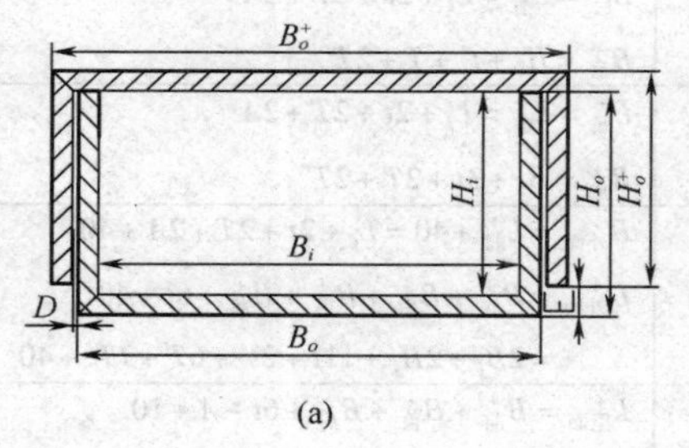

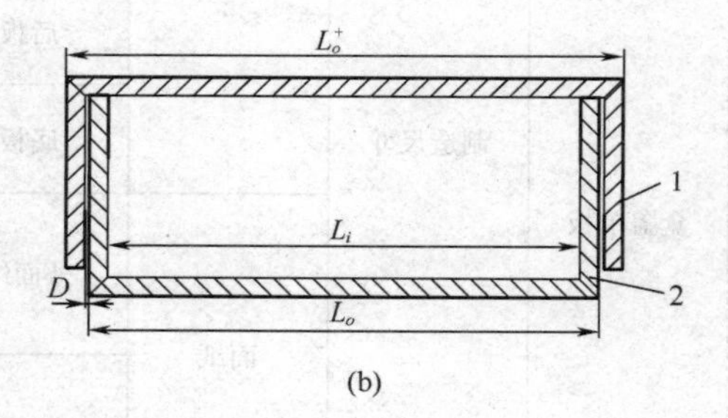

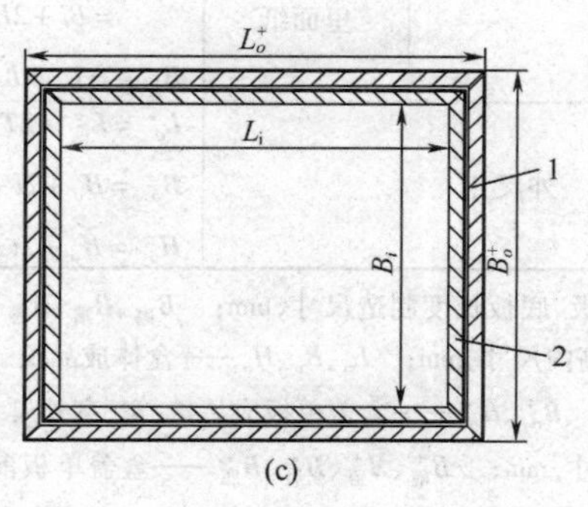

图4－22 成品纸盒内外尺寸剖面结构图

(a) LH 剖面图 (b) BH 剖面图 (c) LB 剖面图

1—盒盖 2—盒底

表 4-2　　　　拼合成型摇盖式粘贴纸盒尺寸设计

结构					计算公式
由内尺寸计算	盒体	制造尺寸	纸板	侧板	$L_{侧}=L_i+2t$ $B_{侧}=H_i-T$
				端板	$L_{端}=B_i$ $B_{端}=H_i-T$
				底板	$L_{底}=L_i+2t$ $B_{底}=B_i+2t$
			面纸	带连接襟片	$L_{面1}=L_{侧}+T=L_i+2t+T$ $B_{面1}=L_{端}+2t+T=B_i+2t+T$ $H_{面1}=H_i+t'$
				无连接襟片	$L_{面2}=L_{面1}-0.5=L_i+2t+T-0.5$ $B_{面2}=B_{面1}-0.5=B_i+2t+T-0.5$ $H_{面2}=H_{面1}=H_i+t'$
		外尺寸			$L_o=L_{底}+2T=L_i+2t+2T$ $B_o=B_{底}+2T=B_i+2t+2T$ $H_o=H_i+t'+T$
	盒盖单板	制造尺寸	纸板	前板	$L^+_{前}=L_o+2A=L_i+2t+2T+2A$ $B^+_{前}=H_i+t'+T'$
				盖板	$L^+_{盖}=L^+_{前}=L_i+2t+2T+2A$ $B^+_{盖}=B_i+2t+2T+2T'$
				后板	$L^+_{后}=L^+_{前}=L_i+2t+2T+2A$ $B^+_{后}=H_i+t'+T+2T'$
				底板	$L^+_{底}=L^+_{前}=L_i+2t+2T+2A$ $B^+_{底}=B_i+3t+2T+2T'$
			面纸	外面纸	$B^+_{外面}=L^+_{前}+40=L_i+2t+2T+2A+40$ $L^+_{外面}=B^+_{底}+B^+_{后}+B^+_{盖}+B^+_{前}+6t+40$ $=2B_i+2H_i+11t+2t'+6T+7T'+40$
				里面纸	$L^+_{里面}=B^+_{前}+B^+_{盖}+B^+_{后}+6t-A+10$ $=Bi+2H_i+8t+2t'+3T+5T'-A+10$ $B^+_{里面}=L_o=L_i+2t+2T$
		外尺寸			$L^+_o=L^+_{前}+2T=L_i+2t+4T+2A$ $B^+_o=B_o+2t+2T'+3T=B_i+4t+2T'+4T$ $H^+_o=H_o+2t+2T'+2T=H_i+2t+t'+2T'+3T$

注：$L_{侧}$、$L_{端}$、$L_{底}$——盒体侧板、端板、底板长度制造尺寸，mm； $B_{侧}$、$B_{端}$、$B_{底}$——盒体侧板、端板、底板宽度制造尺寸，mm； L_i、B_i、H_i ——成品长、宽、高内尺寸，mm； L_o、B_o、H_o——盒体成品长、宽、高外尺寸，mm； $L_{面}$、$B_{面}$、$H_{面}$——盒体面纸长、宽、高制造尺寸，mm； L^+_o、B^+_o、H^+_o——盒盖单板成品长、宽、高外尺寸，mm； $L^+_{前}$、$L^+_{盖}$、$L^+_{后}$、$L^+_{底}$——盒盖单板前板、盖板、后板、底板长度制造尺寸，mm； $B^+_{前}$、$B^+_{盖}$、$B^+_{后}$、$B^+_{底}$——盒盖单板前板、盖板、后板、底板宽度制造尺寸，mm； $L^+_{外面}$、$B^+_{外面}$——盒盖单板粘贴外面纸长、宽制造尺寸，mm； $L^+_{里面}$、$B^+_{里面}$——盒盖单板粘贴里面纸长、宽制造尺寸，mm； t——盒体体板及单板盒盖纸板计算厚度，mm； t'——盒体底板纸板计算厚度，mm； T——粘贴面纸厚度，mm； T'——粘贴里纸厚度，mm； A——盖板相对盒体单侧外延长度，mm。

2. 纸板结构设计

由图 4 - 22 可知，纸盒共由盒底和盒盖两片纸板构成，盒底与盒盖纸板结构如图 4 - 23。

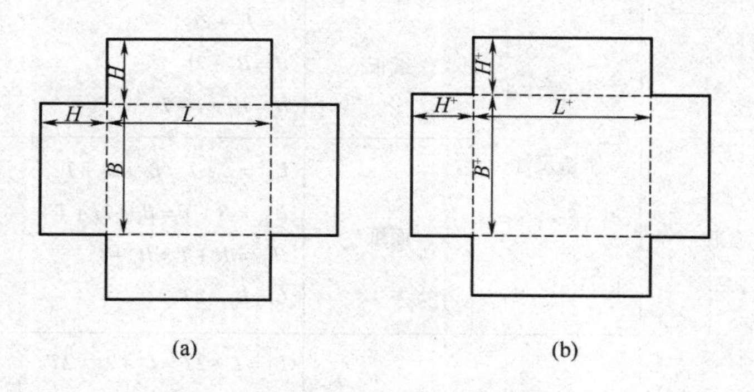

图 4 - 23　纸盒纸板结构与制造尺寸

（a）盒底　（b）盒盖

3. 面纸平面结构设计

根据图 4 - 22 纸盒剖面结构及面纸结构设计技巧，得到面纸结构与尺寸如图 4 - 24。

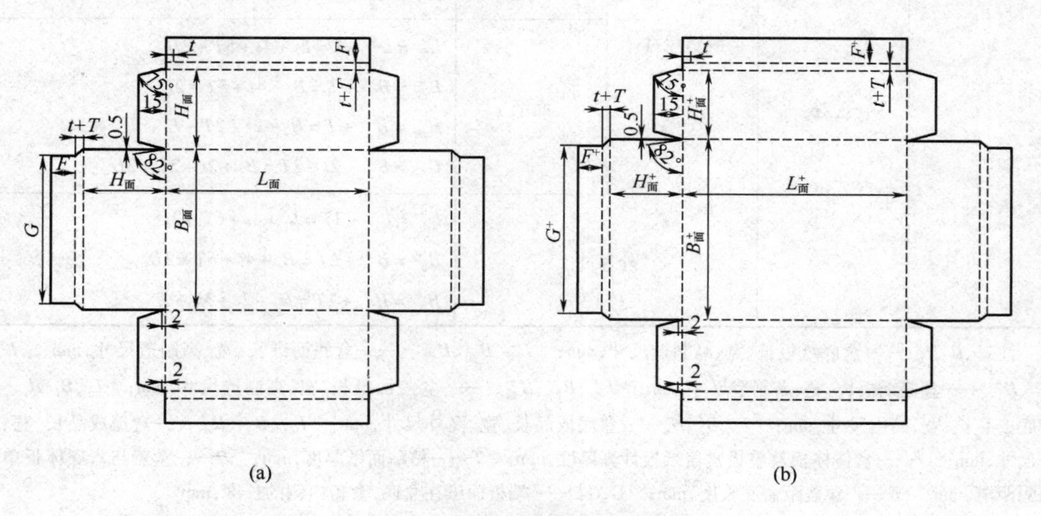

图 4 - 24　面纸平面结构与制造尺寸

（a）盒底　（b）盒盖

4. 尺寸设计

根据内装物尺寸及《GB 23350—2009 限制商品过度包装要求：食品和化妆品》中的产品分类确定空隙率，从而确定包装的内尺寸。根据纸盒剖面结构图，由内尺寸计算图 4 - 23、图 4 - 24 各盒板外尺寸及制造尺寸，见表 4 - 3。假设盒盖与盒底所用面纸类型相同，均无伸长率，如果面纸厚度较小，表 4 - 3 中 T 可忽略不计。

为方便取出盒底，盒盖与盒底间隙 D，一般取 1.5mm；盒盖底部与纸盒底部距离 E 取 5 ~ 20mm；一般情况，襟片面纸在盒底、盒盖内侧的长度 F 和 F^+ 取 8 ~ 15mm，可根据实际情况进行延长。

表 4－3　V 槽成型罩盖式（天罩地）粘贴纸盒尺寸设计

	结构			计算公式
由内尺寸计算	盒底	制造尺寸	纸板	$L = L_i + 2t$ $B = B_i + 2t$ $H = H_i + t - T$
			面纸	$L_{\text{面}} = L + T = L_i + 2t + T$ $B_{\text{面}} = B + T = B_i + 2t + T$ $H_{\text{面}} = H + T = H_i + t$ $G = B_i - 2T$
		外尺寸		$L_o = L + 2T = L_i + 2t + 2T$ $B_o = B + 2T = B_i + 2t + 2T$ $H_o = H + 2T = H_i + t + T$
	盒盖	制造尺寸	纸板	$L^+ = L_o + 2t + 2T + 2D = L_i + 4t + 4T + 2D$ $B^+ = B_o + 2t + 2T + 2D = B_i + 4t + 4T + 2D$ $H^+ = H_o + t - E = H_i + 2t + T - E$
			面纸	$L^+_{\text{面}} = L^+ + T = L_i + 4t + 5T + 2D$ $B^+_{\text{面}} = B^+ + T = B_i + 4t + 5T + 2D$ $H^+_{\text{面}} = H^+ + T = H_i + 2t + 2T - E$ $G^+ = B^+ - 2t - 2T = B_i + 2t + 2T + 2D$
		外尺寸		$L^+_o = L^+ + 2T = L_i + 4t + 6T + 2D$ $B^+_o = B^+ + 2T = B_i + 4t + 6T + 2D$ $H^+_o = H^+ + 2T = H_i + 2t + 3T - E$

注：L、B、H ——盒底纸板长、宽、高制造尺寸，mm；$L_{\text{面}}$、$B_{\text{面}}$、$H_{\text{面}}$ ——盒底面纸长、宽、高制造尺寸，mm；L^+、B^+、H^+ ——盒盖纸板长、宽、高制造尺寸，mm；$L^+_{\text{面}}$、$B^+_{\text{面}}$、$H^+_{\text{面}}$ ——盒盖面纸长、宽、高制造尺寸，mm；L_i、B_i、H_i——盒底成品长、宽、高内尺寸，mm；L_o、B_o、H_o——盒底成品长、宽、高外尺寸，mm；L^+_o、B^+_o、H^+_o——盒盖成品长、宽、高外尺寸，mm；t——盒体体板及单板盒盖纸板计算厚度，mm；T——粘贴面纸厚度，mm；D——盒盖与盒底体板单侧间隔距离，mm；E——盒盖距盒底长度，mm；G、G^+——端板面纸在盒底、盒盖内侧的长度，mm。

【习题】

4－1 为什么粘贴纸盒制造尺寸计算公式与折叠纸盒有所不同？

4－2 推导内框为管式成型，外框为盘式成型之双壁单底粘贴纸盒高度方向制造尺寸计算公式。

第五章　瓦楞纸箱结构设计

第一节　瓦楞纸板结构

一、瓦楞纸板结构的表示方法

1. 原纸品种/定量/纸板层数/楞型表示法

按瓦楞原纸技术指标(GB/T 13023—2008)、箱纸板技术指标(GB/T 13024 - 2003)及涂布箱纸板技术指标(GB/T 10335.5—2008)规定,瓦楞原纸、面纸中普通箱纸板、牛皮挂面箱纸板和涂布箱纸板按质量分为优等品、一等品和合格品,其中瓦楞原纸的优等品里又分 A、AA、AAA 三级。牛皮箱纸板分为优等品和一等品。

纸板的品种采用英文缩写,见表 5 - 1。

表 5 - 1　纸板品种英文缩写

类别	箱纸板				瓦楞原纸
纸板品种	漂白牛皮箱纸板	牛皮挂面箱纸板	本色牛皮箱纸板	涂布本色牛皮箱纸板	半化学浆瓦楞原纸
英文缩写	WK	KF	K	CNK	SCP
纸板品种	普通箱纸板	本色箱纸板	单一浆料箱纸板		中性亚硫酸盐半化学浆瓦楞原纸
英文缩写	C	NC	PS		NSSC

表示公式:外面纸品种—外面纸定量·瓦楞芯纸品种—瓦楞芯纸定量·内面纸品种—内面纸定量、瓦楞楞型 F

例如,WK—250·SCP—125·K—250CF 表示外面纸为定量 250g/m^2 的漂白牛皮箱纸板,内面纸为定量 250g/m^2 的本色牛皮箱纸板,瓦楞原纸为定量 125g/m^2 的半化学浆高强瓦楞原纸的 C 楞双面单瓦楞纸板。上式也可以采用简写:WK250/SCP125/K250CF。

2. 原纸定量/瓦楞层数/楞型表示法

表示公式:外面纸定量/夹芯纸定量/内面纸定量—瓦楞芯纸定量/瓦楞层数、瓦楞楞型

瓦楞层数用 1 或 2 表示,1 代表单瓦楞,2 代表双瓦楞。

例如,293/240 - 151/1C 表示外面纸、内面纸、瓦楞芯纸定量分别为 293,240,151g/m^2 的 C 楞单瓦楞纸板。

293/240/293 - 155/2AB 表示外面纸、夹芯纸、内面纸、瓦楞芯纸定量分别为 293,240,293,155g/m^2 的 AB 楞双瓦楞纸板。

与第一种表示方法相比缺少考虑原纸品种。

3. 纸板代号表示法

表示公式:纸板代号-纸板类别号.同类纸板序号

纸板代号用S、D或T表示,S代表单瓦楞,D代表双瓦楞,T代表三瓦楞。

例如,S-1.1表示第1类优等品双面单瓦楞纸板,其技术指标为:耐破度不低于650kPa,边压强度不低于3.00kN/m,用于制造储运流通环境比较恶劣情况的1类纸箱。

D-2.1表示第1类合格品双面双瓦楞纸板,其技术指标为:耐破度不低于600kPa,边压强度不低于2.80kN/m,主要用于储运流通环境较好情况的2类纸箱。

T-1.2表示第2类优等品双面三瓦楞纸板,瓦楞纸板最小综合定量720g/m^2,其技术指标为:耐破强度不低于2000kPa,边压强度不低于10.0kN/m。

这种表示方法不考虑原纸情况,只考虑纸板的最后性能。

二、瓦楞纸板厚度

瓦楞纸板厚度是瓦楞纸箱设计中一个非常重要的因素,不仅决定着瓦楞纸箱的尺寸,而且影响到瓦楞纸箱的强度。一般是原纸厚度与瓦楞高度之和(图5-1)。

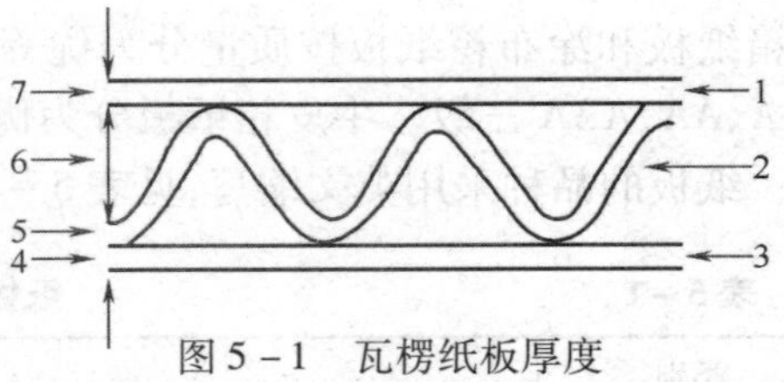

图5-1 瓦楞纸板厚度

1—外面纸 2—瓦楞芯纸 3—内面纸 4—内面纸厚度 5—芯纸厚度 6—瓦楞高度 7—外面纸厚度

瓦楞纸板厚度计算公式如下:

$$t = \left(\sum t_n + \sum t_{mn} + \sum F_{hn}\right) - d \quad (5-1)$$

式中 t——瓦楞纸板实际厚度,mm

t_n——内、外面纸与夹芯纸厚度,mm

t_{mn}——瓦楞原纸厚度,mm

F_{hn}——瓦楞辊高度,mm

d——瓦楞纸板制造过程中的厚度损失,mm

d值具有重要意义,d值越小,瓦楞纸板实际厚度就越大,其质量也越高。

影响d值的主要因素有:①瓦楞缺陷(塌楞、歪楞、高低不齐);②双面粘贴时出现的楞高损失。

表5-2是国家标准《GB/T 6544—2008 瓦楞纸板》规定的瓦楞楞型技术参数,其中楞高h取决于瓦楞辊高度F_{hn},并决定瓦楞纸板实际厚度t。

表5-2 瓦楞楞型技术参数(GB/T 6544—2008)

楞型	楞高 h/mm	楞宽 t/mm	楞数/(个/300mm)
A	4.5~5.0	8.0~9.5	34±3
C	3.5~4.0	6.8~7.9	41±3
B	2.5~3.0	5.5~6.5	50±4
E	1.1~2.0	3.0~3.5	93±6
F	0.6~0.9	1.9~2.6	136±20

注:瓦楞楞型为UV形。

在设计瓦楞纸箱时，可按表5-3选取瓦楞纸板的计算厚度。

表5-3 瓦楞纸板计算厚度 单位：mm

楞型	A	B	C	E	F	AB	BC
纸板计算厚度	5.3	3.3	4.3	2.3	1.2	8.1	7.1

三、瓦楞纸箱箱坯结构

1. 瓦楞纸箱箱坯结构名称

瓦楞纸板只有经过分切、压痕、开槽、开角等操作后才能制造成瓦楞纸箱箱坯。箱坯结构及名称如图5-2所示。

2. 切断

切断是将瓦楞纸板按规定尺寸分切。按切断线与机械方向的不同关系，可分为：①纵切线：与机械方向平行的切断线；②横切线：与机械方向垂直的切断线。

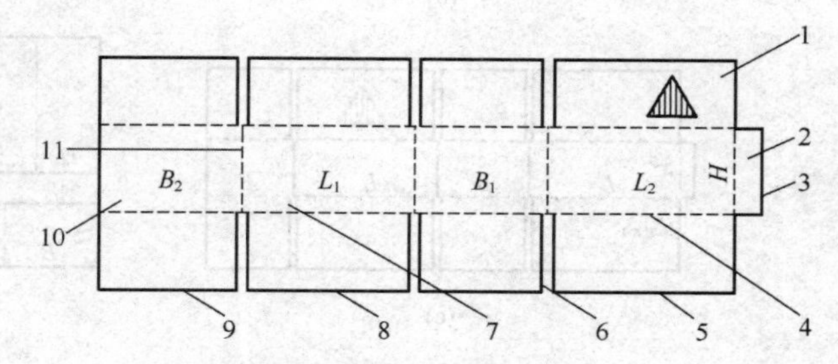

图5-2 瓦楞纸箱箱坯结构

1—瓦楞方向 2—制造商接头 3—横切线 4—横压线 5—纵切线 6—开槽 7—侧板 8—外摇盖 9—内摇盖 10—端板 11—纵压线

3. 压痕

压痕的主要作用是将瓦楞纸板按预定位置准确地弯折，以实现精确的纸箱内尺寸（外尺寸）。按压痕线与瓦楞楞向的不同关系，压痕又可分为：①横压线：与瓦楞楞向垂直的压痕线；②纵压线：与瓦楞楞向平行的压痕线。

如前所述，对于05、06类瓦楞纸箱的箱坯部件，如果只有一组压痕线，那么这组压痕线必然是横压线。

4. 开槽

开槽指在瓦楞纸板上切出便于摇盖折叠的缺口，其宽度一般为纸板计算厚度再加1mm（也可考虑为纸板计算厚度的2倍）。

开槽与压痕有密切关系，而且对纸箱尺寸精度与外观均有直接影响。开槽中心线要尽量与压痕线对齐，前后左右的偏差越小越好。

如果采用开槽机开槽，则开槽只能是简单矩形，其纵深接近横压线的中心位置。如果采用模切机开槽，可以设计多种槽形。例如，用倒圆形开槽防止切口毛边有损于外观和卡住设备；用钟口形开槽防止摇盖在折叠操作中易被卡住的问题发生。但是，当瓦楞纸箱平放或侧放时，摇盖位于垂直箱面，这时采用全钟口形开槽会降低箱角对纸箱抗压强度所起的作用。因此，这种设计虽然有利于纸箱成型，却不利于纸箱承压，应考虑将钟口形开槽与矩形开槽结合起来。

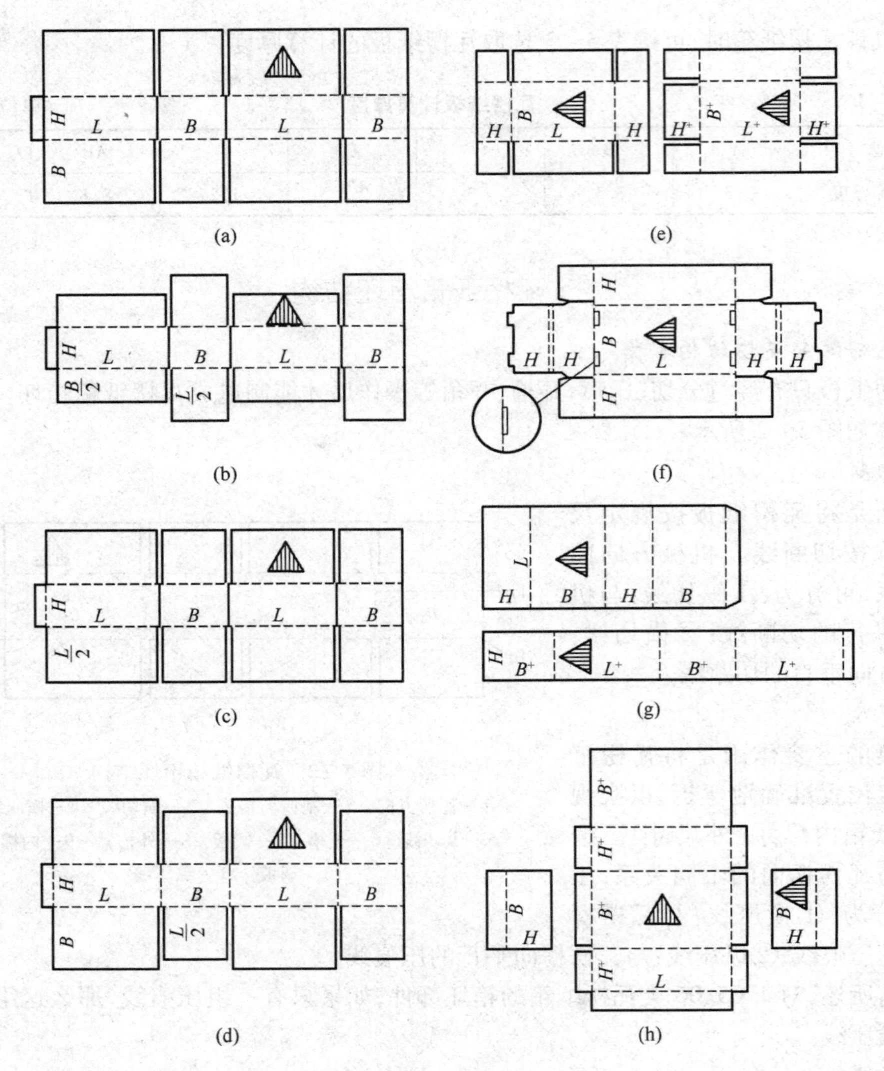

图 5－3　瓦楞纸箱楞向设计

(a)0203　(b)0204　(c)0205　(d)0206　(e)0301　(f)0422　(g)0510　(h)0601

5. 制造商接头

接头对于瓦楞纸箱，尤其是 02 类纸箱，是必不可少的成型部分。接头一般连接在 L_2H 箱板上与 B_2H 箱板结合。当纸箱成型时，接头位置往往会使纸箱内尺寸产生一些误差，尺寸设计时应当予以重视。

如前所述，制造商接头接合方式有以下三种形式。

(1)胶带粘合(TJ)　胶带粘合结合方式的最大特点是纸箱内外壁无凸出部分，但结合强度不大，而且胶带同时遮盖 L_2H 与 B_2H 箱面边缘，影响该处箱面印刷效果。

(2)黏合剂粘合(GJ)　这是适合高速自动化糊箱机生产且接合强度最牢固的一种方式。但是，纸箱接合角将造成箱板部分重叠。如果接头在箱内，会造成内装物的过多磨损；如果在箱外，有可能卡在运输机导板或汽车、火车车厢上。

(3)金属钉结合(SJ) 这种结合比较牢固,但箱钉容易生锈,同时也存在接合角箱板重叠问题。

6. 箱面(板)

对于长方体纸箱,其中 4 个垂直箱面分类为:①端面:瓦楞纸箱的 BH 箱面;②侧面:瓦楞纸箱的 LH 箱面。

在箱坯状态下,端面和侧面称为端板和侧板。

7. 摇盖

02 类纸箱一般带有摇盖,分类如下:①内摇盖:与端板连接的摇盖;②外摇盖:与侧板连接的摇盖;③上摇盖:组成箱盖的摇盖;④下摇盖:组成箱底的摇盖。

8. 楞向

部分瓦楞纸箱楞向如图 5-3 所示。

第二节 瓦楞纸箱箱型标准

一、国际纸箱箱型标准

国际纸箱箱型标准(International Fibreboard Case Code)由 FEFCO 和 ESBO 制定或修订,ICCA 采纳并在国际间通用。

按照这一标准,纸箱结构可分为基型和组合型两大类。

1. 基型(见附表 1 图)

基型即基本箱型,在标准中有图例可查,用 4~8 位阿拉伯数字表示。

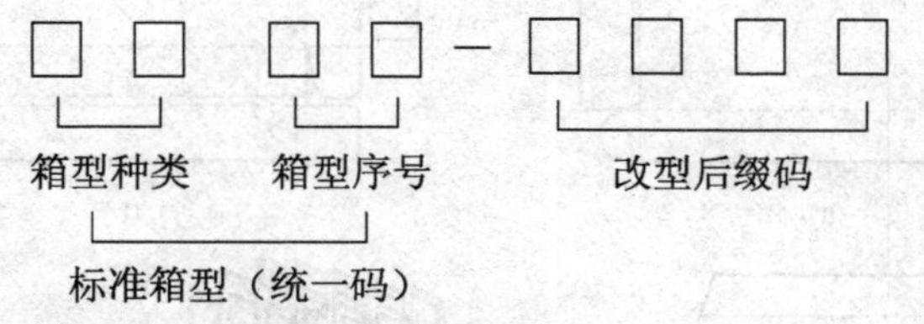

箱型序号表示同一箱型种类中不同的箱型结构,改型是各制造商对标准箱型的修改,而不是产生一个新的箱型,不同厂家改型后缀码所代表的箱型不同,但同一厂家应是唯一专用的,如 0201-2。后缀码方便建立 CAD/CAM 库或专用箱图库。

(1)01——商品瓦楞卷筒纸和纸板 主要用于集中制板、分散制箱时的制造商之间的流通行为。其中 0100 代表单面瓦楞纸板卷筒或纸板、0110 代表双面单瓦楞纸板。

(2)02——开槽型箱 代表带有钉合、黏合剂或胶带粘合的制造商接头和上摇盖与下摇盖的一页纸板成型纸箱。运输时呈平板状,使用时装入内装物封合摇盖(图 5-4)。

代表箱型 0201 又称标准瓦楞纸箱(RSC)。

(3)03——套合型纸箱 即罩盖型,具有两个及以上独立部分组成,箱体与箱盖(个别箱型还有箱底)分离。箱体立放时(*LB* 面//水平面),箱盖或箱底可以全部或部分套盖住箱体。

(4)04——折叠型纸箱与托盘 一般由一页纸板组成,盒底板延伸成型两个或全部体板与盖板,部分箱型还可设计锁扣、提手、展示板等结构(图 5-5)。

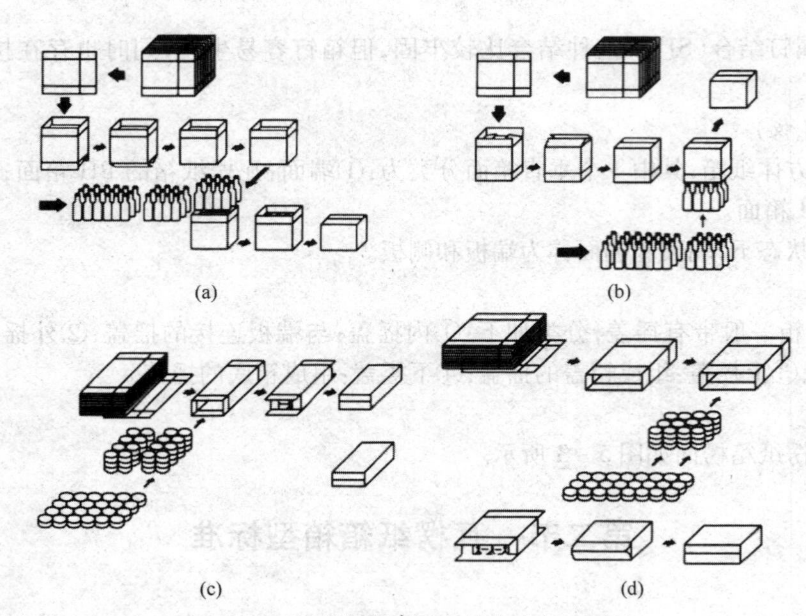

图 5-4　02 类箱成型及充填方式（0201 箱）
（a）盖面充填　（b）底面充填　（c）端面充填　（d）侧面充填

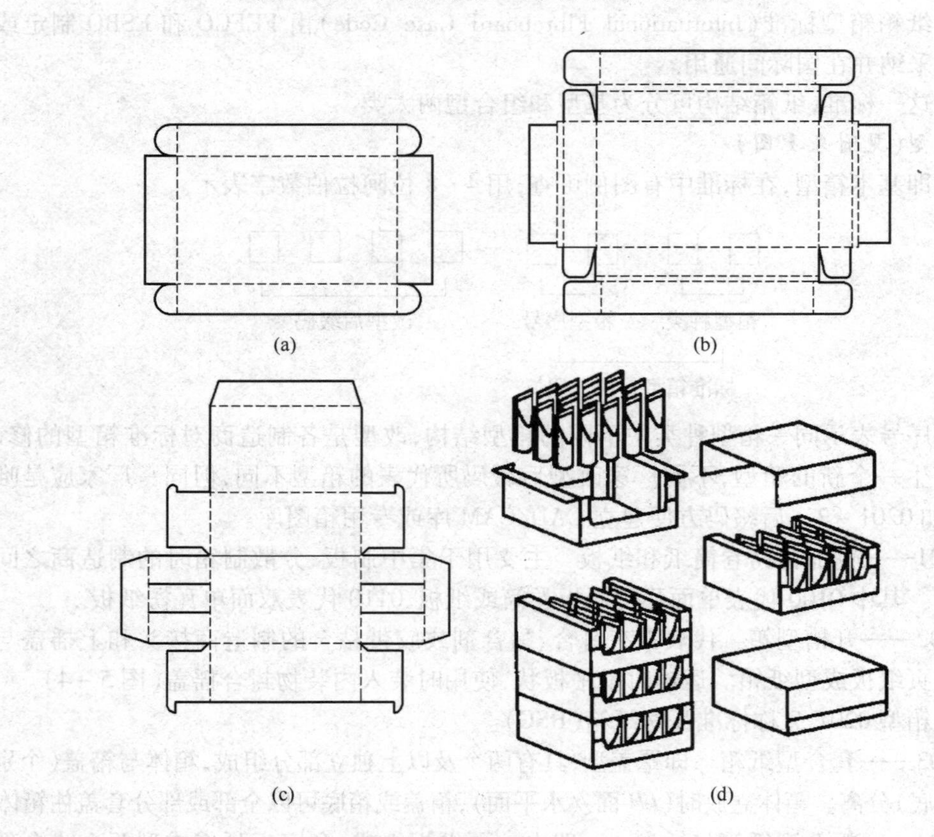

图 5-5　04 类箱成型及充填方式
（a）粘合　（b）组装　（c）锁合　（d）充填内装物

(5)05——滑盖型纸箱　由若干内箱和箱框组成，内外箱以不同方向相对滑动而封合。这一类型的部分箱型可作为其他类型纸箱的外箱。

(6)06——固定型纸箱　由两个分离的端板及连接这两个端板的箱体组成。使用前需要通过钉合或类似工艺成型。这种纸箱俗称布利斯(Bliss)纸箱(图5-6)。

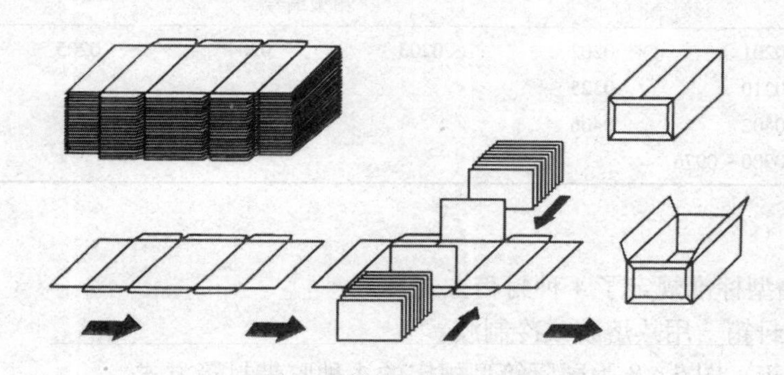

图5-6　06类箱成型方式(0605箱)

(7)07——预粘合纸箱　主要是一页纸板成型，运输呈平板状，只要打开箱体就可使用。包括自锁底箱和盘式自动折叠纸箱。

(8)09——内附件　包括衬板、缓冲垫、间壁板、隔板等，可结合纸箱设计，也可单独使用。纸板数量视需要增减。

①平衬型(0900~0903)平板衬垫，主要用于将纸箱分隔为上下、前后或左右两部分以及填充箱底箱盖不平处；②套衬型(0904~0929)框形衬垫，起加强箱体强度、增加缓冲功能或分隔内装物的作用；③间壁型(0930~0935)分隔多件内装物，避免其相互碰撞；④填充型(0940~0967)填充瓦楞纸箱箱壁及上端空间，避免内装物在箱内跳动；⑤角型(0970~0976)填充瓦楞纸箱角隅空间，以固定内装物并增加缓冲；⑥组合内衬(0982~0999)多层纸板组合而成。

2. 组合型

组合型是基型的组合，即由两种及以上的基本箱型组成或演变而成，用多组数字及符号来表示。

图5-7所示箱型，上摇盖用0204型，下摇盖用0215型，表示方法：0204/0215(上摇盖/下摇盖)。

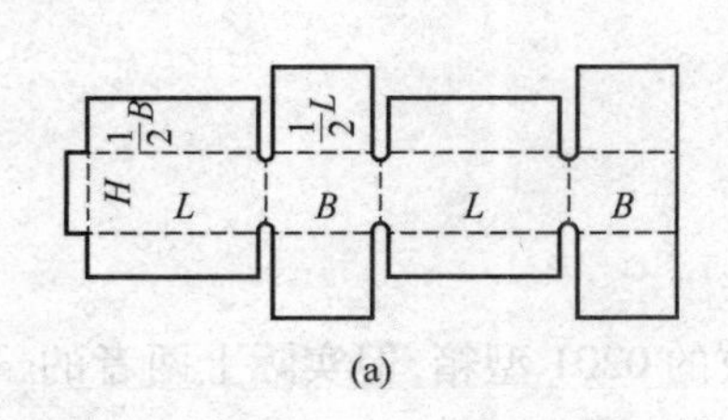

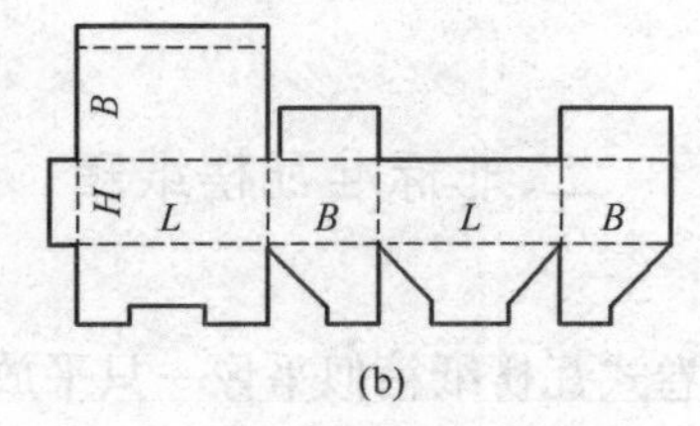

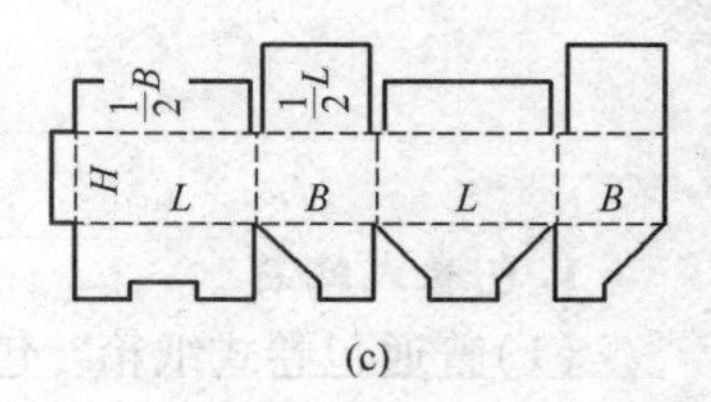

图5-7　组合型纸箱表示法

(a)0204　(b)0215　(c)0214/0215

国家标准《GB/T 6543—2008 运输包装用单瓦楞纸箱和双瓦楞纸箱》参考国际箱型标准系列规定了运输包装用瓦楞纸箱的基本箱型，其箱型代号如表 5 – 4 所示。

表 5 – 4　　国家标准箱型（GB/T 6543—2008）

分类编号	箱型编号					
02	0201	0202	0203	0204	0205	0206
03	0310	0325				
04	0402	0406				
09	0900 ~ 0976					

3. 封箱

国际纸箱箱型标准规定了 4 种封箱方式。

（1）黏合剂封箱　用热熔胶或冷制胶。

（2）胶带封箱　图 5 – 8 为国际箱型规定的 4 种胶带封箱方式。

（3）联锁封箱　图 5 – 9 为常见的 0201 型箱联锁封箱方式，其他箱型则视结构而定。

（4）U 形钉封箱　图 5 – 10 为国际纸箱箱型标准规定的 2 种 U 形钉封箱方法。

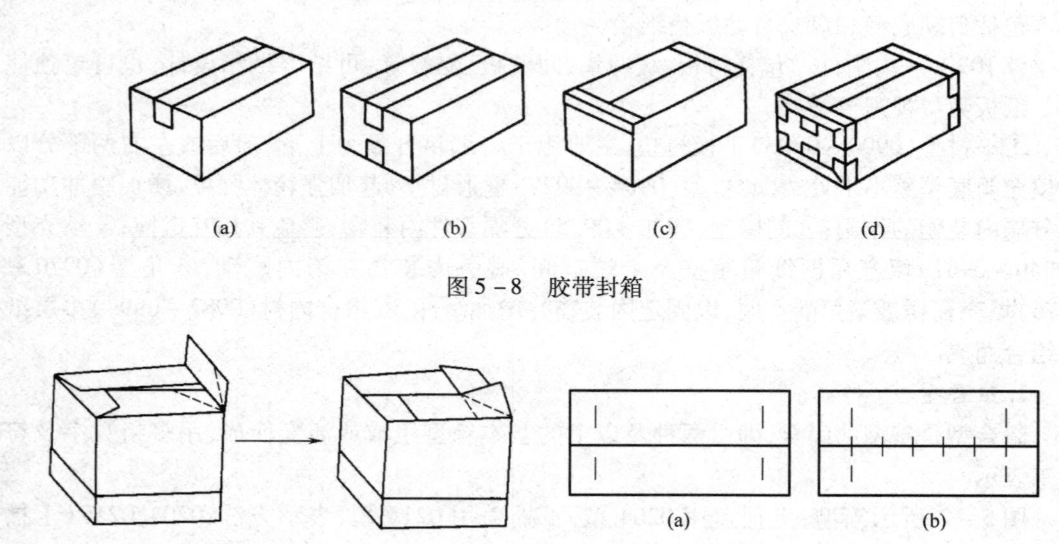

图 5 – 8　胶带封箱

图 5 – 9　联锁封箱　　图 5 – 10　U 形钉封箱

二、非标准瓦楞纸箱

1. 包卷式纸箱

（1）普通包卷式纸箱　包卷式瓦楞纸箱似乎像一只平放的 0201 型箱，但实际上两者的结构有很大不同（图 5 – 11）。

① 0201 纸箱一般用轮转式设备生产，而包卷式纸箱是模切生产，所以 0201 纸箱内外摇盖压痕线在一条直线上，而包卷式纸箱则可以不同，如图 5 – 12 所示。

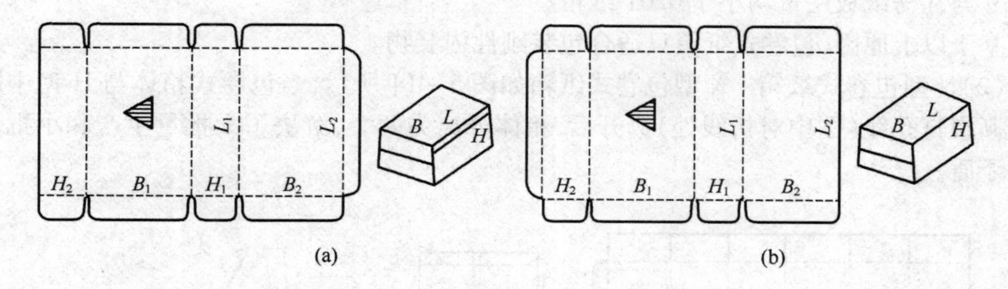

图 5 - 11　包卷式瓦楞纸箱

(a)外接头　(b)内接头

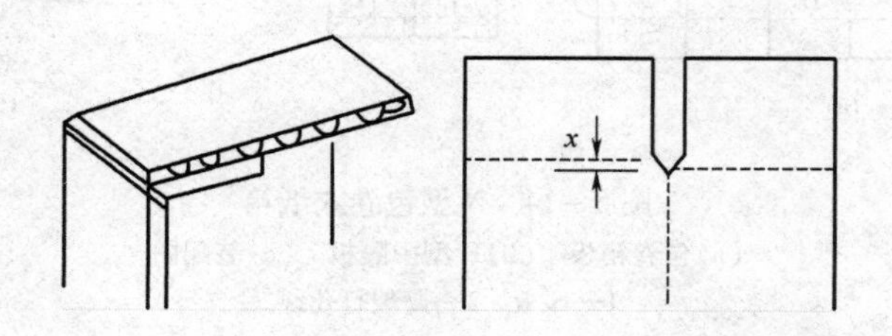

图 5 - 12　包卷式纸箱压痕线

② 0201 纸箱带有制造商接头，在瓦楞纸箱厂完成制箱的整个过程，到用户厂后再将内装物装填到半成型箱中，如图 5 - 4 所示；而包卷式纸箱在纸箱厂只完成箱坯，以半成品形式运至用户，由用户使用高速自动包装设备将内装物放置在箱坯上再将其包卷制作成箱，接头这时才完成接合，如图 5 - 13 所示。

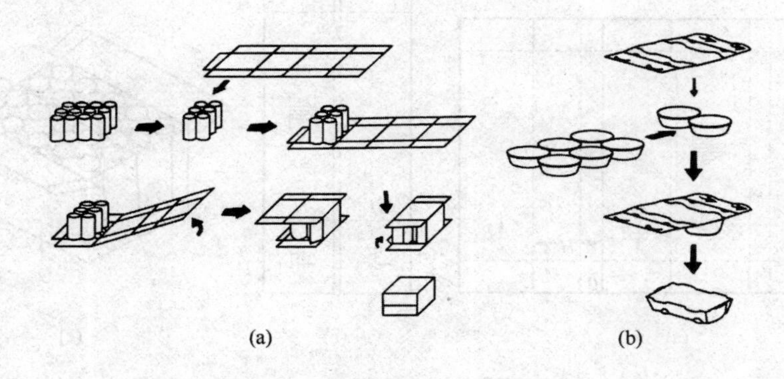

图 5 - 13　包卷式纸箱包装工艺

(a)向上包卷　(b)向下包卷

③ 0201 纸箱楞向平行于纸箱接头，而包卷式纸箱楞向垂直于纸箱接头，所以包卷式纸箱有两个垂直面（*BH* 面）是水平瓦楞且开口位置在此，抗压强度较四个垂直箱面均为垂直瓦楞且无开口的 0201 箱约低 20%。

④ 采用包裹方式卷包内装物，包卷式纸箱与内装物紧紧相贴，因而包装同量内装物，

外尺寸与瓦楞纸板用量均小于0201纸箱。

基于以上原因，包卷式纸箱只适合包装刚性内装物。

(2)N型包卷式纸箱　N型包卷式纸箱如图5－14所示，当包卷式箱体与H型中隔板上的撕裂打孔线（图中对折线处）撕开后，箱体分离为两个，解决了大批量生产和小批量销售的矛盾。

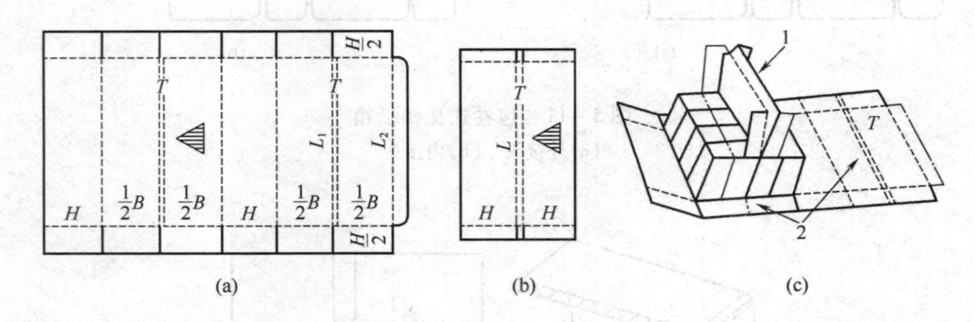

图5－14　N型包卷式纸箱

(a)包卷箱板　(b)H型中隔板　(c)装配图

1—H板　2—撕裂打孔线

(3)F型包卷式纸箱　F型包卷式纸箱如图5－15所示，其中包卷式纸箱类似于平放的0209短摇盖箱。上摇盖用胶带连接，既增加固定效果，又易于箱体分离。F型包卷箱同时兼有0201箱和普通包卷箱的优点，又增加了分离的功能。其组装过程如图5－16所示。

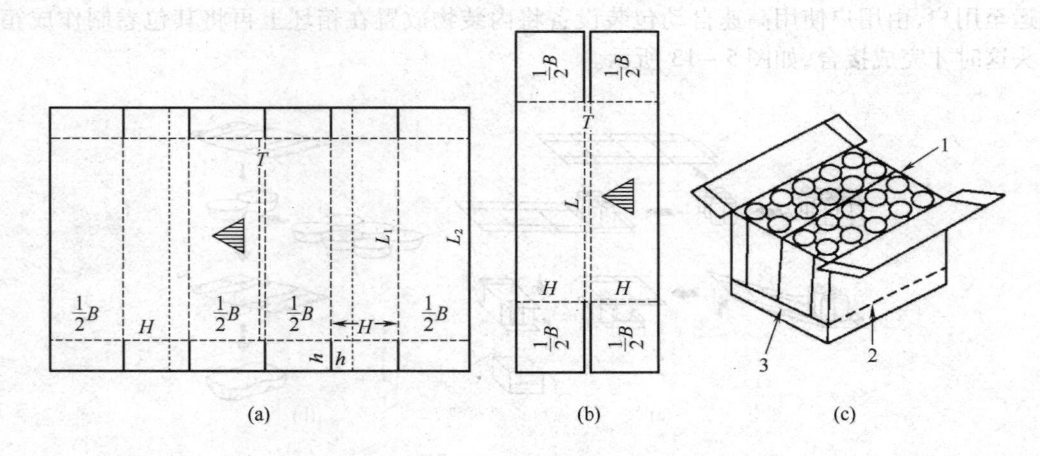

图5－15　F型包卷式纸箱

(a)包卷箱板　(b)H型隔板　(c)装配图

1—H型隔板　2—展示用撕裂打孔线　3—分离用撕裂打孔线

F型包卷式纸箱采用以下材料：

箱板　K－180·SCP－160·K－180AF或C－210·SCP－125·C－210AF

H板　K－180·SCP－180·K－180AF或C－210·SCP－125·C－210AF

F 型包卷式纸箱具有以下优点：①包装单位趋向小批量化。例如可以将原 20 瓶装箱分解为两个 10 瓶装箱。②包装强度提高。与 0201 型箱相比，箱底为平面，所以内装物跌落破损率降低；与普通包卷式纸箱和 N 型包卷式纸箱相比，由于纸箱侧壁均为垂直瓦楞，所以抗压强度提高。③包装材料成本降低。与其他分离式纸箱相比，纸板用量大约节省 20%。与传统 0201、0903 组合箱相比，则纸板节省率可达 40%，成本降低 20% ~30%。④具有良好的促销性能。箱盖易于开启，箱体易于分解，批发或零售商店不用刀具切割即可将外包装箱一分为二，且方便贴标，托盘展示性好。

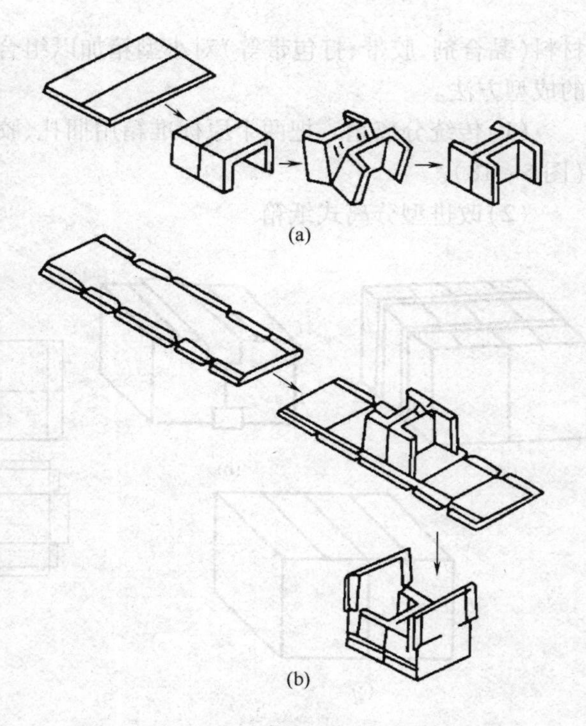

图 5－16 F 型包卷式纸箱组装成型过程
(a)H 型隔板 (b)箱板

(4)DP 型包卷式纸箱 与前两种包卷式纸箱不同，DP 型包卷式纸箱可一分为三。箱体分解以后，箱盖可以重新密封，箱体可以重新贴标。图 5－17 是 DP 型包卷箱的成型与分解过程。

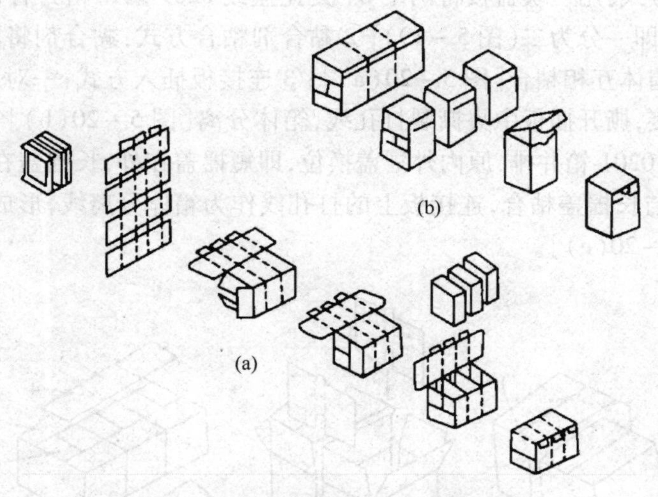

图 5－17 DP 型包卷式纸箱成型与分解过程
(a)成型过程 (b)分解过程

2. 分离式纸箱

分离式纸箱在流通（批发或零售）过程中可以一分为二或更多个，主要解决大批量生产和小批量销售的矛盾。其结构可分为两类：一类在传统标准箱型的基础上采用各种辅助材料（黏合剂、胶带、打包带等）对小型箱加以组合；一类则是摒弃传统结构形式，采用全新的成型方法。

（1）传统分离箱　把两个原标准箱用捆扎、胶带或黏合剂粘合方式进行组合，然后分离（图 5－18）。

（2）改进型分离式纸箱

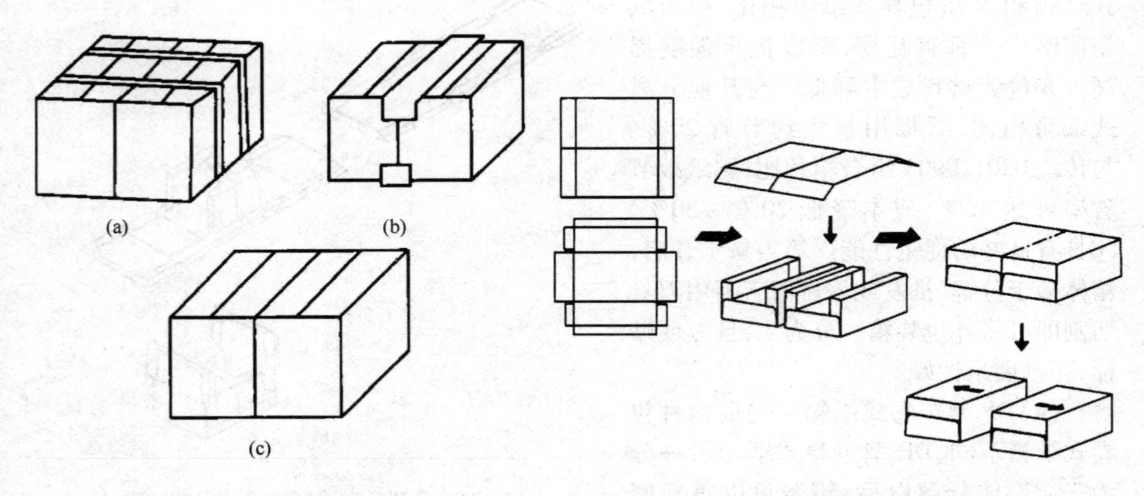

图 5－18　传统分离箱
（a）捆扎　（b）胶带连接　（c）黏合剂粘合

图 5－19　盖板分离式纸箱成型与分离过程

①盖板连接方式：用一块盖板将两个 04 类托盘或 0209 敞口箱封合，盖板中间沿撕裂打孔线撕开，箱体即一分为二（图 5－19）；②黏合剂粘合方式：黏合剂将两个 0201 箱的双接头之一与对方箱体互相粘合［图 5－20（a）］；③连接板插入方式：一对 0201 型箱的两端各用一块插板连接，撕开插板中央撕裂打孔线，箱体分离［图 5－20（b）］；④连接板固定方式：将 2 个或 3 个 0201 箱并排，原内外摇盖换位，即短摇盖在外，长摇盖在内。短摇盖间隙处用一块连接板与长摇盖粘合，连接板上的打孔线作为箱体分离线，形成用瓦楞连接板固定的组合体［图 5－20（c）］。

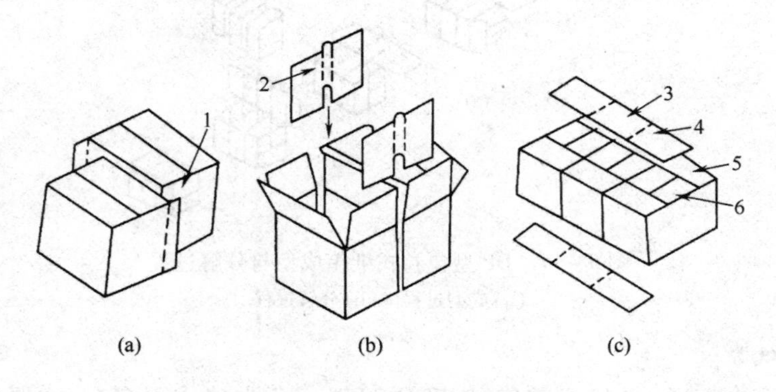

图 5－20　分离式纸箱连接方式
1—粘合接头　2—撕裂打孔线　3—连接板　4—打孔线　5—短摇盖　6—摇盖粘合面

该结构具有如下特点:0201 箱型不变,原箱结构不变;连接板固定位置可根据内装物选择在上面、上下两面或堆码时在侧面沿纵向(垂直方向);如果箱体侧面相互粘合,则可以提高纸箱承载能力;连接工序可手工操作,具有通用性。

图 5 - 21 为一托盘型分离箱,纸箱底板与侧板设计有分离线(打孔线),侧内板连接分离端板,分离时在纸箱底板指孔处用力。

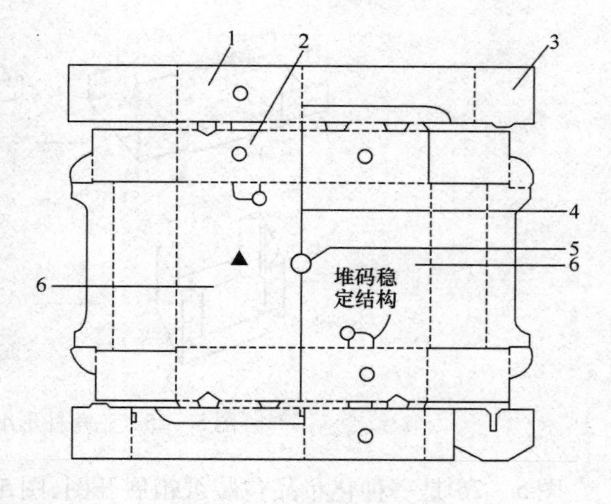

图 5 - 21 分离式托盘

1—侧内板 2—侧板 3—分离纸板 4—分离线 5—分离用指孔 6—底板

3. 三角柱形纸箱

(1)三角柱纸箱的结构类型 三角柱纸箱不同于 0970 ~ 0976 型角衬,它是箱体与角衬一页成型,瓦楞纸箱的四个角隅形成三角柱或直角柱结构(图 5 - 22),对纸箱角隅进行补强(图 5 - 23)。

国际标准箱型只有 0771 一种三角柱形纸箱。

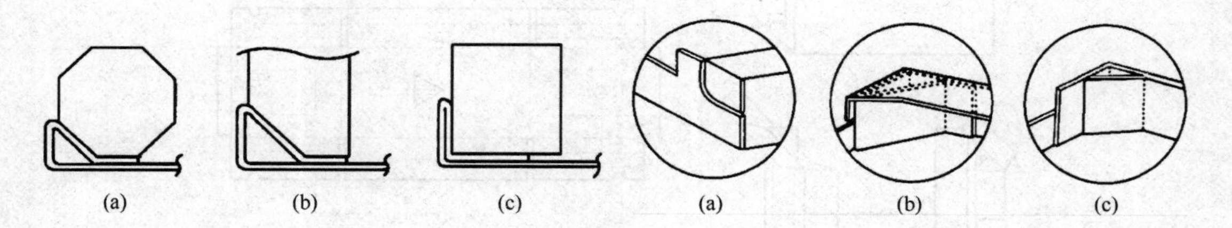

图 5 - 22 三角柱形纸箱角隅结构　　图 5 - 23 三角柱形纸箱角隅补强结构

三角柱纸箱有托盘型和密封型两类,并有多种箱型可供选择(图 5 - 24),但只可盘式成型(图 5 - 25)。

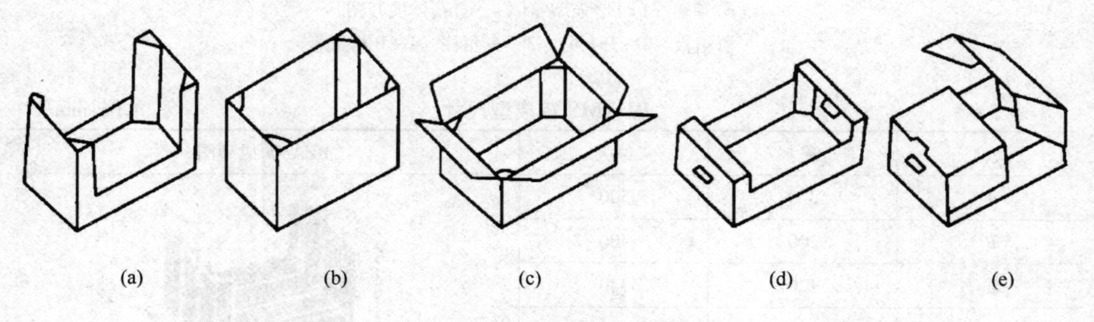

图 5 - 24 三角柱形纸箱箱型

(a)标准托盘型 (b)敞口型 (c)02 盖密封型 (d)托盘型 (e)带盖托盘型

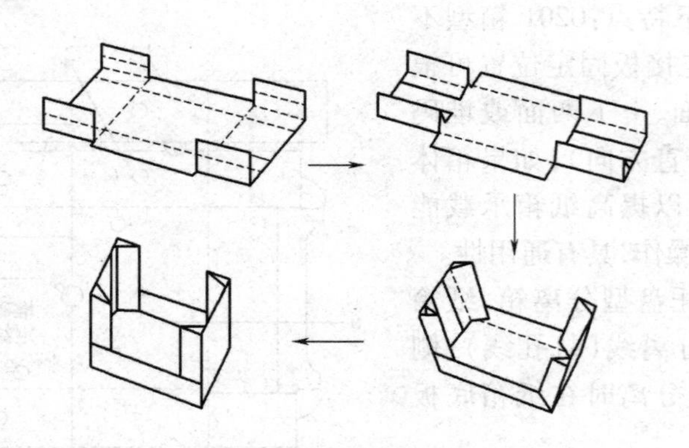

图 5－25　三角柱形纸箱成型过程

图 5－26 是一种化妆品包装纸箱展开图，图 5－27 所示“BEAMS”箱是一个八柱增强型托盘箱，有八个三角柱，其中四个在箱角，四个在箱壁，其最大模切尺寸为 1100mm × 1100mm，成型尺寸见表 5－5。

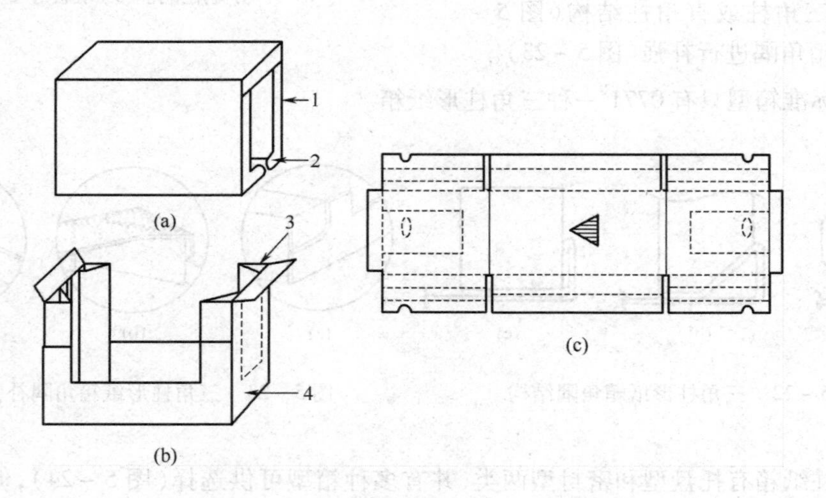

图 5－26　化妆品增强型包装纸箱
（a）箱盖　（b）增强型箱体　（c）箱体展开图
1—A 楞箱板　2—开封片　3—三角柱　4—B 楞纸板

表 5－5　　BEAMS 箱成型尺寸　　单位：mm

尺寸	最小	最大	BEAMS 成型图
A	350	500	
B	200	400	
C	120	340	
D	65		
E	45	75	

(2)三角柱形瓦楞纸箱的特点

①与一般瓦楞纸箱相比,在标准状态下(20℃,RH65%),抗压强度提高20%~30%,高湿状态下(40℃,RH90%)提高40%~60%;②箱体不发生凸鼓现象,在潮湿状态下尤其明显;③在结构上,角隅部分比较坚固,所以跌落冲击与振动时,内装物破损率极低;④施加负荷时,纸箱变形稳定,不易引起堆垛坍塌;⑤各种托盘型三角柱瓦楞纸箱的销售陈列性好。

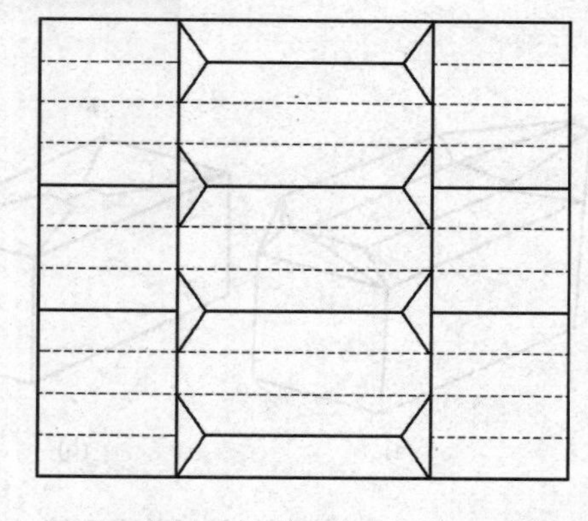

图5-27 "BEAMS"八柱增强型托盘箱展开图

4. 大型纸箱

大型瓦楞纸箱可以替代大型木箱、小型集装箱和集装袋,主要在以下4种情况下选用:①大型商品;②中型商品组合成大型;③小型商品排列、组合成大型;④粉状、颗粒状商品。

大型纸箱可分为两大类。

(1)摇盖箱　大型摇盖箱类似02箱。为提高抗压强度,使用双瓦楞、三瓦楞或X-PLY超强瓦楞纸板制成。如果强度还觉不够,箱内壁可加衬单瓦楞或三瓦楞纸板(图5-28),或衬以支架(图5-29),以此克服纸箱过大而导致负荷增加箱底变形的弊病。

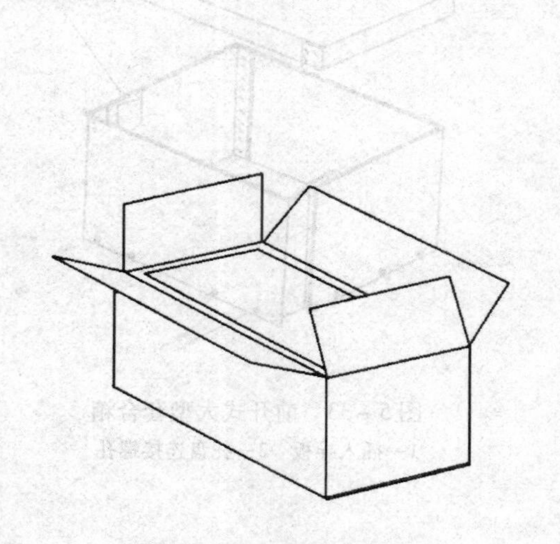

图5-28　箱壁加固大型摇盖箱

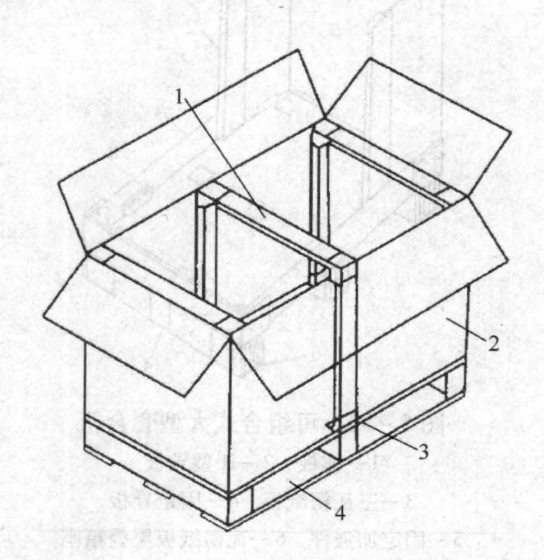

图5-29　塑料导板加强大型摇盖箱

1—增强木板　2—三瓦楞纸板

3—塑料导板　4—托盘

图5-30为一种箱底箱盖可折叠式大型箱(类似0226),同样可防止箱底变形。

与此相反,如果不承受大负荷,为节约原材料,可缩短摇盖,只在内侧嵌一底板(图5-31)。

(2)套合箱(罩盖箱)　套合大型箱类似于03箱,即在长方体或直棱柱箱体的上下罩上帽状箱盖(底)。

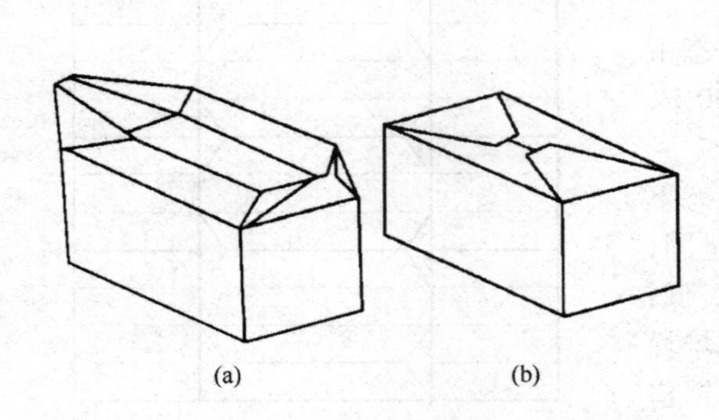

图 5-30　可折叠摇盖大型箱

(a)封盖前　(b)封盖后

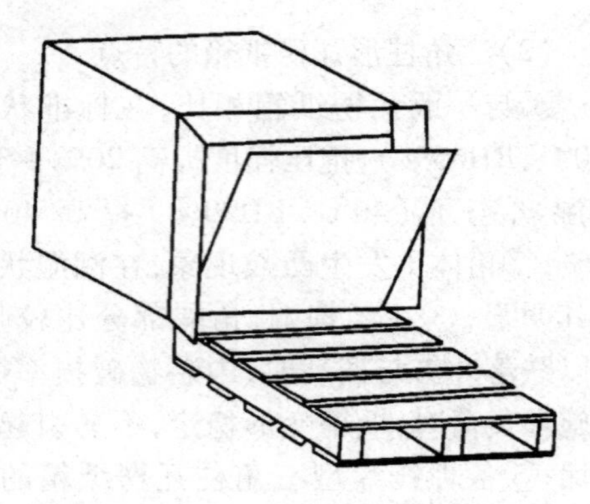

图 5-31　短摇盖大型箱

图 5-32 是可组合式套合箱箱体结构。图 5-33 所示大型套合箱可替代铁箱。图 5-34 套合箱箱体高度可达 2350mm。

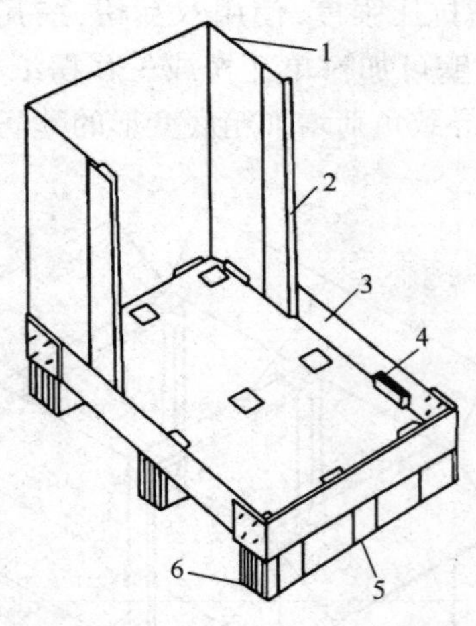

图 5-32　可组合式大型套合箱

1—体板　2—H 型导板

3—三瓦楞纸板　4—固定导板

5—固定加强件　6—瓦楞纸板层叠箱座

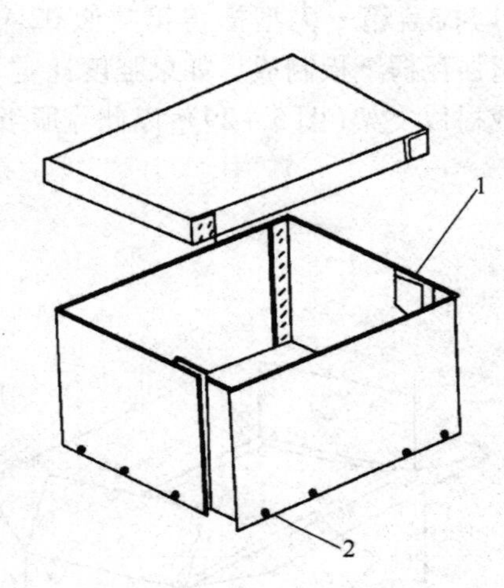

图 5-33　前开式大型套合箱

1—插入导板　2—托盘连接螺孔

长方形箱体的纵向不仅要承受堆码载荷，而且由于内装物本身特性（指粉状、颗粒状商品）易造成箱体凸鼓变形，为此，要增强其稳定性，套合箱可采用多边形横截面箱体，一般以八边形为主（图 5-35）。

图 5-36 为可折叠套合周转箱。

5. 箱内袋

箱内袋用于包装液体。由于在运输过程中的不稳定性，液体对纸箱箱壁容易产生冲击，为防止由此造成的损坏，设置了箱内袋，如图 5-37 所示。

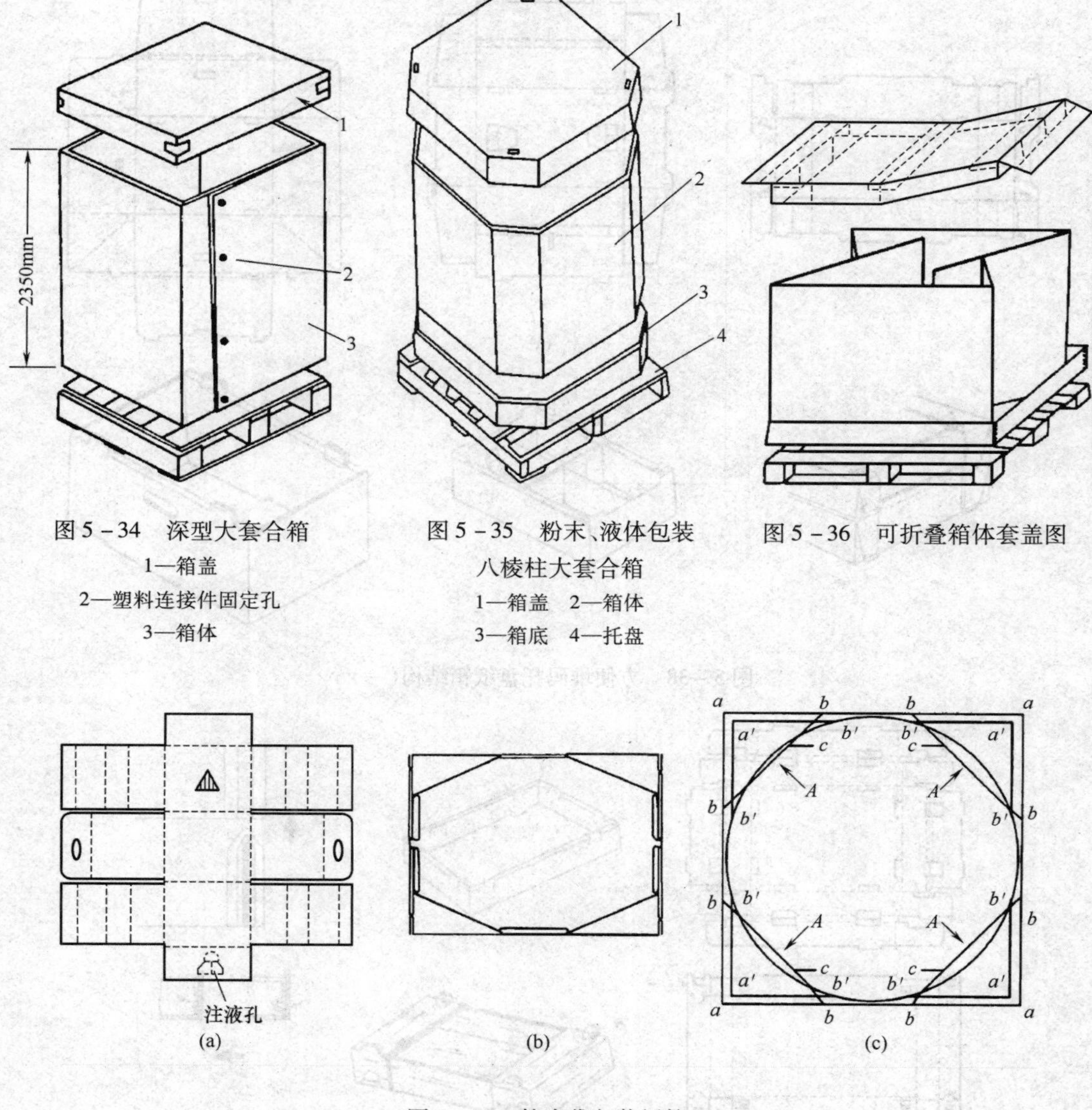

图 5-34 深型大套合箱
1—箱盖
2—塑料连接件固定孔
3—箱体

图 5-35 粉末、液体包装八棱柱大套合箱
1—箱盖 2—箱体
3—箱底 4—托盘

图 5-36 可折叠箱体套盖图

(a) (b) (c)

图 5-37 箱内袋包装纸箱
(a)纸箱展开图 (b)水平剖面图 (c)箱壁防液体冲击示意图

6. 方便使用纸箱

(1)方便堆码纸箱 为方便瓦楞纸箱堆码，提高其堆码稳定性，对于托盘类纸箱可以设计各种形式的稳定堆码结构，如锁、楔、榫、板等。堆码时上层纸箱底部设计阴锁，下层纸箱顶部设计阳锁，通过阴阳锁固定提高堆码稳定性。图 5-38(a)和图 5-39(a)是这类结构的展开图；图 5-38(b)和图 5-39(b)是其组装后的成型图；图 5-39(c)是稳定结构的工作示意图。

当这类托盘纸箱用于果蔬类运输包装时，不仅要设计提手和通风孔(图 5-40)，箱型尺寸还要符合包装模数(图 5-41)。

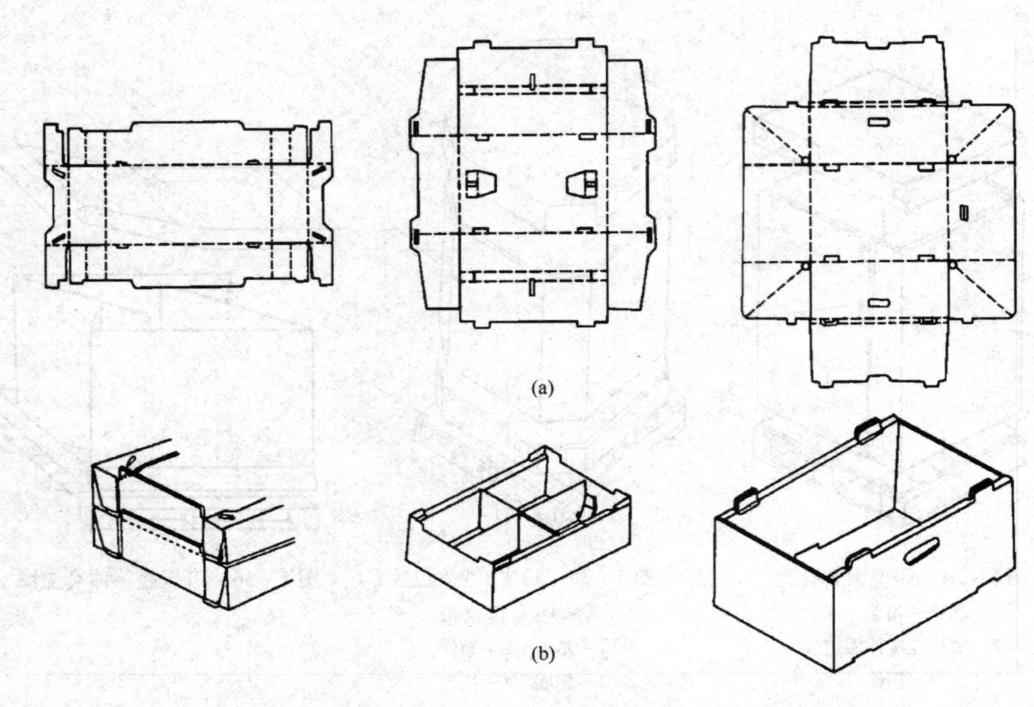

图 5－38　方便堆码托盘纸箱结构（一）

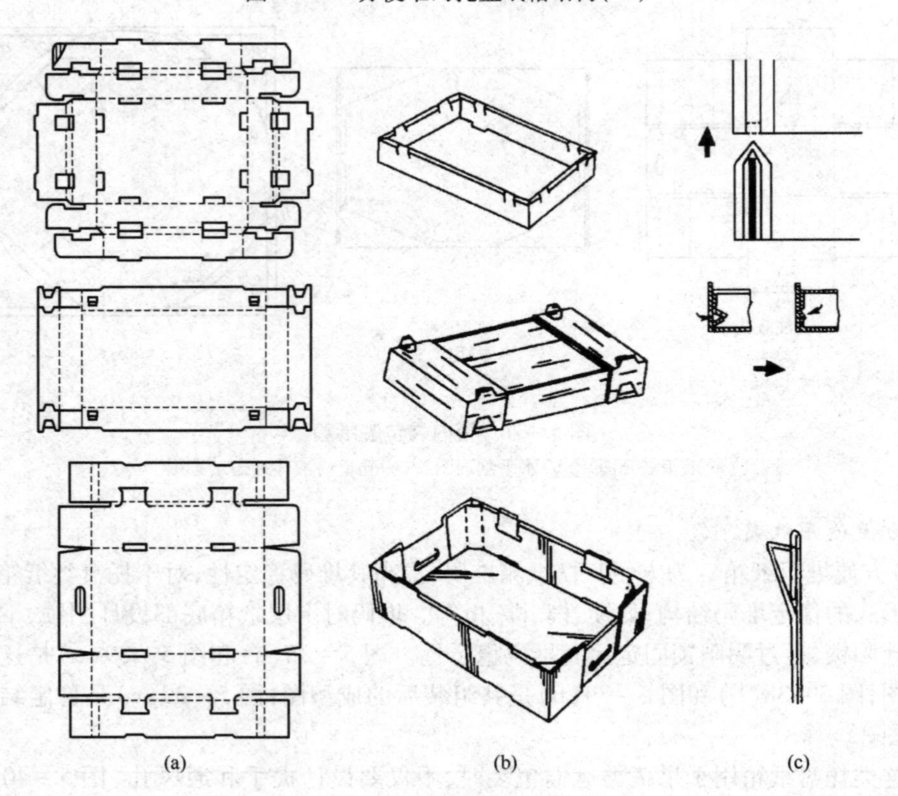

图 5－39　方便堆码托盘纸箱结构（二）

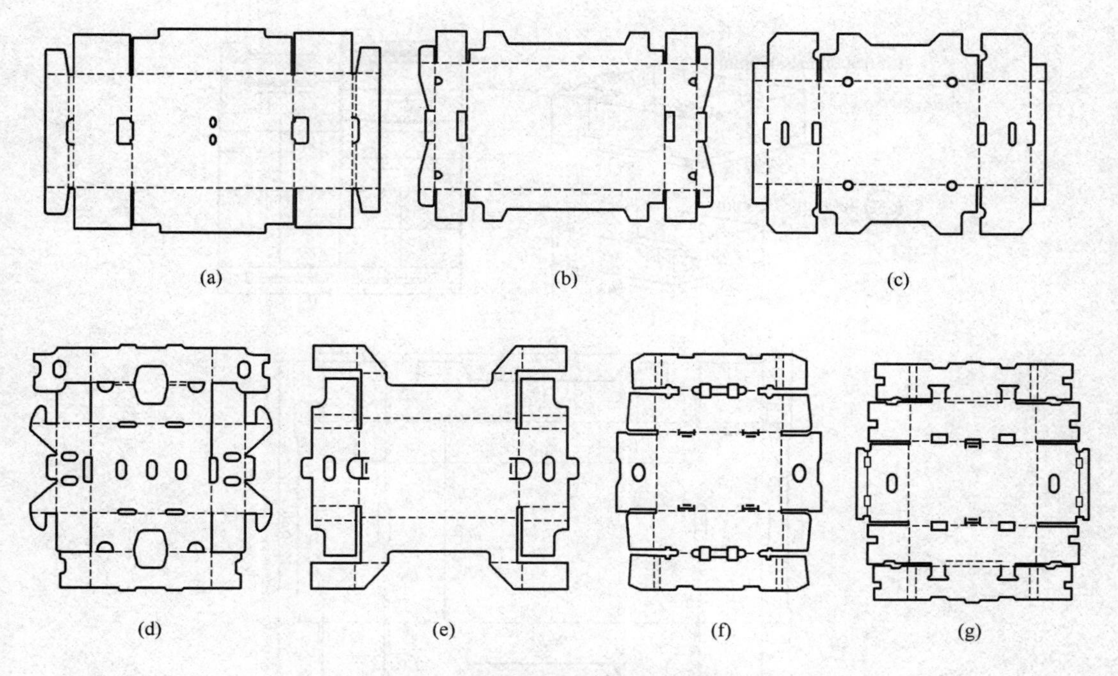

图 5-40 方便堆码的果蔬运输托盘箱

图 5-41(a)和表 5-6 是 FEFCO 制定的欧洲市场果蔬类运输瓦楞托盘纸箱尺寸系列。图 5-41(b)和图 5-41(c)所示两个托盘纸箱中，结构一样，制造尺寸的长度一样，宽度一样，但高度据所装果蔬品种而不同。

表 5-6 "CF"果蔬类运输瓦楞托盘纸箱外尺寸 单位：mm

理论尺寸	实际尺寸
600 × 400	597 × 398
600 × 200	597 × 198
500 × 300	497 × 298
400 × 300	398 × 298
300 × 200	298 × 198

注：(1) 普通工业公差：±1mm；
(2) 高度不规定，根据客户要求而定；
(3) 托盘尺寸 = 1200mm × 10000mm 或 120mm × 800mm。

资料来源：FEFCO

(2) 快速开启纸箱　图 5-42 为全新的瓦楞纸板易撕开技术，在美国获得专利并且已由国内一家公司引进并投入生产。这种纸板结构带有导向带，导向带既可作为纸板加强筋，又可作为快速撕开开启装置。图 5-43 分别是实现不同功能的纸箱结构的展开图和成型图。

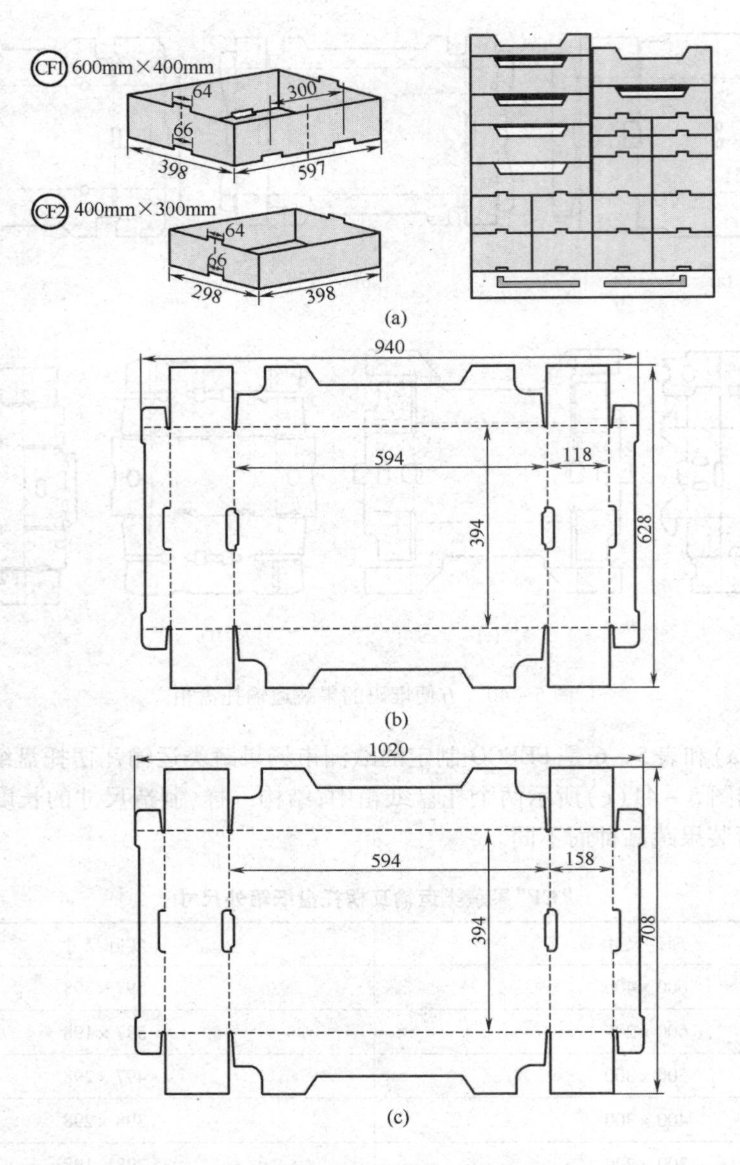

图 5－41　欧洲 CF（水果蔬菜运输托盘）箱（资料来源：FEFCO）

（a）包装模数　（b）结构图尺寸一　（c）结构图尺寸二

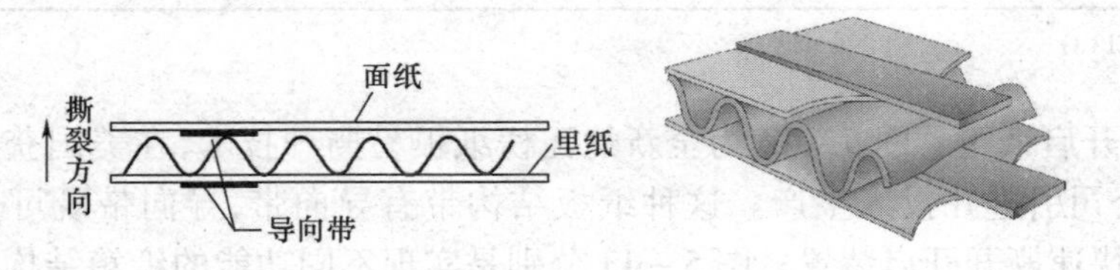

图 5－42　快速开启纸板结构

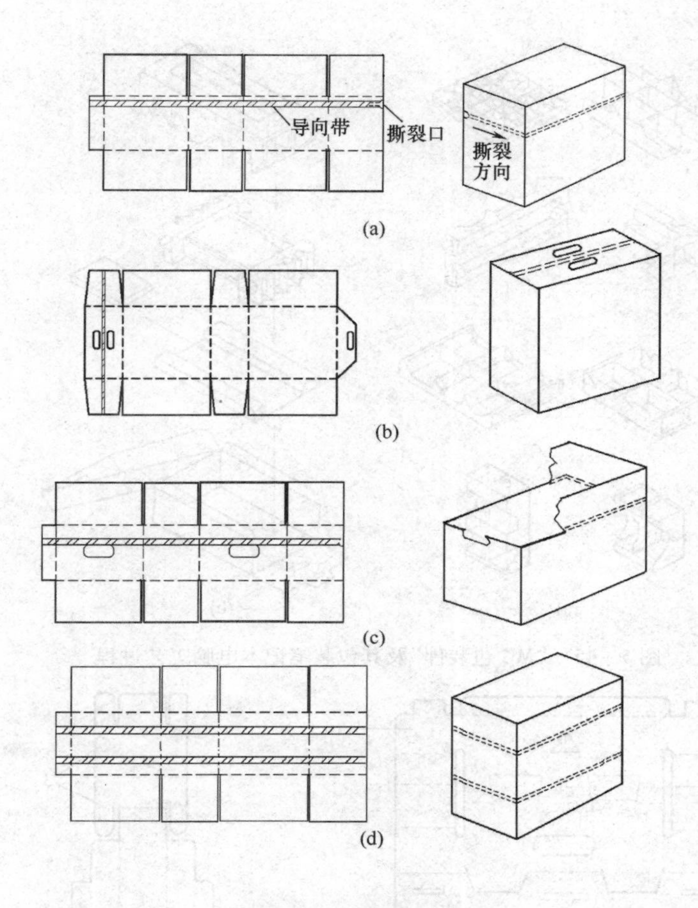

图 5－43　快速开启纸箱

(a)开启式结构　(b)(c)提手式结构　(d)加固式结构

7. 瓦楞纸板缓冲包装

瓦楞纸板包装可作为缓冲件代替发泡塑料包装笔记本电脑、DVD、微型音响、硬盘等小型家电产品或配件。这类包装不仅缓冲性能达到要求，而且“与环境友好”。其结构形式多种多样，有独立的缓冲部件，如内衬、角垫等，也有直接用纸箱箱盖或箱底结构作为缓冲，或者将两者结合起来。

图 5－44 是用一页纸板成型的缓冲角垫。

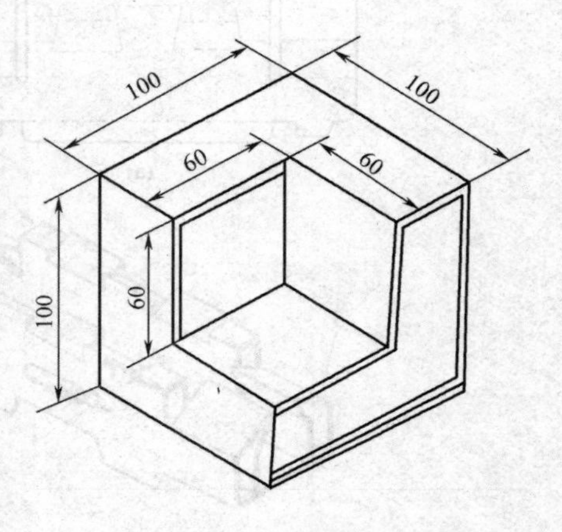

图 5－44　瓦楞纸板缓冲角垫

图 5－45(a)是用于包装笔记本电脑等家电产品的瓦楞纸板缓冲件“MC 包装件”系列，材质选用 K210/SCP120/K210AF(或 BF)，包装过程如图 5－45(b)所示。

图 5－46 也是一个笔记本电脑或 DVD 的包装缓冲件，由 A、B 两部件组装而成，使用时使用两组。

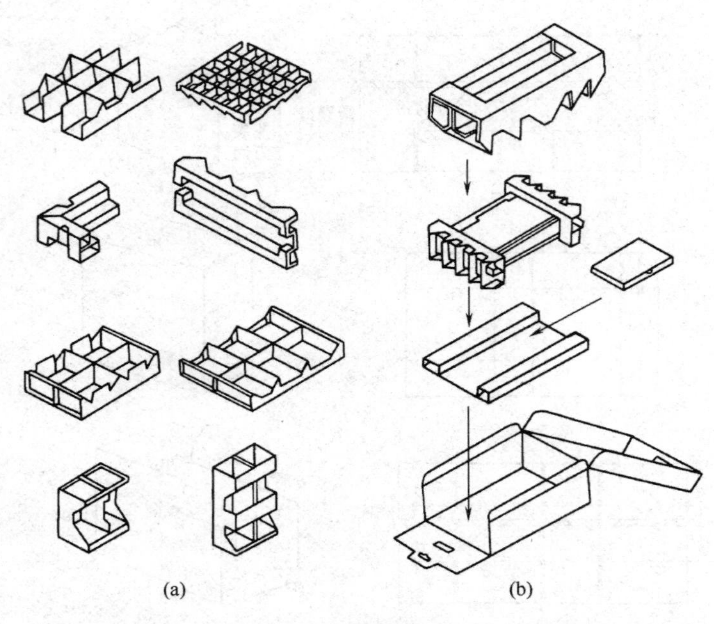

图 5－45 “MC 包装件”及其包装笔记本电脑工艺过程

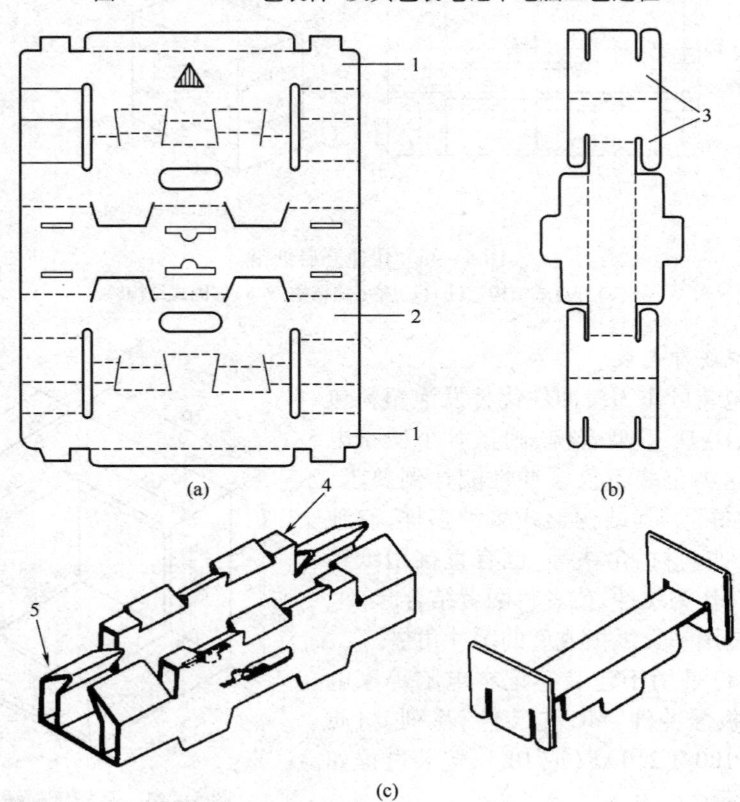

图 5－46 笔记本电脑缓冲包装

(a) A 部件展开图 (b) B 部件展开图 (c) 组装图

1—侧板 2—底板 3—端板 4—锐角凸起结构 5—“＜”形结构

图 5－47 是电饭煲的缓冲包装。

图 5－48 所示包装的缓冲结构由底衬，“U”形衬和纸箱盖板缓冲结构共同组成。

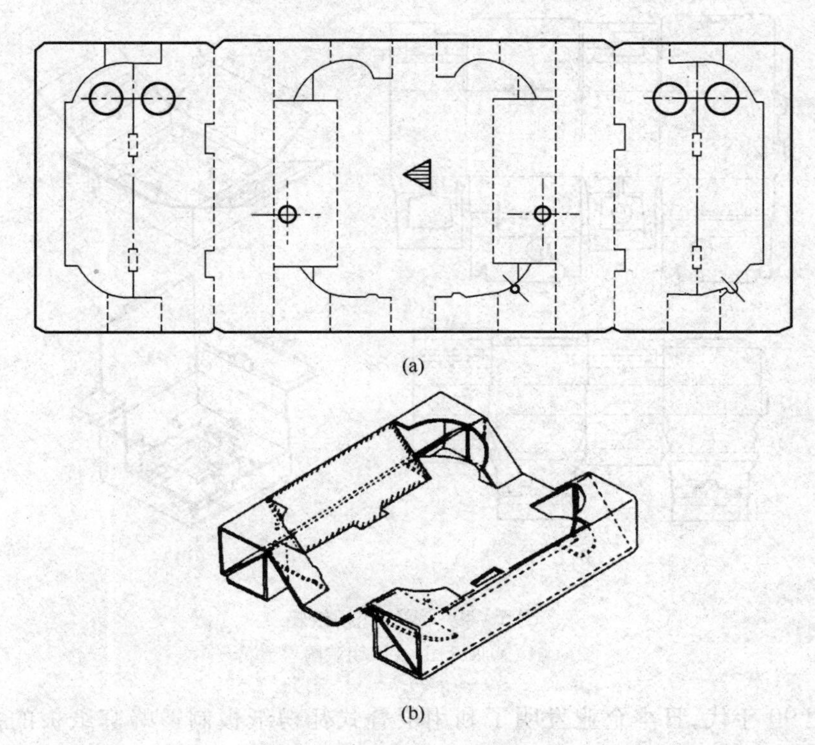

图 5－47　电饭煲缓冲包装

（a）展开图　（b）组装图

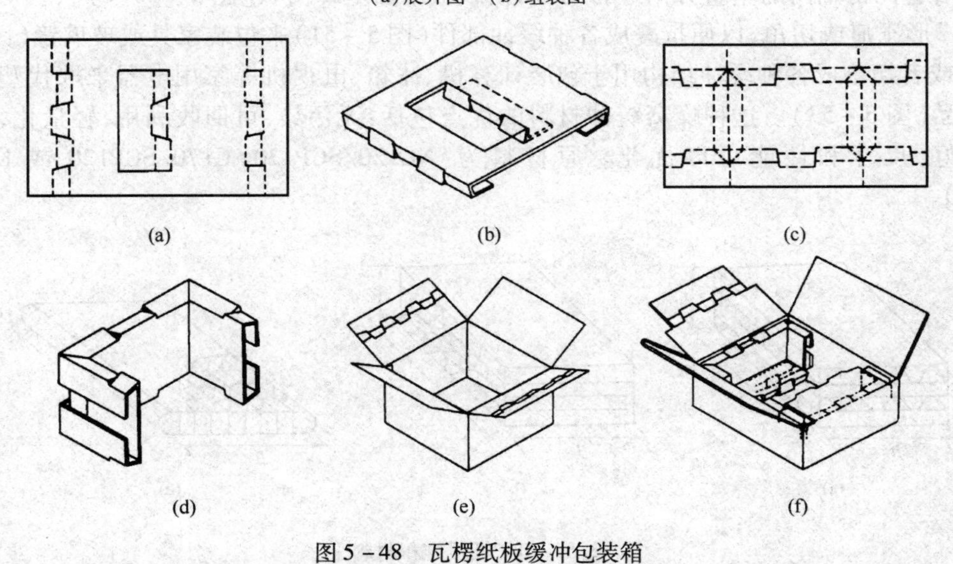

图 5－48　瓦楞纸板缓冲包装箱

（a）底部缓冲衬展开图　（b）底部缓冲衬组装图　（c）“U”形缓冲衬展开图　（d）“U”形缓冲衬组装图　（e）缓冲纸箱　（f）缓冲结构装配图

图5-49所示缓冲纸箱全部利用盖板和底板及其延长部分设计缓冲结构。

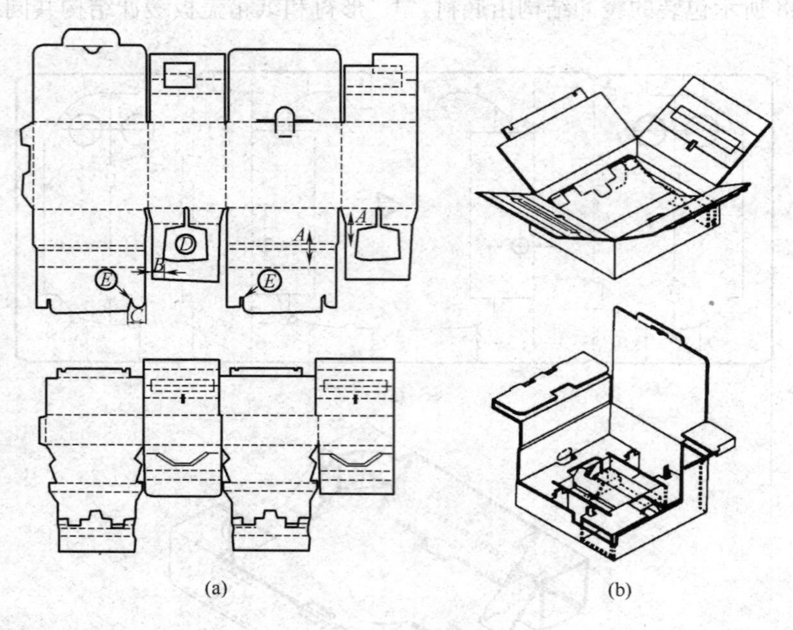

图5-49　缓冲瓦楞纸箱
(a)展开图　(b)组装图

20世纪90年代，日本企业发明了利用层叠式瓦楞纸板制造蜂窝纸板的技术，即把瓦楞纸板进行交错层叠或并行层叠复合成纸板堆积材料[图5-50(a)、图5-50(b)]，然后沿着瓦楞轴向的垂直方向进行切割，使纸板断面呈蜂窝状[图5-50(c)]，再对其进行"V"形压痕或切角，以便折叠成各种缓冲部件(图5-51)来包装家具或玻璃镜(图5-52)，或者切割成各种缓冲结构用于包装计算机、冰箱、电视机等家用电器来取代塑料发泡制品(图5-53)。这种蜂窝缓冲材料的优点包括：无污染，可回收利用，轻量化，缓冲性能好，尺寸和性能可以优化。原材料为：NC120/SCP120，C170/SCP120或K180/PS160。

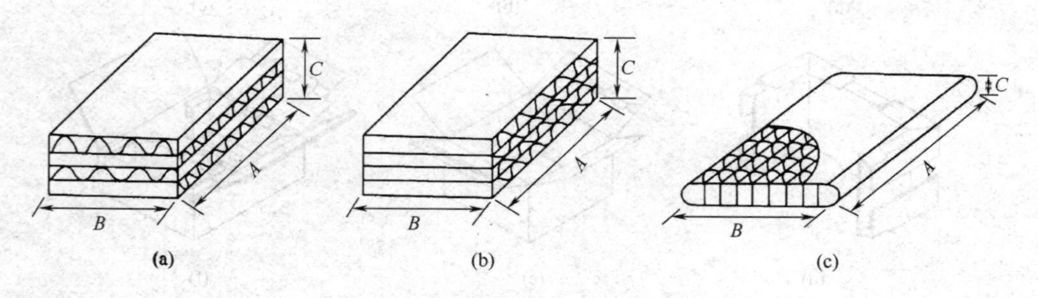

图5-50　纸板堆积材料
(a)交错层叠　(b)并行层叠　(c)蜂窝形瓦楞纸板

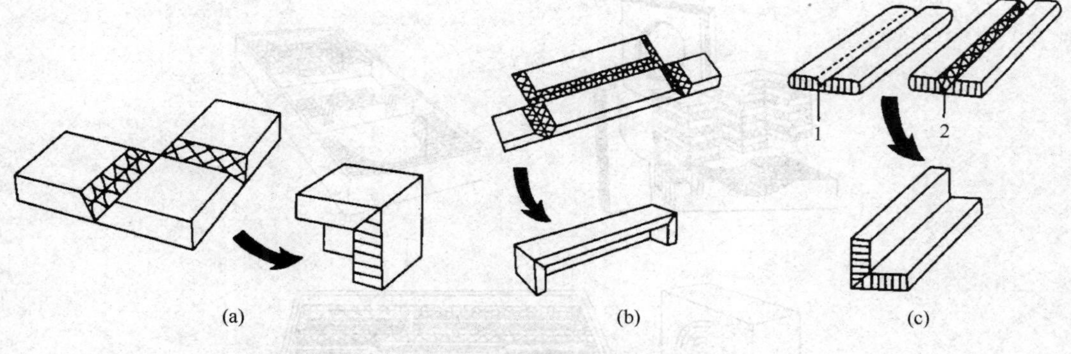

图 5－51 各种缓冲部件的成型

(a)角垫 (b)槽垫 (c)棱垫

1—V 形压痕 2—V 形切角

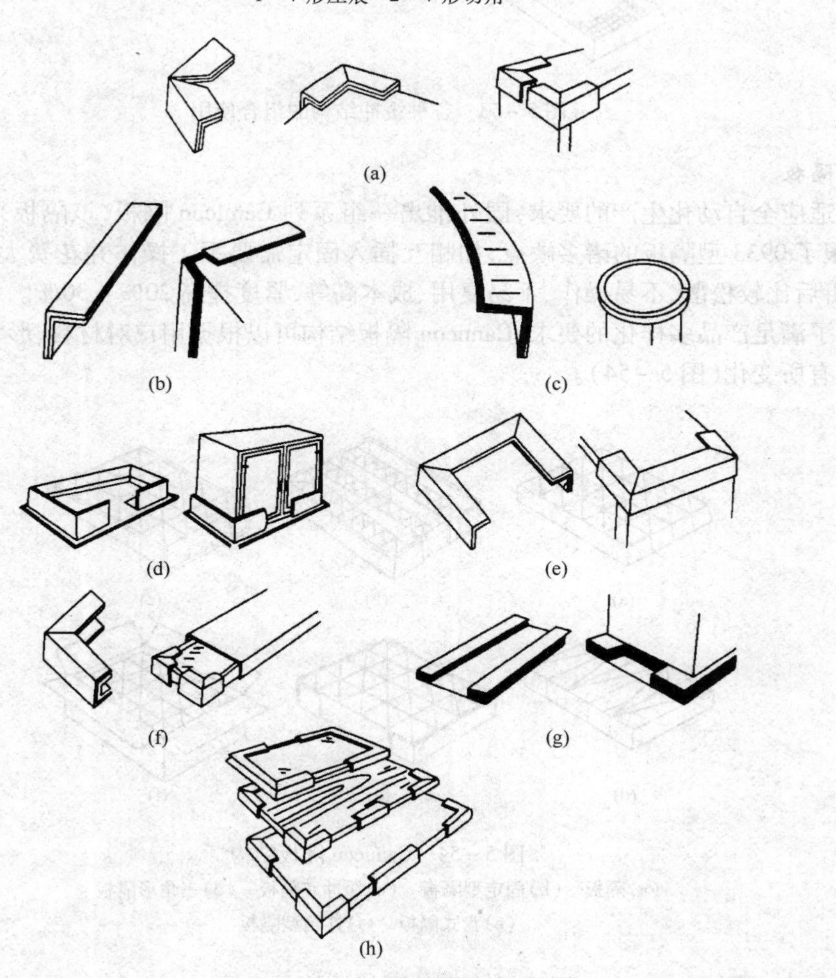

图 5－52 蜂窝衬垫包装

(a)角垫 (b)方棱垫 (c)圆棱垫 (d)框式单元包装垫

(e)框式垫 (f)镜垫 (g)托盘 (h)玻璃镜整体包装方案

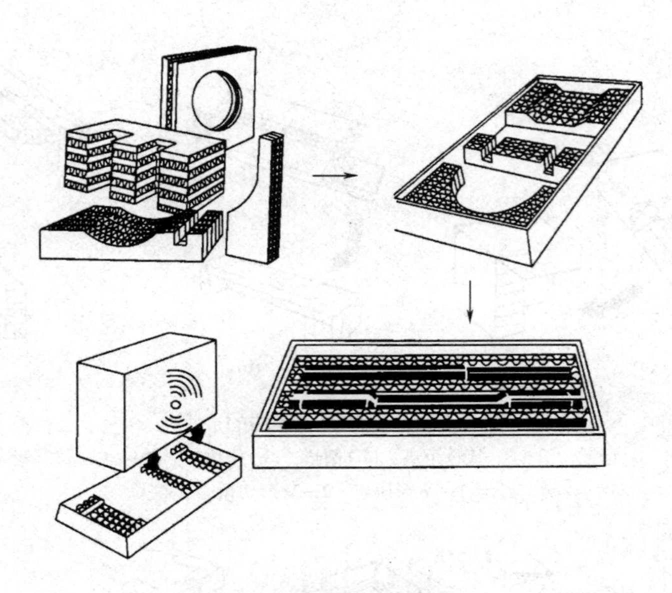

图 5－53　各种缓冲结构的组合使用

8. 隔板

为适应全自动化生产的要求,国外推出一组系列 Camicon 隔板,该隔板采用黏合剂粘合,克服了 0933 型隔板的诸多缺点,如相互插入固定需要手工操作并花费大量时间、易脱落、平折后比较松散、不易操作、不易复用、成本高等,紧度提高 20% ~30% 。

为了满足产品多样化的要求,Camicon 隔板结构可以根据用户对材料、形状和尺寸等项要求而有所变化(图 5－54)。

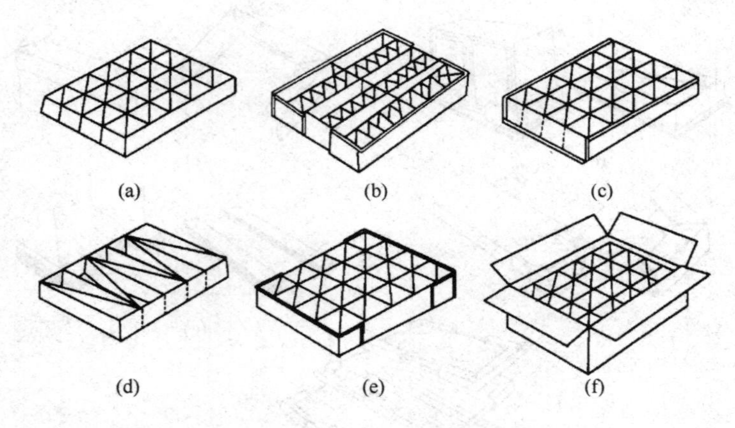

图 5－54　Camicon 隔板结构
(a)隔板　(b)固定型隔板　(c)缓冲底隔板　(d)三角形隔板
(e)盘式隔板　(f)连箱型隔板

图 5－55、图 5－56 为一页纸板成型的隔板结构。

图 5－57(a)所示展开图可成型图 5－57(b)的 6 间壁隔板结构,图 5－57(c)是在其基础上延伸成 12 间壁隔板结构。

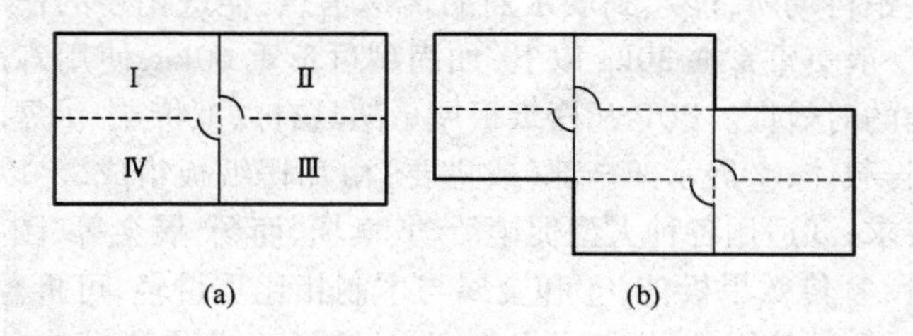

(a) (b)

图 5－55 隔板结构(一)

(a)2×2 隔板 (b)3×2 隔板

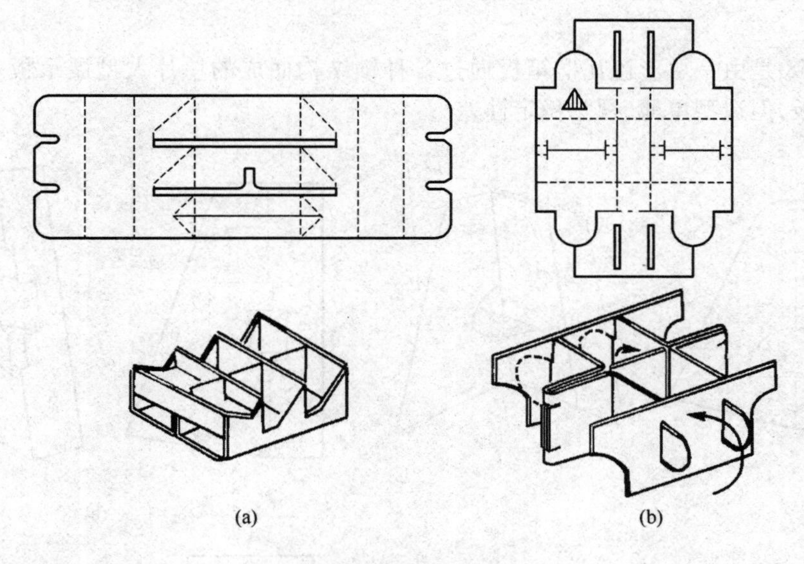

(a) (b)

图 5－56 隔板结构(二)

(a)3×2 隔板 (b)4×3 隔板

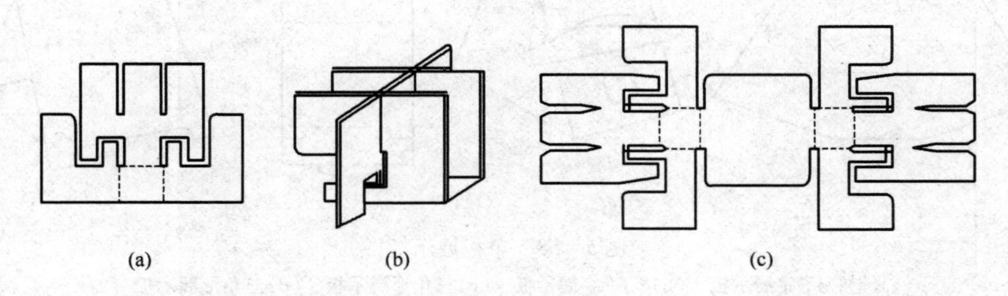

(a) (b) (c)

图 5－57 隔板结构(三)

(a)3×2 隔板 (b)成型图 (c)4×3 隔板

9. 大型展示架

随着瓦楞纸板制造技术的不断进步，在大型会展和大型超市，用彩色瓦楞纸板制作的"POP"商品展示架或广告牌越来越多，它具有绿色环保、方便运输、组装迅速等优点，摆放在会展中心或大型销售场所，能起到展示商品传达信息、促进销售的作用。POP 瓦楞纸板展示架坚固耐用，一般负重都在 30kg 以上，加固型可负重 60kg，使用寿命都在 4～8 个月，可以满足商品促销的时效性。POP 瓦楞纸板展示架具有以下特点：①展示架可以进行彩色印刷，是极好的广告载体；②展示架全部（或主要）由瓦楞纸板组成，足以承载促销商品，且符合严格的环保要求；③适用各种大型促销活动、卖场、商场、展会等，图案、色彩、造型和结构可自由创新设计，宣传效果极佳；④和金属与木制相比重量轻，可折叠平放，节省运输仓储等物流成本，亦可反复使用；⑤经济且极其实用，销售商使用完毕，方便回收；⑥可根据客户及承载物的要求选用不同的纸板，可与其他材料（金属、木材、塑料等）组成混合结构展架；⑦方便供应商从产地装货后直接运送到最终展示点拆装展售，节省反复堆码分装的成本。

图 5－58 是由一块彩色瓦楞箱板通过各种锁结构而成的单片大型展示板。其结构简单，节省纸板，但造型单薄，视觉稳定性差。

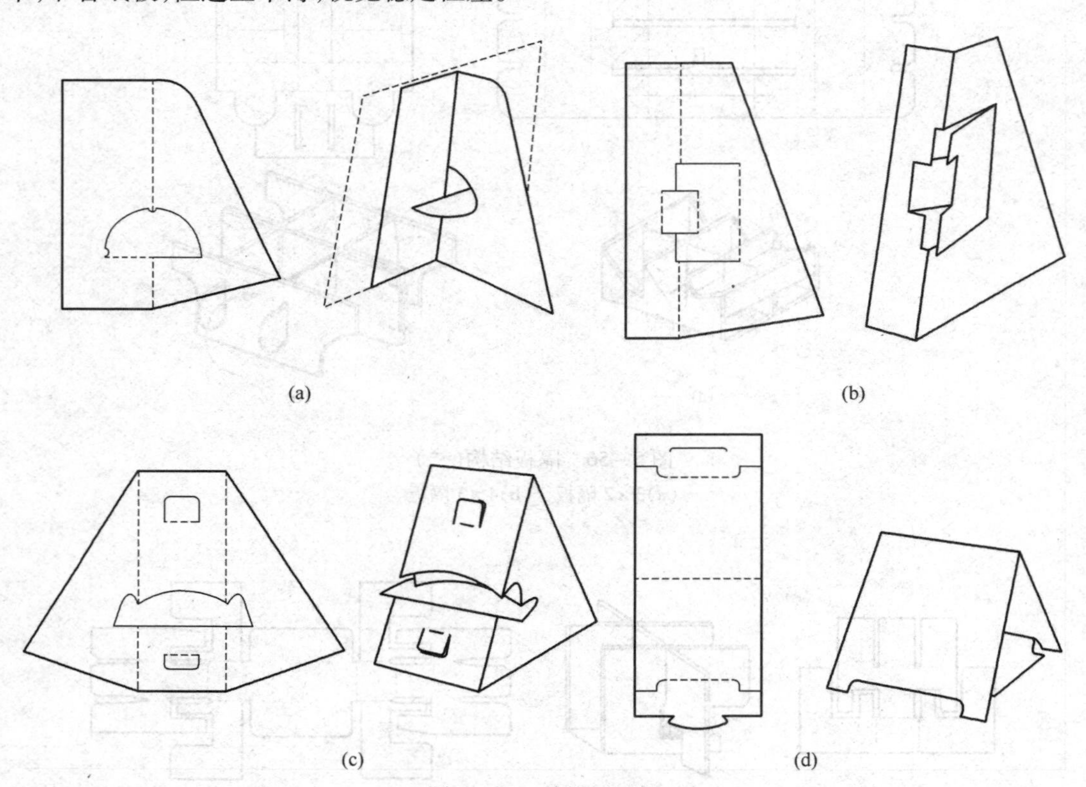

图 5－58　单板展示板

（a）"丁"字展示板　（b）"丁"字展示板　（c）三角形展示板　（d）三角形展示板

图 5－59 是两例由彩色瓦楞箱板组装而成的大型阶梯展示台。展台可以摆放商品或具有展示功能结构纸箱纸盒。造型独特，展示效果好。图 5－59（a）可做折叠成梯级展示台的内板，也可独立使用。图 5－59（b）是单独成型的梯级展示台。

图 5－60 是两个悬挂式商品展示台，钉孔用于固定，阶梯展示台用于展示同一品牌同一种类但多样化的商品。

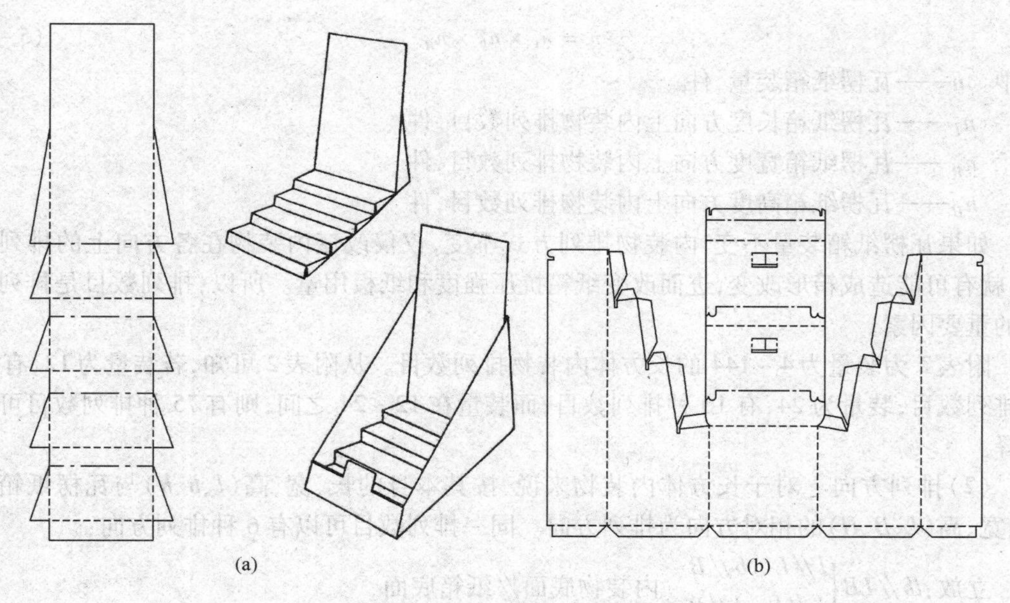

图5-59 三阶梯大型展示台

(a)两板成型梯形展示台 (b)一板成型梯形展示台

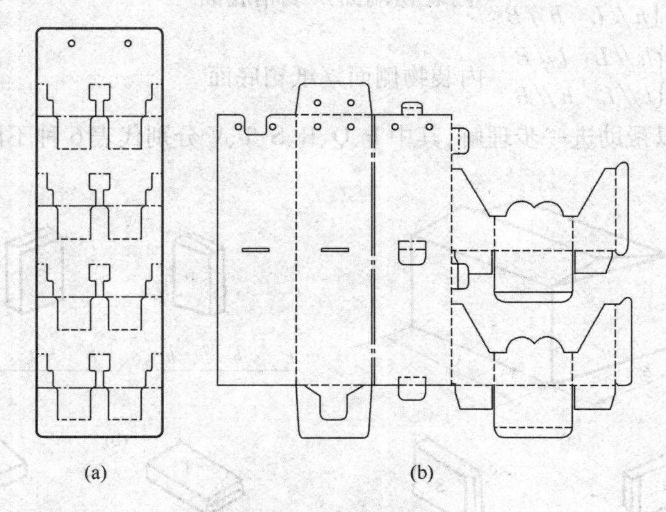

图5-60 悬挂展示台

(a)四阶梯悬挂展示台 (b)双阶梯悬挂展示台

第三节 瓦楞纸箱尺寸设计

一、内装物排列方式

1. 长方体内装物排列方式

(1)排列数目 长方体内装物(商品或中包装)在瓦楞纸箱内的排列数目用下式表示:

$$n = n_L \times n_B \times n_H \tag{5-2}$$

式中　n——瓦楞纸箱装量，件

n_L——瓦楞纸箱长度方向上内装物排列数目，件

n_B——瓦楞纸箱宽度方向上内装物排列数目，件

n_H——瓦楞纸箱高度方向上内装物排列数目，件

如果瓦楞纸箱装量不变，内装物排列方式不变，仅仅改变内装物在各方向上的排列数目，就有可能造成箱形改变，进而改变纸箱抗压强度和纸板用量。所以，排列数目是排列方式的重要因素。

附表2为装量为4～144的长方体内装物排列数目。从附表2可知，若装量为12，有10种排列数目；装量为24，有16种排列数目；而装量在12～24之间，则有75种排列数目可供选择。

（2）排列方向　对于长方体内装物来说，按其本身的长、宽、高（l、b、h）与瓦楞纸箱的长、宽、高（L、B、H）的相对方向为排列方向。同一排列数目可以有6种排列方向：

立放：$lb /\!/ LB \begin{cases} l /\!/ L & b /\!/ B \\ b /\!/ L & l /\!/ B \end{cases}$　内装物底面//纸箱底面

侧放：$bh /\!/ LB \begin{cases} b /\!/ L & h /\!/ B \\ h /\!/ L & b /\!/ B \end{cases}$　内装物端面//纸箱底面

平放：$lh /\!/ LB \begin{cases} h /\!/ L & l /\!/ B \\ l /\!/ L & h /\!/ B \end{cases}$　内装物侧面//纸箱底面

图5－61可以帮助进一步理解，其中P、Q、R、S、T、V分别代表6种不同的排列方向。

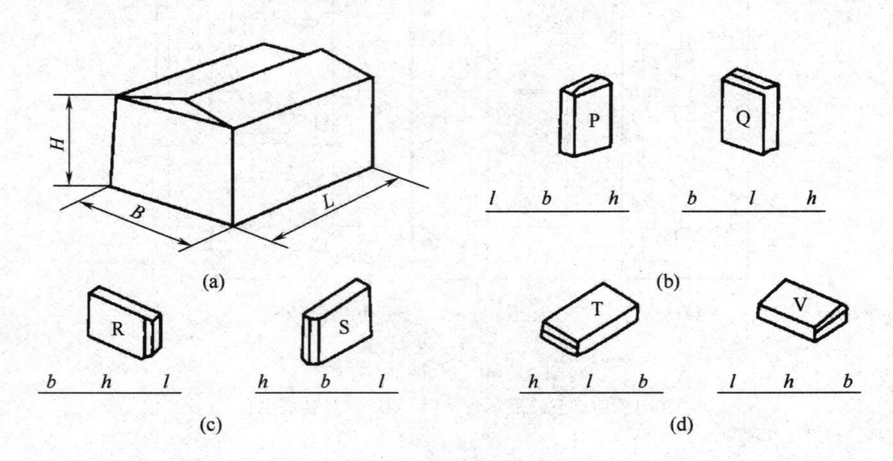

图5－61　内装物排列方向

（a）外包装纸箱　（b）内装物立放　（c）内装物侧放　（d）内装物平放

实际上，由于内装物本身的特性，某些排列方向是不适宜的。例如，粉状、颗粒状产品包装盒不宜平放，以免盒盖受压开启而内装物泄漏。再如，一般包装瓶在纸箱内应采用立放，所以仅考虑P型和Q型两种方向。进一步，对于正方形或圆柱形横截面的内装物，其P型和Q型没有区别，所以就简化为一种方向。如果采用袋包装，则应以T、V型为好，以便

包装袋承载。

(3)排列方式　排列数目与排列方向的综合为排列方式。瓦楞纸箱装量数目决定内装物的可能排列数目种类很多,而每一种排列数目又有6种可能的方向,所以构成一个瓦楞纸箱可以有多种排列方式,而每一种排列方式又对应着一种箱形尺寸。例如,12件装量可以有10×6种排列方式或箱形尺寸;24件装量则有16×6种排列方式或箱形尺寸;如果装量仅规定了一个上下限范围,例如12～24,那么可供比较的排列方式或箱形尺寸将高达75×6种。显然,这些可能的外包装瓦楞纸箱箱形尺寸,绝大多数都将被淘汰。问题在于如何进行快速分析,去粗取精,从中优选出几种可供进一步比较的最佳排列方式。

例5-1　某牙膏选用0201型瓦楞纸箱作为外包装,内装中包装24盒,中包装外尺寸为190mm×140mm×120mm,试选择合适的排列方式。

分析,牙膏软管最佳排列方式为管盖朝下直立倒置,因为管盖抗压强度最大。但是倘若中包装盒倒置,则抗压强度最低的软管尾端封褶因受力而产生相当大的变形,造成软管破裂,膏体外逸。所以对于0201等非敞口包装箱,应考虑将牙膏软管横放以利运输。因此牙膏软管在中包装盒内只能平放或侧放,而中包装盒在瓦楞纸箱内只能选择立放,

即　P型　$l/\!/L$　$b/\!/B$　$h/\!/H$

或　Q型　$b/\!/L$　$l/\!/B$　$h/\!/H$

从附表2可知,装量为24的内装物排列数目有16种。

将中包装的长度、宽度与高度分别乘以倍数,列表如下:

	nl	nb	nh
×1	190	140	120
×2	380	280	240
×3	570	420	360
×4	760	560	480
×5	950	700	600
×6	1140	840	720
…	…	…	…

如果综合考虑纸板用量、抗压强度、堆码状态、美学因素等条件,则0201箱形比例以$L:B:H=1.5:1:1$为最佳。

从上表数据中首先选定H,然后再从其他栏中寻找相应的L与B。如高度方向排列一层,首先考虑6×4×1

$$则\begin{cases}1140\times560\times120 & 2.04:1:0.21\\840\times760\times120 & 1.11:1:0.16\end{cases}$$

距1.5:1:1相差甚远,故舍弃。

高度方向排列两层,先考虑4×3×2

$$则\begin{cases}760\times420\times240 & 1.81:1:0.57\\570\times560\times240 & 1.02:1:0.43\end{cases}$$

舍弃。

高度方向排列三层，先考虑 $4\times2\times3$

则 $\begin{cases}760\times280\times360 & 2.71:1:0.29\\ 560\times380\times360 & 1.47:1:0.95\end{cases}$

……

经过逐层比较，发现只有 $4b\times2l\times3h$（$560\times380\times360$）方案最接近目标。

因此，选定排列方式为：$4b\times2l\times3h$。

2. 圆柱体内装物排列方式

瓶罐等圆柱体内装物在包装中的排列如同长方体一样，以传统的齐列排列方式为主，该方式具有排列整齐，便于计数，便于机械操作等特点。但是其罐与罐之间的间隙不能有效利用。如果采用错列排列方式，当列数超过某一范围时，则有可能提高空间利用率，从而降低生产、运输及仓储成本，达到包装的减量化。

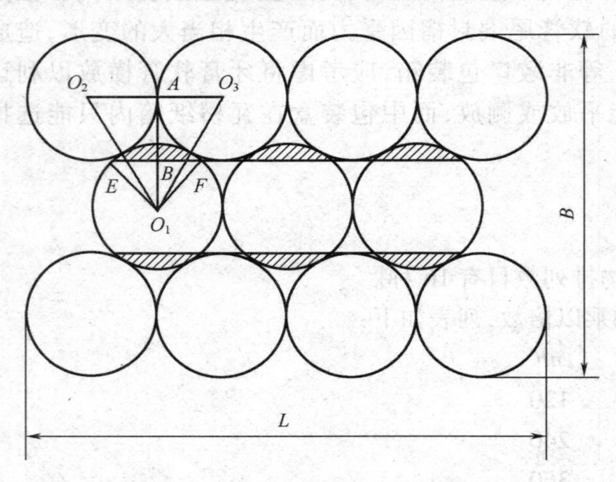

图 5－62　圆柱体内装物错列排列

（1）错列排列　错列排列如图 5－62所示，即行与行之间直线平齐，而列与列之间相对错位半径 R，这样行与行之间在列的方向上每两个圆柱体内装物之间交错排放一个圆柱体。如果以单位圆柱体内装物所占平面面积为据，来判定齐列排列与错列排列的空间利用率之大小，显然，当列数小时，前者优于后者，而列数大时，后者优于前者。

与齐列排列相比，错列排列利用了图 5－62 中的阴影部分，其形为弓，面积 S_2 如下计算：

$$AO_1=\sqrt{O_1O_3^2-AO_3^2}=\sqrt{D^2-(\frac{D}{2})^2}=\frac{\sqrt{3}}{2}D$$

$$BO_1=AO_1-AB=(\frac{\sqrt{3}}{2})D-\frac{1}{2}D=(\frac{\sqrt{3}-1}{2})D$$

$$\angle AO_1F=\arccos(\frac{BO_1}{FO_1})=42.93°$$

则 $\angle EO_1F=85.86°$

令 $\theta=\angle EO_1F$

则 $S_2=\frac{1}{2}(\frac{D^2}{2})(\theta-\sin\theta)=0.063D^2$

该面积相当于圆柱体内装物底面积 S_1 的 1/12.5。

（2）列数与空间利用率关系　从图 5－62 可以看出，当总排列行数为偶数时，错列之圆柱内装物阴影为单组（行），而总排列行数为奇数时，阴影为双组（行），总排列行数 M 与阴影组数 m 有如下关系：

$$m=M-1$$

从图5－62还可以看出，偶数行总比奇数行的列数少一，这样，只有当阴影总面积之和与偶数行行数和内装物底面积 S_1 乘积的比值大于一定值时，错列排列才能提高空间利用率。也就是说，当排列行数一定时，只有排列列数大于或等于一定值时，错列排列才能比齐列排列更节省空间。

排列优数（Q）：为便于定性地从空间利用率来确认排列方式的优劣，我们引入排列优数 Q，当仅仅比较齐列排列与错列排列时，定义 Q 如下式：

$$Q=\frac{[1+\frac{\sqrt{3}}{2}(M-1)]N}{MN-\mathrm{INT}(M/2)} \tag{5-3}$$

式中　Q——排列优数

M——排列行数

N——奇数行排列列数

$\mathrm{INT}(M/2)$——不大于 $M/2$ 的最大整数

当 $Q>1$ 时，齐列排列的空间利用率优于错列排列，当 $Q<1$ 时则反之。

（3）错列排列列数优化值域　列数优化值域就是在错列排列中，当行数一定时，奇数行排列列数在该值范围内，则空间利用率一定优于齐列排列，并且数值越大，空间利用率越高；而在该值域范围之外，空间利用率一定低于齐列排列。

我们利用公式（5－3）及计算机进行编程，得出部分结果见表5－7。

表5－7　圆柱体内装物错列排列列数优化值域

行数	奇数行个数	偶数行个数	总装量数	列数优化值域	行数	奇数行个数	偶数行个数	总装量数	列数优化值域
2	8	7	15	≥8	8	5	4	36	≥5
3	4	3	11	≥4	9	4	3	32	≥4
4	5	4	18	≥5	10	5	4	45	≥5
5	4	3	18	≥4	11	4	3	39	≥4
6	5	4	27	≥5	12	5	4	54	≥5
7	4	3	25	≥4					

表5－7是错列排列列数优化的研究结果，可以看出，当2行的列数≥8时，以及所有总排列行数为偶数的列数≥5，行数为奇数则≥4时，错列排列比齐列排列节省空间。

二、理想尺寸比例与最佳尺寸比例

1. 尺寸比例

对于长方体瓦楞纸箱来说，只有 L（长）、B（宽）和 H（高）三个主要尺寸。

尺寸比例定义如下：

$$L:B:H$$

或者，$R_L=L/B$　　$R_H=H/B$　　（5－4）

式中 R_L——瓦楞纸箱长宽比

R_H——瓦楞纸箱高宽比

L——瓦楞纸箱长度尺寸，mm

B——瓦楞纸箱宽度尺寸，mm

H——瓦楞纸箱高度尺寸，mm

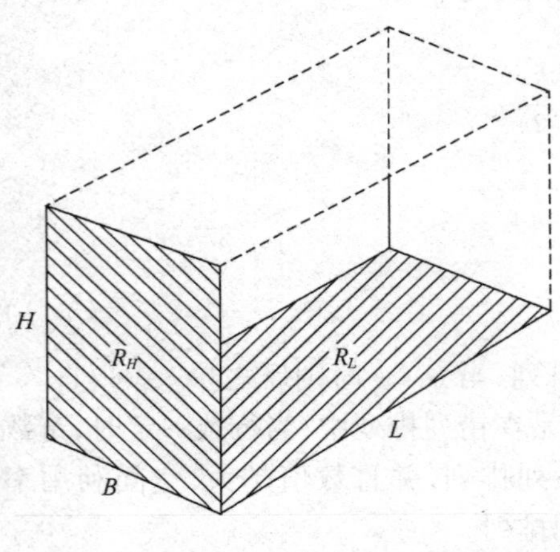

图 5－63 瓦楞纸箱尺寸比例

如图 5－63，当 R_L、R_H 一定时，纸箱的形状也就一定。这就是说，决定瓦楞纸箱体积的是瓦楞纸箱的长、宽、高尺寸，而决定瓦楞纸箱形状的却是三个尺寸之间的比例关系。

2. 理想尺寸比例

瓦楞纸箱的尺寸与尺寸比例，决定着瓦楞纸箱包装与内装物及其托盘、货架、集装箱、卡车的适宜程度，决定着纸箱在厂内外运搬过程中的稳定性和方便性，同时还决定了包装的经济性。而最佳的尺寸比例，则由纸板用量、强度因素、堆码状态乃至美学因素所决定。事实上，面面俱到的最佳尺寸比例难以实现。例如最经济的结构尺寸比例，可能抗压强度并不理想，所以需要建立一个理想尺寸比例的概念。

在其他因素忽略不计的特定条件下，能使瓦楞纸箱的某项指标达到最佳值的尺寸比例称为该指标条件下的理想尺寸比例。或者说，理想尺寸比例就是有条件有限度的最佳尺寸比例。

3. 理想尺寸比例的单项决定因素

(1) 纸板用量　同一容量，当然纸板用量越少，尺寸比例越理想。

同一箱型同一容积但不同箱型或不同尺寸比例的纸箱，如 0201 型箱，有人认为正方体纸箱用料最少最经济，这种观点机械地套用了木制容器和金属容器的情况，因为在这两种材料刚性容器的设计中，箱壁厚度大致相等，只有正方体最省材料。而对于 0201 瓦楞纸箱来说，其内外摇盖部分重叠处的厚度加倍。也有人因此而减少摇盖叠加面积即倾向于选择 R_L 值大的矩形体（内摇盖面积减小），这也同样是错误的。

证明如下（为简便起见，压痕收缩率、摇盖伸长率、接头尺寸等均忽略不计）：

设 0201 型纸箱容积为 V，纸板用量为 S，则：

$$S=2(L+B)(H+B) \tag{1}$$

$$V=LBH \tag{2}$$

由(2)

$$H=\frac{V}{LB}$$

代入(1)

$$S=2(L+B)\left(\frac{V}{LB}+B\right)$$

$$=2\left(\frac{V}{B}+\frac{V}{L}+LB+B^2\right)$$

设 V 为定值，求 S 的一阶偏导数

$$\frac{\partial S}{\partial L}=2\left(B-\frac{V}{L^2}\right)$$

$$\frac{\partial S}{\partial B}=2\left(L+2B-\frac{V}{B^2}\right)$$

令

$$\frac{\partial S}{\partial L}=0 \qquad \frac{\partial S}{\partial B}=0$$

则

$$\begin{cases}B=\dfrac{V}{L^2} & (3)\\ L+2B-\dfrac{V}{B^2}=0 & (4)\end{cases}$$

(3)代入(4)，得

$$L+2\frac{V}{L^2}-\frac{L^4}{V}=0$$

即

$$VL^3+2V^2-L^6=0$$

解之，得

$$\begin{cases}L^3=2V\\ L^3=-V(\text{舍去})\end{cases}$$

所以

$$L=(2V)^{\frac{1}{3}} \qquad B=\frac{1}{2}(2V)^{\frac{1}{3}} \qquad H=(2V)^{\frac{1}{3}}$$

即

$$R_L=2 \qquad R_H=2$$

或

$$L:B:H=2:1:2$$

这就是说，0201 箱型在只考虑纸板用量的情况下，理想尺寸比例为 2:1:2。

其他箱型也可以用上述求极值法推导纸板用量最少的理想尺寸比例，见附表 1，其中各栏符号含义如下：

R_L——理想省料长宽比

R_H——理想省料高宽比

L——理想省料比例的纸箱长度尺寸

B——理想省料比例的纸箱宽度尺寸

H——理想省料比例的纸箱高度尺寸

S_{min}——理想省料比例的用料面积

A_{min}——标准省料比

其中 A_{min} 指各种箱型与 0201 标准开槽箱的理想省料比例的面积之比，即

$$A_{min}=S_{min-x}/S_{min-0201} \qquad (5-5)$$

式中 S_{min-x}——某箱型理想用料比例的用料面积

$S_{min-0201}$——0201 箱型理想用料比例的用料面积

附表 1 中的 $a \sim j$ 为常数项，其数值见表 5－8。

表 5－8　理想省料比例常数

箱型	常数	数值	箱型	常数	数值
0228	a	$\frac{1}{8}(9+3\sqrt{57})$	0441	l	$\frac{1}{2}(1+\sqrt{17})$

续表

箱型	常数	数值	箱型	常数	数值
0306	b	$5+3\sqrt{33}$	0447	m	$\frac{1}{8}(9+3\sqrt{105})$
0310	c	$\frac{1}{4}(3+\sqrt{17})$	0700	n	$\frac{1}{32}(9+3\sqrt{57})$
0330	e	$\frac{1}{2}(3+\sqrt{57})$	0711	p	$\frac{1}{32}(25+5\sqrt{185})$
0331	f	$\frac{1}{2}(3+\sqrt{73})$	0712	q	$1+\sqrt{\frac{19}{7}}$
0410	g	$\frac{1}{16}(9+3\sqrt{57})$	0713	r	$1+\sqrt{\frac{33}{5}}$
0420	h	$1+\sqrt{17}$	0714	s	$\frac{1}{32}(9+3\sqrt{57})$
0422	i	$\frac{1}{2}(1+\sqrt{5})$	0716	t	$\frac{1}{3}(1+\sqrt{7})$
0425	j	$2(1+\sqrt{5})$	0747/0748	u	$1+\sqrt{17}$
0436	k	$\frac{2}{3}(1+\sqrt{13})$	0772	x	$\frac{1}{2}(1+\sqrt{3})$
0440	l	$\frac{1}{2}(1+\sqrt{17})$	0774	y	$\frac{1}{6}(25+5\sqrt{145})$

附表1说明：

①为简化起见，压痕宽度、摇盖伸长率、接头尺寸均未考虑。

②尺寸未定但有一定变化范围的均取中值，如0202摇盖宽度为$(B+O)/2$，其中$B>O>0$，取O值为$(1/2)B$。0209、0214上摇盖宽度为h，$B/2>h>0$，取$B/4$。

③0207、0715、0716间壁板高均取H，0208取$H/2$，且与0715箱型考虑下面三种情况：a. $L/3>B/2$；b. $L/3=B/2$；c. $L/3<B/2$。

④自锁底式的箱型如0700、0711～0714等，有δ'的底面宽取$3B/4$，并做整板计算。

⑤02箱插入盖的防尘襟片宽度取$B/2$，如0210、0211、0212、0215等。

⑥弧形插入式箱盖如0471、0472箱高宽比R_H取1，取高宽相等。

⑦锁底式结构的箱型如0215、0216、0217、0321等考虑：a. 纸箱长宽比为1.5～2.5；b. 箱底板均宽为$3B/4$并做整板计算。

⑧提手板高度取$B/2$，如0217。

⑨帽盖箱如0306、0310箱盖高与箱体高之比取：$h/H=1/4$。

⑩0303侧板襟片、0420前后板襟片长度均取H。

(2)抗压强度

①R_L对抗压强度的影响：如图5-64所示，瓦楞纸箱在垂直受压时沿箱面发生程度不同的凸起，距中心越近，凸起越大；距箱角越近，凸起越小。同时，沿箱面水平线发生程度不同的变形，箱角处刚度最大，变形最小，所以抗压强度最大；距箱角越远，变形越大，抗压强度越低。由于纸箱侧面中心凸起最大，所以在$L/2$处抗压强度最低。

从理论上讲，R_L为1的纸箱抗压强度最大，但实验结果并非如此。

图5-65所示为0201瓦楞纸箱的周长保持一定，R_L在一定范围内进行变化时的抗压

强度曲线。从图中可以看出，当0201 箱的 R_L从1.0 变化到2.0 时，抗压强度峰值位于1.4 附近，两边呈下降趋势，形成一道鞍形曲线，而此范围内以 R_L为2.0 的抗压强度最低。

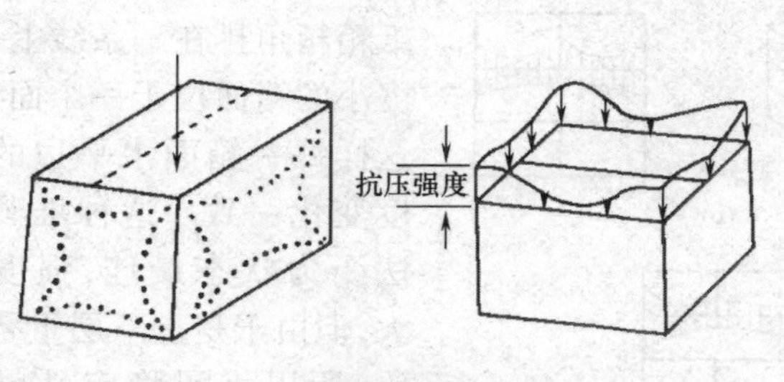

图5-64 瓦楞纸箱箱面应力分布

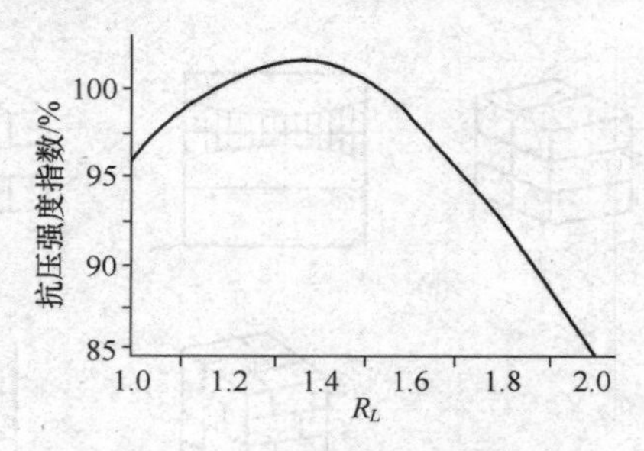

图5-65 R_L与抗压强度关系曲线

也有实验证明，抗压强度峰值位于 R_L为1.2 处。但不论怎样，如果单从抗压强度考虑，R_L为2.0 不是一个理想的尺寸比例，而抗压强度又是综合平衡中最重要的决定因素。

②R_H 对抗压强度的影响：瓦楞纸箱高度在一定范围内对抗压强度也有影响。从图5-66 可以看出，在纸箱周边长一定的情况下，一定范围内抗压强度随高度的增大而趋于下降。但超过这个范围后，高度的增大并不影响抗压强度。

也可以说，在一定范围内，R_H的增大使抗压强度降低，但超过一定范围后，R_H与抗压强度没有多大关系。

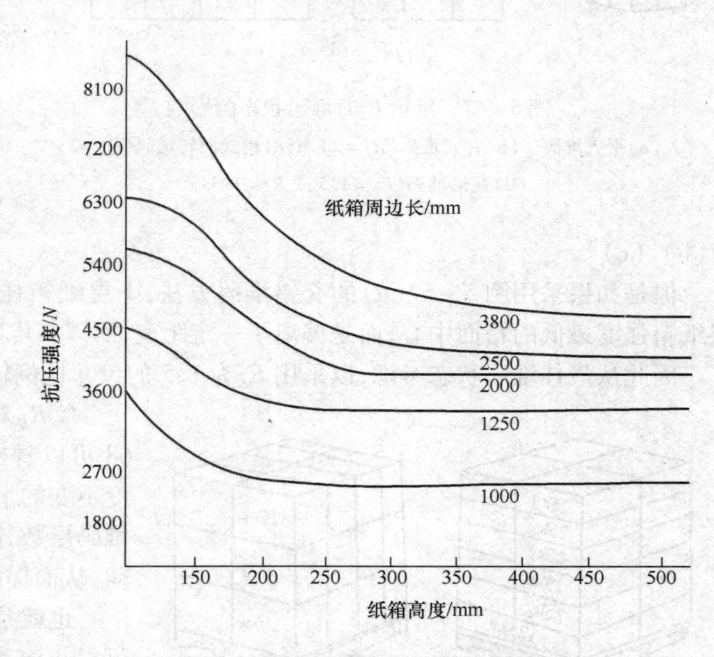

图5-66 纸箱高度与抗压强度关系曲线

图5-66 中各个曲线分别代表不同的纸箱周边长。从图中还可以看出，在一定高度范围内，随纸箱周边长的增加，抗压强度随纸箱高度增加的降低率也增大，同时有变化的高度上限也趋于滞后。

例如，对于周边长为1000mm 的瓦楞纸箱，当高度在300mm 以前，纸箱高度越大则抗压强度越低，但当超过300mm 以后，强度下降趋势不太明显，曲线几乎呈水平状态，而对于周边长为2000mm 的瓦楞纸箱，抗压强度随纸箱高度变化的上限则为350mm。

(3)堆码状态

①R_L对堆码状态的影响：有两类堆码形式，一类是平齐堆码(重叠堆码)，一类是交错堆码。

瓦楞纸箱承载能力与受压的垂直箱面有关。如前所述，纸箱受压时垂直箱面的中心部位强度较弱，这是因为充填内装物后箱面中心趋向凸起，从而降低了承载能力。

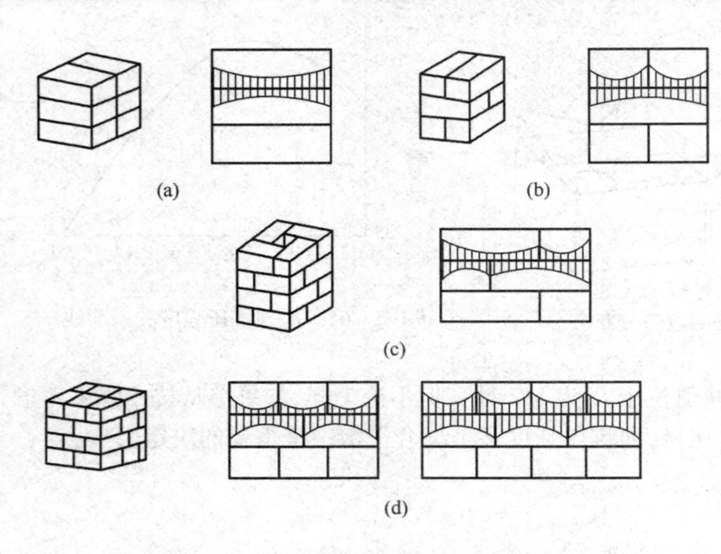

图 5－67　纸箱 R_L 对堆码状态的影响

(a)平齐堆码　(b)井式堆码($R_L=2$)　(c)销式回转堆码($R_L=2$)

(d)瓦形堆码($R_L=1.5$ 或 $R_L=1.33$)

平齐堆码时，强度大的纸箱箱角排在一条线上，强度小的箱面位于一个面上，这样每一箱面水平边的挠度变化一致。这种堆码方法受力状态最佳、强度最大，但由于是上下层重叠堆码，所以堆码稳定性最差[图 5－67(a)]。

交错堆码时，由于上下层纸箱之间箱面强度大的刚性棱角位于另一箱面强度小的中心部位，从而产生各垂直箱面水平边挠度的不一致，以至于在较小的载荷下发生纸箱破坏，但这种堆码的稳定性较好[图 5－67(b)、(c)]。

但是如果采用图 5－67(d)的交错堆码方法，上层纸箱强度最大的箱角并没有位于下层纸箱强度最低的箱面中心，而是偏离了一定距离，所以其堆码载荷及稳定性均较好。

因此从最佳堆码状态考虑，以采用 R_L 为 1.5 的尺寸比例较为理想。

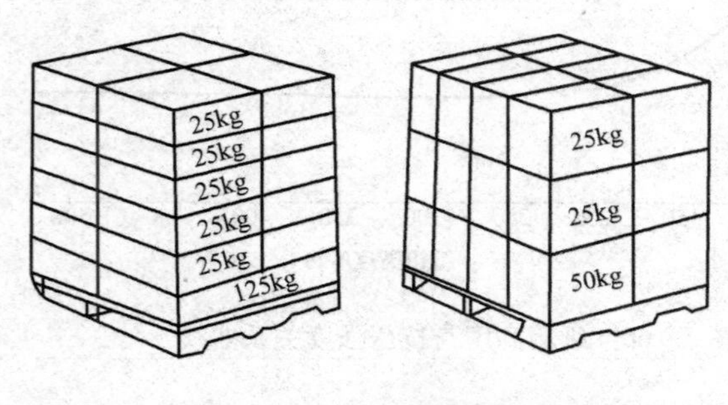

图 5－68　纸箱 R_H 对堆码载荷的影响

②R_H 对堆码状态的影响：从图 5－68 可以看出，在纸箱容量、重量、堆码高度不变的情况下，H 的提高，减少了纸箱堆码层数，降低了堆码最下层纸箱的负荷，从而提高了堆码载荷。

也就是说，在一定条件下，R_H 的增大可以提高纸箱堆码载荷。但 R_H 无限过高会降低瓦楞纸箱在自动包装线上及堆码过程中的稳定性。

(4)美学因素　以上因素是由包装功能和技术条件形成的瓦楞纸箱的基本尺寸比例关系。除此以外，不应忽视按照人们的社会意识及时代的审美要求来确定具有时代性形式美的尺寸比例关系。

尺寸比例的美学因素即根据审美的要求形成的比例，它是按照人们的社会意识，时代的审美要求来考虑瓦楞纸箱的尺寸比例，看其是否具有时代特征的形式美。

在 02 类瓦楞纸箱中，其主要信息及装饰面是 LH 面，所以要根据美学因素来确定 L∶H

或 R_L/R_H 的比例关系。03 或 04 类瓦楞纸箱，则要考虑 LB 面 $L:B$ 的比例关系。

当代造型美学常用比例有：

①黄金分割比例：黄金分割是指把一直线分为两段，其分割后的长段与原直线长度之比等于分割后的短段与长段之比[图 5-69(a)]。

即
$$\frac{L}{X}=\frac{X}{L-X}$$

也就是
$$X^2+LX-L^2=0$$

解得
$$X=\frac{-L\pm\sqrt{L^2+4L^2}}{2}=\frac{-L\pm\sqrt{5}L}{2}$$

$$\begin{cases}\dfrac{-L-\sqrt{5}L}{2}\text{（舍去）}\\[2ex]\dfrac{-L+\sqrt{5}L}{2}=0.618L\end{cases}$$

在实际应用中，可以通过作图求解[图 5-69(b)]

在上式解中，令 $L=2a$

则
$$\frac{(\sqrt{5}-1)2a}{2}=\sqrt{5}a-a$$

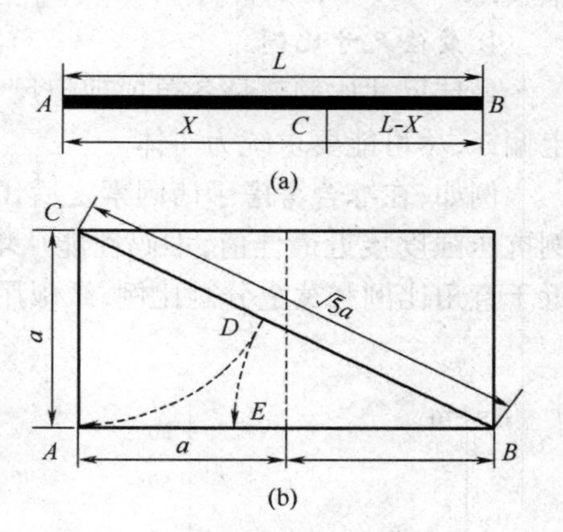

图 5-69 黄金分割比例

由此可得作图步骤如下：a. 以线段 AB 为底边作一矩形，其中长边 AB 等于 $2a$，短边 AC 等于 a，则矩形对角线为 $\sqrt{5}a$；b. 以 C 为圆心，a 为半径画弧与线段 BC 交于 D，则 DB 长度为 $\sqrt{5}a-a$；c. 以 B 为圆心，DB 为半径画弧与线段 AB 交于 E，则 E 点为线段 AB 的黄金分割点。

$$\frac{EB}{AB}=\frac{AE}{EB}=0.618$$

主要装饰面可采用黄金分割率矩形，即尺寸比例为 1.618∶1(1∶0.618)。

②整数比例：这是现代产品设计中比较常用的一种审美比例，也比较适合内装物及瓦楞纸箱的结构比例。

这种比例是以正方形为基础而派生出的边长为 1∶1，2∶1，3∶1……，n∶1 之整数比例的矩形[图 5-70(a)]。

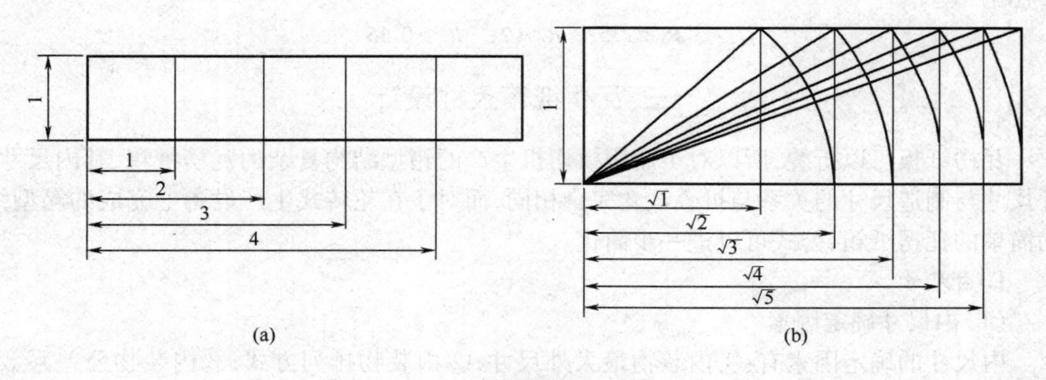

图 5-70 整数比例与直角比例

(a)整数比例 (b)直角比例

③直角比例：直角比例即均方根比例，也是通过正方形派生出来的一种比例关系，它以正方形的一条边与这条边的一端所划出的对角线长而形成的矩形比例关系为基础，逐渐以其新产生的对角线仍以原正方形边长所形成的比例关系。这种比例关系依次为$\sqrt{1}$:1，$\sqrt{2}$:1，$\sqrt{3}$:1，……，$\sqrt{n}$:1[图 5－70(b)]。

4. 最佳尺寸比例

最佳尺寸比例就是各单项理想尺寸比例的综合平衡后的尺寸比例，它兼顾各方，不剑走偏锋，尽可能要求统为一体。

例如，在综合考虑了诸因素之后，0201 型箱的最佳尺寸比例应为 1.5:1:1，因为这一比例抗压强度接近最佳值，堆码性能从堆码载荷及堆码稳定性来说都较为理想，美学因素接近于直角比例和黄金分割比例，纸板用量较之 2:1:2 比例也不会增加很多。

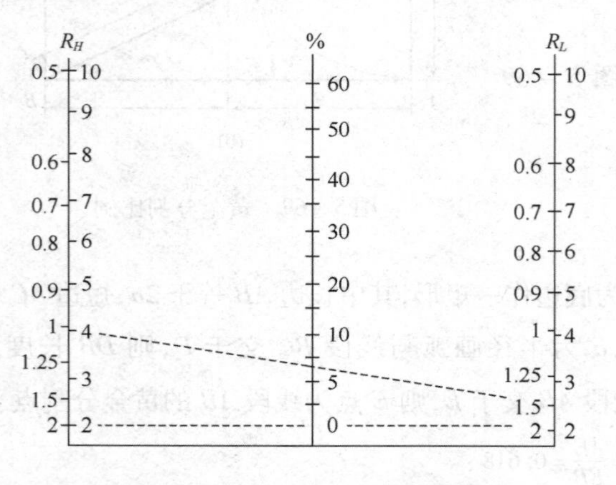

图 5－71　0201 型箱纸板用量计算图

图 5－71 是不同尺寸比例的 0201 型箱纸板相对用量。图中百分数为不同尺寸比例的 0201 纸箱较之 2:1:2 尺寸比例纸箱用料的增加量。在 R_H坐标中找出 1，R_L坐标中找出 1.5，两点连线与中线的相交点即为纸板用量增加的百分数，这里是 6.5%。

但是，从图 5－65 中可以看出，当 R_L从 1.5 变为 2.0 时，抗压强度降低了 20%。可见前者纸板用量的增加较之后者抗压强度的降低来说很小。

而且，评价瓦楞纸箱经济性不应单纯考虑纸板用量，原纸定量也是相关因素之一。1.5:1:1 尺寸比例的瓦楞纸箱与 2:1:2 尺寸比例的瓦楞纸箱在相同抗压强度的条件下，也可以通过降低瓦楞纸板原纸定量的方法来降低成本。

国家标准《GB/T 6543—2008 运输包装用单瓦楞纸箱和双瓦楞纸箱》规定瓦楞纸箱箱形比例：

$$R_L \leqslant 2.5;\quad R_H \leqslant 2;\quad R_H \geqslant 0.15$$

三、瓦楞纸箱尺寸设计

瓦楞纸板可以折叠，所以对于需用模切机生产的箱型结构复杂的瓦楞纸箱，其内尺寸、外尺寸与制造尺寸的关系与折叠纸盒完全相同，而对于在轮转式生产设备上完成的箱型结构简单的瓦楞纸箱，公式可以进一步简化。

1. 内尺寸

(1)内尺寸确定因素

内尺寸的确定因素有：①内装物最大外尺寸；②内装物排列方式；③内装物公差系数；④内装物隔衬与缓冲件的相关尺寸。

(2)内尺寸计算公式　除错列排列的圆柱形内装物以外，其他内装物的瓦楞纸箱内尺

寸计算公式如下:

$$X_i = x_{\max} n_x + (n_x - 1)d + T + k' \tag{5-6}$$

式中 X_i——纸箱内尺寸,mm

$x_{\max}$——内装物最大外尺寸,mm

n_x——内装物排列数目,mm

d——内装物公差系数,mm

T——衬格或缓冲件总厚度,mm

k'——内尺寸修正系数,mm

上式中如果 $n_x = 1, T = 0$

则

$$X_i = x_{\max} + k' \tag{5-7}$$

这是单件内装物的瓦楞纸箱内尺寸计算公式。

内装物公差系数如下取值:中包装盒:±(1~2)mm/件;针棉织品:±3mm/12 件;硬质刚性品:+(1~2)mm/件。

如图 5-72 所示,中包装装有内装物时,尤其是装有粉状、颗粒状内装物,纸盒垂直盒面会发生一定程度的凸鼓,所以对于中包装盒来说,d 又称为中包装间隙系数。

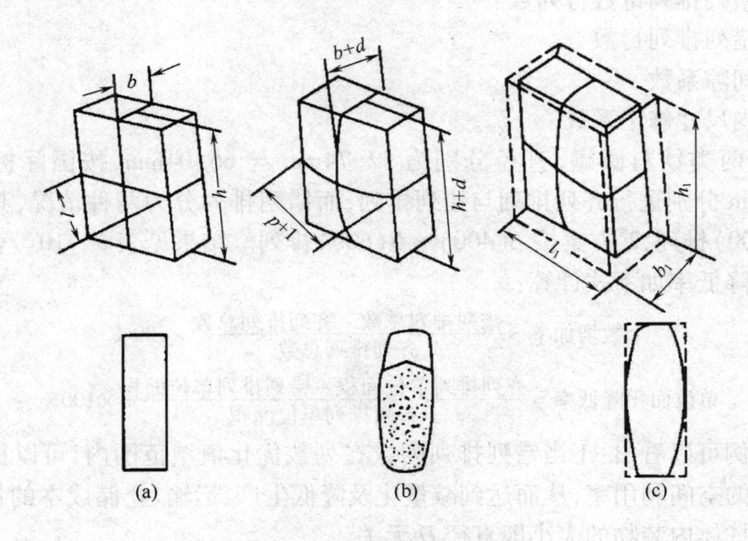

图 5-72 中包装间隙系数

(a)空包装 (b)实包装 (c)包装尺寸

内尺寸修正系数见表 5-9。

表 5-9 **瓦楞纸箱内尺寸修正系数 k' 值** 单位:mm

尺寸名称	L_i	B_i	H_i		
			小型箱	中型箱	大型箱
k'	3~7	3~7	1~3	3~4	5~7

例 5-2 计算例 5-1 中瓦楞纸箱内尺寸。

已知:$l_{max}=190$mm、$b_{max}=140$mm、$h_{max}=120$mm、$n_L=4$、$n_B=2$、$n_H=3$,

排列方式:$4b\times2l\times3h$,求:L_i、B_i、H_i。

解:查表5-9,取 $k'_L=5$　$k'_B=5$　$k'_H=4$　$d=1$

代入公式(5-6),得

$$L_i=140\times4+(4-1)\times1+5=568(\text{mm})$$

$$B_i=190\times2+(2-1)\times1+5=386(\text{mm})$$

$$H_i=120\times3+(3-1)\times1+4=366(\text{mm})$$

(3)采用错列排列包装的内尺寸计算公式　圆柱体内装物采用错列排列时,包装内尺寸计算公式如下:

$$L_i=ND+(N-1)d+k_i \tag{5-8}$$

$$B_i=D+\frac{\sqrt{3}}{2}D(M-1)+(M-1)d+k_i \tag{5-9}$$

高度内尺寸计算公式同齐列排列。

式中　L_i——包装长度内尺寸(列方向长度尺寸),mm

B_i——包装宽度内尺寸(行方向长度尺寸),mm

N——错列排列奇数行列数

M——错列排列行数

d——间隙系数

k_i——内尺寸修正系数

市场常见两类饮料圆罐,直径分别为52.74mm与66.04mm,按国际标准包装模数600mm×400mm分别进行齐列排列与错列排列,而错列排列分为两种情况,其中1#方案按$L(600)\times B(400)$排列,2#方案按$L(400)\times B(600)$排列。结果见表5-10。表中个数增加率和单位面积降低率如下式计算:

$$\text{个数增加率}=\frac{\text{错列排列总数}-\text{齐列排列总数}}{\text{齐列排列总数}}\times100\%$$

$$\text{单位面积降低率}=\frac{\text{齐列排列单位面积}-\text{错列排列单位面积}}{\text{齐列排列单位面积}}\times100\%$$

从以上实例可以看出:①当错列排列列数在列数优化值域范围内,可以提高圆柱体内装物在包装中的空间利用率,从而达到减量化及降低生产、运输、仓储成本的目的。②列数优化值域与圆柱体内装物的大小即直径D无关。

表5-10　圆柱体内装物排列方式比较

内装物直径/mm	排列方式	M/个	N(奇)	N(偶)	总数	个数增加率/%	L_i/mm	B_i/mm	S_i/cm²	S_i/总数/cm²	单位面积降低率/%
52.74	齐列排列	7	11	11	77	-	596	381	2271	29.5	-
	错列排列1#	8	11	10	84	9.1	596	385	2295	27.3	7.5
	错列排列2#	12	7	6	78	1.3	381	572	2179	27.9	5.4
66.04	齐列排列	6	9	9	54	-	608	407	2475	45.8	-
	错列排列1#	6	9	8	51	-5.6	608	363	2207	43.3	5.5
	错列排列2#	10	6	5	55	1.9	407	596	2426	44.1	3.7

2. 制造尺寸

(1)箱体长、宽、高度制造尺寸计算公式　从图 5－73 可以看出,瓦楞纸箱长、宽、高度制造尺寸计算公式如下:

$$X = X_i + (n_1 - a)t$$

式中　X——瓦楞纸箱长、宽、高度制造尺寸,mm

X_i——纸箱内尺寸,mm

t——瓦楞纸板计算厚度,mm

n_1——由内向外纸板层数

a——箱面系数,"└┘"形结构箱面为 1,"∟"形结构为 1/2

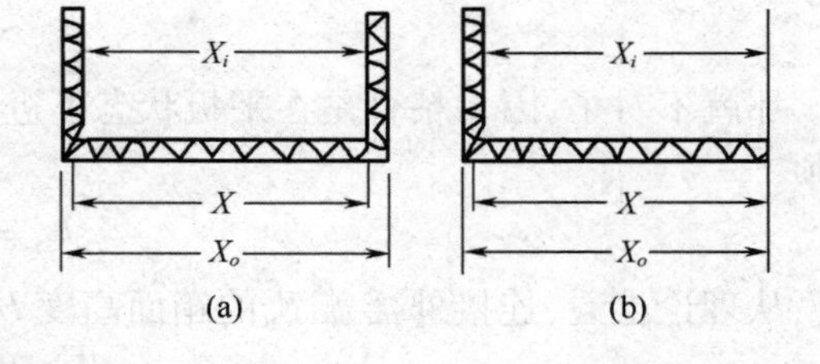

图 5－73　瓦楞纸箱内尺寸、外尺寸与制造尺寸的关系
(a)"└┘"形结构　(b)"∟"形结构

这是理论公式,在实际生产中要根据情况加适当修正常数,即

$$X = X_i + (n_1 - a)t + k$$

因为瓦楞纸板厚度与瓦楞楞型和纸板层数有关,$(n_1 - a)$与箱型有关,一旦楞型、纸板层数和箱型确定,纸板厚度也就基本确定。所以,在实际设计中,可以将上式中的$(n_1 - a)t$再加上 1～3mm 的修正系数而合并成一个常数,仍用 k 表示,则上式简化为:

$$X = X_i + k \tag{5-10}$$

式中　X——瓦楞纸箱制造尺寸,mm

X_i——纸箱内尺寸,mm

k——制造尺寸修正系数,mm

表 5－11 为 02 类纸箱制造尺寸修正系数值,表中代号的意义如图 5－74 所示。k 大小与纸箱具体尺寸有关。

表 5－11　　02 类瓦楞纸箱制造尺寸修正系数(GB/T 6543－2008)　　单位:mm

楞型	L_1	L_2	B_1	B_2	H	F
A	6	6	6	4	9	4
B	3	3	3	2	6	1
C	4	4	4	3	8	3
AB	9	9	9	6	16	6
BC	8	8	8	5	14	5

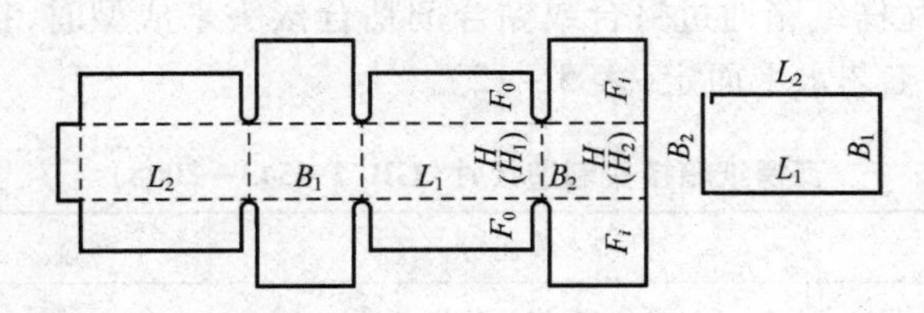

图 5－74　02 类瓦楞纸箱各部尺寸代号

由于B_2是连接纸箱接头的垂直箱面，与其他箱面相比，一侧为裁切线，因此就必须

$$B_1 > B_2$$

所以

$$k_{B_1} > k_{B_2}$$

但是，在制造商接头粘合情况下，特别在高速糊箱机作业时，如果同样认为

$$k_{L_1} > k_{L_2}$$

那就不对了，因为粘合是在平板状态下进行的，为保证粘合质量及粘合位置的准确性，必须

$$k_{L_1} = k_{L_2}$$

从理论上看，连接外摇盖F_0的箱面高度H_1应大于连接内摇盖F_i的箱面高度H_2，即

$$H_1 > H_2 + 2t$$

但是由于轮转式生产设备所限，只能

$$H_1 = H_2$$

在实际使用过程中，由于内摇盖的回弹作用，使其有向外翘起的趋势，为减少由于这种原因而造成的净空高度的增加，一般情况下，

$$k_H < 2t$$

在接头钉合工艺时，为了保持侧面的印刷面不被箱钉破坏，接头一般应与侧面连接。

(2)对接摇盖制造尺寸　在纸箱摇盖对接封合的箱型中，如0201、0204、0207、0216等，摇盖宽度制造尺寸理论值应为箱宽制造尺寸的1/2，但是，由于如前所述的摇盖回弹作用，必然在摇盖对接处产生间隙，使封箱不严造成内装物遭尘埃污染。因此，对接摇盖宽度制造尺寸应该加一修正值。这一修正值称为摇盖伸长系数，用x_f表示。

即

$$F = \frac{B_1 + x_f}{2} \tag{5-11}$$

式中　F——纸箱对接摇盖宽度，mm

B_1——纸箱非接合端面宽度制造尺寸，mm

x_f——摇盖伸长系数，mm

对于0204、0205与0206对接内摇盖，则上式为

$$F = \frac{L_1 + x_f}{2} \tag{5-12}$$

式中　L_1——纸箱非接合侧面长度制造尺寸，mm

GB/T 6543—2008建议，式(5-11)、式(5-12)中($B_1 + x_f$)或($L_1 + x_f$)为奇数时加1。

02类纸箱的摇盖伸长系数见表5-11。

(3)接头尺寸　瓦楞纸箱通过钉合或黏合剂粘合接头来成型时，接头J的尺寸一般根据瓦楞层数及工厂的工艺水平而定(表5-12)。

表5-12　瓦楞纸箱接头制造尺寸(GB/T 6543—2008)　单位：mm

纸板种类	单瓦楞	双瓦楞
J	钉合：>30　粘合：≥30	钉合：>35　粘合：≥30

例 5－3 计算例 5－2 中的瓦楞纸箱制造尺寸，选用 C 楞纸板，粘合接头。

已知：$L_i=568\text{mm}$、$B_i=386\text{mm}$、$H_i=366\text{mm}$，求：L、B、H、J、F

解：查表 5－11 和表 5－12，取

$$k_{L_1}=4、k_{L_2}=4、k_{B_1}=4、k_{B_2}=3、k_H=8、J=30、x_f=3$$

$$L_1=L_i+k_{L_1}=568+4=572(\text{mm})$$

$$L_2=L_i+k_{L_2}=568+4=572(\text{mm})$$

$$B_1=B_i+k_{B_1}=386+4=390(\text{mm})$$

$$B_2=B_i+k_{B_2}=386+3=389(\text{mm})$$

$$H=H_i+k_H=366+8=374(\text{mm})$$

$$F=\frac{B_1+x_f}{2}=\frac{390+3+1}{2}=197(\text{mm})$$

$$J=30\text{mm}$$

标注于图 5－75。

（4）03 类箱型制造尺寸　03 类纸箱由箱体箱盖两部分组成，箱体箱盖需要一定的配合间隙，而箱盖的制造尺寸，则以箱体的内尺寸为基准（长度与宽度），即

$$X^+=X_i+(n_1+m_1-a)t+\alpha$$

为计算简便起见，将后两项合并，称为 03 类箱盖制造尺寸修正系数，仍用 α 表示，

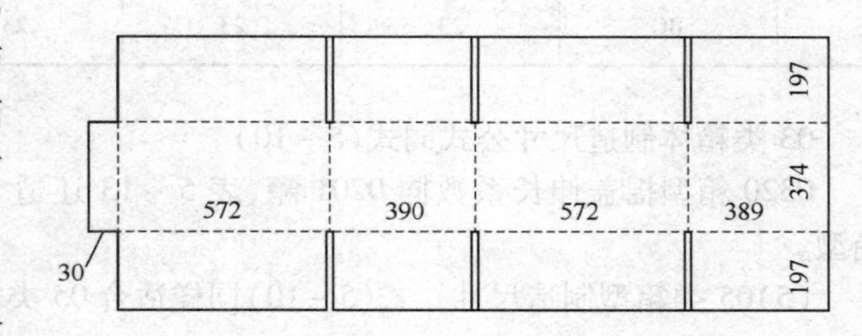

图 5－75　0201 箱设计实例

则

$$X^+=X_i+\alpha \tag{5-13}$$

式中　X^+——03 类箱盖制造尺寸，mm

X_i——03 类箱体内尺寸，mm

α——03 类箱盖制造尺寸修正系数，mm

α 值可从表 5－13、表 5－14 中查出。

表 5－13　**0301 箱型制造尺寸修正系数**　单位：mm

系数	楞型	$L(L^+)$	$B(B^+)$	$H(H^+)$	系数	楞型	$L(L^+)$	$B(B^+)$	$H(H^+)$
k	A	6	6	3	α	A	18	18	－9
	B	3	3	1.5		B	9	9	－3
	C	4	4	2		C	12	12	－8
	AB	9	9	5		AB	28	28	－14
	BC	8	8	4		BC	24	24	－12

表 5－14　　0320 箱型制造尺寸修正系数　　单位:mm

系数	楞型	$L_1(L_1^+)$	$L_2(L_2^+)$	$B_1(B_1^+)$	$B_2(B_2^+)$	$H(H^+)$
k	A	6	6	6	4	5
	B	3	3	3	2	3
	C	4	4	4	3	4
	AB	9	9	9	6	9
	BC	8	8	8	5	8
α	A	18	18	18	18	－9
	B	9	9	9	9	－5
	C	12	12	12	12	－6
	AB	26	26	26	26	－13
	BC	23	23	23	23	－12

03 类箱体制造尺寸公式同式(5－10)。

0320 箱型摇盖伸长系数同 0201 箱,表 5－13 还适合 0300、0303、0304、0305、0308 等箱型。

(5)05 类箱型制造尺寸　式(5－10)同样适合 05 类箱型,但修正系数需查表 5－15 和表 5－16。

表 5－15　　0510 箱型制造尺寸修正系数　　单位:mm

楞型	L	B	H	L_1^+	L_2^+	B_1^+	B_2^+	H^+
A	0	5	6	6	3	10	7	0
B	0	2	3	3	1	4	3	0
C	0	3	4	4	2	6	5	0
AB	0	8	9	9	6	15	11	0
BC	0	7	8	8	5	14	10	0

表 5－16　　0511 箱型制造尺寸修正系数　　单位:mm

楞型	L	B	H	L^+	B^+	H^+
A	0	4	8	6	4	4
B	0	2	4	3	2	2
C	0	3	6	4	3	3
AB	0	6	12	9	6	6
BC	0	5	10	8	5	5

(6)06 类箱型制造尺寸　06 类箱型制造尺寸修正系数查表 5－17,J 值同表 5－12。

(7)09 类附件制造尺寸

表5－17　　0608箱型制造尺寸修正系数　　单位：mm

楞型	L^+	B_1^+	B_2^+	H_1^+	H_2^+	B	H
A	0	8	5	10	8	4	5
B	0	4	2	4	4	2	2
C	0	6	3	6	6	3	3
AB	00	12	8	15	12	6	8
BC	0	11	7	14	11	5	7

①平套型衬件：以0904型内衬为例。0904型内衬作为瓦楞纸箱，尤其是02类箱不足以保护内装物或箱体抗压强度不足时采用平套型衬件作为补强件，其制造尺寸修正系数见表5－18。

表5－18　　0904型箱衬制造尺寸修正系数　　单位：mm

楞型	L_1	L_2	B_1	B_2	H
A	6	1	6	1	0
B	3	0	3	0	0
C	4	1	4	1	0
AB	9	1	9	1	0
BC	8	1	8	1	0

②隔板型衬件：隔板主要用于分隔保护内装物并有利于内装物的计数、装箱和取出，多用于包装玻璃、陶瓷瓶罐类易碎刚性产品。

对于外包装箱来说，隔板型衬件与其之间也存在一个内尺寸修正系数问题。显然，内尺寸修正系数应该留在衬格的两个端点，而不应平均留在隔板中间。

隔板总长度制造尺寸计算公式

$$l = X_i - k' \tag{5-14}$$

隔板中间间隔宽度尺寸计算公式

$$D_1 = \frac{X_i - (n_x - 1)t}{n_x} \tag{5-15}$$

隔板端点间隔宽度尺寸计算公式

$$D_2 = \frac{X_i - (n_x - 1)t}{n_x} - \frac{k'}{2} = D_1 - \frac{k'}{2} \tag{5-16}$$

式中　l——隔板总长度，mm

X_i——纸箱内尺寸，mm

k'——纸箱内尺寸修正系数，mm

D_1——隔板中间间隔宽度尺寸，mm

D_2——隔板端点间隔宽度尺寸，mm

n_x——排列数目，件

t——纸板计算厚度，mm

图 5 - 76 为隔板制造尺寸示意图。

例 5 - 4　箱型 0201;0933,5×3,B 楞衬板，纸箱内尺寸为 262mm×156mm×120mm，k'取 4，试计算隔板尺寸。

已知：$L_i = 262$mm、$B_i = 156$mm、$H_i = 120$mm、$k' = 4$、$n_L = 5$、$n_B = 3$，求：l_1、l_2、D_1、D_2、D_3、D_4、h、$h/2$。

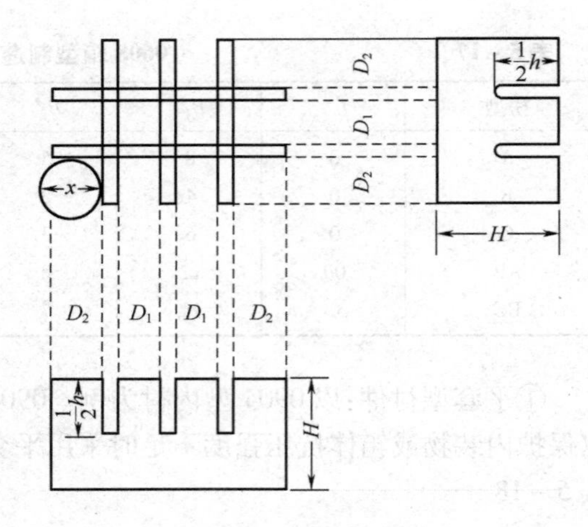

图 5 - 76　隔板设计图

解：查表 5 - 3，$t = 3$mm(实际生产中取值)

由式(5 - 14)、(5 - 15)、(5 - 16)，得

长隔板制造尺寸

$$l_1 = 262 - 4 = 258(\text{mm})$$

$$D_1 = \frac{262 - (5 - 1) \times 3}{5} = 50(\text{mm})$$

$$D_2 = 50 - \frac{4}{2} = 48(\text{mm})$$

短隔板制造尺寸

$$l_2 = 156 - 4 = 152(\text{mm})$$

$$D_3 = \frac{156 - (3 - 1) \times 3}{3} = 50(\text{mm})$$

$$D_4 = 50 - \frac{4}{2} = 48(\text{mm})$$

隔板高度

$$h = 120 - 4 = 116(\text{mm})$$

开槽高度

$$h/2 = 116/2 = 58(\text{mm})$$

(8)模切机生产箱型制造尺寸　需用模切机生产的箱型有 04 类、07 类及部分 02 类与 03 类，其主要制造尺寸计算公式同折叠纸盒。

①快锁底结构。瓦楞纸箱采用快锁底结构的箱型有 0215、0216、0217、0321 等，其基本形式与折叠纸盒快锁底结构完全相同，只是由于瓦楞纸板厚度较大，所以普通纸板折叠纸盒中的 1/2B 处，应为$(B - t)/2$，如图 5 - 77 所示。

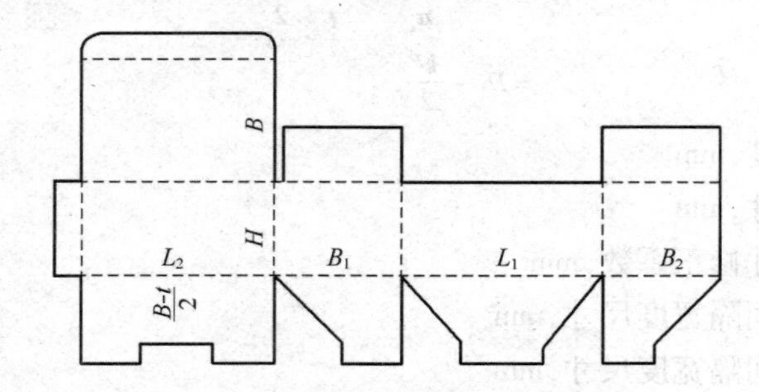

图 5 - 77　瓦楞纸箱锁底式结构(0215)

②自锁底结构。采用自锁底结构的箱型有0700～0717，其箱底制造尺寸的考虑原则同快锁底。

③锁舌结构。瓦楞纸箱采用锁销结构的箱型有0421～0427、0432等。

瓦楞纸箱锁舌结构有通锁和半锁之分。所谓通锁，是将锁孔处纸板挖掉，锁舌全部插入锁孔。所谓半锁，是将锁孔处瓦楞压溃，锁舌插入约半个纸板厚度的盲孔内，以保护外印刷面不被破坏。

通锁有关尺寸计算公式如下：

$$\begin{cases} H_L = t + 1 \\ B_L = 2t + 1 \end{cases} \tag{5-17}$$

半锁有关尺寸计算公式如下：

$$\begin{cases} H_L = \dfrac{t}{2} + 1 \\ B_L = 2t + 1 \end{cases} \tag{5-18}$$

式中 H_L——锁舌高度，mm

B_L——锁孔宽度，mm

t——纸板计算厚度，mm

如锁孔恰好开在对折线上时，锁孔宽度应为：

$$B_L = \frac{5t}{2} \tag{5-19}$$

式(5－17)至式(5－19)也适用于折叠纸盒。

对于方便堆码的欧洲CF(水果蔬菜运输托盘)箱，其堆码阴锁与阳锁的尺寸如图5－78所示。

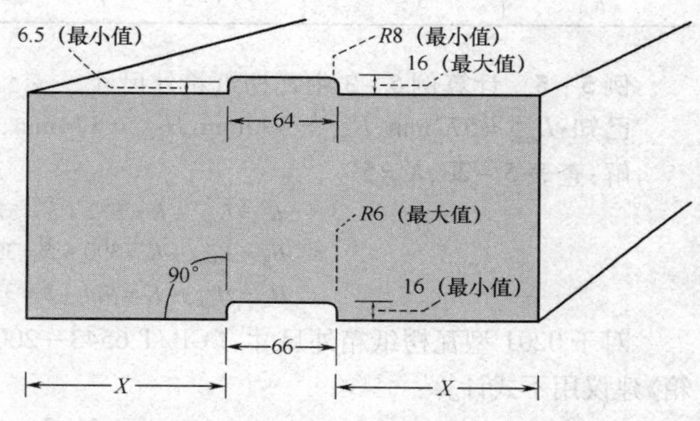

图5－78 欧洲CF(水果蔬菜运输托盘)箱阴锁与阳锁尺寸(资料来源:FEFCO)

(9)包卷式纸箱 包卷式纸箱也是模切成型的，其制造尺寸修正系数不同于0201型箱，见表5－19。

表5－19 包卷式纸箱制造尺寸修正系数 单位:mm

楞型	L_1	L_2	内接头				外接头				F	J
			B_1	B_2	H_1	H_2	B_1	B_2	H_1	H_2		
A	6	12	6	1	9	6	6	9	3	6	3	35
B	3	6	3	1	5	3	3	5	1	3	1	35
C	4	8	4	1	6	4	4	6	2	4	2	35
AB	9	18	9	2	15	9	9	15	5	9	5	40
BC	8	16	8	2	13	8	8	13	4	8	4	40

3. 外尺寸

在流通过程中，不论运费的计算，还是箱面标志中的体积，都要以外尺寸为准。因此，在纸箱设计中，不仅要根据内尺寸来确定制造尺寸，还要根据制造尺寸计算外尺寸。

外尺寸计算公式如下:

$$X_o = X_{max} + t + K$$

将后两项常数合并,仍用 K 表示:

$$X_o = X_{max} + K \quad (5-20)$$

式中 X_o——纸箱外尺寸,mm

X_{max}——纸箱最大制造尺寸,mm

K——纸箱外尺寸修正系数,mm

由于纸箱制造尺寸不止一个,所以 X_{max} 是在一组制造尺寸数据中最大的,例如例 5-3 中的 L_1、B_1。

表 5-20 为瓦楞纸箱外尺寸修正系数。

表 5-20　瓦楞纸箱外尺寸修正系数 K 值　单位:mm

楞型	A	B	C	AB	BC
K	5~7	3~5	4~6	8~12	7~11

例 5-5　计算例 5-3 中瓦楞纸箱外尺寸。

已知:$L_{max}=572$mm、$B_{max}=390$mm、$H_{max}=374$mm,求:L_o、B_o、H_o.

解:查表 5-20,$K=5$

$$L_o = L_{max} + K = 572 + 5 = 577 (\text{mm})$$
$$B_o = B_{max} + K = 390 + 5 = 395 (\text{mm})$$
$$H_o = H_{max} + K = 374 + 5 = 379 (\text{mm})$$

对于 0201 型瓦楞纸箱外尺寸,《GB/T 6543—2008 运输包装用单瓦楞纸箱和双瓦楞纸箱》建议用下式计算:

$$\begin{cases} L_o = L_i + 2t \\ B_o = B_i + 2t \\ H_o = H_i + 4t \end{cases} \quad (5-21)$$

例 5-6　用式(5-21)计算例 5-3 中瓦楞纸箱外尺寸。

已知:$L_i \times B_i \times H_i = 568\text{mm} \times 386\text{mm} \times 366\text{mm}$

解:查表 5-3,$t=4.3$mm

$$L_o = L_i + 2t = 568 + 2 \times 4.3 = 577 (\text{mm})$$
$$B_o = B_i + 2t = 386 + 2 \times 4.3 = 395 (\text{mm})$$
$$H_o = H_i + 4t = 366 + 4 \times 4.3 = 383 (\text{mm})$$

两种算法仅在高度尺寸有差异。

例 5-7　内装物最大外尺寸为 500mm×400mm×300mm,单件包装,选用 0201;0904 箱型。其中,0201 箱用 A 楞纸板,粘合接头;0904 内衬用 AB 楞纸板,求纸箱外尺寸。

已知:$l_{max}=500$mm、$b_{max}=400$mm、$h_{max}=300$mm,求:L_o、B_o、H_o。

解:(1)0904 衬件内尺寸

查表 5-9,$k'_L=5$、$k'_B=5$、$k'_H=4$

由式(5-7)

$$L_i = 500 + 5 = 505(\text{mm})$$
$$B_i = 400 + 5 = 405(\text{mm})$$
$$H_i = 300 + 4 = 304(\text{mm})$$

(2)0904 衬件制造尺寸

查表5-18，$k_{L_1}=9$、$k_{L_2}=1$、$k_{B_1}=9$、$k_{B_2}=1$、$k_H=0$

代入式(5-10)

$L_1=514\text{mm}$　$L_2=506\text{mm}$　$B_1=414\text{mm}$　$B_2=429\text{mm}$　$H=304\text{mm}$

(3)0904 衬件外尺寸

查表5-20，$K=10$

代入式(5-20)得

$$L_o \times B_o \times H_o = 524\text{mm} \times 424\text{mm} \times 304\text{mm}$$

(高度方向无压痕，故 $k_H=0$)

(4)0201 箱内尺寸

由于内衬无接头，具有轻微可压缩性，所以取

$k'_L=1$　$k'_B=1$　$k'_H=0$

则 $L_i \times B_i \times H_i = 525\text{mm} \times 425\text{mm} \times 304\text{mm}$

(5)0201 箱制造尺寸

查表5-11，$k_{L_1}=6$、$k_{L_2}=6$、$k_{B_1}=6$、$k_{B_2}=4$、$k_H=9$、$x_f=4$

得：$L_1=531\text{mm}$　$L_2=531\text{mm}$　$B_1=431\text{mm}$　$B_2=429\text{mm}$　$H=313\text{mm}$　$F=218\text{mm}$　$J=30\text{mm}$

(6)0201 箱外尺寸

查表5-20，$K=6$

得 $L_o \times B_o \times H_o = 537\text{mm} \times 437\text{mm} \times 319\text{mm}$

第四节　瓦楞纸箱强度设计

一、影响瓦楞纸箱强度的因素

瓦楞纸箱的抗压强度既是评价瓦楞纸箱的重要指标，又是设计瓦楞纸箱的重要条件。

影响瓦楞纸箱强度的因素可以分为两类，一类是无法避免的基本因素，也就是决定瓦楞纸箱强度的主要因素，包括：①原纸强度——内面纸、外面纸、瓦楞芯纸的环压强度(RCT)或瓦楞芯平压强度(CMT)；②瓦楞楞型——A、B、C、E等；③瓦楞纸板种类——双面、双芯双面、三芯双面等；④瓦楞纸板含水率；⑤流通领域中外界环境的影响。

另一类是在设计与制造瓦楞纸箱过程中人为影响的可变因素，在设计与制造过程中可以设法避免，包括：①箱型与箱形(尺寸比例)；②印刷面积与开孔位置；③瓦楞纸箱制造技术；④制箱设备缺陷；⑤质量管理。

1. 原纸强度

原纸强度是原纸质量的技术指标，而原纸质量的波动，不仅会影响瓦楞纸板的横向环

压强度，而且在制箱时与各种不良因素叠加，势必大大降低瓦楞纸箱的强度，所以要选用质量高且稳定的原纸，以保证瓦楞纸箱的必要强度。

2. 瓦楞楞型

瓦楞楞型对纸板强度的影响，见表 5－21。

表 5－21 瓦楞楞型对纸板强度的影响

特性 \ 楞型	A	B	C	E
端压强度	最劣	优	劣	最优
平压强度	最劣	优	劣	最优
抗压强度	最优	劣	优	最劣
压缩变形量	最大	小	大	最小

从表中可以看出，抗压强度与变形量的排列顺序都为：

$$A>C>B>E$$

所以在设计瓦楞纸箱时，如果 B 型瓦楞抗压强度足够，就应优先选取变形量最小的 B 型楞，而不要选取 C、A 楞。

3. 瓦楞纸板

瓦楞纸板种类不同，强度也就不同。一般情况下，瓦楞层数越多，纸板强度也就越大。

由于黏合剂可以赋予瓦楞纸板更大的强度，所以与单层垂直箱面或几层非粘合组合垂直箱面相比较，两层以上垂直箱面粘合，其强度和刚度就可以提高。如果单瓦楞纸板的强度为 1，则两层非粘合单瓦楞纸板的合成强度为 2，而两层粘合单瓦楞纸板的强度可以提高到 2.39。

另外，涂蜡箱面强度可提高 70%。

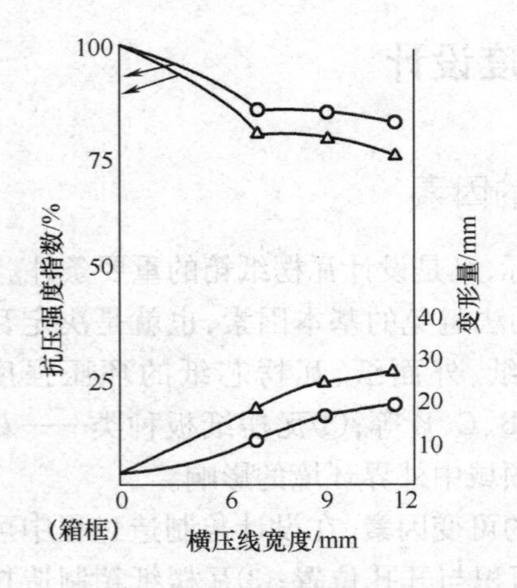

图 5－79 横压线对纸箱强度的影响
—○—双瓦楞纸板 —△—瓦楞纸板

4. 纸箱压痕线

纸箱压痕线特别是横压线的宽度对强度影响较大。在图 5－79 中，设无横压线的箱框抗压强度指数为 100%，随着横压线宽度的增加，纸箱变形量增大，抗压强度指数降低。有横压线的纸箱比箱框抗压强度下降 20%～30%。

横压线形状对抗压强度也有影响。

5. 含水率

瓦楞纸板在湿度较高的环境中，可以吸湿；而在湿度较低的环境中，可以放湿。这种湿度的变化将影响到瓦楞纸箱强度的变化，例如，在南方梅雨季节或海运过程中，空气湿度相对上升，瓦楞纸板的含水率随之增多，结果导致纸箱强度降低。相反，在北方冬春两季干燥时，空气湿度下降，瓦楞纸板含水率也随之降低，从而导致纸箱强度增大。所以，在设计瓦楞纸箱时，必须注意物流环境与条件。

从图 5－80 可以看出，随着瓦楞纸板含水率的增加，不管瓦楞原纸的材料如何，纸箱强度成比例下降。

含水率与瓦楞纸箱抗压强度的关系，可用下式表示：

$$P = 0.9^{x} P_o \quad (5-22)$$

式中 P——瓦楞纸箱抗压强度，N

x——瓦楞纸板含水率，%

P_o——含水率为 0 时的纸箱抗压强度，N

例 5－8 在含水率为 13% 的条件下测定瓦楞纸箱抗压强度为 2300N，求含水率为 10% 时的抗压强度。

已知：$P_1 = 2300$、$x_1 = 13$、$x_2 = 10$，求：P_2。

解：由式（5－22），得

$$P_o = 0.9^{-x_1} P_1$$

$$P_2 = 0.9^{x_2 - x_1} P_1 = 0.9^{10-13} \times 2300 = 3155 (N)$$

从图 5－81 可以看出，瓦楞纸板含水率与相对湿度有关系。当相对湿度为 65% 时，设瓦楞纸箱强度指数为 100%，则相对湿度与瓦楞纸箱强度变化关系见表 5－22。

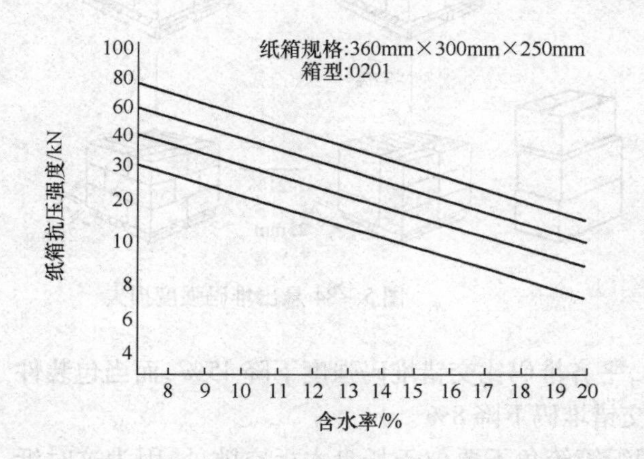

图 5－80 含水率对纸箱强度的影响

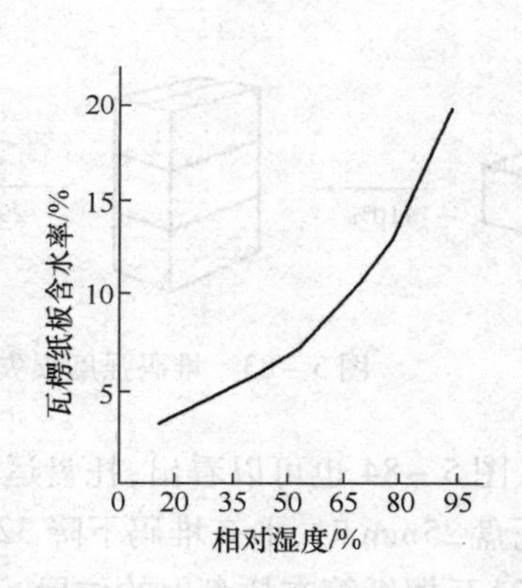

图 5－81 相对湿度与瓦楞纸板含水率的关系

表 5－22 相对湿度与瓦楞纸箱抗压强度变化关系 单位：%

相对湿度	抗压强度	相对湿度	抗压强度	相对湿度	抗压强度
30	145.9	55	115.1	80	75.3
35	140.6	60	107.7	85	66.9
40	134.8	65	100	90	58.5
45	128.7	70	91.9	95	50.4
50	122.1	75	83.7		

6. 流通领域内的因素

（1）堆码方式 从图 5－82 可以看出，平齐堆码比交错堆码强度要高。

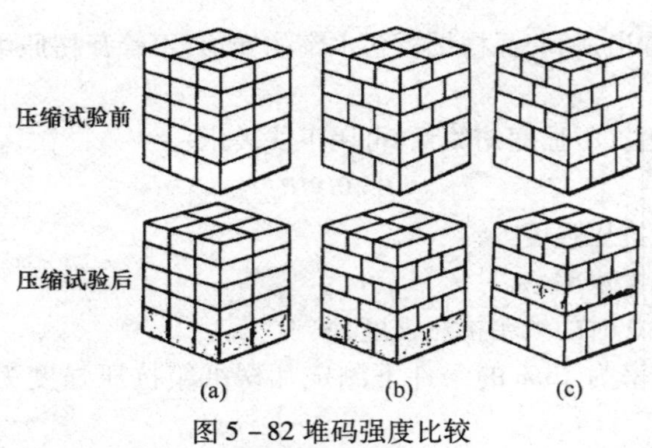

图5-82 堆码强度比较

(a)平齐堆码 (b)交错堆码 (c)下部平齐堆码

纸箱堆码有少许偏差,强度也将大大降低。例如三层平齐堆码,纸箱强度降低10%左右,而仅有12mm的偏差则要降低29%以上(图5-83)。

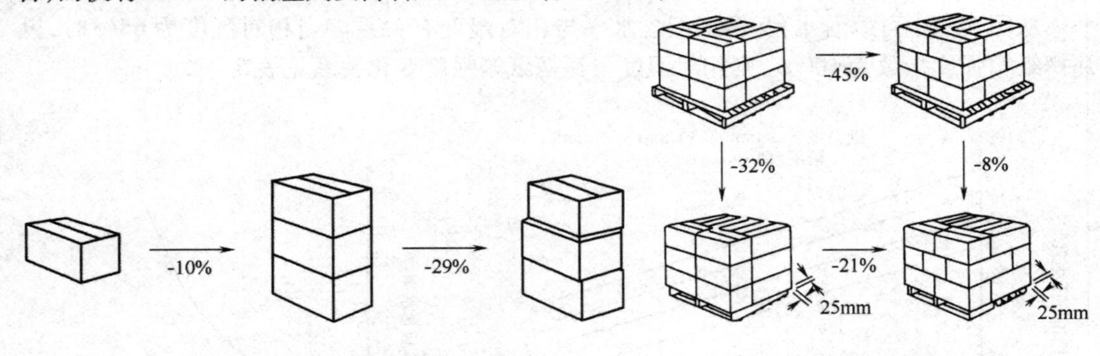

图5-83 堆码强度损失　　图5-84 悬出堆码强度损失

从图5-84也可以看出,托盘运输时,平齐堆码比交错堆码强度下降45%,而当包装件伸出托盘25mm时,平齐堆码下降32%,交错堆码下降8%。

(2)瓦楞纸箱在托盘上的位置　瓦楞纸箱箱角不要位于托盘木板空隙处,因为这时纸箱不是四壁平均受力,而由悬空边角承担了过多的负荷。一般有以下原则:①纸箱L边与木条平行,且纸箱两侧均位于木条上方则强度最好;②纸箱L边与木条平行,但纸箱两侧悬空在木条间隙处则强度次之;③纸箱B边与木条平行,且纸箱两端均位于木条上方则强度较差;④纸箱B边与木条平行,但纸箱两端悬空在木条间隙处则强度最差;⑤如果托盘为整板结构,则不论纸箱位置如何强度都将超过①。

从图5-85可以看出托盘木条间距以70mm为佳,间距加大,强度降低。

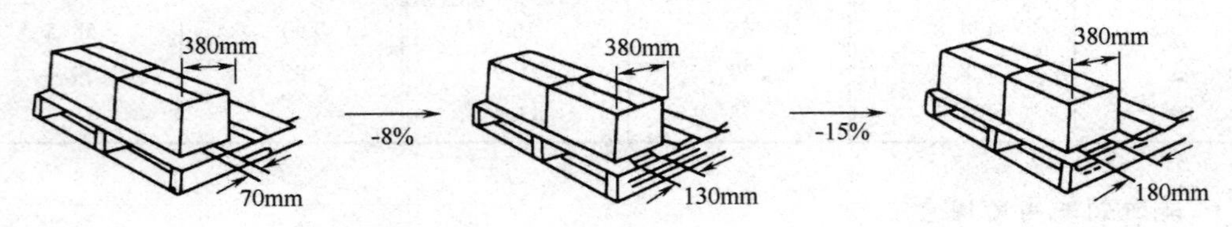

图5-85 纸箱托盘堆码时的强度

(3)纸箱堆码方向　瓦楞纸箱堆码方向有3类,以02类箱为例,其强度大小如下:①立放,垂直瓦楞箱面:2($LH+BH$),强度指数:100%;②平放,垂直瓦楞箱面:$2LB$,强度指数:60%;③侧放,垂直瓦楞箱面:0,强度指数:40%。

(4)负荷时间　一般瓦楞纸箱由于运输、搬运、存储、堆码等流通领域内的作业过程而造成强度降低,其剩余强度的大小随负荷时间的延长而递减(图5-86)。

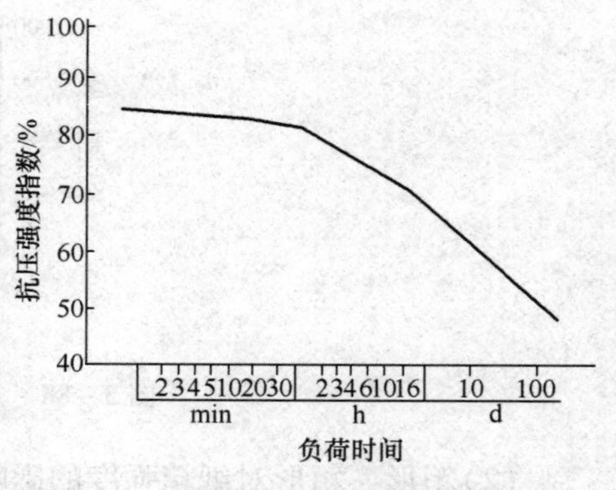

图5-86　负荷时间对纸箱强度的影响

7. 箱型与箱形

(1)箱型　瓦楞纸箱箱型决定了瓦楞楞向,纸板层数以及纸箱结构,因而对纸箱强度影响较大。

常用纸箱箱型有0201、0202、0203、0204、0205、0206、0301、0320及0201;0902等。

0201型纸箱与0301型相比,由于其垂直箱面的瓦楞均为纵向,所以纸箱强度高。

0320与0301型相比,也是由于其垂直箱面的瓦楞均为纵向,所以纸箱强度高。同时0320与0201相比,垂直箱面层数增加1倍,纸箱强度也增加1倍。

0203型纸箱,底为平面,适合包装易划伤内装物,并可采用机械封箱。另外,纸箱上下部分的多层结构可起到缓冲与保护商品的作用。

0510与0301相比,主侧板瓦楞楞向为纵向,其纸箱强度高于后者。但与0201相比,端板为水平瓦楞,其纸箱强度又低于后者。

0201;0902与0201相比,中心BH面0902隔板将纸箱侧面分隔为两部分,这样隔板本身不仅提高承载力,而且由于减少了0201型箱的侧面凸鼓量,增加了箱棱箱角从而进一步增大纸箱强度。另外,如前所述,平齐式堆码强度高于交错式堆码,但稳定性却低。0201;0902箱型可以扬长避短,在采用交错堆码时,强度同平齐式堆码而堆码稳定性却不降低。

图5-87是部分箱型的抗压强度比较,图中以0201型箱抗压强度指数为100%,其他箱型抗压强度均取相对值。

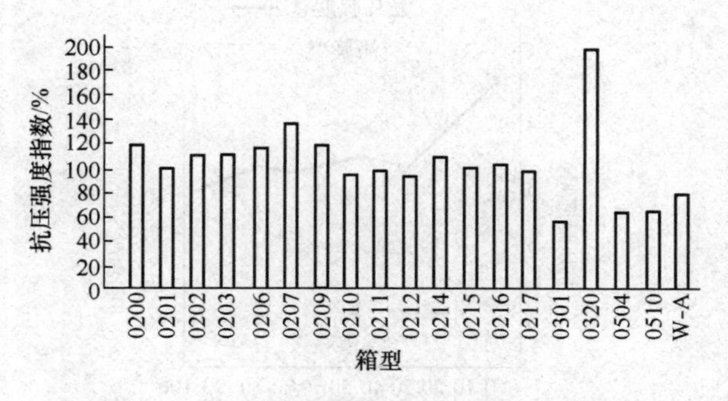

图5-87　纸箱箱型与抗压强度的关系

注:W—A为包卷式纸箱

对于非标准箱型中的三角柱纸箱,其抗压强度与三角柱周边长有关(图5-88)。

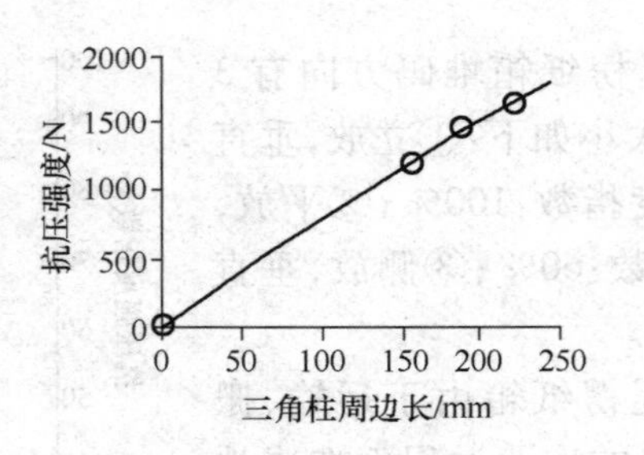

图 5－88　三角柱周边长与抗压强度关系

（2）箱形　箱形对纸箱强度的影响见本章第三节。

8. 印刷面积与印刷设计

在瓦楞纸板单面机或联合机上，加工工序是先生产出瓦楞纸板，然后在瓦楞纸板上印刷。所以，在使用一般油性油墨印刷时，印刷压力能将瓦楞压溃，从而降低纸箱强度。

图 5－89（a）表示在纸箱箱面中心部开始纵向带状印刷，每次印宽 50mm，逐次递增，直

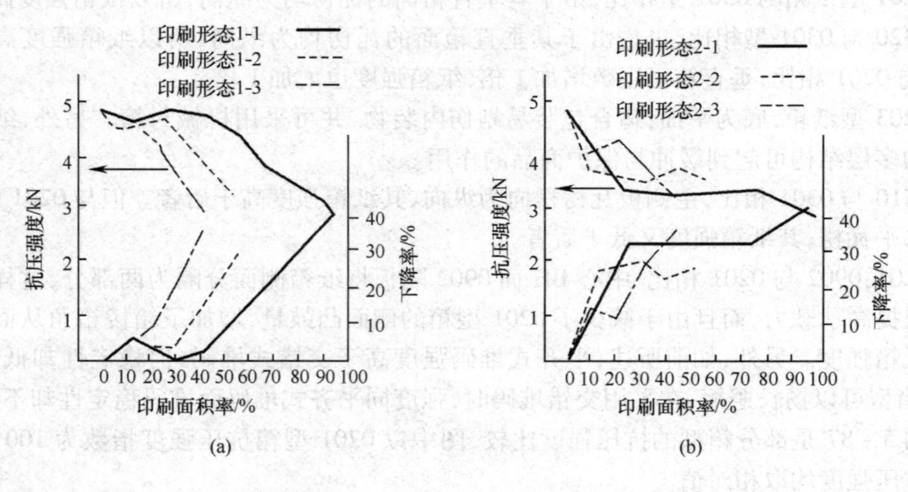

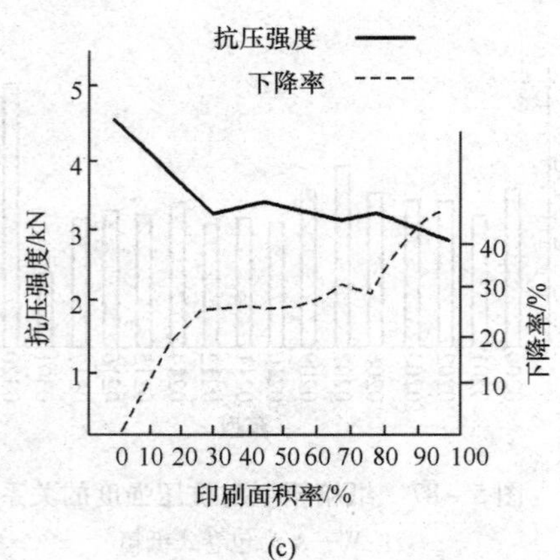

图 5－89　印刷面积与纸箱强度的关系

到箱面全部印刷的抗压强度变化曲线。其中形态 1－1 是侧面、端面同时印刷，形态 1－2 只是侧面、形态 1－3 只是端面单独印刷。

图 5－89(b)表示在纸箱箱面中心部位开始横向带状印刷，印宽及印刷状态同(a)。

图 5－89(c)表示从纸箱侧面下边依次递增至该面全部印刷后，再从端面下边依次递增至垂直箱面全部印刷过程的抗压强度变化曲线。

从图中可以看出，侧面全印刷虽然比端面全印刷的印刷面积大，但抗压强度的降低率却比较低。端面全印刷的抗压强度比无印刷约低 34.9%，而侧面全印刷只降低 26%，这就是说端面印刷对纸箱强度的影响较侧面大。因为如前所述，纸箱抗压强度主要依靠四个棱角来支持，距箱角越远，支撑力越小。端面两棱角间距小，支撑力比侧面大，所以受影响的变化也大。因此可以认为，侧面与端面同时印刷抗压强度降低率最大，而只侧面印刷强度降低率最小。

从图中也可以看出，从纸箱中心作横向带状印刷，初始阶段抗压强度急剧下降，以后逐渐呈停滞状态。这是因为在初始阶段的箱面中央横向印刷，其作用和横压线一样，在这一区域发生应力集中，因而最易腰折。

一般说来，随着印刷面积的增加，纸箱强度按比例下降。全印刷约下降 40%；横向带状印刷，在中心幅宽 50mm，约下降 35%，在下沿幅宽 50mm，约下降 30%，在上下两边各印宽 50mm，约下降 37%；而在纸箱侧面、端面中心部均纵向印刷 50mm，则只约下降 5%。

例 5－9 以下瓦楞纸箱箱型均为 2∶1∶1，但印刷设计不同，请按其强度大小顺序排列：①侧面与端面全印刷；②侧面与端面纵向带状印刷 50mm；③端面中央横向带状印刷 50mm；④端面下部横向带状印刷 50mm。

解：a. 侧面与端面全印刷强度较低，即

①＜②　　①＜③　　①＜④

b. 纵向带状印刷强度最高，即

②＞③　　②＞④

c. 端面横向带状印刷比较，中央印刷强度较低，即

④＞③

d. 因此纸箱强度顺序为：

②＞④＞③＞①

9. 开孔面积与开孔位置

水果蔬菜及其他需通风保鲜的运输纸箱，或需方便搬运的运输纸箱以及运输销售两用纸箱的开窗结构，由于通风孔、提手孔与开窗孔的瓦楞被切断，所以纸箱的强度降低。在设计开孔面积和开孔位置时，应掌握以下原则：①同一开孔形状，同一开孔位置，开孔面积越大，纸箱强度降低越大；②开孔位置越接近纸箱上下两边，纸箱强度降低越大；③开孔位置越接近箱棱箱角，纸箱强度降低越大；④开孔位置越接近箱面中心线，纸箱强度降低越小；⑤开孔位置越接近箱面中心点，纸箱强度降低越小；⑥同一开孔位置，同一开孔面积，切断瓦楞棱数越少，纸箱强度降低越小；⑦作为⑥的特例，矩形开孔，其长度若平行于楞向，较垂直于楞向纸箱强度降低小；⑧同一开孔位置，同样开孔面积，分散开孔比集中开孔纸箱强度

降低小。

但是也有研究认为，提手孔对纸箱抗压强度的影响是在比较接近箱顶时，而不是最接近时（图5－90）。

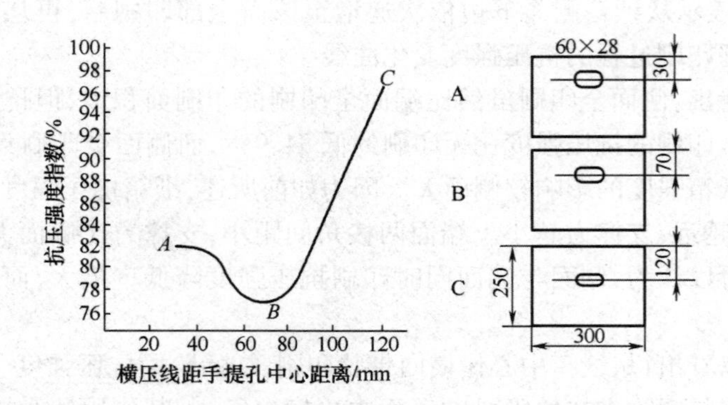

图5－90　提手孔与抗压强度的关系

总之，在开孔结构中，纸箱强度的降低与开孔位置，开孔面积，开孔形状等因素有关。

例5－10　瓦楞纸箱开孔面积与形状如图5－91所示，请按照强度大小顺序排列。

解：a. 通风圆孔面积为：$S_1 = \pi r_1^2 = 3.14 \times 10^2 = 314 (mm^2)$

提手孔面积为：$S_2 = \pi r_2^2 + (65 - D_2) \times 10 = 3.14 \times 5^2 + (65 - 10) \times 10 = 628.5 (mm^2)$

即 $2S_1 \approx S_2$

b. 同是提手孔：①、⑦相比，⑦靠近箱边；

①＞⑦

③、⑤、⑦相比，按切断瓦楞数比较：

⑦＞③＞⑤

所以①＞⑦＞③＞⑤

c. 同是通风圆孔；②、④、⑥按切断瓦楞数比较：

④＞⑥＞②

d. ①、④比较，开孔面积一样，但④切断瓦楞数多且靠近箱边：

①＞④

e. ④、⑦比较，都靠近箱边，但④开孔位置分散：

④＞⑦

f. ⑦、⑥比较，⑥切断瓦楞多：

⑦＞⑥

g. ②、③比较，都靠近箱面中心线，③切断瓦楞数略多，且②开孔位置分散：

②＞③

h. 因此，排列顺序如下：

①＞④＞⑦＞⑥＞②＞③＞⑤

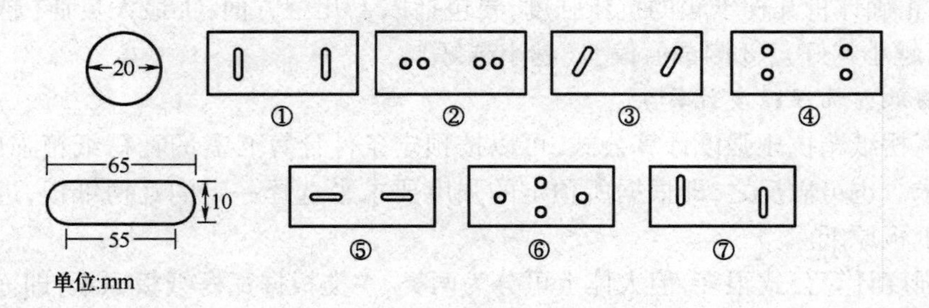

图 5-91 开孔形状与纸箱强度的关系

二、抗 压 强 度

1. 抗压强度

瓦楞纸箱抗压强度指在压力实验机均匀施加动态压力至箱体破损时的最大负荷及变形量,或是达到某一变形量时的压力负荷值。一般可按图 5-92 建立压力负荷与变形量关系曲线,然后加以判断,变形量有着极其重要的意义。

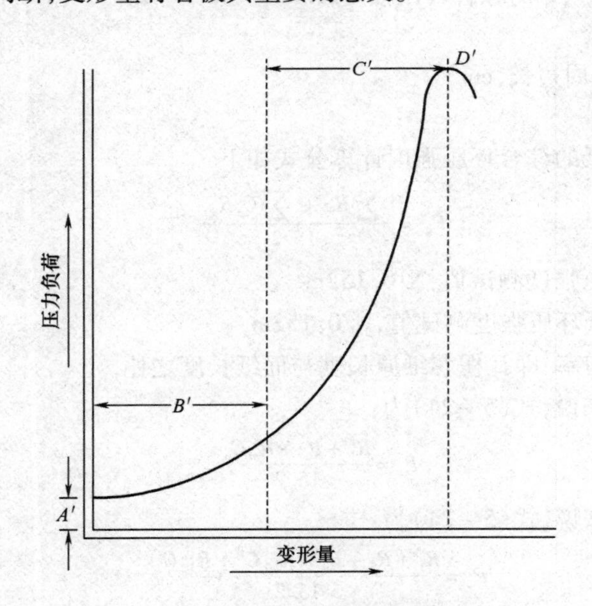

图 5-92 瓦楞纸箱抗压实验

在图 5-92 中,曲线 A 段为预加负荷阶段,以确保纸箱与实验机压板接触;曲线 B 段为横压线被压下阶段,此时从曲线变化可见,当负荷略有变化时,变形量变化很大;曲线 C 段为纸箱垂直箱面受压阶段,当负荷增加时,变形量增加缓慢;曲线 D 点为纸箱压溃点,此时纸箱被完全破坏。

另外,由于瓦楞纸箱抗压强度是通过一组多个试样(≥3)的平均测定值来表示的,在测试值分布方面就存在测试值偏差,不管一组瓦楞纸箱试样在测试时的最大负荷有多大,如果强度测试值的偏差很大,那么在实际使用中强度低的纸箱将首先破损。

所以，正确评价瓦楞纸箱的抗压强度，要包括以下几个方面：①最大负荷（越大越好）；②变形量（越小越好）；③测试值偏差（越小越好）。

2. 瓦楞纸箱抗压强度计算

根据瓦楞纸箱抗压强度计算公式，可以按预定条件计算必需的瓦楞纸箱强度，看其能否满足要求。也可以反之，即根据所预定的强度要求来选择一定的瓦楞纸板，进而选取一定的瓦楞纸板原纸。

抗压强度计算公式很多，但大体上可分为两类，一类根据瓦楞纸板原纸，即面纸和芯纸的测试强度来进行计算，另一类则直接根据瓦楞纸板的测试强度进行计算。

（1）凯里卡特（K. Q. Kellicutt）公式　凯里卡特公式根据瓦楞纸板原纸的环压强度计算纸箱的抗压强度。

①凯里卡特公式：

$$P = P_x\left(\frac{4aX_z}{Z}\right)^{\frac{2}{3}} ZJ \tag{5-23}$$

式中　P——瓦楞纸箱抗压强度，N

P_x——瓦楞纸板原纸的综合环压强度，N/cm

aX_z——瓦楞常数

Z——瓦楞纸箱周边长，cm

J——纸箱常数

其中瓦楞纸板原纸的综合环压强度计算公式如下：

$$P_x = \frac{\sum R_n + \sum C_n R_{mn}}{15.2} \tag{5-24}$$

式中　R_n——面纸环压强度测试值，N/0.152m

R_{mn}——瓦楞芯纸环压强度测试值，N/0.152m

C_n——瓦楞收缩率，即瓦楞芯纸原长度与面纸长度之比

对于单瓦楞纸板来说，式（5－24）为：

$$P_x = \frac{R_1 + R_2 + R_m C_n}{15.2} \tag{5-24a}$$

对于双瓦楞纸板来说，式（5－24）为：

$$P_x = \frac{R_1 + R_2 + R_3 + R_{m1} C_1 + R_{m2} C_2}{15.2} \tag{5-24b}$$

以上诸式中的15.2（cm）为测定原纸环压强度时的试样长度。

在纸板联合机上生产瓦楞纸板时，原纸环压强度均取横向值。

公式（5－23）中的Z值计算式如下：

$$Z = 2(L_o + B_o) \tag{5-25}$$

式中　Z——纸箱周边长，cm

L_o——纸箱长度外尺寸，cm

B_o——纸箱宽度外尺寸，cm

单瓦楞纸板的aX_z、J、C_n值可查表5－23。

表 5-23　　单瓦楞纸箱凯里卡特常数值

常数 \ 楞型	A	B	C
aX_z	8.36	5.00	6.10
J	1.10	1.27	1.27
C_n	1.532	1.361	1.477

作者提出多瓦楞纸板的 aX_z、J 值计算式如下：

$$aX_{z(\sum n)} = \sum aX_{z(n)} \tag{5-26}$$

$$J_{(\sum n)} = \frac{(n + 1 + \sum C_n)\sum J_{(n)}}{(2n + \sum C_n)n} \tag{5-27}$$

式中　$aX_{z(\sum n)}$——多瓦楞纸板的瓦楞常数

$aX_{z(n)}$——单瓦楞纸板的瓦楞常数

$J_{(\sum n)}$——多瓦楞纸板的纸箱常数

n——瓦楞层数

C_n——瓦楞楞缩率

$J_{(n)}$——单瓦楞纸板的纸箱常数

根据式(5-26)、式(5-27)计算出双瓦楞和三瓦楞的凯里卡特常数，见表 5-24、表 5-25。

表 5-24　　双瓦楞纸箱凯里卡特常数值

常数 \ 楞型	AA	BB	CC	AB	BC	AC
aX_z	16.72	10.00	12.20	13.36	11.10	14.46
J	0.94	1.08	1.09	1.01	1.08	1.02

表 5-25　　三瓦楞纸箱凯里卡特常数值

常数 \ 楞型	AAA	BBB	CCC	ABA	ACA	BAB	CAC	BCB	CBC	ABC
aX_z	25.08	15.00	18.30	21.72	22.82	18.36	20.56	16.10	17.20	19.46
J	0.89	1.02	1.03	0.93	0.94	0.98	0.98	1.02	1.02	0.98

例 5-11　计算例 5-5 中瓦楞纸箱的抗压强度，其中面纸横向环压强度为 360N/0.152m，瓦楞芯纸横向环压强度为 150N/0.152m。

已知：$R_1 = R_2 = 360\text{N}/0.152\text{m}$、$R_m = 150\text{N}/0.152\text{m}$、$L_o = 577\text{mm}$、$B_o = 395\text{mm}$，求：$P$。

解：$Z = 2(L_o + B_o) = 2(577 + 395) = 1944(\text{mm}) = 194.4(\text{cm})$

查表 5-23

$$aX_z = 6.10 \quad J = 1.27 \quad C_n = 1.477$$

代入式(5-24a)，得

$$P_x = \frac{R_1 + R_2 + R_m C_n}{15.2} = \frac{2 \times 360 + 1.477 \times 150}{15.2} = 61.9(\text{N/cm})$$

代入式(5－23)，得

$$P = P_x \left(\frac{4aX_z}{Z}\right)^{\frac{2}{3}} ZJ = 61.9 \times \left(\frac{4 \times 6.10}{194.4}\right)^{\frac{2}{3}} \times 194.4 \times 1.27 = 3831(\text{N})$$

②凯里卡特简易公式：凯里卡特公式的计算需要用到方根，所以显得非常复杂。为使计算简化，可将式(5－23)中的常数项进行合并，而且，一旦纸箱尺寸确定，其周长 Z 也可以作为常数处理，即

令

$$F = \left(\frac{4aX_z}{Z}\right)^{\frac{2}{3}} ZJ$$

则

$$P = P_x F \tag{5-28}$$

式中　P——瓦楞纸箱抗压强度，N

P_x——瓦楞纸板原纸综合环压强度，N/cm

F——凯里卡特简易常数

有关 F 值可以从表5－26至表5－28中查取。

表5－26　　单瓦楞纸箱凯里卡特常数 F 值

Z/cm ＼ 楞型	A	B	C	Z/cm ＼ 楞型	A	B	C
70	47.1	38.6	44.0	190	65.6	53.8	61.4
80	49.2	40.3	46.0	200	66.8	54.7	62.5
90	51.2	41.9	47.9	210	67.9	55.6	63.5
100	53.0	43.4	49.6	220	68.9	56.5	64.5
110	54.7	44.8	51.2	230	70.0	57.3	65.5
120	56.3	46.2	52.7	240	71.0	58.2	66.4
130	57.8	47.4	54.1	250	71.9	58.9	67.3
140	59.3	48.6	55.5	260	72.9	59.7	68.2
150	60.7	49.7	56.8	270	73.8	60.5	69.1
160	62.0	50.8	58.0	280	74.7	61.2	69.9
170	63.2	51.8	59.2	290	75.6	61.9	70.7
180	64.5	52.8	60.3	300	76.4	62.6	71.5

表5－27　　双瓦楞纸箱凯里卡特简易常数 F 值

Z/cm ＼ 楞型	AA	BB	CC	AB	BC	AC
70	64.1	52.1	59.8	59.2	56.0	62.6
80	67.0	54.5	62.6	61.9	58.6	65.5
90	69.7	56.7	65.1	64.4	60.9	68.1
100	72.2	58.7	67.4	66.7	63.1	70.5
110	74.5	60.6	69.6	68.9	65.1	72.8

续表

Z/cm \ 楞型	AA	BB	CC	AB	BC	AC
120	76.7	62.4	71.6	70.9	67.1	74.9
130	78.8	64.1	73.6	72.8	68.9	77.0
140	80.8	65.7	75.4	74.6	70.6	78.9
150	82.7	67.2	77.2	76.4	72.2	80.7
160	84.5	68.6	78.8	78.0	73.8	82.5
170	86.2	70.0	80.4	79.6	75.3	84.2
180	87.8	71.4	82.0	81.2	76.8	85.8
190	89.4	72.7	83.5	82.6	78.2	87.4
200	91.0	73.9	84.9	84.1	79.5	88.9
210	92.5	75.2	86.3	85.4	80.8	90.3
220	93.9	76.3	87.7	86.8	82.1	91.7
230	95.3	77.5	89.0	88.1	83.3	93.1
240	96.7	78.6	90.2	89.3	84.5	94.4
250	98.0	79.7	91.5	90.5	85.6	95.7
260	99.3	80.7	92.7	91.7	86.8	97.0
270	100.6	81.7	93.9	92.9	87.9	98.2
280	101.8	82.7	95.0	94.0	88.9	99.4
290	103.0	83.7	96.1	95.1	90.9	100.6
300	104.2	84.6	97.2	96.2	91.0	101.7

表 5-28　　三瓦楞纸箱凯里卡特简易常数 *F* 值

常数 \ 楞型	AAA	BBB	CCC	ABA	ACA	BAB	CAC	BCB	CBC	ABC
70	79.4	64.3	74.0	75.6	78.3	70.6	76.5	67.6	70.8	73.6
80	83.0	67.2	77.4	79.0	81.9	73.8	80.0	70.7	74.1	76.9
90	86.3	69.9	80.5	82.2	85.1	76.8	83.2	73.5	77.0	80.0
100	89.4	72.4	83.4	85.1	88.2	79.5	86.2	76.1	79.8	82.9
110	92.3	74.8	86.1	87.9	91.0	82.1	89.0	78.6	82.4	85.5
120	95.0	77.0	88.6	90.4	93.7	84.5	91.6	80.9	84.8	88.1
130	97.6	79.0	91.0	92.9	96.2	86.8	94.1	83.1	87.1	90.4
140	100.0	81.0	93.3	95.2	98.7	88.9	96.4	85.2	89.3	92.7
150	102.4	82.9	95.4	97.4	101.0	91.0	98.7	87.2	91.3	94.9
160	104.6	84.7	97.5	99.5	103.1	93.0	100.8	89.1	93.3	96.9
170	106.7	86.4	99.5	101.6	105.3	94.9	102.9	90.9	95.2	98.9
180	108.8	88.1	101.4	103.5	107.3	96.7	104.8	92.6	97.1	100.8
190	110.8	89.7	103.3	105.4	109.2	98.5	106.8	94.3	98.8	102.6
200	112.7	91.2	105.0	107.2	111.1	100.2	108.6	95.9	100.5	104.4
210	114.5	92.7	106.8	109.0	112.9	101.8	110.4	97.5	102.2	106.1
220	116.3	94.2	108.4	110.7	114.7	103.4	112.1	99.0	103.8	107.8
230	118.0	95.6	110.1	112.3	116.4	104.9	113.8	100.5	105.3	109.4
240	119.7	97.0	111.6	114.0	118.1	106.4	115.4	101.9	106.8	111.0
250	121.4	98.3	113.2	115.5	119.7	107.9	117.0	103.3	108.3	112.5
260	123.0	99.6	114.6	117.0	121.3	109.3	118.5	104.7	109.7	114.0
270	124.5	100.8	116.1	118.5	122.8	110.7	120.0	106.0	111.1	115.4
280	126.0	102.1	117.5	120.0	124.3	112.1	121.5	107.3	112.5	116.8
290	127.5	103.3	118.9	121.4	125.8	113.4	122.9	108.6	113.8	118.2
300	129.0	104.5	120.2	122.8	127.2	114.7	124.3	109.8	115.1	119.5

例 5－12　某 AB 楞瓦楞纸箱外尺寸为 490mm×370mm×290mm，内面纸与外面纸横向环压强度为 450N/0.152m，瓦楞芯纸和夹芯卡纸横向环压强度为 180N/0.152m，求该纸箱抗压强度。

已知：$R_1 = R_2 = 450N/0.152m$、$R_3 = R_{m1} = R_{m2} = 180N/0.152m$、$L_o = 490mm$、$B_o = 370mm$，求 P。

解：$Z = 2(L_o + B_o) = 2(49 + 37) = 172(cm)$

查表 5－23，$C_1 = 1.532 \quad C_2 = 1.361$

代入式（5－24b），得

$$P_x = \frac{R_1 + R_2 + R_3 + R_{m1}C_1 + R_{m2}C_2}{15.2}$$

$$= \frac{2 \times 450 + 180 \times (1 + 1.532 + 1.361)}{15.2}$$

$$= 105.3(N/cm)$$

查表 5－27，$F = 80$

代入式（5－26）

$$P = P_x F = 105.3 \times 80 = 8424(N)$$

③06 类纸箱抗压强度计算公式：凯里卡特公式仅适用于 0201 型箱，对于其他箱型，还需要在该公式的基础上进一步计算。

06 类纸箱又称布利斯纸箱，由一个主体箱板和两个端板组成，主体箱板和端板可以选用不同纸板，以调节抗压强度。

06 类纸箱抗压强度计算公式如下：

$$P = 1.29(P_L + P_B) - 1050 \qquad (5-29)$$

式中　P——06 类纸箱抗压强度，N

P_L——主体箱板抗压强度，N

P_B——端板抗压强度，N

其中 P_L、P_B 计算公式为

$$P_L = P_{0201}\left(\frac{L_o}{L_o + B_o}\right) \qquad (5-30a)$$

$$P_B = P_{0201}^*\left(\frac{B_o}{L_o + B_o}\right) \qquad (5-30b)$$

式中　P_{0201}——与主体箱板同材质 0201 纸箱抗压强度，N

P_{0201}^*——与端板同材质 0201 纸箱抗压强度，N

L_o——瓦楞纸箱长度外尺寸，mm

B_o——瓦楞纸箱宽度外尺寸，mm

P_{0201}、P_{0201}^* 均用凯里卡特公式或简易公式计算。

例 5－13　将例 5－11 中箱型改为 0608，主体箱型材质不变，但端板材质改为例 5－12 中 AB 双瓦楞纸板，求抗压强度。

已知：$Z = 194.4cm$、$L_o = 577mm$、$B_o = 395mm$、$P_x = 61.9N/cm$、$P_x^* = 105.3N/cm$，求：P_{0608}。

解:查表5-26、表5-27,$F=62.0 \quad F^{*}=83.4$

$P_{0201}=P_{x}F=61.9\times62.0=3838(\mathrm{N})$

$P_{0201}^{*}=P_{x}^{*}F^{*}=105.3\times83.4=8782(\mathrm{N})$

$$P_{L}=P_{0201}\left(\frac{L_{o}}{L_{o}+B_{o}}\right)=3838\times\left(\frac{577}{577+395}\right)=2278(\mathrm{N})$$

$$P_{B}=P_{0201}^{*}\left(\frac{B_{o}}{L_{o}+B_{o}}\right)=8782\times\left(\frac{395}{577+395}\right)=3569(\mathrm{N})$$

$$P_{0608}=1.29(P_{L}+P_{B})-1050=1.29\times(2278+3569)-1050=6493(\mathrm{N})$$

④包卷式纸箱抗压强度计算公式:包卷式纸箱抗压强度计算公式如下:

$$P_{WA}=P_{0201}\times0.6\times1.6^{\frac{2F}{B_{o}}} \tag{5-31}$$

式中 P_{WA}——包卷式纸箱抗压强度,N

P_{0201}——用凯里卡特公式计算的0201纸箱抗压强度,N

F——摇盖长度,mm

B_{o}——纸箱宽度外尺寸,mm

另外,也有直接利用综合环压强度计算包卷式纸箱抗压强度的计算公式:

$$P_{WA}=2.25P_{x}a(L_{o}+B_{o})^{\frac{1}{3}}H_{o}^{-0.22}\beta \tag{5-32}$$

式中 P_{WA}——包卷式纸箱抗压强度,N

P_{x}——瓦楞纸板原纸综合环压强度值,N/cm

a——瓦楞常数

L_{o}——纸箱长度外尺寸,cm

B_{o}——纸箱宽度外尺寸,cm

H_{o}——纸箱高度外尺寸,cm

β——印刷影响系数

⑤其他箱型抗压强度计算:部分箱型可按下式计算:

$$P=\gamma P_{0201} \tag{5-33}$$

式中 P——其他箱型抗压强度,N

P_{0201}——0201型箱用凯里卡特公式计算的抗压强度,N

γ——箱型抗压强度指数(图5-87)

由于凯里卡特公式没有考虑纸箱长宽比和高度的因素,因此比实际测试值约小5%。

(2)马丁荷尔特(Maltenfort)公式 马丁荷尔特公式根据瓦楞纸板内、外面纸的横向康哥拉平压强度(CLT—O)平均值来计算瓦楞纸箱抗压强度。

公式如下:

$$P=10.2L_{o}+21.0B_{o}-3.7H_{o}+a(\mathrm{CLT-O})+b \tag{5-34}$$

式中 P——瓦楞纸箱抗压强度,N

L_{o}——纸箱长度外尺寸,cm

B_{o}——纸箱宽度外尺寸,cm

H_{o}——纸箱高度外尺寸,cm

CLT-O——内、外面纸横向平压强度平均值,N

a、b 均为常数,其值见表 5-29。

表 5-29　马丁荷尔特常数表

楞型 / 常数	A	B	C
a	16.51	13.72	16.51
b	1630	942	1550

由于康哥拉平压强度测试仪的使用在国际上并不普及,所以马丁荷尔特公式未广泛应用。

(3)沃福(Wolf)公式　沃福公式以瓦楞纸板的边压强度和厚度作为瓦楞纸板的参数,以箱体周边长、长宽比和高度作为纸箱结构的因素来计算瓦楞纸箱的抗压强度。公式如下:

$$P=\frac{1.1772P_m\sqrt{tZ}(0.3228R_L-0.1217R_L^2+1)}{100H_o^{0.041}} \tag{5-35}$$

式中　P——瓦楞纸箱抗压强度,N

P_m——瓦楞纸箱边压强度,N/m

t——瓦楞纸板厚度,mm

Z——纸箱周边长,cm

R_L——纸箱长宽比

H_o——纸箱外高度尺寸,cm

(4)马基(Makee)公式　马基公式把瓦楞纸板的边压强度和挺度作为影响瓦楞纸箱强度的主要因素,而且认为纸箱抗压强度随纸箱周边长的平方根而变化。

$$P=2.028\times10^{-2}P_m^{0.75}(\sqrt{D_xD_y})^{0.25}Z^{0.5} \tag{5-36}$$

式中　P——瓦楞纸箱抗压强度,N

P_m——瓦楞纸板边压强度,N/m

D_x——瓦楞纸板纵向挺度,mN·m

D_y——瓦楞纸板横向挺度,mN·m

Z——纸箱周边长,cm

为了简化起见,又有将纸板厚度代替挺度的马基简易公式:

$$P=1.858\times10^{-2}P_m\sqrt{tZ} \tag{5-37}$$

式中　t——瓦楞纸板厚度,cm

Z——纸箱周边长,cm

类似的包卷式纸箱抗压强度计算公式如下:

$$P_{WA}=aP_m\sqrt{tZ}(R_L+1)+b \tag{5-38}$$

式中　P_{WA}——包卷式纸箱抗压强度,N/m

a——常数

P_m——瓦楞纸板边压强度,N/m

t——瓦楞纸板厚度,cm

Z——瓦楞纸箱周边长，cm

R_L——纸箱长宽比

b——常数

（5）APM 计算公式　APM 公式是由马基公式演变而来，是把纸箱的抗压强度考虑为各个垂直箱面所承担的抗压强度的组合：

$$P = (\text{P. F.}) \sum as\sqrt{W} \tag{5-39}$$

式中　P——纸箱抗压强度，N

P. F. ——印刷强度影响系数

a——箱面种类系数

s——纸板强度系数

W——垂直箱面宽度，mm

可以利用表 5－30 来进行计算，其步骤如下：

①如纸箱结构复杂，可在类似图 5－93 的坐标纸上画出纸箱成型结构草图；②在普通

表 5－30　　抗压强度计算表

1	2	3	4	5	6	7	8	9	10
箱面编号	纸板结构	箱面种类	W	$\sqrt{W}$	s	a	as	$as\sqrt{W}$	备注
1 2									
3 4									
5 6									
7 8									
9 10									
11 12									

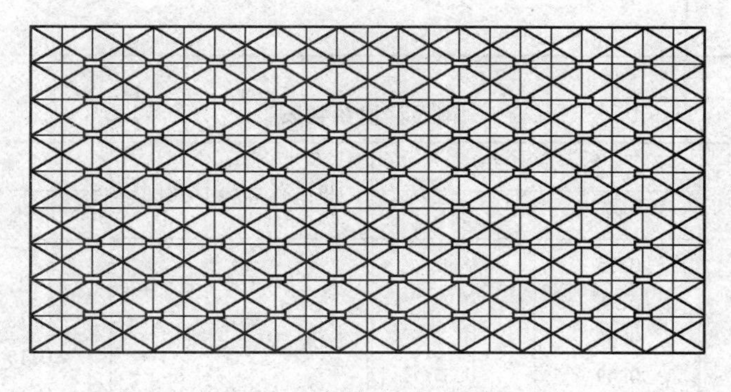

图 5－93　纸箱结构坐标图纸

坐标纸上画出纸箱俯视剖面图，标明垂直箱面编号；③在表5－30栏2和栏4填写箱面纸板结构和箱面宽度 W；④参考表5－31和表5－32，确定箱面种类（垂直箱面与相邻箱面的关系），及箱面种类系数 a 填于栏3和栏7；⑤参考表5－33或表5－34纸板强度系数，根据栏2选择适当的纸板强度系数 s 填于栏6。⑥计算垂直箱面宽度平方根 $\sqrt{W}$ 填于栏5。⑦计算箱面强度系数 as 填于栏8。⑧计算箱面抗压强度 $as\sqrt{W}$ 填于栏9；⑨计算纸箱抗压强度 $\sum as\sqrt{W}$；⑩查表5－35，将印刷强度影响系数 $P.F.$ 乘以纸箱抗压强度，即为实际抗压强度。

表5－31　　箱面种类系数表

箱面种类	代号	说明	箱面种类系数
标准箱面	N	所有边缘的箱面简单弯折	1.0
垂直面为纸箱封口面	C	箱面同上，但带搭接摇盖（如同0201摇盖）	0.85
全天罩地式盖	T	箱面底边缘自由凸出	0.75
一条悬空垂直边缘	1FE	除了一条悬空垂直边缘以外，所有边缘的箱面简单弯折支撑	见表5－32
两条悬空垂直边缘	2FE	水平边缘的箱面简单弯折支撑，两条垂直边缘悬空	

表5－32　　箱面种类系数表

箱面高度/箱面宽度	箱面种类系数		箱面高度/箱面宽度	箱面种类系数	
	1FE	2FE		1FE	2FE
0.2	0.95	0.92	1.4	0.21	0.12
0.4	0.78	0.74	2.0	0.18	0.06
0.6	0.63	0.54	2.5	0.15	0.04
0.8	0.49	0.37	3.0	0.14	0.02
1.0	0.36	0.26			

表 5-33　　单瓦楞纸板强度系数

芯纸定量/(g/m²)	纸板代号	纸板结构	瓦楞型号 A	瓦楞型号 C	瓦楞型号 B
117	1	293/293-117/1	47	42	36
	2	293/240-117/1	42	38	32
	3	240/240-117/1	41	36	31
	4	155/155-117/1	37	32	27
151	1	293/293-151/1	54	48	42
	2	293/240-151/1	50	44	38
	3	240/240-151/1	48	42	35
	4	155/155-151/1	43	37	32
155	1	293/293-155/1	58	50	43
	2	293/240-155/1	53	46	40
	3	240/240-155/1	49	43	36
	4	155/155-155/1	44	38	32

表 5-34　　双瓦楞纸板强度系数

芯纸定量/(g/m²)	纸板结构	瓦楞型号 AC	瓦楞型号 AB	瓦楞型号 BC
117	293/293/293-117/2	88	84	77
	293/240/293-117/2	84	78	73
	293/240/240-117/2	81	77	70
	240/240/240-117/2	78	74	68
	155/155/155-117/2	72	67	61
151	293/293/293-151/2	104	98	90
	293/240/293-151/2	102	94	86
	293/240/240-151/2	95	89	81
	240/240/240-151/2	89	83	76
	155/155/155-151/2	81	76	70
155	293/293/293-155/2	107	100	92
	293/240/293-155/2	103	96	89
	293/240/240-155/2	98	92	83
	240/240/240-155/2	92	86	79
	155/155/155-155/2	84	79	72

注:纸板结构的意义见本章第一节。

表 5-35　　印刷强度影响系数

印刷状况	影响系数/%	印刷状况	影响系数/%
无印刷	100	简单	95
宽阔	90	复杂	85
全版面	80		

特殊情况下,s 值要乘以下数据进行修正:水平瓦楞 0.33;涂蜡箱面 1.7;双壁结构夹持 1.23。

如果是瓦楞芯纸定量为117g/m^2 的两层单瓦楞粘合箱面，s 值查表5－36。

表5－36　　芯纸定量为117g/m^2 的单瓦楞粘合纸板结合强度系数

瓦楞	1A	2A	3A	4A	1C	2C	3C	4C	1B	2B	3B	4B
1A	112	107	104	100	106	102	99	96	101	97	96	93
2A		103	100	95	102	97	95	91	97	93	91	89
3A			97	92	99	94	92	88	93	89	87	85
4A				87	93	90	86	82	87	83	81	79
1C					99	95	92	88	93	89	87	84
2C						91	88	84	88	85	83	80
3C							85	81	86	82	80	77
4C								76	81	77	75	72
1B									86	82	80	76
2B										79	76	73
3B											74	70
4B												66

如果是瓦楞芯纸定量为其他克重的两层单瓦楞、两层双瓦楞或一单一双瓦楞黏合箱面，s 值用下式计算：

$$s_C = s_1 + s_2 + 0.385\sqrt{s_1 s_2} \tag{5-40}$$

式中　s_C——箱面1与箱面2粘合纸板的强度系数

s_1——箱面1的纸板强度系数

s_2——箱面2的纸板强度系数

这种计算方法的最大优点是便于计算复杂箱型以及内衬承重的箱型，同时还便于根据纸箱强度要求直接选用合适的纸板。

例5－14　纸箱结构如图5－94所示，外箱纸板结构：155/155－117/1C，内衬纸板结构：240/240－117/1C，纸箱内尺寸为320mm×235mm×163mm，箱面简单印刷，求抗压强度。

抗压强度计算及结果见表5－37。

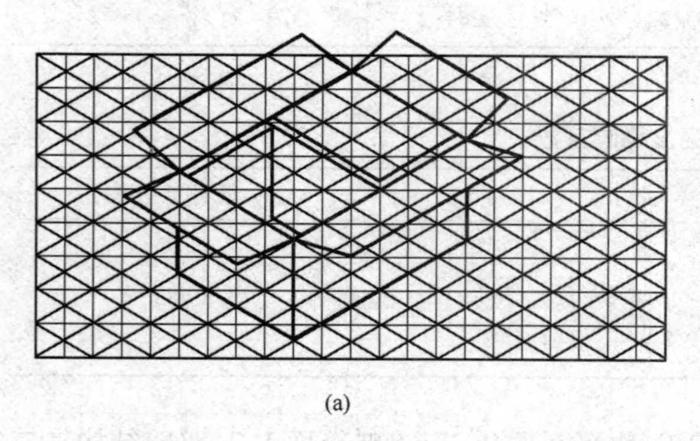

(a)

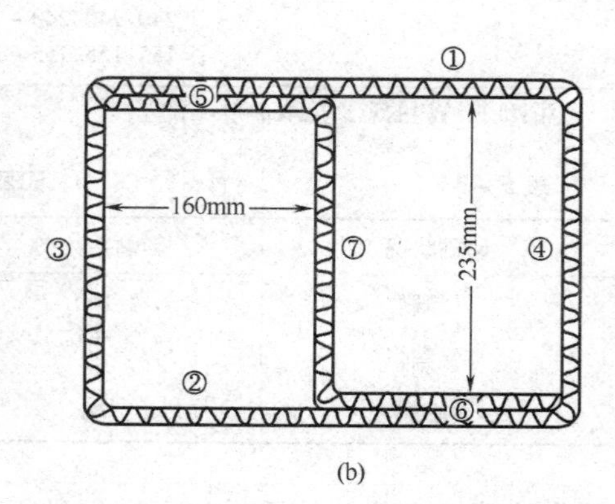

(b)

图5－94　纸箱结构（例5－14）

表 5-37　　抗压强度计算

1	2	3	4	5	6	7	8	9	10
箱面编号	纸板结构	箱面种类	W	$\sqrt{W}$	s	a	as	$as\sqrt{W}$	备注
1	155/155—117/1C	N	160	12.6	32	1.0	32	403	
2		N	160	12.6	32	1.0	32	403	
3	155/155—117/1C	N	235	15.3	32	1.0	32	490	
4		N	235	15.3	32	1.0	32	490	
5	155/155—117/1C 与	N	160	12.6	81	1.0	81	1021	s 值查表
6	240/240—117/1C 粘合	N	160	12.6	81	1.0	81	1021	5-36
7	240/240—117/1C	N	235	15.3	36	1.0	36	551	

注:4379×95% =4160(N)

例 5-15　纸箱箱型 0423,平面俯视剖面结构如图 5-95 所示,纸板结构 293/240—151/1C,纸箱内尺寸 450mm×290mm×165mm,箱面宽阔印刷,求抗压强度。

抗压强度计算及结果见表 5-38。

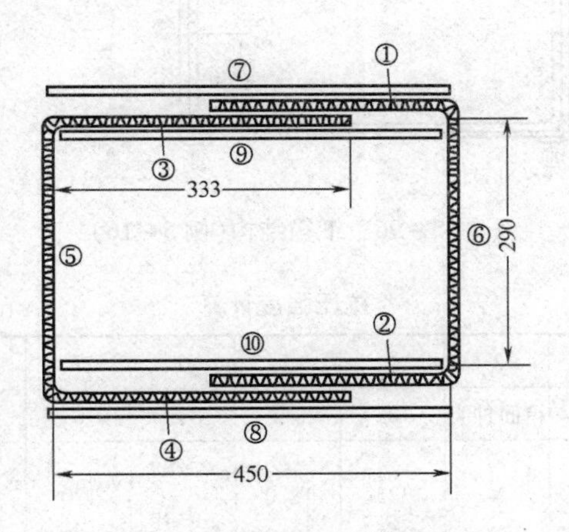

图 5-95　纸箱结构(例 5-15)

表 5-38　　抗压强度计算

1	2	3	4	5	6	7	8	9	10
箱面编号	纸板结构	箱面种类	W	$\sqrt{W}$	s	a	as	$as\sqrt{W}$	备注
1	293/240—	N	333	18.2	44×1.23	1.0	54	983	箱面 7、8、9、10 实际上是双壁结构支撑着 1、2、3、4 箱面作为标准箱面,所以要乘以 1.23
2	151/1C	N	333	18.2	44×1.23	1.0	54	983	
3	293/240—	N	333	18.2	44×1.23	1.0	54	983	
4	151/1C	N	333	18.2	44×1.23	1.0	54	983	
5	293/240—	N	290	17.0	44	1.0	44	748	
6	151/1C	N	290	17.0	44	1.0	44	748	

续表

1	2	3	4	5	6	7	8	9	10
箱面编号	纸板结构	箱面种类	W	$\sqrt{W}$	s	a	as	$as\sqrt{W}$	备注
7	293/240—	2FE	450	21.2	44×0.33	0.77	11.2	237	水平瓦楞 s 值乘以修正系数0.33
8	151/1C	2FE	450	21.2	44×0.33	0.77	11.2	237	
9	293/240—	2FE	450	21.2	44×0.33	0.77	11.2	237	a 值查表5－32 165/450＝0.37
10	151/1C	2FE	450	21.2	44×0.33	0.77	11.2	237	

注：6376×90%＝5378（N）

例5－16　纸箱结构如图5－96，纸板结构详见表5－39，纸箱内尺寸为325mm×255mm×163mm，箱面简单印刷，求抗压强度。

抗压强度计算及结果见表5－39。

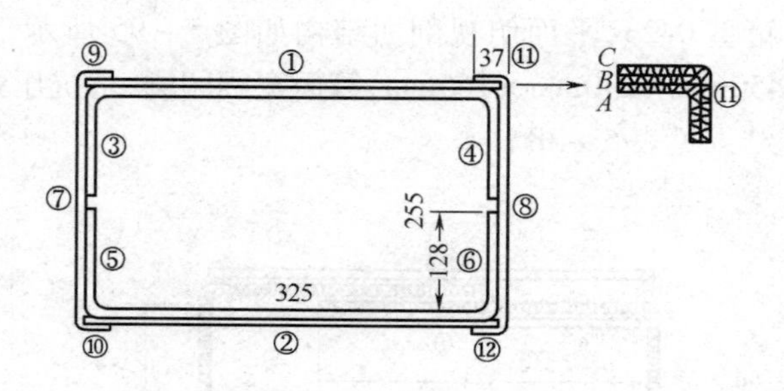

图5－96　纸箱结构（例5－16）

表5－39　　抗压强度计算

1	2	3	4	5	6	7	8	9	10
箱面编号	纸板结构	箱面种类	W	$\sqrt{W}$	s	a	as	$as\sqrt{W}$	备注
1	240/240/240—117/2BC 与240/240—117/1C 粘合	N	325	18.0	$s_1=68$ $s_2=36$ $s_c=123$	1.0	123	2214	s_c 值用式（5－40）计算
2		N	325	18.0		1.0	123	2214	
3	240/240/240－117/2BC	1FE	128	11.3	68	0.26	18	203	a 值查表5－32 163/128＝1.27
4		1FE	128	11.3	68	0.26	18	203	
5	240/240/240－117/2BC	1FE	128	11.3	68	0.26	18	203	
6		1FE	128	11.3	68	0.26	18	203	
7	240/240—117/1C	N	255	16.0	36	1.0	36	576	
8		N	255	16.0	36	1.0	36	576	
9	240/240/240－117/2BC 与240/240—117/1C 与240/240—117/1C 粘合	N	37	6.1	$s_1=68$ $s_{23}=85$ $s_c=182$	1.0	182	1110	s_{23} 值查表5－36 s_c 值用式（5－40）计算
10		N	37	6.1		1.0	182	1110	
11		N	37	6.1		1.0	182	1110	
12		N	37	6.1		1.0	182	1110	

注：10824×95%＝10283（N）

三、载　荷

1. 载荷

载荷和抗压强度都是纸箱设计中的主要依据,而两者相比之下,载荷在现代包装中更有实用价值。

载荷计算公式如下:

$$F=9.81KM[\mathrm{INT}(H_W/H_0)-1] \quad (5-41)$$

式中　F——载荷,N

K——载荷系数

M——单件纸箱包装总质量,kg

H_W——流通过程中最大有效堆码高度,mm

H_0——瓦楞纸箱高度外尺寸,mm

式中 $\mathrm{INT}[H_W/H_0]$ 为不大于 H_W/H_0 的最大整数,K 值按表 5-40 选取。

表 5-40　**载荷系数表**

承载情况 \ 纸箱吸湿情况	不怕湿或不考虑吸湿	怕吸湿	特别怕吸湿或内装物为流体
只是由纸箱承载	4	5	7
内装物、缓冲材、内外包装等共同承载	2	3	4
内装物与内容器承载,而不考虑纸箱承载	1	1	1

注:根据流通条件(时间、湿度、振动等)不同,载荷系数可在 ±1 范围内变化。

2. 最大堆码层数

在传统仓储中,商品在仓库内的保管费用,取决于商品在仓库内的占地面积,所以为了尽可能减少商品的占地面积,提高仓储面积利用率,就应该充分利用仓库的最大空间高度来堆码,如图 5-97 所示。为此,瓦楞纸箱结构就要具有一定的强度,使位于底层的瓦楞纸箱不至于在上层纸箱的重力作用下压坏变形。因此,最大堆码层数既决定了仓储的经济性,也决定了瓦楞纸箱的必要强度。

(1)无托盘堆码的最大堆码层数　如图 5-97(a)所示,在无托盘堆码时,最大堆码层数为

$$N_{max}=\mathrm{INT}(H_W/H_0) \quad (5-42)$$

式中　N_{max}——最大堆码层数

H_W——流通过程中最大有效堆码高度,mm

H_0——纸箱高度外尺寸,mm

将上式代入式(5-41),则

$$F=9.81KM(N_{max}-1) \quad (5-43)$$

式中　F——纸箱载荷,N

K——载荷系数

M——单个纸箱包装总质量，kg

N_{max}——最大堆码层数

例 5－17 某瓦楞纸箱单件包装总质量为 15kg，其载荷为 6000N，在流通过程中，采用无托盘运输，内装物不考虑吸湿，负荷完全由纸箱承载，流通时间较短，求最大堆码层数。

已知：$F=6000\text{N}$、$m=15\text{kg}$

查表 5－40，$K=4$

由式（5－43）

$$N_{max}=\frac{F}{9.81Km}+1=\frac{6000}{9.81\times4\times15}+1=11.2$$

取整数

$$N_{max}=11(\text{层})$$

（2）托盘堆码的最大堆码层数　从图 5－97（a）可见，托盘堆码时，最大堆码层数的确定比较复杂。主要取决于下列因素：①流通过程中最大有效堆码高度 H_w；②托盘高（厚）度 T；③托盘包装的最大高度 h_{max}；④纸箱高度外尺寸 H_o。

由于涉及因素较多，所以采用逐步试算法。计算过程如下：

①
$$n_{max}=\text{INT}\left[\frac{h_{max}-T}{H_o}\right] \tag{5-44a}$$

式中　n_{max}——单个托盘包装中最大纸箱堆码层数

②
$$n_{min}=\text{INT}\left[\frac{H_w}{h_{max}}\right] \tag{5-44b}$$

式中　n_{min}——流通过程中最大有效堆码高度下可堆码最少的托盘包装的层数

③
$$N'_{max}=\text{INT}\left[\frac{H_w-n_{min}T}{H_o}\right] \tag{5-44c}$$

式中　N'_{max}——仓储中纸箱可能的最大堆码层数

④
$$n=\text{INT}\left[\frac{N'_{max}}{n_{max}}\right] \tag{5-44d}$$

式中　n——仓储堆码可能的托盘包装层数

⑤
$$N=n_{max}n \tag{5-44e}$$

式中　N——可以考虑的堆码层数

如果 $N=N'_{max}$，则 $N_{max}=N$

如果 $N<N'_{max}-1$，或者 $N=N'_{max}-1$，而 N'_{max} 又不是素数（除其本身与 1 外无其他约数如 3、5、7、11 等），则可以考虑在每个托盘包装上减去一层瓦楞纸箱而重新组合成一个新增加的托盘包装以提高仓储空间的利用率。

为此，用 $n_{max}-1$ 再重复计算 N，如果计算结果 $N'>N$，则

$$N_{max}=N' \tag{5-44f}$$

否则，仍将选择 N，即

$$N_{max}=N$$

例 5－18 瓦楞纸箱外尺寸为 400mm×310mm×450mm，流通过程中最大有效堆码高度为 4.7m，托盘包装最大高度为 2m，托盘高度 100mm，求最大堆码层数。

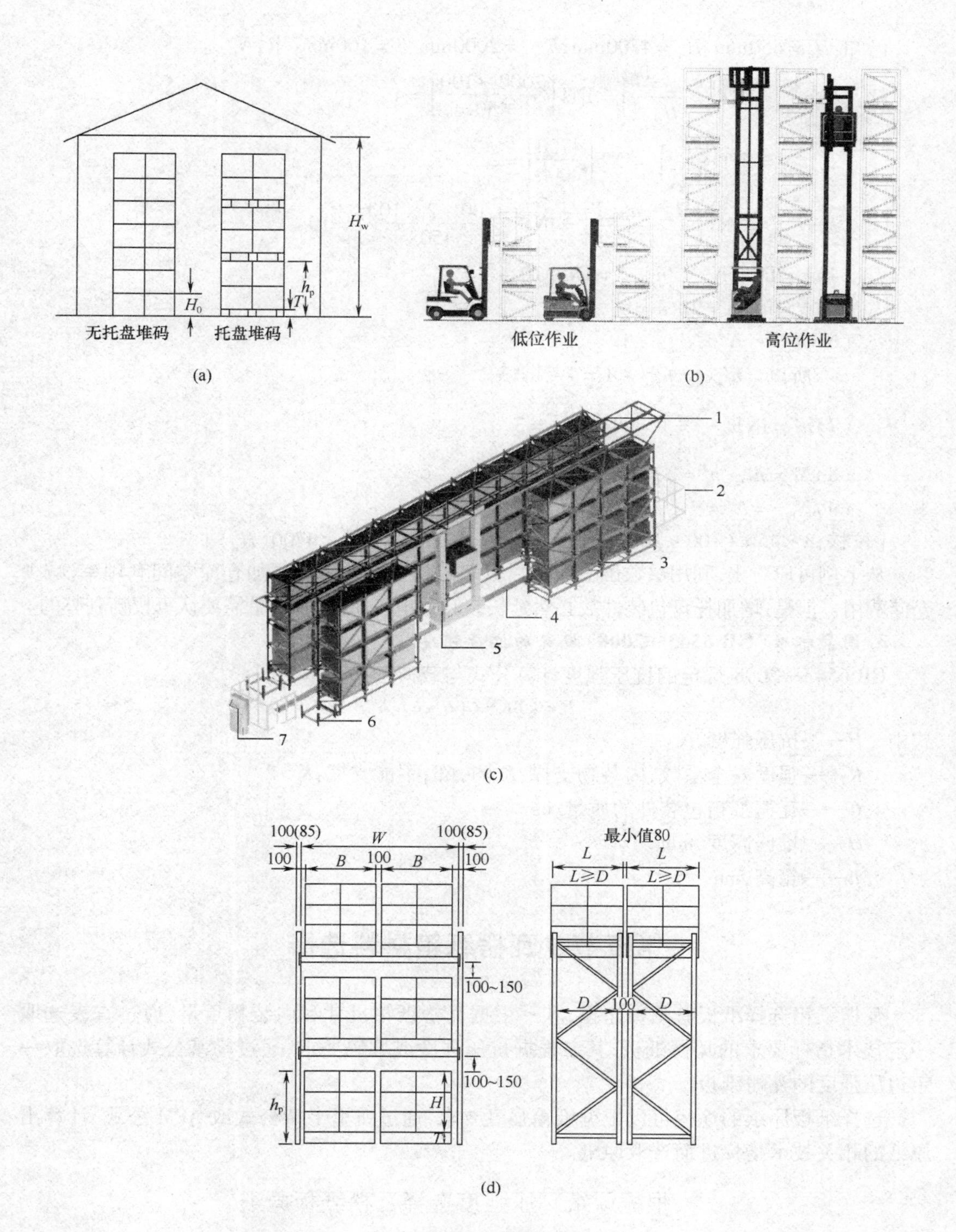

图 5－97　仓储堆码

（a）　传统仓储堆码　（b）（c）立体自动堆码　（d）立体自动堆码尺寸

1—顶部导轨　2—安全扶栏　3—钢架　4—地轨　5—堆垛机　6—物资中转站　7—地面控制盘

已知：$H_o=450\text{mm}$、$H_w=4700\text{mm}$、$h_{max}=2000\text{mm}$、$T=100\text{mm}$，求：N_{max}。

解：(1) $n_{max}=\text{INT}\left[\frac{h_{max}-T}{H_o}\right]=\text{INT}\left[\frac{2000-100}{450}\right]=4$

(2) $n_{min}=\text{INT}\left[\frac{H_w}{h_{max}}\right]=\text{INT}\left[\frac{4700}{2000}\right]=2$

(3) $N'_{max}=\text{INT}\left[\frac{H_w-n_{min}T}{H_o}\right]=\text{INT}\left[\frac{4700-2\times100}{450}\right]=10$

(4) $n=\text{INT}[N'_{max}/n_{max}]=\text{INT}[10/4]=2$

(5) $N=n_{max}n=2\times4=8$

(6) 因为　$N<N'_{max}-1$

所以　$n'_{max}=n_{max}-1=4-1=3$

(7) $n'=\text{INT}\left[\frac{N_{max}}{n'_{max}}\right]=\text{INT}\left[\frac{10}{3}\right]=3$

(8) $N'=n'_{max}n'=3\times3=9$

(9) $N_{max}=N'=9$

[校核：$3\times450+100<2000(h_{max})$　　$9\times450+3\times100<4700(H_w)$]

从上例可以看出，利用层数虽少而数目较多的托盘包装可以增加仓库空间利用率，减少仓储费用。但是，增加托盘包装件数必然延长装卸及出入库时间，这是需要认真权衡利弊的。

3. 国家标准（GB 6543—2008）规定的抗压强度

GB 6543—2008 规定的抗压强度计算公式与载荷公式基本相同：

$$P=9.8K\times G(H-h)/h \tag{5-45}$$

式中　P——抗压强度，N

K——强度安全系数，内装物支撑：$K>1.65$；不能支撑：$K>2$

G——瓦楞纸箱包装件的质量，kg

H——堆码高度，mm

h——箱高，mm

第五节　瓦楞纸箱材料选择

瓦楞纸箱选择纸板有两种途径，其一根据瓦楞纸箱尺寸和内装物重量，通过查表选取一定技术指标要求的瓦楞纸板，其二根据抗压强度或堆码要求，通过马基公式计算选取一定边压强度的瓦楞纸板。

选择纸板原纸的途径可以根据纸箱强度要求，通过凯里卡特公式或 APM 公式，计算出原纸的相关技术指标进而选取原纸。

一、根据原纸环压强度选择瓦楞纸板原纸

利用凯里卡特公式，可以求出原纸的环压强度，根据环压强度就可以选择合适的瓦楞纸板原纸配比。普通箱纸板和牛皮挂面箱纸板、牛皮箱纸板、涂布箱纸板及瓦楞原纸的环压强度技术指标见表 5-41 至表 5-44。

表 5－41　　普通箱纸板和牛皮挂面箱纸板技术指标(GB/T 13024—2003)

指标名称		单位	规定		
			优等品	一等品	合格品
定量[a]		g/m²	125 ±7　160 ±8　180 ±9　200 ±10　220 ±10 250 ±11　280 ±11　300 ±12　320 ±12 340 ±13　360 ±14		
横幅定量差≤	幅宽≤1600mm	%	6.0	7.5	9.0
	幅宽 >1600mm		7.0	8.5	10.0
紧度　≥	≤220g/m²	g/cm³	0.70	0.68	0.65
	>220g/m²		0.72	0.70	0.65
耐破指数≥	<160g/m²	kPa · m²/g	3.30	3.00	2.20
	(160 ~ <200)g/m²		3.10	2.85	2.10
	(200 ~ <250)g/m²		3.00	2.75	2.00
	(250 ~ <300)g/m²		2.90	2.65	1.95
	≥300g/m²		2.80	2.55	1.90
横向环压指数≥	<160g/m²	N · m/g	8.60	7.00	5.50
	(160 ~ <200)g/m²		9.00	7.50	5.70
	(200 ~ <250)g/m²		9.20	8.00	6.00
	(250 ~ <300)g/m²		10.6	8.50	6.50
	≥300g/m²		11.2	9.00	7.00
横向短距压缩指数[b]　≥	<250g/m²	N · m/g	20.2	19.2	18.2
	≥250g/m²		16.4	15.4	14.2
横向耐折度　≥		次	60	35	12
吸水性(正/反)　≤		g/m²	35.0/70.0	40.0/100.0	60.0/200.0
交货水分		%	8.0 ±2.0	9.0 ±2.0	

[a]本表规定外的定量,其指标可以就近按插入法考核。

[b]横向短距压缩指标,不作为考核指标。

表 5－42　　牛皮箱纸板技术指标(GB/T 13024—2003)

指标名称		单位	规定	
			优等品	一等品
定量[a]		g/m²	125 ±6　160 ±7　180 ±9　200 ±10　220 ±10 250 ±11　280 ±11　300 ±12　320 ±12 340 ±13　360 ±14	
横幅定量差　≤	幅宽≤1600mm	%	6.0	7.0
	幅宽 >1600mm		7.0	8.0
紧度	≤220g/m²	g/cm³	0.70	0.68
	>220g/m²		0.72	0.70

续表

指标名称		单位	规定	
			优等品	一等品
耐破指数 ≥	<160g/m²	kPa·m²/g	3.40	3.20
	(160~<200)g/m²		3.30	3.10
	(200~<250)g/m²		3.20	3.00
	(250~<300)g/m²		3.10	2.90
	≥300g/m²		3.00	2.80
横向环压指数 ≥	<160g/m²	N·m/g	9.00	8.00
	(160~<200)g/m²		9.50	9.00
	(200~<250)g/m²		10.0	9.20
	(250~<300)g/m²		11.0	10.0
	≥300g/m²		11.5	10.5
横向短距压缩指数[b] ≥	<250g/m²	N·m/g	21.4	19.6
	≥250g/m²		17.4	16.4
横向耐折度		次	100	60
吸水性(正/反) ≤		g/m²	35.0/40.0	40.0/50.0
交货水分		%	8.0±2.0	

[a]本表规定外的定量,其指标可以就近按插入法考核。

[b]横向短距压缩指标,不作为考核指标。

表 5-43　涂布箱纸板技术指标(GB/T 10335.5—2008)

序号	指标名称		规定		
			优等品	一等品	合格品
1	定量[a]/(g/m²)		125±6　150±7　175±8　200±10　220±10　250±11　280±11　300±12　320±12　340±13　350±14		
2	横幅定量差/% ≤	横宽≤1600mm	6.0	7.5	9.0
		幅宽>1600mm	7.0	8.5	10.0
3	紧度/(g/m³) ≥		0.75		
4	耐破指数/(kPa·m³/g) ≥	150g/m²	3.00	2.40	2.00
		(150~200)g/m²	2.85	2.30	1.90
		(200~250)g/m²	2.75	2.20	1.80
		(250~300)g/m²	2.65	2.10	1.75
		≥300g/m²	2.55	2.00	1.70
5	横向环压指数/(N·m/g) ≥	150g/m²	8.5	7.5	6.0
		(150~200)g/m²	9.0	8.0	6.5
		(200~250)g/m²	9.5	8.5	7.0
		(250~300)g/m²	10.6	9.0	7.5
		≥300g/m²	11.2	9.5	8.0

续表

序号	指标名称		规定		
			优等品	一等品	合格品
6	横向耐折度/次 ≥		80	60	40
7	亮度/% ≥		80.0	60	40
8	平滑度/s ≥		50	30	20
9	印刷表面粗糙度[b]/μm ≤		2.5	3.0	4.0
10	印刷光泽度/% ≥		70	50	30
11	印刷表面强度(中黏油墨)/(m/s) ≥		1.2	1.0	0.8
12	油墨吸收性/% ≥		15～28		
13	吸水性(cobb,60s)/(g/m^2) ≤	正面	50		
		反面	80	100	200
14	尘埃度/(个/m^2) ≤	0.2～1.5mm^2	40	60	100
		>1.5mm^2	不应有	2	4
15	交货水分/%		8.0±2.0		

[a]本表规定外的定量，其指标可就近按插入法考核。

[b]仲裁时印刷表面粗糙度作为考核项目，平滑度可不考核。

表5－43中序号7、8、9、10、11、12、14项均为对涂布面的规定。

表5－44　　瓦楞原纸技术指标(GB/T 13023—2008)

指标名称	单位	规定			
		等级	优等品	一等品	合格品
定量(80、90、100、110、120、140、160、180、200)	g/m^2	AAA	(80、90、100、110、120、140、160、180、200)±4%	(80、90、100、110、120、140、160、180、200)±5%	
		AA			
		A			
紧度 ≥	g/cm^3	AAA	0.55	0.50	0.45
		AA	0.53		
		A	0.50		
横向环压指数≤90g/m^2 >90～140g/m^2 >140～180g/m^2 ≥180g/m^2	N·m/g	AAA	7.5 8.5 10.0 11.5	5.0 5.3 6.3 7.7	3.0 3.5 4.4 5.5
		AA	7.0 7.5 9.0 10.5		
		A	6.5 6.8 7.7 9.2		

续表

指标名称	单位	规定			
		等级	优等品	一等品	合格品
平压指数[a] ≥	N·m²/g	AAA	1.40	1.00	0.8
		AA	1.30		
		A	1.20		
纵向裂断长 ≥	km	AAA	5.00	3.75	2.5
		AA	4.50		
		A	4.30		
吸水性 ≤	g/m²	—	100	—	—
交货水分	%	AAA	8.0 ±2.0	8.0 ±2.0	8.0 ±3.0
		AA			
		A			

[a]不作交收试验依据。

环压指数与环压强度的关系如下式：

$$\gamma = \frac{R}{0.152W} \tag{5-46}$$

式中 γ——环压指数，N·m/g

R——环压强度，N/0.152m

W——原纸定量，g/m²

例5－19 选用在例5－5中的瓦楞纸箱作出口牙膏包装，若流通过程中，最大有效堆码高度为4.5m，托盘包装最大高度为1.5m，托盘厚度100mm，纸箱包装总质量15kg，载荷系数取3，选取A级优等品瓦楞芯纸，定量为140g/m²，试选择合适的面纸（内、外面纸优等品牛皮箱纸板且托盘重量忽略不计）。

已知：$L_o \times B_o \times H_o = 577\text{mm} \times 395\text{mm} \times 379\text{mm}$，$H_w = 4500\text{mm}$、$h_{max} = 1500\text{mm}$、$T = 100\text{mm}$、$m = 15\text{kg}$、$K = 3$、$W_m = 140\text{g/m}^2$，求：$W$。

解：

$$n_{max} = \text{INT}\left[\frac{h_{max} - T}{H_o}\right] = \text{INT}\left[\frac{1500 - 100}{379}\right] = 3$$

$$n_{min} = \text{INT}\left[\frac{H_w}{h_{max}}\right] = \text{INT}\left[\frac{4500}{1500}\right] = 3$$

$$N'_{max} = \text{INT}\left[\frac{H_w - n_{min}T}{H_o}\right] = \text{INT}\left[\frac{4500 - 3 \times 100}{379}\right] = 11$$

$$n = \text{INT}\left[\frac{N'_{max}}{n_{max}}\right] = \text{INT}\left(\frac{11}{3}\right) = 3$$

$$N = n_{max} n = 3 \times 3 = 9$$

因为

$$N < N'_{max} - 1$$

所以

$$n'_{max} = n_{max} - 1 = 3 - 1 = 2$$

$$n' = \text{INT}\left[\frac{11}{2}\right] = 5$$

$$N = 5 \times 2 = 10$$

校核：$379 \times 2 + 100 = 858 \ (<1500)$

$$379 \times 10 + 100 \times 5 = 4290(<4500)$$

因此 $N_{max} = 10$

$$P = 9.81Km(N_{max} - 1) = 9.81 \times 3 \times 15 \times (10 - 1) = 3973(\text{N})$$

$$Z = 2(L_o + B_o) = 2 \times (57.7 + 39.5) = 194.4(\text{cm})$$

查表5-26，$F = 61.9$

由式(5-28)，得

$$P_x = \frac{P}{F} = \frac{3973}{61.9} = 64.2(\text{N/cm})$$

查表5-44，$\gamma_m = 7.7$

由式(5-46)

$$R_m = 0.152\gamma_m W_m = 0.152 \times 7.7 \times 140 = 163.9(\text{N/0.152m})$$

由式(5-24a)，得 $P_x = \dfrac{2R + R_m C_n}{15.2}$

查表5-24，$C_n = 1.477$

则 $R = \dfrac{15.2P_x - R_m C_n}{2} = \dfrac{15.2 \times 64.2 - 163.9 \times 1.477}{2} = 366.9(\text{N/0.152m})$

查表5-42，选用优等品牛皮箱纸板，γ 值暂取10.0，则

$$W = \frac{R}{0.152\gamma} = \frac{366.9}{0.152 \times 10.0} = 241(\text{g/m}^2)$$

或者直接用下式计算：

$$P_x = \frac{2R + C_n R_m}{15.2} = \frac{2 \times 0.152\gamma W + 0.152 C_n \gamma_m W_m}{15.2} = \frac{2\gamma W + C_n \gamma_m W_m}{100}$$

$$W = \frac{100P_x - C_n \gamma_m W_m}{2\gamma} = \frac{100 \times 64.2 - 1.477 \times 7.7 \times 140}{2 \times 10.0} = 241(\text{g/m}^2)$$

查表5-42，选择250g/m² 优等品牛皮箱纸板，所以，该瓦楞纸箱的结构为：K—250·SCP-140·K-250CF

二、根据纸板边压强度选择瓦楞原纸

根据纸板边压强度也可以选配瓦楞纸板原纸。

表5-45是不同抗压强度和纸箱周边长所需边压强度，表5-46是不同配比的瓦楞纸板的边压强度，两表结合起来就可以选择瓦楞纸板。

表5-45　边压强度与抗压强度关系表　　单位：N/cm

楞型	抗压强度/N \ 纸箱长+宽/mm	500	600	700	800	900	1000	1100	1200	1300	1400	1500
A	3000	58	55	52	50	49	54	53	52	51	50	49
	3500	67	63	61	58	56	62	60	59	58	56	55
	4000	75	72	69	66	64	69	67	66	64	63	62
	4500	85	81	77	74	72	77	75	73	71	69	68
	5000	94	89	85	82	79	84	82	79	77	75	74
	5500	103	97	93	90	86	92	88	83	84	82	80
	6000	111	105	102	97	94	98	95	93	91	89	87
	6500	120	114	109	105	101	105	102	100	97	95	93
	7000	129	122	117	112	109						

续表

楞型	抗压强度/N \ 纸箱长+宽/mm	500	600	700	800	900	1000	1100	1200	1300	1400	1500
C	2500	58	55	52	50							
	3000	68	65	62	60	58	56	54	53	52	51	50
	3500	79	75	72	69	67	65	63	61	60	59	57
	4000	90	85	81	78	76	73	71	69	68	66	65
	4500	100	95	91	87	84	82	80	78	76	74	73
	5000	111	105	99	97	93	90	88	86	84	83	80
	5500	120	115	110	106	101	97	95	93	92	90	88
	6000	132	125	119	115	110	106	104	102	100	97	95
B	2000	59	50	54	52	50	49					
	2500	73	70	66	64	62	60	58	57	55	54	53
	3000	87	83	79	76	73	71	69	67	66	64	63
	3500	101	96	92	87	85	82	80	78	76	75	74
	4000			103	100	95	93	91	89	87	85	83
	4500							102	99	97	95	93

表 5-46　　不同配比瓦楞纸板边压强度　　单位：N/cm

SCP 定量/(g/m²)	楞型 \ KP 内外面纸总定量/(g/m²)	250	275	300	325	350	375	400	425	450	525	600	700	800
112	A	53	56	59	61	63	66	69	72	75	80	85	91	97
	C	52	55	58	60	62	65	68	71	74	79	84	90	95
	B	50	53	56	59	61	64	66	70	73	78	83	89	94
127	A	57	59	63	65	67	70	72	75	78	84	88	94	100
	C	56	58	62	64	66	69	71	74	77	82	87	93	99
	B	54	57	60	62	64	67	70	73	76	81	86	92	98
150	A			68	70	72	76	78	81	84	89	94	101	107
	C			67	69	71	75	77	80	83	88	93	100	106
	B			65	67	69	73	75	78	81	86	91	97	103
175	A					78	81	84	86	89	94	100	105	112
	C					77	80	82	85	88	93	99	104	111
210	A									99	104	109	115	121
	C									98	103	108	114	120

注：(1) SCP 指半化学浆瓦楞芯纸；(2) KP 指硫酸盐浆即牛皮纸箱纸板；(3) 右上角黑框内不推荐使用。

例 5-20　例 5-19 中瓦楞芯纸选为半化学浆高强瓦楞原纸，定量为 127g/m²，选用合适的牛皮箱纸板。

已知：$P = 3973N$、$Z = 1944mm$

解：$\frac{Z}{2} = 972(mm)$

查表 5－45，$P_m = 73N/cm$

查表 5－46，$W = 420/2 = 210(g/m^2)$

瓦楞纸板结构为：K－210・SCP－127・K－210CF

三、根据纸板强度系数值选择瓦楞原纸

通过 APM 公式计算 s 值，再根据表 5－34 选择适当的瓦楞纸板。

例 5－21 纸箱箱型 0201，外尺寸 600mm×400mm×400mm，箱面复杂印刷，无托盘最大堆码高度 10 层，载荷系数取 3，纸箱包装总质量 15kg，选用合适的纸板。

已知：$L_o \times B_o \times H_o = 600mm \times 400mm \times 400mm$、$N_{max} = 10$、$K = 3$、$m = 15kg$

解：由公式

$$F = 9.81Km(N_{max} - 1) \tag{1}$$

$$P = P.F. \sum as\sqrt{W} \tag{2}$$

对于(2)式，由于箱型为 0201，所以

$$P = 2as(P.F.)(\sqrt{L_0} + \sqrt{B_0}) \tag{3}$$

设 $F = P$

则合并(1)、(3)式，得

$$s = \frac{9.81Km(N_{max} - 1)}{2a(P.F.)(\sqrt{L_0} + \sqrt{B_0})} \tag{4}$$

查表 5－31，表 5－36，取

$$a = 1 \quad P.F. = 0.85$$

代入(4)

$$s = \frac{9.81 \times 3 \times 15 \times (10 - 1)}{2 \times 1 \times 0.85 \times (\sqrt{600} + \sqrt{400})} = 52.5$$

查表 5－33

选择 293/240－155/1A 单瓦楞纸板。

【习题】

5－1 画出下列组合型瓦楞纸箱的结构图：① 0200/0204；② 0204/0216；③ 0217/0215；④ 0304BH/LH；⑤ 0503/0422；⑥ 0210/0216；0933，6×4。

5－2 某牌号香波包装瓶最大外尺寸为 100mm×55mm×245mm，选用 0201 型 AB 楞纸箱，装量 24 瓶，设计纸箱制造尺寸与外尺寸。

5－3 某牌号白酒包装瓶最大外尺寸为 82mm×57mm×260mm，选用 0201；0933 型 AB 楞纸箱，装量 24 瓶，计算纸箱制造尺寸与外尺寸。

5－4 0301 箱型，外尺寸 475mm×335mm×125mm，箱体箱盖纸板结构为 293/293－117/1C，箱面简单印刷，计算抗压强度（提示：楞向//L，用 APM 公式）。

5－5 0510 箱型，外尺寸 150mm×100mm×30mm，纸板结构均为 240/240－117/1B，箱面简单印刷，计算抗压强度（提示：所有压痕线均为横压线，用 APM 公式）。

5－6 0201；0902 箱型，外尺寸 600mm×400mm×400mm，外箱纸板结构为 155/155－151/1C，内衬结构为 293/240/240－151/2AB，箱面简单印刷，计算抗压强度（提示：用 APM 公式）

5－7 0608 箱型，外尺寸 450mm×300mm×300mm，主体箱板结构为 A－300·A－127·A－300AF，端板结构为 A－300·A－127·B－200·A－127·B－300ABF，计算抗压强度（提示：用凯里卡特简易公式）。

5－8 某家电选用 0201 型，外尺寸为 560mm×460mm×440mm 的 C 楞纸箱包装，纸箱包装总质量 15kg，传统仓储最大堆码层数为 6，载荷系数取 4，箱面复杂印刷，试选择合适的纸板结构（提示：用 APM 公式）。

5－9 某瓦楞纸箱外尺寸为 400mm×310mm×310mm，传统仓储流通过程中最大有效堆码高度为 4.5m，托盘包装最大高度为 1.4m，托盘高度为 100mm，计算最大堆码层数。

5－10 选用在例 5－5 中瓦楞纸箱作某化妆品包装，若采用立体自动仓库流通，货架单元层高为 1.5m，托盘厚度范围为 160mm，梁下间隙为 100mm，纸箱包装总质量 20kg，载荷系数取 3，选取 B 等瓦楞芯纸，定量为 160g/m^2，试选择合适的面纸（内、外面纸 B 等级且托盘重量忽略不计）。

第六章 塑料包装容器结构设计

第一节 塑料包装容器概述

一、塑料包装容器类型

1. 箱式包装容器

箱式包装容器(图6-1)主要用热塑性材料如聚丙烯共聚物、高密度聚乙烯、乙烯共聚物等加工而成。为减轻重量,保证强度与刚度,箱壁设有加强筋。根据需要,它有各种外形,另可设置箱盖和隔挡。

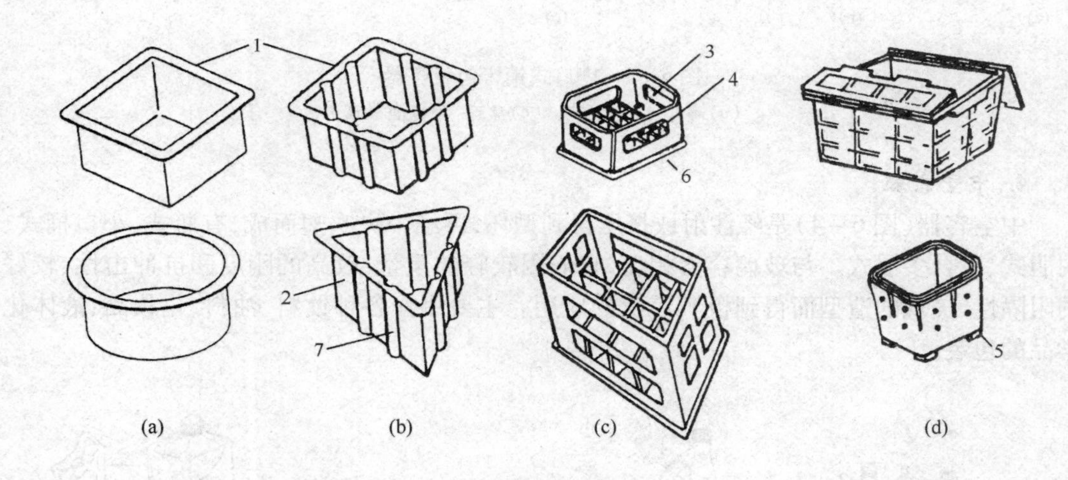

图6-1 箱式包装容器

(a)平直立面周转箱 (b)棱条立面周转箱 (c)有隔板周转箱 (d)带密封盖包装箱

1—箱体上缘 2—箱体 3—提手孔 4—隔挡 5—箱底托 6—箱底面 7—加强筋(棱)

箱类容器因其强度高、刚性好、抗拉抗冲击性能优良、耐气候性好,被广泛用于食品、饮料、啤酒、农副产品、水产品等商品的流通,也被大量用于各种工业品、半成品、零配件的厂内运输贮存环节。

2. 盘式包装容器

具有加强筋的盘式容器(图6-2)是通过压铸、压制或注射方法制成。目前在商业领域被大量采用。为便于堆码与增强集装的稳定性,容器的上下端面常设计堆叠用的插口部分。盘式塑料容器主要用于怕挤压、易变形的小型商品的贮运,如蔬菜、水果、糕点等,也可用于小型零件物品的厂内外周转运输。

3. 筒式、罐式、杯式、盒式、浅盘式销售包装

这类销售包装小型容器(图6－3)一般通过注射、热压或压铸成型,多为一次性使用的广口容器。有的带螺旋式硬盖,有的带揿压式盖,多数带复合材料薄膜密封软盖。它们被用于各种食品,如果冻、调味品、冰淇淋和各种家用化学品、护肤用品等。

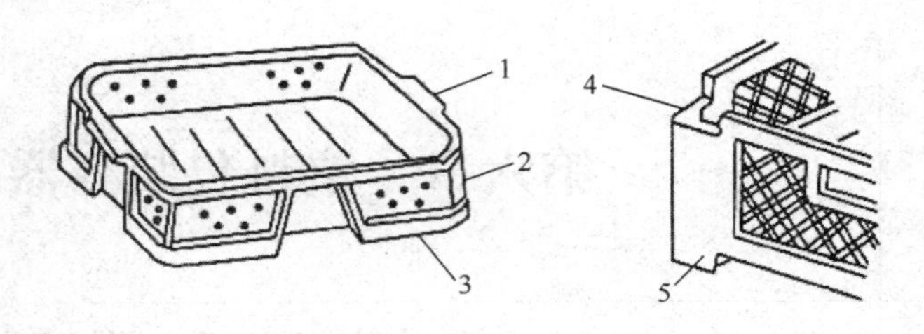

图6－2　盘式包装容器

1—把手　2—盘体　3—底面(边沿内壁可与上端面外形相配合)　4—上槽口　5—凸台

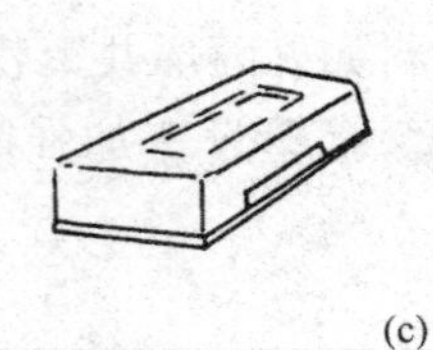

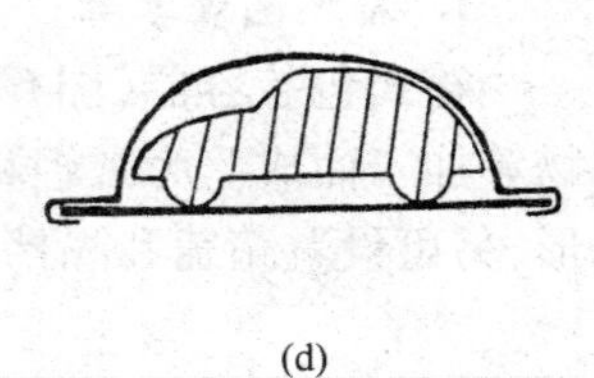

图6－3　广口式销售包装容器

(a)罐式　(b)筒式　(c)盒式　(d)泡罩式

4. 中空容器

中空容器(图6－4)是经注射或挤压得到型坯,再经中央吹塑而成,有瓶式、小口桶式、内胆式、复合多层式。与玻璃容器相比,它们因较轻的重量、较高的刚度和抗冲击性、较好的阻隔性、美观的造型而得到极其广泛的应用。主要用作各种饮料、油料、化妆品、液体化学品的包装。

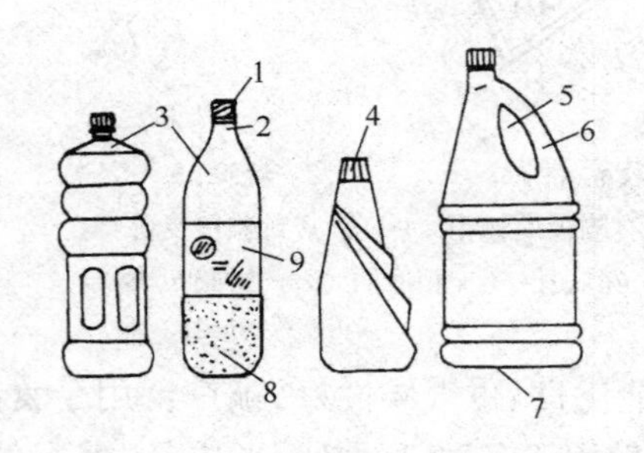

图6－4　中空容器

1—螺纹　2—瓶颈　3—瓶肩　4—瓶盖　5—提手岛　6—提手柄　7—瓶底　8—瓶托　9—瓶身贴标

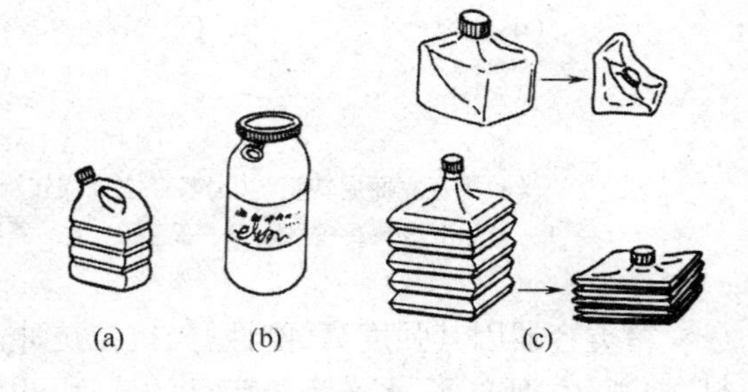

图6－5　大型包装桶

(a)小盖密封桶　(b)敞口盖桶　(c)可折叠式桶

5. 大型包装桶

这类容器容量从5L到250L不等,可通过旋转模塑、注射吹塑或挤出吹塑成型。可分为小盖密封桶、敞口式盖桶、可折叠式桶(图6－5)。其中可折叠式软桶有圆柱形,也有方形，用完或未灌装的可压扁运输，节省空间与费用。主要用做工业原料、饮用水、油类、盐渍食品、低度酒的包装容器。材料为高密度聚乙烯、改性聚乙烯、聚乙烯与乙烯醋酸共聚物、聚碳酸酯等。其规格多，强度好，价格便宜，用途广，耐冲击，但有应力开裂倾向。

6. 软管

管体通过挤出成型，管肩管颈注射成型，然后两部分熔接而成。

有用低密度聚乙烯、聚丙烯、聚氯乙烯、尼龙等制成的单基软管，也有用聚乙烯、聚丙烯、尼龙、铝箔纸基等复合制成的多层复合软管。

软管主要用于化妆品、药品、食品、颜料及各种膏体乳剂的包装。其优点是质地轻、韧性好，弹性好、化学性稳定、外观漂亮、规格多样、可反复使用。缺点是气密性差、弹性回吸力大（复合软管除外）。

7. 发泡成型制品

用可发泡性塑料如聚苯乙烯、聚乙烯、聚氨酯经模塑而成。既可制成某些商品的简易包装容器，也可制成各种运输包装内衬件，可起保温隔热、缓冲减振等作用。其制作方便，成本较低，但废弃后回收处理量较大。

8. 大型运输周转箱与托盘

普通运输周转箱可分为直方型、梯型、可折叠型，其中梯型周转箱空箱可上下套装，节省了堆码空间；折叠型周转箱空箱可折扁平，节省了运输空间与费用，但结构强度稍差。

关于蔬菜、水果、酒类等食品类中小型周转箱，前已述及。

这里主要指中长途运输、工业产品（机械、电子、五金、化学品等）运输用的大型周转箱，是以硬质塑料替代木、铁、陶瓷等传统材料，制成的大型刚性容器，用于商品流转运输，企业间零件或半成品储存流通中，容积最大可达2000L。

内装化学品液体的大型塑料运输箱，内壁经耐腐蚀处理，外部用金属防护框架相围，底部含金属托盘，可以确保运输过程安全。

目前，塑料托盘正在大量替代木质托盘，虽然塑料托盘的价格明显高于木质托盘，但因其使用寿命更长远（5~9年），回收利用性好，使用塑料托盘的总体成本很具有竞争力。

为了提高使用效率，考虑将托盘与容器的功能相组合，许多带有托盘的大型折叠容器已经在各国得到推广使用。

大多数塑料周转箱与托盘，用高密度聚乙烯（HDPE）、聚苯乙烯（PS）、聚丙烯（PP）制造的，也有使用增强玻璃纤维制造，还可将钢筋加入到塑料托盘内部以提高承载能力。

二、塑料包装容器的成型方法

塑料包装容器的成型方法及相应的制品见表6-1所示。其成型方法的基本原理可阅参有关参考文献。

表6-1　　塑料成型方法及其包装制品

成型方法	制品特性	制　品
注射成型	成品精致，适合大量生产	瓶、杯、罐、箱
挤出吹塑	外形不规则，低成本制品	小口瓶类

续表

成型方法	制品特性	制　品
注射吹塑	外形不规则,尺寸精确	化妆品、药剂大口瓶
真空成型	薄壁、开口容器	泡罩贴体包装
热压成型	厚片、开口容器	盘、盆、盒
旋转模塑	大型、奇特外形	超大容器
发泡热成型	壁厚发泡,保温性	保温盒、浸渍食品盒

(1)注射成型　注射成型又称注射模塑或注塑,是塑料成型加工中采用最普遍的一种方法。其工艺过程为:将粒状或粉状热塑性塑料加进注射机料筒,塑料在料筒内受热而转变成具有良好流动性的熔体;随后借助柱塞或螺杆所施加的压力将熔体快速注入预先闭合的模具型腔,熔体取得型腔的型样后转变为成型物;最后经冷却凝固定型为包装容器制品。

注射成型能制造外形复杂、尺寸精确的容器制品,成型周期短,效率高,易于实现全自动化生产等,但所需模具复杂,制造成本高,故只适合于容器制品的大量生产。

(2)模压成型　模压成型又称压缩模塑或简称模压。其成型工艺过程为:将预热的热固性塑料定量地加入已加热的模内,然后闭模,在压力的作用下,塑料在型腔内受热、受压熔化,向型腔各部位充填,多余熔料从分型面溢出成为溢边,经一定时间的交联反应后,塑料固化坚硬,启模去掉溢边即得包装容器制品。

(3)吹塑成型　吹塑是一种借助流体压力使闭合在模腔内尚处于半融状态的型坯膨胀成为中空塑料容器的二次成型技术。按型坯制造方法的不同吹塑工艺可分为挤出吹塑、注射吹塑和拉伸吹塑三种。

①挤出吹塑:通过挤出机塑料熔融并成型管坯,闭合模具夹住管坯,并将吹塑头插入管坯一端,管坯另一端被切断;通入压缩空气吹胀管坯,成型制品;冷却吹塑制品,启模去掉尾料即得容器制品。

②注射吹塑:由注塑机将塑料熔体注入带吹气芯管的管坯模具成型管坯,启模,管坯带着芯管转入到吹塑模具中;闭合吹塑模具,压缩空气通入芯管坯成型制品,冷却定型,启模即得容器制品。注射吹塑尺寸精度高,质量偏差小,吹塑周期易控制,生产效率高等,但模具制造要求高,只适合生产容器容积小(小于2L)、形状简单、批量大的中空容器。

③拉伸吹塑:拉伸吹塑成型工艺有两种。其一是将注射成型管坯加热到塑料拉伸温度,在拉伸装置中进行轴向拉伸,然后将已拉伸的管坯移到吹塑模具中,闭模,吹胀管坯成型制品。其二是将挤出管材按要求切成一定长度,作为冷管坯,然后将冷管坯放入加热装置中加热到塑料拉伸温度,再将热管坯送至成型台,闭模,使管坯一端成型容器颈部和螺纹并进行轴向拉伸,吹胀管坯成型,冷却启模即得到容器制品。拉伸吹塑成品率高,易于成型,生产效率高,制品质量易控制,冲击强度高,但成型工艺对材料和成型条件要求高。适于批量大、形状简单的小型容器(小于2L)的制造。

④多层共挤压吹塑。用连续共挤出吹塑法,即通过机头挤出多层(多种材料)型坯,供给模具,再吹塑成型。多层共挤压吹塑容器,充分发挥了多种材料的长处,弥补各自的短

处，大大提高了容器的综合性能，如阻隔性、绝热性、遮光性、阻燃性、装饰性等。

(4)热成型　热成型系对热塑性片材先进行加热使其软化到近熔融状态，在成型力作用下塑料分子产生流动，经冷却后定型，形成容器制品。热成型能制造壁薄（达0.005mm）、尺寸大（达2m）、耐冲击的容器。但容器制品尺寸精度低，成型深度有限，材料消耗大。适合于从小批量到大批量、结构简单的容器制品。

(5)旋转成型　旋转成型更适合制造大型塑料中空容器。成型过程为：将定量的粉状、液状、糊状树脂加入置于旋转机上可开闭合的阴模中，然后闭合模具，通过外界加热使模具壁面温度达到树脂熔融温度，在加热的同时启动旋转机，模具绕正交的主、次两主轴作复合旋转，使树脂熔融并均匀地涂布在模具壁面上。旋转成型具有能制造复杂形状、壁厚均匀、尺寸大（达2m×2m×4m）的中空容器制品，且生产成本低。

三、塑料包装容器的原材料

包装容器常用塑料有：低密度聚乙烯（LDPE）、高密度聚乙烯（HDPE）、聚氯乙烯（PVC）、聚苯乙烯（PS）、聚丙烯（PP）、聚酯（PET）、丙烯腈聚合物（AN）、聚碳酸酯（PC）、苯乙烯－丁二烯共聚物（SB）、苯乙烯－丁二烯－丙腈烯共聚物（ABS）、偏二氯乙烯共聚物（VDC）、乙烯－乙烯醇共聚物（EVOH）、尼龙（PA）、酚醛（PF）、脲醛（UF）等。

对一定用途的包装产品，其塑料材料的选择取决于多种因素，设计者应作综合考虑，扬长避短。

1. 材料选用原则

①满足包装、贮存、运输中的环境条件和作业要求。为了达到包装功能，所选材料必须具备相应特性，以使内装物免受机械性损伤，耐受各种气候和物理化学因素的变化与侵蚀。对不同商品，具体性能要求侧重点不同，应抓住关键。

一般说来，这些性能主要有：a. 抗压强度、抗冲击强度、刚度、韧性；b. 防蠕变性、抗静电性、尺寸稳定性、耐刮伤、透明度；c. 耐高温、耐油脂、耐有机溶剂、耐酸、耐碱；d. 保香、保味、对水汽阻隔性、材料迁移性。

表6－2为常用材料的主要性能，供设计时参考。

表6－2　包装用塑料性能（相对值）

材料名称	透水汽率	透气性		耐化学性			温度范围/℃	透明度	耐刮伤性（HR）	翘曲	刚性	冲击强度	韧性	吸尘性	印刷性
		O_2	CO_2	酸	碱	溶剂									
LDPE	1.3	550	2900	良	良	良	－56～82	高	112	3	0.1	20	400	高	中
HDPE	0.3	600	450	优	优	优	－29～121	半	38	4	1.5	10	100	高	中
PVC（硬）	4	150	970	优	优	中	－45～93	高	45	0.2		8.0	20	高	优
PS（通用级）	8	310	1050	良	优	差	－62～80	高	120	0.4		0.3	1	很高	优
PP	0.7	240	800	良	优	优	－18～133	半	90	2	2	1.0	300	高	良
PET	0.7	14	16	优	优	优	－56～110	高	68	2	5.5	4.8	100	中	中
AN	7	0.8	1.1	良	中	良	－73～71	高	60	0.4	4.4	2.5	5	高	良

续表

材料名称	透水汽率	透气性		耐化学性			温度范围/℃	透明度	耐刮伤性（HR）	翘曲	刚性	冲击强度	韧性	吸尘性	印刷性
		O_2	CO_2	酸	碱	溶剂									
PC	11	300	1000	良	差	中	-135~132	高	118	0.6	3.4	3.0	75	中	优
ABS				良	良	中	-54~102	半	100	0.6	3	6.2	60		中
PF				中	中	良	-73~121	不	7120	1	10	0.5	1	低	良
UF				中	中	良	-73~78	半	150	1		0.4	1	低	

②符合包装内装物对材料的形态要求。包装商品的形态各异，有粉末、液体、黏稠体、固体等，需要采用相应可靠的盛装和密封的方法，于是产生了包、袋、瓶、盒、箱、盘、罐、桶、软管、泡罩等各类包装容器。这些容器的成型方法各不相同，成型工艺对制品材料也有不同的形态要求，因此，选材时应充分注意材料的形态特性，了解加工前后性能的变化，使包装容器能满足成型工艺和包装流通的要求。

③符合卫生法规。当产品受到卫生法规限定时，须慎重选择包装材料，以保证消费者健康。就药品的刚性包装而言，美国食品及药品管理局（FDA）批准可用的材料仅为 PE 和 PS，而 PVC 则限制于一定使用范围内。又如美国 FDA、美国烟酒枪械管理局（BATF）和美国农业部（USDA）对食品、药品、化妆品、烟、酒、肉、禽的卫生品质和包装材料安全性颁布过一系列法规。总的原则是：包装容器不能用含有损害人体健康物质的材料制成，严格限制包装材料的物质和色素转移到内装物中，也不允许因包装结构形式的改变影响到内装物的品质、安全性及效力等。

④具备印刷适应性。大多数包装容器外表需装潢印刷，有多种印刷工艺可供采用。这时，所选材料的表面性能和适印性尤为重要。不同容器和材料之间适印性相差甚大。

如苯胺印刷可广泛应用于薄膜。胶版印刷用于瓶、罐、软管的外表面。丝网印刷大量用于小批量硬性制品或需要表面浮雕效果的包装物。热烫印工艺可印制金、银色等大面积色彩。

2. 各类商品包装用材示例

包装容器的内装物品种类繁多，初步划分有食品、化妆品、家用化学品、医药制剂，其他商品等。包装材料应尽量服从各类商品的性能要求，有利于销售和使用。

表 6-3 列举了目前市场上常见的各类商品所用塑料包装容器及材料。

表 6-3　各类商品常用塑料包装容器与材料

商品类别	对包装的基本要求	商品名称	所用包装材料与容器	包装容器特性
食品	①重量轻 ②化学稳定性好 ③保味、保香 ④不污染食品 ⑤透明度好	黄油、果酱、乳酪、奶油、色拉油、食油	PS 罐、拉伸 PET、多层吹塑瓶	透明，安全，保香，可挤压性，易取用，刚度好，薄
		番茄酱、蛋黄酱、醋、果汁	LDPE、PS 二片瓶、多层吹塑瓶、真空成型容器	
		调味品、蜂蜜、果冻、其他食品	PE、拉伸 PET、PP、多层吹塑瓶、真空成型浅盘、PVC 浅盘	

续表

商品类别	对包装的基本要求	商品名称	所用包装材料与容器	包装容器特性
药品	①透明度好 ②不易碎、不破裂 ③印刷性好	药丸、药片、药膏	PS 瓶、HDPE 瓶、韧性 PS 瓶(盒)	高度防潮,耐高温消毒,可印刷性。可挤压性,不裂,不碎
		眼药、手足药、皮肤药	LDPE 瓶、PC、PET	
		输液	拉伸 PP 瓶	
		抹药	PP、HDPE	
化妆品	①化学稳定性好 ②重量轻 ③化学相容性好 ④色彩多样	粉饼、面乳、唇膏、爽身粉、剃须皂	PS	手感好。轻巧,光洁度好,不易碎,适于潮湿环境,绞链强度好
		粉盒、眼影膏、喷雾香水	PP	
		香波、护肤霜、防晒霜、祛臭剂	HDPE、LDPE	
日用化学品	①耐腐蚀 ②不开裂 ③化学稳定性好 ④轻、柔	除锈剂、清洗剂、驱蝇剂、漂白剂	PVC、HDPE	薄壁,相对密度小,可挤压性、强度好,显色彩,透明
		洗涤剂、家用清洁剂	PP、拉伸 PET、LDPE、HDPE、PVC	
其他		贮水容器、石蜡油	LDPE、HDPE 吹塑瓶	轻,安全,便携,透明,标志清楚
		农药	HDPE、多层挤压瓶	
		氢氟酸	PE 瓶	

四、塑料包装容器的结构性能

1. 容器结构性能概述

包装容器的结构强度与性能好坏,对于有效发挥包装基本功能影响很大。

各国政府技术管理监督机构、标准化机构、消费者组织、环保部门等都会提出各自的规定,要求商品包装物的结构性能等必须通过严格的测试。如美国,就有环境保护局(EPA),食品与药品管理局(FDA),消费者安全委员会(CPSC)。除了有通用性的技术品质要求,还有一些是对包装结构提出的特殊要求。例如食品与药品包装,要求采用经过儿童与成人有效试验的儿童安全封盖结构(Child - Resistant Packaging Closure)。食品与药品包装需要具有显窃启功能,即该包装物具有“留下干扰痕迹”的性能。

为了证明所生产的包装物品质与结构性能确实能够达到证明其在销售、流通、使用过程中完全合乎要求,需要对包装容器的相关性能进行检测。依据检测结果中出现的问题可以对设计与制造部门提出进一步的管理或技术措施。

一般说来,对包装容器性能的检测项目包括有:①尺寸分析;②力学性能测量;③强度或脆性的测量;④封盖扭矩的测定;⑤外观质量与清洁度的检验;⑥密封性能测定;⑦稳定性测试。

2. 塑料容器结构性能测试项目

制造塑料容器所用的材料及制品的基础性能对于包装容器成品的质量与品质至关重要。

表6－4为塑料容器材料的基础性能测试项目一览表，表中列出了制造塑料容器所用材料的基础性能，在设计和测试时需要特别关注。

表6－4　　　　塑料材料基础性能测试项目一览表

力学与机械性能测试			阻隔性能测试	耐受性能测试	其他性能测试
静　态		动　态			
应力应变关系	拉伸强度	冲击强度（高速冲击下材料的韧性及抗断裂性）	透气性（对氧气、二氧化碳、其他气体）	耐油、油脂性能	透明度
	压缩强度			耐化学品（酸、碱）性能	表面光泽度
	剪切强度		透湿性（对水、水蒸气）	耐热性能	耐擦伤性
	弯曲强度			耐寒性能（低温强度）	其他
弹性模量（刚性）			阻光性	耐有机溶剂性能	
蠕变与应力松弛					
持久强度					

表6－5为塑料刚性容器的主要性能测试项目，包括容器的力学性能、结构性能和耐受性能三个方面。

表6－5　　　　塑料刚性容器性能测试项目一览表

容器力学性能测试		容器结构性能测试		耐受性能测试	
项目名称	测试目的	项目名称	测试目的	项目名称	测试目的
跌落试验	测试容器的跌落冲击强度	泄漏试验	测试容器倒置后瓶口处有无泄漏	内装液试验	检验容器与内装液长期接触后强度与密封性能的变化
应力破坏	测定容器达到应力破坏的时效值	煮沸试验	测定煮沸前后容器内容积变化值	药物渗透性试验	测定某些材料对某些药物的渗透性或容器耐药性
悬挂试验	测定容器提手联结处强度	密闭性试验	测定经摇动后、充气后容器有无泄漏	一般检验	外观质量 容量偏差 重量偏差 尺寸偏差 壁厚偏差
堆码试验	测定堆码后有无被压变形或破坏现象	液压试验	测定小口瓶加压后强度		

第二节　注射、压制和压铸成型容器结构

一、结构设计要素

(一)容器壁厚

壁厚对塑料容器的成型质量影响较大。

为保证必要的力学强度,塑料容器都应具有一定的厚度,但厚度须适当。若厚度过大,既浪费材料,增加成本,又延长了模塑时间。据计算,壁厚增加1倍,冷却时间增加4倍。若厚度过小,物料流动阻力增大,塑料容器容易产生缩孔、凹陷、气泡等缺陷,某些大而复杂的容器更难以充满型腔。

容器的最小厚度应满足:足够的刚度和强度,能耐受脱模机构引起的振动冲击,能承受装配时的紧固力。

同一塑料容器各部分壁厚应尽量均匀,角隅处壁厚不应相差很大,尽量采用圆角过渡,否则会因冷却收缩或固化速度不同而产生内应力,使塑料容器开裂。再则,若壁厚过于不均,热塑性材料会在较厚处产生缩孔,热塑性材料会发生翘曲变形。为此,转角处厚度比规定为:

热固性材料1∶3(压塑)和1∶5(挤塑);

热塑料材料1∶(1.2~1.5)。

对于热固性塑料,小件壁厚取1.6~2.5mm,大件壁厚取3.2~8mm。对布基酚醛塑料等流动性差者应取较大值,但不超过10mm。对脆性酚醛塑料壁厚应小于3.2mm。

热塑性塑料易于制成薄壁容器,最薄可达0.25mm,但一般不宜小于0.6~0.9mm,通常取2~4mm。

各种塑料制品的壁厚可按表6-6和表6-7选取。

表6-6　热固性塑料制品的壁厚推荐值　　单位:mm

塑件材料	塑件外形高度尺寸			塑件材料	塑件外形高度尺寸		
	<50	50~100	>100		<50	50~100	>100
粉状填料的酚醛塑料	0.7~2	2.0~3	5.0~6.5	聚酯玻纤填料的塑料	1.0~2	2.4~3.2	>4.8
纤维状填料的酚醛塑料	1.5~2	2.5~3.5	6.0~8.0	聚酯无机物填料的塑料	1.0~2	3.2~4.8	>4.8
氨基塑料	1.0	1.3~2	3.0~4				

表6-7　热塑性塑料制品的最小壁厚及常用壁厚推荐值　　单位:mm

塑件材料	最小壁厚	小型塑件推荐壁厚	中型塑件推荐壁厚	大型塑件推荐壁厚
尼龙	0.45	0.76	1.5	2.4~3.2
聚乙烯	0.6	1.25	1.6	2.4~3.2
聚苯乙烯	0.75	1.25	1.6	3.2~5.4

续表

塑件材料	最小壁厚	小型塑件推荐壁厚	中型塑件推荐壁厚	大型塑件推荐壁厚
改性聚苯乙烯	0.75	1.25	1.6	3.2～5.4
硬聚氯乙烯	1.2	1.60	1.8	3.2～5.8
聚丙烯	0.85	1.45	1.75	2.4～3.2
聚碳酸酯	0.95	1.80	2.3	3～4.5
丙烯酸类	0.7	0.9	2.4	3.0～6.0

注：最小壁厚值可随成型条件而变。

图6－6至图6－8列出一些塑料制品厚度设计实例。图中（a）为不良设计，（b）为良好设计。

在塑件成型时，熔融料流动的难易程度对塑料制件壁厚的形成影响较大。物料流动性除由塑料本身性质决定外，还有一重要因素—流动比（流程长度 L 与壁厚 t 的比值），设计时需要校核。图6－9为两个实例流动比计算示意图。

图6－9（a）中，流动比 $= \sum_{i=1}^{n} \frac{L_i}{t_i} = \frac{L_1}{t_1} + \frac{L_2 + L_3}{t_2}$

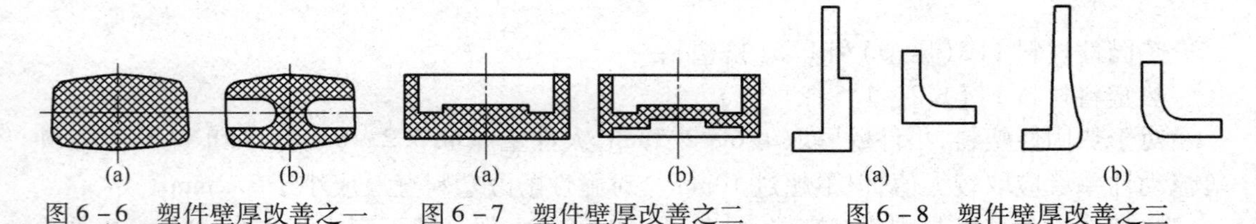

图6－6　塑件壁厚改善之一　　图6－7　塑件壁厚改善之二　　图6－8　塑件壁厚改善之三

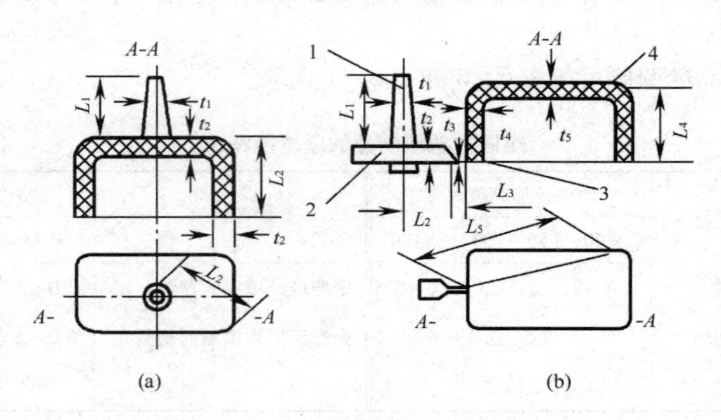

图6－9　流动比计算示例

1—直浇道　2—横浇道　3—小浇口　4—塑料件

图6－9（b）中，流动比 $= \sum_{i=1}^{n} \frac{L_i}{t_i} = \frac{L_1}{t_1} + \frac{L_2}{t_2} + \frac{L_3}{t_3} + \frac{2L_4}{t_4} + \frac{L_5}{t_5}$

流动比随塑料熔体性质、温度、注射压力、浇口种类等变化。表6－8所列为由实践总结得到的各种塑料流动比大致范围，供设计参考。

表 6-8 常用塑料流动比范围

塑料名称	注射压力/kPa	L/t	塑料名称	注射压力/kPa	L/t
聚乙烯	147100	280~250	硬聚氯乙烯	127500	170~130
	58840	140~100		88260	140~100
	68650	240~200		68650	110~70
聚丙烯	117680	280	软聚氯乙烯	88260	280~200
	68650	240~200		68650	240~160
	49040	140~100	聚碳酸酯	127500	180~120
聚苯乙烯	88260	300~280		88260	130~90
尼龙	88260	360~200			

设计时也可根据表 6-9 所列公式，由流程长度 L 确定制件的最小壁厚。

表 6-9 壁厚 t 与流程长度 L 关系式 单位：mm

塑料品种	$t-L$ 计算公式
流动性好（如聚乙烯、聚丙烯、聚苯乙烯、尼龙等）	$t=\left(\frac{L}{100}+0.5\right)\times 0.6$
流动性中等（如改性聚苯乙烯等）	$t=\left(\frac{L}{100}+0.8\right)\times 0.7$
流动性差（如聚碳酸酯、硬聚氯乙烯等）	$t=\left(\frac{L}{100}+1.2\right)\times 0.9$

对于流动性一定的塑料材料，如果壁厚越大，则允许最大流程较长。对于流动性好的塑料，壁厚可小；对于流动性差的塑料，壁厚要大，否则型腔难以充满。

对表面积特别大的制件，除了流动比，还须注意流动面积比，即流道厚度与成型面积之比不能过小。

$$K=\frac{t}{A} \tag{6-1}$$

式中 K——流动面积比，mm^{-1}

A——制件表面积，mm^2

t——流道厚度，mm

如聚苯乙烯，最小流动面积比为 $(0.1\sim3)\times10^{-4}$/mm。其他材料，尚缺少这方面数据。

（二）脱模斜度

1. 脱模斜度的作用

由于塑料冷却收缩，使塑料紧包于凸模或型芯上。当塑料容器具有一定高度时，内外表面必须有适当的脱模斜度，以免脱模困难或脱模时擦伤内外表面。

2. 脱膜斜度选取原则与取值范围

①一般情况下，沿脱模方向常用斜度为0.5°～1.5°；②当容器斜度不允许太大时，可采用外表面斜度5′，内表面斜度10′～20′；③当侧面粗糙或有滚花纹时，宜取4°～6°；④塑料容器上的凸块、凸棱或加强筋，单边应有4°～5°斜度；⑤有公差要求的尺寸，斜度可在公差之内，也可在公差之外；⑥压制成型的大而深的容器，希望阳模斜度大于阴模斜度，以使容器下部厚度大于上部厚度，确保结构刚性（图6－10）；⑦容器精度要求高或容器尺寸大，脱模斜度取小值；⑧容器形状复杂不易脱模或材料成型收缩率大，脱模斜度取大值；⑨材料脆性大，刚性大，则脱模斜度取大值。

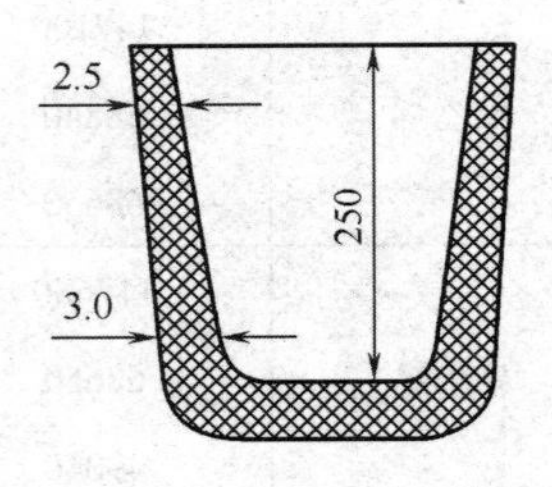

图6－10　深型容器斜度

常用塑件的脱模斜度，见表6－10。

表6－10　塑件脱模斜度

塑料名称	斜度		塑料名称	斜度	
	型腔	型芯		型腔	型芯
尼龙	25′～40′	20′～40′	ABS	40′～1°20′	35′～1°
聚乙烯	25′～45′	20′～45′	聚碳酸酯	35′～1°	30′～50′
聚苯乙烯	35′～1°30′	30′～1°	热固性塑料	25′～1°	20′～50′

注：①脱模斜度的取向根据塑件的内外形尺寸而定：塑件内孔，以型芯小端为准，尺寸符合图纸要求，斜度由扩大方向取得；塑件外形，以型腔（凹模）大端为准，尺寸符合图纸要求，斜度由缩小方向取得。一般情况下，表中脱模斜度不包括在塑件的公差范围内。

②当要求开模后塑件留在型腔内时，则塑件内表面的脱模斜度应大于塑件外表面的脱模斜度，即表中数值反之。

3. 脱模斜度经验公式

（1）箱体箱盖类（图6－11）

$$\frac{S}{H}=\frac{1}{35}\sim\frac{1}{30}\qquad (H<50\text{mm})\tag{6-2a}$$

$$\frac{S}{H}<\frac{1}{60}\qquad (H>100\text{mm})\tag{6-2b}$$

$$\frac{S}{H}=\frac{1}{10}\sim\frac{1}{5}\text{（浅花纹）}\tag{6-2c}$$

（2）格板（图6－12）　格栅总长度 C 越大，脱模斜度越大；格栅间距 P 在4mm以下时脱模斜度取$\frac{1}{10}$。

$$\frac{0.5(A-B)}{H}=\frac{1}{14}\sim\frac{1}{12}\tag{6-3}$$

若格栅高度 H 超过8mm时可如图6－12（b）所示，加工出高度为$\frac{H}{2}$的下半格栅。

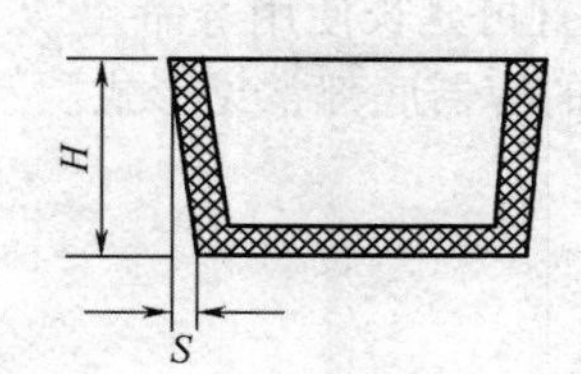

图 6-11 箱类容器脱模斜度

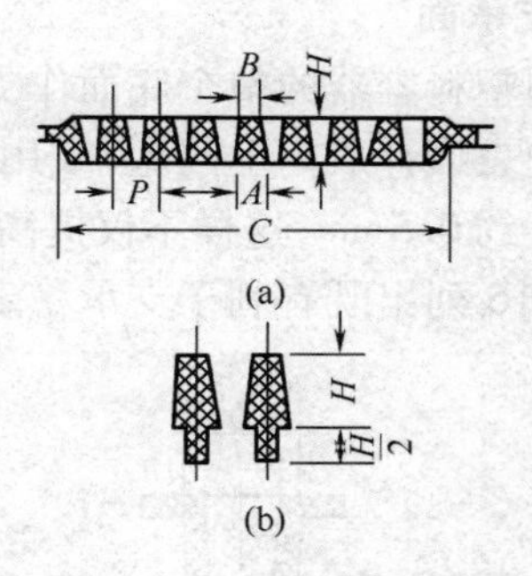

图 6-12 格板脱模斜度
(a)内筋 (b)外筋

(3)加强筋(图 6-13)

$$\frac{0.5(A-B)}{H}=\frac{1}{500}\sim\frac{1}{200} \tag{6-4}$$

其中

$$A=(0.5\sim0.7)t \tag{6-5a}$$

当允许稍有缩孔时

$$A=(0.8\sim1.0)t \tag{6-5b}$$

由于制造限制

$$B=1.0\sim1.8(\mathrm{mm}) \tag{6-5c}$$

(4)底筋(图 6-14) 常用底筋脱模斜度计算公式为

$$\frac{0.5(A-B)}{H}=\frac{1}{150}\sim\frac{1}{100} \tag{6-6}$$

A、B 的计算公式同式(6-5a)、式(6-5b)、式(6-5c)。

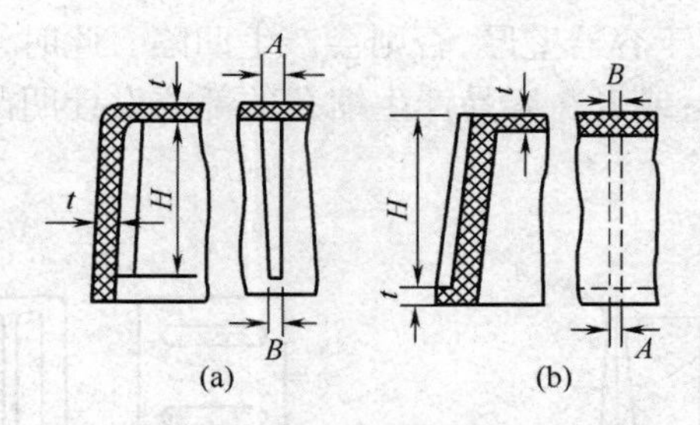

图 6-13 加强筋脱模斜度

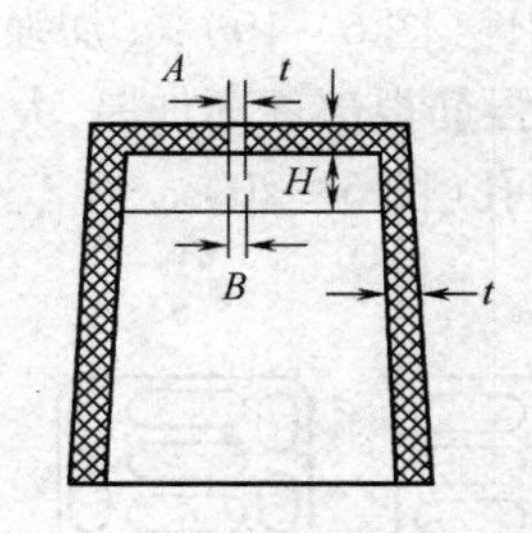

图 6-14 底筋脱模斜度

(5)凸台(图 6-15) 普通凸台脱膜斜度为

$$\frac{0.5(D-D')}{H}=\frac{1}{30}\sim\frac{1}{20} \tag{6-7}$$

对于高度 $H>30\mathrm{mm}$ 的高凸台,脱模斜度

$$\left.\begin{aligned}\frac{0.5(d-d')}{H}&=\frac{1}{50}\sim\frac{1}{30}(\text{型芯})\\ \frac{0.5(D-D')}{H}&=\frac{1}{100}\sim\frac{1}{50}(\text{型腔})\end{aligned}\right\} \tag{6-8}$$

（三）支承面

当采用塑料容器的整个底面作支承时，如果底面翘曲变形，就会失稳。因此，应将塑料容器底面中央设计成向上凸起，或用底脚支承。另外上凸平底也可设加强筋，此筋应低于底脚的高度约 0.5mm，这样不仅提高了容器的底面稳定，且可延长使用寿命。

图 6－16 列出既有利于支承稳定又有利于成型流动的容器底部常见形式。

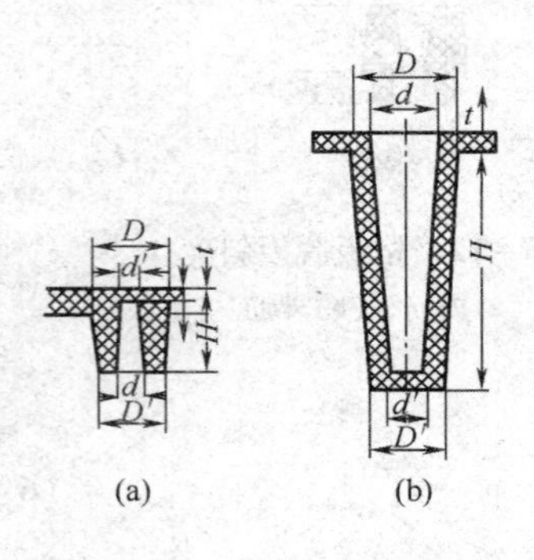

图 6－15　凸台脱模斜度
（a）凸台　（b）高凸台

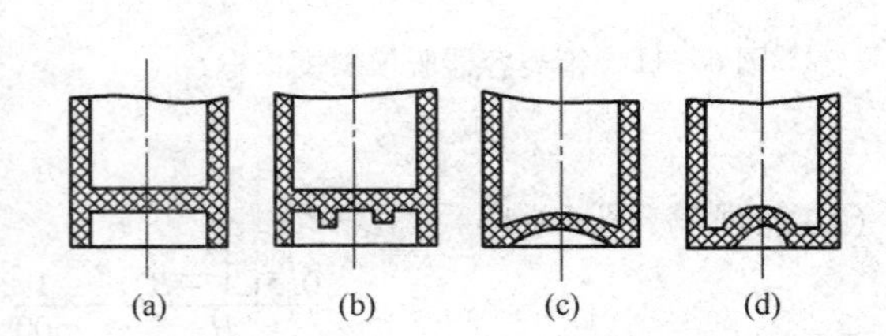

图 6－16　常见支承形式
（a）内筋　（b）外筋　（c）（d）内凹底

（四）加强筋

加强筋的作用是在不增加容器厚度的条件下，增强力学强度。尤其对于箱式、盘式等较大容积的塑料包装容器，适当设置加强筋，可有效防止翘曲变形。

设计加强筋应注意：①避免和减少塑料的局部堆积，多条加强筋应互相错开排列，否则易产生缩孔、气泡、裂纹（图 6－17）；②加强筋要有足够斜度，筋与容器主体连接部应以圆弧过渡。加强筋设计得矮一些多一些为好。两加强筋之间中心距应大于筋厚度的 2 倍。图 6－18 为加强筋结构尺寸；③加强筋方向应与塑料流动方向一致，否则会搅乱料流，降低容器的韧性（图 6－19）；④加强筋厚度不应大于容器壁厚，否则会产生凹陷。此时，可将壁厚 t 向加强筋根部逐渐加厚，大于或等于筋厚；或者在容易产生缩孔的部位设计凹凸花纹，以掩盖缩孔（图 6－20）。

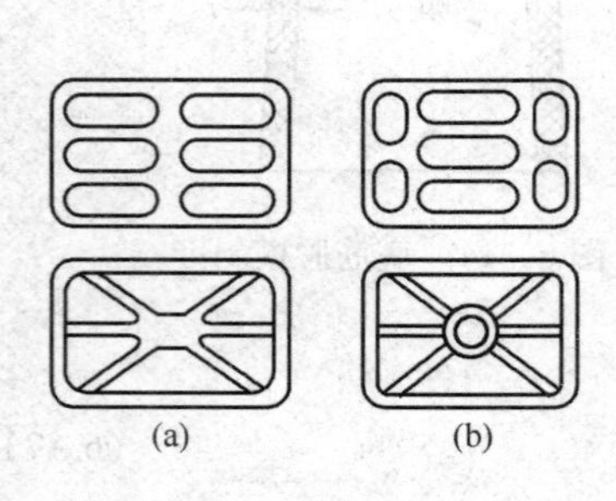

图 6－17　容器底部加强筋设置
（a）不良　（b）良

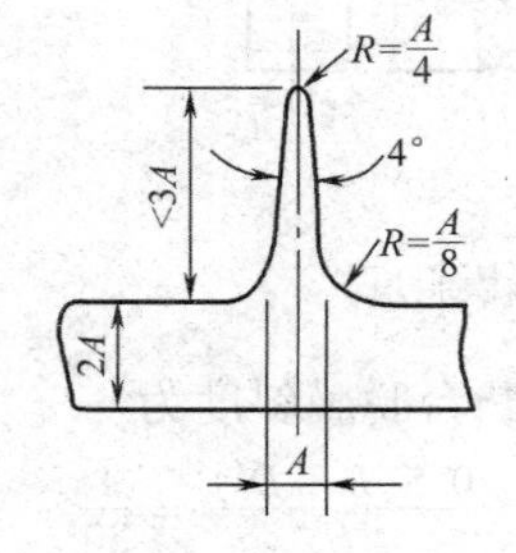

图 6－18　加强筋结构尺寸

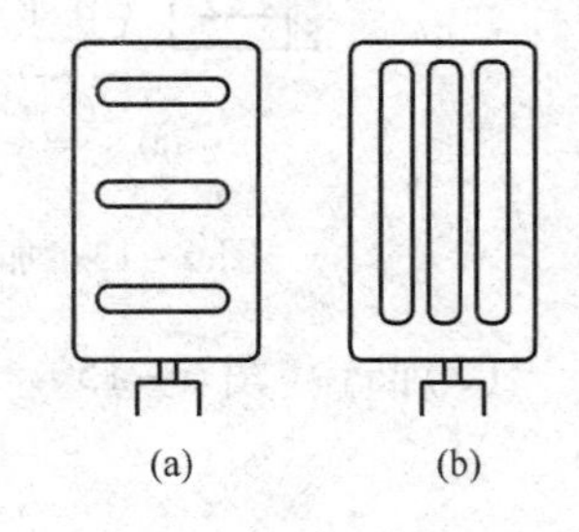

图 6－19　加强筋与料流方向
（a）不良　（b）良

（五）圆角

塑料容器的内外表面转角处，除了使用上特殊需要或在分型面、型芯与型腔配合处外，

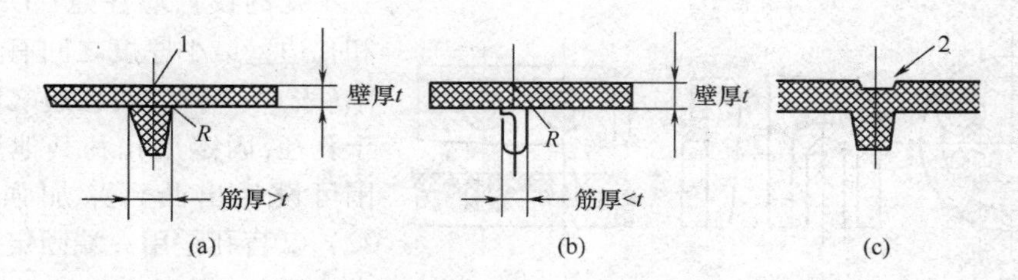

图 6－20　加强筋与壁厚

(a)不良　(b)(c)良

1—缩孔　2—花纹

都应以圆角过渡。因为:①两面相交或三面相交处的圆角可分散应力,减少变形;②圆角有利于克服尖角时由于壁厚不均而造成厚壁处缩孔等缺陷;③圆角可大大改善塑料的充模特性,料流易于流动且充满型腔,使制品完整;④容器圆角使得模具型腔对应部位也呈圆角,增加了模具的坚固性,使模具在淬火或使用时不致因应力集中而开裂。

图 6－21(a)为塑料受力时应力集中系数与内圆角半径的关系。从图中可以看出,当 R_i/t 的比值增加时,应力集中系数降低。当 $R_i/t<0.3$ 时,降低幅度较大。当 $R_i/t>0.8$ 时,降低幅度较小。

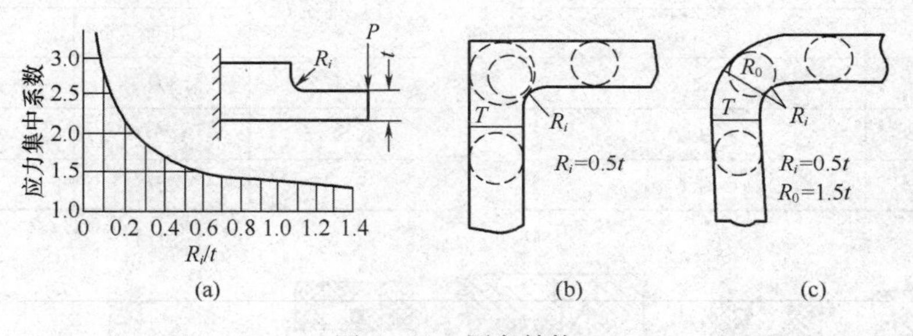

图 6－21　圆角结构

为此,选定 $R_i/t=0.5$

即　$R_i=0.5t$　[图 6－21(b)]

这样可以减少应力集中,但此时转角处壁厚为

$$\sqrt{2}(R_i+t)-R_i=\frac{(3\sqrt{2}-1)t}{2}\approx 1.6t$$

即壁厚增加了 $(1.6-1.4)t=0.2t$,因而容易产生缩孔。但如果容器外转角也设计成圆角,且转角处壁厚保持不变,则

$$R_0=R_i+t=\frac{1}{2}t+t=1.5t$$

这是最佳角隅结构[图 6－21(c)]。

(六)孔

塑料容器的各种孔,如通孔、盲孔、螺纹孔、异形孔等应尽可能开在不会减弱容器强度的位置,孔的形状也应力求不使模具结构复杂化。

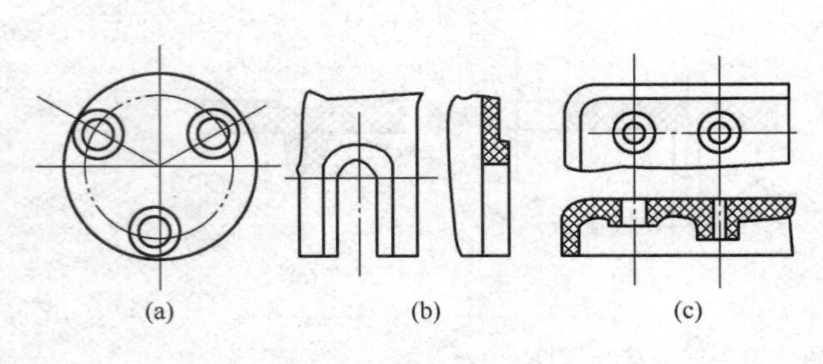

图 6-22　孔的加强

孔的设计应注意:①孔的直径和孔边壁最小厚度之间有一限定关系(表 6-11)。两孔边之间距应大于孔径,固定用孔和其他受力孔周围可设计出凸台来加强(图 6-22);②盲孔是用一端固定的成型杆来成型的,由于物料流动而冲击成型材,易使杆折断或弯曲,所以盲孔的深度(成型材长度)有限制,这取决于孔的直径(表 6-12);③各种异形孔往往使用较复杂的拼合型芯来成型,应尽少采用(图 6-23);④侧孔设计要考虑简化模具结构,提高容器强度。图 6-24(a)所示带侧孔容器,需要采用侧向型芯成型,由于侧向型芯与容器脱模方向垂直,因此脱模前要先从成型容器中抽出侧向型芯,这就要求增加侧向抽芯机构,使得模具结构复杂化。如果改成图 6-24(b)的侧孔,则孔与脱膜方向平行,这样可简化模具结构;⑤对接通孔应将其中之一孔径加大,以免上下孔偏心所带来的麻烦。

表 6-11　孔的边壁最小厚度　单位:mm

孔径	孔与边壁间最小厚度
2	1.6
3.2	2.4
5.6	3.2
12.7	4.6

表 6-12　盲孔深度与孔径　单位:mm

盲孔直径 D	盲孔深度	
	压制	注射或压铸
<1.5	$1D$	$2D$
1.5~5	$1.5D$	$3D$
5~10	$2D$	$4D$

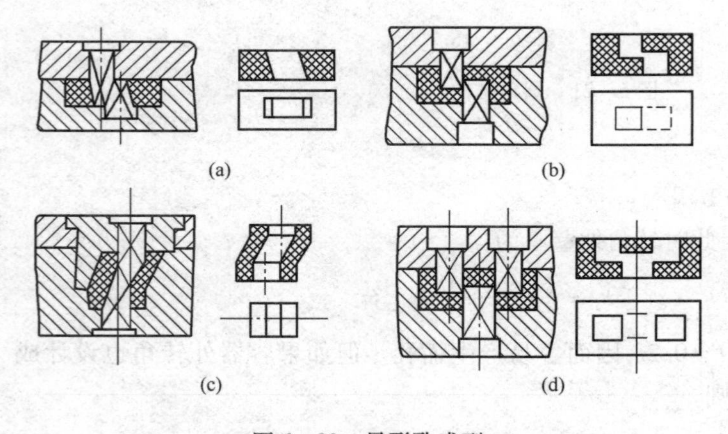

图 6-23　异形孔成型

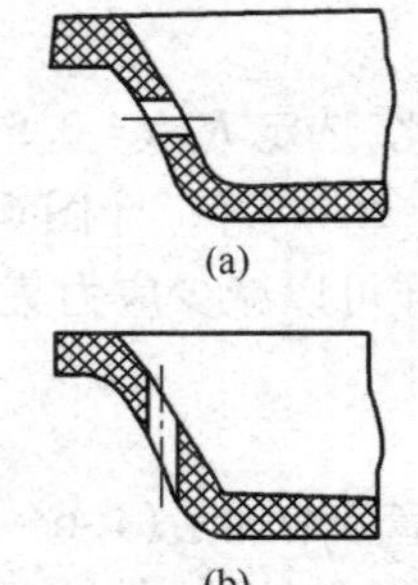

图 6-24　侧孔的成型
(a)不良　(b)良

(七)螺纹

塑料容器上的螺纹可直接模塑成型,也可模塑后经加工而成。模塑螺纹的精度低于 GB 3 级,螺纹外径不小于 2mm,螺纹长度一般不大于螺纹直径的 1.5 倍。

经常拆卸或受力较大的地方应采用金属螺纹嵌件。

塑料容器上的螺纹应选用螺牙尺寸较大者，螺纹直径较小时就不宜采用细牙螺纹，可参考表6－13选择。

表6－13　螺纹选用范围

螺纹公称直径/mm	螺纹种类				
	公制标准螺纹	1级细牙螺纹	2级细牙螺纹	3级细牙螺纹	4级细牙螺纹
≤3	+	－	－	－	－
>3～6	+	－	－	－	－
>6～10	+	+	－	－	－
>10～18	+	+	+	－	－
>18～30	+	+	+	+	－
>30～50	+	+	+	+	+

注：表中"＋"为宜采用，"－"为不宜采用。

要求不高的阴螺纹（如瓶盖），用软塑料成型时，可强制脱模，这时螺牙断面应设计成圆形或锯齿形，且浅一些。

为防止螺纹始端和末端崩裂或变形，应使阴螺纹始端有一台阶孔，孔深0.2～0.8mm，螺牙应渐渐凸起（图6－25）。同样，阳螺纹始端也应下降0.2mm以上，末端不宜延长到与垂直面相接（图6－26）。同时，螺纹的始末端均不应突然开始和结束，而应有过渡部分长度 l，其值由表6－14选取。

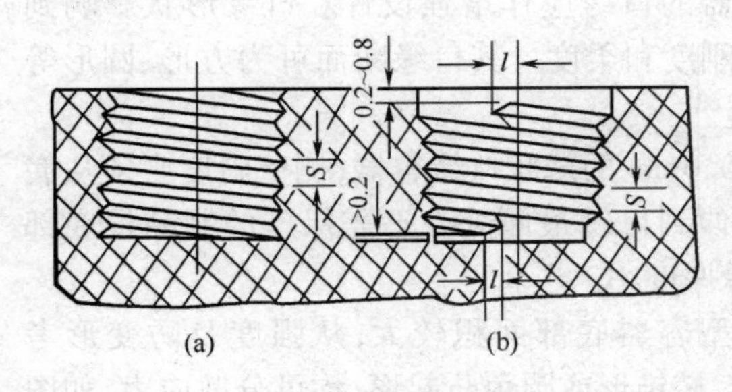

图6－25　阴螺纹形状
（a）不良　（b）良

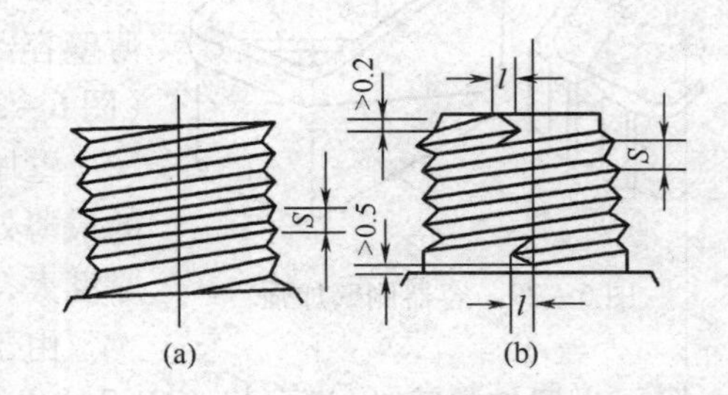

图6－26　阳螺纹形状
（a）不良　（b）良

表6－14　塑料螺纹始末部分尺寸　单位：mm

螺纹直径	螺距 S <0.5	螺距 S >0.5	螺距 S >1	螺纹直径	螺距 S <0.5	螺距 S >0.5	螺距 S >1
	始末部分长度 l				始末部分长度 l		
≤10	1	2	3	>34～52	3	6	8
>10～20	2	2	4	>52	3	8	10
>20～34	2	4	6				

（八）形状

塑料容器的内外表面形状设计总原则是使其模塑容易，脱模方便，不易变形。

设计时尽可能避免侧向凹陷或凸出部分，以避免使用侧向抽芯或侧向分型的模具机构。侧向分型抽芯机构增加了模具成本，降低了生产率，且使分型面处多毛边。

对有些塑料，如聚乙烯、聚丙烯等若侧向凹凸尺度不超过5%，则可强制脱模，如图6－27所示。

矩形薄壁大型容器，如果预先将容器外形设计成稍外凸，可补偿成型冷却后向内的收缩，正好使外形平直，如图6－28所示。

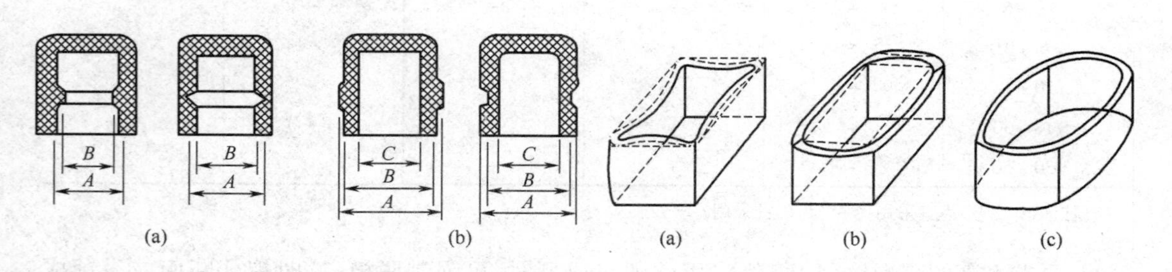

图6－27　可强制脱出的浅侧凹凸

(a) $\frac{(A-B)}{B}\times 100\% \leqslant 5\%$　(b) $\frac{(A-B)}{C}\times 100\% \leqslant 5\%$

图6－28　薄壁容器防变形结构

(a)不良　(b)良　(c)最佳

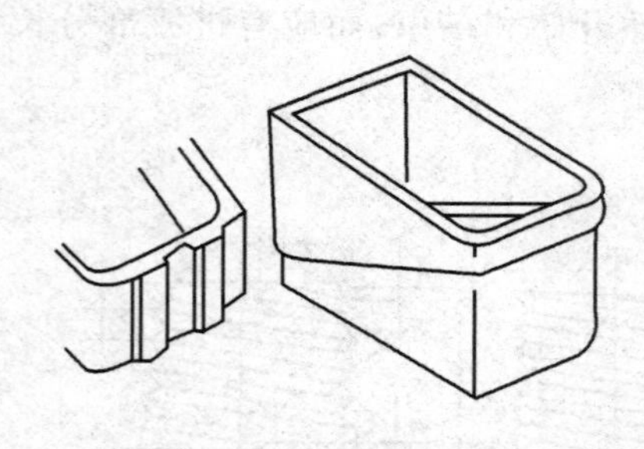

图6－29　容器侧壁加强

箱型容器为防止向内翘曲，可在侧壁设置带状加强筋（图6－29）。

敞口容器的口缘应作增强设计。口缘形状影响到薄壁容器的刚度和柔度。其口缘断面可为方形、圆形等（图6－30）。

壁厚≤0.6mm的球状口缘容器，侧壁斜度必须从底的最薄处延伸到口缘最厚处。不需保压的制品最底部厚度大，口缘厚度小。

由于箱型容器底部面积较大，从强度及防变形考虑，除了设置加强筋外，还可将箱底设计成波形，棱锥形或圆角凸起形，均可分散应力，如图6－31所示。

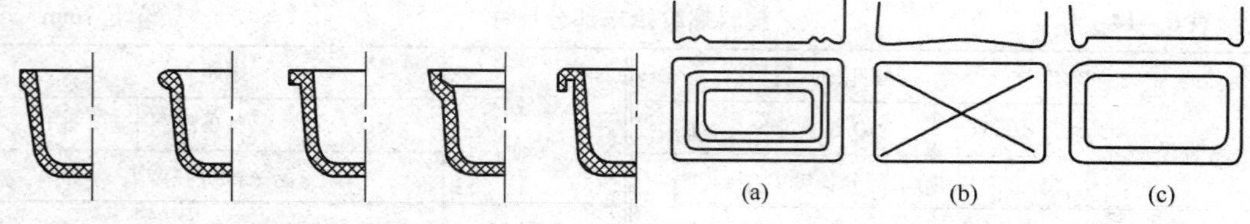

图6－30　容器口缘增强图

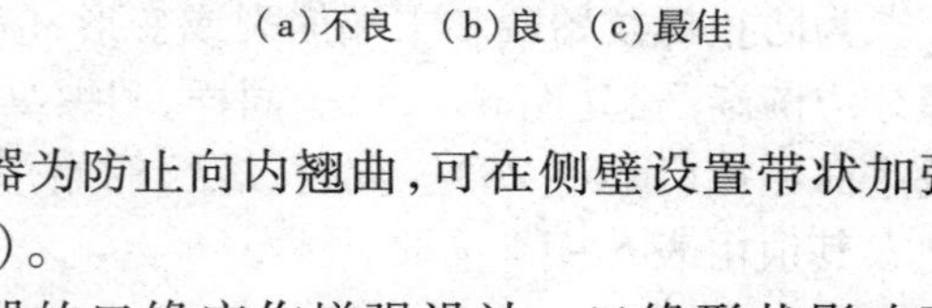

图6－31　塑料容器箱底增强

(a)波形箱底　(b)棱锥形箱底

(c)圆角凸起形箱底

当箱底面积很大时，增大转折处圆角的 R 值或设计成阶梯形，均能有效防止变形，如图 6－32 所示。

薄壁容器的底或盖，如制成图 6－33 所示的球面或曲拱面，也可取得增强效果。

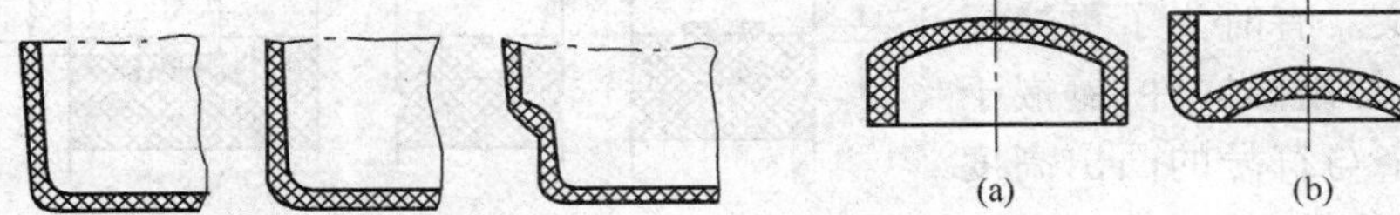

图 6－32 容器底部周边增强

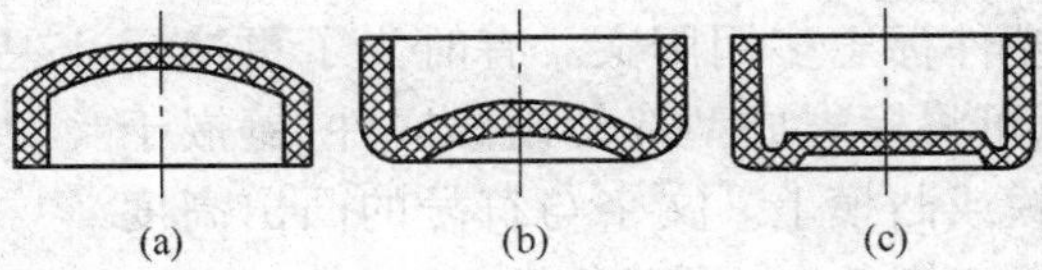

图 6－33 容器盖或底部曲拱增强
(a)拱形盖 (b)拱球底 (c)曲拱底

(九)嵌件

在成型过程中，直接将金属件或非金属件嵌入塑件，使其与塑件固定为一个整体，该件称为嵌件，具有不可拆卸性。

塑料容器中可能会加入各种嵌件，目的是增加装饰效果，改变局部性能(如硬度、刚度、耐磨性等)，提高形状与尺寸的精度，减少塑料用量等。采用嵌件也带来某些不利因素，如提高生产成本，使模具结构复杂化，降低了生产自动化程度等。嵌件的材料有金属、玻璃、木材和其他非金属。图 6－34 为带有嵌件的塑料制件。

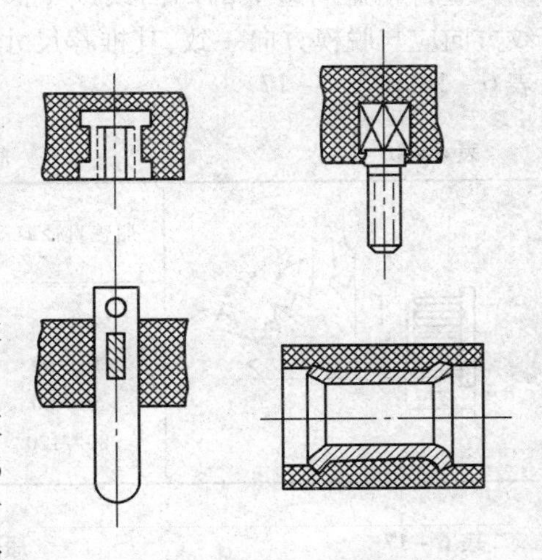

图 6－34 带金属嵌件的塑料制品

因嵌件与塑料的冷却收缩率不同，会造成很大的开裂内应力，故设计时应注意采取以下措施：①使嵌件材料与塑料制品的热膨胀率相近，防止收缩不均产生应力；②增加嵌件周围塑料的厚度，表 6－15 为金属嵌件周围塑料的最小壁厚；③嵌件尽可能采用对称外形，使其均匀收缩；④嵌件各转角部位尽量呈圆角，避免与塑料接合处开裂；⑤小型圆柱形嵌件可开槽或滚花以保证嵌件在塑料层中的牢固性。

表 6－15　　金属嵌件周围塑料层最小厚度　　单位：mm

金属嵌件直径 D	周围塑料层最小厚度 C	顶部塑料层最小厚度 H
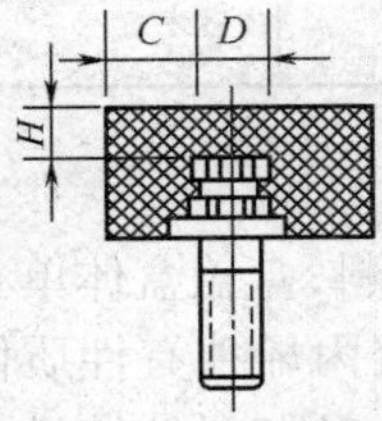 ≤4	1.5	0.8
>4～8	2.0	1.5
>8～12	3.0	2.0
>12～16	4.0	2.5
>16～25	5.0	3.0

（十）标志、文字和符号

由于装潢或标识的需要，塑料容器上常塑有文字、图案或标志。标志有阳文或阴文两类。由于模具上阴文容易加工，因此塑件标志多用阳文。有时为了更换标志，可将标志成型部件制成嵌件，镶嵌于凹模或凸模上。文字与符号的凸出高度应大于 0.2mm，通常 0.3 ~ 0.5mm 为宜。线条宽度在 0.3mm 以上，一般 0.8mm 为宜，并使两条线条的间距不小于 0.4mm。当凸起的文字或符号设计在浅框内时，其边框可比字体高出 0.3mm 以上，文字符号的脱模斜度可大于 10°（图 6 – 35）。

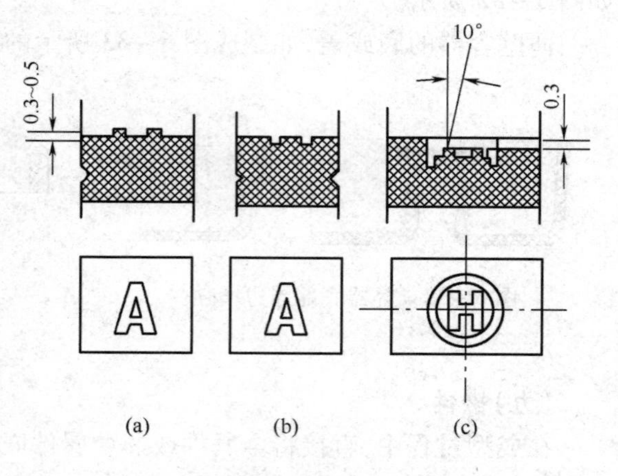

图 6 – 35　塑件文字或符号

（a）凸字　（b）凹字　（c）凹凸字

塑料瓶盖周边上的凹凸纹或半圆凸纹方向应与脱模方向一致，其推荐尺寸见表 6 – 16 和表 6 – 17。

表 6 – 16　　**瓶盖凹凸纹尺寸**　　单位：mm

	瓶盖直径 D	凹凸纹尺寸			D/H
		齿距 t	半径 R	齿高 h	
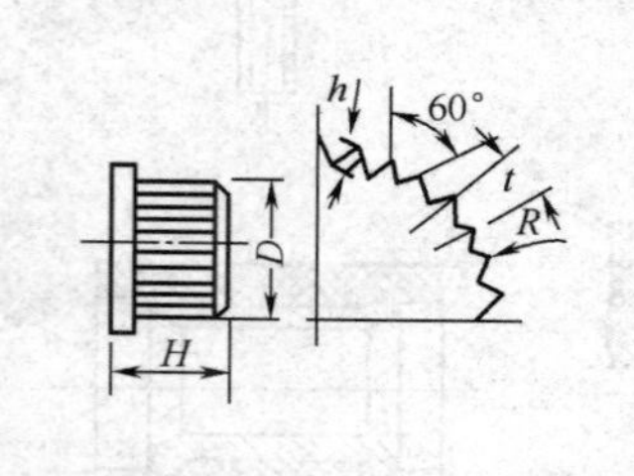	≤18 >18 ~ 50 >50 ~ 80 >80 ~ 120	1.2 ~ 1.5 1.5 ~ 2.5 2.5 ~ 3.5 3.5 ~ 4.5	0.2 ~ 0.3 0.3 ~ 0.5 0.5 ~ 0.7 0.7 ~ 1.0	0.86t	1.0 1.2 1.5 1.5

表 6 – 17　　**瓶盖半圆凸纹尺寸**　　单位：mm

	瓶盖直径 D	半圆凸纹尺寸		
		半径 R	齿距 t	高度 h
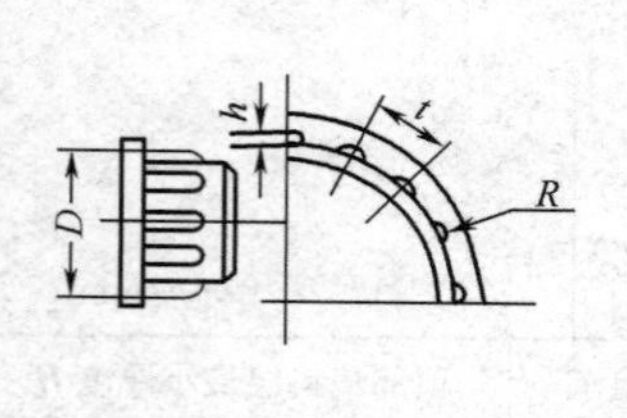	≤18 >18 ~ 50 >50 ~ 80 >80 ~ 120	0.3 ~ 1 0.5 ~ 4 1 ~ 5 2 ~ 6	4R	0.8R

（十一）铰链

带盖包装容器如化妆品盒，有两种结构形式：一种用 PS 或其他塑料，盒盖盒体单独成型，后用金属或塑料铰链连接而成［图 6 – 36（a）、（b）］；另一种利用聚丙烯独有性质做成连体结构，即盒体盒盖及薄膜状铰链一次注塑成型［图 6 – 36（c）］。这种塑料铰链没有金属生锈问题，且可使用达几十万次不断裂。需单手开启的婴儿化妆品盒也常用这种结构。

图6－36(d)为几种聚丙烯铰链结构。

铰链设计应注意:①铰链厚度,对小型容器可薄,大型容器可厚,但不得超过0.5mm,否则易断裂;②铰链处厚度要均匀;③成型过程中,熔融塑料必须从塑料容器的一边通过薄膜通道流向另一边,使塑料在铰链处高度定向,且脱模后马上反复弯折数次,以获得拉伸定向效果(图6－37)。

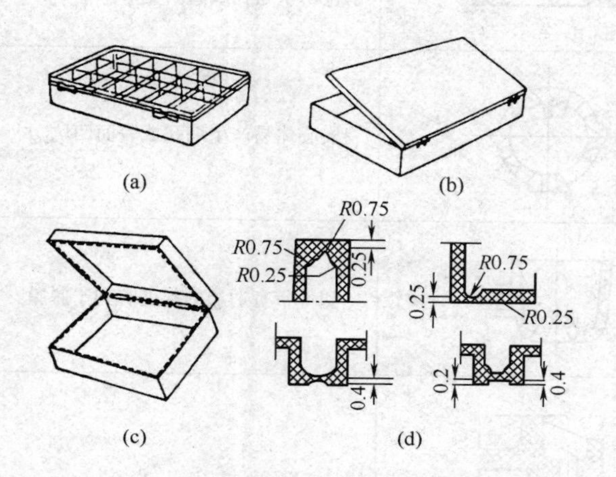

图6－36　铰链盒及铰链结构(尺寸单位:mm)
(a)金属铰链盒　(b)球窝铰链盒
(c)聚丙烯铰链盒　(d)聚丙烯铰链结构

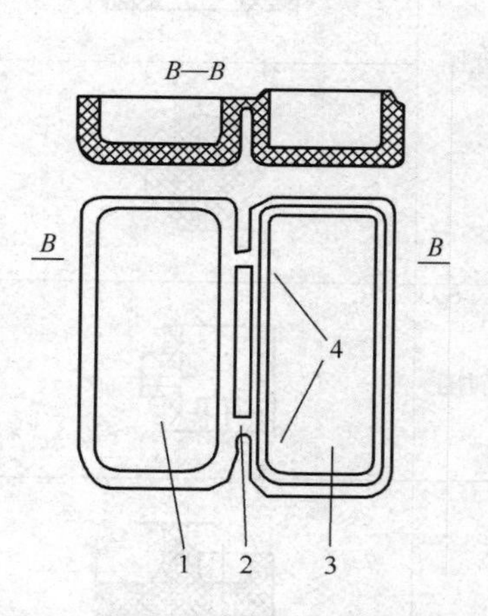

图6－37　聚丙烯铰链处的定向
1—盒盖　2—铰链　3—盒底　4—进浇点

(十二)凸台

凸台是突出的短圆柱,为结构性或装饰性嵌件以及螺钉等紧固件提供座位。一般应考虑如下原则:①凸台应有一定的脱模斜度;②凸台根部与壁面接合处圆角过渡;③凸台厚度应小于壁厚,如大于壁厚,则可能于背面出现凹陷。此时可将壁厚t向凸台根部逐渐加厚,大于或等于凸台厚度[图6－38(a)、(b)];④凸台背面可设计装饰花纹,以遮掩凹痕[图6－38(c)];⑤凸台直径应等于3倍孔径,高度小于2倍凸台直径(图6－39)。

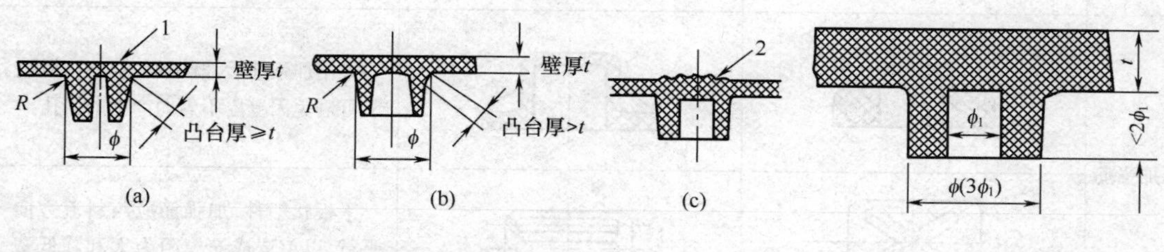

图6－38　凸台与壁厚
(a)不良　(b)(c)良
1—缩孔　2—花纹

图6－39　凸台尺寸

二、塑料容器结构工艺分析

表6－18列举了常见塑料容器结构依据以上设计原理所作的结构工艺性分析。

表 6－18　　塑件结构工艺性分析

项目	不符合工艺性	符合工艺性	说　明
壁厚	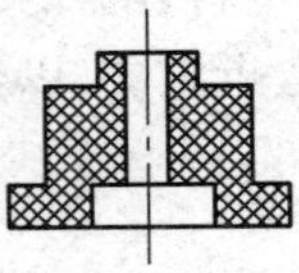	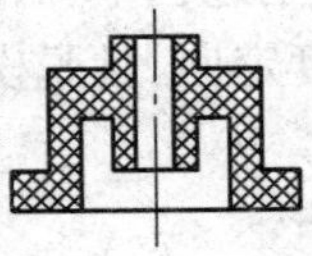	塑件壁厚不匀，往往因冷却或固化速度不同而产生附加内应力，在较厚部位产生缩孔或翘曲变形
壁厚	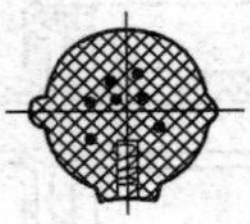	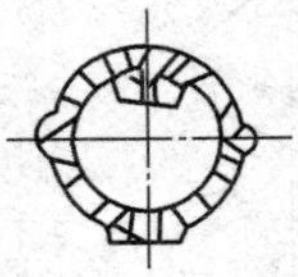	实心体易产生缩孔或表面凹坑
斜度	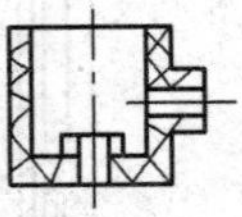	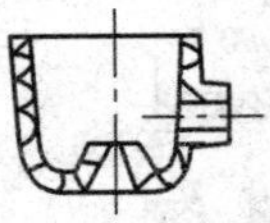	塑件带有适当的斜度有利于脱膜
支承面	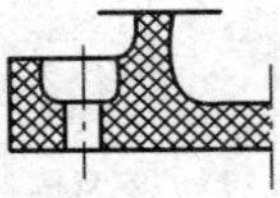 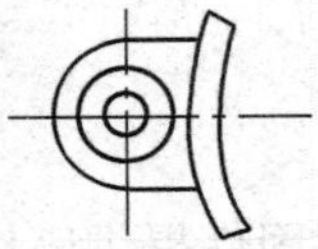	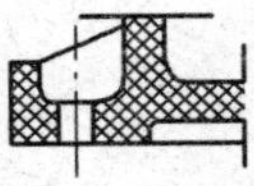 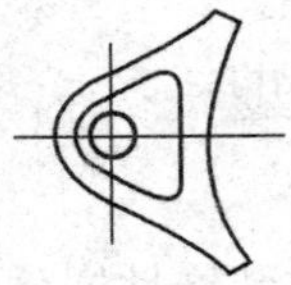	安装紧固螺钉处的凸耳、凸台应有足够的强度，避免突然过渡和整个底面作支承面
支承面		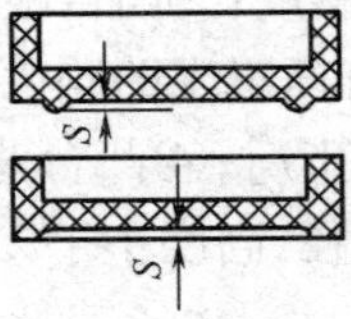 s	采用平面作支承面难以保证整个平面平整，一般应用凸边或凸起作支承面，凸边、凸起的高度 s 取0.3～0.5mm
加强筋	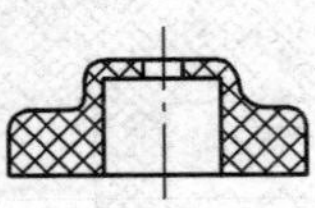	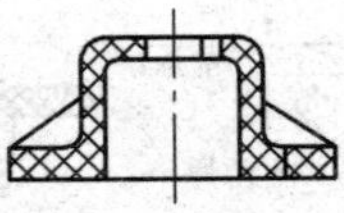	采用加强筋后，既不影响塑件强度，又可避免因壁厚不匀而产生的缩孔
加强筋	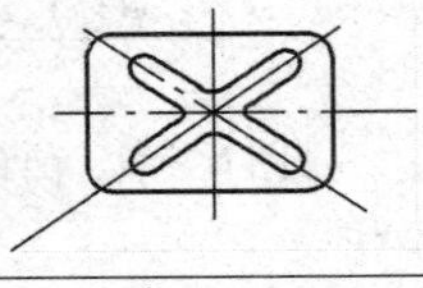	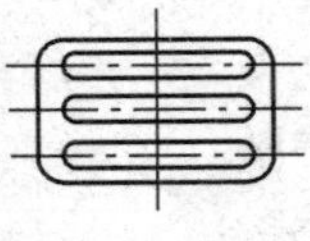	平板状塑件，加强筋应与料流方向平行，以免造成充模阻力大和降低塑件韧性
圆角	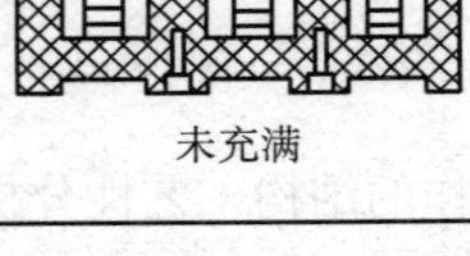 未充满	 充满	塑件转角处采取圆弧过渡，可减小充模阻力，改善填充条件

续表

项目	不符合工艺性	符合工艺性	说明
孔			塑件上设计侧孔，应尽量避免侧面抽芯，以简化模具结构
			用于固定塑件的孔，采用锥形沉头孔时易使塑件边缘崩裂
螺纹		d d_2 h=0.1d h=0.1d $d_2=(d-0.15d)\sim(d-0.2d)$	塑件螺栓的顶部和台阶处各留一段光滑长度，可避免螺纹崩落
		d_1 d h=0.1d h=0.1d $d_1=(d+0.15d)\sim(d+0.2d)$	塑件螺孔的顶部和底部各留一段光滑长度，可避免螺纹崩裂
形状			塑件内表面的凸台难以从型芯上脱出
			塑件外形有侧凹曲面，必须采用拼合凹模，不但模具结构复杂，而且塑件表面有接缝

续表

项目	不符合工艺性	符合工艺性	说　明
	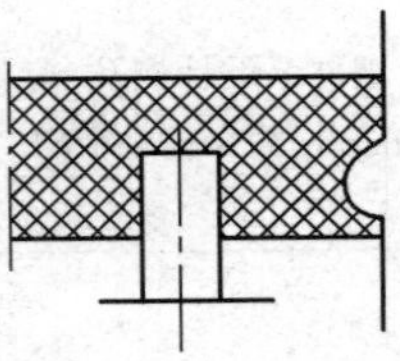	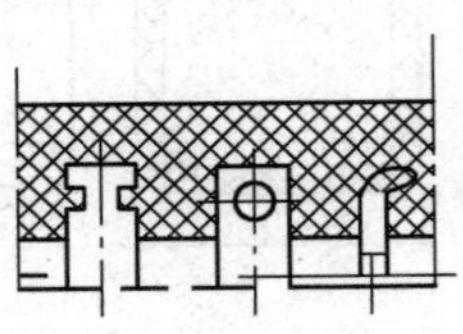	嵌入塑件内的金属嵌件，其外形采用光滑、直通形时，嵌件受力后容易转动或从塑件内拔出
嵌件	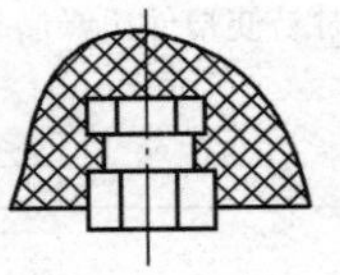	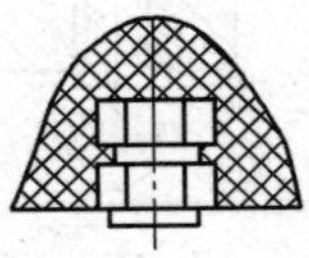	金属嵌件的非嵌入部分，其形状为六角形时，难以保证与模具的定位精度
	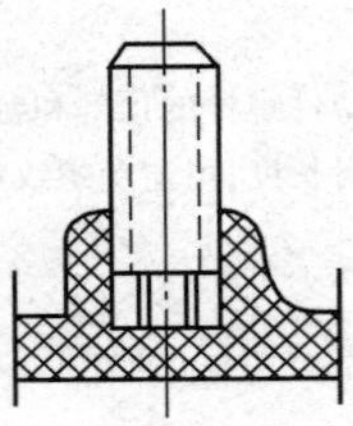	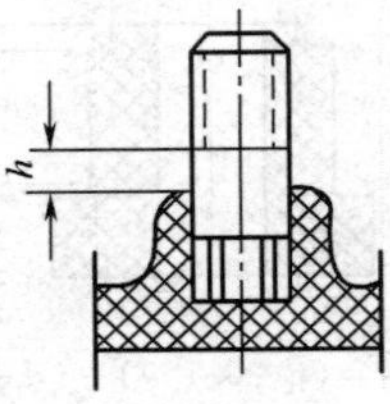	螺杆金属嵌件的螺纹伸入塑件时。易使塑料渗入模内
凹凸纹	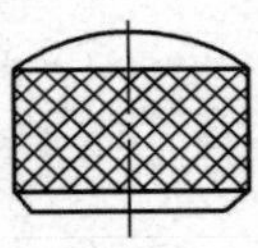	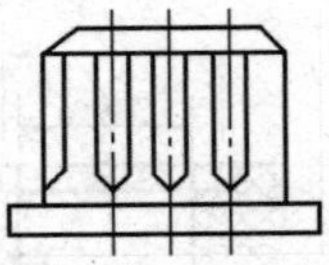	塑件采用与脱模方向平行的直纹，有利于模具制造和脱模

第三节　中空吹塑容器结构

中空塑料容器结构设计中需考虑的问题有吹胀比、延伸比、瓶体各部结构、螺纹、圆角、外表面等。

一、吹　胀　比

吹胀比(B_R)就是中空容器最大外形尺寸与型坯最大尺寸之比。一般取2左右，最高为4。吹胀比过大会使容器壁厚不均匀，加工条件不易掌握。吹胀比表示了中空容器径向最大尺寸和挤出机头口模尺寸之间的关系。当吹胀比确定后，便可根据塑料容器最大直径确定型坯的口模尺寸。图6-40为PET瓶成型示意图。

机头口模与芯轴的间隙可用下式确定：

$$G = tB_R\alpha \tag{6-9}$$

式中　G——口模与芯轴的间隙宽度，mm

t——中空容器壁厚,mm

B_R——吹胀比,一般取 2 ~ 4

α——修正系数,一般取 1 ~ 1.5,对于材料黏度大者取小值

为使型坯各部分塑料的吹胀情况能趋向一致,无过薄和过厚部分,型坯断面形状一般与塑料容器外形轮廓大致相同,即方形型坯吹成方形容器,圆形型坯吹成圆形容器。如果用圆管型坯吹制方形容器,则会出现角隅处壁厚 < 宽边壁厚 < 长边壁厚的不良情况。所以对于异形瓶上须拉伸较远才能充模的部位(即径向尺寸较大处),型坯在此应厚一些(图 6 - 41)。在挤出吹塑设备中有控制器对型坯各部位厚度进行控制,使树脂厚度在吹塑中均匀分布。

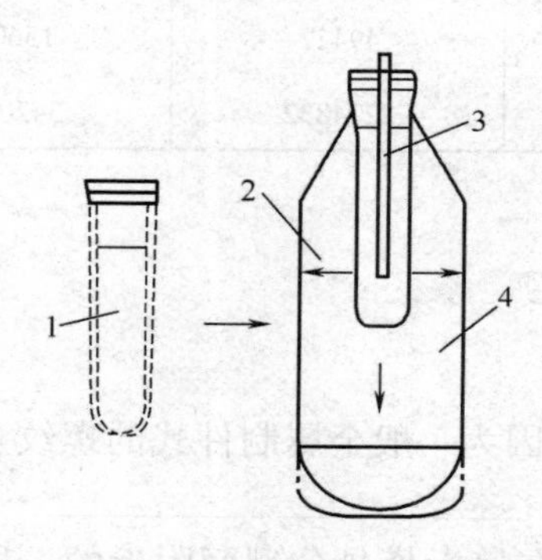

图 6 - 40　PET 瓶延伸吹塑成型示意图

1—型坯　2—横轴延伸　3—吹气管　4—纵轴延伸

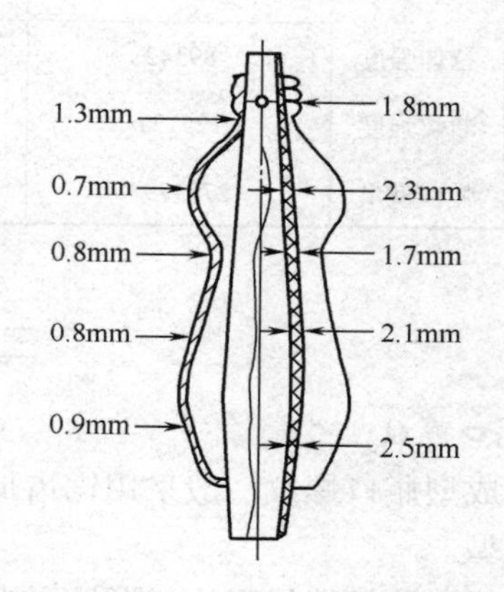

图 6 - 41　异形瓶型坯的厚度分布

必须注意,由于设备能力所限,当吹胀比达 4 时,瓶子易产生飞边。带飞边的容器需修剪,留下疤痕影响外观质量。且带有飞边的容器增加了材料消耗。

二、延　伸　比

在延伸吹塑工艺中,中空容器的长度(C)与型坯长度(b)之比叫延伸比(S_R)(图 6 - 42)。

延伸比的确定很重要。延伸比确定后,有底的型坯长度就能确定。

表 6 - 19 为不同延伸比瓶子性能的比较。由表可知,延伸比大的塑料中空容器其纵向和横向强度都有提高,即壁越薄,强度越好。但为保证刚度,延伸比不可太大,一般取 $S_R B_R$ 乘积为 4 ~ 6 为宜。

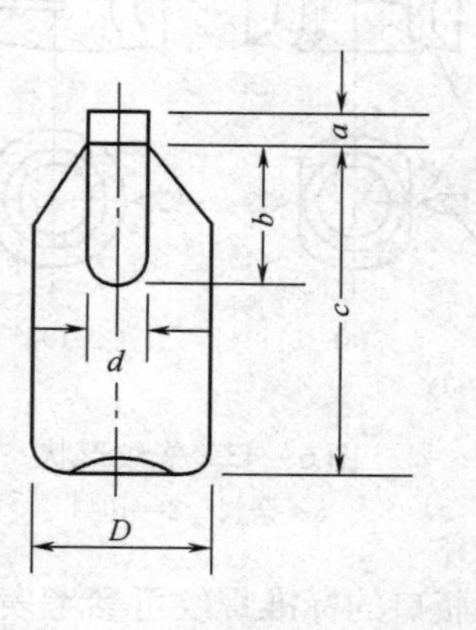

图 6 - 42　延伸比示意图

表 6－19　　延伸吹塑瓶的性能

性　能		试样 A		试样 B	
容量/cm³		900		600	
壁厚/mm		0.4		0.6	
质量/g		42		42	
延伸比		1.6		1.2	
吹胀比		2.75		2.75	
		纵向	横向	纵向	横向
强度/kPa	拉伸强度	89342	133767	92480	128177
	断裂强度	125137	197415	49427	156029
	弹性模量	2779794	4364017	2274832	3420191

三、瓶 口 结 构

1. 瓶口螺纹

吹塑成型瓶口螺纹一般采用锯齿形或圆形截面，因为一般金属制件式的螺纹及细牙螺纹难以成型。

为便于清除模缝线飞边，螺纹可制成间歇状，即在接近模具分型面附近的一段塑件上不带螺纹。图 6－43 中显然（a）比（b）容易清除飞边且不影响旋合。

吹塑成型瓶口也可采用凸缘或凸环与瓶盖接合（图 6－44）。

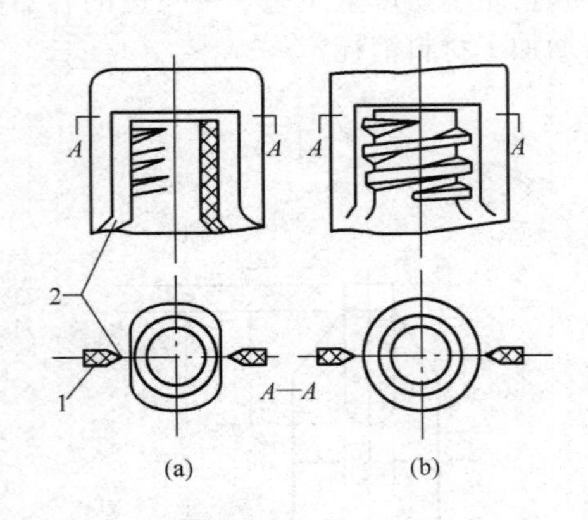

图 6－43　螺纹形状
1—余料　2—切口

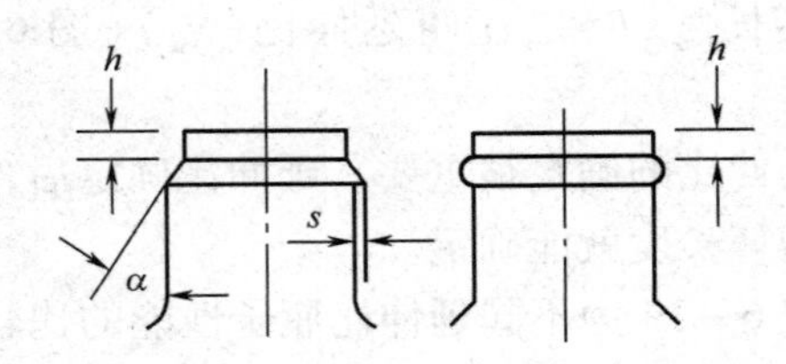

图 6－44　凸缘和凸环瓶口形状
$h=1\sim3$mm　$s=1\sim2$mm　$\alpha=30°\sim45°$

塑料瓶口的标准螺纹可参考表 6－20 和图 6－45，表 6－21 为 1～200L 聚乙烯吹塑桶的桶口结构。

表 6-20 国外塑料瓶口的标准螺纹尺寸 单位:mm

类别	系列	公称规格/mm	*T* 最小～最大	*E* 最小～最大	*H* 最小～最大	*I* 最小
浅连续螺纹	400	18	17.5～17.9	15.3～15.7	9.0～9.8	8.3
		20	19.5～19.9	17.3～17.8	9.0～9.8	10.3
		22	21.5～21.9	19.4～19.8	9.0～9.8	12.3
		24	24.5～23.9	21.3～21.7	9.8～10.5	13.1
		28	27.1～27.6	24.7～25.2	9.8～10.5	15.6
		30	28.1～28.6	25.7～26.2	9.9～10.6	16.6
		33	31.5～32.1	29.1～29.7	9.9～10.6	20.1
		38	37.0～37.5	34.5～35.1	9.9～10.6	25.1
		43	41.2～42.0	38.9～39.6	9.9～10.6	29.6
		48	46.7～47.5	44.3～45.1	9.9～10.6	35.1
		53	51.6～52.5	49.2～50.1	10.0～10.7	40.1
		58	55.6～56.5	53.2～54.1	10.0～10.7	44.1
		63	61.6～62.5	59.2～60.1	10.0～10.7	50.1
		66	64.6～65.5	62.2～63.1	10.0～10.7	53.1
		70	68.6～69.5	66.2～67.1	10.0～10.7	57.1
		83	82.1～83.0	79.1～80.0	12.0～12.8	69.9
		89	88.3～89.2	85.2～86.1	13.2～14.0	74.1
		120	119.1～120.0	116.1～116.9	17.0～17.8	104.9
中等连续螺纹	410	18	17.5～17.9	15.3～15.7	12.9～13.7	8.3
		20	19.5～19.9	17.3～17.8	13.7～14.5	10.3
		22	21.5～21.9	19.4～19.8	14.5～15.2	12.3
		24	23.5～23.9	21.3～21.7	16.0～16.8	13.1
		28	27.1～27.6	24.7～25.2	17.6～18.4	15.6
高连续螺纹	415	13	12.8～13.1	11.2～11.5	11.1～11.9	5.5
		15	14.5～14.8	12.9～13.2	13.8～14.5	6.6
		18	17.5～17.9	15.3～15.7	15.3～16.1	8.3
		20	19.5～19.9	17.3～17.8	18.5～19.2	10.3
		22	21.5～21.9	19.4～19.8	20.9～21.6	12.3
		24	23.5～23.9	21.3～21.7	23.9～24.7	13.1
		28	27.1～27.6	24.7～25.2	27.1～27.9	15.6

注:表中数据从英制单位换算而来。

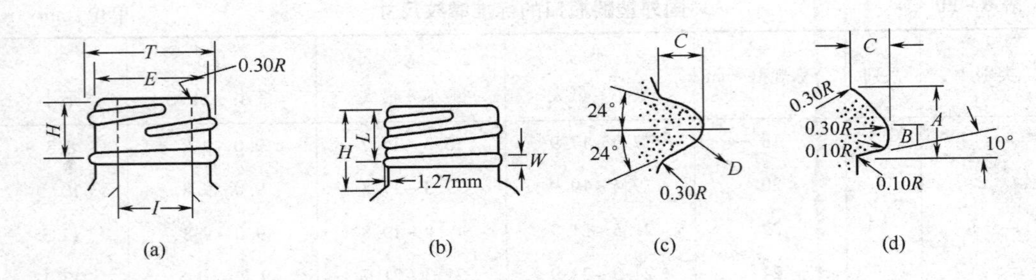

图 6－45　标准瓶口螺纹

(a)400 系列　(b)410 和 415 系列　(c)B 型　(d)锯齿螺纹

T—螺纹外径　*E*—螺纹内径　*H*—瓶颈高度　*I*—瓶内径

表 6－21　　聚乙烯吹塑桶桶口结构(GB 13508—1992)　　单位:mm

序号	桶口结构＼公称尺寸	*a*	*b*	*d*	*h*	*t*	*e*
1		28	32	38	16	4	0.3
2		36	40	46	16	4	0.3
3		45	51	57	20	5	0.8
4		57	64	70	23	6	1.0
5		70	77	83	23	6	1.0
6		90	97	105	26	7	1.2
7		120	127	135	26	7	1.2
8		158	166	174	26	7	1.2
9		200	208	216	26	7	1.2
10		250	258	268	30	8	1.2
11		310	318	328	30	8	1.2
12		380	388	398	30	8	1.2

注:(1)螺旋角均为6°的单线平螺纹,*a* 为 60°,齿形为三角形,可采用断牙结构;

(2)*b*、*d* 项尺寸公差:1～5 号为－1%;6～9 号为－0.5%;10～12 号为－0.3%。

2. 密封面

液体包装用吹塑瓶,为防止瓶口渗漏,其密封面有以下四种形式:①瓶口上缘密封面。配用密封圈型盖或内盖,盖下缘水平面与瓶口上平面密封形成密封圈[图 6－46(a)];②瓶口内壁密封面。配用塞型盖或内盖,盖外圆曲面与瓶口内壁配合,内盖外径比瓶口直径一般大 0.1～0.5mm。有的内盖稍带斜度,有的带有环裙[图 6－46(b)];③瓶口内转角密封面[图 6－46(c)]。配用退拔盖或内盖,内盖斜度较大,可借助外盖压力使内盖外斜面与瓶口转角处密封[图 6－46(d)];④组合型密封面,即瓶口上缘密封面与内壁密封面的组合。

盖同时起两种作用，但顾此失彼，效果反而不佳。

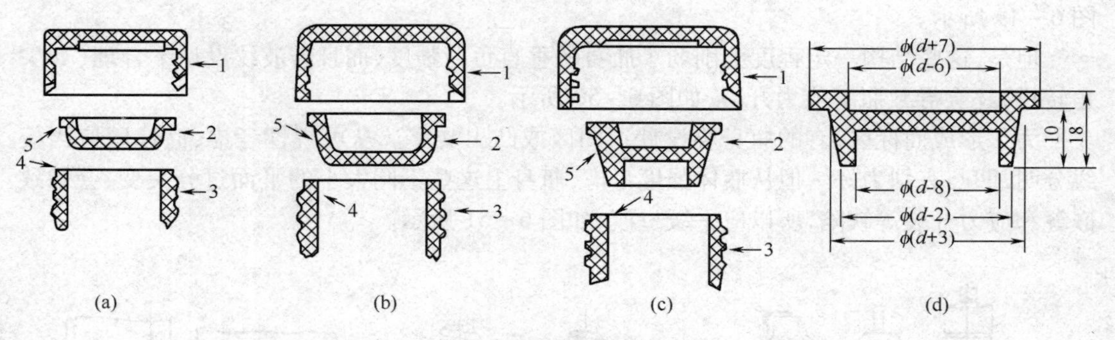

图 6－46　瓶口密封面

(a)上缘密封面　(b)内壁密封面　(c)内转角密封面　(d)退拔塞尺寸

1—外盖　2—内盖　3—瓶口　4—瓶口密封面　5—瓶盖密封面

四、瓶颈与瓶肩

塑料瓶必须有足够的垂直负荷强度才能承受加料嘴和压盖机构的垂直压力，而瓶体支承力还可增加外包装瓦楞纸箱的抗压强度。瓶颈与瓶肩是形成瓶体垂直负荷强度的关键部位。

如图 6－47 所示，瓶颈与瓶肩在垂直负荷作用下易发生变形，瓶肩倾斜角(α)、瓶肩长度(L)或瓶肩高度(H)是重要的影响因素。合理的瓶肩倾斜角可使瓶口所受垂直负荷部分地分解到直立瓶身上。不同造型的瓶肩，如无足够的设计资料，可由实验确定其垂直负荷强度。例如 HDPE 吹塑瓶，通过计算机优化显示，当 $\alpha=32°$ 或 $H=25\text{mm}$ 时，垂直负荷强度位于峰值。另外，瓶肩与瓶身接合部位，只要允许，应尽量采用较大的过渡半径(R)，以降低该处应力。

图 6－48 表示不同曲率半径的弧线型瓶肩其垂直方向抗压强度从左至右依次增强，即随弧线的曲率半径增大而增加。

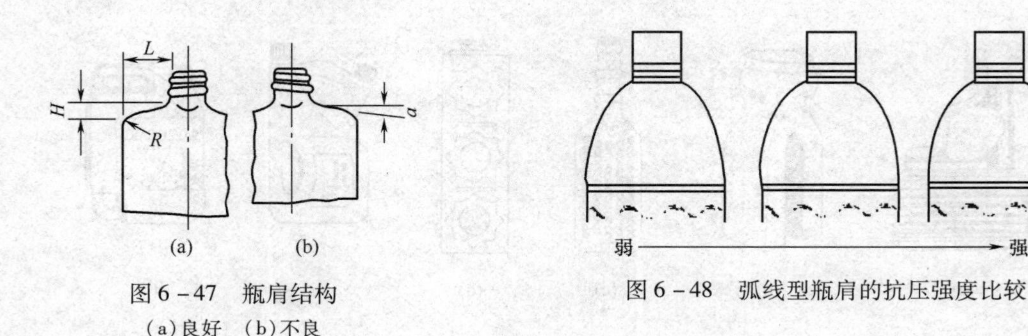

图 6－47　瓶肩结构

(a)良好　(b)不良

图 6－48　弧线型瓶肩的抗压强度比较

五、瓶　　身

薄壁容器最易发生瓶体凹陷，为提高其刚度，一般常在瓶身设计装饰性花纹或波纹，或者圆形沟槽、锯齿纹、手指形、刚性棱边等，既增加瓶型的美感，又符合人类工效学原理，如图 6－49 所示。

但是，这些结构一定程度上削弱了瓶身的垂直负荷强度，而且若波纹设计不合理（如尖角转折）还会导致瓶身应力开裂，如图 6－50 所示。

为了形成商标区，有的瓶身要设计下凹区或凸出文字。从可视性考虑，商标区应当棱线分明，凹凸有别为好。但从瓶体强度考虑，瓶身上这些不同大小的平面过分突变，会导致嵌缝和应力开裂等缺陷，所以应平缓过渡，如图 6－51 所示。

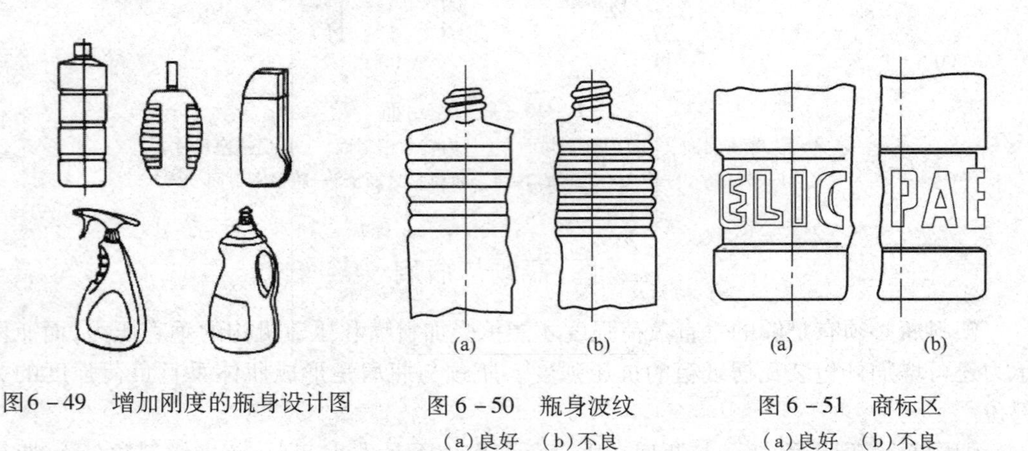

图 6－49　增加刚度的瓶身设计图

图 6－50　瓶身波纹
（a）良好　（b）不良

图 6－51　商标区
（a）良好　（b）不良

为防止塑料收缩标贴在运输过程中的损坏或为便于消费者执握倾倒内装物，所设计的凹槽结构同商标区。

对于热灌装塑料瓶身，应设计栅框结构以及肋状结构，以防止内装物冷却时所产生的真空收缩而造成瓶壁破坏。

作为消费商品的包装容器的设计，当以满足顾客的需要为出发点。图 6－52 所示为能满足各种特殊需要的中空容器的瓶身设计，突出体现了容器结构形状上的宜人性、方便性和多用途性。它们既带给人们新颖的艺术造型，又让人感觉到物有所值、爱不释手。

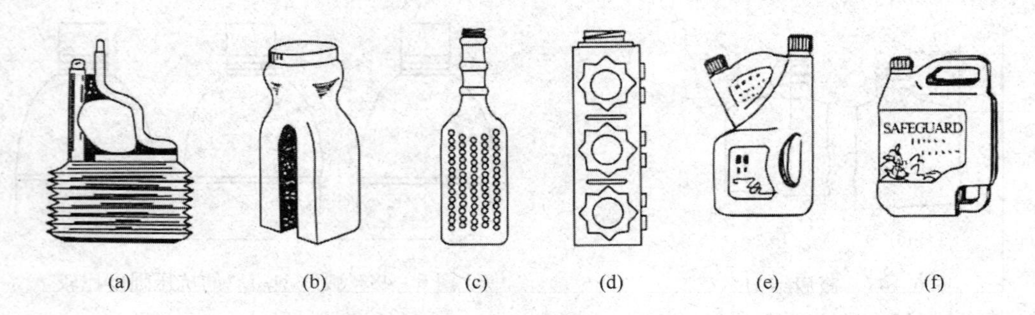

图 6－52　满足特殊需要的瓶身设计
（a）手枪式握把喷射瓶　（b）可夹在自行车车把上的水壶　（c）模塑成型的凸面，可作洗澡时擦身
（d）瓶上凸出的壁龛可吻合在一起，供儿童搭积木　（e）双瓶一体清洗剂　（f）可扣在腰钩上的农药桶

图6-53为不同形状的瓶型结构与压屈强度的关系。

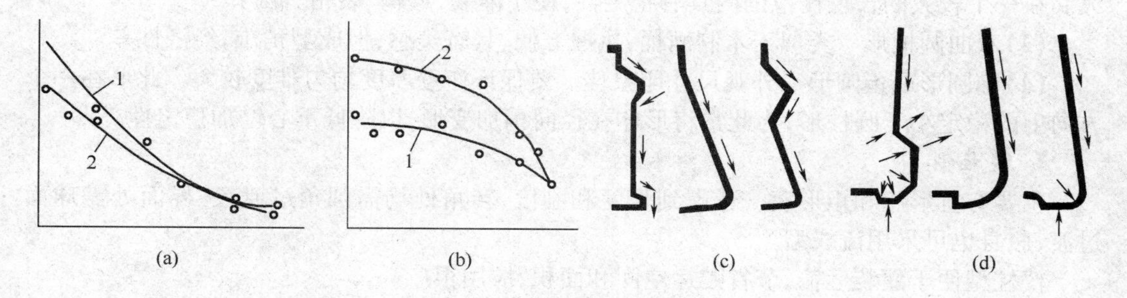

图6-53　瓶型结构与压屈强度

(a)HDPE瓶压屈强度　(b)RPVC压屈强度　(c)瓶身与压屈强度　(d)瓶根与压屈强度

1—最大负荷　2—刚性模量

六、瓶　底

瓶底结构对瓶体强度有显著影响,瓶身与瓶底转折处应设计成大曲率半径过渡。若转折处半径过小,会使此处吹塑厚度不足和应力集中,当容器受压和跌落时易凹陷和破裂[图6-54(a)、(b)]。

普通碳酸饮料使用拉伸吹塑的PET瓶,其瓶体轻薄而强度好,但由于容量大,瓶底部承压性与稳定性差,往往另外套上一个底杯[图6-54(c)],以增加稳定性与底部强度,缺点是生产工艺复杂化,多费材料。现在碳酸饮料已采用城堡式瓶底,与瓶身一次吹塑成型,其强度与稳定性都很好[图6-54(d)]。

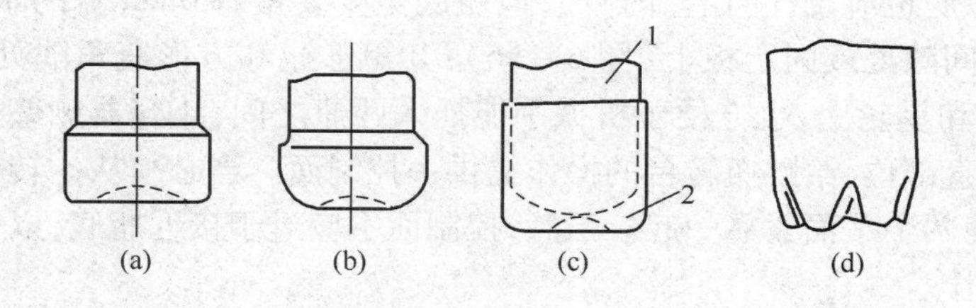

图6-54　瓶底结构

(a)曲率突变,强度低　(b)曲率渐变,强度高　(c)带底杯　(d)城堡式底部

1—瓶身　2—底杯

七、瓶　型

1. 回转体型

(1)球形　球形成型容易,受力均匀,且面积容积比最小。从冲击强度来说,是一种最佳结构。但作为容器,需要能倾倒内装物的长颈和能站立的底面,故球形实用性稍差。若在球形瓶底部增加瓣状或锯齿状结构充当底脚,可解决稳定问题。

(2)圆柱形　成本低廉,功能齐全,适于旋转印刷。最易吹制,但产品凹陷的可能性也大。在一个较大的长径比范围内具有稳定性,便于灌装、运输、装箱、堆码。

(3)双曲圆桶形　类似于木制酒桶,执握方便,具有美感,但成型稍难,经济性差。

(4)椭圆形或蛋圆形　外观尺寸印象佳。要保证瓶壁厚度均匀难度较大。此形在一个方向上的稳定小于圆柱形,为此常将形体在径向稍加变形,以降低重心增加稳定性。

2. 棱柱型

主要有方形瓶和矩形瓶。考虑到强度和刚度,转角处均需圆角过渡,三界面处需球面过渡,瓶身也可采用流线型。

棱柱型便于灌装运输,节省贮运空间和面积,应用很广。

3. 组合体型

根据立体构成原理,可将多种几何体或非几何体组合造型,以增加趣味性和视觉冲击力。应注意满足强度和刚度要求,考虑经济性实用性,以免制造过于复杂。

4. 外表面

吹塑瓶有时设计为粗糙表面,这样既无妨于美观又解决光滑表面易被划伤的问题。如对聚乙烯瓶的模具型腔表面往往采用喷砂处理的粗糙表面,因为粗糙表面之间可贮存部分空气,避免脱模时的空吸现象,有利于脱模自动化。

为了降低渗透性,增加美观度或增强耐划伤性,可在瓶体内外表面涂覆环氧树脂和偏二氯乙烯。

5. 自动灌装对瓶型的要求

①在自动灌装线输送带上,圆柱形及矩形瓶(带圆角)最易操作,而断面为椭圆形、三角形及菱形的容器易堵塞导轨。当瓶体上部直径大于下部直径时,输送带运动的瓶子会倒伏,所以瓶体侧面应呈平面接触或线接触或两点接触(图 6-55);②为防止变形和增加支承稳定性,吹塑瓶底也应设计向上(内)凸,但瓶底至少要留有 6mm 宽的水平部分,以免瓶底被卡在运输带间隙处或固定板上(图 6-56);③矩形瓶和方形瓶角隅处必须有圆角,才不会被卡在导轨和星轮上,也方便于机械手能插入两瓶之间;④容器侧壁上靠近瓶底瓶肩处各应有一段平直部位,给贮瓶转台的操作提供一控制面。当必须从一转台送到另一转台时,就能方便地使两个平面紧靠一起。当然,控制面不应过于接近瓶底,以免影响转台板或星形轮的清理动作。

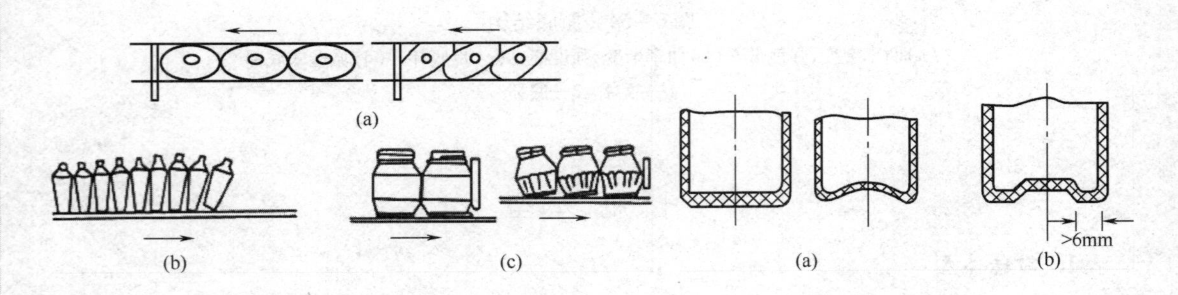

图 6-55　自动灌装线对瓶型要求

图 6-56　瓶底形状
(a)不良　(b)良好

八、容器结构造型图范例

图 6－57 为部分塑料容器新结构，图 6－58 为市场上新出现的塑料包装造型。

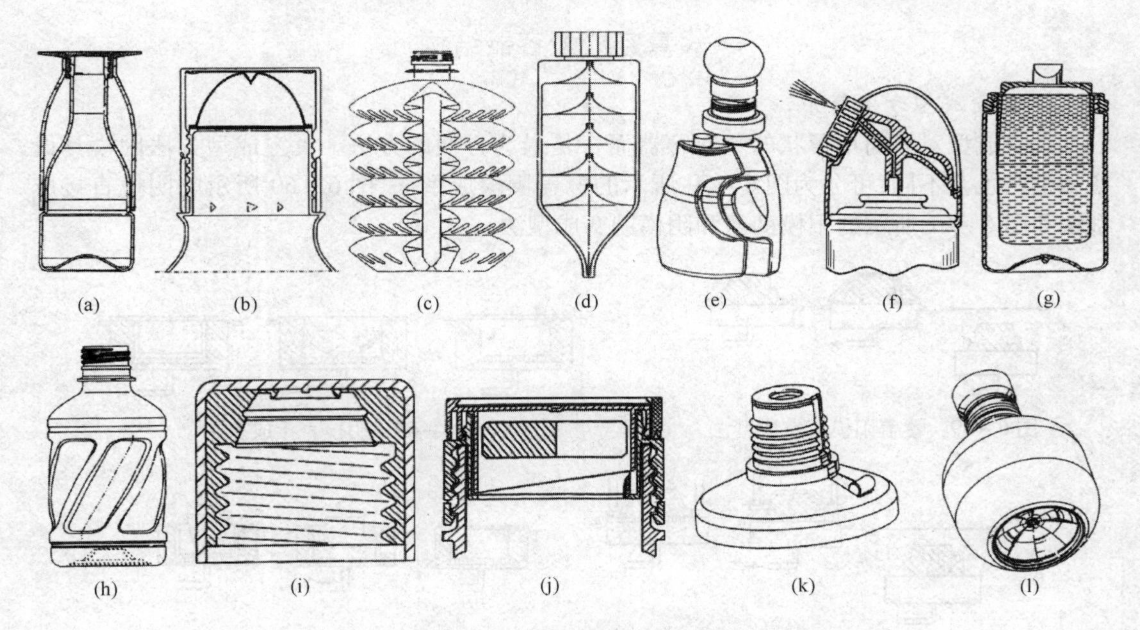

图 6－57　塑料容器新结构范例

（a）带盖杯的流体包装　（b）带盖杯的容器　（c）带虹吸管的可折叠式容器　（d）静脉搏动流出式容器　（e）双内室容器　（f）喷嘴可调节的容器　（g）一次性喷雾包装　（h）增强型瓶体　（i）组合式内螺纹盖　（j）可装小胶丸的瓶盖　（k）设锁紧操纵杆的瓶口　（l）适合热灌装的瓶底结构

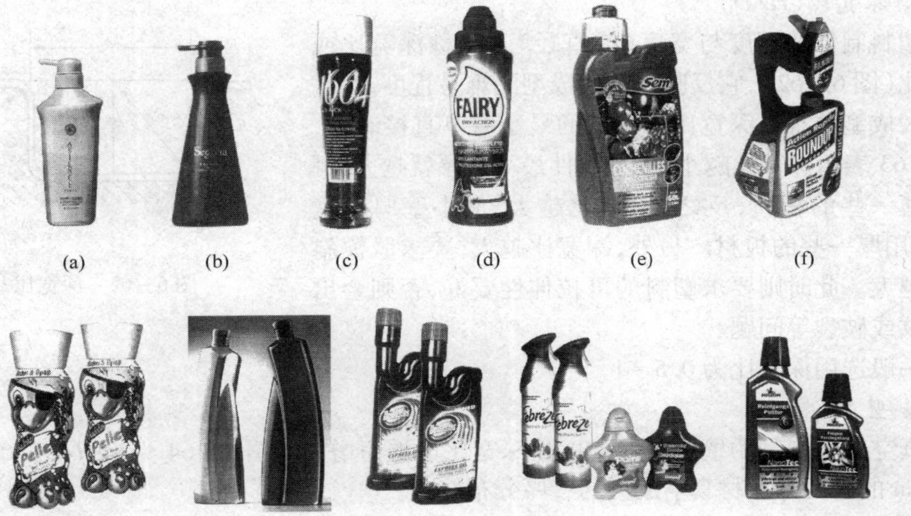

图 6－58　塑料容器新造型

第四节　其他成型塑料包装容器结构

一、真空成型容器结构

1. 真空成型方法简介

真空成型对于简单形状的塑料容器而言是最为方便的方法。真空成型方法因模具设备和生产工艺不同，可分为图 6－59 所示的覆盖阳模成型法、图 6－60 所示的阴模直接成型法和图 6－61 所示的阳模助塞和阴模助塞成型法。

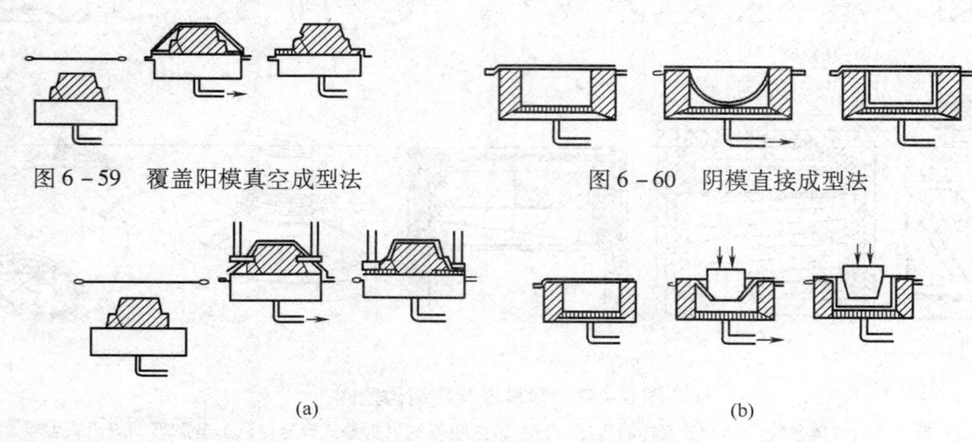

图 6－59　覆盖阳模真空成型法

图 6－60　阴模直接成型法

(a)　(b)

图 6－61　阳模和阴模助塞成型法

(a)阳模助塞法　(b)阴模助塞法

2. 深宽比（*H/D*）

塑料制件的深度与宽度（或直径）之比称深宽比或引伸比（图 6－62），它反映了塑件成型的难易程度，深宽比越大成型越难。深宽比和塑件的最小壁厚直接有关，图 6－63 表示深宽比越小，成型塑件最小壁厚就越大，可采用薄一些的板材，反之，深宽比越大，最小壁厚就越小，需用厚一些的板材。另外，深宽比越大，要求脱模斜度也越大。此时则要求塑料的可拉伸性要好，否则会出现皱纹或破裂等问题。

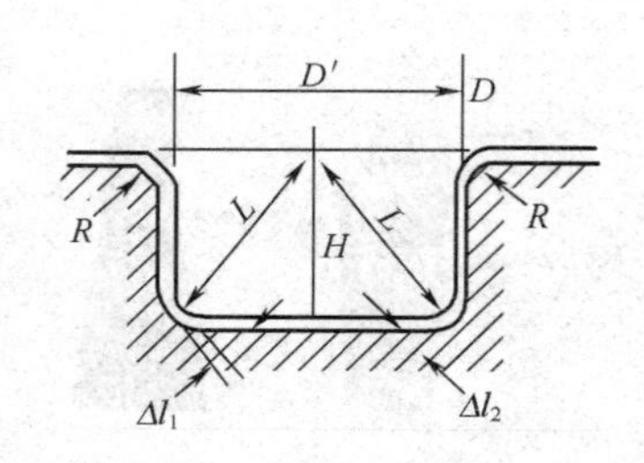

图 6－62　深宽比

一般选用深宽比为 0.5～1。

3. 壁厚

真空成型制品的壁厚不均匀度随深宽比增加而增加。图 6－64 为当 $H/D=0.7$、厚度为 2mm 的聚丙烯板材真空成型的壁厚分布情况。

4. 圆角

为避免角隅处厚度过于减薄和应力集中，制品的转角处不允许锐角，圆弧半径尽可能大些，至少应大于所用板材厚度。不同圆角对角隅处厚度有不同影响（图 6－65）。

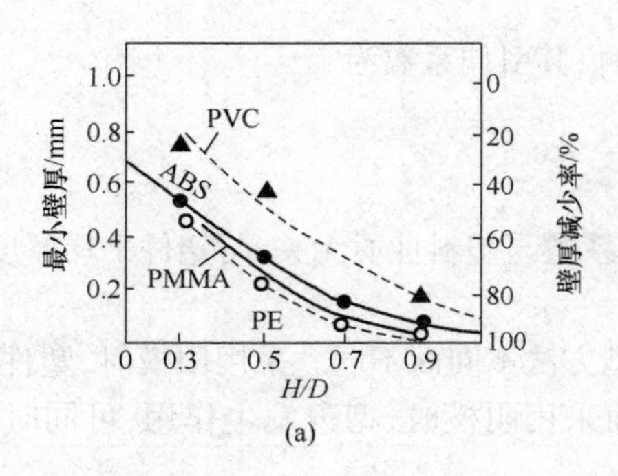

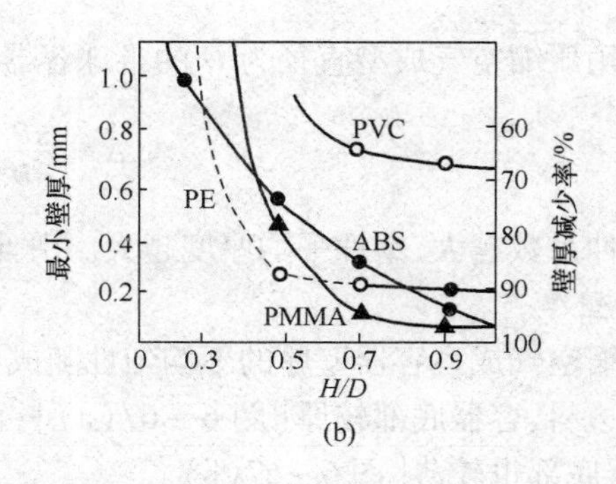

图 6-63　深宽比与塑件最小壁厚的关系

（a）板厚 1mm　（b）板厚 2mm

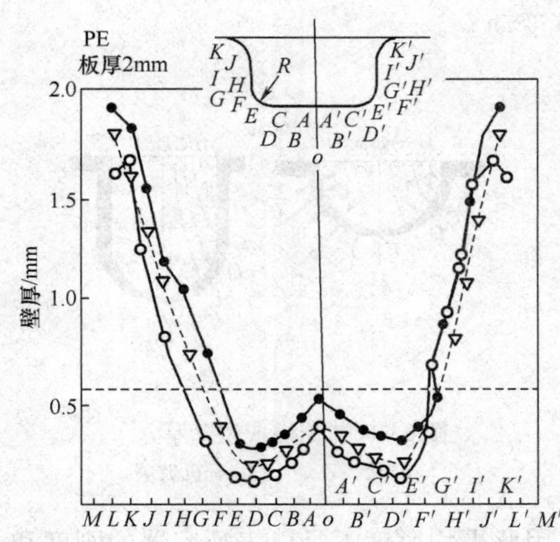

图 6-64　塑件壁厚分布

R=3　R=5　R=7

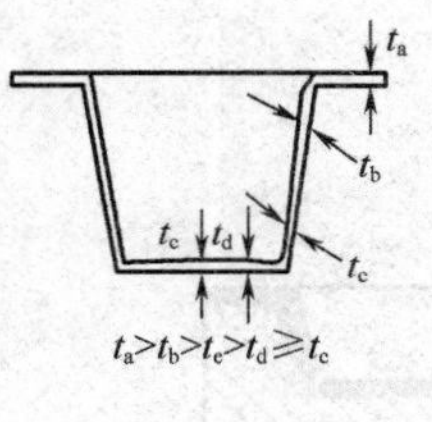

图 6-65　不同圆角半径对壁厚的影响示意图

5. 斜度

真空成型制品模具需要 1°～4°脱模斜度，对阴模成型可取下限，因为塑料收缩量提供了附加空间。

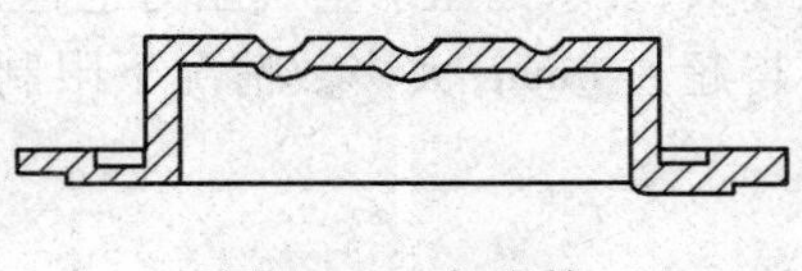

图 6-66　加强筋

6. 加强筋

真空成型通常以大面积敞口容器为多，由于所选片材不可能太厚，成型的板材受拉伸而变薄，为保证容器刚性，应在适当部位设置加强筋（图 6-66）。

二、压缩空气成型容器结构

1. 引伸系数（Δ）

压缩空气成型引伸系数为毛坯面积和塑件侧表面积之比。

当用压缩空气成型直径为 D 的半球容器时，其引伸系数为

$$\Delta = \frac{\pi D^2/4}{\pi D^2/2} = 0.5$$

引伸系数越大，塑件平均厚度越大。引伸系数与塑料性质无关，与塑件平均厚度有关。

2. 壁厚

压缩空气成型容器壁厚的不均匀性随成型方法不同而不同。采用阳模时，塑件不能同时修剪边料，容器底部较厚［图 6－67（a）］；而采用阴模时，型刃发生作用，可同时修剪边料，容器底部也较薄［图 6－67（b）］。

以半球形为例，其厚薄分布是不均匀的。聚氯乙烯板材经压缩空气成型的壁厚分布如图 6－68（a）所示，其相对厚度从夹紧部位的 1 向中心部位的 0.3 变动。有机玻璃的壁厚分布如图 6－68（b）所示，其相对厚度从 0.8 向 0.36 变动。

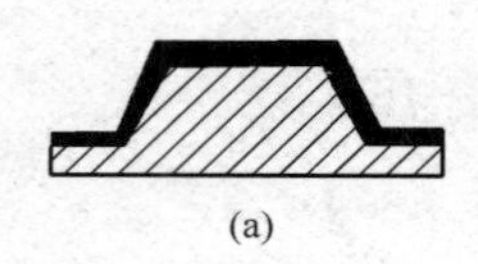

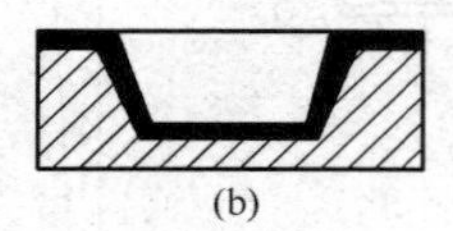

图 6－67　压缩成型壁厚

（a）阳模　（b）阴模

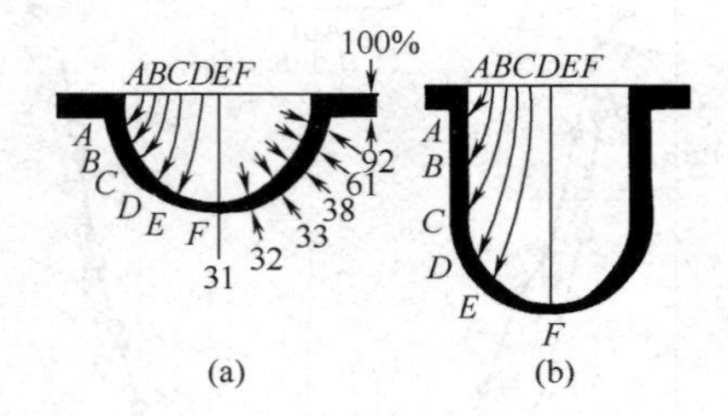

图 6－68　压缩成型壁厚分布

（a）聚氯乙烯　（b）有机玻璃

随着深度增加，壁厚的不均匀性会变得严重，因此平均厚度不足以表征容器的刚度和强度。容器的刚度和强度应取决于最小厚度。

最小允许引伸系数首先取决于工作温度下塑料板的相对极限伸长，当允许极限伸长为 225%～275% 时，引伸系数不应低于 0.3～0.25。

对压缩空气成型，若塑件设计厚度大，板材厚度就越大，要求的压缩空气压力也越大，需配备大型设备。为控制制造成本，一般板材厚度不得超过 8mm，大多数情况下限制在 1～5mm 范围内。

其他设计要素与真空成型类同。

三、热成型制品及泡罩包装

1. 热成型包装制品

热成型包装已有较久的发展历史，在食品、医药、五金零件的包装中占主要地位。热成型制品具有模具制造成本低、产量高、能耗低、用材省、透明度好等优点，其在包装业中的重要性将继续增加。

图 6－69 为各种热成型制品及容器示例。图 6－69（a）、（b）为盛装食品用的一次性容器，图 6－69（d）、（e）为医疗器械成套包装盒，图 6－69（c）为热成型模盘式内衬。

2. 泡罩包装结构与装配形式

泡罩包装的基本结构剖面如图6－70所示。

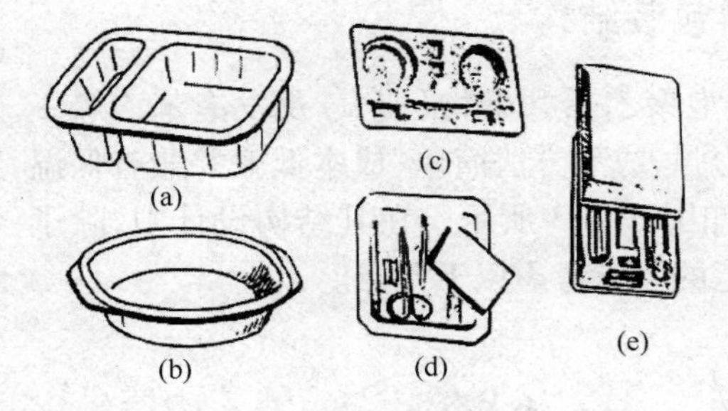
图6－69 热成型制品示例

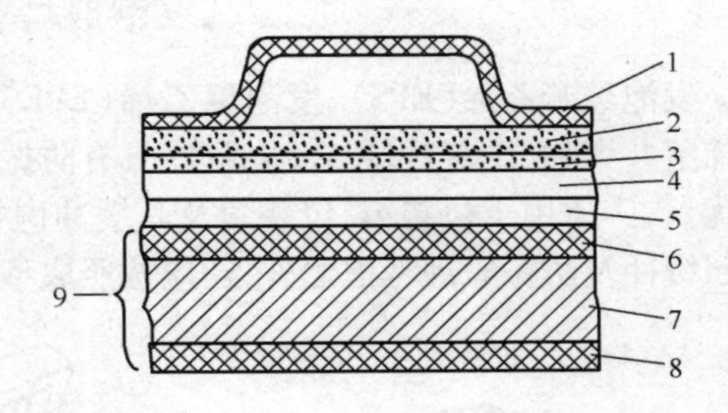
图6－70 泡罩包装剖面示意图

1—塑料泡罩 2—热封涂层 3—印刷油墨 4,5—白土涂层 6—化学表面处理层 7—内施胶 8—化学表面处理层 9—原纸

泡罩包装有各种装配形式,如图6－71所示。

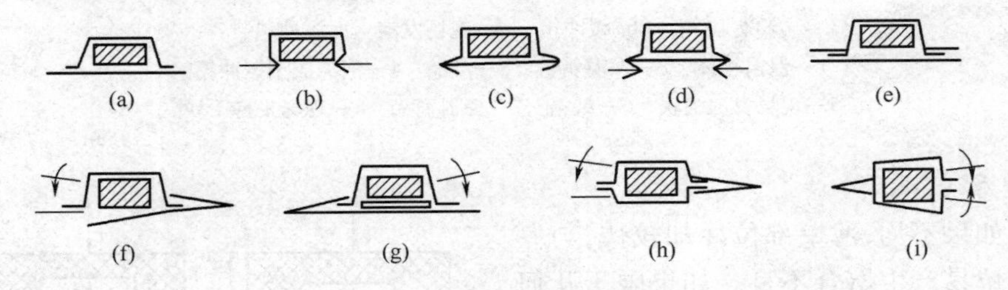
图6－71 泡罩包装的结构装配形式

(a)泡罩与单层纸片粘合,边缘与带涂层的卡纸热封 (b)产品能卡进泡罩,泡罩卡进纸板孔中,简易组合 (c)泡罩对折后边缘作卡片的滑槽,方便消费者观察与内装物的分发 (d)双重凹槽泡罩,小片纸板作盖 (e)双层纸板热封 (f)折叠双层纸板,背面可取出内装物 (g)折叠式双层纸板 (h)双泡罩夹进带孔折叠式纸板内 (i)泡罩自身可封闭,卡进折叠式纸板内

3. 泡罩位置

泡罩包装需要装入瓦楞纸箱内,故应重视泡罩在底板上的位置。如果泡罩处于底板正中,则泡罩面对面扣合后放入纸箱必然占去过多空间。如果泡罩置于底板上(或下)半部,左(或右)半部,那么扣合后泡罩互相错开,只占去一层泡罩的厚度,节省了较多纸箱空间和运输成本(图6－72)。

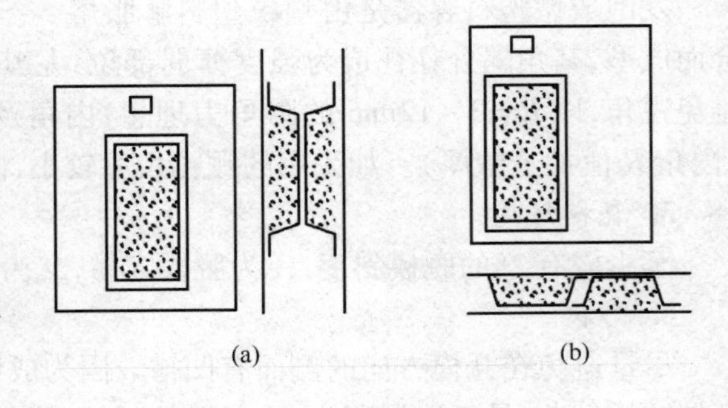
图6－72 泡罩包装位置

(a)不良 (b)良好

4. 吊挂孔

吊挂孔直径一般$\phi 4 \sim 8$mm,视商店

货架挂钩尺寸而定。吊孔一般可位于底板上部中央，但在图 6－72(b)中，为保证平衡，吊孔可适当偏置。

四、发泡成型塑料包装结构

发泡聚苯乙烯(EPS)、发泡聚乙烯(EPE)、发泡聚乙烯共聚物(EPC)及发泡苯乙烯－丙烯腈共聚物(SAN)可以模塑成型，具有防振能力强、成型方法简单、成本低廉并兼有保温等优点，广泛用于包装箱、包装盒及其缓冲内衬，如图 6－73 所示。在其结构设计中，除了按照缓冲及防振原理考虑之外，还应按照成型工艺的要求考虑以下几点。

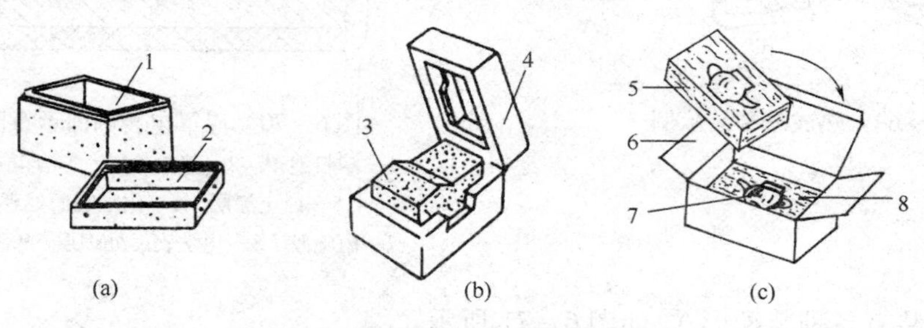

图 6－73　发泡成型容器及制品

(a)保温箱　(b)缓冲箱　(c)现场发泡全面缓冲包装

1—保温箱体　2—保温箱盖　3—产品　4—泡沫成型缓冲箱

5—现场发泡上块　6—纸箱　7—瓷器商品　8—现场发泡下块

1. 壁厚

壁厚如果不均，薄壁部位冷却较快，与厚壁连接部位易产生熔合不良。如果限于几何形状，可以考虑将厚壁背面做成凹槽，以保证壁厚均匀。为防止壁厚突变，相邻两个不同壁厚的差异应小于 3∶1，而且交接处要圆角过渡，以避免该部位熔合不良(图 6－74)。

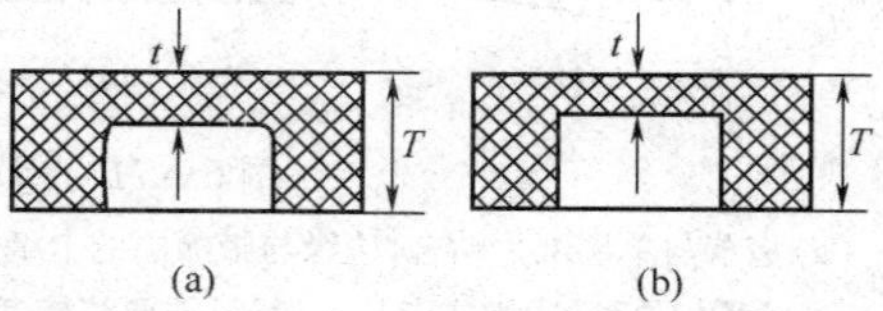

图 6－74　发泡塑料制品壁厚

(a)合理($t > T/3$)　(b)不合理($t < T/3$)

2. 圆角

发泡成型塑料容器是由颗粒塑料膨胀熔合而成型，其角隅处往往成为强度薄弱部位，尤其在圆角时熔合差，密度低。因此，要力求避免锐角，以 $R = 3 \sim 12$mm 的圆角为理想，内角及加强筋根部可取小值，外角则取较大值(内角 R 值加上壁厚)。如采用的颗粒尺寸较小，内角 R 也可小至 1.5mm。

3. 脱模斜度

至少应有 2°的脱模斜度，一为脱模容易，二为避免侧壁在脱模时留下表面划痕。

4. 形状

尽量避免在开模方向的侧面有凹槽。因为成型这些凹槽要在模具上设计侧抽芯，造成模具结构复杂，易于泄漏蒸汽，生产时间延长，成本增高。

5. 分型面

分型面要设计在直壁相接处，不可位于直壁与平面相接处，以避免在该处跑漏蒸汽，造成熔合不良(图 6－75)。

6. 边缘部

因为边缘部在分型面上,蒸汽易于跑漏,使温度降低,熔合不良,强度降低,所以边缘部不可过薄。

7. 充料口

因为充料口不可避免要留下填料痕迹,影响外观,所以要位于外表面不明显的部位。

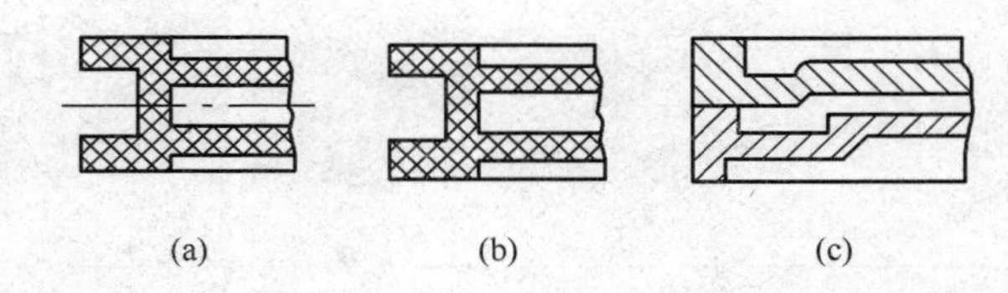

图 6－75 合理设计分型面
(a)合理 (b)不合理 (c)易漏蒸汽

第五节 塑料包装容器尺寸精度

一、成型收缩

塑料容器在成型过程中,由于热收缩、结晶收缩、分子链定向收缩以及因弹性恢复造成的膨胀而引起成型收缩。

1. 成型收缩量

收缩量计算公式如下:

$$\Delta X = A - B \tag{6-10}$$

式中 ΔX——成型收缩量,mm

A——室温下模具的直线尺寸,mm

B——室温下塑料容器的直线尺寸,mm

式(6－10)可参考图 6－76 理解。

2. 成型收缩率

收缩率计算公式如下:

$$S = \frac{\Delta X}{B} \times 100\% = \frac{A - B}{B} \times 100\% \tag{6-11}$$

式中 S——成型收缩率,%

ΔX——成型收缩量,mm

A——室温下模具的直线尺寸,mm

B——室温下塑料容器的直线尺寸,mm

式(6－11)为线收缩率,实际需要体收缩率,两者换算关系为

$$S = (1 + S_V)^{1/3} - 1 \tag{6-12}$$

可简化为

$$S_V \approx 3S \tag{6-13}$$

式中 S——线收缩率,%

S_V——体收缩率,%

表 6－22 给出了部分注塑成型塑料的成型收缩率。由于外界因素所致,几乎所有收缩

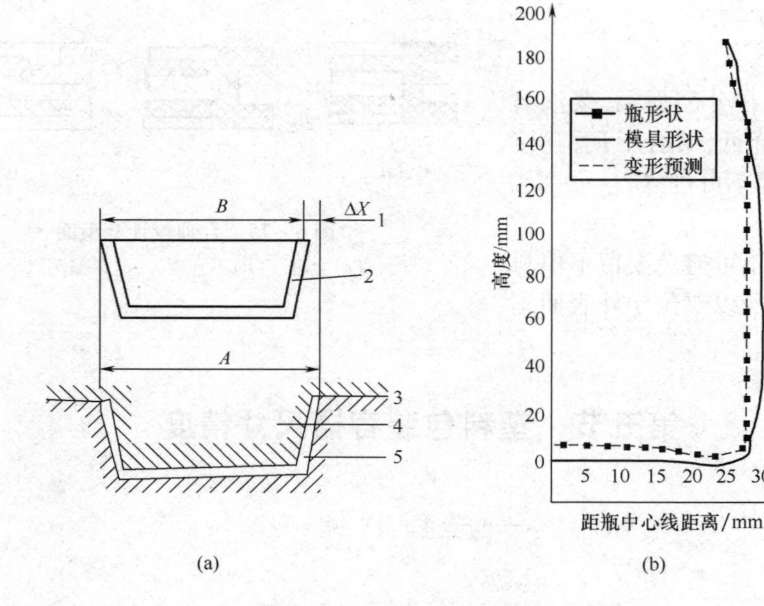

图 6-76 成型收缩量

(a)箱式包装 (b)瓶包装

1—成型收缩量 2—成型容器 3—分型面 4—模芯 5—模腔

率均为一数值范围。而且,实际收缩率往往需要通过经验或试模结果而定。

表 6-22 **常用塑料的成型收缩率** 单位:%

塑料	收缩率	塑料	收缩率	塑料	收缩率
LDPE	1.5~3.5	PS(耐热)	0.2~0.8	PA9	1.2~2.5
HDPE	1.5~3.0	ABS(抗冲)	0.5~0.7	PA-6	0.010~0.025
PP	1.0~3.0	ABS(耐热)	0.4~0.5	PA-66	0.7~1.5
PVC(硬)	0.2~0.4	PA610	1.0~2.5	PC	0.5~0.7
PS(通用)	0.2~0.8	PA1010	0.5~4.0	FRPET	0.2~0.8

表 6-23 为吹塑成型收缩率。对中空容器的容量要求一般并不严格,成型收缩率影响不大,但对有精确刻度的定容量瓶和瓶口螺纹,收缩率就有相当的影响,而且容积越大影响越显著。

表 6-23 **吹塑成型收缩率** 单位:%

塑料	收缩率	塑料	收缩率	塑料	收缩率
PVC	0.6~0.8	HDPE	1.5~3.5	PC	0.5~0.8
PA-6	0.5~2.0	PP	1.2~2.0	PS	0.5~0.8
LDPE	1.2~2.0				

二、容器尺寸

按塑料容器各部尺寸与模具结构的关系，可分为以下两类。

1. 由模具直接决定的尺寸

由模具直接决定的尺寸[图6－77(a)]，是指塑料容器仅仅由模具一方即阴模或阳模单独决定的尺寸，包括：

①一般尺寸，如箱形容器的长、宽内尺寸或外尺寸和圆柱形容器的内、外径（图中D_1、D_2、D_3、H_1、H_3、H_4）；②角隅处圆角的曲率半径（图中R_1、R_2）；③中心距尺寸，如孔中心距，凸、槽间隔，嵌件间距等。

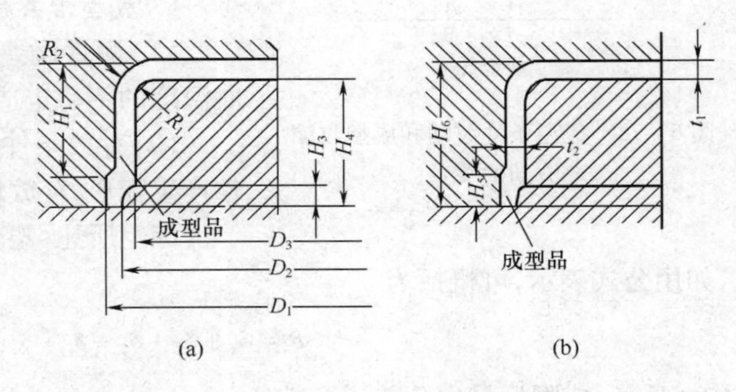

图6－77　塑料容器尺寸分类

(a)由模具直接决定的尺寸　(b)不由模具直接决定的尺寸

由模具直接决定的尺寸由于不受塑件厚度及飞边的影响，尺寸精度较高。模具制造误差对这类尺寸有主要影响。

2. 不由模具直接决定的尺寸

所谓不由模具直接决定的尺寸[图6－77(b)]，实际上是指由模具的两个以上部件组合形成的尺寸，如箱体的外高度（图中H_5、H_6）、箱底厚度（t_1）、箱壁厚度（t_2）均由阴阳两模块的组合位置确定。由于可能受飞边厚度的影响，受模具制造误差、模具装配误差和塑料成型收缩误差等的影响，这一类尺寸误差范围大，精度较低。

三、尺寸精度

影响塑件尺寸精度的因素有以下几点。

1. 成型材料

塑料本身成型收缩范围大，原料中含有水分及挥发性物质，原料的配置，批量的大小，保存方法和保存时间等的不同都会造成收缩不稳定。

2. 成型条件

成型时温度、压力、时间等条件的波动都会影响到成型收缩率的波动，从而影响容器定型后的尺寸（图6－78）。

3. 容器形状

塑料容器的壁厚，几何形状，脱模斜度都能直接影响到尺寸精度。

4. 模具结构

(1)进料口尺寸　进料口大时收缩小，反之收缩大。

(2)料流方向　与料流方向平行的尺寸收缩大，与料流方向垂直的尺寸收缩小。

(3)分型面　分型面决定了飞边的位置，飞边使容器垂直于分型面的尺寸发生误差。

(4)型芯、顶杆等活动件　模具中活动零件的拼合和固定方法、加工方法，直接影响模

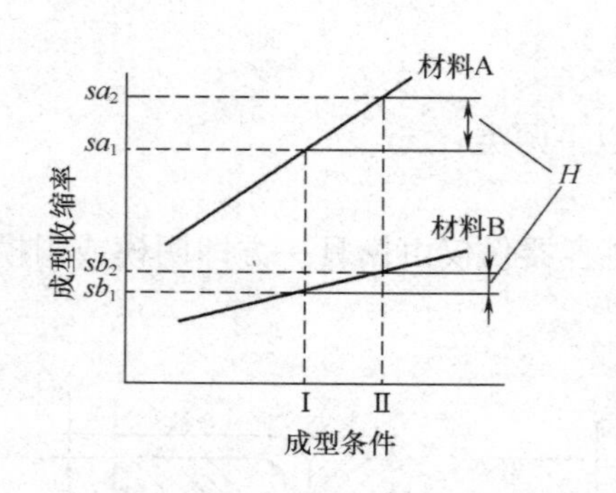

图 6－78　成型条件波动和成型收缩率波动的关系

具的尺寸精度。

（5）模具的磨损　模具中成型部件磨损使容器尺寸产生误差。

5. 模具制造精度

模具的制造误差完全和直接地反映到包装容器尺寸上。

6. 成型后条件

（1）测量误差　由于测量工具、测量方法、测量时温度的不稳定造成误差。

（2）存放条件　塑件成型后如存放不当，可使塑件产生变形，存放地的温度、湿度也影响尺寸精度。

综上所述，塑件成型最大误差值由诸多因素组成，如用公式表示，可概括为

$$\delta = \delta_z + \delta_s + \delta_c + \delta_j + \delta_a \quad (6-14)$$

式中　δ——成型后最大公差，mm

δ_z——模具成型零件的制造误差引起的塑件误差，约占塑件总公差的 1/3，mm

δ_s——塑料收缩率波动引起塑件尺寸的变化。包括工艺条件变动和材料批号不同引起的收缩率波动，实际收缩率与设计收缩率之间的误差，mm

δ_c——模具型腔使用后磨损量，约占塑件总公差的 1/6，mm

δ_j——模具活动零件配合间隙变化引起的尺寸误差，mm

δ_a——模具固定零件安装误差引起的制件尺寸误差，mm

其中 δ_s 的计算如下式：

$$\delta_s = (S_{max} - S_{min}) L_S \quad (6-15)$$

式中　S_{max}——塑料最大收缩率，%

S_{min}——塑料最小收缩率，%

L_S——塑料制件的名义尺寸，mm

依统计规律，δ_z、δ_s 和 δ_c 为其中最主要的因素：

收缩率波动引起的误差 δ_s 随制件尺寸增加而成正比地增加；模具制造误差引起的误差 δ_z 随制件尺寸增加而成立方根增加；模具磨损引起的误差 δ_c 随制件尺寸增加而缓慢地增加。因此，收缩率波动对大中型塑件公差影响最大。

由于各项误差的累积，塑件的精度总低于模具成型部件的制造精度。为了可靠，塑件设计时选定的公差 Δ 必须大于成型的最大公差 δ，即 $\Delta > \delta$。

塑件的设计精度应求合理，尽可能选择低精度级。塑件尺寸精度的确定可依据我国原电子工业部标准 SJ/T 10628—1995。该标准给出了各种塑料品种可选的精度等级（表 6－24）和塑料制件各精度级的尺寸公差（表 6－25）。它将塑料制品精度分成 8 级，每种塑料可选其中三个等级（即高、一般、低精度级）。1、2 级精度要求较高，目前采用很少。

表 6-24　　塑件精度等级的选用(SJ/T 10628—1995)

类别	塑料名称	建议采用的精度级			类别	塑料名称	建议采用的精度级		
		高精度	一般精度	低精度			高精度	一般精度	低精度
1	苯乙烯-丁二烯-丙烯腈共聚物(ABS) 丙烯腈-苯乙烯共聚物(AS) 30%玻璃纤维增强塑料(GRD) 高冲击强度聚苯乙烯(HIPS) 氨基塑料(MF) 聚对苯酸丁二(醇)酯(增强)(PBTP) 聚碳酸酯(PC) 聚对苯酸乙二(醇)酯(增强)(PETP) 酚醛塑料(PF) 聚甲基丙烯酸甲酯(PMMA) 聚苯硫醚(增强)(PPE) 聚苯醚(PPO) 聚苯醚砜(PPS) 聚苯乙烯(PS) 聚砜(PSU)	3	4	5	2	聚酰胺6、66、610、9、1010(PA) 氯化聚醚 聚氯乙烯(硬)(PVC)	4	5	
					3	聚甲醛(POM) 聚丙烯(PP) 聚乙烯(高密度)(PE)	6	7	
					4	聚氯乙烯(软)(PVC) 聚乙烯(低密度)(PE)	8	9	

注:(1)其他材料可按加工尺寸的稳定性,参照本表选择精度等级。

(2)1、2级精度为精密级,只在特殊条件下才采用。

(3)当沿脱模方向两端尺寸均有要求时,应考虑脱模斜度对精度的影响。

表6-25中只列出公差值,具体上下偏差可根据制件的配合性质作分配。对于不由模具直接决定的尺寸,其公差值取表中值再加上附加值。1、2级精度的附加值为0.02mm,3、4级精度的附加值为0.04mm,5~7级精度附加值为0.1mm,8~10级精度附加值为0.2mm。

对塑件上无公差要求的自由尺寸,建议采用7~10级精度。

对孔类尺寸可以表中数值冠以正(+)号,对轴类尺寸取表中数值冠以负(-)号,对中心距尺寸可取表中数值之半冠以正负(±)号。

表 6-25　　塑件尺寸公差等级及数值(SJ/T 10628—1995)　　单位:mm

基本尺寸	公差等级									
	1	2	3	4	5	6	7	8	9	10
	公差数值									
≤3	0.02	0.03	0.04	0.06	0.08	0.12	0.16	0.24	0.32	0.48
>3~6	0.03	0.04	0.05	0.07	0.08	0.14	0.18	0.28	0.36	0.56
>6~10	0.03	0.04	0.06	0.08	0.10	0.16	0.20	0.32	0.40	0.64
>10~14	0.03	0.05	0.06	0.09	0.12	0.18	0.22	0.36	0.44	0.72
>14~18	0.04	0.05	0.07	0.10	0.12	0.20	0.24	0.40	0.48	0.80

续表

基本尺寸	公差等级									
	1	2	3	4	5	6	7	8	9	10
	公差数值									
>18～24	0.04	0.06	0.08	0.11	0.14	0.22	0.28	0.44	0.56	0.88
>24～30	0.05	0.06	0.09	0.12	0.16	0.24	0.32	0.48	0.64	0.96
>30～40	0.05	0.07	0.10	0.13	0.18	0.26	0.36	0.52	0.72	1.0
>40～50	0.06	0.08	0.11	0.14	0.20	0.28	0.40	0.56	0.80	1.2
>50～65	0.06	0.09	0.12	0.16	0.22	0.32	0.46	0.64	0.92	1.4
>65～80	0.07	0.10	0.14	0.19	0.26	0.38	0.52	0.76	1.0	1.6
>80～100	0.08	0.12	0.16	0.22	0.30	0.44	0.60	0.88	1.2	1.8
>100～120	0.09	0.13	0.18	0.25	0.34	0.50	0.68	1.00	1.4	2.0
>120～140	0.10	0.15	0.20	0.28	0.38	0.56	0.76	1.1	1.5	2.2
>140～160	0.12	0.16	0.22	0.31	0.42	0.62	0.84	1.2	1.7	2.4
>160～180	0.13	0.18	0.24	0.34	0.46	0.68	0.92	1.40	1.8	2.7
>180～200	0.14	0.20	0.26	0.37	0.50	0.74	1.00	1.50	2.0	3.0
>200～225	0.15	0.22	0.28	0.41	0.56	0.82	1.10	1.60	2.2	3.3
>225～250	0.16	0.24	0.30	0.45	0.62	0.90	1.20	1.80	2.4	3.6
>250～280	0.18	0.26	0.34	0.50	0.68	1.00	1.30	2.00	2.6	4.0
>280～315	0.20	0.28	0.38	0.55	0.74	1.10	1.40	2.20	2.8	4.4
>315～355	0.22	0.30	0.42	0.60	0.82	1.20	1.60	2.40	3.2	4.8
>355～400	0.24	0.34	0.46	0.65	0.90	1.30	1.80	2.60	3.6	5.2
>400～450	0.26	0.38	0.52	0.70	1.00	1.40	2.00	2.80	4.0	5.6
>450～500	0.30	0.42	0.60	0.80	1.10	1.60	2.20	3.20	4.4	6.4
>500～560	0.34	0.46	0.64	0.88	1.2	1.8	2.4	3.6	4.8	7.1
>560～630	0.38	0.52	0.72	0.99	1.3	2.0	2.7	3.9	5.4	7.9
>630～710	0.42	0.60	0.80	1.1	1.5	2.2	3.0	4.4	6.0	8.8
>710～800	0.46	0.64	0.90	1.2	1.7	2.5	3.3	4.9	6.7	9.8
>800～900	0.52	0.72	1.00	1.4	1.9	2.8	3.8	5.5	7.5	10.8
>900～1000	0.60	0.80	1.2	1.6	2.2	3.2	4.3	6.0	8.5	12.8
>1000～1200	0.76	1.0	1.4	1.8	2.5	3.5	5	7	10	14
>1200～1400	0.88	1.2	1.6	2.5	3.0	4.0	6	8	11	16
>1400～1600	1.0	1.4	1.8	3.0	3.5	5.0	7	9	13	18

表6-26所列为原机械工业部的塑料制件公差值,供设计参考。

表6-26 塑件尺寸公差 单位:mm

公称尺寸范围 \ 等级 \ 适应范围	热固性塑料件热塑性塑料中收缩范围小的塑件			热塑性塑料中收缩范围大的塑件		
	精密级	中级	自由尺寸级	精密级	中级	自由尺寸级
<6	0.06	0.10	0.20	0.08	0.14	0.24
6~10	0.08	0.16	0.30	0.12	0.20	0.34
10~18	0.10	0.20	0.40	0.16	0.26	0.44
18~30	0.16	0.30	0.50	0.24	0.38	0.60
30~50	0.24	0.40	0.70	0.36	0.56	0.80
50~80	0.36	0.60	0.90	0.52	0.70	1.20
80~120	0.50	0.80	1.20	0.70	1.00	1.60
120~180	0.64	1.00	1.60	0.90	1.30	2.00
180~260	0.84	1.30	2.10	1.20	1.80	2.60
260~360	1.20	1.80	2.70	1.60	2.40	3.60
360~500	1.60	2.40	3.40	2.20	3.20	4.80
>500	2.40	3.60	4.80	3.40	4.50	5.40

我国国家标准GB/T 5737—1995规定了食品周转箱的尺寸系列(表6-27),GB/T 5738—1995规定了瓶装酒、饮料周转箱尺寸系列,尺寸偏差值为设计尺寸的-10%~0.5%。

表6-27 食品塑料周转箱外尺寸系列参考值(GB/T 5737—1995) 单位:mm

系列 \ 尺寸	L_o	B_o	H_o	系列 \ 尺寸	L_o	B_o	H_o
1	475	335	在下列数值中任选	5	600	425	200
2	500	355	125	6	630	425	236
3	535	375	140	7	670	450	265
4	560	400	160				

例6-1 给图6-79所示的塑件确定尺寸精度及公差值,设所选材料为高密度聚乙烯(HDPE)。

解:由表6-24选择高密度聚乙烯制件采用的精度为5、6、7、级。

现按一般精度6级,由表6-25中选取各尺寸的公差值。外径ϕ60mm,查得公差-0.64mm;内径ϕ50mm,查得公差+0.56mm;外高度40mm,查得公差-0.52mm;内高度35mm,查得公差+0.52mm;孔径ϕ10mm,查得公差+0.32mm;两孔中心距26mm,查得公差±0.24mm。

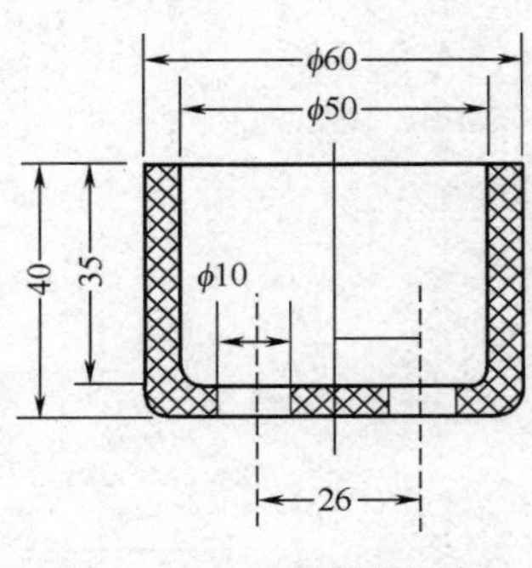

图6-79 尺寸精度示例

有了上述尺寸和公差,即可进行模具型腔设计。

【习题】

6-1 塑料容器的选材原则是什么?

6-2 注射、压制和压铸成型容器的结构设计要素有哪些?

6-3 容器壁厚过大和过小有何不利影响?

6-4 为提高中空容器的强度和刚度,设计时可采用哪些方法?

6-5 为什么说中空容器的肩部形状十分重要?怎样设计较为合理?

6-6 塑料容器的外形设计需注意哪些与包装生产线相关的问题?

6-7 简述造成塑件成型误差的主要因素。

6-8 真空成型容器的壁厚分布有何规律?是何原因?

6-9 简述式(6-15)对尺寸设计的指导意义。

6-10 请为下列塑料制件制定精度和公差,设(a)材料为ABS;(b)材料为聚丙烯。

6-11 请测绘家中某塑料容器的各部分尺寸,画出结构图。

6-12 试分别为下列产品(a)蔬菜、(b)糕点、(c)小五金零件设计合适的周转塑料容器。内容积约为35000cm^3,要求①底部有堆层互锁企口;②手工搬运方便;③通风良好。

6-13 试分别为下列产品(a)250mL,沐浴露、(b)420mL洗发膏设计中空塑料容器,画出全套结构图。

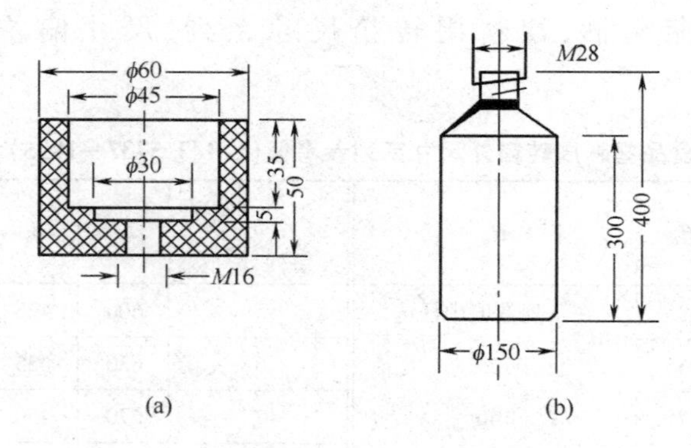

习题6-10图

第七章　玻璃包装容器结构设计

第一节　玻璃包装容器

一、玻璃包装容器的基本类型

1. 玻璃瓶罐类型

从制瓶技术，根据制瓶机的选定、制造方式、自动检验机种类的确定等，可将玻璃瓶罐分成两大类型，即罐（食品瓶）和小口瓶（饮料瓶）。

（1）细口瓶　细口瓶是瓶颈直径与瓶身直径差异较大且瓶口内径小于20mm（瓶颈内径小于30mm以下）的玻璃包装容器（图7－1、图7－2）。主要用于贮存和输送一定量的食用液体，如酒类、饮料、调味品等。由于与空气的接触面积小，所以可以保持内装物的原始状态、风味及外观。图7－3为国家标准啤酒瓶，图7－4为包装行业标准葡萄酒瓶。

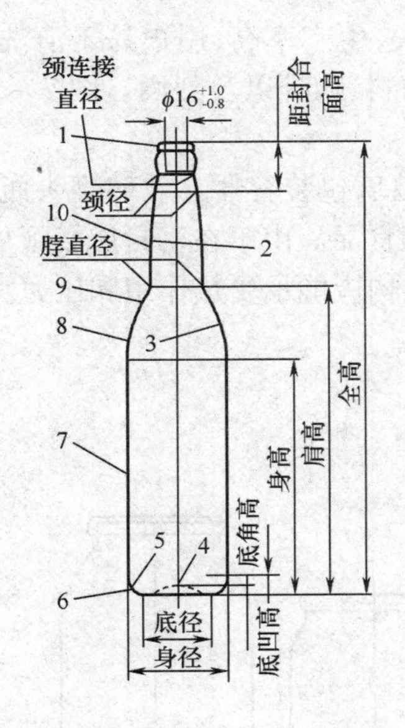

图7－1　长颈端肩瓶

1—瓶口　2—颈内弧　3—肩内弧　4—底凹弧　5—底角弧　6—瓶底　7—瓶身　8—瓶肩　9—肩外弧　10—瓶颈

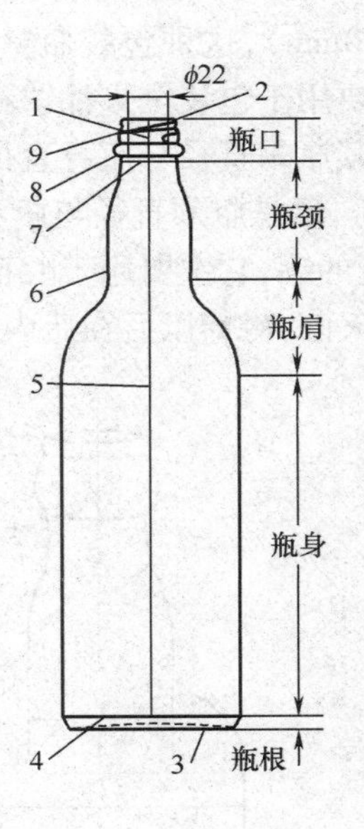

图7－2　凸颈瓶

1—口模合缝线　2—封合面　3—凹形底　4—底模合缝线　5—成型模合缝线　6—颈根　7—口模合缝线　8—加强环　9—螺纹

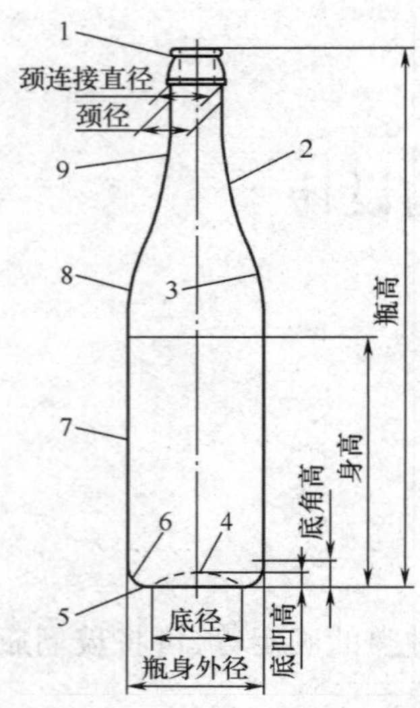

图 7－3　啤酒瓶

1—瓶口　2—肩外弧　3—肩内弧

4—底凹弧　5—瓶底　6—底角弧

7—瓶身　8—瓶肩　9—瓶颈

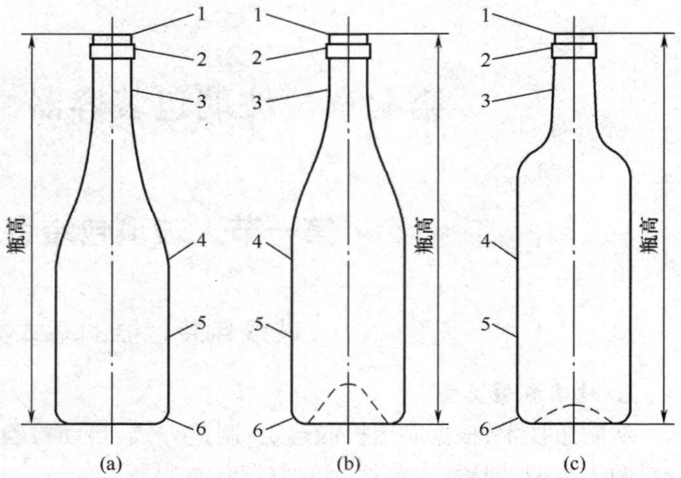

图 7－4　葡萄酒瓶

(a)长颈瓶　(b)莎达尼瓶　(c)波尔多瓶

1—瓶口　2—加强环　3—瓶颈

4—瓶肩　5—瓶身　6—瓶底

(2)大口瓶　大口瓶的瓶颈直径与瓶身直径有一定差异且瓶口内径大于 20mm(瓶颈内径大于 30mm),这种包装瓶壁厚均匀,生产速度快,生产率高,用户易于清洗,便于周转和回收,主要用于包装全果汁饮料、乳酸饮料、保健饮料、咖啡以及烈酒。图 7－5 是大口啤酒瓶包装,其瓶颈直径与瓶身直径之比接近 1∶2。

(3)罐　罐是瓶颈直径与瓶身直径差异较小的玻璃包装容器。玻璃罐头瓶(图 7－6)是一种典型的罐,它主要用于贮存在空气中易腐败的食品。由于在密封后必须加热到 85～100℃进行灭菌,冷却以后在瓶内形成真空,因此其结构应能承受热作用和压力。

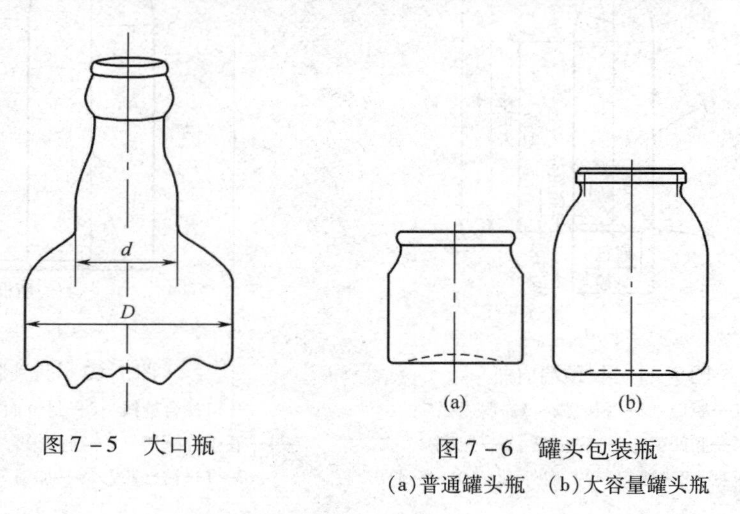

图 7－5　大口瓶

图 7－6　罐头包装瓶

(a)普通罐头瓶　(b)大容量罐头瓶

(4)圆柱玻璃瓶　圆柱玻璃瓶一般无瓶颈且瓶肩很小,瓶口内径与瓶身内径差距不大

(图7-7)。主要用于包装片剂、粉剂等医药品及糖、蜜、果浆等食品。

(5)日用包装玻璃瓶　日用包装玻璃瓶通常用于包装各种各样的日用品,如食品、调味品、化妆品、文教用品等,所以又可分别称为调味品瓶、化妆品瓶和文教品瓶。由于内装物为固、液、膏等多种物理形态,所以瓶型也多种多样。如图7-8至图7-11所示。

图7-7　圆柱玻璃瓶

图7-8　调味品包装瓶
(a)(b)调味品　(c)食用油　(d)花生酱

图7-9　酸奶瓶
(a)罐头酸奶瓶　(b)大口酸奶瓶

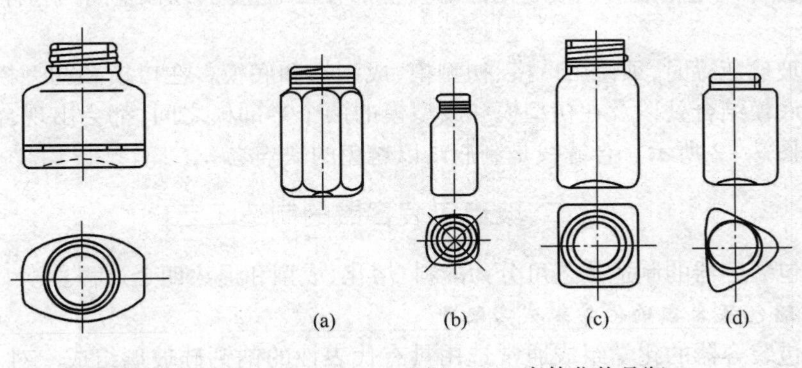

图7-10　墨水瓶

图7-11　膏体化妆品瓶

(6)大型瓶　大型瓶容量为5~50L,主要用于盛装极易串味或挥发的化工产品,一般用磨塞封口。如图7-12所示。

2. 玻璃瓶罐各部的结构名称

玻璃瓶罐大部分成互相连在一起的五个部分,其各部位及其细部的结构名称如图7-1至图7-4所示。

(1)瓶口　是指瓶罐的最上部分,在此处盖上瓶盖,可将瓶子密封起来,内装物从此处装入或倒出。

(2)瓶颈　是指从口模合缝线开始到瓶颈基线处(即弯曲开始扩大处)的部分。

(3)瓶肩　是指颈部基线到身部之间尚未成直线的弯曲部分。

(4)瓶身　是指容纳装入物品的部分。

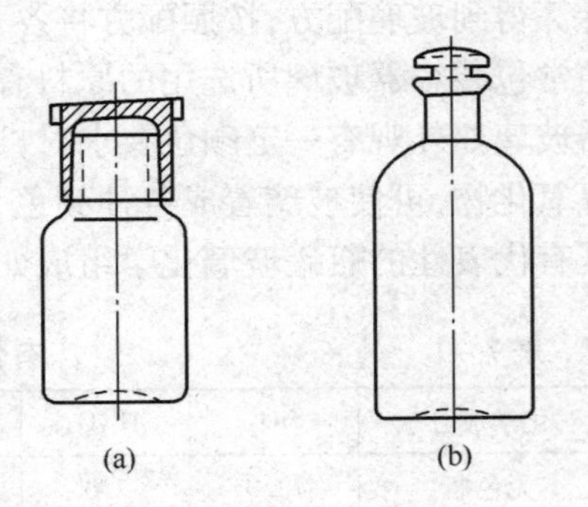

图7-12　大型瓶
(a)外磨口　(b)内磨口

(5)瓶底　是指可使瓶罐放平的部分。其中从底模合缝线起到底部开始成为平面的弯曲部分称为底脚。

上述五部分的细部结构如下:

(6)封合面　或称为口边,是指瓶口与瓶盖衬垫接触的部位。

(7)瓶唇　瓶罐的口部边沿。

(8)封锁环　是指被瓶盖紧箍的瓶口部位。

(9)加强环　是指瓶口下面的凸出环。

(10)夹持环　便于钳送瓶罐的凸缘。

(11) 颈根　瓶颈与瓶肩的联接处。

(12)商标区　是指瓶身粘贴商标的区域。如果有凹槽,则称为商标槽。

(13)瓶根　是指瓶身下部向内收缩与瓶底连接的部位。

(14)凹形底　是指瓶底向内凹陷的部位。

(15)灌装标线　是指按指标规定灌装的刻度线。

(16)顶隙　是指装有内装物的瓶罐其上部存留的空间,以该空间与公称容量之比的百分数表示。

制造玻璃瓶罐时,须使用口模、初型模、成型模和底模。在口模和初型模之间结合处、成型模与底模结合处以及在初型模和成型模的两个半部模之间,都会出现合缝线(又称哈夫线),如图7－2所示。合缝线是制瓶难以避免的缺陷之一。

二、玻璃包装容器的制造工艺

玻璃包装容器的制造工艺可分为配料、熔化、成型和退火四个过程。

1. 玻璃包装容器的化学组成与配料

玻璃包装容器的化学组成通常选用具有代表性的钠钙硅玻璃组成。对于耐化学性要求较高的玻璃包装容器,有时还可选用硼硅酸盐玻璃。这种玻璃化学稳定性好,热膨胀系数小,热稳定性能好。

玻璃包装容器在设计玻璃组成时,一定要根据被包装对象、性能和包装特殊要求首先设计出合理的玻璃化学组成。根据玻璃的化学组成和选择的各种原料化学分析成分,通过计算得到玻璃配方;按照配方将各种原料按照一定比例称量混合均匀,则得到玻璃配合料。通常包装容器玻璃所选用的原料有:硅砂、长石、纯碱、石灰石、白云石等。对于有的包装容器玻璃如外观有一定颜色要求时,还可在玻璃配方中加入一定量的着色剂,如铬、铁、钴、铜等氧化物,可使玻璃着成各种颜色,如琥珀色、绿色、青白色、蓝色以及产生各类乳浊效果。具有代表性的瓶罐玻璃化学组成如表7－1所示。

表7－1　有代表性的瓶罐玻璃化学组成　单位:%

化学成分	SiO_2	AL_2O_3	Fe_2O_3	CaO	MgO	Na_2O	K_2O	SO_3
无色瓶	72.0	2.0	0.05	10.5	0.5	13.8	1.2	0.16
茶色瓶	70.6	2.6	0.15	10.2	0.5	14.0	1.8	0.12
绿色瓶	70.5	2.5	0.10	10.2	0.5	14.2	1.8	0.18

续表

化学成分	SiO_2	AL_2O_3	Fe_2O_3	CaO	MgO	Na_2O	K_2O	SO_3
无色瓶(美国)	72.4	1.7	0.06	9.6	1.7	13.8	0.6	0.18
茶色瓶(美国)	71.9	2.0	0.24	9.8	1.1	14.1	0.7	0.10
绿色瓶(美国)	72.0	1.9	0.15	9.2	1.4	14.4	0.6	0.17

2. 玻璃包装容器的熔化与成型工艺

将符合要求的玻璃配合料,加入到玻璃窑炉内,在1500℃左右温度下,玻璃配合料中各氧化物发生物理、化学和物理化学反应,通过硅酸盐形成—玻璃形成—澄清—均化—冷却五个阶段,最后成为合乎成型要求的玻璃液。这一过程称为玻璃的熔化过程。将合乎成型要求的玻璃液做成玻璃制品的生产过程称为玻璃的成型过程。玻璃包装容器的成型方法主要有以下几种:

(1)吹－吹法成型　由两个相同作业循环组成,即在气体动力下先在带有口模的雏形模中制成瓶口和吹成雏形,再将雏形移入成型模中吹成制品。因为雏形和制品都是吹制的,所以称为吹－吹法(图7－13)。吹－吹法主要用于生产细口瓶。根据供料方式不同又分为翻转雏形法、真空吸吹法。

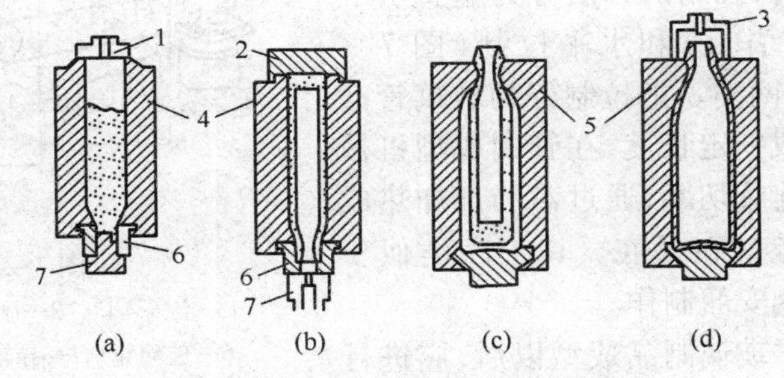

图7－13　翻转料泡吹制法示意图

(a)落料扑气　(b)倒吹气　(c)反转入成型模　(d)吹制

1—扑气头　2—闷头　3—吹气头　4—雏形模

5—成型模　6—口模　7—顶芯子

(2)压－吹法成型　由两个不同作业循环组成,即在冲头冲压作用下先用压制的方法制成瓶口和雏形,然后再移入成型模中吹成制品。因为雏形是压制的,制品是吹制的,所以称为压－吹法(图7－14),主要用于生产大口瓶和罐。

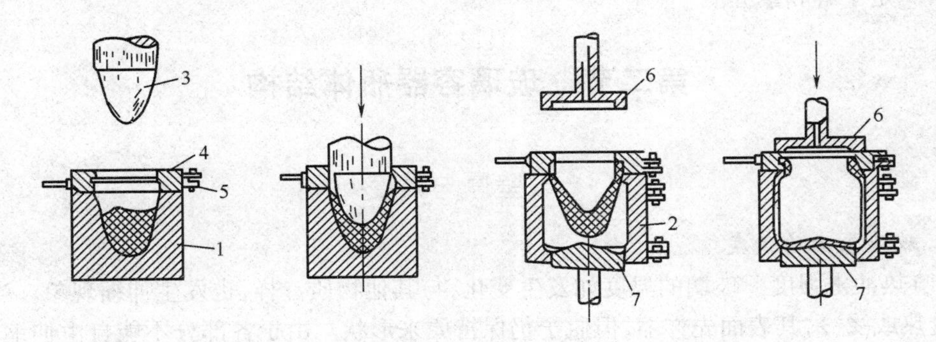

图7－14　压吹法成型广口瓶示意图

1—雏形模　2—成型模　3—冲头　4—口模

5—口模铰链　6—吹气头　7—模底

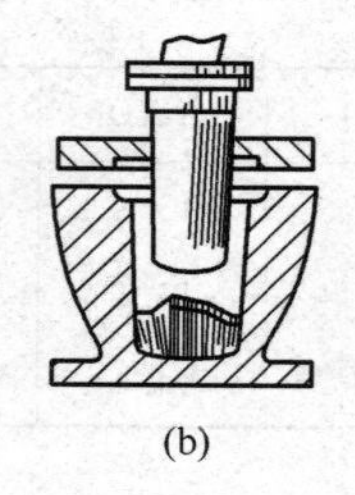
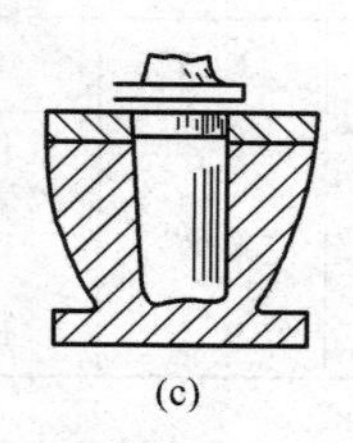

图 7－15　压制成型示意图
（a）模型　（b）加料　（c）压制　（d）制品

（3）压制法成型　利用冲头将玻璃料压入到模身、冲头和口模共同构成的封闭空腔内，在冲头作用下使玻璃料充满空腔而成型为成品（图 7－15）。主要生产敞口瓶罐。压制法不适宜制作壁厚及形状复杂的瓶罐。

（4）管制成型　以上几种为模制成型。而对于小型药瓶来说，管制成型更为方便和精确。首先把玻璃拉制成型为玻璃管，拉制的方法分为垂直引下（或引上）和水平拉制（图 7－16）两类。把拉制好的玻璃管截割成一定长度，在管制成型机械上连续切断，通过对局部加热成型瓶口和封底。其工序类似于玻璃安瓿制作。

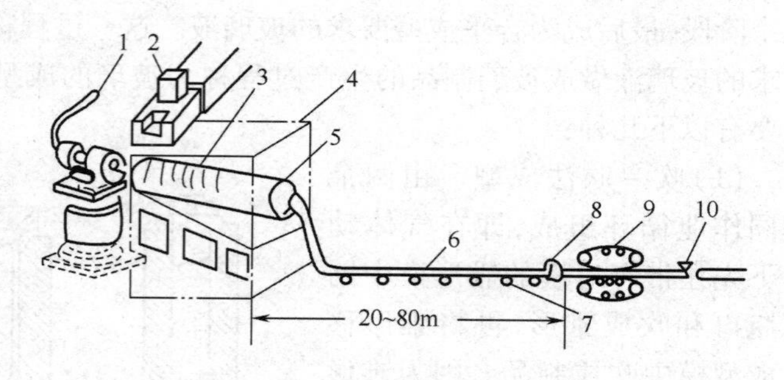

图 7－16　水平拉管法示意图
1—空气入口　2—闸板　3—料带　4—马弗炉　5—旋转筒
6—玻璃管　7—导轮　8—导辊　9—拉管机　10—截管器

玻璃制品成型以后，应进行退火处理。玻璃制品退火的目的主要是消除玻璃制品在成型过程中产生的热应力。退火的过程是先将玻璃制品加热到该玻璃退火温度，在此温度下保温一定时间，然后开始缓冷和快冷。通常将玻璃制品的退火分为四个阶段，即加热阶段、保温阶段、缓冷阶段、快冷阶段。对于退火不良的玻璃制品，由于热应力没有完全消除，其力学强度会下降，有时甚至发生自爆现象。

因此，在玻璃包装容器结构设计时，一定要对玻璃材料的生产工艺过程和玻璃材料的性能有一定了解和掌握。

第二节　玻璃容器瓶体结构

一、壁厚与强度

1. 玻璃容器的强度

（1）热冲击强度　玻璃的温度如发生变化，与其他物质一样，也发生伸缩现象。当玻璃表面受热或受冷，其表面先伸缩，但瓶子仍保持原来形状。由于各部分不能自由伸缩，于是就产生了复杂的应力。当应力超过玻璃强度时，瓶子就破损。

就热冲击强度来说，瓶壁越薄越好。受到同样的加热或冷却，壁厚的地方温差就大，于是应力就大，也就越容易破损。壁厚与热冲击关系如图 7－17 所示。

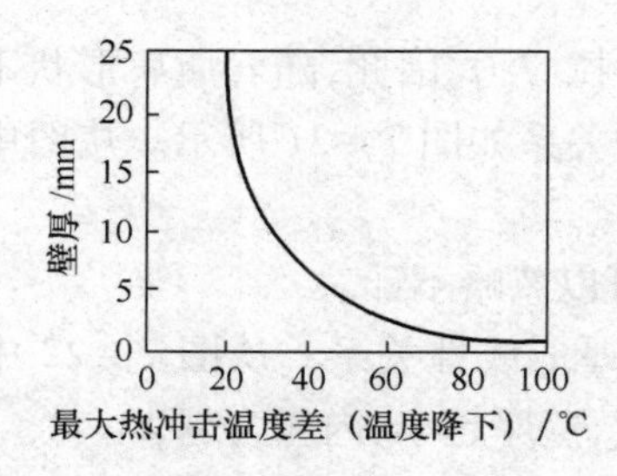

图 7 - 17 壁厚与最大抗热冲击值的理论关系

假定玻璃瓶是圆筒形，则由于急冷发生的拉伸应力可用下式表示：

$$S = 3.5\Delta T\sqrt{t} \qquad (7-1)$$

式中 S——拉伸应力，kg/cm²

ΔT——温差，℃

t——玻璃厚度，mm

（2）机械冲击强度　机械冲击是瓶子破损的主要原因。机械冲击所造成的破损程度根据冲击的位置、冲击的性质、瓶的形状的不同而不同。

图 7 - 18 为瓶子侧壁受到冲击后产生的各种应力。由图中可以看出，打击点处产生局部应力，内面产生弯曲应力，离打击点 45°处产生扭应力。在这三种应力中，扭应力的允许值最小，另外由于瓶子外表面常有伤痕，所以瓶子的破损几乎都由扭应力造成。

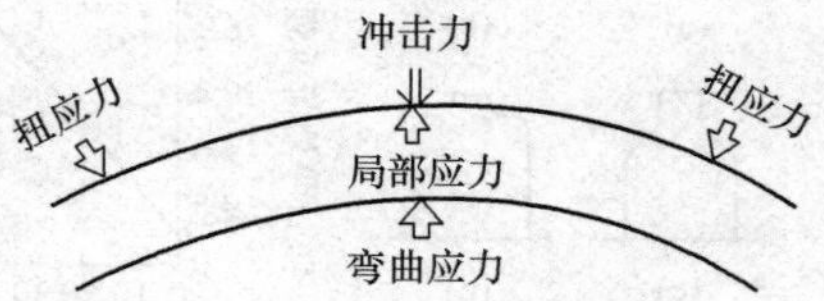

图 7 - 18 瓶子侧壁受冲击时应力的分布

冲击强度与玻璃瓶壁厚度的关系如图 7 - 19 曲线所示，图中壁厚数值是在某一试验条件下的数值。

图 7 - 20 表示大啤酒瓶的冲击强度。数值大体与瓶径成正比，特别是在瓶口处强度更弱。在使用瓶子时，要特别注意不要对口部进行冲击。

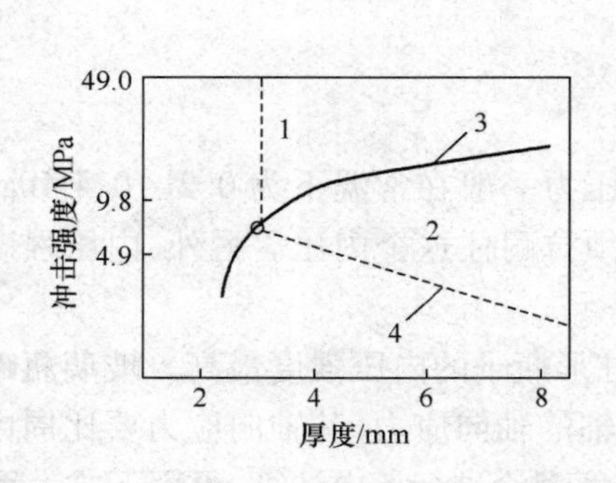

图 7 - 19 冲击强度与玻璃壁厚的关系曲线

1—局部破坏领域　2—损伤生成领域

3—破坏强度线　4—损伤生成线

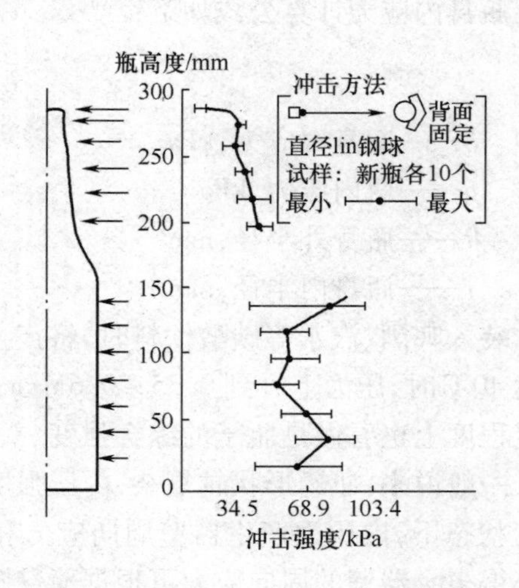

图 7 - 20 啤酒瓶冲击位置与冲击强度的关系

（3）垂直负荷强度　垂直负荷强度随壁厚的减薄成比例降低。当瓶子开盖或堆码时，受垂直负荷。普通瓶子垂直负荷强度很高；但轻量瓶若肩部形状设计不当，易造成垂直负荷强度很低。

通常由于垂直负荷在瓶肩外表面产生一个最大的拉应力，因此，随着瓶肩形状不同，其垂直负荷强度也就不同。瓶肩形状与垂直负荷强度的关系如图 7－21 所示。从图中看出，(a)形状比(d)形状的垂直负荷强度大 20 倍。

(4)内压强度　瓶内表面应力差与外表面相比，可以忽略不计。

就瓶外表面来说，由一定内压力引起的应力和壁厚成线性关系。从图 7－22 中可见，同一壁厚的瓶外径 R 越大，内应力越大；同一瓶外径 R，壁厚越小，内应力越大。

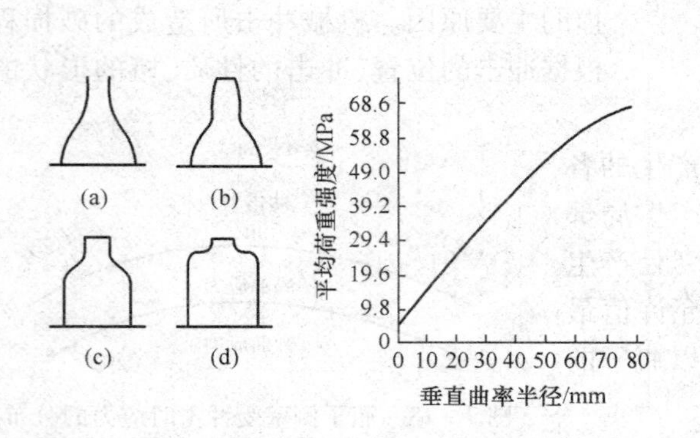

图 7－21　瓶肩形状与垂直曲率半径

(a)莎达尼酒瓶型 68.6MPa　(b)溜肩型 54.8MPa

(c)波尔多酒瓶型 27.4MPa　(d)端肩型 3.4MPa

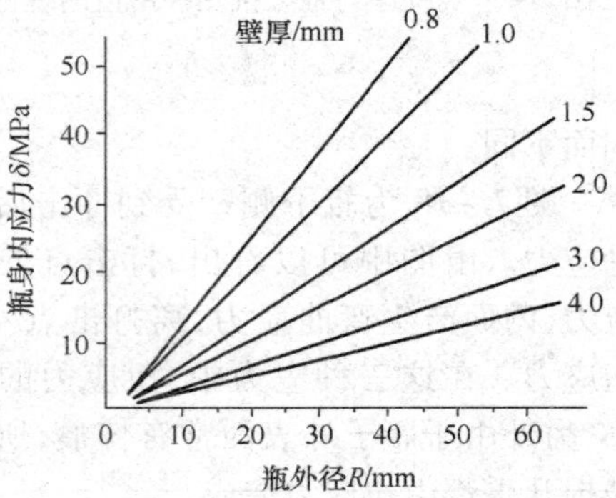

图 7－22　内压力引起瓶身内应力

瓶身内应力计算公式如下：

$$\delta = p\frac{R^2 + r^2}{R^2 - r^2} \tag{7-2}$$

式中　δ——瓶身内应力，kPa

p——瓶内压力，kPa

R——瓶身外半径，mm

r——瓶身内半径，mm

装入啤酒、汽水等碳酸饮料时，将产生内压，其压力一般在常温下为 0.2～0.4MPa，温度达 40℃时，压力上升到 0.35～0.6MPa，玻璃瓶必须抗耐住这个内压。另外，内压强度在一定程度上也看做是瓶子的综合强度。

一般说来，瓶罐形状越复杂，内压强度越低，圆柱形瓶子的内压强度最高。玻璃瓶罐在密闭状态下，内压力产生器壁周向应力和平行于纵轴的轴向应力，其轴向应力要比周内应力小得多。器壁的周向应力可根据薄壁圆筒内压强度理论进行考虑计算，可用下式表示：

$$\delta_p = \frac{Dp}{2t} \tag{7-3}$$

式中　δ_p——器壁周向应力，kPa

p——瓶的内部压力，kPa

D——瓶身内径，mm

t——壁厚，mm

(5)转倒强度　转倒强度是冲击强度的一种,是将瓶子放在桌子上倒下时的强度。它与机械冲击强度不同之处在于瓶子转倒时受到的冲击因瓶子的重量、形状的不同而有很大区别。

瓶子重心位置(转倒时受力中心)发生变化,破损率也随之变化,其关系如图7-23所示。

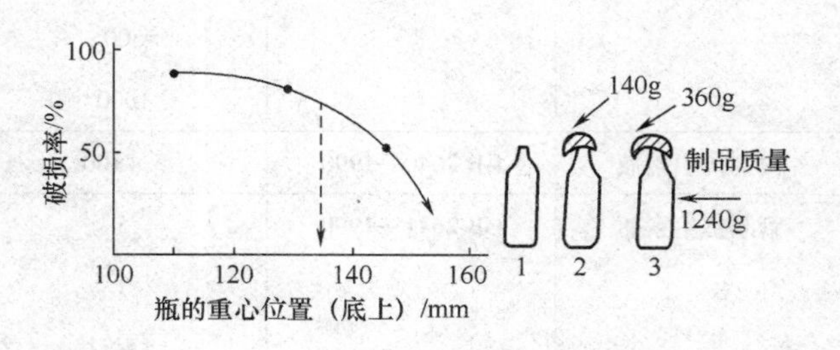

图7-23　瓶的重心位置与转倒强度的关系

1—试样1　2—试样2　3—试样3

由于转倒场所不同,引起破坏的程度也不同,回收瓶要求在桌子上转倒不发生损坏。

瓶子的转倒强度与瓶子的稳定性有关,影响瓶子稳定性的主要因素是转倒角度与使其转倒的力量。

(6)水冲击强度(又称水锤强度)　纸盒(箱)上受到冲击时,箱内瓶子突然往下移动,虽然移动距离很小,可是由于内装物悬空,致使瓶子与内装物之间发生空隙,瓶口空间被压缩,该压缩传给内装物,最后内装物恢复原来位置时,给瓶底一个剧烈的冲击内压力。这一冲击下产生两种情况:一是在0.0001s内产生245～1766kPa的压力,这时底部的压力相当高,而接近瓶口空间的压力瞬间猛然减低;二是约在10^{-6}s时间内局部产生高达350～3500MPa的压力。上述两种力重合在一起,便引起各种形态的水冲击。

水冲击强度不是瓶子本身强度,而作为包装强度来处理。

2. 玻璃容器的壁厚

玻璃容器的质量决定于设计尺寸,而壁厚的选择能否同容器尺寸保持正确的比例并满足产品性质的要求,取决于设计者的经验。如果壁厚过大,致使玻璃料熔化和容器冷却的热耗大为增加,而且在瓶壁内产生应力,使容器在脱模和冷却时产生变形。换言之,壁厚并不提高容器的强度,反而增加瓶重,延长生产周期,造成产品缺陷。同时玻璃容器的壁厚要均匀,如果结构上需要壁厚变化,则应呈平缓的圆弧状过渡。

表7-2为标准瓶罐的瓶壁厚度。表7-3为非标准瓶罐的瓶壁厚度。

表7-2　标准瓶罐壁厚　单位:mm

瓶　型	执行标准	公称容量/mL	瓶身厚度	瓶底厚度
A型输液瓶	GB 2639—1990	50	≥0.8	≥2.5
		100	≥0.8	≥2.5
		250	≥0.8	≥2.5
		500	≥0.8	≥2.5
		1000	≥1.0	≥3.0
B型输液瓶	GB 2639—1990	50	≥1.0	≥2.5
		100	≥1.0	≥2.5

续表

瓶　型	执行标准	公称容量/mL	瓶身厚度	瓶底厚度
		250	≥1.2	≥2.5
		500	≥1.2	≥2.5
		1000	≥1.5	≥3.0
模制抗生素瓶	GB 2640—1990	5~100		3.0±1.5
管制抗生素瓶	GB 2641—1990	5	≈0.8	≥0.40
		7	≈1.1	≥0.40
		10	≈1.1	≥0.40
		25	≈1.1	≥0.45
螺纹口管制瓶	GB 5043—1985	2	0.90	>0.40
		3	0.90	>0.40
		5	0.90	>0.40
		7	0.90	>0.40
		10	0.90	>0.40
		5*	1.10	>0.40
		7*	1.10	>0.40
		10*	1.10	>0.40
		15	1.15	>0.50
		20	1.15	>0.50
		25	1.15	>0.60
		30	1.15	>0.60
啤酒瓶	GB 4544—1996	640	≥2.0	≥3.0

注：螺纹口管制瓶中，5、7、10mL 公称容量瓶，瓶全高分别为 40.00、50.00、64.00mm，瓶身外径均为 18.00mm；5*、7*、10*mL 公称容量瓶，瓶全高分别为 30.00、37.00、46.00mm，瓶身外径均为 22.00mm。

表 7-3　　非标准瓶罐常用壁厚　　单位：mm

瓶罐高度（圆形断面）或小边长度（矩形断面）	瓶罐壁厚								
	瓶罐直径（圆形断面）或大边长度（矩形断面）								
	≤50	>50~75	>75~100	>100~125	>125~150	>150~175	>175~200	>200~250	>250~300
≤20	2.0	3.0	4.0	5.0	6.0	7.0	8.0	8.5	9.0
>20~40	2.5	3.5	4.5	5.5	6.5	7.5	8.5	9.5	10.5
>40~60	3.0	4.0	5.0	6.0	7.0	8.0	9.0	10.0	11.0

续表

瓶罐高度（圆形断面）或小边长度（矩形断面）	瓶罐壁厚								
	瓶罐直径（圆形断面）或大边长度（矩形断面）								
	≤50	>50~75	>75~100	>100~125	>125~150	>150~175	>175~200	>200~250	>250~300
>60~80	3.5	4.5	5.5	6.5	7.5	8.5	9.5	10.5	11.5
>80~100	4.0	5.0	6.0	7.0	8.0	9.0	10.0	11.0	12.0
>100~125	4.5	5.5	6.5	7.5	8.5	9.5	10.5	11.5	12.5
>125~150	5.0	6.0	7.0	8.0	9.0	10.0	11.0	12.0	13.0
>150~175	5.5	6.5	7.5	8.5	9.5	10.5	11.5	12.5	13.5
>175~200	6.0	7.0	8.0	9.0	10.0	11.0	12.0	13.0	14.0
>200~250	6.5	7.5	8.5	9.5	10.5	11.5	12.5	13.5	14.5
>250~300	7.0	8.0	9.0	10.0	11.0	12.0	13.0	14.0	

二、脱模斜度

与塑料容器一样，在压制法生产中，为了易于从玻璃制品中拔出冲头或从模具中取出制品，玻璃容器的内外侧壁必须具有一定的脱模斜度，脱模斜度的大小取决于压制制品的深度或高度以及玻璃料的收缩率。

如果没有脱模斜度，则容器出模就要不断摩擦模具侧壁，结果导致模壁变形或者表面出现细沟纹。细沟纹导致容器侧壁出现细裂纹，而且进一步引起脱模困难。

当然，脱模斜度不单纯是为了便于从玻璃制品中拔出冲头，有时则出于结构上的要求，例如，脱模斜度可以使容器壁厚得以增强或削弱；有时则利用脱模斜度调节玻璃料在模壁和冲头之间的流动速度，因为玻璃断面变化及其冷却，可以使玻璃料在模腔内的流动性降低。

表7-4为压制法生产玻璃容器的最小脱模斜度。表中数据来自生产实践及以普通钠钙玻璃为原料的实验结果。

表7-4　普通玻璃包装最小脱模斜度

开模至容器出模之间的时间/s	每100mm平均长度的最小斜度/(′)		开模至容器出模之间的时间/s	每100mm平均长度的最小斜度/(′)	
	内表面	外表面		内表面	外表面
5~20	20	40	>60~80	80	25
>20~40	40	35	>80	100	20
>40~60	60	30			

最小脱模斜度取决于模壁加工光洁程度，玻璃容器脱模时的冷却程度以及玻璃料

的成分。当容器开始脱模时，由于周围冷空气冷却，其温度比压制时略低。容器冷却程度同开模至容器取出之间的时间长短有关，时间越长，容器冷却越甚，其收缩就越快。而当容器收缩时，仍位于容器内的冲头受到容器表面挤压，结果难于从成型孔中取出。与此相反，由于收缩的关系，容器外表面脱离模型，使得容器容易从模具中取出。从表 7 – 4 可以看出，随着开模至容器脱模之间时间的增加，容器内表面的脱模斜度逐渐增加，而外表面的脱模斜度逐渐减小，这样使得开模时能够首先取出冲头，然后再从模具中取出容器。

在使用不可拆模成型的情况下，只有对表面需完全垂直的容器才可以采用近于0°的最小脱模斜度，但此时轻微的积炭污染会损害包装的内外表面。而对于可拆模，只有当打开模具时模型壁能较快脱离容器壁才可设计垂直表面。当脱模斜度不破坏结构时，为便于生产起见，应选择1°以上的脱模斜度，尤其是带有凹槽、加强筋、环形凸起等的容器，脱模斜度越大，压制和脱模越容易。

三、瓶 底 圆 角

瓶底圆角取决于成型模与底模的结合方式。若成型模同底模的结合系垂直于瓶轴线，即圆角向瓶身的过渡处是水平的[图 7 – 24(a)]，则应选用表 7 – 5 中的尺寸数据。根据这些数据所得的瓶底形状，在瓶壁较薄的情况下，就能避免瓶底凹陷；如果圆角位于瓶根，即成型模身以挤压法制造[图 7 – 24(b)]，则选用表 7 – 6 所列尺寸。该系列尺寸也适合瓶根壁加厚的瓶型，如果在瓶根处有一厚壁，就不会出现瓶底凹陷；对于双圆角瓶底[图 7 – 24(c)]，尺寸可参考表 7 – 7，双圆角底适合瓶径较大的瓶子，它可以更好地承受内应力。按表中确定的数据是否正确，可通过作图检验(图 7 – 25)。

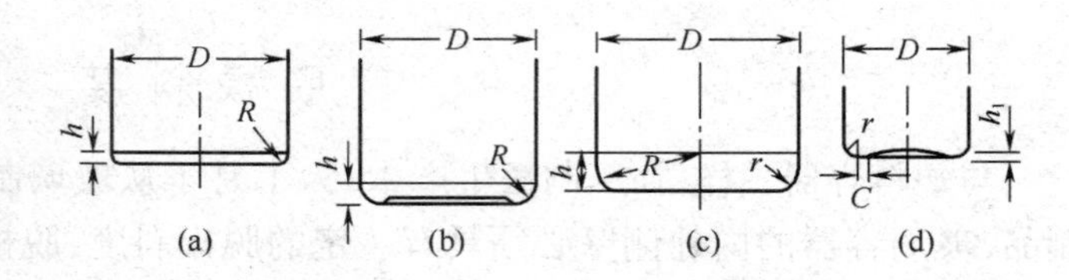

图 7 – 24　瓶底圆角

表 7 – 5　瓶底尺寸(一)　单位：mm

瓶身直径 D	0 ~ 20	30	40	50	60	70	80	90	100	110	120	130	140
瓶底高度 h	1.25	1.50	2.00	2.50	3.00	3.50	4.00	4.50	5.00	5.50	6.00	6.50	7.00
圆角半径 R	2.00	2.75	3.50	4.25	5.00	5.75	6.50	7.25	8.00	8.75	9.50	10.25	11.00

表 7 – 6　瓶底尺寸(二)　单位：mm

瓶身直径 D	0 ~ 20	30	40	50	60	70	80	90	100	110	120	130	140
瓶底高度 h	1.50	2.25	3.00	3.75	4.50	5.25	6.00	6.75	7.50	8.25	9.00	9.75	11.00
圆角半径 R	1.50	2.25	3.00	3.75	4.50	5.25	6.00	6.75	7.50	8.25	9.00	9.75	11.00

表 7-7　　瓶底尺寸(三)　　单位:mm

瓶身直径 D	0~20	30	40	50	60	70	80	90	100	110	120	130	140
瓶底高度 h	5	7	9	11	13	15	17	19	22	24	26	28	30
过渡半径 R	10	15	20	25	30	35	40	45	50	55	60	65	70
圆角半径 r	2.00	3.00	4.00	5.00	5.75	6.50	7.25	8.00	8.75	9.50	10.30	11.00	12.00

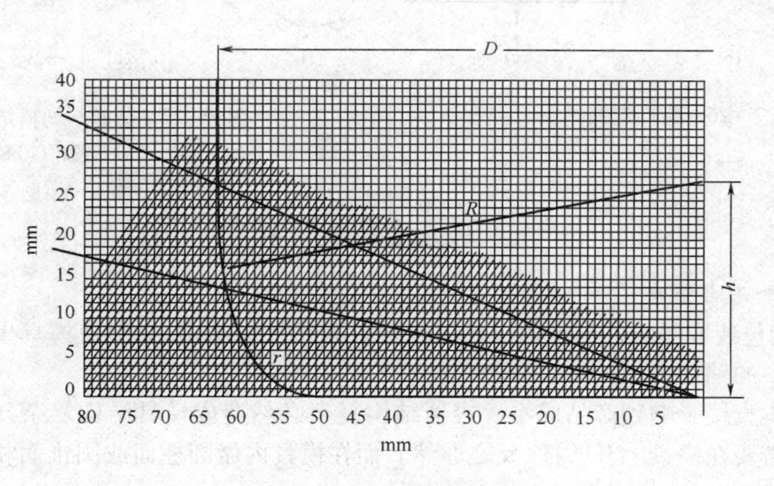

图 7-25　瓶身向双圆角底的过渡

$D=126\text{mm}$　$h=27\text{mm}$　$R=63\text{mm}$　$r=11\text{mm}$

内凹底能保证瓶子的稳定性。由于瓶型种类及制瓶机械的不同,其形状和尺寸多种多样。机械化制瓶常用球冠形截面内凹底[图 7-24(d)],尺寸数据见表 7-8。

表 7-8　　瓶底尺寸(四)　　单位:mm

瓶身直径 D	0~20	30	40	50	60	70	80	90	100	110	120	130	140
瓶底座尺寸 C	0.5	0.5	1.0	1.0	2.0	2.0	2.0	3.0	3.0	4.0	4.0	5.0	5.0
瓶底内凹起高度 h_1	1.00	1.25	1.50	2.00	2.50	3.00	3.50	4.00	4.50	5.00	5.50	6.00	6.50

四、凸起和凹槽

设计表面有凸起和凹槽的玻璃包装,应能使容器自由脱模且模具制造简单。当使用可拆卸模时,模具要易于开启同时又不损害玻璃包装制品的表面,因此除直线外的各种凸起都需要比较复杂的模具。当使用不可拆卸模时,凸起与凹槽应为直线且平行于脱模方向。小断面直或斜凸起和凹槽模具成本较高,制造周期长,模具内凸凹表面清理和抛光费工费时,所以不要采用,而大断面凸起对生产最为有利。图 7-26(a)(b)分别是用立式模和卧式模生产的瓶塞直凸起,其形状简单,抛光量小,制品外观好。而图 7-26(c)所示斜凸起,模具结构复杂(四瓣模),制造麻烦且易产生飞翅、尖刺等缺陷,不宜应用。

最好采用图 7-27 所示的凸起和大断面凹槽。图 7-27(a)的凸起结构较之图 7-26

(a)和(b),易于成型且可避免细裂纹。图7－27(b)的大断面凹槽使人手便于执握,难以脱落,而且凹槽不像凸起那样容易碰坏。

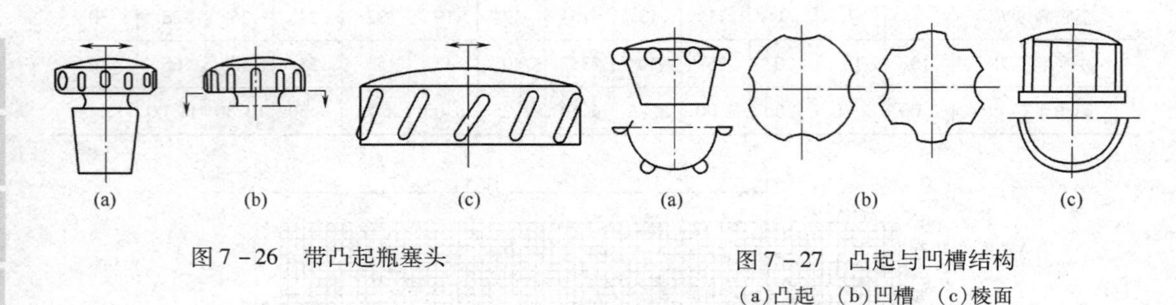

图7－26　带凸起瓶塞头

图7－27　凸起与凹槽结构
(a)凸起　(b)凹槽　(c)棱面

五、玻璃容器的形状

1. 容器外形与强度

(1)玻璃包装容器的外形结构　玻璃包装容器的外形结构,必须使模具生产简单且减少制品生产中的辅助工序。

模具成本直接影响到产品成本。容器结构复杂必然造成模具结构复杂,例如,容器上的凸起必然需要在模具上开凹槽,反之亦然。而在模具内做圆柱面或圆锥面相对于棱面要简单得多。

在模具结构中,接合面选择尤为重要。模具可做成双瓣、三瓣或多瓣(图7－28)。但对包装来说,三瓣以上模具要尽可能避免。

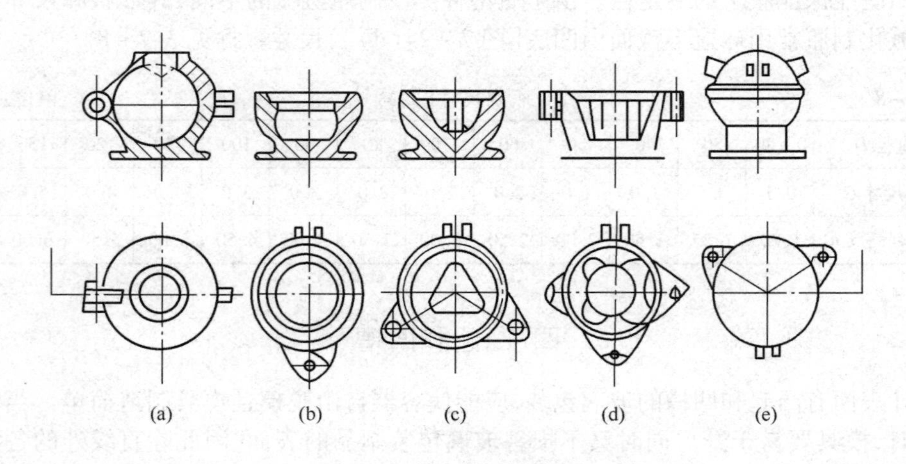

图7－28　组合模具
(a)双瓣折叠模　(b)双瓣开式模　(c)三瓣开式模　(d)四瓣开式模　(e)上部三瓣折叠模

(2)容器的最大尺寸　容器的最大尺寸必须根据玻璃性质决定。

(3)容器棱角　容器的棱角应呈圆弧形。尖棱不仅容易碰坏,而且在速冷时由于玻璃料收缩或内外负荷作用而产生内应力引起该处的裂纹。圆棱角不仅便于玻璃料在模内流动，而且使热应力和冷却过程所造成的缺陷减少，提高容器的力学强度。

（4）增加容器强度　表面起棱（图7－29）可增加容器强度，也可防止小型容器壁的翘曲。玻璃料由可塑性状态转变为硬固状态之前存在翘曲的危险，同时又由于玻璃各部分收缩的不均匀而产生节瘤。为消除这些缺陷而采用的加强棱不应设计成封闭型。因为封闭型棱不能自由收缩，极有可能产生内应力而使容器表面出现细裂纹，使容器强度降低。

（5）大型包装容器的壁翘曲　大型包装容器为防止壁翘曲，可在其表面沿脱模方向做沟纹或在底与盖部做波纹［图7－30（a）］，最好采用稍向外凸的容器壁［图7－30（b）］。

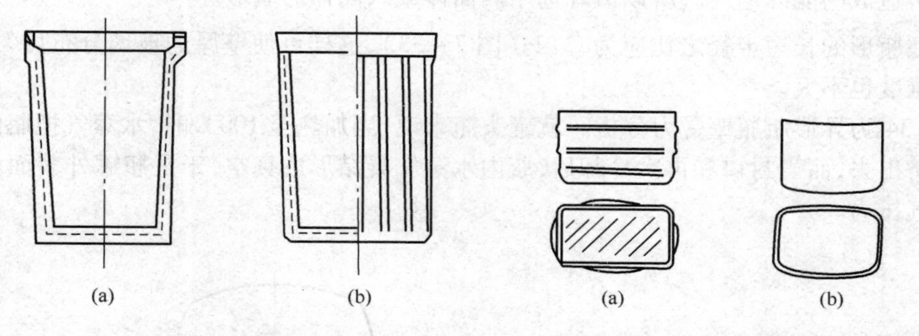

图7－29　表面起棱　　　　图7－30　防止大型玻璃容器壁翘曲的设计

凸壁、起棱或沟纹除防止生产时壁翘曲外，对容器强度也有一定增强作用，但在设计时应要求与容器的造型和谐一致。

（6）防冲击箍的设计　在易碰撞的瓶身上下部设计凸纹或珠状凸点形成箍圈（图7－31），可以增加瓶形美观，同时在不降低瓶内压强度的情况下，提高抗热冲击强度50%。这是因为在附有颗粒状凸点的瓶壁表面，拉应力发生在凸点间隙，而擦痕只产生在凸点表面，两者并不重合，因此，受拉应力作用时，瓶壁不易破损。

（7）麻面瓶对瓶表面的装饰　麻面瓶对瓶表面进行修饰，使光线难以直射其中，防止内装物腐败，而且增大瓶体表面面积，并形成妨碍变形的小平面，同时还可掩盖瓶体缺陷（图7－32）。

图7－31　防冲击箍结构　　　　图7－32　麻面瓶

（8）异形瓶　异形瓶可作酒瓶、化妆品瓶或调味品瓶。所谓异形瓶指除了普通圆形瓶以外的各种形状的包装瓶，包括多面体、椭圆柱体、多种旋转体的组合以及工艺包装瓶。这些瓶形结构比较复杂，模具成本高，受力不佳，瓶壁厚，生产率低，生产及运输成本高，不适合自动化生产。但是外观效果好，有利于促销。

图 7－11(d)所示三面体瓶，可以增加装箱量，节省仓库面积。但其承受内外压力或真空的能力差，而且瓶壁玻璃料分布不均，瓶角处往往过厚或过薄，因此强度较低，极易发生运输破损。而减少库存面积所带来的节省较之破损所造成的浪费往往得不偿失，更不用说增加壁厚所造成的能源消耗。所以最好选用四面体或六面体的瓶形。

椭圆柱瓶形的长短半径之比应为$\sqrt{2}:1$（图 7－33），这样可使壁厚的玻璃分布均匀，而制造雏形难度也不大。

图 7－34 为异形瓶瓶壁受力分析。就罐头瓶来说，当加热至 100℃时，水蒸气把瓶内残存空气排挤出去，而当封口和再次冷却后，瓶内水蒸气凝结形成真空，于是瓶罐外表面就承受外部大气压力。

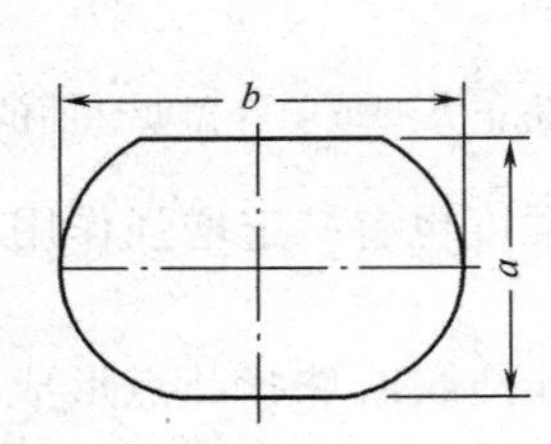

图 7－33　椭圆柱瓶长短半径比

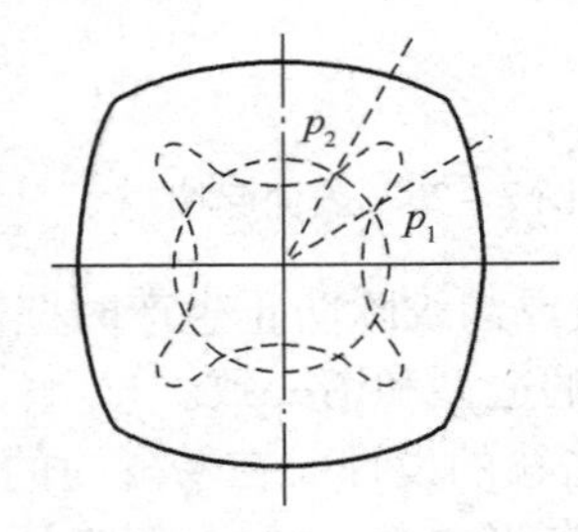

图 7－34　四面体异形瓶瓶壁应力分布

当瓶罐为圆柱形时，大气压力等同作用于瓶壁表面。由于玻璃抗压强度远远大于拉伸强度（10 倍左右），在壁厚一定的情况下，101kPa 的外压远未达到玻璃的抗压强度极限。而瓶罐截面为椭圆形或多边形时，情况就大不相同。此时瓶体内压力力图使多面体变成圆柱体。如果瓶内有一定真空度，则外部大气压力就力图把凸出的瓶壁压进去。这样整个瓶壁上作用的压力就不相同，再加上其他力的叠加，常常产生很高的应力。应力的方向是交变的，忽而是压应力忽而是张应力。玻璃承受这种交变应力的能力很差，因而容易发生破坏。

在图 7－34 所示四面体瓶瓶壁内应力分布中，假设厚度均匀，外压力引起的瓶壁内应力分布如图中虚线所示。虚圆表示零应力线，虚曲线表示整个瓶面上应力大小和方向的变化。位于虚圆之外的虚曲线，表示在对应瓶壁外表面作用压应力；在虚圆之内的虚曲线，表示在对应瓶壁外表面作用张应力；而在 p_1、p_2 以及虚曲线与虚圆相交的其他诸点均无任何应力。

根据瓶壁应力分布图，就可以正确选择瓶壁厚度。在张应力作用区，壁厚可取大值，而在压应力作用区，壁厚可取小值，以此改善异形瓶的强度。

2. 瓶肩结构与强度

三种用圆锥形连接起来的瓶肩设计与强度的关系见表 7－9。

Ⅰ型瓶为大的平面肩，瓶子外侧肩面受到冲击或划伤时，应力就更大，抗垂直负荷就差。这种形状的瓶肩抗机械冲击强度本来就差，装了内装物再倒置过来，因有很大的平面肩，所以抗水冲击强度差。从强度观点来看，这种形状不太好。

Ⅱ型瓶其圆锥角度被改良，垂直负荷强度稍强，但此角度对机械冲击或擦伤还不太好，不过其应力多少比Ⅰ型瓶分散，所以对水冲击的抵抗略为增强。

Ⅲ型瓶瓶肩角度直立，弯曲点有两处，其中一处起缓冲作用。应力分布均匀，对垂直负荷最好。又由于在肩口受到的应力较少，所以抗机械冲击强度也不错。对水冲击也有更强的抵抗力。

3. 瓶身与瓶根形状与强度

表7－10表示三种瓶子瓶身与瓶根形状与强度的关系。

表7－9　瓶肩形状与强度的关系

编　号	Ⅰ	Ⅱ	Ⅲ
形状 / 强度类别			
垂直负荷强度	劣	尚可	良
机械冲击强度	劣	尚可	良
水冲击强度	劣	尚可	良

表7－10　瓶根和瓶底形状与强度的关系

编　号	Ⅰ	Ⅱ	Ⅲ
形状 / 强度类别			
机械冲击强度	劣	良	良
垂直负荷强度	良	尚可	尚可
热冲击强度	劣	良	良
水冲击强度	劣	尚可	劣

Ⅰ型瓶瓶身笔直，瓶根棱角是锐角，所以垂直负荷强度好。由于底的接触面积大，因而垂直负荷不产生更大的弯曲应力。同样道理，对冲击是不适当的，由于底部尖锐，所以冲击产生的应力就更大些，瓶子本身的抗机械冲击强度就差些。抗热冲击也比较弱，由热冲击而引起的破损几乎都是在这部分引起，如果这里有擦伤强度就更差了。抗水冲击强度也不好。根据水冲击原理，在瓶根的弯曲面处产生一个较强的弯曲应力，由此引起一个很强的拉应力；如外表面受到擦伤，抗水冲击强度则更加弱些。

Ⅱ型瓶抗机械冲击较好，因为弯曲的大部分在底圆的曲面上，接触点在上部，所以几乎不易受擦伤。抗扭转应力的破坏也很强。又由于瓶根处不易擦伤，所以抗热冲击也较好。对垂直负荷来讲，虽在笔直部分的应力大部分传下来，但还是较好的。对水冲击来说，与Ⅰ型瓶相比，由于负荷平均分布，也比较好。

Ⅲ型瓶加上一个球形凸出部，对机械冲击抵抗较好，抗垂直负荷尚可，抗热冲击也是较好的。但对水冲击的抵抗特别不好，这是由于内部应力与表面伤痕集中在同一位置上。因此，设计时要避免这一造型。

4. 瓶身断面形状与强度

瓶身形状越复杂，强度越小；越接近圆形，强度越大。表7－11是断面形状与其内压强度比的关系。

表 7-11　玻璃瓶瓶身断面形状与内压强度比

瓶身水平断面形状	内压强度比	瓶身水平断面形状	内压强度比
圆　形	10	正方形、过渡圆角半径较大	2.5
椭圆形（长短轴比为2:1）	5	正方形、过渡圆角半径较小	1

5. 玻璃瓶底部形状与强度

一般玻璃瓶底部中央采用内凸结构，可增加瓶子的稳定性，防止擦伤，同时对增大内压强度和水冲击强度也有很大意义。

第三节　玻璃容器瓶口结构

玻璃容器在灌装以后要以适当的方法封口，封口的目的在于防止内装物洒出或氧化腐败。对封口要求不同，瓶口结构也不相同。

一、冠形瓶口

用来承接冠形瓶盖的瓶口叫冠形瓶口。多用于啤酒、清凉饮料以及启封后不再需要塞封的各种瓶子。瓶口各部名称如图 7-35 所示，各部尺寸如图 7-36 所示。

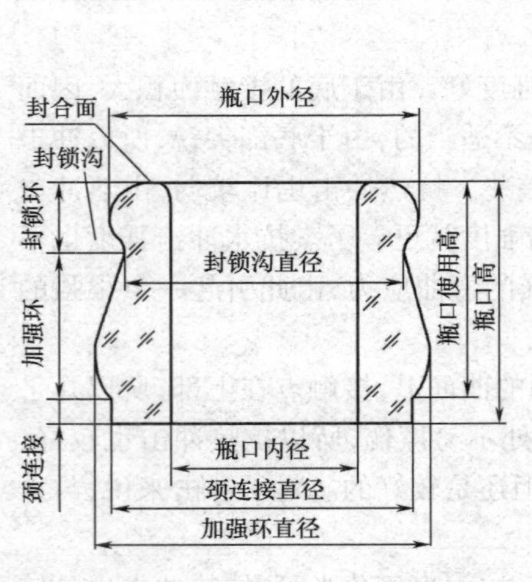

图 7-35　冠形瓶口各部名称

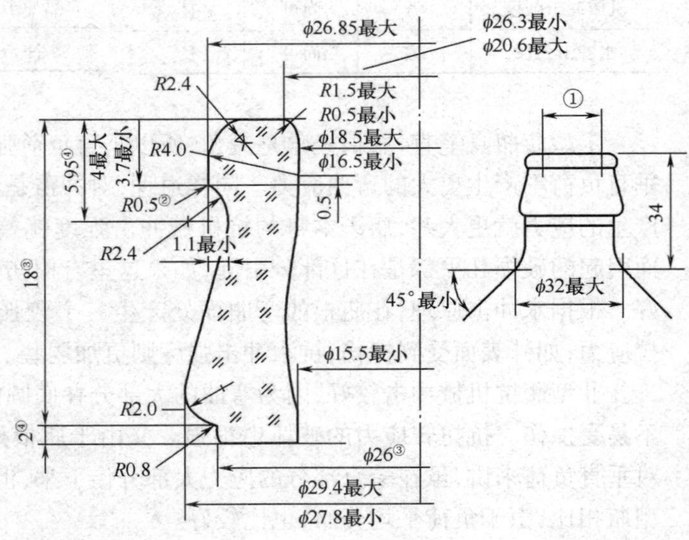

图 7-36　冠形瓶口各部尺寸

注：①在 1.5～3.0mm 深度处的瓶口内径应介于 18.5mm 和 16.5mm 之间，需进行重复封装或经受特殊消毒处理的回收瓶，瓶口内径应介于 16.6mm 和 15.6mm 之间；②最佳半径；③适合于玻璃制造的公称尺寸；④仅为制造而定的尺寸。

图 7－37 是一种特殊的冠形瓶口，适用于不用启封工具的牛奶和果汁瓶。撕开铝箔舌片，即可轻松地启封瓶口。

双用冠形瓶口可安放撬开式或旋入式瓶盖。

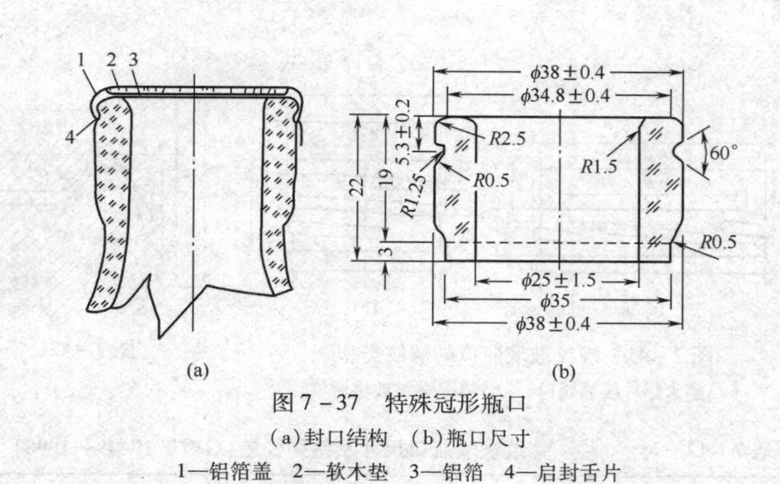

图 7－37　特殊冠形瓶口

(a)封口结构　(b)瓶口尺寸

1—铝箔盖　2—软木垫　3—铝箔　4—启封舌片

二、螺纹瓶口

螺纹瓶口适合于需要经常开启和再封而又不需开启工具的瓶型，如白酒瓶、普通葡萄酒瓶、调味品瓶、医药瓶等。螺纹瓶口可配塑料盖或金属盖，前者较后者螺纹粗，螺距大(图 7－38)。螺纹瓶口常辅以塞封，即采用内外盖的形式，以加强封口效果或赋予瓶口喷洒内装物等功能(图 7－39)。

螺纹瓶口可配提环以方便消费者携带和倾倒(图 7－40)。

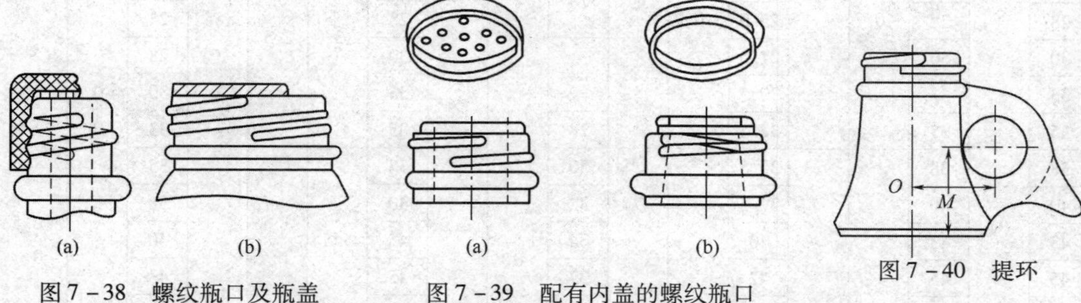

图 7－38　螺纹瓶口及瓶盖

(a)塑料盖　(b)金属盖

图 7－39　配有内盖的螺纹瓶口

(a)喷洒内盖螺纹瓶口　(b)卡扣式内盖螺纹瓶口

图 7－40　提环

螺纹瓶口中单头螺纹、多头螺纹和快旋螺纹应用最为广泛。单头螺纹瓶口只有一个螺纹起始线，瓶盖旋出速度较慢。多头螺纹瓶口有两道或两道以上螺纹起始线，瓶盖旋出速度较快。快旋瓶口又称凸缘瓶口，间歇螺纹，瓶盖开闭只需 1/4 圈，因而速度最快。图 7－41 为多头螺纹和单头螺纹玻璃瓶口的螺纹类型，图中相关尺寸及系列公差见表7－12。

螺纹瓶口可以是外螺纹瓶口，也可以是内螺纹瓶口。单头螺纹既可以是外螺纹，也可以是内螺纹。多头螺纹和快旋螺纹则只有外螺纹。螺距大小应使瓶盖受振荡时不被旋出为宜。连续螺纹圈数常为 1.5 圈。实际一个螺纹瓶口在封合时只有 3/4 与瓶盖啮合，其余部分并不与瓶盖螺纹接触。螺纹尺寸应按瓶口尺寸以及瓶口和瓶盖的制造精度选择。螺纹断面越小，就越难达到所需的精度和封口质量。

图 7－42 为普通瓶口螺纹牙型。若已知螺距 h 和直径 d，则其他尺寸可按表 7－13 选取。

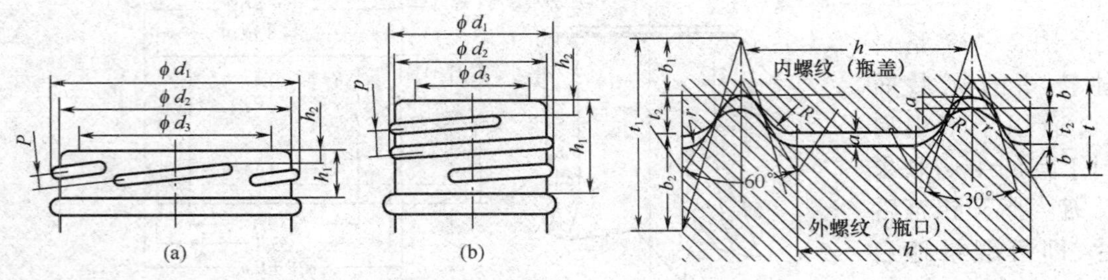

图 7-41　螺纹玻璃瓶口的螺纹类型

(a)多头螺纹玻璃瓶口　(b)单头螺纹玻璃瓶口

图 7-42　普通瓶口螺纹牙型

表 7-12　　螺纹玻璃瓶口尺寸及系列公差(GB/T 17449—1998)　　单位:mm

公称直径	系列	螺纹外径 d_1			瓶口外径 d_2			瓶口内径 d_3			螺距 P		始端至封合面 h_2		瓶口使用高度 h_1		
		公称尺寸	公差 A_1	公差 B_2	公称尺寸	公差 A_1	公差 B_2	公称尺寸	公差 A_1	公差 B_2	公称尺寸	尺寸 A_2	尺寸 A_2		基本尺寸	公差 A_2	公差 B_2
13		13	±0.2		11	±0.2		7	±0.2		13				10	±0.2	
15		15			13			9			15	2.5	1.5				
18		18			15			11			18				15		
20		20			19.5			13			20				18		
22		22		任	19		任	15			22				20		
24		24	0		21.5	0				±0.5	24				22		
28		28	-0.7	选	25.0	-0.7	选	18			28	3	2.5		24		
30		30			27.5						30				28		
33		33			30.5			24			33				30	+0.5	
35		35			32.5			28			35				33	0	
38		38			35.5			30			38				35		
40		40			37.5			32			40		3.5		38		+0.5
43	A_2 B_2	43			40			34			43	3.5			40		0
45		45			42			37	0		45				43		
48		48	0		45	0		39	-1		48				45		
51		51	-0.9		48	-0.9		42			51				48		
53		53			50			45		任	53						
58		58		±0.45	55		±0.5	47			58						
60		60			57			52		选	60	4					
63		63			60			54			63		4			不	
66		66			63			56			66				⋮	对	
70		70	0		67	0		59			70					应	
75		75	-1		72	-1		62			75	4.5					
77		77			74			67			77						
83		83			80			69			83						

注:(1)基本尺寸为螺纹外径;

(2)A_2 表示单头螺纹瓶口系列,B_2 表示多头螺纹瓶口系列。

表 7-13 普通瓶口螺纹牙型尺寸

尺寸名称	t	t_1	t_2	b	b_1	b_2	r	R
数值	0.433h	0.933h	0.17h	0.132h	0.344h	0.419h	0.1 h	0.12h

注：双头螺纹：$h_2 = h/2$；三头螺纹：$h_3 = h/3$。

拧开式瓶口是有螺线的大直径瓶口［图 7-43(a)］。滚线式瓶口是可用铁或铝质瓶盖滚牢的瓶口［图 7-43(b)］。防盗盖瓶口是在开启前要拧断瓶盖下部连接金属片的瓶口。这些都是特殊螺纹瓶口。

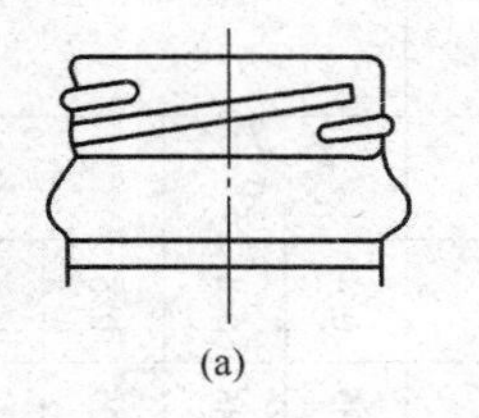

(a)

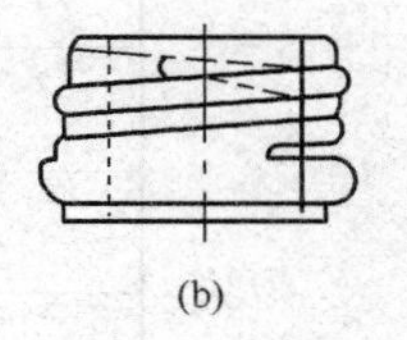

(b)

图 7-43 拧开式瓶口与滚线式瓶口

(a)拧开式瓶口 (b)滚线式瓶口

防盗螺纹玻璃瓶口根据用途分为 A、B、C 三类，A 为标准类，B 为深口类，C 为超深口类。各类又分为三个形式，如图 7-44 所示。对于公称直径为 30mm 的超深型瓶口有两种凹入方式。图 7-44 中防盗螺纹玻璃瓶口尺寸及系列公差见表 7-14。

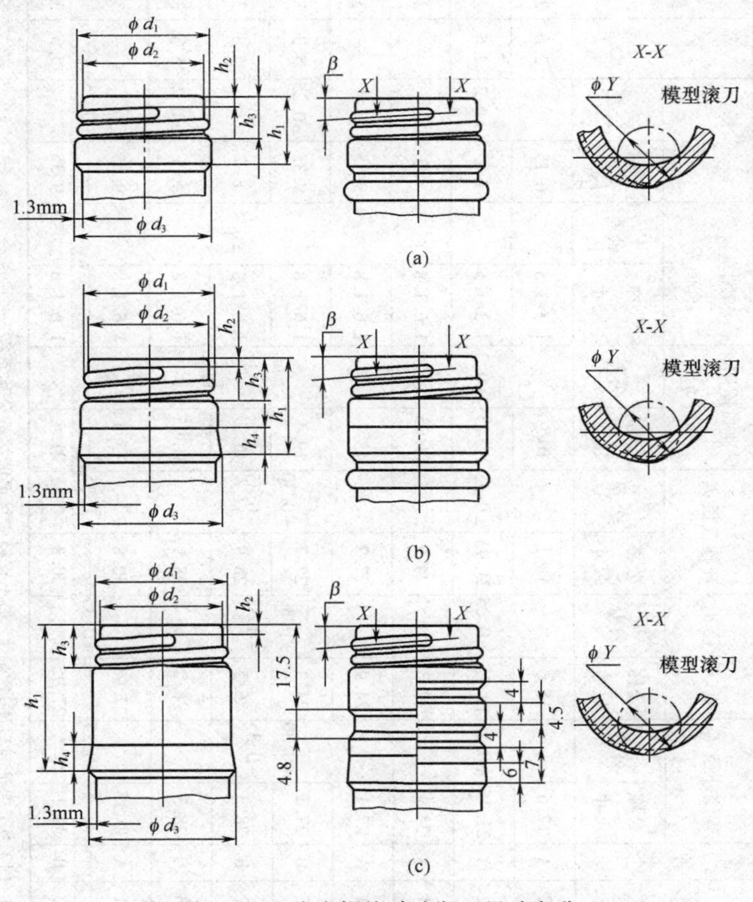

图 7-44 防盗螺纹玻璃瓶口尺寸名称

(a)形式 1 (b)形式 2 (c)形式 3

表 7-14　防盗螺纹玻璃瓶口尺寸及系列公差（GB/T 17449—1998）

单位：mm

公称直径	形式	种类	螺纹外径 d_1 公称尺寸	螺纹外径 d_1 公差	瓶口外径 d_2 公称尺寸	瓶口外径 d_2 公差	环箍直径 d_3 公称尺寸	环箍直径 d_3 公差	瓶口使用高度 h_1 公称尺寸	瓶口使用高度 h_1 公差	始端至封合面 h_2 公称尺寸	始端至封合面 h_2 公差	h_3 公称尺寸	h_3 公差	h_4	螺距 p	c	b	r_1	r_2 最大	r_3	r_4	β	γ	通口最小 d_4
18	2	A	17.6	±0.25	15.0	±0.25	18.1	±0.25	10.2	±0.2	1.3/1.5	±0.3	6.15	±0.2	2.6	2.54	0.85	1.7	0.85	0.4	0.75 ±0.25	0.3～0.8	2°46′	0.7	8
22	2	A	21.45		19.75		21.95		12.75		1.3/1.5		6.8		2.6	2.54	0.85	1.7	0.85	0.4			2°15′	9.5	11
25	1	A	24.4		22.3		24.9		14.05		1.6/1.8	±0.4	8.3		—	3.18	1.05	2.1	1.05	0.5	0.95 ±0.25		2°29′	9.5	13
28	1	A	27.1		24.9		27.7		15.4		1.6/1.8		9.35	±0.25	—	3.63	1.1	2.2	1.1	0.6			2°33′	12.5	16
28	2	B	27.1	+0.30 −0.35	24.9	+0.30 −0.35	27.7	+0.30 −0.35	19.4	±0.25	1.6/1.8		9.35		5.3	3.63	1.1	2.2	1.1	0.6			2°33′	12.5	16
29	2	B	28.3		26.2		28.9		17.2		1.6/1.8		8.5		5.3	3.63	1.1	2.2	1.1	0.6			2°33′	12.5	16
30	3	C	28.3		26.2		28.9		31.95		1.6/1.8		8.5	±0.2	5.3	3.18	1.05	2.1	1.05	0.5			2°7′	12.5	16
31	1	A	30.15	±0.35	27.95	±0.35	30.8	±0.35	15.4		1.6/1.8		9.35	±0.25	—	3.63	1.1	2.2	1.1	0.6			2°17′	12.5	18
31	2	B	30.1		27.95		30.8		21.4		1.6/1.8		9.35		5.3	3.63	1.1	2.2	1.1	0.6			2°17′	12.5	18

注：(1)为了保证封口质量，最大、最小直径应尽可能接近公称直径；

(2)近口最细处应等于 d_4。

医药用管制玻璃瓶的螺纹瓶口结构及尺寸如图 7－45 和表 7－15 所示。

表 7－15　医药用管制玻璃瓶螺纹瓶口尺寸　单位：mm

公称容量/mL	d_1	d_2	h_1	h_2	t	A
2	13.00±0.40	8.00±0.35	8.00	>0.50	2.50	1.20
3	13.00±0.40	8.00±0.35	8.00	>0.50	2.50	1.20
5	14.00±0.50	9.00±0.40	8.50	>0.60	2.50	1.20
7	14.00±0.50	9.00±0.40	8.50	>0.60	2.50	1.20
10	14.00±0.50	9.00±0.40	8.50	>0.60	2.50	1.20
5	19.00±0.50	14.00±0.40	9.00	>0.60	3.00	1.50
7	19.00±0.50	14.00±0.40	9.00	>0.60	3.00	1.50
10	19.00±0.50	14.00±0.40	9.00	>0.60	3.00	1.50
15	23.00±0.50	17.50±0.40	10.00	>0.60	3.00	1.50
20	23.00±0.50	17.50±0.40	10.00	>0.60	3.00	1.50
25	25.00±0.50	19.50±0.40	10.00	>0.60	3.00	1.50
30	25.00±0.50	19.50±0.40	10.00	>0.60	3.00	1.50

注：螺纹口管制瓶中，5、7、10mL 公称容量瓶，瓶全高分别为 40.00、50.00、64.00mm，瓶身外径均为 18.00mm；5*、7*、10*mL 公称容量瓶，瓶全高分别为 30.00、37.00、46.00mm，瓶身外径均为 22.00mm。

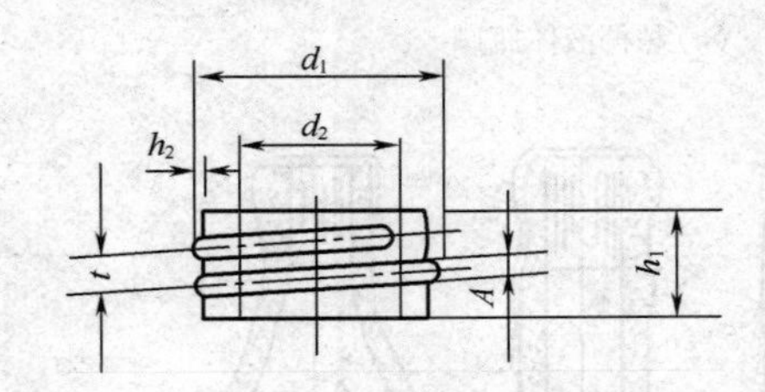

图 7－45　医药用管制玻璃瓶螺纹瓶口尺寸名称

d_1—螺纹外径　d_2—瓶口外径　h_1—瓶口高度　h_2—螺纹高度　t—螺距　A－螺纹宽度

螺纹瓶口的螺旋升角（滚刀引入角）的计算公式如下：

$$\text{tg}\beta = \frac{P}{\frac{d_1 + d_2}{2}} \quad (7-4)$$

式中　β——螺旋升角（滚刀引入角），(°)

P——螺距，mm

d_1——螺纹外径，mm

d_2——瓶口外径，mm

三、塞形瓶口

塞形瓶口是一种简单而传统的瓶口形式，主要用于干白或干红葡萄酒和中低档调味品。瓶塞（塑料塞或软木塞）要压进到瓶颈内[图 7－46(a)]，要求瓶颈必须是圆柱形，没有渐缩[图 7－46(b)]和渐扩[图 7－46(c)]。渐缩瓶颈既难封口，也难灌装，封口时常被炸裂，灌装时不能选用大直径漏斗，从而延长了灌装时间。渐扩瓶颈封口后瓶塞难以拔出，如果强行动作，则可能损坏瓶口或瓶塞，从而污染内装物。

塞形瓶口瓶颈的圆柱部分应有一定长度 l，否则瓶塞易被压进瓶内[图 7－46(d)]。

塑料塞形瓶口的结构与尺寸，葡萄酒瓶可选用图 7－47(a)，白酒瓶可选用图 7－47(b)，黏稠液体如油脂、糖浆、果汁等可选用图 7－47(c)。

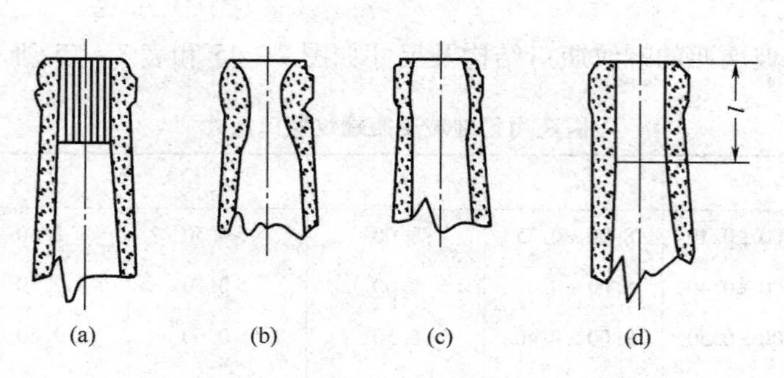

图 7－46　塞形瓶口

（a）圆柱形内径（正确）（b）渐缩内径（错误）（c）渐扩内径（错误）（d）圆柱形内径（正确）

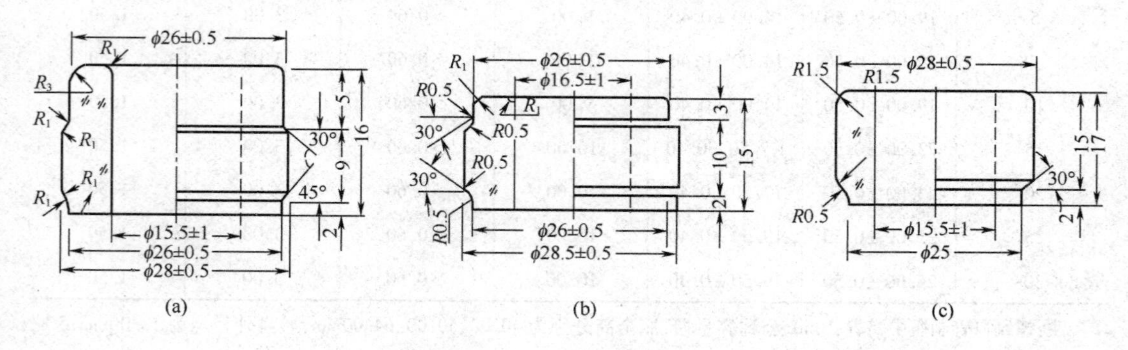

图 7－47　塑料塞形瓶口尺寸

（a）葡萄酒瓶口（b）白酒瓶口（c）黏稠液体瓶口

塞形瓶口需包敷金属箔或塑料箔，有时还要用特殊材料浸渍（图 7－48）。箔可以防止空气经由多孔塞渗入到瓶内，确保内装物的原始状态、风味等不变，同时也提高了装潢的档次和具有显开痕作用。

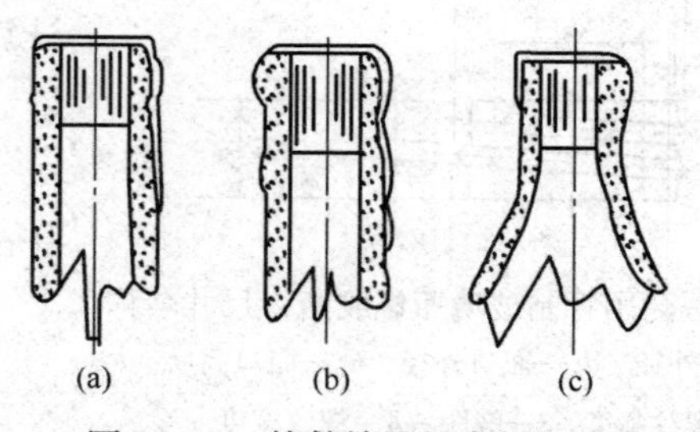

图 7－48　外敷箔冠的塞封瓶口

四、磨塞瓶口

磨塞瓶口用于包装化工类挥发性物质或易串味物质的瓶罐。分内磨塞瓶口和外磨塞瓶口。瓶口斜度为 1∶10，当低于 1∶6 时，在压力升高或受振荡时，会造成瓶塞松动而密封不严。

五、喷洒瓶口

喷洒瓶口主要用于高档花露水或香水包装。内装物可以通过瓶口小孔喷洒出来，该小孔可用橡皮塞封口。喷洒瓶口结构及孔径尺寸见图 7－49 和表 7－16。

表 7-16　　喷洒瓶口孔径尺寸　　单位:mm

型　号	A	B	C	D	E	F	G	H	I	J	K	L	M	N
瓶口孔径	2.4	2.8	3.2	3.6	4.4	4.8	5.2	5.6	6.0	6.4	6.8	7.2	7.6	8.0
灌装管最大直径	1.2	1.6	2.0	2.4	3.2	3.6	4.0	4.4	4.8	5.2	5.6	6.0	6.4	6.8

注:允许公差 0.8mm。

喷洒瓶口有四种形式:平顶喷洒瓶瓶口;带密封圈的凹顶喷洒瓶瓶口;中心部凸起喷洒瓶瓶口和不带密封圈的凹顶喷洒瓶瓶口。

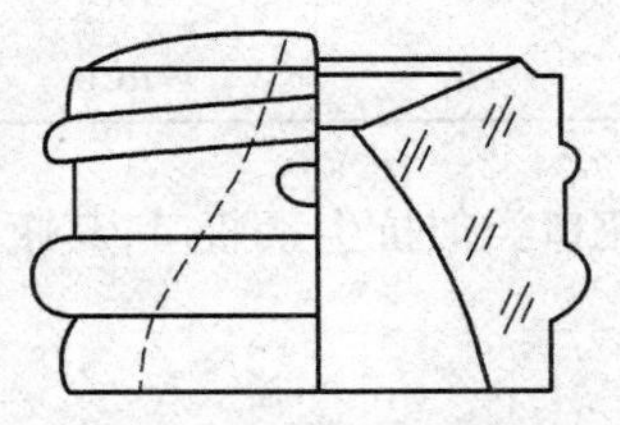

图 7-49　喷洒瓶口

六、抗生素瓶口

抗生素瓶口是一种盛装抗生素粉注射针剂的小型药瓶的特殊瓶口。由于最早用于包装青霉素,所以又称青霉素瓶口。它用卷边的铝箍固定橡胶塞密封,分为模制瓶口(图 7-50)和管制瓶口(图 7-51),其主要尺寸见表 7-17 和表 7-18。

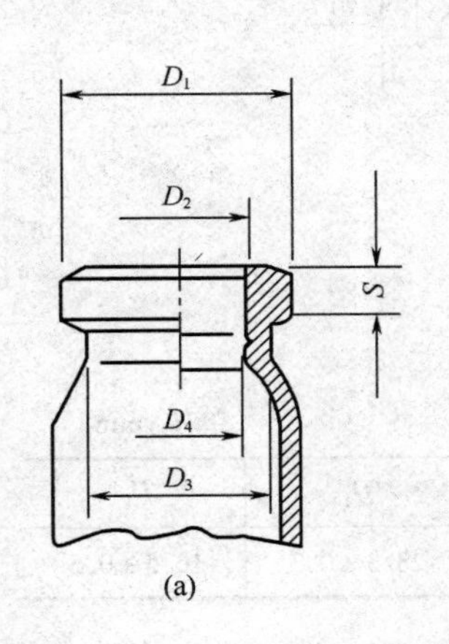

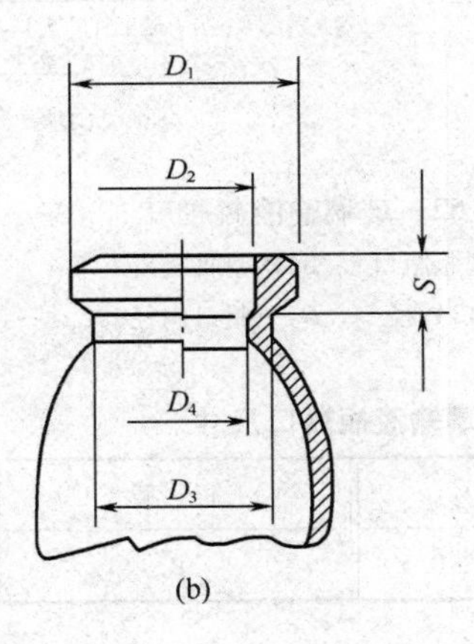

图 7-50　模制抗生素瓶口

(a) A 型瓶口　(b) B 型瓶口

D_1—瓶口外径　D_2—瓶口内径　D_3—瓶颈外径

D_4—瓶颈内径　S—瓶口边厚

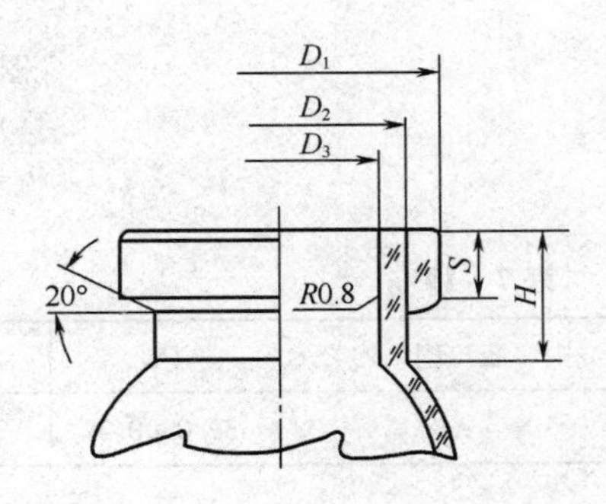

图 7-51　管制抗生素瓶口

D_1—瓶口外径　D_2—瓶颈外径

D_3—瓶口内径　H—瓶颈高　S—瓶口边厚

表 7-17　　模制抗生素瓶口尺寸　　单位:mm

瓶　型	D_1	D_2	D_3	D_4	S
A	20.00	12.60	≤17.0	≥11.5	3.80
B	19.70	12.50	≤16.8	≥11.0	4.50

表7-18　　管制抗生素瓶口尺寸　　单位:mm

公称容量/mL	D_1	D_2	D_3	h	S
5	13.0	≈10.5	7.7	≈6.8	2.8
7	19.6	≈16.0	12.5	≈7.5	3.2
10	19.6	≈16.0	12.5	≈7.5	3.2
25	19.6	≈16.0	12.5	≈7.5	3.2

玻璃输液瓶瓶口类似抗生素瓶口,其瓶口结构尺寸见图7-52和表7-19。

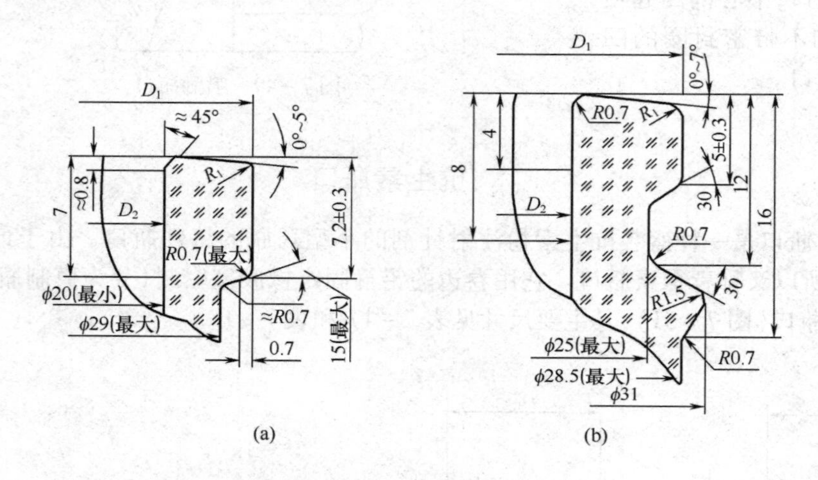

图7-52　玻璃输液瓶瓶口
(a)A型瓶瓶口　(b)B型瓶瓶口
D_1—瓶口外径　D_2—瓶口内径

表7-19　　玻璃输液瓶瓶口尺寸　　单位:mm

瓶　型	D_1	D_2	瓶　型	D_1	D_2
A	32.0±0.3	22.5±0.5	B	28.3±0.3	16.5±0.5

七、真空瓶口

真空瓶口是在封装后可以通过加热处理在瓶内形成真空度的瓶口,主要用于罐头食品。瓶盖材料用马口铁而不能用多孔材料。

图7-53(a)为侧密封真空瓶口,图7-53(b)为上密封真空瓶口。前者启封后仍可再封,只是瓶内不再有真空;后者开启后不能再封。两种瓶口开启时不需专用工具,只要用刀背、勺柄诸类工具以瓶肩为支点即可启封,所以比较方便,但对瓶口的制造精度要求很高。

图7-54(a)为异形上密封面真空瓶口,图7-54(b)为阶梯形上密封面真空瓶口,封口内表面均嵌有橡胶圈或硫化橡胶圈,外用马口铁封口。瓶灌装后,把马口铁盖向下压边,使橡胶圈紧压瓶口密封面而得以密封。其优点是瓶口制造精度要求不高,但缺点是启封困

难,往往损坏瓶口,使内装物受到污染。

图 7-55 为易开型罐头瓶瓶口,易开盖由马口铁圆片和硫化橡胶圈组成,马口铁圆片被带舌片的金属箍箍住,封口时金属箍折向瓶沿下方,开启时用力拧舌片,然后轻轻拉开并取下金属箍,进而开启罐盖。

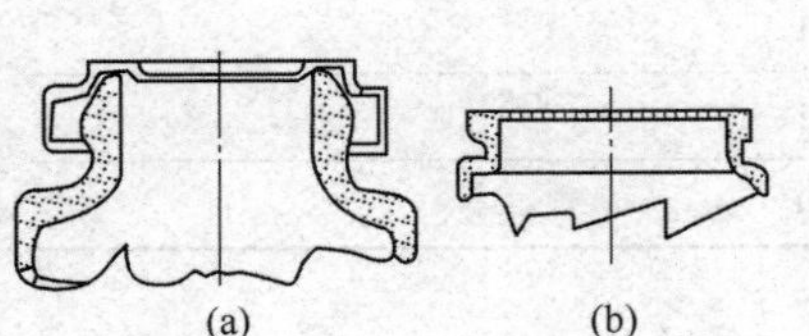

图 7-53 真空瓶口
(a)侧密封面 (b)上密封面

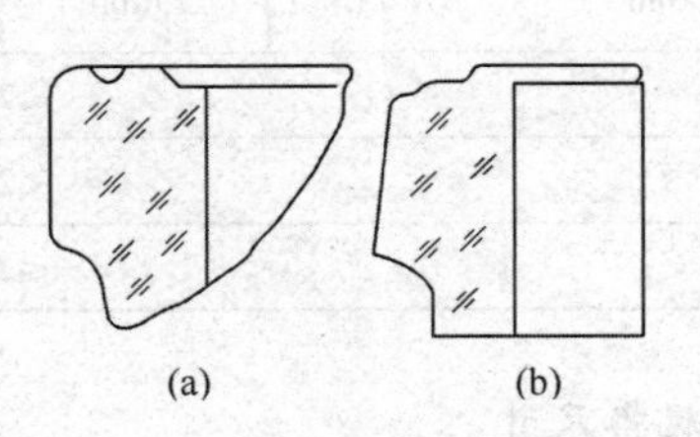

图7-54 异形密封面真空瓶口
(a)异形密封面
(b)阶梯形密封面

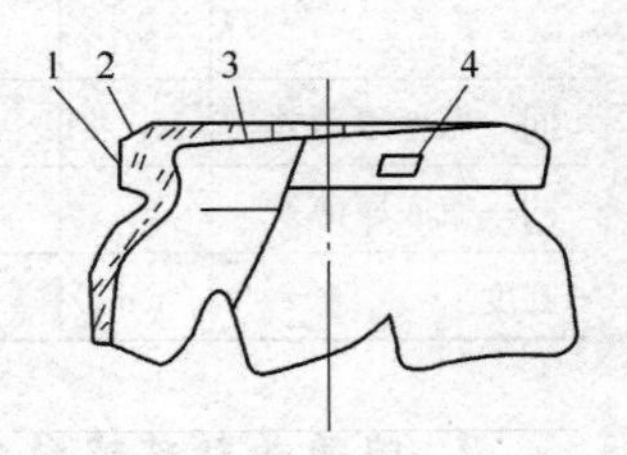

图7-55 易开型罐头瓶瓶口
1—金属箍 2—硫化橡胶圈
3—马口铁圆片 4—舌片

第四节 玻璃容器设计计算

一、规格尺寸

1. 葡萄酒瓶的规格尺寸

公称容量为 700mL、375mL 葡萄酒瓶规格尺寸如表 7-20 所示。

表 7-20 葡萄酒瓶的规格尺寸(BB/T 0018—2000)

项目名称	单位	规格尺寸					
		长颈瓶		波尔多瓶		莎达尼瓶	至樽瓶
		公称容量 750mL	公称容量 375mL	公称容量 750mL	公称容量 375mL	公称容量 750mL	公称容量 750mL
满口容量	mL	770 ±10	390 ±7	770 ±10	395 ±7	770 ±10	775 ±10
瓶高	mm	330 ±1.9	250 ±1.6	289 ±1.8	235 ±1.5	296 ±1.8	321 ±2
瓶身外径	mm	77.4 ±1.6	64.0 ±1.5	76.5 ±1.6	62.0 ±1.5	82.2 ±1.7	74 ±2
瓶口内径	mm	18.5 ±0.5	18.5 ±0.5	18.5 ±0.5	18.5 ±0.5	18.5 ±0.5	18.5 ±0.5
		距瓶口封合面 3mm 以下直径大于 17mm					
瓶口外径	mm	≤28.0	≤28.0	≤28.0	≤28.0	≤28.0	29.65 ±0.35
垂直轴偏差	mm	≤3.6	≤2.8	≤3.2	≤2.7	≤3.3	≤3.5
瓶身厚度	mm	≥1.4	≥1.4	≥1.4	≥1.4	≥2.0	≥1.8
瓶底厚度	mm	≥2.3	≥2.3	≥2.8	≥2.6	≥3.0	≥3.0
瓶口倾斜	mm	≤0.7	≤0.7	≤0.7	≤0.7	≤0.7	≤0.7

续表

项目名称	单位	规格尺寸					
		长颈瓶		波尔多瓶		莎达尼瓶	至樽瓶
		公称容量 750mL	公称容量 375mL	公称容量 750mL	公称容量 375mL	公称容量 750mL	公称容量 750mL
同一瓶壁厚薄差		<2:1					
同一瓶底厚薄差		<2:1					
圆度	mm	≤2.0					

2. 碳酸饮料玻璃瓶的规格尺寸

碳酸饮料玻璃瓶的规格尺寸及公差见表7－21。

表7－21　碳酸饮料玻璃瓶的规格尺寸及公差（QB/T 2142—1995）

项目名称		指标		
		优等品	一等品	合格品
满口容量偏差/mL	200～300	±8		
	301～400	±10		
瓶高偏差/mm	≤200	±1.5		
	221～250	±1.6		
垂直轴偏差/mm	≤200	2.4	2.7	3.0
	221～250	2.5	3.0	3.5
瓶身外径偏差/mm		±1.5		
瓶壁厚度/mm		≥2.0		
瓶底厚度/mm		≥3.0		
同一瓶底厚薄比		≤2.1		
平行度/mm		≤0.8		

3. 标准医药瓶的直径与高度

标准医药瓶的直径与高度系列见表7－22。

表7－22　标准医药瓶的直径与高度系列

瓶型	公称容量/mL	瓶径/mm	瓶径偏差/mm	瓶高/mm	瓶高偏差/mm
输液瓶（A型）	50	46.0	±1.0	68.0	±0.9
	100	49.0	±1.0	104.0	±1.0
	250	66.0	±1.0	136.0	±1.2
	500	78.0	±1.4	177.0	±1.3
	1000	95.0	±1.8	230.0	±1.8

续表

瓶型	公称容量/mL	瓶径/mm	瓶径偏差/mm	瓶高/mm	瓶高偏差/mm
输液瓶(B型)	50	46.0	±1.0	78.0	±0.9
	100	53.0	±1.2	110.0	±1.0
	250	68.0	±1.2	140.0	±1.2
	500	81.0	±1.5	182.0	±1.3
	1000	102.0	±2.0	220.0	±1.8
模制抗生素瓶(A型)	5	20.8	±0.40	41.3	±0.5
	7	22.1	±0.40	40.8	±0.5
	8	23.0	±0.40	46.8	±0.5
	10	25.4	±0.40	53.5	±0.6
	15	26.5	±0.45	58.8	±0.6
	20	32.0	±0.45	58.0	±0.6
	25	36.0	±0.50	58.0	±0.6
	30	36.0	±0.50	62.8	±0.7
	50	42.5	±0.80	73.0	±0.8
	100	51.6	±0.80	94.5	±0.9
模制抗生素瓶(B型)	5	22.0	±0.40	38.7	±0.5
	7	24.5	±0.40	38.7	±0.5
	12	27.0	±0.40	56.8	±0.6
管制抗生素瓶	5	18.4	±0.25	39.7	±0.5
	7	22.0	±0.25	39.7	±0.5
	10	22.0	±0.25	49.7	±0.5
	25	28.0	±0.30	65.0	±0.7
螺纹口管制瓶	2	16.5	±0.40	28.0	±0.7
	3	16.5	±0.40	34.0	±0.7
	5	18.0	±0.40	40.0	±0.7
	7	18.0	±0.40	50.0	±0.8
	10	18.0	±0.40	64.0	±0.8
	5*	22.0	±0.50	30.0	±0.7
	7*	22.0	±0.50	37.0	±0.7
	10*	22.0	±0.50	46.0	±0.7
	15	27.5	±0.50	46.0	±0.8
	20	27.5	±0.50	55.0	±0.8
	25	29.5	±0.60	58.0	±0.8
	30	29.5	±0.60	66.0	±0.8

4. 非标准玻璃容器直径参考系列

非标准玻璃容器推荐选用表 7－23 中直径系列。当高度和形状一定的瓶子选用推荐值不合适时，才可选用表 7－24 中特殊直径系列。

表 7－23　推荐瓶身直径系列　单位：mm

15	18	20	22	25	28	30	32	35	40
42	45	50	55	60	65	70	75	80	85
90	95	100	105	110	120	130	140	150	160
170	180	190	200	225	250	275			

表 7－24　特殊瓶身直径系列　单位：mm

13	16	19	21	23	27	29	31	33	37
39	41	43	48	52	58	62	68	72	78
82	88	92	98	102	108	115	125	135	145
155	165	175	185	195	210	235	260		

5. 尺寸偏差

尺寸偏差是玻璃瓶罐的尺寸（瓶径、高度等）偏离标准规定的范围，用以补偿模具和产品生产过程中可能发生的一切误差和产品的变形。除了瓶口尺寸偏差最为重要之外，瓶径和瓶高的尺寸偏差也不容忽视。

表 7－25 所列为实际生产的玻璃瓶罐所采用的直径和高度尺寸偏差值。表中值已充分考虑了模具的磨损、玻璃料的收缩和产品的变形。根据对产品的要求，表中数值可加以变化。

表 7－25　玻璃制品尺寸公差　单位：mm

制品直径	4～40	40～70	70～100	100～130	130～160	160～
直径偏差	±1.00	±1.25	±1.50	±2.00	±2.50	±3.00
制品高度	0～50	50～125	125～200	200～275	275～350	350～
高度偏差	±0.50	±1.00	±1.25	±1.50	±2.00	±3.00

如 $\pm 2.50 = \begin{matrix} +1.50 \\ -3.50 \end{matrix}$

瓶身外径公差计算公式如下：

$$T_Y = \pm(0.7 + 0.012D) \tag{7-5}$$

式中　T_Y——瓶身外径公差，mm

D——瓶身外径，mm

高度公差计算公式如下：

$$T_H = \pm(0.6 + 0.004H) \tag{7-6}$$

式中 T_H——高度公差,mm

H——瓶全高,mm

垂直轴偏差计算公式如下:

$$T_V = (0.3 + 0.01H) \tag{7-7}$$

式中 T_V——垂直轴偏差,mm

H——瓶全高,mm

二、瓶 容 量

1. 公称容量(V)

公称容量是在20℃的规定使用温度下,灌装到灌装标线时瓶罐容器应有的容积。

公称容量计算公式如下:

$$V = V_t - \Delta V \tag{7-8}$$

式中 V——公称容量,mL

V_t——受热后的内装物容积,mL

ΔV——因受热内装物容积净增量,mL

其中ΔV的数值用下式计算:

$$\Delta V = (T_1 - T_2)\beta V \tag{7-9}$$

式中 T_1——内装物最高温度,℃

T_2——公称温度,即20℃

β——体膨胀系数,见表7-26

合并上两式,得

$$V = \frac{V_t}{H(T_1 - 20)\beta} \tag{7-10}$$

表7-26 部分液体的体膨胀系数β

液体名称	水	甘油	酒精	苯	酯	汞
体膨胀系数	0.000207	0.000505	0.00102	0.001237	0.001656	0.000182

2. 顶隙容量(V_h)

顶隙与内装物产品的性质有关。对于易挥发性液体或含气液体,顶隙值要大,普通液体的顶隙值可小(表7-27)。

表7-27 部分瓶罐内装物顶隙值K_v 单位:%

内装物	啤酒	烈酒	含气饮料	不含气饮料	果汁	含酒精化妆品	过氧化物	次氯酸盐
顶隙	4	3	4	2	2	4	10	10

注:含酒精化妆品有香水、科隆水、花露水。

对于果酱、调味酱以及不含酒精的普通化妆品,瓶罐顶隙值可为0(图7-56),以增加外观效果，提高销售吸引力。

顶隙所占有的容积称顶隙容量，其计算公式如下：

$$V_h = K_v V \tag{7-11}$$

式中 V_h——顶隙容量，mL

K_v——顶隙，%

V——公称容量，mL

3. 瓶塞容积（V_S）

如前所述，内装物灌装标线距封口最低表面一定距离为顶隙。瓶口形式不同，封口最低表面也就不同。当采用塞形瓶口或磨塞瓶口时，瓶塞也占有一定的瓶口空间，这一空间的容积就是瓶塞容积（图7-57）。

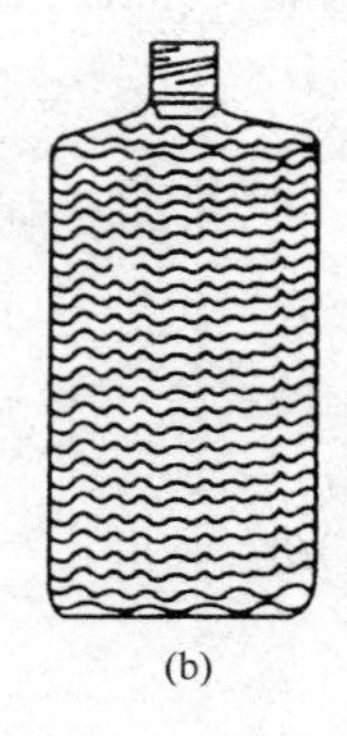

图7-56 顶隙与内装物的关系
（a）一般内装物 （b）不含酒精化妆品

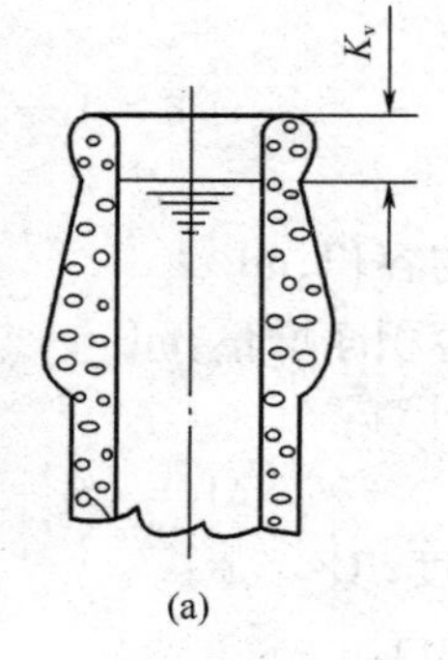

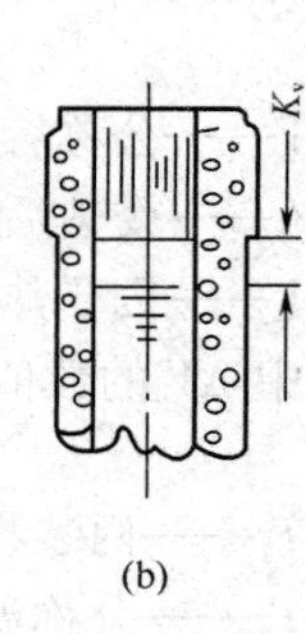

图7-57 灌装标线与瓶口形式
（a）冠形瓶口 （b）塞形瓶口

调味品瓶塞容积计算公式如下：

$$V_S = 7.5 \times 10^{-5} \pi D_i^2 \tag{7-12}$$

式中 V_S——瓶塞容积，mL

D_i——塞形瓶口内径，mm

葡萄酒瓶塞容积计算公式如下：

$$V_S = \frac{\pi D_i^2 h}{4000} \tag{7-13}$$

式中 V_S——瓶塞容积，mL

D_i——塞形瓶口内径，mm

h——橡木塞高度，mm

4. 满口容量（V_0）

满口容量为内装物灌装到瓶罐口平面时的容量。其计算公式如下：

$$V_0 = V + V_h + V_S \tag{7-14}$$

式中 V_0——满口容量，mL

V——公称容量，mL

V_h——顶隙容量，mL

V_S——瓶塞容积,mL

例 7-1 公称容量为750mL的螺纹瓶口普通葡萄酒瓶的满口容量应为多少?

已知:$V=750$mL,求:V_0

解:查表7-27 $K_V=3\%$

代入式(7-11),

$$V_h = K_v V = 0.03 \times 750 = 22.5(\text{mL})$$

$$V_S = 0$$

$$V_0 = V + V_h = 750 + 22.5 = 772.5(\text{mL})$$

实际上部分标准瓶型的满口容量可查表7-28。

表7-28 **部分标准瓶型的满口容量及容量偏差** 单位:mL

瓶 型	公称容量	满口容量	容量偏差	瓶 型	公称容量	满口容量	容量偏差
模制抗生素瓶(A型)	5	7.00	±0.70	螺纹口管制瓶	2	3.50	
	7	9.00	±0.70		3	4.50	
	8	10.00	±0.80		5	6.50	
	10	15.00	±1.00		7	8.50	
	15	17.00	±1.00		10	11.50	
	20	26.00	±1.10		5*	7.50	
	25	32.00	±1.10		7*	9.50	
	30	38.00	±1.40		10*	12.50	
	50	60.00	±1.80		15	20.00	
	100	119.00	±2.80		20	24.00	
模制抗生素瓶(B型)	5	7.30	±0.70		25	29.00	
	7	9.00	±0.70		30	34.00	
	12	16.00	±1.00	葡萄酒瓶	50~100		±3
管制抗生素瓶	5	7.5		啤酒瓶	100~200		±3
	7	10.5		轻量啤酒瓶	200~300		±6
	10	13.5			300~500		±2
	25	28.5			500~1000		±10
					1000~5000		±1

注:(1)螺纹口管制瓶中,5、7、10mL公称容量瓶,瓶全高分别为40.00、50.00、64.00mm,瓶身外径均为18.00mm;5*、7*、10*mL公称容量瓶,瓶全高分别为30.00、37.00、46.00mm,瓶身外径均为22.00mm;(2)酒瓶中,50~100mL,200~300mL,500~1000mL公称容量瓶,容量公差为绝对公差,单位为mL;其他公称容量瓶,容量公差为相对公差,单位为%。

5. 容量偏差

容量偏差是瓶罐容量偏离标准规定的范围,它可利用图7-58确定。上下限偏差可以在图中所示的正负偏差之和的范围内进行调整。

图7-58(a)用于计算满口容量为175mL以内的瓶罐。例如瓶罐满口容量为113mL,在图上横坐标113点处向上引垂直线和辅助线A相连,交点的纵坐标读数为5.25,圆整为

±5.5mL 即为该瓶的容量偏差。

图 7－58（b）用于满口容量为 250～2250mL 的瓶罐，其中 B 线为瓶，C 线为罐。

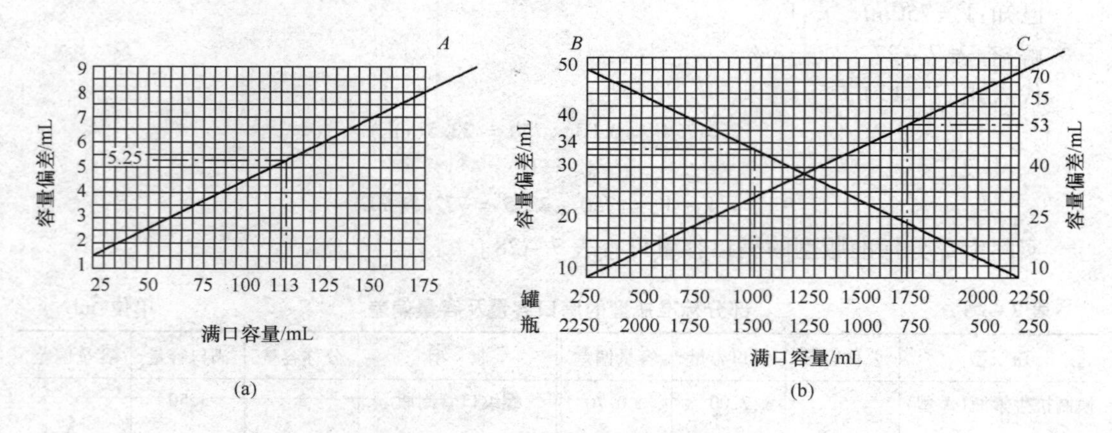

图 7－58　玻璃瓶罐容量偏差计算图

（a）满口容量：≤175mL　（b）满口容量：250～2250mL

三、瓶　体　积

瓶体积指玻璃瓶罐所占有的空间。计算时首先要设计好瓶形外廓，然后将不规则瓶形分解成若干部分可计算的规则形状，用不同的公式或方法进行计算，最后将分部结果相加。例如冠形啤酒瓶可分为瓶口、瓶颈和瓶肩、瓶身、瓶根和瓶底四部分分别计算相加。

1. 瓶口体积

瓶口体积可分为两部分，一部分是瓶口容量，另一部分是瓶口玻璃料体积。

即

$$V_f = V_{f_1} + V_{f_2} \tag{7-15}$$

式中　V_f——瓶口体积，cm^3

V_{f_1}——瓶口容量，cm^3

V_{f_2}——瓶口玻璃料体积，cm^3

其中 V_{f_1} 计算公式如下：

$$V_{f_1} = \frac{\pi D_1^2 h_f}{4000} \tag{7-16}$$

式中　V_{f_1}——瓶口容量，cm^3

D_1——瓶口内径，mm

h_f——瓶口高度，mm

瓶口玻璃料立体是一个不规则图形的旋转体，其体积可以考虑为若干个微圆环体积之和。

具体计算方法如下：

在 $n \times n$（mm）方格计算纸上以 $n:1$ 比例放大绘制瓶口轮廓，从 AA 轴开始，把横格编上奇数号，将横格号与瓶口玻璃料所占方格数的乘积加起来，再乘以常数 0.00302，结果为瓶口玻璃料体积（图 7－59）。

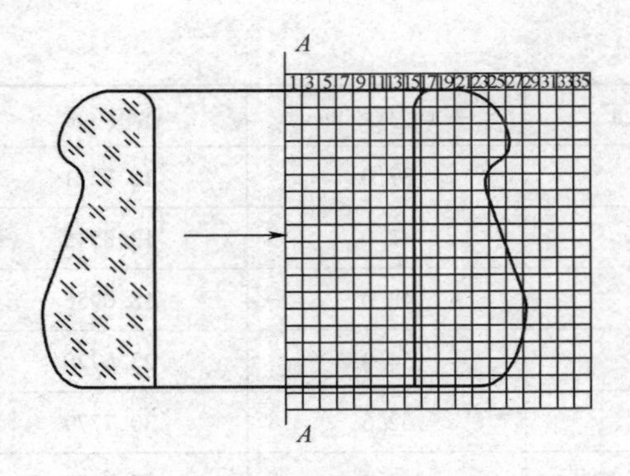

图7－59 瓶口玻璃料体积计算方法

即计算公式如下：

$$V_{f_2}=0.00302\sum S_iD_i \qquad (7-17)$$

式中 V_{f_2}——瓶口玻璃料体积，cm^3

S_i——微圆环横截面所占方格数（微圆环横截面积）

D_i——微圆环奇数编号（微圆环平均直径）

例7－2 计算图7－59瓶口体积。

已知：$D_1=15mm$、$h_f=17.5mm$，求：V_f

解：由公式（7－16）

$$V_{f_1}=\frac{\pi D_1^2h_f}{4000}=3.14\times15^2\times\frac{17.5}{4000}=3.09(cm^3)$$

由公式（7－17）

$$\begin{aligned}V_{f_2}&=0.00302\sum S_iD_i\\&=0.00302(15\times8.75+17\times17.5+19\times17.5+21\times17.5+23\times17+25\times13+27\times5)\\&=5.98(cm^3)\end{aligned}$$

$$V_f=V_{f_1}+V_{f_2}=9.07(cm^3)$$

2.瓶颈和瓶肩体积

瓶颈与瓶肩一般为不规则立体，可以考虑为若干个微型规则立体的组合。例如，普通啤酒瓶的瓶颈与瓶肩可分解为若干微圆柱（高度为10mm或5mm），分别计算其体积，然后将结果相加。即有下式：

$$V_n=\frac{\sum\pi D_i^2h_i}{4000} \qquad (7-18)$$

式中 V_n——瓶颈与瓶肩体积，cm^3

D_i——瓶颈与瓶肩微圆柱平均直径，mm

h_i——瓶颈与瓶肩微圆柱高度，mm

例7－3 计算图7－60所示瓶颈与瓶肩的体积

计算结果见表7－29。

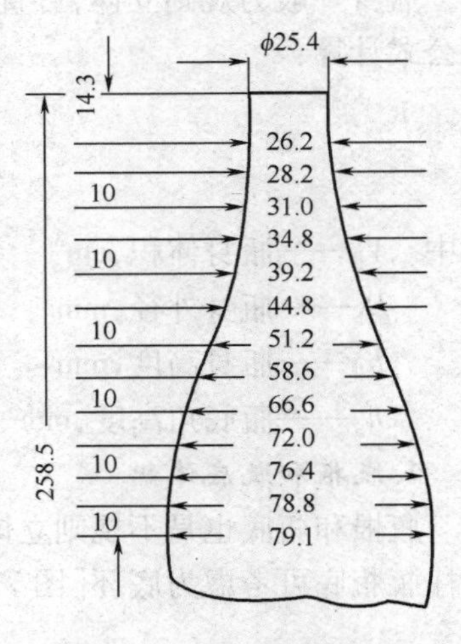

图7－60 瓶颈与瓶肩计算示例

表7－29 **图7－60瓶颈与瓶肩计算值**

分段序号	每段高度/mm	直径/mm	平均直径/mm	体积/cm^3
1	14.3	25.4	25.8	7.4759
2	10	26.2	27.2	5.8107
3	10	28.2	29.6	6.8814
4	10	31.0	32.9	8.5012

续表

分段序号	每段高度/mm	直径/mm	平均直径/mm	体积/cm^3
5	10	34.8	37.0	10.7521
6	10	39.2	42.0	13.8545
7	10	44.8	48.0	18.0956
8	10	51.2	54.9	23.6720
9	10	58.6	62.6	30.7779
10	10	66.6	69.3	37.7188
11	10	72.0	74.2	43.2413
12	10	76.4	77.6	47.2949
13	10	78.8	79.1	49.1408
总计				303.2171

3. 瓶身体积

瓶身一般为规则立体，可直接用公式计算体积。例如一般圆柱形瓶身体积可用圆柱体积公式计算：

$$V_b = \frac{\pi D_b^2 (h_b - h_a)}{4000} \tag{7-19}$$

式中 V_b——瓶身体积，cm^3

D_b——瓶身外径，mm

h_b——瓶身高度，mm

h_a——瓶底角高度，mm

4. 瓶根和瓶底体积

瓶根和瓶底也是不规则立体，但可分解为规则立体计算体积。例如，图 7-61（a）所示圆柱瓶瓶底可考虑为底环［图 7-61（b）］、球面底［图 7-61（c）］和底盘［图 7-61（d）］的组合。

其计算公式如下：

$$V_a = V_{b_1} + V_{b_2} - V_{b_3} \tag{7-20}$$

式中 V_a——瓶底体积，cm^3

V_{b_1}——瓶底底环体积，cm^3

V_{b_2}——瓶底球面底体积，cm^3

V_{b_3}——瓶底底盘体积，cm^3

其中底环按扇形旋转体计算体积：

$$V_{b_1} = \pi D_1 F \tag{7-21}$$

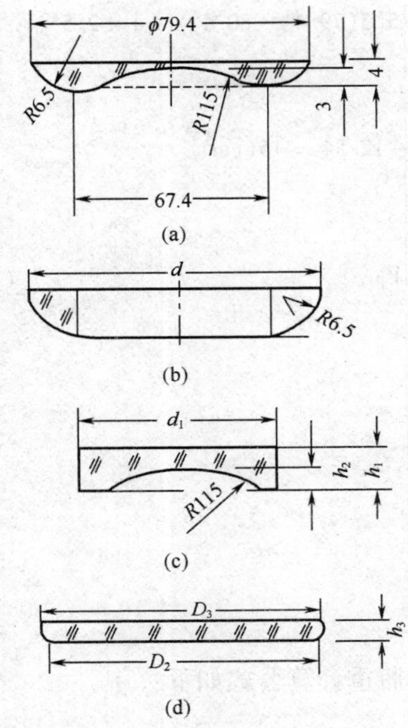

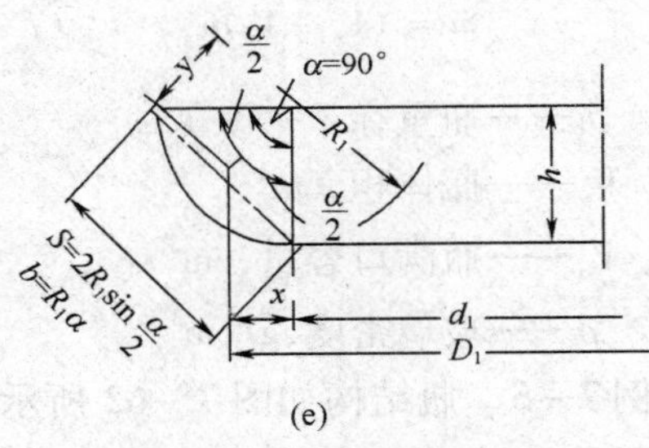

图 7－61　瓶底体积计算示例

(a)瓶底　(b)底环　(c)球面底

(d)底盘　(e)底环计算公式示图

式中　V_{b_1}——瓶底底环体积，mm^3

D_1——扇形旋转体形心直径，mm

F——扇形面积，mm^2

球面底可考虑为一圆柱体减去一球冠，其体积计算公式如下：

$$V_{b_2} = \frac{\pi \times d_1^2 \times h_1}{4} - \pi \times h_2^2\left(R - \frac{h_2}{3}\right) \quad (7-22)$$

式中　V_{b_2}——球面底体积，mm^3

d_1——球面底圆柱体直径，mm

h_1——球面底圆柱体高度，mm

h_2——球面底球冠高度，mm

R——球面底球半径，mm

底盘体积按球台计算：

$$V_{b_3} = 0.1309h_3[3(D_2^2 + D_3^2) + 4h_3^2] \quad (7-23)$$

式中　V_{b_3}——瓶底底盘体积，mm^3

h_3——球台高度，mm

D_2——球台上圆直径，mm

D_3——球台下圆直径，rnm

例 7－4　计算图 7－61 瓶底体积。

已知：瓶底结构数据如图。求：V_a

解：(1)

$$F = \frac{\pi R_1^2}{4} = \frac{3.14 \times 6.5^2}{4} = 33.17(mm^2)$$

如图 7－61(e)

$$S = 2R_1 \times \sin\frac{\alpha}{2}(\text{弦长})$$

$$b = R_1 \times \alpha(\text{弧长})$$

扇形形心位置

$$y = \frac{2R_1 \cdot S}{3b} = \frac{4R \cdot \sin\frac{\alpha}{2}}{3\alpha} = \frac{4 \times 6.5 \times \sqrt{2}}{3\pi} = 3.9(mm)$$

$$x = 0.7071y = 2.76(mm)$$

$$D_1 = d_1 + 2x = 67.4 + 2 \times 2.76 = 72.92(mm)$$

由公式(7－21)

$$V_{b_1} = \pi \cdot D_1 \cdot F = 3.14 \times 72.92 \times 33.17 = 7594.9(mm^3) \approx 7.59(cm^3)$$

(2)由公式(7－22)

$$V_{b_2} = \frac{\pi \times d_1^2 \times h_1}{4} - \pi \times h_2^2\left(R - \frac{h_2}{3}\right) = \frac{3.14 \times 67.4^2 \times 6.5}{4} - 3.14 \times 3^2(115 - 1)$$

$$= 19957.79(mm^3) \approx 19.96(cm^3)$$

(3)　$$D_3 = d_1 + 2R_1 = 67.4 + 6.5 \times 2 = 80.4(mm)$$

由公式(7－23)

$$V_{b_3} = 0.1309h_3[3(D_2^2 + D_3^2) + 4h_3^2] = 0.1309 \times 2.5[3(79.4^2 + 80.4^2) + 4 \times 2.5^2]$$
$$= 12543.68(\text{mm}^3) \approx 12.54(\text{cm}^3)$$

(4)由公式(7－20)

$$V_a = V_{b_1} + V_{b_2} - V_{b_3} = 7.59 + 19.96 - 12.54 = 15(\text{cm}^3)$$

5. 瓶体积

瓶体积计算公式如下：

$$V_w = V_f + V_n + V_b + V_a \tag{7-24}$$

式中 V_w——瓶体积，cm^3

V_f——瓶口体积，cm^3

V_n——瓶颈与瓶肩体积，cm^3

V_b——瓶身体积，cm^3

V_a——瓶底体积，cm^3

四、瓶　　重

1. 瓶重计算

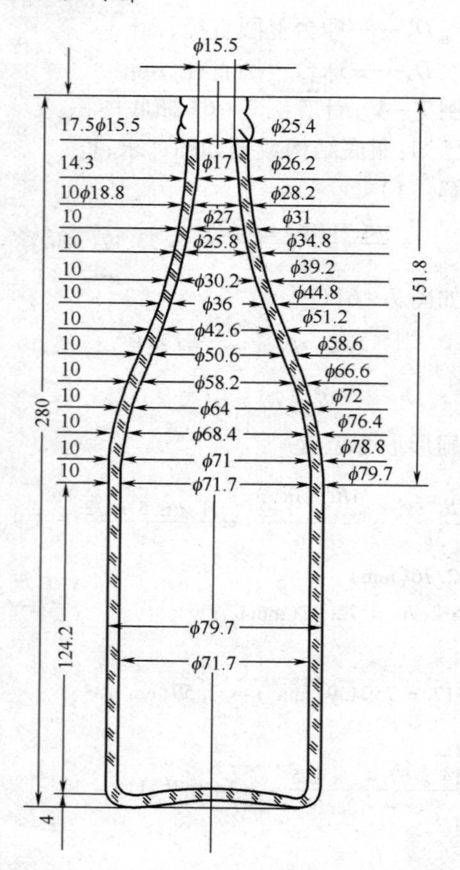

图7－62　瓶重计算示例

瓶重计算公式如下：

$$m = (V_w - V_o)\rho \tag{7-25}$$

式中 m——瓶重，g

V_w——瓶体积，cm^3

V_o——瓶满口容量，cm^3

ρ——玻璃密度，g/cm^3

例7－5　瓶结构如图7－62所示，试计算瓶重(已知瓶口体积为9.2647cm^3，瓶底体积为19.6556cm^3)。

解：瓶体积及瓶容量计算结果见表7－30。

将计算表7－30结果代入公式(7－25)，瓶选取玻璃密度为2.5g/cm^3。

$$m = (V_w - V_o)\rho$$
$$= (951.8872 - 726.7692) \times 2.5$$
$$= 563(\text{g})$$

2. 质量偏差

质量偏差可利用图7－63确定。利用质量偏差可均化玻璃瓶罐的容量偏差。

表 7-30　图 7-62 瓶体积及瓶容量计算值

分段序号	直径/mm		平均直径/mm		体积或容量/cm^3	
	外径	内径	外径	内径	体积	容量
1		15. 5		15. 5	9. 2647	3. 3021
2	25. 4	17	25. 8	16. 25	7. 4759	2. 9657
3	26. 2	18. 8	27. 2	17. 9	5. 8107	2. 5165
4	28. 2	22	29. 6	20. 4	6. 8814	3. 2685
5	31	25. 8	32. 9	23. 9	8. 5012	4. 4863
6	34. 8	30. 2	37	28	10. 7521	6. 1575
7	39. 2	36	42	33. 1	13. 8545	8. 6049
8	44. 8	42. 6	48	39. 3	18. 0956	12. 1304
9	51. 2	50. 6	54. 9	46. 4	23. 6720	16. 9093
10	58. 6	58. 2	62. 6	54. 2	30. 7779	23. 0722
11	66. 6	64	69. 3	61. 1	37. 7188	29. 3206
12	72	68. 4	74. 2	66. 2	43. 2413	34. 4197
13	76. 4	71	77. 6	69. 7	47. 2949	38. 1554
14	78. 8	71. 7	79. 2	71. 35	49. 2653	39. 9833
15	79. 7	71. 7	79. 7	71. 7	619. 6253	501. 4768
16					19. 6556	
					951. 8872	726. 7692

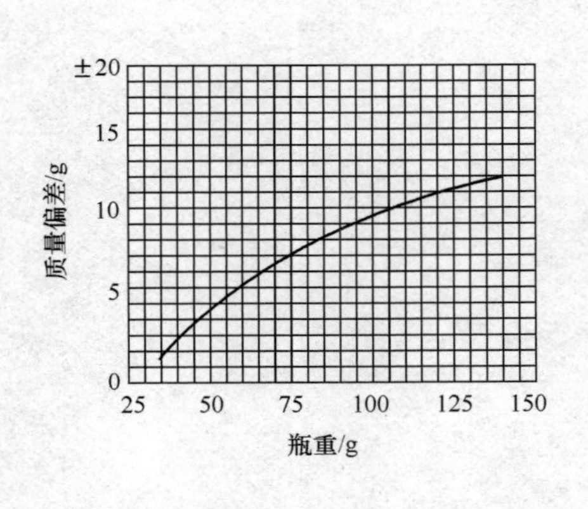

(a)

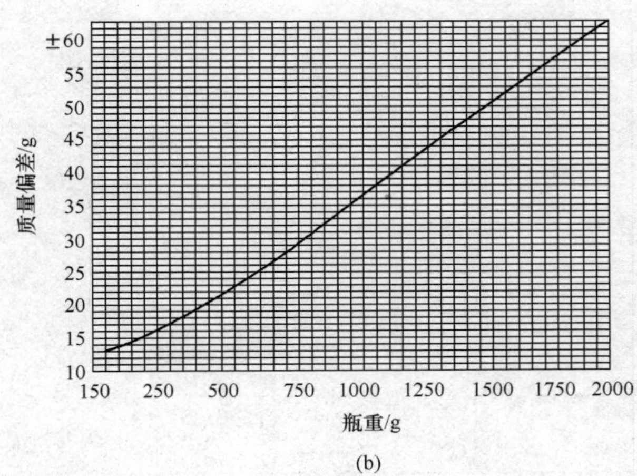

(b)

图 7-63　玻璃瓶罐质量偏差计算图

(a)瓶重≤150g　(b)瓶重>150g

【习题】

7-1 在压制法生产中,为什么随着开模时间的延长,玻璃瓶罐内表面脱模斜度逐渐增大,而外表面脱模斜度逐渐减小?

7-2 在异形瓶设计中,为什么拉应力作用区壁厚取大值,压应力作用区域壁厚取小值?

7-3 螺纹瓶口的种类及特点是什么?

7-4 塞形瓶口的设计要求是什么?

7-5 公称容量为500mL的塞形瓶口低档白酒瓶的满口容量应为多少(瓶口内径尺寸见图7-47)?

7-6 计算图7-36所示标准冠形瓶口的瓶口容量与体积。

第八章　金属包装容器结构设计

第一节　金属包装容器概述

金属包装容器的使用已有几千年的历史,随着科学技术的发展和人类社会的进步,其种类不断增多,应用范围也不断扩大,如今已成为现代包装中一类重要的包装容器。

一、金属包装容器的原材料

金属包装容器的原材料主要是铁和铝两类材质的金属薄板,常用的铁基板材有:薄钢板(黑铁皮)、镀锡薄钢板(马口铁皮)、镀锌薄钢板(白铁皮)、不锈钢板和镀铬薄钢板;铝质材料应用最多的是铝合金薄板和铝箔等。其次还使用焊料、漆料、涂料等辅助材料。

二、金属包装容器的基本类型

金属包装容器的种类较多,主要有以下几种:

1. 金属盒

金属盒是容量较小、具有一定刚性的金属包装容器,形状多样,如圆筒盒、方筒盒、扁方盒、椭圆柱盒及其他异形盒。盒体和盒底由两片材料焊接而成的为焊接盒,由一片材料冲压拉伸而成的为拉制盒。盒盖有压扣盖、折边盖、铰链盖等,可自由开闭。多用于饼干、茶叶、咖啡、香烟等产品的包装。

2. 金属箱

金属箱是具有一定刚性且容量较大的金属包装容器,通常为长方体,多用于枪械弹药等军品的包装。

3. 金属罐

根据国际标准 ISO 90 的相关定义,金属罐是用最大公称厚度为 0.49mm 金属材料(镀锡或镀铬薄钢板、铝板等)制成的硬质容器。我国在 GB 13040—1991 中对金属罐的定义为:用金属薄板制成的容量较小的容器。金属罐分类如下:

(1)按结构分类

①三片罐:分别由罐盖、罐底和罐身连接而成的金属罐。

②二片罐:罐底和罐身用整片金属薄板冲压成型制成一体,然后再与罐盖连接而成的金属罐。

(2)按材质分类　有镀锡薄铁板(马口铁)罐、镀铬薄铁板罐、黑铁皮罐、铝罐、铅罐等。

(3)按横截面形状分类　有圆形罐、方形(含矩形)罐、椭圆形罐、扁圆形罐、梯形罐、马蹄形罐等(图 8-1)。

需要说明的是,按照国际标准(ISO 90/1—1996)梯形罐定义为具有带圆角的近似为梯

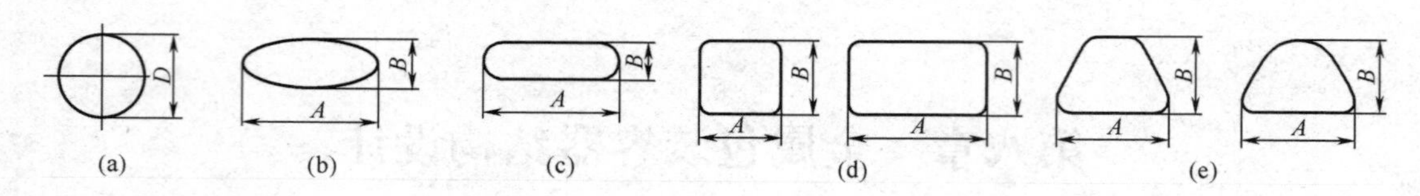

图 8-1　金属罐罐身横截面形状

(a)圆罐　(b)椭圆罐　(c)扁圆罐　(d)方罐　(e)梯形罐

形横截面的罐。平行边[图 8-1(e)]和非平行边近似为梯形的短边均可以呈曲线;而我国标准(GB 13040—1991)则定义为上下各为大小不同的圆角矩形,纵截面近似为梯形的金属罐[图 8-1(e)],且与四面体角锥形罐同义。

(4)按开启方法分类

①开顶罐:一端全开口,灌装后再封罐的金属罐。

②卷开罐:罐身上部预先刻痕并带有舌状小片,用开罐钥匙卷开的金属罐。多用于肉食罐头包装。

③杠杆开启罐:带有杠杆开启盖的马口铁罐。

④罩盖罐:带有浅罩盖的金属罐。

⑤易拉罐:带有易拉盖的密封罐。

4. 金属桶

金属桶是容量较大(大于 20L)并用厚度大于 0.5mm 的较厚金属板制成的圆柱形、长方体形和椭圆柱形等金属包装容器,用于大中型运输包装。按照制桶材料分类,主要有铝桶、钢桶和不锈钢桶等。在结构上主要有以下几种形式:

(1)全开口桶　即装有可拆卸桶顶(盖)的金属桶。桶盖通常由封闭箍、夹扣或其他装置固定在桶身上[图 8-2(a)]。

(2)闭口桶　即装有不可拆卸桶顶的金属桶。其桶顶和桶底用卷边接缝或其他方法永久固定于桶身。其中桶顶开口直径小于或等于 70mm 的为小开口桶[图 8-2(b)];大于 70mm 的为中开口桶[图 8-2(c)]。

(3)圆锥颈桶　桶体下部为圆柱体,上部为圆锥体的金属桶。

(4)方锥颈桶　桶体下部为近似正方体,上部成角锥体的金属桶。

(5)异形顶桶　没有常规的

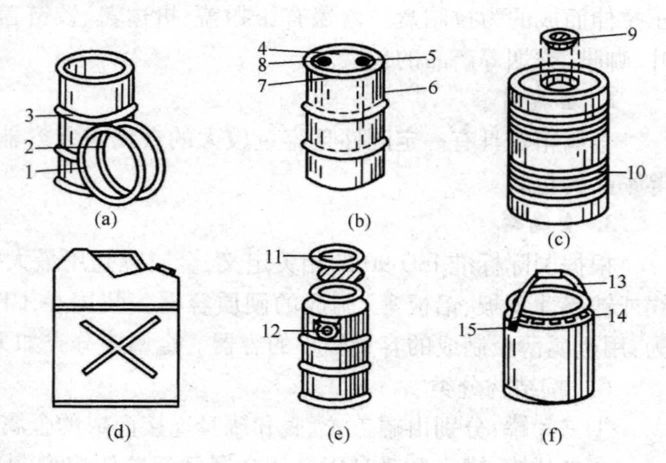

图 8-2　金属桶

1—封闭箍　2—顶盖　3—环筋　4—桶顶
5—透气孔　6—桶身　7—凸边　8—注入孔
9—螺塞盖　10—波纹　11—杠杆式封闭箍
12—提环　13—提梁　14—紧耳盖　15—挂耳

顶端,但桶的顶部有一个隆起部分,桶顶轮廓由一个凹陷部分断开,以便紧靠顶部边缘安装灌装和排空装置[图 8-2(d)]。

(6)缩颈桶　桶径在顶部或底部明显缩小,以便于堆码的金属桶[图 8-2(e)]。

(7)提桶　即带有提手的金属桶,有开口和闭口两种形式。图 8-2(f)所示为全开口提桶。

5. 金属软管

金属软管是用挠性金属材料制成的圆管状包装容器(图 8-3)。一端折合压封或焊封,另一端形成管肩和管嘴。使用时挤压管壁,则内装物自管嘴流出,常用于包装鞋油、牙膏、颜料、化妆品、眼药膏等膏状产品。

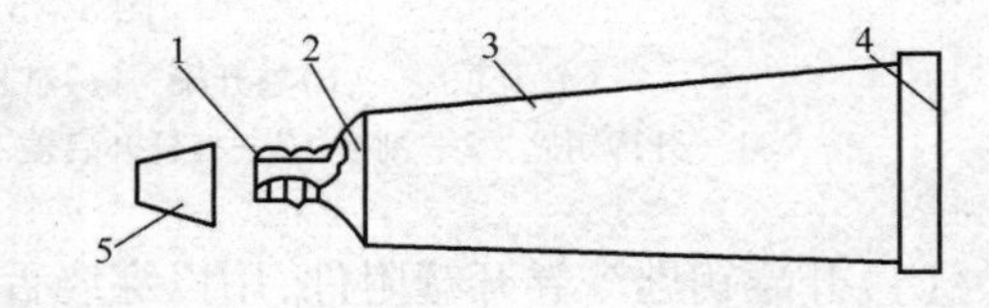

图 8-3　金属软管

1—管嘴　2—管肩　3—管壁　4—管折　5—管盖

6. 其他金属容器

除了上述几种金属包装容器外,还有铝箔制成的无盖金属浅盘、铝箔袋等铝箔容器、铁塑复合桶、纸铁复合罐以及用金属丝制成的金属筐等。

三、金属包装容器的基本结构特点

金属罐一直是食品罐头的主要容器(图 8-4),较先出现的三片罐是由罐身、罐盖和罐底三部分组成,罐身是由金属薄板卷曲后通过焊接或粘接方法做成薄壁圆筒,罐盖(底)与罐身的连接都采用“二重卷边”技术。后来出现的二片罐,其罐体是用金属板料通过冷冲压工艺将罐身和罐底制成一体,从而使容器的外部光洁、完整、美观,既简化了加工工序,又节约了材料,还改善了容器的结构强度。这类金属罐的罐盖通常采用易开启结构。

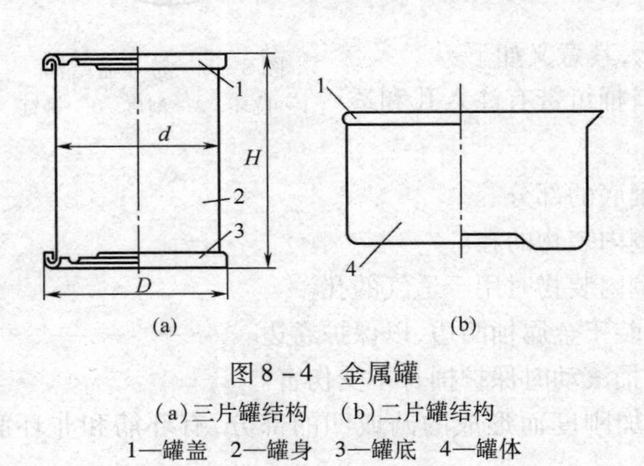

图 8-4　金属罐

(a)三片罐结构　(b)二片罐结构

1—罐盖　2—罐身　3—罐底　4—罐体

金属包装容器都属于薄壁容器,工作时有的罐壁要承受一定的压力,设计时要进行强度和刚度的验算。

四、金属包装容器各部结构名称

根据国家标准(GB 13040—1991),对金属包装容器各部结构的名称及定义规定如下:

1. 金属罐各部结构名称

金属罐各部结构名称如图 8-4、图 8-5 所示,其意义如下:

(1)罐盖　金属罐的顶部构件,通常指灌装后再封口的金属盖。

(2)罐身　金属罐的主要构件之一。三片罐罐身指侧壁,二片罐罐身包括侧壁与罐底。

(3)罐体　三片罐除盖以外其他部分的总称,即包括罐身与罐底。

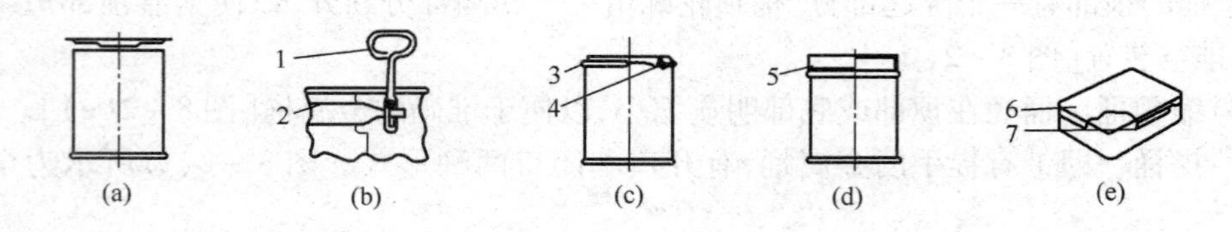

图 8－5　金属罐

(a)开顶罐　(b)卷开罐　(c)杠杆开启罐　(d)滑盖罐　(e)活页罐

1—开罐钥匙　2—刻痕　3—杠杆开启盖　4—环圈　5—滑盖　6—活页盖　7—铰链

(4)开罐钥匙　卷开罐附件,用以穿绕舌片将罐卷开。

(5)膨胀圈　罐盖或罐底经冲压形成的凹凸状环,以适应罐头杀菌时内装物膨胀的需要。

(6)环圈　通过二重卷边固定在罐身上部,中心有一开口用以安装罐盖的构件。

(7)刻痕　卷开罐罐身或易开盖上为便于开启而预先压成或刻画的撕开线(图 8－6)。

(8)拉环　易开盖上为便于开启而预先铆合在盖上的环状附件。

(9)铆钉　为将拉环铆合在易开盖上而预先冲出的凸泡。

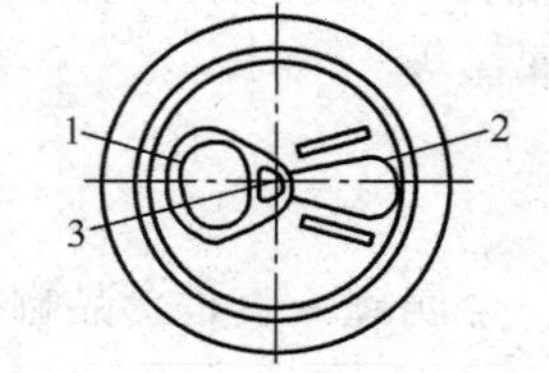

图 8－6　易开盖结构

1—拉环　2—刻痕　3—铆钉

2. 金属桶各部结构名称

金属桶各部结构名称如图 8－2 所示,其意义如下:

(1)桶顶　金属桶的顶部构件。闭口桶可带有注入孔和透气孔。

(2)凸边　由卷边形成高于桶顶或桶底的部分。

(3)注入孔　桶顶设置的灌装或倾倒内装物的孔。

(4)透气孔　桶顶设置的灌装或倾倒内装物时用于透气的孔。

(5)凸边加强环　一种金属加强环,装于金属桶凸边,以保护卷边。

(6)滚箍　附加于桶身上的护圈,当桶滚动时保护桶身不受伤害。

(7)加强筋　在金属容器上用于增加刚度而形成的凸或凹的部分,有环筋和非环筋两种。

(8)波纹　凹凸连续的环形小加强筋。

(9)提手　装在金属容器上的一种附件,用于抓握或提携。

(10)提梁　两端由挂耳连接在桶身的半圆形金属丝提手。

(11)提环　由挂耳固定在桶上的可以自由转动的小环形提手。

(12)挂耳　固定于桶身,能使提手像铰链一样转动的金属连接构件。

3. 金属软管各部结构名称

金属软管各部结构名称见图 8－3,其意义如下:

(1)管嘴　软管的内装物输出口。

(2)管肩　连接管嘴与管壁之间的倾斜部分。

(3)管壁　软管带有挠性的圆柱体部分。

(4)封折　软管尾部封合部分。

(5)管盖　用于管嘴的螺纹封闭物或摩擦式封闭物。

五、金属包装容器的发展趋势

鉴于金属包装材料具有机械强度高、密封性好、易回收利用、不污染环境等优点，按照循环经济的要求，金属包装容器呈现出以下的发展趋势。

1. 向轻量化发展，可有效节约资源，降低成本

通过改进罐型结构设计和生产工艺，进一步减薄壁厚，是实现轻量化和节约资源的重要的措施之一。从20世纪40年代至80年代，铝质金属罐的质量不断下降，已由原来的20～22g降到了13.6g。此外，通过改变制罐的原材料，将铝质罐变为钢罐，并在罐体上缘采取缩颈结构，以减小铝质盖的尺寸，不仅能提高罐的强度，节约较贵重的铝合金，而且能降低金属罐的成本。

2. 向标准化、规格化和系列化发展，以适应现代高速、高效、自动化生产

一个国家的工业标准化程度，是反映该国工业发展水平的重要标志。随着金属罐和钢桶自动生产线的相继问世，金属包装容器已实现了机械化和自动化生产，铝质二片罐生产线的生产能力达到3600罐/min，钢制二片罐生产线的生产能力已达1800罐/min。为了适应现代高速、高效、自动化生产形势，则要求容器的结构、尺寸必须实行标准化、规格化和系列化，以保证产品的质量和提高生产效率。目前，除了已有相应的国际标准外，我国也针对金属包装容器的原材料、结构、规格尺寸以及相关的技术条件制订了包括铝易开盖两片罐(GB/T 9106—2001)、易开盖三片罐(GB/T 17590—1998)、钢桶(GB/T 325—2000)在内的40多个国家标准和8个行业标准。这些标准在金属包装的发展中发挥了重要的作用。随着现代包装科技的深入发展，新的金属包装国家标准将会陆续出台。

3. 不断创新和调整金属包装容器的造型和功能结构，努力扩大其使用范围

突出产品包装的功能化设计，创新产品包装的功能结构，一直是金属包装发展的主题。例如专为闭口钢桶设计制作的呼吸阀，是盛装液态产品钢桶的安全装置。其内部装有压力阀和真空阀，通常能保证钢桶的密封，当装入或倒出液体、使桶内的气体空间发生变化时，可自动控制气体的进出，调节桶内压力，防止钢桶爆裂或压瘪变形而渗漏。以其取代钢桶上的透气孔，可减少操作上的麻烦。再如日本生产的铝质自热罐头，其上部盛装食品，底部设置加热装置。加热方式是通过打开机械开关，使水和生石灰混合、产生放热反应来实现。另外作为运输包装金属容器，必须考虑节约空间、容易堆码以及安全、方便。为此，方形桶要比圆形桶经济，锥形开口桶、缩颈桶、集装专用桶已成为近期发展的主流。还有钢桶上设置的环筋和波纹结构可用来增加容器强度，用形式美丽的凹凸图案可达到装饰和防火防爆双重目的。类似这样的功能结构可以列举很多。

突出产品包装的个性化设计，关注消费者在心理和生理上的需求，促进产品的销售和流通，是金属包装设计的另一发展主题。作为销售包装的金属盒，则向小型、方便、美观化发展。例如图8-7所示的两种异形金属盒中，(a)是正八棱柱形饼干铁盒，(b)为“心形”婚礼专用金属糖盒，其造型设计则打破“非圆即方”的常规理念，而采用新颖的造型，再配以精美的装饰图案,极易达到吸引观众的效果。

金属包装容器的发展,其目的都是为了降低成本、节约资源、方便流通和促进消费,从而提高其在包装领域中的竞争能力。为此,金属包装提高生产效率和产品质量,降低消耗,以及突出特色、增加品种,扩大应用范围,都是今后发展的方向。

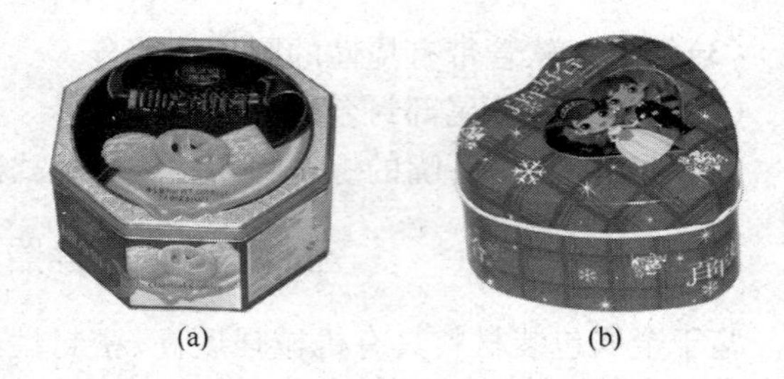

(a) (b)

图 8-7 异形金属盒

(a)正八棱柱形饼干盒 (b)"心形"婚礼糖盒

第二节 三片罐结构

一、成型方法

由罐身、罐盖和罐底组成的三片罐,罐身的上缘和下缘分别为罐盖、罐底与罐身的结合部,为了降低成本,罐身可设计成缩口的结构形式,使之能与一定规格的罐盖相封合。

三片罐的成型过程如图 8-8 所示。

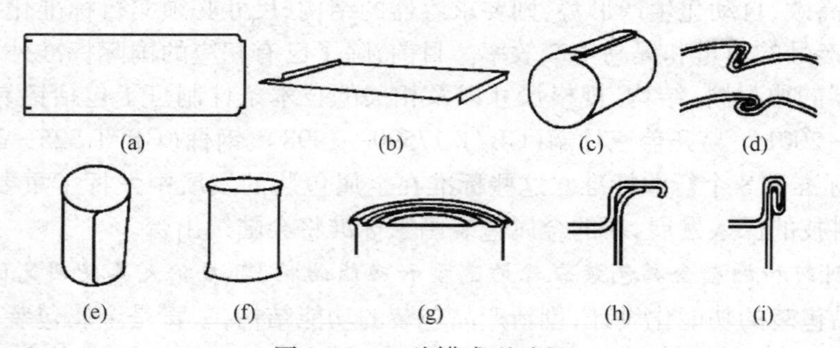

(a) (b) (c) (d)

(e) (f) (g) (h) (i)

图 8-8 三片罐成型过程

(a)切角 (b)成钩 (c)成圆 (d)压平 (e)完成接缝 (f)翻边 (g)封底 (h)圆边 (i)二重卷边

二、罐 型

金属三片罐的造型有圆罐和异形罐两类。

1. 圆罐

圆罐的外形为圆柱体,是常见的罐型。其中罐径小于罐高者称为竖圆罐,反之称为平圆罐。我国是国际标准化成员国,圆罐规格采用国际通用标准,详见 GB/T 10785—1989。圆罐以其内径和外高表示它的规格系列(表 8-1)。如罐号 5133,首位数 5 表示内径为 52.3mm,后三位数表示外高尺寸为 133mm。

2. 异形罐

异形罐是非圆柱罐的总称。常见的异形罐有方罐、椭圆罐、梯形罐与马蹄形罐等。我国异形罐的规格尺寸系列如下:

表 8-1　　圆罐系列规格尺寸(GB/T 10785—1989)

罐号	成品规格/mm			计算体积/cm³	罐号	成品规格/mm			计算体积/cm³
	公称直径	内径	外高			公称直径	内径	外高	
15267	153	153.4	267	4823.72	871	83	83.3	71	354.24
15234	153	153.4	234	4213.83	860	83	83.3	60	294.29
15179	153	153.4	179	3197.33	854	83	83.3	54	261.59
15173	153	153.4	173	3086.44	846	83	83.3	46	217.99
1589	153	153.4	89	1533.98	7127	73	72.9	127	505.05
1561	153	153.4	61	1016.49	7116	73	72.9	116	459.13
10189	105	105.1	189	1587.62	7113	73	72.9	113	446.61
10124	105	105.1	124	1023.71	7106	73	72.9	106	417.39
10120	105	105.1	120	989.01	789	73	72.9	89	346.44
1068	105	105.1	58	537.88	783	73	72.9	83	321.39
9124	99	98.9	124	906.49	778	73	72.9	78	300.52
9121	99	98.9	121	883.45	763	73	72.9	63	237.91
9116	99	98.9	116	845.04	755	73	72.9	55	204.52
980	99	98.9	80	568.48	751	73	72.9	51	187.83
968	99	98.9	68	476.29	748	73	72.9	48	175.31
962	99	98.9	62	430.20	6100	65	65.3	100	314.81
953	99	98.9	53	361.06	672	65	65.3	72	221.04
946	99	98.9	46	307.29	668	65	65.3	68	207.64
8160	83	83.3	160	839.37	5133	52	52.3	133	272.83
8117	83	83.3	117	604.93	5104	52	52.3	104	210.53
8113	83	83.3	113	583.13	599	52	52.3	99	119.79
8101	83	83.3	101	517.73	589	52	52.3	89	178.31
889	83	83.3	89	419.63	539	52	52.3	39	70.89

(1)方罐及冲底方罐的规格系列见表 8-2。

(2)椭圆形罐及冲底椭圆形罐的规格系列见表 8-3。

(3)梯形罐的规格系列见表 8-4。

(4)马蹄形罐的规格系列见表 8-5。

表 8-2　方罐及冲底方罐规格系列

名称	罐号	成品规格/mm						计算容积/cm³
		外长	外宽	外高	内长	内宽	内高	
方罐	301	103.0	91.0	113.0	100.0	88.0	107.0	941.60
	302	144.5	100.5	49.0	141.5	97.5	43.0	593.24
	303	144.5	100.5	38.0	141.5	97.5	32.0	441.48
	304	96.0	50.0	92.0	93.0	47.0	86.0	375.91
	305	98.0	54.0	82.0	95.0	51.0	76.0	368.22
	306	96.0	50.0	56.5	93.0	47.0	50.5	220.74
冲底方罐	401	144.5	100.5	35.0	141.5	97.5	32.0	441.48
	402	133.0	88.0	32.0	130.0	85.0	29.0	320.45
	403	126.0	78.0	32.0	123.0	75.0	29.0	267.52
	404	119.0	81.0	24.0	116.0	78.0	21.0	190.01
	405	109.0	77.5	22.0	106.0	74.5	19.0	150.04

表 8-3　椭圆形罐及冲底椭圆形罐规格系列

名称	罐号	成品规格/mm						计算容积/cm³
		外长径	外短径	外高	内长径	内短径	内高	
椭圆形罐	501	148.2	73.8	46.5	145.2	70.8	40.5	327
	502	148.2	73.8	35.5	145.2	70.8	29.5	238.18
冲底椭圆形罐	601	162.5	110.5	37.5	159.5	107.5	34.5	464.60
	602	178.0	98.0	36.0	175.0	95.0	33.0	430.89
	603	168.0	93.5	34.5	165.0	90.5	31.5	369.43
	604	128.5	86.0	31.0	125.5	83.0	28.0	229.07

表 8-4　梯形罐规格系列

罐号	成品规格/mm										计算容积/mm³
	盖外长	盖外宽	底外长	底外宽	外高	盖内长	盖内宽	底内长	底内宽	内高	
701	77.3	54.3	81.0	64.0	92.0	74.3	51.3	78.0	61.0	84	367.98

表 8-5　马蹄形罐规格系列

罐号	成品规格/mm					
	外长	两腰最大外宽	外高	内长	两腰最大内宽	内高
801	193.0	146.5	90.0	190.0	143.5	84.0
802	165.5	119.5	67.0	162.5	116.5	61.0
803	165.5	119.5	51.0	162.5	116.5	45.0
804	147.5	101.5	49.0	144.5	98.5	43.0
805	126.0	90.0	48.0	123.0	87.0	42.0

三、结　　构

(一)罐盖和罐底

1. 膨胀圈

(1)结构　在多数情况下,三片罐的罐盖和罐底结构很相似,通常根据需要都在罐盖(底)上冲制膨胀圈,以提高其必要的强度。

膨胀圈结构如图 8－9 所示,一般由一、二道外凸筋和若干级 30°的环状斜坡组成,具体取几道外凸筋和几级斜坡,视罐盖直径的大小而定。

表 8－6 列出了对应尺寸圆罐罐盖(底)上膨胀圈纹的结构形状。

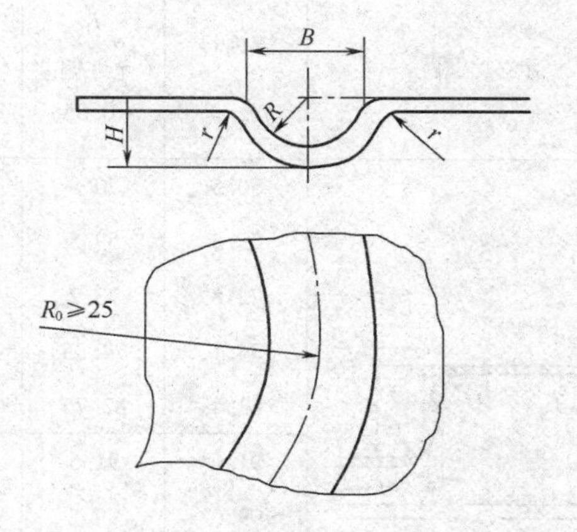

图 8－9　圆罐罐盖(底)的膨胀圈结构

$R \approx 20t$　$H \leqslant 0.25B$　$r \geqslant 2t$　$R_0 > 25mm$

表 8－6　圆罐盖(底)膨胀圈的结构形状

内径/mm	罐盖(底)的膨胀圈结构形状	内径/mm	罐盖(底)的膨胀圈结构形状
52.5	一个外凸筋,或一个外凸筋与一级斜坡,或无凸筋无斜坡。	83.5	一个外凸筋与二级斜坡
		99	一个外凸筋与二级斜坡
65	一个外凸筋与一级斜坡	108	一个外凸筋与二级斜坡
74	一个外凸筋与一级斜坡	153	两个外凸筋与三级斜坡

(2)作用　罐头内部在常温下处于负压状态,罐头在加热或冷却过程中,罐身因内装物与本身的热胀冷缩会发生永久变形。设置膨胀圈后,若罐内受热膨胀,内压增大,则罐盖(底)拱起;若罐内受冷收缩,在负压作用下,则罐盖(底)内凹;当罐内温度恢复正常时,盖和底又恢复到原来状态。由此膨胀圈的作用可概括为以下三点:①能避免罐身因温度变化而引起的永久变形,提高罐盖(底)的机械强度;②可使罐的卷边结构免遭破坏,保护封口结构的密封性能;③便于识别变质食品。罐头食品的腐败变质,即使罐内产生少量气体,也会引起内压的变化,在外形上极易表现出来。

2. 圆边(预卷边)

圆边是罐盖(底)边缘向内弯曲形成的边钩,以便与罐身的翻边卷边封合。经冲压膨胀圈和圆边后的罐盖(底)结构如图 8－10 所示,其结构尺寸见表 8－7。

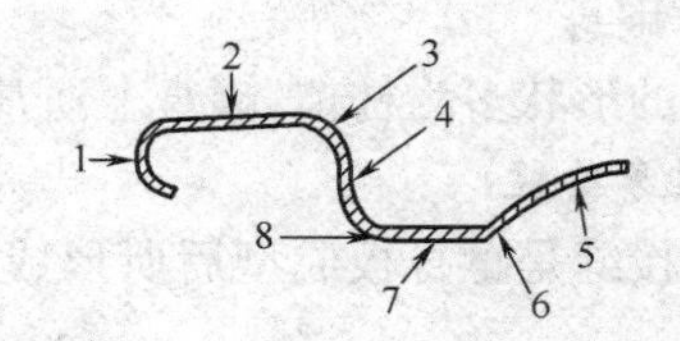

图 8－10　圆边结构

1—圆边　2—卷边结合面　3—卷边面倒圆　4—夹壁　5—波纹　6—夹紧面倒圆　7—夹紧面　8—夹壁倒圆

表 8－7　马口铁罐盖(底)的主要圆边尺寸　单位:mm

示　图	罐内径 D	d_1 (允许偏差 +0.05)	d_2 (允许偏差 +0.05)	D_1 (允许偏差 ±0.13)	D_2 (允许偏差 ±0.13)	h_2 (允许偏差 -0.1)	堆叠高度 $h_1=50$ 时罐盖数量
	50.5	50.8	50.2	60.2	58.4	3.0	27～30
	59.5	59.5	59.2	69.4	67.5		
	72.8	73.2	72.6	83.0	81.1		
	74.1	74.35	73.7	84.1	82.2		
	83.4	83.75	83.05	93.63	91.7		25～28
	91.0	91.5	90.8	101.5	99.5	3.2	
	99.0	99.5	98.8	109.5	107.5		
	153.1	153.5	152.8	164.3	162.1	3.3	23～25
	215.0	215.4	214.2	227.2	224.9		20～23
	223.0	223.4	222.2	235.2	232.9		

注:$r_1=1.1$(允许偏差 0.1);$r_2=1.0$(允许偏差 0.1);$r_3=1.0$(允许偏差 0.2)。

3. 罐盖(底)板料尺寸的计算

设计罐盖(底)时,其板料尺寸计算方法如下:

$$D_1 = D + K \tag{8-1}$$

式中　D_1——罐盖(底)板的直径,mm

D——罐内径,mm

K——修正值,mm

K 值与罐径大小、设备条件、钢板及胶膜厚度有关,可参照表 8－8 选取。

表 8－8　罐盖(底)计算尺寸修正系数 K　单位:mm

罐内径	52.3	65.3～72.9	83.3～98.9	105	153.4
K	15.5	16.0	16.5	17.0	18.0

(二)罐身

罐身的形状多为柱体,罐身上通常设置下列一些结构:

1. 罐身接缝

罐身接缝是罐身板成型后所形成的焊(粘)接接缝。因加工工艺不同,罐身接缝有下列四种:

(1)锁边接缝　罐身板两端互相钩合所形成的四层折叠接缝[图 8－11(a)],用于锡焊罐罐身成型,接缝重叠宽度为 2.4mm。

(2)搭接接缝　罐身板两端堆叠在一起

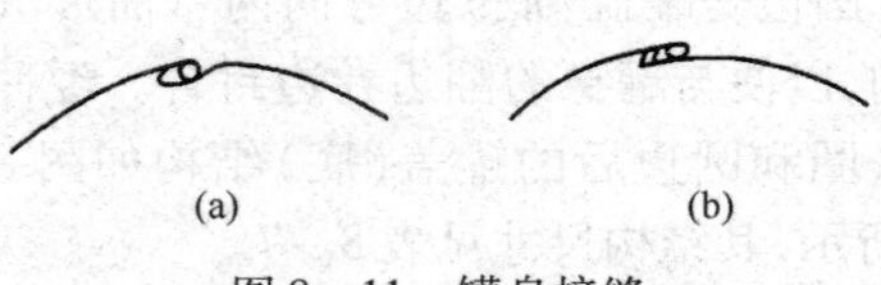

图 8－11　罐身接缝

以钎焊或熔焊封合所形成的接缝[图 8－11(b)]。目前广泛采用电阻焊结构,接缝重叠宽度为0.4～0.6mm。

(3)对接焊缝　罐身板两端边缘对接在一起,通过焊接形成的焊缝,用于激光焊罐。

(4)粘接接缝　美国采用的粘接接缝如图 8－12(a)、(b)所示,图 8－12(c)为日本采用的粘接接缝。这种接缝用熔融的尼龙为黏合剂,以挤出法充填于罐身接缝,同时罐身板被加热使黏合剂填满缝隙,然后经冷却固化而成。粘接罐耐内压力大,耐热性差,可用于包装食品。

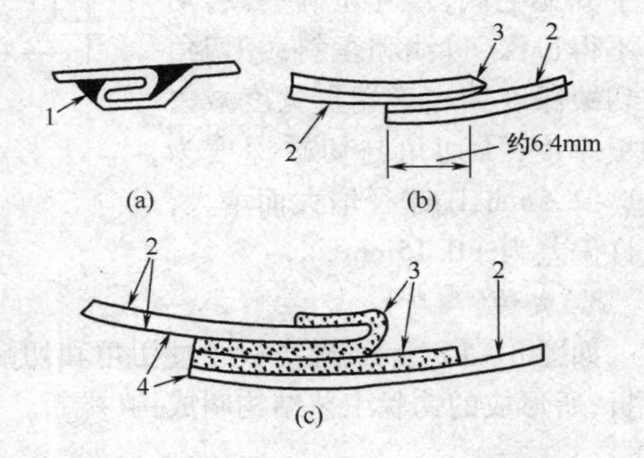

图 8－12　粘接焊缝

1—胶　2—涂膜　3—黏合剂　4—罐身

2. 切角与切缺

锡焊罐制作过程中,为使罐身两端的接缝处只有两层钢板重叠,以便翻边和封口,需在罐身板的一端切去上、下两角,另一端切制两个锐角或两个 U 形豁口,前者称之为切角,后者叫切缺。

(1)切角形式

①三角形切角。端折边切除部位的两侧边互成直角[图 8－13(a)];②钝角形切角。端折边切除部位的两侧边互成钝角[图 8－13(b)];③宝塔形切角。具有两个直角台阶的切除部位[图 8－13(c)]。

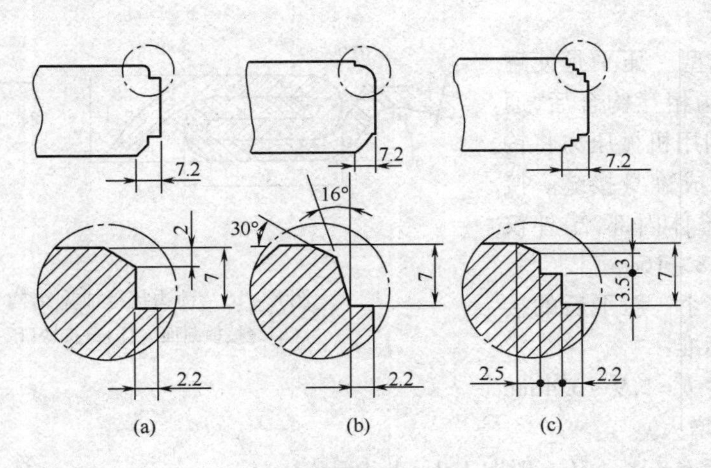

图 8－13　切角结构(尺寸单位:mm)

(a)三角形　(b)钝角形　(c)宝塔形

(2)切缺形式

①V 形切缺。切缝两边成锐角[图 8－14(a)];②U 形切缺。切缝两边平行,底部呈圆弧状[图 8－14(b)]。

(3)切角与切缺的技术要求

①切角与切缺两端留出的部位距离必须相等;②切角的切口要平齐无毛刺,尺寸正确一致,切口不得过深、过浅和歪斜;③切角与切缺深度相当于端折宽度减去钢板厚度;④切角与切缺深度为2.1～2.5mm,随罐径增大而增大,允许偏差为±0.15mm。

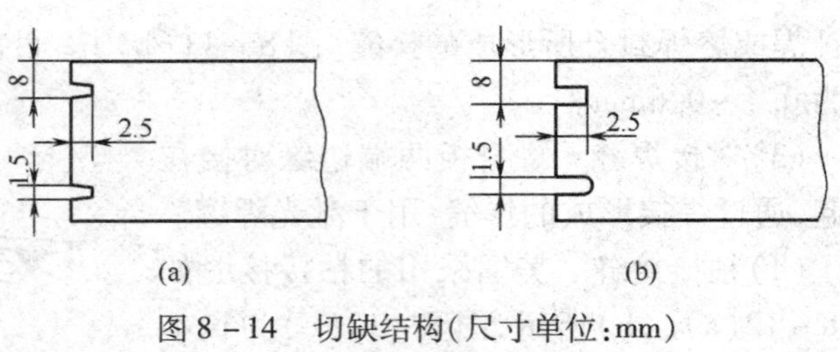

图8－14　切缺结构(尺寸单位:mm)
(a)V形　(b)U形

3. 成钩(端折)

如图8－15所示,罐身板经过切角和切缺后,再用折边机将其两端各自向相反的方向弯折,所形成的钩状工艺结构叫成钩(端折)。

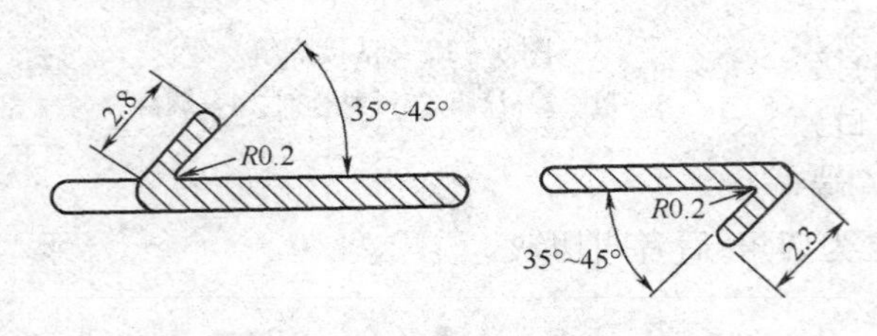

图8－15　成钩结构(尺寸单位:mm)

(1)作用　以便罐身板成圆后互相钩合。成钩既便于罐身的锁接,又可避免焊锡过多地渗入罐内。

(2)技术条件

①罐身两端成钩与罐身构成相反的35°～45°的角,保证罐身板弯曲后锁边良好;②成钩宽度应均匀一致,不得有大小头;③成钩宽度为2.3～2.8mm,随罐径增大而增大,允许偏差±0.15mm。

4. 压平

(1)压平成型　压平是使罐身板两端的成钩相互钩合后,通过特定的模具利用机械压力将钩合部位压平,形成罐身接缝。接缝的凸出部在罐体内部,罐外仅留一道缝沟[图8－16(a)]。

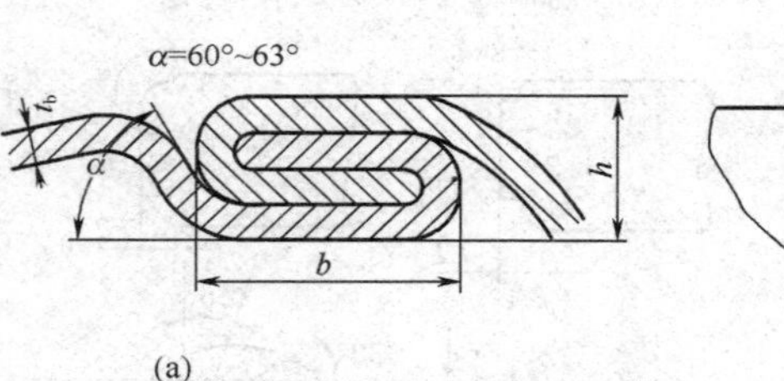

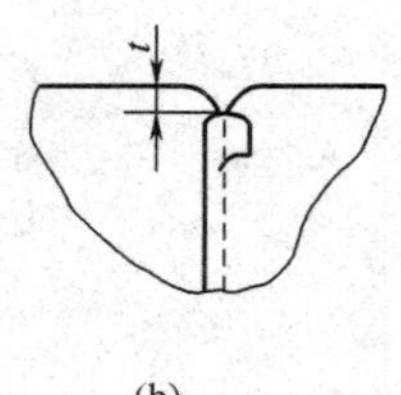

图8－16　锁边接缝成型结构
(a)缝棱横断面　(b)叠接缺口

(2)结构尺寸　压平后的接缝应达到如下标准:

①接缝宽度 $b=2.9\sim3.4$mm(随罐径增大而增大)

②接缝厚度 $h=4t_b+e$(一般取1.1～1.2mm)

式中　t_b——罐身板厚度,mm

e——修正值(≤0.2mm)

③叠接缺口深度 t,一般取值为(0.5±0.1)mm[图8－16(b)]。

5. 翻边

罐身的上下部边缘应适当向外翻出,以便与罐盖或罐底作卷边密封。罐身两端被翻出的部分叫翻边,其结构尺寸见图8－17和表8－9。

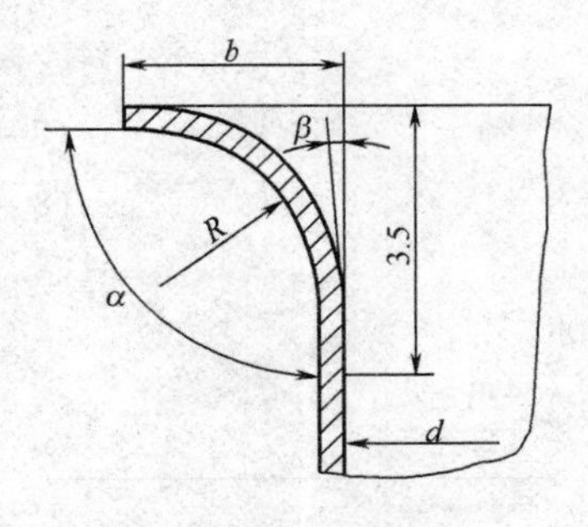

图 8－17　罐身翻边的结构

d—空罐内径　b—翻边宽度　R—翻边圆弧半径

α—翻边角度　β—罐身翻边端角度

表 8－9　三片罐罐身翻边结构尺寸

名　称	代号	结构尺寸
翻边宽度	b	[(2.8～3.4) ±0.2]mm(按孔径大小取值)
翻边圆弧半径	R	2.0～2.5mm
翻边角度	α	95°～97.5°(撞击翻边) 90°(闸刀翻边)
罐身翻边端角度	β	4°
翻边后罐身高度		(H－3.0)mm(H为罐身板高度)

6. 环筋

当罐身直径和高度较大时，为防止罐身发生内凹与外凸，应在其圆周方向滚压环筋。为此须在罐身接缝处用凹凸模压出预压筋(图 8－18)，以便在罐身上滚压环筋(图 8－19)。有的国家，也在一些小型圆罐上滚压环筋以增加其强度，这样可采用较薄的材料，节约成本。

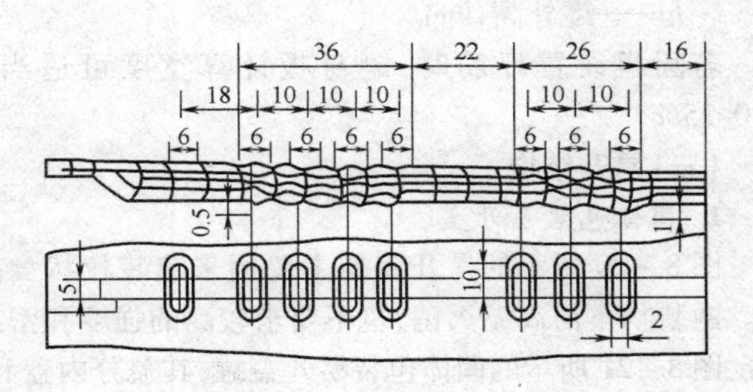

图 8－18　罐身接缝预压筋

(尺寸单位：mm)

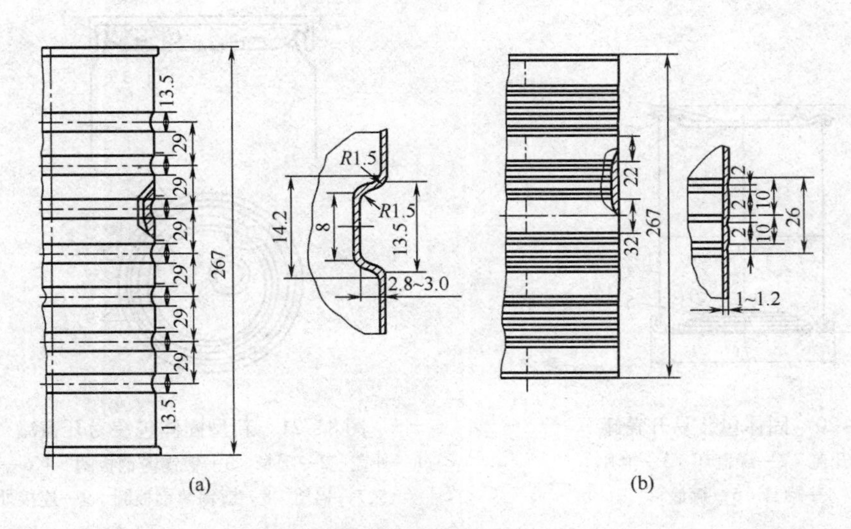

图 8－19　环筋(尺寸单位：mm)

(a)甲种环筋　(b)乙种环筋

7. 罐身板的尺寸计算

现以圆罐为例，罐身板的尺寸计算方法如下：

（1）罐身板长度

锡焊罐：
$$L = [\pi(d + t_b) + 3A] \pm 0.25 \quad (8-2a)$$

电阻焊罐：
$$L = [\pi(d + t_b) + 0.3] \pm 0.05 \quad (8-2b)$$

式中 L——罐身板计算长度，mm

d——圆罐内径，mm

t_b——薄钢板厚度，mm

A——成钩宽度，一般取 2.53mm

（2）罐身板宽度

$$B = (h + 3.5) \pm 0.05 \quad (8-3)$$

式中 B——罐身板计算宽度，mm

h——罐外高，mm

若圆罐设置环筋时，罐身板计算宽度可适当增加 1 ~ 1.5mm，切斜误差不得大于0.25%。

（三）易开结构

1. 固体包装易开盖

图 8-20 所示的易开盖罐主要用来包装粒状食品、奶粉、固体饮料等，其盖可整体打开。内装物不需高温灭菌，也不要求较高的强度和密封性。盖内箔片用以防止空气渗入。

图 8-21 所示的固体包装易开盖罐，其盖分内盖和外盖两部分。内盖设置了易开结构，在 50 ~ 60μm 厚的铝箔上附加塑料拉环。铝箔外缘粘接镀锡薄钢板圈，该圈与罐身贴紧固定，使内盖与罐身连接。外盖可以保护内盖，并在铝箔外缘内盖开启后还能重新封闭罐体。

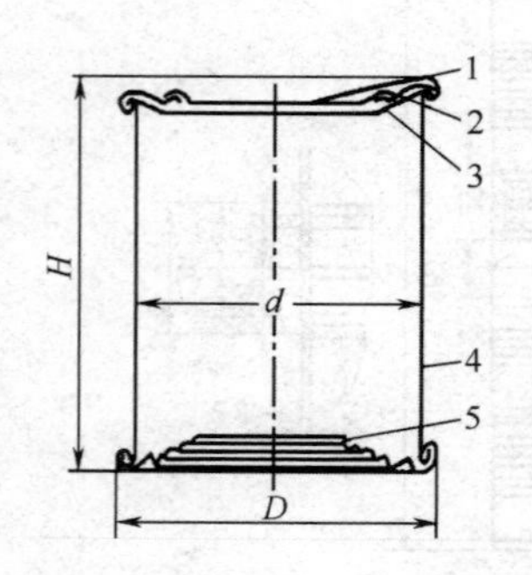

图 8-20 固体包装易开盖罐

1—易开盖 2—罐盖环 3—箔片 4—罐身 5—罐底

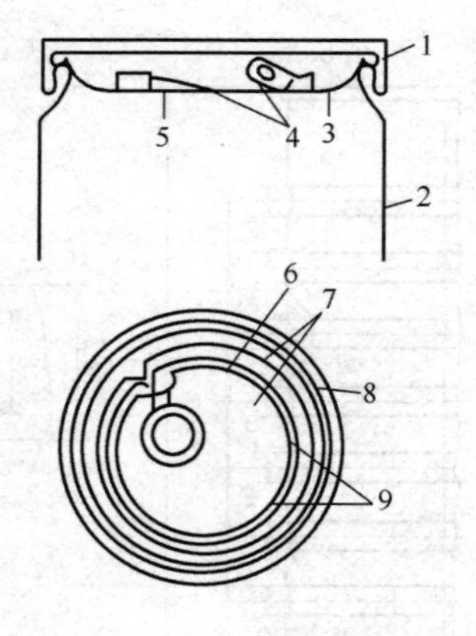

图 8-21 新型固体包装易开盖罐

1—外盖 2—罐身 3—镀锡薄钢板圈 4,6—拉环 5,7—铝箔 8—镀锡薄钢板圈 9—连接处

这种罐的开启方法如下：①用手指拉起拉环，使铝箔上有一个孔（首次开启）。为了保证以最小的力打开铝箔，用图 8-22 显示的状态撕开；②进一步将拉环向上提拉，铝箔按照拉环的形状撕开（撕裂扩散）；③拉环继续提拉，铝箔沿罐边全部撕掉。

由于铝箔上没有压痕，所以撕裂扩散必须加以控制，使其按预定方案撕掉。

该罐的拉力扩展方向与受力状况如图 8 – 23 所示。

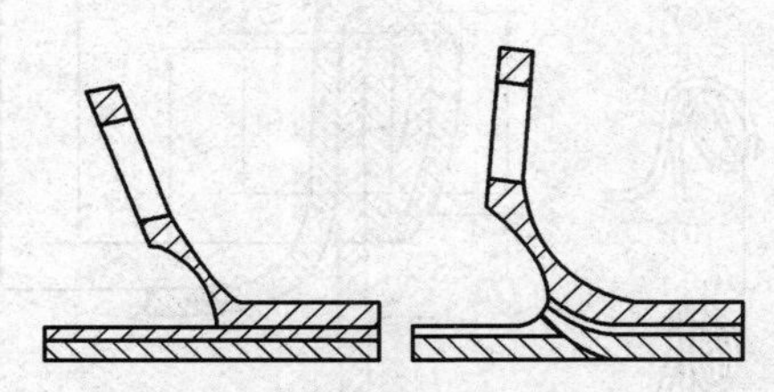
图 8 – 22　新型固体包装易开罐首开状态

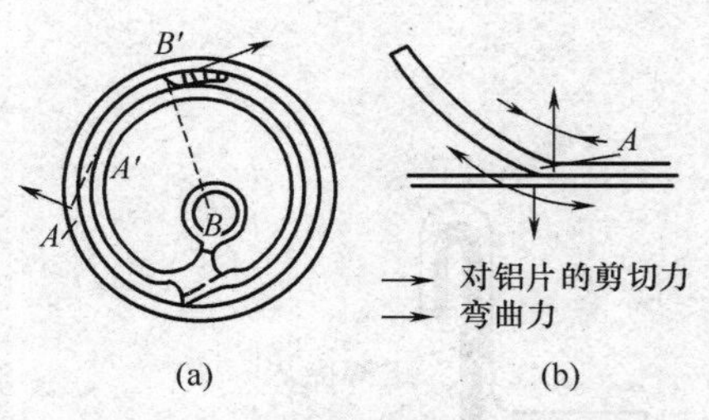

图 8 – 23　拉力扩展方向与受力状况
(a)拉力扩展方向　(b)受力状况

2. 液体包装易开盖

常见的液体包装易开盖罐罐盖上的易开装置主要由刻痕、拉环和将拉环固定在易开盖上的铆钉组成。刻痕是为了便于开启,预先在易开盖上压成或刻画的撕开线。铆钉的作用是将拉环铆合在易开盖上(图 8 – 6)。

老式的液体包装易开盖开启后易开部件与罐身脱离,容易造成环境污染。图 8 – 24 所示的易开罐采用了新型液体包装易开盖,又称为滑片盖。只要将罐盖上的可滑动舌片向后推动即可开启。开启后易开部件与罐身相连,既不会对环境造成污染,又能够节约材料。同时制动棘轮可使滑片重新关闭,以保持原有的密封及强度。

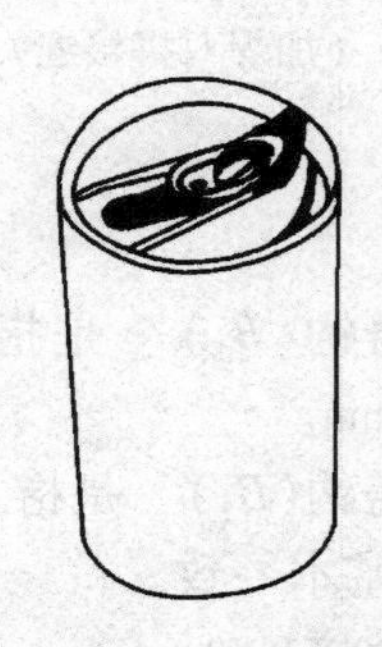
图 8 – 24　新型液体包装易开盖罐

四、二重卷边(五层卷边)

二重卷边是目前广泛采用的金属罐罐身与罐盖(底)的卷封方式,其质量优劣,对罐的性能影响极大。采用二重卷边封口,不仅适宜制罐、装罐和封罐的高速度、大批量、自动化生产,而且也容易保证金属罐的气密性。

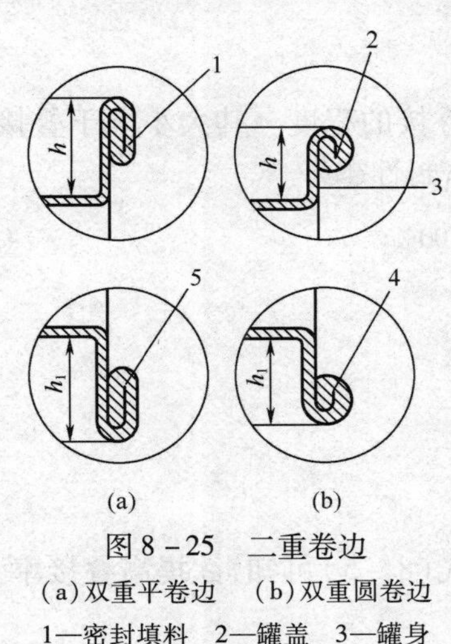

图 8 – 25　二重卷边
(a)双重平卷边　(b)双重圆卷边
1—密封填料　2—罐盖　3—罐身
4—罐底　5—密封填料
h—罐顶深　h_1—罐底深

如图 8 – 25 所示,二重卷边的结构是由互相钩合的二层罐身材料和三层罐盖材料以及嵌入它们之间的密封胶构成,是以五层罐材咬合连接在一起的卷封方法。二重卷边的形式除了双重平卷边、双重圆卷边外,还有一种特殊的二重卷边形式,即图 8 – 26 所示的加焊双搭接缝。

1. 二重卷边的内部结构

罐身与罐盖(底)的卷封需使用专用的封罐机来完成。图 8 – 27 表示二重卷边在罐盖置于罐身后,经过一级卷合、二级卷合,最后实现成型的全过程。构成二重卷边的结构如下:

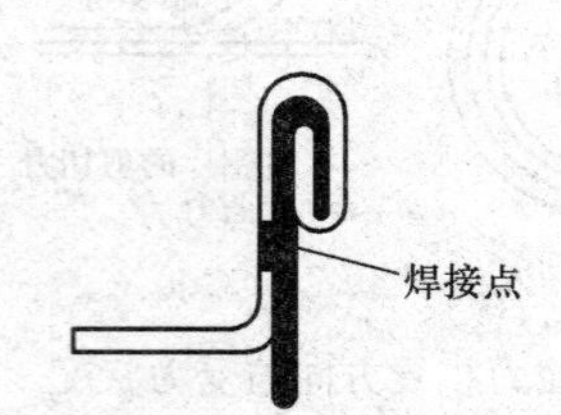

图 8－26　特殊二重卷边结构
（加焊双搭接缝）

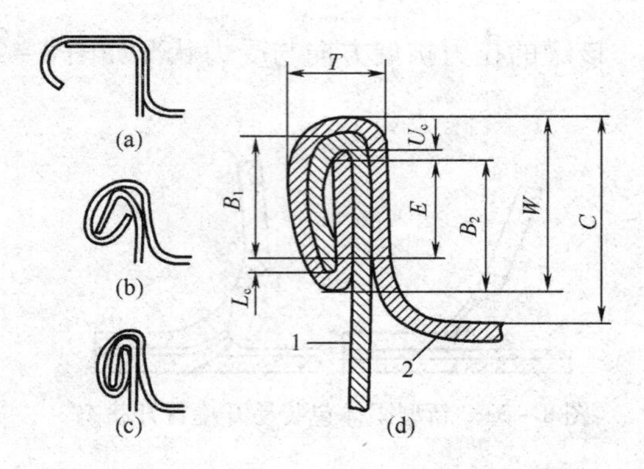

图 8－27　二重卷边成型过程及结构
（a）罐盖置于罐身　（b）一级卷合
（c）二级卷合　（d）完成二重卷边
1—罐身　2—罐盖

（1）身钩（B_1）　是指二重卷边形成时罐身的翻边部分弯曲成钩状的长度，其值为 1.8～2.2mm。

（2）盖钩（B_2）　是指二重卷边形成时把罐盖圆边翻向卷边内部弯曲部分的长度，其值应与身钩基本一致。

（3）叠接长度（E）　是指卷边内部盖钩与身钩相互叠接部分的长度，可按下式近似计算：

$$E = B_1 + B_2 + 1.1t_c - W \tag{8-4}$$

式中　E——叠接长度，mm

B_1——身钩尺寸，mm

B_2——盖钩尺寸，mm

t_c——罐盖板材厚度，mm

W——卷边宽度，mm

（4）叠接率（K）　是指卷边内部盖钩和身钩互相叠接的程度。其大小等于叠接长度与叠接长度加两端空隙长度之比，叠接率越高，卷边的密封性越好。

$$K = \frac{E}{W - (2.6t_c + 1.1t_b)} \times 100\% \tag{8-5}$$

式中　K——叠接率，%

E——叠接长度，mm

t_b——罐身板材厚度，mm

t_c——罐盖板材厚度，mm

W——卷边宽度，mm

对圆罐而言，叠接率 K 要大于 50%，从式（8－4）、式（8－5）可知，欲提高叠接率 K，必须增大身钩、盖钩尺寸或减小卷边宽度。

（5）盖钩空隙（U_c）和身钩空隙（L_c）　U_c 和 L_c 要求越小越好，这样可提高卷边的叠接率。

2. 二重卷边的外部结构

(1)卷边厚度(T) 是指卷边后五层材料的总厚度和材料之间间隙之和。该尺寸取决于加工成型时两道卷边滚轮的压力,以及罐型与板材的厚度。圆罐的卷边厚度可从表8-10查出,亦可按下式计算:

$$T=3t_c+2t_b+\Sigma g \quad (8-6)$$

式中 T——卷边厚度,mm

t_c——罐盖板材厚度,mm

t_b——罐身板材厚度,mm

Σg——卷边内部五层板材之间间隙总和,一般取0.15~0.25mm

表8-10 圆罐卷边厚度与板材厚度关系 单位:mm

板材厚度	0.20	0.23	0.25	0.28
卷边厚度	1.15~1.30	1.30~1.50	1.40~1.60	1.55~1.70

(2)卷边宽度(W) 是指从卷边外部沿罐体轴向测得的平行于卷边叠层的最大尺寸。该尺寸取决于加工卷边滚轮的沟槽形状、卷边压力、身钩尺寸以及板材厚度。卷边宽度可按下式计算:

$$W=2.6t_c+B_1+L_c \quad (8-7)$$

式中 W——卷边宽度,mm

t_c——罐盖板材厚度,mm

B_1——身钩尺寸,mm

L_c——身钩空隙,mm

(3)埋头度(C) 是指卷边顶部至靠近卷边内壁罐盖肩平面的高度。一般由封罐机上压头凸缘的厚度来决定,可按下式计算:

$$C=W+\alpha \quad (8-8)$$

式中 C——埋头度,mm

W——卷边宽度,mm

α——修正值,一般取0.15~0.30mm

表8-11给出了马口铁罐二重卷边的有关尺寸。

表8-11 马口铁罐的二重卷边尺寸 单位:mm

罐径 / 马口铁编号	50.5,59.5	72.8	83.1	91.0,99.0	153.1	223.0,215.0
指标	20.22	22.25	22.25	25.28	28.32	32.36
T	1.20~1.30	1.30~1.40	1.30~1.40	1.35~1.50	1.60~1.75	1.75~2.00
W	2.80~3.00	3.00~3.10	3.00~3.15	3.10~3.20	3.30~3.50	3.30~3.60
B_1	1.80~1.90	1.90~2.00	1.90~2.00	1.95~2.05	2.00~2.10	2.10~2.20
B_2	1.90~2.00	2.00~2.10	2.00~2.10	2.05~2.15	2.10~2.20	2.20~2.30

五、设 计 方 法

由于三片罐及相关的制造设备已经实现了标准化和规格化，所以容器的制造成型相对比较成熟。三片罐的结构设计，一般只要根据用户的包装要求选定容器的结构、造型、材料和卷封结构。

1. 确定容器的结构和造型

确定容器的结构和造型应综合考虑包装的要求和成本等因素。通常圆形罐相对其他罐型具有制作容易、用料省、容量可以做大等优点，但外观一般；而异形罐造型独特、但制作相对困难，用料及成本都较大。确定容器的结构和造型时，在综合考虑包装的要求及成本等因素的前提下，要合理选定三片罐的封闭形式、开启方式、侧缝结构以及罐盖和罐底的结构等。

2. 确定容器的规格尺寸

容器的造型及结构尺寸按照包括容量在内的包装要求初步确定后，再按85% ~95%的填装率来核算罐容和结构尺寸，最后根据计算结果从标准容器的规格系列中选定相应的规格尺寸；对于有特殊要求或特殊形状的容器，可根据实际需要确定其规格尺寸。

3. 材料厚度的确定

应根据金属罐的受力状况及强度条件来确定材料及厚度。

(1)容器的受力状况　三片罐受力情况如图8－28所示，主要有罐内的正(负)压力和外部机械作用力。除了要承受轴向载荷和侧向的撞击作用力外，野蛮装卸导致的外力也会严重破坏罐的结构。为了提高罐盖或罐底的结构强度，保护封口结构的完整性，可在罐盖或罐底上设置膨胀圈。罐身强度不够时，除了选用适当厚度的罐材外，可设置侧壁加强筋(水平波纹)来提高罐的强度。不过过深及过多的加强筋会使罐身轴向承载力下降。

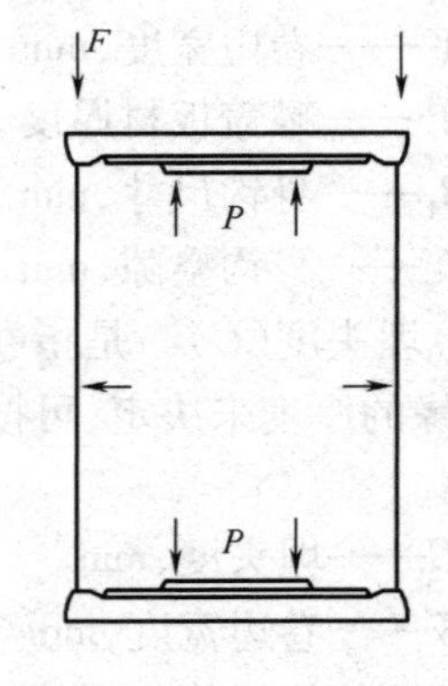

图8－28　三片罐力学分析
P—罐内压力(常温下负压，高温下正压)
F—外部作用力

(2)容器的强度验算　金属罐所用的板材厚度为0.15 ~0.5mm。若用铝合金板或镀锡薄钢板等制作需要加热杀菌的食品罐或其他压力罐时，由于加热会引起罐内呈正压力状态，故可按罐内压力、材料的许用应力来计算罐壁厚度，计算公式如下：

$$\sigma = \frac{pD}{2t} \leqslant [\sigma] \tag{8-9}$$

式中　p——罐内压力，MPa

D——罐内径，cm

σ——罐的工作应力，MPa

$[\sigma]$——罐材的许用应力，MPa

t——罐壁的厚度，cm

三片罐和二片罐中的拉深罐,其材料厚度可根据上式算出的罐壁厚度 t 直接选用。

式(8－9)亦可对现有的压力罐进行强度校核。

第三节　方罐(桶)结构

长方体金属罐简称方罐,由于容积大小无严格界限,故方罐又称为方桶。方罐常用来包装油脂、食品、涂料、化学品等。方罐的最大优点是在存贮和运输时空间利用率高,节约流通费用。随着方罐的使用量逐渐增加,我国已制定了统一的质量标准。

一、方罐分类

方罐的具体分类情况见表 8－12。按照国家标准 GB/T 17343—1998 的规定,方罐按其外形分为两类六种规格,一类是横截面为正方形的方桶,公称尺寸有 18L、9L 两种规格;另一类是横截面为长方形的方桶,公称尺寸有 4L、3L、2L、1L 四种规格。

表 8－12　方桶的分类(GB/T 17343—1998)

类别	几何特征	公称容积/L	实际容积/L
Ⅰ	横截面是正方形	18	19.5
		9	9.50
Ⅱ	横截面是长方形	4	4.33
			4.25
		3	3.62
			3.17
		2	2.08
		1	1.15
			1.15

二、方罐结构

(1)罐体结构　方罐罐体是由一片或相等的两片筒板构成,可按图 8－29(a)所示的那样,先做成有黏合剂的卷边接缝,然后进行钎焊,也可以按图 8－29 中(b)、图 8－29(c)所示的结构,用电阻焊方法制成罐体。

(2)上、下盖与罐体的卷封　上盖板上带有注入口和口盖,上、下盖板与罐体的结合都采用二重卷边结构(图 8－30)。

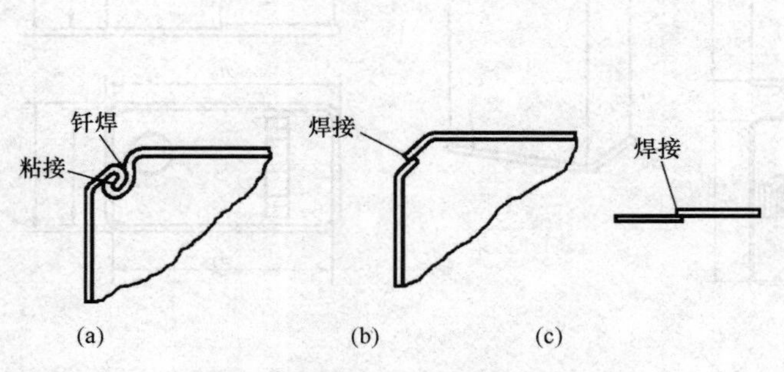

图 8－29　方罐罐体成型方式
(a)粘接—钎焊　(b)电阻焊　(c)电阻焊

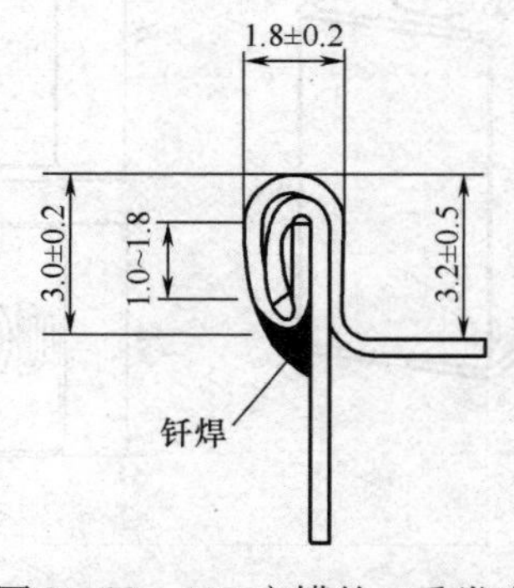

图 8－30　18L 方罐的二重卷边
(尺寸单位:mm)

(3)注入口和口盖　注入口的位置一般在上盖板的边缘或中央部位，注入口和口盖的形状及尺寸由用户和制造方商定，图8－31表示了通常使用的几种注入口和口盖的结构形式。其中(b)、(c)和(f)所示的结构密封性好。

(4)手环　如图8－32所示，手环有两种形式。手环一般通过点焊固定在上盖上。

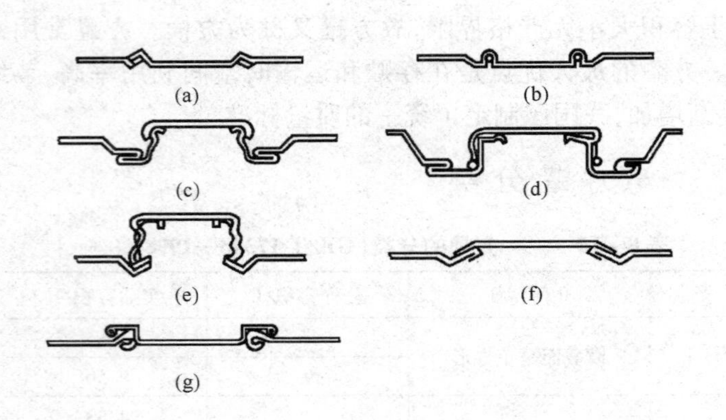

图8－31　18L方罐注入口和口盖的形式
(a)普通平口型(钎焊)　(b)封闭型　(c)上等盖型
(d)卷边接缝型　(e)侧缘钎焊型　(f)锥形平口型　(g)压盖型

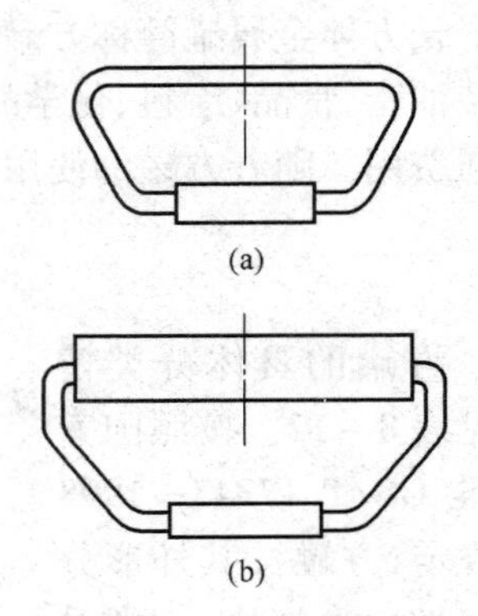

图8－32　18L方罐的手环
(a)普通手环　(b)带环手环

三、规格尺寸

目前我国方罐尺寸规格已经实现了标准化和系列化。按照国标规定，Ⅰ类方罐(桶)的结构尺寸见表8－13和图8－33，Ⅱ类方罐(桶)的结构尺寸见表8－14和图8－34。

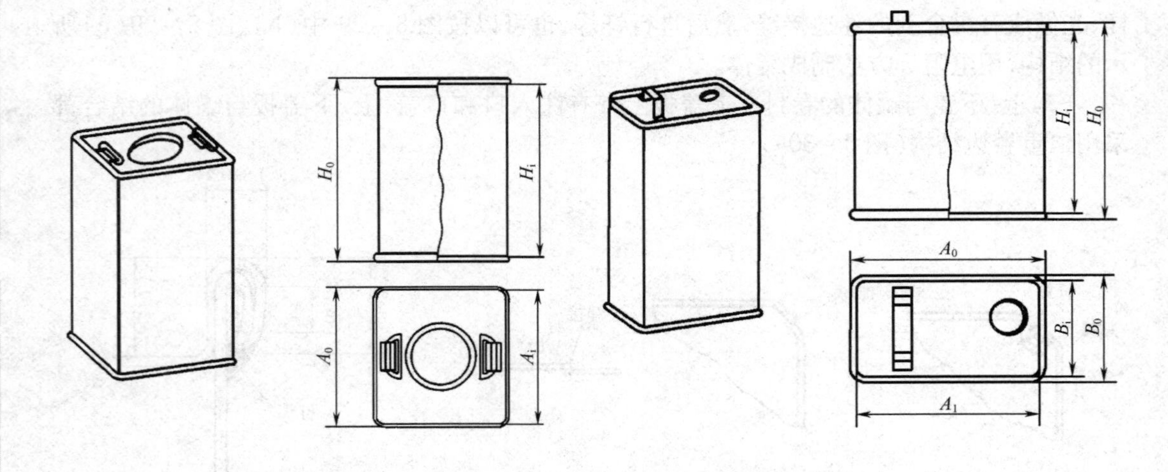

图8－33　Ⅰ类方罐(桶)的尺寸结构图

图8－34　Ⅱ类方罐(桶)的尺寸结构图

表 8 - 13　　**Ⅰ类方桶结构尺寸(GB/T　17343—1998)**　　单位:mm

类别	公称容积/L	边长				高			
		内边长 A_i		外边长 A_o		内高 H_i		外高 H_o	
		尺寸	极限偏差	尺寸	极限偏差	尺寸	极限偏差	尺寸	极限偏差
Ⅰ	18	235	±2	238	±2	345	±2	351	±2
	9	235		238		172		178	

表 8 - 14　　**Ⅱ类方桶结构尺寸(GB/T 17343—1998)**　　单位:mm

类别	公称容积/L	长				宽				高			
		内长 A_i		外长 A_o		内宽 B_i		外宽 B_o		内高 H_i		外高 H_o	
		尺寸	极限偏差	尺寸	极限偏差	尺寸	极限偏差	尺寸	极限偏差	尺寸	极限偏差	尺寸	极限偏差
Ⅱ	4	166	±2	169	±2	103	±2	106	±2	253	±2	261	±2
		177		180		103		106		233		241	
	3	166		169		103		106		212		217	
		177		180		103		106		174		180	
	2	166		169		103		106		127		135	
		177		180		103		106		114		120	
	1	120		123		60		63		166		172	
		115		118		60		63		172		180	

四、制 罐 材 料

制作方罐的材料是0.32mm厚的镀锡薄钢板或无锡薄钢板。制罐前需预先进行罐内涂覆和罐外印刷。现在使用TFS板(无锡钢板)制罐的比例越来越大,所以有相当多的18L方罐是采用粘接方法制成。

值得一提的是,继国家标准GB/T 17343—1998发布以后,又制定了包装行业标准(BB/T 0019—2000),该标准规定了容量1~4L、横截面为矩形和扁圆形镀锡薄钢板金属罐的分类、技术要求等,适用于方罐或扁圆罐的制造、使用、流通和监督检验。

第四节　二片罐结构

一、二片罐特点

由于二片罐的罐身与罐底是用冲压成型工艺做成一体,所以这种容器具有下列特点:

①因罐体上无接缝,故外表面可全面印刷和装潢,提高包装装潢效果。

②二片罐壁薄(0.01~0.1mm)、质轻,和同容积的三片罐相比,质量减轻一半,可降低

制罐成本。

③罐身与罐底作成一体，力学强度高，密封性好，内壁光滑、平坦，便于内涂涂料。

④因罐身无接缝，故与罐盖卷封作业容易，且密封效果好。

⑤成型工艺简单且速度快，可实现高速机械自动化生产。

⑥二片罐一般采用铝质易开盖，开启方便。

二、二片罐分类

铝易开盖两片罐的分类方法如下。

1. 按罐体材料分类

按照 GB/T 9106—2001 的规定，铝易开盖两片罐按罐体材料可分为钢罐和铝罐。

2. 按成型工艺分类

二片罐按成型工艺可分为如表 8－15 所列的几种类型。

表 8－15　二片冲压罐的分类（GB/T 9106—2001）

二片冲压罐	拉深罐	浅拉深罐	一次拉深
		深拉深罐（DRD 罐）	多次拉深
	变薄拉深罐（D&I 罐）		多次拉深

罐身采用拉深工艺成型的二片罐叫拉深罐，拉深罐主要用于灌装罐头食品，罐身厚度没有明显变化，侧壁和罐底的厚度基本一致。按照罐高和直径的比值大小可细分为浅拉深罐和深拉深罐。浅拉深罐又称为浅冲罐，其高度和罐身直径之比小于 1，深拉深罐习惯称为深冲罐，其高度与罐身直径之比则大于 1。浅冲罐罐身成型一般采用浅拉深法，只要一次冲压即可成型。深拉深罐需要采用多级拉深法才能实现罐身的成型，成型过程如图 8－35 所示。

罐身需用变薄拉深工艺成型的二片罐叫变薄拉深罐，俗称冲拔罐。冲拔罐罐身采用冲压－变薄拉深法成型，其成型过程如图 8－36 所示。

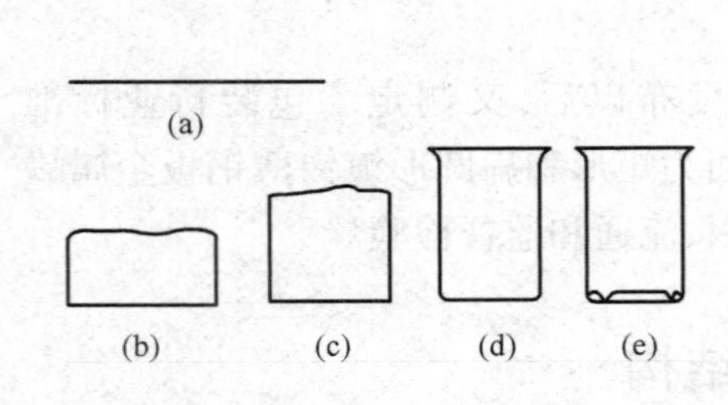

图 8－35　多级拉深成型罐身

（a）圆形板坯　（b）浅拉深　（c）一次再拉深　（d）二次再拉深　（e）罐身成型

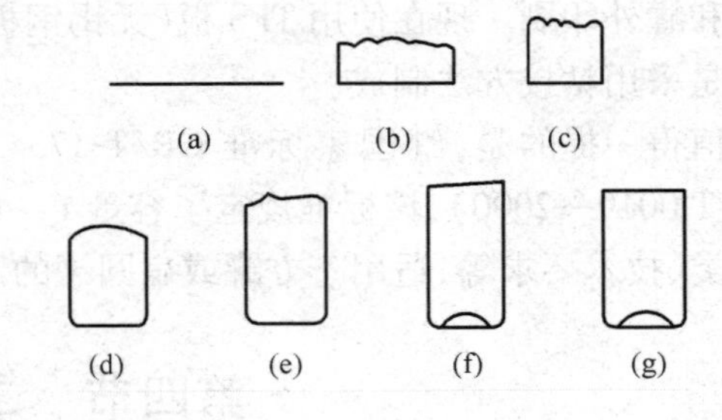

图 8－36　冲压－变薄拉深成型罐身

（a）圆形板坯　（b）浅拉深　（c）再拉深　（d）一次变薄拉深　（e）二次变薄拉深　（f）三次变薄拉深　（g）罐身成型

三、二片罐结构

二片罐的结构如图 8－37 所示，主要由罐身、罐盖两大部分组成。

1. 罐身

罐身结构如下：

（1）罐底 即罐身的底部，主要起支撑整个容器的作用，其外形通常设计成圆拱形。如图8－37（b）所示，一般啤酒饮料罐的内部压力较大，要求罐底的最小抗弯强度为586～620kPa。为了满足底部的抗弯强度要求，早期使用厚度为406～409μm的板材，底部设计成图8－38（b）中A的外形；现行的啤酒罐普遍采用阿尔考B－53V字形罐底，其外形见图8－38（b）中的B，板厚减至330μm；而阿尔考B－80型罐底，其外形如图8－38（b）中C所示，板厚可降到320μm。

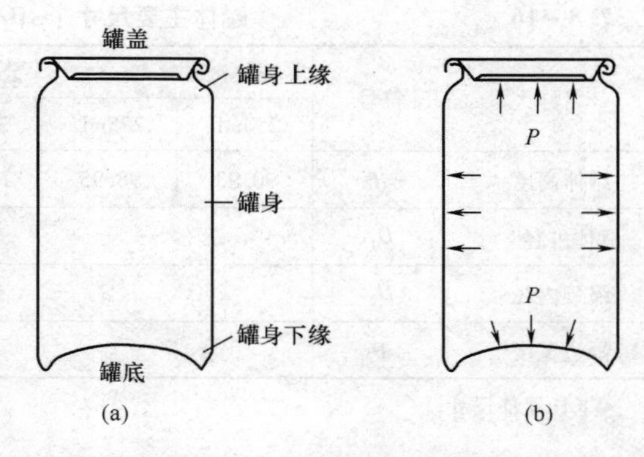

图8－37 二片罐的结构及受力示意图

（a）结构图 （b）受力图

（2）罐身下缘 即侧壁和罐底的连接部。该部分外形要合理，常配合罐底一起设计，既要保证二片罐有足够的结构强度，又要使其造型美观。

（3）罐身侧壁 该部分是二片罐的主体。表面光洁平整。侧壁的结构设计，须保证其具有足够的纵向抗压能力。

（4）罐身上缘 即侧壁与罐盖的封合部位。为了节约原材料，二片罐的罐盖直径都较小。因此，罐体上缘部分必须采取缩颈结构[图8－38（a）～（c）]。早期的二片罐上缘是采用简单的缩颈形式，随着罐盖直径进一步缩小，从20世纪80年代起，出现了双缩颈、三缩颈等罐型，英国Metal Box公司发明的旋压缩颈罐，其结构在加工上有很大优势，近年来采用这种结构的二片罐越来越多。

按照GB/T 9106—2001的规定，缩径翻边罐体的主要尺寸和极限偏差参见图8－39和表8－16。

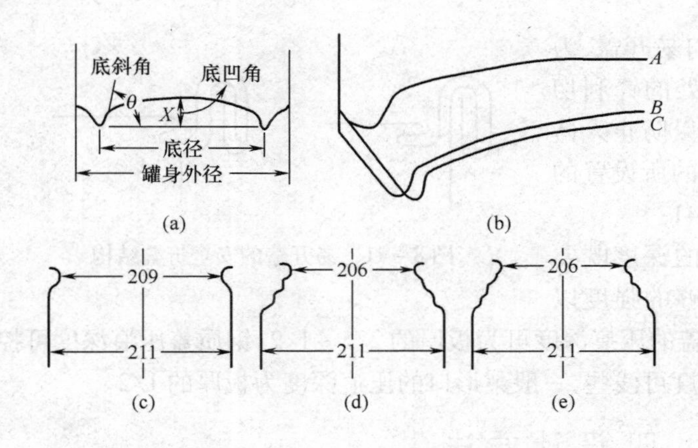

图8－38 二片罐底部与罐颈外形（尺寸单位：mm）

（a）罐底 （b）罐底 （c）简单缩颈 （d）双缩颈 （e）三缩颈

A—最早的罐底外形 *B*—阿尔考B－53V字形罐底 *C*—阿尔考B－80罐底

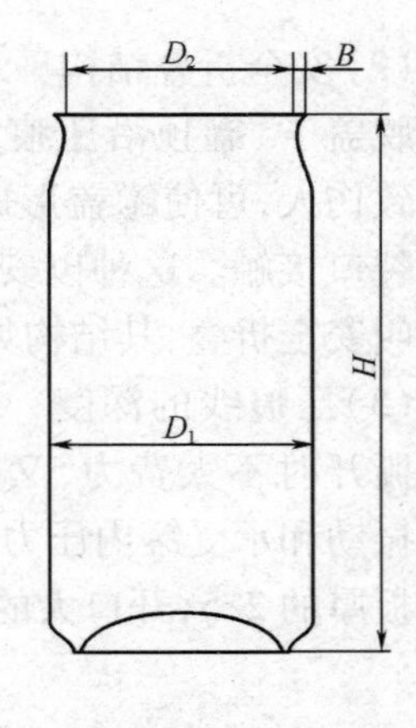

图8－39 罐体主要尺寸示意图

表 8－16　　罐体主要尺寸（GB/T 9106—2001）　　单位：mm

名称	符号	公称尺寸					极限偏差
		250mL	275mL	330mL	355mL	500mL	
罐体高度	H	90.93	98.95	115.20	122.22	167.84	±0.38
罐体外径*	D_1	66.04					±0.25
缩颈内径	D_2	57.40					±0.25
翻边宽度	B	2.22					±0.25

*工具保证尺寸。

2. 罐盖

无论是三片罐还是二片罐都需用罐盖封顶。金属罐罐盖的种类较多，加工制造技术大同小异，罐盖的结构可根据需要进行设计。啤酒等饮料罐一般都采用统一规格的铝质易开盖。

（1）易开盖的结构尺寸　按照 GB/T 9106—2001 的规定，易开盖的主要结构尺寸和极限偏差应符合图 8－40 和表 8－17 的规定。

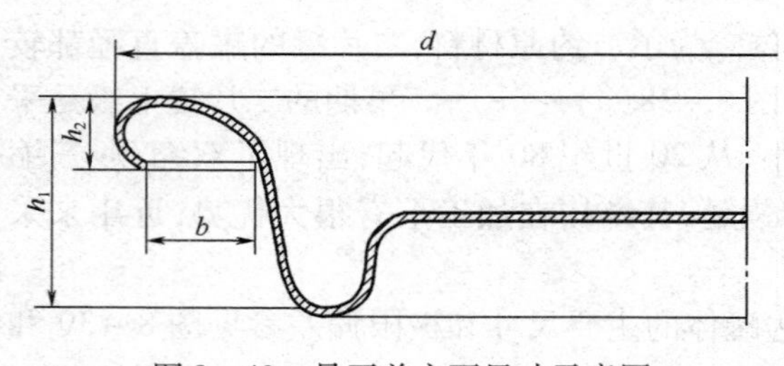

图 8－40　易开盖主要尺寸示意图

表 8－17　易开盖主要尺寸（GB/T 9106—2001）　单位：mm

名称	符号	公称尺寸	极限偏差
钩边外径	D	64.82	0.25
钩边开度	B	≥2.72	—
埋头度	h_1	6.35	0.13
钩边高度	h_2	2.01	0.20
每 50.8mm 盖钩边的重叠个数	E	26±2	

（2）安全折叠结构　对于大口易开盖，为使撕脱盖子、罐顶沿压痕线撕裂处的锋利切口不致伤人，可使罐盖形成折叠，以防止人体与撕裂口接触。这种以安全为目的所设置的折叠叫安全折叠，其结构见图 8－41。

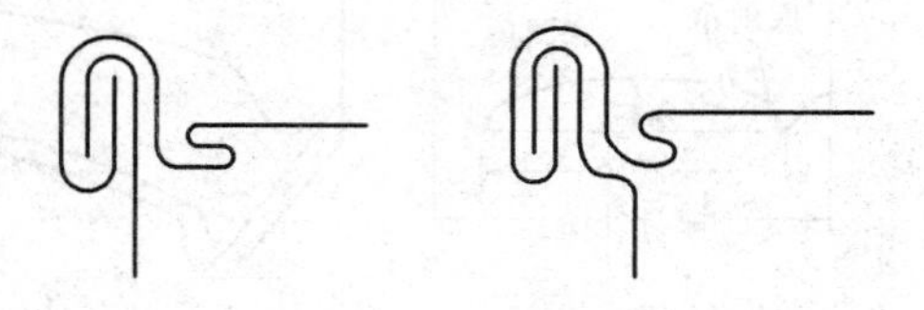
图 8－41　易开盖的安全折叠结构

（3）压痕线的深度　压痕线的深度既要考虑撕开时不太费力，又要有足够的强度以抗击振动和承受罐内压力。铝质盖的压痕深度可为板厚的 2/5～1/2，钢质盖压痕深度可控制在板厚的 2/5，开口大的压痕深度可浅些，一般梨形口的压痕深度为板厚的 1/2。

四、设计方法

1. 材料的选定

（1）材料选择　浅拉深罐的材料主要选用无锡钢板或涂料无锡钢板；考虑到加工变形

量大的要求，深拉深罐的材料，一般为马口铁、镀铬薄铁板和铝合金板（厚度为0.2～0.3mm），变薄拉深罐的原材料主要有铝合金薄板和镀锡薄钢板。

（2）材料厚度的确定　应根据金属罐的结构强度来确定材料的厚度。

用铝合金板或镀锡薄钢板制作食品罐等薄壁压力罐时，可根据罐内压力、材料的许用应力，利用公式（8－9）计算罐壁厚度。

拉深罐所用材料的厚度可根据算出的罐壁厚度直接选用。

2. 结构设计

二片罐的罐型、尺寸及封口形式均受到制罐设备的限制，因此其结构设计实际上只是选择罐型、材料和封口形式。

由于圆柱罐和非圆柱异形罐相比在容量相同的条件下用料最少，方罐用料最多，要比圆柱罐用料多40%。因此，一般情况下应尽量选用圆柱形罐型。此外，还应考虑罐的开启方式，是采用顶开式还是采用侧面卷开式，是选用饮料罐易开盖还是选用整体拉开盖等，都要视具体情况而定。

设计新罐时，应根据包装要求，综合考虑商品受热膨胀、商品装填率等因素，先确定罐型、结构及尺寸，再计算罐容。要尽量使新罐的规格尺寸、容量符合标准化要求。

3. 用料面积的计算

制作圆柱形二片罐所用的坯料是圆形坯料，其落料尺寸算法分别如下：

拉深罐在冲拔拉深过程中，侧壁和底部的厚度基本不变，罐坯表面积与圆形坯料的面积相当，所以可按表面积不变的原则计算圆形坯料的尺寸。因拉深后的罐坯要修边，故计算出的圆形坯料直径要加大10～30mm。圆柱形罐坯的表面积可参照表8－18中相关的公式进行计算。

变薄拉深罐的坯料尺寸应根据体积不变的原则估算，同样也要考虑修边的要求，实际落料尺寸应大于计算的结果。

表8－18　拉深罐坯件表面积计算公式

序号	坯件形状	表面积计算公式	序号	坯件形状	表面积计算公式
1	ΦD	$A=\frac{\pi}{4}D^2$	4	Φd_2, Φd_1, s, h, c	$A=\pi s\left(\frac{d_1+d_2}{2}\right)$
2	Φd_2, Φd_1	$A=\frac{\pi}{4}(d_2^2-d_1^2)$	5	r, h	$A=2\pi rh$
3	Φd_2, h	$A=\pi d_2 h$	6	r, h	$A=2\pi rh$

续表

序号	坯件形状	表面积计算公式	序号	坯件形状	表面积计算公式
7	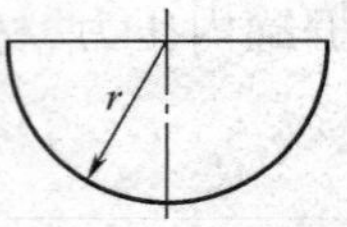	$A = 2\pi r^2$	12	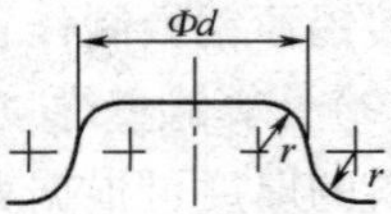	$A = \pi^2 rd$
8	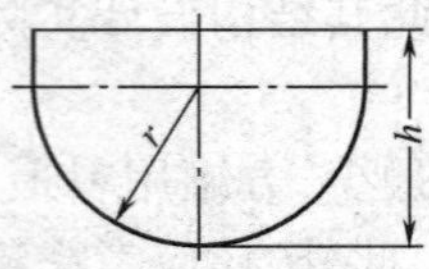	$A = 2\pi rh$	13	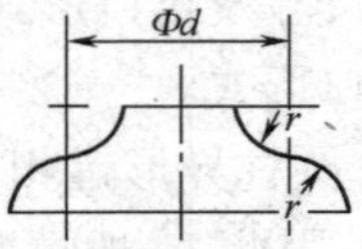	$A = \pi^2 rd$
9	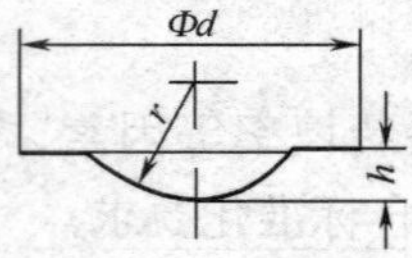	$A = \pi\left(\frac{d^2}{4} + h\right)$	14	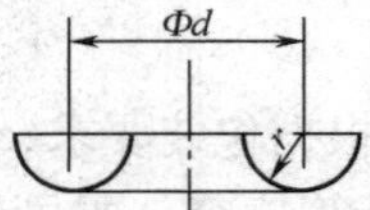	$A = \pi^2 rd$
10	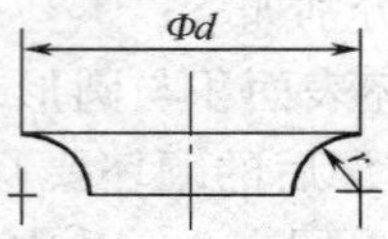	$A = \frac{\pi^2 rd}{2} - 2\pi r^2$	15	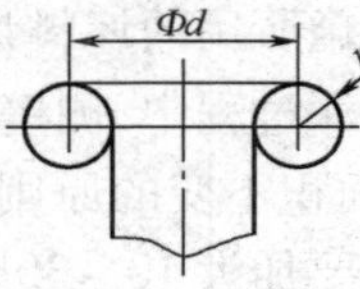	$A = 17.7rd$
11	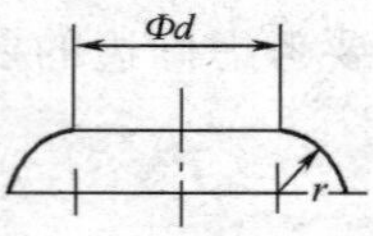	$A = \frac{\pi^2 rd}{2} + 2\pi r^2$			

例 8-1 已知拉深罐罐坯的结构如图 8-42 所示，计算圆形坯料的尺寸。

解：图 8-42 所示的拉深罐坯料的结构可视为表 8-18 中四种结构（1、11、3、10）的组合，按照表面积不变的原则计算如下：

$$\frac{1}{4}\pi D_0^2 = \frac{1}{4}\pi d_1^2 + \frac{1}{2}\pi^2 r_1 d_1 + 2\pi r_1^2 + \pi d_2 h + \frac{1}{2}\pi^2 r_2(d_2 + 2r_2) - 2\pi {r_2}^2$$

由此求得：

$$D_0 = \sqrt{d_1^2 + 2\pi r_1 d_1 + 8r_1^2 + 2\pi r_2 d_2 + 4\pi r_2^2 - 8r_2^2 + 4hd_2}$$

实际落料尺寸要比计算尺寸 D_0 大 10～30mm。

例 8-2 经冲拔拉深修边后的变薄拉深罐坯件形状如图 8-43 所示，试计算其圆形坯料的尺寸。

解：若坯料厚度为 t_0，按体积不变原则计算如下：

$$\frac{\pi D^2}{4}t_0 = \frac{\pi d^2}{4}t_a + \pi d l_1 t_b + \pi d l_2 t_c$$

考虑到 $t_a = t_0$，由此求得：

$$D = \sqrt{d^2 + 4d(l_1 t_b + l_2 t_c)/t_a}$$

再考虑修边,实际圆形坯料直径要比计算尺寸 D 大 10～30mm。

表 8－19 列出了两种材料变薄拉深罐的毛坯落料直径 D 的计算值(符号参见图 8－43)。

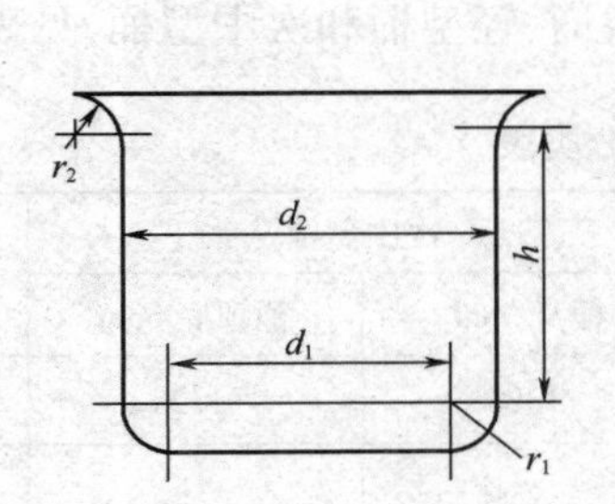

图 8－42 拉深罐落料计算图

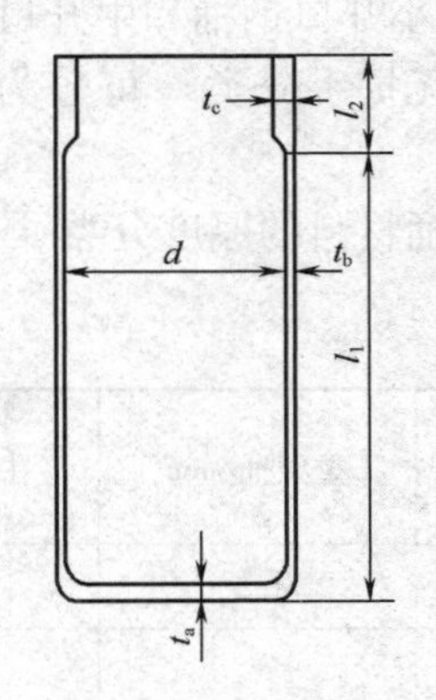

图 8－43 变薄拉深罐用料计算图

表 8－19 毛坯落料直径 D 的计算值 单位:mm

材料	t_a	t_b	t_c	l_1	l_2	d	D
铝	0.45～0.50	0.15～0.18	0.22～0.25	105	按卷边比例定	65	约 133
镀锡板	0.35～0.40	0.12～0.15	0.19～0.22	105	按卷边比例定	65	约 127

第五节 金属桶结构

金属桶一般是指采用 0.5mm 以上厚度的金属板制成容量大于 20L 的容器。因制桶材料不同,故有钢桶、铝桶和不锈钢桶等。

一、钢 桶

钢桶是重要的运输包装容器,主要用于贮运液体、浆料、粉料或固态的食品以及轻化工原料,包括易燃、易爆、有毒的原料。

1. 钢桶的特点

①力学性能好,耐压、耐冲击、耐碰撞;②密封性能良好,不易泄漏;③环境适应性好,耐热、耐寒;④阻隔性好,适于包装挥发性强、对气体及湿度敏感的货物;⑤大多数钢桶能重复使用,可节约材料和费用;⑥装、取内装物容易,贮运方便;⑦自身质量较大,造价及运输和回收费用高;⑧易腐蚀,需进行特殊的喷涂处理;⑨导热性好,不宜包装对温度敏感的物品。

2. 钢桶的种类

(1)按桶身形状分类 可分为圆形桶和异形桶。圆形桶桶身为圆柱形;异形桶桶身的横截面为非圆,常见的形状有方形桶、椭圆形桶,一般容积较小。

(2)按制桶材料分类　可分为钢桶、铝桶、铁塑复合桶。

(3)按开口形式分类　可分为全开口钢桶和闭口钢桶两类。全开口钢桶设置了可装拆的桶盖，适合装运固态物品，根据开口的方式又分为直开口钢桶和开口缩颈钢桶；闭口钢桶的桶盖和桶身固定在一起，有较好的气密性，适合装运液态、半液态产品，按照封闭器直径的大小又分为小开口钢桶和中开口钢桶。

(4)按有无提手分类　可分为一般钢桶和钢提桶。钢提桶容量较小，设置提手便于搬运。

(5)按钢桶材料的厚度分类　有重型桶、中型桶、轻型桶和次中型桶，见表 8－20。

表 8－20　　钢桶板材厚度分类表

<table>
<tr><th rowspan="2">容量/L</th><th rowspan="2">重型桶/mm</th><th rowspan="2">中型桶/mm</th><th colspan="2">次中型桶</th><th rowspan="2">轻型桶/mm</th></tr>
<tr><th>桶身/mm</th><th>桶顶底/mm</th></tr>
<tr><td>200</td><td>1.5</td><td>1.2</td><td>1.0</td><td>1.2</td><td>1.0</td></tr>
<tr><td>100</td><td rowspan="2">1.2</td><td rowspan="2">1.0</td><td rowspan="2">0.8</td><td rowspan="2">1.0</td><td rowspan="2">0.8</td></tr>
<tr><td>80</td></tr>
<tr><td>63</td><td rowspan="2">1.0</td><td rowspan="2">0.8</td><td>—</td><td>—</td><td rowspan="3">0.5～0.6</td></tr>
<tr><td>50</td><td>0.6</td><td>0.8</td></tr>
<tr><td>45</td><td>0.8</td><td>0.6</td><td>—</td><td>—</td></tr>
<tr><td>35</td><td rowspan="3">0.6</td><td rowspan="3">0.5</td><td>—</td><td>—</td><td rowspan="3">0.3～0.4</td></tr>
<tr><td>25</td><td>—</td><td>—</td></tr>
<tr><td>20</td><td>—</td><td>—</td></tr>
</table>

3. 钢桶的结构

钢桶和三片罐类似，带有纵缝的桶身翻边后与桶底和桶盖以二重卷边或三重卷边的卷封形式连接在一起。卷边内要注入密封胶，一般采用聚乙烯醇缩醛或橡胶类合成高分子材料封缝胶。

(1)闭口钢桶　桶顶和桶底都是通过卷边封口与桶身构成一体，且不可拆卸。桶顶上通常设有两个带凸缘小孔，其中稍大的孔是进出料用的装卸孔，小孔是进出料时的通气孔。装货后，需在孔上拧入旋盖加以密封。按照封闭器直径的大小闭口钢桶可分为以下两种形式：

①小开口钢桶：桶顶一般有两个开孔，即注入口和透气口［图 8－44(a)］。注入口(封闭器)直径不大于 70mm。其基本尺寸见表 8－21。

表 8－21　　小开口钢桶的结构尺寸(GB/T 325—2000)　　单位：mm

公称容量/L	d	H	h_4	L	h_5	h	h_1	L_1	L_2
208	571.5	845	14	280	3	19	19	75	415
200	560	845	14	280	3	19	19	75	415

续表

公称容量/L	d	H	h_4	L	h_5	h	h_1	L_1	L_2
100	430	720	10	280	2	16 12*	16 12*	75	290
80	415	615	8	210	2	16 12*	16 12*	75	265
50	385	450	—	—	2	16 12*	16 12*	75	235
极限偏差	±2	±3	±2	±3	±1	±1	±1	±2	±4

*只适用于揿压式封闭器。

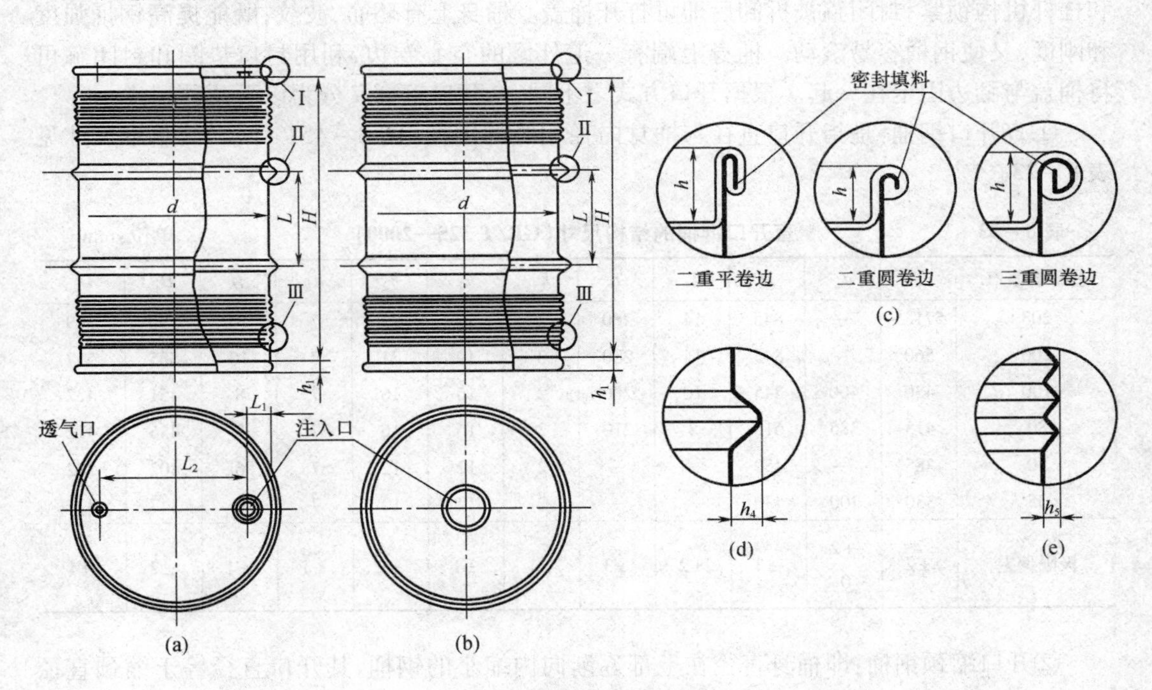

图 8-44 闭口钢桶

(a)小开口钢桶 (b)中开口钢桶 (c)Ⅰ卷边形式 (d)Ⅱ环筋 (e)Ⅲ波纹

②中开口钢桶：桶顶只有一个注入口，注入口(封闭器)的直径大于 70mm[图 8-44(b)]。其基本尺寸见表 8-22。

表 8-22 中开口钢桶的结构尺寸(GB/T 325—2000) 单位：mm

公称容量/L	d	H	h_4	L	h_5	h	h_1	L_1	L_2
200	560	845	14	280	3	19	19	75	415
100	430	720	10	280	2	16 12*	16 12*	75	290

续表

公称容量/L	d	H	h_4	L	h_5	h	h_1	L_1	L_2
80	415	615	8	210	2	16 12*	16 12*	75	265
50	385	450	—	—	2	16 12*	16 12*	75	235
极限偏差	±2	±3	±2	±3	±1	±1	±1	±2	±4

*只适用于揿压式封闭器。

（2）全开口钢桶　全开口钢桶的开口直径与桶身顶部内径相等，桶身有搭接接缝，桶身与桶底通过二重卷边或三重卷边固定，桶盖则利用封闭箍固定在桶身上，封闭箍通过螺栓和杠杆机构锁紧，封闭箍被拆卸后即可打开桶盖。桶身上有环筋、波纹，既能提高钢桶强度和刚度，又使钢桶容易滚动。桶身上端有一道外翻的空心卷边，利用封口垫圈和封闭箍可将桶盖与翻边固定在一起。根据开口方式之不同，全开口钢桶又分为以下两种型式：

①直开口钢桶：是指开口直径与桶身内径相等的钢桶［图8－45（a）］。其基本尺寸见表8－23。

表8－23　直开口钢桶的结构尺寸（GB/T 325—2000）　单位：mm

公称容量/L	d	d_1	H	h_4	L	h_5	h_1	h_2	h_3	D	D_1	D_2
208	571.5	—	845	14	280	3	19	21	7	10	596	569
200	560	—	845	14	280	3	19	21	7	10	585	557
100	430	400	845	10	280	2	16	16	7	8	451	427
80	415	385	615	8	210	2	16	16	7	8	436	412
50	385	—	450	—	—	2	12	12	7	6	402	382
35	330	300	430	—	—	2	12	12	7	6	347	327
极限偏差	±2	+2 0	±3	±2	±3	±1	±1	±2	±1	±1	±2	±1

②开口缩颈钢桶：即桶身直径在上部逐渐向内缩小的钢桶，其开口直径等于缩颈直径［图8－45（b）］。其基本尺寸见表8－24。

表8－24　开口缩颈钢桶的结构尺寸（GB/T 325—2000）　单位：mm

公称容量/L	d	d_1	H	h_5	h_1	h_2	h_3	D	D_1	D_2
100	430	400	720	2	16	16	7	8	421	398
80	415	385	615	2	16	16	7	8	406	383
63	385	355	550	2	12	12	7	6	372	353
45	365	335	450	2	12	12	7	6	352	333
35	330	300	430	2	12	12	7	6	317	298
极限偏差	±2	+2 0	±3	±1	±1	±2	±1	±1	±2	±1

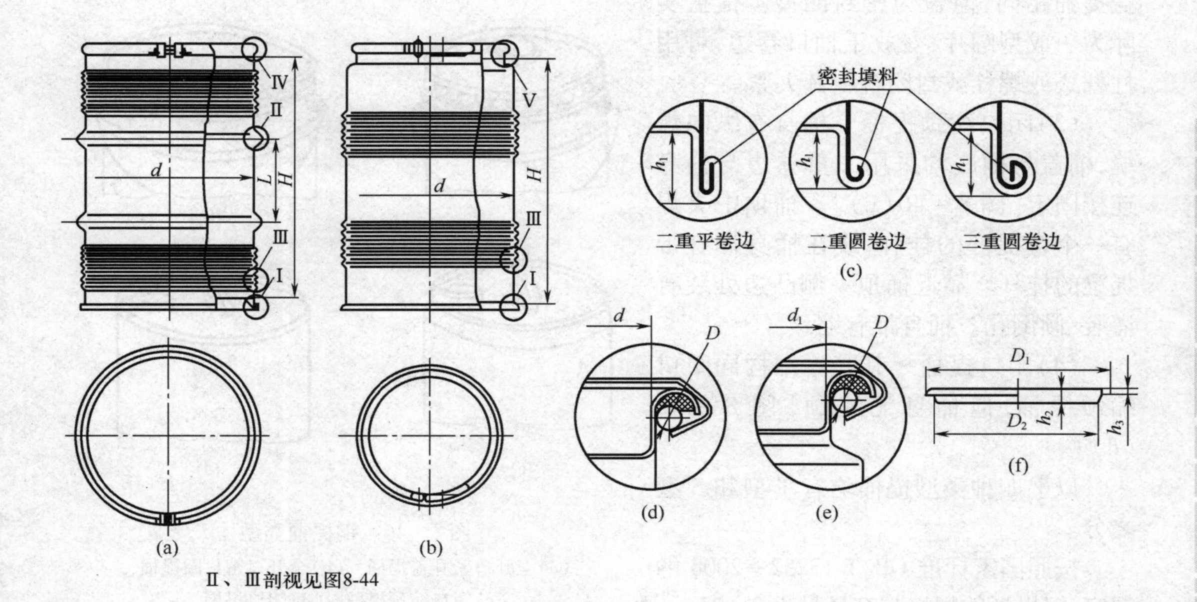

图 8－45　全开口钢桶

(a)直开口钢桶　(b)开口缩颈钢桶　(c)Ⅰ卷边形式　(d)Ⅳ剖视　(e)Ⅴ剖视　(f)桶盖

4. 桶身加强形式

上述四类钢桶为加强桶身刚度均可采用下列加强形式之一:①具有两道环筋;②两端具有 3 ~7 道波纹;③具有两道环筋且环筋至桶顶、桶底之间各有 3 ~7 道波纹;④具有三道环筋。

二、钢 提 桶

钢提桶按照桶盖或盖板的形状可分为全开口紧耳盖提桶、全开口密封圈盖提桶、闭口缩颈提桶和闭口提桶四类;若按桶身的形状可分为带锥度的 T 型桶和不带锥度的 S 型桶。钢提桶的用途十分广泛,如油漆、黏合剂、食用油等都可以采用钢提桶作为包装容器。选用钢提桶时,不仅要考虑内装物的形状、包装要求,而且要考虑保证安全性等因素。

1. 结构类型

(1)全开口紧耳盖提桶[图 8 －46(a)]　桶身有一道液密性纵向焊缝,桶底与桶身的连接采用二重卷边固定,两个挂耳通过焊接或铆接固定于桶口,挂耳上装有提梁,提梁上可安装木质或塑料把手。在挂耳下方的桶身上,有一道起加强作用的环筋。若为锥形提桶,则在桶口环筋之下还有一道环筋起限制叠套深度的作用。

桶盖为紧耳盖,周边一般带有 16 个有一定宽度的凸耳。封盖可采用手动或半自动封盖工具,也可以采用自动封盖机,而开盖则需用标准手动启盖器。

(2)全开口密封圈盖提桶［图 8 －46(b)］　桶身、挂耳、提梁及环筋结构与全开口紧耳盖提桶相同，但盖为密封圈型。桶盖实际为一成型圆片，安放于桶口卷边，可用杠杆式或螺栓式封闭箍将其夹紧。

(3)闭口缩颈提桶　桶身有纵向焊缝，桶盖与桶底均采用二重卷边与桶身连接固定[图 8 -46(c)]。桶顶中央焊有一个带提环的挂耳，或在桶身焊有带提梁的挂耳。靠近桶顶一侧凸边处装有灌装/倾倒孔。桶身带有缩颈。

(4)闭口提桶　其基本结构同闭口缩颈提桶，但桶身无缩颈[图 8 -46(d)]。

以上四种类型提桶均有 T 型和 S 型之分。

按照国家标准 GB/T 13252—2008 的规定，钢提桶的规格与容量见表 8 -25。

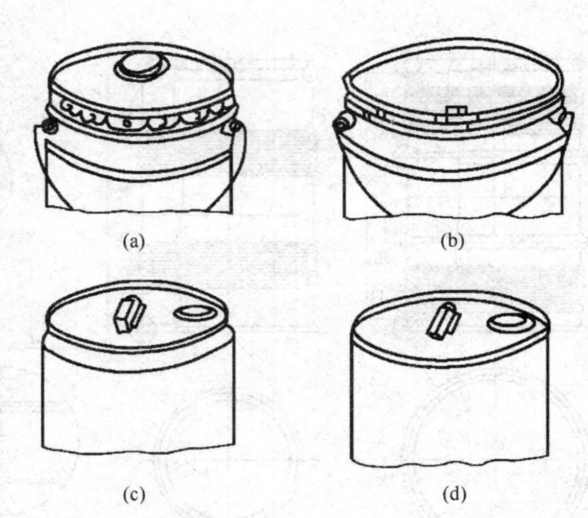

图 8 -46　钢提桶类型

(a)全开口紧耳盖提桶　(b)全开口密封圈提桶　(c)闭口缩颈提桶　(d)闭口提桶

表 8 -25　钢提桶的规格与容量（GB/T 13252—2008）　单位：mm

类别	全开口紧耳盖提桶				全开口密封圈盖提桶				闭口缩颈提桶		闭口提桶			
规格	1	2	3*	4	1	2	3*	4	1	2	1	2	3	4
标称容量	18	20	21	24	18	20	21	24	18	20	17	17	19	20

*不适用 S 型桶。

2. T 型提桶结构尺寸

T 型提桶桶身带有 1°的斜度，无盖空桶可相互套入以节省空间和提高空桶堆码稳定性，尤其是贮存一些需要通风换气的内装物时，可把提桶排列起来通过锥度之间的空隙进行通风换气，从而能提高冷冻、保温等效果。

图 8 -47 为三类 T 型桶的结构，第 1 类 T 型桶采用紧耳盖，第 2 类 T 型桶桶身上端有

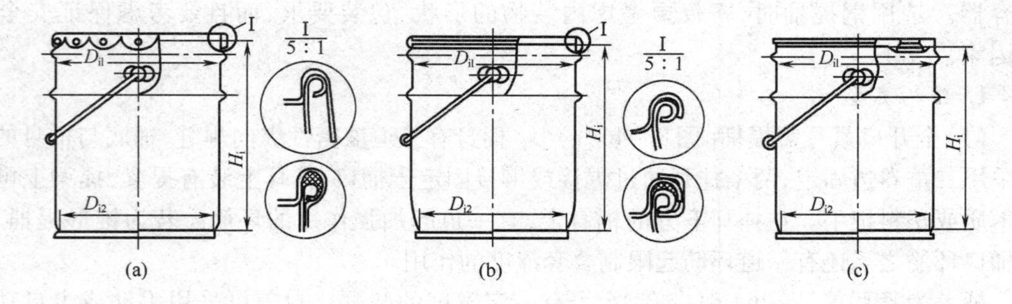

图 8 -47　T 型钢提桶

(a)第 1 类　(b)第 2 类　(c)第 3 类

一道外翻的空心卷边,该空心卷边与桶盖的翻边相结合可实现封口固定。第3类T型桶是闭口桶,桶盖与桶身采用二重卷边固定。三类T型桶的主要结构尺寸见表8－26。

表8－26　T型桶结构尺寸(GB/T 13252—2008)　单位:mm

类别	规格	桶顶内径 D_{i1}	桶底内径 D_{i2}	桶内高 H_i*
第1类 第2类** 第3类***	1	285±3	272±3	315±5
	2	285±3	272±3	342±5
	3	285±3	272±3	360±5
	4	285±3	272±3	420±5

*内高尺寸不含密封垫;** 不含第4种规格;*** 不含第3、4种规格。

3. S型提桶结构尺寸

S型钢提桶分四类,其中第1、2类S型提桶的结构和对应类型的T型桶基本相同,只是桶体没有锥度,上下桶径一样,最适合特殊用途即边搅拌边取出高黏度内装物的容器。第3类和第4类分别为缩颈和不缩颈的闭口钢提桶。在各种提桶中,第3类S型提桶具有结构最坚固且气密性好的特点,通常作为液态产品的包装容器,最适合包装危险品和浸透性强的内装物。也适合作为气候条件恶劣以及有各种运输要求的出口产品包装容器。

S型钢提桶的结构尺寸见表8－27和图8－48。

表8－27　S型钢提桶结构尺寸(GB/T 13252—2008)　单位:mm

类别	规格	内径 D_i	内高 H_i	外高 H_0
第1类、第2类	1	285±3	310±5	
	2	285±3	340±5	
	4	285±3	420±5	
第3类	1	285±3	310±5	330±5
	2	285±3	340±5	360±5
第4类	1	264±3	328±5	340±5
	2	264±3	310±5	320±5
	3	273±3	342±5	352±5
	4	273±3	360±5	370±5

注:第1、2类提桶内高尺寸不含密封垫。

不管是T型还是S型钢提桶,都能在桶身的适当部位设置环筋或波纹,以提高其强度和刚度。

三、三重卷边

制造钢桶中,桶身和桶顶、桶身和底盖的结合需要通过卷合实现固定密封,这一关键工序称为卷边工序。卷边好坏,直接影响钢桶品质的优劣。卷合部要有一定的强度和良好的

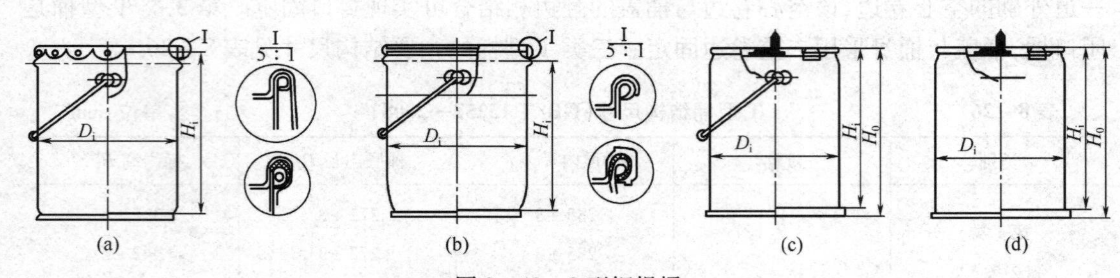

图 8-48　S 型钢提桶

（a）第 1 类　（b）第 2 类　（c）第 3 类　（d）第 4 类

密封性能，以承受成品灌装、储运过程中发生撞击、重压、跌落等恶劣条件下所引起的外部作用力。

为了增加钢桶的卷封性和抗冲击强度，通常采用七层卷边即三重卷边结构。

1. 三重卷边结构

图 8-49 是表示三重卷边结构的剖视图，过桶身与桶顶（底）的钩接中心部位画一横线，一个板厚按一层计，从桶顶（底）最内侧到最外侧共有七层，故又称为七层卷边，主要用于闭口钢桶。

三重卷边常见的结构类型如图 8-50 所示。

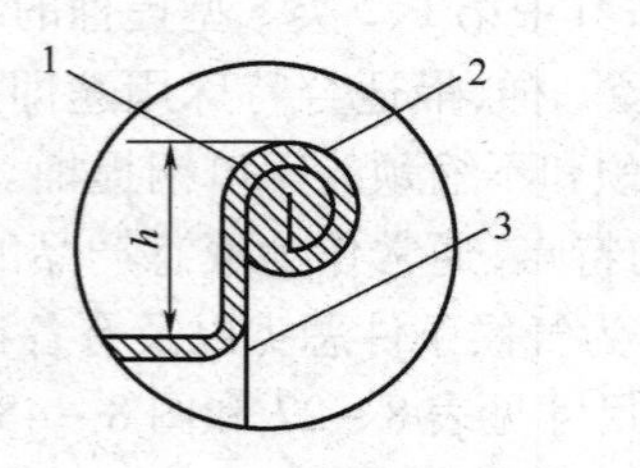

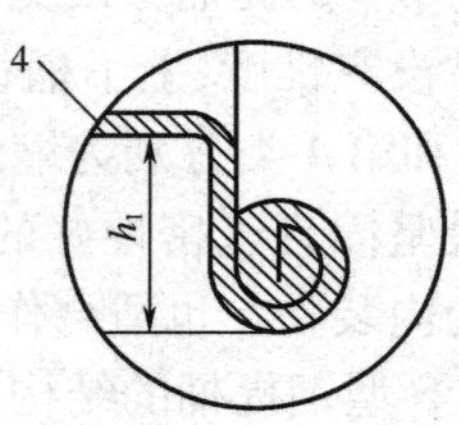

图 8-49　三重圆卷边

1—密封材料　2—桶顶　3—桶身

4—桶底　h—桶顶深　h_1—桶底深

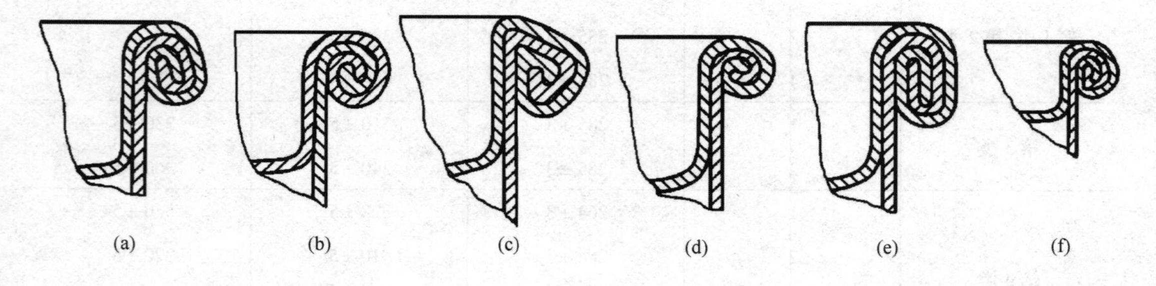

图 8-50　三重卷边结构类型

（a）德国三重螺旋形卷边　（b）法国三重圆形卷边　（c）德国三重梯形卷边

（d）英国三重螺旋形卷边　（e）德国三重平卷边　（f）德国三重圆形卷边

2. 三重卷边特点

（1）密封性较好　三重卷边与二重卷边相比，多了两层卷边，使钢桶卷边处又增加一道防渗漏的防线，从而提高了金属桶的密封性能。

（2）抗冲击强度较强　钢桶受到跌落冲击时，钢桶局部卷边要承受很大的冲击力，以致产生破坏性变形。从图 8-51 可以看出，三重卷边金属桶经跌落后还具有五层卷边金属桶的性能，而二重卷边金属桶一经跌落，则只剩三层卷边且卷边易裂开。所以七层卷边钢桶具有较好的密封性和较高的抗冲击强度。采用七层圆卷边可从根本上提高卷边质量。图8－52为500kPa水压下两种卷边的破坏情况。

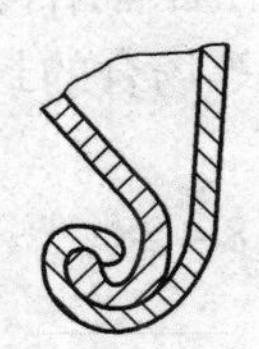

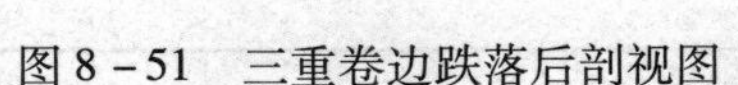

图8－51 三重卷边跌落后剖视图

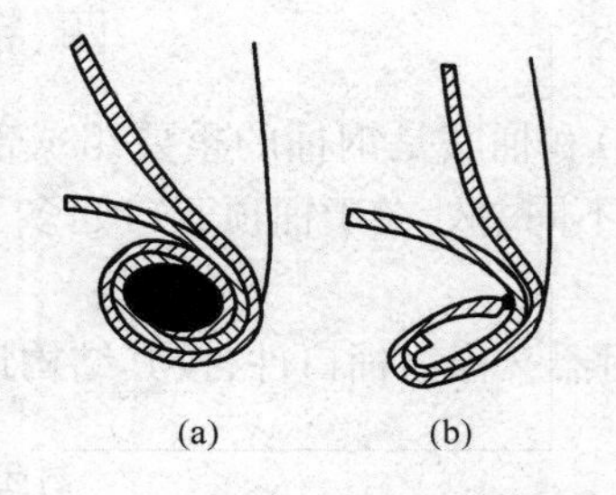

图8－52 500kPa水压下两种卷边的破坏情况
(a)七层卷边 (b)五层平卷边

(3)对工艺要求较高 三重卷边要求严格控制桶身与桶顶(底)半成品接合边缘的组合尺寸和压辊沟槽的曲线形状。半成品接合边缘的组合尺寸是卷边能否完成卷合层数的基础,压辊沟槽的曲线形状则是卷边的结构及尺寸能否顺利达到设计要求的保证。因此,三重卷边与二重卷边相比,工艺要求相对较高。

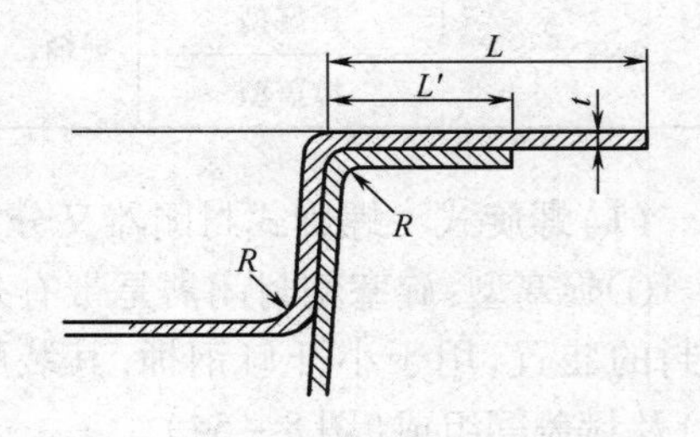

图8－53 三重圆卷边组合尺寸

3. 三重卷边结构计算公式

为了保证三重卷边结构的成型质量,正确设计桶身与桶顶(底)接合边缘的组合尺寸尤为重要。如图8－53所示,若全桶选用的板材厚度相等,则三重圆卷边组合尺寸的计算公式如下:

$$L' = \left(\pi - \frac{1}{2}\right)T - \frac{8\pi + 3}{2}t + W + \sqrt{\left(\frac{T - 7t}{2}\right)^2 + (W - T + t)^2} \quad (8-10)$$

$$L = \frac{3\pi - 2}{2}T - \frac{19\pi + 8}{4}t + 2W - \frac{\pi R}{2} + \sqrt{\left(\frac{T - 7t}{2}\right)^2 + (W - T + t)^2} \quad (8-11)$$

式中 L'——桶身板边缘尺寸,mm
L——桶顶(底)凸缘尺寸,mm
T——三重圆卷边厚度尺寸,mm
W——三重圆卷边宽度尺寸,mm
t——桶板材厚度,mm
R——桶顶(底)转角半径,mm

T、W计算公式如下:

$$W = T = 7t + b \quad (8-12)$$

式中 T——三重圆卷边厚度尺寸,mm
W——三重圆卷边宽度尺寸,mm
t——桶板材厚度,mm
b——修正值,一般取0.25～0.5mm

从上式可以看出，真正的三重圆卷边，*T*、*W* 两值应相等，无论在其纵剖还是横剖视图中，卷边层数都应为七层。

四、钢桶封闭器

桶顶（盖）和桶底是钢桶的重要组成部分，桶顶和桶底相比，后者结构简单，而前者相对复杂，两者不同之处在于桶顶开口处多了一些用于灌装、密封等场合的封闭器。

1. 种类

钢桶封闭器又称为桶口件，按其结构形式可分为四类，见表 8－28。

表 8－28　　封闭器结构类型

类别	型式	应用范围	类别	型式	应用范围
螺旋式	旋塞型	小开口钢桶	顶压式	螺栓型	中开口提桶
	旋盖型	小开口钢、钢提桶		压盖型	
揿压式	压塞型		闭箍式	螺杆型	全开口钢桶、缩颈钢桶
	揿盖型			杠杆型	

（1）螺旋式　螺旋式封闭器又分为旋塞型、旋盖型两种形式。

①旋塞型：旋塞型封闭器是带有外螺纹的桶塞，与带有内螺纹的桶顶螺圈相配合形成密封的装置，用于小开口钢桶，其装配形式为内平式结构，由桶塞、螺圈、密封（垫圈和衬圈）及封盖等组成（图 8－54）。

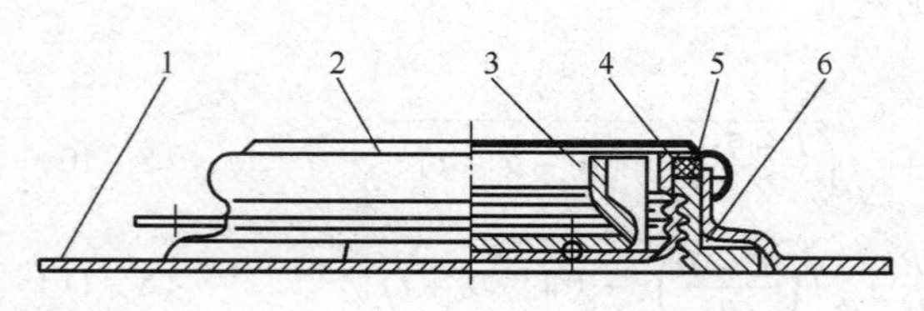

图 8－54　旋塞型螺旋式封闭器

1—桶顶　2—封盖　3—桶塞　4—垫圈　5—螺圈　6—衬圈

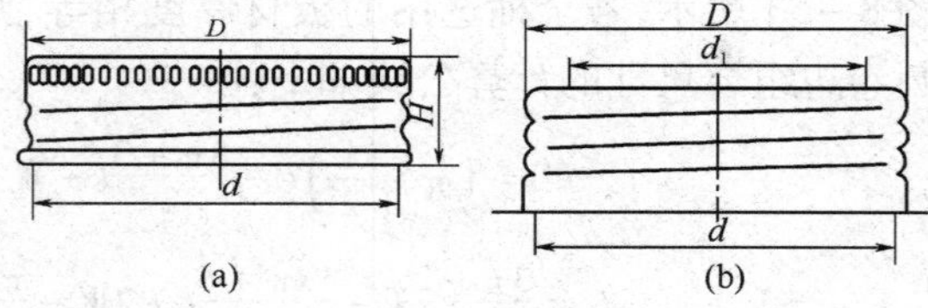

图 8－55　旋盖型螺旋式封闭器

（a）螺纹盖　（b）颈口

②旋盖型：旋盖型封闭器是由内螺纹盖与带有外螺纹的颈口旋合实现密封的装置（图 8－55），适用于小开口钢桶以及钢提桶。其结构尺寸见表 8－29。

表 8－29　　旋盖的结构尺寸　　单位：mm

螺距	每 25.4mm 牙数	螺纹盖			螺纹颈口		
		D	*d*	*H*	*D*	*d*	D_1
3.36	7	45.0 ±0.3	43.3 ±0.3	13.0 ±0.3	44.1 ±0.3	42.1 ±0.3	33.5 ±0.3
3.36	7	55.0 ±0.3	53.3 ±0.3	13.5 ±0.3	54.1 ±0.3	52.1 ±0.3	42.0 ±0.3

(2)撳压式　撳压式封闭器分为以下两种形式。

①压塞型:这种封闭器是通过撳压方式使压塞与桶口形成密封,适用于小开口钢桶与钢提桶[图 8-56(a)]。其结构尺寸见表 8-30。

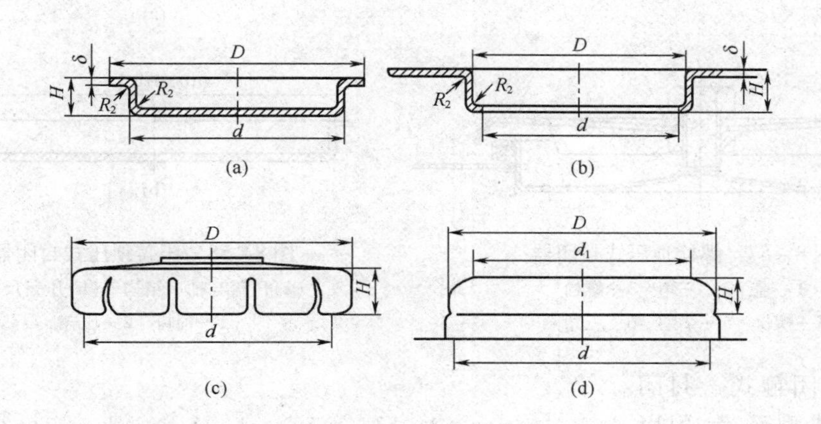

图 8-56　撳压式封闭器
(a)压塞型压塞　(b)压塞型桶口　(c)撳盖型按盖　(d)撳盖型颈口

表 8-30　　压塞与桶口的结构尺寸　　单位:mm

压塞				桶口			
δ	H	D	d	D	d	H	δ
0.4	10.2	66.0	$56^{+0.12}_{+0.10}$	$56_{0}^{+0.02}$	52.0	10.9	0.4
0.5	10.3	66.0	$56^{+0.14}_{+0.12}$	$56^{+0.02}_{+0}$	52.0	11.0	0.5

②撳盖型:撳盖型封闭器由按盖和颈口组成[图 8-56(c)]。带有锯齿状边缘和密封垫片的搭锁式弹力盖即按盖,可与特殊的压扣颈口配合形成撳压式密封,适用于小开口钢桶及钢提桶。其结构尺寸见表 8-31。

表 8-31　　按盖及压扣颈口结构尺寸　　单位:mm

按盖			压扣颈口			
D	d	H	D	d	d_1	h
42.7 ±0.3	39.3 ±0.3	7.7 ±0.3	41.0 ±0.3	39.0 ±0.3	32.5 ±0.3	5.5 ±0.3
50.5 ±0.3	47.2 ±0.3	8.0 ±0.3	48.9 ±0.3	46.5 ±0.3	40.0 ±0.3	5.8 ±0.3

(3)顶压式　顶压式封闭器适用于中开口钢桶,有以下两种形式。

①螺栓型:螺栓顶压式封闭器由盖、三角圈、垫圈、螺栓及螺母组成(图 8-57)。

②压盖型:压盖型封闭器是通过撳压方式使压盖与桶口形成密封(图 8-58)。

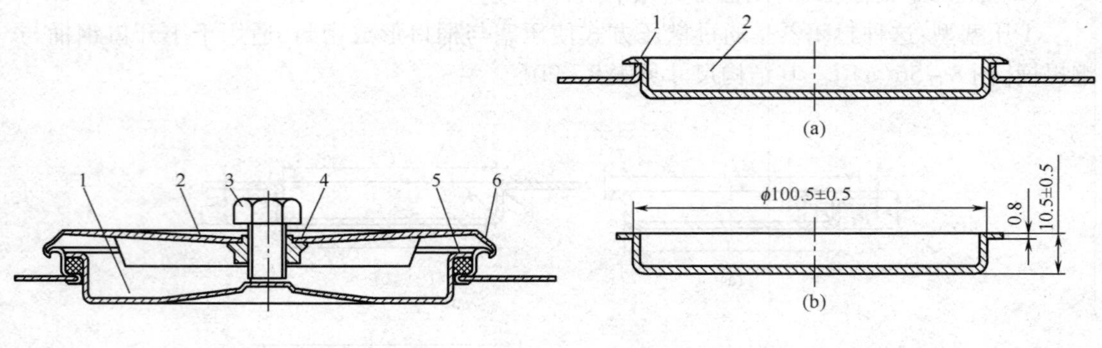

图 8－57　螺栓顶压式封闭器

1—盖　2—三角　3—螺栓

4—螺母　5—垫圈　6—三角圈

图 8－58　压盖顶压式封闭器

(a)压盖与桶口结构　(b)压盖尺寸

1—桶口　2—压盖

(4)封闭箍式　封闭箍是一种成型环带,用以固定全开口钢桶和缩颈钢桶的活动桶盖,按固定装置的不同,封闭箍可分为螺杆型和杠杆型两种形式。

①螺杆型:该封闭箍是用螺杆连接成型环带两端,实现桶盖固定的装置[图 8－59(a)],其结构尺寸见表 8－32。

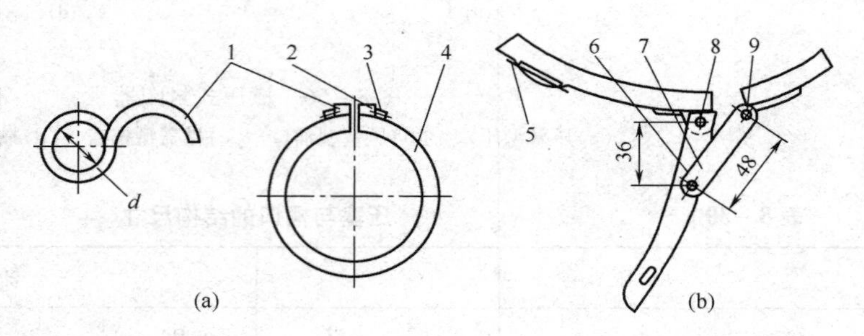

图 8－59　封闭箍式封闭器(单位尺寸:mm)

(a)螺杆型　(b)杠杆型

1—紧耳　2—螺母　3—螺栓　4—封闭箍　5—安全板

6—拉手　7—连接片　8,9—铆钉

表 8－32　螺杆型封闭箍结构尺寸

d/mm	螺栓	钢板厚度/mm	适用钢桶/L
12.0	M10	1.5～2.0	200～100
10.0	M8	1.2～1.5	80～45
8.0	M6	1.2～1.5	<45

②杠杆型:这种封闭箍是通过杠杆连接成型环带的两端,搬动拉手可实现桶盖固定的装置[图 8－59(b)],相关尺寸可查阅 GB/T 13251—2008。

2. 封闭器设置原则

钢桶封闭器的类型选择应根据钢桶顶部的开口形式和内装物的种类来设置,方便开启,方便使用,并保证内装物不泄漏。一般情况下钢桶的开口形式不同,封闭器的类型也不同。然而同一开口形式的钢桶也可以采用不同种类和型号的封闭器,这要根据内装物的性质来决定。

封闭箍式封闭器通常作为全开口钢桶和缩颈钢桶的桶口件，以固定活动桶盖；顶压式封闭器适用于中开口钢桶；而螺旋式封闭器和揿压式封闭器主要用于小开口钢桶和钢提桶。

第六节　其他金属包装容器的结构

一、金属软管

金属软管是一种用塑性金属材料制成的管状包装容器，一般用于包装膏状产品。目前主要用于：①包装牙膏、鞋油、油彩、黏合剂、护肤霜等日用化工品之类产品；②包装眼药类、皮肤外用药类等膏状医药品；③包装果酱、果冻、肉酱以及调味品等半流体状食品。

1. 特点

金属软管具有以下特点：

①对内装物具有良好的保护性能。金属软管的阻隔性能优于塑料软管和复合软管，能防水、防潮、防尘、防污染、防紫外线，还能进行高温杀菌。

②表面光洁并有金属光泽，经装潢印刷，产品外观美观大方。

③采用挠性金属通过挤压成型，加工相对容易且生产效率高。

④通过选用不同涂料对软管内壁进行涂布，可适应不同的内装物，从而扩大金属软管的使用范围。

⑤对内装物多次取用时，使用方便、容易再封，每次挤出内装物后无“回吸”现象，使管内物品不易污染。

⑥金属软管质量小、强度高，允许容量范围较大，为4～500mL。

2. 材料

金属软管的材料应有下列要求：塑性好、易成型；机械强度较高；化学性能稳定，耐腐蚀；材料本身对内装物不会产生污染。一般说来，任何可延性金属均可以用来制作软管，但最常用的软管材料是铅、锡、铝等。

(1)铅　早期的金属软管都用铅制作，铅虽有良好的塑性、易加工、化学稳定性好，但对人体有害，现已少用。

(2)锡　锡的加工性能、化学稳定性都好。尤其含铜0.5%的锡铜合金还具有较好的刚性，并有良好的外观。由于锡价格高，目前锡管仅用于包装一些易反应的医药品。

(3)铝　铝是目前使用最普遍的金属软管材料，与铅、锡相比，具有硬度大、强度高、外观有光泽、密度小、价格低、加工性好等优点，但是铝的化学性能不稳定，易腐蚀，不过可通过管内喷涂树脂形成保护膜予以解决。常用的内涂料有环氧树脂、酚醛树脂、聚氨酯等。目前铝管主要用于高级牙膏、化妆品、医药品和食品的包装。

(4)锡－铅合金或镀锡铅管　这类软管的性能介于锡管和铅管之间，主要是为降低锡管的成本。

3. 结构

金属软管主要由管身、管肩、管嘴、管盖和管底封折组成(图8－60)。其中管身、管肩的结构比较简单。管身（即管壁）是盛装内装物的主体部分，呈圆柱状；管肩是管身和管嘴间的过渡部分，通常为锥体。其余结构详述如下：

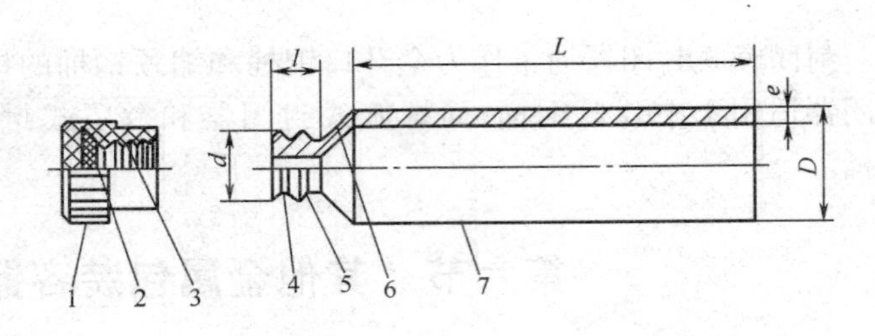

图 8－60　金属软管结构

1—旋钮　2—密封件　3—管盖内螺纹　4—管颈外螺纹
5—管颈　6—管肩　7—管身
d—管嘴外径　l—管颈长度　L—管身长度
e—管身厚度　D—管身外径

（1）管嘴　金属软管管嘴又叫管颈，是内装物的输出部位，用于控制内装物的输出量，通过螺纹连接与管盖配合形成可靠的密封。常见的管颈形式有下列几种（图 8－61）。

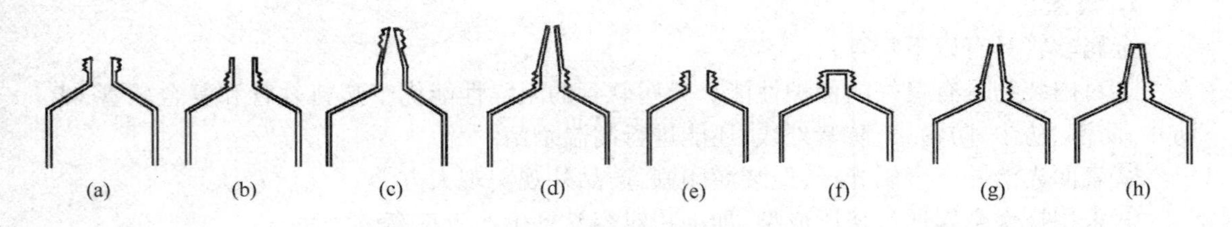

图 8－61　管颈类型

（a）普通型 颈上部带外螺纹　（b）普通型 颈下部带外螺纹　（c）凸型 颈上部带外螺纹
（d）凸型 颈下部带外螺纹　（e）普通型 开放式　（f）普通型 封闭式　（g）凸型 开放式　（h）凸型 封闭式

①普通管嘴：管口为标准的圆孔，孔径大小可控制内装物的输出量，主要用于包装牙膏和护手霜之类的膏状化妆品。

②凸型管嘴：管颈螺纹的端部延伸一段细长管，用以控制内装物准确的输出位置，适用于眼药膏、鼻药膏等医药品包装。

③闭式管嘴：管口被金属薄层封闭，使用时必须将其刺破方能挤出内装物。主要用于密封性要求较高的具有挥发性内装物或要求无菌包装的产品。

普通管嘴和凸型管嘴都有开式和闭式两种方式。

④无螺纹管嘴：管颈无螺纹，使用时须刺穿封闭的管口，主要用于黏合剂的包装。

⑤塑料管嘴：通常附着在金属软管的肩部，既可以防止内装物带有金属管口与管盖摩擦而产生的黑色线条，也可以防止金属管嘴伸达涂抹位置时可能对该部位造成的伤害，主要用于医药和兽药膏的包装。

⑥无颈管嘴：一次性使用，既无管颈又无管盖，使用时打开管前端即可挤出内装物。

（2）管盖　管盖按材料分类，有金属管盖和塑料管盖；按形状区分主要有短盖、长盖和全直径盖；按结构特点分类有普通管盖、钉盖和塞盖。钉盖上带有能刺穿封闭型管口的钉状结构，而塞盖内有锥体，该锥体与管盖一体成型，用以塞封管口。

（3）封折　软管从管底充填内装物后，立即将管底压平、并将其折叠若干次后，再压上波纹即形成封底结构（图 8－62）。管底封折是软管强度最薄弱的部分，一般采用多重封折结构。软管管底封折有平式单封折、平式双封折、平式鞍形折、平式反向双封折和波纹单封折等形式(图 8-63)。

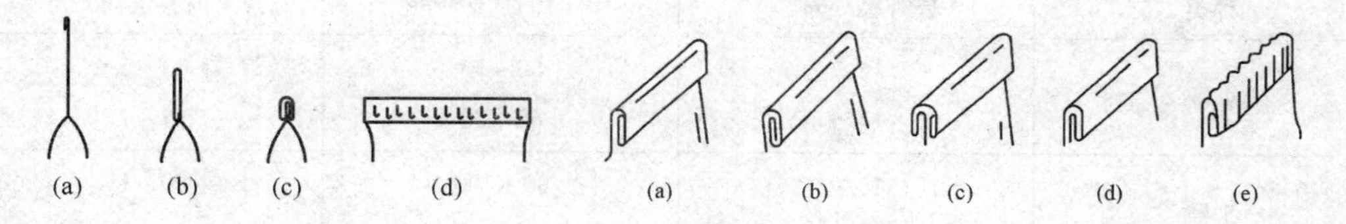

图 8-62 管底封折成型
(a)一次折叠 (b)二次折叠
(c)三次折叠 (d)封折成型

图 8-63 金属软管管底封折结构
(a)平式单封折 (b)平式双封折 (c)平式鞍型封折
(d)平式反向双封折 (e)波纹单封折

4. 规格

目前,我国尚未制定出金属软管的国家标准,其规格尺寸主要与生产软管的设备和用户的需求有关。表 8-33 列出了直径 ϕ12~32mm 的金属软管的规格尺寸以供参考,其余的规格尺寸可根据要求制造。

表 8-33 **ϕ12~32mm 的金属软管的规格**

规格	管身长度 L/mm	软管外径 ϕ/mm	光管壁厚/mm	光管质量/g	肩胛头子质量/g	管嘴牙距/(mm/牙)	色管质量/g
ϕ32	165±0.5	31.9~32.0	0.120~0.150	8.15±0.15	2.85±0.10	2.11	8.55±0.20
ϕ25	128±0.5	24.9~25.0	0.100~0.130	4.25±0.15	1.55±0.10	1.59	4.55±0.20
ϕ22	123±0.5	21.9~22.0	0.100~0.130	3.75±0.15	1.35±0.10	1.59	3.95±0.20
ϕ16	85±0.5	15.9~16.0	0.090~0.120	1.65±0.10	0.55±0.10	1.59	1.75±0.15
ϕ12	52±0.5	11.9~12.0	0.090~0.120	0.72±0.10	0.37±0.10	1.59	0.80±0.10

目前具有国际先进水平的德国产 H200 全自动铝管生产线所生产的铝管尺寸规格见图 8-64 和表 8-34。

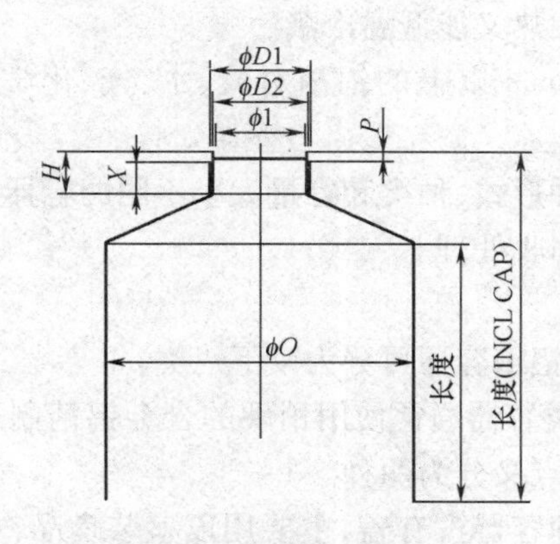

图 8-64 铝管的结构尺寸

表 8－34　　铝管的尺寸规格

种类	外径/mm	筒长/mm	内容量/mL
4 号	12.7	50～70	3～5
	13.5	60～80	5～7
5 号	15.9	80～100	10～15
	17.5	90～100	15～20
6 号	19.1	100～130	20～25
	20.6	100～130	25～35
7 号	22.3	110～140	35～45
8 号	25.4	130～150	50～60
	27.0	150～160	65～75
	28.6	150～160	75～85
	30.2	160～180	85～95
	31.8	160～180	95～105

二、铝 箔 容 器

金属箔种类较多，有铁箔、硬（软）铝箔、铜箔等，利用金属箔可制成精巧美观、形式多样的包装容器。目前最常用的金属箔容器是铝箔容器。

随着旅游业的发展和生活水平的提高，铝箔容器发展很快，主要用来包装食品、医药和化妆品。尤其是用铝箔容器包装快餐食品，不仅无毒、卫生、方便运输、适宜冷存，而且能够保鲜、保味，随时加热食用，同时还能避免塑盒包装产生的环境污染。

1. 特点

①质量轻、表面光洁，可彩色印刷。

②传热性好，既能高温加热又能低温冷藏。

③阻隔性好，厚度 0.015mm 以上的铝箔对光、水、气、化学及生物污染有可靠的隔绝作用。

④加工性好，可制成多种形式、种类和容量大小不同的容器，以满足多方面需要。

⑤开启方便，使用后易回收处理。

2. 分类及结构

按照容器的结构、外形，铝箔容器可分为以下三类。

（1）皱壁铝箔容器　这类容器通常使用稍硬的合金铝箔制造，是目前铝箔容器中的主要类型。根据容器的结构特点又分为两种。

①浅盘式铝箔容器：这种容器没有盖，主要用以盛装食品，如蛋糕托、面包盘等。容器边缘有卷边、折边和两者组合等多种形式（图 8－65），容器的形状有圆形、矩形、三角形、椭圆形等。

②带盖铝箔容器：带盖铝箔容器的形状与前者相同，容器的凸缘为直边折叠，将纸盖或

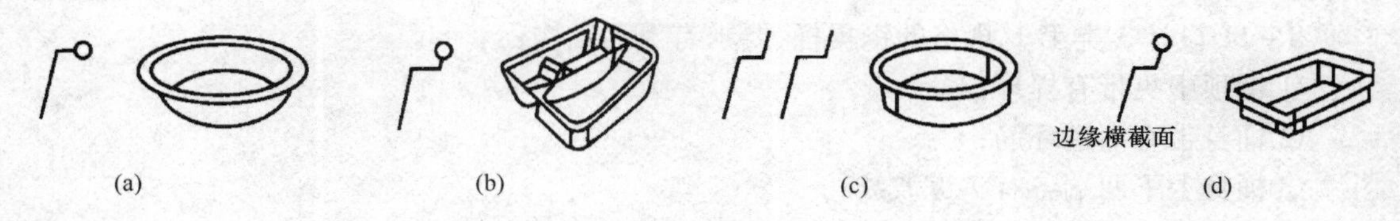

图 8-65 无盖铝箔容器的各种边缘形状

(a)边缘全卷边 (b)直立全卷边 (c)直立折边凸缘 (d)直立卷边凸缘

透明塑料盖嵌在其中实施密封(图 8-66)。但在流通中容易使容器变形,从而破坏盖封的密封性,因此仅限于冷冻食品和航空用餐的包装。

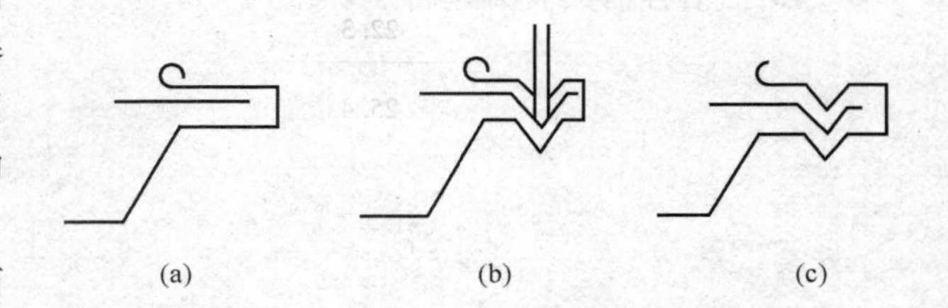

图 8-66 铝箔容器的边缘结构和封盖类型

(2)光壁铝箔容器 这类铝箔容器在形态上无褶皱,在外观和性能上与褶皱铝箔容器有明显的区别。容器侧壁光滑,水平凸缘平滑,内表面涂有热塑性树脂,容器成型时易构成连体盖材,与平滑的水平凸缘热封,形成全密封包装。可用于需要100℃以下杀菌的食品如干菜、果酱的包装。在功能上有金属罐的屏蔽性和易开性,因而具有开发前景,但加工成本较高。

(3)铝箔蒸煮袋 这是一种比较理想的软罐头包装袋,将铝箔用干式复合法与高密度聚乙烯(HDPE)或聚丙烯(PP)薄膜做成复合薄膜,再制成铝箔蒸煮袋。

3. 铝箔容器的加工

铝箔容器的加工工艺流程是:坯料开卷→润滑→冲压成型→接料→检验→消毒→包装入库。其中冲压成型是重要工序,所用铝箔材料的厚度为 0.05 ~0.1mm。冲制铝箔容器需要模具,不过冲制光壁铝箔容器与冲制带皱铝箔容器相比,前者对模具的精度、箔材的塑性要求较高,通常光壁铝箔容器的模具成本要比带皱铝箔容器的模具高 3 ~5 倍。

【习题】

8-1 试说明金属包装容器的基本类型和基本结构特点。

8-2 试述金属包装容器的发展趋势。

8-3 分析金属三片罐的结构,说明其结构特点。

8-4 金属三片罐的罐身接缝有哪些类型? 目前普遍采用的是哪种罐身接缝?

8-5 试述金属二片罐的结构特点及分类。与三片罐比较,在结构上主要区别在何处?

8-6 试述钢桶的分类以及全开口桶、闭口桶的结构特点。

8-7 试述构成二重卷边结构的要素。

8-8 三重卷边为什么又称为七层卷边? 其结构特点是什么?

8-9 为了提高钢桶的强度和刚度,在结构上可采取哪些措施?

8-10 金属软管具有哪些特点? 考虑其使用方便,在管嘴和管盖上采用了哪些功能结构？

8－11 设计 3 类第 1#规格的钢提桶，要求有下列结构：

①桶顶中央带有提环；

②桶身带有两道环筋；

③桶身上下两端各有 7 道波纹；

④旋盖密封。

8－12 设计 200L 中开口钢桶，要求具有以下结构：①桶身带有两道环筋；②桶身上下两端各有 7 道波纹；③压盖密封；④三重圆卷边。

8－13 铝箔容器具有哪些特点和结构类型？

第九章 瓶盖结构设计

第一节 概 述

一、瓶盖的基本类型

瓶盖或容器盖是包装封闭系统的重要组成部分,它对于包装的效果与功能的发挥关系极大。随着各种新型商品的诞生和包装技术的发展,市场上包装容器及其封盖的类型将越来越多。瓶盖类型必须与各种容器和产品使用方法相匹配。瓶盖的基本类型大致可以分为:

1. 密封盖

这类瓶盖包括普通的螺旋盖;真空密封用的螺旋盖、凸耳盖、压合盖;与含气饮料容器相配的王冠盖及滚压盖等。主要作用一是在产品生产中完成对包装容器的封合;二是在消费者使用产品时确保开启与重复封闭的方便有效性。密封盖适用于各种普通产品。

2. 方便盖

这类瓶盖有分配(分流)盖、倾倒盖、涂敷盖、喷雾盖等。主要作用是满足粉末、片状、颗粒状、液体、气液混合体类的内装物使用时的特殊要求——如流出量可控制,易挤出,易倾倒,可淋洒,可喷雾等。

3. 智能盖

智能盖又称控制盖,主要用于消费安全性要求较高的食品、药品、化学品等的包装,使用日益广泛。现代社会中,开架商品的保安性(原封无损、质量可靠),药品包装的安全防范性(阻止儿童开启,但不妨碍其他人群使用)越来越显得重要。控制盖或智能盖对开启方式有一定的规定或限制,如显开痕(防偷换)盖、儿童安全盖等,前者在被开启后可留下表明密封已破坏的痕迹,后者开启时需要一定的力度或复杂的动作(儿童难以达到)。显然,这类瓶盖的功能与结构相比于前两类盖已有扩展与延伸。

4. 其他(专用)盖

还有其他各种不能归入上述三类的瓶盖,以及专门为满足特殊用途而设计的瓶盖,如排气盖、抗菌素瓶盖等。

二、瓶盖的功能

瓶盖的功能源自商品的特性和市场的需求。瓶盖的功能与作用也体现了它在包装技术体系中所占的重要地位。瓶盖的主要功能有:

1. 保护功能

通过瓶盖与容器的有效配合,形成对内装物的保护性封闭包装,目的是:①防止内装物及其成分从瓶口流失或散逸——既能确保产品的数量，又能防止某些化学品或危险品对环境和人身造成伤害；②防止水蒸气、各种气体、有害物质及尘埃杂质从瓶口侵入——确保产品原有质量不变。

2. 方便功能

瓶盖是包装物开闭的主体部分，主要设计目的就是给产品的生产、流通、保存与使用提供便利。瓶盖的使用方便性较集中地体现了整个包装物的方便功能。

此方便功能具体为：①瓶盖容易被消费者开启，其结构方便于产品的倒出或流出，而且其流出量能够受控制；②瓶盖的封合结构与表面摩擦力大小适合于利用人工或机械做快速封闭，并且经久耐用；③某些瓶盖有一定启封特点与限制，如显开痕包装和儿童安全包装，但不妨碍普通消费者使用，有些甚至还作了“老人友好”设计、“残疾人友好”设计考虑等。

3. 信息传达功能

瓶盖是包装容器上最引人注目的部分。消费者选购商品时往往首先要细看与触摸包装的封缄处或瓶口瓶盖处，以获取尽可能详细的商品质量信息。一般按市场要求与可能，瓶盖可以传达用文字、数字、图形、条码等表达的以下信息：①商品名称、品牌、生产厂商、生产日期、保质期等；②开启方法、用力方向、取出内装物方向等；③通用商品码。

三、瓶盖材料

实际上多种瓶盖可以是组合件，它包括外盖、内盖、内衬及其他控制元件等。一般地，可根据产品特性、生产工艺、密封要求、资源利用等因素决定用于瓶盖的材料。常用瓶盖材料有：

1. 金属

金属是应用最早也是应用最广的瓶盖材料。由于金属具有很高的强度和良好的延展性，主要可用在普通、真空和压力密封中。

主要材料为：①镀锡钢板和无锡钢板——用于螺旋盖、王冠盖、快旋盖、撬开盖等；②铝及铝合金板——用于螺旋盖、滚压盖、全封撕开盖等。

2. 热塑性塑料

用聚丙烯、聚乙烯、聚苯乙烯等热塑性塑料做的瓶盖具有良好的耐旋紧/旋开扭矩的性能，并能较长时间保持密封与防止松退。热塑性塑料还具有很好的模塑成型性，易于塑造结构复杂的特殊功能盖或组合盖零件，如儿童安全盖、显开痕盖、防伪盖等。具有可回收利用的优点。

3. 热固性塑料

用加填料酚醛树脂、加填料脲醛树脂、增强脲醛树脂等热固性塑料制成的瓶盖密度大、硬度高、能有效防止瓶盖螺纹的滑动。适合做各种密封性要求高、固定扭矩大的瓶盖。

4. 玻璃

许多密封精度要求较高的化学品、化妆品及香精香料等产品的玻璃瓶包装常用接合面经过研磨的玻璃瓶塞或瓶盖。有的外面还加上 PE 套盖。

5. 内衬材料

(1)溶胶衬垫　用流动性好的PVC溶胶、天然或合成橡胶分散胶体注入金属盖内,通过烘干加工使其定型成垫片(圈、环)。

(2)模塑衬垫　用PVC、PE、EVA或其他具有弹性的热塑性塑料,通过模塑方法制成特殊结构的内衬。

(3)冲裁衬垫　用PVC、PE、EVA、卫生橡胶等片材直接冲裁成垫片(圈),既具有弹性又具有化学相容性。

(4)组合衬垫　用复合软木、纸浆板等弹性材料冲裁成背衬,用不会与内装物化学反应的材料做成面衬,组合为一个内衬。

6. 内口密封材料

许多食品与药品的包装容器除了外盖密封,还需要内口密封,以显开痕或防偷换。内口密封有多种方法及材料。

(1)胶粘密封　涂蜡纸浆板背衬和半透明纸面衬用黏合剂粘贴在容器口上,然后加封盖。当开盖时,背衬留在瓶盖内,而半透明纸则还粘封在瓶口上。

(2)热感应密封　将涂塑铝箔盖在瓶口上后,与容器一同通过电磁场,使铝箔发热,涂塑面熔化并黏附在容器口缘。

(3)压敏密封　发泡聚苯乙烯(EPS)片借表面涂布的压敏胶,受压后被粘贴于容器口缘处,形成封闭。

第二节　密封原理与类型

一、密 封 原 理

1. 瓶口上缘密封

瓶口是最容易发生内装物向外泄漏或外物质(环境中空气、水蒸气或杂质等)向内侵入的部位。所以,瓶口处必须要设置一个完善的物理壁垒。在瓶盖与瓶口封闭中,内衬起到关键的作用。对内衬的要求,一是必须有足够的弹性,以使任何一凹凸不平的接合面保证密封;二是它还要具有足够的刚性,以防本身在挤压力作用下破裂或不必要的流延;三是其弹性和刚性必须有足够的耐久度。

在包装货架寿命期内,瓶口密封压强应该保持稳定。一般讲,作用于内衬上压强越大,密封效果越好。但是,当压强增加到很高——超过某一限度,会引起内衬、瓶盖、瓶口或容器的变形及破裂,导致包装密封的失败。

滚压盖、扣合盖和压紧盖的密封效果取决于压盖操作时施加于瓶盖顶端的垂直压力。螺旋盖的密封效果取决于拧紧度,即固定扭矩——部分用于克服旋紧时的摩擦力矩,其余部分转变为对内衬的密封力。

在需要相同密封压强的情况下,瓶口密封的接合面积越大,所需操作压力或扭矩就越大。所以,在不损坏内衬及其表面的条件下,密封面的宽度应尽可能小些。

2. 螺纹啮合密封

对于螺旋盖，为使内衬能均匀地压紧于瓶口密封面圆周上，至少需要一个整圈的螺纹啮合。一般地说，所啮合的螺旋线长度越长，螺旋副的摩擦力矩越大，瓶盖的定位越好。但过多的圈数对于增加啮合效果无用。

较大的螺距决定了螺纹的倾斜角大，使得瓶盖旋上或旋下的速度快。但若要保证足够的啮合圈数，瓶盖的高度就会增加。

3. 固定扭矩密封

能表明瓶盖与瓶口的旋合效果，即螺旋盖向瓶口施加合适的压紧（密封）力的测量参数就是固定扭矩或拧紧扭矩。它可以用扭矩测试仪来测定。由于机器的旋转惯性，最后固定扭矩比实际需要量略大些。对于生产线上的包装容器，用扭矩测试仪测定施加于瓶盖的“拧松扭矩”更为方便。固定扭矩随瓶盖的直径大小而变化，同时与材料也有关。表9－1为在正常使用条件下，对应于一定直径范围，拧紧瓶盖的固定扭矩推荐值。

表9－1 螺旋盖推荐用紧度

瓶盖直径/mm	扭矩/N·m	瓶盖直径/mm	扭矩/N·m
15	0.7～1.0	53	2.4～3.6
18	0.8～1.3	58	2.6～4.0
20	0.9～1.4	63	2.8～4.3
22	1.0～1.5	70	3.2～4.7
24	1.2～1.7	83	3.8～5.5
28	1.3～1.9	89	4.1～6.0
33	1.5～2.3	100	4.6～6.9
38	1.7～2.6	110	5.2～7.5
43	1.9～3.0	120	5.5～8.1
48	2.1～3.3		

前面已提到，瓶盖密封效果与可靠性还取决于内衬的弹性、接合面平整度，并不仅仅是其施加的力矩或紧度。在测定拧松扭矩时，应在拧紧后的一定时间内进行，一般为5min。瓶盖在使用几天后，拧松扭矩也会发生变化，详见表9－2所举实例。

表9－2 固定扭矩为2.3N·m的28mm螺旋盖保持力矩

瓶盖类别		拧松扭矩/N·m			
瓶盖材料	内衬材料	5min	1天	1周	1月
金属	P/TF	1.3	1.4	1.0	0.9
金属	P/V	1.3	1.4	1.5	1.6

续表

瓶盖类别		拧松扭矩/N·m			
酚醛	P/V	1.2	1.3	1.4	1.5
脲醛	P/V	1.6	2.1	2.5	2.9
聚苯乙烯	P/V	1.6	1.5	1.5	1.5
聚丙烯	P/V	1.6	1.8	2.3	2.1
聚丙烯	无衬	1.8	1.7	1.7	1.6
聚乙烯(HD)	无衬	1.5	1.5	1.4	1.0
聚乙烯(LD)	无衬	1.6	1.4	1.4	1.4

注:P—纸浆板;TF—铝箔;V—乙烯基树脂。

4. 其他密封机理

(1)瓶口边缘密封　以PE等塑料垫圈放于金属凸耳盖的内边缘,与瓶口外缘上部略带锥度的密封面相吻合。主要依靠瓶口边缘的挤压力来密封。

(2)联合密封　联合密封即瓶口上环形面与瓶口边缘锥形面的双重密封。联合密封的技术要求比较高,因为从结构理论上讲,要同时满足这两处的准确啮合是不大可能的。比较成功的例子是图9-1中的Flavorlok滚压铝盖。此盖由一个带塑料溶胶内衬的瓶盖毛坯套在瓶口上滚压制成。内衬在瓶盖裙部轻微上浮,在盖裙与瓶口上密封面的角隅处厚度较大。滚压时,溶胶内衬已固定在瓶口和边缘密封面。在侧滚压和顶压的先后双重作用下达到最佳密封效果——上面与侧面联合密封。

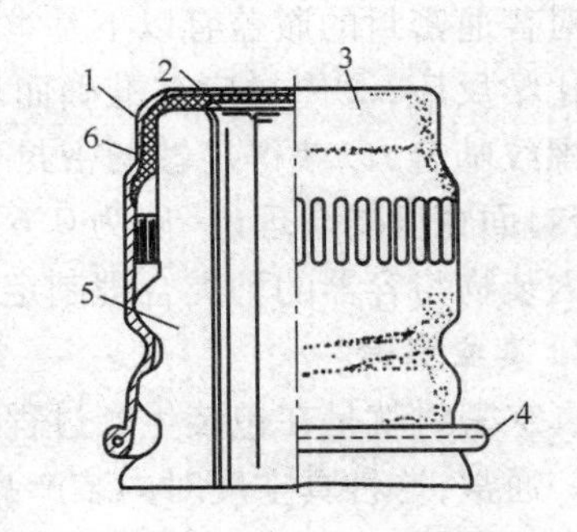

图9-1　联合密封滚压盖

1—侧密封面　2—上密封面　3—铝质滚压盖　4—珠缘　5—螺纹　6—溶胶内衬

(3)塞封　用各种材料做成的塞子通过压紧配合与瓶口内缘面形成密封。材料有软木、塑料、玻璃等。软木塞具有弹性、不透气、不透水、导热率低,是理想的天然塞封材料。其他比较常用的塞子,有带环筋或不带环筋的中凹塑料塞,有可以适应瓶口直径渐变的环裙式塑料塞等。

(4)搭扣式密封　有些用LDPE(高密度聚乙烯)和PC(聚碳酸酯)做成的瓶盖可直接与瓶口作搭扣式密封。瓶盖裙部的内凸缘或凸环紧紧咬合住瓶口的锁环,使整个瓶口环缘表面形成密封面。瓶盖材料弹性越大,与锁环配合越紧,密封效果越好。

二、密封类型

产品在容器内的压力状态决定了密封的类型。

1. 普通密封

普通密封的瓶盖无须专门的耐压设计。它可以保持容器的密封状态,并且可以承受因温度变化而引起的容器内压变化。

容器内留有顶隙是为了避免因环境温度变化而使容器内压力过度变化。对于略可胀缩的塑料瓶,瓶内顶隙可取较小值,对于刚性瓶则应取较大值。

普通密封瓶盖类型与材料见表9－3。

表9－3　普通密封瓶盖类型与材料

瓶盖类型	通用归类	材　料	瓶盖类型	通用归类	材　料
螺旋盖	压塑螺旋盖	热固性塑料	压盖	金属盖	马口铁
	注塑螺旋盖	热塑性塑料	撬开盖	金属盖	马口铁
	真空成型塑盖	热塑性片材	瓶塞	直塞	软木
	金属盖	马口铁,Hi－TOP钢、铝、铝合金		柄头塞	塑料－软木复合
凸耳盖	金属盖	通用马口铁		环裙柄头塞、中凹环裙柄塞	通用聚乙烯
滚压盖	金属盖	铝、铝合金	搭扣盖	塑料盖	通用聚乙烯

对普通密封的瓶盖有以下基本要求:①内衬材料与内装物具有化学相容性——即不会发生化学反应;②内衬应被准确而均匀地压紧于瓶口密封面上;③螺旋盖应保证至少有一整圈螺纹啮合,以获得足够的密封可靠性;④瓶口密封面上应无飞边和尖锐点以免划破内衬,密封面宽度要合理(一般为0.6～1.2mm),以确保固定扭矩对内衬产生足够大的压强;⑤按内装物与容器的种类合理制定顶隙(见第七章)。

2. 真空密封

真空密封就是在包装生产过程中,使容器顶隙处达到一定的真空度而形成瓶盖的气体密封。通常,这种真空度对内装产品的保存有利。

真空密封瓶盖类型与材料见表9－4。

表9－4　真空密封瓶盖类型与材料

瓶盖类型	通用归类	材　料	瓶盖类型	通用归类	材　料
螺旋盖	金属盖	马口铁、铝、铝合金	滚压盖	金属盖	铝、铝合金
凸耳盖	金属盖	马口铁、铝、铝合金	撬开盖	金属盖	马口铁、铝、铝合金
压盖	金属盖	马口铁			

对真空密封的基本要求是:真空密封只能使用配有橡胶圈或溶胶内衬的金属盖,不能采用配有如纸板、复合软木背衬等普通材料内衬的任何瓶盖,因为在真空密封下,普通材料内衬易被吸入瓶口内。而且与普通内衬粘合的塑料盖,由于变形较大,在真空破坏前较难被拧开。另外,在真空包装的蒸汽加工中,渗入塑料盖的水分也将影响到纸板或复合软木背衬。

塑料盖可配以含有润滑添加剂的溶胶内衬,不需粘合,易于拧开,但是塑料盖不能适应溶胶成型时的高温条件。

3. 压力密封

压力密封一般用于需要巴氏灭菌的啤酒瓶和含碳酸气饮料瓶，内部压强为345～980kPa。

在压力密封中，若封合面大，则需要加在瓶盖上的总压力就大。为了能承受高压力，瓶盖直径越大，瓶盖材料需要厚度也越大，成本也相应提高。可能承受较高压力的瓶盖的合适的最大直径约为40mm。

压力密封的瓶盖类型与材料见表9－5。

表9－5　压力密封的瓶盖类型与材料

瓶盖类型	通用归类	材　料	瓶盖类型	通用归类	材　料
阳螺旋盖	模塑盖	热塑性塑料、热固性塑料	撬开盖、王冠盖	金属盖	马口铁、铝、铝合金
阴螺旋盖	模塑盖	热塑性塑料、热固性塑料	滚压盖	金属盖	铝、铝合金
	金属盖	马口铁			

第三节　密封型盖结构

一、螺　旋　盖

螺旋盖就是裙部内（外）表面开有连续螺纹的圆柱形瓶盖。大多数为阴螺纹，通过模塑（塑料盖）或滚压（金属盖）成型。螺旋盖的阴螺纹与瓶口的阳螺纹啮合后可形成牢固的密封，见图9－2。也有些螺旋盖在其外表面开有连续阳螺纹——作为螺旋塞使用。

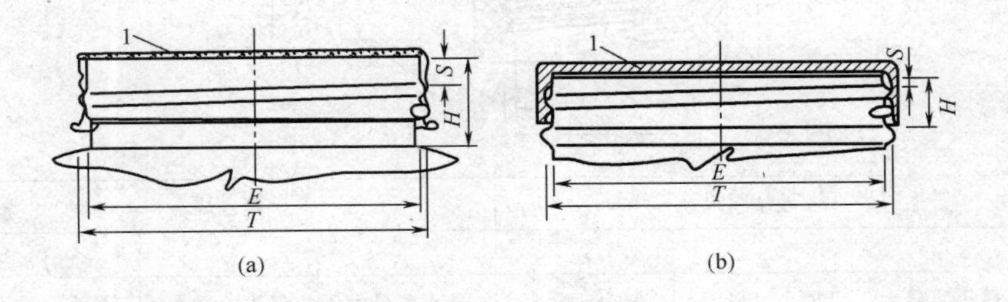

图9－2　阴螺纹螺旋盖

（a）金属盖　（b）塑料盖

1—内衬　T—瓶盖螺纹外径　E—瓶盖螺纹内径

H—瓶盖内顶面到盖裙底的高度　S—瓶盖内顶面到螺纹起始点的距离

螺旋盖的优点是：无论用人工或机械都能提供足够的扭矩，形成有效的密封，反复开启与闭合很方便，适用的材料非常广泛。

表9－6为聚乙烯吹塑桶的桶盖结构尺寸，表9－7为软管塑料盖的结构尺寸，供设计时参考。

表 9－6　　聚乙烯吹塑桶用螺旋盖结构尺寸　　单位:mm

序号	E	T	e
1	32.5	38.5	0.3
2	40.5	46.5	0.3
3	51.5	57.5	0.8
4	65.0	71.0	1.0
5	78.0	84.0	1.0
6	98.0	106.0	1.2
7	128.0	136.0	1.2
8	167.0	175.0	1.2
9	209.0	217.0	1.2
10	259.0	269.0	1.2
11	319.0	329.0	1.2
12	389.0	399.0	1.2

注:(1)螺旋角均为6°的单线平螺纹,α 为60°,齿形为三角形,可采用断牙结构;

(2)E、T 偏差规定如下:1～5 项为 +1%,6～9 项为 +0.5%,10～12 项为 +0.3%。

表 9－7　　软管用塑料螺旋盖结构尺寸　　单位:mm

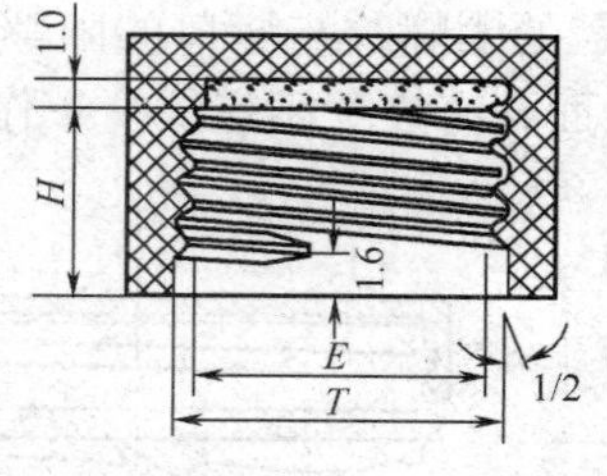

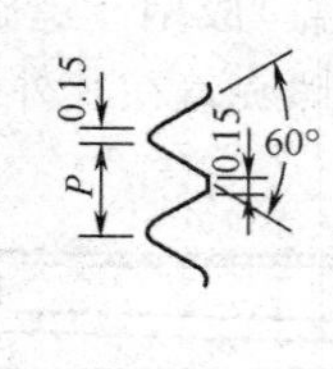

瓶颈型号	硬塑料 T 最小～最大	硬塑料 E 最小～最大	硬塑料 H 最小～最大	聚乙烯 T 最小～最大	聚乙烯 E 最小～最大	聚乙烯 H 最小～最大	螺距 P
M4	6.65～6.99	5.03～5.36	4.50～4.75	6.53～6.86	4.90～5.23	3.71～3.96	0.97
12	8.23～8.56	6.60～6.93	3.71～3.96	8.10～8.43	6.48～16.81	2.92～3.18	1.27
16,S26	9 83～10.16	8.20～8.53	4.50～4.75	9.70～0.03	8.08～8.41	3.71～3.96	1.27
M5	10.97～11.30	9.35～9.68	4.50～4.75	10.85～11.18	9.22～9.55	3.71～3.96	1.50
20,S20	11.43～11.76	9.80～10.13	4.50～4.75	11.30～11.63	9.68～10.01	3.71～3.96	1.27
M8	14.61～14.94	12.98～13.31	4.50～4.75	14.48～14.81	12.85～13.18	3.71～3.96	1.50
28	14.61～14.94	12.98～13.31	4.50～4.75	14.48～14.81	12.85～13.18	3.71～3.96	1.27

二、快旋盖(凸耳盖)

这种旋合盖因为只需要旋转1/4圈即可旋上或旋下,故称快旋盖。又因利用盖上凸耳与瓶口阳螺纹啮合,故也称凸耳盖。有金属盖和塑料盖两种,金属盖内使用溶胶内衬。在盖的内缘等距分布有2、4或6个指向中央的凸耳,在封合时即可与瓶口上非连续的阳螺纹啮合(扣合)。

其啮合原理与螺旋盖相同,密封面上压力也相当均匀,如图9-3所示。

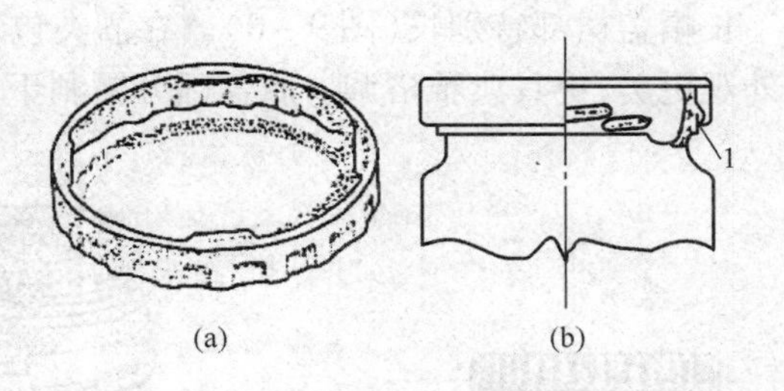

图9-3 快旋盖(凸耳盖)
(a)盖 (b)装配图
1—凸耳

金属快旋(凸耳)盖被广泛用于玻璃瓶真空包装。塑料快旋(凸耳)盖也已大量用于食品饮料的塑料容器上。普通的快旋凸耳盖代号为120、140或160,分别表示有2、4或6个凸耳。

三、滚压盖

1. 普通滚压盖

普通的滚压盖是用延展性好的铝材制成的螺纹盖,见图9-4。其封盖方法较特殊:先把一加有内衬垫的盖坯(尚未压出螺纹)套在瓶口上,由专门的滚压上盖机垂直加压,使顶部内衬压紧于瓶口上面,形成瓶口密封。然后,上盖机的压辊紧靠在盖坯裙部,瓶子自转,压辊顺着瓶口螺纹在瓶盖上滚压出相啮合的螺纹。

普通密封、真空密封或压力密封都可用滚压盖。

滚压盖内封衬件也可用内塞型,如图9-5所示。

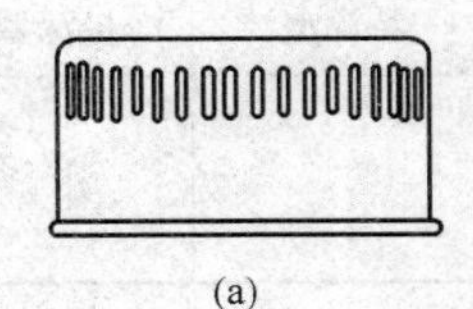

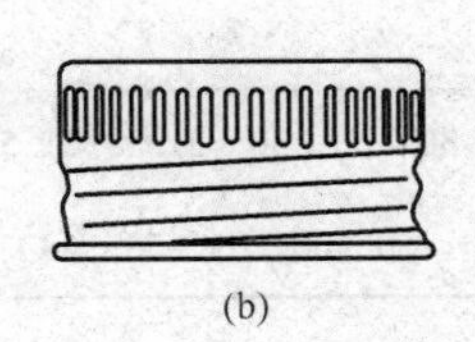

图9-4 滚压盖
(a)盖坯 (b)已成型盖

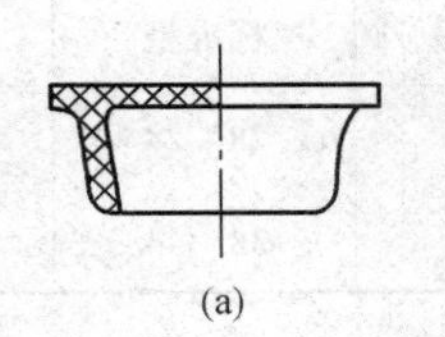

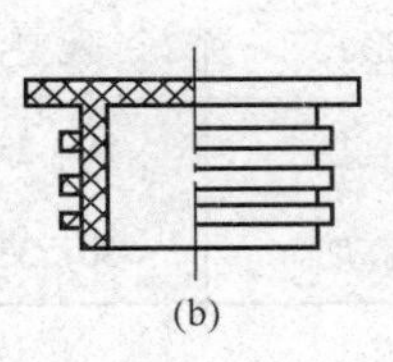

图9-5 滚压盖内塞
(a)锥裙塞 (b)环裙塞

2. 滚压显开痕盖

滚压显开痕盖曾叫防偷换盖或防盗盖,用铝材制成,如图9-6所示。其特殊之处在于瓶盖裙部下段有一锁圈(防盗环)。滚压螺纹时把瓶盖裙部最下边缘包紧于瓶颈凸缘处,同时滚压(切)出防盗环的间断式扭断线。当在密封状态时,瓶盖裙部与防盗环由许多“桥点”连为一体。当扭转瓶盖时,必然扭断瓶盖与防盗环之间的“桥点”,防盗环就滞留于瓶颈处。这样就显示了瓶盖已被打开过。

图 9－7 所示为新型铝质滚压盖，不同的是：扭开瓶盖时锁圈会断开，并与瓶盖连着，可随同瓶盖一起回收。避免了如图 9－6 所示的瓶盖因开启后锁圈仍套在瓶颈珠缘上给回收处理带来的不便。

3. 长帽盖

长帽盖裙部特别长（图 9－8）。在酒类包装上用得较多，除了使密封性加强外，还使包装外观更美，更具典雅格调。瓶盖部分更利于增强印刷与装潢效果。

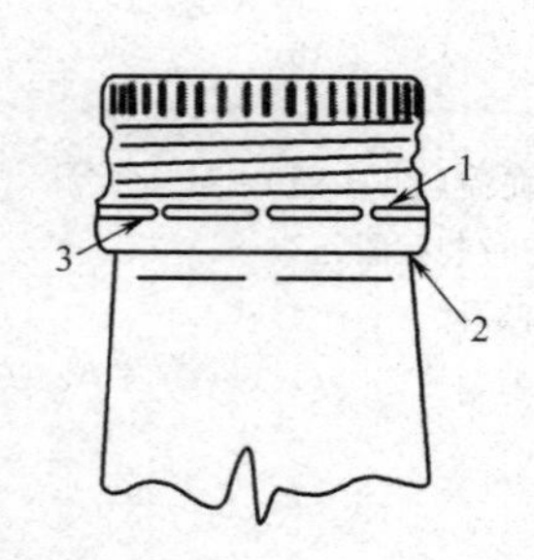

图 9－6　滚压显开痕盖

1—扭断线　2—防盗环　3—桥点

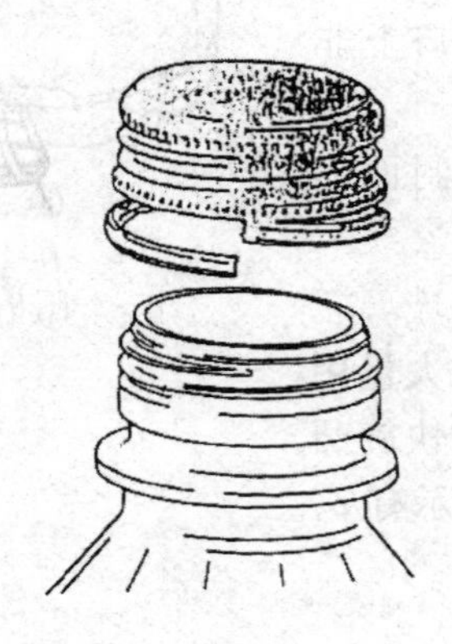

图9－7　锁圈破断式滚压盖

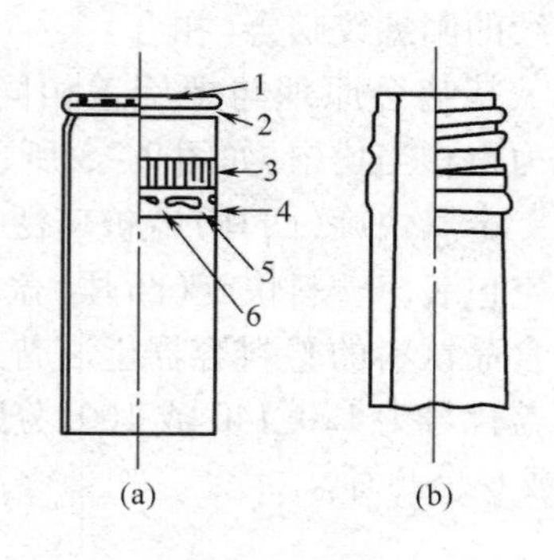

图 9－8　长帽滚压盖

（a）瓶盖　（b）瓶口

1—凸缘　2—凹槽　3—滚花

4—防盗环　5—扭断线　6—桥点

表 9－8 为滚压盖尺寸系列，其中深型以上为长帽盖。

表 9－8　　**滚压盖尺寸系列**　　单位：mm

直径系列	18　22　25　28　30　31.5　38　42　46　53　63　70				
形式	浅型	标准型	深　型	特深型	极深型
直径	28　25	28　28	30　30　30　30　31.5　31.5		
高度	30　33	38　44	44　50　60　65　50　60		

4. 带式盖

带式盖将滚压显开痕盖的扭断线改为两道刻痕线，线的始端为一舌片（图 9－9）。开盖时先拉动舌片，使之与瓶盖逐渐沿刻痕呈带状断裂。其开启原理类似于易拉罐。

5. 双帽盖

双帽盖以扭断线为界分为上下两部分，上部有与普通滚压盖一样的右旋螺纹，下部为左旋螺纹（图 9－10）。当开盖时扭断线即断开，上半盖可卸去。这种瓶盖用于葡萄酒较多。此瓶盖的装饰效果很好，但瓶口密封处同时设置两种螺纹，使生产成本增加。

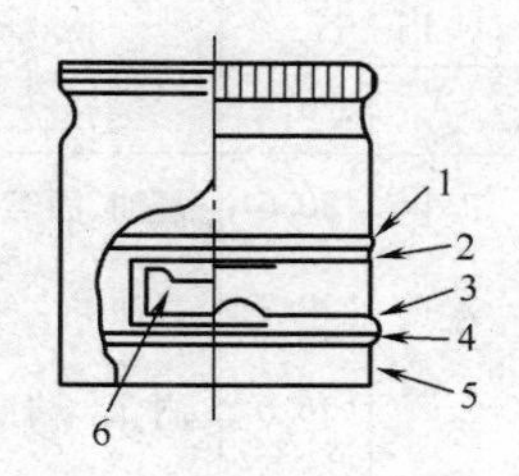

图9－9　带式盖

1—凸缘　2—上刻痕线　3—下刻痕线

4—凸缘　5—防盗环　6—舌片

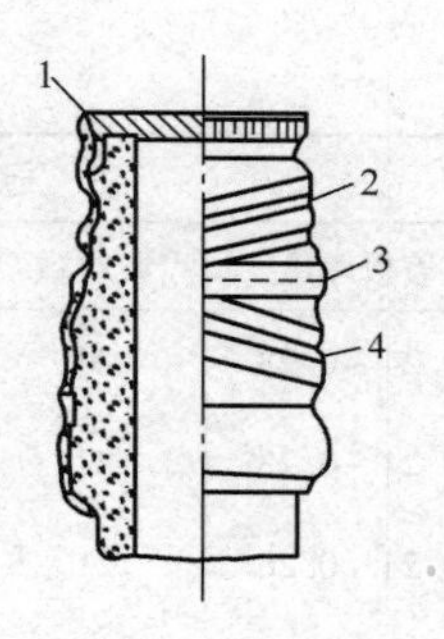

图9－10　双帽盖

1—瓶盖　2—右螺纹

3—防盗环　4—左螺纹

四、王　冠　盖

王冠盖发明于1892年，应用历史悠久。此瓶盖带有一个21、22或24道波纹的短裙部，形似王冠，可用于普通密封、真空密封和压力密封。几乎所有啤酒和碳酸饮料都采用王冠盖。封盖时短裙部被压折到瓶口上缘锁环处，与之牢牢扣合。开启时用专用扳手可撬开瓶盖。内衬用组合型、塑料或溶胶型。

王冠盖外形及结构尺寸见图9－11和表9－9。

图9－12为一种用于口径及口缘较大的玻璃瓶的易开式改良王冠盖，盖裙部如牙齿形（沿圆周有数个断裂缝），外套一个弹性金属环（与瓶盖有相连点），压紧裙部形成密封。开启时不需要专用工具，用力推开弹性环即可拉开王冠盖。

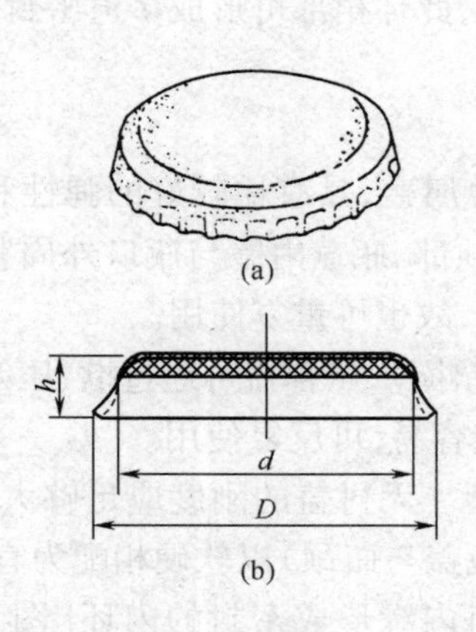

图9－11　王冠盖

（a）外形　（b）结构尺寸

h—盖高　d—内径　D—外径

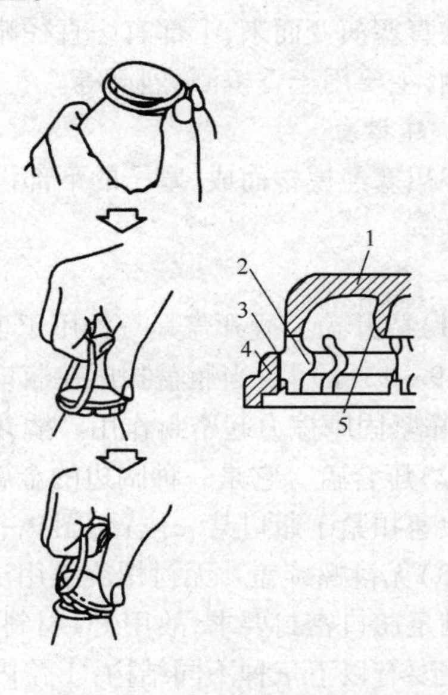

图9－12　易开式王冠盖

1—王冠盖　2—断开式裙部

3—封垫　4—弹性圈　5—内塞

表 9-9　　王冠盖及内衬结构尺寸　　单位:mm

结构 型号	王冠盖					内衬		内装物
	盖板厚度	波纹数	D	d	h	t	d_1	
1	0.24~0.28	24	36.2	30.3	6.6	2.1	30.6	酱油、酒等
2	0.24~0.28	22	34.7	28.9	6.5	2.1	29.2	酱油等
3	0.24~0.28	21	32.1	26.6	6.5	2.1	26.6	酒、醋、酱油等
4	0.28~0.30	21	32.1	26.6	6.5	2.6	26.6	高温杀菌果汁等
5	0.28~0.30	21	32.1	26.6	6.5	2.6	26.6	啤酒、汽水、高温杀菌牛乳等
允差			±0.3	±0.2	±0.2	±0.3	±0.3	

五、瓶　　塞

瓶塞或内塞也是一种封闭瓶口的盖,它利用摩擦或螺纹固定。

常用的瓶塞按结构可分以下几类。

1. 直塞

直塞主要用于高档葡萄酒及调味品的密封,用手工或机械敲入。直塞有两种形式:一种为葡萄酒用——直径上小下大,塞子全部塞进瓶颈;另一种调味品用——直径上大下小,只塞进瓶颈约瓶口直径1/3的深度。

2. 冠塞

从直塞演变而来,上部有一直径略小于瓶颈外径的头冠,其密封面可紧压在瓶口上及口内侧,主要用于香槟酒、烈酒等。

3. 环裙塞

环裙塞经模塑而成,塞子的下部设有多道凸起的环筋,此环裙部可形成多道密封。

六、其他密封型盖

(1)撬开盖　撬开盖是一种用于玻璃容器的预成型金属盖,具有比较好的弹性和紧固力[图 9-13(a)]。当瓶盖扣压在瓶口上时,内衬与瓶口顶部、瓶盖内壁与瓶口外周紧密吻合,依靠紧固摩擦力起密封作用。撬开后瓶盖一般不变形,故也可重复使用。

(2)压合盖　它是一种阔边的金属盖,内有发泡塑料垫圈。压合盖可通过揿、压等简单动作快速扣紧于瓶口某一位置[图 9-13(b)]。扳开也较容易,可反复使用。

(3)无衬螺旋盖　无衬螺旋盖用注射或压制方法成型。无衬盖的刚度应足够大,弹性又要满足瓶口密封要求,故用 PC 材料较好。啮合部件(瓶盖与瓶颈)以软硬相配为宜。

主要有以下三种不同结构:①盖内带有一个能与瓶口内缘形成密封的内环[图 9-14(a)];②盖内带有一个能压紧瓶口上缘的凸环[图 9-14(b)];③盖内带有两个环状的长短内裙,里边一个为厚壁刚性内裙,靠外一个为薄壁柔性内裙,它们可深入瓶口内壁形成密封[图 9-14(c)]。

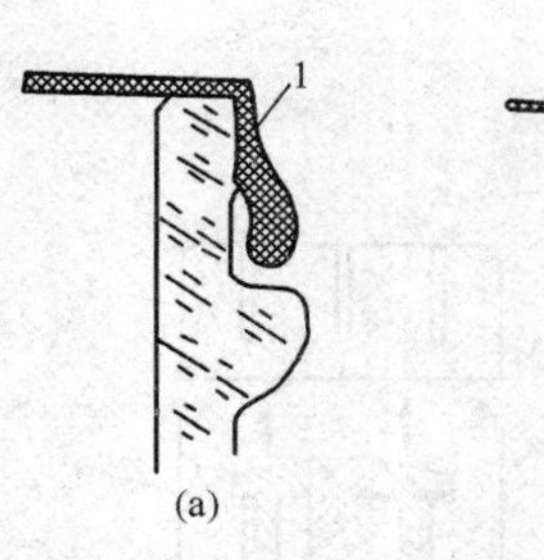

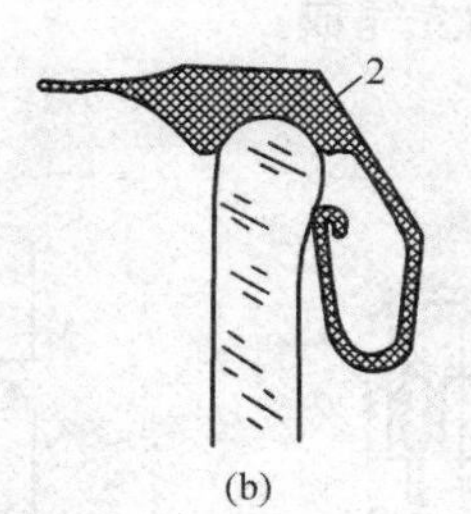

图 9－13　撬开盖与压合盖
（a）撬开盖　（b）压合盖
1—橡胶内衬　2—发泡塑料内衬

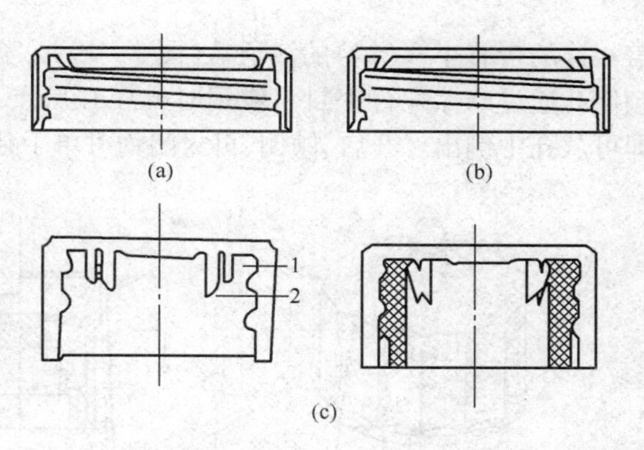

图 9－14　无衬螺旋盖
1—薄壁柔性内裙　2—厚壁刚性内裙

第四节　方便型盖结构

一、倾　倒　盖

1. 固定式倾倒盖

固定式倾倒盖是在螺旋盖的中心设计一个圆形或锥形的突出管嘴（图 9－15）。使用时，在不同高度上切断原封的管嘴而得到不同的管嘴开口直径，流出量便得以控制。多次使用的倾倒嘴可在末端加一小密封盖。大型倾倒管嘴配有一螺旋盖罩保护，并可兼做量杯。再封时，盖罩或量杯内的多余物可从管嘴倒回容器中。

2. 运动式倾倒盖

运动式倾倒盖（管）可以作旋转、推拉、扭开等动作。

可推拉式倾倒盖中央设计有一推拉管，倾倒管拉出后即可倾倒内装物，推回复位又恢复密封（图 9－16）。

图 9－17 为一种用于矿泉水或者饮料的运动盖结构。活动盖与中心柱相配合而密封，活动盖被拉出后，内装液体沿盖与中心柱间的空隙流出，饮完把活动盖压回原来位置，又形成密封。此运动盖外加一透明罩盖，以防管口污染。图 9－17（a）中左半部分为密封状态，右半部分为拉开状态；图 9－17（b）为推拉阀的运动动作。

回转式或肘节式倾倒管水平位置时为闭合，扳转一定角度成倾斜或竖直位置时管口开启内装物即可流出，按倒管子至水平位置又恢复封闭。全过程可用单手独立完成，结构见图 9－18。

扭开式倾倒管带有锥形凸缘结构，通过水平方向的扭转完成开启或封闭。

运动式倾倒盖的倾倒管可以设计撕拉箍结构，使具有显开痕功能。

3. 塞孔盖

塞孔盖广泛用于洗浴用品，它包括一个开有倾倒孔的螺旋盖和一个用塑料铰链与螺旋盖相连的带有小塞（销）的浅顶盖（图9－19）。盖、孔、塞、铰链一次性连体成型，塞（销）与倾倒孔通过摩擦配合密封。使用时推压开启点，使顶盖上翻，塞（销）从孔中拔出，内装物即可从孔中倒出。开启、倾倒、再封闭均可单手独立完成。

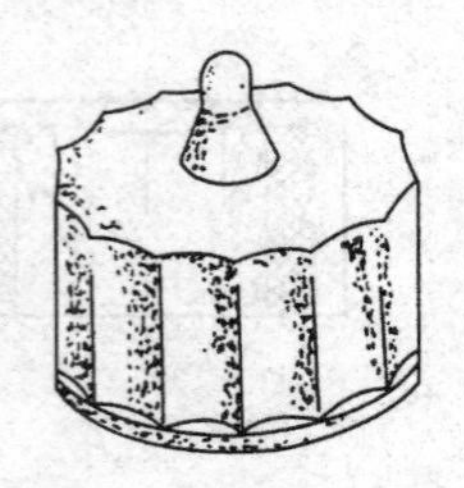

图9－15　顶部剪开式倾倒盖

图9－16　推拉式倾倒盖

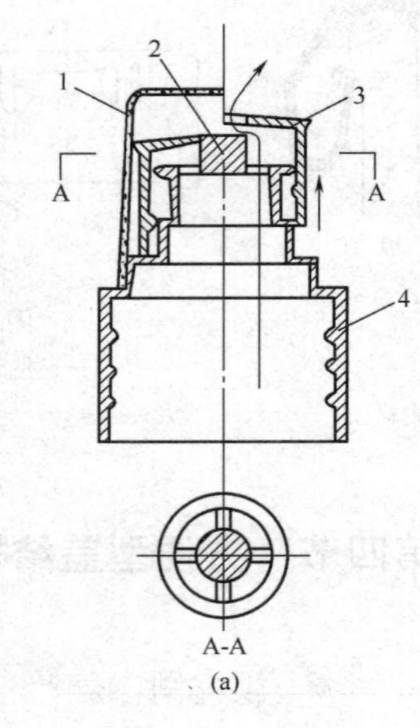

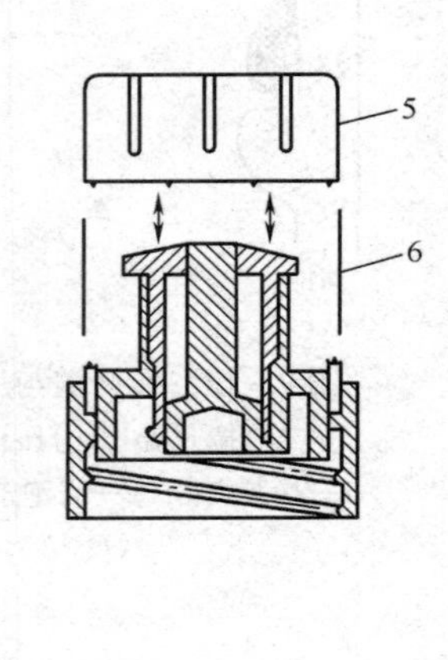

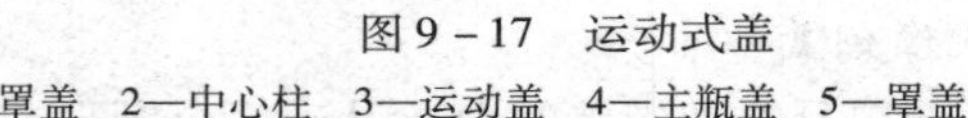

图9－17　运动式盖

1—罩盖　2—中心柱　3—运动盖　4—主瓶盖　5—罩盖　6—推拉阀

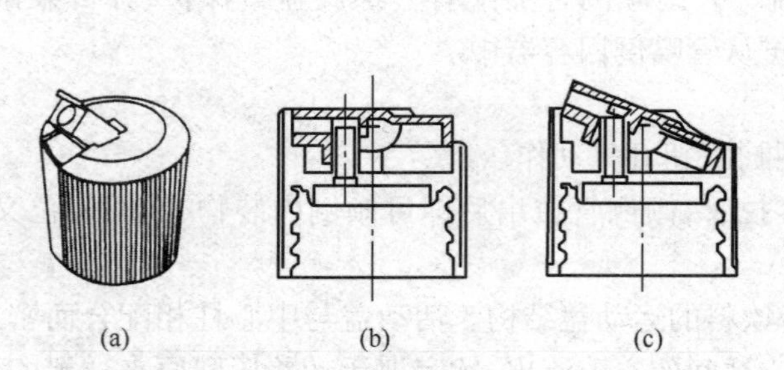

图9－18　回转（肘节）式倾倒盖

（a）外观　（b）闭合状态　（c）开启状态

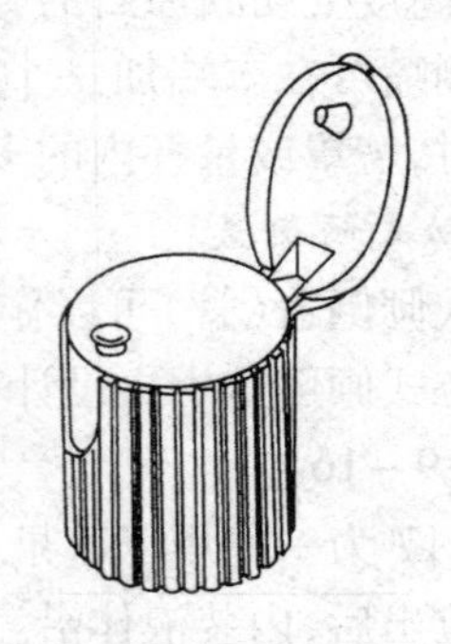

图9－19　铰链式塞孔盖

4. 其他方便型倾倒盖

其他倾倒盖（塞）与瓶口相配，主要起倾倒流畅与防滴漏的功能。密封则由相配的螺旋盖或螺塞完成。

（1）P&D倾倒盖　主要用于洗涤剂包装。此倾倒盖是一个带有螺纹的棘轮结构，它与模制的棘齿瓶口配合（图9－20）。倾倒孔下部形状如一倒置漏斗，伸进瓶内。使用时可上移瓶盖的计量部分，露出倾倒孔。

（2）环状倾倒盖　倾倒塞裙部紧紧扣住瓶颈上缘外周，带显开痕撕裂环的瓶盖与其配合密封(图 9-21)。

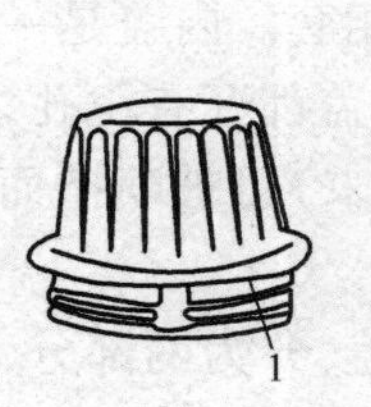

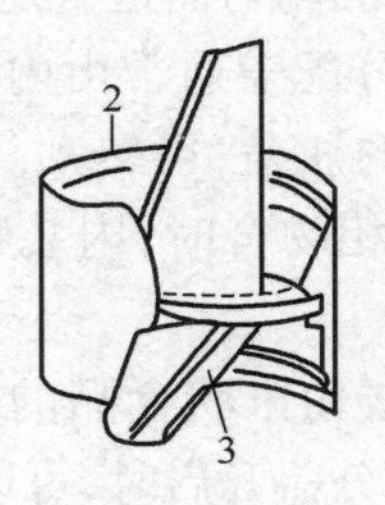

图 9-20　P&D 倾倒盖

1—旋塞　2—倾倒盖　3—倾倒孔

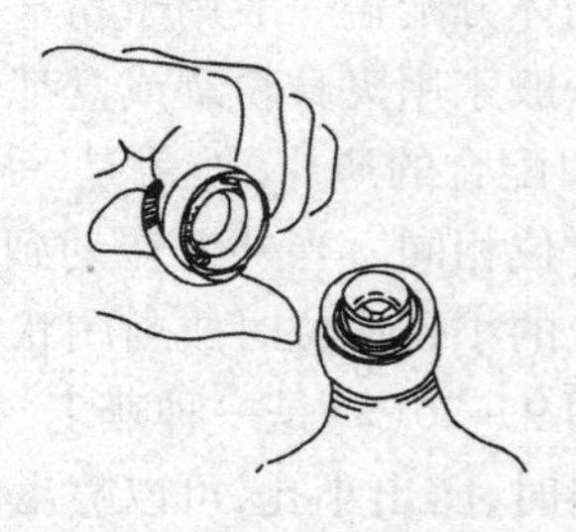

图 9-21　环状倾倒盖

二、分　配　盖

分配盖也称分流盖,可以方便地调节液体、粉末、片状、颗粒状内装物的输出(流出)速度与输出(流)量。一般可在螺旋盖或压合盖上配以调节装置及元件。

1. 液体分流盖

图 9-22 为推/拉铰链式分配盖。其特点是有一个顶上开有四个孔的中心杆,当挤压瓶体时内装物会从孔中流出或喷出。当拉开铰链外盖时,杆四周出现空隙(通道),关上铰链外盖即形成封闭。

图 9-23 为带软管管嘴的分配盖。倾倒时可借助管嘴的弯曲来调节产品输出位置与角度。软管嘴用 HDPE 材料,配以 24mm 的螺旋盖。这种分配盖适用于润滑剂,有多种规格可供选择。

图 9-24 为一种阀口分配盖,盖体可倒置而不漏液。拔动橡胶塞,内装物即可流出。

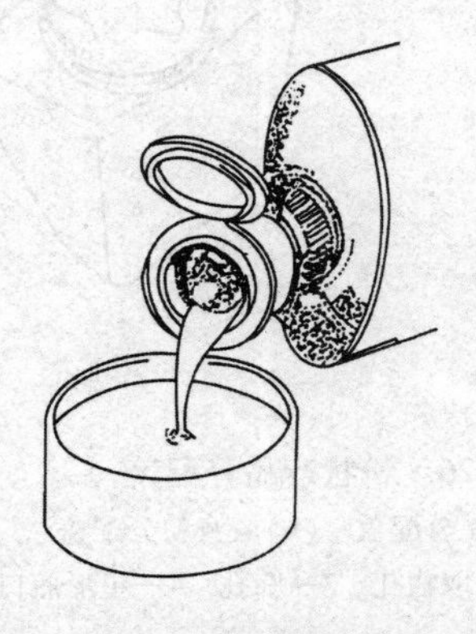

图 9-22　推/拉铰链式分配盖

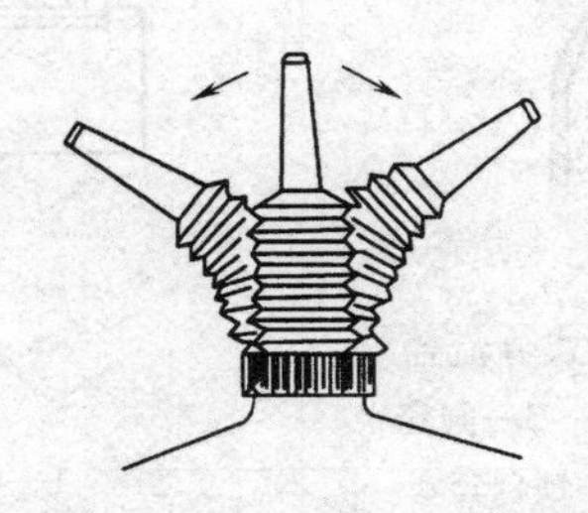

图 9-23　软管管嘴分配盖

图 9-24　阀口分配盖

图 9-25 为 Seltzer 碳酸饮料瓶用的虹吸式分流盖的组成结构。一般压力密封的王冠盖或显开痕盖的饮料瓶开启后,液体内碳酸气会不断散逸,难以一直保持饮料的原有风味。此虹吸式分流盖结构比较复杂,但其最大优点是在使用时可以一直保持容器内碳酸气压力基本不变。

2. 固体分配盖

固体分配盖一般用于粉末、细小颗粒类产品均匀而适量地倒出。

一般家用爽身粉罐或盒都使用分配盖。分配盖通常由内外盖相套。内盖是一个与瓶(罐)口配合的薄片,外盖是一个扣在内盖上的瓶盖,可转动。内外盖都开有小孔,孔的数量与方位相同。当外盖转动到与内盖上小孔相吻合时,内装物(粉末)可被喷撒而出。内外盖上的小孔错位时成封闭状态。

图 9-26(a)是一种燕麦、奶粉等颗粒状或粉末状食品的分配盖,分为两部分,一部分盖开启时,露出小孔,可以喷出内装物;另一部分盖开启时,可以用勺子取出内装物;两半部分盖都带有铰链进行封闭或开启。图 9-26(b)是一种爽身粉分配盖,盖上有6个小孔,位置与星形瓶口相配。当分配盖的孔转到星角时,筛孔畅通,粉末即可喷撒而出。其他位置即为封闭。

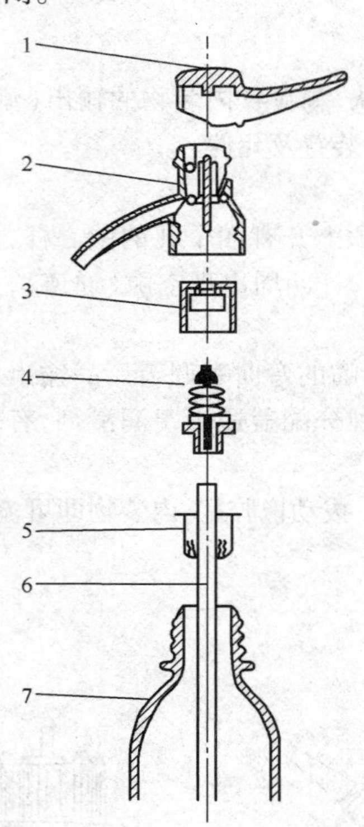

图 9-25 Seltzer 虹吸式分流盖

1—触动手柄 2—分流头 3—阀套 4—阀/弹簧/法兰座 5—锁合套塞 6—虹吸管 7—瓶体

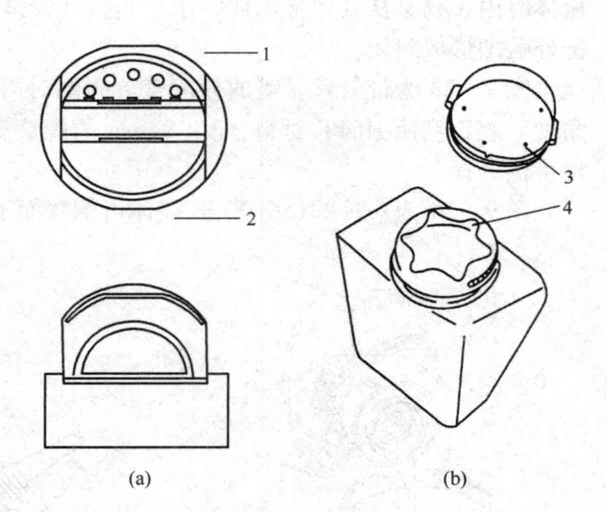

图 9-26 粉状产品分配盖

(a)粉状食品分配盖 (b)爽身粉分配盖

1—喷出孔 2—取物孔 3—筛孔 4—星形瓶口

3. 泵式喷雾(流)盖

喷雾盖(器)是基于机械泵的工作原理,可使内装物以较细的雾珠(平均微粒直径约60μm)喷出。雾滴的直径取决于计量筒终端的喷射小孔的直径与形状。已被广泛用于家庭卫生用品的包装容器上。

泵式喷雾盖完全是个装配件，结构复杂，工艺要求高（图9－27）。其触动器部分有按钮式和枪机式两种。当连续扳动触动器，使柱塞3上下运动，即作泵压，在阀体内形成适度真空，可将液料或气液混合物吸入汲管8并进入计量筒。计量筒中的液体再依靠泵压产生的压力沿着柱塞3与芯棒5之间的间隙上行，再从喷射口喷出（图中为原封状，故有镶嵌件2堵上），然后计量筒再次充填。

图9－28为用于沐浴露、洗发液、护肤蜜等黏稠产品容器上的泵式喷流盖（器）装配分解图，其工作原理与图9－27中的喷雾盖基本相同。它的特点是所使用的按压手柄兼为液体的流出管，结构紧凑，使用方便，还可回收复用。不使用（如原封产品运输）时，手柄与芯柱应压到最低位置并与瓶盖锁合（手柄1下部的螺纹与上盖4的阴螺纹啮合）。正常使用时的装配位置为：压杆3上端插进手柄1的中央孔中并扣合，下端插入活塞7，压杆连同活塞一起装入泵筒9中，再将瓶盖与瓶口（图中未画出）拧紧，泵筒9上端利用其凸缘与上盖4扣合密封。当压下手柄1时，压杆3带动活塞7向下运动，使已储在泵筒9里的液料从活塞中央（与芯柱6之间）的空隙向上流，沿着压杆中孔绕过钢珠2（此时钢珠处于中位）一直到达手柄的流出口。当松开手柄时，在弹簧8作用下活塞向上运动，泵筒内形成负压，将瓶内液料吸入泵筒内，直到活塞上部的内锥面与芯柱头部的锥面贴合，吸料停止。

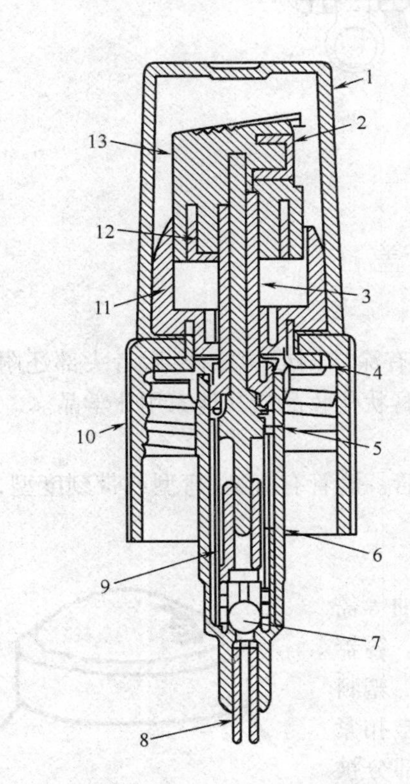

图9－27 SL－200泵式喷雾盖

1—罩盖 2—按钮镶嵌件 3—柱塞 4—垫圈
5—球封芯棒 6—阀体及插件 7—密封球 8—汲管
9—弹簧 10—封盖 11—套环 12—按钮连接器 13—按钮

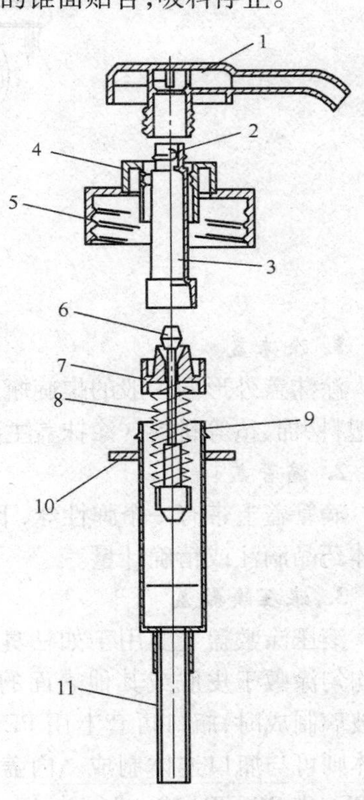

图9－28 泵式喷流盖

1—触动手柄 2—浮动钢珠 3—压杆
4—上盖 5—瓶盖 6—芯柱 7—活塞
8—弹簧 9—泵筒 10—垫圈 11—汲管

三、易　拉　盖

受金属易拉罐的启示，许多饮料与食品的玻璃瓶也用上了易拉式金属盖，其形式与易拉罐的盖稍有差异。图 9－29 为两种应用滚压法扣紧密封于玻璃瓶口的易拉式金属盖，前者拉环沿顶面刻痕撕开，后者通过拉环将瓶盖全部拉去。显然，两种易拉盖的基本密封结构与拉开方式略有不同。

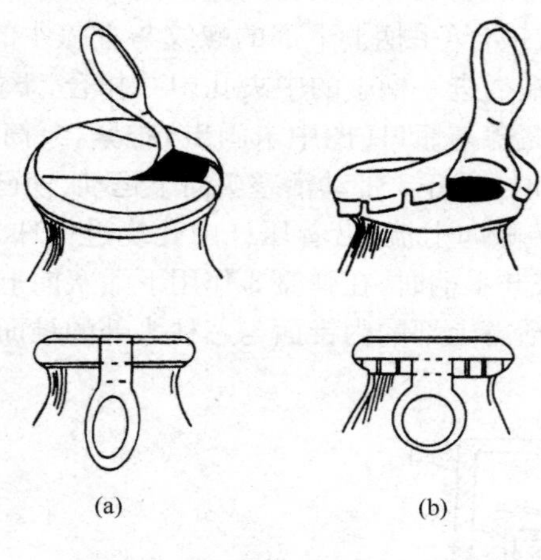

图 9－29　易拉盖

四、涂　敷　盖

1. 涂沫盖

涂沫盖外形同一般的螺旋瓶盖，但盖内中央连有涂抹刷或涂抹杆，后者头部还附有泡沫塑料、棉、毡等材料。涂抹盖主要用于涂抹粉状、膏状化妆品或其他家用化学品。

2. 滴管盖

滴管盖上带有一个弹性球，下连玻璃或塑料滴管。滴管有直型、弯型或带刻度型，用于液体药品滴注或精确计量。

3. 滚压涂敷盖

滚压涂敷盖主要用于如祛臭剂、止痒水、皮鞋油等需要均匀涂敷于皮肤或其他表面的产品（图 9－30）。容器用玻璃制成时，瓶口再套上用 PE 制成的滚敷内盖。塑料瓶体则可与瓶口连体制成。内盖结构主要是一个被扣紧的 PE（或 PC、PP）球，球径为 10～38mm。球体大部分被压进盖内，但可以自由转动。瓶子倒置时，黏性的内装液体润滑了球的一半表面，当在人体肌肤或其他表面上缓缓滚压时，即可均匀涂敷一层产品。

图 9－30　滚压涂敷盖

外盖为塑料或金属螺旋盖。瓶口与内盖组件之间配有软塑垫圈以确保良好的密封效果。

第五节　智能型(控制)盖结构

一、显开痕(防偷换)盖

1. 扭断式盖

扭断式显开痕盖有金属和塑料两种材料,普通密封与压力密封都可使用。

由金属盖发展而来的扭断式塑料显开痕盖已得到广泛应用,图 9 - 31 为其外部形式,图 9 - 32 为其内部结构。显开痕原理与金属滚压显开痕盖基本相同。不同的是:盖裙部锁圈内设计有棘齿与瓶颈加强环上的棘齿相啮合,起到止动作用。当用力扭动瓶盖时,盖与锁圈的连接“桥”断开,锁圈留在瓶颈上。

2. 撕拉箍式盖

撕拉箍式显开痕盖有一个可阻止盖转动或拔下的锁箍(圈),要开启瓶盖,必须先撕去此锁箍。通常在锁箍的始端有一个明显的撕拉舌,以方便消费者撕拉开启,如图 9 - 33 所示。

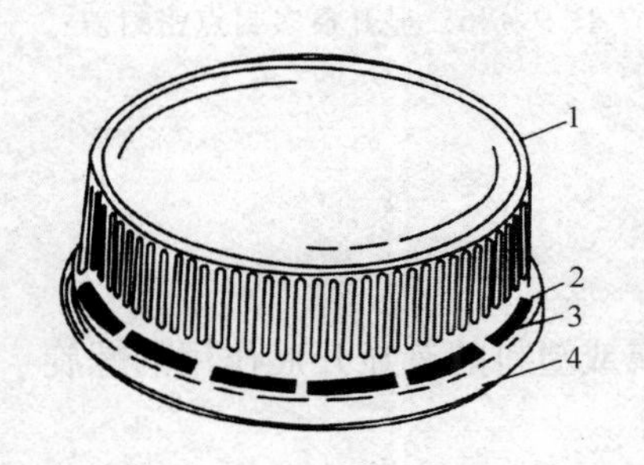

图 9 - 31　扭断式塑料显开痕盖外形
1—瓶盖　2—桥点
3—棘爪　4—防盗环

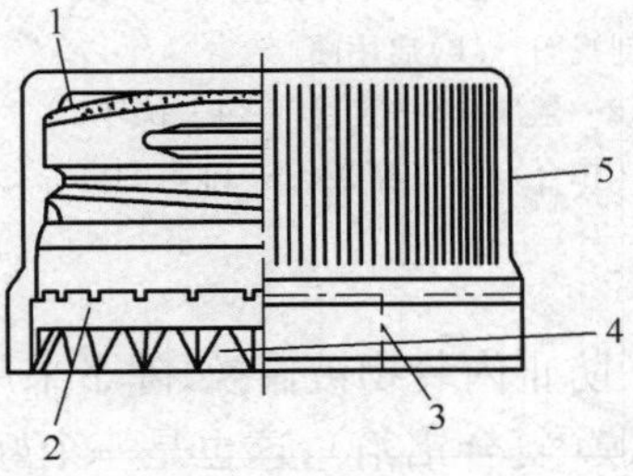

图 9 - 32　扭断式塑料显开痕盖内部结构
1—内衬垫　2—扭断线
3—防盗环　4—棘齿　5—瓶盖

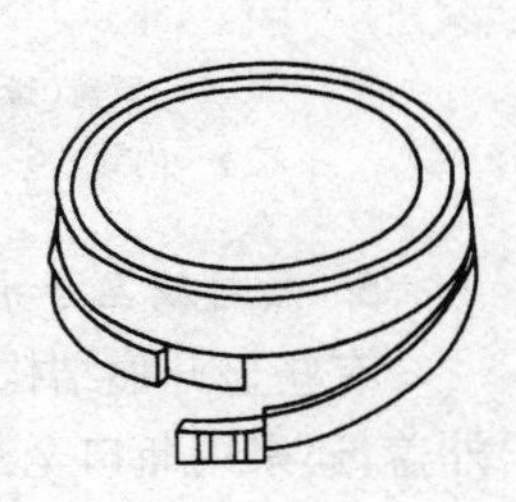

图 9 - 33　撕拉箍式盖

图 9 - 34 是一种名为 Jaycap 的带撕拉箍的聚烯烃盖,图中左半为玻璃容器,右半为塑料容器。此盖的特点是可同时在三点起到密封作用——瓶口上缘密封、瓶口内缘密封和瓶口扣环下外缘密封。在每两个密封点(实际是线)之间形成封闭空气室,可以防止内装液体由密封面渗出。

3. 内封撕开式组合盖

这种组合盖已大量应用于容量较大的油类产品容器上。它由盖座与顶盖组成,顶盖可以是螺旋盖也可以是扣合盖,盖座的上部为带拉环的全封膜,下部为弹性锁合结构,与容器口部锁紧配合(图 9 - 35)。由于全封闭式,在消费之前具有显开痕功能。使用时先打开顶

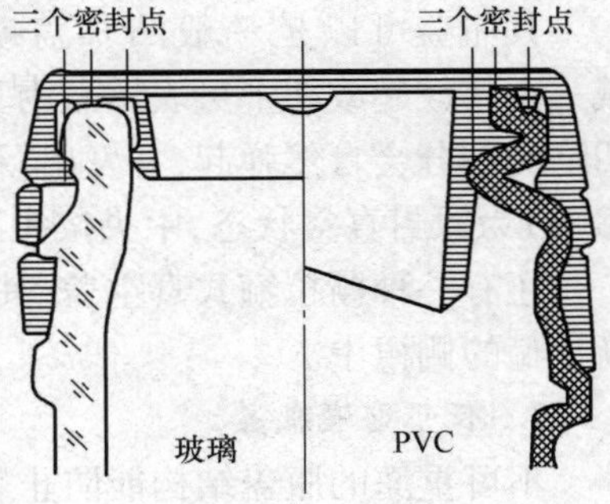

图 9 - 34　Jaycap 塑料撕拉盖

盖,再勾住拉环撕开盖座的全封膜,可倒出内装物。

4. 显开痕多封点密封盖

图9－36为一种用于内装试剂类化学品玻璃瓶的多封点显开痕盖。试剂类产品要反复使用,需要极好的保存密封性。将瓶盖结构稍作变化——使具有内缘密封作用,省去了内塞,缩小了瓶口部分的体积,也简化了开瓶盖的操作步骤。

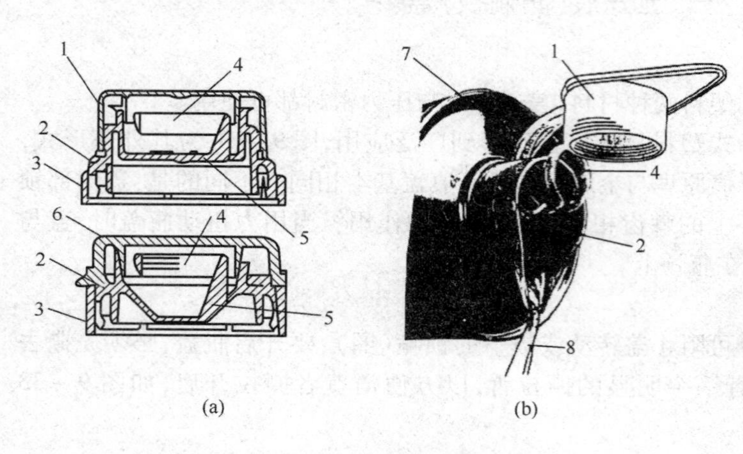

图9－35　内封撕开式组合盖
(a)剖视图　(b)启用图
1—顶盖(螺旋)　2—盖座　3—容器口　4—拉环
5—内封　6—顶盖(扣合)　7—容器　8—油料倒出

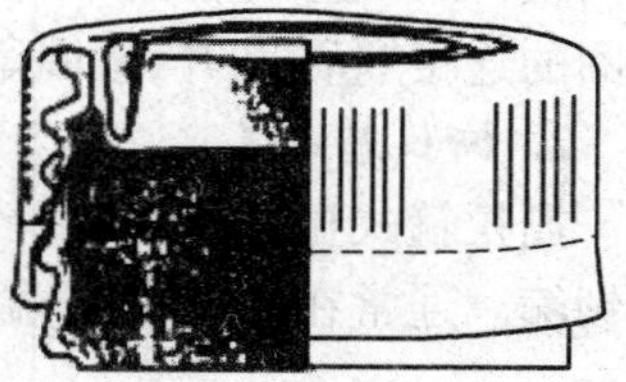

图9－36　显开痕多封点密封盖

5. 热封膜显开痕盖

有些显开痕结构为了防止内装物被偷换,除了采用金属或塑料的有显开痕作用的螺旋外盖,还采用瓶口全封薄膜(复合铝箔),这也是一个好办法。

图9－37所示名为Lectra－seal的内加密封薄膜的螺旋盖,利用高频涡流的热效应加热涂有热塑性树脂混合物的铝箔周边,使之粘合在容器口缘。在瓶盖被旋下来之前,密封薄膜不可能被撕开,此结构起到显开痕作用。

6. 真空盖

真空显开痕盖主要用于各种食品类真空密封的容器,如图9－38所示。

其瓶盖可以是一般凸耳盖或螺旋盖。此瓶盖的顶部有一个纽扣或硬币大小的区域——其鼓起或凹下可表示瓶内真空度。当开启瓶盖失去真空时,原来在瓶内真空作用下凹陷的部分会自然弹起,并发出"砰"的声音。以此可确认原包装是否曾被开启过。图9－38(a)为原封真空状态,中央按钮凹陷;图9－38(b)为失去真空状态,中央按钮凸起。

还有一种撕拉箍式真空盖,其瓶盖由两部分组成:一个金属真空盖元件嵌入一个塑料撕拉箍的侧裙中。

7. 不可重灌瓶盖

不可重灌的瓶盖结构能防止容器内被灌装入其他产品。这种瓶盖系统一般包括与瓶口严格锁合的装置,以及一个只允许产品沿一个方向——从瓶内向瓶外流动的单向阀。

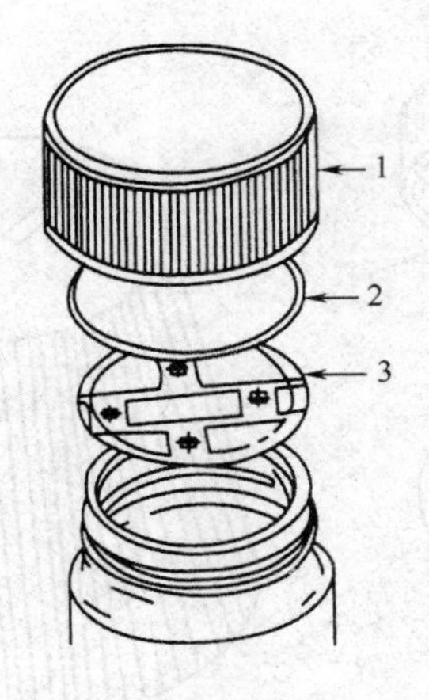

图 9 - 37 Lectra - seal 显开痕盖

1—螺旋盖 2—内衬 3—铝箔

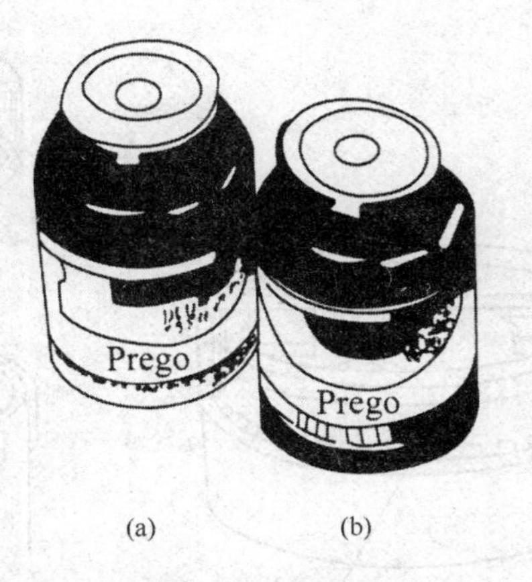

图 9 - 38 按钮式真空盖

(a)真空状态 (b)非真空状态

二、儿童安全盖

儿童安全盖是 80% 的 3.5 ~4 岁的儿童难以开启而 90% 的正常成年人可以开启的瓶盖结构,目的是从包装结构上阻止儿童在某一段规定时间内打开包装,以避免因误服某些药物、家用化学品及化工产品而损害健康甚至危及生命的事故。儿童安全包装的设计并非易事,最终有效性需要做测试验证。

依据儿童行为特点,儿童安全盖结构可从以下方面考虑:

①此结构需要比较复杂的、儿童在短时间内(一般为 5min)难以完成的开启动作,如两个连续动作,一套组合动作。

②此结构需要一定的力量,即普通 4 岁以下儿童不具有的力量,如儿童的握力仅 140N 左右,用力的持久性也差,故其难以开启那些需要足够握力或一定耐久力的瓶盖结构。

③在瓶盖处标以文字——指导开启,而 4 岁以下儿童几乎没有文字识辨能力。成人开启不成问题。

目前,市场上比较有效的儿童安全瓶盖大致有以下结构形式。

1. 压 - 旋盖(Press & Turn)

压 - 旋盖开启时需要两个力(压力和扭力),即在用力下压的条件下旋转瓶盖。图 9 - 39 是适合标准玻璃瓶口的压 - 旋盖(名为 Clic - Loc)。开启原理是:用力下压外盖,外盖上的棘爪与内盖上的棘齿啮合,转动外盖,带动内盖同时旋转,内外盖就能一起被旋下。如按常规旋转瓶盖,即不加下压力,虽然外盖能转,内盖却不会转,此时外盖凸缘与内盖凹槽相互摩擦,发出“嗒、嗒、……”之声。瓶盖顶面标有“压和扭”及“方向”的文字。

图 9 - 40 为另一种压 - 旋盖(名为 Screw - Loc),其瓶颈结构稍复杂,模塑成型。

2. 挤 - 旋盖(Squeeze & Turn)

挤 - 旋盖由两个独立的内外盖组成,外盖为可自由转动的软塑罩盖,内盖为螺旋盖并与瓶口旋合封闭。当按照瓶盖上的指示方向用力挤压外盖裙部时,内外盖就会啮合为一体,于是,外盖带着内盖一起转动。其外形如图 9 - 41 所示。

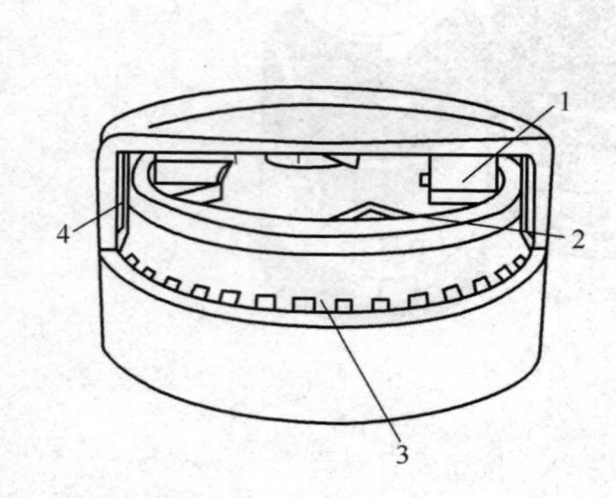

图 9－39　Clic－Loc 安全盖

1—外盖棘爪　2—内盖棘齿

3—内盖凹槽　4—外盖凸缘

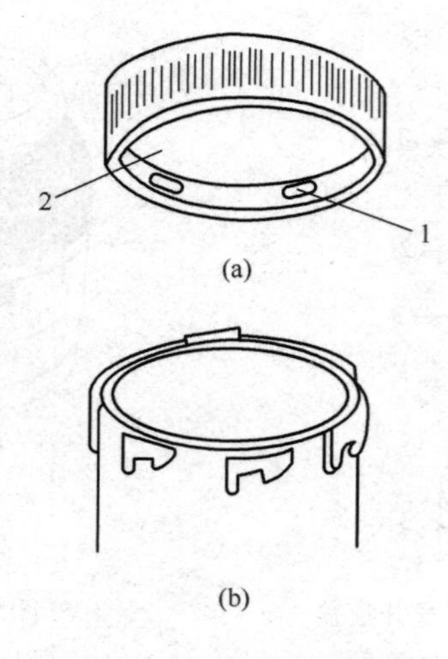

图9－40　Screw－Loc 安全盖

（a）盖　（b）瓶颈

1—凸缘　2—塑料内衬

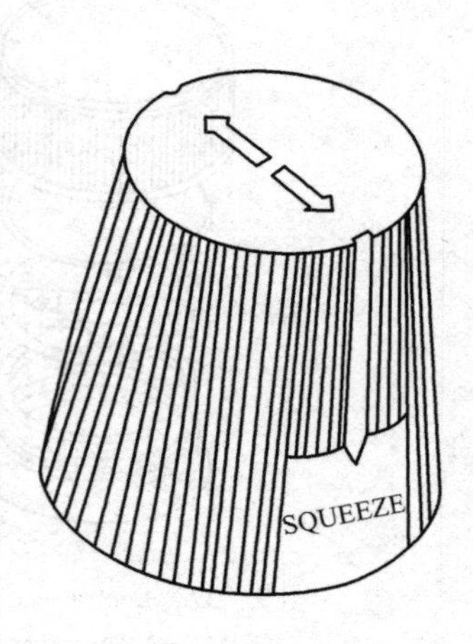

图 9－41　挤－旋盖

3. 暗码盖

整个瓶盖由上下两个相互联系的部件组成——上盖和盖座。只有当上下两部分的标志点对准后，上盖才能被撬开。图 9－42 中，瓶口盖座的阳螺纹有一个小的间断，用作上瓶盖套进瓶口盖座的啮合点。上盖内的突出物正好卡在单螺纹下面，当上盖旋转时被锁合于瓶口盖座上。

4. 压－拔（掀）盖

压－拔盖只有在向下压时才能松开瓶盖边缘的抓环然后提拔开启。

图 9－43 为 Converta 压－掀盖。其特点是瓶盖裙部有一个弹簧锁，该弹簧锁位于竖直位置时难以开启[图 9－43（a）]，但若将盖在图示位置向下按压，使弹簧锁压下，再向上掀盖，则容易打开。开启后盖仍留在瓶上[图 9－43（b）]。

5. 工具开启盖

图 9－44 为一种借助自身部件来开启的安全盖。它由内外盖组成，外盖为搭扣盖，内盖为嵌入式瓶塞。外盖的搭扣带有横向凸缘，此凸缘正好与内盖顶端的模制匙孔相配合。开启时先取下外盖，然后用外盖凸缘插入瓶塞的匙孔中，稍用力即可拔出瓶塞。

还有利用硬币或插片开启的安全盖。它也由内外盖组成，内盖为螺旋盖，外盖活套于内盖外面，可自由转动，但不会带动内盖。外盖直径方向开有一条长宽适当的槽口（穿透外盖厚度），内盖也有相同长宽的凹槽（不穿透内盖）。当内外盖的槽口上下对齐时，可由硬币或插片插入槽口，便可拧动螺旋内盖。当然，重新封闭也需要利用工具。

6. 锁扣式安全盖

图 9－45 是名为 Lach－Lok 的锁扣式安全盖。其结构特点是通过一锁合凸片与搭扣凸片的组合使顶盖不能随便翻起。若要开盖，必须先推开盖顶上的锁合凸片才能开启铰链盖。此外，铰链盖内部与盖体相吻合，盖体上的倾倒管口正好被盖顶封闭。这是一种考虑了儿童安全的倾倒盖。

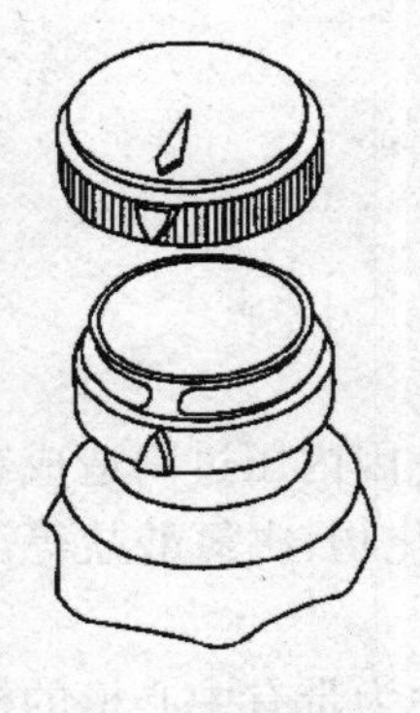
图 9-42　暗码盖

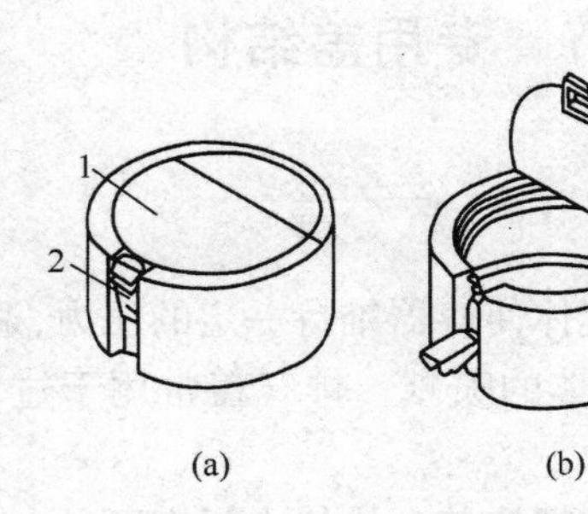

图 9-43　Converta 压-掀式安全盖
1—掀压位置　2—弹簧锁

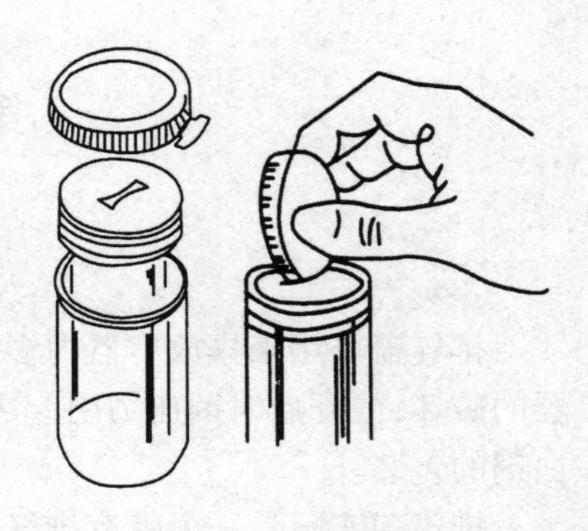
图 9-44　工具开启盖

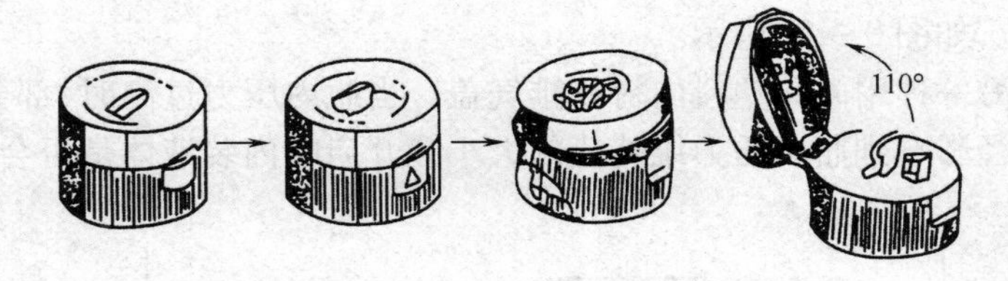

图 9-45　Lach-Lok 锁扣式安全盖

7. 迷宫式安全盖

这是一种依靠简单智力技巧开启的包装形式,图 9-46 为其结构示意。在外盖的内壁有两个凸耳,瓶口内盖座的外围是迷宫式的曲线槽。它要求成年人能辨认标记与记住一系列动作,方能打开瓶盖。一般儿童显然做不好这一系列动作。迷宫式盖有单盖和双盖两种,后者迷宫做在瓶体上,走通迷宫后外盖才能带动内盖一起松开或拧紧。图 9-46 为单盖式,瓶盖只能沿箭头方向通过,而不能倒行。

8. 拉拔盖

图 9-47 是一种新型拉拔盖。要开启瓶盖必须同时满足两个条件:①外盖下部的凸舌要对准瓶颈凸缘的缺口;②用力拉拔外盖使内塞退出瓶口。否则,难以打开瓶盖。

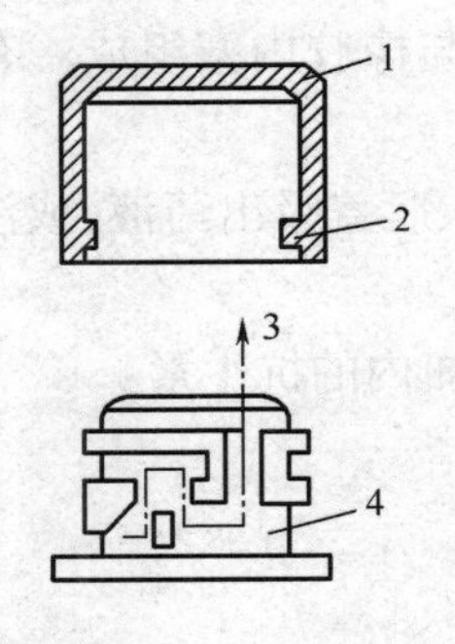

图 9-46　迷宫式安全盖
1—外盖　2—凸耳
3—开盖方向　4—内盖座

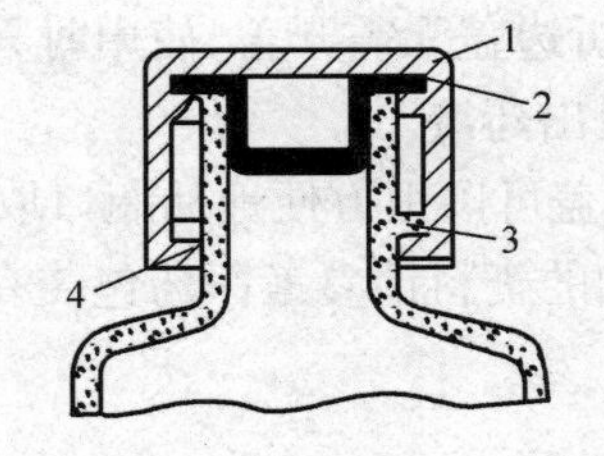

图 9-47　新型拉拔盖
1—外盖　2—内塞
3—瓶颈凸缘　4—外盖舌

第六节　专用盖结构

一、排　气　盖

排气盖可用来排放容器内多余的气体使容器维持一定的压力，避免因内压过高造成容器的破坏，或开启时因压力引起内装液体的喷溅。排气盖常用于过氧化物、次氯酸盐等漂白剂的包装。

排气盖实际是一个带有排气内衬的螺旋盖。排气内衬有两种：一种为带有中心槽的橡胶垫片，当内压超过一定限度时，此垫片在瓶盖顶端形成拱形，多余的气体即被排出；另一种为背面有凹槽的塑料垫片，当内压升高，凹槽会拱起，多余气体排出。当气压恢复到正常状态时，凹槽复位，如图 9－48 所示。

图 9－49 为另一种用微孔塑料内衬的排气盖。当瓶内压力过高时，部分气体通过微孔排出。微孔的直径影响到瓶内压力维持值的大小和开启时内装液体是否会喷溅。

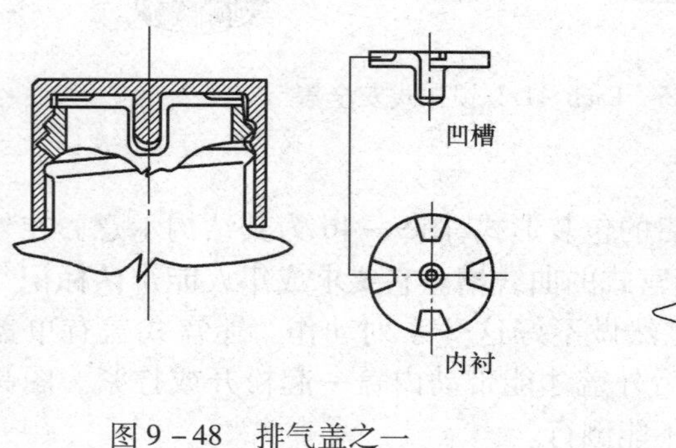

图 9－48　排气盖之一

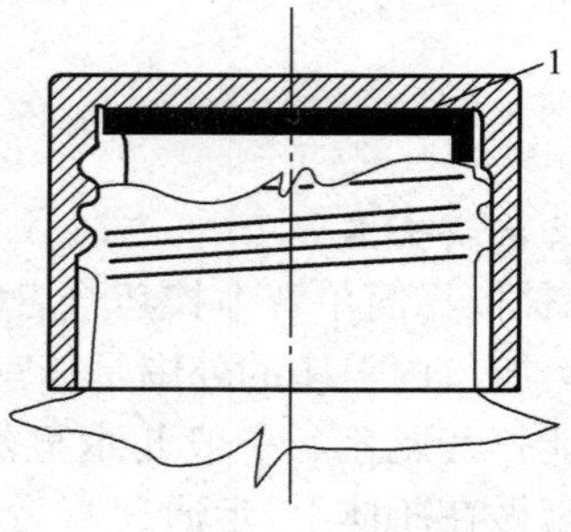

图 9－49　排气盖之二

1—微孔内衬

二、抗生素瓶盖

常用的抗生素（如青霉素）瓶的瓶盖由铝质外盖与橡胶内塞组成。有三种不同结构的青霉素瓶瓶盖：AP 盖、折边盖、AP－MT 盖。

AP 盖与折边盖无需开盖，使用时只要将针头刺入瓶盖吸出药液，或注入注射用水使药粉溶解后再吸出药液。

AP－MT 盖可以很方便地从瓶口取下，然后取用瓶内的抗生素。

更为详细的资料请参考医药包装有关标准。

【习题】

9－1 螺旋盖、王冠盖、显开痕盖、运动式倾倒盖、排气盖各具有哪些功能？适合哪些密封类型？

9－2 简述图 9－14（c）所示无衬盖的密封原理。

9-3 在显开痕封盖中,热感应密封能配塑料瓶吗？能配金属盖吗？为什么？

9-4 瓶口与瓶盖之间的密封强度越高,密封效果就越好吗？为什么？密封面积越大,密封效果就越好吗？为什么？

9-5 对于普通密封,有哪些基本要求？

9-6 为什么只有金属盖才适合于真空密封？

9-7 试构思一种运动式倾倒盖的结构,并画出工作草图。

9-8 请构思一种显开痕盖的结构形式,并画出结构示意图。

9-9 依据儿童行为特点,试设计一种儿童安全瓶盖,画出结构示意图。

9-10 通过调查,请举两种新型瓶盖(本章内容未曾涉及的),指出其密封原理、结构特点。

第十章　气雾罐结构设计

第一节　气　雾　罐

一、气　雾　罐

气雾罐（Aerosol can）是指由阀门、容器、内装物（包括产品、抛射喷雾推动剂等）组成的完整的压力包装容器，当阀门打开时，内装物以预定的压力、按控制的方式释放。控制方式包括两重含义：一是内装物的释放剂量可以控制，包括定量与非定量形式；二是内装物释放的形式可以控制，例如可以泡沫、气雾等形式释放。图 10－1 为以喷雾方式释放内装物的气雾罐的主要结构及工作状态。

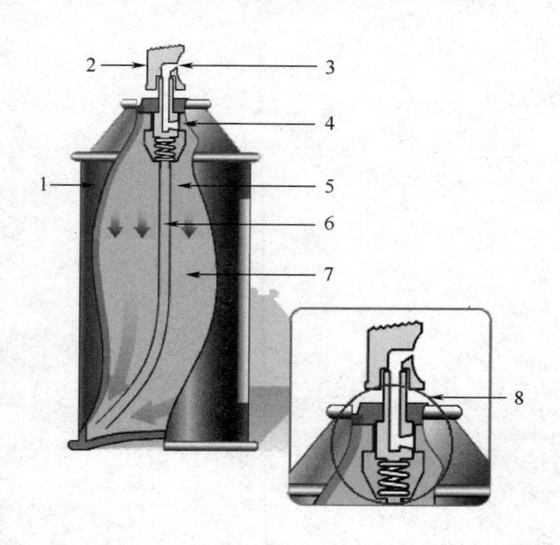

图 10－1　气雾罐的主要结构及工作状态
1—气雾罐　2—喷头　3—喷嘴　4—密封圈
5—压缩气体（抛射喷雾推动剂）　6—引液管
7—内装物　8—阀体

气雾罐可以不同方式分类：①根据内装物释放的形式分为喷雾型、泡沫型、射流型。前者内装物以气溶胶雾粒状释出，后两者分别为泡沫状及流线状；②根据采用的喷雾推动剂可分为液化气体型、压缩气体型、复合型；③根据包装容器的材料可分为金属容器型、塑料容器型、玻璃容器型；④采用较多的分类方法是根据气雾罐的结构或内装物类型划分，可分为两相、三相（或溶液型及混悬型）气雾罐。

二、抛射喷雾推动剂

1. 抛射剂

抛射剂（propellent），又称发射剂，是气雾产品的喷射动力来源，可兼做产品的溶剂或稀释剂。抛射剂多为液化气体，在常压沸点低于室温，蒸汽压高。当阀门开放时，压力突然降低，抛射剂急剧气化，借助抛射剂的压力将容器内的产品以雾状喷出。理想的抛射剂在常温下的蒸气压应大于大气压；应性质稳定，不易燃易爆，不与产品、容器发生相互作用。抛射剂的性质和用量与气雾产品雾粒大小、干湿等有关。

2. 抛射喷雾推动剂的作用

(1)汽化内装物,使之形成胶体微粒 液相抛射喷雾推动剂与内装物产品混合或混溶成为均质液体,当液相混合物穿过阀门从大约0.5mm直径的喷孔喷出时,抛射喷雾推动剂由于从气压容器内的高压中释放出来而立刻汽化,使内装物产品气裂成细小雾滴。

(2)填补内装物喷出后的空间,保持压力不变 揿动按钮时,阀门开启,液体内装物沿引液管上升并经阀门喷出,此时少量抛射喷雾推动剂蒸发为气体来填补空间。

3. 喷出特征

抛射喷雾推动剂型号和用量影响着喷出特征:

(1)干式喷雾(悬浮喷雾) 增加抛射喷雾推动剂用量或压力造成雾粒直径小于50μm的喷雾。雾粒可在空中悬浮5min以上,适用于杀虫剂。

(2)湿式喷雾(表面喷雾) 低量抛射喷雾推动剂或低压造成雾粒直径大于50μm喷雾,用于祛臭剂、润肤香水、喷发胶等。

(3)泡沫 抛射喷雾推动剂与内装物被乳化,通过阀门从泡沫喷嘴中流出,抛射喷雾推动剂微粒汽化然后形成大量的小泡沫。

(4)膏状 抛射喷雾推动剂与内装物隔开,当阀门开启时,膏状内装物仍以原状态流出。

(5)粉状。

4. 喷出系统

(1)两相系统

①气态抛射喷雾推动剂与混溶的抛射喷雾推动剂和内装物的均质液体;②压缩气体抛射喷雾推动剂与液态内装物;③气态抛射喷雾推动剂与乳化的抛射喷雾推动剂和内装物。两相系统如图10-2(a)(b)所示。

(2)三相系统

①气态抛射喷雾推动剂与不混溶的液态内装物。一般情况下,液态内装物浮在液态抛射喷雾推动剂上面,但碳氢化合物的抛射喷雾推动剂则相反;②气态抛射喷雾推动剂、液态抛射喷雾推动剂和两者隔开的固相(粉状或膏状)内装物。三相系统如图10-2(c)所示。

5. 常用抛射剂喷雾推动剂

(1)压缩气体 常用压缩气体有CO_2、N_2、NO。压缩气体与液化气体的区别是它以蒸发气体形态溶解于内装物中,因此不能保持常压。随着内装物的喷出,其压力平稳下降。但在压力下降时,部分溶解气体可释放到上层空间以部分弥补压力的下降。

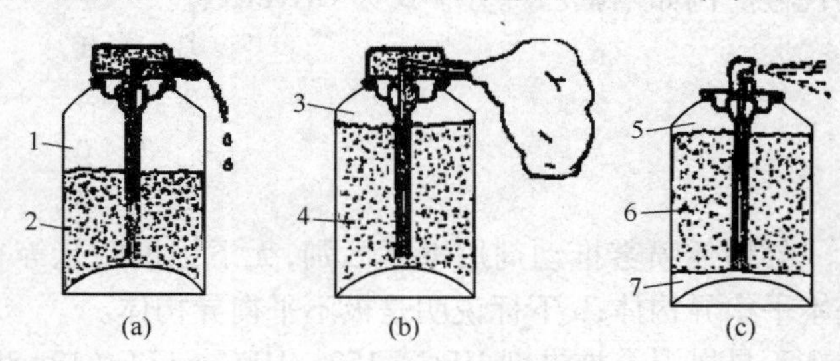

图10-2 抛射喷雾推动剂的喷出系统

(a)(b)两相系统 (c)三相系统

1—压缩气体 2—液体内装物 3—气态抛射喷雾推动剂

4—乳化均质液体抛射喷雾推动剂与内装物

5—气态抛射喷雾推动剂 6—液体内装物 7—液态抛射喷雾推动剂

NO、CO_2可以部分(3%~5%)溶解于许多内装物,N_2最高只溶解1.5%。NO和CO_2可用于食品,但

CO_2不能用于皂类品。

(2)碳氢化合物　常用丙烷、丁烷和丁烷类天然气体。价廉、低毒、化学性质稳定，正常湿度下不易引起任何腐蚀，非常适合于水基化妆品，但非常易燃，不能作为易燃内装物的抛射喷雾推动剂。

(3)氟代烷烃类　为消除使用氟利昂给人类带来的危害，目前氟利昂替代品主要是含氢的氟代乙烷和含氢的氯氟代甲烷，如 HFC－134a、HFC－152a、HCFC－123，见表 10－1。

除了氟代烷烃类抛射剂喷雾推动剂外，替代用的抛射剂喷雾推动剂还有二甲醚 DME（CH_3OCH_3）。氯氟烃化合物品种见表 10－2。

表 10－1　常用抛射剂喷雾推动剂的性质

性　质	丙烷 A－108	异丁烷 A－31	丁烷 A－17	二甲醚 DME	1,1－二氟乙烷 HFC－152a	1,1,1,2－四氟乙烷 HFC－134a	二氧化碳	氮气	一氧化氮
分子式	C_3H_8	C_4H_{10}	C_4H_{10}	CH_3OCH_3	CH_3CHF_2	CH_2FCF_3	CO_2	N_2	N_2O
相对分子质量	44.1	58.1	58.1	46.1	66.1	102.0	44	28	44
沸点/C	－42.1	－11.7	－0.5	－24.8	－25.0	－26.2	－78	－196	－88
绝对压力/kPa	846	315	219	536	536	591	5872	3390	5065
液体密度/(kg/m^3)	508	563	583	660	910	1222			
空气中可燃性下限/%	2.2	1.8	1.9	3.9	3.3				
空气中可燃性上限/%	9.5	8.4	8.5	16.9	18.0				

注：均在室温(21℃)下。

表 10－1 中氟代烷烃类喷雾推动剂名称中的第一位数字表示碳原子数减 1（该数字为 0 时可省去），第二位表示氢原子数加 1，第三位数表示氟原子数。命名时将分子式中碳、氢、氟分子数按顺序排列成一组数字，然后用该组数字减去 90，得数即为喷雾推动剂名称中的代号。例如四氟乙烷分子式为 CH_2FCF_3。

$$
\begin{array}{rccc}
 & C & H & F \\
 & 2 & 2 & 4 \\
- & & 9 & 0 \\
\hline
 & 1 & 3 & 4
\end{array}
$$

异构体喷雾推动剂用下标区别，无下标说明是等平衡或近平衡异构体；a 下标说明是基本平衡异构体；b 下标说明是极不平衡异构体。

不易燃混合推进剂 HFC－152a/HFC－134a（12∶88）是用 12% 的 HFC－152a（易燃推进剂）和 88% 的 HFC－134a（不易燃推进剂）混合而成。

混合推进剂的绝对压力可根据拉乌尔定律计算，即气体混合物中每种组分的蒸发压力与其摩尔分数成正比。

例 10－1　计算混合推进剂 HFC－152a/HFC－134a 的绝对压力。

解：查表 10－1：$M_{HFC-152a}=66.1$　$M_{HFC-134a}=102$　$p_{HFC-152a}=536$　$p_{HFC-134a}=591$

$n_{HFC-152a} = 12/66.1 = 0.182(mol)$

$n_{HFC-134a} = 88/102 = 0.863(mol)$

$p'_{HFC-152a} = 0.182 \times 536/(0.182 + 0.863) = 93.264(kPa)$

$p'_{HFC-134a} = 0.863 \times 591/(0.182 + 0.863) = 488.166(kPa)$

$p = p'_{HFC-152a} + p'_{HFC-134a} = 93.264 + 488.166 = 581(kPa)$

表 10-2　　　　氯氟烃化合物品种

品种	化学名称	分子式	代码
含氯氟烃 CFC	三氯一氟甲烷	CCl_3F	CFC-11
	二氯二氟甲烷	CCl_2F_2	CFC-12
	一氯三氟甲烷	$CClF_3$	CFC-13
	四氯二氟乙烷	CCl_3FCCl_3F	CFC-112
	三氯三氟乙烷	CCl_3FCClF_2	CFC-113
	二氯四氟乙烷	$CClF_2CClF_2$	CFC-114
	一氯五氟乙烷	$CClF_2CF_2$	CFC-115
含氢氯氟烃 HCFC	二氯一氟甲烷	$CHCl_2F$	HCFC-21
	一氯二氟甲烷	$CHCl_2F$	HCFC-22
	一氯一氟甲烷	CH_2ClF	HCFC-31
	二氯三氟乙烷	$CHClFCClF_2$	HCFC-123
	一氯四氟乙烷	CHF_2CClF_2	HCFC-124
	二氯二氟乙烷	$CH_2ClCClF_2$	HCFC-132
	一氯三氟乙烷	CH_2ClCF_2	HCFC-133
	一氯二氟乙烷	CH_3CClF_2	HCFC-142b
含氢氟烃 HFC	三氟甲烷	CHF_3	HFC-23
	二氟甲烷	CH_2F_2	HFC-32
	五氟乙烷	CHF_2CF_2	HFC-125
	1,1-二氟乙烷	CH_3CHF_2	HFC-152a
	1,1,1,2-四氟乙烷	CH_2FCF_3	HFC-134a

第二节　气雾罐结构

一、气雾剂阀门

1. 气雾剂阀门组件

气雾剂阀门是固定在气雾罐上的机械装置,关闭时保证内装物不泄漏,揿动时使内装物以预定的形态释放出来。气雾剂阀门简称阀门,由组件装配而成,包括喷头、阀杯、阀杆、密封圈、阀体等,如图 10-3 所示。塑料阀杆上有一个喷孔,阀门打开时,内装物通过喷孔喷出。阀门上有一个套在阀杆上的密封圈,阀门关闭时,喷孔被密封圈封闭,内装物不能喷出。阀体用来支撑密封圈使它向上运动。阀杯使阀体和罐紧固在一起。当气雾剂阀门被装配时,密封圈处于阀体中。按钮按下时,阀杆同时向下,促使密封圈相对向上运动,喷孔露出,内装物通过喷孔进入阀杆喷出。

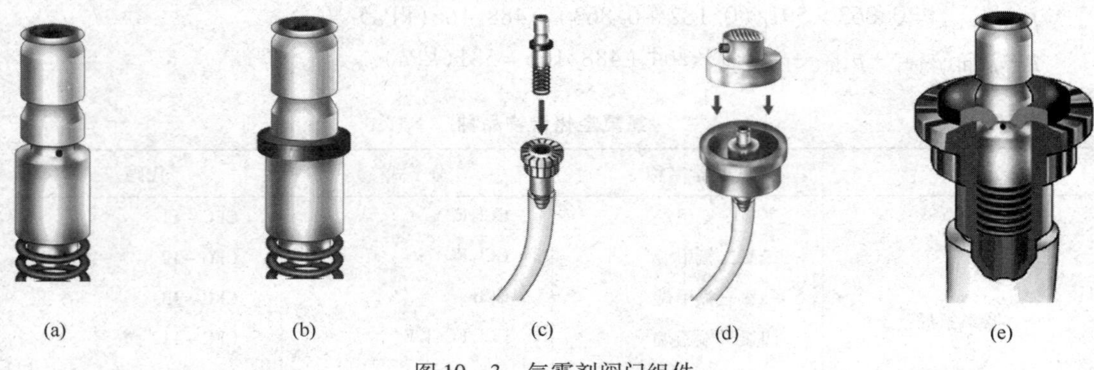

图 10-3　气雾剂阀门组件

(a)阀杆　(b)密封圈　(c)阀体　(d)阀杯　(e)组件装配

2. 喷头

喷头又称促动器或按钮(Value actuator, Button),是气雾剂阀门的重要附件(图 10-4),其主要功能是打开或关闭阀门并使内装物按预定的形态(气体、雾、射流、凝胶、泡沫、粉末等)排出。喷头的结构对排出物的物理特性产生重要的影响。喷盖(Spray Cap)是喷头与帽盖结合在一起的复合体。

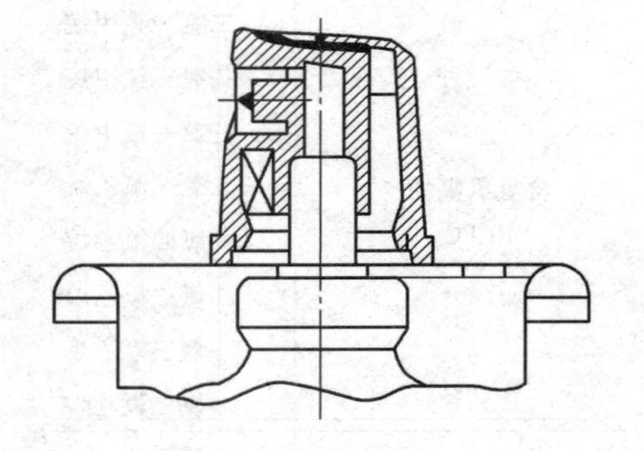

图 10-4　喷头

3. 气雾剂阀门

气雾剂阀门通过弹簧压力固定在闭合位置,当按钮压下时,阀杆向下运动,阀杆喷孔露出,喷雾推动剂压力把内装物压上引液管,进入阀杆和喷孔,然后向外喷出,喷孔与密封一道起膨胀室的作用,当与液相抛射剂混合的内装物到达膨胀室时,抛射剂汽化,同时伴随汽化作用把内装物分裂成气溶胶雾滴。该过程重复进行,直至内装物从按钮喷孔中喷出,此时完全汽化。因此阀门的主要作用是控制内装物的输出:不用时阀门保持密封,需用时则喷出内装物。输出物态不仅取决于抛射剂配方,也取决于阀门和按钮的结构。

气雾剂阀门有多种结构形式。

(1)非定量型气雾剂阀门　促动时内装物连续不断喷出直到关闭止的阀门。

(2)定量型气雾剂阀门　每触动阀门一次,内装物能定量喷出的阀门(图 10-5)。

(3)正向式气雾剂阀门　气雾剂内装物正立使用的阀门。

(4)倒向式气雾剂阀门　气雾剂内装物倒立使用的阀门(图 10-6)。

(5)360°气雾剂阀门　气雾剂内装物可按 360°任意方向使用的阀门。

(6)按压型气雾剂阀门　使用时垂直按下阀门促动器,内装物从通道喷射的阀门。

(7)侧推型气雾剂阀门　使用时侧推阀门促动器,内装物从通道喷射的阀门。

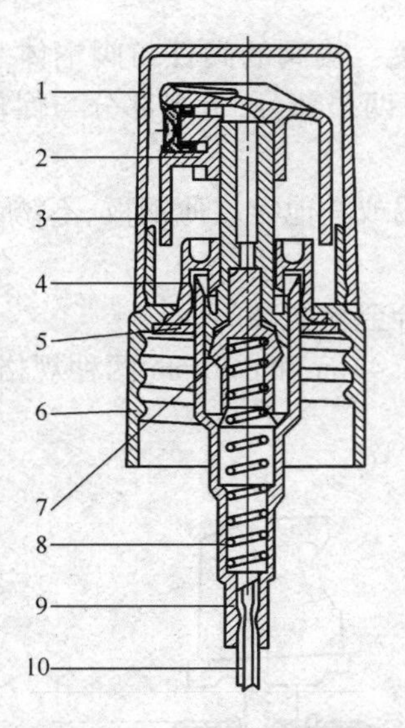

图 10-5 定量型气雾剂阀门

1—外盖 2—喷头 3—泵芯 4—套圈 5—垫圈 6—螺旋盖 7—活塞 8—弹簧 9—泵体 10—引液管

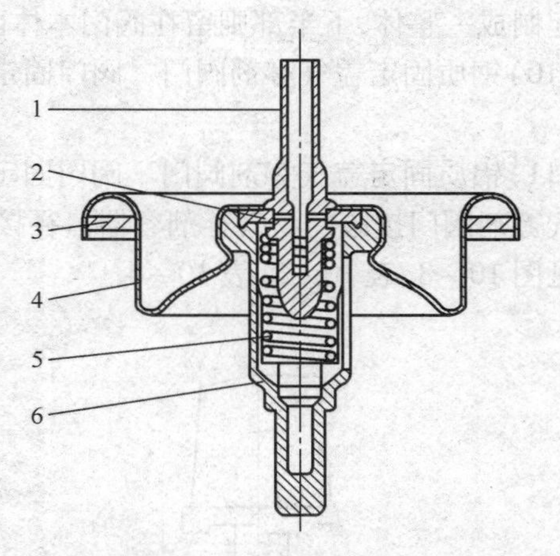

图 10-6 倒向式气雾剂阀门

1—阀芯 2—垫圈 3—外垫圈 4—固定盖 5—弹簧 6—阀体

(8)雄型气雾剂阀门 阀杆高出固定盖小平面上,促动器套在阀杆上的阀门[图 10-7(a)]。

(9)雌型气雾剂阀门 阀门促动器与阀杆连成一体,插在低于固定盖小平面的阀杆座内孔的阀门[图 10-7(b)]。

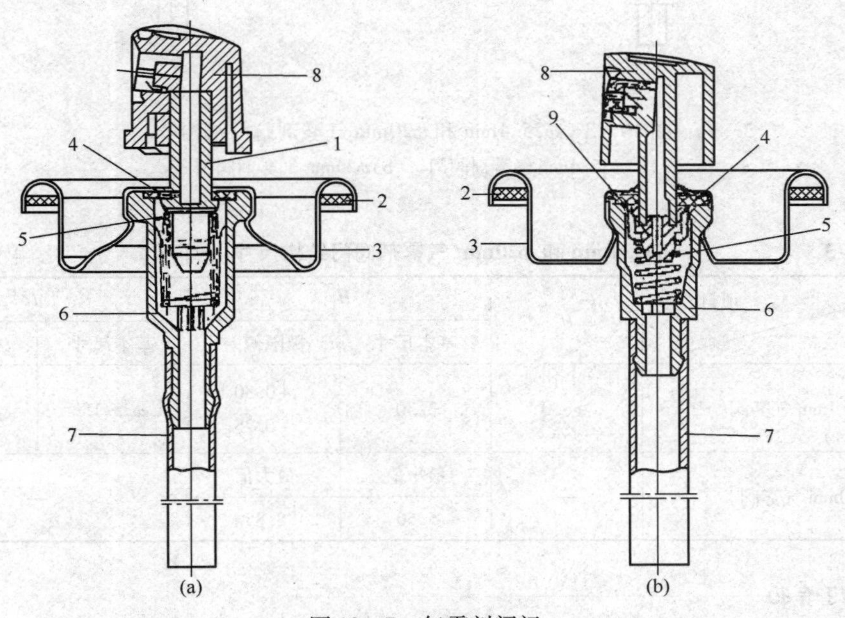

图 10-7 气雾剂阀门

(a)雄型气雾剂阀门 (b)雌型气雾剂阀门

1—阀杆 2 外密封圈 3—阀门固定盖 4—内密封圈 5—弹簧 6—阀体 7—引液管 8—阀门促动器 9—阀杆座

雄阀与雌阀的一个根本区别在于阀杆在阀门中的位置。雄阀的阀杆与阀本体装合在一起，而雌阀本体上无阀杆，它的阀杆事实上已被分为上下两个部分，上半部分与促动器连在一起制成一整体，下半部则留在阀门本体内装合在一起。

(10)钢质固定盖气雾剂阀门　阀门固定盖基材为镀锡或其他镀层薄钢板、不锈钢板的阀门。

(11)铝质固定盖气雾剂阀门　阀门固定盖基材为铝合金板的阀门。

气雾剂阀门按阀门与气雾剂容器口径接合尺寸有 ϕ25.4mm 和 ϕ20mm 两种规格，相关尺寸见图 10－8、表 10－3、表 10－4。

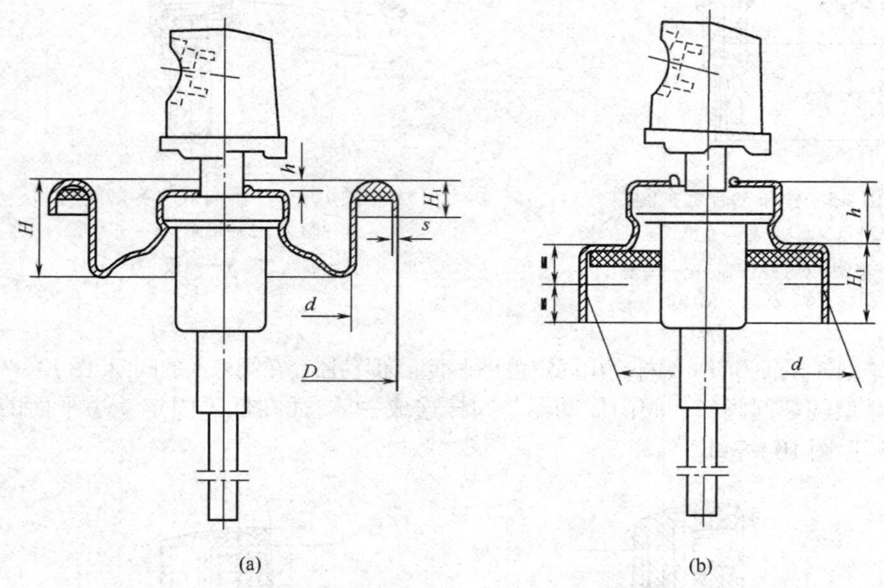

图 10－8　ϕ25.4mm 和 ϕ20mm 气雾剂阀门结构

(a)ϕ25.4mm 气雾剂阀门　(b)ϕ20mm 气雾剂阀门

表 10－3　　**ϕ25.4mm 和 ϕ20mm 气雾剂阀门结构尺寸(一)**　　单位：mm

类型 \ 项目	H	H_1		d	
		基本尺寸	极限偏差	基本尺寸	极限偏差
ϕ25.4mm 气雾阀	≥8.0	3.30	+0.30 −0.25	ϕ25.15	±0.08
ϕ20mm 气雾阀	—	最小值	最大值	—	
		5.60	8.85		

4. 阀门喷孔

阀门一般有四个孔：阀体喷孔、排气孔、阀杆喷孔与按钮喷孔。各孔的孔径规格见表 10－5。

表 10－4 ϕ25.4mm 和 ϕ20mm 气雾剂阀门结构尺寸(二) 单位:mm

类型	项目	规格						
ϕ25.4mm 气雾阀	S	0.27	0.28	0.30	0.40	0.42	0.50	0.60
	$D\pm0.15$	32.44	32.46	32.50	32.70	32.72	32.90	33.10
ϕ20mm 气雾阀	$d^{+0.45}_{+0.15}$	—			20.00	—		

表 10－5 气雾罐阀门喷孔规格 单位:mm

内装物	阀体喷孔	排气孔	阀杆喷孔	按钮喷孔	喷射速度/(g/s)
喷发胶	0.33	—	0.33	0.51 RT	0.6
喷发胶	1.57	0.33	0.33	0.33	0.8
祛臭剂	0.46	0.46	0.46	0.38 RT	0.7
室内清新剂	0.76	—	0.46	0.51	1.0
室内清新剂(水基)	毛细管	0.76	0.76	0.76	0.9
杀虫剂	0.26	—	0.33	0.51 RT	0.5
防冻剂	1.57	—	2 x 0.91	1.02	9.0

喷孔孔径表示方法的排序为:阀杆喷孔×排气孔×阀体喷孔,如喷发胶用阀门喷孔规格可表示为:0.33×0.33×1.57。

标准按钮喷孔的喷出状态为实锥体,倒锥形按钮喷孔(RT)可扩大喷雾锥度。

为改善喷雾推动剂与内装物不混溶的三相系统的喷雾状态,按钮喷孔可采用机械分散涡流室结构(MBU),涡流使内装物呈中空锥体喷出,然后分散成极其细小的雾滴。

排气孔的作用是让少量喷雾推动剂由此进入阀门与内装物混合,以便进一步分裂雾滴,对于不混溶的水基内装物效果较好。

5. 阀门内衬

阀门内衬可根据内装物的性质分别采用氯丁橡胶和丁腈橡胶。前者适用于水基内装物及含二氯甲烷系统。

6. 引液管

引液管主要用 PVC 材料,也有用 PE、PP 和尼龙材料的,但数量极少。引液管长度以刚好弯曲通过容器最底部为宜,如果过短,则不能保证内装物全部汲干,反之则有可能出现抵住容器底部而封死的情况。

7. 特殊阀门

(1)密封阀门 密封阀门用金属衬垫防止内装物与阀门垫圈相接触,而启用后金属衬垫碎裂。可用于长期贮存或贮存条件差的场合,以消除贮存过程中的阀门渗漏。

(2)计量阀门 计量阀门输出定量内装物后阀门关闭,主要用于名贵香水。由于其用量较节省,因而昂贵的包装部分补偿了过量使用所造成的浪费,所以得到消费者的认可。计量阀门为两套阀门结构,一开一关。当上开下关时,两阀门之间的内装物由喷雾推动剂压力作用而定量喷出；而上关下开时，容器中的压力又补充内装物于阀门，所以仅适用液态喷射剂与内装物混溶的二相系统。

（3）泡沫阀门　泡沫阀门是在标准阀门基础上将按钮喷孔改为泡沫喷孔。泡沫喷孔是一个较大的孔和一个作为膨胀室的长阀杆，混合物一进入长阀杆就开始发泡。

（4）混合阀门　混合阀门允许两种内装物混合后一起喷出，主要用于热剃须膏和染发剂。喷雾推动剂、氧化物和内装物装在主室，过氧化氢装在副室。当揿动按钮时，少量的过氧化氢与剃须膏泡沫中的氧化物在阀门处混合发生放热反应而产生热量。过氧化物与剃须膏的比例大约为1∶4。

（5）喷粉高压阀门　阀门选用高压阀座且阀座尽可能靠近喷孔，以防止喷孔堵塞。另外，粉状物含量为10%，粒度200目，喷雾推动剂密度要接近粉状物。

（6）自容式压力阀门　自容式压力阀门有一根虹吸管，伸入喷雾推动剂容器的中心或一侧，内装物与喷雾推动剂单独分开，不仅可以避免相容性问题，而且内装物不带压力，所以可以使用玻璃、塑料或其他材料的容器，但只能湿式喷雾。

自容式压力阀门是根据文杜里原理设计的。文杜里原理，简单地说，就是以一定速度运动的气流压力低于静止的气流压力。当揿动按钮时，气相喷雾推动剂从引液管顶端水平通过，从而使顶端产生低压而抽吸内装物进入喷雾推动剂气流，喷雾推动剂气化的骤发力使内装物分裂成雾滴，同时冲击内装物从引液管上端加速喷出。

（7）喷射速率可调节的气雾剂阀门　日本三谷阀门公司推出了一种喷射速率可调节的气雾剂阀门，其特点是：根据手指揿压喷头时用力的大小来调节气雾剂的喷射速率。在轻按时喷射速率为1，重按时为4（内装物为水+乙醇+二甲醚+液化石油气）。该阀与普通气雾剂阀门一样，由7个零件组成。在轻按喷头时，阀杆下降，只有一个阀杆孔控制喷射量。而在用力按压时，通道扩张，喷射量立即增加。该阀已用于油漆、杀虫剂及喷发胶等产品。

还有一种喷射速率可调的雌型气雾剂阀门。在阀的封口杯上印有小、中、大3个符号。与喷头为一体的阀杆下端有3个台阶。当喷孔方向与封口杯上符号一致时可喷出与符号一致的雾。只要旋转喷头，调节喷孔的位置就可以得到3种不同喷射速率的雾。

（8）双室隔离式气雾剂阀门　这类气雾产品有两个互相套装的容器，即一个内容器安装在外容器内，这两个容器之间是相互隔离不通的，产品和抛射剂分别被灌入两个不同的容器内；或者将产品灌装在内容器中，将抛射剂灌入外容器中，或相反。目前应用的以前一种形式为多。这类双室隔离式气雾剂按其充气方式分为两大类，一类是活塞式，另一类是袋式。

二、容　　器

1. 容量要求

气雾容器的容量已与其主要尺寸一起形成系列化与标准化。对不同材质的容器有一个限量规定，金属罐的容量在50～1000mL，有塑料涂层或有其他永久性保护层的玻璃容器的容量在50～220mL，而易碎玻璃及塑料容器的容量在50～150mL。

钢制金属气雾罐的尺寸及容量见表10－6。

表 10-6　部分钢制金属气雾罐的尺寸及容量

公称尺寸/mm	罐身外径/mm	罐身高度/mm	罐高/mm	容量/mL
54×73	55.3	72.7	82.8	147
54×111	55.3	110.9	120.9	226
54×141	55.3	141.0	151.1	290
63×179	62.7	179.1	199.2	498
68×122	68.7	122.0	142.2	404
68×159	68.7	158.8	178.8	522
76×192	76.6	192.0	212.1	796

注:(1)罐身外径与罐身高度均包括二重卷边尺寸;
(2)按照国际规定,气雾罐的满口容量不允许超过 1000mL。

2. 金属罐

(1)铁质气雾罐

①按结构分为三片罐和二片罐。三片气雾罐是由罐身、罐肩和罐底三片金属组合的气雾罐容器,罐身与罐肩、罐身与罐底通过二重卷边连接[图 10-9(a)]。二片气雾罐是罐身与罐肩(或罐底)由一片金属制成、罐底(或罐肩)由一片金属制成的气雾罐容器,两片通过二重卷边连接[图 10-9(b)]。

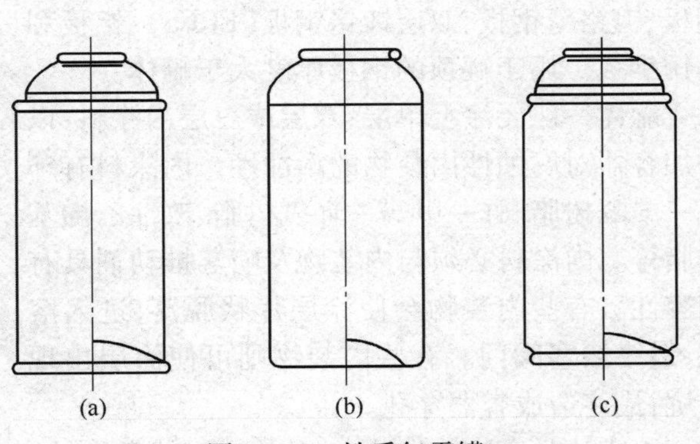

图 10-9　铁质气雾罐
(a)三片罐　(b)二片罐　(c)缩颈罐

②按形状分为直身罐和缩颈罐(图 10-10)。缩颈气雾罐是罐体的一端或两端直径缩小的金属气雾罐。

③按耐压性能分为普通罐、高压罐,耐压性能见表 10-7。

表 10-7　铁质气雾罐耐压性能

项目	普通罐/MPa	高压罐/MPa	要求
气密性能	0.8	0.8	不泄漏
变形压力	1.2	1.8	不变形
爆破压力	1.4	2.0	不破裂

注:封装产品对气雾罐耐奢性能有特殊要求的按相关产品标准规定。

(2)铝质气雾罐　铝质气雾罐按肩形分为:拱肩型、圆肩型、斜肩型、台阶肩型[图 10-10(c)~(f)]。

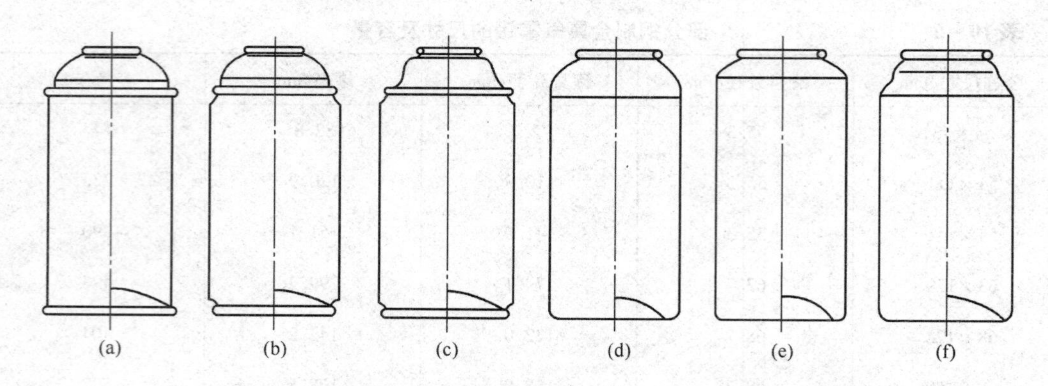

图 10－10　口径 ϕ25.4mm 镀锡薄钢板罐和铝罐分类

（a）直身镀锡薄钢板罐　（b）（c）缩颈镀锡薄钢板罐

（d）圆肩型铝罐（A）　（e）斜肩型铝罐（B）　（f）台阶肩型铝罐（C）

（3）金属罐材料　金属罐容器材料有镀锡薄钢板、镀铬薄钢板、双层镀铬钢板（ECCS）、铝板和不锈钢板。用于罐顶的钢板厚度大于罐体。

罐体一般要涂上单层、双层或三层内涂料，以增加容器对腐蚀性内装物的耐蚀性。内涂料有环氧－酚醛树脂、脲－甲醛－环氧树脂、改性乙烯基树脂等。内涂料必须与内装物及喷雾推动剂具有相容性。有些内装物会使涂层片状脱落，进入溶液，最终堵塞阀门。有些内装物则可使涂层出现麻坑，最终造成容器穿孔。

铝罐的耐腐蚀性较差，尤其对于碱或强酸。

（4）金属罐结构尺寸　镀锡薄钢板气雾罐的二重卷边结构及尺寸如图 10－11 所示，金属罐主要结构见表10－8 至表 10－10。

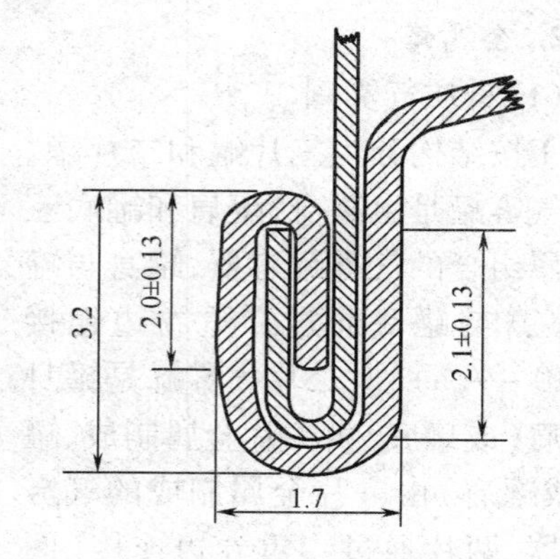

图 10－11　镀锡薄钢板气压喷罐的二重卷边尺寸

表 10－8　口径 ϕ25.4mm 铁质气雾罐主要尺寸及偏差　单位：mm

项目	尺寸	偏差
罐口外径	31.20	±0.20
罐口内径	25.40	±0.10
罐口接触高度	4.00	±0.15
罐高	—	±0.10
罐口卷边半径	1.45	—

表 10－9　铝气雾罐的主要尺寸和偏差

单位：mm

项目	尺寸	偏差
罐口外径	31.30	±0.20
罐口内径	25.40	±0.10
罐口接触高度	4.25	±0.20
罐外径	—	±0.20
罐高	—	±0.5
罐口卷边半径	1.50	—

表 10-10　　气雾罐的罐径规格　　单位:mm

镀锡薄钢板气雾罐	ϕ45,ϕ49,ϕ52,ϕ57,ϕ65
铝气雾罐	ϕ35,ϕ38,ϕ40,ϕ50,ϕ53,ϕ55,ϕ59,ϕ65

由于气雾罐开口公称内径为 25.40mm,同相应的阀门密封配合,故又称一英寸开口。

常用口径 ϕ20mm 铝气雾罐的直径和高度按用户要求确定,高度公差为:(H ± 0.20)mm;容量不大于 125mL。罐口型式分为 A 型、B 型两种,主要尺寸见图 10-12、表 10-11。

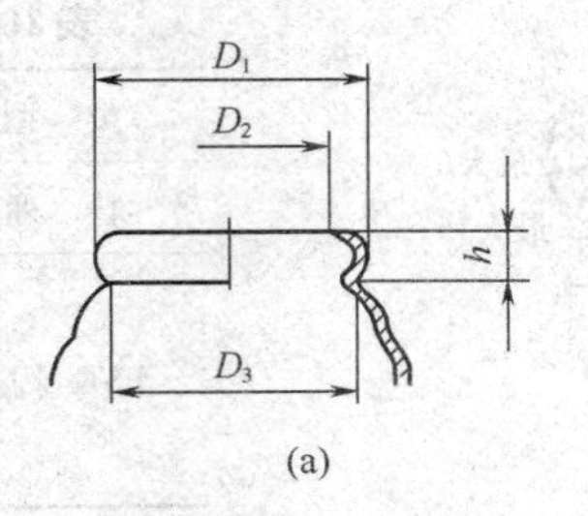

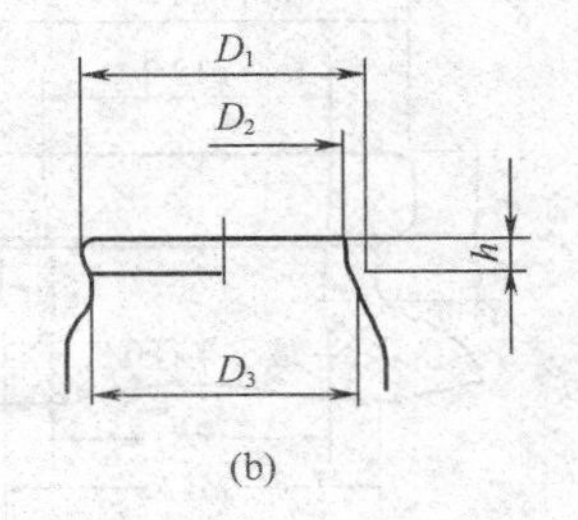

图 10-12　口径 ϕ20mm 铝气雾罐结构
(a) A 型　(b) B 型

表 10-11　　口径 ϕ20mm 铝气雾罐主要尺寸　　单位:mm

罐口型式	外口径 D_1	内口径 D_2	颈径 D_3	卷边高度 h
A 型	$20^{0}_{-0.39}$	15.5 ±0.20	17 ±0.20	5 ±0.20
B 型	$20^{0}_{-0.30}$	16.5 ±0.20	17 ±0.20	4 ±0.20

(5) 金属罐的内凹底结构　大多数气雾罐的底部是内凹的(图 10-13),它主要起到两种作用:

①增大罐的强度。如果罐使用一个平底,作为喷雾推动剂的压缩气体会使罐体外凸,曲面底有较好的结构整体性,就像一座建筑拱门或圆屋顶,作用在曲面顶部的力会被分配到强度大的罐体边缘。

②曲面结构使喷雾推动剂可以使用完全。从一个平底罐汲取液体就像用一个吸管从一个玻璃瓶中吸干内部最后一滴液体一样,不得不倾斜至一边以使内装物进入吸管,而应用曲面底设计,内装物就会汇集至罐体周边较小的区域,很容易排空液体。

图 10-13　金属罐内凹底

3. 玻璃罐

玻璃气雾罐容器的造型多种多样,外观精美,执握舒适,内装物一目了然,不仅自身富有魅力,而且可以增强消费者的信心,适用于美容化妆品和清洁化妆品,尤其适合高档名贵香水。

由于玻璃耐腐蚀性较强,因而也适用腐蚀性内装物。

玻璃罐表面可喷涂 PVC 塑料,一是防止表面划痕,二是防止爆炸时碎片飞溅伤人(尽管爆炸极少发生)。PVC 涂层有小孔(一般在罐底,直径约 1.5mm),以便爆炸时喷雾推动剂以一定的速度向外逃逸。

玻璃气雾罐的口径有四种规格，标准尺寸分别为15、18、20mm及27mm，瓶口结构尺寸如图10－14所示，容量及压力限制见表10－12。之所以要求容量及压力限制，是为了进一步降低碎片的危险性。

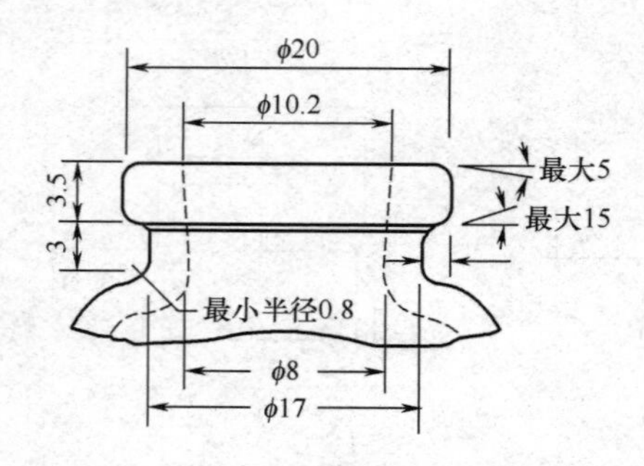

图10－14　玻璃喷罐瓶口结构

表10－12　玻璃气雾罐容量及压力

类　型	满口容量/mL	绝对压力/kPa
普　通	≤30	≤220
PVC涂层	≤90	≤377
	≤120	≤308
	≤355	≤274

注：压力指21℃条件下。

4. 塑料罐

塑料气雾罐常用材料有PC、PP、POM和尼龙。其中PP可以注吹成型，尺寸精确，但耐压低。POM无渗透性，耐压高，但成本也高。

塑料气雾罐可着色，可设计异形瓶，重量轻，但由于有渗透性，所以内装物有所限制（图10－15）。以下两类情况不适用塑料气雾罐：①含有可能通过瓶壁损失的易挥发组分；②含有易氧化组分（香精等）。

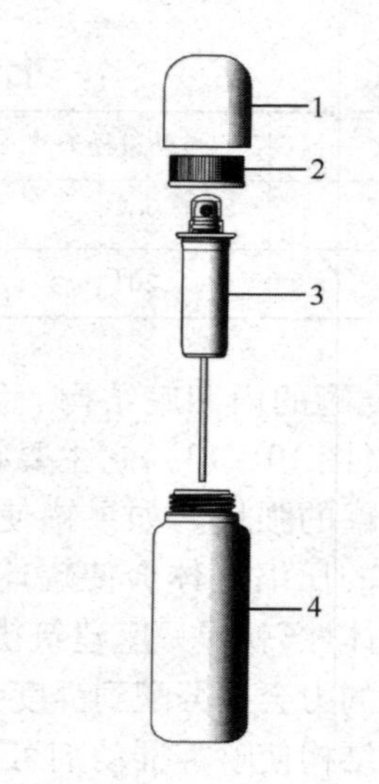

图10－15　塑料气雾罐

1—保护罩（PP）　2—螺纹套（PP）

3—气雾剂阀门　4—塑料容器（PET，HDPE）

三、保　护　罩

1. 保护罩的功能

（1）防止误动按钮　不卸下保护罩，就不能揿动按钮，有利于防止内装物外喷。当瓦楞纸箱坍塌时，也可以防止按钮直接受力而动作。对于涂料内装物，保护罩可设计显开痕结构；对于杀虫剂及其他有害内装物，可设计儿童安全封口。

（2）防止罐体相互碰撞或摩擦而影响印刷面或标贴　由于保护罩为全直径盖，其直径与罐径大体相等，且具有一定厚度，所以可以防止罐体相互碰撞或摩擦。

（3）防尘防脏。

2. 保护罩的材料与结构

保护罩一般用PE或PC制造，与罐顶搭锁配合，盖裙内侧为浅间断凸边，如图10－16所示。

图 10-16 保护罩

第三节 特殊气雾罐

一、柱塞式气雾罐

柱塞式气雾罐主要用于牙膏、奶油、乳酪等非充气黏稠状膏体，因为均是入口产品所以喷雾推动剂选用食品级的丙烷-异丁烷液体并与内装物通过柱塞分隔为上下两层。罐体用压制铝罐或模制塑料罐，其壁非常平滑且不圆度要求很高，杯状 PE 柱塞非常精确地安装于罐内并将液化气体封在柱塞以下罐的底部，阀门开启时，汽化的喷雾推动剂压力使柱塞沿轴向向上运动，将非充气内装物挤出喷孔。

二、罐内袋气雾罐

罐内袋气雾罐的两种结构形式：其一有一个模制的收缩塑料袋或橡胶袋，它可以像手风琴一样收缩；其二有一个薄铝袋，它可以绕中枢杆均匀收缩。在这两种结构中，洗涤剂、润滑脂等膏状内装物以一定方式灌装袋中，喷雾推动剂装入袋外的罐内，当揿压按钮时，阀门开启，喷雾推动剂施加压力，引起袋内收缩，使非充气内装物从喷孔挤出。

三、"能量套"气雾罐

"Excel"无气体气雾罐是一种无碳氟气体气雾罐。该气雾罐压力系统的结构是在 PET 瓶上套上一个"能量套"橡胶圆筒，"能量套"具有优良的弹性和耐久性，它在恢复原始状态时所产生的强大弹性力使内装物从喷孔喷出。

除了无气体的特点之外，能量套气雾罐的最大优点是不管灌装何种内装物，不管外容器何种造型都能保证质量稳定。

四、弹性管气雾罐

"Jemist R"弹性管气雾罐是由橡胶制成的三层结构，包括外管、纤维层和具有弹性的内管。当液体内装物灌入后内管膨胀起来，使用时利用反作用力向外压出内装物，它可以连续、倒置或定量喷射,而最终残留量极少。

五、CO_2气雾罐

"Grow Pak"气雾罐利用装有定量柠檬酸溶液与碳酸氢钠的塑料内袋作为喷射动力。使用时袋中发生化学反应产生 CO_2气体,依靠这一压力将内装物喷出或挤出。

CO_2气雾罐的特点是:内装物不与气体混合,喷出物纯净;最终仍可保持稳定的喷射压;由于因反应而产生气体的两种物质都是食品添加剂,所以安全。

六、空气气雾罐

空气压力是一种廉价的且对环境或人体无害的喷射动力。空气无须提前灌装,所以气雾罐可重复使用。一种空气气雾罐的结构是装配有柱头和圆柱形塞,柱塞在一个小塑料桶内泵压几次,就可在瓶罐内产生必要的气压,以提供动力喷出产品。另一种结构类似于唧筒,扭转顶盖旋转 1/4 圈时,装置将内装物液体吸进一个橡胶球胆,再转 1/4 圈时在球胆周围产生气压。揿压按钮,空气压力使液体喷出。

七、活塞式气雾罐

活塞式气雾罐包括活塞、容器和泵三部分(图 10－17)。活塞装配在罐的顶部,包括一个通过螺杆固定在罐底的阀体,罐体是收缩膜裹包的聚丙烯吹制瓶,还有一个阀装配在一个圆柱体内固定在罐体底部,形成泵体结构。空气和内装物被压缩充填进罐体,当罐体按钮被按下时带动活塞使罐体内部泵体工作,内装物以雾状喷出。

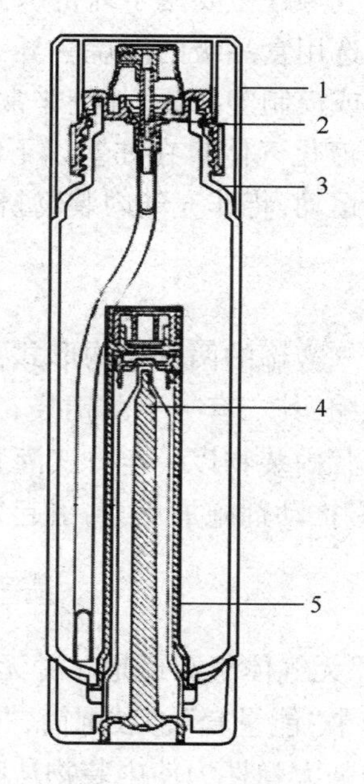

图 10－17 活塞式气雾罐

1—保护盖 2—螺旋套 3—阀门 4—泵 5—活塞

八、双室式气雾罐

双室式气雾罐,国外称之为"Can-in-Can","Bag-in-Can"及"Pouch-in-Can"。双室式气雾罐内室为复合塑料袋,一般由三层复合而成,里层为聚丙烯(PP),外层为聚乙烯(PE),中间为铝箔,这样可以防止塑料的渗漏或防止压缩空气中的氧化影响。也有用 PP,铝箔及 PET 三层复合而成的。复合袋直接焊接在阀门体上,与阀门一起构成整体。当复合塑料袋注入产品浓缩液,并在外罐内夹层中充入抛射剂后,塑料袋内的产品浓缩液便处于加压状态。压力的大小可由充入抛射剂的种类及量来调节。若为压缩空气,在 20℃时充入压力可达 0. 9MPa。

第十一章　包装结构 CAD/CAM

第一节　CAD/CAM 和 NAD

CAD(计算机辅助设计)是计算机技术在工程设计方面的综合应用,具有建立几何模型、工程分析、动态模拟、自动绘图的功能。

CAD 技术是将产品或工程设计中的设计理论、技术、方法、数据以及设计者积累的经验和智慧通过电子计算机表达出来,因而具有高速度、高精度和低成本等特点。

CAM 是在生产制造与管理方面的综合技术,它将产品在制造过程中所需的技术、管理手段以及工程技术人员和管理人员积累的经验和智慧通过电子计算机表达出来,因而在制造和管理方面可以实现最佳。

把 CAD 与 CAM 有机地结合起来,就是 CAD/CAM 技术。我国纸包装 CAD/CAM 技术起步较晚,但发展较快,目前已广泛应用于模切版制造、折叠纸盒与瓦楞纸箱打样、图案设计与图案印刷、快速成型、容器模具制造等方面。

20 世纪 90 年代初,天津轻工业学院(现天津科技大学)、西北轻工业学院(现陕西科技大学)各自开发出我国第一批纸包装 CAD 软件,成功地转让到一些企业,并在北京国际包装展览会上展出。此后,北大方正集团研制了我国第一个纸包装 CAD/CAM 系统商品软件,成功地运用在许多纸包装企业和印刷装潢生产厂家。近年来,一些国外软件公司陆续登陆我国,力争开拓全新的市场,如日本邦友(Hoyu Technology)公司的 Box-vellum,比利时艾司科(EskoArtwork)公司的 Artios CAD,英国 Arden 公司的 Impack,荷兰 BCSI 公司的 PackDesign2000,英国 AGCAD 公司的 Kasemake,加拿大 EngView 公司的 EngView Package Designer 等纸箱/纸盒设计软件。

图 11 -1 为 CAD/CAM 系统在纸包装结构设计及模切版设计与制造上的应用。

随着网络通信技术和网络高速互联技术的发展,Net 技术、面向对象技术和网络数据库等软件技术和开发管理手段不断更新,以及数字签名技术的出现,网络辅助设计即 NAD 的实现成为可能。

3Com 公司利用互联网应用服务提供商 WebPKG 为其产品——网络应用软件 Audrey 成功进行 NAD 包装设计。在设计过程中,3Com 公司通过 Internet 将处于四个时区、三个国家的 12 个合作厂商联系到一起,通过使用 NAD 设计软件 WebPKG 允许所有相关厂商实时合作,真正实现了网络辅助设计(NAD)。这 12 个商家包括:客户方面有四个商家——具有决策权的位于加拿大的 Xpedx 公司总部;位于美国加州西部圣克拉拉的 3Com 公司产品市场部人员;芝加哥的 3Com 公司销售部;墨西哥西部瓜达拉哈拉的 Xpedx 办事处。负责提供包装材料的有五个商家——瓜达拉哈拉的一个发泡塑料包装制造商;墨西哥的一个瓦楞纸包装加工厂;美国圣何塞的一家平印包装纸盒加工厂;美国加州西部城市普莱森顿的一家

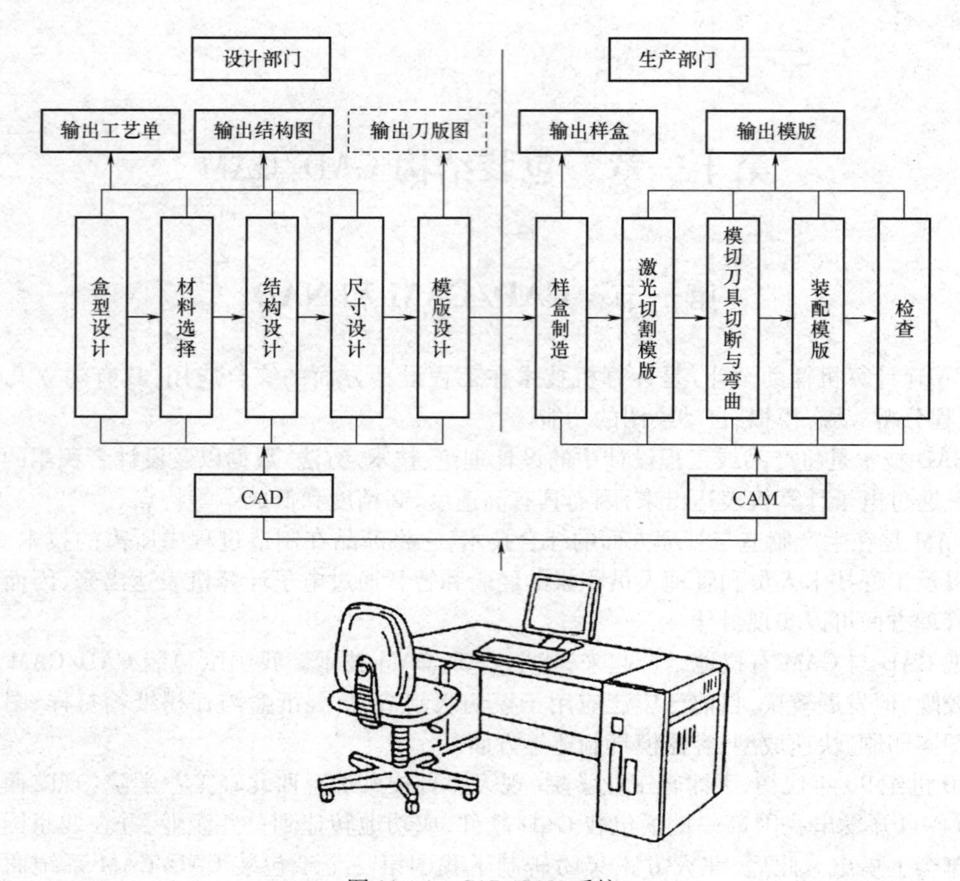

图 11－1　CAD/CAM 系统

商标供应商;美国加州康普顿的聚酯发泡包装供应商。负责广告图像设计的是旧金山的一家广告代理商;实际生产 Audrey 的签约制造厂位于瓜达拉哈拉;最后负责产品包装回收的是纽约的一家塑料处理加工厂。所有这些合作者的目的是为 Audrey 软件—— 一套价值 499 美元的家用计算机应用软件设计包装,最后的产品是一个 200#测试的双层瓦楞纸板书盒式包装,两层瓦楞纸板都是 E 楞,外层面纸用六色胶印预印刷,里面用两个聚氨酯边盖固定软件光盘。

在整个设计过程中,不是所有的合作厂商都可以访问到所有的数据,在设计开始之前,3Com 公司给每个参与者不同的密码,每个参与者通过输入自己的密码来获得相应的权限以查看文件。通过这一网络设计案例可以看出 NAD 的优点。

在传统 CAD 设计阶段,要使如此多的厂商进行高效的合作几乎是不可能的,过去设计者每设计出一个模型,就要将其尽快制造出来,并连夜送到其他几个地方等待评价,这一过程相当耗时并不得不多次重复。而通过 WebPKG 应用程序实现的网络设计,所有相关厂商都可以同时合作,这样有利于得到更好的设计结果。而当对设计进行修改时,所有的合作厂商可以通过网络及时了解变化,设计代理、3Com 公司和其他合作厂商还可以同时进行讨论,从而快速达成一致意见。

参与这次网络设计的 12 个商家中还包括了生产厂家、产品销售商和产品回收商,他们通过参与产品设计从中得到相关数据作为依据，这样有利于他们今后开展工作。

第二节　BOX-VELLUM 盒型结构设计软件

一、BOX-VELLUM 简介

BOX-VELLUM 是日本邦友（HoyuTech）公司研制开发的纸盒/纸箱结构设计 CAD/CAM 软件。BOX-VELLUM 吸收借鉴了当前国际包装设计的诸多先进理念和方法，通过与数码打样机、切割打样机等相关设备的整合，为用户提供纸盒/纸箱设计加工的系统解决方案。可以完成从盒/箱型结构的最初设计、尺寸标注、桥接、拼排到后期驱动切割打样机、开模机等一系列工作，能方便、高质量、高精度地完成包装纸盒的结构设计及制图。主要功能如下：

1. 盒型库功能

①拥有包括欧洲和日本常用的 300 多种盒型，设计人员只要从中将所需盒型选出，输入盒型主要参数或直接打开、插入，盒型的展开图将自动计算生成显示在屏幕上，用户可在此基础上对盒型做进一步修改，直到符合要求。盒型库界面如图 11－2，点击左侧树状菜单选择盒型；点击盒型预览窗口并按住鼠标左键不放，选择部分被放大，方便用户了解和设置盒型；点击“打开”/“插入”，可打开盒型；也可通过点选窗口中的“解析参数”、“变参实参化”、“插入显示居中”、“纸型选择”或“更多参数”等对所选盒型进行精细设置。

②用户可通过盒型预显查找和使用手册文件名索引查找两种方式来查找所需盒型。排列方式有国际盒型库和日本盒型库。

③支持用户自定义盒型的添加，用户可任意添加盒型，建立自己的用户盒型库。支持用户管理，用户用的文档可以按用户名、制作日期等多种信息查阅快速检索，减少不必要的重复劳动，实现现有资源的有效利用，如图 11－3 所示。

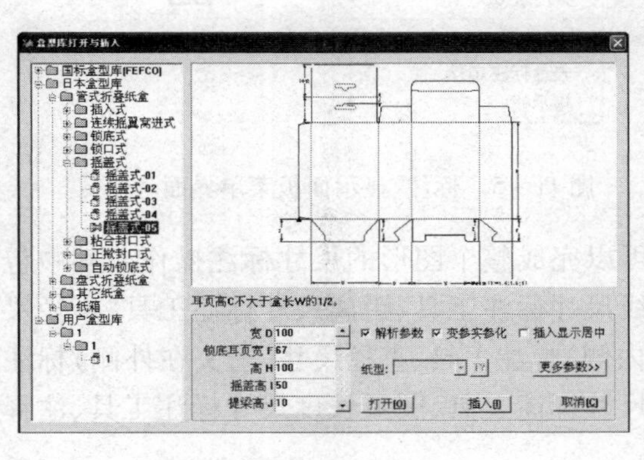

图 11－2　盒型库界面

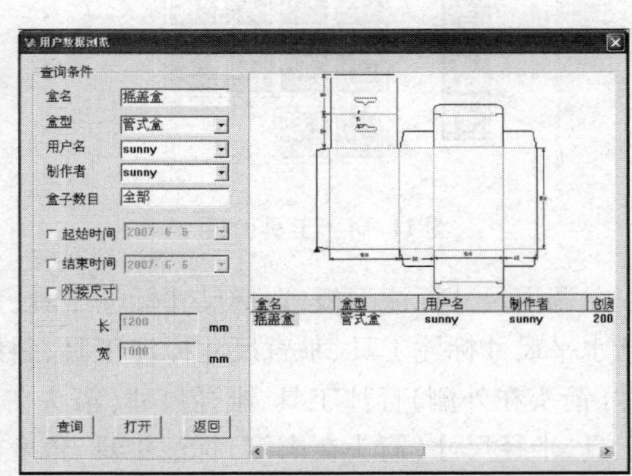

图 11－3　用户盒型库管理界面

2. 盒型结构设计功能

工具面板包括选择目标工具、直线型工具、圆弧、圆、椭圆、多边形、曲线生成工具、插入文本工具、转角工具、线段编辑工具、图形操作工具、缩放工具和图形移动查看等 13 种工具，每一种工具具有多种使用方法，如图 11 -4 所示，利用工具面板上的工具可以方便快捷、准确地完成各种纸盒、纸箱的结构设计。

3. 平面装潢与盒型三维显示功能

由 BOX-VELLUM 设计的盒型结构图纸，可直接导入到平面设计软件，使得平面设计人员可直接在盒型结构图纸上进行平面设计，根据盒型的结构调整图形的相对位置，以达到完美的效果。同时可在与 Illustrator 配套 Foldup3D 插件上实现从平面到立体的三维动画显示全过程。

4. 尺寸标注功能

通过调用尺寸标注面板对不同方向角度的图形进行快速标注，如图 11 -5。还可输出盒坯的轮廓线和自动尺寸标注，并能输出包装结构工程图纸。

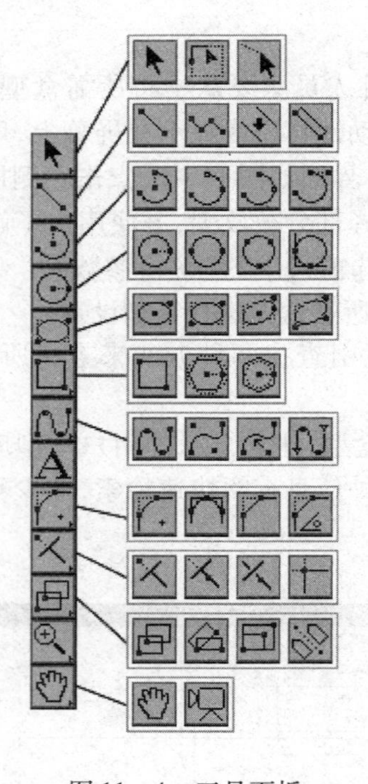

图 11 -4　工具面板

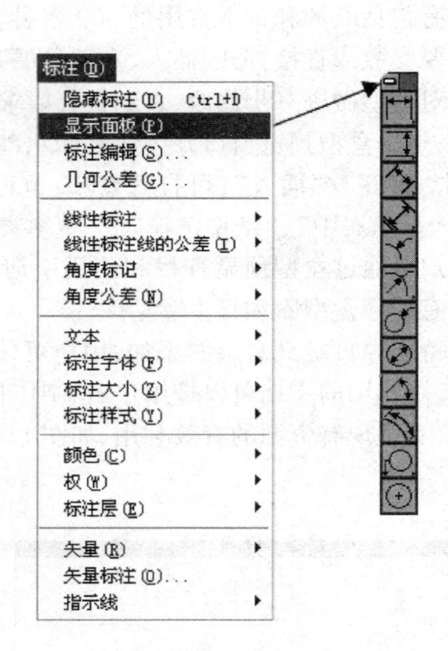

图 11 -5　标注/显示面板菜单界面

调用尺寸标注面板，选择尺寸标注工具，可以完成整个图形的尺寸标注操作。其中包括水平尺寸标注工具、垂直尺寸标注工具、斜线尺寸标注工具、距离尺寸标注工具、半径尺寸（箭头在外侧）标注工具、半径尺寸（箭头在内侧）标注工具、直径尺寸（箭头在外侧）标注工具、半径尺寸（箭头在内侧）标注工具、角度尺寸标注工具、圆弧长度尺寸标注工具、注释工具、圆/圆弧中心标记工具等 12 类标注工具。

5. 数据交换功能

① 能外部读取其他 CAD 软件、通用图形软件生成的矢量文件格式，还可接受 DXF 和 EPS 等 8 种文件格式，扩大了软件的适用范围。

② 能输出为其他常用CAD软件、通用图形软件和桌面排版软件能够接受的格式,可以输出DXF文件格式到其他CAD软件。同时可以输出EPS文件格式到其他通用图形软件和桌面排版软件,如图11-6所示。

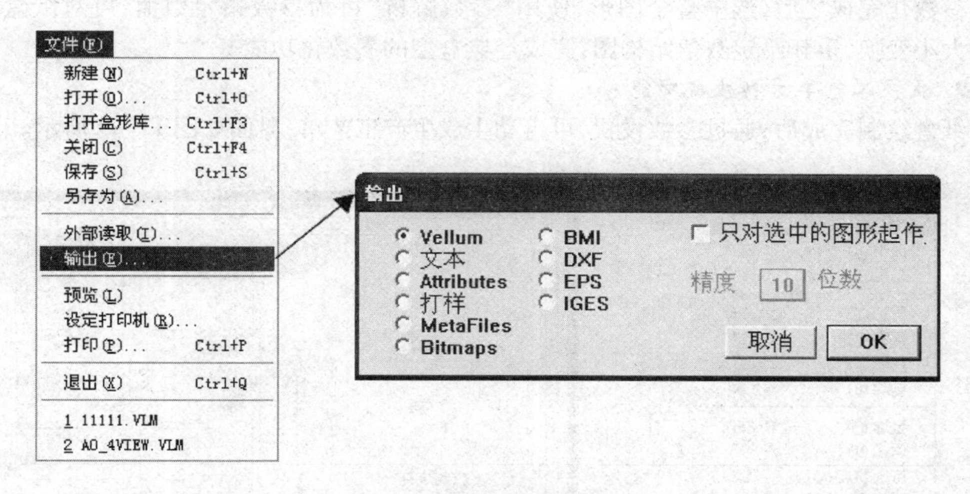

图11-6　文件/输出菜单界面

6. 软件驱动功能

系统可以直接驱动切割打样机,并可以通过DXF文件格式间接地驱动激光开模机、弯刀机。

7. 盒型拼大版功能

①支持自动拼版方式。只要输入要排列的纸板尺寸,系统将自动提供多种优选拼排方案,自动计算报价所需的各种数据,包括各种刀的长度和面板利用率等。用户可以按系统提供的有效使用面积、排刀和模切成本等有关数据最终决定采用方案,拼大版界面如图11-7所示。

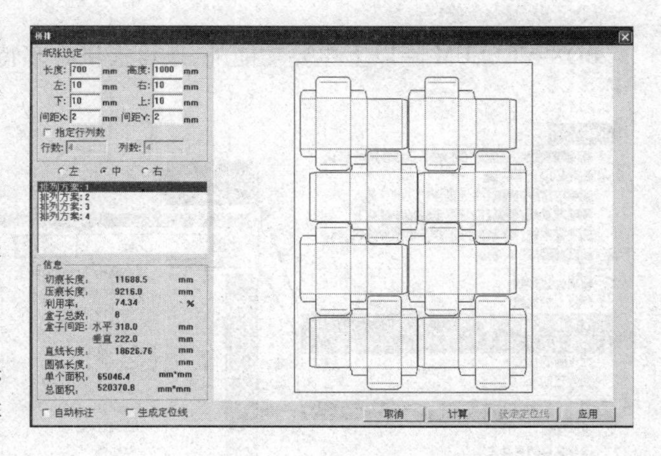

图11-7　拼大版界面

②支持手动拼版方式。在熟练的情况下也可以由用户直接指定排列方式和间距参数来快速排列。

③支持套准线和模切版面的所有相关尺寸。拼完的大版,将自动生成套准线和模切版面的所有相关尺寸。

8. 参数化功能

如图11-8所示,“参数解析”子菜单项可用来检查标注尺寸是否准确与完全,如果不出现提示错误信息，说明解析成功，出现错误提示信息，则说明图形标注有错误，需要改正；通过“图形编辑”面板进行图形的参数化，对图形设定好尺寸后，在变量输入框中输入参数，可重新绘制图形。

参数化完成之后，选中整个图形，使用“参数解析”可为参数指定数值，可对纸盒进行任意大小变换，重新给定数值结构图，完成经典盒型的参数化功能。

9. 生产工艺单自动生成功能

纸盒绘制完成后，通过参数设置，可自动生成生产工艺单，界面如图11－9所示。

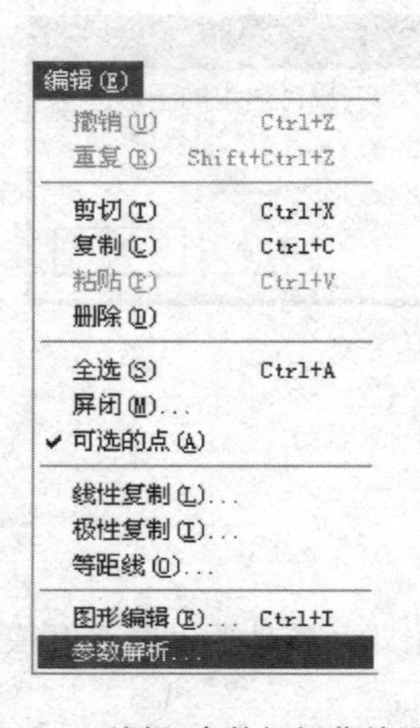

图11－8　编辑/参数解析菜单界面

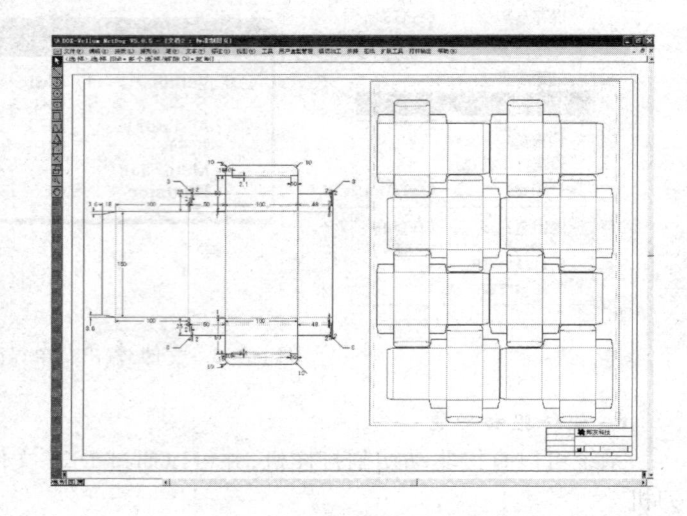

图11－9　生产工艺单自动生成界面

10. 扩展功能

BOX-VELLUM除以上主要功能外，还可提供许多特殊的功能。通过“层间传送工具面板”对结构图中模切线与压痕线进行控制。如选出图形，选择小刀图标后，线段便被传送到具有剪切属性的图层中；通过“层间传送”可将选出的线段传送到指定的图层中，被传送图形的线条类型、粗细、颜色等属性将变成转入图层的设定属性；通过“显示耳页工具”可生成各种耳页，如图11－10所示。除此之外，还有“两点间的长度”、“简易盒型的自动生成”等方便快捷功能。

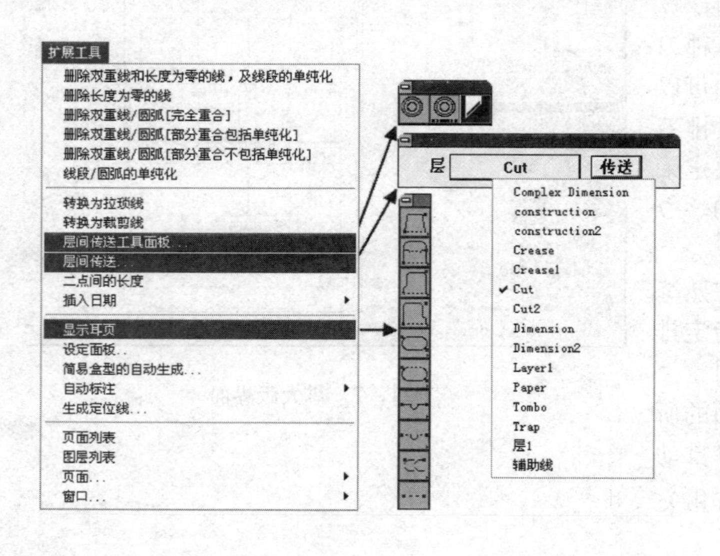

图11－10　扩展工具菜单界面

二、BOX-VELLUM软件应用实例

以设计自锁底提手折叠纸盒为例，介绍BOX-VELLUM功能操作方法。

BOX-VELLUM软件是.exe可执行文件，直接点击.exe文件即可运行BOX-VELLUM软件。运行BOX-VELLUM后，会短暂出现一个欢迎界面，然后直接进入软件的操作界面，如图11－11所示。

图11－11　BOX-VELLUM操作界面

1. 设计

(1) 设计盒面　选择“线段”工具，在屏幕左下侧数值输入栏(图11－12)中设定线段的长度[L:300(mm)]及角度(A:－90)。输入数值时，可以按动Tab键，输入栏按顺序朝右移动，选择输入栏，进行数值输入；也可以直接用鼠标点击输入栏进行数值输入。

X 0　Y 0　Z 0　ΔX 0　ΔY 0　ΔZ 0　L 0　A 0°

图11－12　数值输入栏

选择“平行线”工具，拖动新线段，依次绘出纸盒的前板、端板、盖板和提板，尺寸如图11－13所示。

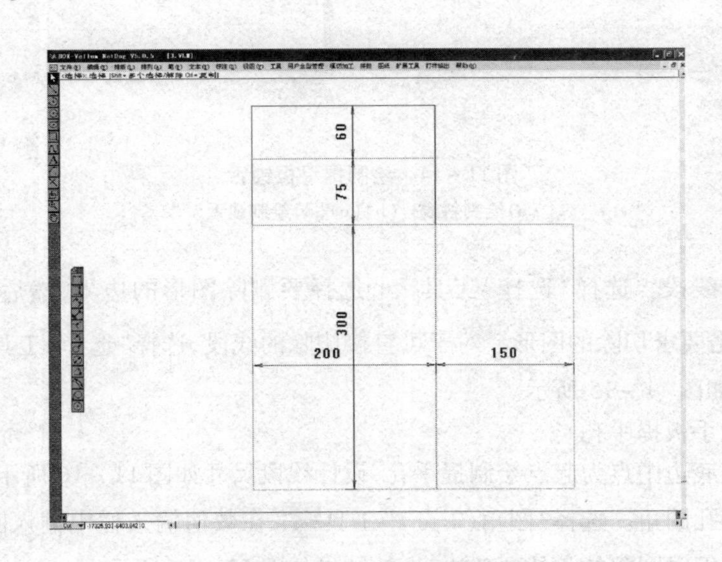

图11－13　绘制部分体板

（2）设计提手板锁舌

①选择“线段”工具，绘制斜线：L 为 100，A 为 60，如图 11－14(a)。采用捕捉方法，依次绘制锁舌形状[图 11－14(b)、(c)]，效果如图 11－14(d)；

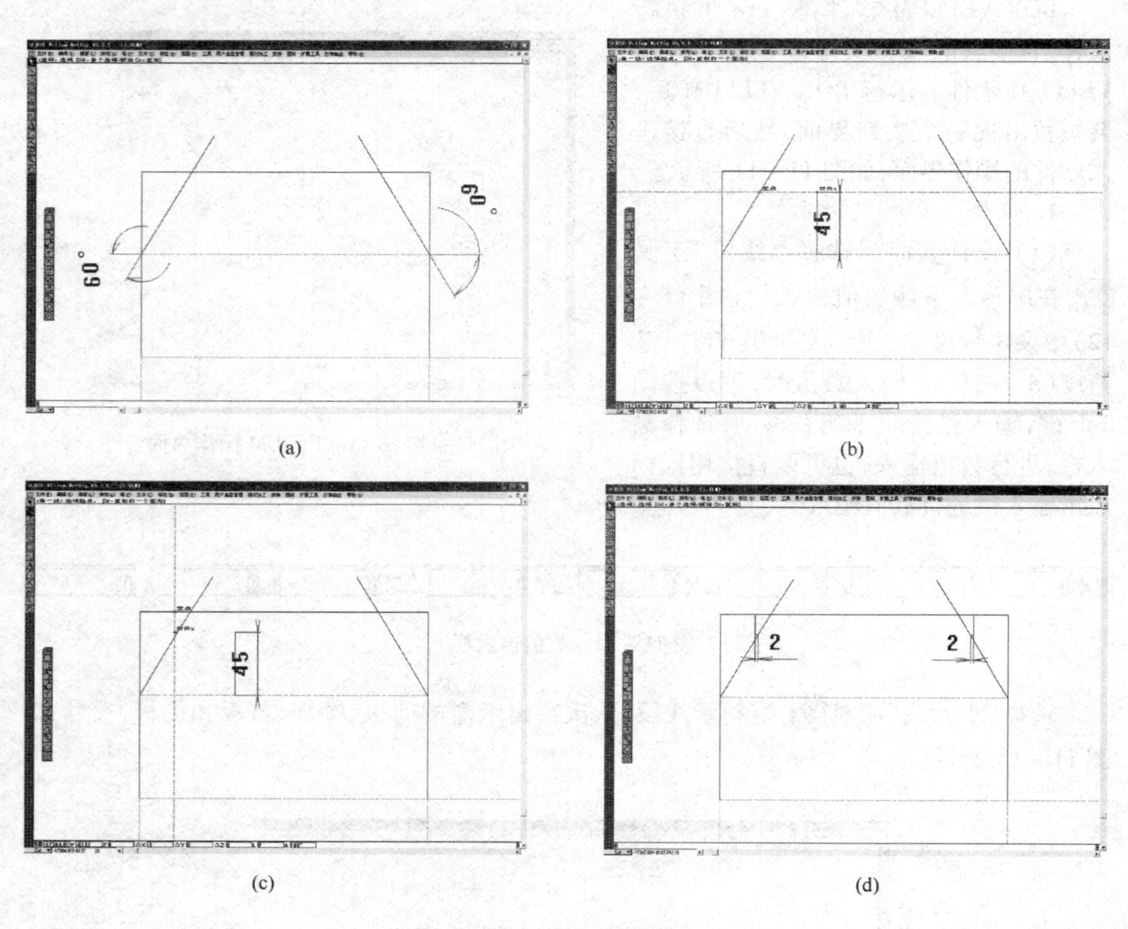

图 11－14　绘制提手板锁舌

(a)绘制斜线　(b)(c)(d)绘制锁舌

②删除多余线段。选择“选择”工具，选择要删除图形的边界，然后选择“整形切断”工具，点击要求切除的图形。对于可直接删除的线段，选择“选择”工具，按 Delete 键即可，修正后如图 11－15 所示。

（3）设计提手板提手孔

①以提手板底边中点为起点绘制提手孔，设计线段尺寸如图 11－16 所示。

②绘制提手孔圆角。选择“圆角（2 点）”工具，在数值输入栏中输入圆角半径 R 为 8，分别点击需要编辑圆角的角的两条边，设计结果如图 11－17 所示。

（4）设计锁孔及锁孔所在襟片　选择“线段”工具，以端板顶边中点为起点绘制锁孔，设计尺寸如图 11 - 18 所示。设计锁孔襟片，尺寸如图 11 - 19 所示。完成部分纸盒体板设计，如图 11 - 20 所示。

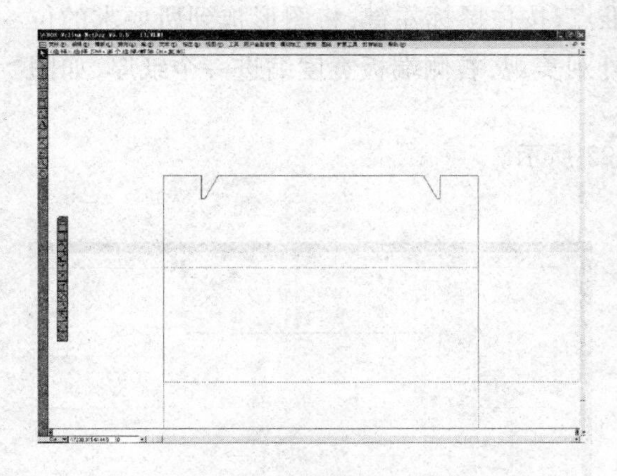

图 11 - 15 修剪提手板锁舌多余线段

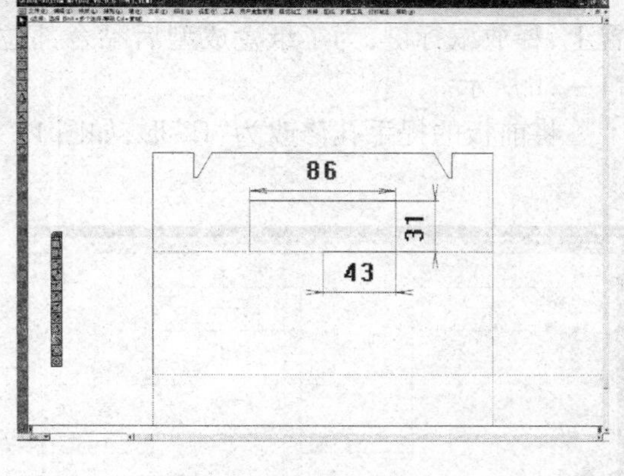

图 11 - 16 绘制提手孔

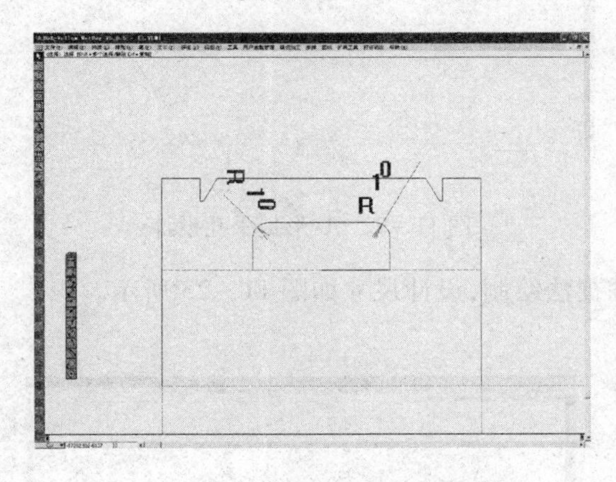

图 11 - 17 绘制提手孔圆角

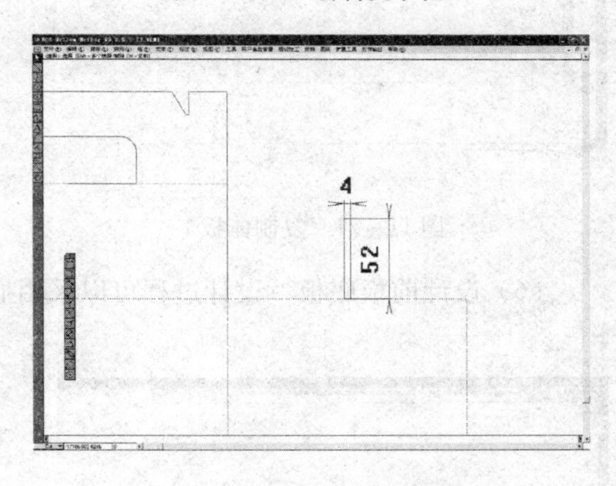

图 11 - 18 绘制襟片锁孔

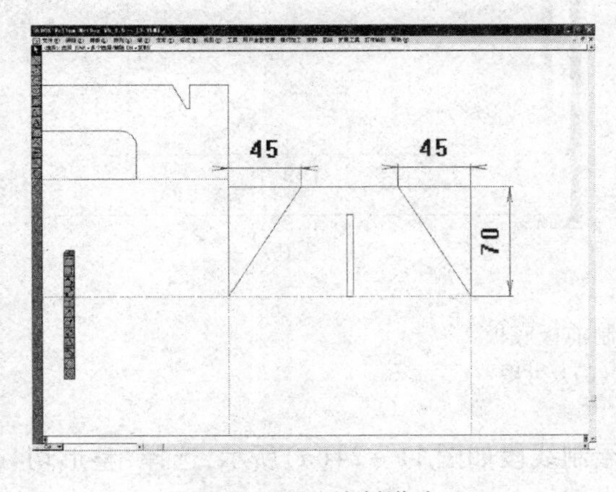

图 11 - 19 绘制襟片

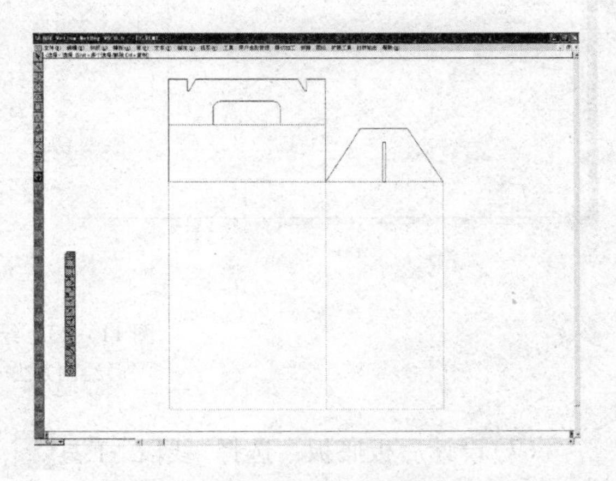

图 11 - 20 部分体板绘制效果

(5) 设计相似盒体　由于两部分盒体结构基本相同,可使用复制工具,简化绘图过程。选择“选择”工具,按住 Shift 键不放开,选择需要绘制的相同图形,也可以框选;选择“移动”工具,按住 Ctrl 键不放,使指针对准基准点,按住鼠标左键,将图形拖到所要求的位置上,释放鼠标键,为了纸盒成型后黏合部位外观美观,右侧端板宽度缩进一个纸厚,如图 11－21 所示。

将前板的提手孔修改为“U”形,如图 11－22 所示。

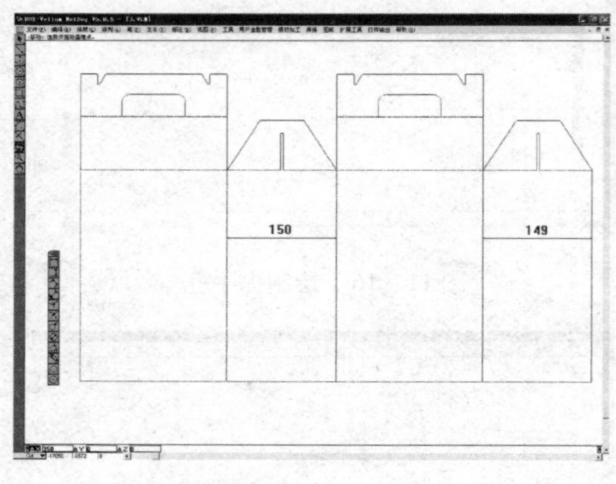

图 11－21　复制体板

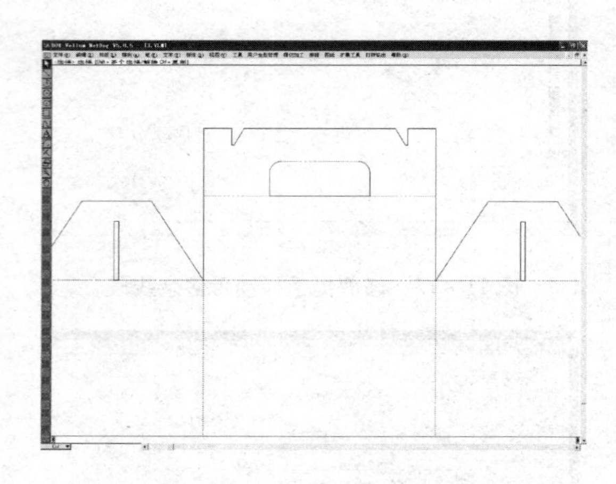

图 11－22　U 形提手孔设计

(6) 设计前板底板　设计过程可以采用捕捉法绘制,设计尺寸如图 11－23 所示。

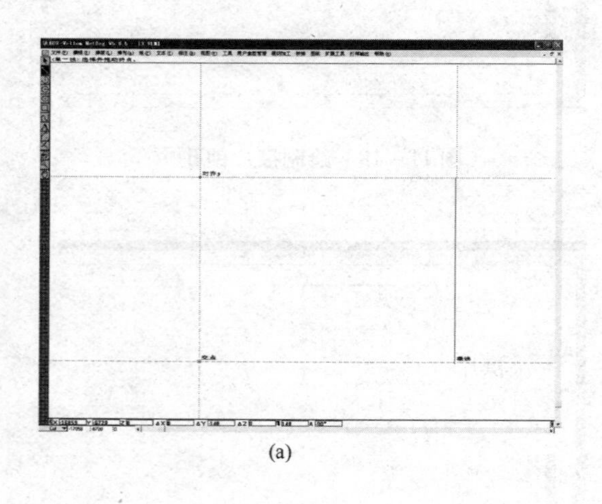

(a)

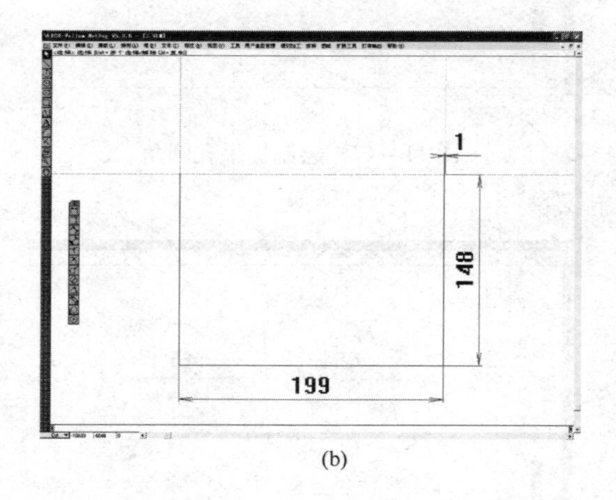

(b)

图 11－23　绘制前板底板

(a)绘制方法　(b)尺寸图

(7)设计后板底板　选择“线段”工具,绘制线段如图 11－24(a)所示,选择“整形切断”工具,删除多余线段,设计尺寸如图 11－24(b)所示。

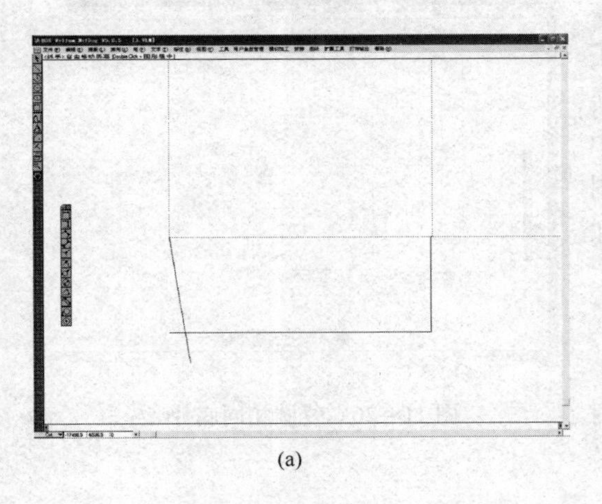

(a)

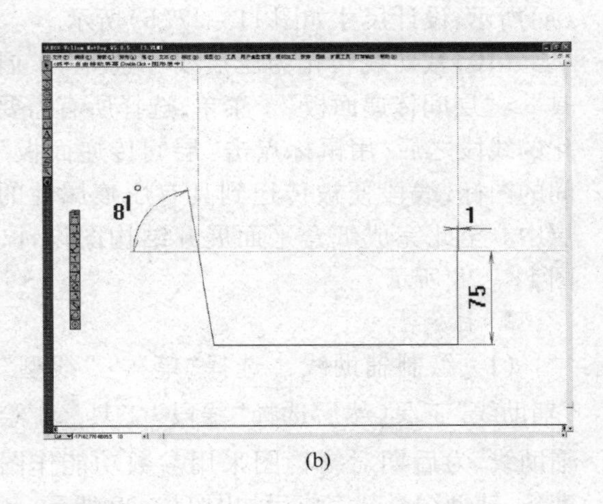

(b)

图 11－24　绘制后板底板

(a)绘制方法　(b)尺寸图

(8)设计自锁底襟片　选择“线段”工具，分别绘制线段：L:130　A:－45，L:130　A:－137，L:150　A:－87，如图 11－25(a)所示。选择“整形切断”工具，删除多余线段，设计尺寸如图 11－25(b)所示。

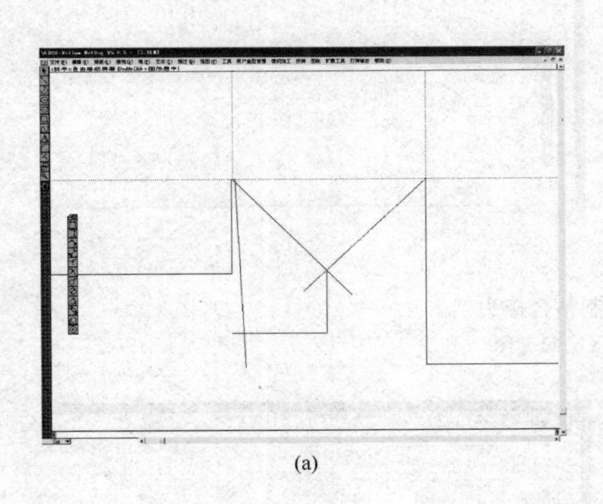

(a)

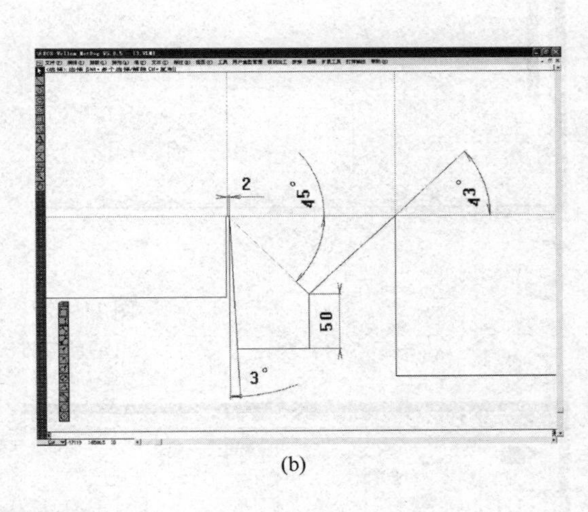

(b)

图 11－25　绘制自锁底襟片

(a)绘制方法　(b)尺寸图

设计另一自锁底襟片。由于两部分盒体结构完全相同，使用复制工具，简化绘图过程。选择“选择”工具，按住 Shift 键不放开，选择需要绘制的相同图形，也可以框选；选择“移动”工具，按住 Ctrl 键不放，使指针对准基准点，按住鼠标左键，将图形拖到所要求的位置上，释放鼠标键，如图 11－26 所示。

(9)设计粘合接头　选择“平行线”工具和“线段”工具，绘制线段如图 11－27

(a)所示,设计尺寸如图 11－27(b)所示。

(10)裁切线转化为压痕线　选择"扩展工具">"层间传递面板"子菜单,选择所有需要转化的线段之后,用鼠标点击"层间传递面板"中间的图标,线段便被传送到具有压痕属性的图层中。至此完成纸盒平面展开结构图设计,如图 11－28 所示。

2. 标注

(1) 绘制辅助线　选择"笔">"线型">"辅助线"工具,然后选择"线段"工具,绘制辅助线,为后期对结构图采用参数功能作图做准备,辅助线全部完成后如图 11－29 所示。

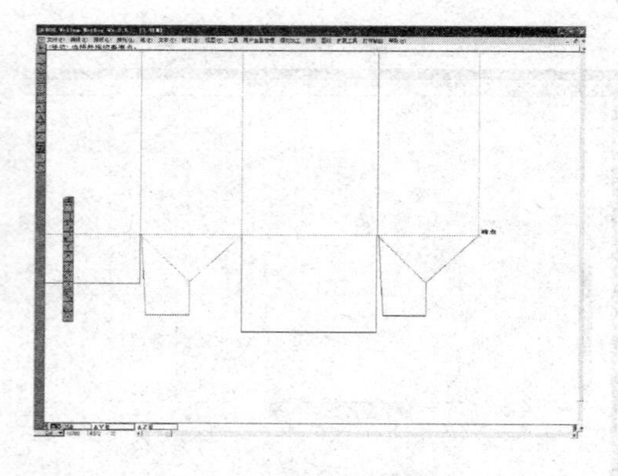

图 11－26　复制相同底片

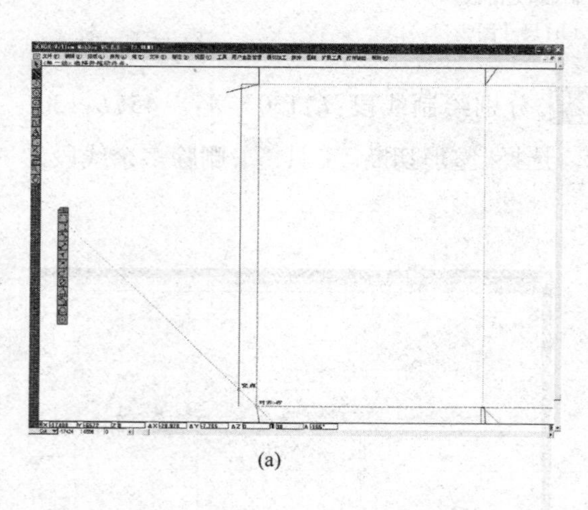

(a)

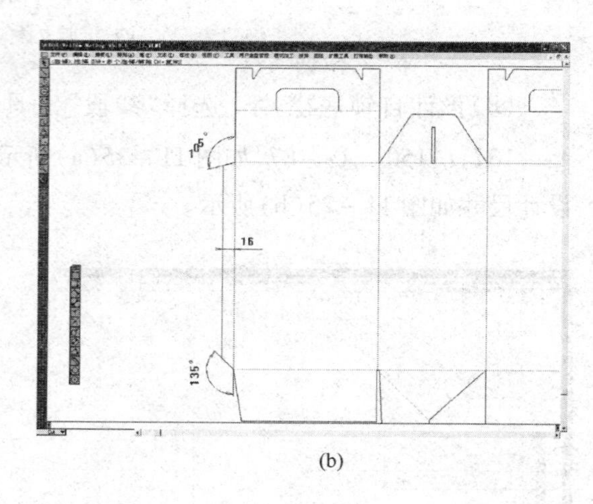

(b)

图 11－27　绘制粘合接头

(a)绘制方法　(b)尺寸图

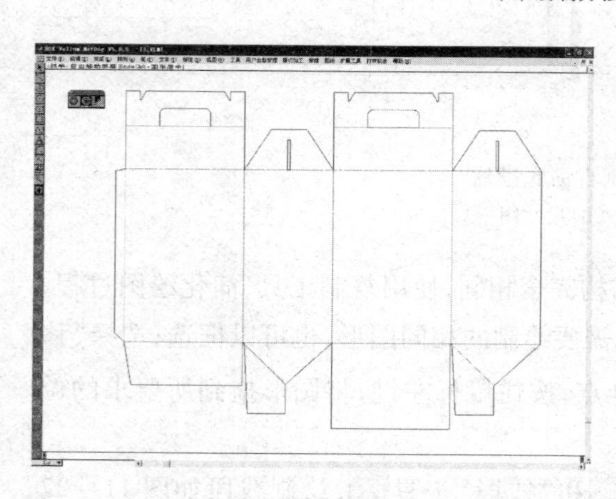

图 11－28　平面结构图绘制完成

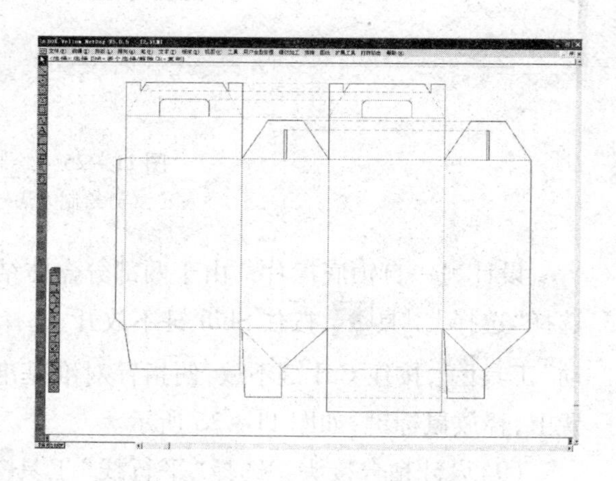

图 11－29　绘制辅助线

(2) 水平线段标注 选择“标注”>“显示面板”命令。

①选择“水平尺寸”工具，点击需要标注图形的左右端点，如图11－30(a)所示。需要更改标注线位置时，选择“选择”工具，选中要更改的标注尺寸，按住鼠标不放，将标注线拖移到适当位置，如图11－30(b)所示。

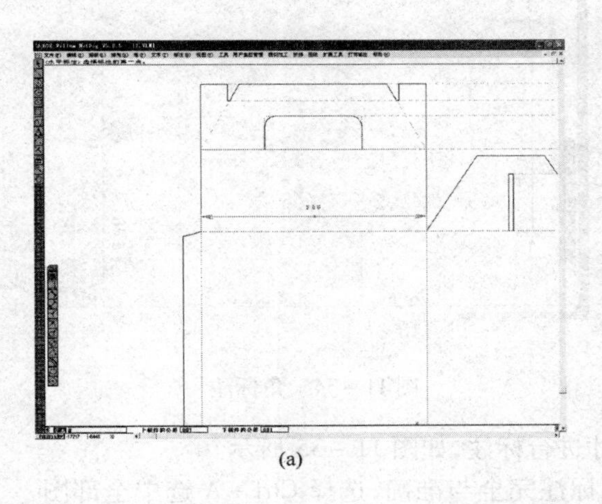

(a)

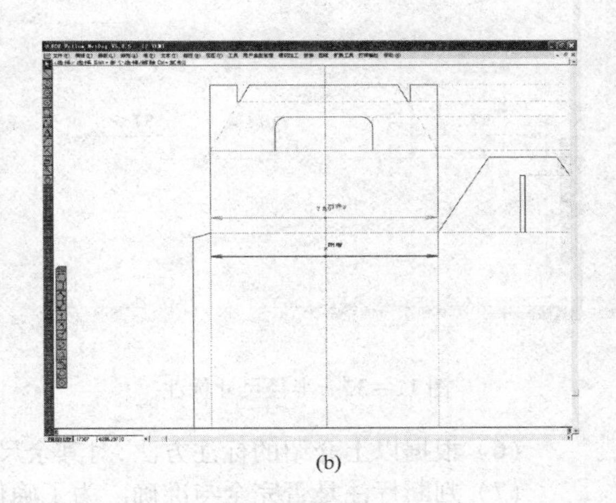

(b)

图11－30 水平尺寸标注

(a)尺寸标注 (b)位置变更

②依次完成水平线段的尺寸标注，如图11－31所示。

(3) 垂直线段标注 按照水平尺寸的标注方法，选择“垂直尺寸标注”工具，完成垂直线段的尺寸标注，如图11－32所示。

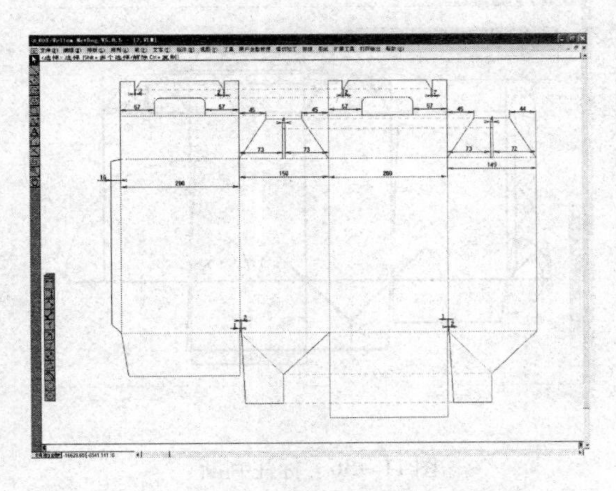

图11－31 水平线段尺寸标注

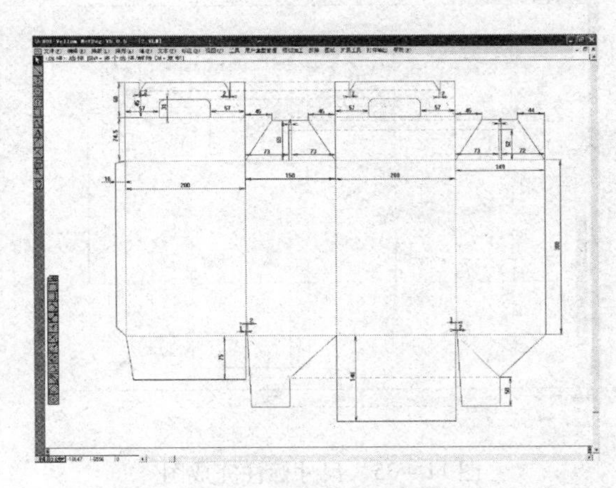

图11－32 垂直线段尺寸标注

(4) 弧线标注 选择“半径尺寸标注”工具或，将鼠标移到需要标注的弧线上，当弧线上出现“附着”的提示信息后点击鼠标左键，完成弧线半径标注，如图11－33所示。

(5) 角标注 选择“角度标记”工具，分别选择需要标注角的两条边，当线段上出现

“附着”的提示信息后点击，完成角的标注，如图 11－34 所示。

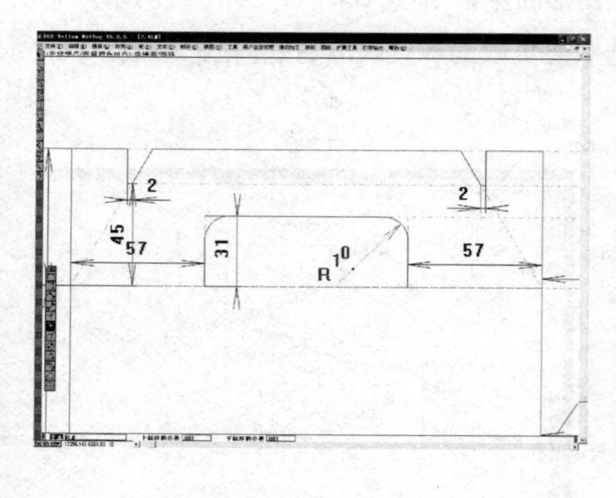

图 11－33　半径尺寸标注

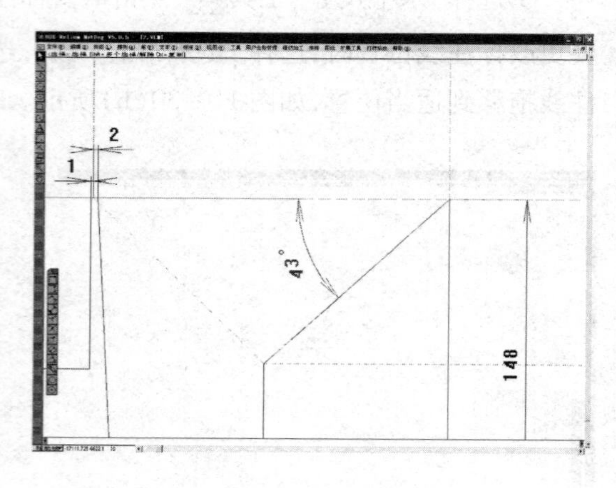

图 11－34　角标注

（6）根据以上介绍的标注方法，对其余尺寸进行标注，如图 11－35 所示。

（7）判断标注是否完全与准确　为了确保标注完全与准确，选择 Ctrl＋A 选中全部图形及标注，选择“编辑”＞“参数解析”工具进行判断。点击进入参数解析面板，点击“OK”。如果标注不完全，会出现如图 11－36 所示的提示信息，可根据提示信息进行标注修改。将没有标注的尺寸标注完成后，可再次进行“参数解析”，如果标注完全正确，图形会闪动一下，继续保持原状。

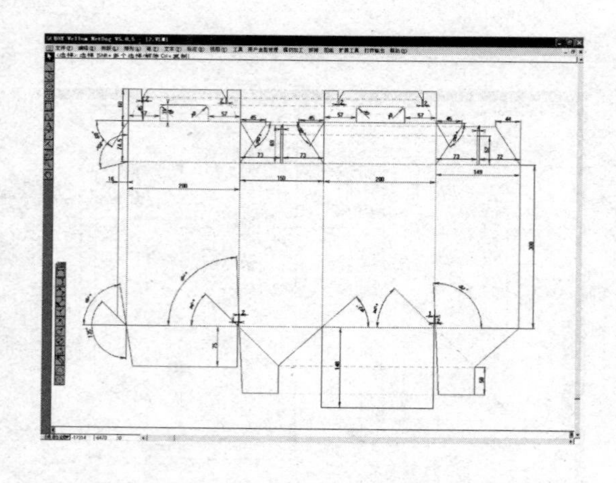

图 11－35　尺寸标注完成图

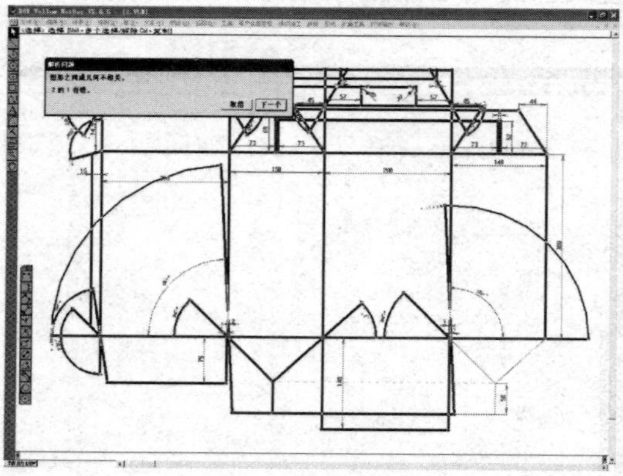

图 11－36　标注判断

（8）图形参数化　对标注完全的图形可进行参数化，选择“编辑”＞“图形编辑”工具，可在“文本”框中输入可变参数（参数化支持加减乘除等运算），点击“应用”，即如图 11－37 所示。

（9）按照图形之间的相互关系，将整个图形完成参数化后如图 11－38 所示。

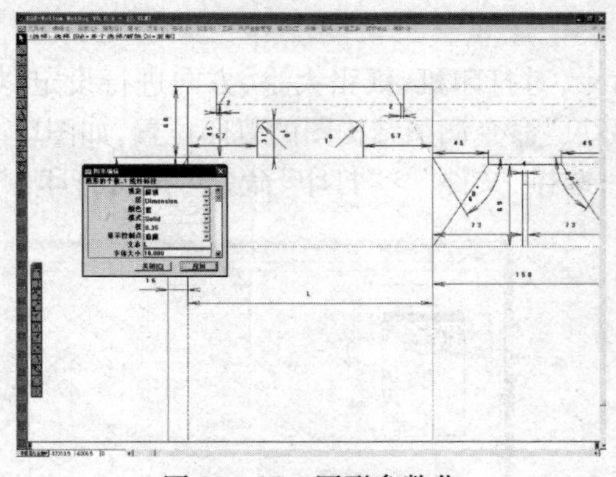

图 11-37　图形参数化

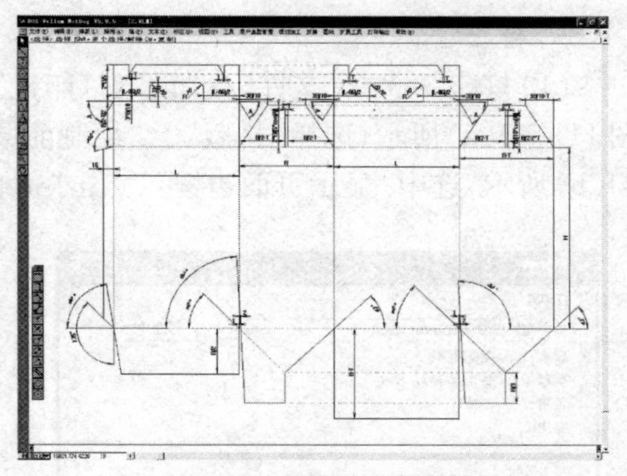

图 11-38　参数化完成图

（10）参数化应用　参数化完成之后，选中整个图形，使用“参数解析”可为参数指定数值[图 11-39(a)]，可对纸盒进行任意大小变换，重新给定数值结构图[图 11-39(b)]。为了得到参数的实际值，可选择“扩展工具”>“自动标注”>“参数的实参化”工具，参数实参化之后的结构图如图 11-39(c)所示。

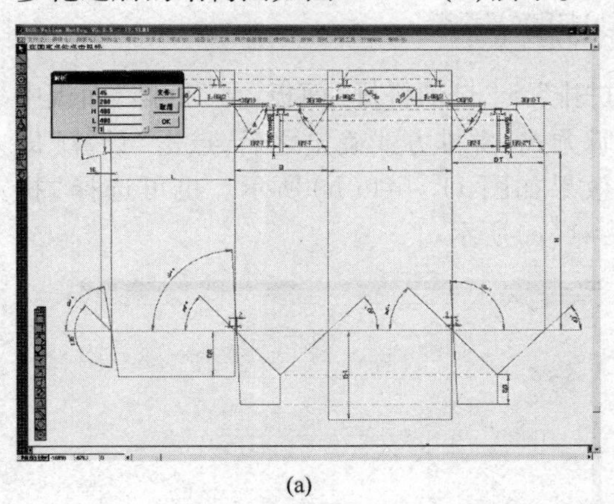

(a)

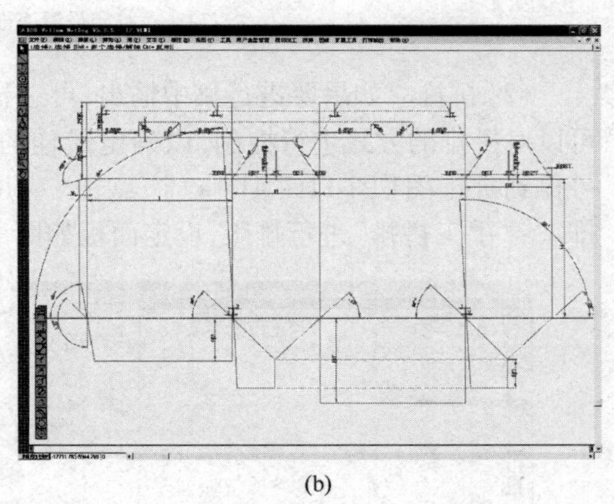

(b)

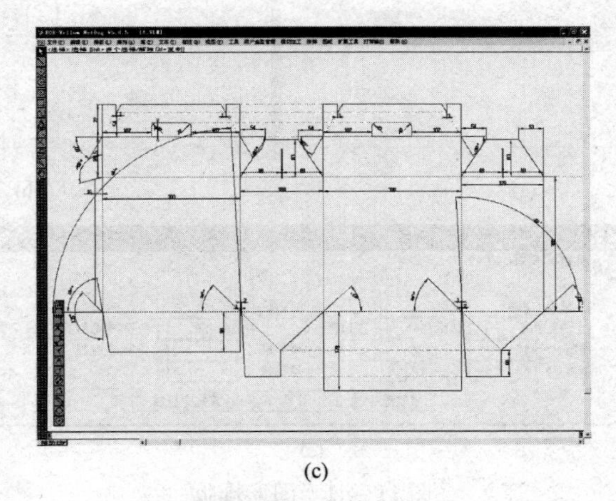

(c)

图 11-39　参数化应用
(a)(b)参数解析　(c)变参实参化

3. 输出

(1)打印　选择“文件” > “设定打印机”命令，对打印机、纸张大小、方向进行设定，如图 11 - 40(a)所示；选择“排版” > “绘制前域/标尺”命令调整结构图的打印位置，如图11 - 40(b)所示，选中“显示页面边框”，点击“适合”；选择“文件” > “打印”命令可进行打印。

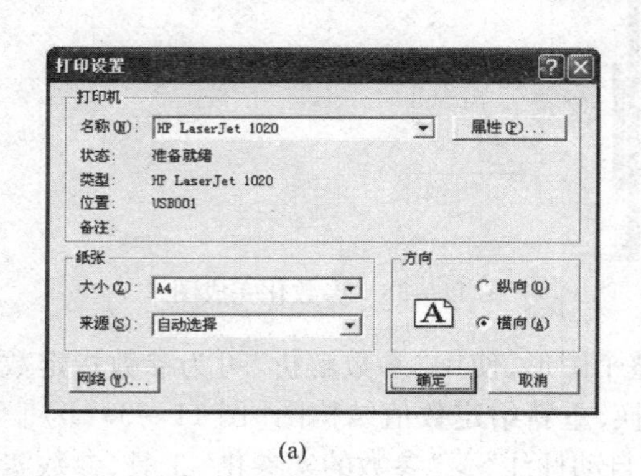

(a)

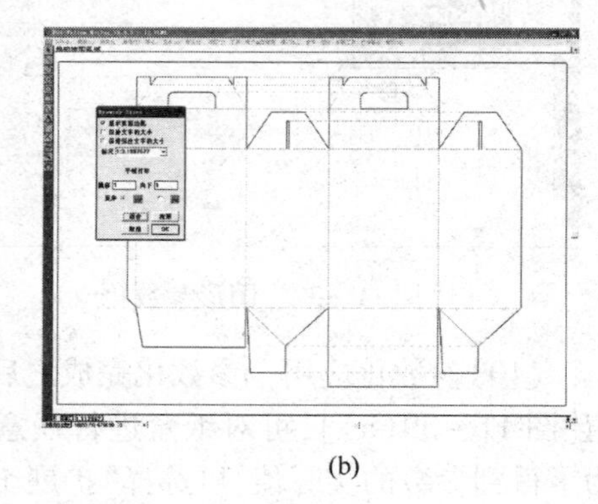

(b)

图 11 - 40　图形打印

(a)打印设置面板　(b)打印位置调整

(2)拼排　如果要进行集中输出，可选择“拼排” > “自动拼排”面板，在“拼排”面板中可以对拼排的方式进行控制，以确定最佳的排版方式，拼排方式确定之后，点击“计算”即可得到拼排图[图 11 - 41(a)]，点击“应用”效果如图 11 - 41(b)所示。也可选择“拼排” > “手工拼排”进行排版，设定面板如图 11 - 41(c)所示。

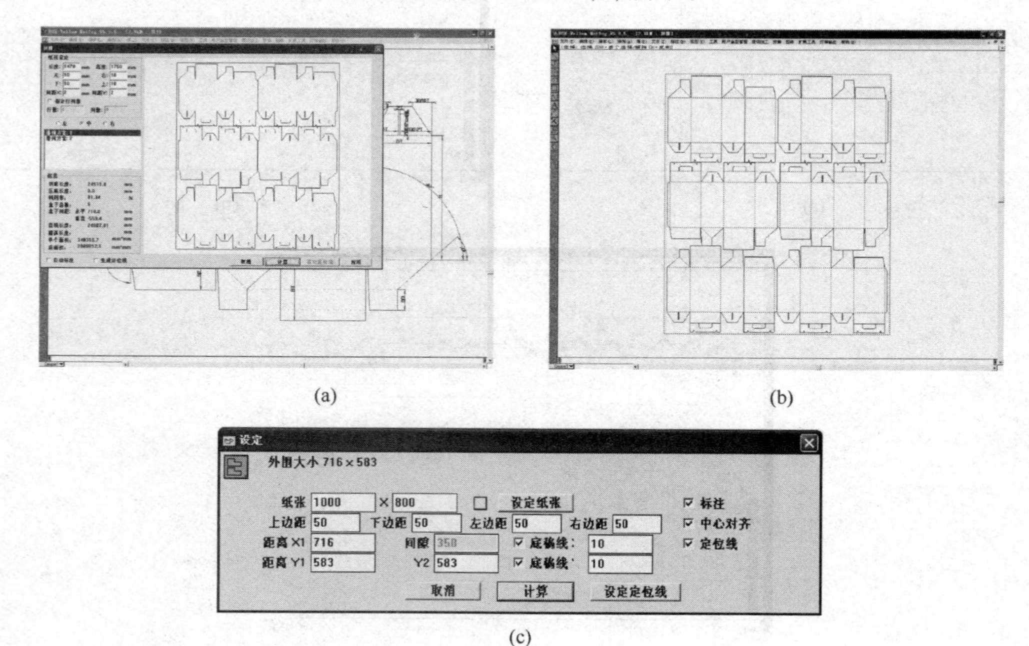

(a)　(b)

(c)

图 11 - 41　图形排版

(a)自动拼排设置　(b)拼排效果　(c)手工拼排设置

(3)输出生产工艺单　盒型拼排后,选择“图纸 > 标准化”,自动生成功能生产工艺单,如图 11 - 42 所示。

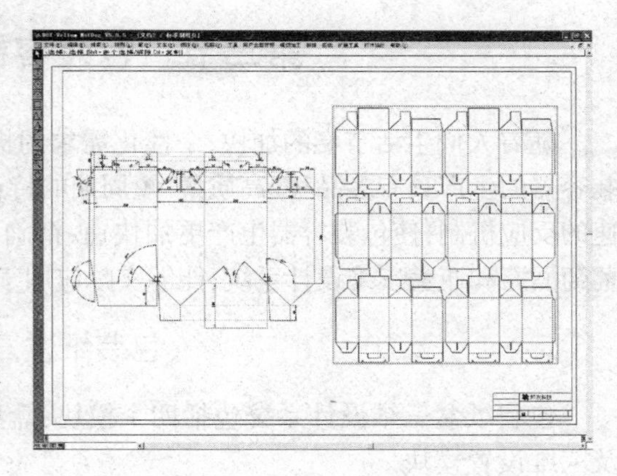

图 11 - 42　生产工艺单

(4)输出到切割打样机　在“打样输出” > “选定机器”中选择系统配置的切割打样机类型;选择“打样输出” > “输出顺序”工具,按照设计的结构图确定输出顺序;选择“打样输出” > “打样输出”面板(图 11 - 43),在“打样输出”面板里可以控制输出位置,位置确定好之后,点击“输出”,软件可以把数据准确传给切割打样机。

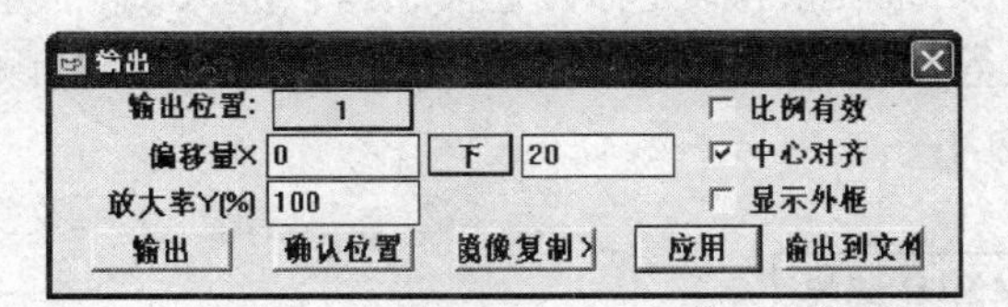

图 11 - 43　切割打样机输出界面

(5)驱动激光模切机　要驱动激光模切机进行模切版制作,首先要对图形进行桥接设置。选择桥接直线,选择“模切加工” > “自动桥接” > “直线规则” | “圆弧规则”面板,选择适合的规则,如图 11 - 44 所示;选中整个图形,选择“模切加工” > “自动桥接” > “执行”,执行之后桥接结果如图 11 - 45 所示。如果对桥接的结果不满意,可选择“模切加工” > “桥接工具”,把桥接工具放在需要断开的地方点击即可。

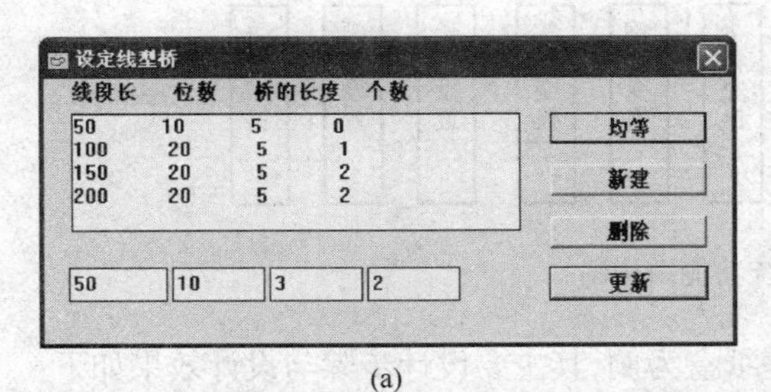

(a)

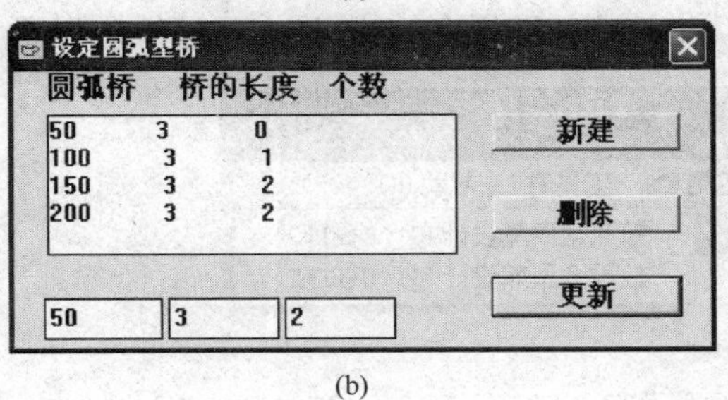

(b)

图 11 - 44　桥接设置界面

(a)线型桥接　(b)圆弧桥接

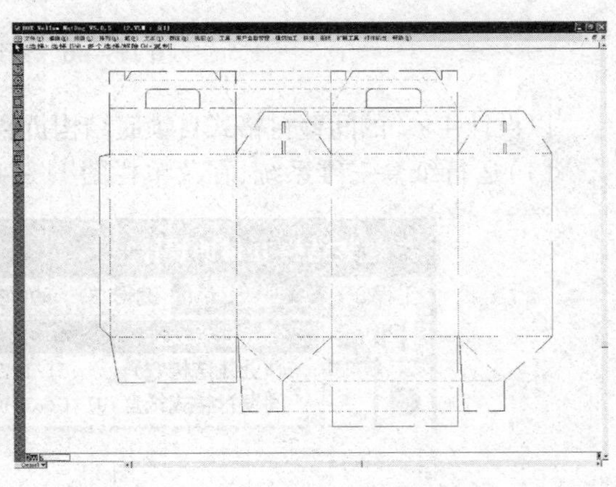

图 11 - 45　桥接设置效果显示

第三节　包装容器三维设计系统

随着人们生活节奏的加快,个性化需求的提高,包装容器向多样化、个性化发展,引领包装容器的生产具有多品种、高质量、短周期的特点,这就要求包装生产厂家与客户之间建立快速的反应机制,使包装容器生产更加快速、精确,基于此原因天津科技大学开发了包装纸盒、葡萄酒瓶和瓶盖三维设计系统,能够实际应用于包装容器的生产流程,带来良好的经济效益。

一、包装纸盒三维设计系统

包装纸盒三维设计系统包括四个模块:盒型设计模块、三维显示模块、三维变换模块以及三维设置模块。

在盒型设计模块中,对于任意一种纸盒结构均包括盒素库设计与盒型库设计,用户可以任选一种形式进行纸盒设计,按照系统提示,能够顺利完成纸盒二维结构设计;三维显示模块包括:立体显示、贴图显示以及动画显示;三维变换模块包括:平移、旋转、放大/缩小等变换;播放/暂停、循环播放/结束、前进/后退等动画操作;三维设置模块包括光照设置、颜色设置等功能。具体功能结构如图 11-46 所示。

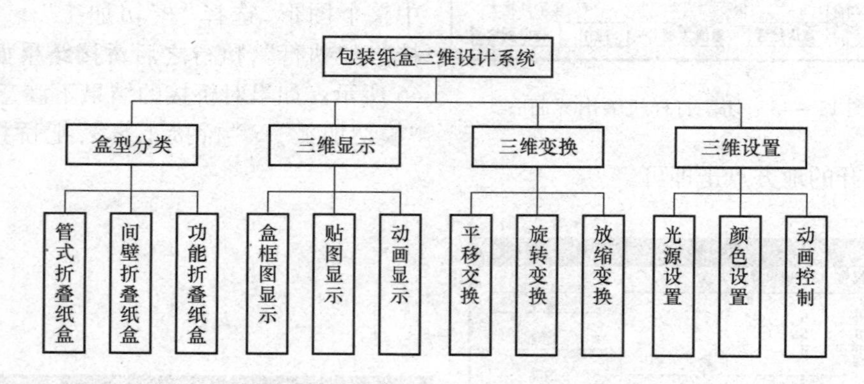

图 11-46　系统功能结构图

以设计 4×2 的间壁衬格式自锁底结构折叠纸盒为例,其主要设计步骤与设计效果如下:

(1)运行纸盒三维系统,在菜单栏图 11-47 中选择间壁纸盒结构,进入间壁纸盒程序。

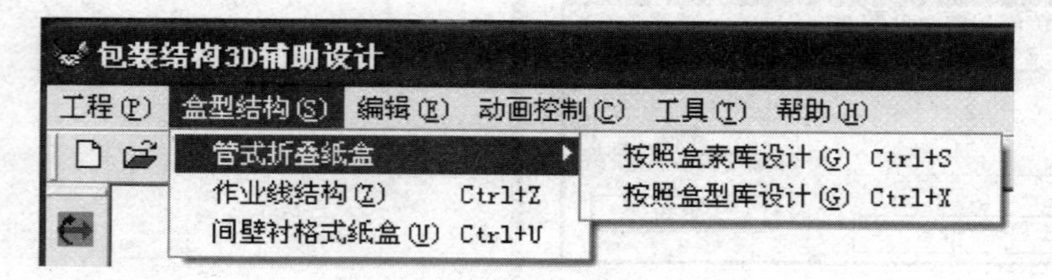

图 11-47　盒型菜单

(2)进入间壁纸盒结构程序中,首先输入纸盒的设计尺寸长、宽、高,其次选择排列数目为 $n\times2$ 型,并且输入 n 的值,$n=4$,点击下一步进入间壁盒型选择,如图 11-48 所示。

(3)选择间壁纸盒盒型，并输入相关设计尺寸。对于 $n\times2$ 排列数目的纸盒，可以有6种盒型供设计人员选择。由于要求盒底为自锁底，因此选择N－26盒型，并且需要输入间壁板高度与自锁底的设计尺寸，图11－49表示间壁板高度与自锁底的设计尺寸之间应满足一定的要求，才能进入下一步设计。根据弹出对话框提示，输入正确设计尺寸，将间壁板高度 L_1 设为200，自锁底的设计尺寸 L_2 为150。

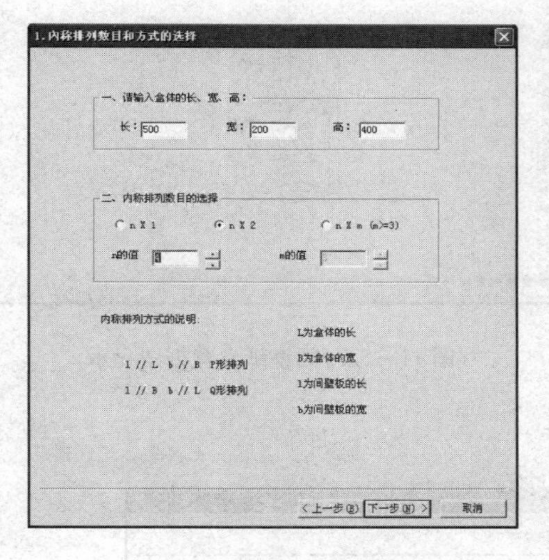

图11－48 间壁纸盒设计步骤一

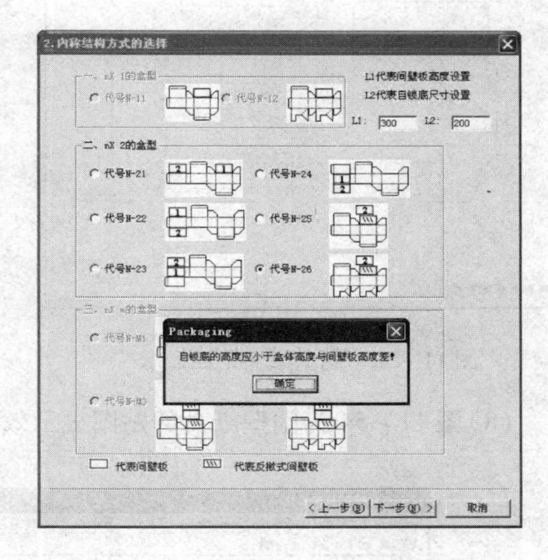

图11－49 间壁纸盒设计步骤二

(4)当选定N－26间壁盒型之后，选择间壁板形式也是有限制的，其中①号板的间壁板形式只能从5、6、7、8形式中选择，②号板的间壁形式可以从1、2、3、4、5、6、7、8形式中选择。在此设计实例中，①号板选择第五种，②号板选择第三种，如图11－50所示。

(5)图11－51所示是对纸盒的颜色以及动画参数进行选择，从而完成间壁纸盒设计。

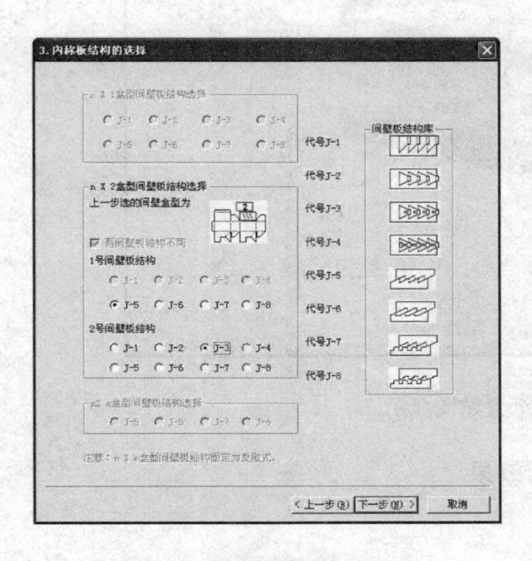

图11－50 间壁纸盒设计步骤三

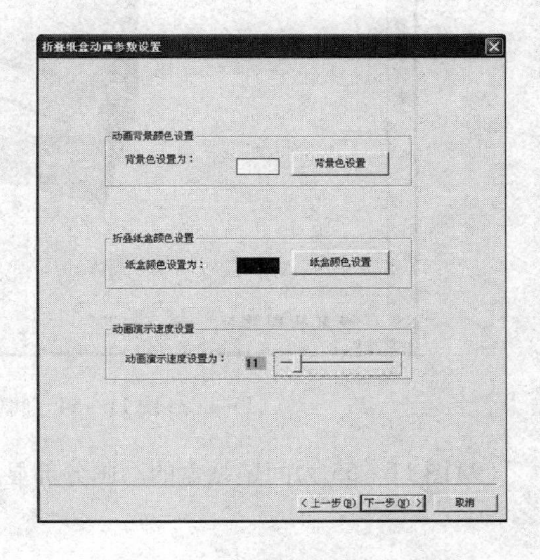

图11－51 间壁纸盒设计步骤四

(6)图 11－52 为实例中要求设计的间壁纸盒平面效果。

(7)图 11－53 为间壁纸盒的盒框图显示效果。

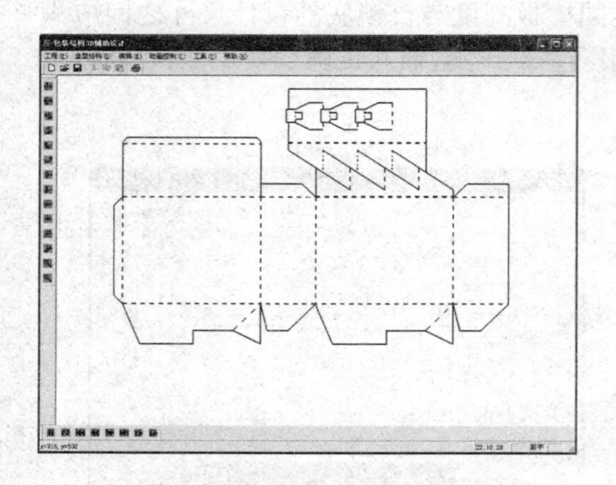

图 11－52 间壁纸盒平面显示

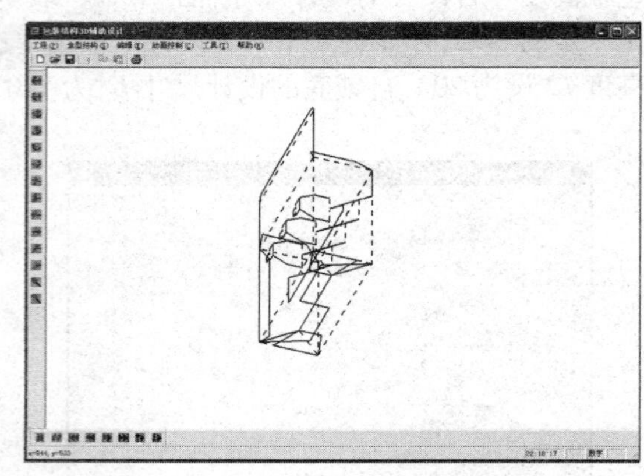

图 11－53 间壁纸盒盒框图显示

(8)图 11－54 为间壁纸盒的贴图显示效果。

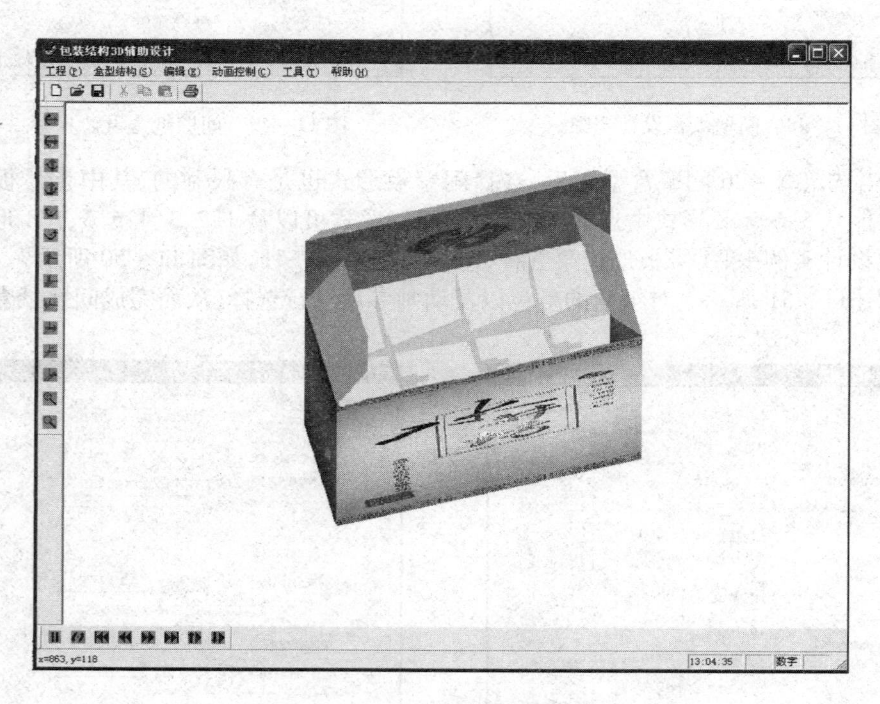

图 11－54 间壁纸盒贴图显示

(9)图 11－55 为间壁纸盒的动画分部显示效果。

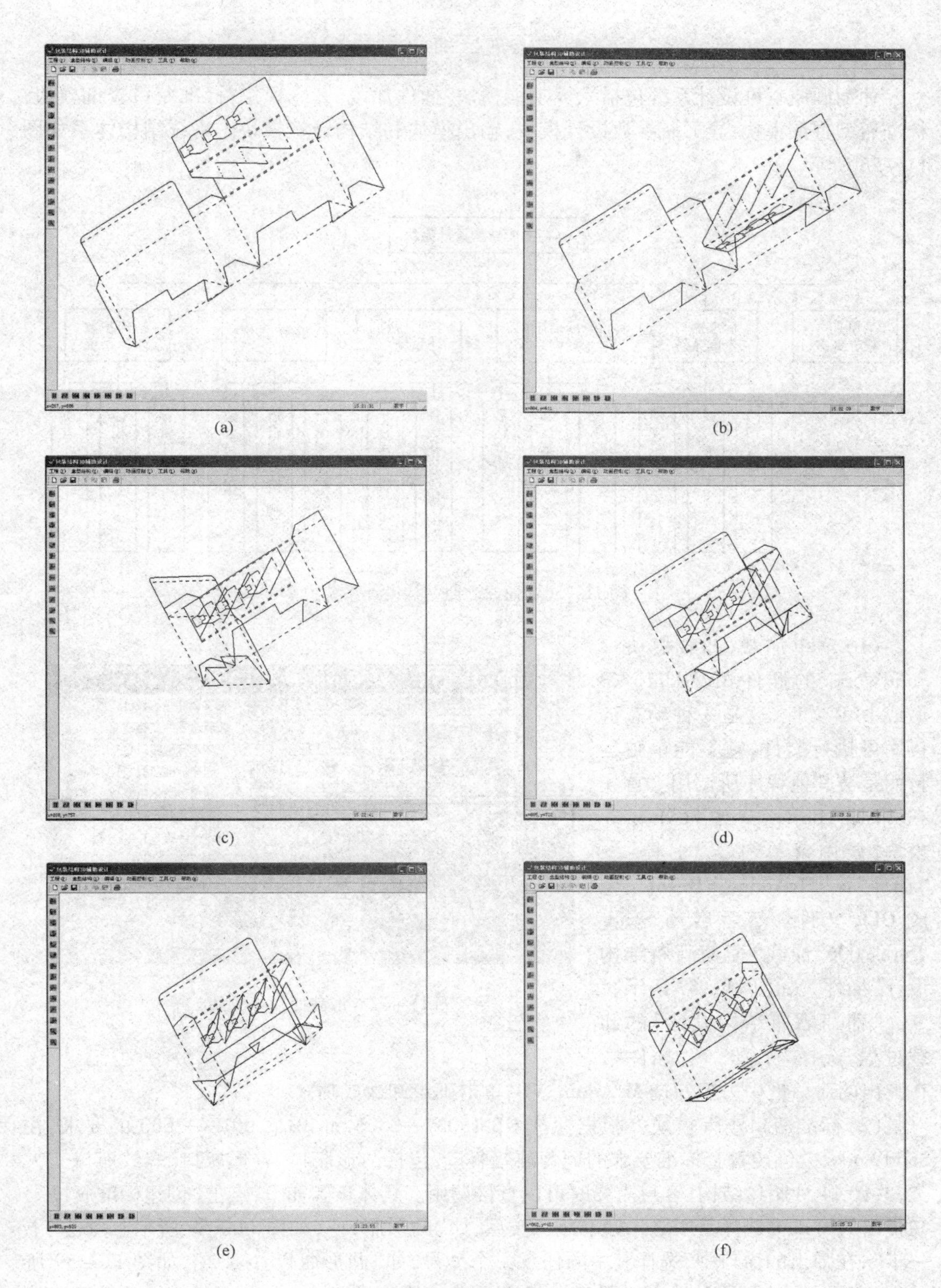

图 11－55　间壁纸盒动画显示

二、葡萄酒瓶三维设计系统

葡萄酒瓶三维设计系统包括六大功能模块：插件加载、卸载模块；标准瓶口查询模块；标准瓶型查询模块；异形瓶参数设计模块；输出模块和结构计算模块。系统结构体系如图 11－56 所示。

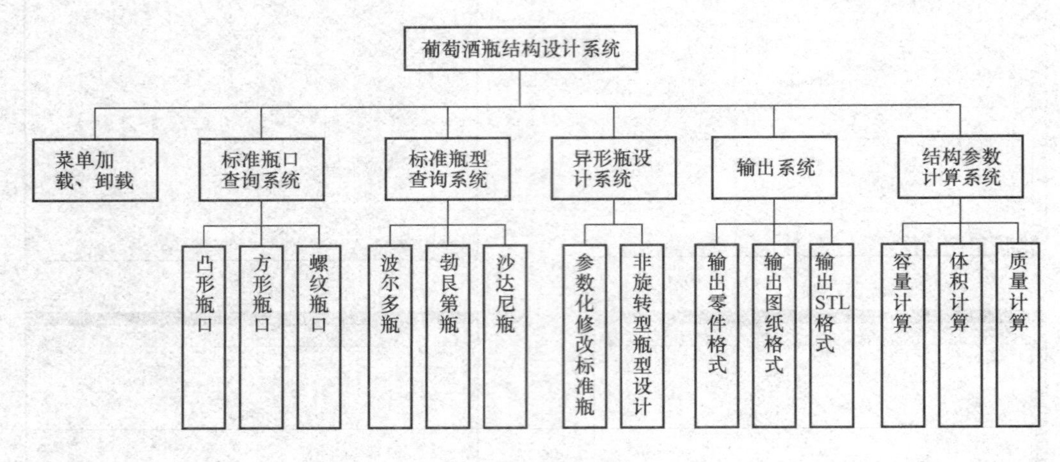

图 11－56　葡萄酒瓶结构设计系统

(1) 菜单加载、卸载模块　SolidWorks 的插件 MyAddin_VB 做成 DLL 文件，这是一种动态链接库可执行文件，它不能单独运行而是被其他程序所调用。首先在 Visual Basic6.0 中打开 main 模块，调用菜单命令“工具” > “插件” > “MyAddin_VB. Dll”，生成 DLL 文件。然后启动 SolidWorks2006，加载“葡萄酒瓶结构设计”插件。如图 11－57 所示。

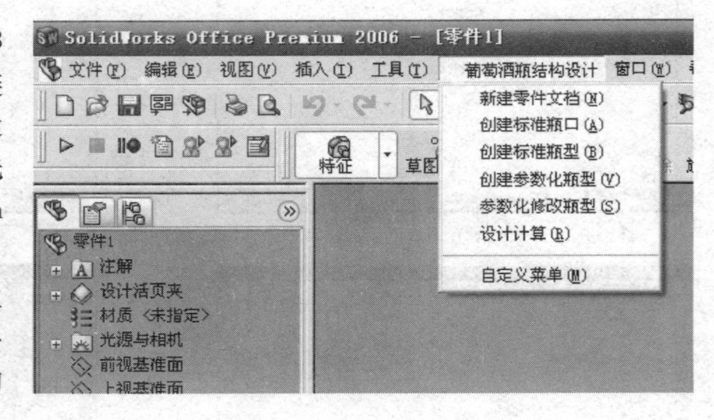

图 11－57　加载插件生成的菜单

“葡萄酒瓶结构设计”的卸载过程，选择“工具” > “插件”，在弹出的对话框中去掉勾选 MyAddin_VB，单击确定卸载成功。

(2) 标准瓶口查询模块　根据标准 GB 15037—2006 和 BB/T 0018—2000 的要求，在 SolidWorks 中创建符合标准要求的葡萄酒瓶瓶口，包括凸形瓶口、方形瓶口、螺纹瓶口三大类，共计 44 种瓶口结构，客户需要时可以直接调用。具体步骤如下：点击“创建标准瓶口”，在弹出的窗口中选择其中之一标准瓶口类型，如“凸形瓶口”，如图 11－58 所示。点击“下一步”，在弹出的窗口中，选择其中的任意一个型号，如“凸形瓶口_NO. 2”，如图 11－59 所示，单击“下一步”，即设计出如图 11－60 所示的三维凸形瓶口。按住鼠标中键移动可以从各个方向观看凸形瓶口的三维效果。

图 11－58　选择标准瓶口

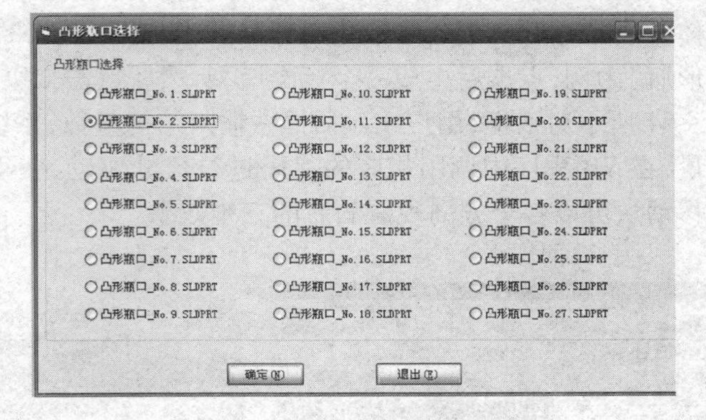

图 11－59　凸形瓶口选择

(3)标准瓶型查询模块　参照张裕集团有限公司常用葡萄酒瓶的结构，在 solidworks 中创建葡萄酒瓶普通瓶形库或者叫做标准瓶形库，包括常见的波尔多凸形瓶、波尔多方形瓶、波尔多螺纹瓶、勃艮地凸形瓶、勃艮地方形瓶、勃艮地螺纹瓶、沙达尼瓶。用户根据需要可以查询标准瓶型库中的瓶形，也可以在标准瓶口的基础上自由设计非标准的瓶形。如果想要查询标准瓶型，可以选择菜单中“创建标准瓶型”，弹出如图 11－61 所示对话框，选择其中之一瓶型，如“波尔多凸形瓶”，单击“下一步”，弹出如图 11－62 所示瓶型选择设计系统对话框，选择合适容积和型号，即可调用和查询相应瓶形。

图 11－60　凸形瓶口_2

图 11－61　选择设计系统

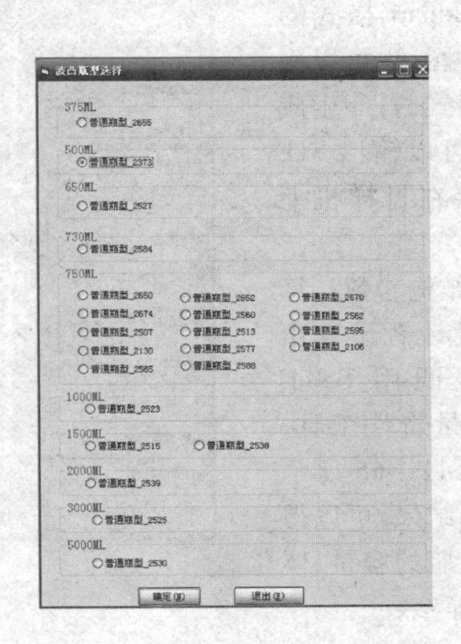

图 11－62　瓶型选择设计系统

（4）异形瓶设计模块　设计人员可以采用两种方式得到异形瓶，一是在标准瓶口的基础上根据需要进行设计；二是参数化修改标准瓶型。参数化修改标准瓶型方式较为常用，具体方法是：点击“创建参数化瓶型”，弹出如图 11－63 所示对话框。以选择“标准波尔多凸形瓶”为例，点击后生成一个标准瓶型，然后点击二级菜单“参数化修改瓶型”，弹出如图 11－64 所示对话框，用户在对话框中输入结构参数，系统将此参数赋值给特征模型相应的变量，在 VB 程序中调用相应的代码进行尺寸驱动，获得该尺寸规格的瓶形。按住鼠标中键移动从可以各个方向观看酒瓶的三维效果。

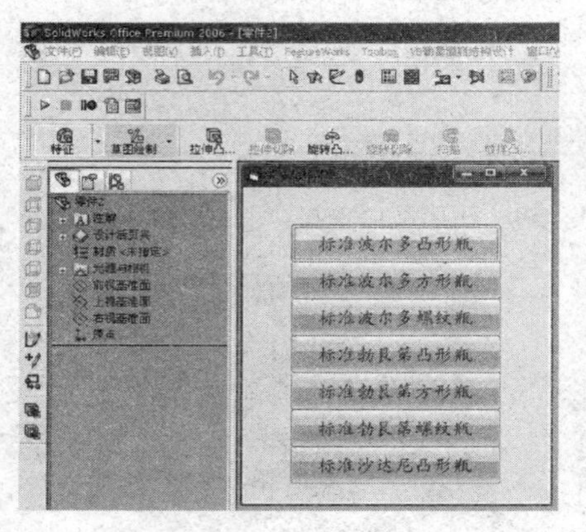

图 11－63　参数化瓶型

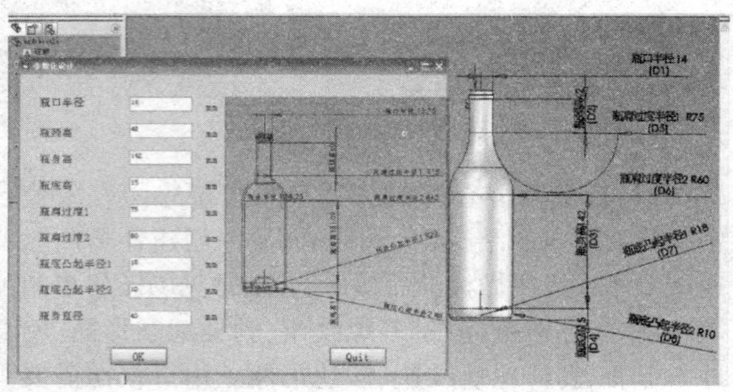

图 11－64　参数化设计界面

（5）输出模块　设计完成的葡萄酒瓶可以输出 sldpart 格式的三维零件图，也可以输出图纸格式，打印生成图纸，还可以输出 STL 格式直接在打样机上出样品。

（6）结构参数计算模块　设计者设计出瓶型后，调用 SolidWorks 质量特性工具，弹出如图 11－65 所示设计计算结果，可以得到葡萄酒瓶的容量、体积、质量等参数。

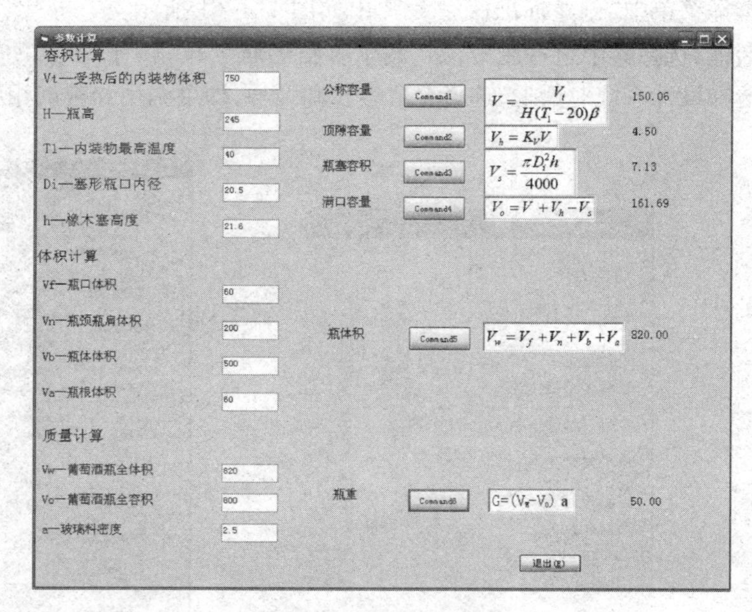

图 11－65　设计计算结果

三、瓶盖三维设计系统

瓶盖三维设计系统(以下统称 BCSCAD 系统)以三维设计软件 SolidWorks 为基础软件开发平台。主要由两大部分组成:通用 CAD 系统设计软件 SolidWorks 平台和 BCSCAD 子系统。BCSCAD 子系统包括四大功能模块:

①界面设计模块。在 SolidWorks 中生成插件"瓶盖设计系统_VB. DLL"文件,这种动态链接库可执行文件不能单独运行,需要通过 SolidWorks 调用来实现系统的功能。

②标准盖型查询模块。提供了瓶盖设计中常用盖型的标准件模型,规格参数等信息,具备国家标准瓶盖类型结构和结构参数查询、瓶盖模型参数化驱动功能和参数尺寸的修改功能。

③非标准盖设计模块。系统用户可以建立用户自定义的通用盖型库,实现此类瓶盖的标准化和系列化设计。

④数据库模块。数据库模块主要用来提供瓶盖结构原型和具体参数信息,实现系统的瓶盖模型的参数化驱动,以及盖型数据库的更新功能。

系统整体结构如图 11－66 所示。

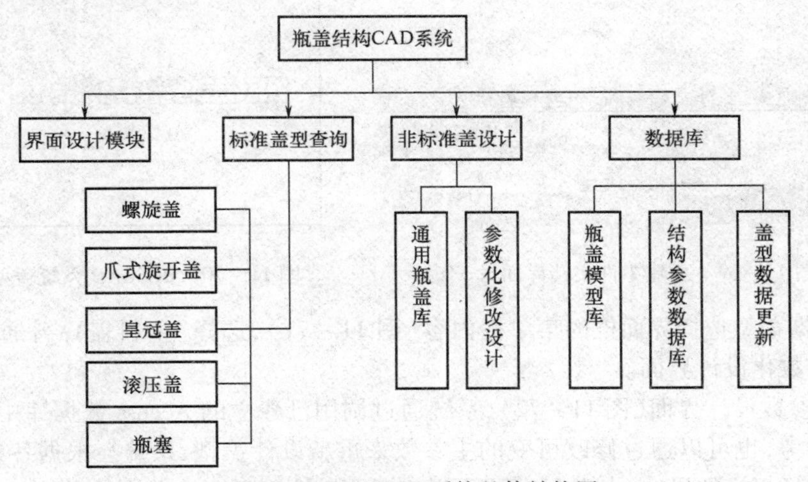

图 11－66　BCSCAD 系统整体结构图

以塑料盖\\普通螺旋盖\\单头螺纹盖为例,设计步骤及效果如下:

(1)在 SolidWorks 软件环境中,点击"文件\\打开",选择相关的文件路径如(C:\\瓶盖设计系统\\),在文件类型选择"Add－Ins(*.dll)",选择创建的 DLL 文件名(瓶盖设计系统_VB. dll),然后单击"打开"按钮,完成插件加载,如图 11－67 所示。

(2)直接在 SolidWorks 界面点击"工具\\插件"中"其他插件\\瓶盖设计系统_VB"来实现插件菜单的加载或取消功能,如图 11－68 所示。

(3)进入盖型设计界面,选择菜单栏"瓶盖结构设计\\新建零件文档",完成新建文档,如图 11－69 所示。

(4)选择"瓶盖结构设计\\瓶盖系列结构",进入盖型选择模块对话框界面,如图 11－70 所示。

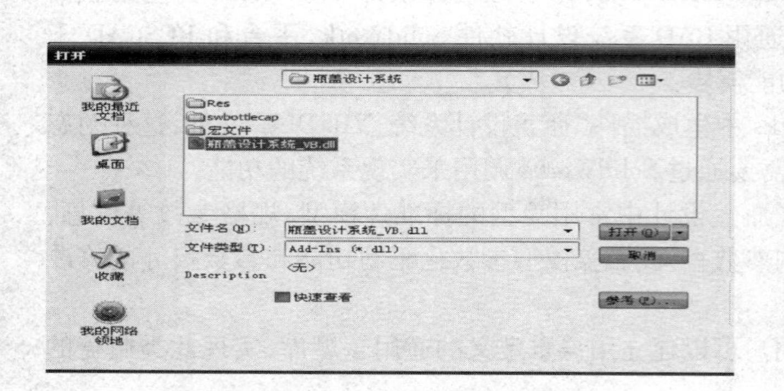

图 11－67　BCSCAD 系统插件加载

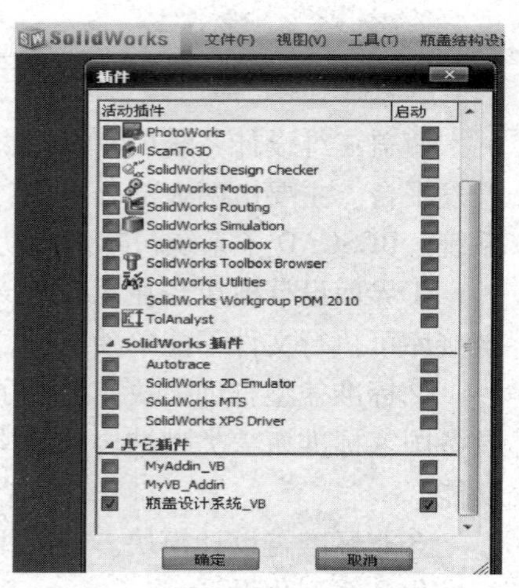

图 11－68　SolidWorks 插件菜单

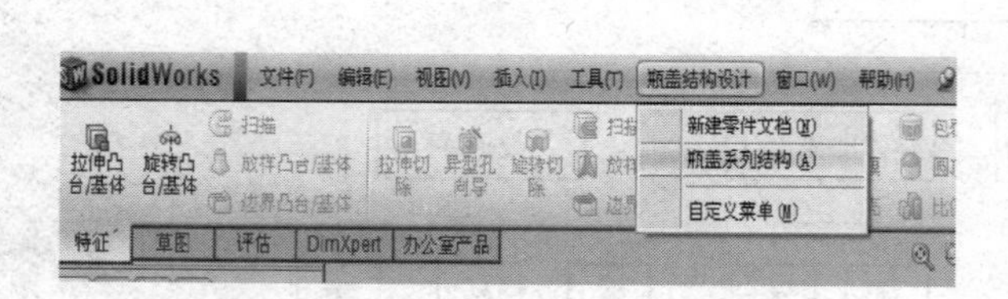

图 11－69　新建零件文档界面

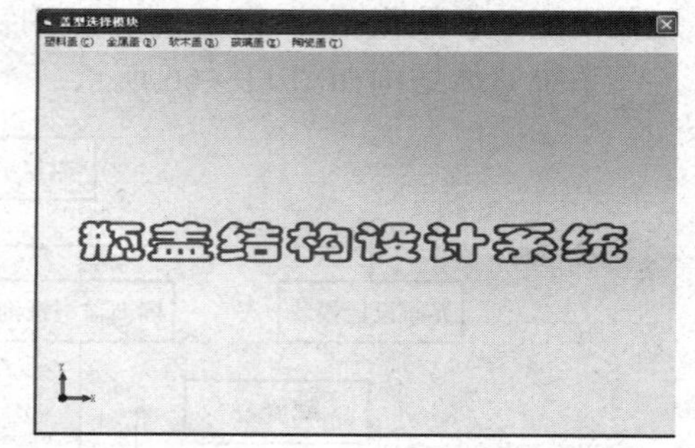

图 11－70　BCSCAD 系统盖型选择界面

(5)根据盖型选择界面框的菜单栏内容(图 11－71),选择“塑料盖\\普通螺旋盖”进入盖型的参数化设计界面。

(6)在参数设计界面(图 11－72),系统通过调用已建立的 Access 数据库中瓶盖参数,供设计者参考,也可以通过修改可变的主参数来重新设计盖型,系统会根据各参数之间的约束关系计算相应的尺寸,点击“加载”可以实现驱动改型而不变结构的目的。

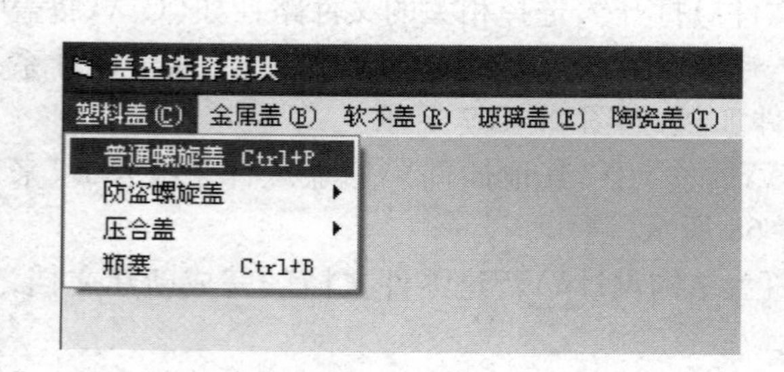

图 11－71　BCSCAD 系统盖型选择界面 2

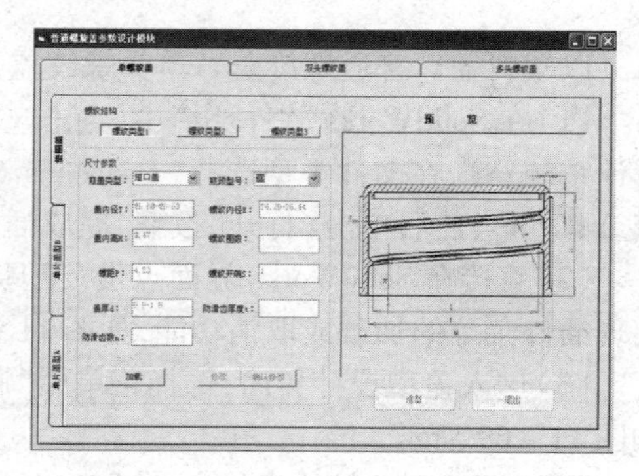

图 11－72　BCSCAD 系统参数化设计界面

(7)加载相应的设计盖型之后,仍可以在参数化设计界面修改参数,点击“修改”,相应的文本框显示为可编写状态,修改完成后,点击“再造型”完成盖型结构的再设计,如图 11 - 73 所示。完成设计后,可以在 SolidWorks 中完成出具工程图、保存、输出、打印等相关操作。

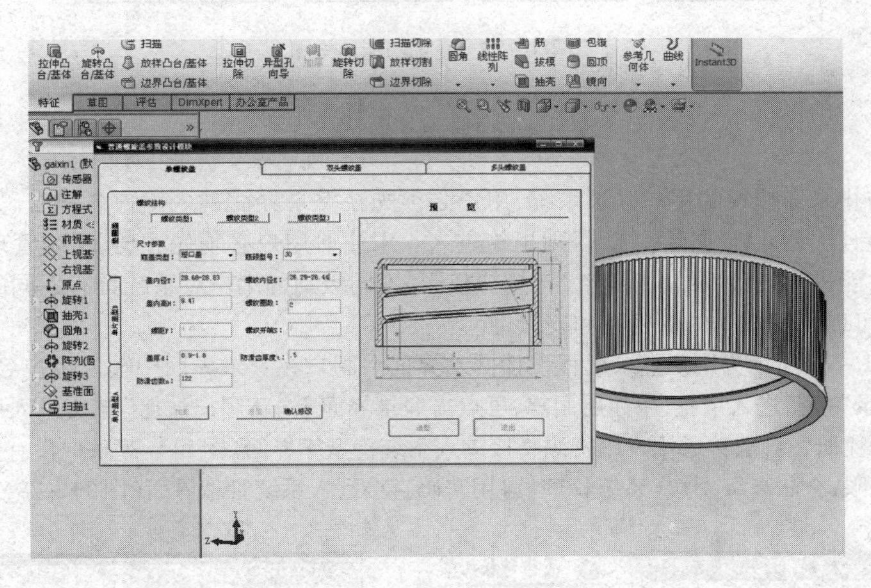

图 11 - 73　BCSCAD 系统设计加载界面

第四节　纸包装网络设计系统

天津科技大学开发的纸包装网络设计系统可基于 Internet/Intranet/Etranet 运行,远程用户在局域网或广域网下,通过 HTTP、TCP/IP 传输协议登录站点,经注册申请和权限验证后方可进入设计主页。

一、系统主要模块

网页顶层设计具有导航功能的主菜单按钮与二级菜单按钮,如图 11 - 74 所示。

盒型库 ◢　需求设计 ◢　系统管理 ◢　注销 ◢

新用户审批 有新用户注册!　所有用户信息　盒型库盒型添加　创新设计需求管理　盒型库盒型修改管理

图 11 - 74　导航按钮

系统分四大模块:盒型库模块、需求设计模块、系统管理模块和用户登录注册模块。在系统中每个模块完成一个相对独立的功能,所有模块共同协作完成系统的功能。模块结构如图 11 - 75 所示。

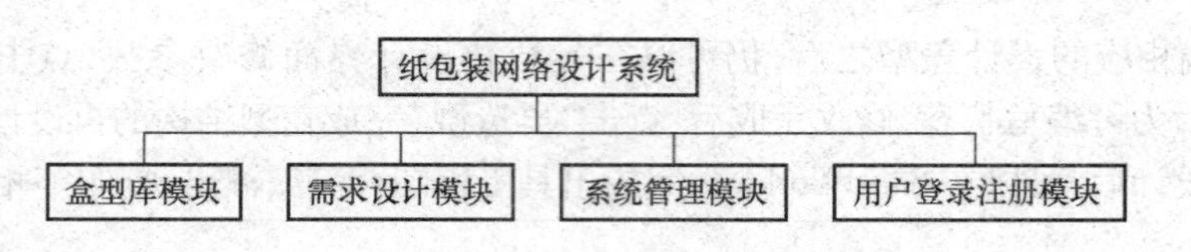

图 11－75　系统功能结构图

二、用户登录注册模块

为防止未经授权的用户登录系统，用户必须先在登录界面键入用户名和密码，经服务器端检验合法后才能进入系统，否则拒绝进入。未注册用户必须先注册，系统管理员审批通过后才能进入设计系统。系统设定用户权限，不同级别的用户对系统具有不同的访问权限，这样可以保证数据的保密性和安全性。

图 11－76 所示为用户登录远程设计网站界面。用户在登录界面中输入用户名和密码，点击“登录”按钮进入系统，未注册用户，可点击登录界面上“新用户注册”链接进入用户注册界面进行注册。合法普通用户用密码直接进入系统盒型库界面（图 11－77），但没有登录系统管理的权限；合法高级用户（系统管理员）用密码直接进入系统管理界面（图 11－78）。

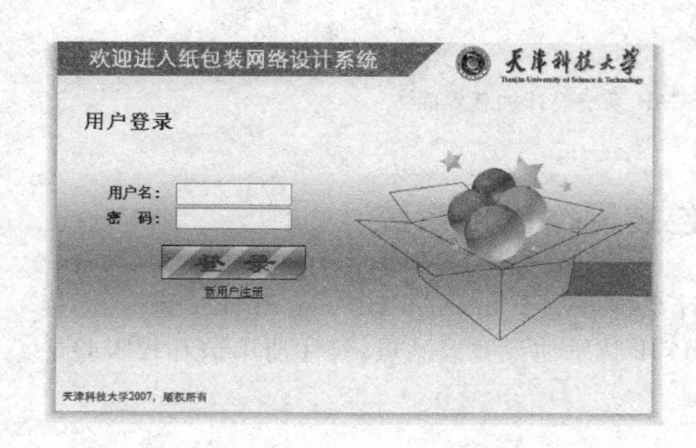

图 11－76　用户登录界面

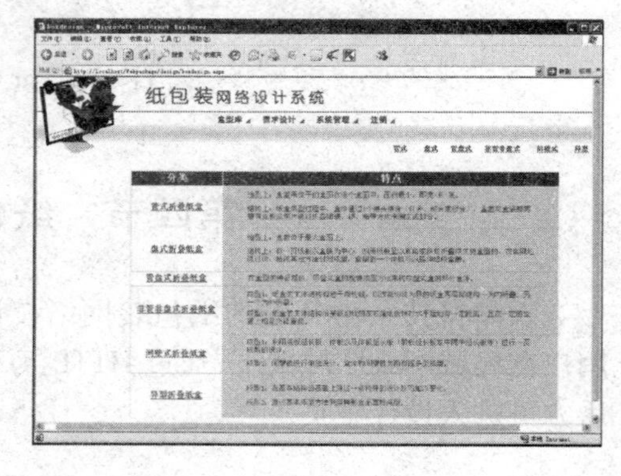

图 11－77　盒型库界面首页

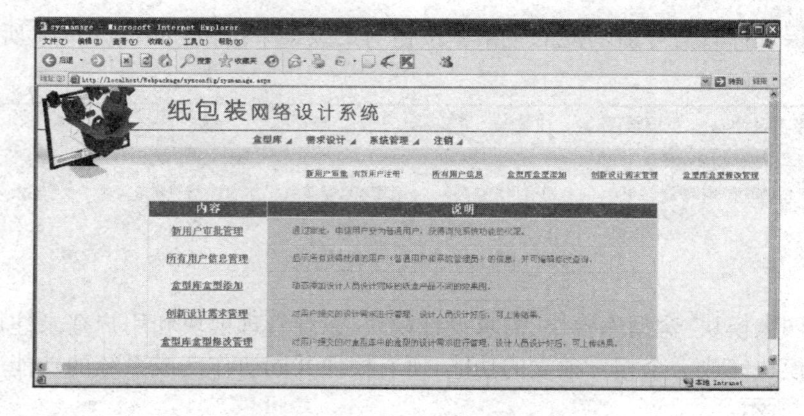

图 11－78　系统管理界面首页

若输入了非法用户名,则系统提示“没有此用户!”(图 11－79)。若输入了错误密码,则系统提示“密码输入错误,请重试!”(图 11－80)。

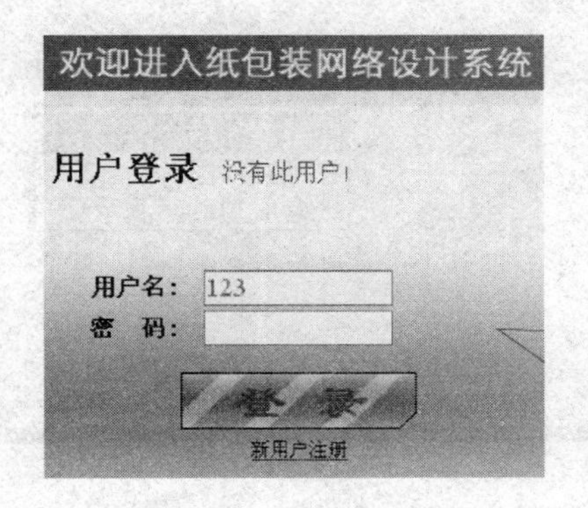

图 11－79 非法用户登录系统提示界面

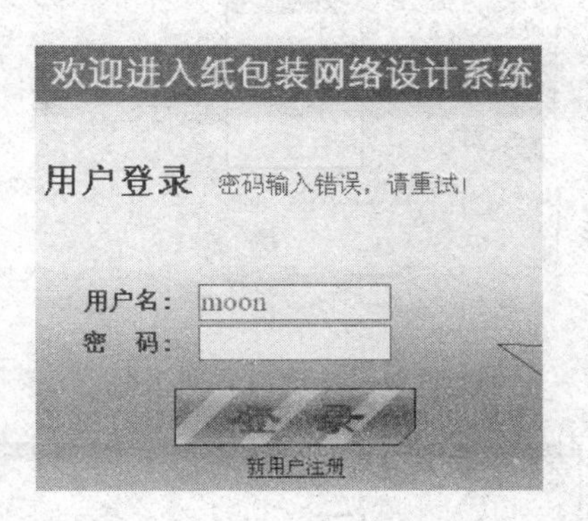

图 11－80 用户密码输入错误系统提示界面

三、盒型库模块

盒型库提供了六大类主要的盒型:管式折叠纸盒、盘式折叠纸盒、管盘式折叠纸盒、非管非盘式折叠纸盒、间壁式折叠纸盒和异形折叠纸盒,盒型库模块结构如图 11－81 所示。每类纸盒通过盒型序号、平面结构缩略图和盒型说明三个参数展示在盒型库界面中,每个纸盒都有与之对应的唯一的盒型序号,以方便客户对盒型库进行需求设计和系统管理员对盒型库进行有效管理。通过盒型平面结构图、三维立体图和纸盒成型动画演示三种方式来进行展示。盒型库处于动态增长中,系统管理员可随时将设计人员利用 BOX-VELLUM 等纸盒设计软件设计好的新盒型样本存储进去,丰富盒型库。

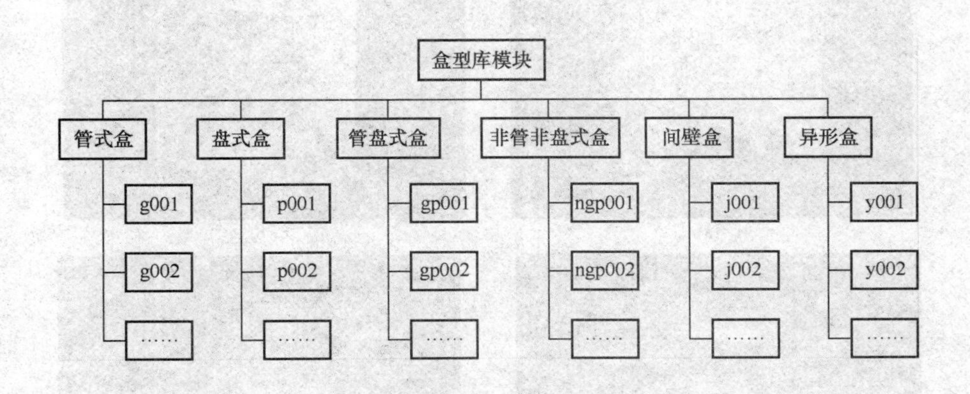

图 11－81 盒型库模块结构图

在盒型库首页,选择:“盒型” >“纸盒” >“长宽高比例”(图 11－82)和“效果图”(图 11－83),点击确定就可以以盒型平面结构图(图 11－84)、三维立体图(图 11－85)和纸盒成型动画演示(图 11－86)三种不同形式浏览纸盒设计效果。

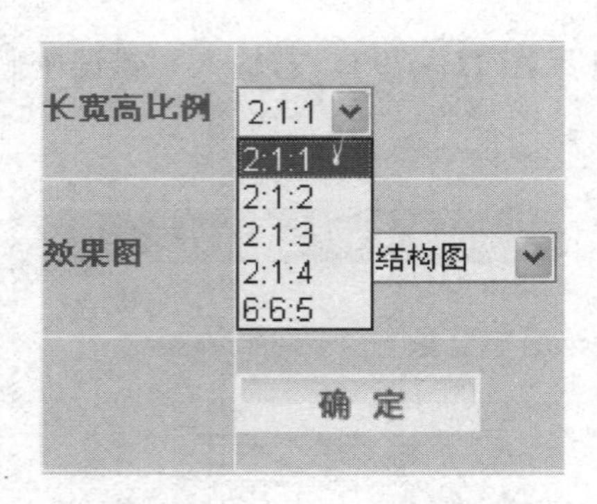

图 11－82　选择盒型比例

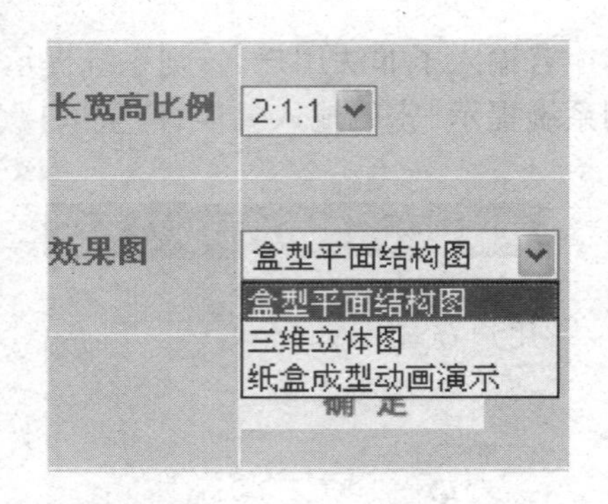

图 11－83　选择盒型效果图

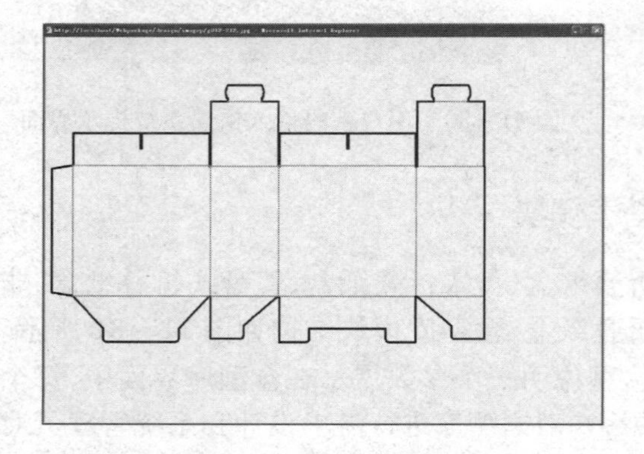

图 11－84　纸盒平面结构效果图

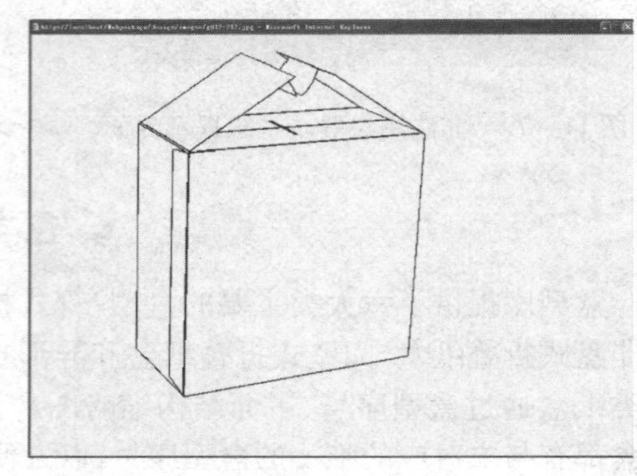

图 11－85　纸盒立体效果图

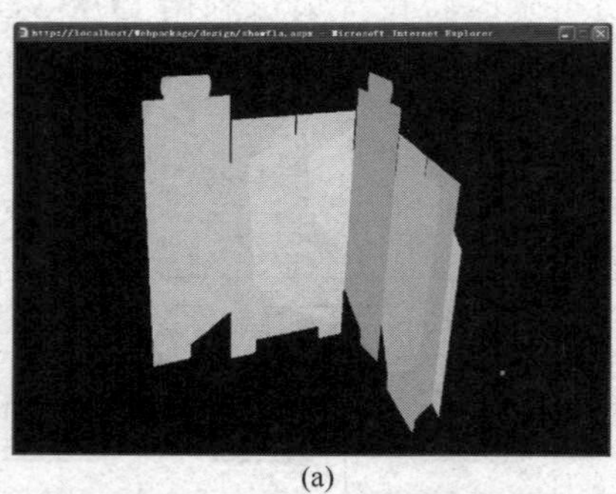

(a)

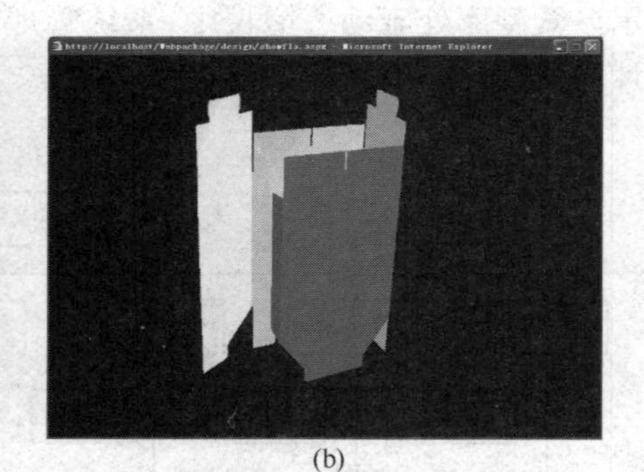

(b)

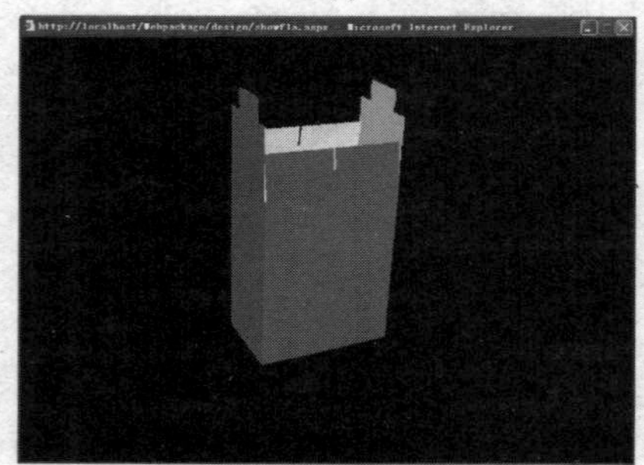

(c)

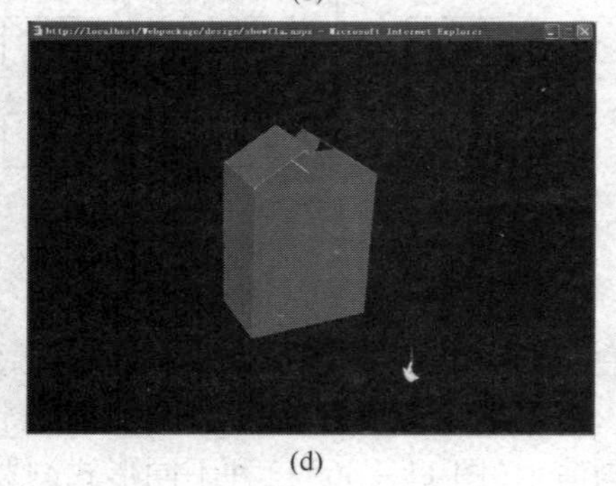

(d)

图 11－86　纸盒动画效果

普通用户和系统管理员登录后，盒型库的显示界面有所不同，系统管理员可以对上传的盒型进行删除编辑，而普通用户则没有此权限。图11－87为普通用户盒型库界面，图11－88为系统管理员盒型库界面。

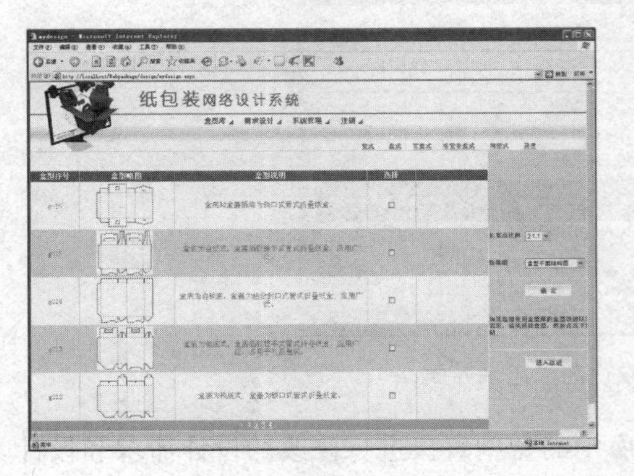

图11－87 普通用户盒型库界面

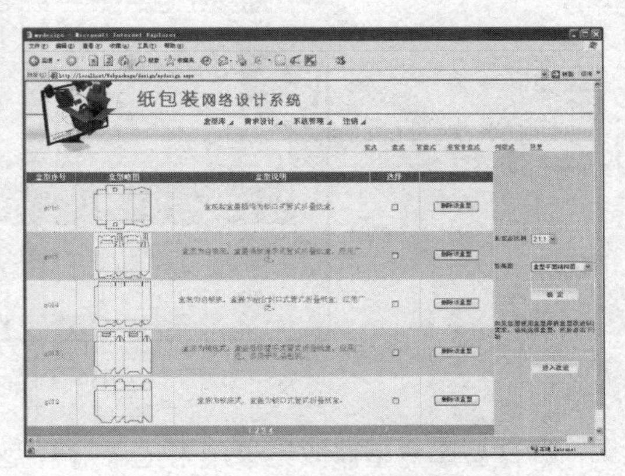

图11－88 系统管理员盒型库界面

如果盒型库中的某个纸盒与用户所需盒型相似，但尚未完全符合用户需求，还需要进一步作局部修改。用户可以在盒型库中用"√"选择盒型，点击界面右侧的"进入改进"按钮（图11－89），对刚选中盒型提交修改意见即可。

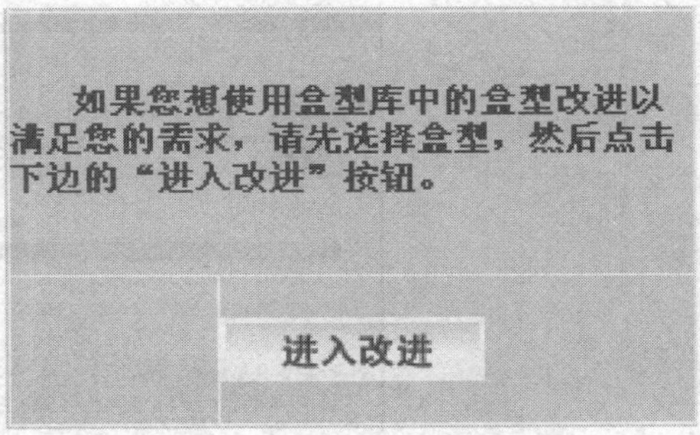

如果您想使用盒型库中的盒型改进以满足您的需求，请先选择盒型，然后点击下边的"进入改进"按钮。

进入改进

图11－89 盒型库盒型修改按钮

四、需求设计模块

当盒型库中没有符合客户需求的盒型时，客户可进入需求设计模块，通过填写有关选项提交即可。需求设计模块包括三部分：创新需求提交、创新设计记录和盒型库盒型修改记录：

①创新设计需求提交中，为客户列出进行盒型设计所需的基本信息（图11－90）。

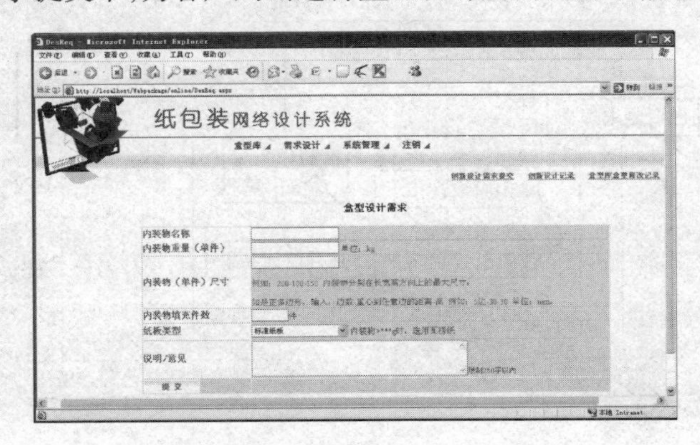

图11－90 创新设计需求提交界面

②创新设计记录用来记录客户提交的创新设计需求和设计人员设计完成状态,客户在此查看设计结果(图 11-91)。

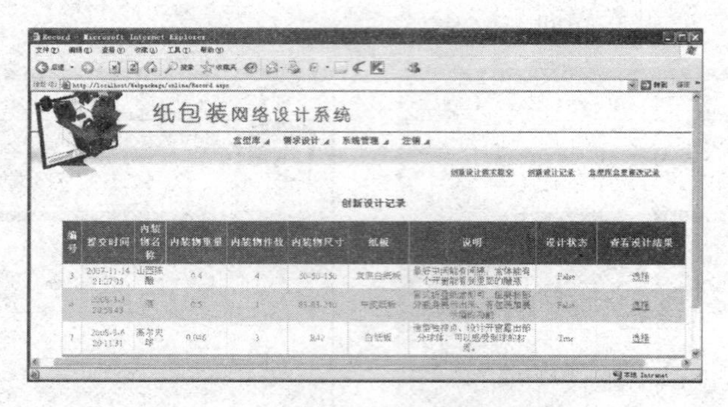

图 11-91　创新设计需求记录界面

③盒型库盒型修改记录用来记录对盒型库中的盒型直接进行修改的设计需求和设计人员设计完成状态,客户在此查看设计结果(图 11-92)。

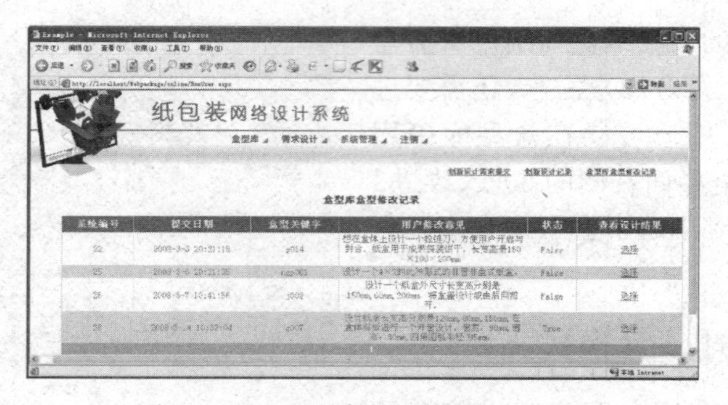

图 11-92　盒型库盒型修改记录界面

图 11-93 所示为需求设计模块操作流程图:

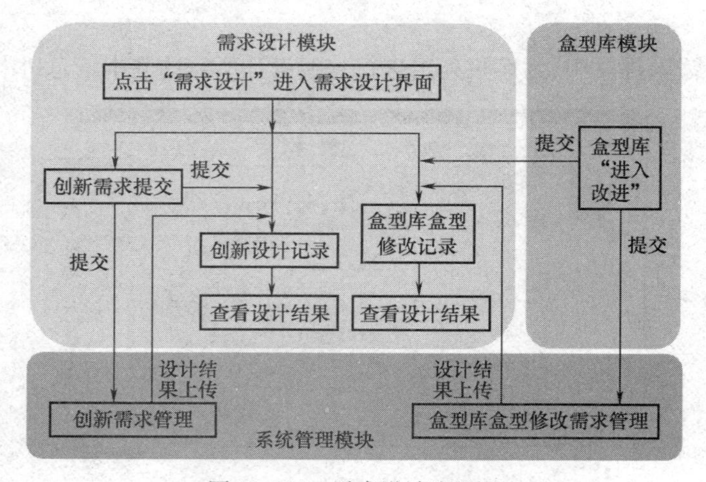

图 11-93　需求设计流程图

客户在创新设计需求提交界面提交需求之后,需求设计会显示在创新设计记录界面中,同时需求还会提交到系统管理的创新设计需求管理中。当设计状态显示为“False”时,表明客户提交的需求还没设计完成;当设计状态显示为“True”时,表明客户提交的需求已设计完成,用户可点击“选择”查看设计结果。

五、系统管理模块

系统管理模块只有系统高级用户(如系统管理员)具有访问权限。系统管理模块主要包括新用户审批、用户信息、盒型库盒型添加、创新设计需求、盒型库盒型修改五大主要管理功能:

①新用户审批管理。新用户注册后,等待系统管理员批准,如果用户“通过申请”,申请用户变为普通用户,获得浏览盒型库和需求设计模块的权限(图 11 - 94)。

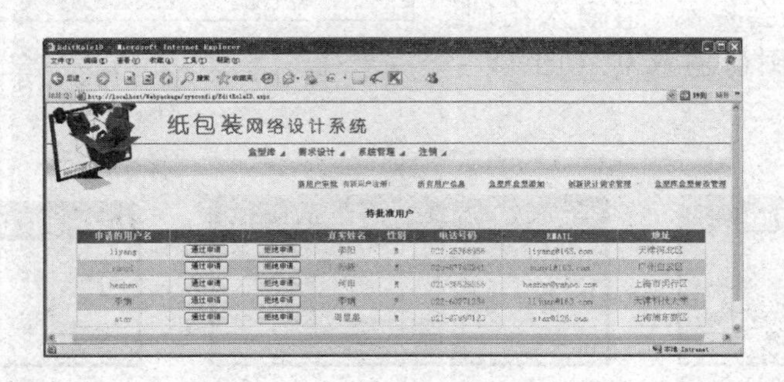

图 11 - 94　新用户审批管理界面

②用户信息管理。显示所有通过审批用户的信息。系统管理员可以添加用户,也可以在此项管理中删除用户。为管理员管理用户方便,系统通过此项对用户注册信息进行有效管理,其中包括普通用户和系统管理员,系统管理员有删除用户的权限(图 11 - 95)。

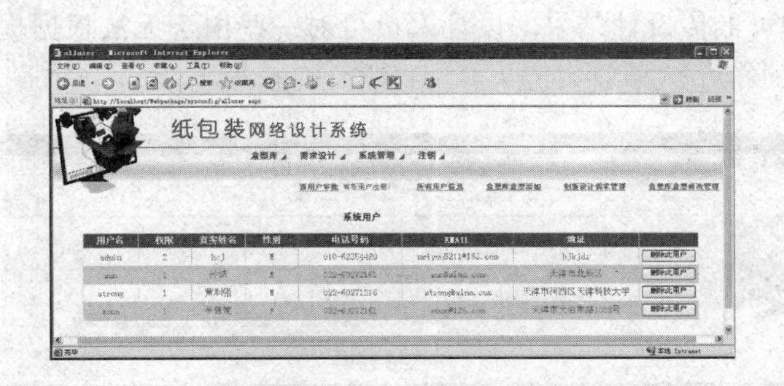

图 11 - 95　系统所有用户信息管理界面

③盒型库盒型添加管理。主要用来扩充盒型库盒型。

④创新设计需求管理。对用户提交的创新设计需求进行管理,设计人员设计好后,可上传结果。

⑤盒型库盒型修改需求管理。对用户提交的盒型库盒型修改设计需求进行管理,设计

人员设计好后，可上传结果。

盒型库盒型添加管理中，系统管理员通过添加界面中所列项目（图 11－96），将所要添加的盒型添加到盒型库中，如添加成功，会弹出“盒型添加成功”提示窗口。

添加时如未输入盒型关键字，系统会提示“请输入盒型关键字！”（图 11－97）；如输入的盒型关键字已经存在，系统会提示“该关键字已存在，请使用别的关键字！”（图 11－98）；当输入比例盒型时，如未输入比例，系统会提示“请输入比例！其余盒型没有比例请输入 0”（图 11－99）。

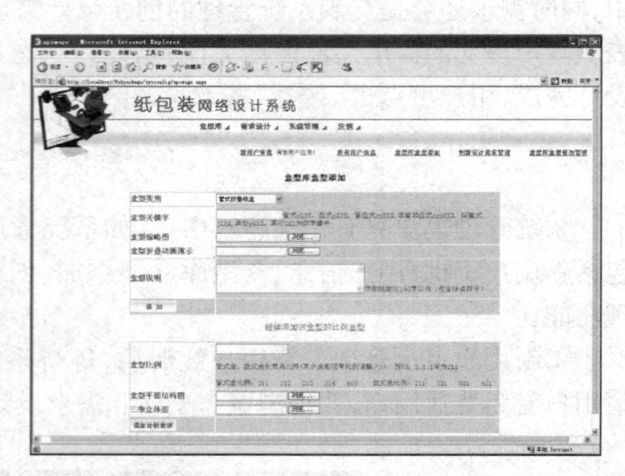

图 11－96　盒型库盒型添加管理界面

图 11－97　输入关键字提示界面图

图 11－98　关键字已存在提示界面图

图 11－99　输入盒型比例提示界面

用户进行创新设计需求提交，提交信息在创新设计需求管理中也有所显示，如图 11－100，设计人员根据提交的内容进行设计，设计完成后，点击“上传”按钮，进入创新设计需求结果上传界面（图 11－101），上传结果与提交需求的编号一一对应，通过上传所列选项，点击“上传”按钮，即可上传设计结果。设计人员可对一些由于无法根据提交内容进行设计的提交记录进行删除。

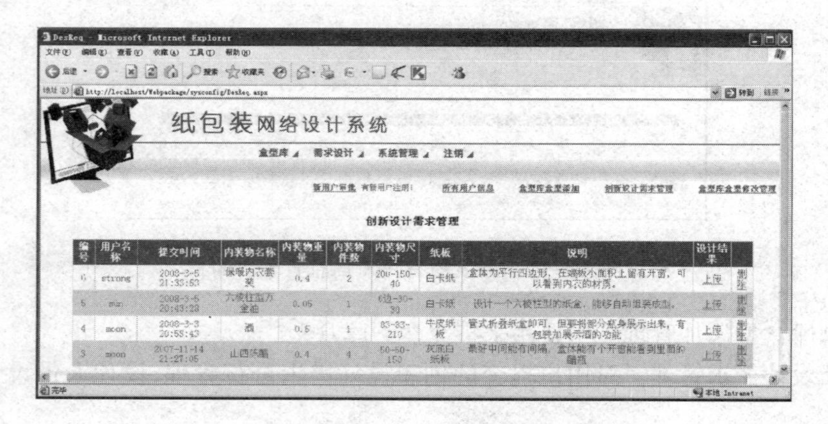

图 11－100　创新设计需求管理界面

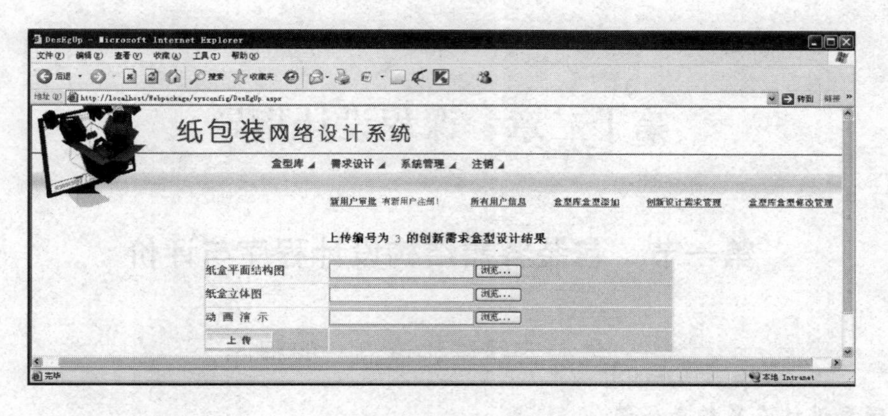

图 11－101　创新设计需求结果上传界面

用户进行盒型库盒型修改提交之后，会在盒型库盒型修改管理中有所显示，如图 11－102 所示，根据提交的用户意见设计人员进行设计，设计完成后，点击界面中的“上传设计图片”超级链接，即可上传设计结果。设计人员可对一些由于提交内容无法进行设计的提交记录进行删除。

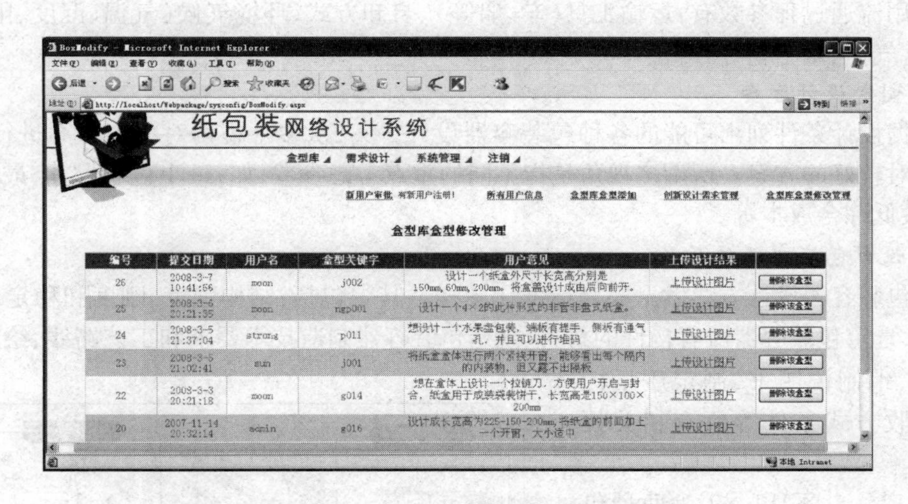

图 11－102　盒型库盒型修改管理界面

六、用 户 注 销

当用户完成一定的工作想要退出系统时，可以通过点击标题栏的“注销”按钮来退出系统，这样可以保证及时清除该用户的登录信息，防止别人仿冒该用户使用系统。退出后页面默认定位到登录页面。如果用户在一定的时间之内对系统未进行任何操作，即使没有点击“注销”按钮，系统也会删除该用户的登录信息。用户想要继续使用本系统，则必须再次登录。

第十二章　课程设计指导

第一节　包装容器结构设计程序与评价

一、包装容器结构设计一般程序

1. 确立设计边界约束条件

通过综合分析内装物品属性、商品流通过程参数、包装材料、容器类型和制造条件，确定设计所要的具体边界约束条件。

需要考虑的商品参数有：类别（食品、药品、化学品、生活用品、电器等）、物态（固态、液态、气态等）、理化及生物参数（质量或尺度、脆值、保存温、湿度范围、能够引起理化反应的环境成分等）以及消费对象。

常用流通过程参数有：运输工具（车、船等）、装卸方式、环境气候（气温、湿度、雨水、辐射、有害气体、微生物等）等。

2. 制定设计方案

根据设计条件列出可能的各种包装容器设计方案，从多个视角对各个方案进行比较，得出相对较好的方案。所谓多视角是指不同的重点考虑参数，如：最小包装尺寸、最小材料消耗、最低综合成本等。

3. 设计包装容器结构

对包装容器设计方案做出成套标准化图样。其中包括：结构强度、刚度和稳定性的分析计算；选定包装容器所有构件的材料、规定包装容器制造技术要求和工艺路线、绘制出全套图纸、编制说明书、制定质量标准和验收方式条件等所有相关技术文件。

图 12－1、图 12－2 为两种包装容器结构设计示意图。

4. 设计方案的评估与优化

完成包装容器理论设计后，一般要进行实样制造，通过样品试验，分析暴露的问题。再根据相关参数重要性程度，建立优化设计目标函数，经过一系列参数的修正，使设计的主要参数向目标点收敛，直到实现较满意的设计结果。

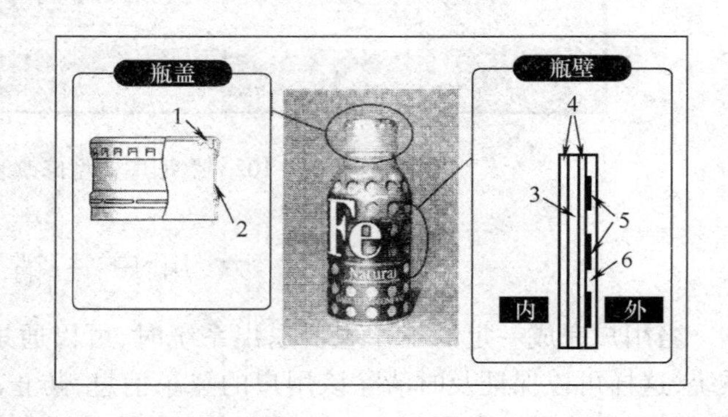

图 12－1　包装容器结构示意图(1)
1—内层　2—铝＋墨层＋涂漆层　3—铝
4—涂布层　5—墨层　6—涂漆层

二、包装容器结构的优化

对于包装容器,如果需要控制流通成本,可进行以降低流通成本为目的的体积形状优化;当感觉选择原材料比较昂贵时,可以采用以降低包装容器用料成本为目的的优化等。不同的目标与视角可以采用不同的优化方法或不同的优化函数,结果也将不同。如果追求几种主要因素的协调与平衡,可对各种优化参数进行线性或非线性的加权合成,实现综合优化。

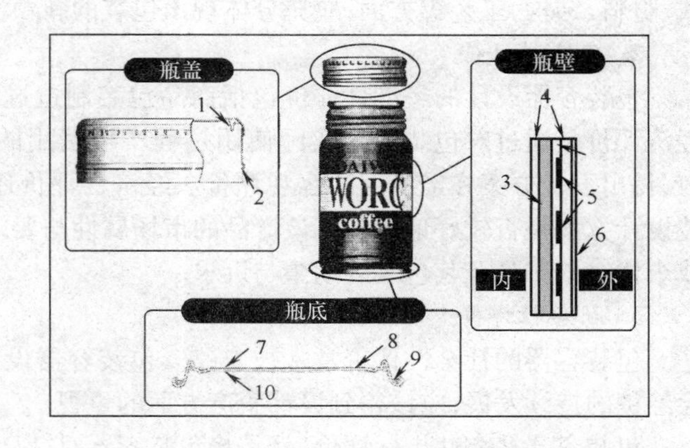

图 12-2 包装容器结构示意图(2)

1—内层 2—铝 + 墨层 + 涂漆层 3—钢
4—层压薄膜 5—墨层 6—涂漆层 7—内涂布层
8—钢 9—密封材料 10—外涂布层

现以包装容器材料优化为例。

首先设立优化目标:在满足内装物品质安全条件下使制造容器的材料消耗最少(材料成本最低)。接着进行函数关系分析:容器消耗材料量与容器壁厚、外表面积大小相关;壁厚又影响到容器强度和刚度,而强度、刚度又影响到包装容器的保护功能。然后,建立强度(或刚度)与壁厚的函数关系,以及强度(或刚度)与包装容器对内装物保护性能的函数关系。在一定的约束条件下(如流通过程对尺寸的限制等),使相关尺寸数据收敛进入目标区域。

这样可以归纳为以下步骤:①分析确定设计变量;②建立目标函数;③确定约束条件;④选择优化计算方法。

三、设计方案的评价

对包装容器设计方案进行多方位综合评价,目标就是在设计中追求设计技术方案的先进性、成本、效益三者关系的协调或合理平衡。它对于产品及其包装的市场前景,对于同类产品包装质量的比较,具有很重要的作用。对包装设计方案的评价一般可以从以下几个方面进行:

1. 技术性评价

技术性评价是通过对包装容器的各项技术指标试验,与现有其他类似包装容器综合比较,分析包装容器结构、用料、造型等方面的合理性程度,得出设计方案在技术上的客观评价结果。其中保护性、便利性是包装设计所体现的两项基本功能。因此,首先应该考虑在包装中是否最大可能地实现了保护和便利功能,帮助商品能最有效地走完从生产到消费的整个过程。

不同的产品种类、特性、形态对包装的保护性与方便性有不同的要求。主要评价该包装是否具有对产品的良好的保护功能,还考虑消费者购买产品后使用的方便性,以及宜人性等。具有高技术含量的"标新立异"与创新性往往是胜出的关键,所设计的包装物的形式、材料、结构、工艺等方面，应充分体现该包装的新颖性、先进性、独创性水平。

2. 经济性评价

包装容器设计的经济性评价包括商品包装制造过程所消耗的各类成本。商品包装的经济评价是通过对包装容器实际使用过程产生费用的估算，与其他相同类型包装容器比较，得出设计方案在经济上的客观评价。经济性评价还需要包括产品包装的市场性，该包装设计方案是否较好地体现了该产品的市场属性与要求，特别是能否反映与满足消费群体或个体对该产品及其包装的期望与诉求。

3. 社会性评价

包装容器的社会性评价常常被忽略。包装容器设计方案的社会性评价有利于整个社会经济的持续发展，应该得到设计生产方面的重视。

包装容器社会性指标评价，就是将包装容器对社会资源消耗及对环境的影响力折合成数据，包括了包装结构、材料工艺等方面所体现的环保协调性，按一定计算方法获得结果还可与其他相同类型包装容器做横向比较。

总体来说，为便于评价工作的有效顺利展开，需要对包装设计方案所表达内容进行分析，制定各项评估指标，直到建立起一个相对合理、切实可行的评估指标体系。然后，选择确定评估工作的操作方法，以及数据整理统计方法。

对包装设计的评估，可以根据需要分两种方式进行：①简单评估；②全面评估。简单评估是着重针对某一两个模块的指标或模块中部分指标作评估，由少量评估人员参与即可完成。全面评估是针对整个指标体系作全面评估，需要由设计专家组、顾客代表、销售商代表共同参与完成，以获得科学、合理、客观的结果。

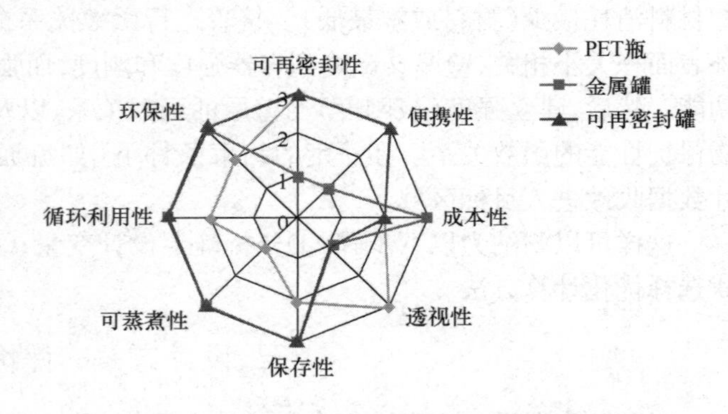

图 12－3　包装设计方案比较雷达图

图 12－3 为一用于包装设计方案比较的雷达图。对三种不同的包装容器形式（聚酯瓶、金属罐、可再密封罐）依可再密封性、便携性、成本性、透视性、保存性、可蒸煮性、循环利用性、环保性等多维指标画出多坐标图（雷达图），从而对三种包装方案做出比较与评估。

第二节　纸盒设计与制作

一、作业目的和基本要求

学习了各种纸盒的基本结构和基本设计方法后，还须进行纸盒的设计与制作实践。通过实际作业才能加深对包装纸盒结构的理解，获得包装纸盒设计制作方面的工艺知识。

要求设计者经过认真构思,设计和制作实样,并听取意见作进一步修改。

合格而有销售魅力的包装盒应该做到:①适合于内装物的形态和规格;②其结构足以承受内装物品重量,确保在流通中不破裂、不散落;③结构形式新颖别致,兼有制作方便、打开方便的优点;④符合对本包装的特别要求(指装箱、分组、流通、携带、销售、使用等方面)。

确认设计制作的实样符合以上基本要求后,进入生产过程。

二、作 业 题

以下提出较常见的8种包装盒设计课题,题目的具体内容及要求说明均列于表12-1中。

表12-1　包装纸盒作业题目

序号	内装物	规 格	包装要求	设计提示
1	酒	250mL	底部承重,携带安全,定位可靠	适合于容器外形,盒型新颖
2	糖果	250g	折叠成型,富有儿童情趣	一纸成型,形象生动
3	糕点	250g	简单,可靠,便携,带防油内纸	罩盖、盒或一纸成型
4	玻璃杯	4或6只	防撞,防碎,安全	间壁封底式或多件包装
5	网球/乒乓球	4只	部分可见,启取方便	
6	钢笔	对笔	双层,定位,高档	抽屉式,天地盖式,摇盖式
7	香水	香水瓶外部尺寸:6cm×3cm×1cm	可见香水与容器,陈列式	开窗,或可打开陈列
8	手帕/丝巾	手帕2块、丝巾1条	表露花色与质地	开窗

三、设计与制作步骤

(1)根据内装物商品的规格形态,确定内装物或内包装的外尺寸,制定纸盒大概尺寸和形状。

(2)依包装要求,进行结构造型构思,设计出合理的盒型。

(3)选定适合本商品重量与形态的包装纸板厚度(定量)与纸板品种。对酒、杯子、糕点、器皿等有相当重量的商品特别注意盒底结构与提手强度。

(4)依照纸盒设计原理,进行划样、刻痕、裁切、粘贴和折叠成型。制作中应注意控制各关键部位尺寸误差(如内外尺寸、插口插舌、压痕中心线位置等)。

(5)观察纸盒整体形象和包装效果,如有不当进行修改。如重新设计,则重复以上步骤。

(6)画出纸盒工作图纸及黑白稿。

四、设计方案示例

图 12－4 中给出上述设计题目的若干盒型方案，供设计者参考。

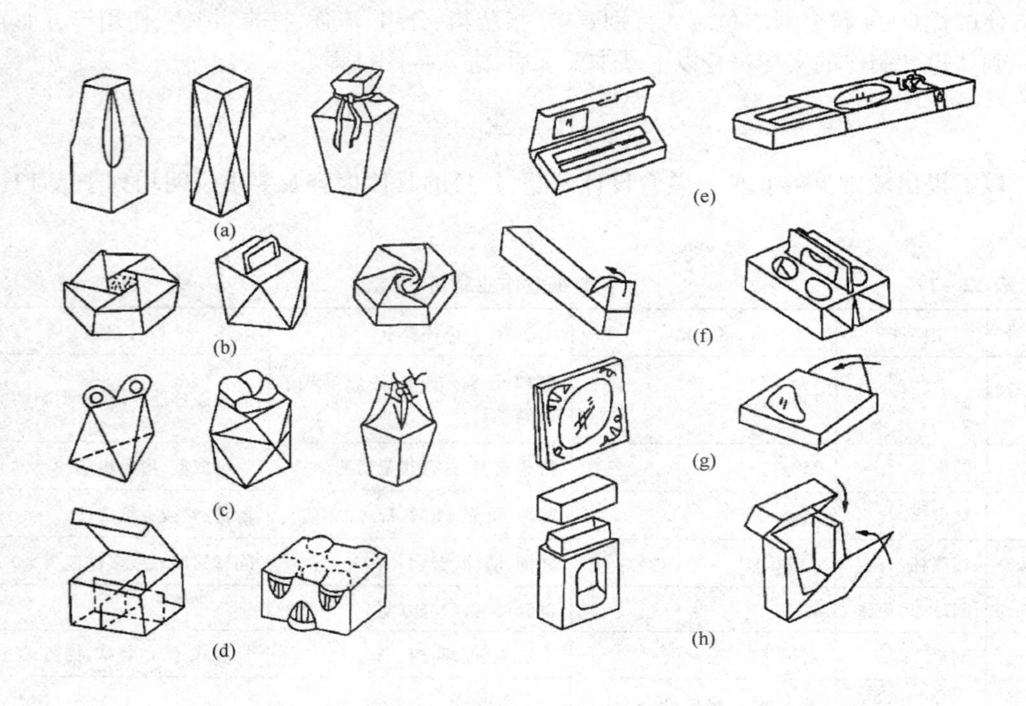

图 12－4　纸盒设计方案图例

（a）酒类　（b）糕点　（c）糖果　（d）玻璃杯

（e）钢笔　（f）网球　（g）丝巾或手帕　（h）香水

第三节　塑料与玻璃容器设计

一、作业目的和要求

本作业强调设计者的综合设计能力，要求综合运用包装造型设计和结构设计等方面的知识。通过本作业，运用已学的造型设计和结构设计基本方法，接受塑料与玻璃包装容器设计程序训练，使设计者成为合格的现代包装设计师。

二、作 业 内 容

成套化妆品等销售包装容器的设计，可以与装潢纸盒的设计配合进行。工程技术设计和装潢设计并重。

三、一般设计程序

①明确课题意义和要求(内装物规格形态,包装特性);②市场调研与资料分析;③容器造型设计(包括形体、色彩、肌理、质感等),同时提出几种方案;④确定设计方案中容器的材料及成型方法;⑤从形体造型、成型工艺、制造成本等方面进行全面分析比较,以市场竞争力决定取舍,终定一个方案;⑥容器结构设计。

四、作 业 实 例

1. 作业题目

××品牌护肤品包装系列设计

2. 设计步骤

(1)化妆品市场调研　熟悉化妆品包装的发展历史和当今消费现状,护肤品的消费特点及趋势,分析典型包装范例。

(2)研究用途及种类、数量　护肤品的常用种类及用途,明确本课题中内装物品种及数量,消费者接受程度。由内装物形态及使用量确定每种容器的容量大小(如蜜类、水类、香水类瓶的容量明显不同)。

(3)造型及装潢设计　运用定位设计原理(消费定位或商品定位或品牌定位或企业定位)进行护肤品的容器设计和装潢礼盒设计,以强化原有形象或树立全新形象。

(4)选择容器材料和确定成型方法　选择和确定与包装要求相符合、与造型装潢设计相适应的容器材料和成型方法。

(5)确定一种最终方案　对上述若干初步方案进行包装性能、外部形象、成型制造、经济性等方面的对比筛选,最终确定一种方案。

(6)表达包装容器商业形象　画出系列包装容器的彩色效果图或制出彩色容器模型(用石膏等材料手工或用聚酯材料在快速成型机上制作)。

(7)容器结构设计　依照选定的成型方法工艺特性,进行容器内部结构有关要素的计算和详细设计。

(8)画出本包装容器结构工作图和部件零件图。

3. 结构设计说明及图例

(1)本系列包装共6件　营养霜类容器1件——手指能伸入,口径不可太小,外形敦实。吹塑件。表面磨砂或浸润。护肤蜜类容器2件——蜜状物必须挤压,防意外渗出加滴头。吹塑件。表面磨砂或浸润。水类容器3件——小装量的香水瓶,轻巧,玻璃。大装量的养发水和须后水瓶,因水类容易挥发,采用高阻隔性材料或玻璃。采用不同表面处理。

(2)外形　本品突出中性化,采用直棱平面外形,以高矮瓶形体现系列化。

(3)瓶盖　外盖为电化铝盖,内盖为PP注塑件,盖裙上设计凹凸纹,内衬为PVC冲切片。护肤蜜瓶口因吹塑无法制出针孔,故附加滴头(限流塞),以防意外挤出内液。滴头与瓶口公差配合严格。

护肤蜜容器结构工作图及零件图见图12-5。

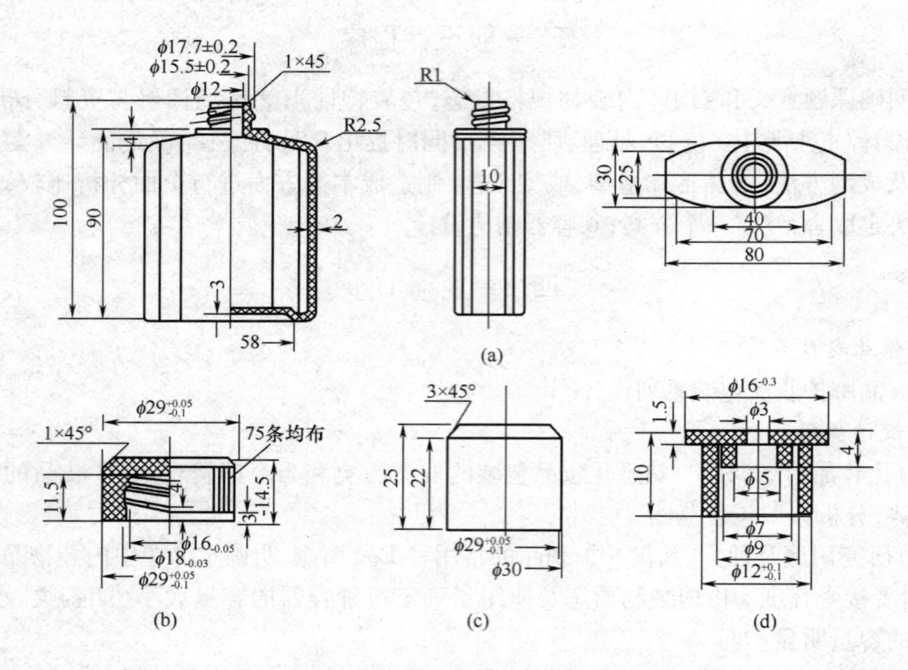

图 12-5　护肤蜜瓶结构工作图

(a)名称:护肤蜜瓶体　材料:PP 吹塑　(b)名称:内盖　材料:PE

(c)名称:外盖　材料:12#铝　$\delta=0.45$mm　(d)名称:滴头(限流塞)　材料:PVC(无色透明)

第四节　综合设计作业指导

综合设计是指选定一个产品的包装进行装潢、造型和结构的系列设计,其中结构设计又包括内、外包装设计、材料选择、装箱与堆码方式的优化等。这是链接设计、材料、工艺等一系列知识点进行的综合设计。下例为一综合设计指导书。

1. 设计题目

××牌香波的外包装改进设计

2. 设计任务

(1)销售纸盒包装设计。

(2)彩色瓦楞纸箱设计。

3. 设计要求

(1)符合包装模数(查国标)。

(2)集装箱运输　1AA/1CC/5D/10D(查国标)。

(3)托盘包装搬运堆码。

(4)堆码/形式(垂直/交错)。

(5)按比例　①结构图 1:N(A3 标准图纸);②纸盒装潢图 1:1 完成设计说明书;③纸箱效果图 1:N。

4. 工作量

(1)市场选定××牌香波塑料瓶包装效果图、结构图。

(2)销售包装盒结构设计图、装潢设计图。

(3)瓦楞纸箱结构图:A/C/AB(F)一页成型。

(4)瓦楞纸箱装潢效果图。

(5)瓦楞原纸配料表 B等箱纸板(计算机编程计算)。

(6)设计说明书 ①装箱图谱;②堆码图谱;③设计尺寸计算;④托盘利用率计算;⑤集装箱空间利用率计算;⑥其他必要说明。

5. 原始数据

(1)香波塑料瓶包装尺寸市场自选。

(2)香波重量。

(3)销售单位:1瓶。

(4)销售包装显示信息 ①产品名称;②容量;③厂名;④厂址。

(5)运输包装显示信息 ①产品名称、型号、数量、产品标准编号;②纸箱外尺寸、重量(净量、毛量)、厂址、厂名、生产日期;③标志。

6. 瓦楞原纸配料表输出格式

箱纸板定量/(g/m^2) 芯纸等级	200	230	250	280	300	320	340	360	420
A									
B									
C									
D									

7. 工作进度

①结构设计2天;②装潢设计1天(可上机);③强度设计2天(上机)。

【习题】

12-1 设计一套12头陶瓷茶具瓦楞纸盒或24头陶瓷餐具瓦楞纸箱包装(计划学时0.5周)。

12-2 设计某牌号香波或其他乳剂化妆品的整体包装,包括塑料瓶、易倾倒盖、瓦楞纸箱等(计划学时1周)。

12-3 设计某牌号香水或其他水剂化妆品的整体包装,包括玻璃瓶、塑料或金属盖、折叠纸盒或固定纸盒或中包装箱、外包装箱等(计划学时1.5周)。

12-4 设计防盗盖(显开痕盖)或儿童安全盖以及相应的瓶、盒、箱等整体包装(计划学时2周)。

*课程设计要求

（1）考虑装潢与造型设计。
（2）采用托盘或集装箱运输。
（3）绘制外观效果图、装潢设计图、结构设计图。
（4）编写设计说明书。

附录　国际箱型标准及省料理想尺寸比例与内装物排列数目

附表 1　　国际箱型标准及省料理想尺寸比例

比例常数	R_L	R_H	L	B	H	S_{min}	A_{min}
箱型编号 0100 组装代码	展开图与立体图	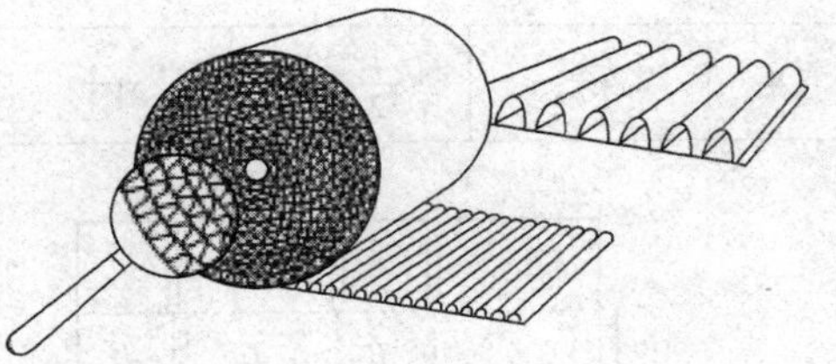					
箱型编号 0110 组装代码	展开图与立体图	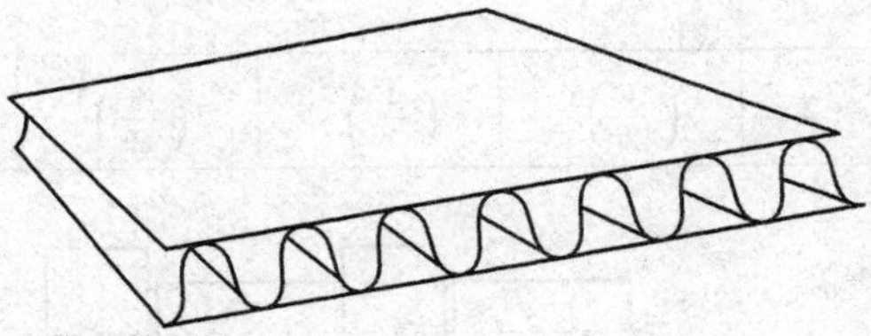					
箱型编号	2	1	$(4V)^{\frac{1}{3}}$	$\frac{1}{2}(4V)^{\frac{1}{3}}$	$\frac{1}{2}(4V)^{\frac{1}{3}}$	$\frac{9}{4}(4V)^{\frac{2}{3}}$	0.79
0200 组装代码 M/A	展开图与立体图	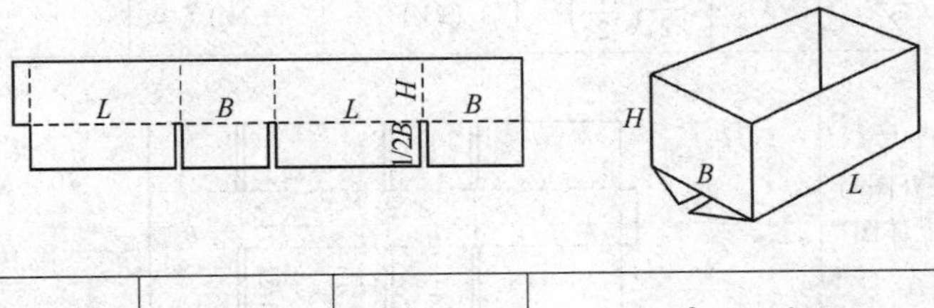					
箱型编号	2	2	$(2V)^{\frac{1}{3}}$	$\frac{1}{2}(2V)^{\frac{1}{3}}$	$(2V)^{\frac{1}{3}}$	$\frac{9}{2}(2V)^{\frac{2}{3}}$	1.00
0201 组装代码 M/A	展开图与立体图	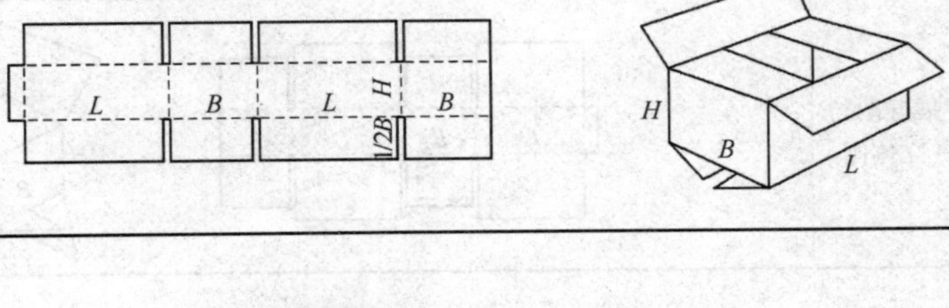					

续表

比例常数	R_L	R_H	L	B	H	S_{min}	A_{min}
箱型编号 0202 组装代码 M/A	2	3	$\frac{1}{3}(36V)^{\frac{1}{3}}$	$\frac{1}{6}(36V)^{\frac{1}{3}}$	$\frac{1}{2}(36V)^{\frac{1}{3}}$	$\frac{3}{4}(36V)^{\frac{2}{3}}$	1.14
	展开图与立体图	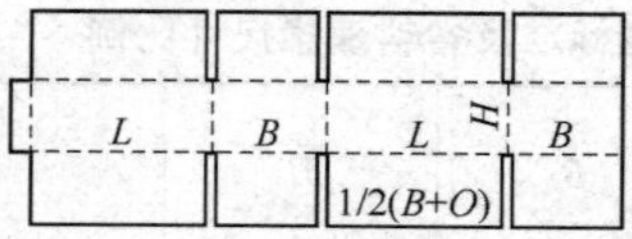				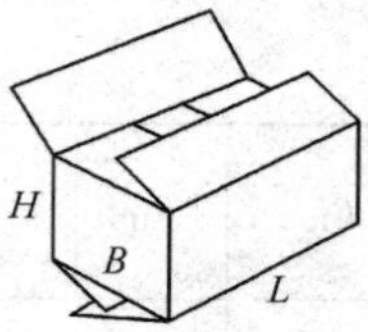	
箱型编号 0203 组装代码 M/A	2	4	$V^{\frac{1}{3}}$	$\frac{1}{2}V^{\frac{1}{3}}$	$2V^{\frac{1}{3}}$	$9V^{\frac{2}{3}}$	1.26
	展开图与立体图	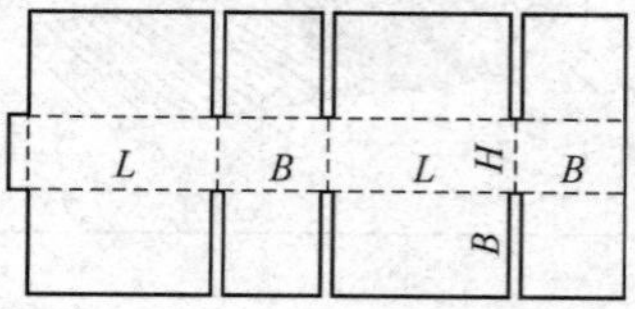				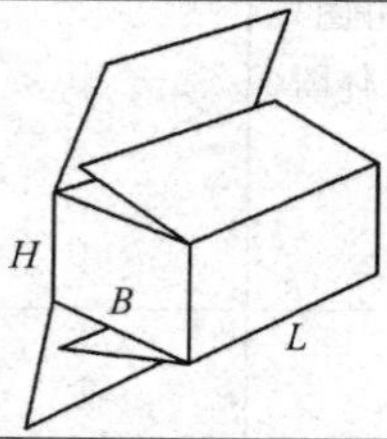	
箱型编号 0204 组装代码 M/A	1	2	$\left(\frac{V}{2}\right)^{\frac{1}{3}}$	$\left(\frac{V}{2}\right)^{\frac{1}{3}}$	$2\left(\frac{V}{2}\right)^{\frac{1}{3}}$	$12\left(\frac{V}{2}\right)^{\frac{2}{3}}$	1.06
	展开图与立体图	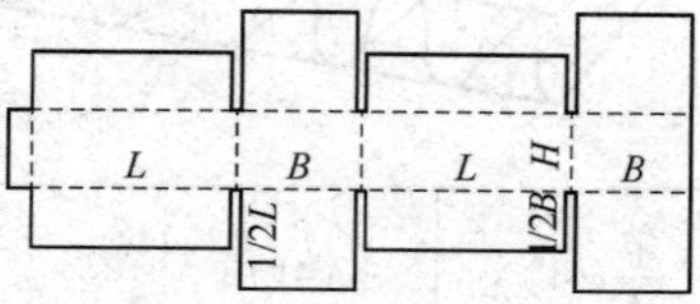				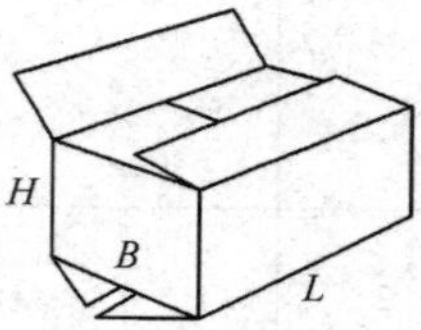	
箱型编号 0205 组装代码 M/A	$\frac{1}{2}$	1	$\frac{1}{2}\left(\frac{V}{2}\right)^{\frac{1}{3}}$	$(2V)^{\frac{1}{3}}$	$(2V)^{\frac{1}{3}}$	$\frac{9}{2}(2V)^{\frac{2}{3}}$	1.00
	展开图与立体图	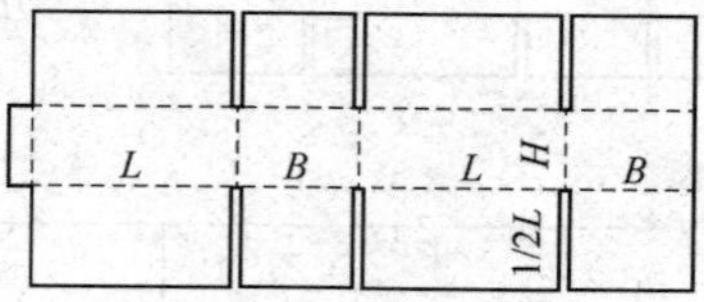				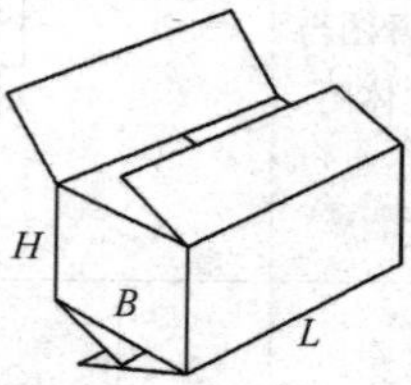	
箱型编号 0206 组装代码 M/A	1	3	$\left(\frac{V}{3}\right)^{\frac{1}{3}}$	$\left(\frac{V}{3}\right)^{\frac{1}{3}}$	$3\left(\frac{V}{3}\right)^{\frac{1}{3}}$	$18\left(\frac{V}{3}\right)^{\frac{2}{3}}$	1.21
	展开图与立体图	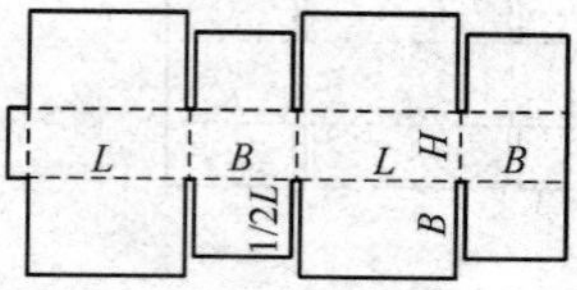				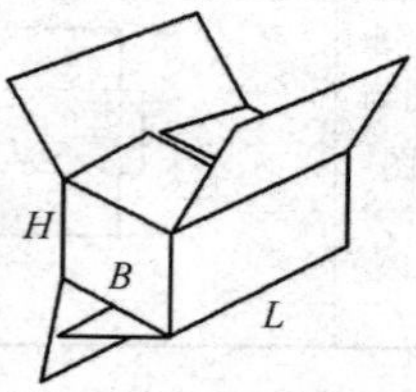	

续表

比例常数	R_L	R_H	L	B	H	S_{min}	A_{min}
箱型编号	$\frac{3}{2}$	1	$\left(\frac{9}{4}V\right)^{\frac{1}{3}}$	$\frac{2}{3}\left(\frac{9}{4}V\right)^{\frac{1}{3}}$	$\frac{2}{3}\left(\frac{9}{4}V\right)^{\frac{1}{3}}$	$\frac{20}{3}\left(\frac{9}{4}V\right)^{\frac{2}{3}}$	1.60
0207 组装代码 M	展开图与立体图		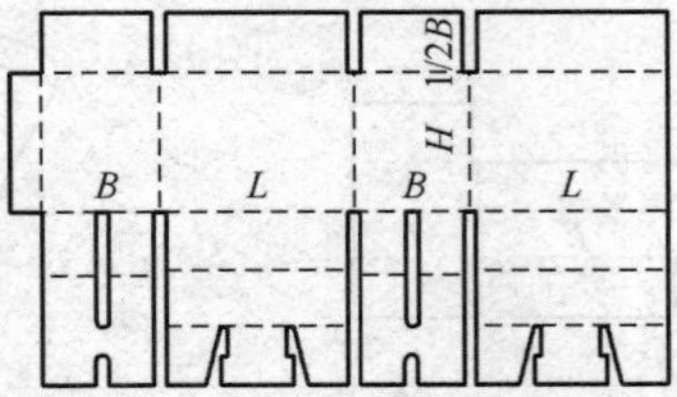			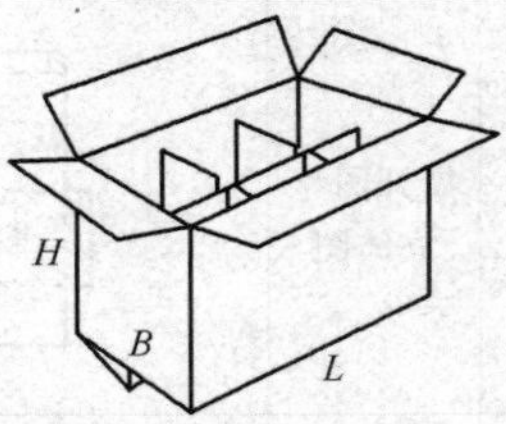	
箱型编号	1	$\frac{5}{6}$	$\left(\frac{5}{6}V\right)^{\frac{1}{3}}$	$\left(\frac{5}{6}V\right)^{\frac{1}{3}}$	$\frac{5}{6}\left(\frac{5}{6}V\right)^{\frac{1}{3}}$	$10\left(\frac{5}{6}V\right)^{\frac{2}{3}}$	1.58
0208 组装代码 M	展开图与立体图		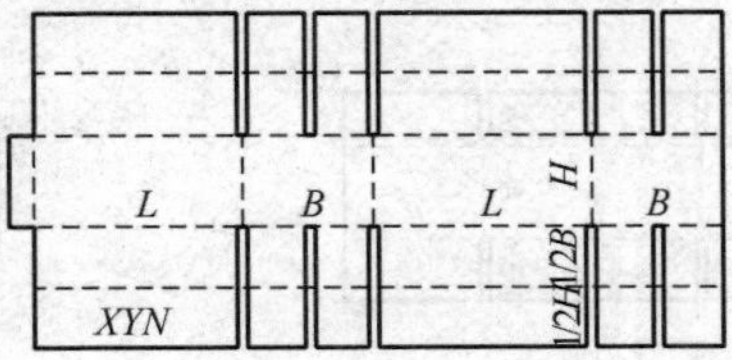			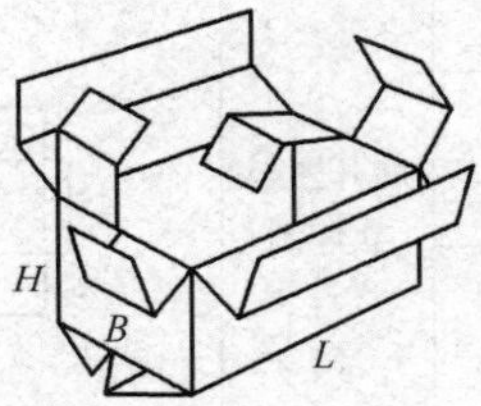	
箱型编号	2	$\frac{3}{2}$	$\left(\frac{8}{3}V\right)^{\frac{1}{3}}$	$\frac{1}{2}\left(\frac{8}{3}V\right)^{\frac{1}{3}}$	$\frac{3}{4}\left(\frac{8}{3}V\right)^{\frac{1}{3}}$	$\frac{27}{8}\left(\frac{8}{3}V\right)^{\frac{2}{3}}$	0.91
0209 组装代码 M/A	展开图与立体图		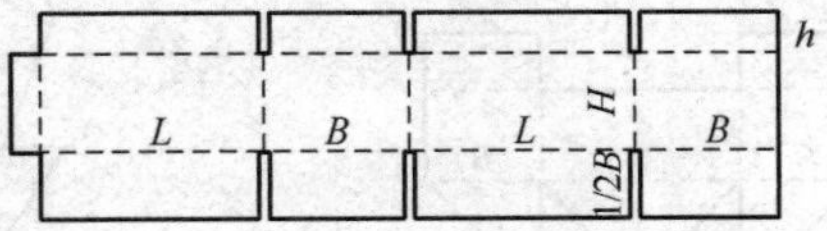			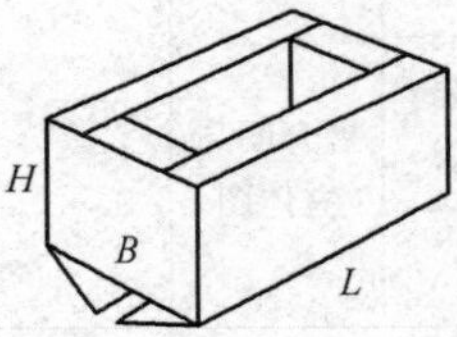	
箱型编号	2	2	$(2V)^{\frac{1}{3}}$	$\frac{1}{2}(2V)^{\frac{1}{3}}$	$(2V)^{\frac{1}{3}}$	$\frac{9}{2}(2V)^{\frac{2}{3}}$	1.00
0210 组装代码 M	展开图与立体图		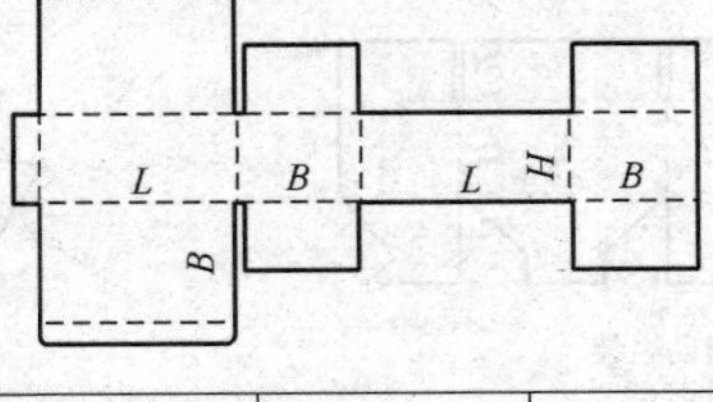			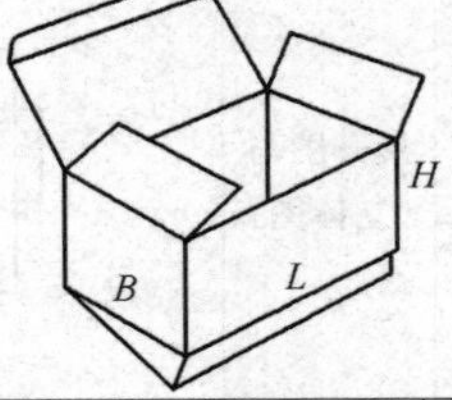	
箱型编号	2	2	$(2V)^{\frac{1}{3}}$	$\frac{1}{2}(2V)^{\frac{1}{3}}$	$(2V)^{\frac{1}{3}}$	$\frac{9}{2}(2V)^{\frac{2}{3}}$	1.00
0211 组装代码 M	展开图与立体图		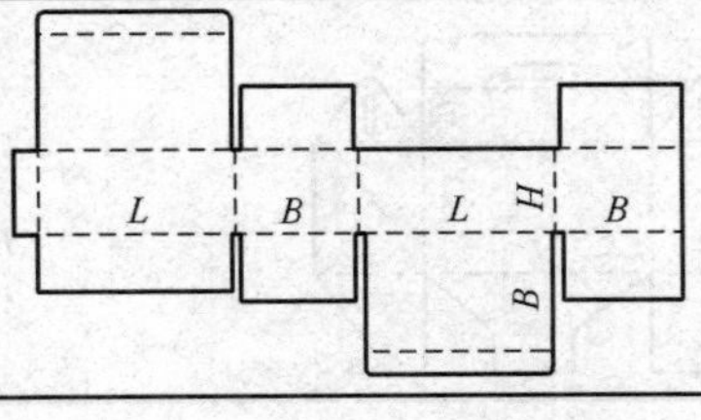			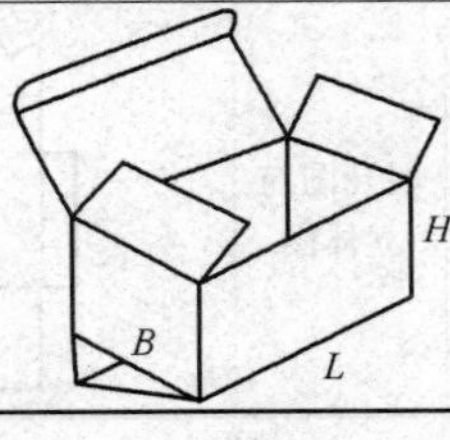	

续表

比例常数	R_L	R_H	L	B	H	S_{min}	A_{min}
箱型编号	2	2	$(2V)^{\frac{1}{3}}$	$\frac{1}{2}(2V)^{\frac{1}{3}}$	$(2V)^{\frac{1}{3}}$	$\frac{9}{2}(2V)^{\frac{2}{3}}$	1.00
0212 组装代码 M/A	展开图与立体图	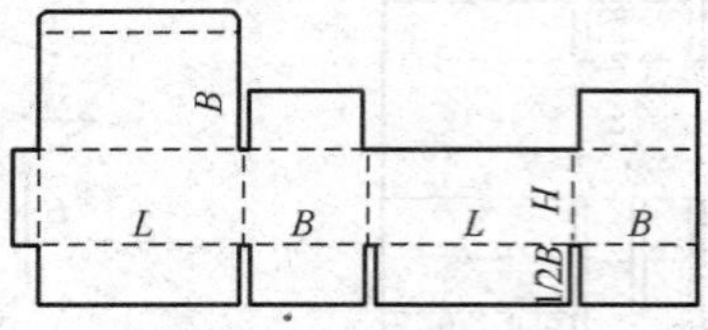				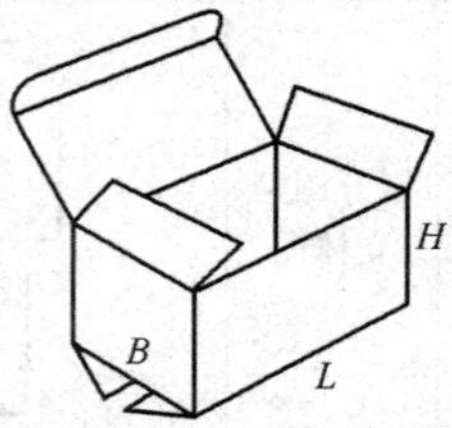	
箱型编号	2	$\frac{3}{2}$	$\left(\frac{8}{3}V\right)^{\frac{1}{3}}$	$\frac{1}{2}\left(\frac{8}{3}V\right)^{\frac{1}{3}}$	$\frac{27}{8}\left(\frac{8}{3}V\right)^{\frac{1}{3}}$	$\frac{27}{8}\left(\frac{8}{3}V\right)^{\frac{2}{3}}$	0.91
0214 组装代码 M	展开图与立体图	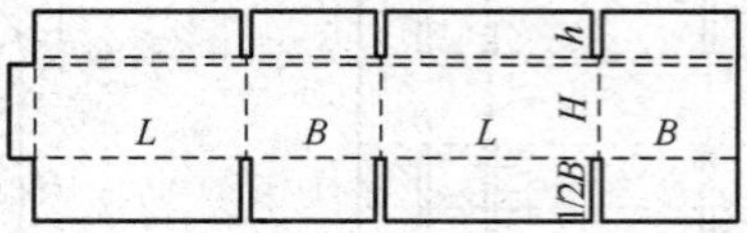				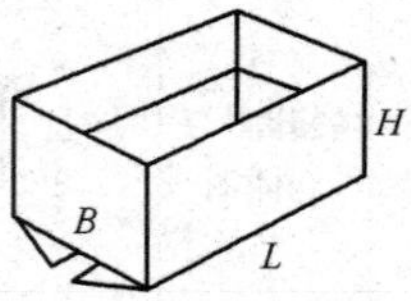	
箱型编号	2	$\frac{5}{2}$	$\left(\frac{8}{5}V\right)^{\frac{1}{3}}$	$\frac{1}{2}\left(\frac{8}{5}V\right)^{\frac{1}{3}}$	$\frac{5}{4}\left(\frac{8}{5}V\right)^{\frac{1}{3}}$	$\frac{45}{8}\left(\frac{8}{5}V\right)^{\frac{2}{3}}$	1.08
0215 组装代码 M	展开图与立体图	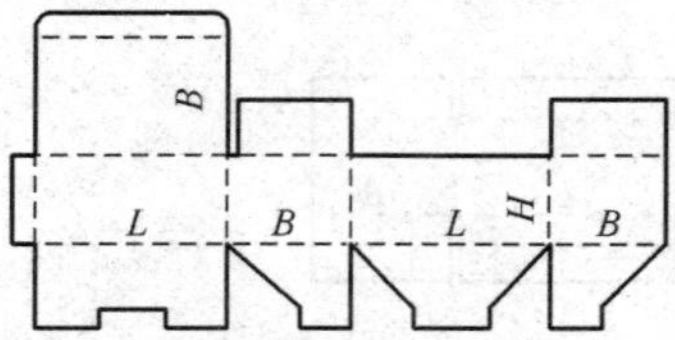				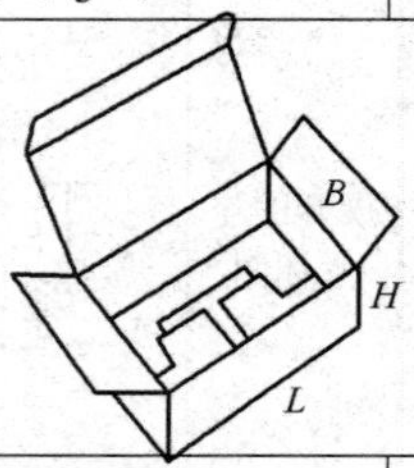	
箱型编号	2	$\frac{5}{2}$	$\left(\frac{8}{5}V\right)^{\frac{1}{3}}$	$\frac{1}{2}\left(\frac{8}{5}V\right)^{\frac{1}{3}}$	$\frac{5}{4}\left(\frac{8}{5}V\right)^{\frac{1}{3}}$	$\frac{45}{8}\left(\frac{8}{5}V\right)^{\frac{2}{3}}$	1.08
0216 组装代码 M	展开图与立体图	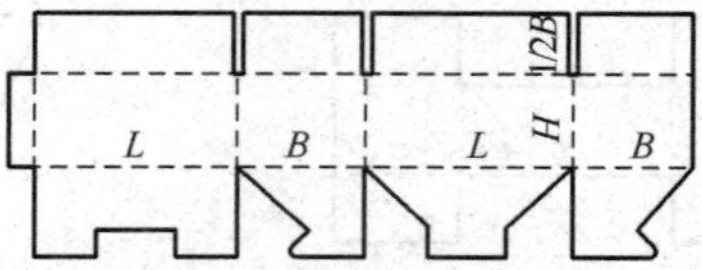 注：上盖可以自动组装				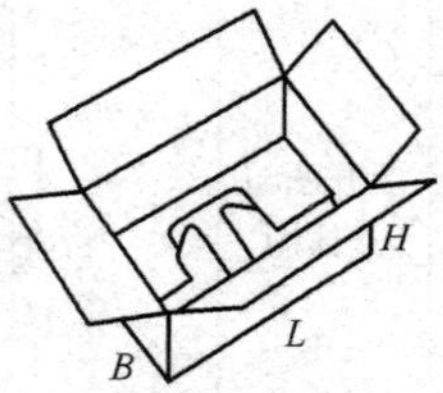	
箱型编号	2	$\frac{7}{2}$	$\left(\frac{8}{7}V\right)^{\frac{1}{3}}$	$\frac{1}{2}\left(\frac{8}{7}V\right)^{\frac{1}{3}}$	$\frac{7}{4}\left(\frac{8}{7}V\right)^{\frac{1}{3}}$	$\frac{63}{8}\left(\frac{8}{7}V\right)^{\frac{2}{3}}$	1.21
0217 组装代码 M	展开图与立体图	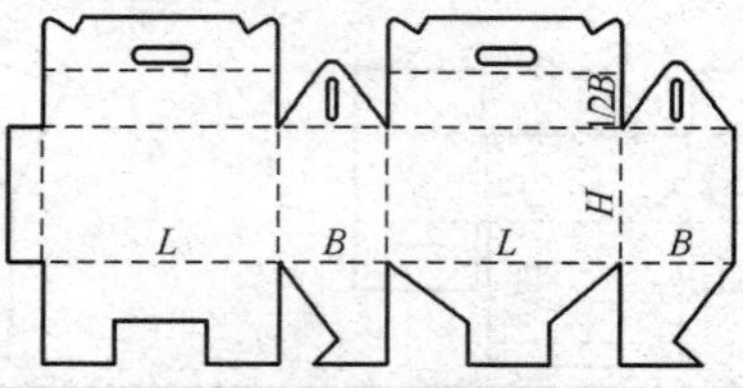				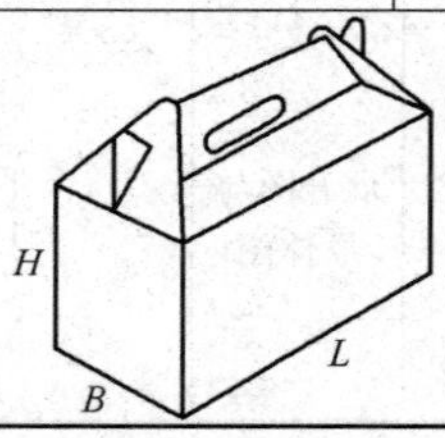	

续表

比例常数	R_L	R_H	L	B	H	S_{min}	A_{min}
箱型编号	2	4	$V^{\frac{1}{3}}$	$\frac{1}{2}V^{\frac{1}{3}}$	$2V^{\frac{1}{3}}$	$9V^{\frac{2}{3}}$	1.26
0218 组装代码 M	展开图与立体图	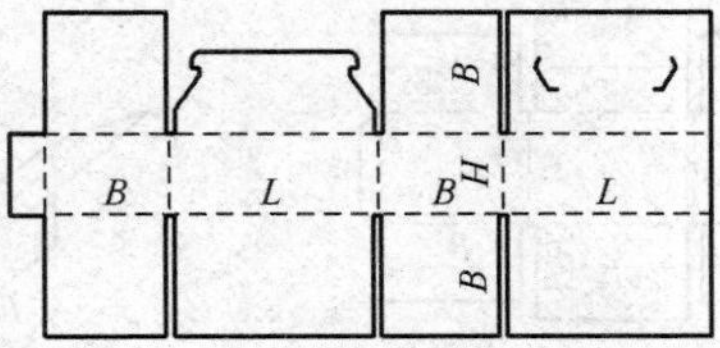			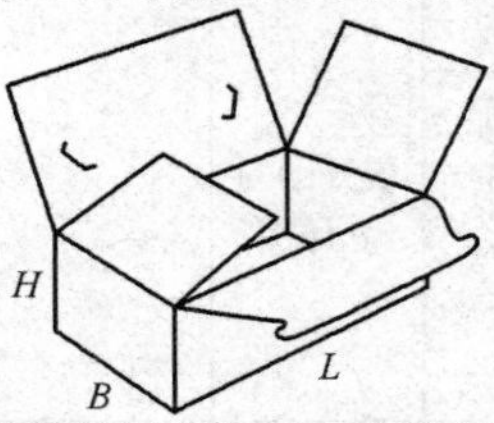		
箱型编号	2	3	$\left(\frac{4}{3}V\right)^{\frac{1}{3}}$	$\frac{1}{2}\left(\frac{4}{3}V\right)^{\frac{1}{3}}$	$\frac{3}{2}\left(\frac{4}{3}V\right)^{\frac{1}{3}}$	$\frac{27}{4}\left(\frac{4}{3}V\right)^{\frac{2}{3}}$	1.14
0225 组装代码 M	展开图与立体图	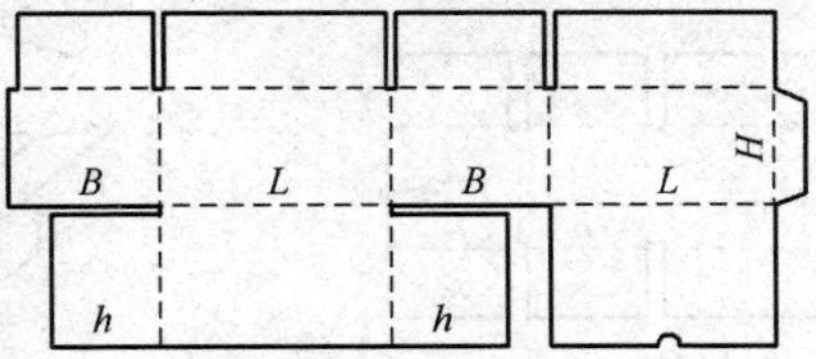 $(h)\leqslant(H)$			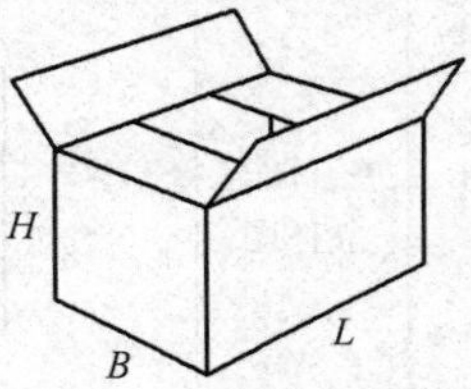		
箱型编号	2	2	$(2V)^{\frac{1}{3}}$	$\frac{1}{2}(2V)^{\frac{1}{3}}$	$(2V)^{\frac{1}{3}}$	$\frac{9}{2}(2V)^{\frac{2}{3}}$	1.00
0226 组装代码 M	展开图与立体图	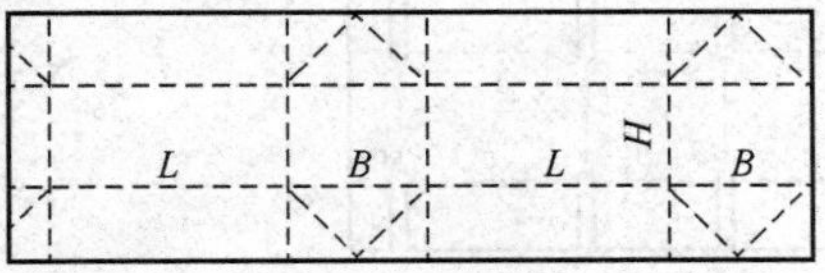			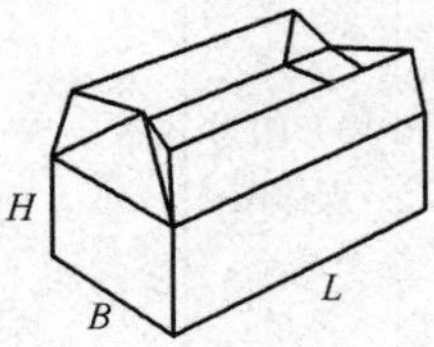		
箱型编号	2	4	$V^{\frac{1}{3}}$	$\frac{1}{2}V^{\frac{1}{3}}$	$2V^{\frac{1}{3}}$	$9V^{\frac{2}{3}}$	1.26
0227 组装代码 M	展开图与立体图	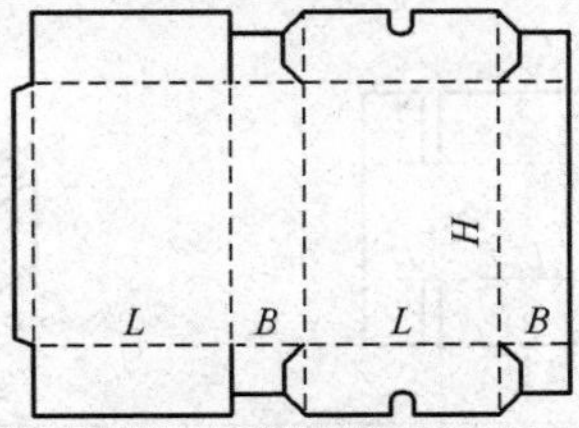			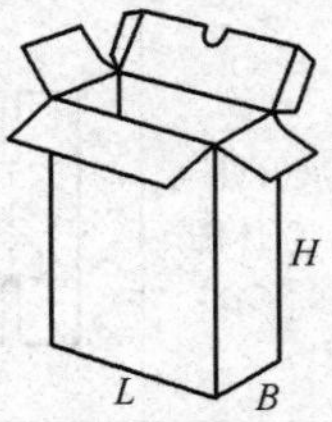		
箱型编号	$\frac{2a}{3}$	$\frac{4a}{9}$	$(aV)^{\frac{1}{3}}$	$\frac{3}{2a}(aV)^{\frac{1}{3}}$	$\frac{2}{3}(aV)^{\frac{1}{3}}$	$\frac{1}{6a^2}(8a^2+36a+27)(aV)^{\frac{2}{3}}$	1.10
0228 组装代码 M/A	展开图与立体图	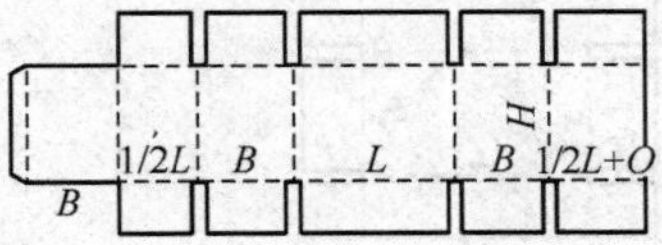			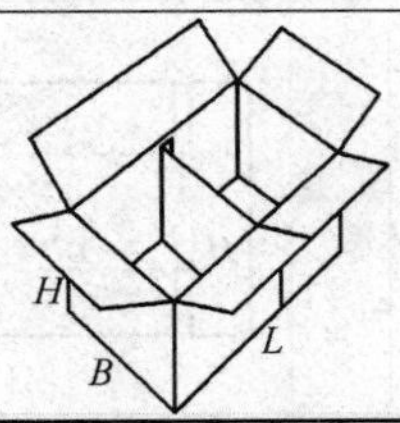		

续表

比例常数	R_L	R_H	L	B	H	S_{min}	A_{min}
箱型编号	$\frac{1}{2}$	$\frac{5}{6}$	$\frac{1}{2}\left(\frac{12}{5}V\right)^{\frac{1}{3}}$	$\left(\frac{12}{5}V\right)^{\frac{1}{3}}$	$\frac{5}{6}\left(\frac{12}{5}V\right)^{\frac{1}{3}}$	$5\left(\frac{12}{5}V\right)^{\frac{2}{3}}$	1.25
0229 组装代码 M	展开图与立体图	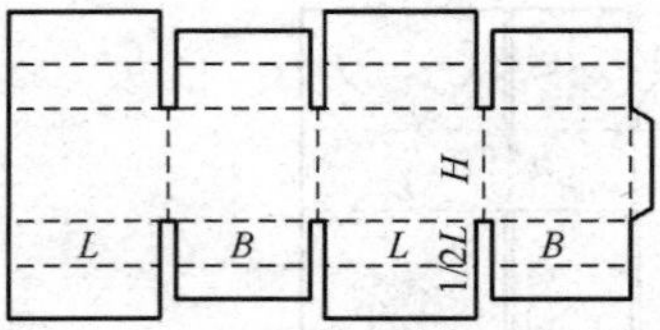	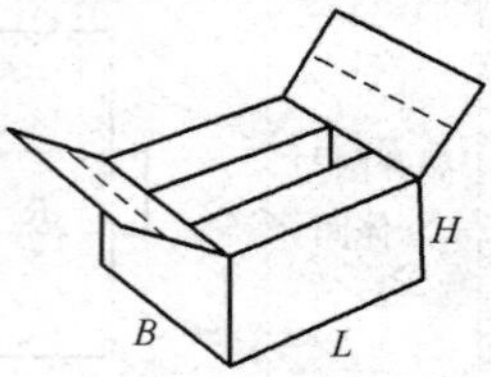				
箱型编号	2	2	$(2V)^{\frac{1}{3}}$	$\frac{1}{2}(2V)^{\frac{1}{3}}$	$(2V)^{\frac{1}{3}}$	$\frac{9}{2}(2V)^{\frac{2}{3}}$	1.00
0230 组装代码 M/A	展开图与立体图	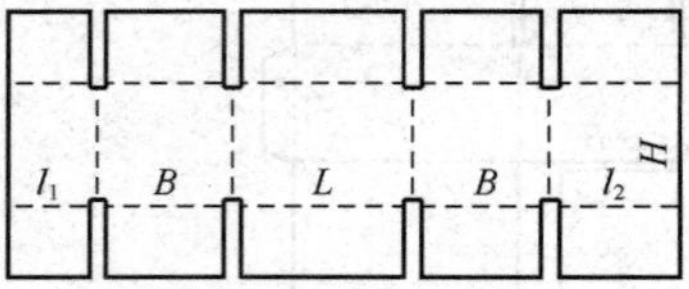 $l_1+l_2=L+O$	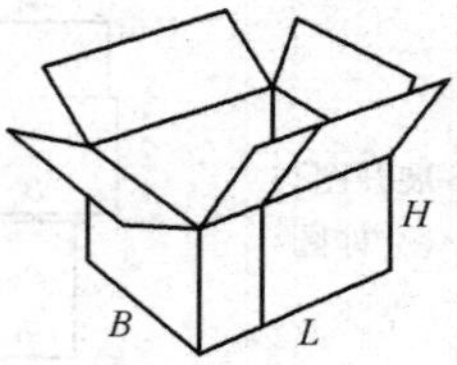				
箱型编号	2	2	$(2V)^{\frac{1}{3}}$	$\frac{1}{2}(2V)^{\frac{1}{3}}$	$(2V)^{\frac{1}{3}}$	$\frac{9}{2}(2V)^{\frac{2}{3}}$	1.00
0231 组装代码 M/A	展开图与立体图	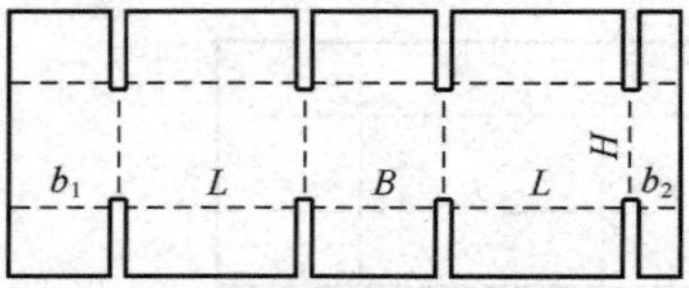 $b_1+b_2=B+O$	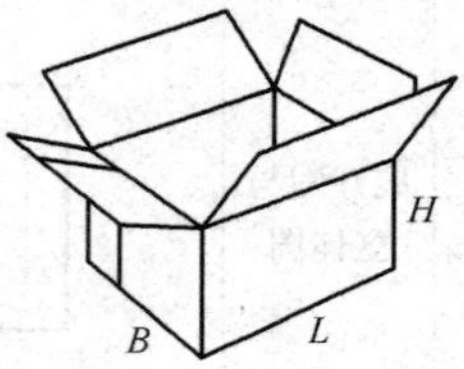				
箱型编号	1	$\frac{1}{4}$	$(4V)^{\frac{1}{3}}$	$(4V)^{\frac{1}{3}}$	$\frac{1}{4}(4V)^{\frac{1}{3}}$	$\frac{9}{2}(4V)^{\frac{2}{3}}$	1.59
0300 组装代码 M/A	展开图与立体图	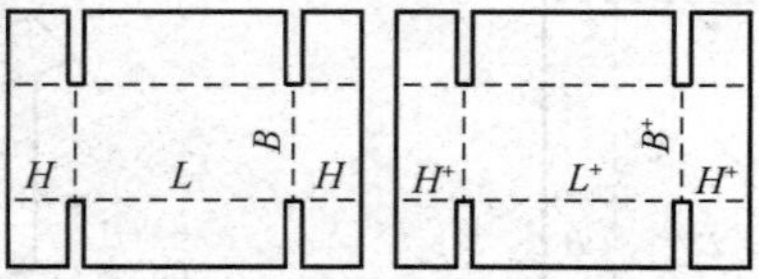	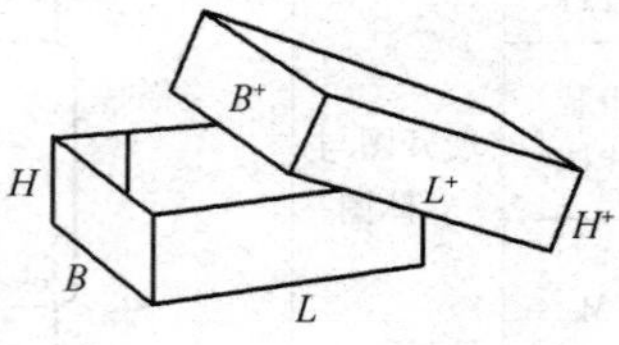				
箱型编号	1	$\frac{1}{4}$	$(4V)^{\frac{1}{3}}$	$(4V)^{\frac{1}{3}}$	$\frac{1}{4}(4V)^{\frac{1}{3}}$	$\frac{9}{2}(4V)^{\frac{2}{3}}$	1.59
0301 组装代码 M/A	展开图与立体图	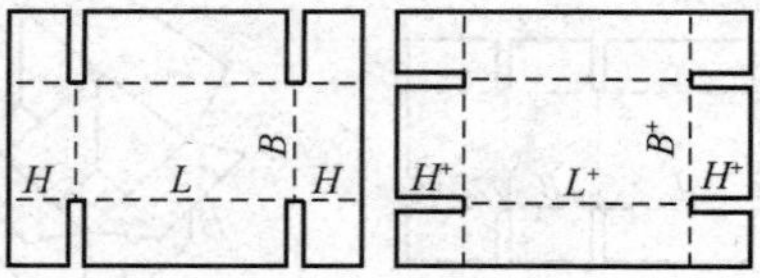	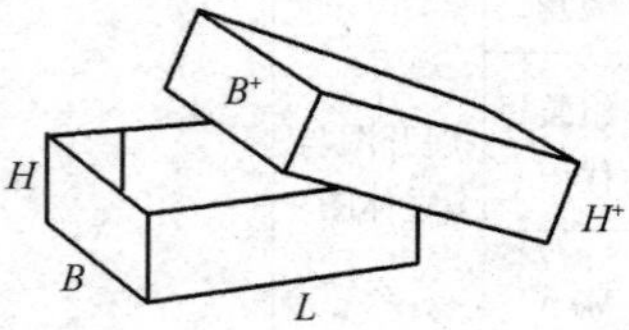				

续表

比例常数	R_L	R_H	L	B	H	S_{min}	A_{min}
箱型编号	1	$\frac{1}{2}$	$(2V)^{\frac{1}{3}}$	$(2V)^{\frac{1}{3}}$	$\frac{1}{2}(2V)^{\frac{1}{3}}$	$6(2V)^{\frac{2}{3}}$	1.33
0302 组装代码 M	展开图与立体图	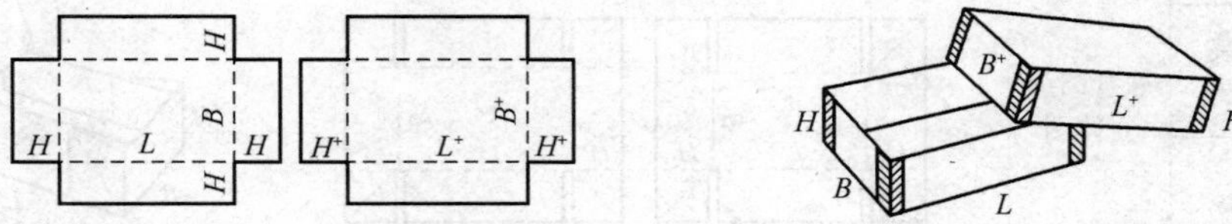					
箱型编号	1	$\frac{1}{4}$	$(4V)^{\frac{1}{3}}$	$(4V)^{\frac{1}{3}}$	$\frac{1}{4}(4V)^{\frac{1}{3}}$	$\frac{9}{2}(4V)^{\frac{2}{3}}$	1.59
0303 组装代码 M	展开图与立体图	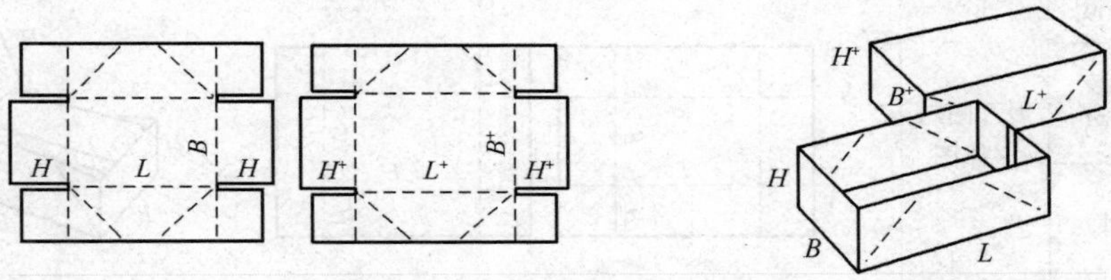					
箱型编号	1	$\frac{1}{4}$	$(4V)^{\frac{1}{3}}$	$(4V)^{\frac{1}{3}}$	$\frac{1}{4}(4V)^{\frac{1}{3}}$	$\frac{9}{2}(4V)^{\frac{2}{3}}$	1.59
0304 组装代码 M	展开图与立体图	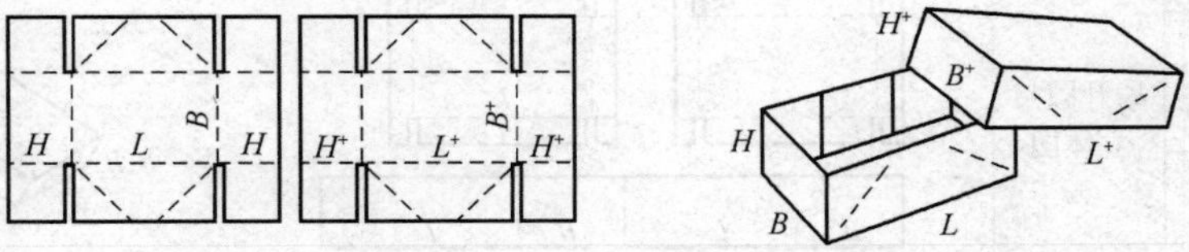					
箱型编号	1	$\frac{8}{b}$	$\frac{1}{2}(bV)^{\frac{1}{3}}$	$\frac{1}{2}(bV)^{\frac{1}{3}}$	$\frac{4}{b}(bV)^{\frac{1}{3}}$	$\frac{1}{2b^2}(b^2+20b+136)(bV)^{\frac{2}{3}}$	1.20
0306 组装代码 M/A	展开图与立体图	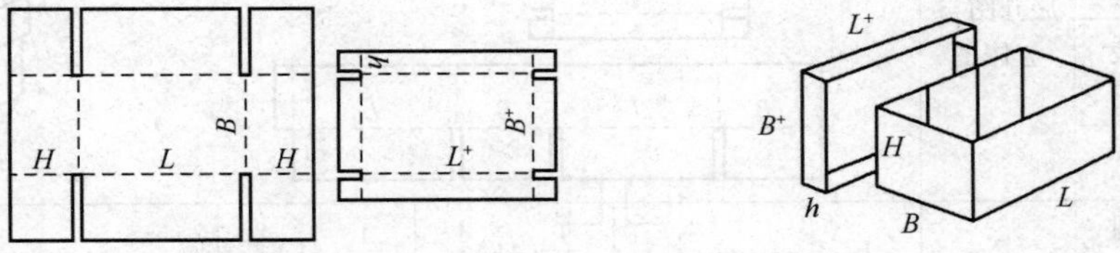					
箱型编号	1	$\frac{1}{4}$	$(4V)^{\frac{1}{3}}$	$(4V)^{\frac{1}{3}}$	$\frac{1}{4}(4V)^{\frac{1}{3}}$	$\frac{9}{2}(4V)^{\frac{2}{3}}$	1.59
0307 组装代码 M	展开图与立体图	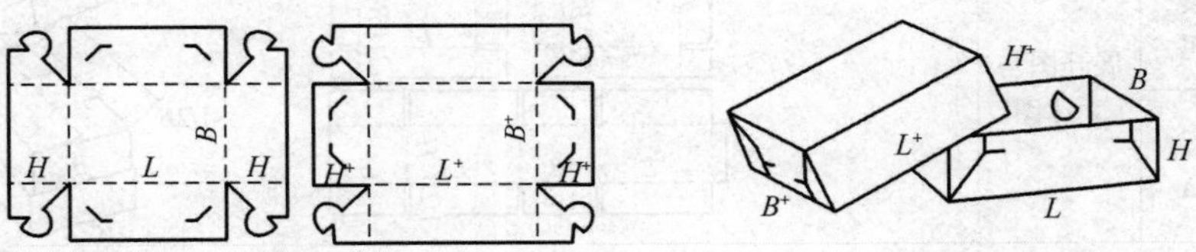					

续表

比例常数	R_L	R_H	L	B	H	S_{min}	A_{min}
箱型编号	1	$\frac{1}{4}$	$(4V)^{\frac{1}{3}}$	$(4V)^{\frac{1}{3}}$	$\frac{1}{4}(4V)^{\frac{1}{3}}$	$\frac{9}{2}(4V)^{\frac{2}{3}}$	1.59
0308 组装代码 M	展开图与立体图	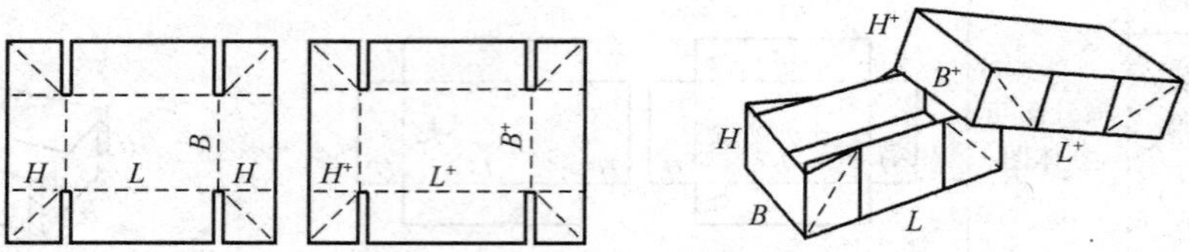 H L B H	H^+ L^+ B^+			H^+ B^+ H L^+ B L	
箱型编号	1	$\frac{1}{4}$	$(4V)^{\frac{1}{3}}$	$(4V)^{\frac{1}{3}}$	$\frac{1}{4}(4V)^{\frac{1}{3}}$	$\frac{9}{2}(4V)^{\frac{2}{3}}$	1.59
0309 组装代码 M	展开图与立体图	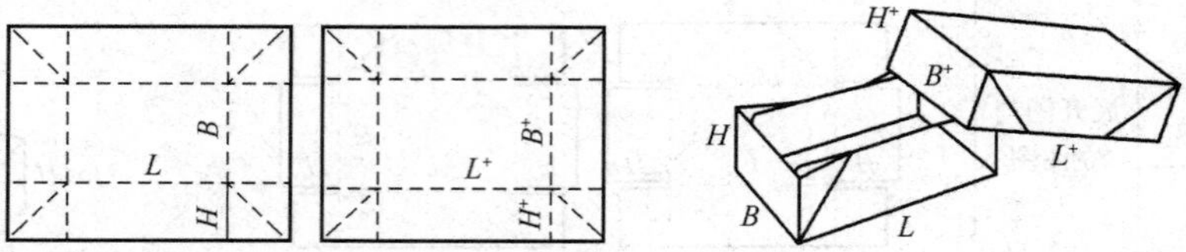 L B H	L^+ B^+ H^+			H^+ B^+ H L^+ B L	
箱型编号	1	$\frac{1}{c}$	$(cV)^{\frac{1}{3}}$	$(cV)^{\frac{1}{3}}$	$\frac{1}{c}(cV)^{\frac{1}{3}}$	$\frac{1}{2c^2}(4c^2+12c+1)(cV)^{\frac{2}{3}}$	1.14
0310 组装代码 M + A	展开图与立体图	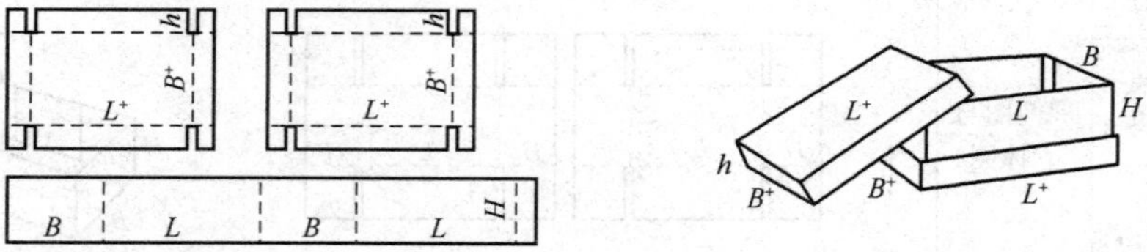 h B^+ L^+; B L B L H	h B^+ L^+			B L^+ L H h B^+ B^+ L^+	
箱型编号 0312 组装代码 M/A	展开图与立体图	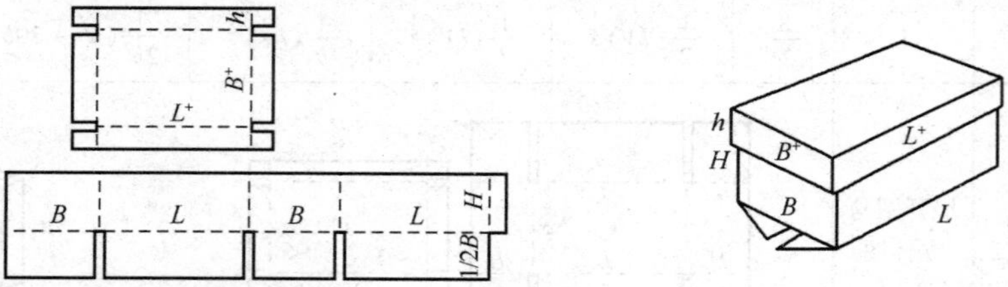 h B^+ L^+; B L B L H 1/2B				h L^+ B^+ H B L	
箱型编号	2	1	$(4V)^{\frac{1}{3}}$	$\frac{1}{2}(4V)^{\frac{1}{3}}$	$\frac{1}{2}(4V)^{\frac{1}{3}}$	$6(4V)^{\frac{2}{3}}$	2.12
0313 组装代码 M/A	展开图与立体图	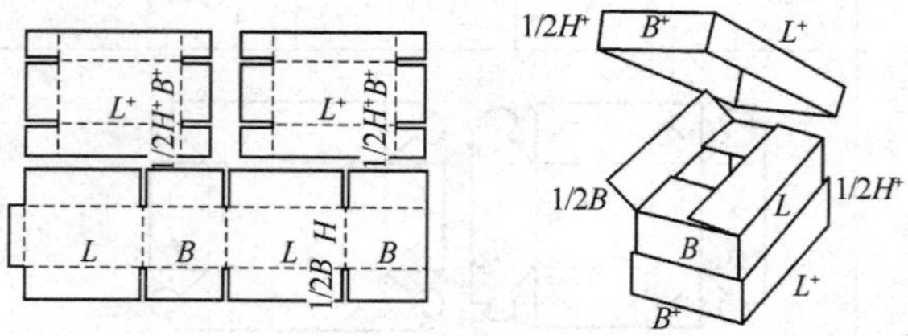 L^+ $1/2H^+$ B^+; L B L B H 1/2B	L^+ $1/2H^+$ B^+			$1/2H^+$ B^+ L^+ 1/2B L $1/2H^+$ B L^+ B^+	

续表

比例常数	R_L	R_H	L	B	H	S_{min}	A_{min}
箱型编号	1	$\frac{1}{2}$	$(2V)^{\frac{1}{3}}$	$(2V)^{\frac{1}{3}}$	$\frac{1}{2}(2V)^{\frac{1}{3}}$	$6(2V)^{\frac{2}{3}}$	1.33
0314 组装代码 M	展开图与立体图	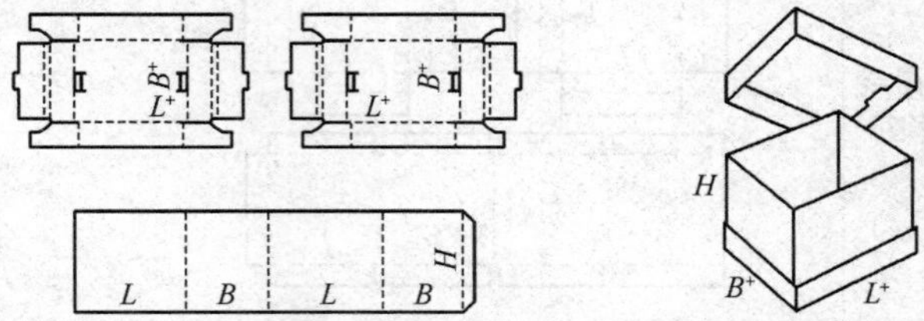 B^+ L^+ B^+ L^+ L B L B H				H B^+ L^+	
箱型编号	2	1	$(4V)^{\frac{1}{3}}$	$\frac{1}{2}(4V)^{\frac{1}{3}}$	$\frac{1}{2}(4V)^{\frac{1}{3}}$	$\frac{9}{2}(4V)^{\frac{2}{3}}$	1.59
0320 组装代码 M/A	展开图与立体图	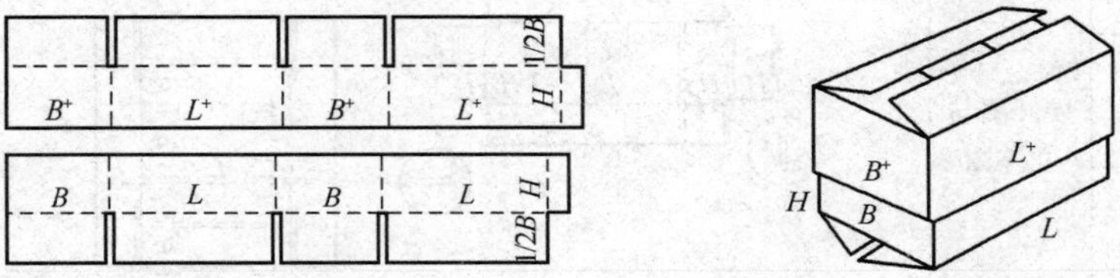 B^+ L^+ B^+ L^+ 1/2B H; B L B L H 1/2B				B^+ L^+ H B L	
箱型编号	2	$\frac{3}{2}$	$2\left(\frac{V}{3}\right)^{\frac{1}{3}}$	$\left(\frac{V}{3}\right)^{\frac{1}{3}}$	$\frac{3}{2}\left(\frac{V}{3}\right)^{\frac{1}{3}}$	$27\left(\frac{V}{3}\right)^{\frac{2}{3}}$	1.82
0321 组装代码 M	展开图与立体图	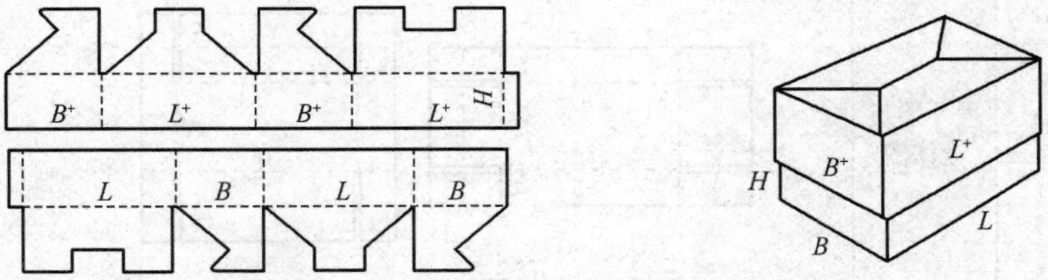 B^+ L^+ B^+ L^+ H; L B L B				B^+ L^+ H L B	
箱型编号 0322 组装代码 M	展开图与立体图	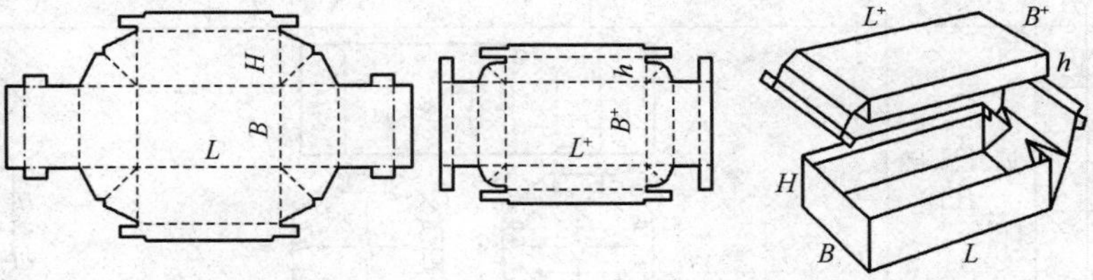 H L B; h B^+ L^+				L^+ B^+ h H B L	
箱型编号 0323 组装代码 M	展开图与立体图	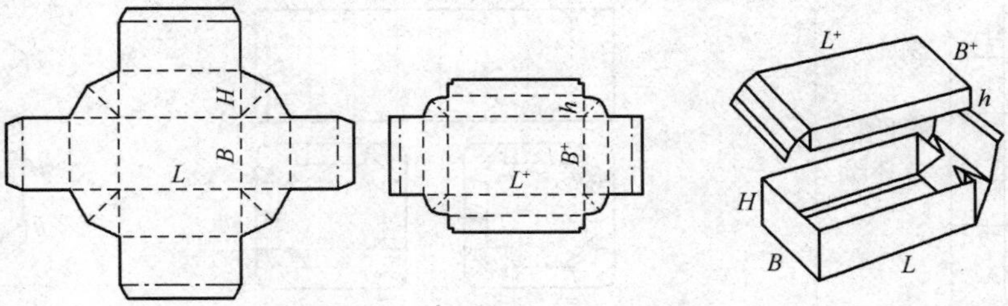 H L B; h B^+ L^+				L^+ B^+ h H B L	

续表

比例常数	R_L	R_H	L	B	H	S_{min}	A_{min}
箱型编号 0325 组装代码 A	展开图与立体图	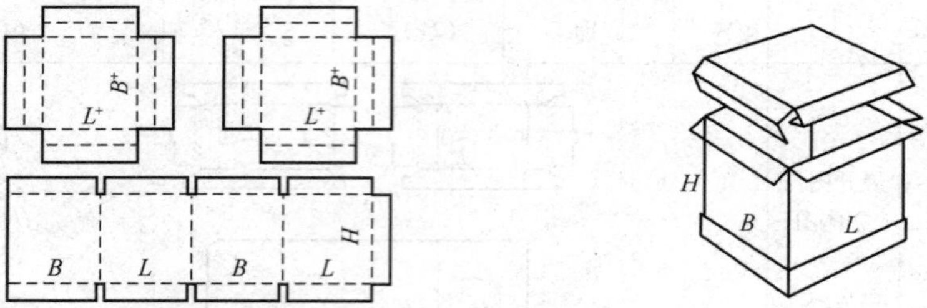					
箱型编号	1	$\frac{1}{e}$	$(eV)^{\frac{1}{3}}$	$(eV)^{\frac{1}{3}}$	$\frac{1}{e}(eV)^{\frac{1}{3}}$	$\frac{2}{e^2}(e^2+6e+6)(eV)^{\frac{2}{3}}$	2.00
0330 组装代码 M/A	展开图与立体图	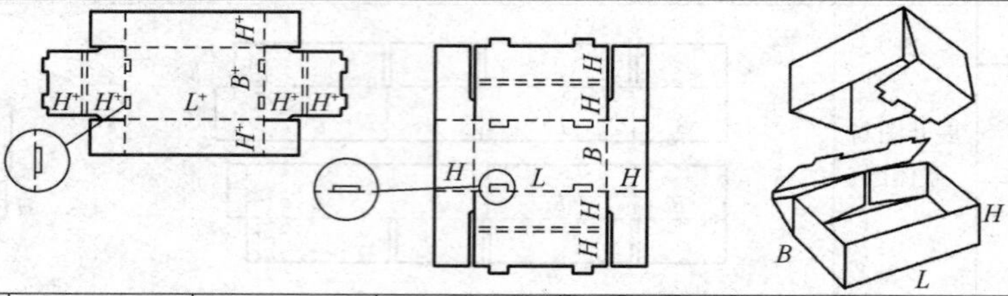					
箱型编号	1	$\frac{1}{f}$	$(fV)^{\frac{1}{3}}$	$(fV)^{\frac{1}{3}}$	$\frac{1}{f}(fV)^{\frac{1}{3}}$	$\frac{2}{f^2}(f^2+6f+8)(fV)^{\frac{2}{3}}$	2.05
0331 组装代码 M/A	展开图与立体图	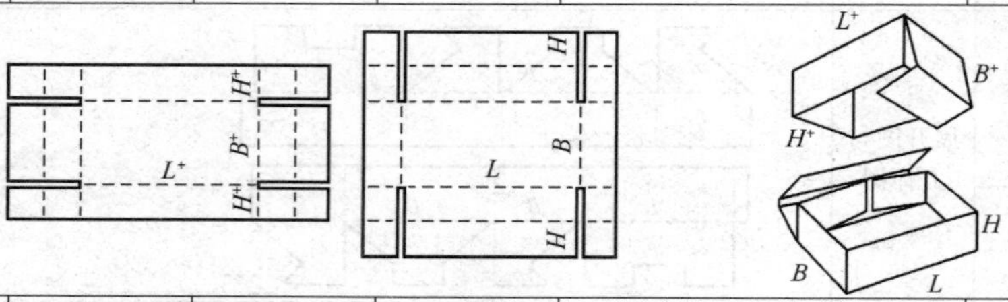					
箱型编号			$(\sqrt{2}+1)\left(\frac{5}{72}V\right)^{\frac{1}{3}}$		$\frac{12}{5}\left(\frac{5}{72}V\right)^{\frac{1}{3}}$	$36\left(\frac{5}{72}V\right)^{\frac{2}{3}}$	0.85
0350 组装代码 M	展开图与立体图	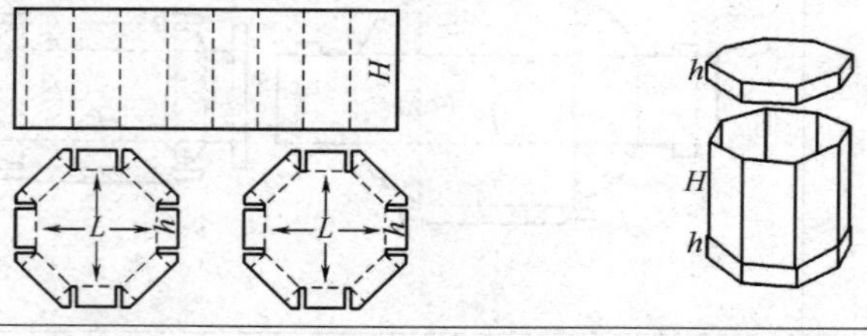					
箱型编号 0351 组装代码 M/A	展开图与立体图	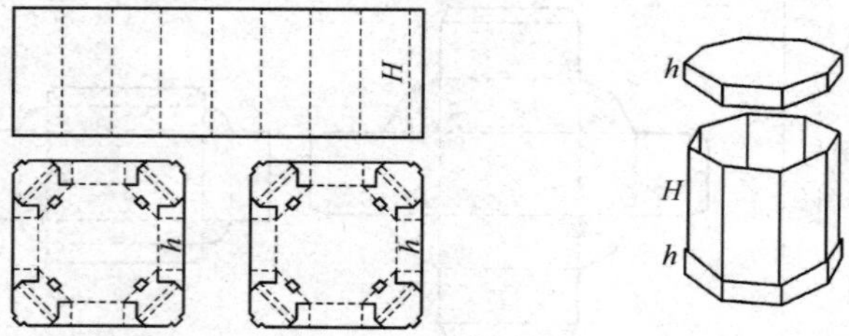					

续表

比例常数	R_L	R_H	L	B	H	S_{min}	A_{min}
箱型编号 0352 组装代码 M/A	展开图与立体图	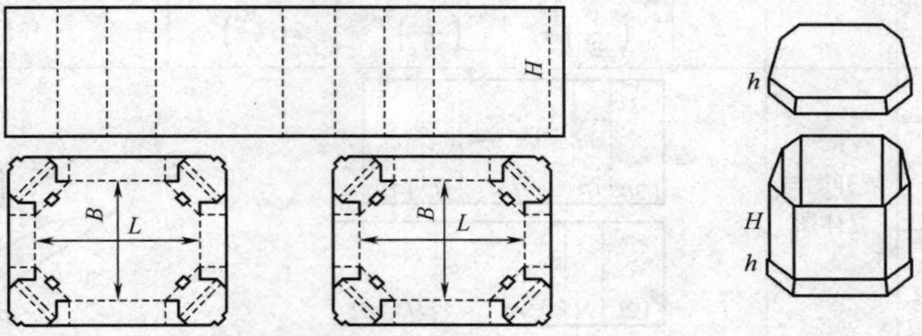					
箱型编号 0400 组装代码 M	展开图与立体图	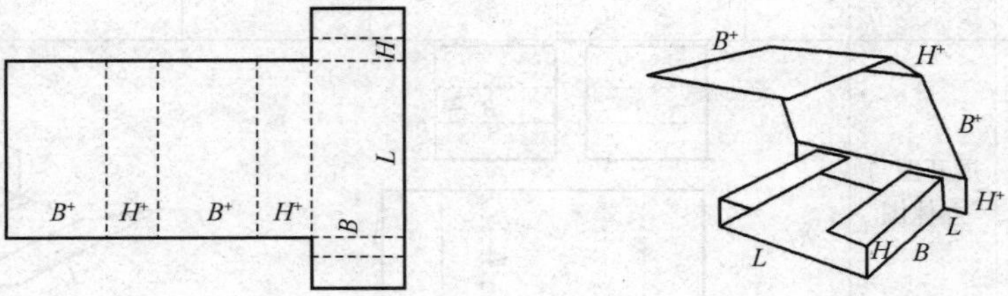					
箱型编号	1	1	$V^{\frac{1}{3}}$	$V^{\frac{1}{3}}$	$V^{\frac{1}{3}}$	$6V^{\frac{2}{3}}$	0.84
0401 组装代码 M	展开图与立体图	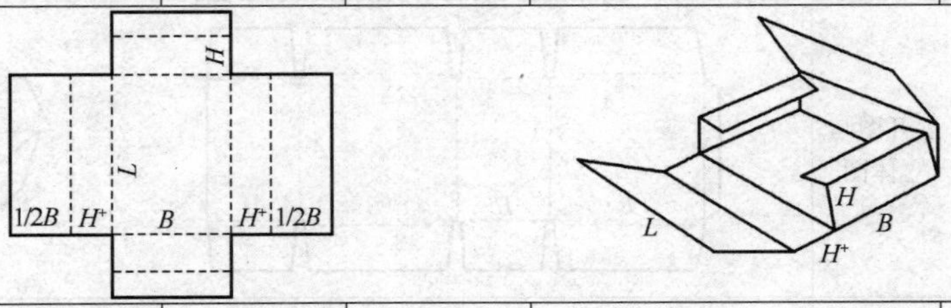					
箱型编号	1	$\frac{3}{2}$	$\left(\frac{2}{3}V\right)^{\frac{1}{3}}$	$\left(\frac{2}{3}V\right)^{\frac{1}{3}}$	$\frac{3}{2}\left(\frac{2}{3}V\right)^{\frac{1}{3}}$	$9\left(\frac{2}{3}V\right)^{\frac{1}{3}}$	0.96
0402 组装代码 M	展开图与立体图	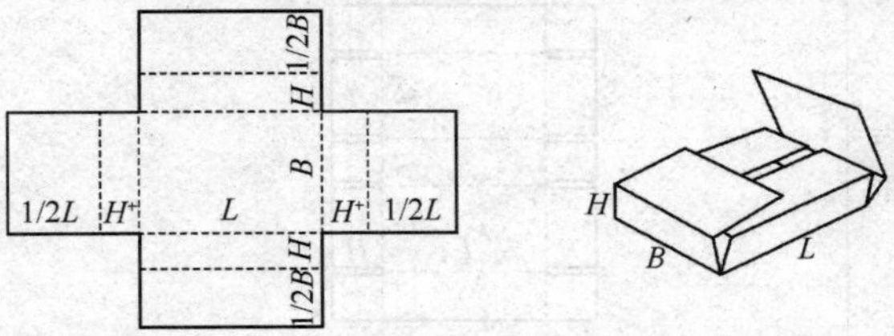					
箱型编号 0403 组装代码 M	展开图与立体图						

续表

比例常数	R_L	R_H	L	B	H	S_{min}	A_{min}
箱型编号	1	2	$\left(\frac{V}{2}\right)^{\frac{1}{3}}$	$\left(\frac{V}{2}\right)^{\frac{1}{3}}$	$2\left(\frac{V}{2}\right)^{\frac{1}{3}}$	$12\left(\frac{V}{2}\right)^{\frac{2}{3}}$	1.06
0404 组装代码 M	展开图与立体图	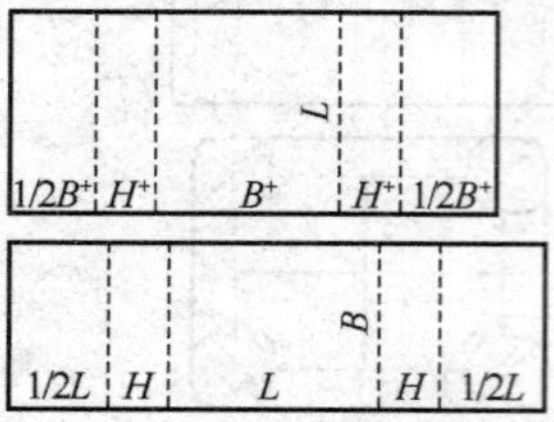			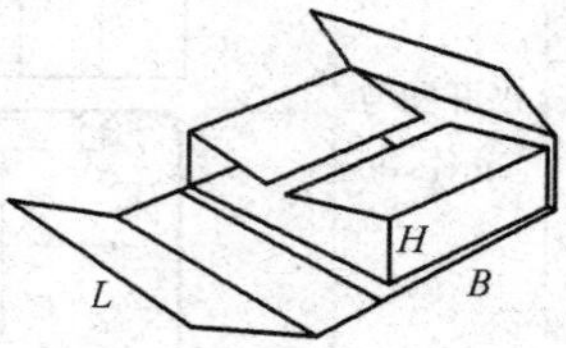		
箱型编号							
0405 组装代码 M	展开图与立体图	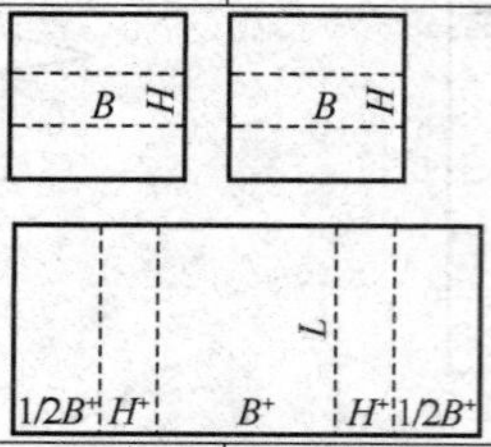			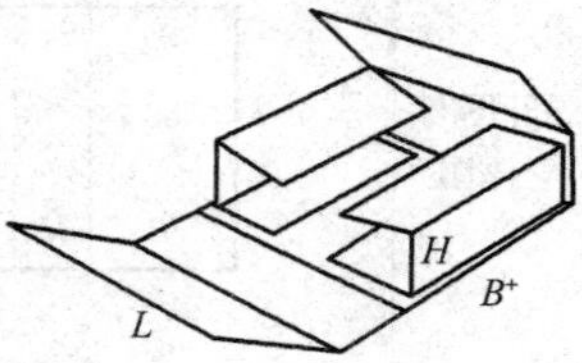		
箱型编号	1	$\frac{1}{2}$	$(2V)^{\frac{1}{3}}$	$(2V)^{\frac{1}{3}}$	$\frac{1}{2}(2V)^{\frac{1}{3}}$	$\frac{9}{2}(2V)^{\frac{2}{3}}$	1.00
0406 组装代码 A	展开图与立体图	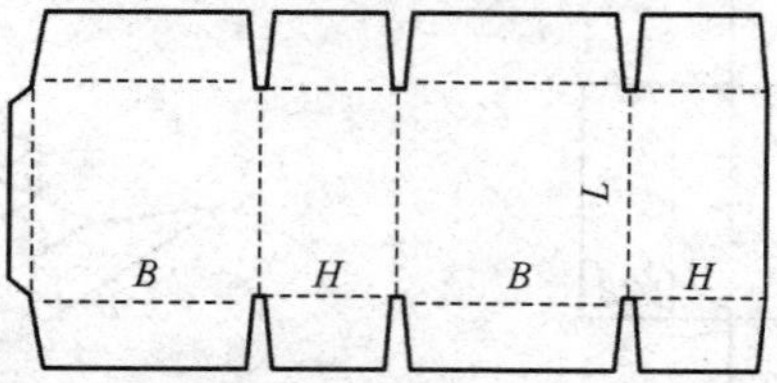			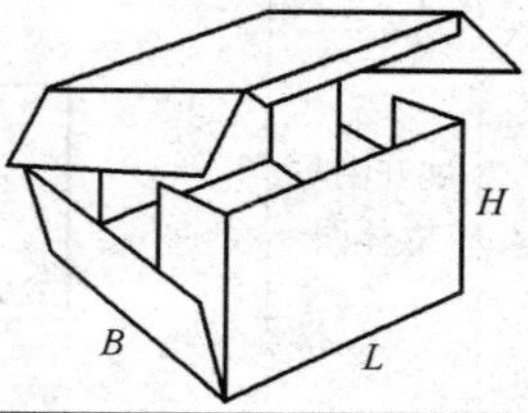		
箱型编号	$\frac{4}{3}$	$\frac{1}{3}$	$\frac{4}{3}\left(\frac{9}{4}V\right)^{\frac{1}{3}}$	$\left(\frac{9}{4}V\right)^{\frac{1}{3}}$	$\frac{1}{3}\left(\frac{9}{4}V\right)^{\frac{1}{3}}$	$6\left(\frac{9}{4}V\right)^{\frac{2}{3}}$	1.44
0409 组装代码 M	展开图与立体图	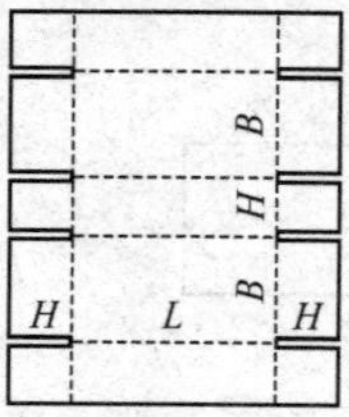			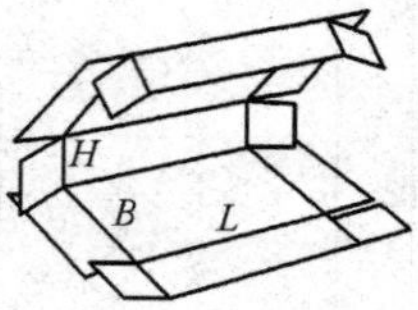		
箱型编号	$\frac{4}{3}$	$\frac{3}{4g}$	$\frac{4}{3}(gV)^{\frac{1}{3}}$	$(gV)^{\frac{1}{3}}$	$\frac{3}{4g}(gV)^{\frac{1}{3}}$	$\frac{1}{12g^2}(32g^2+72g+27)(gV)^{\frac{2}{3}}$	1.38
0410 组装代码 M/A	展开图与立体图	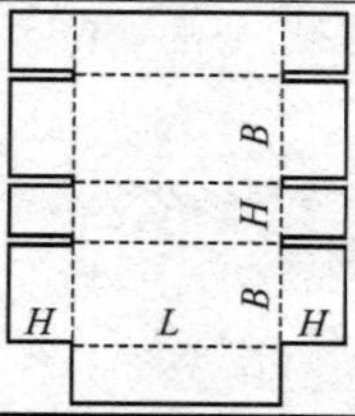			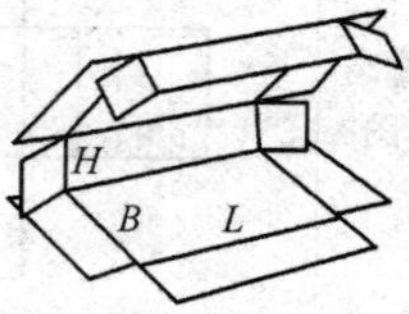		

续表

比例常数	R_L	R_H	L	B	H	S_{min}	A_{min}
箱型编号	2	$\frac{1}{2}$	$2V^{\frac{1}{3}}$	$V^{\frac{1}{3}}$	$\frac{1}{2}V^{\frac{1}{3}}$	$9V^{\frac{2}{3}}$	1.26
0411 组装代码 M/A	展开图与立体图	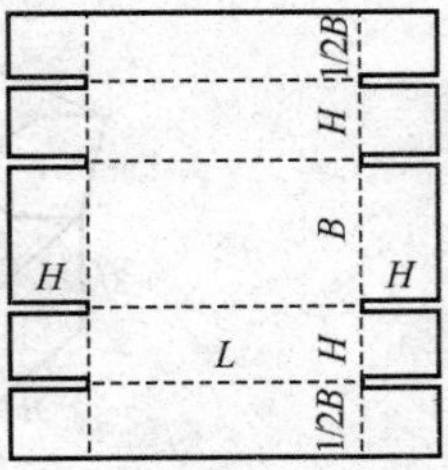			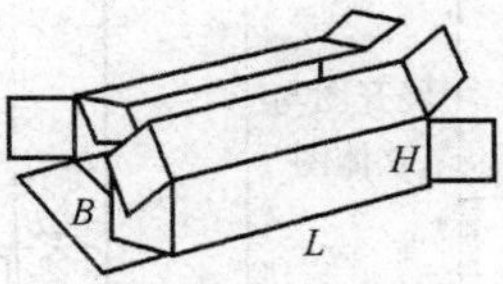		
箱型编号	2	$\frac{1}{2}$	$2V^{\frac{1}{3}}$	$V^{\frac{1}{3}}$	$\frac{1}{2}V^{\frac{1}{3}}$	$9V^{\frac{2}{3}}$	1.26
0412 组装代码 M	展开图与立体图	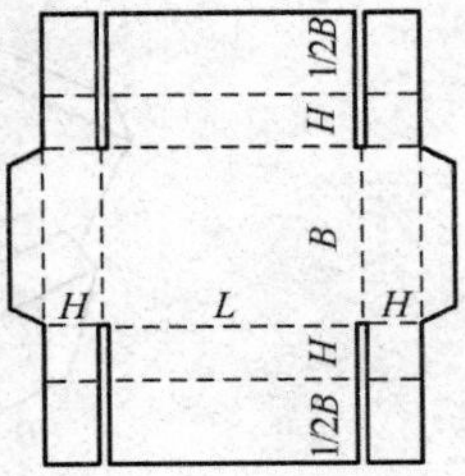			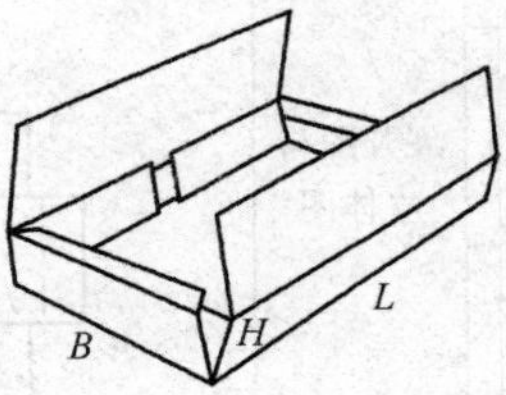		
箱型编号	$\frac{4}{3}$	$\frac{1}{3}$	$\frac{4}{3}\left(\frac{9}{4}V\right)^{\frac{1}{3}}$	$\left(\frac{9}{4}V\right)^{\frac{1}{3}}$	$\frac{1}{3}\left(\frac{9}{4}V\right)^{\frac{1}{3}}$	$6\left(\frac{9}{4}V\right)^{\frac{2}{3}}$	1.44
0413 组装代码 M/A	展开图与立体图	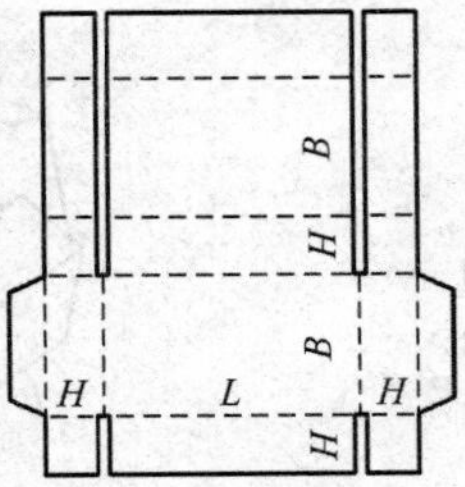			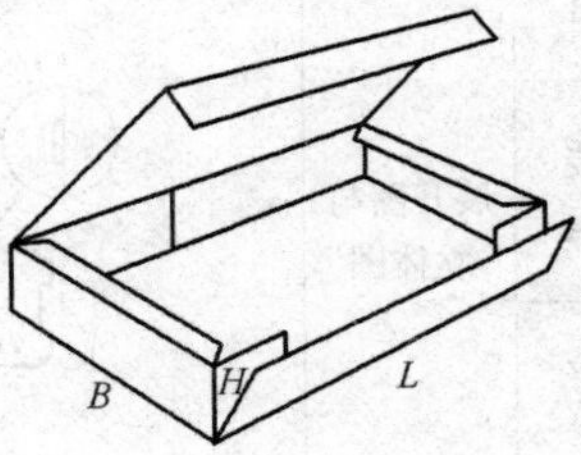		
箱型编号	2	$\frac{1}{2}$	$2V^{\frac{1}{3}}$	$V^{\frac{1}{3}}$	$\frac{1}{2}V^{\frac{1}{3}}$	$9V^{\frac{2}{3}}$	1.26
0415 组装代码 M/A	展开图与立体图	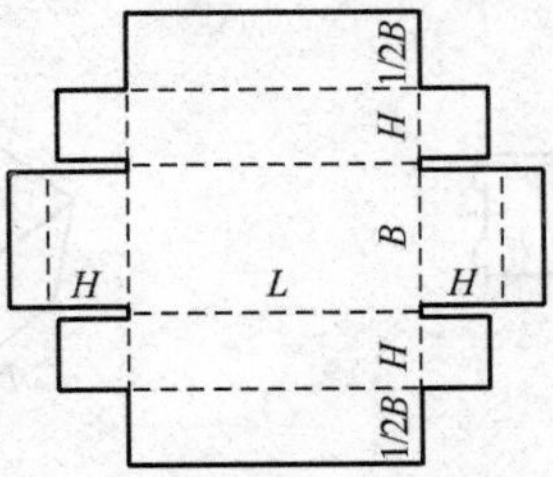			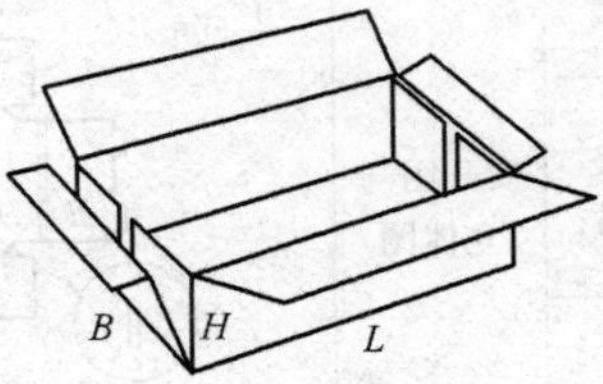		

续表

比例常数	R_L	R_H	L	B	H	S_{min}	A_{min}
箱型编号	2	$\frac{1}{2}$	$2V^{\frac{1}{3}}$	$V^{\frac{1}{3}}$	$\frac{1}{2}V^{\frac{1}{3}}$	$9V^{\frac{2}{3}}$	1.26
0416 组装代码 M	展开图与立体图		L 1/2B H B H 1/2B H			H B L	
箱型编号	2	$\frac{2}{h}$	$\left(\frac{h}{2}V\right)^{\frac{1}{3}}$	$\left(\frac{h}{2}V\right)^{\frac{1}{3}}$	$\left(\frac{2}{h}\right)^{\frac{2}{3}}V^{\frac{1}{3}}$	$\frac{2}{h^2}(h^2+3h+8)\left(\frac{h}{2}V\right)^{\frac{2}{3}}$	1.09
0420 组装代码 M/A	展开图与立体图		B H B H L H H			H B L	
箱型编号	2	$\frac{1}{2}$	$2V^{\frac{1}{3}}$	$V^{\frac{1}{3}}$	$\frac{1}{2}V^{\frac{1}{3}}$	$9V^{\frac{2}{3}}$	1.26
0421 组装代码 M/A	展开图与立体图		B H H H L B H H H			H B L	
箱型编号	2	$\frac{1}{2i}$	$2(iV)^{\frac{1}{3}}$	$(iV)^{\frac{1}{3}}$	$\frac{1}{2i}(iV)^{\frac{1}{3}}$	$\frac{1}{i^2}(2i^2+4i+1)(iV)^{\frac{2}{3}}$	0.94
0422 组装代码 M/A	展开图与立体图		H H H L B H H H			H B L	

续表

比例常数	R_L	R_H	L	B	H	S_{min}	A_{min}
箱型编号	$\frac{1}{2}$	$\frac{1}{8}$	$(2V)^{\frac{1}{3}}$	$2(2V)^{\frac{1}{3}}$	$\frac{1}{4}(2V)^{\frac{1}{3}}$	$\frac{9}{2}(2V)^{\frac{2}{3}}$	1.00
0423 组装代码 M/A	展开图与立体图		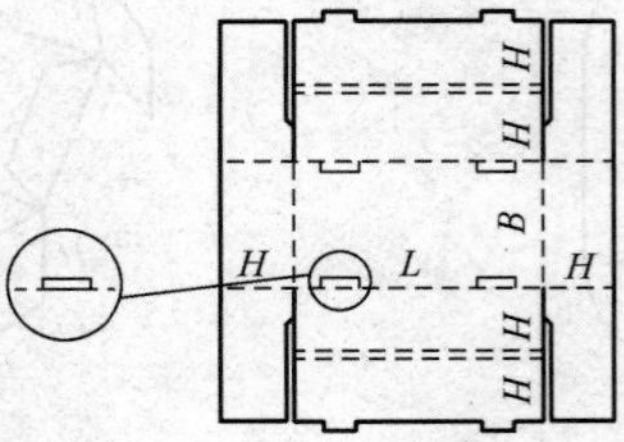			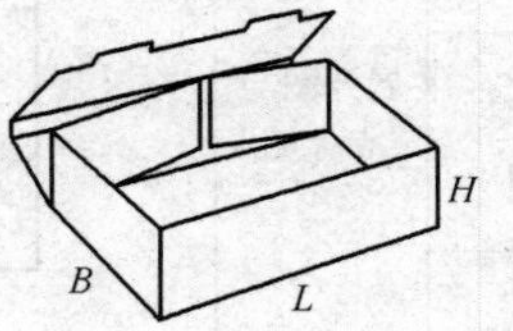	
箱型编号	$\frac{1}{2}$	$\frac{1}{8}$	$(2V)^{\frac{1}{3}}$	$2(2V)^{\frac{1}{3}}$	$\frac{1}{4}(2V)^{\frac{1}{3}}$	$\frac{9}{2}(2V)^{\frac{2}{3}}$	1.00
0424 组装代码 M/A	展开图与立体图		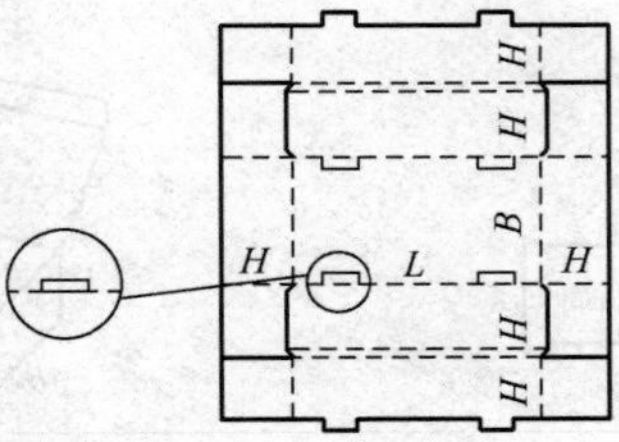			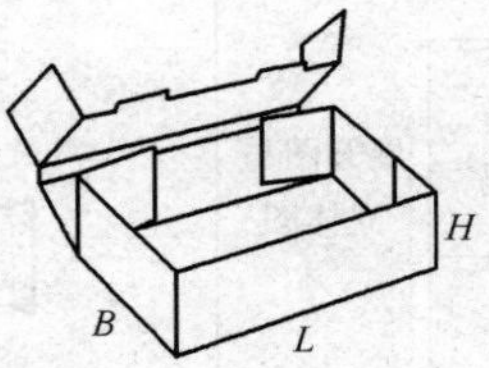	
箱型编号	1	$\frac{1}{j}$	$(jV)^{\frac{1}{3}}$	$(jV)^{\frac{1}{3}}$	$\frac{1}{j}(jV)^{\frac{1}{3}}$	$\frac{1}{j^2}(j^2+8j+8)(jV)^{\frac{2}{3}}$	1.18
0425 组装代码 M/A	展开图与立体图		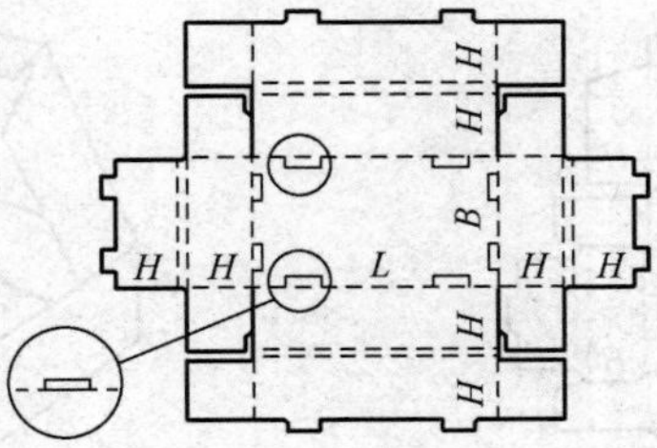			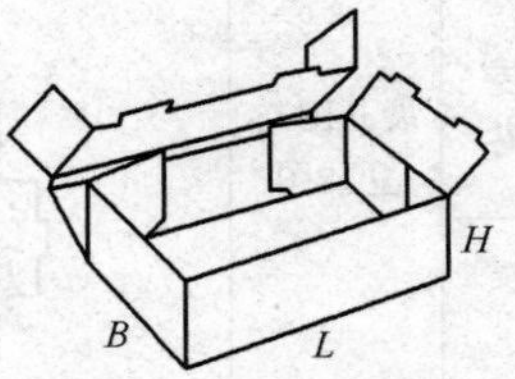	
箱型编号 0426 组装代码 M	展开图与立体图		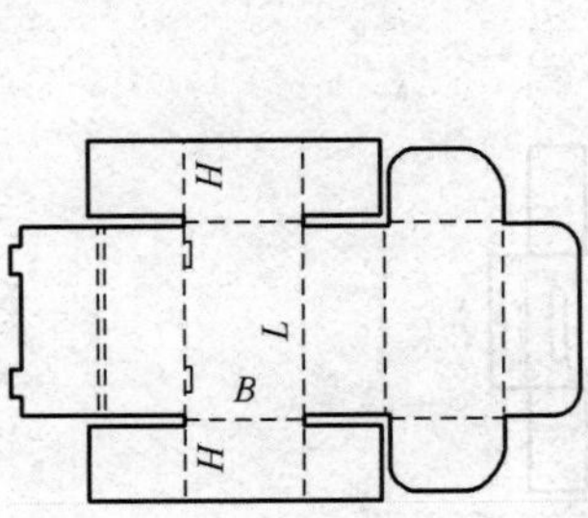			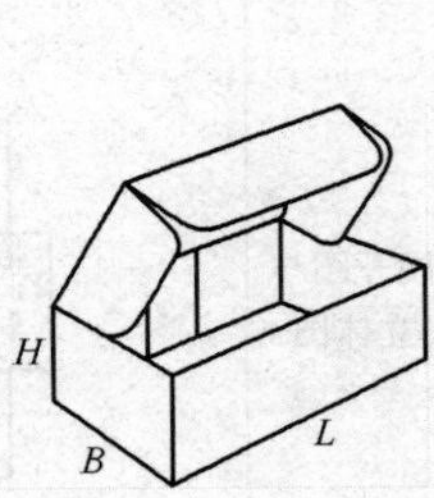	

续表

比例常数	R_L	R_H	L	B	H	S_{min}	A_{min}
箱型编号 0427 组装代码 M	展开图与立体图	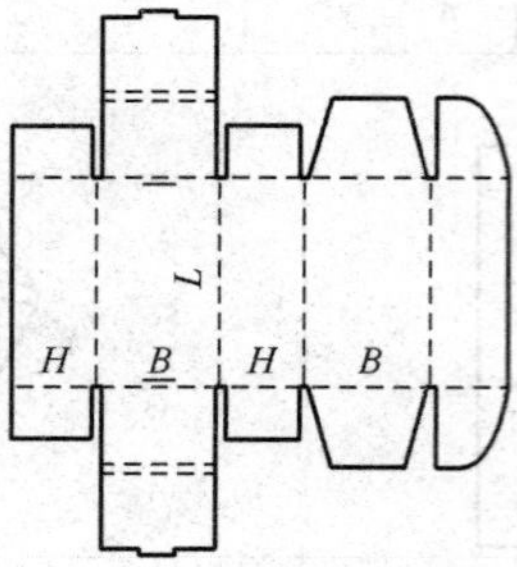			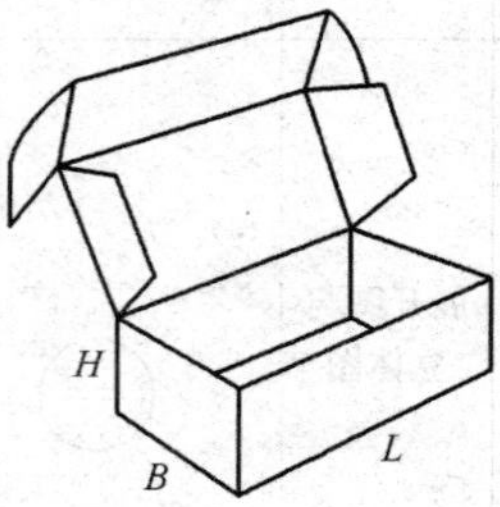		
箱型编号	3	1	$3\left(\frac{V}{3}\right)^{\frac{1}{3}}$	$\left(\frac{V}{3}\right)^{\frac{1}{3}}$	$\left(\frac{V}{3}\right)^{\frac{1}{3}}$	$18\left(\frac{V}{3}\right)^{\frac{2}{3}}$	1. 21
0428 组装代码 M	展开图与立体图	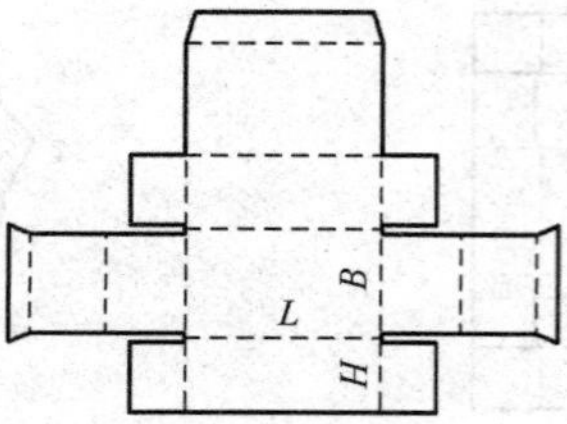			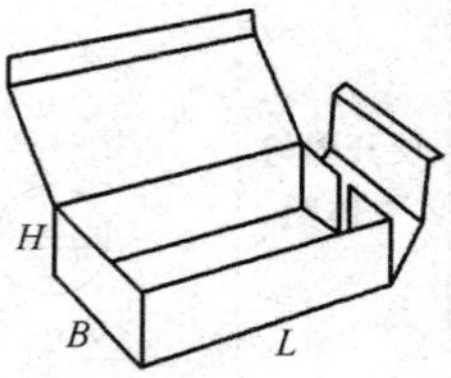		
箱型编号	4	1	$2(2V)^{\frac{1}{3}}$	$\frac{1}{2}(2V)^{\frac{1}{3}}$	$\frac{1}{2}(2V)^{\frac{1}{3}}$	$6(2V)^{\frac{2}{3}}$	1. 33
0429 组装代码 M	展开图与立体图	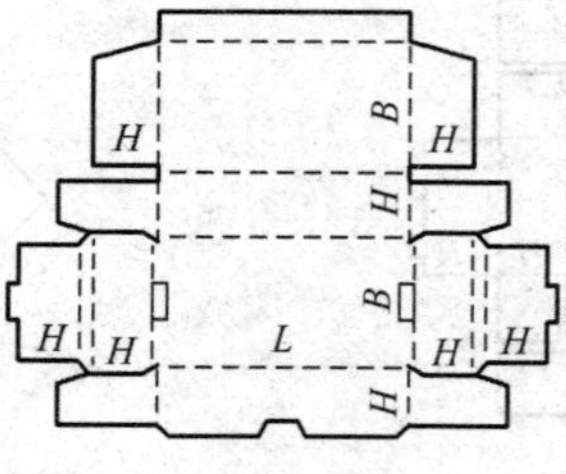			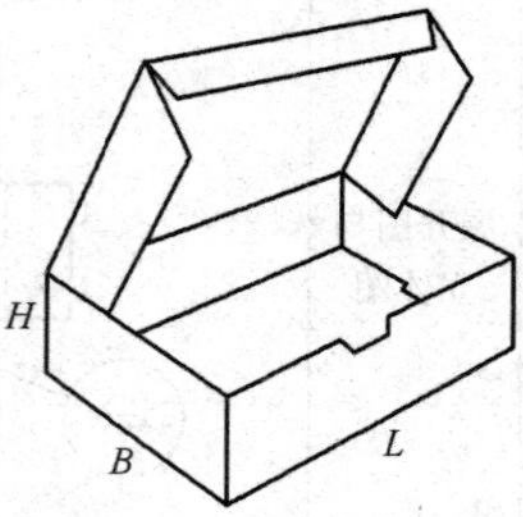		
箱型编号 0430 组装代码 M/A	展开图与立体图	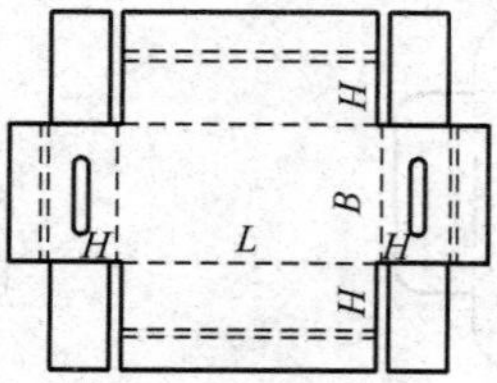			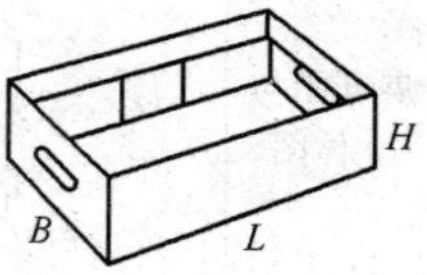		

续表

比例常数	R_L	R_H	L	B	H	S_{min}	A_{min}
箱型编号	展开图与立体图	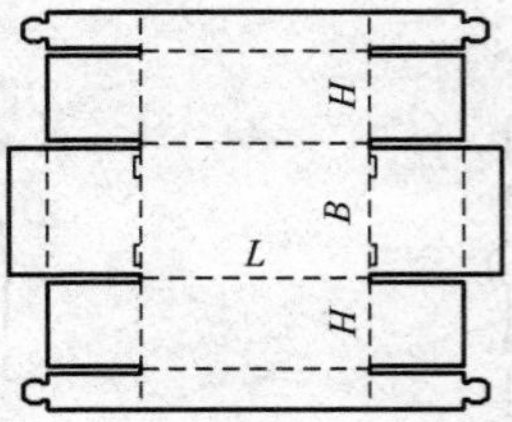 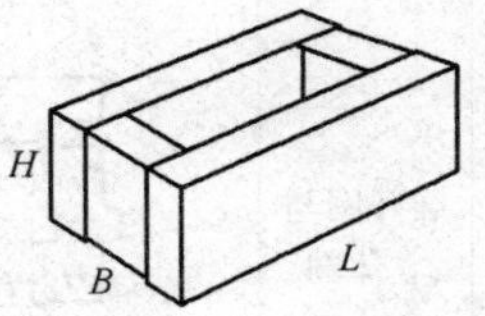					
0431							
组装代码							
M							
箱型编号	展开图与立体图	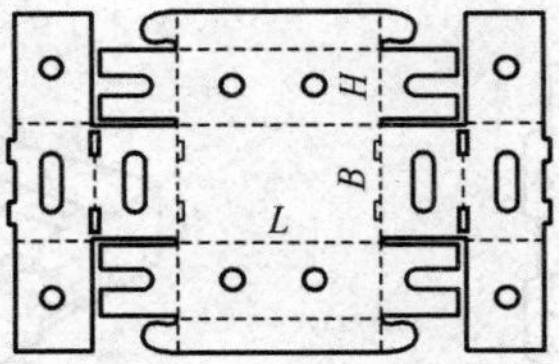 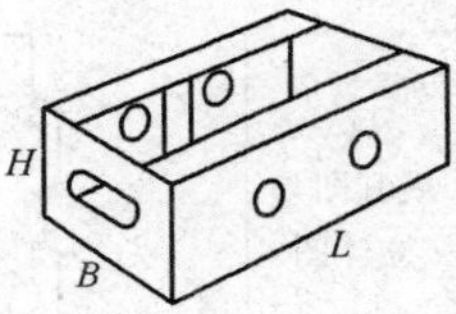					
0432							
组装代码							
M							
箱型编号	展开图与立体图	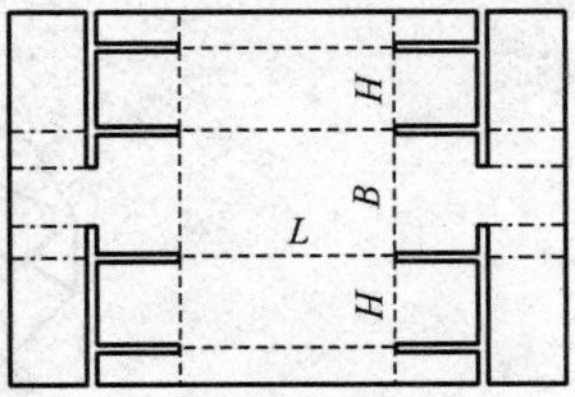 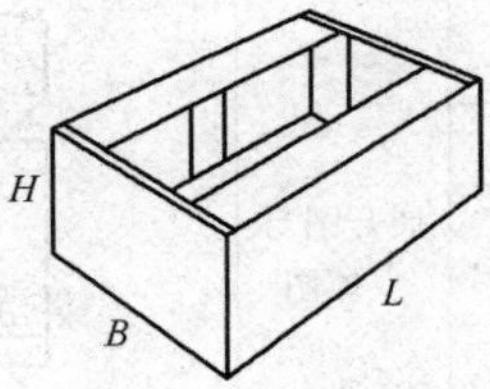					
0433							
组装代码							
M							
箱型编号	展开图与立体图	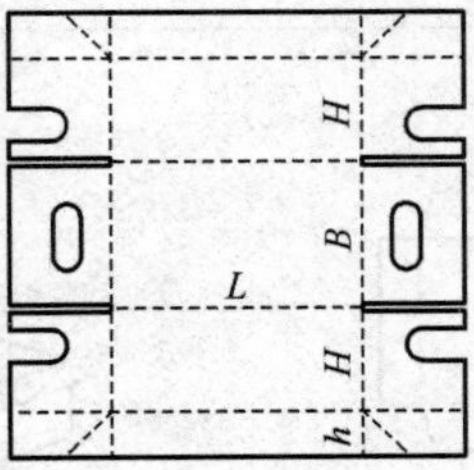 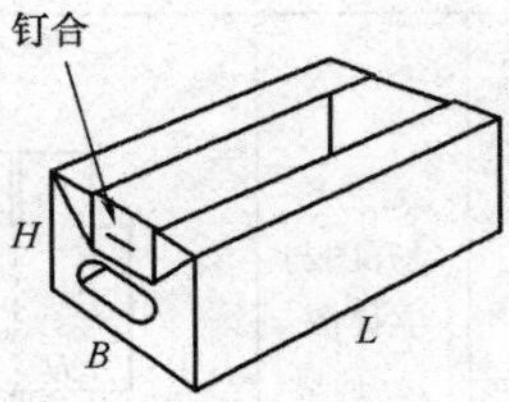					
0434							
组装代码							
M							

续表

比例常数	R_L	R_H	L	B	H	S_{min}	A_{min}
箱型编号	2	$\frac{1}{4}$	$2(2V)^{\frac{1}{3}}$	$2(2V)^{\frac{1}{3}}$	$\frac{1}{4}(2V)^{\frac{1}{3}}$	$\frac{9}{2}(2V)^{\frac{2}{3}}$	1.00
0435	展开图与立体图						
组装代码							
M/A							
箱型编号	1	$\frac{1}{k}$	$(kV)^{\frac{1}{3}}$	$(kV)^{\frac{1}{3}}$	$\frac{1}{k}(kV)^{\frac{1}{3}}$	$\frac{1}{2k^2}(3k^2+8k+8)(kV)^{\frac{2}{3}}$	0.95
0436	展开图与立体图	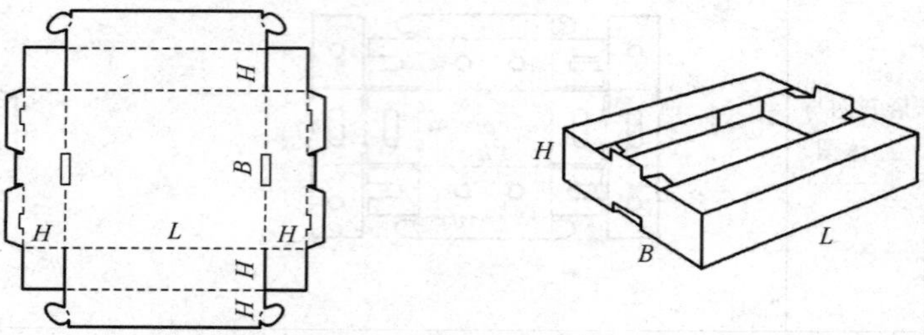					
组装代码							
M							
箱型编号	$\frac{1}{2}$	$\frac{1}{8}$	$(2V)^{\frac{1}{3}}$	$2(2V)^{\frac{1}{3}}$	$\frac{1}{4}(2V)^{\frac{1}{3}}$	$\frac{9}{2}(2V)^{\frac{2}{3}}$	1.00
0437	展开图与立体图	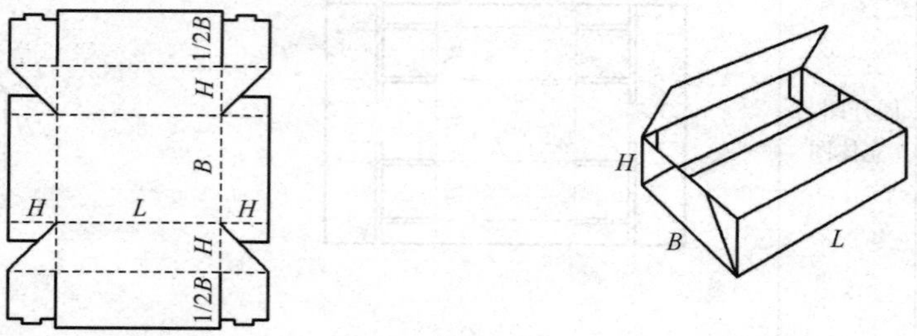					
组装代码							
M							
箱型编号	1	$\frac{1}{l}$	$(lV)^{\frac{1}{3}}$	$(lV)^{\frac{1}{3}}$	$\frac{1}{l}(lV)^{\frac{1}{3}}$	$\frac{2}{l^2}(l^2+2l+2)(lV)^{\frac{2}{3}}$	1.09
0440	展开图与立体图	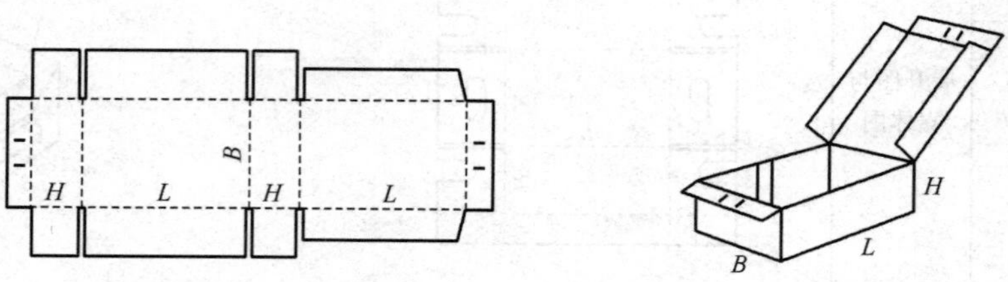					
组装代码							
A							

续表

比例常数	R_L	R_H	L	B	H	S_{min}	A_{min}
箱型编号	1	$\frac{1}{l}$	$(lV)^{\frac{1}{3}}$	$(lV)^{\frac{1}{3}}$	$\frac{1}{l}(lV)^{\frac{1}{3}}$	$\frac{2}{l^2}(l^2+2l+2)(lV)^{\frac{2}{3}}$	1.09
0441 组装代码 A	展开图与立体图	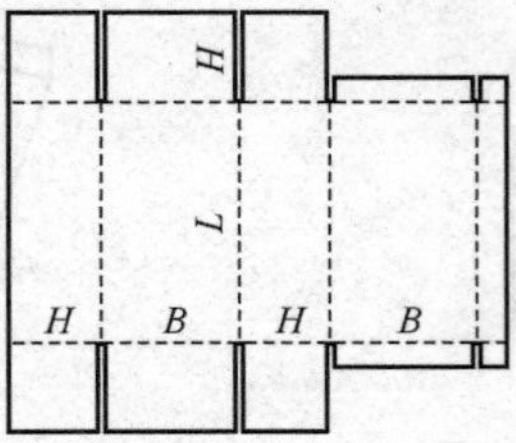 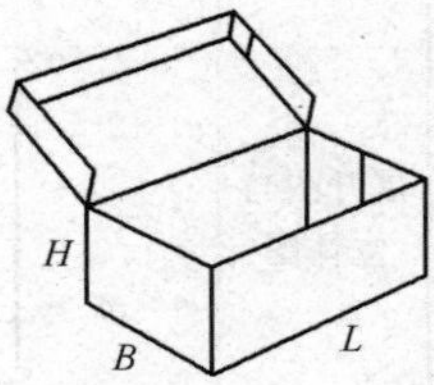					
箱型编号	2	$\frac{1}{2}$	$2V^{\frac{1}{3}}$	$V^{\frac{1}{3}}$	$\frac{1}{2}V^{\frac{1}{3}}$	$9V^{\frac{2}{3}}$	1.26
0442 组装代码 M	展开图与立体图	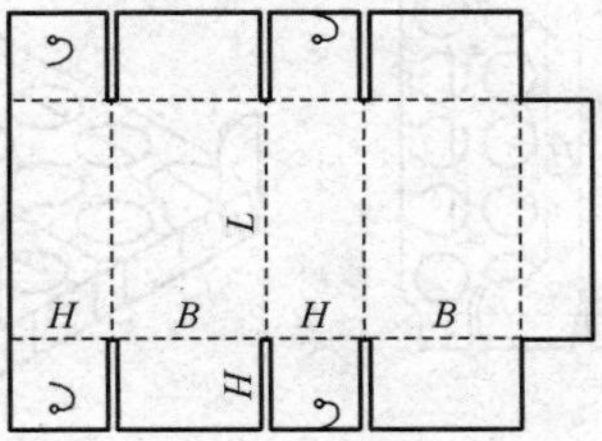 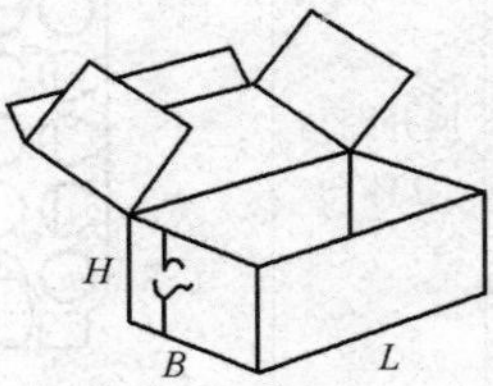					
箱型编号	4	2	$2V^{\frac{1}{3}}$	$\frac{1}{2}V^{\frac{1}{3}}$	$V^{\frac{1}{3}}$	$9V^{\frac{2}{3}}$	1.26
0443 组装代码 M	展开图与立体图	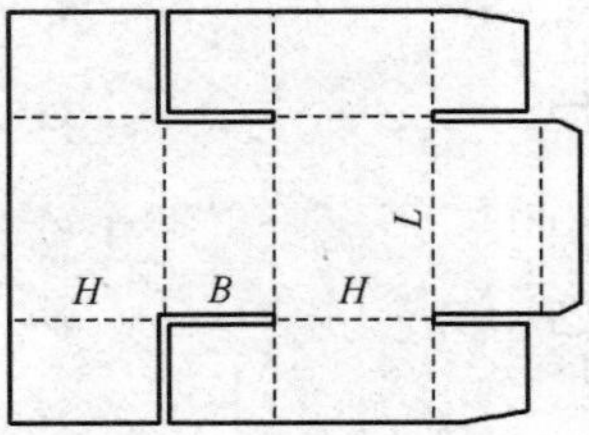 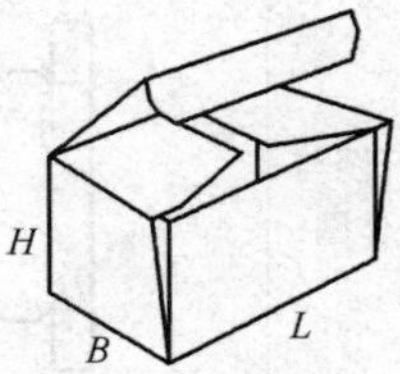					
箱型编号	4	2	$2V^{\frac{1}{3}}$	$\frac{1}{2}V^{\frac{1}{3}}$	$V^{\frac{1}{3}}$	$9V^{\frac{2}{3}}$	1.26
0444 组装代码 M	展开图与立体图	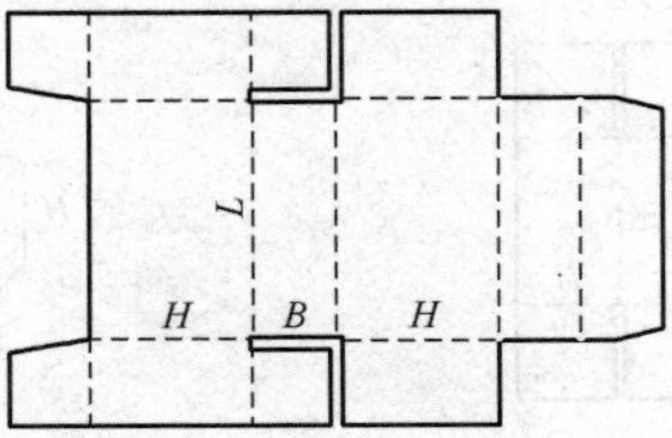 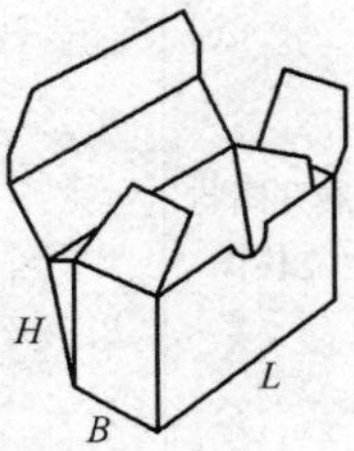					

续表

比例常数	R_L	R_H	L	B	H	S_{min}	A_{min}
箱型编号	2	1	$2\left(\frac{V}{2}\right)^{\frac{1}{3}}$	$\left(\frac{V}{2}\right)^{\frac{1}{3}}$	$\left(\frac{V}{2}\right)^{\frac{1}{3}}$	$12\left(\frac{V}{2}\right)^{\frac{2}{3}}$	1.06
0445 组装代码 M	展开图与立体图	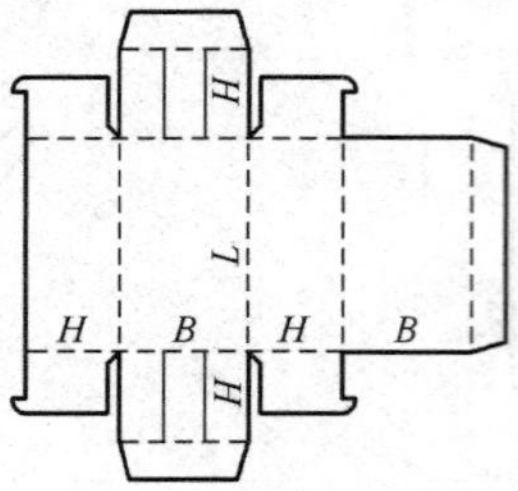			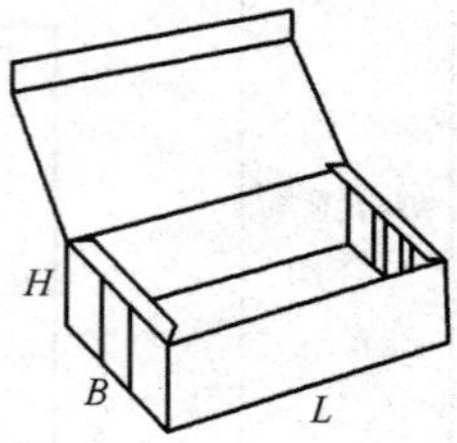		
箱型编号 0446 组装代码 A	展开图与立体图	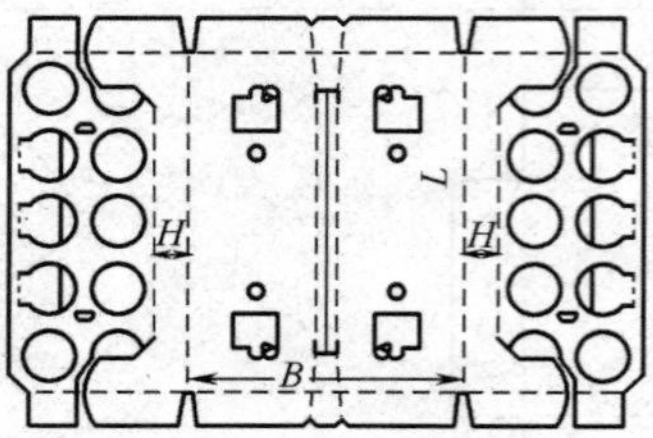			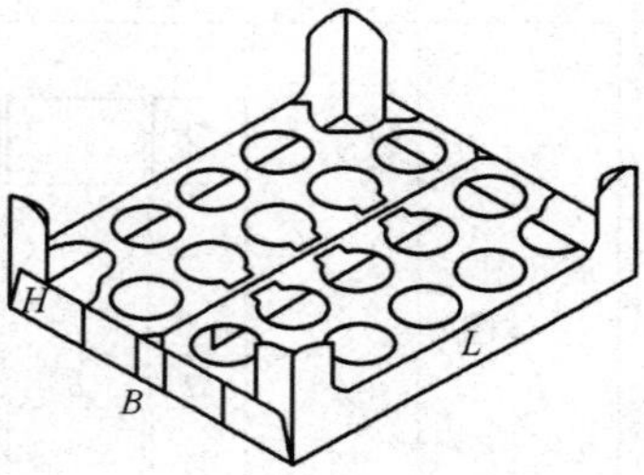		
箱型编号	$\frac{2}{3}$	$\frac{3}{2m}$	$\frac{2}{3}(mV)^{\frac{1}{3}}$	$(mV)^{\frac{1}{3}}$	$\frac{3}{2m}(mV)^{\frac{1}{3}}$	$\frac{1}{3m^2}(4m^2+18m+27)(mV)^{\frac{2}{3}}$	1.18
0447 组装代码 M	展开图与立体图	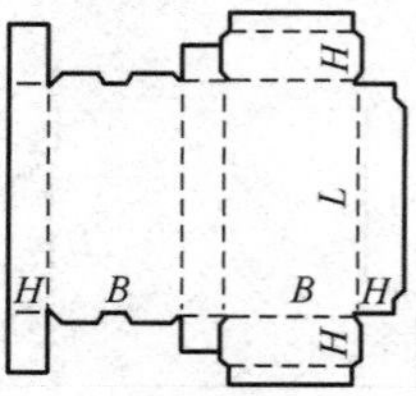			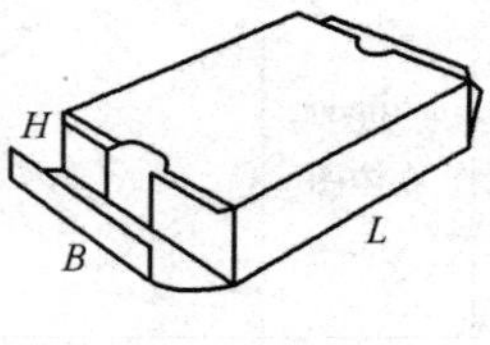		
箱型编号	1	$\frac{1}{4}$	$(4V)^{\frac{1}{3}}$	$(4V)^{\frac{1}{3}}$	$\frac{1}{4}(4V)^{\frac{1}{3}}$	$\frac{9}{2}(4V)^{\frac{2}{3}}$	1.59
0448 组装代码 M	展开图与立体图	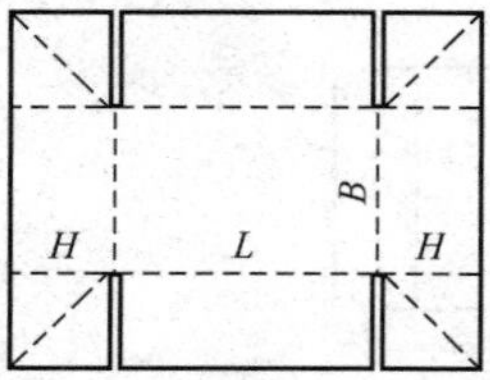			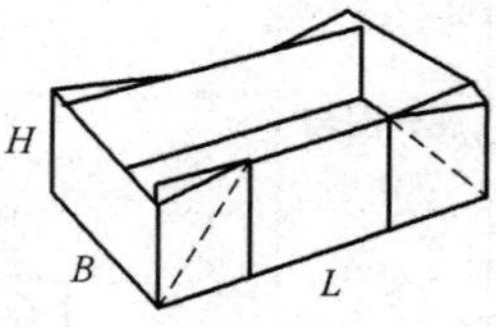		

续表

比例常数	R_L	R_H	L	B	H	S_{min}	A_{min}
箱型编号	1	$\frac{1}{4}$	$(4V)^{\frac{1}{3}}$	$(4V)^{\frac{1}{3}}$	$\frac{1}{4}(4V)^{\frac{1}{3}}$	$\frac{9}{2}(4V)^{\frac{2}{3}}$	1.59
0449	展开图与立体图	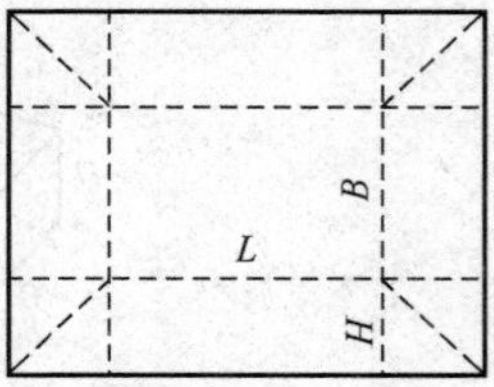			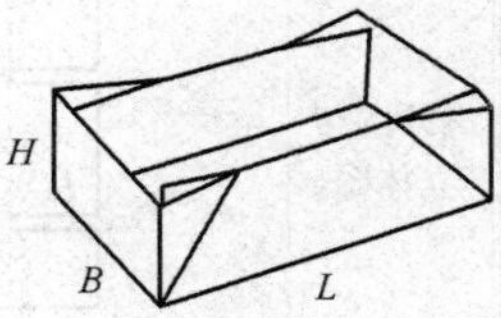		
组装代码							
M							
箱型编号	1	$\frac{1}{4}$	$(4V)^{\frac{1}{3}}$	$(4V)^{\frac{1}{3}}$	$\frac{1}{4}(4V)^{\frac{1}{3}}$	$\frac{9}{4}(4V)^{\frac{2}{3}}$	0.79
0450	展开图与立体图	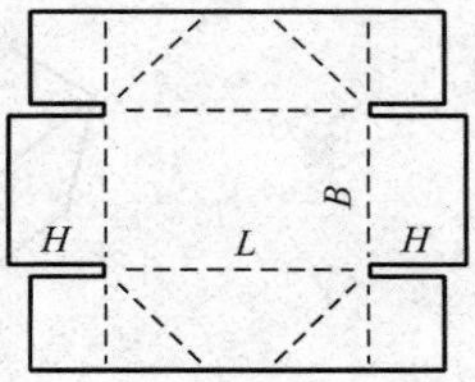			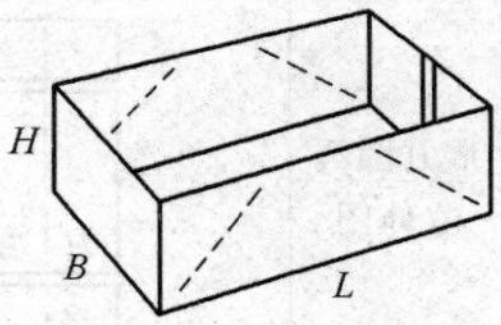		
组装代码							
M							
箱型编号	1	$\frac{1}{4}$	$(4V)^{\frac{1}{3}}$	$(4V)^{\frac{1}{3}}$	$\frac{1}{4}(4V)^{\frac{1}{3}}$	$\frac{9}{4}(4V)^{\frac{2}{3}}$	0.79
0451	展开图与立体图	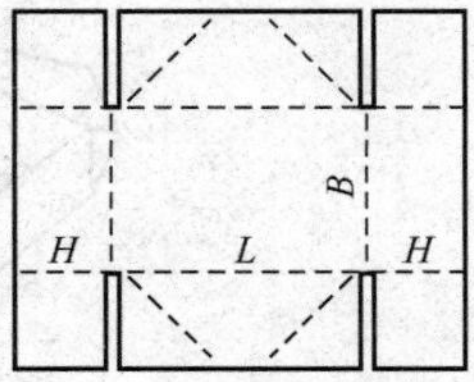			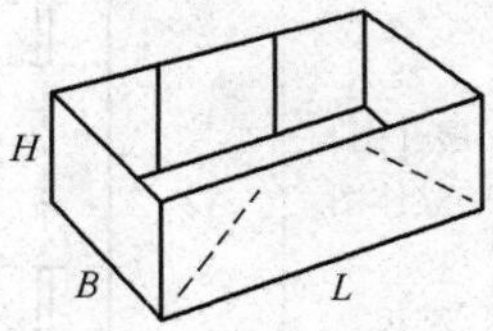		
组装代码							
M							
箱型编号	1	$\frac{1}{4}$	$(4V)^{\frac{1}{3}}$	$(4V)^{\frac{1}{3}}$	$\frac{1}{4}(4V)^{\frac{1}{3}}$	$\frac{9}{4}(4V)^{\frac{2}{3}}$	0.79
0452	展开图与立体图	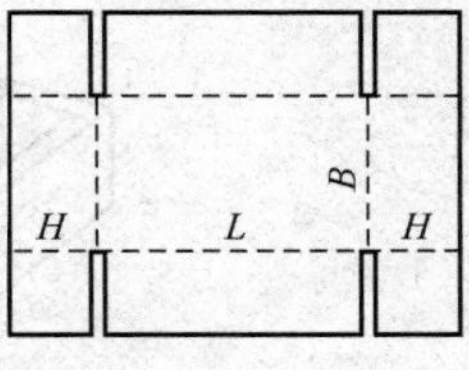			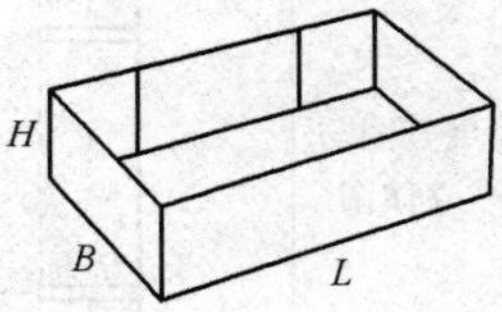		
组装代码							
A							

续表

比例常数	R_L	R_H	L	B	H	S_{min}	A_{min}
箱型编号	1	$\frac{1}{4}$	$(4V)^{\frac{1}{3}}$	$(4V)^{\frac{1}{3}}$	$\frac{1}{4}(4V)^{\frac{1}{3}}$	$\frac{9}{4}(4V)^{\frac{2}{3}}$	0.79
0453 组装代码 A	展开图与立体图	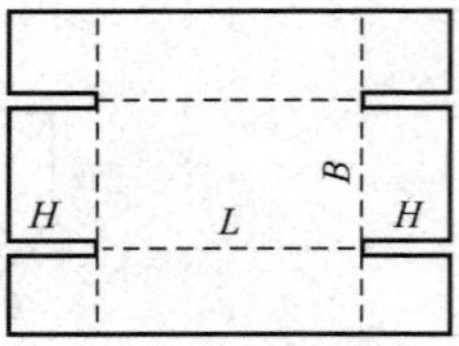			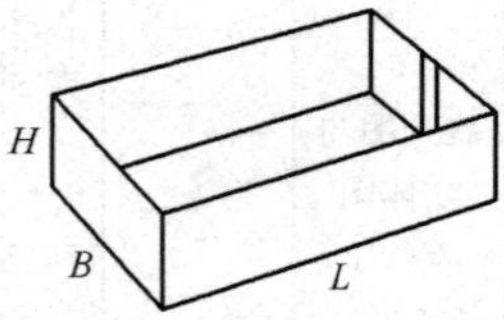		
箱型编号	2	$\frac{1}{4}$	$2(2V)^{\frac{1}{3}}$	$(2V)^{\frac{1}{3}}$	$\frac{1}{4}(2V)^{\frac{1}{3}}$	$\frac{9}{2}(2V)^{\frac{2}{3}}$	1.00
0454 组装代码 M	展开图与立体图	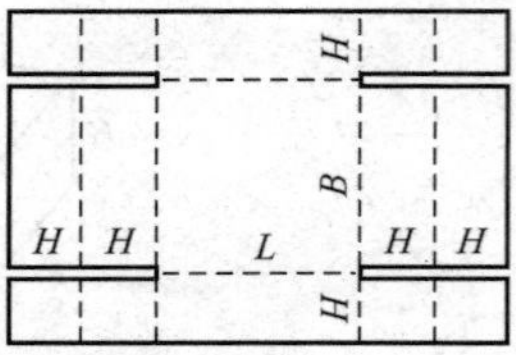			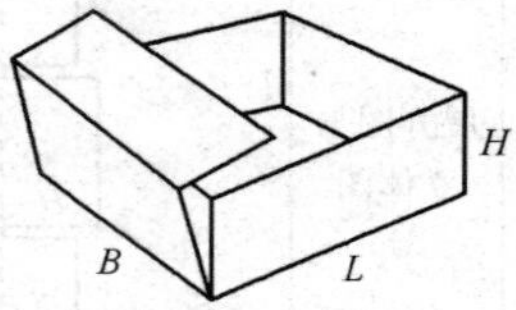		
箱型编号	$\frac{1}{2}$	$\frac{1}{8}$	$(2V)^{\frac{1}{3}}$	$2(2V)^{\frac{1}{3}}$	$\frac{1}{4}(2V)^{\frac{1}{3}}$	$\frac{9}{2}(2V)^{\frac{2}{3}}$	1.00
0455 组装代码 M	展开图与立体图	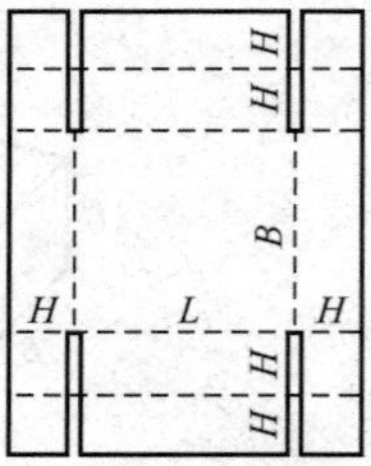			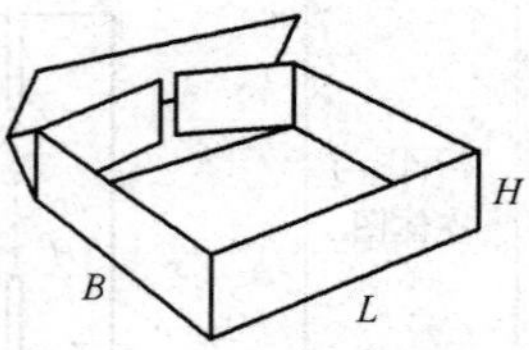		
箱型编号	1	$\frac{1}{8}$	$2V^{\frac{1}{3}}$	$2V^{\frac{1}{3}}$	$\frac{1}{4}V^{\frac{1}{3}}$	$9V^{\frac{2}{3}}$	1.26
0456 组装代码 M	展开图与立体图	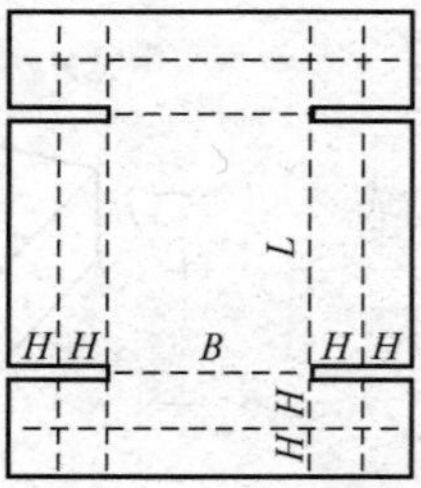			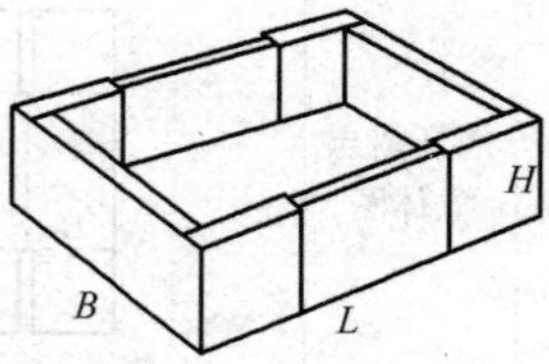		

续表

比例常数	R_L	R_H	L	B	H	S_{min}	A_{min}
箱型编号	1	$\frac{1}{4}$	$(4V)^{\frac{1}{3}}$	$(4V)^{\frac{1}{3}}$	$\frac{1}{4}(4V)^{\frac{1}{3}}$	$\frac{9}{4}(4V)^{\frac{2}{3}}$	0.79
0457 组装代码 M	展开图与立体图	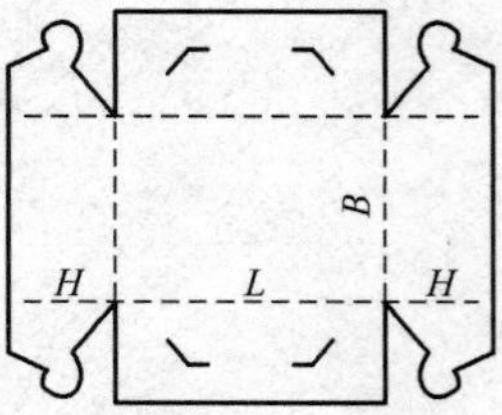				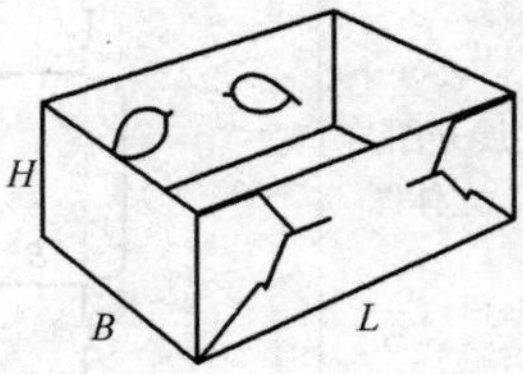	
箱型编号	1	$\frac{1}{2}$	$(2V)^{\frac{1}{3}}$	$(2V)^{\frac{1}{3}}$	$\frac{1}{2}(2V)^{\frac{1}{3}}$	$6(2V)^{\frac{2}{3}}$	1.33
0458 组装代码 M	展开图与立体图	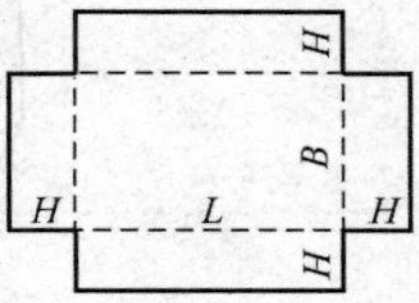				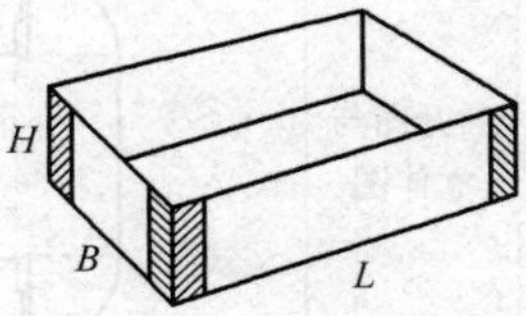	
箱型编号 0459 组装代码 A	展开图与立体图	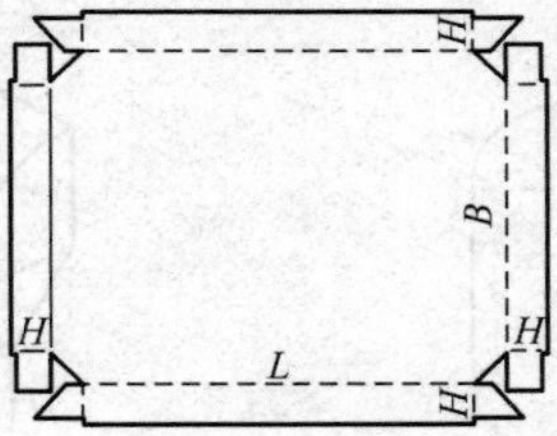				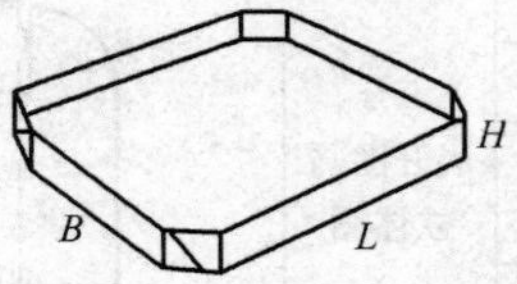	
箱型编号	$\frac{1}{4}$	$\frac{1}{4}$	$\frac{1}{2}(2V)^{\frac{1}{3}}$	$2(2V)^{\frac{1}{3}}$	$\frac{1}{2}(2V)^{\frac{1}{3}}$	$\frac{9}{4}(2V)^{\frac{2}{3}}$	0.50
0460 组装代码 A	展开图与立体图	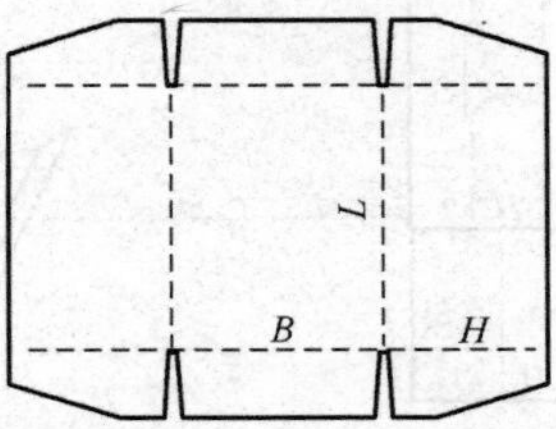				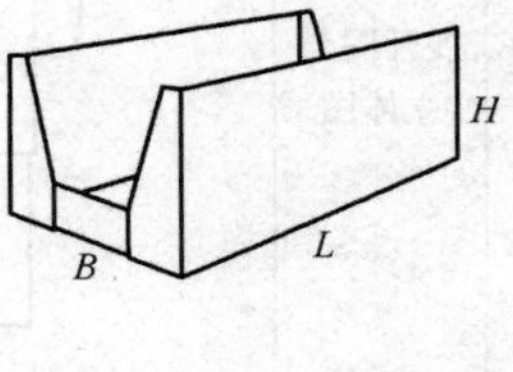	

续表

比例常数	R_L	R_H	L	B	H	S_{min}	A_{min}
箱型编号	4	2	$2V^{\frac{1}{3}}$	$\frac{1}{2}V^{\frac{1}{3}}$	$V^{\frac{1}{3}}$	$9V^{\frac{2}{3}}$	1.26
0470 组装代码 M	展开图与立体图	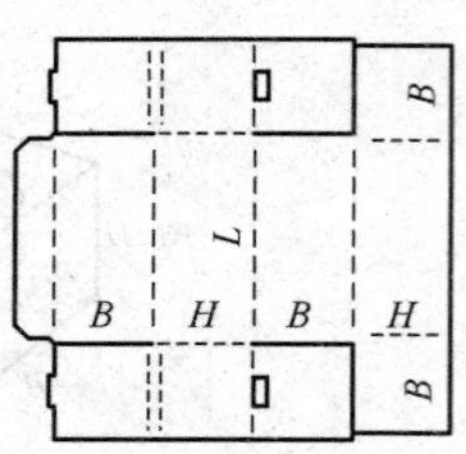			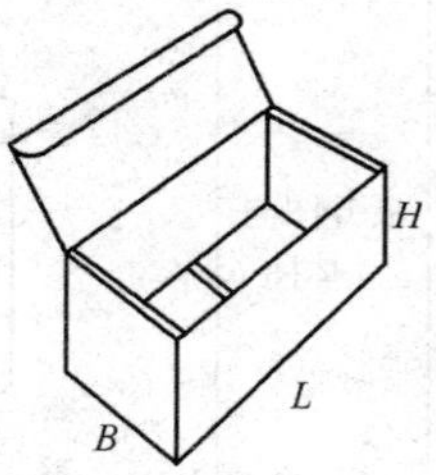		
箱型编号	4	1	$2(2V)^{\frac{1}{3}}$	$\frac{1}{2}(2V)^{\frac{1}{3}}$	$\frac{1}{2}(2V)^{\frac{1}{3}}$	$\frac{15}{2}(2V)^{\frac{2}{3}}$	1.67
0471 组装代码 M	展开图与立体图	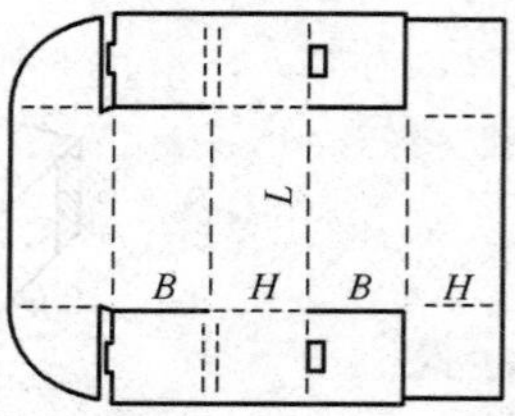			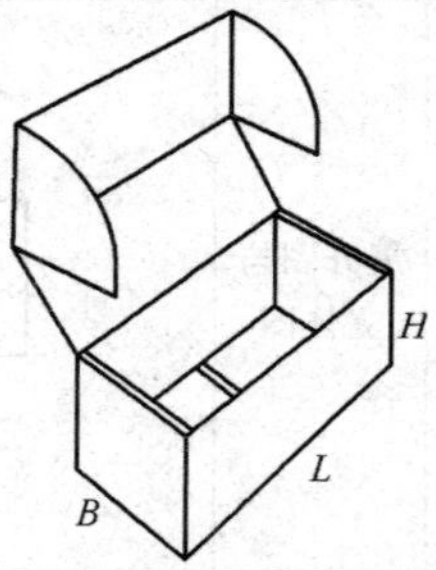		
箱型编号	4	1	$2(2V)^{\frac{1}{3}}$	$\frac{1}{2}(2V)^{\frac{1}{3}}$	$\frac{1}{2}(2V)^{\frac{1}{3}}$	$9(2V)^{\frac{2}{3}}$	2.00
0472 组装代码 M	展开图与立体图	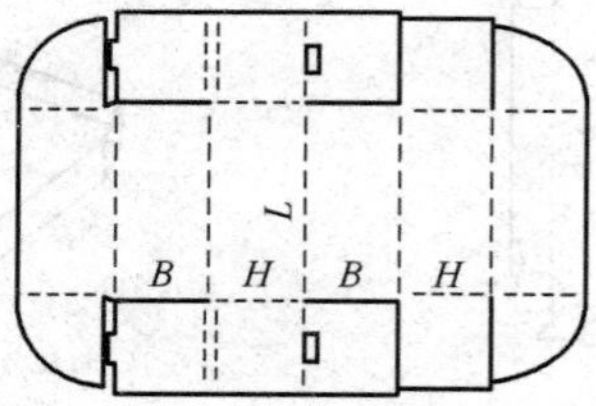			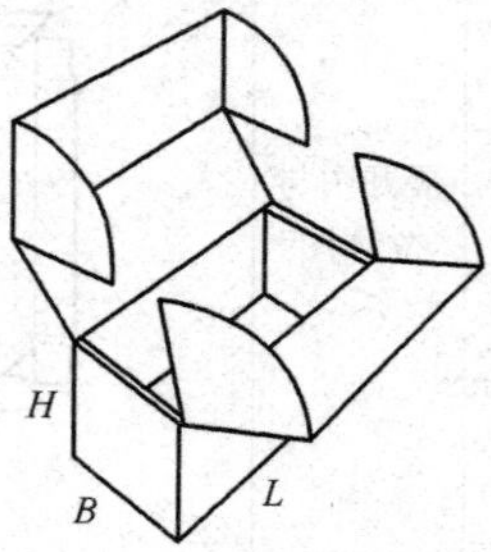		
箱型编号 0473 组装代码 M	展开图与立体图	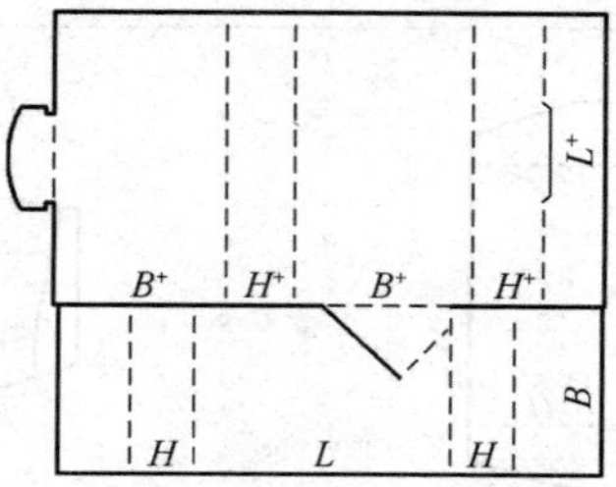			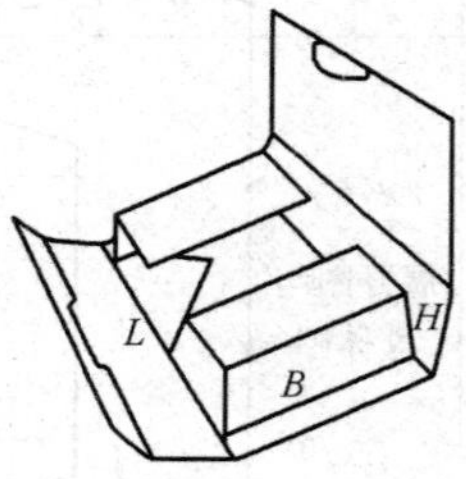		

续表

比例常数	R_L	R_H	L	B	H	S_{min}	A_{min}
箱型编号							
0501							
组装代码	展开图与立体图	L B L B H				H B L	
M							
箱型编号							
0502							
组装代码	展开图与立体图	L H L H B				H B L	
M							
箱型编号							
0503							
组装代码	展开图与立体图	B H B H L				H B L	
M							
箱型编号	1	1	$V^{\frac{1}{3}}$	$V^{\frac{1}{3}}$	$V^{\frac{1}{3}}$	$6V^{\frac{2}{3}}$	0.84
0504							
组装代码	展开图与立体图	L^{+} B^{+} L^{+} B^{+} H 0501				0501 0502	
M		L H L H B 0502					

续表

比例常数	R_L	R_H	L	B	H	S_{min}	A_{min}
箱型编号 0505 组装代码 M	展开图与立体图		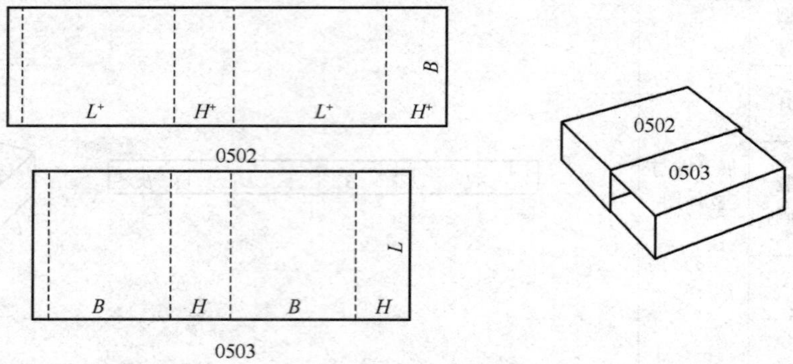 L^+ H^+ L^+ H^+ B 0502；B H B H L 0503			0502 0503	
箱型编号 0507 组装代码 M	展开图与立体图		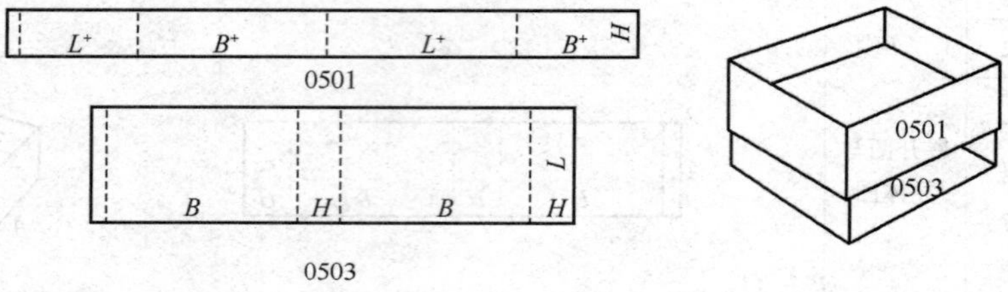 L^+ B^+ L^+ B^+ H 0501；B H B H L 0503			0501 0503	
箱型编号 0509 组装代码 M	展开图与立体图		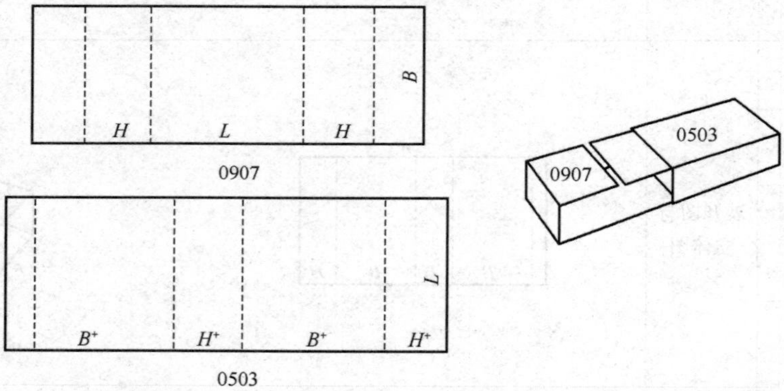 H L H B 0907；B^+ H^+ B^+ H^+ L 0503			0907 0503	
箱型编号	$\frac{1}{2}$	$\frac{1}{2}$	$\left(\frac{V}{2}\right)^{\frac{1}{3}}$	$2\left(\frac{V}{2}\right)^{\frac{1}{3}}$	$\left(\frac{V}{2}\right)^{\frac{1}{3}}$	$12\left(\frac{V}{2}\right)^{\frac{2}{3}}$	1.06
0510 组装代码 M	展开图与立体图		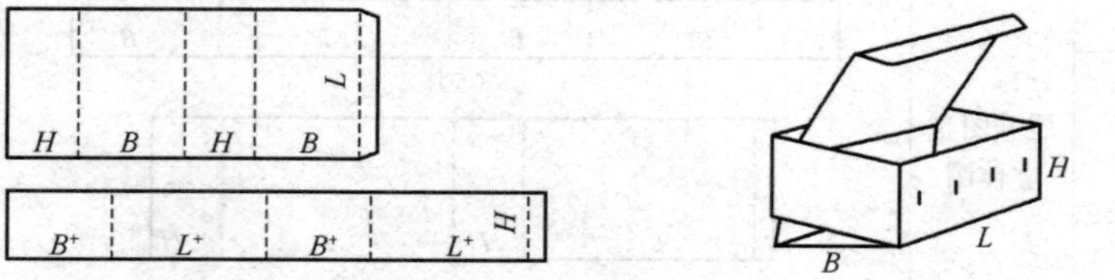 H B H B L；B^+ L^+ B^+ L^+ H			H L B	

续表

比例常数	R_L	R_H	L	B	H	S_{min}	A_{min}
箱型编号	$\frac{2}{3}$	$\frac{2}{3}$	$\left(\frac{2}{3}V\right)^{\frac{1}{3}}$	$\frac{3}{2}\left(\frac{2}{3}V\right)^{\frac{1}{3}}$	$\left(\frac{2}{3}V\right)^{\frac{1}{3}}$	$9\left(\frac{2}{3}V\right)^{\frac{2}{3}}$	0.96
0511 组装代码 M	展开图与立体图	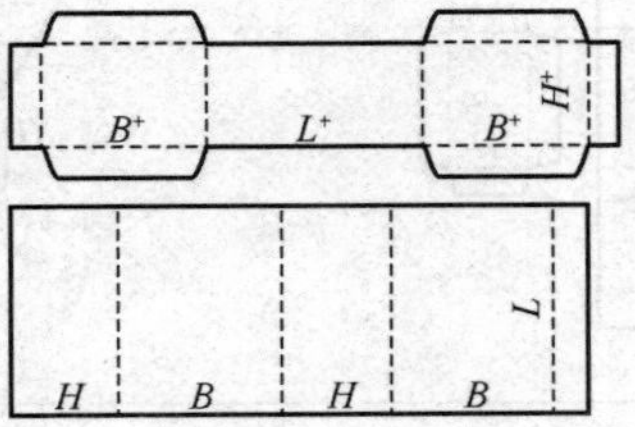			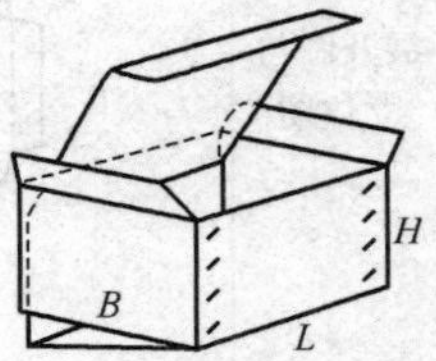		
箱型编号	1	1	$V^{\frac{1}{3}}$	$V^{\frac{1}{3}}$	$V^{\frac{1}{3}}$	$6V^{\frac{2}{3}}$	0.84
0512 组装代码 M	展开图与立体图	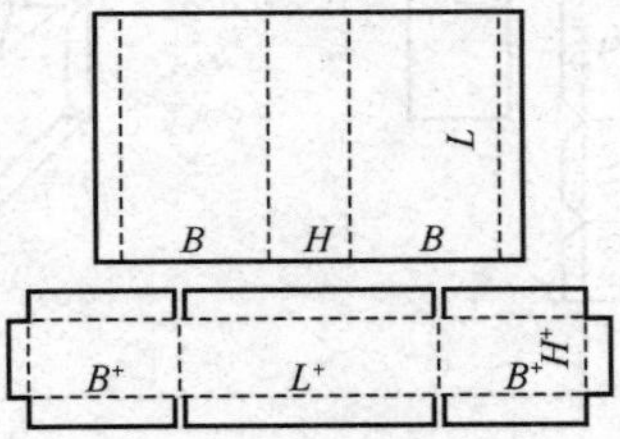			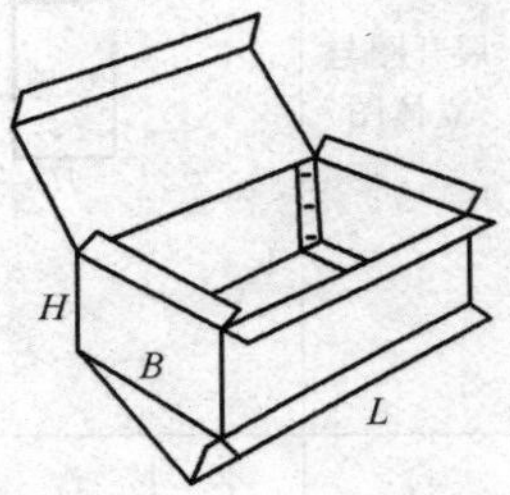		
箱型编号	1	1	$V^{\frac{1}{3}}$	$V^{\frac{1}{3}}$	$V^{\frac{1}{3}}$	$6V^{\frac{2}{3}}$	0.84
0601 组装代码 A	展开图与立体图	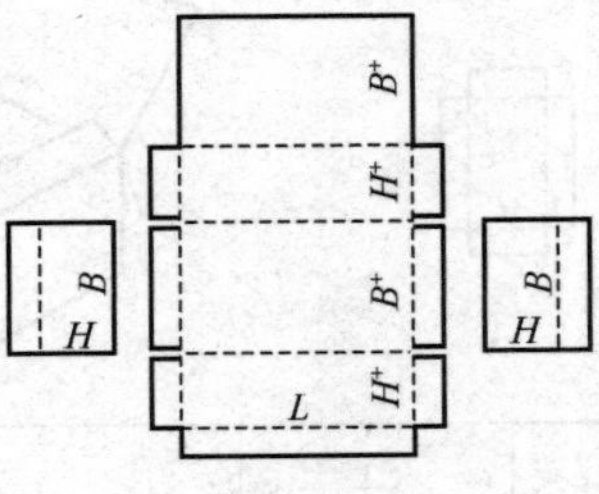			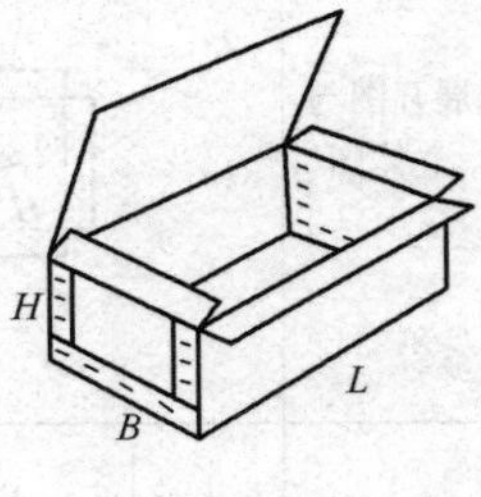		
箱型编号	1	1	$V^{\frac{1}{3}}$	$V^{\frac{1}{3}}$	$V^{\frac{1}{3}}$	$6V^{\frac{2}{3}}$	0.84
0602 组装代码 A	展开图与立体图	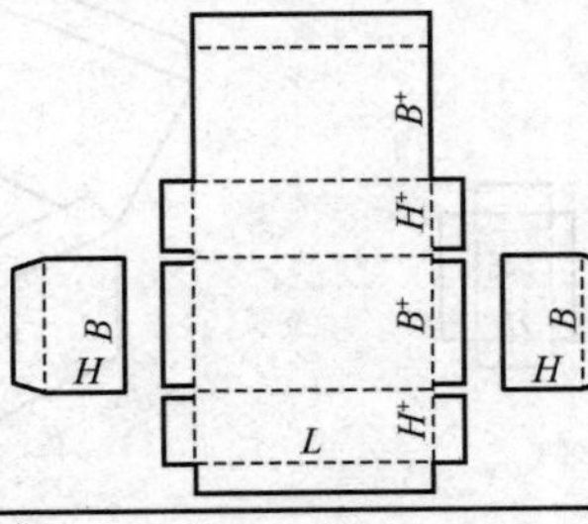			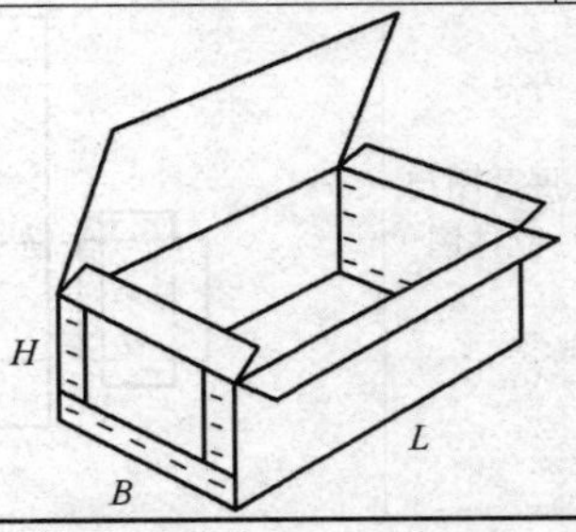		

续表

比例常数	R_L	R_H	L	B	H	S_{min}	A_{min}
箱型编号 0605 组装代码 A	展开图与立体图						
箱型编号 0606 组装代码 A	展开图与立体图						
箱型编号	1	1	$V^{\frac{1}{3}}$	$V^{\frac{1}{3}}$	$V^{\frac{1}{3}}$	$6V^{\frac{2}{3}}$	0.84
0607 组装代码 A	展开图与立体图						
箱型编号	1	1	$V^{\frac{1}{3}}$	$V^{\frac{1}{3}}$	$V^{\frac{1}{3}}$	$6V^{\frac{2}{3}}$	0.84
0608 组装代码 A	展开图与立体图						

续表

比例常数	R_L	R_H	L	B	H	S_{min}	A_{min}
箱型编号	1	1	$V^{\frac{1}{3}}$	$V^{\frac{1}{3}}$	$V^{\frac{1}{3}}$	$6V^{\frac{2}{3}}$	0.84
0610 组装代码 M/A	展开图与立体图						
箱型编号	1	1	$V^{\frac{1}{3}}$	$V^{\frac{1}{3}}$	$V^{\frac{1}{3}}$	$6V^{\frac{2}{3}}$	0.84
0615 组装代码 M/A	展开图与立体图						
箱型编号	1	1	$V^{\frac{1}{3}}$	$V^{\frac{1}{3}}$	$V^{\frac{1}{3}}$	$6V^{\frac{2}{3}}$	0.84
0616 组装代码 M/A	展开图与立体图						
箱型编号 0620 组装代码 A	展开图与立体图						

续表

比例常数	R_L	R_H	L	B	H	S_{min}	A_{min}
箱型编号 0621 组装代码 M	展开图与立体图	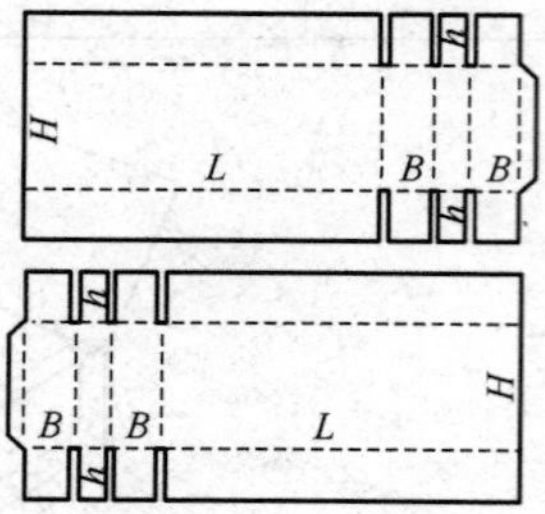			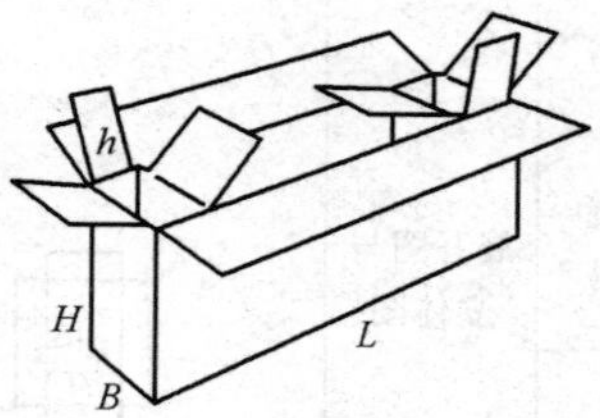		
箱型编号	$\frac{16n}{9}$	$\frac{4n}{3}$	$\frac{4}{3}(nV)^{\frac{1}{3}}$	$\frac{3}{4n}(nV)^{\frac{1}{3}}$	$(nV)^{\frac{1}{3}}$	$\frac{1}{48n^2}(108n^2+144n+27)(nV)^{\frac{2}{3}}$	0.81
0700 组装代码 M	展开图与立体图	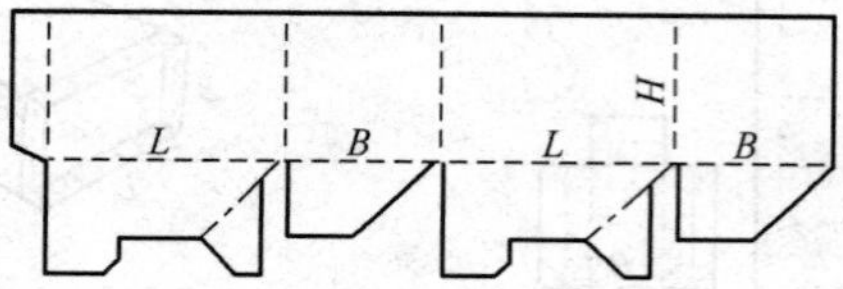			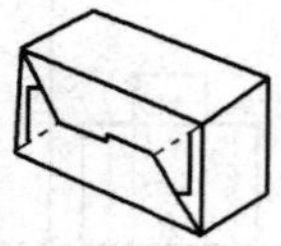	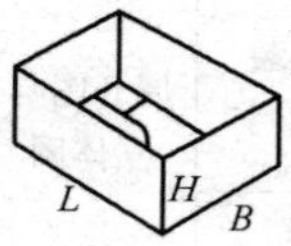	
箱型编号	2	$\frac{5}{2}$	$2\left(\frac{V}{5}\right)^{\frac{1}{3}}$	$\left(\frac{V}{5}\right)^{\frac{1}{3}}$	$\frac{5}{2}\left(\frac{V}{5}\right)^{\frac{1}{3}}$	$\frac{45}{2}\left(\frac{V}{5}\right)^{\frac{2}{3}}$	1.08
0701 组装代码 M	展开图与立体图	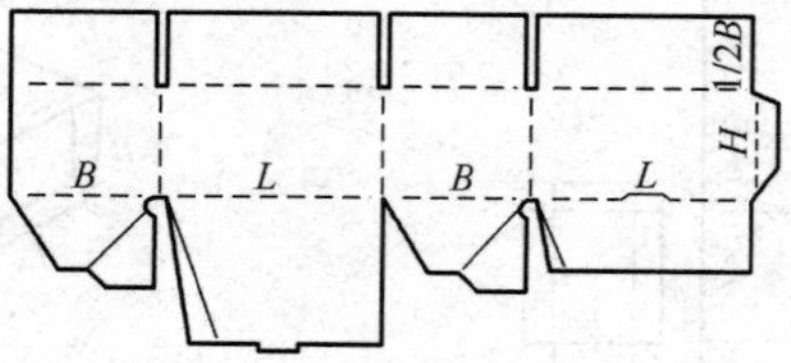			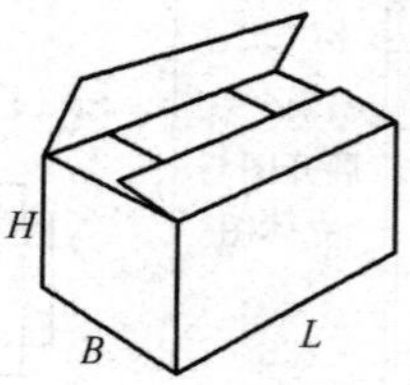		
箱型编号	2	$\frac{7}{2}$	$2\left(\frac{V}{7}\right)^{\frac{1}{3}}$	$\left(\frac{V}{7}\right)^{\frac{1}{3}}$	$\frac{7}{2}\left(\frac{V}{7}\right)^{\frac{1}{3}}$	$\frac{63}{2}\left(\frac{V}{7}\right)^{\frac{2}{3}}$	1.20
0703 组装代码 M	展开图与立体图	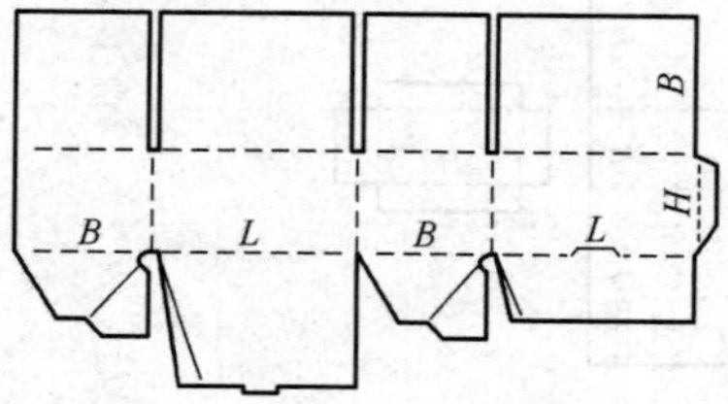			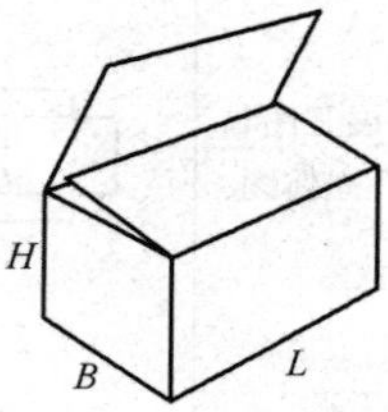		

续表

比例常数	R_L	R_H	L	B	H	S_{min}	A_{min}
箱型编号	$\frac{16p}{25}$	$\frac{4p}{5}$	$\frac{4}{5}(pV)^{\frac{1}{3}}$	$\frac{5}{4p}(pV)^{\frac{1}{3}}$	$(pV)^{\frac{1}{3}}$	$\frac{1}{40p^2}(64p^2+200p+12)(pV)^{\frac{2}{3}}$	1.05
0711							
组装代码	展开图与立体图	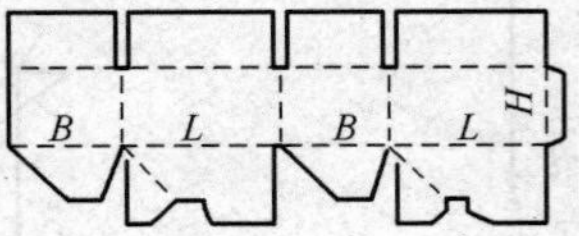		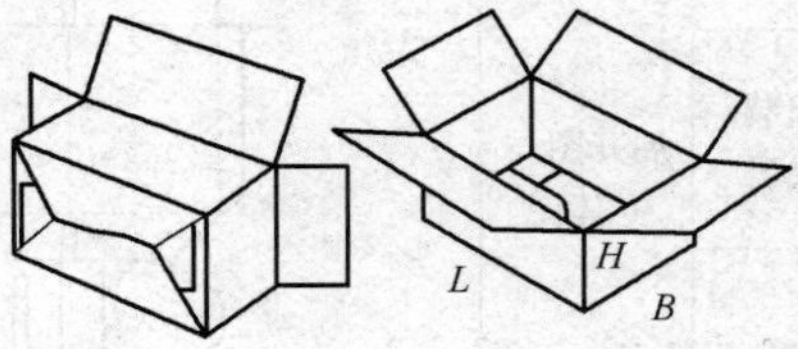			
M							
箱型编号	$\frac{1}{2}q$	$\frac{7}{8}q$	$\left(\frac{2}{7}qV\right)^{\frac{1}{3}}$	$\frac{2}{q}\left(\frac{2}{7}qV\right)^{\frac{1}{3}}$	$\frac{7}{4}\left(\frac{2}{7}qV\right)^{\frac{1}{3}}$	$\frac{1}{2q^2}(7q^2+28q+6)\left(\frac{2}{7}qV\right)^{\frac{2}{3}}$	1.07
0712							
组装代码	展开图与立体图	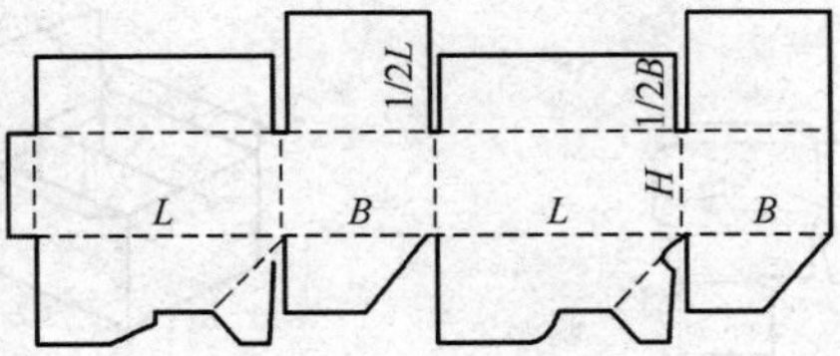		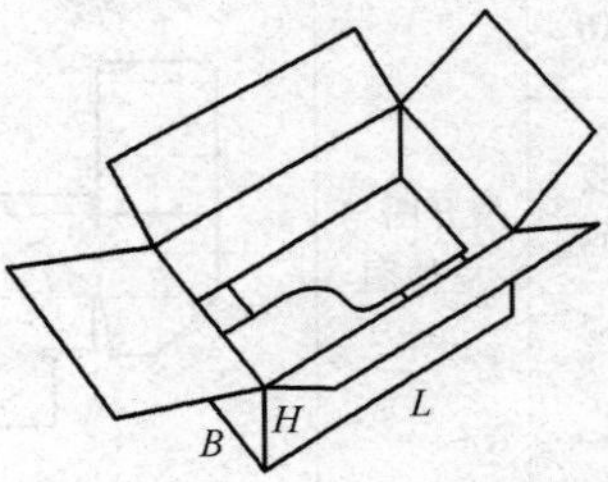			
M							
箱型编号	$\frac{1}{2}r$	$\frac{5}{8}r$	$\left(\frac{2}{5}rV\right)^{\frac{1}{3}}$	$\frac{2}{r}\left(\frac{2}{5}rV\right)^{\frac{1}{3}}$	$\frac{5}{4}\left(\frac{2}{5}rV\right)^{\frac{1}{3}}$	$\frac{1}{2r^2}(5r^2+20r+14)\left(\frac{2}{5}rV\right)^{\frac{2}{3}}$	1.04
0713							
组装代码	展开图与立体图	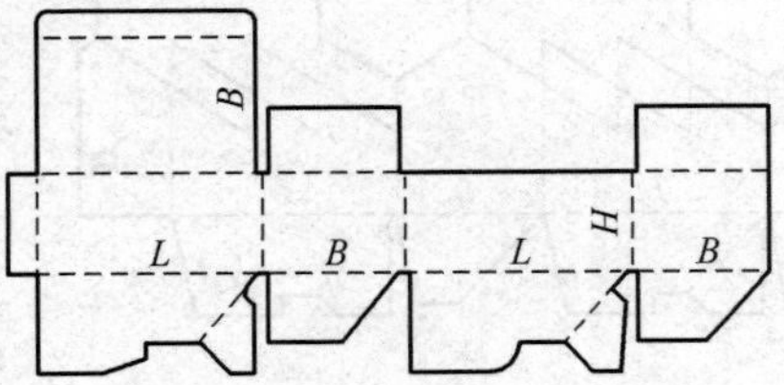		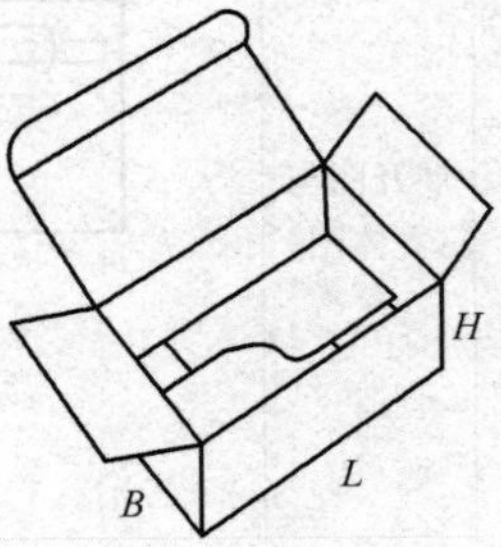			
M							
箱型编号	$\frac{16}{9}s$	$\frac{4}{3}s$	$\frac{4}{3}(sV)^{\frac{1}{3}}$	$\frac{3}{4s}(sV)^{\frac{1}{3}}$	$(sV)^{\frac{1}{3}}$	$\frac{1}{48s^2}(108s^2+144s+27)(sV)^{\frac{2}{3}}$	0.81
0714							
组装代码	展开图与立体图	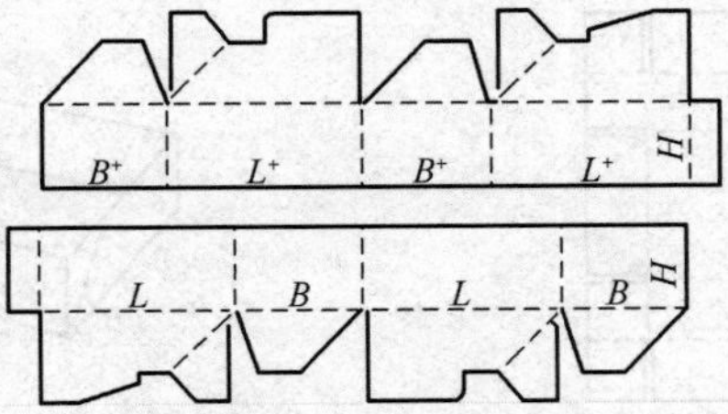		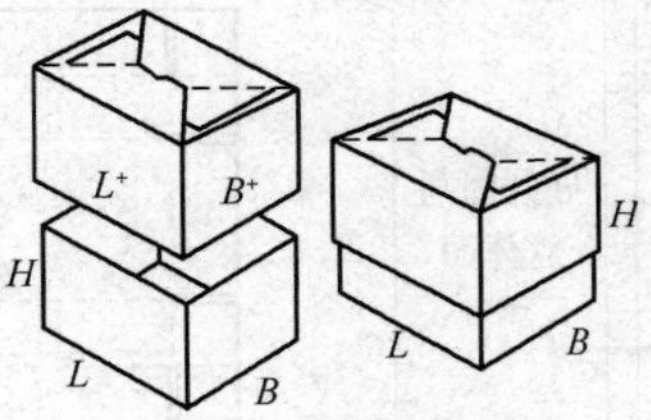			
M							

续表

比例常数	R_L	R_H	L	B	H	S_{min}	A_{min}
箱型编号	2	1	$2\left(\frac{V}{2}\right)^{\frac{1}{3}}$	$\left(\frac{V}{2}\right)^{\frac{1}{3}}$	$\left(\frac{V}{2}\right)^{\frac{1}{3}}$	$18\left(\frac{V}{2}\right)^{\frac{2}{3}}$	1.59
0715 组装代码 M	展开图与立体图	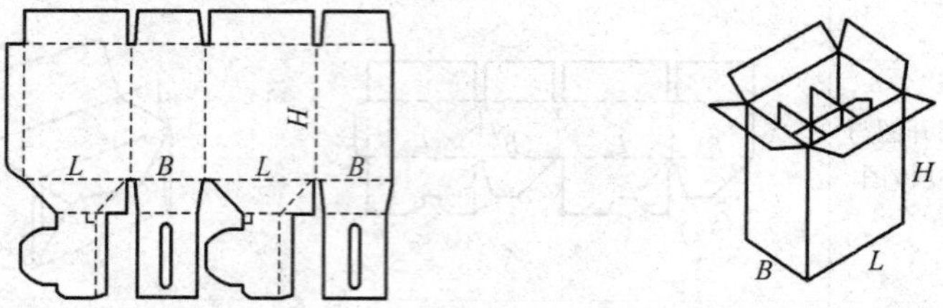					
箱型编号	t	t	$(tV)^{\frac{1}{3}}$	$\frac{1}{t}(tV)^{\frac{1}{3}}$	$(tV)^{\frac{1}{3}}$	$\frac{1}{t^2}(3t^2+4t+1)(tV)^{\frac{2}{3}}$	1.11
0716 组装代码 M	展开图与立体图	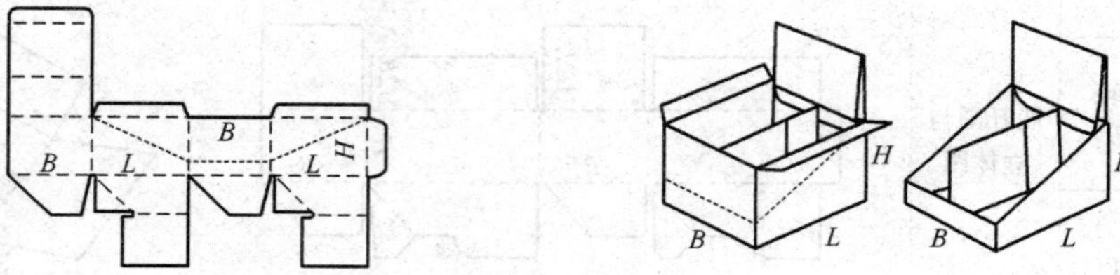					
箱型编号 0717 组装代码 M	展开图与立体图	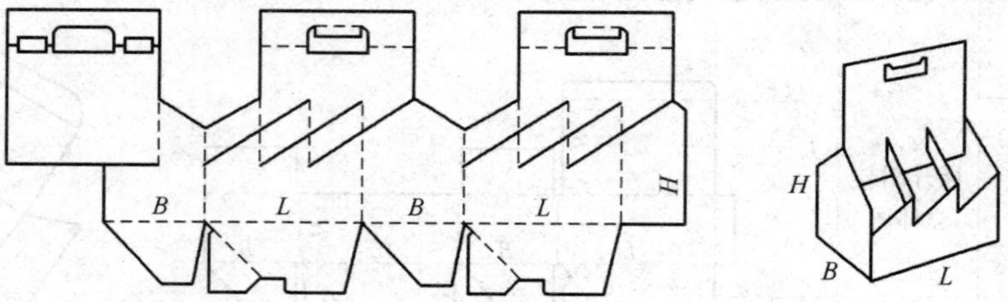					
箱型编号	$\frac{1}{2}$	$\frac{1}{8}$	$(2V)^{\frac{1}{3}}$	$2(2V)^{\frac{1}{3}}$	$\frac{1}{4}(2V)^{\frac{1}{3}}$	$\frac{9}{2}(2V)^{\frac{2}{3}}$	1.00
0718 组装代码 M	展开图与立体图	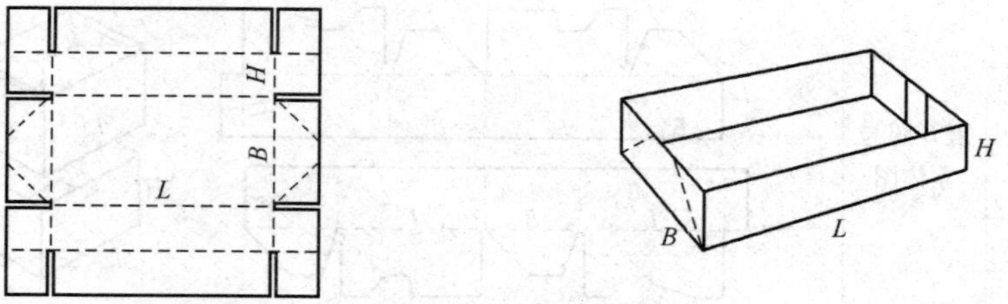					

续表

比例常数	R_L	R_H	L	B	H	S_{min}	A_{min}
箱型编号	1	$\frac{2}{u}$	$\left(\frac{u}{2}V\right)^{\frac{1}{3}}$	$\left(\frac{u}{2}V\right)^{\frac{1}{3}}$	$\left(\frac{2}{u}\right)^{\frac{2}{3}}V^{\frac{1}{3}}$	$\frac{2}{u^2}(u^2+4u+8)\left(\frac{u}{2}V\right)^{\frac{2}{3}}$	1.09
0747	展开图与立体图	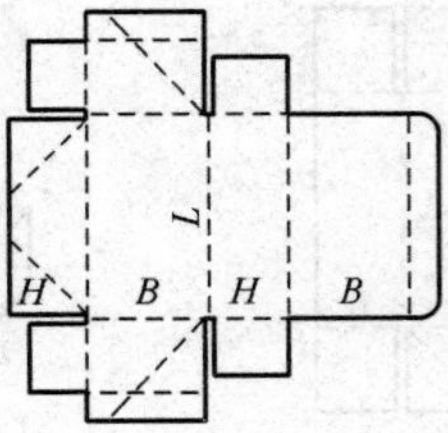			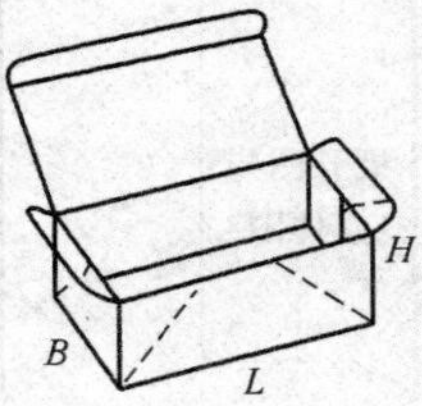		
组装代码							
M							
箱型编号	1	$\frac{2}{u}$	$\left(\frac{u}{2}V\right)^{\frac{1}{3}}$	$\left(\frac{u}{2}V\right)^{\frac{1}{3}}$	$\left(\frac{2}{u}\right)^{\frac{2}{3}}V^{\frac{1}{3}}$	$\frac{2}{u^2}(u^2+4u+8)\left(\frac{u}{2}V\right)^{\frac{2}{3}}$	1.09
0748	展开图与立体图	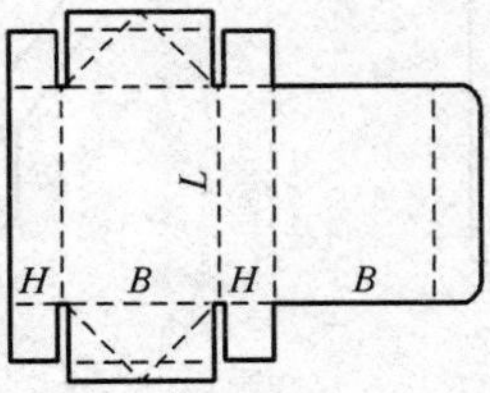			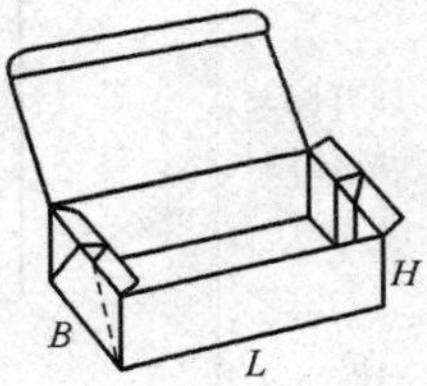		
组装代码							
M							
箱型编号							
0751	展开图与立体图	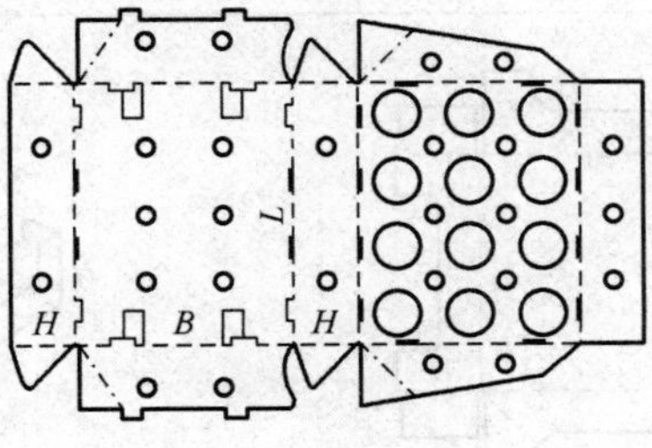			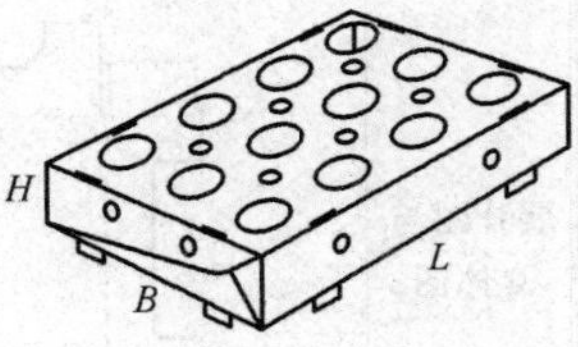		
组装代码							
M							
箱型编号							
0752	展开图与立体图	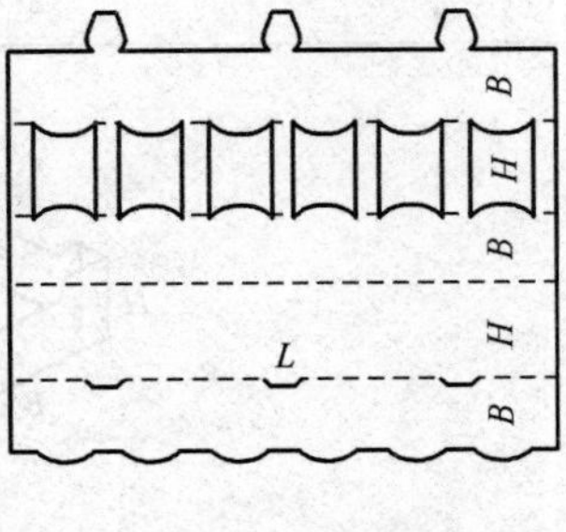			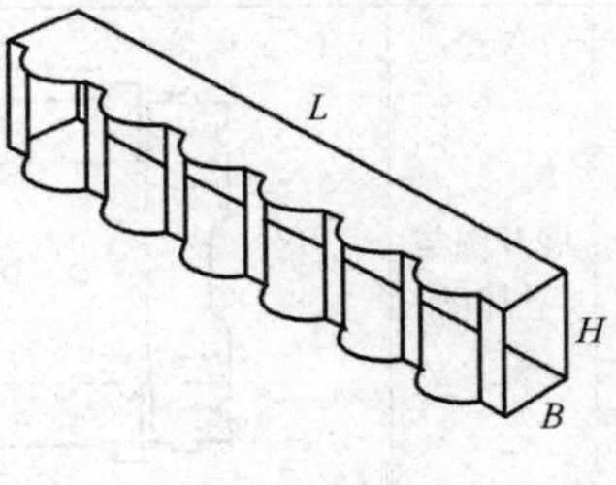		
组装代码							
M/A							

续表

比例常数	R_L	R_H	L	B	H	S_{min}	A_{min}
箱型编号	$\frac{4}{3}$	$\frac{1}{3}$	$\frac{4}{3}\left(\frac{9}{4}V\right)^{\frac{1}{3}}$	$\left(\frac{9}{4}V\right)^{\frac{1}{3}}$	$\frac{1}{3}\left(\frac{9}{4}V\right)^{\frac{1}{3}}$	$6\left(\frac{9}{4}V\right)^{\frac{2}{3}}$	1.44
0759 组装代码 M	展开图与立体图	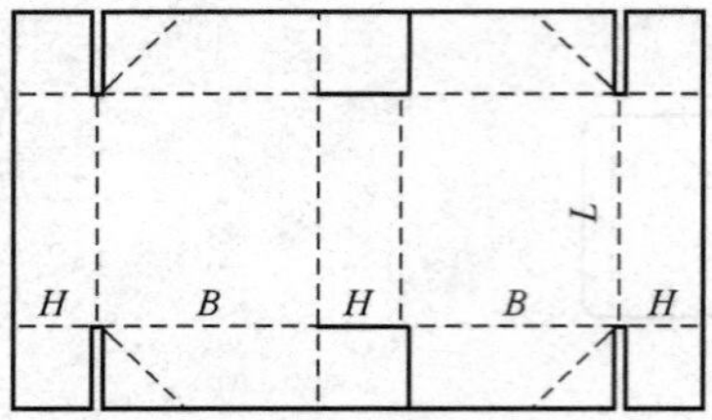			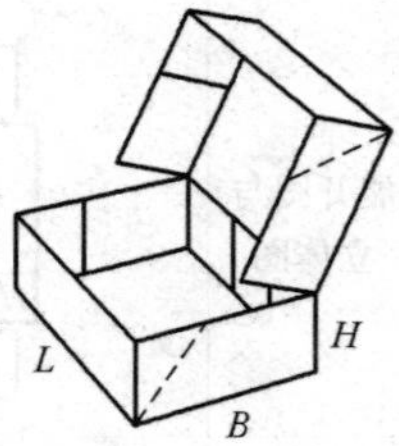		
箱型编号							
0761 组装代码 M	展开图与立体图	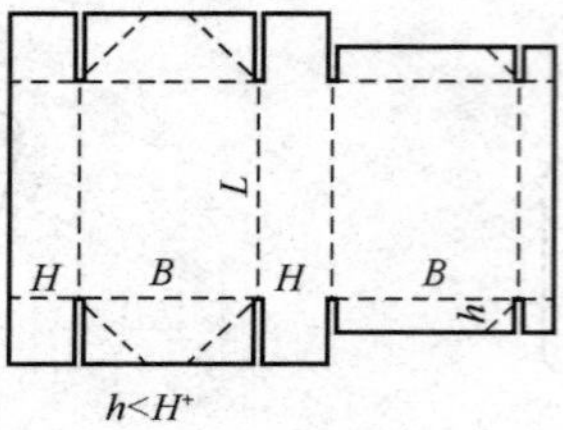			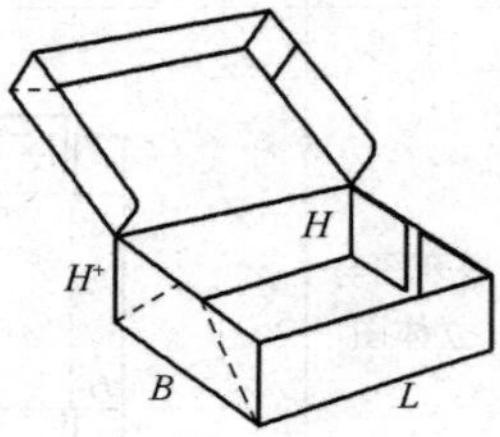		
箱型编号	1	$\frac{1}{4}$	$(4V)^{\frac{1}{3}}$	$(4V)^{\frac{1}{3}}$	$\frac{1}{4}(4V)^{\frac{1}{3}}$	$\frac{9}{4}(4V)^{\frac{2}{3}}$	0.79
0770 组装代码 M	展开图与立体图	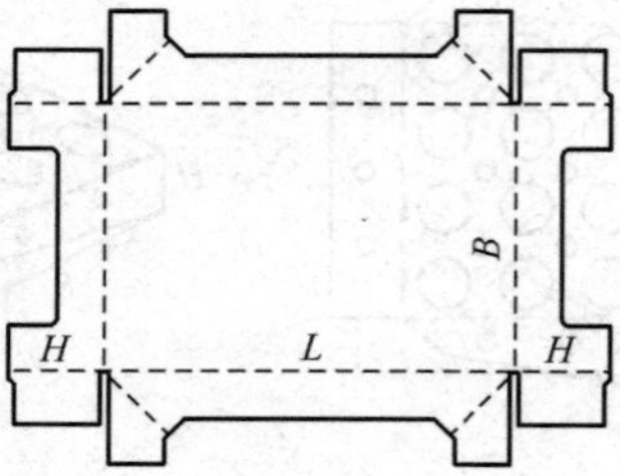			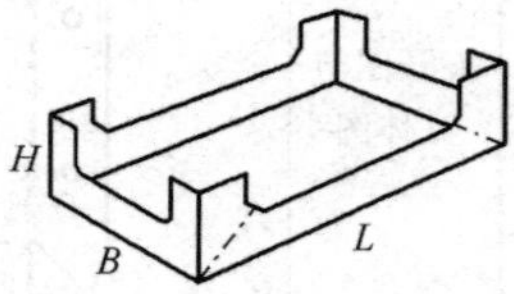		
箱型编号	1	$\frac{1}{4}$	$(4V)^{\frac{1}{3}}$	$(4V)^{\frac{1}{3}}$	$\frac{1}{4}(4V)^{\frac{1}{3}}$	$\frac{9}{4}(4V)^{\frac{2}{3}}$	0.79
0771 组装代码 M	展开图与立体图	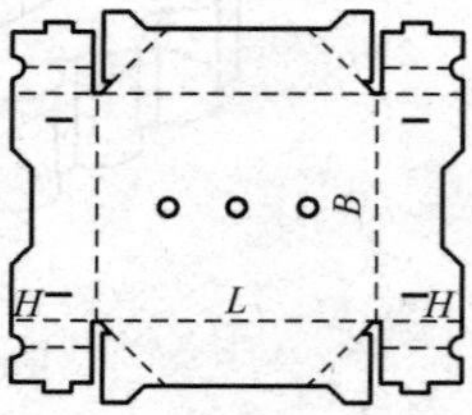			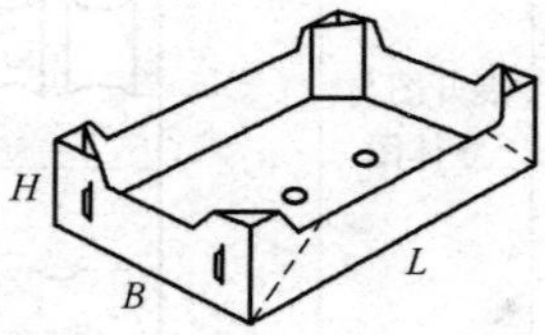		

续表

比例常数	R_L	R_H	L	B	H	S_{min}	A_{min}
箱型编号	2	$\frac{1}{2x}$	$2(xV)^{\frac{1}{3}}$	$(xV)^{\frac{1}{3}}$	$\frac{1}{2x}(xV)^{\frac{1}{3}}$	$\frac{1}{x^2}(2x^2+4x+1)(xV)^{\frac{2}{3}}$	0.94
0772 组装代码 M	展开图与立体图	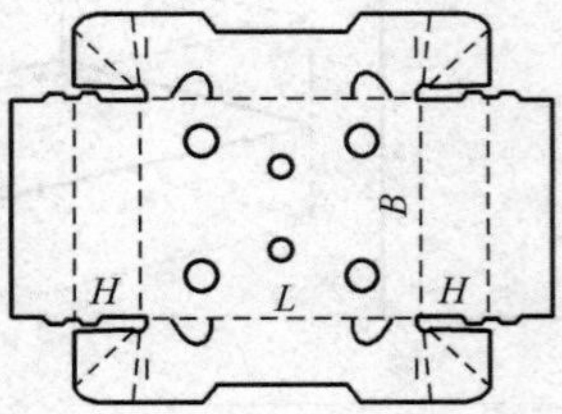				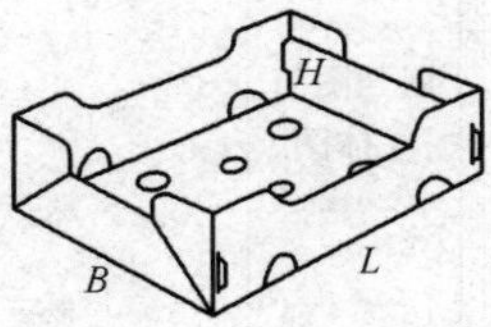	
箱型编号	$\frac{2}{2}$	$\frac{1}{4}$	$\frac{2}{3}(6V)^{\frac{1}{3}}$	$(6V)^{\frac{1}{3}}$	$\frac{1}{4}(6V)^{\frac{1}{3}}$	$\frac{9}{4}(6V)^{\frac{2}{3}}$	1.04
0773 组装代码 M	展开图与立体图	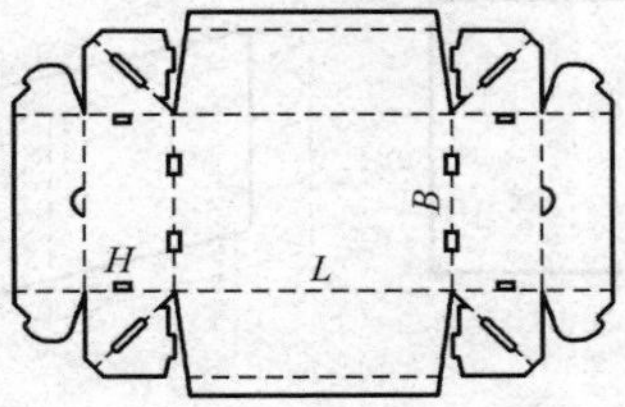				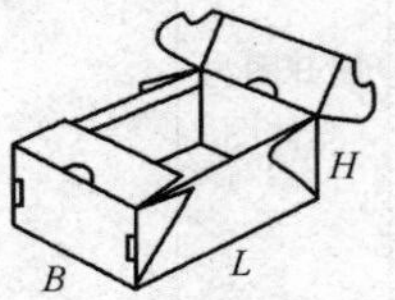	
箱型编号	$\frac{2}{5}$	$\frac{5}{2y}$	$\frac{2}{5}(yV)^{\frac{1}{3}}$	$(yV)^{\frac{1}{3}}$	$\frac{5}{2y}(yV)^{\frac{1}{3}}$	$\frac{1}{5y^2}(3y^2+50y+125)(yV)^{\frac{2}{3}}$	1.17
0774 组装代码 M	展开图与立体图	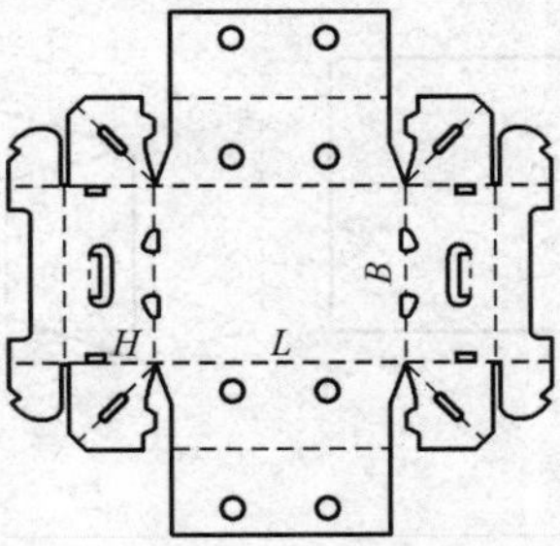				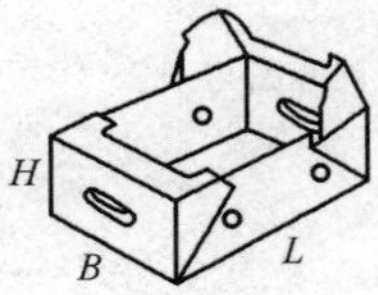	
箱型编号 0900 组装代码 M	展开图与立体图	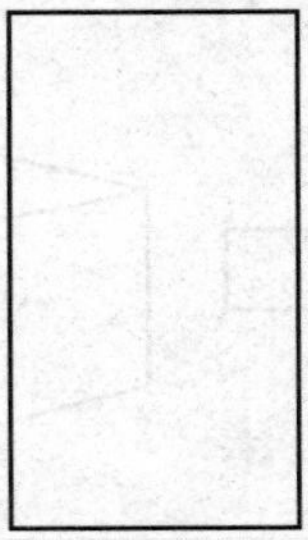				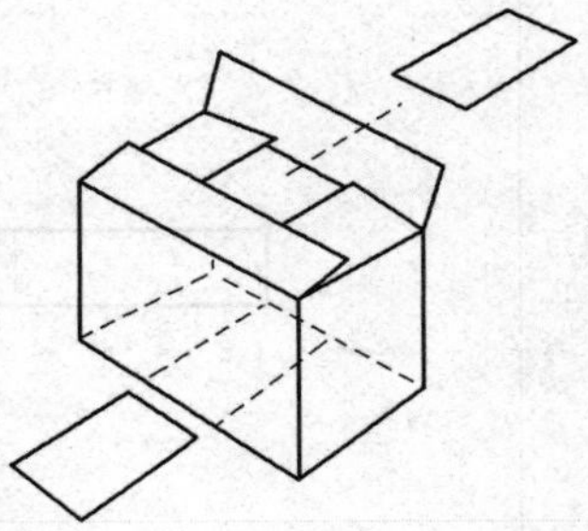	

续表

比例常数	R_L	R_H	L	B	H	S_{min}	A_{min}
箱型编号	展开图与立体图	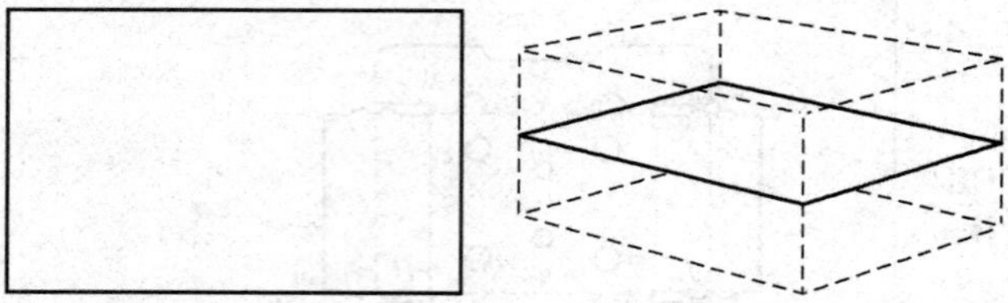					
0901							
组装代码							
M							
箱型编号	展开图与立体图	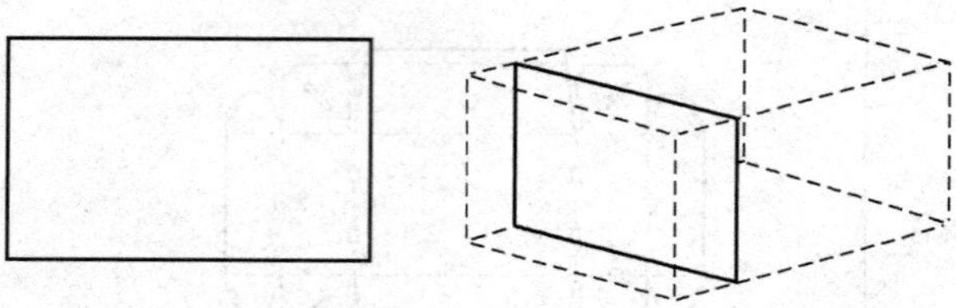					
0902							
组装代码							
M							
箱型编号	展开图与立体图	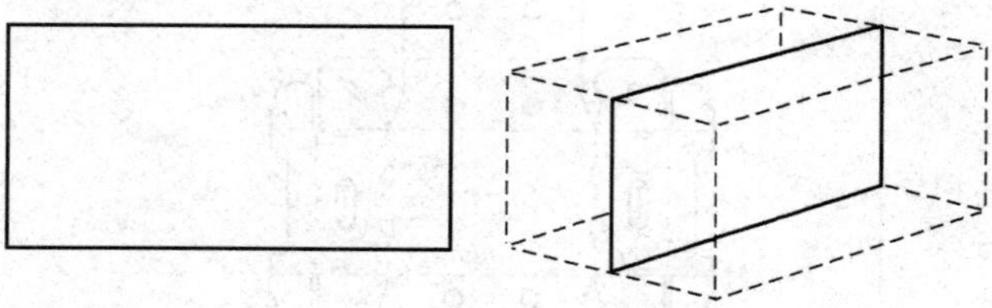					
0903							
组装代码							
M							
箱型编号	展开图与立体图	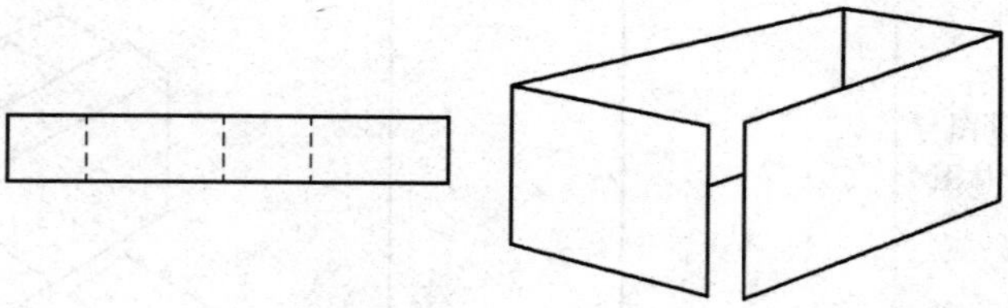					
0904							
组装代码							
M							

续表

比例常数	R_L	R_H	L	B	H	S_{min}	A_{min}
箱型编号							
0905							
组装代码	展开图与立体图	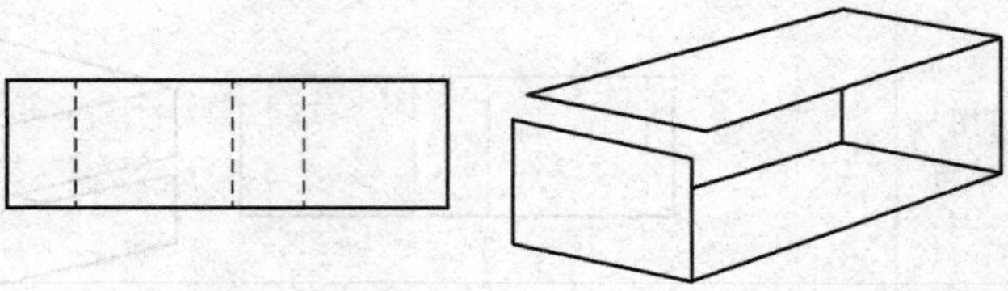					
M							
箱型编号							
0906							
组装代码	展开图与立体图	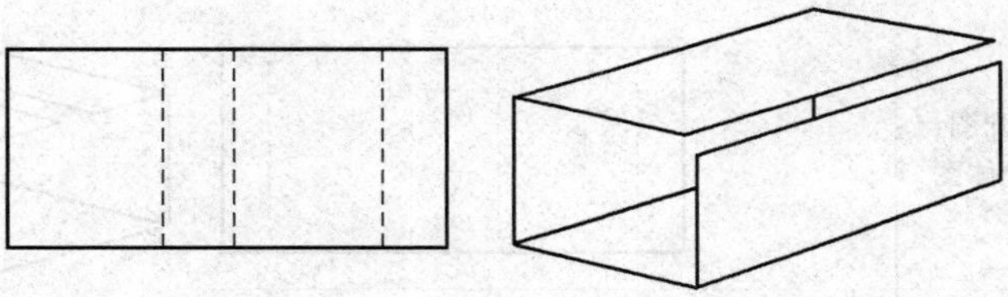					
M							
箱型编号							
0907							
组装代码	展开图与立体图	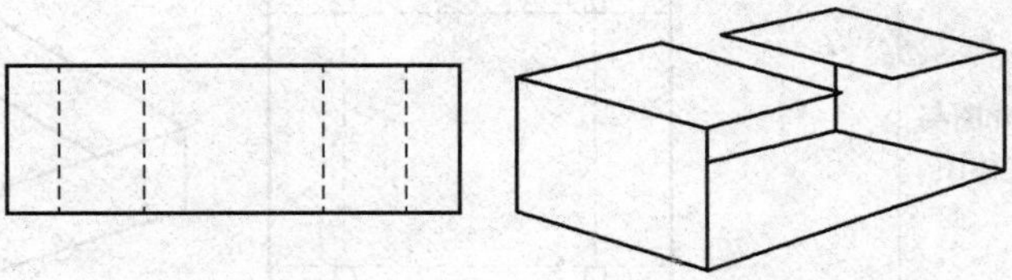					
M							
箱型编号							
0908							
组装代码	展开图与立体图	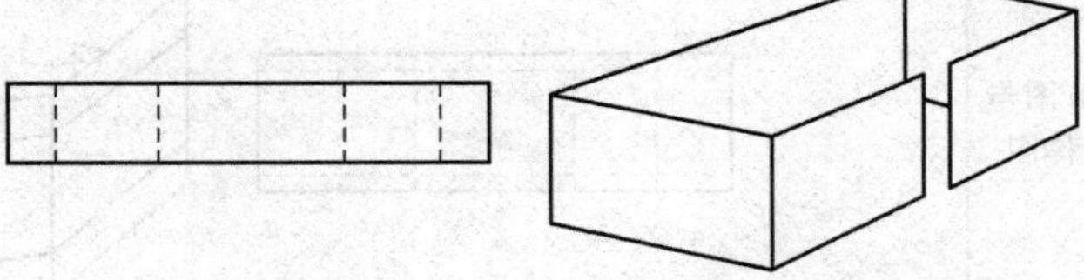					
M							

续表

比例常数	R_L	R_H	L	B	H	S_{min}	A_{min}
箱型编号							
0909							
组装代码	展开图与立体图						
M							
箱型编号							
0910							
组装代码	展开图与立体图						
M							
箱型编号							
0911							
组装代码	展开图与立体图						
M							
箱型编号							
0913							
组装代码	展开图与立体图						
M							

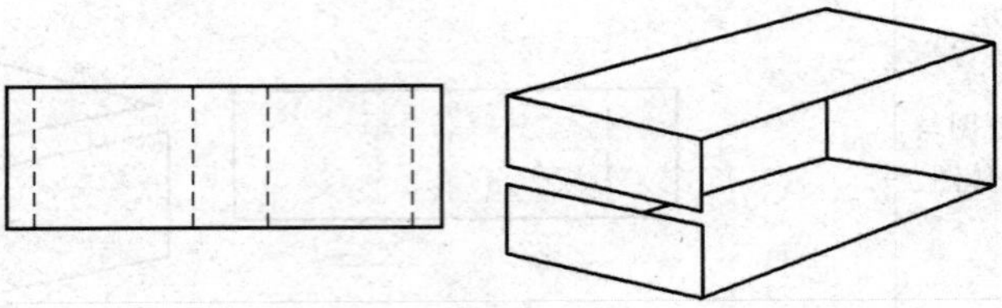

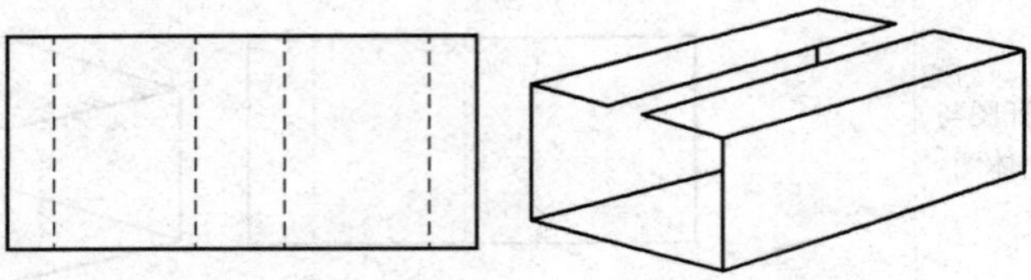

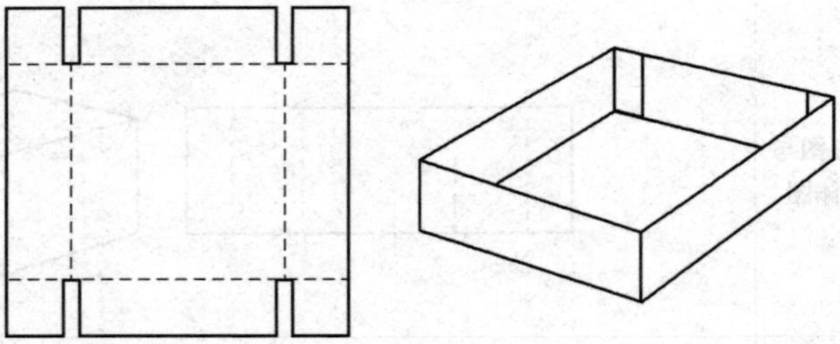

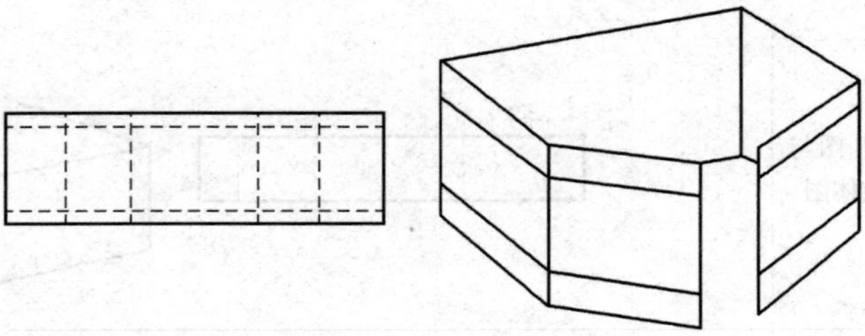

续表

比例常数	R_L	R_H	L	B	H	S_{min}	A_{min}
箱型编号	展开图与立体图						
0914							
组装代码		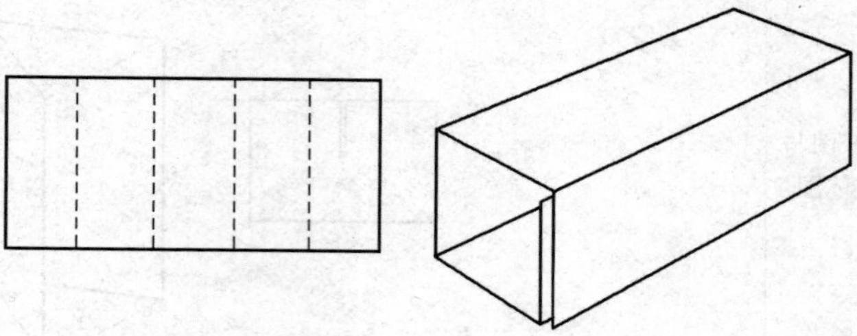					
M							
箱型编号	展开图与立体图						
0920							
组装代码		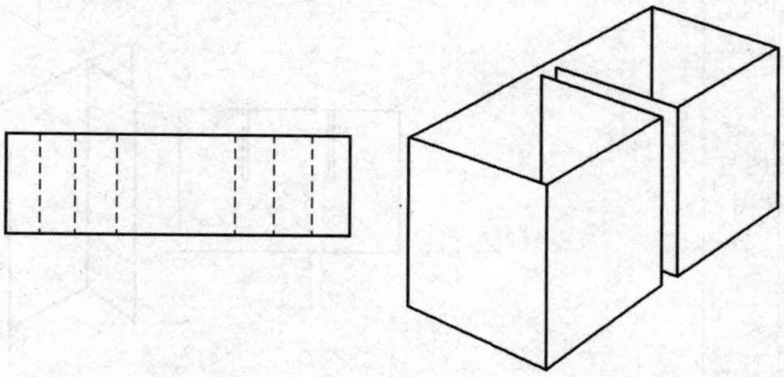					
M							
箱型编号	展开图与立体图						
0921							
组装代码		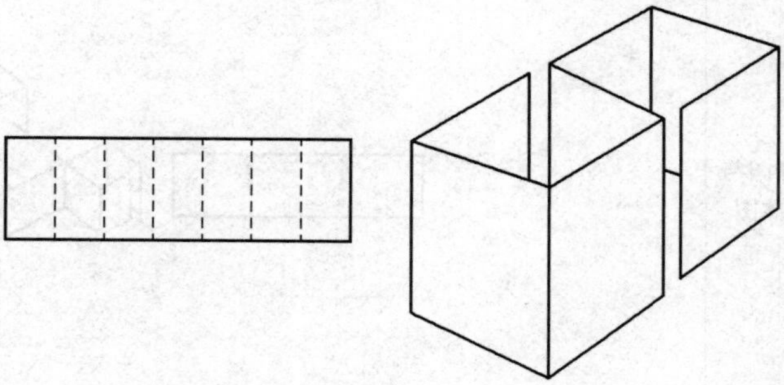					
M							
箱型编号	展开图与立体图						
0929							
组装代码		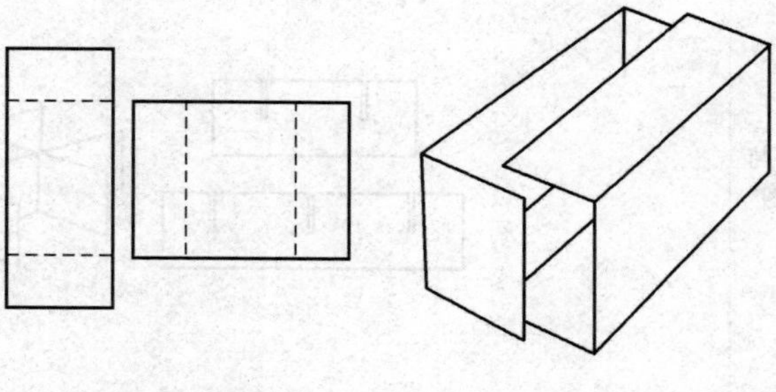					
M							

续表

比例常数	R_L	R_H	L	B	H	S_{min}	A_{min}
箱型编号	展开图与立体图	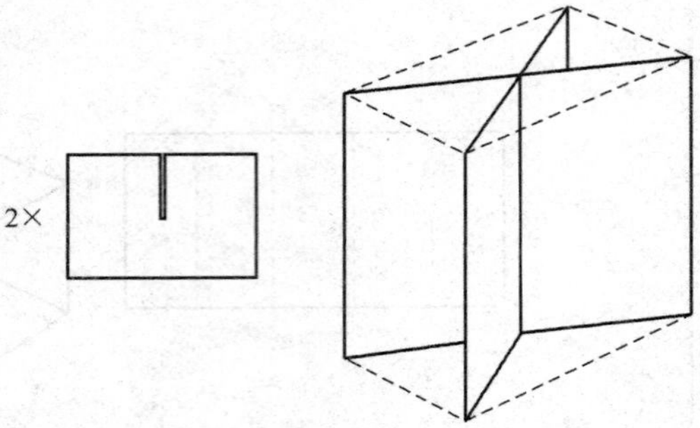 2×					
0930							
组装代码							
M							
箱型编号	展开图与立体图	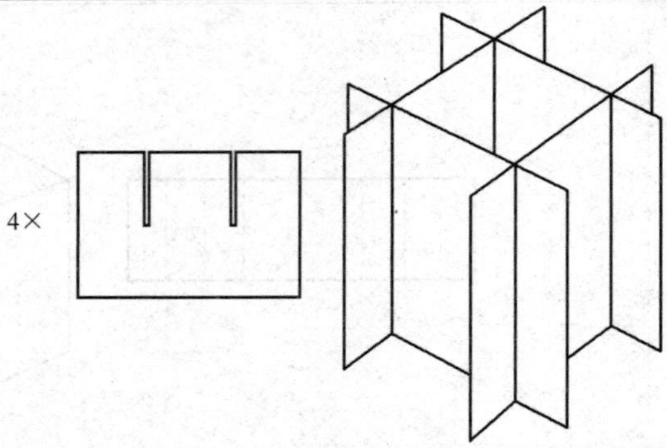 4×					
0931							
组装代码							
M							
箱型编号	展开图与立体图	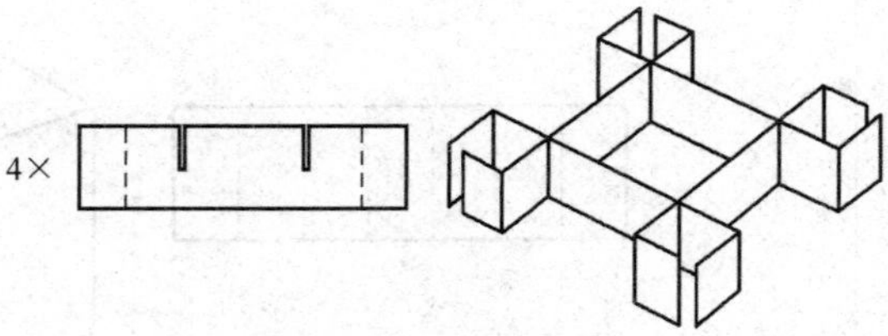 4×					
0932							
组装代码							
M							
箱型编号	展开图与立体图	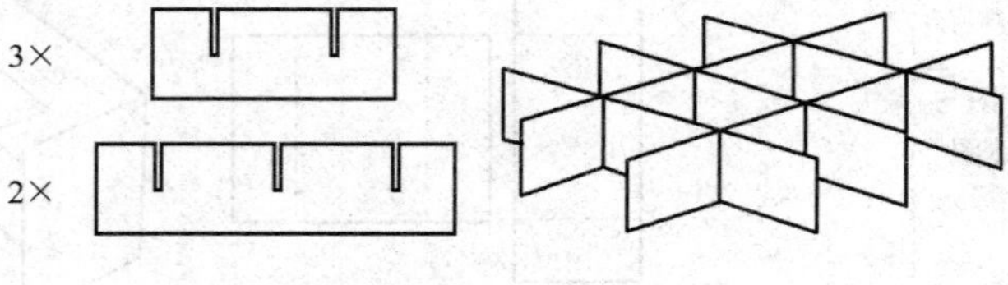 3× 2×					
0933							
组装代码							
M							

续表

比例常数	R_L	R_H	L	B	H	S_{min}	A_{min}
箱型编号							
0934							
组装代码	展开图与立体图	4×　6×					
M							
箱型编号							
0935							
组装代码	展开图与立体图	2×　1×　2×					
M							
箱型编号							
0940							
组装代码	展开图与立体图	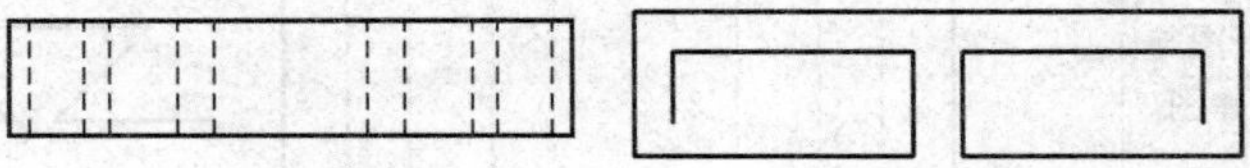					
M							
箱型编号							
0941							
组装代码	展开图与立体图	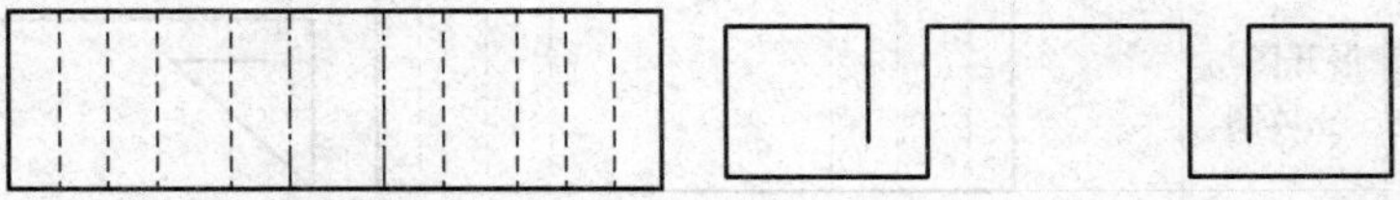					
M							

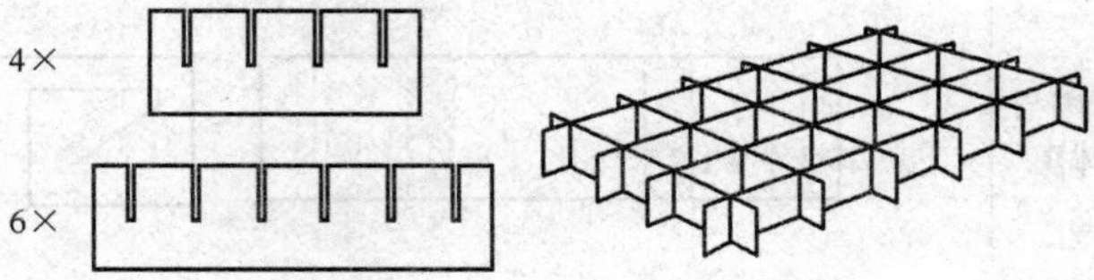

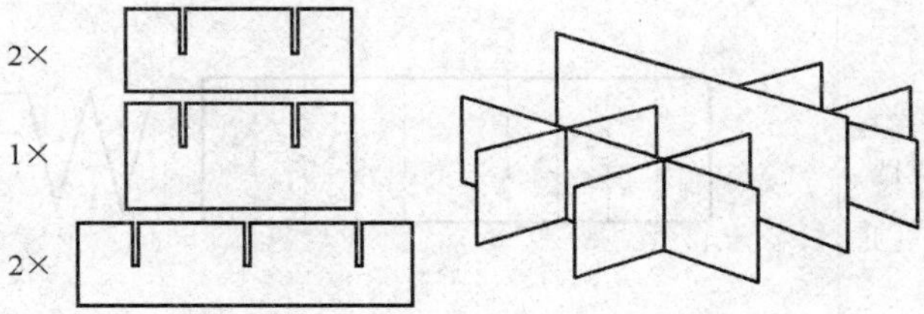

续表

比例常数	R_L	R_H	L	B	H	S_{min}	A_{min}
箱型编号							
0942							
组装代码	展开图与立体图						
M							
箱型编号							
0943							
组装代码	展开图与立体图						
M							
箱型编号							
0944							
组装代码	展开图与立体图						
M							
箱型编号							
0945							
组装代码	展开图与立体图						
M							

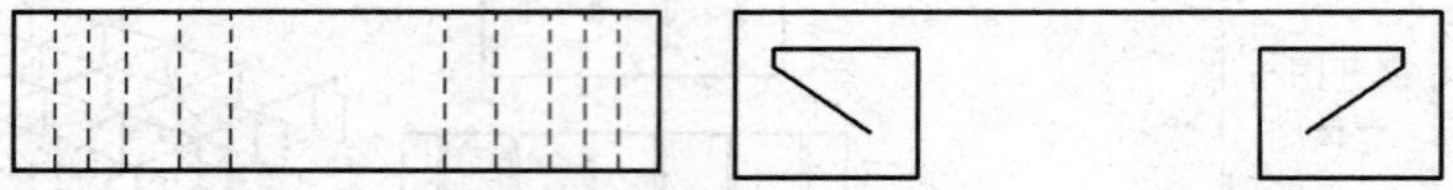

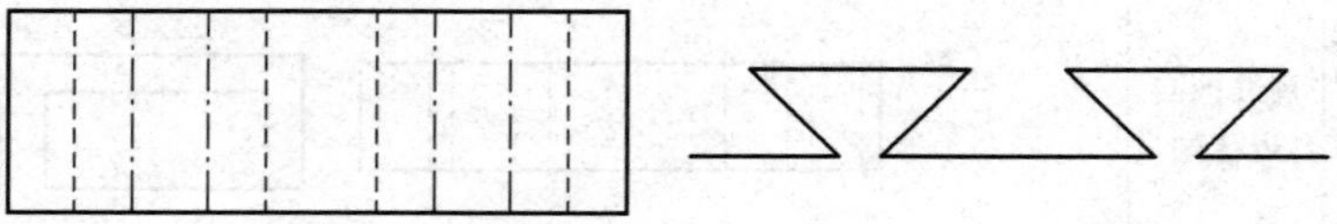

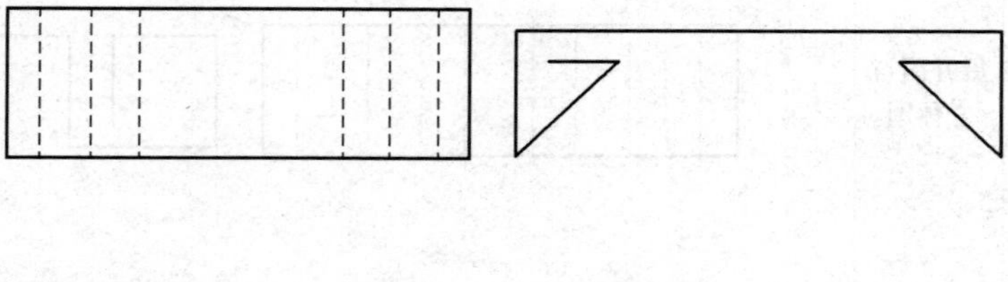

续表

比例常数	R_L	R_H	L	B	H	S_{min}	A_{min}
箱型编号							
0946							
组装代码	展开图与立体图	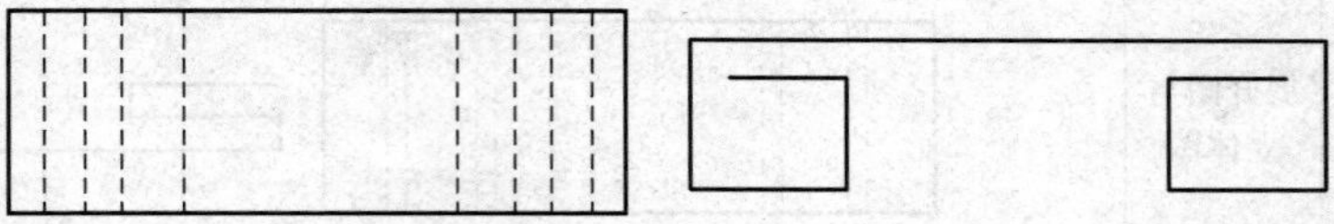					
M							
箱型编号							
0947							
组装代码	展开图与立体图	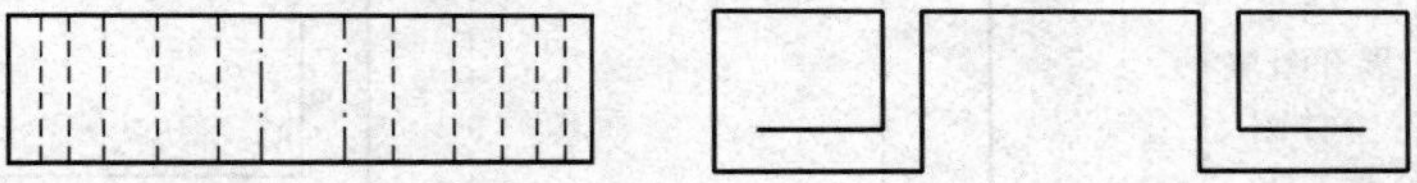					
M							
箱型编号							
0948							
组装代码	展开图与立体图	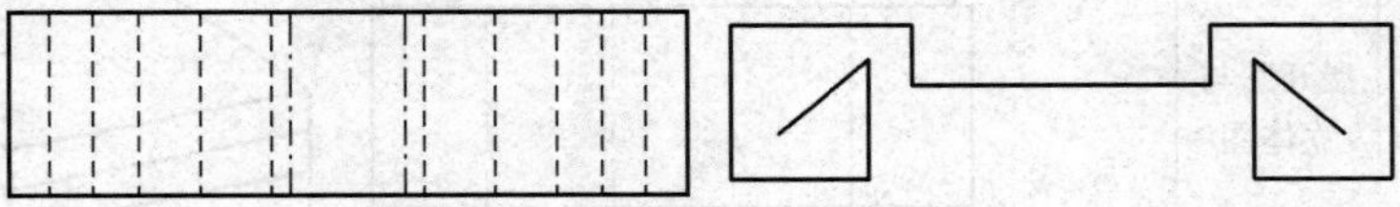					
M							
箱型编号							
0949							
组装代码	展开图与立体图	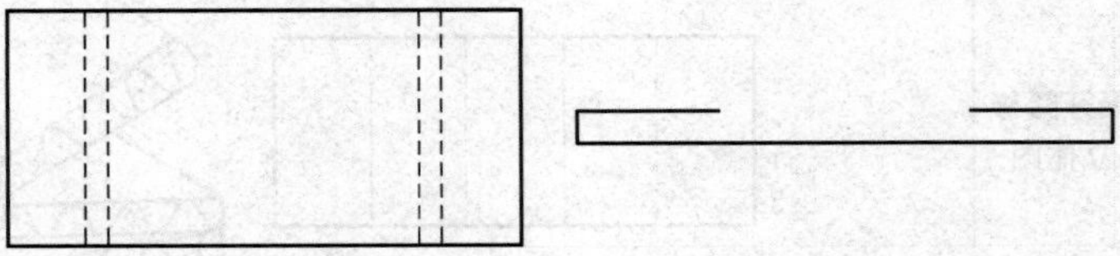					
M							

续表

比例常数	R_L	R_H	L	B	H	S_{min}	A_{min}
箱型编号							
0950							
组装代码	展开图与立体图	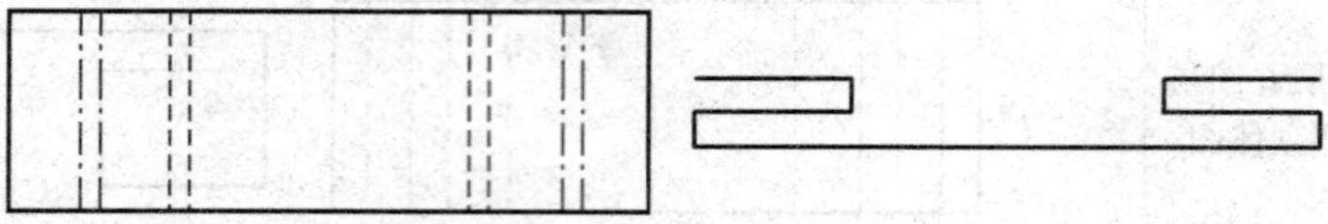					
M							
箱型编号							
0951							
组装代码	展开图与立体图	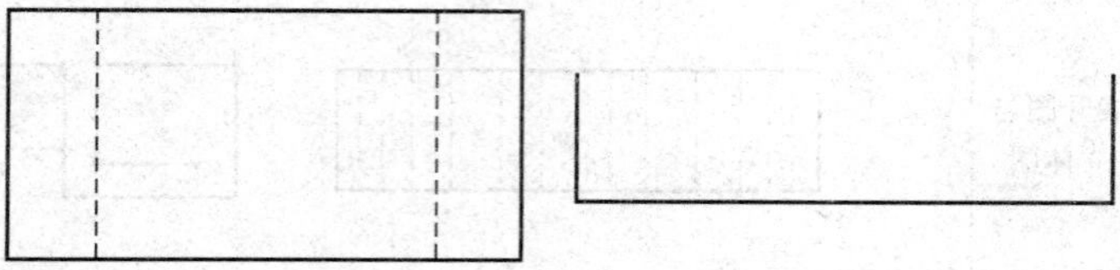					
M							
箱型编号							
0965							
组装代码	展开图与立体图	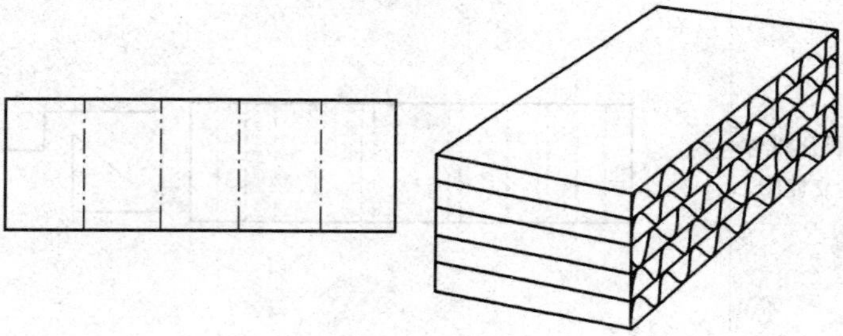					
M							
箱型编号							
0966							
组装代码	展开图与立体图	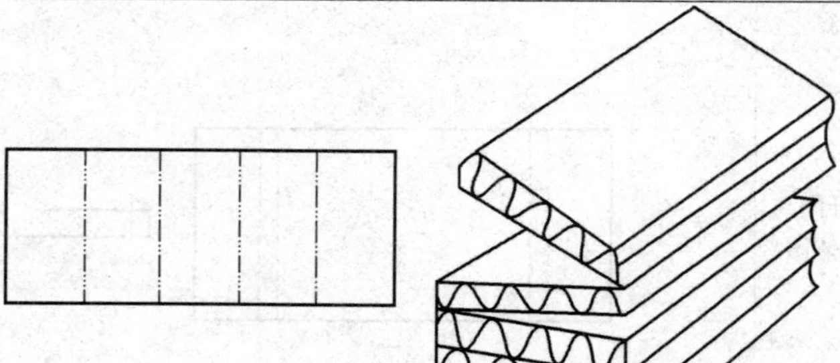					
M							

续表

比例常数	R_L	R_H	L	B	H	S_{min}	A_{min}
箱型编号	展开图与立体图	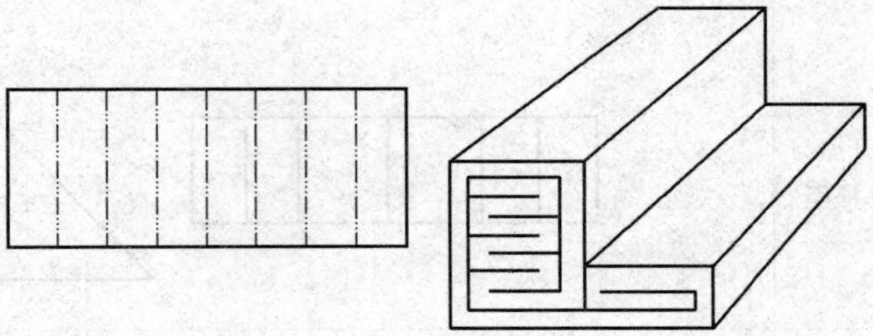					
0967							
组装代码							
M							
箱型编号	展开图与立体图	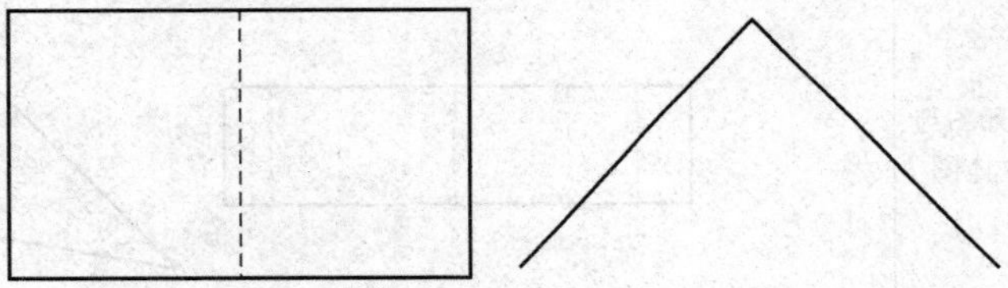					
0970							
组装代码							
M							
箱型编号	展开图与立体图	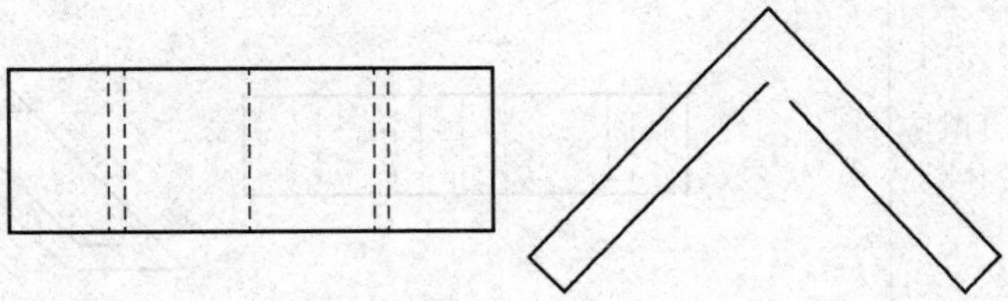					
0971							
组装代码							
M							
箱型编号	展开图与立体图	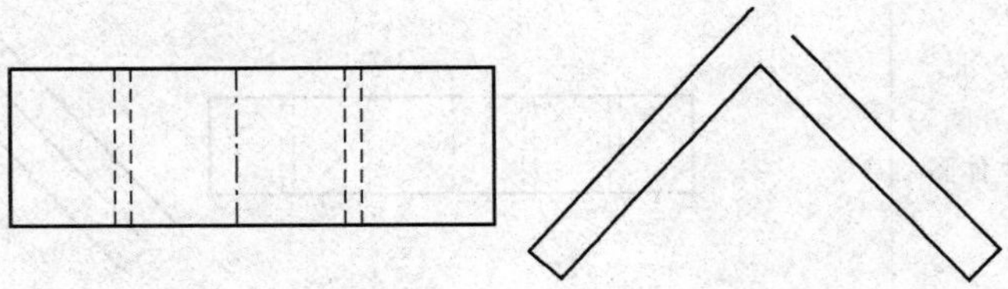					
0972							
组装代码							
M							

续表

比例常数	R_L	R_H	L	B	H	S_{min}	A_{min}
箱型编号	展开图与立体图	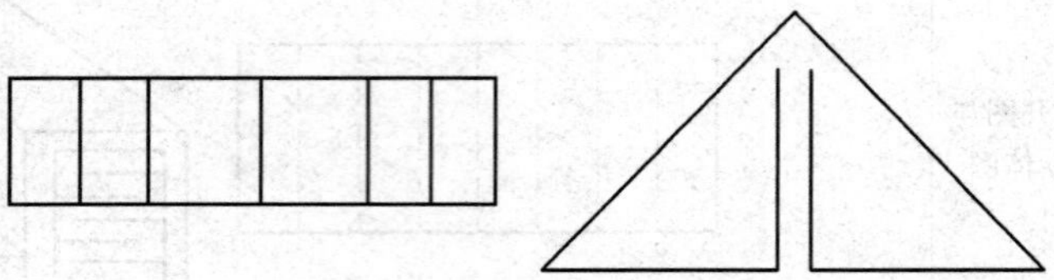					
0973							
组装代码							
M							
箱型编号	展开图与立体图	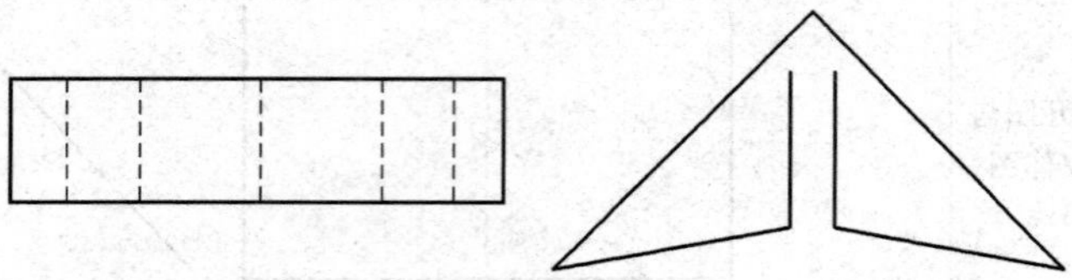					
0974							
组装代码							
M							
箱型编号	展开图与立体图	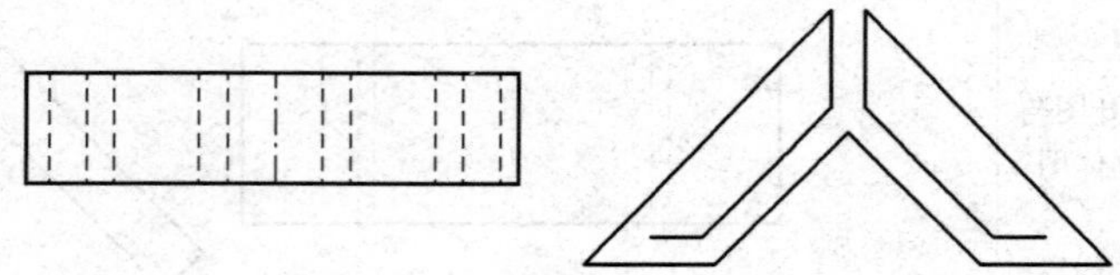					
0975							
组装代码							
M							
箱型编号	展开图与立体图	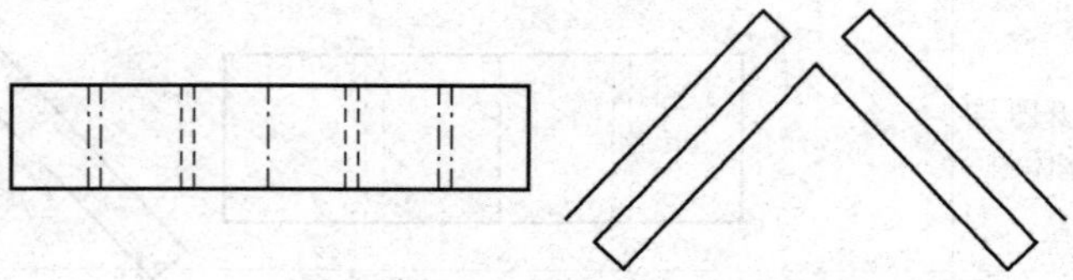					
0976							
组装代码							
M							

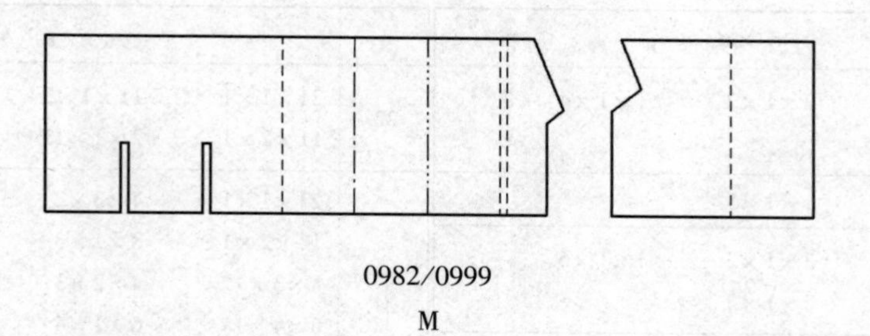

0982/0999

M

组合内衬编码

组合内衬的片数	编码	组合内衬的片数	编码
2	0982	11	0991
3	0983	12	0992
4	0984	13	0993
5	0985	14	0994
6	0986	15	0995
7	0987	16	0996
8	0988	17	0997
9	0989	18	0998
10	0990	19	0999

附表 2　　内装物排列数目

n	$n_L \times n_B \times n_H$		
4	4×1×1	2×1×2	1×1×4
	2×2×1		
5	5×1×1	1×1×5	
6	6×1×1	3×1×2	1×1×6
	3×2×1	2×1×3	
7	7×1×1	1×1×7	
8	8×1×1	4×1×2	2×1×4
	4×2×1	2×2×2	1×1×8
9	9×1×1	3×1×3	1×1×9
	3×3×1		
10	10×1×1	5×1×2	1×1×10
	5×2×1	2×1×5	
12	12×1×1	3×2×2	3×1×4
	6×2×1	4×1×3	2×1×6
	4×3×1	2×2×3	1×1×12
	6×1×2		
14	14×1×1	7×1×2	1×1×14
	7×2×1	2×1×7	
15	15×1×1	5×1×3	1×1×15
	5×3×1	3×1×5	
16	16×1×1	8×1×2	2×2×4
	8×2×1	4×2×2	2×1×8
	4×4×1	4×1×4	1×1×16
18	18×1×1	3×3×2	3×1×6
	9×2×1	6×1×3	2×1×9
	6×3×1	3×2×3	1×1×18
	9×1×2		
20	20×1×1	5×2×2	2×2×5
	10×2×1	5×1×4	2×1×10
	5×4×1	4×1×5	1×1×20
	10×1×2		
21	20×1×1	7×1×3	1×1×21
	7×3×1	3×1×7	
22	21×1×1	11×1×2	1×1×22
	11×2×1	2×1×11	
24	24×1×1	4×3×2	4×1×6
	12×2×1	8×1×3	2×2×6
	8×3×1	4×2×3	3×1×8
	6×4×1	6×1×4	2×1×12
	12×1×2	3×2×4	1×1×24
	6×2×2		
25	25×1×1	5×1×5	1×1×25
	5×5×1		
27	27×1×1	9×1×3	3×1×9
	9×3×1	3×3×3	1×1×27
28	28×1×1	7×2×2	2×2×7
	14×2×1	7×1×4	2×1×14
	7×4×1	4×1×7	1×1×28
	14×1×2		
30	30×1×1	5×3×2	5×1×6
	15×2×1	10×1×3	3×1×10
	10×3×1	5×2×3	2×1×15
	6×5×1	3×2×5	1×1×30
	15×1×2	6×1×5	
32	32×1×1	8×2×2	4×1×8
	16×2×1	4×4×2	2×2×8
	8×4×1	8×1×4	2×1×16
	16×1×2	4×2×4	1×1×32
33	33×1×1	11×1×3	1×1×33
	11×3×1	3×1×11	
35	35×1×1	7×1×5	1×1×35
	7×5×1	5×1×7	
36	36×1×1	6×3×2	3×2×6
	18×2×1	12×1×3	4×1×9
	12×3×1	6×2×3	2×2×9
	9×4×1	4×8×3	3×1×12
	6×6×1	9×1×4	2×1×18
	18×1×2	3×3×4	1×1×36
	9×2×2	6×1×6	

续表

n	$n_L \times n_B \times n_H$		
39	39×1×1	13×1×3	1×1×39
	13×3×1	3×1×13	
40	40×1×1	5×4×2	5×1×8
	20×2×1	10×1×4	4×1×10
	10×4×1	5×2×4	2×2×10
	8×5×1	8×1×5	2×1×20
	20×1×2	4×2×5	1×1×40
	10×2×2		
42	42×1×1	7×3×2	3×2×7
	21×2×1	14×1×3	3×1×14
	14×3×1	7×2×3	2×1×21
	7×6×1	7×1×6	1×1×42
	21×1×2	6×1×7	
44	44×1×1	11×2×2	2×2×11
	22×2×1	11×1×4	2×1×22
	11×4×1	4×1×11	1×1×44
	22×1×2		
45	45×1×1	5×3×3	5×1×9
	15×3×1	9×1×5	3×1×15
	9×5×1	3×3×5	1×1×45
	15×1×3		
48	48×1×1	6×4×2	4×2×6
	24×2×1	16×1×3	6×1×8
	16×3×1	8×2×3	3×2×8
	12×4×1	4×4×3	4×1×12
	8×6×1	12×1×4	2×2×12
	24×1×2	6×2×4	3×1×16
	12×2×2	4×3×4	2×1×24
	8×3×2	8×1×6	1×1×48
49	49×1×1	7×1×7	1×1×49
	7×7×1		
50	50×1×1	5×5×2	5×1×10
	25×2×1	10×1×5	2×1×25
	10×5×1	5×2×5	1×1×50
	25×1×2		
52	52×1×1	13×2×2	2×2×13
	26×2×1	13×1×4	2×1×26
	13×4×1	4×1×13	1×1×52
	26×1×2		
54	54×1×1	18×1×3	6×1×9
	27×2×1	9×2×3	3×2×9
	18×3×1	6×3×3	3×1×18
	9×6×1	9×1×6	2×1×27
	27×1×2	3×3×6	1×1×54
	9×3×2		
55	55×1×1	11×1×5	1×1×55
	11×5×1	5×1×11	
56	56×1×1	7×4×2	7×1×8
	28×2×1	14×1×4	4×1×14
	14×4×1	7×2×4	2×2×14
	8×7×1	8×1×7	2×1×28
	28×1×2	4×2×7	1×1×56
	14×2×2		
60	60×1×1	20×1×3	5×2×6
	30×2×1	10×2×3	6×1×10
	20×3×1	5×4×3	3×2×10
	15×4×1	15×1×4	5×1×12
	12×5×1	5×3×4	4×1×15
	10×6×1	12×1×5	2×2×15
	30×1×2	6×2×5	3×1×20
	15×2×2	4×3×5	2×1×30
	10×3×2	10×1×6	1×1×60
	6×5×2		
64	64×1×1	8×4×2	4×2×8
	32×2×1	16×1×4	4×1×16
	16×4×1	8×2×4	2×2×16
	8×8×1	4×4×4	2×1×32
	32×1×2	8×1×8	1×1×64
	16×2×2		
70	70×1×1	7×5×2	7×1×10
	35×2×1	14×1×5	5×1×14
	14×5×1	7×2×5	2×1×35
	10×7×1	10×1×7	1×1×70
	35×1×2	5×2×7	

续表

n	$n_L \times n_B \times n_H$		
72	72×1×1	24×1×3	3×3×8
	36×2×1	12×2×3	8×1×9
	24×3×1	8×3×3	4×2×9
	18×4×1	6×4×3	6×1×12
	12×6×1	18×1×4	3×2×12
	9×8×1	9×2×4	4×1×18
	36×1×2	6×3×4	2×2×18
	18×2×2	12×1×6	3×1×24
	12×3×2	6×2×6	2×1×36
	9×4×2	4×3×6	1×1×72
	6×6×2	9×1×8	
75	75×1×1	5×5×3	5×1×15
	25×3×1	15×1×5	3×1×25
	15×5×1	5×3×5	1×1×75
	25×1×3		
78	78×1×1	13×3×2	3×2×13
	39×2×1	26×1×3	3×1×26
	26×3×1	13×2×3	2×1×39
	13×6×1	13×1×6	1×1×78
	39×1×2	6×1×13	
80	80×1×1	8×5×2	5×2×8
	40×2×1	20×1×4	8×1×10
	20×4×1	10×2×4	4×2×10
	16×5×1	5×4×4	5×1×16
	10×8×1	16×1×5	4×1×20
	40×1×2	8×2×5	2×2×20
	20×2×2	4×4×5	2×1×40
	10×4×2	10×1×8	1×1×80
84	84×1×1	28×1×3	4×3×7
	42×2×1	14×2×3	7×1×12
	28×3×1	7×4×3	6×1×14
	21×4×1	21×1×4	3×2×14
	14×6×1	7×3×4	4×1×21
	12×7×1	14×1×6	2×2×21
	42×1×2	7×2×6	3×1×28
	21×2×2	12×1×7	2×1×42
	14×3×2	6×2×7	1×1×84
	7×6×2		
90	90×1×1	15×2×3	5×2×9
	45×2×1	10×3×3	9×1×10
	30×3×1	6×5×3	3×3×10
	18×5×1	18×1×5	6×1×15
	15×6×1	9×2×5	3×2×15
	10×9×1	6×3×5	5×1×18
	45×1×2	15×1×6	3×1×30
	15×3×2	5×3×6	2×1×45
	9×5×2	10×1×9	1×1×90
	30×1×3		
96	96×1×1	32×1×3	6×2×8
	48×2×1	16×2×3	4×3×8
	32×3×1	8×4×3	8×1×12
	24×4×1	24×1×4	4×2×12
	16×6×1	12×2×4	6×1×16
	12×8×1	8×3×4	3×2×16
	48×1×2	6×4×4	4×1×24
	24×2×2	16×1×6	2×2×24
	16×3×2	8×2×6	3×1×32
	12×4×2	4×4×6	2×1×48
	8×6×2	12×1×8	1×1×96
100	100×1×1	10×5×2	5×2×10
	50×2×1	25×1×4	5×1×20
	25×4×1	5×5×4	4×11×25
	20×5×1	20×1×5	2×2×25
	10×10×1	10×2×5	2×1×50
	50×1×2	5×4×5	1×1×100
	25×2×2	10×1×10	
108	108×1×1	18×2×3	4×3×9
	54×2×1	12×3×3	9×1×12
	36×3×1	9×4×3	3×3×12
	27×4×1	6×6×3	6×1×18
	18×6×1	27×1×4	3×2×18
	12×9×1	9×3×4	4×1×27
	54×1×2	18×1×6	2×2×27
	27×2×2	9×2×6	3×1×36
	18×3×2	6×3×6	2×1×54
	9×6×2	12×1×9	1×1×108
	36×1×3	6×2×9	

续表

n	$n_L \times n_B \times n_H$		
120	120×1×1	8×5×3	4×3×10
	60×2×1	30×1×4	10×1×12
	40×3×1	15×2×4	5×2×12
	30×4×1	10×3×4	8×1×15
	24×5×1	6×5×4	4×2×15
	20×6×1	24×1×5	6×1×20
	15×8×1	12×2×5	3×2×20
	12×10×1	8×3×5	5×1×24
	60×1×2	6×4×5	4×1×30
	30×2×2	20×1×6	2×2×30
	20×3×2	10×2×6	3×1×40
	15×4×2	5×4×6	2×1×60
	12×5×2	15×1×8	1×1×120
	40×1×3	5×3×8	
	20×2×3	12×1×10	
	10×4×3	6×2×10	
125	125×1×1	25×1×5	5×1×25
	25×5×1	5×5×5	1×1×125
132	132×1×1	44×1×3	4×3×11
	66×2×1	22×2×3	11×1×12
	44×3×1	11×4×3	6×1×22
	33×4×1	33×1×4	3×2×22
	22×6×1	11×3×4	4×1×33
	12×11×1	22×1×6	2×2×33
	66×1×2	11×2×6	3×1×44
	33×2×2	12×1×11	2×1×66
	22×3×2	6×2×11	1×1×132
	11×6×2		
144	144×1×1	16×3×3	8×2×9
	72×2×1	12×4×3	4×4×9
	48×3×1	8×6×3	12×1×12
	36×4×1	36×1×4	6×2×12
	24×6×1	18×2×4	4×3×12
	18×8×1	12×3×4	9×1×16
	16×9×1	9×4×4	3×3×16
	12×12×1	6×6×4	8×1×18
	72×1×2	24×1×6	4×2×18
	36×2×2	12×2×6	6×1×24
	24×3×2	8×3×6	3×2×24
	18×4×2	6×4×6	4×1×36
	12×6×2	18×1×8	2×2×36
	9×8×2	9×2×8	3×1×48
	48×1×3	6×3×8	2×1×72
	24×2×3	16×1×9	1×1×144

参考文献

[1]Chen Jinming. 1000 Packaging Structure[M]. Hong Kong: Design Media Publishing Limted, 2011.

[2]Pepin van Roojen(团体编著). Special Packaging[M]. Amsterdam: The Pepin Press BV, 2011.

[3]Pepin van Roojen. Advanced Packaging[M]. Amsterdam: The Pepin Press, 2010.

[4]Pepin van Roojen. Complex Packaging[M]. Amsterdam: The Pepin Press, 2010.

[5]Pepin van Roojen. Fancy Packaging[M]. Amsterdam: The Pepin Press, 2010.

[6]George L, Wybenga Laszlo Roth. The Packaging Designer's Book of Patterms (Third Edition) [M]. America: John Wiley &Sons, Inc, 2006.

[7]蒋国民主编. 气雾剂理论与技术[M]. 北京:化学工业出版社,2011.

[8]GB 13042—2008 包装容器 铁质气雾罐

[9]GB/T 25164—2010 包装容器 25.4mm 口径铝气雾罐

[10]GB 17447—1998 气雾剂阀门

[11]Josep M. Garrofe. Structural Greetings[M]. Singapore:PAGEONE Press,2007.

[12]International Fibreboard Case Code (11th Edition)[M]. FEFCO/ESBO, 2007.

[13]孙诚编著. 纸包装结构设计(第二版)[M]. 北京:中国轻工业出版社,2006.

[14]孙诚编著. 纸包装结构设计(第三版)[M]. 北京:中国轻工业出版社,2008.

[15]中国包装标准汇编通用基础卷[M]. 北京:中国标准出版社,2006.

[16]中国包装标准汇编术语卷[M]. 北京:中国标准出版社,2006.

[17]中国包装标准汇编纸包装卷[M]. 北京:中国标准出版社,2006.

[18]中国包装标准汇编金属包装卷[M]. 北京:中国标准出版社,2006.

[19]Haizan Shaw. Out of the Box: Ready - to - Use Structural Packaging[M]. Singapore: PAGEONE Press,2006.

[20]华印传媒集团. 全球瓦楞纸板工业知名供应商[M]. 北京:华印传媒集团,2005.

[21]李宗鹏,周生浩编著. 纸盒包装设计制作刀版图[M]. 辽宁:辽宁美术出版社,2005.

[22]Josep M. Garrofe. Structural Packageing[M]. Singapore:PAGEONE Press,2005.

[23]Agile Rabbit. Special Packaging[M]. Amsterdam: The Pepin Press,2004.

[24]刘筱霞. 金属包装容器[M]. 北京:化学工业出版社,2004.

[25]萧多皆编著. 纸盒包装设计指南[M]. 辽宁:辽宁美术出版社,2003.

[26]金国斌,塑料包装容器设计[M]. 北京:化学工业出版,2003.

[27]王德忠. 金属包装容器[M]. 北京:化学工业出版社,2003.

[28]Agile Rabbit. Structural Package Designs[M]. Amsterdam: The Pepin Press,2003.

[29]谭国民主编. 纸包装材料与制品[M]. 北京:化学工业出版社,2002.

[30]Mark S. Sanders and Ernest J. McCormick. 工程和设计中的人因学(第 7 版)[M]. 北京:清华大学出版社,2002.

[31]金国斌. 现代包装技术[M]. 上海:上海大学出版社,2001.

[32]章建浩主编. 食品包装技术[M]. 北京:中国轻工业出版社,2001.

[33]章建浩主编. 食品包装大全[M]. 北京:中国轻工业出版社,2000.

[34]〔德〕苏珊. E. M. 赛克著. 塑料包装技术[M]. 蔡韵宜等,译. 北京:中国轻工业出版社,2000.

[35]王德忠主编. 包装计算机辅助设计[M]. 北京:印刷工业出版社,1999.

[36]丁玉兰主编. 人类工效学[M]. 北京:北京理工大学出版社,1999.

[37]陈祖云主编.包装材料与容器手册[M].广州:广东科技出版社,1998.

[38]Joseph F. Hanlon. Handbook of Package Engineering(Third Edition)[M]. Florida:CRC Press,1998.

[39]张幼培编著.瓦楞纸制品包装[M].厦门:厦门大学出版社,1997.

[40]Marsh Kenneth S, The Wiley Encyclopedia of Packaging Technology[M]. America: J. Wiley and Sons,1997.

[41]曾汉寿编著.瓦楞纸箱设计[M].台湾:台湾包装工业出版社,1996.

[42]唐志祥主编.包装材料与实用印刷技术[M].北京:化学工业出版社,1996.

[43]徐自芬,郑百哲主编.中国包装工程手册[M].北京:机械工业出版社,1996.

[44]Pira International. International Packaging Sourcebook[M]. Pira International Co. ,1996.

[45]刘功,等.包装测试[M].北京:中国轻工业出版社,1994.

[46]贝克主编.包装技术大全[M].孙蓉芳译.北京:科学出版社,1992.

[47]黄金叶,方世杰编译.纸包装结构设计手册[M].上海:上海远东出版社,1992.

[48]塑料模具设计手册编写组编.塑料模设计手册(之二)[M].北京:机械工业出版社,1982.

[49]邹立谦编著.塑料制品设计手册(上册)[M].北京:机械工业出版社,1991.

[50]冯炳尧等编.模具设计与制造简明手册[M].上海:上海科技出版社,1990.

[51]毛寿松编著.商品包装容器设计[M].上海:上海科学技术出版社,1990.

[52]赵延伟,孙诚主编.包装结构设计[M].长沙:湖南大学出版社,1989.

[53]陈中豪主编.包装材料[M].长沙:湖南大学出版社,1989.

[54]郭敬孙等主编.包装机械应用技术[M].上海市包装技术协会包装机械委员会等,1987.

[55][苏]Я.Ю洛克申等著.生产马口铁容器的自动流水线[M].张静芝等译.北京:轻工业出版社,1985.

[56][俄]中空吹塑[M].上海塑料制品工业研究所译.北京:轻工业出版社,1984.

[57]D. Satas, Web Processing and Converting Technology and Equipment[M]. New York:Van Nostrand Reinhold Co. Inc. ,1984.

[58]成都科技大学等编.塑料成型模具[M].北京:轻工业出版社,1982.

[59]申开智等.塑料成型模具[M].北京:轻工业出版社,1982.

[60]范垂德等编译.玻璃模具与瓶型设计[M].北京:轻工业出版社,1981.

[61]李晓娟,孙诚,黄利强,等.苹果碰撞损伤规律的研究[J].包装工程,2007,28(11):44-46.

[62]陈志强,孙诚,牟信妮,等.基于VC++和OpenGL实现运输木箱结构设计系统的研究[J].包装工程,2007,28(9):52-54.

[63]牟信妮,孙诚,黄利强.基于Web的纸盒设计系统的分析与实现[J].包装工程,2007,28(9):58-60.

[64]陈志强,孙诚,李晓娟,等.虚拟折叠纸盒设计的研究[J].包装工程,2007, 28(8):90-92.

[65]牟信妮,孙诚,李晓娟,等.折叠纸盒纸板纹向设计[J].包装工程,2007, 28(3):103-105.

[66]都築訓佳.容器包装削減の取組み[J].包装技術,2007,45(2):129-131.

[67]中山裕一朗.使える紙加工技術(連載)[J]. CARTON・BOX,2007(1).

[68]孙诚,黄利强,等.用创新精神建设"包装结构设计"国家精品课程[J].包装工程,2006,27(5):66-68.

[69]尹兴,孙诚.构建绿色物流体系下的绿色包装[J].包装工程,27(4):104-105.

[70 段瑞侠,成世杰,孙诚.基于AutoCAD开发折叠纸盒结构设计系统的研究[J].包装工程,2006, 27(4):95-97.

[71]车庆浩,孙诚,等.新型四层瓦楞纸板的性能研究[J].包装工程,2006,27(3):39-41.

[72]尹兴,孙诚,等. 任意四棱台折叠纸盒作业线设计条件分析[J]. 包装工程,2006,27(2):141-143.

[73]魏娜,孙诚,等. 功能型折叠纸盒作业线的研究[J]. 包装工程,2006,27(1):132-134.

[74]小舟. 专业纸箱/纸盒结构设计软件在中国市场的现状与展望[J]. 印刷技术,2005(21):29-31.

[75]段瑞侠,孙诚. 盘式自动折叠纸盒结构设计中的数学模型[J]. 包装工程,2005,26(4):84-85.

[76]李利文,孙诚,黄岩,等. 基于 X3D 的折叠纸盒包装结构虚拟设计[J]. 包装工程,2009,30(1):103-105.

[77]魏娜,牟信妮,黄利强,等. 折叠纸盒锁底式结构的研究[J]. 包装工程,2008, 29(10):183-184.

[78]牟信妮,孙诚,魏娜,等. 纸盒网络设计系统的开发与实现[J]. 包装工程,2008,29(10):158-161.

[79]王丽娟,孙诚,黄利强,等. 基于 SolidWorks 的葡萄酒瓶参数化设计与研究[J]. 包装工程,2009,30(12):68-70.

[80]孙诚,牟信妮. 折叠纸盒结构设计中的作业线[J]. 印刷技术,2010(4):I0020-I0022.

[81]孟唯娟,孙诚,黄利强,等. 托盘装载优化系统的研究与开发[J]. 包装工程,2010 (1):54-56.

[82]牟信妮,杜斯臻,张荷兰,等. 粘贴纸盒机械化生产工艺分析[J]. 包装工程,2010,31(17):106-110.

[83]Xinni Mu, Cheng Sun, Qinlie Wang, etc. Research on the Mathematic Model of Discretional Four Prism Folding Carton Glued in Flat State[J]. Applied Mechanics and Materials, 2012,200:586-591.

[84]Yanmei Zhang, Cheng Sun, Liqiang Huang. Problem of Joint Size Design of Tube Type Folding Packaging[J]. Applied Mechanics and Materials, 2012,200:597-599.

[85]蔡云红,孙诚,黄利强. 基于 SolidWorks 的瓶盖结构参数化设计的研究[J]. 包装工程,2012,33(21):100-103.

[86]横山 德禎. カートンアイルCarton File(連載) [J]. CARTON・BOX,2002.1~2004.12.

[87]笹崎达夫. 青果物包装の現在進行形[J]. CARTON・BOX,2004,23(267):23-24.

[88]孙诚,段瑞侠. 折叠纸盒作业线设计[J]. 包装工程,2004,25(6):85-86.

[89]赵郁聪,王德忠,等. 直四棱台折叠纸盒自锁底成型条件的分析[J]. 包装工程,2004,25(4):161-162.

[90]滨野 安神. 貼合工程のABC[J]. CARTON・BOX,2004-04.

[91]笹崎 达夫. ダンボール箱の設計技法(連載) [J]. CARTON・BOX,2004,23(263):66-81.

[92]笹崎 达夫. カートンパンケーシの設計技法[J]. CARTON・BOX,2003.7.

[93]成世杰,孙诚. NAD 技术——包装 CAD 技术的挑战与发展[J]. 中国包装工业,2003 (6):40-42.

[94]千田建一. 紙器設計の基礎知識[J]. CARTON・BOX,2003.4.

[95]笹崎 达夫. ダンボル製造現場の基礎知識(連載) [J]. CARTON・BOX,2003,22(254):38-58.

[96]气雾剂产品介绍[J]. 气雾剂通讯,2003(1):22-24.

[97]成世杰,孙诚. 纸盒模切版设计中的几个问题[J]. 包装工程,2003, 24(1):32-34.

[98]新颖异型气雾罐[J]. 气雾剂通讯,2003(1):25.

[99]佐藤 一登. JISZ1506(段ボール箱)JISZ1516(段ボール)の改正[J]. CARTON・BOX,2003,22(251):18-19.

[100]游一中. 气雾剂容器的进展,容器\制造技术\观念[J]. 气雾剂通讯,2002(5):31-37.

[101]孙诚,黄利强. 包装结构设计课程教改实践[J]. 北京印刷学院学报,2002, 10(1):46-48.

[102]金国斌.智能型包装技术及其发展[J].中国包装,2002,5:87－90.

[103]西川 洋一.手に食い込まない手穴形状[J].CARTON・BOX,2001,20(236):24－25.

[104]游一中.喷射速率可调的气雾阀[J].气雾剂通讯,2001(5):36.

[105]孙诚,黄利强.纸箱结构设计中的绘图符号与计算机代码[J].纸箱,2001.3.

[106]木下 忠彦.事例"前傾斜型テ"イスプレーカートン[J].CARTON・BOX,2000.9.

[107]包装設計ヒント集(連載)[J].CARTON・BOX,2000.5.

[108]奥村 喜代一.紙器製造のABC 壓縮強度論[J].CARTON・BOX,2000.4.

[109]横山 德禎.デザインカートンアイル(連載)[J].CARTON・BOX,1999.1～2000.4.

[110]紙器の受注から纳品まで(ご??)[J].CARTON・BOX,2000.4.

[111]横山 德禎.カートンフアイル[J].CARTON・BOX,2000.3.

[112]鲤沼 尚久.廢棄しやすいギフト箱(連載)[J].CARTON・BOX,2000.2.

[113]横山 德祯 日本酒キヤリーケース[J].CARTON・BOX,2000.2.

[114]川端 洋一.段ボール箱の壓縮强度論(連載[J].CARTON・BOX,1999－12～2000.2.

[115]游一中.喷头和喷盖[J].气雾剂通讯,2000(1):1－10.

[116]西川 洋一.曲面スタンデイングカートン[J].CARTON・BOX,1999.9.

[117]孙诚,刘涛.国际标准新箱型理想省料比例[J].中国包装工业,1999(1):19－21.

[118]千田建一.紙器.段ボール編[J].CARTON・BOX,1999.4.

[119]鸟栖工场,等.分割できる栈付きトレイ[J].CARTON・BOX,1999.4.

[120]铃木 淳.緩衝性に優れる段ボールクッシヨン[J].月刊 CARTON・BOX,1999.3.

[121]孙诚,许佳,黄利强.圆柱体内装物排列方式的研究[J].中国包装工业,1998,6(10):23－24.

[122]小櫃晴雄.トイレタリー商品の外装包装のfg[J].包装技術,1998,36(7):706－714.

[123]王德忠.纸盒程序库的结构设计[J].包装工程,1998,19(6):15－19.

[124]永瀏 和夫.IDE－DEAMS Master Series™による3 次元設計[J].包装技术,1998.4.

[125]西峰 尚秀.ボトルのデザイン/エンジニアリング统合システム[J].包装技术,1998,36(4):402－409.

[126]F.A.PAINE.THE Packaging Media[M].B LACKIE & SONLTO, 1997.

[127]石谷鎮雄.緩衝包装段ボール化の事例——ノ・ートタィプパソユン用 MCパックの開发について[J].包装技術,1996.8.

[128]孙诚.国际标准箱型理想省料比例[J].中国包装工业,1995(6):24－27.

[129]孙诚,刘晓艳,鲍振山.包装提手的尺度设计[J].中国包装,1995, 15(1):69－70.

[130]フレッシエマンに贈為紙器・段ボール包装基礎講座[J].CARTON・BOX,1995.4.

[131]横山 德禎.話題のパツケジ——紙器・段ボールの展開図(連載)[J].CARTON・BOX,1994.4～12.

[132]五十 岚清一.段ボール箱の壓縮強度論[J].CARTON・BOX,1994－11.

[133]横山 德禎.紙器・段ボール箱の展開図(連載)[J].CARTON・BOX,1994－10.

[134]Japan Environment Association. Environmentally Friendly Paper－Based Cushioning Materials[J].Packaging Japan, 1994.5.

[135]栗原 元久.CAD・CAM 導入の课题と今后の展望[J].CARTON・BOX,1994,13(143):77－85.

[136]栗原 元久.デジタルプリプレスと——CAD の位置付け[J].CARTON・BOX,1994.1.

[137]青木 誠.トイレリーのデザインについて[J].包装技术,1993,10.

[138]新入社員研修セミナー[J].CARTON・BOX,1993,4.

[139]中国包装行业标准 BB/T0019—2000 包装容器 方罐与扁圆罐

[140]韦荣玉. 信息与资讯[J]. 包装工程,2005(2):213.
[141]陈晓英. 现代包装设计中的个性化表现[J]. 包装工程,2008,29(8): 150－152.
[142]刘华. 信息与资讯[J]. 包装工程,2005(1):197.
[143]赵侠. 等. 产品包装的功能化设计[J]. 包装工程,2012,33(20):125－128.
[144]刘燕妮. 个性礼盒设计与制作探讨[J]. 包装工程,2012,33(22):99－102.
[145]李晓春等. 个性化包装设计在现代商品包装中的应用[J]. 包装工程,2007(4):161.

印刷包装专业　新书/重点书

本科教材

1. 包装材料学(带课件)——"十二五"普通高等教育本科国家级规划教材　国家精品课程主讲教材　王建清主编　16开　42.00元　ISBN 978-7-5019-6619-6

2. 包装结构设计(第三版)(带课件)——"十二五"普通高等教育本科国家级规划教材国家精品课程主讲教材　孙诚主编　16开　52.00元　ISBN 978-7-5019-6434-5

3. 包装印刷与印后加工——"十二五"普通高等教育本科国家级规划教材　许文才主编　16开　45.00元　ISBN 7-5019-3260-3

4. 包装应用力学——普通高等教育包装工程本科专业规划教材　高德主编　16开　30.00元　ISBN 978-7-5019-9223-2

5. 包装装潢与造型设计——普通高等教育包装工程本科专业规划教材　王家民主编　16开　56.00元　ISBN 978-7-5019-9378-9

6. 印后加工技术——"十二五"普通高等教育印刷工程专业规划教材　高波编著　16开　34.00元　ISBN 978-7-5019-9220-1

7. 柔性版印刷技术(第二版)——"十二五"普通高等教育印刷工程专业规划教材　赵秀萍　顾翀主编　16开　36.00元　ISBN 978-7-5019-9368-0

8. 印刷原理与工艺——普通高等教育"十一五"国家级规划教材　魏先福主编　16开　36.00元 ISBN 978-7-5019-8164-9

9. 印刷材料学——普通高等教育"十一五"国家级规划教材　陈蕴智主编　16开　47.00元 ISBN 978-7-5019-8253-0

10. 印刷质量检测与控制——普通高等教育"十一五"国家级规划教材　何晓辉主编　16开　26.00元　ISBN 978-7-5019-8187-8

11. 包装印刷技术——普通高等教育"十一五"国家级规划教材　国家级精品教材　许文才编著　16开　49.00元 ISBN 978-7-5019-8134-2

12. 包装机械概论——普通高等教育"十一五"国家级规划教材　卢立新主编　16开　43.00元　ISBN 978-7-5019-8133-5

13. 数字印前原理与技术(带课件)——普通高等教育"十一五"国家级规划教材　刘真等著　16开　32.00元　ISBN 978-7-5019- 7612-6

14. 包装机械——普通高等教育"十一五"国家级规划教材　孙智慧　高德主编　16开　48.00元　ISBN 978-7-5019-7150-3

15. 数字印刷——普通高等教育"十一五"国家级规划教材　姚海根主编　16开　28.00元　ISBN 978-7-5019-7093-3

16. 包装工艺技术与设备——普通高等教育"十一五"国家级规划教材　金国斌主编　16开　44.00元　ISBN 978-7-5019-6638-7

17. 印刷色彩学(带课件)——普通高等教育"十一五"国家级规划教材　刘浩学主编　16开　40.00元　ISBN 978-7-5019-6434-7

18. 印后加工技术——普通高等教育"十一五"国家级规划教材　唐万有主编　16开　32.00元　ISBN 978-7-5019-6289-1

19. 特种印刷技术——普通高等教育"十一五"国家级规划教材　智文广主编　16开　45.00元

ISBN 978-7-5019-6270-9

20. 包装英语教程(第三版)(带课件)——普通高等教育包装工程专业“十二五”规划材料　金国斌　李蓓蓓编著　16开　48.00元 ISBN 978-7-5019-8863-1

21. 数字出版——普通高等教育“十二五”规划教材　司占军　顾翀主编　16开　38.00元　ISBN 978-7-5019-9067-2

22. 印刷色彩管理(带课件)——普通高等教育印刷工程专业“十二五”规划材料　张霞编著　16开　35.00元 ISBN 978-7-5019-8062-8

23. 包装CAD——普通高等教育包装工程专业“十二五”规划教材　王冬梅主编　16开　28.00元 ISBN 978-7-5019-7860-1

24. 包装概论——普通高等教育“十一五”国家级规划教材　蔡惠平主编　16开　22.00元　ISBN 978-7-5019-6277-8

25. 印刷工艺学——普通高等教育印刷工程专业“十一五”规划教材　齐晓堃主编　16开　38.00元 ISBN 978-7-5019-5799-6

26. 印刷设备概论——北京市高等教育精品教材立项项目　陈虹主编　16开　52.00元　ISBN 978-7-5019-7376-7

27. 包装动力学(带课件)——普通高等教育包装工程专业“十一五”规划教材　高德　计宏伟主编　16开　28.00元　ISBN 978-7-5019-7447-4

28. 包装工程专业实验指导书——普通高等教育包装工程专业“十一五”规划教材　鲁建东主编　16开　22.00元　ISBN 978-7-5019-7419-1

29. 包装自动控制技术及应用——普通高等教育包装工程专业“十一五”规划教材　杨仲林主编　16开　34.00元　ISBN 978-7-5019-6125-2

30. 现代印刷机械原理与设计——普通高等教育印刷工程专业“十一五”规划教材　陈虹主编　16开　50.00元　ISBN 978-7-5019-5800-9

31. 方正书版/飞腾排版教程——普通高等教育印刷工程专业“十一五”规划教材　王金玲等编著　16开　40.00元　ISBN 978-7-5019-5901-3

32. 印刷设计——普通高等教育“十二五”规划教材　李慧媛　主编　大16开　38.00元　ISBN 978-7-5019-8065-9

33. 药品包装学——高等学校专业教材　孙智慧主编　16开　40.00元　ISBN 7-5019-5262-0

34. 新编包装科技英语——高等学校专业教材　金国斌主编　大32开　28.00元　ISBN 978-7-5019-4641-8

35. 物流与包装技术——高等学校专业教材　彭彦平主编　大32开　23.00元　ISBN 7-5019-4292-7

36. 绿色包装(第二版)——高等学校专业教材　武军等编著　16开　26.00元　ISBN 978-7-5019-5816-0

37. 丝网印刷原理与工艺——高等学校专业教材　武军主编　32开　20.00元　ISBN 7-5019-4023-1

38. 柔性版印刷技术——普通高等教育专业教材　赵秀萍等编　大32开　20.00元　ISBN 7-5019-3892-X

高等职业教育教材

39. 印前图文信息处理(带课件)——教育部高职高专印刷与包装专业教学指导委员会双元制示范教材　诸应照主编　16开　42.00元　ISBN 978-7-5019-7440-5

40. 包装印刷设备(带课件)——教育部高职高专印刷与包装专业教学指导委员会双元制示范教材　国家精品课程主讲教材　余成发主编　16开　42.00元　ISBN 978-7-5019-7461-0

41. **包装材料质量检测与评价**——教育部高职高专印刷与包装专业教学指导委员会双元制示范教材 郑美琴主编 16开 28.00元 ISBN 978-7-5019-9338-3

42. **包装工艺(带课件)**——教育部高职高专印刷与包装专业教学指导委员会双元制示范教材 吴艳芬 等编著 16开 39.00元 ISBN 978-7-5019-7048-3

43. **现代胶印机的使用与调节(带课件)**——教育部高职高专印刷与包装专业教学指导委员会双元制示范教材 周玉松主编 16开 39.00元 ISBN 978-7-5019-6840-4

44. **印刷材料(带课件)**——教育部高职高专印刷与包装专业教学指导委员会双元制示范教材 艾海荣主编 16开 39.00元 ISBN 978-7-5019-6762-9

45. **印刷包装专业实训指导书**——教育部高职高专印刷与包装专业教学指导委员会双元制示范教材 周玉松主编 16开 29.00元 ISBN 978-7-5019-6335-5

46. **印刷设备**——普通高等教育"十一五"国家级规划教材 潘光华主编 16开 26.00元 ISBN 7-5019-5773-6

47. **印刷概论**——全国高职高专印刷与包装类专业教学指导委员会规划统编教材 国家精品课程"印刷概论"主讲教材 国家教学资源库"印刷与数字印刷技术"子项目"印刷概论"主讲教材 顾萍编著 16开 34.00元 ISBN 978-7-5019-9379-6

48. **印刷质量检测与控制**——全国高职高专印刷与包装类专业教学指导委员会规划统编教材 李荣主编 16开 42.00元 ISBN 978-7-5019-9374-1

49. **印刷色彩控制技术(印刷色彩管理)**——全国高职高专印刷与包装专业教学指导委员会规划统编教材 国家精品课程主讲教材 魏庆葆主编 16开 35.00元 ISBN 978-7-5019-8874-7

50. **运输包装设计**——全国高职高专印刷与包装专业教学指导委员会规划统编教材 曹国荣编著 16开 28.00元 ISBN 978-7-5019-8514-2

51. **印刷色彩**——全国高职高专印刷与包装类专业"十二五"规划教材 朱元泓等编著 16开 49.00元 ISBN 978-7-5019-9104-4

52. **现代印刷企业管理**——全国高职高专印刷与包装类专业"十二五"规划教材 熊伟斌等主编 16开 40.00元 ISBN 978-7-5019-8841-9

53. **包装材料性能检测及选用(带课件)**——全国高职高专印刷与包装专业教学指导委员会规划统编教材 国家精品课程主讲教材 郝晓秀主编 16开 22.00元 ISBN 978-7-5019-7449-8

54. **包装结构与模切版设计(第二版)**——"十二五"职业教育国家规划教材 国家示范性高等职业院校建设计划重点建设专业核心课程教材 国家精品资源共享课程主讲教材 孙诚主编 16开 65.00元 ISBN 978-7-5019-9698-8

55. **纸包装设计与制作实训教程**——全国高职高专印刷与包装类专业教学指导委员会规划统编教材 曹国荣编著 16开 22.00元 ISBN 978-75019-7838-0

56. **数字化印前技术**——全国高职高专印刷与包装专业教学指导委员会规划统编教材 赵海生等编 16开 26.00元 ISBN 978-7-5019-6248-6

57. **设计应用软件系列教程 IllustratorCS**——全国高职高专印刷与包装专业教学指导委员会规划统编教材 向锦朋编著 16开 45.00元 ISBN 978-7-5019-6780-3

58. **包装材料测试技术**——全国高职高专印刷与包装专业教学指导委员会规划统编教材 林润惠主编 16开 30.00元 ISBN 978-7-5019-6313-3

59. **书籍设计**——全国高职高专印刷与包装专业教学指导委员会规划统编教材 曹武亦编著 16开 30.00元 ISBN 7-5019-5563-8

60. **包装概论**——全国高职高专印刷与包装专业教学指导委员会规划统编教材 郝晓秀主编 16开 18.00元 ISBN 978-7-5019-5989-1

61. 印刷色彩——高等职业教育教材　武兵编著　大32开　15.00元　ISBN 7-5019-3611-0

62. 印后加工技术——高等职业教育教材　唐万有 蔡圣燕主编　16开　25.00元　ISBN 7-5019-3353-7

63. 印前图文处理——高等职业教育教材　王强主编　16开　30.00元　ISBN 7-5019-3259-7

64. 网版印刷技术——高等职业教育教材　郑德海编著　大32开　25.00元　ISBN 7-5019-3243-3

65. 印刷工艺——高等职业教育教材　金银河编　16开　27.00元　ISBN 978-7-5019-3309-X

66. 包装印刷材料——高等职业教育教材　武军主编　16开　24.00元　ISBN 7-5019-3260-3

67. 印刷机电气自动控制——高等职业教育教材　孙玉秋主编　大32开　15.00元　ISBN 7-5019-3617-X

68. 印刷设计概论——高等职业教育教材/职业教育与成人教育教材　徐建军主编　大32开　15.00元　ISBN 7-5019-4457-1

中等职业教育教材

69. 印前制版工艺——全国中等职业教育印刷包装专业教改示范教材　王连军主编　16开　54.00元　ISBN 978-7-5019-8880-8

70. 平版印刷机使用与调节——全国中等职业教育印刷包装专业教改示范教材　孙星主编　16开　39.00元　ISBN 978-7-5019-9063-4

71. 印刷概论(带课件)——全国中等职业教育印刷包装专业教改示范教材　唐宇平主编　16开　25.00元　ISBN 978-7-5019-7951-6

72. 印后加工(带课件)——全国中等职业教育印刷包装专业教改示范教材　刘舜雄主编　16开　24.00元　ISBN 978-7-5019-7444-3

73. 印刷电工基础(带课件)——全国中等职业教育印刷包装专业教改示范教材　林俊欢等编著　16开　28.00元　ISBN 978-7-5019-7429-0

74. 印刷英语(带课件)——全国中等职业教育印刷包装专业教改示范教材　许向宏编著　16开　18.00元　ISBN 978-7-5019-7441-2

75. 最新实用印刷色彩(附光盘)——印刷专业中等职业教育教材　吴欣编著　16开　38.00元　ISBN 7-5019-5415-5

76. 包装印刷工艺·特种装潢印刷——中等职业教育教材　管德福主编　大32开　23.00元　ISBN 7-5019-4406-7

77. 包装印刷工艺·平版胶印——中等职业教育教材　蔡文平主编　大32开　23.00元　ISBN 7-5019-2896-7

78. 印版制作工艺——中等职业教育教材　李荣主编　大32开　15.00元　ISBN 7-5019-2932-7

79. 文字图像处理技术·文字处理——中等职业教育教材　吴欣主编　16开　38.00元　ISBN 7-5019-4425-3

80. 印刷概论——中等职业教育教材　王野光主编　大32开　20.00元　ISBN 7-5019-3199-2

81. 包装印刷色彩——中等职业教育教材　李炳芳主编　大32开　12.00元　ISBN 7-5019-3201-8

82. 包装印刷材料——中等职业教育教材　孟刚主编　大32开　15.00元　ISBN 7-5019-3347-2

83. 印刷机械电路——中等职业教育教材　徐宏飞主编　16开　23.00元　ISBN 7-5019-3200-X

研究生

84. 印刷包装功能材料——普通高等教育“十二五”精品规划研究生系列教材　李路海编著　16开　46.00元 ISBN 978-7-5019-8971-3

科技书

85. 包装产业与循环经济——“十一五”国家重点图书出版规划项目　李沛生编著　异16开

35.00 元　ISBN 978-7-5019-6759-9

86. 科技查新工作与创新体系　江南大学编著　异 16 开 29.00 元　ISBN 978-7-5019-6837-4

87. 数字图书馆 江南大学著　异 16 开　36.00 元　ISBN 978-7-5019-6286-0

88. 纸包装结构设计(第二版)　孙诚编著　异 16 开　35.00 元　ISBN 978-7-5019-5216-8

89. 现代实用胶印技术——印刷技术精品丛书　张逸新主编　16 开　40.00 元　ISBN 978-7-5019-7100-8

90. 计算机互联网在印刷出版的应用与数字化原理——印刷技术精品丛书　俞向东编著　16 开　38.00 元　ISBN 978-7-5019-6285-3

91. 印前图像复制技术——印刷技术精品丛书　孙中华等编著　16 开　24.00 元　ISBN 7-5019-5438-0

92. 复合软包装材料的制作与印刷——印刷技术精品丛书　陈永常编　16 开　45.00 元　ISBN 7-5019-5582-4

93. 现代胶印原理与工艺控制——印刷技术精品丛书　孙中华编著　16 开　28.00 元　ISBN 7-5019-5616-2

94. 现代印刷防伪技术——印刷技术精品丛书　张逸新编著　16 开　30.00 元　ISBN 7-5019-5657-X

95. 胶印设备与工艺——印刷技术精品丛书　唐万有等编　16 开　34.00 元　ISBN 7-5019-5710-X

96. 数字印刷原理与工艺——印刷技术精品丛书　张逸新编著　16 开　30.00 元　ISBN 978-7-5019-5921-1

97. 图文处理与印刷设计——印刷技术精品丛书　陈永常主编　16 开　39.00 元　ISBN 978-7-5019-6068-2

98. 印后加工技术与设备——印刷工程专业职业技能培训教材　李文育等编　16 开　32.00 元　ISBN 978-7-5019-6948-7

99. 平版胶印机使用与调节——印刷工程专业职业技能培训教材　冷彩凤等编　16 开　40.00 元　ISBN 978-7-5019-5990-7

100. 印前制作工艺及设备——印刷工程专业职业技能培训教材　李文育主编　16 开　40.00 元　ISBN 978-7-5019-6137-5

101. 包装印刷设备——印刷工程专业职业技能培训教材　郭凌华主编　16 开　49.00 元　ISBN 978-7-5019-6466-6

102. 特种印刷新技术　钱军浩编著　16 开　36.00 元　ISBN 7-5019-3222-054

103. 现代印刷机与质量控制技术(上)　钱军浩编著　16 开　34.00 元　ISBN 7-5019-3053-8